"十四五"国家重点图书出版规划项目
核能与核技术出版工程

先进核反应堆技术丛书（第二期）
主编　于俊崇

核动力泵阀系统设计

（下册：核级阀门）

Pump and Valve Design for Nuclear Power System

李　毅　王　岩　邓　啸　苏　舒　编著

内容提要

本书为“先进核反应堆技术丛书”之一，分为上、下两册，上册为《核级泵》，下册为《核级阀门》。本书基于当前国内外核行业工程和科研实践，吸收了华龙一号等工程项目上国外核主泵和核级设备的设计计算方法、制造、试验及相关经验反馈知识，对核级泵和阀门知识进行了系统阐述。主要内容包括核电站用核级泵阀的基本理论、关键技术、分类分级、工作原理、结构形式、选材、试验及故障诊断等。书中理论和实践紧密结合，具有较强的指导性与实用性。本书可作为相关科研工作者，以及从事核级泵阀设计、制造、运行维护等方面的工作人员的重要参考。

图书在版编目(CIP)数据

核动力泵阀系统设计. 下册，核级阀门 / 李毅等编著. -- 上海 ：上海交通大学出版社，2025. 6. --(先进核反应堆技术丛书). -- ISBN 978-7-313-32498-6

Ⅰ. TL99

中国国家版本馆 CIP 数据核字第 2025NN9686 号

核动力泵阀系统设计(下册：核级阀门)

HE DONGLI BENG FA XITONG SHEJI (XIACE：HE JI FA MEN)

编　　著：李　毅　王　岩　邓　啸　苏　舒

出版发行：上海交通大学出版社　　地　　址：上海市番禺路 951 号

邮政编码：200030　　电　　话：021－64071208

印　　制：苏州市越洋印刷有限公司　　经　　销：全国新华书店

开　　本：710 mm×1000 mm　1/16　　总 印 张：51.25

总 字 数：860 千字

版　　次：2025 年 6 月第 1 版　　印　　次：2025 年 6 月第 1 次印刷

书　　号：ISBN 978－7－313－32498－6

总 定 价：398.00 元

先进核反应堆技术丛书

编 委 会

先进核反应堆技术丛书

总　　序

人类利用核能的历史可以追溯到20世纪40年代，而核反应堆这一实现核能利用的主要装置，即于1942年诞生。意大利著名物理学家恩里科·费米领导的研究小组在美国芝加哥大学体育场取得了重大突破，他们使用石墨和金属铀构建起了世界上第一座用于试验可控链式反应的"堆砌体"，即"芝加哥一号堆"。1942年12月2日，该装置成功地实现了人类历史上首个可控的铀核裂变链式反应，这一里程碑式的成就为核反应堆的发展奠定了坚实基础。后来，人们将能够实现核裂变链式反应的装置统称为核反应堆。

核反应堆的应用范围甚广，主要可分为两大类：一类是核能的利用，另一类是裂变中子的应用。核能的利用进一步分为军用和民用两种。在军事领域，核能主要用于制造原子武器和提供推进动力；而在民用领域，核能主要用于发电，同时在居民供暖、海水淡化、石油开采、钢铁冶炼等方面也展现出广阔的应用前景。此外，通过核裂变产生的中子参与核反应，还可以生产钚-239、聚变材料氚以及多种放射性同位素，这些同位素在工业、农业、医疗、卫生、国防等许多领域有着广泛的应用。另外，核反应堆产生的中子在多个领域也得到广泛应用，如中子照相、活化分析、材料改性、性能测试和中子治癌等。

人类发现核裂变反应能够释放巨大能量的现象以后，首先研究将其应用于军事领域。1945年，美国成功研制出原子弹；1952年，又成功研制出核动力潜艇。鉴于原子弹和核动力潜艇所展现出的巨大威力，世界各国竞相开展相关研发工作，导致核军备竞赛一直持续至今。

另外，由于核裂变能具备极高的能量密度且几乎零碳排放，这一显著优势使其成为人类解决能源问题以及应对环境污染的重要手段，因此核能的和平利用也同步展开。1954年，苏联建成了世界上第一座向工业电网送电的核电站。随后，各国纷纷建立自己的核电站，装机容量不断提升，从最初的 5 000 千瓦发展到如今最大的 175 万千瓦。截至 2023 年底，全球在运行的核电机组总数达到了 437 台，总装机容量约为 3.93 亿千瓦。

核能在我国的研究与应用已有 60 多年的历史，取得了举世瞩目的成就。

1958 年，我国建成了第一座重水型实验反应堆，功率为 1 万千瓦，这标志着我国核能利用时代的开启。随后，在 1964 年、1967 年与 1971 年，我国分别成功研制出了原子弹、氢弹和核动力潜艇。1991 年，我国第一座自主研制的核电站——功率为 30 万千瓦的秦山核电站首次并网发电。进入 21 世纪，我国在研发先进核能系统方面不断取得突破性成果。例如，我国成功研发出具有完整自主知识产权的压水堆核电机组，包括 ACP1000、ACPR1000 和 ACP1400。其中，由 ACP1000 和 ACPR1000 技术融合而成的"华龙一号"全球首堆，已于 2020 年 11 月 27 日成功实现首次并网，其先进性、经济性、成熟性和可靠性均已达到世界第三代核电技术的先进水平。这一成就标志着我国已跻身掌握先进核能技术的国家行列。

截至 2024 年 6 月，我国投入运行的核电机组已达 58 台，总装机容量达到 6 080 万千瓦。同时，还有 26 台机组在建，装机容量达 30 300 兆瓦，这使得我国在核电装机容量上位居世界第一。

2002 年，第四代核能系统国际论坛（Generation Ⅳ International Forum, GIF）确立了 6 种待开发的经济性和安全性更高、更环保、更安保的第四代先进核反应堆系统，它们分别是气冷快堆、铅合金液态金属冷却快堆、液态钠冷却快堆、熔盐反应堆、超高温气冷堆和超临界水冷堆。目前，我国在第四代核能系统关键技术方面也取得了引领世界的进展。2021 年 12 月，全球首座具有第四代核反应堆某些特征的球床模块式高温气冷堆核电站——华能石岛湾核电高温气冷堆示范工程成功送电。

此外，在聚变能这一被誉为人类终极能源的领域，我国也取得了显著成果。2021 年 12 月，中国"人造太阳"——全超导托卡马克核聚变实验装置（Experimental and Advanced Superconducting Tokamak, EAST）实现了 1 056 秒的长脉冲高参数等离子体运行，再次刷新了世界纪录。

经过 60 多年的发展，我国已经建立起涵盖科研、设计、实（试）验、制造等领域的完整核工业体系，涉及核工业的各个专业领域。科研设施完备且门类齐全，为满足试验研究需要，我国先后建成了各类反应堆，包括重水研究堆、小型压水堆、微型中子源堆、快中子反应堆、低温供热实验堆、高温气冷实验堆、高通量工程试验堆、铀-氢化锆脉冲堆，以及先进游泳池式轻水研究堆等。近年来，为了适应国民经济发展的需求，我国在多种新型核反应堆技术的科研攻关方面也取得了显著的成果，这些技术包括小型反应堆技术、先进快中子堆技术、新型嬗变反应堆技术、热管反应堆技术、钍基熔盐反应堆技术、铅铋反应堆技术、数字反应堆技术以及聚变堆技术等。

在我国，核能技术不仅得到全面发展，而且为国民经济的发展做出了重要贡献，并将继续发挥更加重要的作用。以核电为例，根据中国核能行业协会提供的数据，2023 年 1—12 月，全国运行核电机组累计发电量达 4 333.71 亿千瓦・时，这相当于减少燃烧标准煤 12 339.56 万吨，同时减少排放二氧化碳 32 329.64 万吨、二氧化硫 104.89 万吨、氮氧化物 91.31 万吨。在未来实现"碳达峰、碳中和"国家重大战略目标和推动国民经济高质量发展的进程中，核能发电作为以清洁能源为基础的新型电力系统的稳定电源和节能减排的重要保障，将发挥不可替代的作用。可以说，研发先进核反应堆是我国实现能源自给、保障能源安全以及贯彻"碳达峰、碳中和"国家重大战略部署的重要保障。

随着核动力与核技术应用的日益广泛，我国已在核领域积累了丰富的科研成果与宝贵的实践经验。为了更好地指导实践、推动技术进步并促进可持续发展，系统总结并出版这些成果显得尤为必要。为此，上海交通大学出版社与国内核动力领域的多位专家经过多次深入沟通和研讨，共同拟定了简明扼要的目录大纲，并成功组织包括中国原子能科学研究院、中国核动力研究设计院、中国科学院上海应用物理研究所、中国科学院近代物理研究所、中国科学院等离子体物理研究所、清华大学、中国工程物理研究院以及核工业西南物理研究院等在内的国内相关单位的知名核动力和核技术应用专家共同编写了这套"先进核反应堆技术丛书"。丛书内容包括铅合金液态金属冷却快堆、液态钠冷却快堆、重水反应堆、熔盐反应堆、新型嬗变反应堆、多用途研究堆、低温供热堆、海上浮动核能动力装置和数字反应堆、高通量工程试验堆、同位素生产试验堆、核动力设备相关技术、核动力安全相关技术、"华龙一号"优化改进技术，以及核聚变反应堆的设计原理与实践等。

本丛书涵盖的重大研究成果充分展现了我国在核反应堆研制领域的先进水平。整体来看，本丛书内容全面而深入，为读者提供了先进核反应堆技术的系统知识和最新研究成果。本丛书不仅可作为核能工作者进行科研与设计的宝贵参考文献，也可作为高校核专业教学的辅助材料，对于促进核能和核技术应用的进一步发展以及人才培养具有重要支撑作用。我深信，本丛书的出版，将有力推动我国从核能大国向核能强国的迈进，为我国核科技事业的蓬勃发展做出积极贡献。

于俊崇

2024 年 6 月

前　言

为确保核反应堆的安全性，需要根据各个系统和设备所执行的安全功能及其在实现安全功能过程中的重要性进行物项分级，主要包括安全分级、抗震类别、规范等级和质量保证等级。泵阀类设备是保证核反应堆安全和稳定运行的重要设备，承担保护反应堆和防止放射性物质泄漏的功能。核级泵阀按照标准规范的要求，根据不同的分级开展设计、制造等相关工作，以确保其可靠性和安全性。

核级泵主要有反应堆冷却剂泵、余热排出泵、上充泵、低压安注泵、安全壳喷淋泵、电动辅助给水泵、汽动辅助给水泵、水压试验泵、设备冷却水泵、重要厂用水泵、硼酸再循环泵、化学添加剂泵、乏燃料池冷却泵、硼酸输送泵、前储槽循环供料泵、除气塔疏水泵、冷冻水循环泵等。

核级阀门一般有闸阀、截止阀、止回阀、蝶阀、安全阀、主蒸汽隔离阀、球阀、隔膜阀、减压阀和控制阀等。

本书在编制的过程中，尽可能地对核级泵阀设备进行全面梳理，将理论和实践紧密结合起来，并基于多年从事核电厂及核动力装置用泵阀的科研和工程设计经验，着重针对核级泵阀设备的基本理论、关键技术、分类分级、工作原理、结构形式、试验及故障诊断等方面进行了阐述，希望本书可为从事核级泵阀选型、设计、制造、运行维护等方面的工作提供重要参考。

本书的编撰是在于俊崇院士、李毅副所长的指导下完成的。本书由李毅、王岩制订提纲，由中国核动力研究设计院设计所泵阀专业团队编著，兰州理工大学黎义斌、张希恒、杨从新对编写工作给予了大量的理论指导和技术支持。其中：上册《核级泵》主要由李毅、王岩、邓啸、徐仁义、匡成骁、杨松、谭鑫、赵雪岑、蒋鸿、苏先顺、蒋小毛等编著；下册《核级阀门》主要由李毅、王岩、苏舒、陈宇皓、谭术洋、关莉、周宁、杨佳明、李耀武等编著。全书由李毅统稿，于俊崇院士主审。

在本书的编著过程中，兰州理工大学核级泵阀研究团队给予了大力支持和帮助，在此特别致谢！

本书的编著得到了上海电气凯士比核电泵阀有限公司、哈尔滨电气动力装备有限公司、沈阳盛世五寰科技有限公司、东方法马通核泵有限公司、沈阳鼓风机集团股份有限公司等单位的大力支持，在本书编著过程中，各单位提供了相关插图及资料，在此一并感谢！

因编著者水平所限，加之时间仓促，书中可能存在不妥或疏漏之处，恳请读者批评指正。

目 录

第 1 章
阀门选型基本知识

阀门是用来控制管道内介质流动的重要机械产品，内含可动机构。阀门的基本功能是接通或切断管路内介质的流通，改变介质的流动方向，调节介质的压力和流量，以及保护管路和设备的正常运行。

随着现代科学技术的发展，阀门在工业、建筑、农业、国防、科研及人民生活等方面的使用日益普遍，现已成为人类活动的各个领域中不可缺少的通用机械产品。

工业用阀门的诞生紧随蒸汽机的发明之后，近十几年，由于石油、化工、电站、冶金、船舶、核能、宇航等多个领域的迅猛发展，对阀门提出了更高的要求。这些需求促使人们不断研究和生产高参数的阀门。阀门的工作温度从 −269 ℃的超低温到 3 430 ℃的高温，工作压力则跨越了从超真空的 1.33×10^{-8} Pa 到超高压的 1 460 MPa 这一巨大区间；公称尺寸有几毫米的，如精密仪表阀，也有十几米、质量达数十吨的，如工业管路阀。此外，阀门的驱动方式从最初的手动发展到电动、气动、液动直至如今的程控、数控、遥控等。

从以上描述可知，阀门的用途极为广泛，然而，如果选型不当、使用或维护不善，极易导致阀门泄漏。一旦阀门泄漏，其后果极为严重，可能引发火灾、爆炸、中毒、烫伤等安全事故，同时还会造成能源浪费、设备腐蚀、物料增耗、环境污染，甚至导致生产线全面停产。因此，如何正确了解、选择、安装及有效使用和维护阀门，已成为广大用户及工程技术人员迫在眉睫的重要任务。

1.1　阀门的分类

随着各类成套设备工艺流程和性能的不断改进，阀门的种类也在不断变化增加。阀门的分类方法有很多种，常用的几种分类方法[1]如下。

1.1.1 按用途和作用分类

阀门按其用途和作用分类，可分为截断阀类、止回阀类、分流阀类、调节阀类、安全阀类、其他特殊专用阀类和多用途阀类。

截断阀类主要用于截断或接通管道中的介质，如闸阀、截止阀、球阀、旋塞阀、蝶阀等。止回阀类用于阻止介质倒流，如止回阀等。分流阀类用于改变管路中介质的流向，实现分配、分流或混合介质的功能，如三通或四通旋塞阀、三通或四通球阀、分配阀等。调节阀类主要用于调节介质的流量、压力等参数，如调节阀、减压阀、节流阀、平衡阀等均属于此类。安全阀类用于设备和装置的超压安全保护，排放多余介质，以防止压力超过额定的安全数值，当压力恢复正常后，阀门自动关闭，阻止介质继续流出，如各种安全阀、溢流阀等均属于此类。多用途阀类结合多种功能于一体，如截止止回阀、止回球阀、截止止回安全阀等。其他特殊专用阀类是针对特定应用场景设计的阀门，如蒸汽疏水阀、放空阀、排渣阀、排污阀、清管阀等。

1.1.2 按动力源分类

阀门按动力源分类可分为自动阀门和驱动阀门。自动阀门是依靠介质(液体、空气、蒸汽等)本身的能量而自行动作的阀门，如安全阀、止回阀、减压阀、蒸汽疏水阀、紧急切断阀等。驱动阀门是借助手动、电力、气力或液力来操作的阀门，如闸阀、截止阀、球阀、蝶阀、隔膜阀等。

1.1.3 按主要技术参数分类

1) 按公称尺寸分类

阀门按公称尺寸的大小，可分为小流通直径阀门、中流通直径阀门、大流通直径阀门和特大流通直径阀门。小流通直径阀门，公称直径≤DN 40；中流通直径阀门，DN 50≤公称直径≤DN 300；大流通直径阀门，DN 350≤公称直径≤DN 1 200；特大流通直径阀门，公称直径≥DN 1 400。

2) 按公称压力分类

阀门按公称压力可分为真空阀、低压阀、中压阀、高压阀和超高压阀。低真空阀门的工作压力为 $10^2 \sim 10^5$ Pa，中真空阀门的工作压力为 $10^{-1} \sim 10^2$ Pa，高真空阀门的工作压力为 $10^{-5} \sim 10^{-1}$ Pa，超高真空阀门的工作压力 $< 10^{-5}$ Pa。低压阀门，公称压力≤PN 16；中压阀门，PN 16＜公称压力≤PN 100；高压阀

门，PN 100＜公称压力≤PN 1 000；超高压阀门，公称压力＞PN 1 000。

3）按介质极限工作温度分类

阀门按工作温度可分为高温阀、中温阀、常温阀、低温阀和超低温阀。高温阀，工作温度（t）＞425 ℃；中温阀门，120 ℃ ≤ t ≤ 425 ℃；常温阀门，－29 ℃＜t＜120 ℃；低温阀门，－100 ℃ ≤ t ≤ －29 ℃；超低温阀门，t＜－100 ℃。

4）按壳体材料分类

阀门按壳体材料可分为：非金属阀门，如陶瓷阀门、玻璃钢阀门、塑料阀门等；金属阀门，如铸钢阀门、铸铁阀门、合金阀门等；金属衬里阀门，如衬铅阀门、衬塑阀门、衬胶阀门、衬搪瓷阀门等。

5）按与管道的连接方式分类

阀门按与管道的连接方式可分为螺纹连接阀门、法兰连接阀门、对焊接连接阀门、承插焊连接阀门、对夹连接阀门、卡箍连接阀门和卡套连接阀门等。

1.2　阀门型号编制方法

20 世纪 60 年代，我国制定了 JB 308—1962《阀门型号编制方法》标准。而至今，阀门型号编制方法的较新版本标准为 JB/T 308—2004，该标准一直作为通用阀门型号编制的基础规范。阀门型号的统一编制为阀门的选型、设计和经销提供了方便。因此，阀门制造厂一般按上述标准对阀门进行统一编号。

当今阀门的类型和材料种类越来越多，阀门型号的编制也越来越复杂。虽然我国有阀门型号编制的统一标准，但已不能完全适应阀门工业发展的需要，逐渐催生出诸多行业或单位自行制定的编号方法。以石油化工行业为例，相关设计院为了使装置采用的阀门科学化、规范化及便于计算机统计与管理，制定了一套详尽的《阀门编码规定》。在《阀门编码规定》中，对阀门类型、端部连接形式、压力等级、壳体材质、阀杆材质、密封副材质、壳体连接的紧固件材质、特殊要求、阀门密封用垫片和填料等关键要素进行了编码规定。当读者在涉及相关内容时，可查阅相关设计院或工程公司的《阀门编码规定》。

1.3　阀门常用材料

铸铁阀门通常应用于压力和温度要求不高的非腐蚀性介质环境中，其主要材料包括灰铸铁、可锻铸铁和球墨铸铁。灰铸铁，如 HT200、HT250 等，适用于公称压力不大于 PN 16 的场合，工作温度为－10～100 ℃的油品类介质(如石油、汽油、煤油等)以及一般性质的介质(如水、蒸汽、石油产品等)。此外，在公称压力不大于 PN 10 且工作温度为－10～200 ℃的条件下，它们还适用于蒸汽、一般性质气体(如煤气、氨气等)及腐蚀性较低的介质(如氨、醇、醛、醚、酮、酯等)。可锻铸铁，如 KTH350－10、KTH450－06 等，则适用于公称压力不大于 PN 25、工作温度为－10～300 ℃的蒸汽、一般性质的气体和液体以及油品类等介质。球墨铸铁，如 QT400－15、QT450－10 等，适用于公称压力不大于 PN 25 且工作温度为－10～300 ℃的蒸汽、一般性质气体及油品类等介质。高镍铸铁的耐碱性能比灰铸铁、球墨铸铁阀门强。

碳素钢，如 WCA、WCB 和 WCC 等，适用于工作温度为－29～425 ℃的蒸汽、非腐蚀性气体、石油及相关制品等介质。在某些特定的条件下，例如某些有腐蚀性的介质在一定范围内的温度浓度条件下也可采用碳素钢。当以 WCB、WCC 这两种钢作为阀体、阀盖、闸板(阀瓣)、支架时，其适用温度的下限为－29 ℃。

不锈钢包括奥氏体不锈钢、马氏体不锈钢、铁素体不锈钢、奥氏体-铁素体双相不锈钢、沉淀硬化不锈钢。阀门中常用的不锈钢是奥氏体不锈钢，适用温度范围很广，低温可用于－269 ℃(液氦)，高温可达到 816 ℃，常用的温度范围为－196(液氮)～700 ℃；奥氏体不锈钢具有良好的耐腐蚀性、高温抗氧化性和耐低温性能，因此，奥氏体不锈钢广泛用于制作耐腐蚀阀门、高温阀门和低温阀门。马氏体不锈钢根据钢中的合金元素差别可分为两大类，一类是马氏体铬不锈钢，另一类是马氏体 Cr－Ni 不锈钢；马氏体铬不锈钢中常用的是 Cr13 型不锈钢，可通过热处理强化，具有良好的力学性能和高温抗氧化性，在大气、水等弱腐蚀介质中，如加盐水溶液、稀硝酸及某些浓度不高的有机酸，在温度不高的情况下，均有良好的耐蚀性，但该钢种不耐硫酸、盐酸、浓硝酸等的腐蚀，常用于水、蒸汽、油品等弱腐蚀性介质；Cr13 型不锈钢一般用于制作碳钢阀门内件，如阀杆、小口径阀门的关闭件(闸板、阀瓣)、阀座、上密封座、球阀的球体等。沉淀硬化不锈钢常用牌号为 17－4PH，即 GB/T 1220—2007《不锈钢棒》中的 05Cr17Ni4Cu4Nb，主要用于耐弱酸、碱、盐的高强度部件，在阀门零件中常用于制作阀杆。

铜合金主要适用于公称压力不大于 PN 25、工作温度为－40～180 ℃的氧气、海水管路用的阀门中，对海水、多种盐溶液、有机物有良好的耐蚀性能。对不含有氧或氧化剂的硫酸、磷酸、醋酸、稀盐酸等有较好的耐蚀性，同时对碱有很好的抗力。但不耐硝酸、浓硫酸等氧化性酸的腐蚀，也不耐熔融金属、硫和硫化物的腐蚀。切忌将其与氨接触，否则会使铜及铜合金产生应力腐蚀破裂。铜合金的牌号不同，其耐腐蚀性有一定的差异。

钛合金主要适用于工作温度为－30～316 ℃的海水、氯化物、氧化性酸、有机酸、碱类等介质。钛是活性金属，在常温下能生成耐蚀性很好的氧化膜，它能耐海水、各种氯化物和次氯酸盐、湿氯、氧化性酸、有机酸、碱等的腐蚀，但它不耐较纯的还原性酸如硫酸、盐酸的腐蚀，却耐含有氧化剂的硝酸腐蚀。钛合金阀门对孔蚀有良好的抗力，但在红色发烟硝酸、氯化物、甲醇等介质中会产生应力腐蚀。

锆也属于活性金属，它能生成紧密的氧化膜，它对硝酸、铬酸、碱液、熔碱、盐液、尿素、海水等有良好的耐蚀性能，但不耐氢氟酸、浓硫酸、王水的腐蚀，也不耐湿氯和氧化性金属氯化物的腐蚀。

陶瓷以二氧化硅为主要成分，经过熔化烧结制成，其他常见材料还包括氧化锆、氧化铝、氮化硅等。陶瓷除有极高的耐磨、耐温、隔热性能外，还具有很高的耐蚀能力，能耐热浓硝酸、盐酸、王水、盐溶液和有机溶剂等介质。但其不耐氢氟酸、氟硅酸和强碱。

塑料阀门的最大特点是耐蚀性强，一般适用于公称压力不大于 PN 6 的管路系统中。值得注意的是，随着塑料种类的多样化，其耐蚀性也呈现出较大差异。

(1) 尼龙：又称聚酰胺，它是热塑性塑料，有良好的耐蚀性，能耐稀酸、盐、碱的腐蚀，对烃、酮、醚、酯、油类有良好的耐蚀性，但不耐强酸、氧化性酸、酚和甲酸的腐蚀。

(2) 聚氯乙烯：是热塑性塑料，有优良的耐蚀性能，能耐酸、碱、盐、有机物的腐蚀，不耐浓硝酸、发烟硫酸、酸酐、酮类、卤代类、芳烃等的腐蚀。

(3) 聚乙烯：有优良的耐蚀性能，它对盐酸、稀硫酸、氢氟酸等非氧化性酸及稀硝酸、碱、盐溶液和在常温下的有机溶剂都有良好的耐蚀性，但不耐浓硝酸、浓硫酸和其他强氧化剂的腐蚀。

(4) 聚丙烯：是热塑性塑料，其耐蚀性与聚乙烯相似，稍优于聚乙烯。它能耐大多数有机酸、无机酸、碱、盐的腐蚀，但对浓硝酸、发烟硫酸、氯磺酸等强氧化性酸的耐蚀能力差。

(5) 酚醛塑料：能耐盐酸、稀硫酸、磷酸等非氧化性酸、盐类溶液的腐蚀，但不耐硝酸、铬酸等强氧化酸、碱和一些有机溶剂的腐蚀。

(6) 氯化聚醚：又称聚氯醚，是线型、高结晶度的热塑性塑料。它具有优良的耐蚀性能，仅次于氟塑料。它能耐除浓硫酸、浓硝酸以外的各种酸、碱、盐和大多数有机溶剂的腐蚀，但不耐液氯、氟、溴的腐蚀。

(7) 聚三氟氯乙烯：与其他氟塑料一样，具有优异的耐蚀性能和其他性能，耐蚀性能稍低于聚四氟乙烯。对有机酸、无机酸、碱、盐、多种有机溶剂等有良好的耐蚀性能。在高温下含有卤素和氧的某些溶剂，能使其溶胀，它不耐高温的氟、氟化物、熔碱、浓硝酸、芳烃、发烟硝酸、熔融碱金属等。

(8) 聚四氟乙烯：具有非常优异的耐蚀性能，它除了熔融金属锂、钾、钠、三氟化氯、高温三氟化氧、高流速的液氟外，几乎能耐所有化学介质的腐蚀，缺点是其具有冷流性。

第2章
核工业用阀门

核电作为一种清洁、经济和安全的能源形式，已经在世界范围内得到了广泛应用。核电站是利用原子核内蕴藏的能量大规模生产电力的新型发电站，其结构大体上可以划分为三部分：一是利用核能产生蒸汽的核岛(NI)，包括核反应堆和一回路系统；二是利用蒸汽发电的常规岛(CI)，包括汽轮发电机系统，这一部分的运行原理与普通火电厂相似；三是为核岛和常规岛服务的配套系统(BOP)。

原子能工业是在第二次世界大战期间发展起来的，20世纪50年代以来，原子能用于和平事业有了飞速发展，核反应堆类型和数量增多[2]。核电站是原子能用于和平事业最有力的证明，目前常用的核电站反应堆堆型如下。

1) 石墨气冷堆(LGR)

石墨气冷堆是一个重要的反应堆类型，它包括早期的镁诺克斯堆、改进型的气冷堆以及高温气冷堆(HTGR)。该反应堆是以石墨为慢化剂，氦气作为冷却剂的堆型。我国自20世纪70年代中期开始研究高温气冷堆及其关键技术；于2000年12月建成10 MW高温气冷实验堆(HTR-10)，并实现了其临界状态；随后在2003年1月，实现满功率并网发电，在此基础上，我国正紧密关注并瞄准国际上第四代核能系统的发展动态，持续深入地进行高温气冷堆核电站的研究与探索。

2) 轻水堆

轻水堆有两种类型，一是沸水堆(BWR)，二是压水堆(PWR)，两者均用轻水作为慢化剂兼冷却剂，用低富集度二氧化铀制成芯块，装入锆合金包壳中作为燃料。据统计，当今核电站的80%为压水堆，我国秦山一期和大亚湾核电站均属此类。秦山二期工程、广东核电站及正在建设中的大连红沿河核电站也都采用压水堆型。

3）重水堆(PHWR)

重水堆是以天然铀作为燃料，以重水作为慢化剂的堆型，它是加拿大重点发展的堆型，以坎都(CAN－QL)型为代表。重水堆采用天然铀为燃料。

4）快中子堆(FBR)

快中子堆(简称“快堆”)就是钠冷却快中子增殖反应堆，其独特之处在于利用快中子实现核裂变及增殖。相比之下，石墨气冷堆、轻水堆和重水堆等，都是热中子堆。对每次裂变而言，快堆的中子产额高于热中子堆，并且所有结构材料对快中子的吸收截面小于对热中子的吸收截面，这就是快堆能够实现核燃料增殖的关键所在。

钠冷快堆用金属钠作为冷却剂。钠在 97.8 ℃时熔化、883 ℃时沸腾。它具有高于大多数金属的比热容和良好的导热性能，而且价格较低，适合用作反应堆的冷却剂。

不同类型的核反应堆所构成的核电站系统与设备存在较大的差异。以压水堆为例，核电站主要由核反应堆、一回路系统、二回路系统以及其他辅助系统组成。核反应堆是核电站动力装置的重要设备，同时，由于反应堆内进行的是裂变反应，因此它又是放射性的发源地。一回路系统由反应堆、主循环泵、稳压器、蒸汽发生器(热交换器)和相应的管道、阀门及其他辅助设备组成，它形成一个密闭的循环回路，将核裂变所释放的热量以水蒸气的形式带出。二回路系统是将蒸汽的热能转化为电能的装置，并在停机或事故情况下，保证核蒸汽系统的冷却。辅助系统的主要作用是保证反应堆和回路系统能正常运行，为可能发生的重大事故提供必要的安全保护措施，以防止放射性物质的扩散。

核电阀门作为核电站中不可或缺的水压设备，广泛连接着整个核电站的 300 余个系统。核电阀门不仅是核电站中使用数量较多的介质输送控制设备，更是核电站安全运行的关键组件和附件。核电用阀门一般包括闸阀、截止阀、止回阀、蝶阀、安全阀、主蒸汽隔离阀、球阀、隔膜阀、减压阀和控制阀等。具有代表性阀门的最高技术参数为：最大流通直径 DN 1 200(核 3 级的蝶阀)、DN 800(核 2 级的主蒸汽隔离阀)、DN 350(核 1 级的主回路闸阀)，最高压力约 Class 1 500[①]，最高温度约 350 ℃，介质主要为冷却剂(硼化水)等。核电阀门是指在核电站中核岛 NI、常规岛 CI 和电站辅助设施 BOP 系统中使用的阀门。

① Class 是一个用于表示阀门和法兰等管道元件承压能力的等级制度，主要在美国等国家广泛使用。而在我国，通常使用 MPa(兆帕)或 PN(公称压力)来表示类似的承压能力。在常温下，一个近似的换算可能是，Class 1 500 对应大约 25 MPa 的压力。

从安全级别上分为核安全Ⅰ级、Ⅱ级、Ⅲ级和非核级，其中核安全Ⅰ级要求最高。

随着核工业的发展，在核电站的建设中，对设备大型化、高参数、高性能、可靠性及安全性的要求越来越高。国内机组容量主要向 80 万千瓦、90 万千瓦及 100 万千瓦方向发展，这就要求核电阀门也能适应这种发展趋势。核电阀门除满足一般阀门应具备的良好密封性能、强度性能、流通性能（包括调节性能）及可靠的动作性能外，还应满足核电阀门的高使用寿命（40 年设计寿命），具有不允许任何外漏及抗放射辐照和紧急情况处理等功能。

2.1　核电厂常用阀门种类及选用方法

本节介绍核电厂常用阀门分类、编制方法、标准、结构类型、用途、选用方法。

2.1.1　核电阀门的分类

阀门按其安全功能确定相应的核安全等级，对阀门进行合理的安全分级，能保证阀门的质量与阀门在安全运行中所起的作用相适应[3-4]。在制定阀门核安全等级的基础上，规定其设计制造要求，即设计制造规范等级、抗震要求及质量保证要求。核级阀门分为 3 个规范等级（由高到低分别为规范 1 级、规范 2 级和规范 3 级）以及 1 个 NCh 级①。

核 1 级阀门是指核安全设备安全等级（按 RCC－P 或 ASME 标准规定的安全等级）为 1 级的阀门设备，按其在核岛中的使用位置又分为安全壳内阀门和安全壳外阀门，安全壳内的核 1 级阀门要求高于安全壳外的核 1 级阀门。核 2 级阀门是指核安全设备安全等级（按 RCC－P 或 ASME 标准规定的安全等级）为 2 级的阀门设备。核 3 级阀门是指核安全设备安全等级（按 RCC－P 或 ASME 标准规定的安全等级）为 3 级的阀门设备。非核级阀门 NCh 级是指在核岛中无核级要求，但在常规岛及其他辅助系统中使用的阀门。

2.1.2　核电阀门的型号编制方法

核电用阀门的型号编制方法在核电行业标准 EJ/T 1022.10—1996《压水

① NCh 级是核电设备在特定国家（如智利）或地区标准体系中的一个分类或等级，而非全球通用的标准或等级体系。

堆核电厂阀门型号编制方法》中进行了详细规定，它在 JB/T 308—2004《阀门型号编制方法》和 JB/T 4018—1999《电站阀门型号编制方法》的基础上，增加了有关核电阀门的一些特定参数组合。

1) 阀门型号的组成

核电阀门型号由 10 个单元顺序组成，见表 2-1。

表 2-1　阀门型号的组成

序　号	代　　号	序　号	代　　号
1	核安全级别代号	6	与管道连接类型代号
2	相对安全壳的安装位置代号	7	结构类型代号
3	抗震要求代号	8	密封面或衬里材料代号
4	阀门类型代号	9	公称压力代号
5	传动方式代号	10	阀体材料代号

注：8 与 9 之间用“—”连接。

(1) 阀门核安全级别代号，见表 2-2。

表 2-2　阀门核安全级别代号

阀门核安全级别	代　号	阀门核安全级别	代　号
核安全 1 级	N_1	核安全 3 级	N_3
核安全 2 级	N_2	非核安全级	NC

(2) 阀门相对安全壳的安装位置代号，见表 2-3。

表 2-3　阀门相对安全壳的安装位置代号

阀门相对安全壳的安装位置	代　号	阀门相对安全壳的安装位置	代　号
安全壳内	C	安全壳外	不加注明

(3) 阀门抗震要求代号，见表 2-4。

表 2-4　阀门抗震要求代号

阀门抗震要求	代　号	阀门抗震要求	代　号
运行安全地震动(SL_1)	0	无抗震要求	不加注明
极限安全地震动(SL_2)	S		

注：运行安全地震动(SL_1)亦可称为运行基准地震(OBE)，极限安全地震动(SL_2)亦可称为安全停堆地震(SSE)。

(4) 阀门类型代号，见表 2-5。

表 2-5　阀门类型代号

阀门类型	代　号	阀门类型	代　号
闸阀	Z	旋塞阀	X
截止阀	J	止回阀	H
节流阀	L	安全阀	A
球阀	Q	减压阀	Y
蝶阀	D	疏水阀	S
隔膜阀	G		

注：带波纹管的阀门和带中间引漏的阀门在类型代号前分别加注字母“W”和“E”。

(5) 阀门传动方式代号，见表 2-6。

表 2-6　阀门传动方式代号

传动方式	代　号	传动方式	代　号
电磁动	O	液动	7
蜗轮	3	气液动	8
正齿轮	4	电动	9
伞齿轮	5	防爆电动	9_B
气动	6	远距离操纵	Os

注：用手轮或手柄直接传动，以及安全阀、减压阀、止回阀、疏水阀等自动阀门可省略本代号。

(6) 阀门与管道的连接类型代号,见表 2-7。

表 2-7　阀门与管道的连接类型代号

与管道连接类型	代　号	与管道连接类型	代　号
内螺纹	1	对夹	7
外螺纹	2	卡箍	8
法兰	4	卡套	9
焊接(对焊和承插焊)	6		

(7) 阀门结构类型代号,见表 2-8。

表 2-8　阀门结构类型代号

阀类	结 构 类 型	代号	阀类	结 构 类 型	代号
闸阀	明杆楔式弹性闸板	0	截止阀	直通式	1
	明杆楔式单闸板	1		角式	4
	明杆楔式双闸板	2		平衡直通式	6
	明杆平行式单闸板	3		平衡角式	7
	平行明杆式双闸板	4		Y形	8
节流阀	直通式	1	减压阀	薄膜式	1
	角式	4		弹簧薄膜式	2
	直接式	5		活塞式	3
	平衡直通式	6		波纹管式	4
	平衡角式	7		杠杆式	5
蝶阀	杠杆式	0	隔膜阀	屋脊式	1
	垂直板式	1		截止式	3
	斜板式	3		闸板式	7

（续表）

阀类	结构类型	代号	阀类	结构类型	代号
球阀	浮动直通式	1	止回阀	直通升降式	1
	L形浮动三通式	4		垂直升降式	2
	T形浮动三通式	5		旋启式	4
	固定直通式	7		动力驱动旋启式	8
旋塞阀	填料直通式	3	安全阀	弹簧封闭微启式	1
	填料T形三通式	4		弹簧封闭全启式	2
	填料四通式	5		弹簧封闭带扳手全启式	4
疏水阀	浮球式	1		弹簧不封闭带扳手微启式	7
	钟形浮子式	5		弹簧不封闭带扳手全启式	8
	脉冲式	8		先导式	9
	热动力式	9			

(8) 阀座密封面或衬里材料代号，见表2-9。

表2-9 阀座密封面或衬里材料代号

阀座密封面或衬里材料	代 号	阀座密封面或衬里材料	代 号
铜合金	T	氟塑料	F
合金钢或不锈钢	H	硬质合金	Y
橡胶	X		

注：由阀体直接加工的阀座密封面材料代号用字母“W”表示，当阀座和阀瓣(闸板)密封面材料不同时，用低硬度材料代号表示(隔膜阀除外)。

(9) 阀体材料代号，见表2-10。

表 2-10　阀体材料代号

阀体材料	代　号	阀体材料	代　号
碳钢	C	不锈耐酸钢	P
低合金钢	V		

(10) 压力级代号，用 NB/T 20010.1 规定的以 MPa 计的压力数值乘以 10 表示，非 NB/T 20010.1 规定的以 MPa 计的压力数值为非标准的压力值。大多数阀门制造厂家采用以下方法表示：若压力以 MPa 计的压力数值表示，则仍用该数值乘以 10 表示；如采用磅级(Class)表示，则用磅级值加上角标“#”表示。

阀门型号编制示例：安全 2 级，安装于安全壳内，按极限安全地震动(SL_2)要求的电动直通式截止阀，密封面堆焊硬质合金，阀体材料为奥氏体不锈钢，与管道焊接连接，压力级为 PN 250，则型号表示为 N_2CSJ961Y-250P。若上述压力级为 1 525 磅级，则型号表示为 N_2CSJ961Y-1525$^{\#}$P。

阀门的名称按传动方式、连接形式、结构形式、衬里材料、驱动方式和类型命名。

2) RIN 编码

阀门的标志编码即“RIN”码，包括 3 个特征组，第三组表示阀门的特殊要求。阀门的标志编码组成见表 2-11。

表 2-11　阀门的标志编码

第一组						第二组	第三组	
1	2	3	4	5	6	DN	本体特征	阀门特征
阀门类型	阀体材料	压力等级	密封副材料	连接形式	RCC-M 等	公称尺寸		

(1) 第一组：由 6 个字母组成，表示 6 个特征。

代码第一个字母表示阀门类型，见表 2-12。

表 2－12　阀门类型代码

<table>
<tr><th colspan="2">阀门类型</th><th>代码</th><th colspan="2">阀门类型</th><th>代码</th></tr>
<tr><td rowspan="8">关断阀</td><td>弹性闸板闸阀</td><td>C</td><td rowspan="8">控制阀</td><td>旋转型控制阀</td><td>Z</td></tr>
<tr><td>楔式双闸板闸阀</td><td>K</td><td>截止型控制阀(线性特性)</td><td>R</td></tr>
<tr><td>带弹簧平行座闸阀</td><td>V</td><td>截止型控制阀(等百分比特性)</td><td>Y</td></tr>
<tr><td>带楔块双闸板平行座闸阀</td><td>W</td><td>针形阀</td><td>U</td></tr>
<tr><td>蝶阀</td><td>P</td><td>减压阀</td><td>I</td></tr>
<tr><td>截止阀</td><td>S</td><td>背压控制阀</td><td>Q</td></tr>
<tr><td>隔膜阀</td><td>M</td><td>蝶式控制阀</td><td>B</td></tr>
<tr><td>球阀</td><td>T</td><td>笼式控制阀</td><td>A</td></tr>
<tr><td rowspan="4">止回阀</td><td>旋启式止回阀</td><td>N</td><td rowspan="4">泄压装置、安全阀</td><td>泄放压力到封闭系统的安全阀</td><td>E</td></tr>
<tr><td>升降式止回阀</td><td>H</td><td>泄放压力到空气中的安全阀</td><td>L</td></tr>
<tr><td>球形止回阀</td><td>O</td><td>疏水阀</td><td>F</td></tr>
<tr><td>消声止回阀</td><td>D</td><td>其他</td><td>X</td></tr>
</table>

代码第二个字母表示阀体材料，见表 2－13。

表 2－13　阀体材料代码

<table>
<tr><th colspan="2">阀体材料</th><th>代码</th><th colspan="2">阀体材料</th><th>代码</th></tr>
<tr><td colspan="2">非合金或低合金钢</td><td>A</td><td colspan="2">(0.5%～1.25%)Cr，0.5%Mo 钢</td><td>C</td></tr>
<tr><td colspan="2">2.25%Cr，1%Mo 钢</td><td>K</td><td>Z2CN18－10</td><td>304L</td><td>M</td></tr>
<tr><td>Z2CND17－12</td><td>316L</td><td>N</td><td>Z8CNT18－11</td><td>321</td><td>H</td></tr>
</table>

（续表）

<table>
<tr><th colspan="2">阀 体 材 料</th><th>代码</th><th colspan="2">阀 体 材 料</th><th>代码</th></tr>
<tr><td>Z6CN18 - 10</td><td rowspan="3">304</td><td rowspan="3">I</td><td>Z8CNNb18 - 11</td><td>347</td><td rowspan="3">H</td></tr>
<tr><td>Z5CN18 - 10</td><td colspan="2">Z8CNDT18 - 12</td></tr>
<tr><td>Z2CN19 - 10NS</td><td colspan="2">Z8CNDNb18 - 12</td></tr>
<tr><td>Z6CND17 - 12</td><td rowspan="3">316</td><td rowspan="3">J</td><td colspan="2">高温特殊用钢</td><td>Y</td></tr>
<tr><td>Z5CND17 - 12</td><td colspan="2">青铜</td><td>B</td></tr>
<tr><td>Z2CND18 - 12NS</td><td colspan="2">黄铜</td><td>L</td></tr>
<tr><td colspan="2">塑料</td><td>S</td><td colspan="2">铅</td><td>P</td></tr>
<tr><td colspan="2">其他</td><td>X</td><td colspan="2"></td><td></td></tr>
</table>

代码第三个字母表示压力额定值，见表 2 - 14。

表 2 - 14　压力额定值代码

压力额定值(磅级)	代　码	压力额定值/bar	代　码
2 500	V	16(20 ℃)	C
1 500	U	10(20 ℃)	B
900	T	6(20 ℃)	A
600	S	中间压力级	X
400	R		
300	P		
150	N		

注：① 在使用压力额定值时，应确保参考相关的标准或规范（如 RCCM 表 B/C3531 和 D3520），以了解每种材料的温度-压力额定值（金属材料）的具体要求。② RCC - M 非核级与核 3 级压力额定值相同。

代码第四个字母表示密封副材料，见表 2 - 15。

表 2－15　阀座与阀瓣密封副材料代码

阀座密封面材料	阀瓣密封面材料	代　码	阀座密封面材料	阀瓣密封面材料	代　码
同阀体	同阀体	A	青铜	青铜	B
同阀体	青铜	C	黄铜	黄铜	L
同阀体	不锈钢	D	司太立合金	不锈钢	P
同阀体	黄铜	E	司太立合金	司太立合金	S
同阀体	橡胶	F	司太立合金	特殊材料	U
同阀体	司太立合金	G	橡胶	同阀体	R
同阀体	特氟隆	H	橡胶	不锈钢	O
同阀体	特殊材料	J	橡胶	青铜	M
不锈钢	不锈钢	I	特殊材料	不锈钢	V
不锈钢	司太立合金	K	特殊材料	司太立合金	W
不锈钢	特氟隆	Y	特殊材料	特殊材料	X
不锈钢	特殊材料	Q	特氟隆	不锈钢	Z
不锈钢	橡胶	N			

代码第五个字母表示连接形式，见表 2－16。

表 2－16　阀门连接端形式代码

连接形式	代　码	连接形式	代　码
法兰	B	螺纹连接	T
法兰＋密封焊	J	承插焊	W
对焊	S	特殊连接	X

代码第六个字母表示核安全级别，见表 2－17。

表 2-17　核安全级别代码

规范等级	代　码	规范等级	代　码
RCC-M 核 1 级	A	可靠性(常规阀 F1)	F
RCC-M 核 2 级	B	可靠性(常规阀 F2)	G
RCC-M 核 3 级	C	可靠性(常规阀 F3)	H
RCC-M 核 1 级 安全壳隔离阀	I	RCC-M 核 2 级 安全壳隔离阀	J

(2) 第二组：公称尺寸 DN，表示阀门的公称直径。

(3) 第三组：阀门的特征，由一个或多个字母组成，用来表示特殊要求的阀门特征，见表 2-18。

表 2-18　阀门特征代码

本体特征		阀门特征	
特　　征	代　码	特　　征	代　码
缩径	N	Y 形阀体	P
真空填料装置，带密封脂	V	截止止回阀	K
真空填料装置，液体 压力密封结构	W	电动装置	A
带引漏的填料函	R	故障开气动阀	J
波纹管式阀杆密封	S	故障关气动阀	F
非金属弹性材料隔膜	D	事故时用气动阀	E
金属隔膜	L	故障开液动装置	U
其他特征	X	故障关液动装置	C
气封和水封填料	M	带旁通	Z
闸板(阀瓣)泄压孔	T	三通或多通阀	H

（续表）

本体特征		阀门特征	
特　征	代　码	特　征	代　码
		双瓣止回阀	O
		远程控制操作装置	Y
		限位开关	G

阀门的标志编码 RIN 码标记示例：CJNSSJ0350 - AYG。

（1）阀类 C——弹性闸板闸阀；

（2）阀体材料 J——Z6CND17 - 12；

（3）压力等级 N——150 磅级；

（4）密封副材料 S——堆焊司太立硬质合金；

（5）阀门连接形式 S——对焊；

（6）RCCM 等级 J——核 2 级安全壳隔离阀；

（7）公称尺寸——DN350；

（8）阀门特殊要求特征，A——电动执行机构，Y——远距离操纵，G——带限位开关。

2.1.3　核电站阀门的标准

1）核电阀门的行业标准

我国尚未制定核电阀门方面的国家标准，但核工业行业制定了一系列阀门方面的标准（表 2 - 19）。

表 2 - 19　核工业行业阀门相关标准

标 准 编 号	中 文 名 称	标准状态	被代替标准
NB/T 20010.1—2010	压水堆核电厂阀门　第 1 部分：设计制造通则	有效	EJ/T 1022.1—1996
NB/T 20010.2—2010	压水堆核电厂阀门　第 2 部分：碳素钢铸件技术条件	有效	EJ/T 1022.2—1996

（续表）

标准编号	中文名称	标准状态	被代替标准
NB/T 20010.3—2010	压水堆核电厂阀门　第3部分：不锈钢铸件技术条件	有效	EJ/T 1022.3—1996
NB/T 20010.4—2010	压水堆核电厂阀门　第4部分：碳素钢锻件技术条件	有效	EJ/T 1022.4—1996
NB/T 20010.5—2010	压水堆核电厂阀门　第5部分：奥氏体不锈钢锻件技术条件	有效	EJ/T 1022.5—1996
NB/T 20010.6—2010	压水堆核电厂阀门　第6部分：紧固件技术条件	有效	
NB/T 20010.7—2010	压水堆核电厂阀门　第7部分：包装、运输和贮存	有效	EJ/T 1022.7—1996
NB/T 20010.8—2010	压水堆核电厂阀门　第8部分：安装和维修技术条件	有效	EJ/T 1022.8—1996
NB/T 20010.9—2010	压水堆核电厂阀门　第9部分：产品出厂检查与试验	有效	EJ/T 1022.9—1996
NB/T 20010.10—2010	压水堆核电厂阀门　第10部分：应力分析和抗震分析	有效	EJ/T 1022.14—1996
NB/T 20010.11—2010	压水堆核电厂阀门　第11部分：电动装置	有效	EJ/T 1022.11—1996
NB/T 20010.12—2010	压水堆核电厂阀门　第12部分：气动装置	有效	EJ/T 1022.12—1996
NB/T 20010.13—2010	压水堆核电厂阀门　第13部分：核用非核级阀门技术条件	有效	EJ/T 1022.16—1996
NB/T 20010.14—2010	压水堆核电厂阀门　第14部分：柔性石墨填料技术条件	有效	
NB/T 20010.15—2010	压水堆核电厂阀门　第15部分：柔性石墨金属缠绕垫片技术条件	有效	
EJ/T 1022.6—1996	压水堆核电厂阀门焊接与焊缝验收		

（续表）

标 准 编 号	中 文 名 称	标准状态	被代替标准
EJ/T 1022.10—1996	压水堆核电厂阀门型号编制方法		
EJ/T 1022.13—1996	压水准核电厂阀门操纵系统		
EJ/T 1022.15—1996	压水堆核电厂阀门抗震鉴定试验		
EJ/T 1022.17—1996	压水堆核电厂阀门表面处理通用技术条件	有效	
EJ/T 1022.18—1996	压水堆核电厂阀门产品清洗规则	有效	

2）与核电阀门相关的国家标准和相关行业常用标准

EJ/T 1012—1996《压水堆核电厂核岛机械设备制造规范》；

EJ/T 1027.1～1027.19—1996《压水堆核电厂核岛机械设备焊接规范》；

GB/T 12220—1989《通用阀门　标志》；

GB/T 12221—2005《金属阀门　结构长度》；

GB/T 12222—2023《多回转阀门驱动装置的连接》；

GB/T 12223—2023《部分回转阀门驱动装置的连接》；

GB/T 12224—2015《钢制阀门　一般要求》；

GB/T 12234—2019《石油、天然气工业用螺柱连接阀盖的钢制闸阀》；

GB/T 12235—2007《石油、石化及相关工业用钢制裁止阀和升降式止回阀》；

GB/T 12236—2008《石油、化工及相关工业用的钢制旋启式止回阀》；

GB/T 12237—2021《石油、石化及相关工业用钢制球阀》；

GB/T 12238—2008《法兰和对夹连接弹性密封蝶阀》；

GB/T 12239—2008《工业阀门　金属隔膜阀》；

GB/T 12241—2021《安全阀　一般要求》；

GB/T 12243—2021《弹簧直接载荷式安全阀》；

GB/T 12244—2006《减压阀　一般要求》；

GB/T 12245—2006《减压阀　性能试验方法》；

GB/T 12246—2006《先导式减压阀》;

JB/T 1751—1992《阀门结构要素承插焊连接和配管端部尺寸》。

3) 国际标准

目前,核电阀门采用的国际标准有:

RCC - M—2000《压水堆核岛机械设备设计和建造规则》;

RCC - MR《快中子增殖堆核岛机械设备设计和建造规则》;

IEEE STD 382《核电厂安全级阀门驱动装置的鉴定标准》;

ASME QME - 1—2002《核电厂能动机械设备鉴定》;

ASME NQA - 1—2004《核设施质量保证要求》;

ASME B16.34《法兰、螺纹和焊接连接的阀门》;

ASME BPVC Ⅲ《核设施部件建造规则》。

4) 法律法规

中华人民共和国国务院令第 500 号《民用核安全设备监督管理条例》;

HAF 601《民用核安全设备设计制造安装和无损检验监督管理规定》;

HAF 602《民用核安全设备无损检验人员资格管理规定》;

HAF 603《民用核安全设备焊工焊接操作工资格管理规定》;

HAF 604《进口民用核安全设备监督管理规定》。

2.1.4 核电阀门的结构类型和用途

1) 核电阀门工作条件

阀门在核动力装置上的所有回路、管道、动力设备、储存缸、各种容器和水池,以及与传送液体和气体介质有关的系统上均有配置[5]。装置的功率越大、管道直径越大,介质的压力和温度越高,阀门在这些系统上的作用就越发重要,由阀门故障引起的后果也更严重。因此,阀门的质量和可靠性在很大程度上决定着整个核动力装置工作的可靠性。考虑核电阀门运行工况的复杂性及环境条件的特殊性,对于核电机组的稳定运行,要求核电阀门除了能经受辐射、失水、抗震等要求外,还要求其具有密封可靠、动作性能稳定、使用寿命保证在 40 年以上等性能。

核电阀门可安装在一回路的稳压系统、水净化系统、反应堆补水系统和事故冷却系统、排污系统、除气和抽气系统、燃料运输和储存系统等。其输送的介质主要为反应堆冷却剂、含硼水、除盐水、海水、冷凝水、重水、饱和蒸汽、空气、氮气、氦气、氢气、二氧化碳、氢氧化钠溶液、硝酸溶液、硼酸、液态金属钠等各种流体介质。

2）闸阀

闸阀在核电站使用比较广泛，主要有楔式弹性单闸板闸阀、楔式双闸板闸阀、带弹簧预紧的平行式双闸板闸阀（V 形闸阀）和带楔块撑开的平行式双闸板闸阀（W 形闸阀）4 种结构（见图 2－1、图 2－2）。

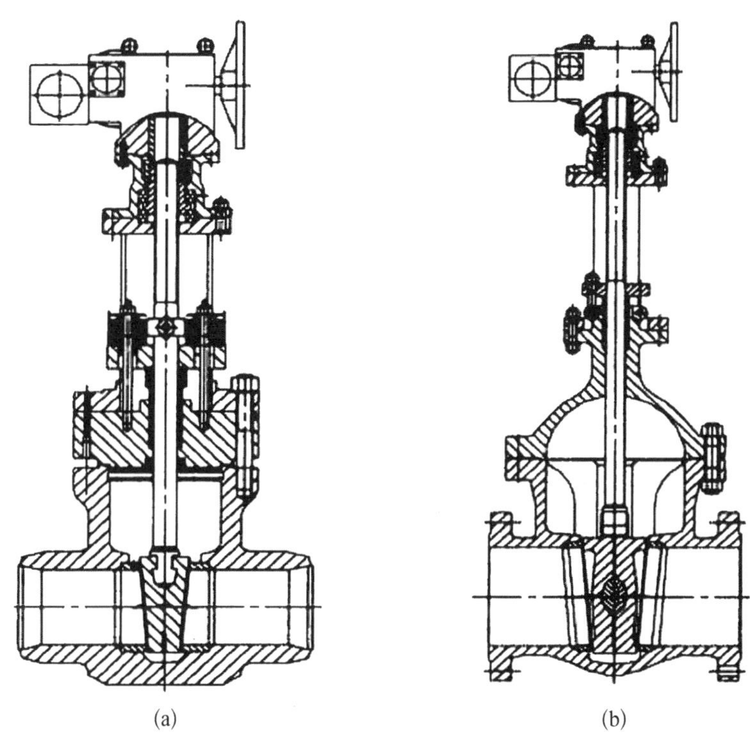

图 2－1　楔式闸阀

（a）楔式弹性单闸板闸阀；（b）楔式双闸板闸阀

闸阀的公称尺寸一般都在 DN 80 以上，核 1 级闸阀主体材料通常采用锻件，核 2、3 级的闸阀主体材料有铸件或锻件，但铸件质量不易控制和保证，因此通常也采用锻件。为防止介质外漏，填料函部位采用双层填料带引漏管结构，并设有碟簧预紧装置来防止填料松动。

电动闸阀的电动装置在设计时应考虑电动机的转动惯性对关闭力的影响，因此，应采用带制动功能的电动机以防过载。电动闸阀的阀杆螺母设计不应与电动装置直接一体化设计，而应保持相对独立性。在不拆卸阀杆的情况下，能够独立拆卸阀杆螺母，从而简化维护和检修工作。

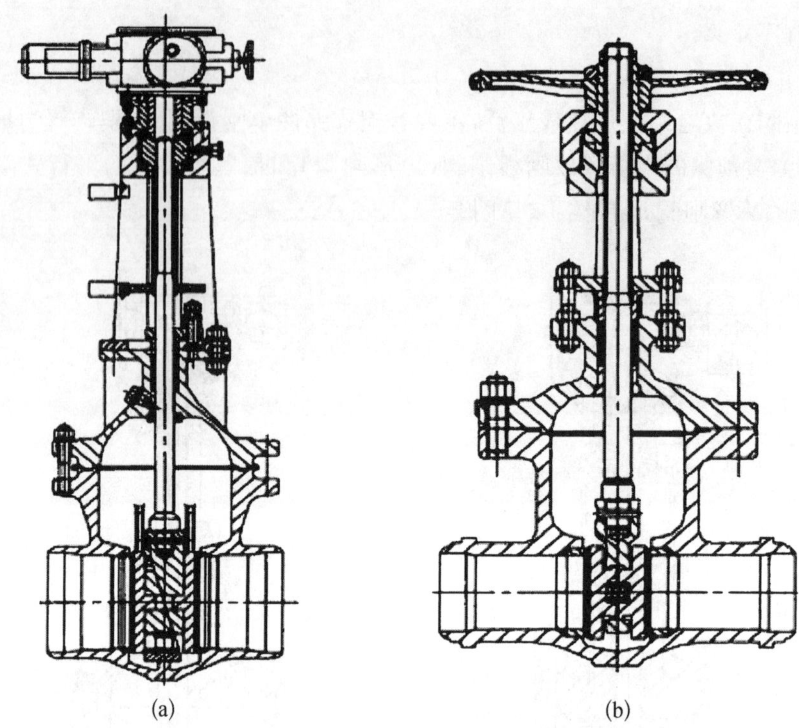

图 2-2 平行式双闸板闸阀

(a) W 形闸阀；(b) V 形闸阀

阀体与阀盖的连接有法兰连接和压力自密封两种形式，但法兰连接的应用更广泛。在两法兰之间须加一道唇边密封焊以提高密封的可靠性。

闸阀结构不同，因此性能也不同。楔式弹性单闸板闸阀密封副结构简单，但闸板与阀体的密封面配合角度误差要求严格，在主回路系统应用较广泛。楔式双闸板闸阀结构也是核电站常用的结构形式，楔形双板角度可自行调节，密封较为可靠，维修也较方便。带弹簧预紧的平行式双闸板闸阀（V 形闸阀）具有闸板在关闭时载荷不会陡增的优点，但弹簧力使闸板在启闭时始终不能脱离阀座，密封面相对磨损较大，同时闸板密封副零件多，组装不便。带楔块撑开的平行式双闸板闸阀（W 形闸阀）是靠楔块使两闸板沿斜面错开的方法来确保闸阀关紧，密封比较可靠，但也存在闸板密封副零件多的问题。

除了上述闸阀结构外，还有两种无填料函的闸阀。一种是国外报道的液压驱动的闸阀，借助自身压力水推动活塞开启或关闭阀门，由于活塞通过阀杆直接与闸板相连，没有填料密封，可以避免介质外漏，但活塞与缸体的密封不易达到零泄漏，因此需在控制系统中采取措施保持压力的稳定。另一种是我国自行设计研制的全封闭型电动闸阀（图 2－3），该阀采用了特制的屏闭式电动机，通过浸水工作的内行星减速机构使闸板做启闭运动，公称尺寸为 DN（15～800）、工作压力为 PN（25～450）、工作温度为 200～500 ℃；由于采用了滚动丝杠副，而且无填料，因此减少了能耗，对保证运行安全和简化维护保养都有良好的效果。这两种闸阀的缺点是结构较复杂，加工制造难度大，造价成本高。

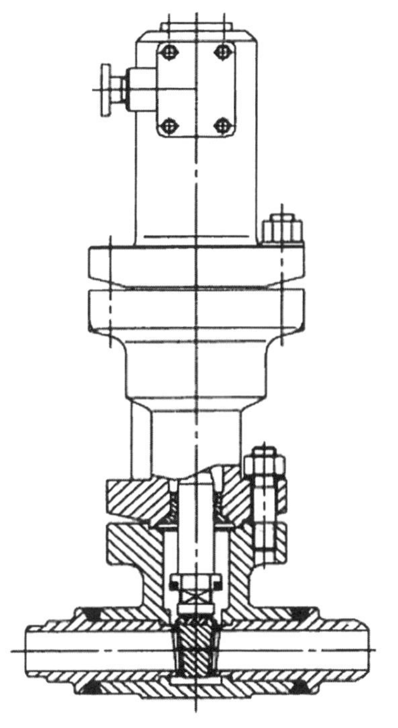

图 2－3　全封闭型电动闸阀

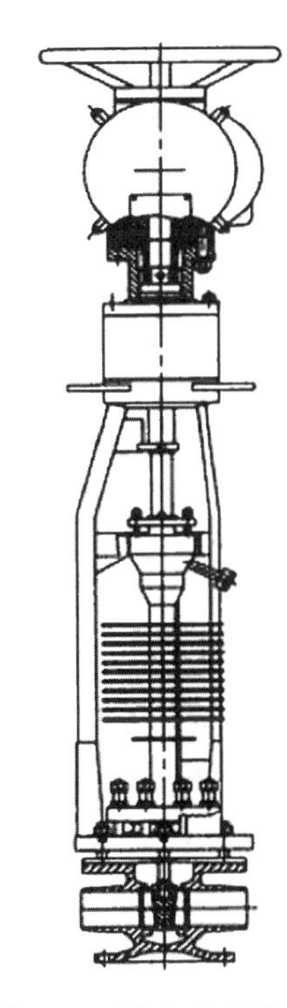

图 2－4　冷冻密封钠闸阀

快中子增殖反应堆一、二回路及其辅助系统、钠工艺系统、钠净化系统等回路中应用的冷冻密封钠闸阀（图 2－4），利用液态金属钠随着温度的下降其黏度增加的特性，在阀盖与填料函之间加散热片，以自然对流方式用空气冷却冷冻固化段，降低该部位介质的温度，从而达到密封的效果。

3）截止阀

截止阀是一种常用的截断阀，主要用来连通或截断管路中的介质，一般不用于调节流量。与闸阀相比，截止阀结构简单，制造与维修方便，开启或关闭行程短，在核电站中应用广泛。但流体通过截止阀时有方向的改变，所以阻力较大，不适用于黏度大、含有悬浮物质和易结晶物料的管路，也不宜作为放空阀及低真空系统的阀门。

截止阀适用压力、温度范围很大，一般用于中、小流通直径的管道。截止阀关闭件（阀瓣）沿阀座中心线移动，其阀座通口的变化与阀瓣行程之间呈正比例关系。用于核电站的截止阀通常有3种结构，即填料式截止阀、波纹管式截止阀和金属膜片式截止阀。截止阀阀体大多采用模锻工艺成型，进出口流道加工成带有斜度的直孔结构，因此流体阻力较大。

截止阀驱动方式一般为手动和气动（图2-5），采用气动时应考虑行程和力矩控制的准确性。气动截止阀通过气动装置开关来控制阀杆的升降运动，气动装置上部设有手轮，在发生事故时（停电断气）切换为手动操作，气动装置执行机构通常采用膜片式（单膜片或双膜片），具备储存能量的特性，阀门在失去气源的情况下能够恢复到故障安全位置。

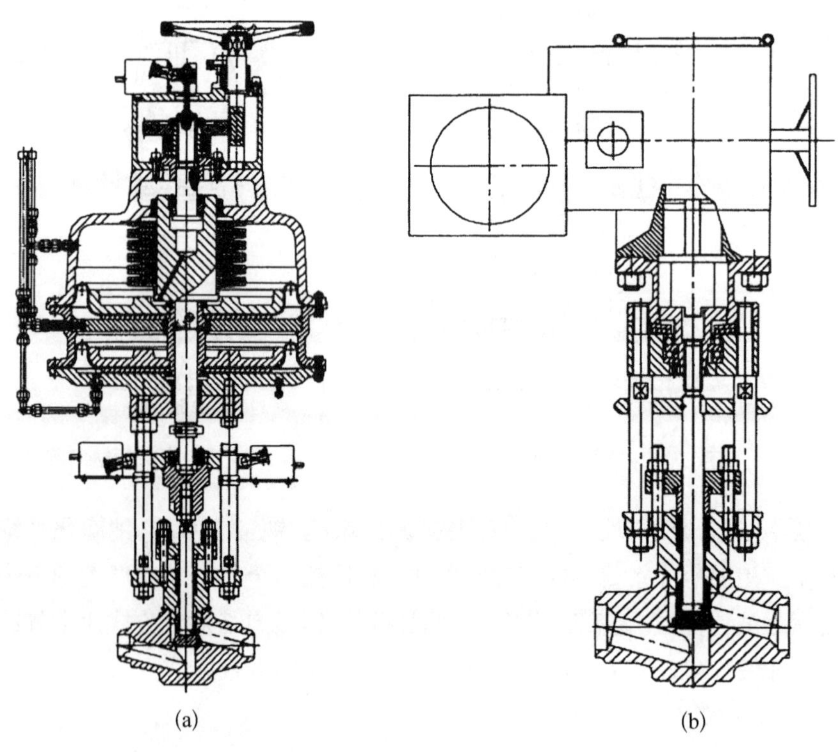

图2-5　截止阀

(a) 气动截止阀；(b) 手动截止阀

波纹管式截止阀(图2－6)采用波纹管作为第一道密封，以保证不发生外部泄漏，并备有填料函以保证波纹管一旦出现破坏时阀门尚可暂时工作，不会导致事故扩大。波纹管的设计通常采用双层结构，在高压环境下，会采用3层甚至多层结构。

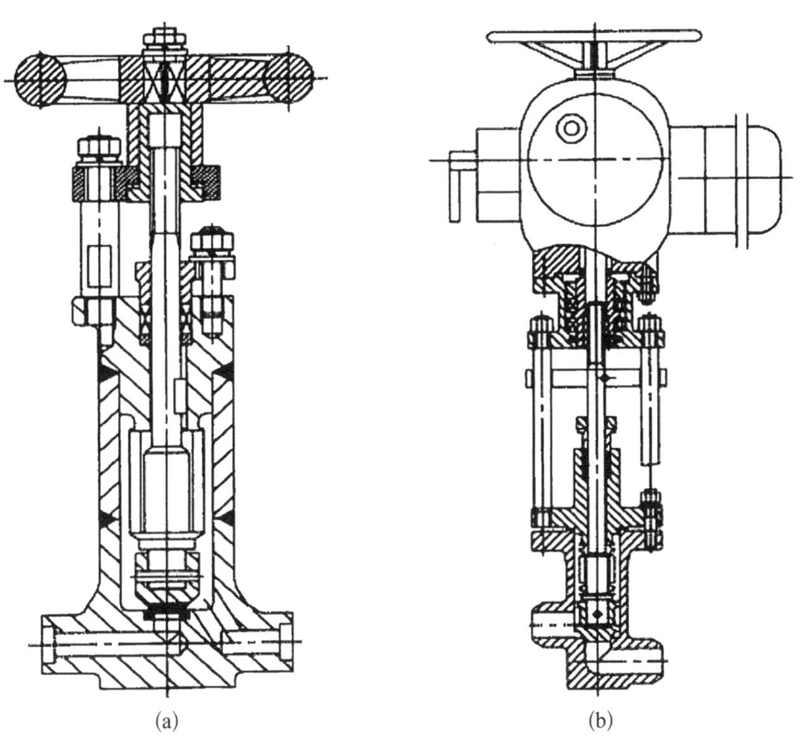

图2－6　波纹管式截止阀

(a) 手动波纹管式；(b) 气动波纹管式

用于快中子增殖反应堆的钠截止阀，由于其输送的液态金属钠是一种极活泼的金属元素，具有很高的反应活性，能直接与氧气、氢气、硫或水反应，产生可燃气体，因此钠截止阀密封可靠性要求极高，必须保证无任何外部泄漏现象发生。常见的钠截止阀有冷冻密封和波纹管密封两种结构形式(图2－7)。冷冻密封钠截止阀阀盖上设有散热片，通过空气自然对流方式使该部位的钠介质冷却固化实现密封。波纹管密封钠截止阀对外密封是依靠单层或多层不锈钢波纹管实现的，不锈钢波纹管的下端焊接在阀杆上，另一端焊接在阀盖上，填料函中编织石墨填料可实现二次对外密封；为探测因波纹管破裂导致的泄漏现象，在上述两道密封之间安装探测火花塞，当波纹管出现破裂事故时，及时报警维修。

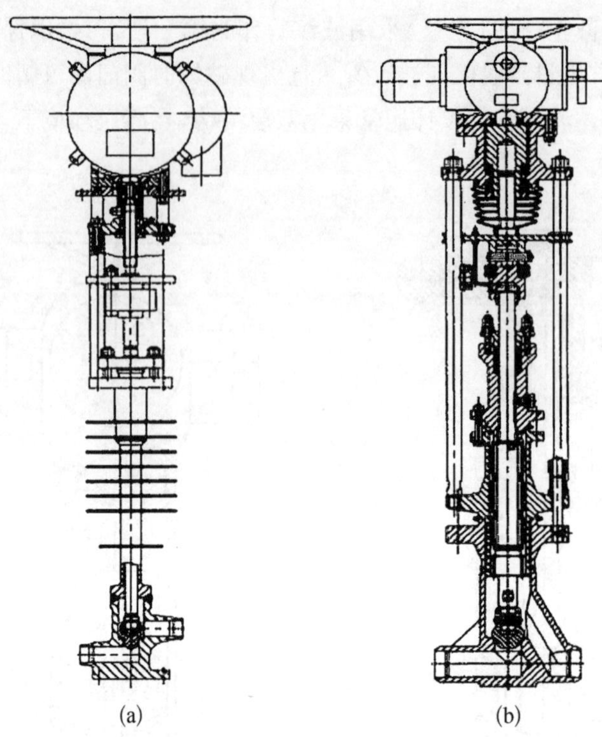

(a) (b)

图 2-7 钠截止阀

(a) 冷冻密封钠截止阀；(b) 波纹管密封钠截止阀

4）止回阀

止回阀在管路系统的主要作用是防止介质倒流、泵及驱动电动机反转以及容器介质的泄放，可分为旋启式止回阀(依重心旋转)、升降式止回阀(沿轴线移动)和双瓣式止回阀，按其特征又可分为平衡、角式和 Y 形止回阀。其技术参数范围如下：公称尺寸为 DN (15～1 500)，公称压力为 PN (20～700)，工作温度为 253～535 ℃。其中，用于一回路系统的止回阀主要是旋启式止回阀和升降式止回阀(图 2-8)。

旋启式止回阀的公称尺寸一般都在 DN 80 以上，为了消除可能形成的外漏，摇杆的销轴采用内装式固定在阀体内。

升降式止回阀的公称尺寸一般都在 DN 65 以下，升降式结构分为带弹簧和不带弹簧两种。带弹簧的结构复位可靠，能及时回座，但在小压差的工况下，由于流阻大，能耗增加，导致阀瓣不能完全开启而影响流量。不带弹簧的结构简单，但容易造成卡阻而不复位，因此必须注意阀瓣与阀盖内孔的配合间隙和导向长度，以及材料的合理匹配。

双瓣式止回阀一般较多用在核岛配套设施(BNI)的辅助系统(如设备冷却水等系统)中，与管道连接通常采用对夹式法兰。两块半圆形的阀板由扭力弹簧控制复位，开启时介质推动阀板回转向中轴线并靠后形成一定的夹角，从而使得流体阻力比旋启式和升降式止回阀小，公称尺寸为 DN (50～700)。

快中子增殖反应堆所使用的钠止回阀如图 2－8 所示。鉴于液态金属钠在温度低于 97.8 ℃时会从液态转变为固态，并容易与水、氧气等发生反应，产生可燃气体，所以当介质流经阀门后，应保证其体腔内尽可能没有钠介质残留。在设计上应确保体腔内表面光洁，阀体的拐角及连接处均采用圆角过渡设计，以降低流体的阻力。阀门的进出口端被设计成具有一定的落差，使整个体腔内呈流线型结构。

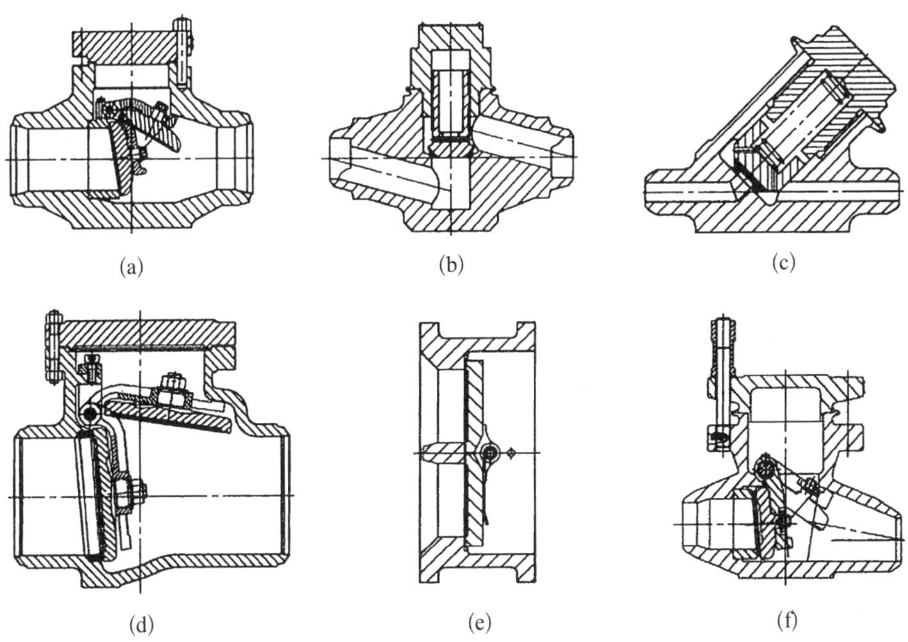

图 2－8　增殖反应堆用钠止回阀

(a) 旋启式止回阀；(b) 升降式止回阀；(c) Y 形升降式止回阀；(d) 高 C_v 值旋启式止回阀；(e) 双瓣式止回阀；(f) 钠止回阀

5) 蝶阀

核电站常规岛及核岛的冷却水源大多取自海水，温度接近常温，在冷却器出口的海水温度略有上升。为防止海洋微生物滋生，会在海水入口加入次氯酸,因此海水系统中的氯离子含量较高,这导致金属材料比在普通海水中更易腐蚀。海水系统中所使用的蝶阀多采用中线密封衬胶蝶阀(图 2-9)。阀体与海水接触部分全部采用衬胶处理(常用材料包括乙丙橡胶、丁腈橡胶或氯丁橡胶),与海水接触的其他零部件采用耐海水腐蚀的金属材料,也可以在这些零

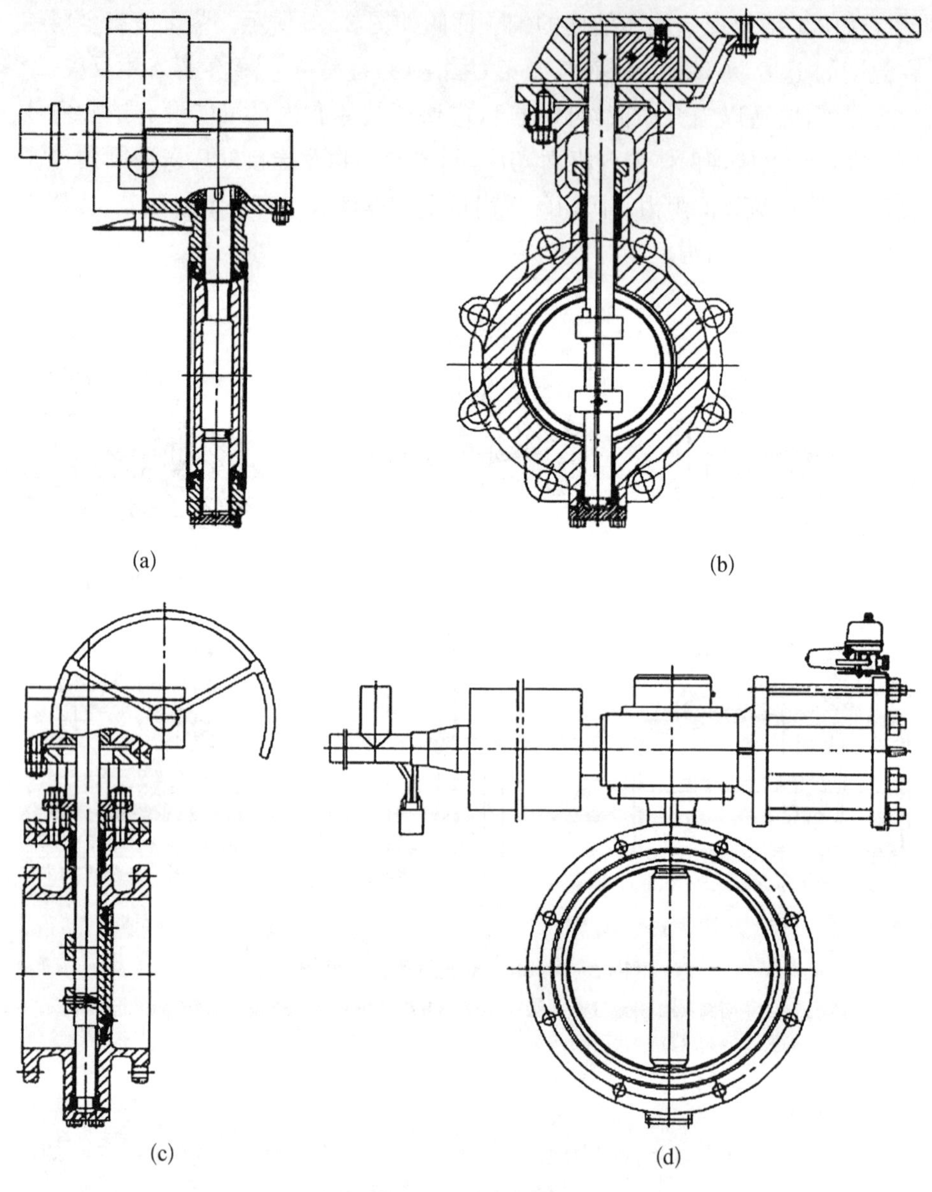

图 2-9　核级蝶阀

部件上涂 SEBF[①] 防腐涂料。衬胶蝶阀大多用于 BNI 管道中输送冷却水、生水和除盐水等介质的系统。由于采用的是橡胶软密封，压力低于 150 磅级，核安全级别一般为 3 级，通过手动（手柄）、蜗杆副、气动装置或电动装置等多种方式实现阀门的启闭或调节功能。

金属密封蝶阀则常用在安全壳内输送空气介质的系统中。偏心式结构蝶阀是依靠蝶板回转到最大偏心距时产生与阀体密封面的接触和压紧而实现关闭，由于存在相对摩擦，密封面容易磨损，而且对加工尺寸控制要求也较高。双动式蝶阀的结构借助凸轮机构使蝶板在回转前先脱离与阀体密封面的接触，然后再回转 90°，同时阀板上的密封面采用一种特殊的带内支承的金属 O 形环，具有自密封能力，配有带弹簧复位的气动装置，能可靠地实现紧急切断或排放介质的功能。

6) 安全阀

在核电厂的一回路上，安全阀一般安装在容积补偿器上，除了一回路的主安全阀外，在水冷反应堆的每个环路被封闭的部分，还安装了通径较小的附加安全阀。核电厂主要应用直接作用式安全阀（全启式和微启式）、先导式安全阀、带辅助装置的先导安全阀。公称直径一般为 DN（15～200），公称压力为 PN（20～700），工作温度为－253～535 ℃。

核电站用安全阀（图 2－10）主要有 3 种结构：波纹管密封弹簧式安全阀、带助动器的全启型弹簧式安全阀和带探测器的先导式安全阀。

波纹管密封弹簧式安全阀由于采用了波纹管密封结构，可防止介质进入阀瓣上部的阀杆和弹簧工作腔，当安全阀超压排放介质时，不会发生外漏现象。同时，为防止因波纹管偶然损坏造成的泄漏，上腔的外壁上还设有引漏管。阀门设有强制开启手柄，以备必要时使用；手柄的转轴设有填料密封函，以防止介质泄漏发生。阀门还设有调节圈来改变阀瓣的升程或回座。

带助动器的全启型弹簧式安全阀用于主蒸汽系统，该阀公称直径为 DN 200，采用上、下双调节圈来保证阀瓣达到全启升程。同时，为防止出现超压时卡阻和泄漏现象，阀门的上部还设有助动器，借助气源压力对薄膜的作用而产生的附加力提升或关严阀瓣，从而保证安全功能。

带探测器的先导式安全阀作为核岛（NI）中的核心设备，其首要任务是保护稳压器的安全。该安全阀不仅压力参数高、排量大，更主要的是介质是带放

① SEBF 是一种环保型中毒防腐耐磨涂料的代号，其主要成分为环氧化粉末。

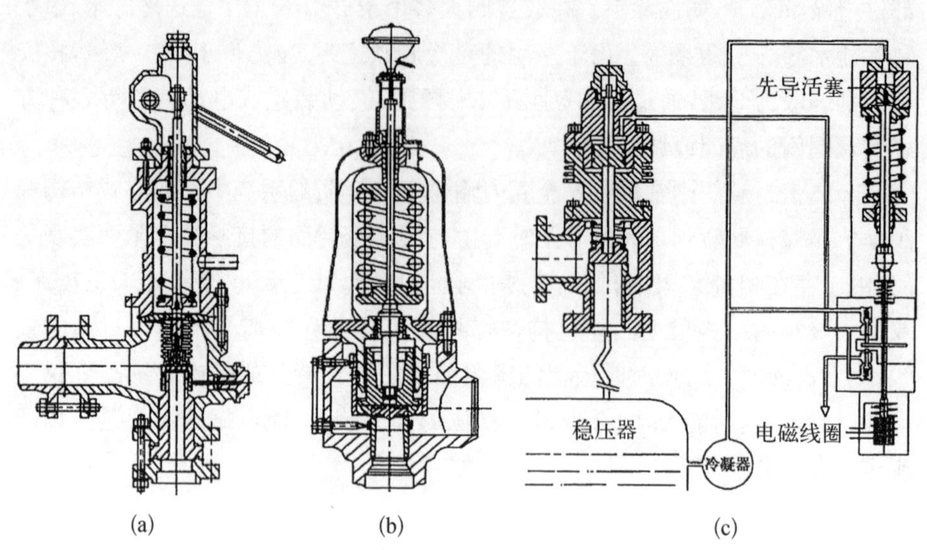

图 2-10　核电站用安全阀

(a) 波纹管密封弹簧式安全阀；(b) 带助动器的全启型弹簧式安全阀；(c) 带探测器的先导式安全阀

射性的冷却剂，这对其设计与运行提出了极高的要求。历史上，如美国三哩岛核电站泄漏事件正是由于主安全阀前的导阀起跳后阀瓣受卡阻，而未能及时回座，从而导致核泄漏事故。而带探测器的先导式安全阀，由于采用了探测器，根据压力变化与弹簧力之间的平衡，精确感知并改变位置，以控制释放和加充介质的两个触点，从结构上避免了卡阻问题。主阀采用的是具备弹簧预紧功能的正作用式阀瓣结构，并结合了波纹管密封技术，从而实现可靠的密封效果。该安全阀的公称直径为 DN 600，工作压力为 1.265 MPa。

7) 隔离阀

隔离阀主要用于核电站反应堆冷却水的一回路隔离和轻水堆饱和蒸汽的主蒸汽隔离，其公称直径为 DN (450～1 250)，公称压力为 PN 400，温度为 700 ℃。

主蒸汽隔离阀是核电站中核反应堆蒸汽发生器与汽轮机发电机组之间蒸汽输送系统中的关键安全设备，在事故发生时可快速切断蒸汽流，防止汽轮机因失速而引发的飞车、爆炸等严重事故。在沸水堆和压水堆中，安装快关阀用于快速并安全隔离主蒸汽管路。主蒸汽隔离阀(图 2-11)常见的有 3 种结构：闸阀型主蒸汽隔离阀(包括楔式闸阀型和平行式闸阀型)、截止阀型主蒸汽隔离阀和止回阀型主蒸汽隔离阀。

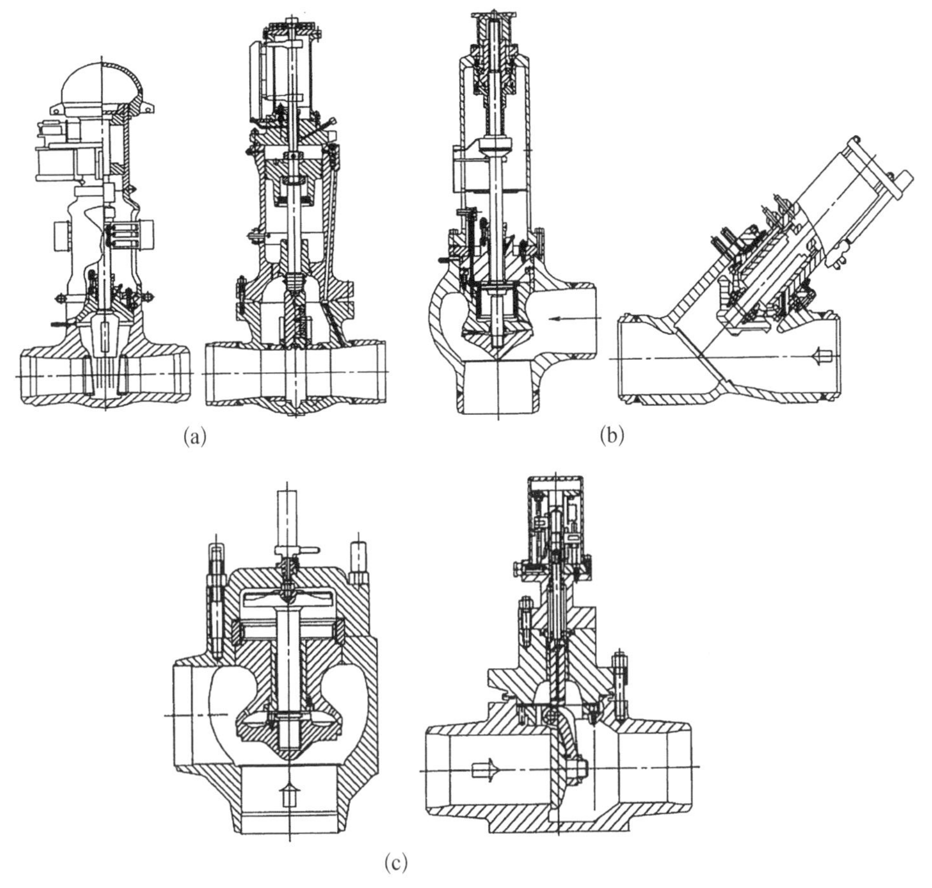

(a)　(b)

(c)

图 2－11　主蒸汽隔离阀

(a) 闸阀型；(b) 截止阀型；(c) 止回阀型

闸阀型隔离阀的使用比较广泛，由于是直通式设计，流体阻力小，即使采用适当的缩径，仍能保持足够的流通量。楔式闸阀型隔离阀采用楔式双闸板和压力自密封结构，带有电动和手动泵系统，用油压推动活塞提升闸板使阀门全程开启，与此同时，通过活塞对球形储能罐腔内所充气体的压缩形成高压，因此又称为蓄能式结构。在正常工况下，阀门处在开启状态，当出现应急事故或需要切断主管线的信号时，阀门能自动迅速地在几秒之内靠气体的能量克服油阻而关闭。平行式闸阀型隔离阀是利用系统介质为动力控制阀门，使阀门快速关闭，关闭时间为 3～5 s。楔式闸阀型隔离阀带机械联轴器，可以保持阀门处于开启位置。

截止阀型的隔离阀与闸阀型相比，开启行程短，但流体阻力大。为减小流阻阀体，常采用倾斜45°的Y形结构(直流式)。介质反向流动时，为减少开启阀门的操作力，阀瓣设计为先导式双阀瓣结构，利用空气压力推动汽缸内的活塞，同时压缩弹簧使阀瓣提升并保持在必需的高度；需要紧急关闭时，阀门就会自动地排出空气，借助弹簧力可以快速地在2～3 s甚至更短的时间内关闭阀门。

升降式止回阀型隔离阀是给水泵保护无阻尼止回阀，结构形状类似于升降式止回阀，可消除压力骤增的阻尼设计，根据要求提供位置指示装置，阀门全行程操作时间为0.5～10 s。旋启式止回阀型隔离阀单瓣带位置指示器结构，阀瓣开启借助介质流动，回座依靠弹簧力，运动部件全部包容在体腔内，而且无填料，可靠性高，全行程动作时间为1～5 s。

8) 球阀

球阀(图2-12)启闭件是一个球体，利用球体绕阀杆的轴线旋转90°实现开启和关闭，在管道上主要用于切断、分配和改变介质流动方向，设计成V形开口的球阀还具有良好的流量调节功能。球阀特点是流阻小，在较大的压力和温度范围内能实现完全密封，有些气动或液动的球阀启闭时间仅为0.05～0.1 s，可实现快速启闭。在全开和全关时，球体和阀座的密封面与介质隔离，因此高速通过阀门的介质不会引起密封面的侵蚀，结构紧凑、重量轻。

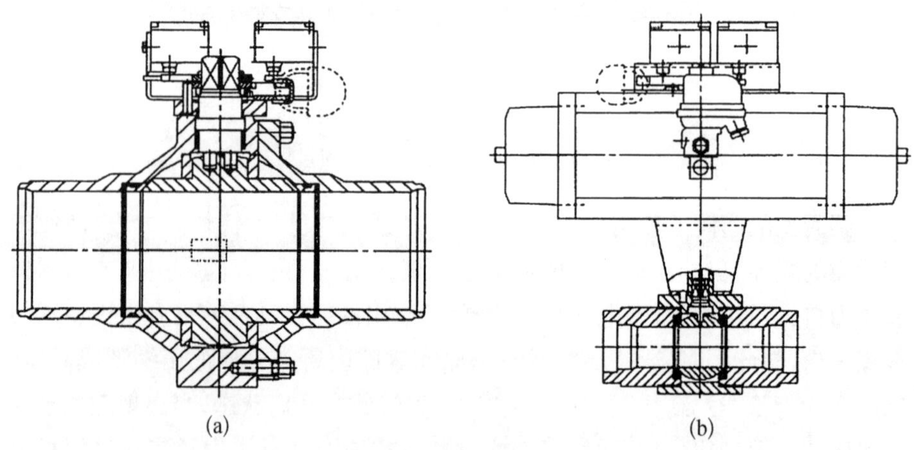

图2-12 球 阀

(a) 固定轴硬密封球阀；(b) 浮动球阀

软密封球阀最主要的阀座密封圈材料是聚四氟乙烯，该密封材料几乎对所有的化学物质都是惰性的，且具有摩擦因数小、密封性能优良的综合性特点。但聚四氟乙烯具有较大的线胀系数，对冷流的敏感性较高、热传导性不良，抗辐照老化性能差、受耐温性的限制等。因此有些工作场合选择球阀时应考虑采用金属硬密封球阀。

球阀在核岛系统中约占所用阀门总数的 12.8%，使用的公称直径为 DN (6～350)、公称压力为 PN (10～145)、工作温度为－196～500 ℃。

9) 隔膜阀

隔膜阀(图 2－13)的阀体和阀盖内装有一个挠性膜或组合隔膜，其关闭件是与隔膜相连接的一种压缩装置。优点是操纵机构与介质隔离，不但保证了工作介质的纯净，同时也防止管路中介质冲击操纵机构工作部件，阀杆处不需要采用单独密封，除非在控制有害介质中作为安全设施使用。由于工作介质接触的仅仅是隔膜和阀体，二者均可以采用不同的材料，因此该阀能适应多种工作介质，尤其适合带有化学腐蚀或悬浮颗粒的介质。隔膜阀主要由阀体、隔膜和阀盖组合件构成，结构简单，易于快速拆卸和维修，更换隔膜可以在现场短时间内完成。

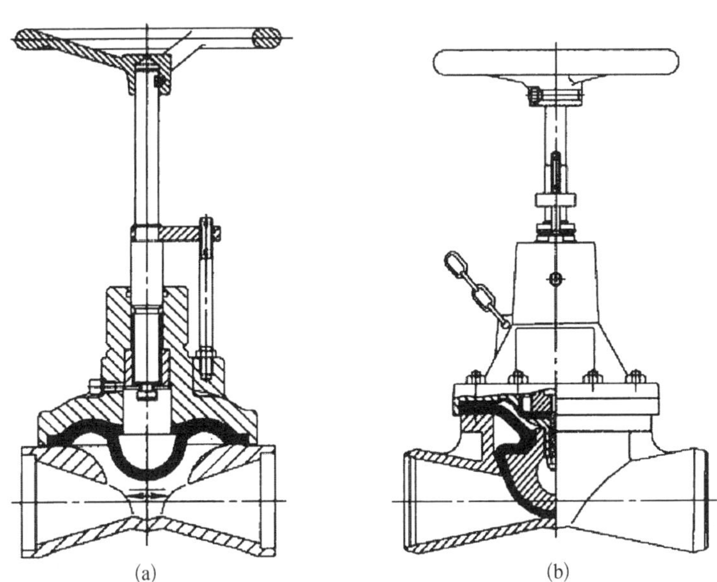

图 2－13　核级隔膜阀

(a) 堰式隔膜阀；(b) 带保护膜片的双膜片隔膜阀

由于受阀体衬里工艺和隔膜制造工艺的限制，较大的阀体衬里和隔膜制造工艺困难，故隔膜阀不宜用于较大的管径，一般应用在公称直径不大于

DN 200的管路上。由于受隔膜材料的限制,隔膜阀适用于低压及温度不高的场合,温度通常不超过 180 ℃。

在核电站中,隔膜阀主要用于核岛系统中放射性水蒸气、重水等介质,在核岛系统中约占所用阀门总数的 26.2%,使用的公称直径为 DN (8~500)。

10) 调节阀

为了保证核动力装置的自动化,要求使用大量的调节阀,主要功能是以一定的精度保持流量、压力、温度、水位等参数在规定的范围内进行调节。调节阀(图 2-14)适用于水、蒸汽管网系统中的介质。

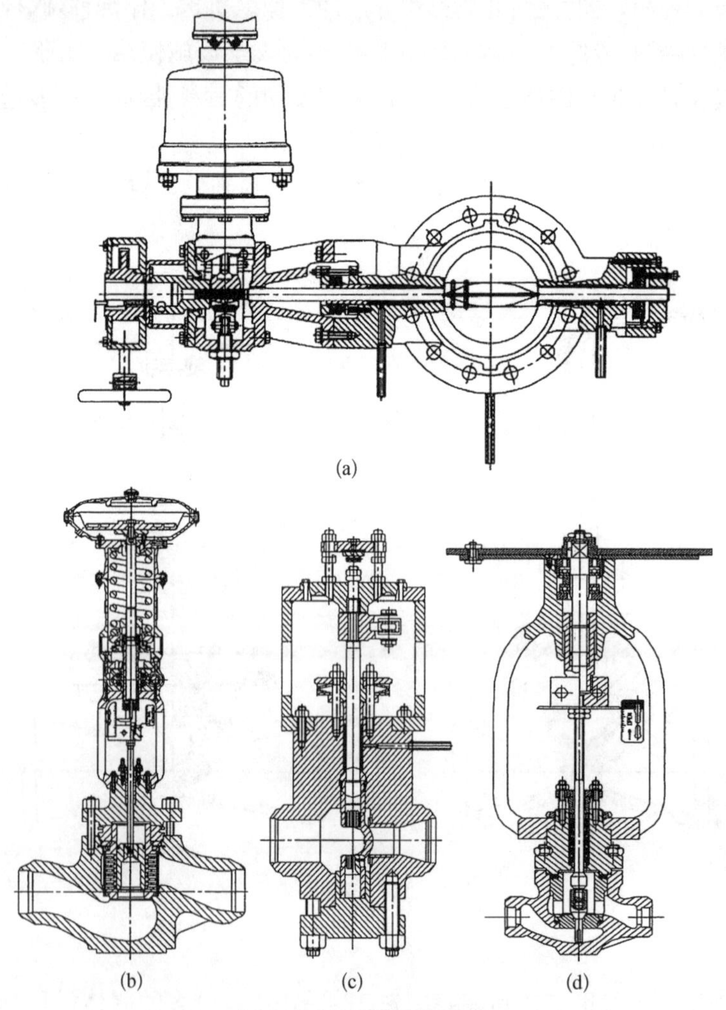

图 2-14 核电站调节阀

(a) 蝶式调节阀;(b) 套筒气动调节阀;(c) V 球形调节阀;(d) 手动调节阀

调节阀按操纵方式可分为由外部能源(如气动、液动或电动)操纵的调节阀和靠工作介质本身能源操纵的调节阀，如手动调节阀、直接作用式调节阀等；按结构形式分为单座和双座调节阀、套筒调节阀，调节闸阀、球形调节阀和蝶式调节阀(图 2－14)。

在核电厂应用最广的是双座和单座的套筒型调节阀，以升降式为主。套筒型调节阀的流量调节借助阀瓣改变套筒上的窗口面积来实现。核电站用调节阀技术参数范围如下：公称直径为 DN (1.5～500)，公称压力为 PN (20～420)，最高工作温度为 538 ℃。

11) 减压阀

减压阀是将进口压力减至某一需要的出口压力，并依靠介质本身的能量使出口压力自动保持在一定范围内的阀门，是一个局部阻力可以变化的节流元件，即通过改变节流面积，使流速及流体的动能改变，产生不同的压力损失，从而达到减压的目的。然后，依靠控制与调节系统的调节，使阀后压力的波动与弹簧力相平衡，使阀后压力在一定的误差范围内保持恒定。减压阀常见的结构如下。

(1) 薄膜式减压阀：用薄膜作为传感件来带动阀瓣升降的减压阀。

(2) 弹簧薄膜式减压阀：用弹簧作为调节元件，用薄膜作为传感元件，出口压力作用在薄膜膜片上，与调节弹簧的力做比较，带动阀瓣升降的减压阀。除具有薄膜式的特点外，其耐压性能比薄膜式优异。

(3) 活塞式减压阀：用活塞机构带动阀瓣升降的减压阀。与薄膜式相比，体积较小，阀瓣开启行程大，耐温性能好，但灵敏度较低，制造困难。

(4) 波纹管式减压阀：用波纹管机构带动阀瓣升降的减压阀，适用于蒸汽和空气等介质管道中。

(5) 杠杆式减压阀：用杠杆机构带动阀瓣升降的减压阀，常用在气体管道中。

核级减压阀设计制造的关键是在保证使用功能的前提下，不允许有任何外漏，对易发生外泄漏处进行多重密封保护。在核电站中，减压阀主要作为压力调节器使用，多数使用弹簧薄膜式减压阀(图 2－15)。

12) 其他阀类

(1) 快速检修穿地阀：在核化工工程中，由于流经阀门的介质具有很强的放射性，因此确保设备的可靠性及操作者的安全性至关重要。阀门作为核化工工程的重要设备之一，其品种多、数量大。然而，由于普通阀门结构的限制，

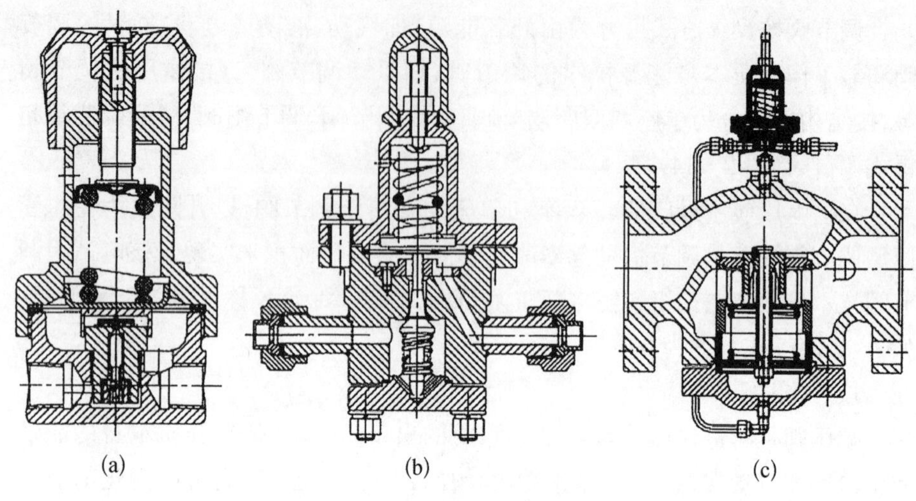

图 2-15　核电站减压阀

(a) 可调式弹簧薄膜减压阀；(b) 直接作用式弹簧薄膜减压阀；(c) 先导活塞式减压阀

对于安全快速检修和屏蔽操作非常困难。快速检修穿地阀门(图 2-16)穿过混凝土地面进行安装、借助检修工具对阀门进行就地快速维修更换易损零部件。因检修时不需要拆卸阀体，该阀门与管道连接通常采用焊接连接。操作方式分为手动、电动、气动 3 种，密封形式分为软密封、硬密封两种，用不锈钢波纹管作为防止外泄漏的密封元件。快速检修穿地阀密封性可靠，互换性好，易于清洗污物，便于快速检修。

(2) 穿地、穿墙阀门(图 2-17、图 2-18)应用在核工程废水处理厂，由于介质放射性较弱，可以直接检修。通过穿地、穿墙安装，达到屏蔽操作，保证操作者的安全。与管道连接有焊接和法兰连接，操作方式为直接手动或电动操作。

(3) 蒸汽疏水阀：又称为阻汽排水阀、汽水阀、疏水器、回水盒、回水门等。管路系统在输送蒸汽、压缩空气等介质的管路系统中会形成一些冷凝水，为了保证装置的热效率和安全运转，应及时排放冷凝水降低装置的能耗。疏水阀是将蒸汽系统中的凝结水、空气及其他不凝性气体最大限度地排出并自动防止蒸汽的泄漏。其种类主要有浮筒式、浮球式、钟形浮子式、脉冲式、热动力式、热静力式等，常用的有浮筒式、钟形浮子式和热动力式。

在核动力装置中，蒸汽疏水阀主要作为分相阀使用，用于自动地排除蒸汽管道内的凝结水，常采用敞口向上浮子式蒸汽疏水阀、热动力型圆盘式蒸汽疏水阀和热静力型双金属片式蒸汽疏水阀。核电站用疏水阀技术参数范围如下：公称直径为 DN (25～50)；公称压力为 PN (63～150)。

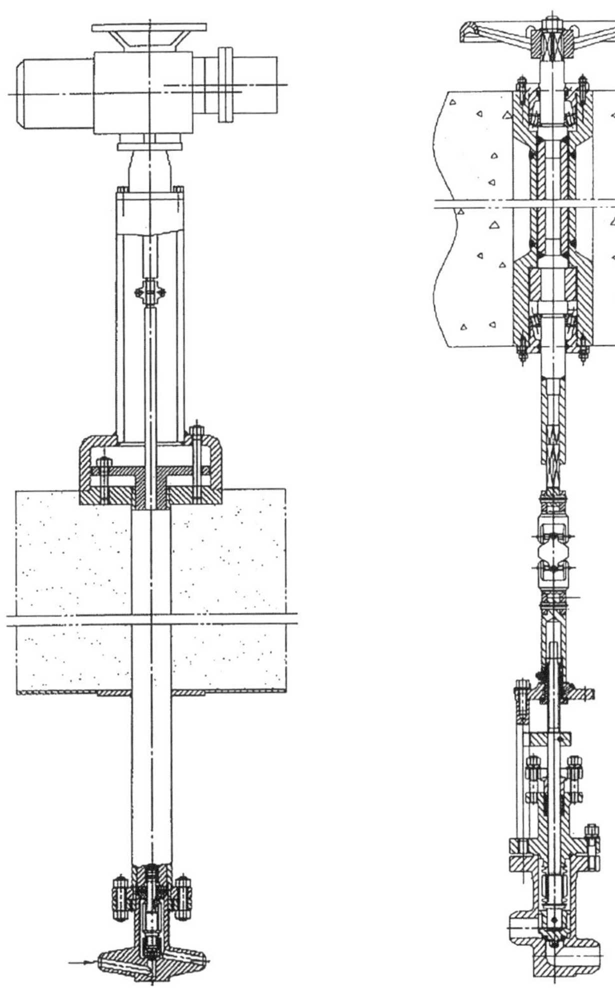

图2-16 快速检修穿地阀

图2-17 穿地阀

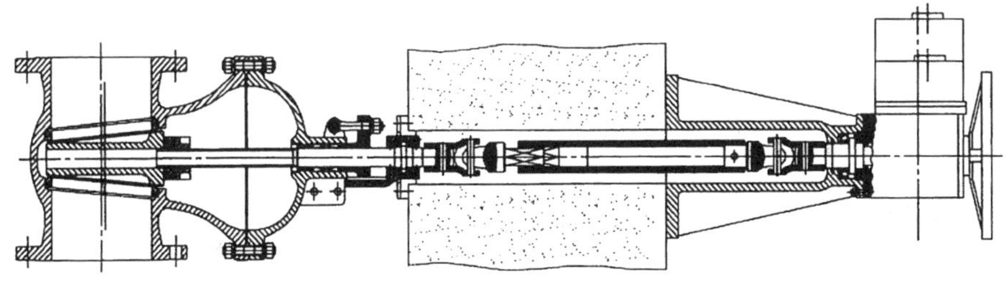

图2-18 穿墙阀

(4) 节流阀：通过改变流道截面以控制流体的压力及流量，属于调节阀类，节流阀的启闭件大多为圆锥流线型，驱动方式通常为手动。截止型节流阀在结构上除了启阀件及相关部分外，均与截止阀相同。

(5) 保护阀：保护阀如同安全阀一样，用于防止所在系统发生事故工况，当所要监视的参数超出规定值时自行关闭，按其功能分为自动动作保护阀和受控保护装置。自动动作保护阀包括止回阀和切断阀；保护装置由快速切断装置（快速切断阀、闸阀和停汽阀）、敏感元件（反映受控参数的变化并给出执行信号）和驱动机构（气动、液动和电动）所组成。保护阀的结构和闸阀、截止阀等切断阀相似，特点是快速动作将蒸汽发生器和汽轮机断开，压力等级为 Class (600～2 500)，公称管径为 NPS (2½～30)，工作温度为 －29～1 050 ℃，壳体材料为 WCB、WC6、WC9，连接方式为对焊连接与法兰连接。

(6) 电磁阀：一种利用电磁驱动来控制流体流动的阀门。在工业控制系统中，它用于调整介质的方向、流量、速度和其他参数。电磁阀可以配合不同的电路来实现预期的控制，同时确保了控制的精度与灵活性。电磁阀有很多种，不同的电磁阀在控制系统的不同位置发挥作用，最常用的是单向阀、安全阀、方向控制阀、速度调节阀等。其优点是动作时间较短、尺寸小、重量轻，可用交、直流电源操作，动作时间在零点几秒至 3 s。核动力装置系统中电磁阀的公称压力一般为 PN 40，工作温度小于或等于 150 ℃，公称直径小于或等于 DN 150。

2.1.5 核电站阀门的选用

核电站阀门与核安全级相关的要求主要包括规范等级、抗震类别、电气分级以及质保等级等方面。规范等级即设备设计制造的等级，它直接对应于核安全等级，分为 1、2、3 级。抗震类别表征设备在地震载荷下的承受能力，通常分为 1A 和 1E 级。电气分级根据 RCC－E 的标准，分为 K1、K2、K3、NC 4 个级别。其中，K1 级是指在电离辐射环境下工作 40 年，并能在地震事故及 LOCA（冷却剂丧失事故）工况下保持运行的阀门。K2 级是指在电离辐射正常环境下工作 40 年，且在地震事故工况下维持可运行的状态。K3 级是指在正常环境下工作 40 年，同时在地震事故期间保持运行的阀门。NC 级是指在正常环境下工作 40 年的阀门，适用于非核级应用。质保等级是核级阀门和非核级阀门质量保证中最重要的内容，将在后续章节中详细介绍。

核电站阀门的选用原则是：首先掌握阀门的核安全性能要求、核安全级别、设计制造级别、质保等级、抗震级别、抗辐照等要求，其次是介质的性能、流量特性，以及温度、压力等性能，然后结合工艺和操作等其他因素，选用相应的结构形式、型号规格的阀门。核电站阀门的选用可参照表 2－20。

表 2－20　核电站常用阀门的选用

阀门类别	类型	安全等级	流束调节形式			介　质				
			截止	节流	换向分流	无颗粒	带悬浮颗粒		黏滞性	清洁
							带磨蚀	无磨蚀		
截止阀	直通式	1、2、3、NC	可用			可用	特殊	可用		
	角式	1、2、3、NC	可用			可用	特殊	可用		
	Y 形	1、2、3、NC	可用			可用	可用	可用		
	多通式	3、NC			可用	可用	可用			
	柱塞式	1、2、3、NC	可用	可用		可用	可用	特殊用		
闸阀	楔式弹性闸板	1、2、3、NC	可用			可用	可用			
	楔式双闸板	1、2、3、NC	可用			可用	可用	可用		
	弹簧平行式双闸板	2、3、NC	可用			可用	慎用	可用		
	撑开平行式双闸板	2、3、NC	可用			可用	慎用	可用		
止回阀	旋启式	1、2、3、NC	可用			可用	可用	可用		
	全通径旋启式	2、3、NC	可用			可用	可用	可用		

（续表）

阀门类别	类型	安全等级	流束调节形式			介　质				
			截止	节流	换向分流	无颗粒	带悬浮颗粒		黏滞性	清洁
							带磨蚀	无磨蚀		
止回阀	升降式	1、2、3、NC	可用			可用	可用		可用	
	双瓣式	2、3、NC				可用			可用	
蝶阀	偏心金属密封碟阀	2、3、NC	可用	可用		可用	可用	可用		
	中心式衬胶蝶阀	2、3、NC	可用	可用		可用	可用		可用	
	双动式金属密封	2、3、NC	可用	可用		可用	可用			
主蒸汽隔离阀	闸阀型	1	可用			可用	可用	可用	可用	可用
	截止阀型	1	可用			可用	可用			
	止回阀型	1	可用	可用		可用	可用		可用	
球阀	固定球	2、3、NC	可用	可用	特殊	可用	可用			
	浮动球	2、3、NC	可用	可用	特殊	可用	可用			
隔膜阀	堰式	1、2、3、NC	可用	可用		可用	可用			可用
	直通式	3、NC	可用	可用		可用	可用			可用
调节阀	套筒型	2、3、NC		可用		可用				
	单、双座型	2、3、NC		可用		可用	可用			
	回转型	2、3、NC		可用		可用	可用			
安全阀	波纹管弹簧式	1、2、3、NC			特殊	可用	可用			

（续表）

阀门类别	类型	安全等级	流束调节形式			介质				
			截止	节流	换向分流	无颗粒	带悬浮颗粒		黏滞性	清洁
							带磨蚀	无磨蚀		
安全阀	全启型弹簧式	1、2、3、NC			特殊	可用	可用			
	先导式安全阀	1、2、3、NC			特殊	可用	可用			
减压阀		3、NC			特殊	可用				
		3、NC			特殊	可用				

2.1.5.1　根据核电阀门的安全级别进行选择

核电站用阀的选择主要依据阀门所处的安装位置及其核安全级别。核 1 级阀门，尤其是位于安全壳内的核 1 级阀门，其特点是阀门采用焊接连接，材料采用低碳奥氏体不锈钢，密封面堆焊司太立硬质合金，中法兰施加密封焊，填料采用碟簧预紧或波纹管密封技术，确保阀门无任何外漏产生。阀门主要采用楔式闸阀、截止阀、止回阀及全封闭安全阀等结构形式。对于球阀、蝶阀、隔膜阀等其他类型的阀门，一般最高应用于核 2 级或核 3 级系统中。

2.1.5.2　根据介质性能选用阀门材料

核电阀门必须具有良好的抗辐照、抗冲击和抗晶间腐蚀性能。因此，应根据材料耐腐蚀和耐辐照性能，选择适宜核电工况的阀门。

铸铁阀门适用于温度和压力较低的水、蒸汽、空气等介质。高镍铸铁（奥氏体不锈钢铸铁）阀门耐碱性能比灰铸铁、球墨铸铁阀门强，在海水中具有较好的耐腐蚀性，是一种理想的海水阀用材料。在核动力装置的设备和管道上不允许采用铸铁阀门，只有在辅助系统内将其作为非关键性阀门使用。

碳素钢阀门是核电站中非核级、核 3 级和部分核 2 级阀门广泛采用的材料，也可以用于核 1、2 级阀门的非承压件上，如支架、手轮等。

不锈钢阀门能耐大多数碱、水、盐、有机酸及其他有机化合物的腐蚀，尤其耐辐照性能更好，不锈钢是核电站核 1、2 级阀门主要选用材料。在一般情况下，不锈钢承压零件采用 ASME BPVC-Ⅱ-D-1 表 2A 和表 2B 中规定的材料或法国 RCC-M M3301、M3306 规定的材料，含钼 2%～4%的不锈钢，如 0Cr17Ni12Mo3(RCC-M Z5CND17-12、Z6CND17-12)Z2CND18-12 控氮等，其耐蚀性能比铬镍不锈钢(304 型)强；含钛或铌的不锈钢对晶间腐蚀有较强的抗力。阀杆和承压螺栓常采用沉淀硬化钢制造，填料多用石墨纤维或膨胀石墨。

铜阀门对水、海水、多种盐溶液、有机物有良好的耐蚀性能，在核电站中，它主要用于与海水经常接触的阀门或阀门部件。

钛是活性金属，在常温下能生成耐蚀性很好的氧化膜，钛阀门能耐海水、各种氯化物和次氯酸盐、湿氯、氧化性酸、有机酸、碱等的腐蚀。

锆也属于活性金属，能生成紧密的氧化膜，锆阀门对硝酸、铬酸、碱液、熔碱、盐液、尿素、海水等有良好的耐蚀性能，但不耐氢氟酸、浓硫酸、王水的腐蚀，也不耐湿氯和氧化性金属氯化物的腐蚀。

此外，核电站管理系统中还选用陶瓷阀门、玻璃钢阀门、塑料阀门及各种衬里阀门。

2.1.5.3 根据温度和压力选用阀门

选用阀门除了考虑介质的腐蚀性能、流量特性以及连接形式外，介质的温度和压力也是重要的参数。阀门的使用温度由制造阀门的材质所决定，使用温度与压力之间存在着紧密的内在联系，二者相互影响。具体而言，温度是影响的主导因素，一定压力的阀门仅适应于一定温度范围，阀门温度的变化将影响阀门的使用压力。这种温度与压力之间的复杂关系，在各类标准中均有详细规定，如 RCC-M、ASME 等。具体到 RCC-M 标准中，表 B3500 和表 B3531(位于 RCC-MB3500 部分)就明确列出了不同阀门在不同温度和压力条件下的适用性。

2.1.5.4 根据流量、流速确定阀门的通径

阀门的流量与流速主要取决于阀门的通径，也与阀门的结构类型及对介质的阻力有关，同时与阀门的压力、温度及介质的浓度等诸因素有着一定的内在联系。

在一般情况下，流量是已知的，流速可由经验确定，通过流速和流量可以计算出阀门的公称尺寸。阀门通径相同，其结构类型不同，流体的阻力也不同，在相同条件下，阀门的阻力系数越大，流体通过阀门的流速、流量下降得越多。常用介质的流速见表 2-21。

表2-21　各种介质常用的流速

介质	使用条件	流速/(m·s^{-1})
饱和蒸汽	＞DN 200 DN (100～200) ＜DN 100	30～40 25～35 15～30
过热蒸汽	＞DN 200 DN (100～200) ＜DN 100	40～60 30～50 20～40
低压蒸汽	＜PN 10(绝压)	15～20
中压蒸汽	PN (10～40)(绝压)	20～40
高压蒸汽	PN (40～120)(绝压)	40～60
压缩气体	真空 ⩽PN 3(表压) PN (3～6)(表压) PN (6～10)(表压) PN (10～20)(表压) PN (20～30)(表压) PN (30～300)(表压)	5～10 8～12 10～20 10～15 8～12 3～6 0.5～3

介质	使用条件	流速/(m·s^{-1})
水及黏度相似液体	PN (1～3)(表压) ⩽PN 10(表压) ⩽PN 80(表压) ⩽PN (200～300)(表压) 热网循环水,冷却水 压力回水 无压回水	0.5～2 0.5～3 2～3 2～3.5 0.5～1 0.5～2.0 0.5～1.2
自来水	主管PN 3(表压) 支管PN 3(表压)	1.5～3.5 1～1.5
锅炉给水	＞PN 8(表压)	＞3
蒸汽冷、凝水		0.5～1.5
冷凝水	自流	0.2～0.5
过热水		2
海水、微碱水	PN 6	1.5～2.5
氮气	PN (50～100)(绝压)	2～5

阀门通径的选用还应考虑到阀门的加工精度和尺寸偏差,以及其他因素影响。阀门通径应有一定的裕量,一般为15%。在实际的工作中,阀门通径随工艺管线的通径而定。

2.1.5.5　阀门的选用方法

1) 驱动阀门的选用

当阀门的类别、型号确定之后,随之确定阀门的阀体材料、密封面材料、适用温度、适用介质、公称尺寸等。

阀门选用时，需要注意以下几点。一要根据阀门的核安全级别，包括一些特殊要求，如阀门能够实现的功能、采用的设计制造标准等确定阀门的安全级别，在现阶段，安全级别通常按 RCC－M、RCC－MR、ASME 等标准确定。二要根据介质特性、工作压力和温度，对照本节“根据介质性能选用阀门”和“根据温度和压力选用阀门”中提供的数据及相关标准选择阀体材料和密封面材料。三要根据阀体材料、介质的工作压力和温度，按相应标准如 RCC－M B3500、C3500、D3500，以及 NB/T20010.1 等确定阀门的公称压力级。四要根据管道的管径计算值，确定阀门的公称尺寸。五要根据阀门的功能、公称压力、介质特性、工作温度、公称尺寸、压力级要求和密封要求等，选择阀门的类别、结构形式及型号。

［实例 1］ 核 1 级阀门，抗震 1A 级，质保 Q1 级，安全壳边界内，介质含硼冷却水，工作压力为 17.2 MPa，温度为 343 ℃，公称通径为 14 in（约 DN 350），电动操作，设计制造标准 RCC－M。试选择阀门类型及结构。

根据阀门的使用工况及流通直径，选用闸阀。鉴于压力温度均较高，特别选用楔式闸阀，同时，考虑到阀门将用于核 1 级及安全壳内工作，因此采用不锈钢锻件作为阀体材料。

根据 RCC－M 表 B3531，设计温度取 $t=350$ ℃，在此温度下，选用 316 型不锈钢；工作压力 $p=17.2$ MPa，压力等级选用 Class 1 500，允许压力为 $p_{35}=16.92$ MPa（169.2 bar），低于 $p=17.2$ MPa 的要求，压力等级选用 2 500 磅级，$p_{35}=28.21$ MPa，压力等级偏高，因此改用非标准压力级。根据标准的规定采用内插法，压力级 $P_r=1\,500+(2\,500-1\,500)/(28.21-16.92)\times(17.2-16.92)=1\,524.8$（lb），设计压力等级取 $P_r=1\,525$ lb。考虑阀门采用焊接连接，为保证焊接工艺性能，采用含碳低的 Z2CND18－12 控制氮含量不锈钢作为阀体材料。

在结构设计上，必须严格控制含放射性物质的泄漏。为此，填料设计为上下两层，中间增设隔离环。一旦下层填料发生泄漏，通过引漏管将其引出并安全返回管路系统中。为了延长填料的使用寿命和减少维修频次，压紧填料的方式采用储能弹簧机制，当填料产生微量磨损时，通过弹簧储存的能量进行补偿，使填料始终保持良好的密封性能。此外，中法兰部分采用螺栓连接与唇边密封焊相结合的结构。

由于闸阀（图 2－19）通常采用双阀座密封，关闭时中腔含有残留介质，当温度升高，中腔压力将会急剧升高产生锅炉效应，从而引起阀门变形或爆裂，因此密封结构设计成单向密封，并且在进口阀座上开孔，一旦中腔压力升高，就可以通过小孔将压力释放到进口管道中，结构简单可靠，但当维修试压时不方便，特别是用中腔试压时，需将其堵死。另一种结构是在中腔和进口管道之间的外部通过管道连通并安装小流通直径截止阀，正常工作时截止阀打开，需维修试压时关闭，其缺点是增加了泄漏点，而且截止阀的安全级别、设计参数也要与闸阀一样，增加了成本。

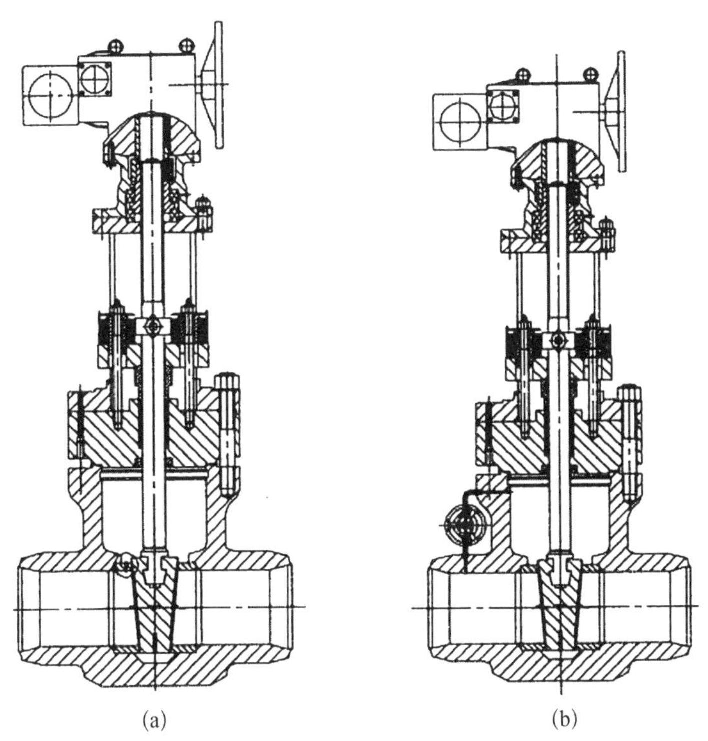

(a)　　(b)

图 2 - 19　避免锅炉效应的核 1 级闸阀解决方案

(a) 采用进口阀座泄压孔泄压；(b) 采用外置小截止阀泄压

[实例 2]　核 1 级阀门，抗震 1A 级，质保 QA1 级，安全壳边界门，介质含硼冷却水，工作压力为 17.2 MPa，工作温度为 343 ℃，公称通径为 2 in(约 DN 50)，气动操作，失气阀关。设计制造标准为 RCC - M。试选择阀门类型。

根据阀门的使用工况及流通直径，选用截止阀。除结构上的差别外，其他与实例 1 一致。由于阀门流通直径较小，在结构上，填料未分上下层，不设引漏管。压紧填料的方式依然采用储能弹簧。中法兰采用螺纹连接与唇边密封焊相结合的结构。气动装置执行机构采用双膜片式，设有碟形弹簧，具备储存能量的特性，阀门在失去气源的情况下能够迅速关闭(图 2 - 20)。

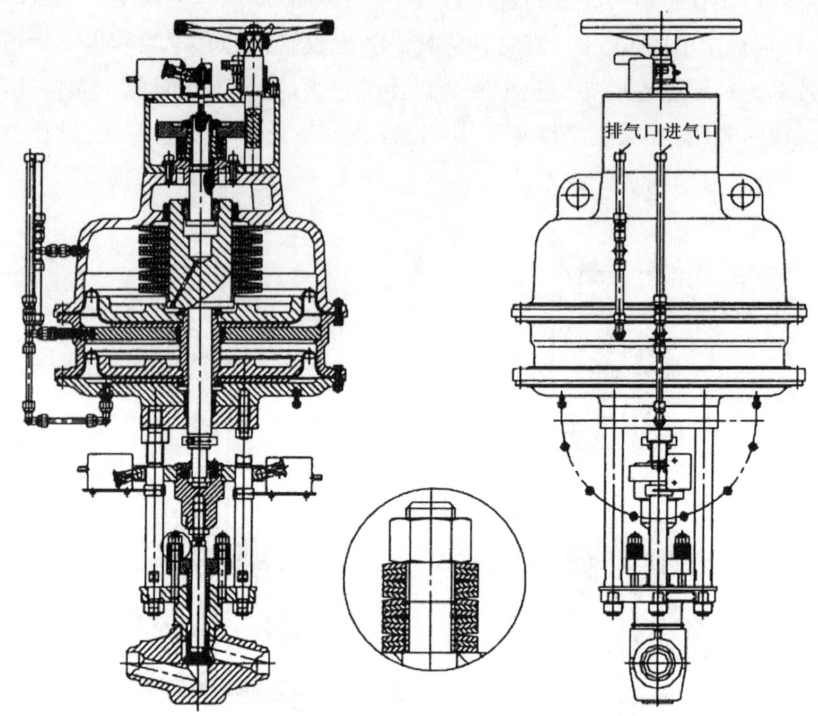

图 2 - 20　核 1 级截止阀的气动装置

2) 自动阀门的选用

与驱动阀门的选用一样，除要考虑安全级别、工艺适应性、经济合理性、经久耐用性之外，还要求自动阀门具有动作灵敏、可靠、调节准确等性能。

(1) 止回阀的选用：常用的止回阀分为升降式和旋启式两种。在高压和小流通直径的设备或管道上，通常选用升降式止回阀。升降式止回阀可以安装在平行或垂直的管线上，并可用于高流速的管路中。如果管路中的介质有杂质，会拖延关闭件的运行，黏性介质也会导致阀门动作缓慢，因此升降式止回阀仅适用于低黏性的流体介质。如要求压力较小的管道，不宜选用升降式止回阀，因其流阻大，而应选用旋启式止回阀，必要时选用全通径的旋启式止回阀。在压力波动大和有特殊要求的管道上，为了防止阀瓣产生水锤而损坏，应选用有缓冲装置的旋启式止回阀。流通直径较大时，选用多瓣旋启式止回阀。为了减少旋启式止回阀的外漏点，应尽可能选用内置式的摇杆轴，中法兰采用螺栓连接或内压自密封结构，对要求密封严格的止回阀，以采用中法兰螺栓加唇边焊的结构。阀门的设计制造应保证以最小的流速使止回阀瓣全开或开到合适位置。旋启式止回阀不应使用在具有脉动流的管线上，因为连续的敲击和振动会损坏密封面。根据介质的不同特性，阀瓣可以全部用金属材料制作，也可在金属阀瓣上镶嵌橡胶、塑料等软质材料，或者采用合成覆盖面进行包覆，还可以通过热喷涂等技术，在阀瓣表面涂覆其他合金材料。

(2) 减压阀的选用：直接作用式减压阀是用压缩弹簧、重物或重力杠杆及压缩空气加载，通过膜片、活塞或波纹管直接进行压力控制的阀门，结构简单、耐用。在比较恶劣的情况下，只要维护得当，也能有很长的寿命。虽然直接作用式的压力调节不如先导式精确，但是造价较低，可广泛用于不要求精确控制的场合。常用的直接作用式减压阀按结构形式分为弹簧薄膜式减压阀、活塞式减压阀、波纹管式减压阀和杠杆式减压阀。弹簧薄膜式减压阀是采用膜片作为敏感元件来带动阀瓣运动的减压阀，灵敏度高，宜用于温度和压力不高的水和空气介质管道。活塞式减压阀是采用活塞作为敏感元件来带动阀瓣运动的减压阀，由于活塞在汽缸中承受的摩擦力较大，灵敏度不如薄膜式减压阀，因此，其适用于承受温度、压力较高的蒸汽和空气等为工作介质的管道和设备。波纹管式减压阀是采用波纹管作为敏感元件来带动阀瓣运动的减压阀，宜用于介质参数不高的蒸汽和空气等洁净介质的管道，不能用于液体的减压，更不能用于含有固体颗粒介质的管道。因此，需在波纹管减压阀前加过滤器。在选用减压阀时，应注意不得超过减压阀的减压范围，并保证在合理情况下使用。

先导式减压阀由主阀和导阀组成，出口压力的变化通过导阀控制主阀动作而减压。导阀的作用是辅助控制主阀或者完全控制主阀，其本身可以是一个小型的直接作用式减压阀，工作的目的是通过维持预定压力下的流量来调节主阀的开启量。先导式减压阀的压力控制精度非常高，且结构紧凑，对于功能相同的减压阀来说，通常先导式比直接作用式结构小，适用于远距离压力信号控制的单独装置，还能用于远距离开关控制，也就是由控制中心控制的成套系统中的部件；另外，通过安装适当类型的导阀能够获得由温度直接控制的设备。由于先导式减压阀结构复杂，因此需要经常保养及清洁。常用的先导式减压阀按结构形式分为先导活塞式减压阀、先导波纹管式减压阀和先导薄膜式减压阀。

减压阀应用范围广泛，适用于蒸汽、压缩空气、工业用气、水、油和其他液体介质。因而，鉴于许多可能的结构变化，选用减压阀主要确认阀门的性能，首先应充分进行检测，以保证良好的使用效果。在检测时，减压阀应能满足如下性能要求：在给定的弹簧压力级范围内，出口压力在最大值与最小值之间应能连续调整，不得出现卡阻和异常振动的现象。对于软密封的减压阀，在规定时间内不得有渗漏，对于金属密封的减压阀，其渗漏量应不大于最大流量的0.5%。出口流量变化时，对其出口压力负偏差值，直接作用式不大于20%，先导式不大于10%。进口压力变化时，其出口压力偏差值如下：直接作用式不大于10%，先导式不大于5%。对于不常动作的减压阀，调节弹簧使其处于自由状态。进口和出口端应用堵盖封闭。

常用减压阀的公称尺寸和阀孔面积见表2-22。

表2-22 减压阀的公称尺寸与阀孔面积

公称直径DN	阀孔面积/mm^2
25	200
32	280
40	348
50	530
65	945
80	1 320
100	2 350
125	3 680
150	5 220

减压阀产品规格中所列阀孔面积为最大截面积，而在工作状态下的流体通道面积小于此值，故选用时应比计算的阀孔面积稍大些。选用某一工况条件下的减压阀，还可参阅产品样本和说明书。

(3) 安全阀的选用：安全阀是一种自动阀门，它不借助任何外力而是利用介质本身的力来排出一定量的流体，防止系统内压力超过预定的安全值。当压力恢复正常后，阀门再自行关闭并阻止介质继续流出。安全阀用于锅炉、压力容器和其他受压设备，作为防超压的安全保护装置。对一些重要的受压系统，有时需设置两种以上的超压保护装置，在此情况下，安全阀往往作为最后一道保护装置，因而其可靠性对设备和人身的安全具有特别重要的意义。安全阀的技术发展经过了漫长的过程，从排量较小的微启式发展到大排量的全启式，从重锤式(静重式)发展到杠杆重锤式、弹簧式，直接作用式之后又出现非直接作用的先导式。

核电厂常用的安全阀按其结构形式有直接载荷式安全阀、带动力辅助装置的安全阀、带补充载荷的安全阀、先导式安全阀。

在现代工业中，重锤式安全阀、杠杆重锤式安全阀由于其载荷大小有限，对振动敏感及回座压力较低等，使用范围已愈来愈小。而因为弹簧直接载荷式安全阀和先导式安全阀有不能相互取代的各自特点，两者都同时得到了发展。

选用安全阀时，通常由操作压力决定安全阀的公称压力，由操作温度决定安全阀的使用温度范围，由计算出的安全阀的定压值决定弹簧或杠杆的调压范围，根据使用介质决定安全阀的材料和结构形式，根据安全阀的排放量计算出安全阀的喉径截面积或喉径选取安全阀型号和安装数量。选择弹簧直接载荷式安全阀时，除确定产品型号、名称、介质、温度外，还应注明压力级别，弹簧直接载荷式安全阀的工作压力等级如表 2 - 23 所示，共有 5 种工作压力级。安全阀的进口和出口分别处于高压和低压侧，所以连接法兰也相应采用不同的压力等级，如表 2 - 24 所示。介质经安全阀排放时，其压力降低，体积膨胀，流速增加，故安全阀的出口通径大于进口通径。对于微启式安全阀而言，由于其排量小，并且常用于液体介质的场合，因此其出口通径可以设计得与进口通径相等。而全启式安全阀的排量大，多用于气体介质，故其出口通径一般比公称尺寸大一级。安全阀进出口通径按表 2 - 25 选用。

表 2 - 23　弹簧安全阀工作压力级

公称压力 PN	工作压力/MPa				
	Ⅰ	Ⅱ	Ⅲ	Ⅳ	Ⅴ
10	0.05～0.1	0.1～0.25	0.25～0.4	0.4～0.6	0.6～1
16	0.25～0.4	0.4～0.6	0.6～1	1～1.3	1.3～1.6

(续表)

公称压力 PN	工作压力/MPa				
	Ⅰ	Ⅱ	Ⅲ	Ⅳ	Ⅴ
25			1～1.3	1.3～1.6	1.6～2.5
40			1.6～2.5	2.5～3.2	3.2～4
64			3.2～4	4～5	5～6.4
100			5～6.4	6.4～8	8～10
160			8～10	10～13	13～16
320	16～20	20～25	22～25	25～29	29～32

表 2-24 安全阀进出口法兰压力级

公称压力 PN	进口法兰压力/MPa	出口法兰压力/MPa
10	1.0	1.0
16	1.6	1.6
40	4.0	1.6
100	10.0	4.0
160	16.0	6.4
320	32.0	16.0

表 2-25 安全阀进出口通径(单位: mm)

公称直径 DN	进口通径/mm	出口通径/mm	
		微启式	全启式
10	10	10	
15	15	15	
20	20	20	
25	25	25	

（续表）

公称直径 DN	进口通径/mm	出口通径/mm	
		微启式	全启式
32	32	32	40
40	40	40	50
50	50	50	65
65	65	65	80
80	80	80	100
100	100		125
125	125		150
150	150		200
200	200		250
250	250		300
300	300		350

安全阀应有足够的灵敏度，以确保在达到开启压力时，能够无阻碍地迅速开启。一旦达到排放压力，阀瓣应全部开启，并达到额定的排放量。当系统压力降到回座压力时，阀门应能够及时关闭，并保持良好的密封状态。当装设两个安全阀时，其中一个为控制安全阀，另一个为工作安全阀。控制安全阀的开启压力应略低于工作安全阀的开启压力，以避免两个安全阀同时开启而使排气量过多。

(4) 疏水阀的选用：疏水阀是从储存有蒸汽的密闭系统内自动排出凝结水，同时保持不泄漏新鲜蒸汽的一种自动控制装置，在必要时也允许蒸汽按预定的流量通过。在现代社会中，蒸汽广泛地应用于工农业生产和生活设施中，核电站同样也不例外。无论是在蒸汽的输送管道系统中，还是利用蒸汽来进行加热、干燥、保温、消毒、蒸煮、浓缩、换热、采暖、空调等工艺过程中所产生的凝结水，都需要通过蒸汽疏水阀排除干净，而同时不允许蒸汽泄漏。

按启闭件的驱动方式，蒸汽疏水阀可分为 3 类：由凝结水液位变化驱动的机械型蒸汽疏水阀，由凝结水温度变化驱动的热静力型蒸汽疏水阀，由凝结水动态特性驱动的热动力型蒸汽疏水阀。蒸汽疏水阀是蒸汽使用系统的重要附件，其性能的优劣，对系统的正常运行、设备热效率的提高及能源的合理利用等方面具有重要作用。

机械型蒸汽疏水阀主要有密闭浮子式、敞口向上浮子式、敞口向下浮子式等几种类型。这类蒸汽疏水阀的工作原理运用了古老的阿基米德原理，性能可靠，能排除饱和水，但是体积比较大，较笨重，颠簸摇摆的环境对其阻汽排水性能有相当大的影响，因此不适应在较大振动的装置上使用。

热静力型蒸汽疏水阀主要有蒸汽压力式蒸汽疏水阀、双金属片式或热弹性元件式蒸汽疏水阀、液体或固体膨胀式蒸汽疏水阀。这类疏水阀几乎与机械型疏水阀同时出现，最初是金属膨胀式蒸汽疏水阀，利用阀杆材料冷缩热胀和凝结水温度的变化而实现阻汽排水作用，热静力型蒸汽疏水阀不能适应蒸汽压力变化较大和凝结水量不稳的场合，利用液体膨胀的压力平衡波纹管式蒸汽疏水阀可以初步解决以上问题。随着材料科学技术的发展，双金属片得到了广泛应用，双金属片式蒸汽疏水阀是利用双金属片受到温度变化而产生的变形实现阻汽排水作用的，阀体积小、重量轻，能排除大量空气，但是成本高。

热动力型蒸汽疏水阀有圆盘式蒸汽疏水阀、脉冲式蒸汽疏水阀、迷宫式蒸汽疏水阀、孔板式蒸汽疏水阀。圆盘式蒸汽疏水阀是利用蒸汽的流速与凝结水流速的差别而实现阻汽排水动作，阀体积小、重量轻、结构简单，但排空气性能较差。脉冲式蒸汽疏水阀也具有体积小、重量轻的特点，但结构复杂，制造精度要求高、价格贵。

以上3种蒸汽疏水阀在核电站中都有应用，可根据蒸汽疏水阀各自不同的优缺点和适用条件选用。正确合理地选择适合的疏水阀，对系统的正常运行影响很大，选择恰当可提高热效率和节省燃料。正确地选型应按下列条件进行。

蒸汽疏水阀必须区别类型，按其工作性能、条件和凝结水排放量进行选择，不能只以蒸汽疏水阀的公称尺寸作为选择依据。蒸汽疏水阀的公称压力及工作温度应大于或等于蒸汽管道及用汽设备的最高工作压力及最高工作温度。在凝结水回收系统中，若利用工作背压回收凝结水，应选用背压率较高的蒸汽疏水阀（如机械型蒸汽疏水阀）。当用汽设备内要求不得积存凝结水时，应选用能连续排出饱和凝结水的蒸汽疏水阀（如浮球式蒸汽疏水阀）。在凝结水回收系统中，既要求用汽设备排出饱和凝结水，又要求其及时排出不凝结性气体时，应采用能排出饱和水的蒸汽疏水阀与排气装置并联的疏水装置或采用同时具有排水、排气两种功能的蒸汽疏水阀(如热静力型蒸汽疏水阀)。当用汽设备工作压力经常波动时，应选用不需要调整工作压力的蒸汽疏水阀。

2.2　核级阀门设计准则

目前，核电阀门在国际上主要采用 ASME 第Ⅲ卷和 RCC－M 两大标准设计制造。其中，RCC－M 是在 ASME 标准的基础上结合法国的设计经验，特别是法国的材料标准，其中涉及阀门方面的主要章节为 B3500、C3500、D3500，分别对应核 1、2、3 级阀门。

我国核电阀门的发展历程可以追溯到 20 世纪 50 年代，当时主要采用 RCC－M 标准作为指导。在此基础上，我国于 20 世纪 90 年代制定了核工业行业标准 EJ/T，这一标准涵盖了阀门的设计、应力分析、抗震分析、材料选用、试验验证、驱动装置等多个方面，是一个比较完整的核电阀门标准体系。值得注意的是，EJ/T 标准是参照 RCC－M 标准制定的，确保了与国际先进水平的接轨和一致性。2010 年，我国发布了 NB/T 压水堆核电厂阀门系列标准，替代了部分 EJ/T 标准。

2.2.1　核阀设计制造规范等级

1) 核安全等级

核电阀门首先按其安全功能确定相应的核安全等级，对阀门进行恰当的安全分级，能保证阀门的质量与阀门在安全中所起的作用相适应。在确定阀门核安全等级的基础上，规定它的设计制造要求，即设计制造规范等级(以下简称规范级)、抗震要求及质量保证要求[6]。

阀门分为 3 个规范级和 1 个 NCh 级，3 个规范级由高到低分别为规范 1 级、规范 2 级和规范 3 级。核 1 级属于反应堆、反应堆冷却剂系统压力边界内的阀门，核 2 级主要在事故工况下执行安全功能，属于专设安全设施用核级阀门(包括安全壳隔离阀)，核 3 级用于反应堆运行支持系统并与反应堆运行关系密切的阀门，NCh 级用于非设计制造规范级核电阀门。规范级的划分见表 2－26。

表 2-26　设计制造规范级和其他等级的关系

分　组	设计制造规范等级	核安全等级	质量保证等级 Q		
			1A 抗震	1I 抗震	NC 抗震
Ⅰ (PN＞68)	1 2 2 2	1 2 3 NC	Q1 Q1 Q1 —	Q1 Q2 Q2 Q3	— — — Q3
Ⅱ (20≤PN≤68)	1 2 3 3	1 2 3 NC	Q1 Q1 Q1 —	Q1 Q2 Q2 Q3	— — — QNC
Ⅲ (PN≤20)	1 2 3 NCh	1 2 3 NC	Q1 Q1 Q1 —	Q1 Q2 Q2 QNC	— — — QNC

对于压力级小于或等于 2.0 MPa 的非核安全级(NC)阀门,根据其要求的可靠性分类,见表 2-27。

表 2-27　按可靠性分类的非核安全级阀门的分级关系

分组	设计制造规范等级	核安全等级	可靠性分类	质量保证等级		
				1A 抗震	1I 抗震	NC 抗震
Ⅲ	2 3 NCh	NC	F① G② H③	—	Q2 Q3 QNC	Q3 Q3 QNC

注:① F 级:故障立即引起反应堆停堆或电厂在很短时间内停运的所有阀门。② G 级:故障在短时间内引起反应堆停堆或大部分设备停运,或直接引起小部分设备停运的阀门。③ H 级:其故障不影响电厂可利用率的阀门。

2) 抗震要求

核电站设计的首要原则是安全第一,确保在任何情况下人类的安全不受威胁。为此,核电站的设计要满足在可能发生地震的情况下,保证反应堆的安全,防止放射性介质外泄的要求。在此要求下,所有核级阀门均被纳入抗震 1 类要求之中。抗震分类的目的是对阀门的设计与评定提出抗震要求,实际上是为了规定这些阀门在地震载荷下的功能要求。核安全级阀门均为抗震1类,根据其功能的不同,分为抗震1I类阀门和抗震1A类阀门。1I类阀门在极限安全地震(SL_2)作用下,仅要求保证其压力边界的完整性,不提出对变形的限制要求;1A类适用于能动阀门装置,除要求保证其压力边界的完整性外,还要求地震时和地震后有可靠的可运行性。NC表示无抗震要求。

3）质量保证要求

以核安全等级为依据,并考虑到一些其他因素,如产品的复杂性、成熟程度等而对不同的系统和产品进行分级。质量保证要求分为Q_1、Q_2和Q_3这3个等级,对QNC级阀门不提出质量保证大纲的要求。

4）抗辐照要求

反应堆在运行中由于裂变反应产生大量放射性物质,这就要求在系统运行和维修时要尽可能降低放射性对环境的影响及对人体的伤害,故在核级阀门设计时必须采取有效的措施。阀门材料选配要采用耐辐照、老化材料;阀门与介质接触表面其粗糙度、精度要求需不低于$R_a 6.3\ \mu m$,以减少放射性介质的附着,降低维修时对人员的伤害;为防止放射性对环境的污染,阀门在寿期内要求外漏为零,内漏在标准允许的范围内。

5）寿命要求

在核级阀门设计时要求其阀体、阀盖等主要承压件的寿命与核电厂寿期相同,对于易损件,要求其更换周期应满足电厂换料周期。目前,核电厂的换料周期大多为12个月。对于核1级阀门,还必须按相关标准的规定进行疲劳分析,以满足不同工况下阀门的使用要求。

2.2.2　核级阀门强度和刚度准则

核级阀门通常都工作在恶劣的环境工况中,最主要是放射性物质,一旦发生泄漏将会危及人类的生命财产安全,对于强度和刚度的设计尤其重要。在设计上首先应考虑阀门的主要部件能承受持久的或短时的压力和温度交变下的各种载荷的作用力,而不应出现明显的弹塑性变形。除常规的强度计算外,还应采用有限元应力分析和抗震计算分析等方法来确保阀门产品的可靠性。

对于公称尺寸不小于DN 25的规范级阀门均应进行应力分析,其目的在于确保阀门在承受各种载荷工况下具有必要的安全裕度,保证压力边界的完整性。应力分析不包括为避免其他失效类型如辐照、侵蚀和腐蚀等作用下的损坏,也不包括阀门在所有环境下的可运行性。阀门应力分析应考虑阀门在运行时所处的不同工况和载荷，并且要考虑各类载荷的共同作用，各级使用载荷应按阀门技术规格书的规定，分析要符合 NB/T 20010.1 或 RCC－M B3500/C3500/D3500 的规定。其次，核安全级阀门均应进行抗震分析，核电厂中动力操作的能动阀门装置都必须进行抗地震鉴定试验，以保证阀门在地震时和(或)地震后有令人满意的可运行性。

2.3 核电阀门设计方法

核电站用阀门在进行强度设计时必须满足设计压力和设计温度的要求，主要包括如下内容：

(1) 根据设计温度和压力，按照核阀设计制造规范级确定的设计规范级查找不同规范级规定的温度压力基准，如 RCC－M B3500(规范 1 级)、C3500(规范 2 级)、NB/T20010.1 等，从而确定阀门的公称压力等级。

(2) 按 RCC－M 或 NB/T 规定的最小壁厚表确定阀门的最小壁厚。最小壁厚应考虑一定的腐蚀裕量。

2.3.1 阀门壁厚设计

1) 标准阀门的最小壁厚

表 2－28 列出了 RCC－M B3542.1 标准下阀体最小壁厚对照。

表 2－28 RCC－M B3542.1 标准下阀体最小壁厚对照(按内径与压力等级分类)

内径 d_m		最小壁厚 t_m			
		1 500 lb(压力等级)		2 500 lb(压力等级)	
d_m/mm	d_m/in	t_m/mm	t_m/in	t_m/mm	t_m/in
2.54	0.1	2.54	0.10	2.54	0.10
5.08	0.2	2.54	0.10	3.05	0.12
7.62	0.3	3.05	0.12	4.57	0.18
10.16	0.4	4.06	0.16	5.84	0.23
12.70	0.5	4.83	0.19	6.86	0.27

（续表）

内径 d_m		最小壁厚 t_m			
		1 500 lb(压力等级)		2 500 lb(压力等级)	
d_m/mm	d_m/in	t_m/mm	t_m/in	t_m/mm	t_m/in
15.24	0.6	5.33	0.21	7.62	0.30
17.78	0.7	5.59	0.22	8.38	0.33
20.32	0.8	6.1	0.24	9.14	0.36
22.86	0.9	6.60	0.26	10.20	0.40
25.40	1.0	7.11	0.28	11.20	0.44
50.80	2.0	11.70	0.46	20.10	0.79
76.20	3.0	16.80	0.66	28.90	1.14
101.60	4.0	21.10	0.83	37.30	1.47
127.00	5.0	25.90	1.02	46.00	1.81
152.40	6.0	30.70	1.21	54.60	2.15
177.80	7.0	35.80	1.41	63.70	2.51
203.20	8.0	40.40	1.59	71.90	2.83
228.60	9.0	44.70	1.76	80.50	3.17
254.00	10.0	49.30	1.94	89.10	3.51
279.40	11.0	53.80	2.12	97.80	3.85
304.80	12.0	58.70	2.31	106.00	4.19
330.20	13.0	63.50	2.50	115.00	4.52
355.60	14.0	68.30	2.69	123.00	4.86
381.00	15.0	73.20	2.88	132.00	5.20
406.40	16.0	77.70	3.06	141.00	5.24
431.80	17.0	82.30	3.24	149.00	5.88

（续表）

内径 d_m		最小壁厚 t_m			
		1 500 lb(压力等级)		2 500 lb(压力等级)	
d_m/mm	d_m/in	t_m/mm	t_m/in	t_m/mm	t_m/in
457.20	18.0	86.90	3.42	158.00	6.22
482.60	19.0	91.70	3.61	166.00	6.55
508.00	20.0	96.30	3.79	175.00	6.89
533.40	21.0	101.00	3.97	184.00	7.23
558.80	22.0	105.00	4.15	192.00	7.57
584.20	23.0	110.00	4.33	201.00	7.91
609.60	24.0	115.00	4.51	209.00	8.25
635.00	25.0	119.00	4.69	218.00	8.59
660.40	26.0	124.00	4.87	227.00	8.92
685.80	27.0	128.00	5.05	235.00	9.26
711.20	28.0	133.00	5.24	244.00	9.60
736.60	29.0	138.00	5.42	252.00	9.94
762.00	30.0	142.00	5.60	261.00	10.28
787.40	31.0	147.00	5.78	270.00	10.62
812.80	32.0	151.00	5.96	278.00	10.95
838.20	33.0	156.00	6.14	287.00	11.29
863.60	34.0	160.00	6.32	295.00	11.63
889.00	35.0	165.00	6.50	304.00	11.97
914.40	36.0	170.00	6.68	313.00	12.31
939.80	37.0	174.00	6.87	321.00	12.65
965.20	38.0	179.00	7.05	330.00	12.98

（续表）

内径 d_m		最小壁厚 t_m			
		1 500 lb(压力等级)		2 500 lb(压力等级)	
d_m/mm	d_m/in	t_m/mm	t_m/in	t_m/mm	t_m/in
990.60	39.0	184.00	7.23	338.00	13.32
1 016.00	40.0	188.00	7.41	347.00	13.66
1 041.40	41.0	193.00	7.59	356.00	14.00
1 066.80	42.0	197.00	7.77	364.00	14.34
1 092.20	43.0	202.00	7.95	373.00	14.68
1 117.60	44.0	206.00	8.13	381.00	15.01
1 143.00	45.0	211.00	8.32	390.00	15.35
1 168.40	46.0	216.00	8.50	398.00	15.69
1 193.80	47.0	220.00	8.68	407.00	16.03
1 219.20	48.0	225.00	8.86	416.00	16.37
1 244.60	49.0	230.00	9.04	424.00	16.71
1 270.00	50.0	234.00	9.22	433.00	17.04

2）非标准阀门的最小壁厚

非标准阀门的最小壁厚应按下列程序确定：

(1) 对应压力等级分别为 P_{r1} 和 P_{r2} 的最小壁厚 t_1 和 t_2，应按 RCC - M B3542 规则确定。

(2) 对应设计工况的最小壁厚 t_m，由下式确定：

$$t_m = t_1 + \left(\frac{P_d - P_1}{P_2 - P_1}\right)(t_2 - t_1) \tag{2-1}$$

式中：P_d 为设计压力(MPa)。

3）阀门的各部分形状，如圆角、转折、尖点等的确定

(1) 在拐角区的承压边界外表面交会处，应具有半径 r_2 大于或等于

$0.3T_r$(T_r 为参考厚度或相关设计基准厚度)的圆角。图 2-21 和图 2-22 标出了这种圆角的设计方式。

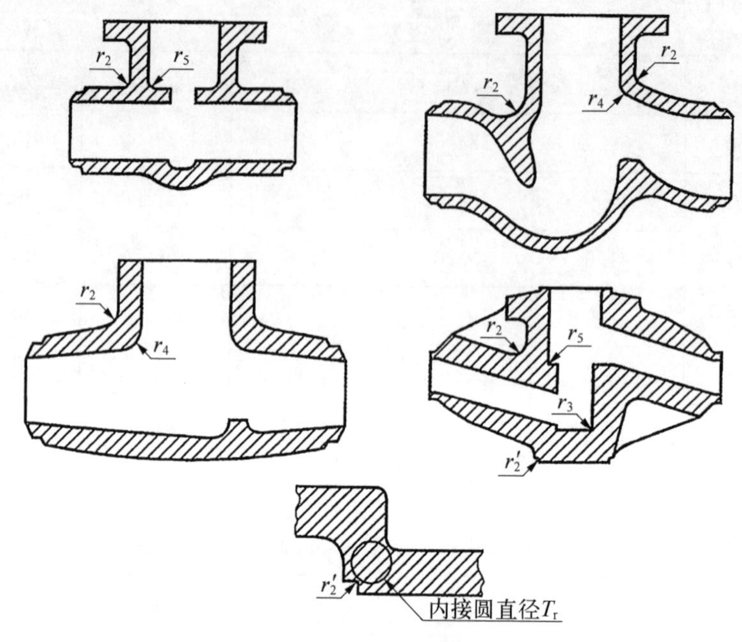

图 2-21 阀体内外连接处圆角

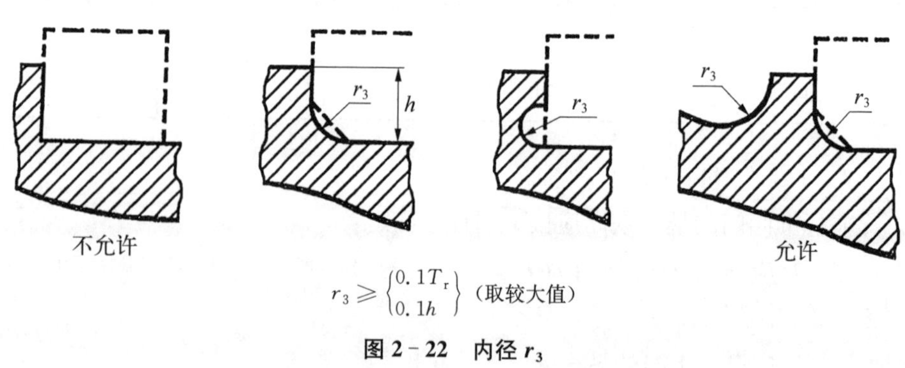

$$r_3 \geqslant \begin{cases} 0.1T_r \\ 0.1h \end{cases} \text{(取较大值)}$$

图 2-22 内径 r_3

(2) 拐角区外部的圆角半径均以 r_2' 表示。该半径的设计应避免导致壁厚变薄;可通过图 2-21 所示的以半径为 T_r 的内接圆来证实。r_2' 的大小满足如下要求:

若外部的圆角半径 r_2' 完全位于内接圆的外部,则不受限制;

若外部圆角半径与内接圆相交,则 r_2' 应大于或等于 $0.3T_r$。

(3) 应避免尖角,若必须采用急剧不连续结构如环形槽或与流体接触的类似部件(密封腔顶部圆角除外)，这些尖角应远离一次和二次应力最大值的区域或按图2-21和图2-22所示的形状进行修改，圆角的半径以r_3表示，且r_3必须满足下列限值中较大者：

$r_3 \geqslant 0.1T_r$(T_r为特定情况下的参考厚度或设计基准)

或$r_3 \geqslant 0.1h$(h为与该圆角相关的特征尺寸，如槽宽、壁厚等)

(4) 内表面转角半径(r_4)应小于r_2(图2-21)。

(5) 拐角区内部圆角半径均以r_5(图2-21)表示，并且r_5应大于或等于$0.2T_r$。

(6) 对于司太立硬质合金表面，建议不采用r_5型内部圆角。

(7) 当不连续结构不可避免地出现在高应力区时，应在该区域选用适当的应力集中系数以满足疲劳分析。

(8) 按核级阀门标准进行应力分析计算，包括一次薄膜应力、二次薄膜应力、一次薄膜应力+弯曲应力，热分析、循环载荷、疲劳分析、自振频率分析、抗震分析等分析计算。

2.3.2　阀门分析规则

阀门分析应全面覆盖规则的应用和对已确定的准则等级进行验证。正如RCC-M B3140标准中所明确规定的那样，这些规则和准则的具体内容取决于每个准则级别对于机械完整性的不同要求。

2.3.2.1　O级准则

1) 一次薄膜应力限值

一次薄膜应力基本上是由内压产生的。对于满足相关要求的阀门，其阀体在内压作用下的最高应力区域位于拐角区，该区域的特征为周向拉力垂直于阀颈和阀体中心线构成的平面(见图2-23的面积A_m)。本规则旨在限制该拐角区的总体一次薄膜应力。为满足RCC-M的B3552条款要求，计算时采用的标准压力p应为阀门在260 ℃时的许用压力，可直接查阅RCC-M表B3531获取，而对于非标准阀门的许用压力，可由线性插值法确定，具体公式如下：

$$p_s = p_{s1} + \left(\frac{P_r - P_{r1}}{P_{r2} - P_{r1}}\right) \times (p_{s2} - p_{s1}) \tag{2-2}$$

式中：p_s为中间压力等级P_r的标准计算压力；P_{s1}(P_{s2})为压力等级P_{r1}(P_{r2})的标准计算压力。

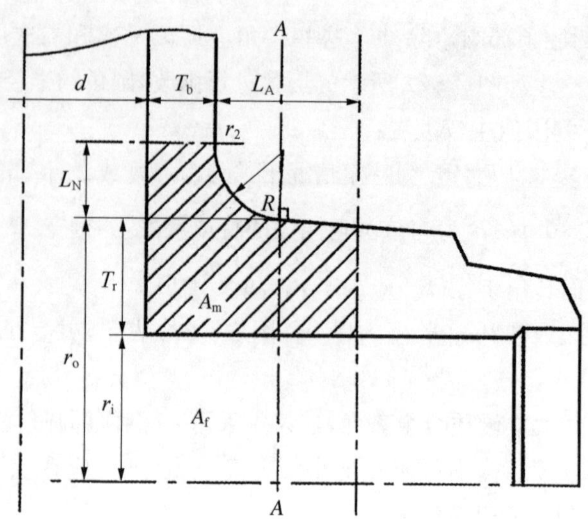

图 2-23 阀体-阀颈拐角区参数的确定

拐角区内最大一次薄膜应力可利用图 2-24 并按照下列(1)～(6)的规则用压力面积法确定。

(1) 根据精确绘制的阀体设计图，绘出不计腐蚀裕量的拐角区的最终截面，在阀颈和阀体端部中心线的共同平面内确定出 R 点(图 2-23)，该点为圆角和阀体端部之交点，该点对应的壁厚为 T_r。

构成液压面积(A_f)和金属面积(A_m)界限的距离 L_A 和 L_N 由下式确定。

L_A 取$(0.5d - T_b)$和 T_r 两者中的较大值；

$L_N = 0.5r_2 + 0.354\sqrt{T_b(d + T_b)}$。

若阀体不规则，如截止阀及其他非对称形状的阀门，在确定上述参数的合理数值时，需做一些判断。在这种情况下，A_f 的内部边界应由沿垂直于阀杆和管端轴线构成平面的内润湿表面最大宽度的轨迹线来定界[见图 2-24(b)、(d)、(e)]。

(2) 由平行于阀体中心线的阀颈外表面可得到 A_f，由 R 平行于阀颈中心(或垂直于阀体中心线)得到 L_N，由此可确定出流体面积 A_f 和金属面积 A_m，如图 2-24(d)和(e)所示。

(3) 计算拐角区总体一次薄膜应力强度：

$$p_m = \left(\frac{A_f}{A_m} + 0.5\right) p_s \tag{2-3}$$

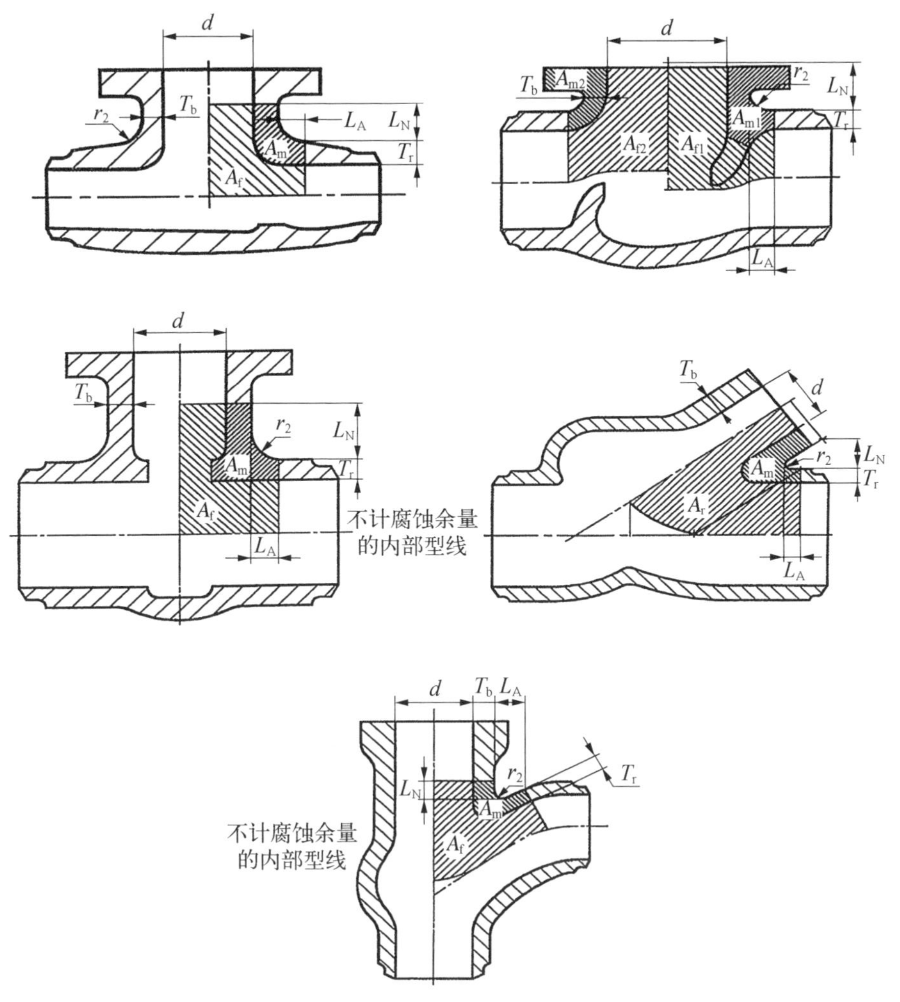

图 2-24　五种常见阀体形状压力面积法

(4) 若由 L_A 和 L_N 限定的计算边界 A_f 和 A_m 超出了阀体范围[图 2-24(b)],则可用阀体表面来确定 A_f 和 A_m 的边界。对可能包括在 L_A 和 L_N 界线内的连接管道面积可不予考虑。若 A_m 内包括 1 个法兰,则在确定 A_m 的净值时要减去 1 个螺栓孔的面积。

(5) 除上面的修正外,阀体的加强筋或肋板延伸部分应计入 A_m。垂直于阀杆中心轴线和阀体中心轴线形成的平面,从 A_m 上任一点做的直线,可不穿过湿润表面,而仅在金属中延伸,直至穿过阀体外表面。余下的加强筋面积要加到 A_f 内[图 2-24(b)]。

(6) 在大多数情况下，图 2-24 中由 A_m 限定的部位为最高应力处。然而，在阀体很不规则的情况下，建议对拐角区的所有截面进行校核，以保证在开启和闭合的各种状态下能确定 P_m 最大值的点都划定在 A_m 区域内。

在拐角以外的区域，当计算 P_m 值是所有常用阀门类型总体一次薄膜应力的最高值时，要注意审查那些不常见的阀体形状中可能出现的较高应力区。对可疑区域应采用特殊局部阀体外形的压力面积法进行核查。

应力强度的许用值是阀体材料在 260 ℃(500 ℉)下的 S_m 值，见 RCC-M 表 ZI1.0。

2) 一次薄膜加弯曲应力限值

$$1.5(r_i/T_r+0.5)p_s+p_{eb}\leqslant 1.5S_m \quad (2-4)$$

式中：p_s 为标准计算压力；r_i 为拐角区内壁轮廓外接圆半径(图 2-25)；T_r 为拐角区阀体壁厚(图 2-25)；p_{eb} 为由连接管道引起的应力。

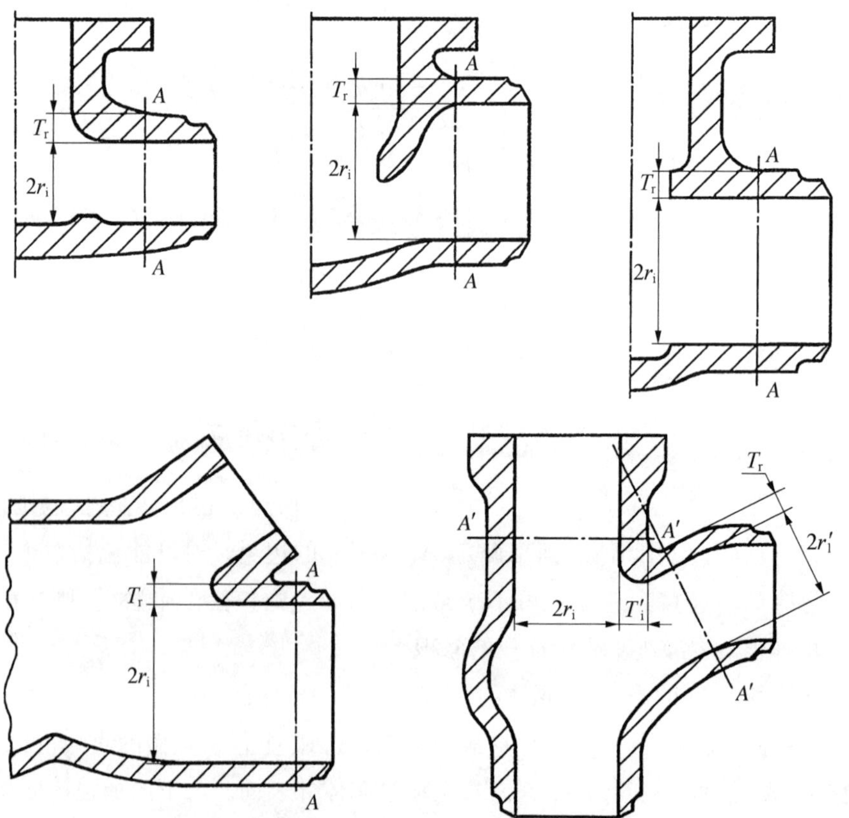

图 2-25 五种常见阀体形状危险截面

(1) 阀体应力分析与载荷计算。

在选择合适的 T_r 时，应考虑在危险截面处的补强材料，但不考虑局部圆角。在确定 r_i 和 T_r 时，不考虑凸台和加强筋。图 2-25 给出了图 2-24 中对应阀体的危险截面的示意图。参数 r_i 和 T_r 可认为是用一般阀门阀体补强或不补强的三通代表值，且略去与阀门功能相关的次要形状细节。由于管道和阀体之间采用刚性连接，因此通过管道传递到阀体的载荷被视为作用在阀体上的一次载荷。

对于阀颈中心线与流道方向不垂直的阀体，由上述内压引起的阀体应力应乘上斜接阀颈的应力系数 C_α：

$$C_\alpha = 0.2 + \frac{0.8}{\sin\alpha} \tag{2-5}$$

式中：α 为阀盖中心线和流道中心线所夹锐角(图 2-26)。

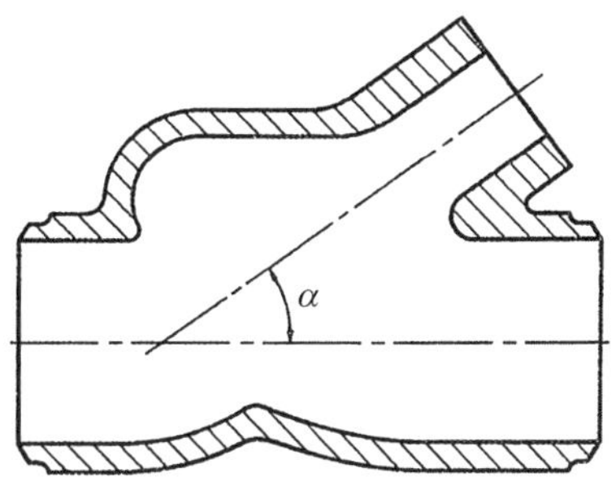

图 2-26　阀颈中心线和阀体中心线不相垂直的阀体

(2) 由管道反作用力产生的应力 p_{eb} 的确定是基于管道传递的载荷因素，以保证阀体能足够安全地传递由连接管道系统产生的力和力矩。

根据图 2-25 所示的在拐角区的危险截面 $A-A$ 计算(弯曲载荷效应)：

$$p_{eb} = \frac{C_b F_b S}{G_b}$$

下面介绍计算 p_{eb} 所需要的各项参数的确定，其中 $F_b S$ 也可由外力矩的实际最大值取代。

当已知连接管道的材料时，可根据管道在 260 ℃(500 ℉)下的屈服前强度计算出 S 值。当连接管道材料未知或阀门按非特殊用途设计时，S 值应取 207 MPa(30 ksi)。

F_b 的值应按下列两种方法之一来确定：

$$F_b = \frac{0.393 d_e^3 p_s}{138 - p_s} \tag{2-6}$$

式中：d_e 为较大连接管道的阀门内径，mm；p_s 为标准计算压力，MPa。当 d_e 小于 250 mm，内径略大于 d_e 时，F_b 值不得小于 40 系列的标准管道的惯性模量；当 d_e 大于或等于 250 mm 时，F_b 值等于 $7.5d_e^2$ 或取具有最大惯性模量的连接管道的实际惯性模量作为 F_b 项的值。

C_b 是弯曲载荷的应力指数，由下式确定：

$$C_b = \max\left|\begin{matrix} 0.335\left(\frac{r}{T_r}\right)^{2/3} \\ 1 \end{matrix}\right. \tag{2-7}$$

系数 G_b 为截面模量：

$$G_b = I/(r_i + T_r) \tag{2-8}$$

式中：G_b 为通过 $A-A$ 平面绕垂直于阀盖和阀体中心线共同平面的轴线弯曲的截面模量，该轴线为拐角处产生最大弯曲应力处；r 为拐角区处壁厚平均半径；T_r 为邻近拐角区处阀体(通道)壁厚；I 为拐角区阀体截面 $A-A$ 的惯性模量；r_i 为拐角区壁轮廓的外接圆半径(流道半径)。计算 G_b 时，应把外表面的纤维应力作为主要因素。

当阀门用于文丘里装置时，其连接管道可大于对应阀门公称尺寸，此时 p_{eb} 值应按实际较大的管道来确定。

(3) 公式(2-9)中使用的 S_n 值等于 RCC-M 附录 ZI 中 260 ℃(500 ℉)下阀体材料的给定值。

2.3.2.2　A 级准则

A 级准则适用于一次、二次应力极限和疲劳分析以防止渐进变形和疲劳。A 级准则所要求的工况分为以下两类：

(1) 启-停循环的稳定变化速率不超过 55 ℃/h；当温度变化速率不超过 55 ℃/h 时，阀门的操作循环应作为启-停循环。

(2) 作为阀门的其他工况，基本上考虑压力和温度呈周期性变化。这类工况包括了流体温度变化速率大于 55 ℃/h 的所有工况。

关于与系统启、停循环相关的一次和二次应力限值有以下几点说明：

(1) 由内压、管道作用力和热效应引起的一次和二次应力值 S_n 的变化不得超过许用应力 S_m 的 3 倍。阀体材料的 S_m 值应取 260 ℃(500 ℉)的值。

$$S_n = Q_p + 2p_{eb} + 2Q_{T3} \leqslant 3S_m \tag{2-9}$$

式中：$Q_p = C_P\left(\dfrac{r_i}{T_r} + 0.5\right)p_s$；$C_P = 3$；$2p_{eb}$ 项可由施加在阀体上各种载荷的实际计算总变化与 C_b/G_b 乘积来替代。

(2) 在阀门拐角处由壁内温度梯度和壁厚变化(平均温差)引起的热应力可按流体温度以 55 ℃/h(100 ℉/h)的速率连续变化,用图 2－27 中(a)的模型进行计算。图 2－27 中(b)说明了对于不规则阀门拐角如何确定 r、T_{e1}、T_{e2} 和 T_r。热应力定义如下：

Q_{T1} 是沿壁内线性温度变化产生的应力分量：

$$Q_{T1}=C_7(T_{e1})^2 \tag{2-10}$$

式中：对铁素体钢，$C_7=1.07\times10^{-3}$ MPa/mm^2，对奥氏体钢：$C_7=4.06\times10^{-3}$ MPa/mm^2；T_{e1} 如图 2－27 所示，mm。

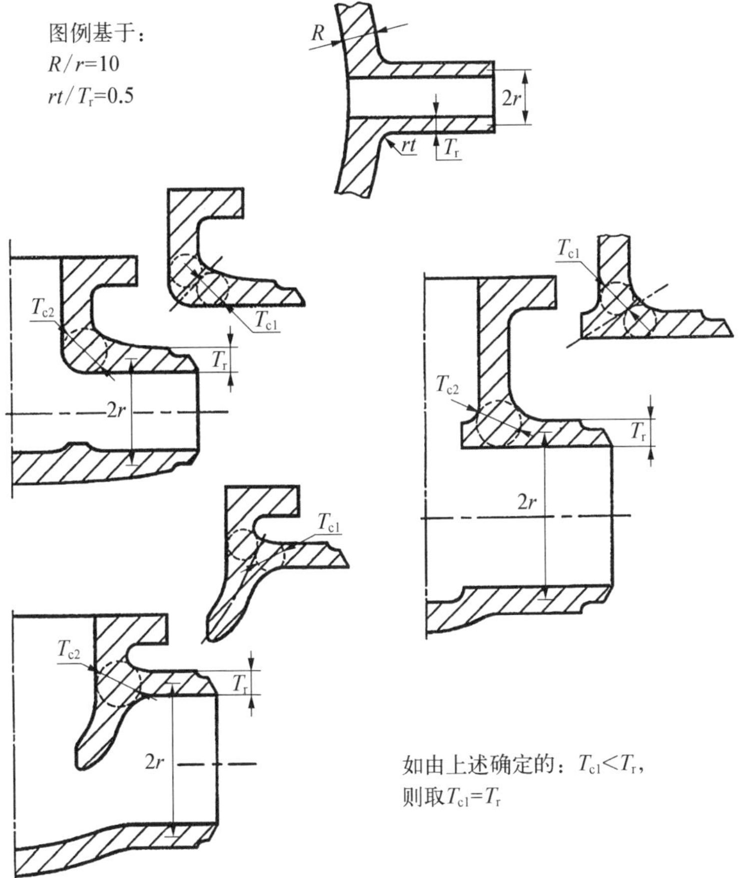

T_{e2} 为拐角区内壁处能划出的最大圆直径；T_{e1} 为拐角平分线任一边能划出的最大圆直径。

图 2－27　确定阀门拐角区内二次应力的图形

Q_{T3} 是由壁厚变化产生的薄膜应力加弯曲应力的应力分量：

$$Q_{T3}=E_{a}C_{3}\Delta T' \tag{2-11}$$

式中：C_3 和 $\Delta T'$ 由图 2－28 和图 2－29 确定；E_a 为材料的弹性模量与线性热

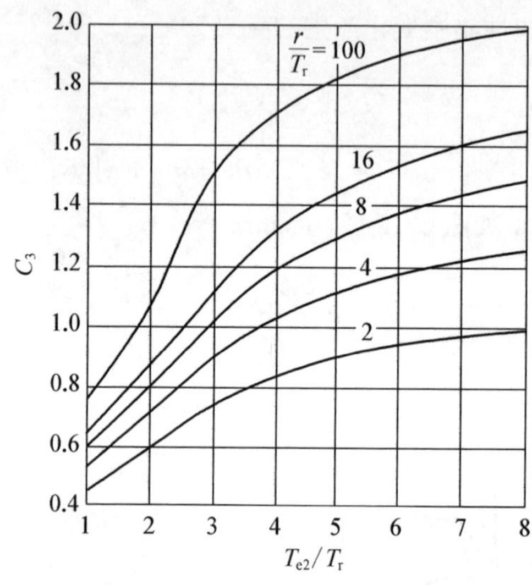

图 2－28　二次应力指数与主管或支管壁厚连续性关系曲线

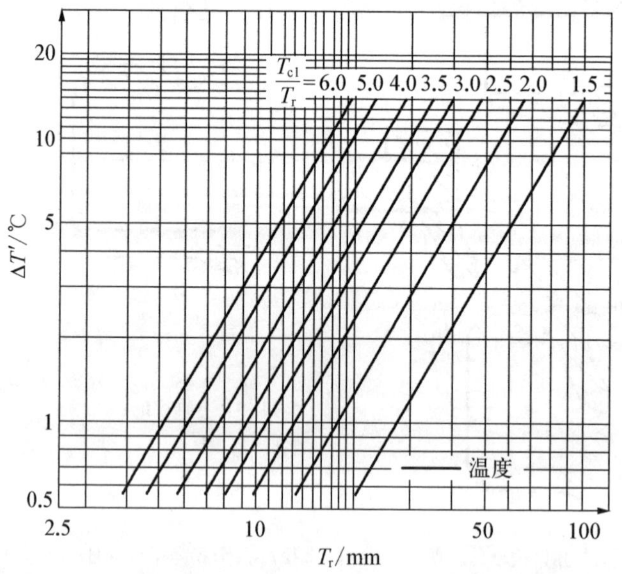

图 2－29　在奥氏体钢温度阶跃变化 55 ℃/h(100 ℉/h)时厚壁平均温度(T_{e1})和薄壁平均温度(T_r)之间的最大温差

膨胀系数的乘积，两者均取 260 ℃(500 ℉)下的参数。$\Delta T'$相当于 RCC－M 中 B3600 中规定的($T_a - T_b$)。

除系统启、停工况以外的一次应力加二次应力变化范围限值为

$$S_n = Q_p[\Delta p_f(\text{max.})/P_s] + E_a C_2 C_4 \Delta T_f(\text{max.}) \leqslant 3S_m \quad (2-12)$$

式中：$\Delta p_f(\text{max.})$是所考虑的工况下的最大压力范围；$\Delta T_f(\text{max.})$是取 $\Delta T_f(k, l)$最大值所确定的流体温度的最大范围，l 是所考虑工况下的最大压力范围，$\Delta T_f(k, l)$由 RCC－M 中 B3553.5b 给定的程序确定；C_2 和 C_4 系数在图 2－30 和图 2－31 中给出。

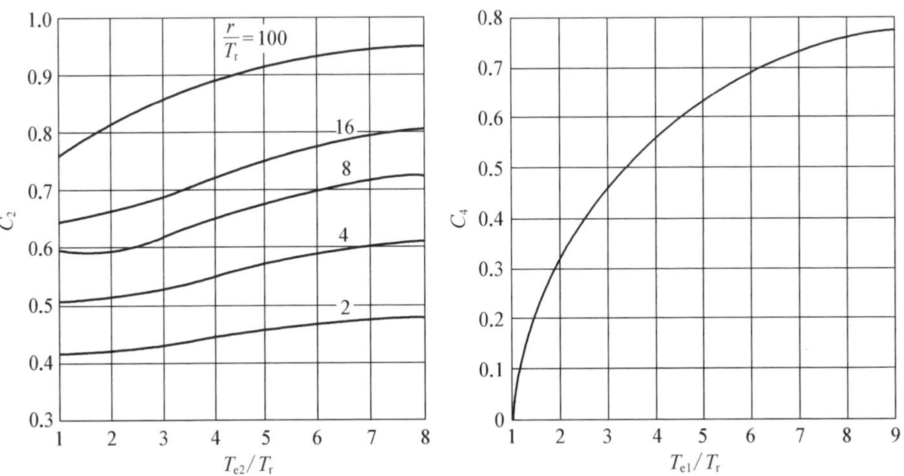

图 2－30　热应力指数 C_2 与主管或支管壁厚连续性变化关系曲线

图 2－31　C_4 与 T_{e1}/T_r 关系曲线

与系统启、停循环有关的 S_P 值应取下式定义的 S_{P1} 和 S_{P2} 中的较大者。

$$S_{P1} = \frac{4}{3}Q_p + 2p_{eb} + 2Q_{T3} + 2.6Q_{T1} \quad (2-13)$$

$$S_{P2} = 0.8Q_p + K(2p_{eb} + 2Q_{T3}) \quad (2-14)$$

式中：K 是与拐角处外圆角有关的应力集中系数，系数取 2。

除系统启、停循环以外的与工况相关的 S_P 值按下式确定：

$$S_P = K_{emech}\left(\frac{4}{3}Q_p \frac{\Delta p_f}{p_s}\right) + K_{ether}E_a(C_3C_4 + C_5)\Delta T_f \quad (2-15)$$

式中：C_5 在图 2－32 中确定。ΔP_f 和 ΔT_f 是所考虑的压力和温度范围。

K_{emech} 和 K_{ether} 由下面中 $S_n(i, j)$的取值所确定。

系数 K_{emech} 由下式确定：

如 $S_n(i, j) < 3S_m$，则 $K_{emech} = 1$；

如 $3S_n < S_n(i, j) < 3mS_m$，则 $K_{enech} = 1.0 + \dfrac{1-n}{n(m-1)}\left[\dfrac{S_n(i, j)}{3S_m} - 1\right]$；

如 $S_n(i, j) > 3mS_m$，则 $K_{emech} = 1/n$。

m 和 n 的值由表 2-29 确定。

表 2-29　*m* 和 *n* 的值

材　　料	m	n	最高温度/℃
低碳钢	2.0	0.2	370
马氏体不锈钢	2.0	0.2	370
碳钢	3.0	0.2	370
奥氏体不锈钢	1.7	0.3	430
镍铬合金	1.7	0.3	430

对奥氏体不锈钢：

$$K_{enech} = \max\left\{1;\ 1.86\left\{1 - \frac{1}{\left[\dfrac{S_n(i, j)}{S_n} + 1.66\right]}\right\}\right\} \tag{2-16}$$

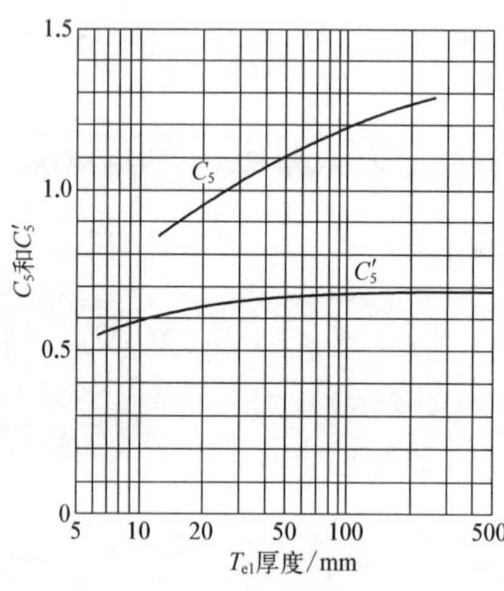

图 2-32　热疲劳分析中 C_5 和 C_5' 的应力指数

对铁素体钢，K_{enech} 必须通过实例来校核，但是应通过 K_{emech} 的变化来修正总应力 S_p，而不是强行改变机械/热量的分量。对于承受包络载荷的瞬态以及性能分析中所考虑的增加载荷和瞬态的类似结构，如果所得到的弹塑性研究成果是可用的，则可引进塑性应力修正的总体影响的上限值。

$S_n(i, j)$用于确定 K_e，如下列方程所示：

$$S_n(i, j) = Q_P\left[\frac{\Delta p_f(i, j)}{p_s}\right] + E_a(C_3C_4 + C'_5)\Delta T_f(i, j) \quad (2-17)$$

2.3.2.3　C 级准则

满足 C 级准则工况下的压力应不超过该工况温度下最大许用压力的 120%。采用应力极限等于 1.90S_m。确定 p_{eb} 项而取的 S 值为连接管道材料的 1.2 倍屈服强度；当连接管道材料不明时，取 250 MPa(36 ksi)。

2.3.2.4　D 级准则

RCC－M 附录 ZF 中的各项准则可用来评定满足 D 级准则所需的各类载荷。

2.3.2.5　阀门部件设计要求

1）阀体与阀盖的连接

阀体与阀盖的螺栓连接应按附录 RCC－M 的 ZV 中给出的导则或按 RCC－M 中 B3200 给出的程序设计，并且应对这些连接形式进行疲劳分析。假定压力和温度同时增加或减少，作为设计工况的疲劳寿命应至少为 2 000 次启、停循环。

2）阀瓣

阀瓣应作为承压边界的一部分来考虑。一次薄膜应力强度不得超过 S_m，一次薄膜应力加弯曲应力强度不得超过 1.5S_m。应对主回路系统边界的隔离阀的阀瓣进行疲劳分析，以证明一次应力加二次应力的最大范围不超过 3S_m。

3）阀门的其他零件

（1）阀杆、阀杆保持结构和其他具有高应力的阀门零件（该零件的失效能导致承压边界严重破坏）的设计应根据标准计算压力和按适用的附加载荷进行保守估算或计算，并且该部件的一次应力不超过 RCC－M 中附录 ZI1.0 中列出的 S_m 值。除当流体温度为 260 ℃(500 ℉)时，金属的实际温度为已知外，金属的温度取值应为 260 ℃(500 ℉)，并且应进行疲劳分析。此外，应对阀杆的抗弯曲性能进行分析。

（2）旁通管应按 RCC－M 中 B3600 的要求进行设计。

4）密封性

由于核反应堆的一回路系统输送的介质大多带有放射性，因此不允许有任何外泄漏现象发生，必须在阀门的结构设计、密封件（波纹管、膜片、填料和垫片等)的选用、材料和成品的质量检测控制等方面,采取严格有效的措施来保证。

核级阀门的密封性保证,除试验验证之外,必须在结构设计上采取有效措施,包括采用多重措施保证。采用上密封装置、两组填料和各种波纹管密封阀杆是核电阀门的常用的密封形式。

(1) 阀体与阀盖连接处密封结构阀体与阀盖连接处是承压壳体密封的关键部位。核电站用阀门中法兰密封是导致阀门有可能外漏的一个重要环节,通常有六种中法兰密封结构。

第一种为带内环的金属缠绕垫片密封结构。该结构通过拧紧中法兰螺栓,对密封垫片施加压紧力,在密封面上形成预紧比压,从而实现密封。其主要优点是阀体、阀盖结构简单,加工方便。其缺点是在介质压力上升和操作阀门时,预紧密封比压会减小,进而降低密封性能,如图 2-33 所示。

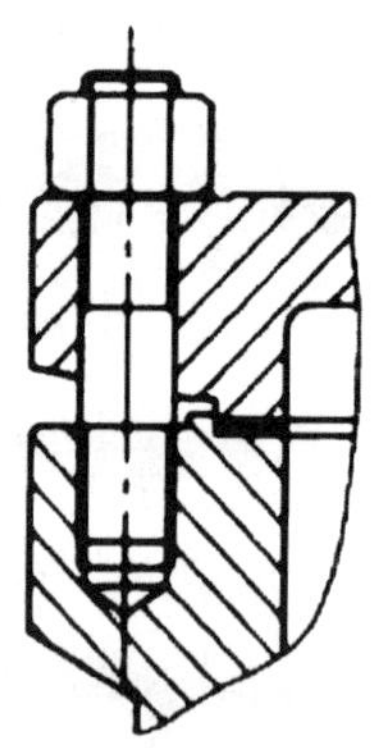

图 2-33 中法兰金属缠绕垫片密封结构

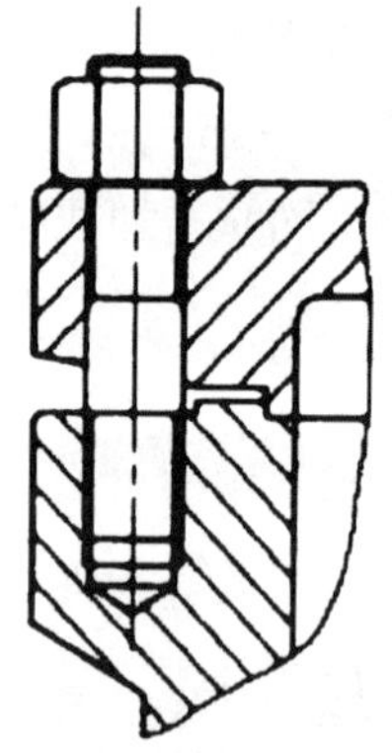

图 2-34 无垫片刚性密封结构

第二种为无垫片刚性密封结构。该结构依靠两个经过精密加工与研磨的密封面紧密接触,并通过拧紧中法兰螺栓来施加一定的密封比压,以此实现密封。其主要优点是维修方便、经久耐用、温度变化对密封影响较小,以及避免了垫片密封形式需定期拆卸阀门更换垫片的烦琐过程,从而减少了污染。其缺点是密封面加工制造较困难,螺栓预紧力大,如图 2-34 所示。

第三种为金属八角形密封垫圈结构。在此结构中,中法兰密封副的阀体、阀盖密封面之间采用金属八角形密封垫圈镶在梯形槽中以实现密封。金属八角形密封垫圈由超低碳不锈钢材料制成,该类密封圈通过改变其材质可适应各种不同介质,具备密封可靠、适用性广的特点。然而,金属八角形密封垫圈是依赖密封材料塑性变形填满中法兰的阀体、阀盖密封面的微观不平度来实现的，所以对应的阀体、阀盖密封面的尺寸精度、表面粗糙要求高，机械加工难度较其他密封副结构复杂，如图 2-35 所示。

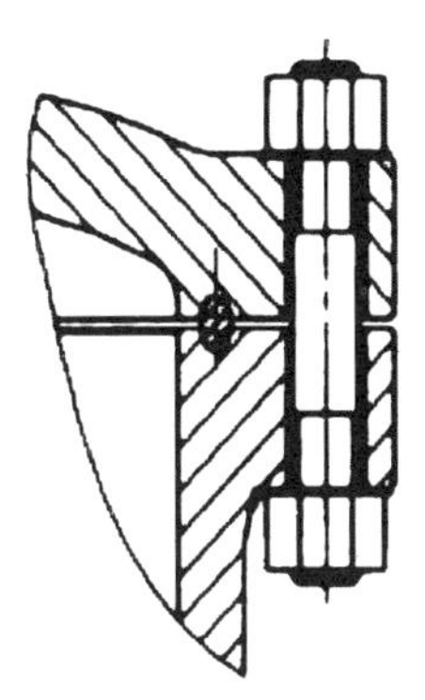

图 2-35　金属八角形密封垫圈密封结构

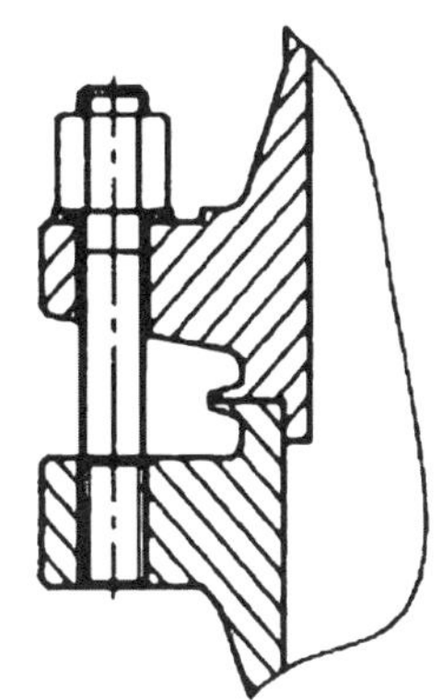

图 2-36　唇边密封焊结构

第四种为唇边密封焊结构。在此结构中阀体与阀盖的中法兰处各加工一条唇形边，将其焊接，并用螺栓将中法兰拧紧。该密封结构在维修时允许切开次数大于 3。优点是密封性能可靠，温度变化对密封无影响，避免了垫片密封形式需定期卸阀门更换垫片的烦琐过程。其缺点是维修不便，如图 2-36 所示。

第五种为内压自密封结构。该结构利用介质本身的压力来达到密封效果，其特点在于介质压力愈大，产生的密封力亦愈大，密封亦就愈可靠。其主要优点是在高压下和温度与压力有波动时，密封性能良好，密封可靠。与强制密封相比，不需要很大的螺栓预紧力，因此拆装方便。此外，中法兰尺寸小，重量轻，结构紧凑。其缺点是结构复杂，阀体中腔高度增加，零件加工精度要求较高，低压密封效果差，甚至产生泄漏，如图 2-37 所示。

第六种为带内金属环的缠绕垫片，外加唇边密封焊结构。该种结构的唇边密封焊在阀门试验阶段及出厂时均不需要焊接，中法兰密封靠垫片完成。只有在必要时，垫片失效或更换垫片困难等情况下，将唇边密封焊焊上，如图 2-38 所示。

小流通直径阀门有时做成无法兰连接，阀盖直接焊到阀体上，而成为不可拆卸阀门。对于这类阀门内部零部件的可靠性要求更高，对于装配质量、正确地运行，特别是介质的清洁度也提出了更高的要求。这种密封形式的缺点是维修时必须切割焊接，给维修带来不便。

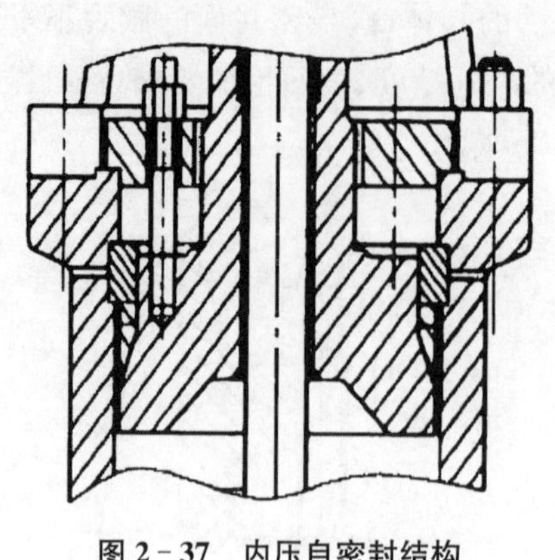

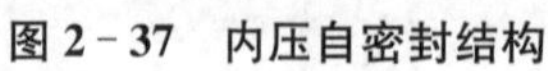
图 2-37 内压自密封结构

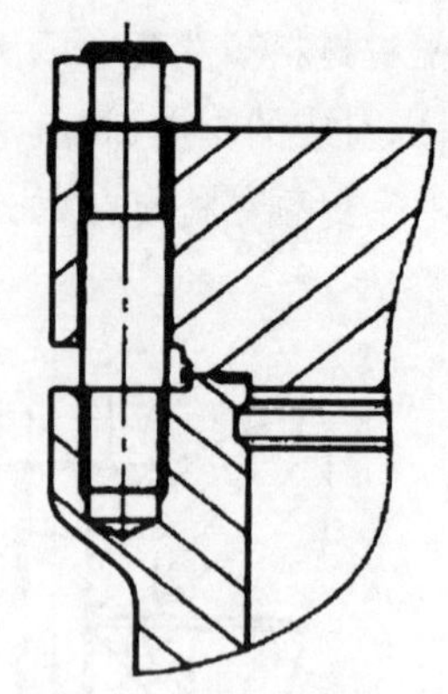
图 2-38 金属缠绕垫片外加唇边密封焊结构

(2) 阀杆填料密封是最广泛使用的阀杆对外密封方式。尽管存在一些渗漏,但在不同的设计方案中,仍是最常采用的基本密封结构。

① 双填料函结构。填料函采用双重填料结构,双重填料中间加填料隔环,填料函外部焊有引漏管,其作用:一是采用泄漏收集系统,避免放射性介质向外泄漏;二是检测系统,当填料失效发生泄漏时,可通过检测系统反馈信息,便于及时维修或更换填料。因为它只是抑制收集系统内的泄漏,其压力只稍高于大气压,如图 2-39 所示。

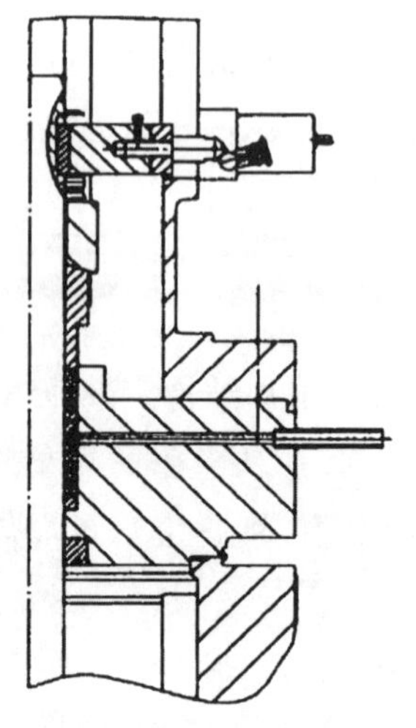
图 2-39 双填料函带引漏管结构

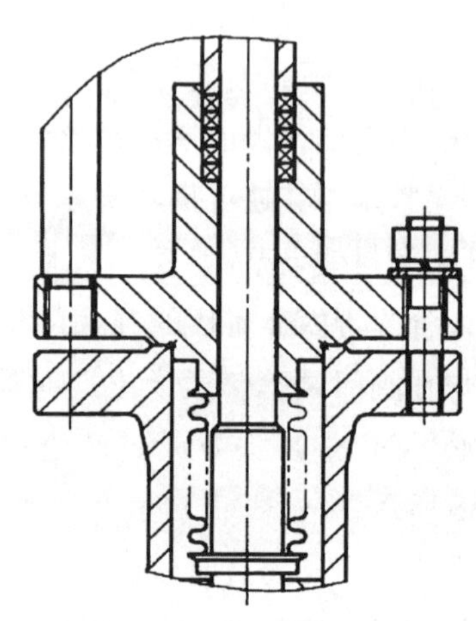
图 2-40 波纹管填料双重密封结构

② 波纹管填料双重密封结构,如图 2-40 所示,波纹管是动连接对外部介

质最可靠的密封元件，它能保证完全密封和完全排除沿阀杆的泄漏。因此，在一回路上最重要的阀门，特别是对于液态金属冷却剂，以及有毒和易爆介质系统内的阀门采用波纹管密封较为有利。波纹管密封通常用于处理有较高放射性介质的阀门中或用在由于系统其他部件可能发生放射性事故而影响阀杆填料受到放射性介质影响的情况。由于波纹管行程的限制，使得阀门整体高度增加，因此要求相对加厚法兰和螺栓以承受地震负荷应力。在核动力装置阀门上所采用的主要是多层波纹管，这种波纹管在使用过程中，无故障工作概率较高，当选择波纹管时，应在给定的压差和温度工况下，根据行程距离和周期寿命来选购。

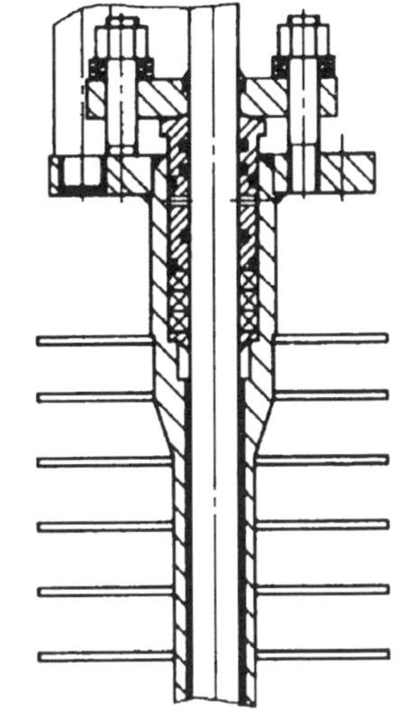

图 2－41　冷冻填料双重密封结构

③ 冷冻填料双重密封结构。如图 2－41 所示，利用液态金属随着温度的下降其黏度增加的特性，在阀盖与填料函之间加散热片，通过空气自然对流的方式，降低该部位介质的温度，使该部位的液态金属介质冷却固化，达到密封的效果。通过填料函实现二次密封。对于快中子堆钠阀应用该结构效果显著。

5）使用寿命

由于核电站建设的投资大，成本回收期长，如停工一天造成的经济损失约合人民币上千万元。因此，在核级阀门设计时，要求其阀体、阀盖等主要承压件的寿命与核电厂寿期相同，对于易损件，要求其更换周期应满足电厂换料周期。目前，核电厂的换料周期大多为 12 个月。阀门设计应尽量减少维修次数和缩短维修周期。一般规定要求承压件使用寿期为 40 年，对于核 1 级阀门，还必须按相关标准的规定进行疲劳分析，保证阀门具备完成规定工作循环的能力，满足不同工况下阀门的使用要求。

6）清洁度

（1）清洁度分类。根据压水堆核电厂阀门所处的工作条件和环境条件（如压力、温度、介质、辐照等条件）提出不同的清洁度要求，按清洁度要求的不同分为以下 3 类。

A 类清洁度——规范级不锈钢阀门中的不锈钢零部件。

B 类清洁度——NCh 级不锈钢阀门中的不锈钢零部件、规范级碳钢和合金钢阀门中的零部件、规范级不锈钢阀门中的碳钢和合金钢零部件。

C类清洁度——NCh级碳钢和合金钢阀门中的零部件、NCh级不锈钢阀门中的碳钢和合金钢零部件。

(2) 水质要求。阀门清洗用水的分级和水质要求按表2-30的规定。

表2-30 水的分级和水质要求

		项目						
		氯离子最大含量(质量浓度)/10^{-6}	氟离子最大含量(质量浓度)/10^{-6}	电导率/(μS/cm)	悬浮物(最大)含量(质量浓度)/10^{-6}	SiO_2含量(质量浓度)(最大)/10^{-6}	pH值	透明度
等级	A	0.15	0.15	2.0	0.1	0.1	6.0~8.0	无混浊、无油、无沉淀物
	B	1.0	0.15	2.0	—	0.1	6.0~8.0	
	C	25	2.0	400	—	—	6.0~8.0	

不锈钢阀门及其零部件按其清洁度分为A类和B类,最终清洗应采用A级或B级水,中间清洗则使用经过过滤的自来水。

碳钢和合金钢的规范级及NCh级阀门及其零部件按其清洁度分为B类和C类,最终清洗用B级水或C级水。中间清洗用经过过滤的自来水。

7) 安全可靠性

阀门需要在多种设计工况(包括正常、异常、危急和事故状态)下可靠使用,甚至在遭受地震灾害或LOCA失水事故等情况下都能保持阀门设备的完整性和可操作性。因此,核级阀门必须在样机制造试验经受各种模拟工况的功能鉴定考核的基础上才能投入运行。

阀门样机的功能鉴定标准依据ASME B16.41及ASME QME-1标准进行。主要试验内容如下:

(1) 固有频率测试;

(2) 材料环境老化试验,包括热老化、辐照老化等;

(3) 流阻系数测试,测试阀门在全开状态下的流阻系数;

(4) 循环试验,包括冷、热启闭循环反复试验;

(5) 寿命试验;

(6) 端部载荷试验,在管子端部负荷最大反作用力下的操作性能;

(7) 地震试验,承受代表最大地震负荷时和之后的操行性能,包括震动老化的操作性能;

(8) 流量中断和功能能力验证;

(9) 驱动装置如电动、气动装置的老化,如失水、辐照、湿热等。

8) 材料要求

核电站中运行的水质为高纯度去离子水,其目的是保护反应堆和设备,并降低运行中的放射性水平,在核级阀门设计中按相应的规范要求(如ASME Ⅲ或RCC-M等)进行核级材料的制造、检验、无损探伤检测。材料必须具有良好的耐蚀性、抗辐照、抗冲击和抗晶间腐蚀性能,在一些主回路系统中均采用低碳甚至超低碳奥氏体型不锈钢作为主体材料,并选用一些强度、韧性和耐温、耐压、抗冲蚀、抗擦伤等性能优越的合金材料来制作阀杆或密封面等零件。应严格控制填料和垫片等非金属密封材料中的氯、氟和硫离子的含量,各项数据都应低于规范规定的指标,以保证对金属基体不造成腐蚀损伤。

9) 控制装置的设计及选用

用于事故状态下工作的核电站阀门,应对系统起到安全保护和事故应急处理的作用。对于这些阀门来说,动作的及时和准确十分重要,不论是及时而不准确或是准确而不及时都不能适应和满足保护核电站的需要。如主蒸汽隔离阀按要求关闭的时间仅为几秒,如果出现不及时或误动作都将导致严重的后果。因此,阀门驱动装置的性能和质量非常重要和关键,对其选用必须进行认真考核、计算。对阀门制造企业来说,必须对驱动装置制造企业的资质进行考核,确保满足核电厂的要求。

10) 相关规范

从事核电站阀门设计和制造的人员,必须首先熟悉并掌握国家颁发的一整套核安全法规和条例中的相关规定。在开展工作前,需向主管部门和国家核安全局同时提出申请,经上级有关方的严格审查和核准后,获得相关活动的许可证。在实践中,要认真执行我国和国际上一些公认的法规和标准,如核安全法规HAF、核安全导则HAD、核行业标准EJ及NB、美国机械工程师学会标准ASME、美国电气与电子工程师学会标准IEEE,以及法国压水堆核岛机械设备设计和建造规则RCC-M等规范文件。企业标准的制定与执行,必须以保证达到上述所有法规和规范为前提,从而确保生产的核级产品完全符合公认的规定要求。

11) 质量控制

核电站阀门的生产企业必须建立完善的质量保证体系,编制相应的质保大纲和控制质量的相关程序和文件。在日常活动中严格认真地按照大纲、程序和文件要求办事,每一步骤都做到有章可循、有人负责、有据可查,并接受国家核安全局和相关方对活动的随时监督和检查。出现重大质量情况或不符合项时,活动方无权私自处理,必须报请相关方审议确定。

阀门设计须在相关质保文件的指导与约束下进行,对每项任务编制设计质量计划,向业主提供相关文件。该类质保文件对设计程序、设计文件、校审程序、设计人员资格审定、设计质量信息反馈等内容都有明确的规定,尤其对设计资格的认定和设计程序的控制,更应严谨,以确保设计质量。

12) 文件资料

产品从立项开始直至出厂验收为止,应建立完整的档案,包括技术规格书、设计图纸、计算书(包括应力和抗震分析等)、工艺规范、关键工艺评定、质量计划、跟踪记录、各种材料理化性能和无损检测报告、功能性试验报告、使用维修手册和制造完工报告等各种文件资料提供归档。

2.4 阀门的检验方法

做好阀门制造和维修质量的检验对核电阀门设备经济安全地运行具有重要意义。阀门维修过程中,从设计到选材、加工及修理、组装及调试,始终贯穿着质量检验过程,这是保证阀门质量必不可少的措施。

2.4.1 材质检验

核级阀门的材质检验是保证阀门质量,事关核电阀门运行安全的重要内容。

在阀门修理过程中,对需要更换或重新制作的阀门零件,应按图纸与技术标准进行选材和材质检验。对材质不清的零部件绝不许盲目代用,否则将发生运行事故或危及安全的事故。

材质检验工作一般分为材料表面质量检验、材料内部质量检验和材料化学成分与力学性能检验3项内容。

1) 材料表面质量检验

认真进行阀门材料的表面质量检查,可在投料加工前将不合格的材料剔除,防止投料过程的损失和保证产品质量。钢材在毛坯的轧、锻、铸等制造过程中,以及储存运输等环节中,往往会产生一些损伤和缺陷,其中常见的表面缺陷如下，应注意检验和控制。

(1) 材料标记。按国家标准要求，钢材必须由生产厂家在材料的规定部位打上钢印或有涂漆标记，并应标明核电专用及相应安全级别。标明钢厂名称或厂标代号、钢号、炉号、批号和规格以供识别，并与产品质量保证书内容一致。如果材料标记不清或材质标记错误，就无法核对材质，给材料检验和使用带来困难，如果盲目使用，必将造成材质使用的混乱和错误，严重时会发生事故，从而形成较大的经济损失。因此，在进行阀门维修时，一定要注意材料标记的检验。

(2) 表面裂纹。材料表面裂纹是在轧制、扩径、冷拔、锻造、铸造或热处理等过程中，因表面过烧、脱碳、变形和内应力过大，以及材料表面磷、硫杂质含量较高等原因而产生的裂纹。这些裂纹可直接进行目视观察，也可用酸洗、放大镜或金相等方法进行检验。关键阀门零件材料可用磁粉、超声波、渗透检验等无损探伤方法进行检验。

(3) 氧化皮锈层和表面腐蚀。材料在热加工过程中会产生表面氧化皮，在自然环境中存放会产生表面氧化锈层，在有腐蚀性环境中产生表面化学腐蚀，不同金属材料混放接触产生电位差和电极相位不同的电化学腐蚀等，当表面出现氧化皮、锈层或产生腐蚀，特别是在阀门零件的承压部件非加工表面产生裂纹时，将影响阀门的结构强度和零件的力学性能，应进行表面净化处理，清除氧化皮、锈层和表面腐蚀，再进行测厚检查。

(4) 折皱和重皮。在轧制的原材料和锻造坏料中，因材料上的毛刺、飞边、夹杂物、气孔、表面疏松、氧化层等，热加工中会出现金属流变或表面开口，形成折皱和重皮，其开口一般顺延轧制方向的锻延方向。这种缺陷与表面裂纹缺陷一样，将严重影响阀门的承压强度和使用寿命，必须严格清除和检查。

(5) 机械性损伤。材料表面因运输、搬运、吊装、堆放等过程中可能产生磕碰性损伤；同时，下料或切割等操作也会形成表面加工性损伤，特别是在铸件冒口的气割面和锻件的边缘切割处，由于这些区域可能不进行进一步加工，容易形成阀门表面缺陷，这些缺陷达到一定深度时，也将影响阀门的质量及寿命。因此，不能忽视对这类表面缺陷的检查。

(6) 形状尺寸偏差。阀门的铸件或锻件毛坯的形状均需符合技术标准或图纸尺寸要求。铸件因模型尺寸错误的偏差、砂型的偏差、浇铸时的泥芯浮动等造成铸件形状尺寸偏差。锻件也有因模锻错边、锻压比不足、坯料尺寸不当、模具选用不当造成外形不完整及自由锻的成型偏差等。当上述形状尺寸超出技术标准或图纸规范的范围时，即视为表面缺陷。对于存在这类缺陷的零部件，小件可用测量尺、内外卡尺、测厚卡尺等常规量具进行检查，大件可用划线方法检查。

除上述材料表面缺陷外，阀门原材料中还有铸件的表面缺陷，如尺寸超出标准偏差，表面有粘砂、夹砂、缺肉、脊状凸起(俗称“多肉”)、冷隔、割疤、撑疤、表面气孔及裂纹等缺陷；锻件阀门毛坯中的表面缺陷还有形状尺寸超出标准偏差、凹陷、模锻错边等。针对这些缺陷，可按照上述材料表面质量要求，注意对缺陷进行检查。

材料表面缺陷的检验应注意以下几点：

(1) 表面缺陷在加工部位时，只要缺陷不超过单边加工余量的 2/3，则可以允许使用；但在精加工后，应在原缺陷部位进行严格复检。对高压阀门的紧固零件、承压部件和安全阀弹簧等，应采用磁粉探伤或着色检查。

(2) 表面缺陷在非加工部位时，一定要将缺陷清除。清除时，应采用正确的工艺方法，以防缺陷扩大或加深。清除缺陷的周边应圆滑过渡，且清除的深度应确保缺陷完全除后，其材料厚度不低于标准所规定的负偏差。承压部位要进行无损探伤检查。

(3) 在特殊情况下，表面缺陷允许采用补焊的方法进行挽救，但必须有严格的成熟的补焊工艺并经技术负责人批准，由有焊工资质的焊工进行补焊，补焊后应消除焊接应力，并通过无损探伤检验合格。

2) 材料内部质量检查

对于重要的阀门零部件，除外观表面质量检验外，还有必要进行材料内部的质量检验，材料的内部缺陷主要有：非金属夹杂物、层间裂纹、白点、气孔、分层、组织不均匀、成分偏差及晶粒粗大等。当材料内部存在上述缺陷时，将会影响阀门的力学性能和结构强度，使阀门寿命缩短，严重时会发生事故，对这类内部缺陷应注意检查和发现，并停止将这类材料作为阀门承压零部件使用。

(1) 非金属夹杂物。这种缺陷主要出现在铸件或以钢锭为毛坯的锻件中，有夹砂和夹渣两种。夹砂是在冶炼浇铸时，耐火炉衬的碎屑落入熔炼液中形成的，夹渣是熔炼液在凝固时熔渣未完全析出的结果。这两种缺陷在材料内的表现形式为块状、条状、片状夹杂物或分层缺陷。

(2) 层间裂纹。此类裂纹一般源自材料中含硫、磷有害元素过高，从而在热加工过程中引发热裂纹。它们可能因过烧、组织疏松、温度控制不严或变形量过大而产生。在金相上显示为沿晶界或穿晶界的特征。因此,对阀门承压部件除打压试验外,还必须按相关标准规定进行射线探伤或磁粉探伤等无损检验。

(3) 气孔。主要存在于铸件材料内部,由于熔炼液体向固体转变时,其中一些化学反应所形成的气体释放并局部聚集于某些部位未逸出所致,气孔在单状态时是空球形或椭圆形,有时互相贯通,成为弯曲的虫蛀状气孔。检查方法同层间裂纹检查方法。

(4) 白点。检查材料的断面时,有时可见一种银白色的斑点,这是氢在材料内部的一种积聚现象,会使钢材的塑性和韧性降低,在使用中会发生氢脆事故,应按裂纹类缺陷处理。白点严重时可宏观或采用低倍放大镜观察,必要时进行金相检验。

(5) 晶粒粗大和晶粒不均匀。钢材在轧制或锻造过程中,若加热不够而使钢锭内原始的粗大晶粒仍旧保留。另外,当轧制压比或锻造比设置过小时,会形成晶粒不均匀,进而影响材料的力学性能。为了准确判断此类缺陷,主要采用材料断面观察和金相组织检验两种方法进行综合评估。

3) 材料的化学成分与力学性能检验

对一般通用阀门材料的选用要有合格证和材质说明书。通过抽样进行光谱和火花鉴别等定性检验方法进行初步验证,合格后就可使用。但对放射性介质的核工业阀门及重大工程的关键阀门,必须按有关技术标准或图纸要求进行材料的选用,并按技术要求进行材料化学分析,经材料化验部门出具材质复查合格报告单才允许使用。进行材料化学成分与力学性能检验时应注意如下要求。

(1) 领料手续要完整。首先按图纸或有关技术标准中规定的材料牌号及工艺要求的规格尺寸填写领料单。随后核对材料入厂时的合格证和材质说明书,同时,核对材料标记、钢号或材质跟踪标记和色漆标记,最后,还要检查领料的外观质量和数量。如果领取材料的批量较大时,应先进行材料化验的试样工作,化验合格后再进行批量领料,以有效避免可能出现的批量报废风险。而对于单一的或小批量的材料,在领料时需注意预留试样余量。

(2) 正确地抽取试样。在抽取试样时,应严格按照国家行业或相应标准规定的取样方法、取样部位、取样方向及取样数量抽取试样。取样部位原则上按 GB/T 2975—1998《钢及钢产品力学性能试验取样位置及试样制备》执行。同时,注意以下要求:

制取化学分析的试样碎屑应绝对保证不混入取样材料之外的杂物，确保元素测定的精确。进行取样加工的设备及夹具应清洁，切屑工具应有良好的红硬性，防止工具磨损而将工具材料的成分混入试样中，防止设备油垢和其他杂物污物混入样品内。

尽可能采用机械冷加工方法取样，其钻、车、铣、刨等的切削速度不宜过高。受条件限制需要热切割时，应注意留有足够的加工余量能除去切割中的热影响区的金属组织。

试样袋的编号应与袋内试样碎屑一致。

(3) 做好试样委托工作。试样委托工作应由专业的材料检验人员负责，要认真填写化学成分试验委托单，填写内容主要有材料的牌号、规格、名称、试样编号、数量、试验项目及待化验的元素种类、验收标准、委托单位及委托人姓名、委托时间等关键信息，同时，应妥善保存委托单的副本。

(4) 做好试样报告工作。试样报告的检验项目与委托单的委托项目应一致。理化检验报告的试验项目和数据应填写完整，报告应按验收标准做出是否合格的定性结论，有试验人员和主管领导的签字认可。

(5) 做好材料标记移植工作。经化验合格的材料，应将合格标记或合格检验批号及时移植到领取的材料上，以便材质跟踪和防止混乱。有不合格的材料应立即隔离并报告有关材料部门。

(6) 严格材料代用手续。在阀门修理过程或修理现场，无法解决符合设计图纸需要的原材料，需采用与图纸相应的材料进行代用，需代用的材料应注意如下要求：

代用材料必须保证原设计要求的各项技术指标和工艺上的要求。办理材料代用单和书面手续，并经技术部门核准签字同意后方可代用。材质代用一般采用以优代劣、以高代低的原则，同时考虑经济性并尽可能减少经济损失。

2.4.2 制造精度检验

阀门零件的修理和制造的精度检验主要有 3 个方面内容：公差与配合尺寸检验、表面粗糙度的检验、形状和位置公差的检验。

1) 公差与配合尺寸的检验

在进行阀门零件的公差与配合尺寸检验时，首先要明确图纸上的公差与配合尺寸的含义，并做出准确的检验结论。我国已颁发的有关公差与配合的标准，在检验时可查询应用。

在阀门维修过程中，许多零件需要对实物进行实测，部分加工尺寸还要选配，因此正确地掌握测量方法并准确地使用测量器具既是重要的又是最基本的要求。

(1) 正确选用测量器具。用来测量几何量(长度、角度、形位误差、表面粗糙度等)的各种器具称测量器具，它是测量工具和测量仪器的总称。通常把具有传动放大机构的测量器具称为量仪，没有传动放大机构的测量器具称为量具。

当前使用的测量器具名目繁多，类型也多种多样，各有不同的特点与用途，测量器具基本上有以下几种分类：

标准(基准)量具——用来传递量值，以及校对和调整其他测量器具的一种量具，如量块、角度块、直角尺等。

极限量规——一种没有刻度的专用检验工具。它可用来检验光滑工件的尺寸或形位误差。量规不能测得零件几何参数的具体值的大小，只能判断被测零件是否合格。如检测零件外圆的片规和检测内孔的塞规。极限量规在阀门零件的大批量生产中较常用。

检验夹具——一种专用检验工具，在和各种量具配合使用时，能方便迅速地检查更多复杂的参数。

通用测量器具——在一定的测量范围内，可以对被测工件进行任一尺寸的测量，并能得到具体的测量数值。通用测量器具在阀门修理中使用较普遍。

测量器具的选择——合理选择测量器具是获得所需精度的测量结果，保证产品质量，提高测量效率和降低费用的主要条件。一般要求是在大批量生产时，宜选用先进、高效率的专用量具；在小批量生产和阀门维修中，宜选用通用量具。选择时还应按被测阀门零件的形状选用合适量具，以防止因物体形状阻碍测量，如阀门内部尺寸的测量。为了保证零件测量尺寸的可靠性，国家对光滑工作尺寸的测量及量具的选用做出了规定，详见 GB/T 3177—2009《产品几何技术规范(GPS)光滑工件尺寸的检验》。

(2) 测量误差的原因及数据处理。测量误差及其产生的原因。在阀门零件的精度检查中，无论采用多么精确的测量器具和熟练的测量方法，由于各种因素的影响，都不可避免地产生测量误差。因此，在任何一次实际测量中，所得到的结果，仅仅是被测量的近似值。产生测量误差的原因有以下 4 种。

测量器具误差——测量器具因设计、制造、装配和调整等存在的内在误差；使用过程因磨损丧失原始精确度形成的误差。

测量方法误差——测量操作方法不正确形成的测量误差。

环境条件误差——因温度、湿度、气压、振动、照明、尘埃、电磁场、人体湿度等环境温度因素的影响而产生的测量误差。长度测量器具的误差主要是温度的影响。因材料存在热胀冷缩的变化，当测量温度高于标准温度 20 ℃，并且被测零件与基准件的材料不同时，就产生因环境条件影响而形成的误差。

人为误差——测量人员的视力、分辨力和评判水平、责任心和技术操作水平、疲劳程度和思想情绪的起落等人为因素的影响而形成人为误差。在阀门零件检验中，测量误差是客观存在的，但要将其控制在尽可能小的范围内，特别是进行选配或单配的阀件，更应该注意控制测量误差，这样做不仅有利于提高生产效率，更能保证产品的质量。

2）表面粗糙度的检验

表面粗糙度也是阀门零件精度检验的一项重要内容，进行表面粗糙度的检验应该首先掌握有关技术标准。

表面粗糙度的检查方法较多，对表面要求高或需进行仲裁检验的表面粗糙度，可经计量部门用仪器测量（如轮廓仪等）。在加工现场可按目视宏观经验进行，也可用表面粗糙度样块做对比鉴别。具体的常用方法如下：

（1）比较法。将加工零件的被测表面与粗糙度样块进行比较，借助于人眼（放大镜、显微镜）或手感触摸等方式来判断其粗糙度大小。

（2）光切法。利用光切法原理测量表面粗糙度的方法称光切法。如用光切法显微镜（双管显微镜）测量。

（3）干涉法。利用光波干涉原理测量表面粗糙度的方法称干涉法。所用的测量器具有双光束和多光束干涉显微镜，可用于阀门密封面粗糙度、平面度（吻合度）的检查。

（4）针描法。属于接触测量法。在测量过程中，仪器的角触针沿被测表面轻轻划过，由于被测表面粗糙度不平，角触针会随之上下移动。该移动量通过电子传感或其他方法加以放大和计算处理，从而测得被测表面的粗糙度。

目前，国内生产的“便携式表面粗糙度轮廓仪”是一种比较简便直观的测量仪，其中表面粗糙度在 1 型中用表针指示，在 11 型中用数字显示。按图纸中标注的要求进行面粗糙度检验。

3）形状位置公差的检验

在阀门零件修理或制造的精度检验中，除公差与配合、表面粗糙度之外，还有形状位置公差的检验。从事这项检验工作的人员，应正确理解并准确地掌握国家颁发的有关形位公差的标准和测量技术,并应严格贯彻执行。

(1) 阀体形位公差的测量。阀体是阀门的主要零件,在阀体修理和加工过程中,结合阀体的形状和设计要求,采取相应的工艺措施,保证阀体加工精度和形位公差符合设计图纸的要求。

测量两侧法兰的平行度——因为技术要求是互相平行,所以,基准平面和被测量平面可以互为基准。由于阀体两侧法兰的内止口是密封部位精度高,可作互为基准的测量面。

测量两侧法兰的同轴度——两侧法兰的同轴度由工艺采用夹具或专用机床来保证。

(2) 阀盖形位公差的测量。阀盖上填料压盖活节螺栓的销孔位置对填料函轴线的对称度,阀盖连接法兰和中法兰凹凸缘线,阀杆螺母螺纹轴或电动阀门滚动轴承轴线等对填料函轴线的同轴度。

(3) 启闭件形位公差的测量。启闭件是阀门中起关闭作用的运动零件,它用来切断、调节和改变介质的流向。所有启闭件都有一个或两个与阀座密封面高度吻合的密封面,这些密封面是阀门防止泄漏的关键所在。因此,在制造与检验过程中,应严格控制启闭件的形位公差。启闭件的形位公差包括:

闸阀密封面的平面度和径向吻合度的测量,截止阀瓣密封面对导向圆柱面轴线垂直度的测量,阀瓣与阀杆——整体的轴线对上方引导部分轴线的同轴度的测量,此类阀杆常见于脉冲式安全阀、针形调节阀等。单闸板两密封面对导向槽的中心平面的倾斜度的测量。

(4) 阀杆形位公差的测量。阀杆与填料接触部分的圆柱度的测量,阀杆梯形螺纹轴线和上密封面轴线对阀杆轴线的同轴度的测量,阀杆全长轴线直线度的测量,阀杆梯形螺纹公差的测量。

(5) 对阀门紧固件的主要检验项目。包括材料化学成分和力学性能的检验,尺寸和公差的检验,表面缺陷的检验和标志与包装的检验。

2.4.3 无损探伤检验

核级阀门的无损探伤检验应依据 NB/T 20003.1—2010～NB/T 20003.8—2010、RCC-M 或 ASME 标准的规定。一些重要的阀门零件在制造或修理后,必须进行无损探伤检验。目前在生产上使用得较多的是射线、超声波、磁粉、渗透等方法。

无损探伤只是把一定的物理量加到被测物上,再使用特定的检测装置来检测这种物理量的穿透、吸收、反射、散射、泄漏、渗透等现象的变化，从而检查被检物是否存在异常。由于无损探伤检测方法本身的局限性，以及仪器设备的误差、人为因素、环境因素等影响和被测物异常部位的综合特性，造成无损检测的准确性有偏差。

为了尽可能地提高检测结果的可靠性，必须严格按无损探伤的有关技术标准进行检测。选择适合于检测异常部位的检测方法，无损探伤的人员应持有“NDT人员技术资格证书”，无损检验设备应调校准确，应详细地记录检验情况并准确地给出结论报告。

(1) 射线探伤方法有照相法、荧光显示法、电视观察法、电离记录法。探伤射线有X射线、γ射线。射线在探伤过程中的强弱变化可用X射线胶片照相或用荧光屏、射线探测器等来观察。射线探伤法的应用范围包含夹渣、气孔、缩孔裂纹和未焊透等缺陷的检测。

(2) 超声波探伤分类方法：按探头形式分为反射波和穿透波两种，亦可分为脉冲反射法和穿透法；按探头与被检零件的耦合方式可分为直接接触法及液浸法；按设备的结构特点又可分为脉冲反射法、连续发射法、超声波显像法等。超声波在不同材料的分界面上会发生反射、折射现象，当固体材料中有异种材质或缺陷时，超声波的反射或透过强度会发生变化。通过接收并分析这些信号，便可确定材料内部的缺陷。此外，超声波探伤还可用于锻件或焊缝的白点、未焊透、裂纹、气孔、夹渣等缺陷的检测，同时也适用于铸钢件的夹砂、气孔、缩孔、疏松等缺陷的检测。

(3) 磁粉探伤把钢铁等强磁性材料磁化后，利用缺陷部位所产生的磁极可吸附磁粉并以此显示缺陷的方法称磁粉探伤。缺陷部位吸附着的磁粉称缺陷的磁粉痕迹。磁粉探伤按设备特点分有磁粉法、磁带录像法、磁感应法和磁强计法等。磁粉探伤按磁化方法分有轴向通电法、直角通电法、电极刺入法、线圈法、极间法、电流贯通法和磁通贯通法。在磁粉探伤中，必须考虑被检缺陷与磁场(磁力线)方向垂直，否则当磁场方向与缺陷方向平行时，就得不到缺陷的磁粉痕迹。磁粉探伤按磁粉或磁悬液方法分有干式和湿式两种。按施加磁粉的方法分为连续法和励磁法两种。

磁粉探伤适用范围如下：

(1) 适用于磁性材料的表面或近表面缺陷的检测，例如阀门碳钢、低合金钢的铸、锻件、焊缝和机械加工后零件表面或近表面的裂纹、气孔、夹渣等缺陷的探测。

(2) 特别适用于强磁性材料表面缺陷的探测，不适用于奥氏体不锈钢等非磁性材料的检测。

(3) 对于表面没有开口且深度很浅如裂纹缺陷也能检测，但不能探测磁性材料的内部缺陷。

(4) 能测定表面缺陷的位置和表面长度，但不能检测磁性材料内部的缺陷。

(5) 渗透探伤是根据液体的毛细作用，使涂布于被检零件表面的渗透液能沿着表面开口的裂纹等缺陷的缝隙渗透到缺陷内，将表面多余的渗透液清除后，再涂置显像剂，缺陷内的渗透液又利用毛细作用而被显像剂吸出并显现出放大了的缺陷痕迹，从而检测出试件表面的开口缺陷。

渗透探伤方法大致可分为荧光渗透探伤法和着色渗透探伤法两大类。渗透探伤按显像的方法有湿式显像法、快干式显像法、干式显像法和无显像剂式显像法等。

渗透探伤的适用范围及特点如下：

(1) 适用于被检测零件表面开口缺陷的检测，缺陷表面堵塞时，缺陷不易检测出来。

(2) 适于金属和非金属材料表面开口缺陷的检测，不适于多孔性材料的渗透探伤。

(3) 适于复杂几何开口的探伤，一次探伤可同时检测几个方向的表面开口缺陷。

(4) 不需要复杂的探伤设备，适用面广，且操作简单。

2.4.4　腐蚀检验

核级阀门主要由不锈钢制造，因此腐蚀试验是必检项目。阀门的腐蚀检验主要有以下两个方面：一是对阀门氮化件或表面化学处理件做耐腐蚀检验；二是对阀门不锈耐酸钢材料的耐腐蚀检验；

1) 表面处理后的耐腐蚀检验

对阀门氮化件或表面化学处理件做耐腐蚀检验时，要求零件在氮化或化学镀镍前进行调质处理，并切削掉脱碳层金属，其耐腐蚀检验要求按图纸和相关标准规定。

2) 不锈耐酸钢耐蚀检验

通过材料试片检查不锈钢晶间腐蚀试片由于介质的腐蚀而发生质量变化，变化的程度不仅取决于介质的浓度、温度和压力，还取决于试片本身的组织状态。其基本方法如下：

(1) 硫酸铜-硫酸沸腾试验法(L法)；

(2) 钢屑、硫酸铜-硫酸沸腾试验法(T法)；

(3) 硝酸沸腾试验法(X法)；

(4) 草酸电解浸蚀试验法(C法)；

(5) 氟化钠-硝酸恒温试验法(F法)。

在阀门生产或修理过程中，不锈钢阀门的上述检验是根据图纸或技术条件选择性地进行。

2.4.5 阀门标志和涂漆的检验

1) 标志的检验要求

在阀门的表面要有标志，包括阀门压力级、公称尺寸、介质流向、材料、商标、核安全级别、熔炼或锻(铸)造炉号和跟踪号等。

(1) 标志应明显、清晰，排列整齐、匀称，字体要求规整；

(2) 制造厂的厂名或厂标，应标注在容易观看到的部位上，如阀体、阀盖、手柄、扳手、手轮轮辐等零件上。

2) 识别涂漆检验

核级阀门识别涂漆检验应符合 EJ/T 1022.17、RCC-M 或 ASME 和技术规格书等相关标准及文件的要求。

(1) 根据阀体材料的不同，在阀体上涂刷相应色别的涂漆。

(2) 阀门密封面材料应在传动手轮手柄或扳手上进行相应的识别涂漆。

(3) 阀门电动、气动、液动、齿轮传动装置的涂漆应符合核电厂规范的要求。

(4) 油漆层应耐久、耐辐照腐蚀、美观、均匀，并保证标志明显清晰。

2.4.6 清洁度检验

核级阀门的清洁度是非常重要的指标，进行清洁度检验是一项不可缺少的内容，应符合 RCCM F6000 及 EJ/T 1022.18 或 ASME 相关标准的要求。

1) 阀门清洗

进行清洁度检验之前，必须对阀门进行清洗。

(1) A类清洁度阀门——所有规范级的不锈钢阀门零部件，清洗时须用A

级水；

(2) B 类清洁度阀门——所有规范级的碳钢、合金钢阀门零部件，清洗时须用 B 级水；

(3) A 级或 B 级水的水质应符合 RCC - M F6000 或 EJ/T 1022.18 的规定。

2) 清洗的方法

在一般情况下应采用洗涤清洗法。清洗过程中不得改变金属基材的特性或引入可能造成破坏的杂物，一般可用槽池浸洗法、喷洗法、擦洗法或超声波清洗法，并且只能用不锈钢丝刷、尼龙刷或未被使用的不起毛的干净布料进行。清洗后用 60～80 ℃的干燥无油的空气吹干。

3) 检查验收准则

按 RCCM F6000 附录 FⅡ的规定或 EJ/T 1022.17 第 7 节的规定。

2.4.7　阀门性能的检验

核级阀门的出厂检验主要有壳体强度性能、关闭件的强度性能、密封性能、动作性能试验。对样机还必须进行功能性试验。

阀门组装调试后，应采用必要的试验与检验方法来验证阀门是否符合基本性能和技术标准。检验的方法和验收标准应符合 NB/T 20010.9 或 RCC - MB5200、C5400、D5000 的规定。

1) 阀门的基本性能

(1) 阀门的壳体强度性能。指阀门承受介质压力的能力，为了保证阀门长期安全使用，必须具有足够的机械强度和刚度。

(2) 阀瓣(闸板)的静压强度。指阀瓣承受介质压力的能力。

(3) 密封性能。指阀门各密封部位阻止介质泄漏的能力。阀门的主要密封部位有：启闭件与阀座间的吻合面、填料与阀杆和填料函的配合处、阀体与阀盖的连接处。启闭件的泄漏称为内漏，它直接影响阀门截断介质的能力和设备的正常运行。填料和阀体与阀盖连接处的泄漏称为外漏，即介质从阀内泄漏到阀外。对于核级阀门不允许有任何外漏，因而阀门必须具有可靠的密封性能。

(4) 动作性能，也称为机械特性，主要包括以下 3 个方面：

① 启闭力和启闭力矩是指阀门开启或关闭所必须施加的作用力或力矩。阀门在启闭过程中，所需的启闭力和启闭力矩是变化的，其最大值是在关闭的

最终瞬间或开启的最初瞬间。

② 启闭速度是指阀门完成一次完整的开启或关闭动作所需的时间。启闭速度的要求因工况而异，如为了防止发生水击或事故，有些阀门需要迅速开启或关闭，而另一些则要求缓慢关闭。一般的阀门对启闭速度无严格要求。

③ 动作灵敏度和可靠性指阀门对介质参数变化做出相应的敏感程度。对于节流阀、减压阀、调节阀等用来调节介质参数，对于安全阀、疏水阀等具有特定功能的阀门，其动作灵敏度与可靠性是十分重要的性能指标。

(5) 使用寿命。表示阀门的耐用程度，通常以能保证阀门密封要求的启闭次数来表示，也可以用使用时间来表示。

2) 核级阀门试验的压力、持续时间、渗漏量试验压力

(1) 壳体强度试验取室温时阀门最大许用压力的 1.5 倍；

(2) 阀瓣强度试验取室温时阀门最大许用压力的 1.5 倍；

(3) 密封试验取室温时阀门最大许用压力的 1.1 倍。

不允许外漏，内漏及保压时间按 NB/T20010.9、RCC－M 或 ASME 的规定。

3) 试验的介质

(1) 水压试验用介质。不锈钢阀门按其清洁度类别，水压试验时 A 类用 A 级水、B 类用 B 级水。碳钢和合金钢阀门按其清洁度类别，水压试验时 B 类用 B 级水、C 类用 C 级水。在进行水压试验时，可使用缓蚀剂或采用其他防锈措施。

(2) 蒸汽。用蒸汽作为试验介质，对蒸汽用阀有直接效果，能发现水压试验时难以发现的缺陷，如蒸汽安全阀的鉴定试验要用蒸汽做试验。

(3) 空气。气源充足，成本低。用在一般气体阀门的试验介质，试验时应注意安全。

(4) 氮气和氩气属惰性气体。安全可靠，但成本较高，通常应用在核级阀门的密封试验。对于安全壳内的阀门通常要做氩气密封试验。氮气做试验介质主要用于安全阀和一些重要阀门。

4) 阀门试验的原则与要求

(1) 阀门的壳体强度试验、密封试验、动作试验，以及其他试验应符合国家、行业、企业有关标准和规定。

(2) 新采购的阀门应做壳体和密封试验：低压阀门抽查 20%，若不合格应

100%检查;中高压阀门应 100%检查。修理后阀门必须 100%进行压力试验,阀门在安装前,无论新旧阀门,一律经过试验,合格后使用。

(3) 液压试验时,应将体腔内空气排净。

(4) 阀门试验时的位置应便于检查和操作。

(5) 对于允许向密封面注入应急密封油脂的特殊结构阀门,试验时注油脂系统应是空的或不起作用的。

(6) 壳体试验前,阀门不得涂漆或其他可能掩盖表面缺陷的涂层。

(7) 试验时介质压力应逐渐增高,不允许急剧地、突然地增加压力。

(8) 进行密封试验时,在阀门两端不应施加对密封面有影响的外力。

(9) 闸阀、旋塞阀、球阀进行密封试验时,阀盖与密封面间的体腔内应充满介质,并应受到试验介质的压力,以免在试验过程中,带压介质注入体腔内导致未能发现泄漏。

(10) 试验时,密封面应清洗干净,无油迹。

(11) 试验中,阀门关闭力只允许用一个人的正常体力操作,不得借助杠杆类工具加力(力矩扳手除外)。

(12) 带驱动装置的阀门进行密封试验时,应启用驱动装置关闭阀门,还可用手动关闭阀门进行密封试验。

(13) 铸铁阀门不得用锤击、堵塞或浸渍等方法消除渗漏。

(14) 阀门在试验中,操作人员应注意安全,正确使用安全装置。对高压试验或危险程度较大的压力试验,操作人员可置于安全区域,用折射镜进行泵压观察。

(15) 阀门试验完毕后,应及时排除阀内积水,并用布擦净,进行烘干处理。

2.5　核级阀门质量保证

本节主要介绍核级阀门质量保证[7]。

2.5.1　概述

1) 核安全目标实现的基本措施

(1) 技术措施。在安全设计方面,采用纵深防御的概念和多层屏蔽的措施;在系统设计方面,采用多样性、独立性、冗余性的概念和单一故障专责、失效安全等准则；在建造过程中，始终坚持高标准和高质量的原则；同时在安全分析技术上，如事故分析、概率风险分析等方面，分析得比较全面。

(2) 管理措施。建立核安全立法和核设施许可证制度，执行全面的、分阶段的安全审评。同时，建立严密的多层次的安全监督体系，对从事核安全设备的设计、制造和安装等活动的单位从管理能力、技术能力、装备条件等方面进行严格审查和评定。此外，还需建立完善的质量保证体系，并保证其有效运转。

2) 核质量保证

核质量保证应是核设施安全的关键保障，其中高质量的设备与拥有高安全文化的人员共同构成了核安全的核心。核质量保证的目的在于"通过持续改进质量实现方法来提升核安全水平，确保安全重要的构筑物、系统以及部件的设计、制造、安装、检查与试验达到质量要求"。

核质量保证，是以质量保安全、执行不同安全功能的物项，按其相对安全重要性，需遵循不同的质量要求和不同深度的质保能力活动。因此，核设施必须实施质量保证，否则核安全无法得到切实保障。

3) 核质量保证体系的基本要求

核质量保证体系建立的核心是对要完成的任务做透彻的分析，确定所要求的技能，选择和培训合适的人员，使用适当的设备和程序，创造良好的开展工作的环境，明确承担任务者的个人责任等。核质量保证体系特别强调需要验证的每一种活动是否已正确地进行，是否采取了必要的纠正措施，并要求产生可证明已达到质量要求的文件证据。

4) 核安全文化的建立

(1) 核安全文化是组织和个人所共有的特性和态度的总和，它确立了一种最优先的考虑，即核设施厂的安全问题及其重要性必须得到重视。核安全文化体现在每个人对核安全重要性有高度的认识，工作人员需具备相应的知识和能力；高级管理层通过实际行动体现把核安全置于绝对优先地位的承诺，这一文化通过引导、建立明确目标、实施奖惩制度，以及激发人们自发的态度，共同产生对核安全的积极重视，它还包括对工作进行的监督和审查，以及对人们的探索态度的尊重。通过正式的委派和明确的分工，使每个人对其各自的责任清楚了解。

(2) 核安全文化建设的责任分决策层、管理层和个人 3 个层次。决策层的责任主要是公布核安全政策，建立管理体制，提供人力、物力和财力等资源。

管理层的责任主要是明确责任分工，合理安排安全相关工作，管理人员的资格审查、培训，建立奖惩机制，开展监察、审查和对比工作。对个人的要求是保持探索的工作态度，采用严谨的工作方法，养成互相交流的工作习惯。

(3) 核安全设备管理的关键在于管理到位和意识清楚。管理到位，即遵守核安全法规，制定正确的程序。意识清楚，则是使核安全文化深入人心，落到实处，态度积极。程序正确、态度积极是目前规避核电风险的捷径。

(4) 核安全法规。到目前为止，国家核安全局已颁布核质保领域重要文件：1 项核安全法规及 10 项配套导则。

① 1 项核安全法规：

《核电厂质量保证安全规定》(HAF 003)。

② 10 项配套导则：

《核电厂质量保证大纲的建立》(HAD 003/01)；

《核电厂质量保证组织》(HAD 003/02)；

《核电厂物项和服务采购中的质量保证》(HAD 003/03)；

《核电厂质量保证记录》(HAD 003/04)；

《核电厂质量保证监查》(HAD 003/05)；

《核电厂设计中的质量保证》(HAD 003/06)；

《核电厂建造期间的质量保证》(HAD 003/07)；

《核电厂物项制造中的质量保证》(HAD 003/08)；

《核电厂调试和运行期间的质量保证》(HAD 003/09)；

《核燃料组件采购、设计和制造中的质量保证》(HAD 003/10)。

2.5.2　质量保证大纲

核质量保证大纲(以下简称大纲)对核级阀门设计、制造工作的控制做出了规定，每项工作的控制必须符合大纲的要求。大纲中明确规定负责计划和执行质量保证活动的组织机构、有关部门和人员的责任和权力。

在设计和制造过程中进行的各项活动的技术方面，必须执行认可的工程规范、标准、技术规格书和经过证实的工艺。必须有保证满足这些要求的程序、细则和计划。

为了完成对质量有影响的工作，必须规定适当的保障条件。为达到要求的质量所需求的适当的环境、设备、技能、控制条件，所有从事对质量有影响的工作的人员，必须根据从事特定任务所要求的资格（如学历、职称、经验和业务熟练程度）进行培训，经过考试取得相应资格，确保工作人员保持足够的熟练程度。

1）大纲的管理

大纲的编、审、批由企业的质量管理部门组织编写，核级阀门项目负责人负责审核，由最高管理者批准。企业的质量管理部门负责大纲编号、登记、发放，保存其发放记录。凡对核级阀门设计和制造质量有影响的活动，必须按适用于该活动的书面程序、细则或图样来完成。程序、细则和图样必须包括适当的定性和定量的验收准则，确保各项重要的活动都按该准则完成。

2）管理部门审查

由企业最高管理者主持召开专题会议，对大纲的状况和适用性进行年度审查，审查着重对下列问题做出综合性评价，并提出书面报告。

2.5.3 组织

1）责任、权限和联络

（1）建立一个有文件规定的质量保证组织体系，确保管理、指导和实施质量保证大纲，明确规定参与质量活动的部门和人员的职责、权限和对内、外联络渠道。某公司核级阀门质量管理组织机构图见图 2-42。

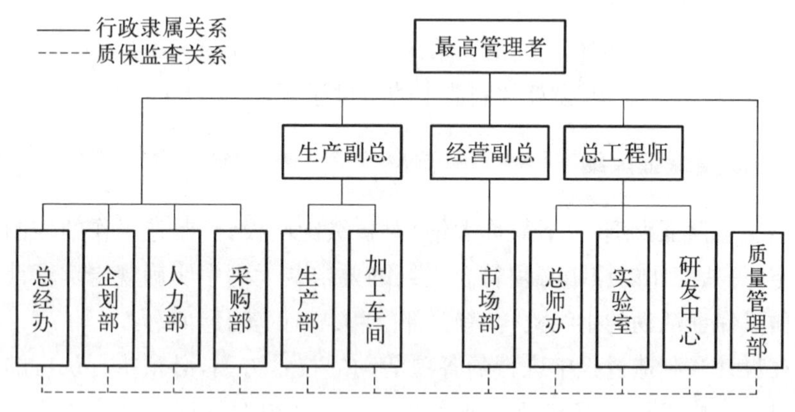

图 2-42　某公司核级阀门质量管理机构

（2）各部门职责和权限企业，凡参与质量活动的部门，均以文件的形式规定其质量工作职责，各部门在其职责权限范围内相互配合。

(3) 在企业内部，与核级阀门设计、制造管理等质量活动有关的部门均被视为内部接口部门。各部门间传递的文件、资料都必须有专用的标志制度，并将文件的编制、审核、会签、批准、分发、签收、编目、归档、保管等置于有效的管理体系之下。

(4) 外部接口市场部、采购部、生产部和技术部等为完成核级阀门产品而与外界有关的部门联络为外部接口部门，这些部门必须按项目以文件(或合同)的形式规定各方的工作界限，按合同项目所确定的需传递的文件资料的类型、分发的范围、分发人和对方接收人，并要明确对方的项目负责人、负责联络的部门和人员、企业相应人员及联络的方法。

企业对外提供的文件资料要加专用标志，注明文件所处状态，必要处标明尚需进一步评价、审查或批准等未完成的事项。一般由部门负责人批准，重要技术文件要经项目负责人批准。

2) 人员配备与培训

对从事影响质量活动的人员，人力部必须制订相应的人员培训计划，有计划地按工作活动内容培训所需的人员。培训应包括核安全法规、专业知识和质保知识 3 个方面内容，并有文件表明培训课程内容，教师的姓名、培训日期和参加人员名单、考试成绩，并且保存所有的这些记录。

2.5.4　文件控制

为使质量保证体系有效运行，必须对实施大纲所需的或产生的文件编制、审核、批准、颁布、分发、变更进行有效控制，以确保需用文件的工作人员和场所能够及时得到并使用最新有效版本的正确文件。

1) 文件的编制、审核和批准

为保证有关影响质量活动的文件内容正确、适用，文件产生部门的领导必须授权了解该领域情况，能胜任该项工作的人员负责编制文件，并按文件控制程序履行审核、批准手续。

2) 文件的颁布和分发

为使各部门和工作人员及时得到和使用所需要的有效的文件，相关责任部门必须对设计制造文件和质量管理文件确定分发单位或部门，编制分发名册，并确定分发的份数，制定文件分发总清单。

3) 文件变更的控制

(1) 当文件需要变更时，必须对文件变更过程本身、被废弃或过时的文件进行控制,并使文件使用者了解文件变更的情况,以避免使用过时的或废弃的文件。

(2) 执行大纲活动所使用的文件,均有可能发生变更。当文件需要变更时,均由提出或建议变更的部门或个人(不论其是否为原文件编制单位或个人)填写文件变更通知单,经审批后执行。

2.5.5 设计控制

设计控制是指对从确定设计输入开始,直到发布设计输出文件为止的技术和管理全过程进行控制。必须对设计输入、设计验证、设计变更、设计输出、设计接口、设计分析、设计人员资格等设计活动制订控制措施并形成程序文件。在设计过程中,对每一项设计活动都必须由合格的人员按照预先制订适用的程序去完成。对设计活动要进行验证和监查,验证和监查人员应是独立的、经授权的。

设计过程必须保证把设计要求(除设计输入要求、辐射防护、防火、物理和应力分析、热工、水力、地震和材料相容性,以及检查和试验的验收准则等要求外,还包括国家核安全部门的要求、规范和标准等)正确地体现在技术规格书、图样、程序或细则中,还必须确保在设计文件中规定和叙述合适的质量标准的条款,并对规定的设计要求、质量标准的变更和偏离进行控制。必须审核对产品功能起重要作用的材料、零件和工艺选择的适用性。

1) 设计分析管理

必须有计划、有组织地进行设计分析。对设计的目的、方法、设计输入、参考资料和计量单位做相应的分析,保证所确定的有关设计输入(如核安全法规要求、设计基准、规范、标准等)正确地体现在技术条件、图样、程序、指令或说明书中,以便该技术领域内的合格人员进行审查,并验证其结果是正确的。

2) 设计接口的控制

(1) 设计接口是指一个单位、部门或个人的设计责任和设计活动与其他单位、部门或个人的设计责任和设计活动之间的界限和工作衔接,包括内、外部设计接口。外部设计接口是指本公司的设计责任和设计活动与其他单位的分界,内部设计接口是指本公司内各部门间设计责任分界、设计信息和文件资料的传递等内部衔接活动。

(2) 设计接口控制的目的是保证各单位所使用的技术要求、设计参数、设计输入、设计输出等的正确性和一致性。

(3) 内部设计接口控制中各部门之间的工作责任按公司内管理制度规定执行。部门间传递的设计资料和文件，都必须有专用的标志，并将文件的编、审、批、分发、签收等置于有效的管理之下。

3) 设计验证

设计验证是审查、确认或证实设计的过程，其目的是保证设计满足所有的工况要求。设计验证的主要方法有设计审查，使用其他计算方法计算(交替计算)，以及鉴定试验。

4) 设计变更

引起设计变更的原因包括：样机鉴定试验的结果表明，不能满足功能要求、制造期间出现问题、不符合物项的处理、设计需要改进、买方提出的要求，以及国家核安全法规或其他要求的变更。当需要进行设计变更时，提出设计变更的单位、部门或个人提交设计变更申请，说明变更理由、提出建议，变更申请报告经原设计部门审批后方可执行。

5) 设计输出

设计部门对所有的设计输出都应形成文件，其中包括计算书和应力分析报告等，设计输出要求满足设计输入的所有要求和引用验收准则，符合有关的核安全法规的要求，标出与安全和产品主要功能关系重大的设计特性，符合设计输出文件的完整性规定。

2.5.6　采购控制

为了得到物项或服务所进行的各种活动称为采购，它包括从提出规定要求开始至验收该物项或服务为止的全部过程。为使所采购物项或服务都达到规定的要求，必须对采购予以控制，它包括制订采购控制程序、编制采购计划和采购文件、选择主体供方、签订采购合同、物项或服务的验收、对采购的物项的不符合项进行控制等。确定对某一项采购的物项或服务进行控制的范围或深度，最重要的因素是该物项失效或服务的差错对安全产生的影响。

1) 对供方的评价和选择

负责按规定的程序要求选择供方，相关的(技术、业务)部门予以协助，质管部依据对供方考核评价和所提供的证据予以确认。选择和确定供方的主要依据是供方已建立了完善的并正在有效运行的质量保证体系，供方有满足所需物项或服务的技术能力(指技术人员、设计、工艺、检验、试验等能力),供方有满足所需物项或服务的生产制造能力和提供服务的能力(指人员技能、装备、手段、材料制备等能力),其他需要考虑的还有供方的质量史、现有物项和服务的质量、按期交付的能力、价格、商务条款、担保等因素。

评价供方的活动及其结论必须形成文件。经评价并确认合格的供方,列出合格供方名单,并办理有关审批手续。

2) 采购计划

在采购活动开始前,根据所需采购物项的明细、文件和生产作业计划制订采购计划。采购计划中须明确在采购中要完成的活动、活动顺序、每项活动由谁完成、使用什么方法或执行什么程序规定去完成、每项活动或阶段的完成时间及其完成的状态。

3) 采购文件

采购文件是买方为采购所需物项或服务向供方提出的书面要求。采购文件包括图样、技术规范书及适用的程序文件和规定,以及买方合同条款的要求延伸至供方。内容包括供方完成的工作范围(清单)、技术要求、试验、检查、验收要求,物项形成某一过程的专门证明或特殊细则、质量保证要求,进入供方监督、检查的要求;供方应提交的文件、记录的要求及不符合项管理的要求等。

采购合同签订后,按合同规定对供方生产过程的质量控制、产品检验进行监督,监督的方法按双方签订的合同或供方提供的质量计划进行。

4) 对所购物项和服务的控制

通过对物项和服务的验收来验证由供方完成的物项或服务满足了采购文件的各项要求,根据物项或服务对安全的相对重要性、复杂性、数量制订验收计划,选择验收方法(如确认供方的合格证明书、收货检查、源地验证、安装后试验,上述几种方法的某种组合等),并按计划实施验收活动。验收活动要予以记录,形成文件。

2.5.7 物项控制

对生产制造核级阀门用的原材料、器材、零部件及阀门产品的标志、装卸、储存、包装和运输必须制订程序,按规定的程序进行控制,以防止使用不正确的或有缺陷的物项,防止物项的损坏、变质和丢失,确保阀门在核设施中的使用安全。

为物项控制所制订的程序中，要对每一活动需提供或应遵循的文件做详细的规定，对每一活动要求记录的形式和内容也应做出详细说明。

1）材料、零件和部件的标志

“标志”是表明物项的类别、所处状态的识别信息。物项标志及其控制的目的是防止使用不正确或有缺陷的物项。标志包括实体标志（如铸字、钢印等）、实体分隔（如容器分隔、区域分隔）、标记标志、标签标志、记录标志等，应尽可能使用实体标志（图2-43）。标志的内容通常包括材质代号、铸造或热处理炉号、零件编号、零件图号、产品型号、产品出厂编号、生产部门或操作人员代号、质量状态标记、检验状态标记、不符合项报告单编号、扣留标签的编号及其人员签字和日期，以及表示物项所处的检查、试验状态的标志内容等。

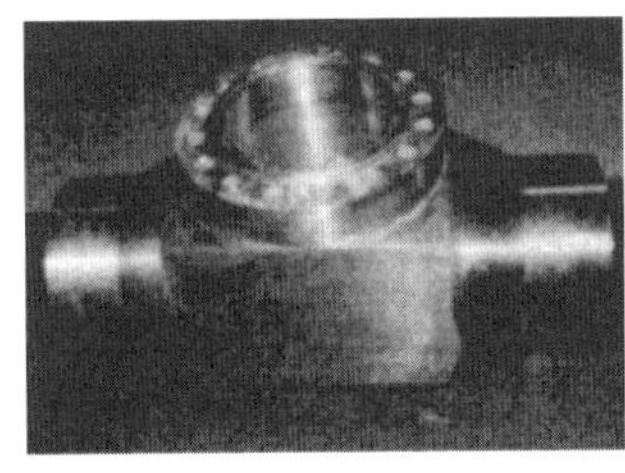

图2-43　物项标志（实体标志）

标志的代号是为保证产品出现问题时，具有可追溯性，对产品、零部件进行唯一性标记。标志从原材料进厂开始跟踪，到产品出厂具有唯一性。标志的移植是物项的标志在制造的某一工序中，有时被加工掉，操作人员必须将原有的标志内容完全、准确、清晰地移植到完成该工序的物项上。对不符合物项的标志采用挂红色标签、检印和实体分隔相结合的方式予以严格控制。

2）装卸、储存、运输

包括在原材料及外购配套件进公司、零件制造、产品组装、试验、包装、入库、产品交付直至运抵买方仓库前的全部过程中。负责物品储存的部门，必须制定和实施物品储存控制程序，保证物品在储存期间保持原有质量状态，物品被领用时防止误发。运输前必须对要运输的物项（阀门产品或其他物品）进行核对，以确认如下内容：

(1) 已满足了所有规定的质量保证要求；

(2) 对于提供的质量证明、产品使用说明书、装箱单和合同要求的其他文件等,已齐全和符合要求;

(3) 已按照设计部门的要求和适用的程序进行了保管和包装,包装的标志内容齐全、正确、清楚;

(4) 已安排了有经验或经考核合格人员,并使该人员清楚地理解有关装卸和运输程序所规定的内容、作业和执行方法以便正确执行运输作业;

(5) 所选用的交通(运输)工具可满足物项运输的要求。

2.5.8 工艺过程控制

为确保最终的产品质量,必须按规定的要求对影响质量的工艺过程实施有效的控制,以免在零件或产品的作业结束后或使用时才发现不合格。

产品质量的好坏取决于所执行的工艺过程和操作者的技能,且无法以产品最终检查来完全验证其质量,这种工艺过程称为“特种工艺过程”(如焊接、热处理、无损检验)。工艺过程控制包括工艺试验、工艺评定、人员资格、设备、环境条件、实施程序、监督等。

1) 工艺过程控制文件

工艺过程控制文件包括图样、技术条件、质量计划、工艺规程、工艺细则(守则)、见证点和停工待检点等重要工序工艺文件和为工艺过程各种不同的活动分别制定的控制程序,如对工艺试验、工艺评定、特殊工艺人员资格、清洗、装配、试验、检验、防腐蚀和污染等制定的控制程序。所有工艺过程控制文件和程序的内容必须使执行该工艺活动的人员准确地理解并正确地使用。

(1) 质量计划: 制造质量计划应列出待制造和验收的全部物项,以及将进行的所有工艺,同时指明要使用的程序、工作细则、试验和检查的流程图或工序表,计划中需明确注明规定的停工待检点和见证点,并规定每一种检查或试验需编制的记录类型。在必要时,应注明执行某一工艺活动的外协单位的名称。质量计划格式见表 2-31。

(2) 程序和工作守则: 必须对所述的活动进行详细规定,明确写明以下要求: 为达到要求必须做什么;需要完成哪些验证工作;需要进行哪些记录;规定记录的形式及要求等。这些守则应提供执行活动的全部细节和所用方法。

表 2-31　×××阀质量计划

<table>
<tr><td colspan="2" rowspan="3">××公司</td><td colspan="3" rowspan="3">质量计划</td><td>版次</td><td>A</td><td colspan="2">共×页</td></tr>
<tr><td>状态</td><td></td><td colspan="2">第×页</td></tr>
<tr><td>编号</td><td colspan="3"></td></tr>
<tr><td rowspan="2">产品名称</td><td rowspan="2">×××阀</td><td colspan="3">执行标准：×××</td><td colspan="4" rowspan="3">R——记录点
H——停工待检点
W——现场见证点
G——关键特性
Z——重要特性</td></tr>
<tr><td>零件名称</td><td>阀体</td><td rowspan="2">材料：×××</td></tr>
<tr><td>型号规格</td><td>×××</td><td>图号</td><td>×××××-×</td></tr>
<tr><td rowspan="2">序号</td><td rowspan="2">操作内容/活动</td><td rowspan="2">执行文件(程序)</td><td rowspan="2">见证点</td><td colspan="3">实施情况(签名)</td><td rowspan="2">不合格项记录号</td><td rowspan="2">记录文件号</td></tr>
<tr><td>供方</td><td>买方</td><td>第三方</td></tr>
<tr><td>1-1</td><td>1. 化学成分检验(G1)
2. 力学性能检验(G1)
3. 晶间腐蚀检验
4. 表面目视检查
5. 100%超声波探伤检验
6. 液体渗透探伤检验</td><td>(G1)
(2)
×××</td><td>H
H
H
W
R
R</td><td></td><td></td><td></td><td></td><td></td></tr>
<tr><td>1-2</td><td>金切加工</td><td>×××</td><td>W</td><td></td><td></td><td></td><td></td><td></td></tr>
</table>

2) 特殊工艺

用于阀门生产中使用的特殊工艺如焊接、热处理和无损检验，必须进行工艺试验和工艺评定。根据程序和具体零部件的质量要求制定工艺试验和评定文件，规定试验和评定的人员资格、设备、环境条件要求，以及具体的试验、评定用技术参数[8]。

3) 人员资格

执行焊接、无损检验作业的人员，必须在国家核安全局指定的培训机构接受培训并取得资格证明书后方可上岗从事相应的工作。其他工艺作业人员也须有经验和经过培训或考核合格的人员来担任。具体执行按《民用核安全设备无损检验人员资格管理规定》(HAF 602)和《民用核安全设备焊工焊接操作工资格管理规定》(HAF 603)的规定[9-10]。

4) 设备

(1) 特殊工艺或进行工艺试验和评定所使用的设备,在使用前应判定和检查其已经过校准和(或)检定并是合格的,否则该设备不能进行指定的作业。一些特殊工艺使用的设备见图 2-44。

图 2-44 特殊工艺使用的设备

(2) 其他工艺所用的设备在使用前也必须判定和检查其已经过校准和(或)检定并是合格的,否则该设备不能进行指定的作业。

5) 环境条件

容易受到环境条件的影响而导致质量不被保证的工艺过程,如焊接、热处理、清洁、装配等应在工艺文件或程序中规定的环境条件下作业。当环境条件不能满足要求时禁止作业,改变环境条件后经验证合格方可进行作业。

6) 工艺过程控制的实施

工艺人员、检验人员和质量监督人员有责任对工艺过程进行监督和检查,他们的行动不受进度和费用的约束。这些人员有权停止不符合要求的工艺过程,以有效控制工艺流程,确保:由合格的人员使用合格的设备,在符合要求的环境条件下,按照预先制定且经批准的程序进行,从而确保工艺过程的质量。

2.5.9 检查和试验控制

检查是一种质量控制或验证行动,它用检验、观察和(或)测量的方法来确定材料、零部件、系统及工艺和程序是否符合预定的要求，目的是判定物项的质量特性，根据已定的验收准则来验收或拒收被检查的物项。用于阀门的检查主要有进货检查、工艺过程检查、产品竣工检查等，在保证质量所必需的每一个工作步骤都应进行检查。

试验是为确定或验证物项的性能是否符合规定要求，而将其置于一组物理、化学、环境或运行条件下进行考核的活动，其目的是对物项进行鉴定，并决定是否可以接受(或验收)。具体而言，用于阀门的试验包括：样品(样机)鉴定试验、压力试验以及出厂调试试验。

检查和试验要按照检查计划(或质量计划)、试验大纲、程序和有关文件在合适的环境条件下，由具有资格的人员使用已鉴定合格的设备进行，检查和试验过程结果要做详细的记录，提出试验结果的报告等。

1) 程序、检查计划和试验大纲

检查或试验的程序必须明确检查或试验工作应遵守的规则和标准。程序的内容一般包括该检查或试验程序的目的、范围、主要活动和责任者、活动的顺序和工作内容，所使用和产生的文件(如标准、规范、图样、报告等)、全过程的记录要求等。

2) 检查和试验人员

执行检查和试验的人员必须经过所从事工作的专业培训，经考核合格后，需用证书或文件明确证明其从业资格。

3) 测量和试验设备的标定

检查和试验所用的工具、量具、仪表，以及其他检查、测量、试验设备和装置都必须具有符合要求的合适的量程、型号、准确度和精度，必须按程序规定进行检定、调整和控制。图 2-45 列出了一些测量和试验设备。

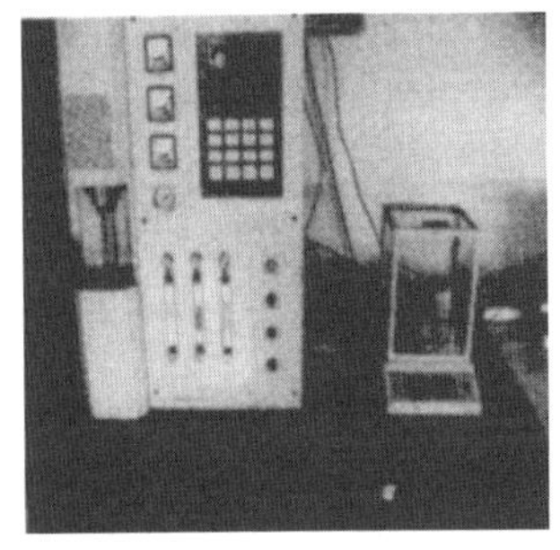

图 2-45 测量和试验设备

4) 检查和试验状态的显示

材料、零部件和产品在整个制造过程和交付前按程序要求保持检查和试验(包括试验正在进行)状态的标志,指明经过检查和试验的物项可验收或列为不符合项,以保证在整个制造过程中只能使用和向买方交付已通过了所有要求的检查和试验的物项。举例说明如下:

(1) 原材料入厂进货检验程序见图 2-46。

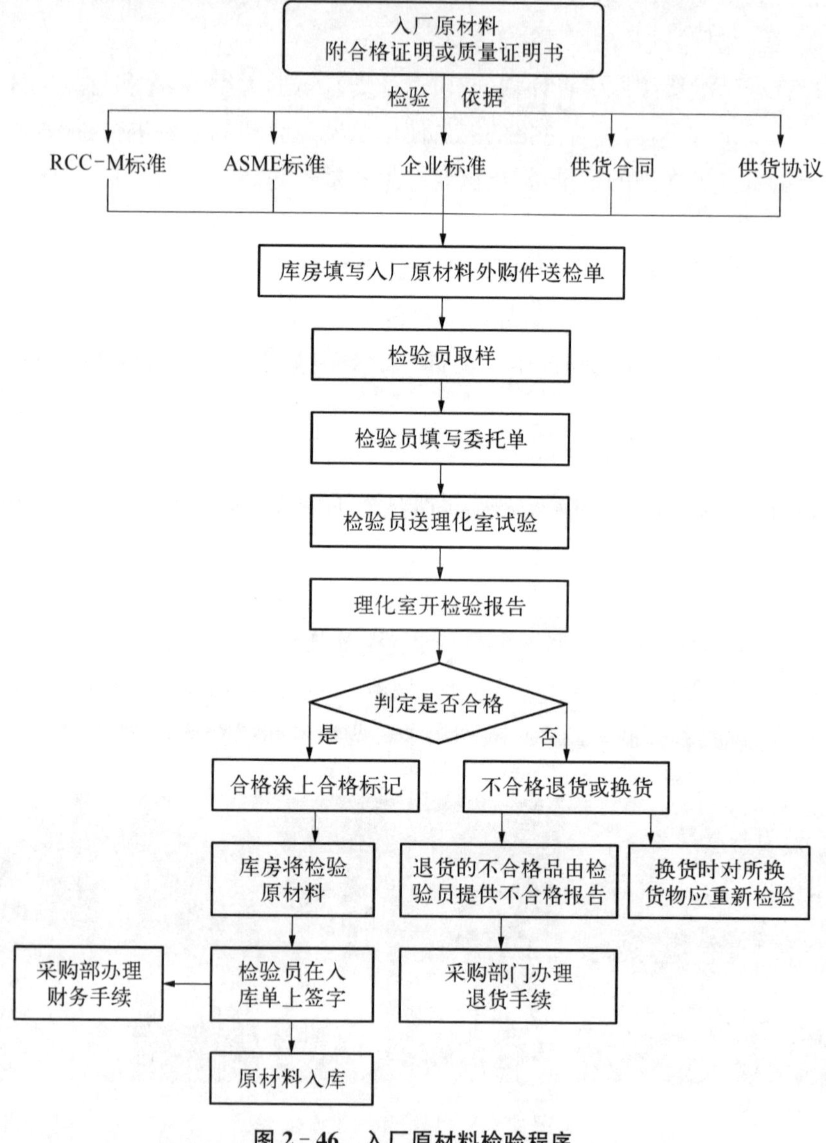

图 2-46 入厂原材料检验程序

(2) 过程检验和试验程序见图 2-47。

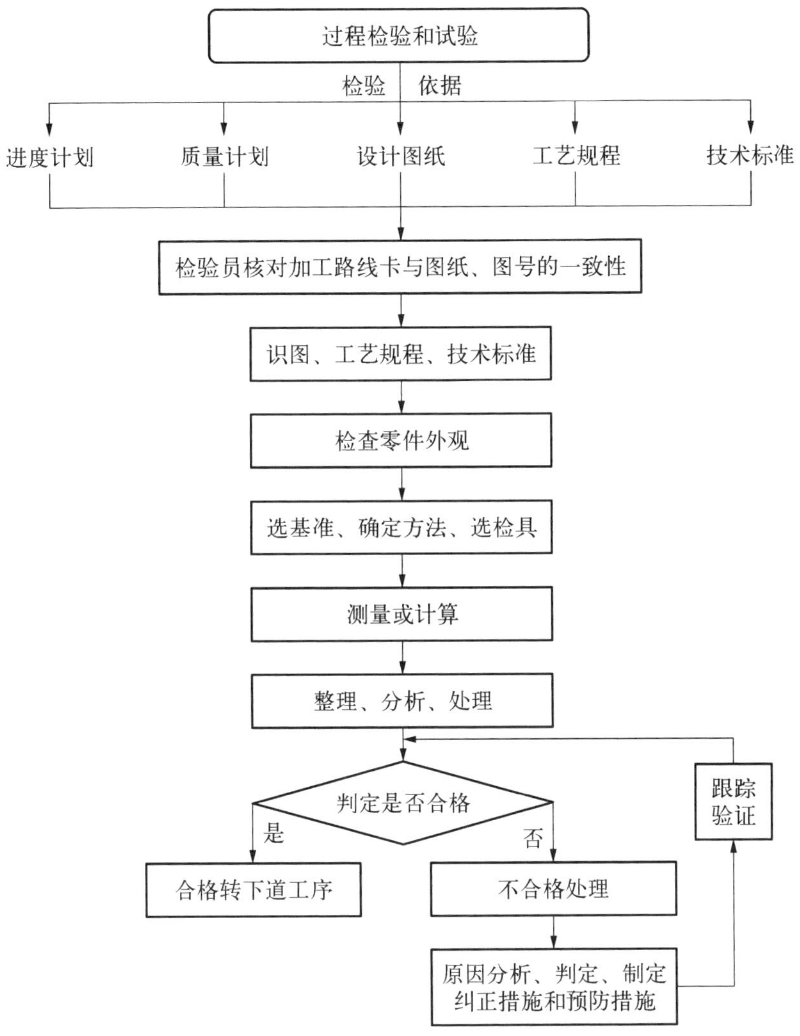

图 2-47　过程检验和试验程序

(3) 最终检验和试验程序见图 2-48。

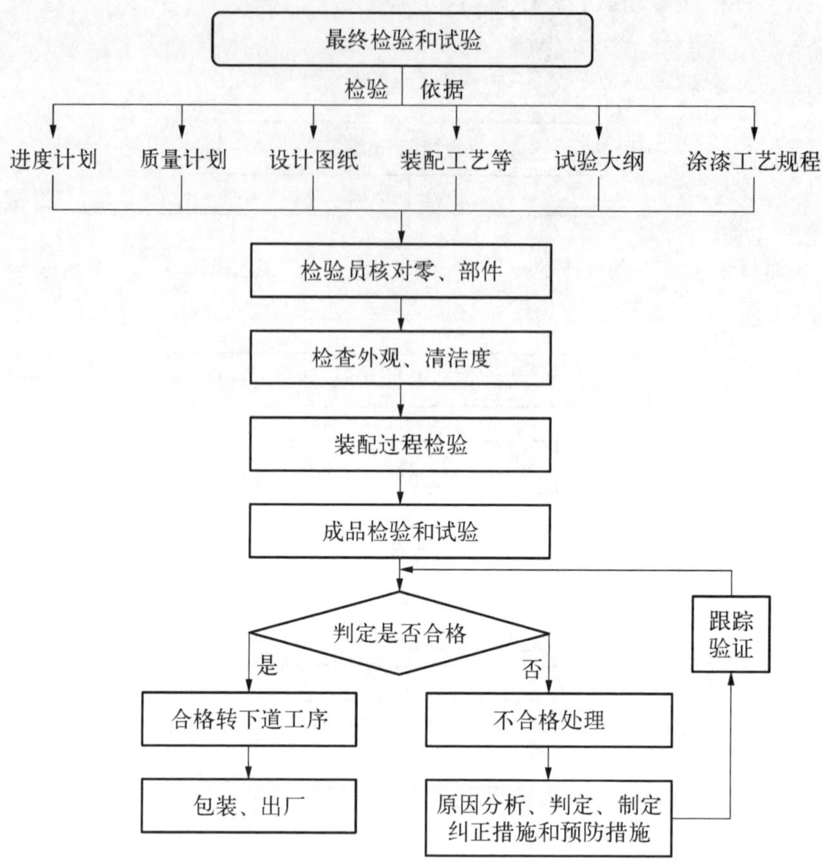

图 2-48 最终检验和试验程序

2.5.10 对不符合项的控制

为保证对不符合要求物项的控制，检验员必须用标记、标签或实体分隔的方法来标志不符合要求的物项，必须为不符合要求的物项或带有缺陷的物项制定控制下一步工序或交货的措施。

1）不符合项分类

根据不符合物项违背哪种要求，有无方法恢复以及对核安全的重要意义，对不符合物项进行分类，共分为 3 类。

（1）一般不符合项涉及下列情况中的一项或数项可定为一般不符合项。

① 没有违反采购合同中规定的要求，也没有违反法规、标准规定的要求，仅违背了供方的内控标准；

② 出现的缺陷不影响其使用性能、精度、寿命和安全性；

③ 经过返工或修理仍能达到原设计要求和质量标准；

④ 次要部件的少量超差，经设计代表和买方代表同意作为超差回用处理。

(2) 较大不符合项涉及下列情况中的一项或数项可定为较大不符合项。

① 不能沿用原有的技术规范、工艺方案，需要制定新的工艺方案、技术规范或验收准则来处理的；

② 需要进行设计校核、设计要做较大修改或采取工艺补救措施处理的。

(3) 重大不符合项涉及下列情况中的一项或数项可定为重大不符合项。

① 出现的缺陷已影响其使用性能、精度、寿命、维修性和安全性；

② 需要经过科学的论证、试验和分析才能确认是否可以接受；

③ 需要进行重新设计才能满足要求；

④ 任何可能严重危及工程质量和安全的不符合项。

2) 不符合项的处置方式

(1) 采用：物项的功能不受影响，不需要补充作业来纠正其缺陷。

(2) 返工：通过完善、再加工、再装配或其他纠正措施，使不符合物项符合原规定要求的过程。

(3) 修理(返修)：是把一个不符合项恢复到一种状态的过程，虽然在这种状态下该物项仍不符合原来的技术要求，但其可靠、安全地执行其功能的能力未受损害。

(4) 拒收：从技术上考虑无法达到所需的质量，从经济上考虑补充作业或纠正措施没有价值。

要求为接收“采用”或“修理”处置的不符合项，必须做技术上的论证，保存论证记录或文件，作为“竣工”状态的说明。对经审查确定采用“返工”或“修理”处置的不符合项，必须按制定的返工或修理的工艺规程和要求进行作业。

3) 不符合项的标志和隔离

检验人员对发现的不符合项，必须马上做出标志，尽可能采用容器或区域方式隔离，控制其未经处理而继续流转和使用。

4) 不符合项的审查和批准

对于所有类别的不符合项，都要按控制程序要求由不符合项审理机构进行审查，确定对该不符合项的处置方式，并制定返工、修理的工艺规程和要求。

5）纠正行动

质管部应对不符合的报告做定期分析，对发现重复的质量问题和质量趋势及时形成文件，并将该结果报企业最高管理者，以作为审查和评价的内容之一。

2.5.11 纠正措施

对通过检查、文件审查、使用、监督和监查等活动发现有损于质量的情况，例如软件方面的错误，设备故障、物项的不符合性等必须进行鉴别、分析原因、编制计划、采取纠正行动，在实施过程中不定期进行检查、及时总结，以保证从根本上防止同类问题的重复发生。

1）纠正行动及过程

为防止重复出现有损于质量的情况而采取的纠正行动，包括(但不限于)变更设计、技术条件和工艺、更改现有程序、颁发新程序，将有缺陷的设备退役、进行维修或检定、强制执行程序、工作细则或改变环境条件等。

纠正行动的过程按 PDCA 方法，也称 PDCA 模式，P——策划，D——实施、C——检查，A——处置/总结。即先审查质量问题的反馈信息，对影响质量的情况做具体的分析，确定问题产生的根源(原因)制定纠正措施；审查或评价纠正措施的适宜性和及时性，进行纠正行动；跟踪、监督纠正行动，验证纠正行动效果。

2）纠正行动的管理

对于在设计验证、设计文件的使用、制造过程，产品的试验、运行，监查、管理部门审查、买方或国家核安全局监查中发现的有损于质量的情况，各责任部门必须查明起因和采取纠正行动，防止其再次发生。

对于严重有损于质量的情况，各责任部门必须用文件阐明其起因和所采取的纠正措施，并向质量管理部报告，由质量管理部采取跟踪检查的办法，证实该纠正措施已予以落实。质量管理部必须对在采取纠正措施方面所累积的数据进行分析，以确定有损于质量情况的基本原因和质量趋势，并向最高管理者报告，作为最高管理者下次审查和评价纠正措施状态的依据。

2.5.12 记录

质量保证记录是为各种物项或服务的质量以及影响质量的各种活动提供客观证据的文件，这种文件可以是录像带、磁带、照片、胶卷、试样、见证件等对质量有定量和定性记载或陈述的证据。

根据《核电厂质量保证记录制度》(HAD 003/04)的要求，编制质量记录控制程序，控制设计、制造、检验等全过程中记录的产生、标志、编目、归档、储存、保管和处置，确保记录能提供产品实现过程的完整证据，并能清楚地证明产品满足规定要求的程度。

对记录的基本要求是：产生的记录真实可靠，由合格的人员编制、审查并签字或盖章；收集的记录精练且必要，记录的分类需清晰明确，确保记录与物项或活动的标志一一对应；记录方式应易于辨认，检索和查阅需方便快捷，记录的保存期限和处置方法需明确。

1）记录分类

(1) 永久性记录一般表示某一物项的最终状态或某一过程的结果，其作用在于证明安全运行能力，确定物项发生事故或动作失常的原因，使物项的维修、返工、修理、更换或修改得以进行，为在役检查或退役提供需要的基准数据。

永久性记录有设计技术规格书、设计报告、设计图样、应力分析报告、采购技术要求、不符合项报告、材料性能检测报告、无损检测报告和底片、焊接规程和记录，以及产品性能试验规程和试验记录、压力试验结果等。永久性记录的保存期应不短于买方规定的该物项的使用寿命期。

(2) 非永久性记录一般是基本活动的程序和记录，其作用在于证明活动已按规定要求进行。

非永久性记录有设计变更申请书、设计审查报告、图样管理程序、质保监查报告、采购控制程序、接收记录、供方质保能力调查、检查和试验用器具的检定规程和记录、零件检查记录、无损检测规程、工艺规程和工序文件、特殊工艺和检查试验人员资格证书、清洗程序、压力试验程序、质量保证大纲和程序等。非永久性记录的保存期应按不同类别在程序中规定，但至少不低于7年。当买方规定时，按规定时间保存。

2）受控记录的范围及控制要求

“在保存期内需要或可能变更的记录”为“受控记录”。受控记录的范围包括设计规格书、设计图样、用于设计的规范和标准、采购技术规格书、设计程序和手册、图样管理程序、采购控制程序、无损检测规程、焊接规程、焊接材料管理程序、各种工艺规程和工序文件、工艺程序、检定程序、清洗程序、热处理程序、压力试验程序、装卸、储存、运输程序、质量保证大纲、质量保证程序等。对受控记录规定其分发、变更和回收要求，以避免使用有缺陷或过期的记录。

3）记录的管理

在记录控制程序中应分别列出由买方提供的记录、向买方提供的记录，需要本公司保存的记录清单。对物项或服务的质量占次要地位的资料不能列入清单。记录必须注明日期并经授权人员签字或盖章后方有效。要对记录的管理情况进行监督和定期检查，以确保记录得到正常管理和保存并随时可以使用。对于超过规定最短保存期或作废的记录，按公司保密制度进行销毁或处理，必要时要征得营运单位或买方代表同意方可处理。

2.5.13 监查

监查指通过客观证据的调查、检查和评价，确定所定的质量保证大纲、程序、细则、技术条件、规程、标准、行政管理细则或作业大纲及其他文件是否齐全适用，是否得到切实遵守及实施效果如何等进行有书面报告的活动。

监查分为内部监查和外部监查。内部监查是指一个单位对本单位所进行的监查，外部监查是指一个单位对另一个单位所做的监查。

监查的目的是验证质量保证体系及其文件是否完备和得到有效实施，并对此做出评价，以促使完善体系和使其有效运行。监查主要是查明是否有合适的质量保证大纲，质量保证程序是否齐备并文件化，查阅客观证据，判明质量保证大纲是否正确实施，确定不足之处或不符合性，建议改善质保大纲的纠正措施，评价大纲的有效性，向被监查的部门和单位的管理部门提供监查结果和评价报告，以促使被监查部门、单位和管理者改进工作、完善体系。监查要由对监查范围不负任何直接责任的具有资格的人员(必要时可聘请技术专家参加)按监查计划进行，监查人员必须用文件给出监查结果。

1）监查人员资格

监查人员要经过培训或考核取得资格。培训内容包括质量保证的基本原则，核安全法则、导则、标准有关要求，质量保证大纲的要求和程序的规定，监查工作技术、有关核领域内(如设计、采购、加工、装卸、运输、储存、清洗、装配、检查、试验、无损检验、安全)的知识和特殊要求等。应从受教育程度、实践经验、专业知识及能力、人际交往能力、客观、公正、公平、正直、善于发现问题等方面进行考核。监查员由管理者代表授权，主监督员必须由最高管理者授权。

监查人员的主要工作是通过与质量保证大纲的对比，调查研究质量保证要求的实施情况，而不是调查研究被监查领域的工作或工程的实施情况。监查人员必须具有足够的权限和组织独立性，无直接责任于监查领域。监查人员代表总经理和质保负责人行使监查的权力，对于严重违反质量保证规定、不积极采取纠正措施、对核安全构成威胁的活动有权停止工作，并向最高管理者或核安全监督机关报告。

2）监查计划

监查计划分总监查计划和单项监查计划。总监查计划应包括监查的类型、监查质量保证大纲或其他组成部分的总的进度安排、每次将要监查的主题、监查的频度、监查的部门或单位、预定的监查日期、参考的以往的监查文件或合同。要定期检查计划的执行情况，根据需要予以调整或修订。单项监查计划包括监查的范围、要求、监查组成员、要监查的活动、需要通知的单位、适用的文件、具体进度安排和执行监查的提问单（检查清单）。

在出现下列一种或多种情况时，必须安排追加的监查计划并进行监查：

（1）有必要对质保大纲的有效性进行系统和独立的评价时；

（2）在签订合同或发送订货单前，有必要确定供方执行质保大纲的能力时；

（3）已签订合同并在质保大纲执行一段时间后，有必要检查供方在执行质保大纲、有关的规范、标准和其他合同文件中是否行使所规定的职责时；

（4）对质保大纲中规定的职能范围进行重大变更时：

（5）在认为质保大纲的缺陷会危及物项或服务的质量时；

（6）有必要验证所要求的纠正措施的实施情况时。

3）监查的组织

质量部门按总的监查计划，根据被监查领域适时挑选监查组组长（主监查员）和监查员组成监查组。监查组组长要编制单项监查计划、分配任务、领导小组做好监查准备工作，应有足够的时间进行监查准备工作。要适时由监查小组向被监查部门或单位发出监查通知单，通知单应包括监查范围、依据、监查活动时间安排，监查组长和成员姓名，对监查要做的说明等。

4）监查的执行

对于要监查的质量保证大纲的每一方面都要审查质量保证大纲、规程、程序、指令（说明书）的完整性和适用性，在被监查的工作领域内查找是否有执行程序、指令（说明书）的证据，对已验收的工作（如产品、设计计划和图样等）进行随机抽样和复查，比较结果与要求相符，检查工艺控制和记录，证实符合规定要求。有特殊工艺要求时要检查有关人员培训和资格考核的记录，这些工作可以使用审查文件、会见人员、现场见证、追踪工艺过程、利用独立的试验、检查或检测手段确认等方法依照事先编制的监查提问单(检查清单)进行。

5) 监查后的工作

监查后的工作包括监查后会议、监查报告、答复和后续行动(或代表)。

监查后会议由全体监查人员、被监查部门或单位的管理者及有关人员参加,由监查组长负责做出监查总结和纠正措施建议(规定如何采取纠正措施的责任在于被监查单位,监查小组不负任何责任),澄清全部误解。

监查报告要在监查后会议之前拟好,由监查组组长签字。被监查部门或单位代表也应在报告上签字,报告要分发给监查和被监查部门及单位的管理部门。监查报告的内容应包括:监查的目的和范围、调查结论的综述、纠正不符合性和缺陷的建议、对答复的要求和有关人员(监查成员、主要接触人员、培训人员)名单等。

后续行动是指必要时由监查单位接收对监查报告的书面答复,对答复做出评价、确认已按计划采取了纠正措施,以及被监查部门或单位向监查单位报告实施纠正措施中所取得的进展。

6) 记录

对于监查活动要保存的记录有监查计划、监查报告、完整的监查提问单(检查清单)、监查员资格(考核)记录、纠正措施计划、纠正措施完工报告,这些记录应作为质量保证记录加以保存,用以评价质量保证大纲,保存期为 7 年。

2.6 故障诊断及维修方法

在核电站的设备中,阀门虽然只是配件,但是它的作用却至关重要,因为阀门对核电站的正常、安全和可靠运行具有极为关键的作用。由于核电站内阀门应用广泛,不同类型和功能的阀门被安装在不同的回路、管道和动力设备上。以一座由两套百万千瓦级机组装备的压水堆型核电站为例,其阀门用量就需约 3 万台。尽管阀门的投资额仅占核电站总投资额的 2%左右,但每年核电站花费在阀门上的维修费用却占据维修总额的半数以上,其中一些重要的阀门产品,如主蒸汽隔离阀、稳压器安全阀和主蒸汽安全阀等也都属于核电站中的关键设备。此外,众多应用于一回路系统的核级阀门更是直接关系核电站的正常与安全运行,不允许其出现丝毫差错。由于核电站中阀门的工作条件极为苛刻,特别是一回路系统的各种核级阀门,大部分工作在高温、高压和高剂量辐射的恶劣环境中，因此阀门的磨损和失效问题比较严重。阀门在安装、使用过程中发生故障，实属常态且难以完全避免。

由于核电站建设的投资巨大，成本回收周期漫长，停工一天所造成的经济损失可达上千万元人民币，所以正确分析阀门发生故障的原因，采取适宜的解决方案以消除故障，并采取适当的改进措施避免故障的再次发生显得尤为必要。这不仅旨在减少维修次数，缩短维修周期，更是为了保证设备的安全运行。

2.6.1　故障诊断

由于核反应堆一回路系统的输送介质的特殊性，大多带有放射性，因此，核电站一回路系统阀门一旦出现故障危害更大，故障处理也更困难，这就要求阀门使用单位及阀门制造单位对故障处理要更加慎重。故障处理人员要熟悉各种阀门设备的结构及功能才能正确分析、判断发生故障的原因，并采取适当的故障检测方法，包括运行监督，各种检查（目视检测、探伤、阀门前后压差或流量检测等），对重要的设备配置专门的诊断系统（引漏系统、氦气检漏系统、探测系统等）进行故障诊断。

维修性方案是把维修性要求与装备结构和性能的特点相结合的设计方案，它是对装备总体研究的组成部分，它必须在一开始就与其他设计方案特别是可靠性设计紧密结合，全面衡量，统筹安排。

2.6.2　故障维修

阀门的维修分为预防性维修和修复性维修两种。

1）维修的工作目标

确保核级阀门达到规定的维修性要求，以提高阀门的完好性并能完成其预期功能，减少对维修人员及其他资源的要求，降低系统全寿命费用，并为其全寿命管理提供必要的信息。

2）预防性维修

预防性维修是指按计划对阀门进行的定期维修检查。预防性维修的主要目的是通过定期的维修保养、调试检查及定期换件矫正、检修来避免、减少或消除故障的后果。通过适用而有效的预防性维修工作，以最小的资源消耗保持和恢复设备安全性和可靠性的固有水平。预防性维修可以恢复和提高设备的性能，但却增加了运行和维修费用。如何确定合理的检修周期，一方面检修周期不可太长，因为这样可能会发生设备故障，另一方面检修周期也不能太短，因为这样不但检修费用上升，而且不必要的拆卸和装配会导致阀门性能下降。预防性检修周期的确定可参考阀门的相关标准和技术文件、安装阀门的目的和位置、使用条件、使用的频繁程度、重要程度和其他因素等。预防性检修周期在很大程度上取决于经验数据，并结合阀门所在系统的检修周期而进行。预防性维修工作计划包括下列内容：

(1) 所要完成的维修性工作项目；

(2) 完成各工作项目的具体措施及评定与控制工作项目进度与质量的方法；

(3) 进行每项维修性工作的单位、人员及其职责；

(4) 说明维修性和诊断工作与其他工作的内容及进度如何协调，以保证工作项目所提出的数据能够纳入保障性分析记录，避免重复工作；

(5) 维修性各工作项目的进度及所需的工作量；

(6) 维修性评审的时机、要点、程序和方法；

(7) 维修性信息收集、传递的内容和程序；

(8) 补充的工作项目和对工作项目的改进建议；

(9) 采用的维修性设计资料。

阀门的维修项目应包括下列内容：

(1) 垫片、填料及非金属密封件是否过时失效，是否有渗漏；

(2) 检查阀杆在填料函区内是否被划伤；

(3) 检查阀杆与阀杆螺母梯形螺纹的磨损情况；

(4) 启闭时是否灵活或有异常响声；

(5) 弹簧是否松弛失效，工作状态是否正常；

(6) 阀瓣是否有振荡或频繁启闭现象；

(7) 密封面的渗漏和磨损情况，密封副间是否失去密封性而产生介质渗漏；

(8) 阀门内腔及阀瓣与导向面之间是否有污垢堆积；

(9) 安全阀的调节圈与调节圈紧定螺钉转动是否灵活；

(10) 调节阀中介质的不可调流量超过允许值；

(11) 紧固件是否失效；

(12) 波纹管阀门中波纹管是否失效；

(13) 零部件锈蚀。

驱动机构的通常维修项目至少包括下列内容：

(1) 指示灯和开度指示器是否失灵或工作状态不正常；

(2) 行程控制机构、转矩限制机构是否失灵或工作状态不正常；

(3) 气源信号、气源控制开关、空气过滤器工作是否正常；

(4) 密封件与润滑脂是否过时失效，润滑脂量是否足够；

(5) 微动开关、电气元件、气动元件是否过时失效或工作状态不正常或有异常响声；

(6) 测定电气元件的绝缘电阻。

预防性维修前应按维修计划制定检修大纲，按阀门装配总图和使用维修说明书的规定进行检修。检修后应按所属的专用技术条件进行测试、试验、调整或调试。对于已被放射性污染的阀门或其零部件，在检修前应先进行去污后方能检修，经过维修的阀门及其零部件应有详细记录并存档备查。

3) 修复性维修

修复性维修是阀门出现故障后所进行的非计划性维修。由于此维修是突发的，因此对核级阀门的维修要制定维修准备工程师控制制度，在得到维修工作指令后，先期介入现场勘查。在故障诊断后，分析发生故障的原因，做好维修的准备工作，阀门所在系统提供维修的必要条件，维修单位(一般是阀门制造单位)提出维修的方案。维修方案一般包括防护、维修步骤、维修所需工艺工装及需要更换的零部件、维修后的验收标准、维修记录等要求。使用单位及技术责任单位等有关部门组织对维修方案进行评审，评审合格后才能实施。已被放射性污染的阀门或其零部件在维修前应先进行去污后方能维修，维修时要做好防护工作，维修后应按所属的专用技术条件进行测试、试验，对维修过程及维修零部件应有详细记录，并存档备查。记录的基本内容至少应包括：损伤评估结果、应急抢修措施、所需保障资源清单等。对带有放射性的维修所用工具及更换的零部件应妥善处理。

4) 维修后改进

每次阀门故障处理后，都要及时总结，通过正确分析阀门发生故障的原因，采取适当的改进措施，避免故障的再次发生，确保阀门的工作性能及设备安全。

2.6.3　常见故障原因、处理及预防

1) 泄漏

阀门的内漏主要影响阀门的功能，而阀门的外漏，特别是核反应堆一回路

系统阀门输送的介质大多带有放射性，不但造成介质的流失，而且对周围的设备及人员构成事故隐患，污染环境。

(1) 阀门内漏的主要原因、处理及预防。

① 阀门的关闭力不够：主要是因为阀杆与阀杆螺母使用一段时间后发生损坏，平面轴承使用后发生损坏，阀杆与填料压盖安装不合适，填料压盖压偏，造成部分位置间隙过小，高温时材料膨胀等。

处理：拆卸阀杆及阀杆螺母或平面轴承，检查磨损情况，如无缺陷，清除磨削物及污垢，如有损坏，进行更换后，重新装配。

预防：使用时注意阀杆与阀杆螺母之间，平面轴承的润滑，保持灵活。

② 试压、安装、使用介质不干净造成阀体阀座与闸板(阀瓣)的密封面出现划痕、擦伤。主要是因为现场试压工装、介质不干净，安装过程中有异物留在回路中，回路运行一段时间后异物接触到密封面等。

处理：拆卸阀门，检查密封面磨损情况，如磨损不严重，可重新研磨密封面对密封面进行修复；如密封面损坏严重，需对密封面缺陷部位进行补焊后，重新研磨密封面后进行装配。

预防：试压、安装过程中要严格进行控制，避免密封面出现磕碰划伤。

③ 杂物恰好卡在接合部位或底部造成阀门关闭不到位。

处理：拆卸阀门取出异物，检查密封面是否有损坏，按上述方法进行处理后重新装配阀门。

预防：安装过程中要严格控制检查。

④ 电动阀门限位开关调试不到位。

处理：重新调试电动装置限位开关。

阀门发生内漏后要及时进行原因分析，查出原因后进行修复或更换零部件。注意试压工装介质的清洁，安装时注意回路的清洁。

(2) 阀门外漏的主要原因、处理及预防。

① 阀体和阀盖连接法兰处泄漏。阀体和阀盖连接法兰是通过紧固螺栓压紧垫片实现密封的，其产生泄漏的原因是：螺栓由于热冲击作用而产生应力松弛，造成螺栓的预紧力不够；或螺栓拧得不均匀。垫片硬度高于法兰，或老化失效或机械振动等引起垫片与法兰结合面的接触不严。接触面精度低(有沟槽、削纹等)，以及被介质腐蚀或渗透漏。装配时垫片偏斜，局部预紧力过度，超过了垫片的设计极限，造成局部的密封比压不足。

处理：如现场不具备拆卸条件，可松开阀体与阀盖中法兰所有螺栓，重新均匀对称紧固螺栓。检修时解体阀门、更换密封垫片，重新装配阀门，按规定预紧力均匀对称紧固螺栓。阀门设计时要对螺栓预紧力进行计算，并在图纸上给出螺栓预紧力矩范围；阀门装配时用力矩扳手对螺栓预紧力进行控制，均匀对称施加预紧力。定期更换密封垫片，提高密封面的加工精度。设计时采用多重密封结构，防止泄漏。

高温高压阀门的阀体和阀盖连接多采用内压自密封结构，这种结构具有密封性能好、温度和压力变化时密封良好，中法兰不承受工作介质的压力和结构紧凑等优点。其产生泄漏的原因有几个方面：预紧力不够；密封圈及自压密封部位有损伤；阀体内腔变形。

处理：如低压时泄漏而高压时不漏，可能是螺栓预紧力不够，松开所有螺栓重新均匀对称紧固螺栓。如低压、高压时都发生泄漏，可能是密封圈及自压密封部位有划伤或阀体内腔变形，需拆卸阀门检查阀体自密封部位及密封圈，如阀体自密封部位有损坏，需进行研磨修复；如阀体自密封部位无损坏，只是密封圈有损坏，更换密封圈后重新进行装配。阀门设计时要对低压密封时所需螺栓预紧力进行计算，应有足够的预紧力，在预紧力的作用下，密封环产生弹塑性变形，对阀门中腔进行密封。减少密封圈拆装次数，因为在试验压力或高温高压工作介质的作用下，密封环发生塑性变形，每次拆装自压密封圈及阀体时，自压密封部位表面均会有不同程度的划伤现象而影响密封。

② 填料处泄漏。阀门在使用过程中，阀杆由绕其轴线的转动和在轴线方向的上下移动两种运动形式组成。随着阀门开关次数的增加，阀杆与填料之间的相对运动的次数也随之增多，使填料的磨损增加。另外，填料由于使用时间长，出现老化现象或失去了弹性使填料的接触压紧力逐渐减弱。此时，压力介质就会沿着填料与阀杆的接触间隙向外泄漏。

处理：发生填料泄漏时，一般通过增加填料压盖的预紧力来补偿填料磨损而失去的填料密封力。在阀门检修时更换填料，更换填料前应了解填料的密封机制，掌握填料和相关标准、切口方法和安装要求，应全套更换填料，不允许个别层更换填料。更换填料时用填料钩掏旧填料时，不可以伤及阀杆和填料函表面，填料函底部要清理干净。如解体更换填料，检查阀杆与填料接触的表面和填料函的内壁应光滑无伤，对于能感觉到的拉痕、麻坑、脱皮或腐蚀等缺陷，都要报告设备工程师。阀杆的弯曲度超过 0.2 mm，均需向设备工程师报告。新填料应完整无损坏、无变色、无松弛（预压过的填料），将新填料放置在阀杆与填料函之间试装一下，检查填料外形是否符合要求。检查新填料备件与拆下的旧填料数量是否相同，如果数量不一致，应向设备工程师报告，并核实原因。膨胀石墨填料尽可能不用切口的方式，采用解体阀门套装为好，若采用切口方式，应避免出现介质流向的贯穿通道。填料组件装入填料函中时，应一层一层装入，并保证每层都填装到底部，可使用专用对开辅助安装。对有切口的填料，安装时应遵循层与层间的切口错位 90°的原则，严禁将填料整体组装后再一次性下压入填料函。用力矩扳手紧固压紧填料时，根据给定的力矩对称和分段施力，随时观察填料法兰的平行度和中心孔与阀杆的对中性，最后达到规定的力矩。更换填料后，阀门需要进行手动（气动或电动）试验，检查填料是否过紧，以及有无异响或抖动等现象。

在阀门设计时尽可能采用升降杆结构而不采用旋转升降杆结构，减少填料与阀杆之间的摩擦力，延长填料使用寿命。

2）启闭不灵活

主要原因有：阀门导向装置之间的间隙过小或存在偏移、零部件发生锈蚀，阀门控制系统发生故障。针对上述原因，应采取以下措施：拆卸阀门后，检查导轨与导轨槽是否有因干涉摩擦而产生的亮点，如两端都有亮点，说明导轨与导轨槽之间的间隙过小，需要增加导轨与导轨槽之间的间隙；如一端有亮点，需调整导轨与导轨槽之间的相对位置。如零部件发生锈蚀，需对生锈零部件除锈或更换。如控制系统发生故障，需进行检修，在设计配合间隙时，必须考虑材料不同的热膨胀系数。

3）阀门的振动和噪声

节流阀、调节阀和减压阀等控制阀门的振动和噪声关系到设备的安全和寿命以及人员的身心健康。气流的扰动是控制阀内产生振动和噪声的根源。介质在阀内的节流过程也是其受摩擦、阻力和扰动的过程，因而产生各种各样的涡流。例如介质通过节流处或转弯处以及分流时，都会产生涡流，当涡流的激振频率与机械元件的自振频率耦合或者同管道内纵向气柱声驻波、横向气柱振荡、热动力冲击、气动动力冲击、气动动力压缩或其他不稳定的流动产生压力波耦合就会产生共振。此时，振动和噪声将增加，对设备的损坏程度将扩大。一般是改变管道和阀门的几何形状控制阀门的自然频率和激振频率，避免由于它们的相互耦合而产生谐振。节流阀、调节阀和减压阀等控制阀门的振动和噪声还与阀门的压差有关。

机械振动是阀门流体不均匀压力的紊流冲击阀杆头部引起的，由于在阀杆头部和执行器运动不稳定时，在液体压力的作用下，阀杆上产生不平衡的上下方向的运动力，继而产生零件的疲劳破坏，进而造成阀门导向间隙不同心引起振动。

预防措施是将容易承受紊流形式的柱塞节流结构变为节流罩节流结构，将悬壁梁顶尖导向方式改成节流罩导向方式，缩小导向间隙，选用刚性导向和柱塞头，同时为减少紊流流动时的涡流，避免扩大和缩小阀座以外的通道。

4）阀门零部件的磨损

振动经常会引起阀门上某些部件的异常磨损。除此之外，即使在正常运行条件下也会由材料的匹配问题、经常性的操作及维护不当引起磨损，影响阀门的功能。拆卸阀门对磨损零部件进行修理或更换，按推荐的检修周期对易损件进行维修或更换。

5）静态腐蚀

阀门密封不严和较长时间停运、存放、维护保养不当的情况下，阀门零部件可能会发生腐蚀，受腐蚀的部件就会失去应有的功能，引起阀门故障。润滑不好则会引起阀门零件生锈。需要拆卸阀门，对腐蚀或生锈零部件进行修理或更换。

第 3 章
闸　阀

闸阀属于切断阀类，主要用于控制管路的通断，但在实际使用部门，也常用于不精确地调节流量。由于闸阀对各种大小口径、高低压力都能适用，密封可靠，因而应用得非常广泛。

闸阀的特点是它的关闭件（闸板）沿管道中心线的垂直方向做直线运动来完成阀门的启闭。主要优点是它流阻损失小，结构长度小，对管路中介质的流向没有限制，主要缺点是启闭行程大，因而启闭时间长，并且在启闭过程中密封面之间有相对摩擦从而易引起擦伤，高度尺寸大。

3.1　闸阀分类

1）楔式闸阀

楔式闸阀（图 3－1）阀座密封面不垂直管道中心线而是有一定的倾角，因而闸板呈楔形，并靠此楔角在阀杆轴向力作用下，在密封面间获得比压。

闸板的楔角不能任意选取，而必须在若干规定的角度中选取。显然，在同样的阀杆作用力下，楔角越小可以在密封面间获得越大的密封比压。对于工作温度较高的情况，选取楔形要大些，以防由于阀体、闸板的受热变形不均匀而造成闸板的“楔死”。通常闸板的半楔角常用 5°或 2°52′。

楔形闸阀主要分为单闸板和双闸板两种。楔形单闸板结构简单，但楔角的加工精度要求高，且易产生“楔死”现象，因此，常采用弹性闸板结构作为解决方案，即在中间开有弹性槽（可以直接铸造或切削加工成两半焊接）使闸板具有一定弹性及变形能力，以补偿楔角的加工偏差，保证良好的密封性能。楔式双闸板是由两块板活动连接而成（常见为球铰），可以自由调整其楔角，达到与阀座良好的密封效果。因此，对楔角加工精度要求低，并且不易产生楔孔，但其结构较复杂。

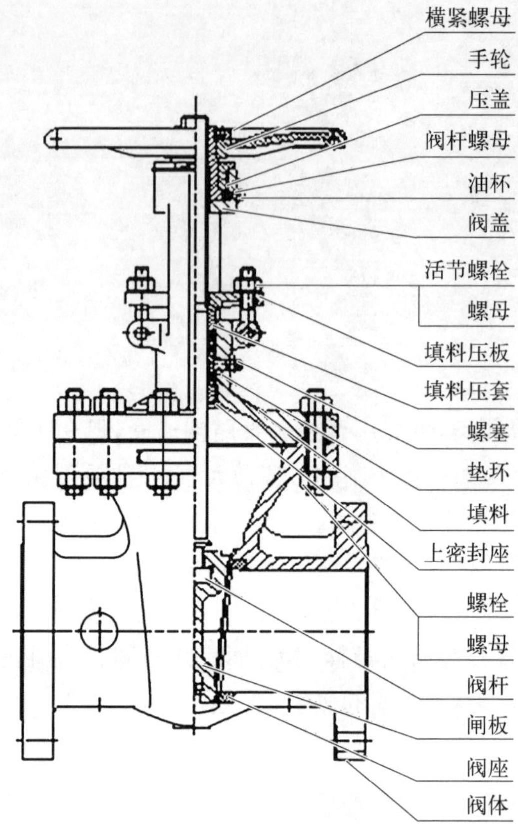

图 3-1　楔式闸阀结构图

2）平行式闸阀

平行式闸阀(图 3-2)，闸板的两密封面平行，阀座密封面垂直于管道中心。平行闸板又分为平行单闸板和平行双闸板。平行单闸板结构简单易于制造，但它不能靠阀杆施加的轴向力在密封面上形成比压，只能靠介质作用力来密封，故多用于低压大口径场合。平行双闸板由两块板组合而成，并装有弹簧或楔块，以形成密封面间的比压。

3）全封闭电动闸阀

电动闸阀是一回路系统、辅助系统等的压力边界组成部分，阀门动作时，主要用于控制流体流动，按照系统运行工况执行其规定的功能。开启时为系统提供过流通道，关闭时用于隔断与其相连的系统或设备。全封闭电动闸阀主要由阀体、闸板组件、阀盖组件、传动部件、位置指示器及电动装置等零部件组成(图 3-3)。

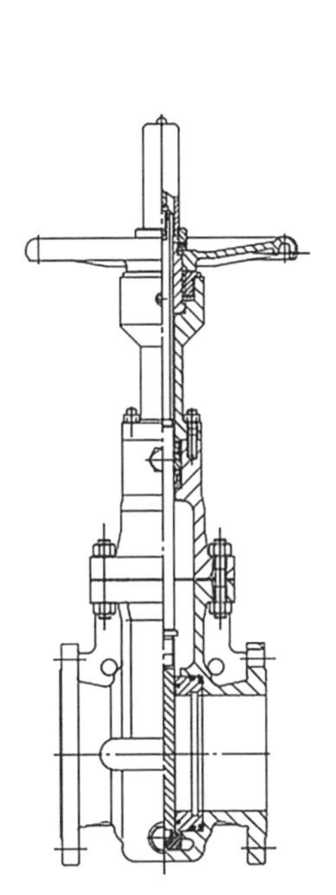

图 3-2 平行式闸阀结构图

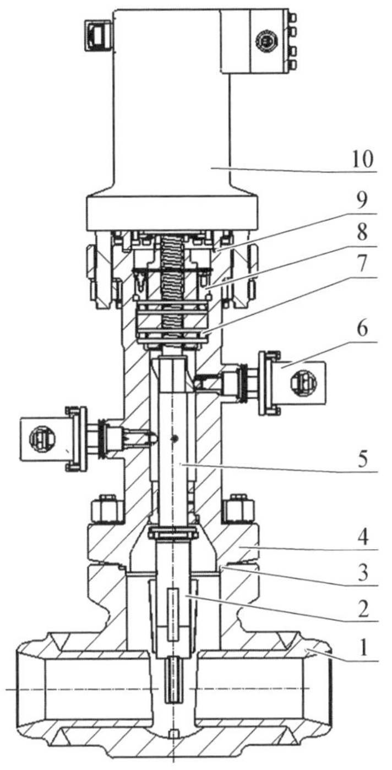

1—阀体组件；2—闸板体组件；3—中口密封垫；4—阀盖组件；5—滚珠丝杠副；6—信号装置；7—推力轴承；8—轴承压盖；9—阀盖密封垫；10—屏蔽式电传动装置。

图 3-3 全封闭电动闸阀结构

开启闸阀时，给电动装置通入电源，电动装置电机旋转，通过减速器输出转矩给滚珠丝杠螺母，丝杠螺母旋转带动滚珠丝杠向上运动，闸板组件顺利运动从而完成开启动作。在闸阀到达完全开启位置时，位置指示装置弹簧推动反馈杆动作，输出开阀位置信号，电动装置控制系统接收到信号后自动断电，闸阀停止运动。

关闭闸阀时给电动装置通入电源启动关阀信号，电动装置电机换向旋转，通过减速器输出转矩给滚珠丝杠螺母，丝杠螺母旋转推动滚珠丝杠向下运动，同时推动闸板组件向下运动。当关阀到位后，位置指示器行程挡块推动反馈杆动作输出关阀位置信号，电动装置控制系统接收到信号后自动断电，闸阀停止运动。

4）快速卸压电动闸阀

每个快速卸压系列包括一台电动闸阀。在机组正常运行及设计基准事故期间，快速卸压阀处于关闭状态；在严重事故工况下，快速卸压阀执行排放卸压功能，在主控室或远程停堆站由操作员根据有关的严重事故处理规程手动开启阀门，完成反应堆冷却剂系统的快速卸压。

闸阀(图 3-4)承压部件包括阀体、阀盖、阀体-阀盖连接螺栓、阀瓣和阀杆、带手轮的电动执行机构、避免锅炉效应的旁路手动隔离阀、位置指示器、适用的弹簧加载型填料、引漏接管和电动执行机构的电缆连接附件等。

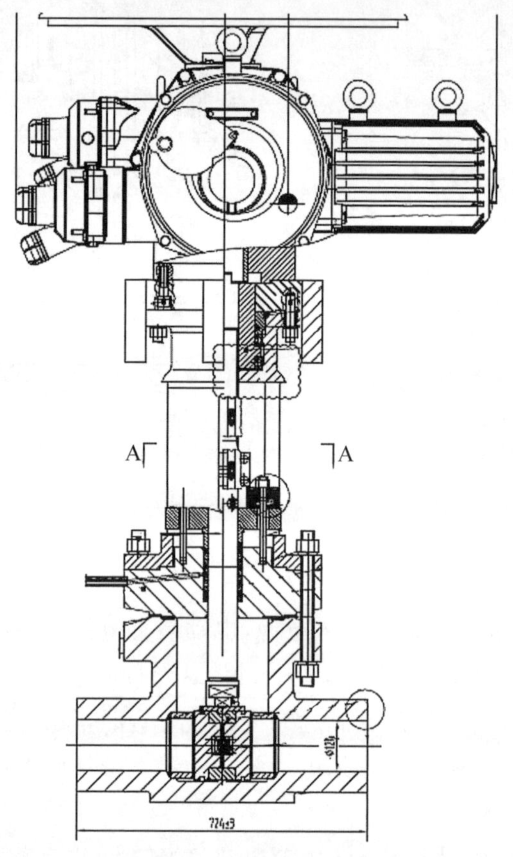

图 3-4　闸阀结构简图

3.2　闸阀密封形式

由于闸阀的两对密封副的工作状况不同，所起的密封作用不同，以及形成密封比压的作用力的来源不同，闸阀具有以下不同性质的密封。

1）自动密封

完全依靠介质作用于闸板上的力使闸板压紧在阀座出口端密封面上并形成足够的密封比压达到密封的目的。实际使用中，自动密封主要是单平板闸阀，而多数情况是部分地依靠介质力作用，部分地由阀杆作用力而共同在出口端形成密封，这种性质的密封称作半自动密封。

2）单面强制密封

完全依靠阀杆的作用力，即能在出口端密封面上形成足够的密封比压而达到密封。对于单面强制密封，阀杆的作用力只能保证出口端具有足够密封比压，而进口端是不能保证密封的。对于一般工业系统，单面强制密封已能满足要求，它是一种应用广泛的密封，通常的设计计算也大多按这种性质的密封来进行。

3）双面强制密封

依靠阀杆的作用力，闸阀在进出口密封副内都能保证形成密封所必需的比压。在介质力的作用下，使出口端和进口端都能达到有效的密封，即便考虑到介质作用力对进口端密封副间比压的潜在减小作用，双面强制密封设计仍能保证具有足够的密封所必需的比压。然而，双面强制密封的实现需要较大的阀杆力，这对阀座特别是出口端密封面上可能造成很大的作用力。因而对各零件的强度、刚度、加工精度、材料性能都具有较高的要求，也使得其尺寸较大，因此，这类闸阀通常仅用于对密封要求非常严格的场合。

3.3 楔式闸阀密封计算

楔式闸阀的密封计算涉及多个参数，最关键的步骤是受力分析。

3.3.1 自动密封受力分析

进行受力分析的目的，是求得各零件受力状况及其计算方法，并且作为强度计算及结构设计的依据。

1）作用在出口端密封面上的正压力

作用在出口端密封面上的正压力，即为实现自动密封所需的密封力，它是计算密封比压或密封面宽度以及确定密封面材料所必不可少的数据。楔式闸板受力如图 3－5 所示。出口密封力（Q_{MZ}）的计算公式为

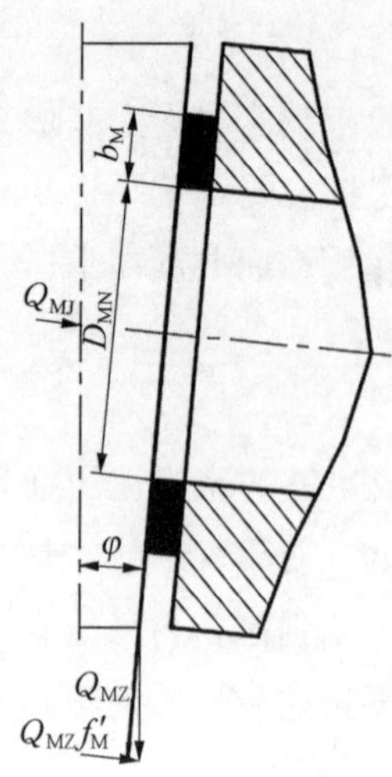

图 3-5 楔式闸阀受力图

$$Q_{MZ}=Q_{MJ}+Q_{MZ}f'_M\tan\varphi \tag{3-1}$$

$$Q_{MZ}=\frac{Q_{MJ}}{1-f'_M\tan\varphi} \tag{3-2}$$

$$Q_{MJ}=\frac{\pi}{4}(D_{MN}+b_M)^2P \tag{3-3}$$

式中：Q_{MZ} 为密封面上介质静压力；Q_{MJ} 为密封面总作用力；f'_M为关闭时密封面摩擦因数；φ 为闸板半楔角；D_{MN} 为密封面内径；b_M 为密封面宽度。

2）阀杆作用于闸板上的轴向力

闸板作用于阀杆上的轴向力即为闸板启闭过程中所需最大阀杆轴向力，它产生于关闭的最终 Q'或开启的最初 Q''，是计算阀杆强度及驱动力矩等所需的主要参数。

（1）对于关闭状况：

$$Q'=\frac{Q_{MJ}f'_M}{\cos\varphi(1-f'_M\tan\varphi)}-Q_G \tag{3-4}$$

（2）对于开启状况：

$$Q''=\frac{Q_{MZ}f''_M}{\cos\varphi}+Q_G=\frac{Q_{MJ}f''_M}{\cos\varphi(1+f'_M\tan\varphi)}+Q_G \tag{3-5}$$

式中：Q_{MJ} 为密封面总作用力；Q_{MZ} 为密封面上介质静压力；Q_G 为闸板重量；f'_M，f''_M为关闭和开启的摩擦因数。f'_M可按表 3-1 选取，$f''_M=f'_M+0.1$。

表 3-1 不同密封面的摩擦系数

密封面材料	摩擦因数(f'_M)
铸铁、黄铜、青铜	0.25
碳钢、合金钢	0.30
不锈钢	0.35
硬贸合金	0.20
聚四氟乙烯	0.05

3.3.2　单面强制密封受力分析

1）作用在出口端密封面上的总力

对于单面强制密封的楔式闸板，其闸板受力如图3-6所示。闸板密封面的密封力 N'_{M1}、N'_{M2} 为

$$N'_{M1}=N'_{M2}-\frac{Q_{MJ}}{1-\tan\rho'\tan\varphi} \tag{3-6}$$

$$N'_{M2}=Q_{MZ}=Q_{MJ}+Q_{MF} \tag{3-7}$$

式中：Q_{MJ} 为密封面总作用力；Q_{MZ} 为密封面上介质静压力；Q_{MF} 为介质密封力。

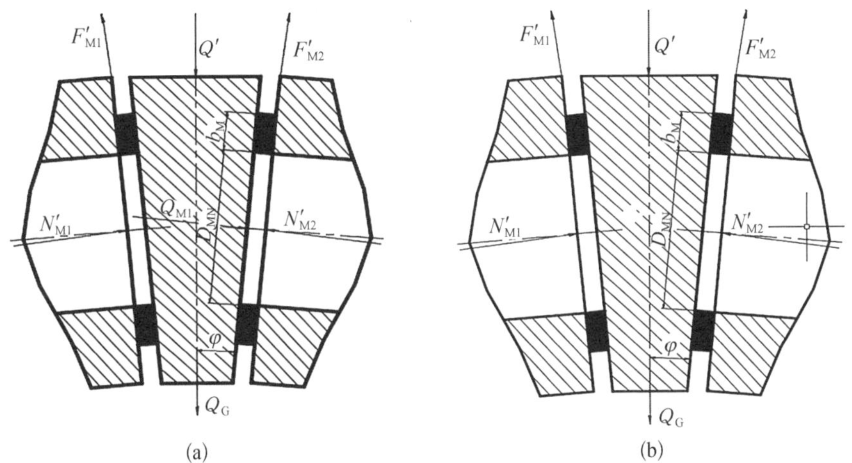

图3-6　单面强制密封楔式闸阀关闭受力图

(a) 有介质；(b) 无介质

2）楔式闸板作用于阀杆上的轴向力

(1) 单面强制密封关闭时阀杆轴向力。对于单面强制密封，闸板受力见图3-7。Q'是阀杆作用在闸板上的力。

$$Q'=2(Q_{MJ}+Q_{MF})\cos\varphi(\tan\varphi+\tan\rho')-Q_{MJ}\cos\varphi[\tan(\rho'+\varphi)+\tan\varphi]-Q_G \tag{3-8}$$

$$Q_{MF}=\pi(D_{MN}+b_M)b_M q_{MF} \tag{3-9}$$

式中：N'_{MZ}为出口密封面处作用闸板上的力；Q_{MF} 为密封面间达到密封 P_N 介质压力的必需比压所应加于密封面上的力；q_{MF} 为密封介质压力 P_N 的必需比压；b_M 为密封面宽度。

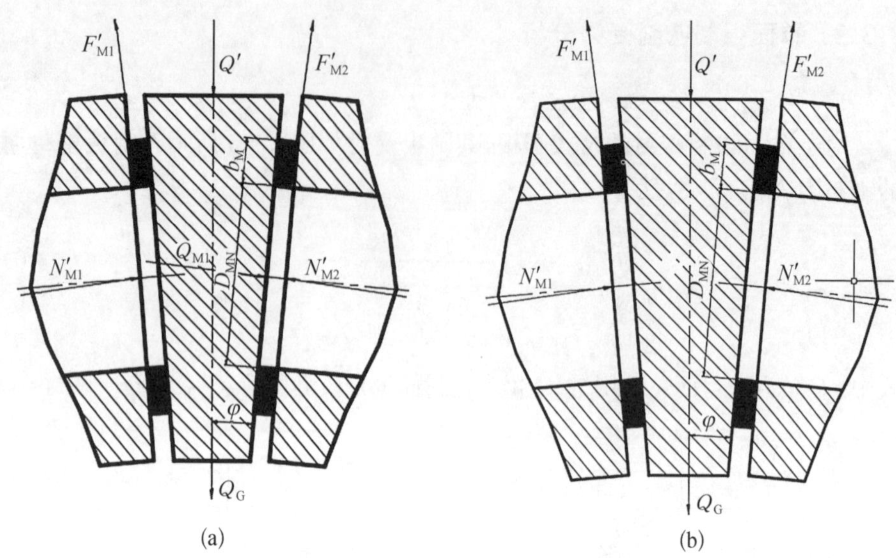

图 3-7　单面强制密封楔式闸阀关闭受力图

(a) 有介质;(b) 无介质

(2) 单面强制密封开启时阀杆轴向力。开启时闸板受力如图 3-8 所示。对于密封面间的作用力,开启最初是与关闭最终时相同的。

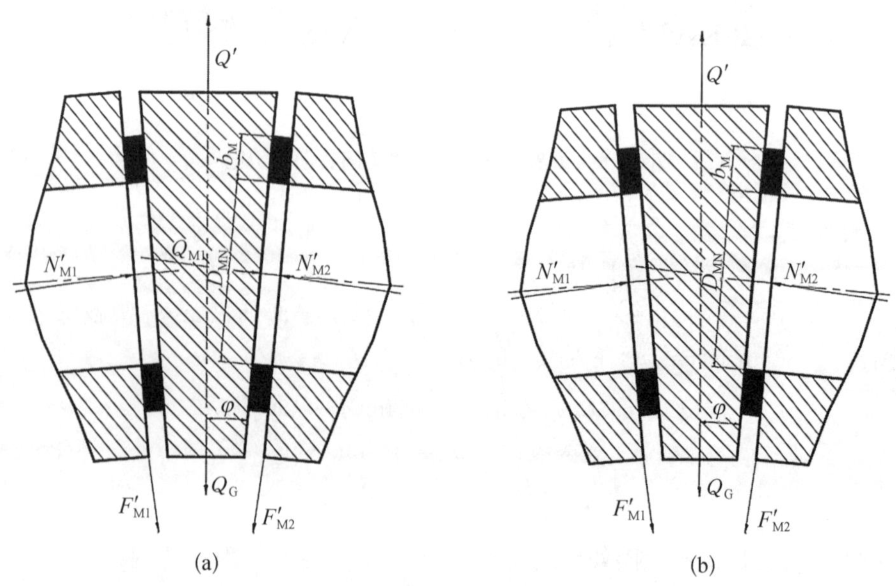

图 3-8　单面强制密封楔式闸阀开启受力图

(a) 有介质;(b) 无介质

单面强制密封楔式闸阀开启受力如下：

$$Q''=2(Q_{MG}+Q_{MF})\cos\varphi(\tan\rho''-\tan\varphi)-Q_{MJ}\cos\varphi[\tan(\rho''-\rho)-\tan\varphi]+Q_G \tag{3-10}$$

3.3.3　双面强制密封受力分析

1）闸板的密封力

(1) 阀门关闭密封力。双面强制密封阀门关闭时受力分析如图 3-9 所示，闸板密封面的密封力 Q_{MZ}。计算式如下：

$$Q_{MZ}=Q_{MF}+Q_{MJ}\left[1+\frac{1}{\cos\varphi(1-\tan\rho'\tan\varphi)}\right] \tag{3-11}$$

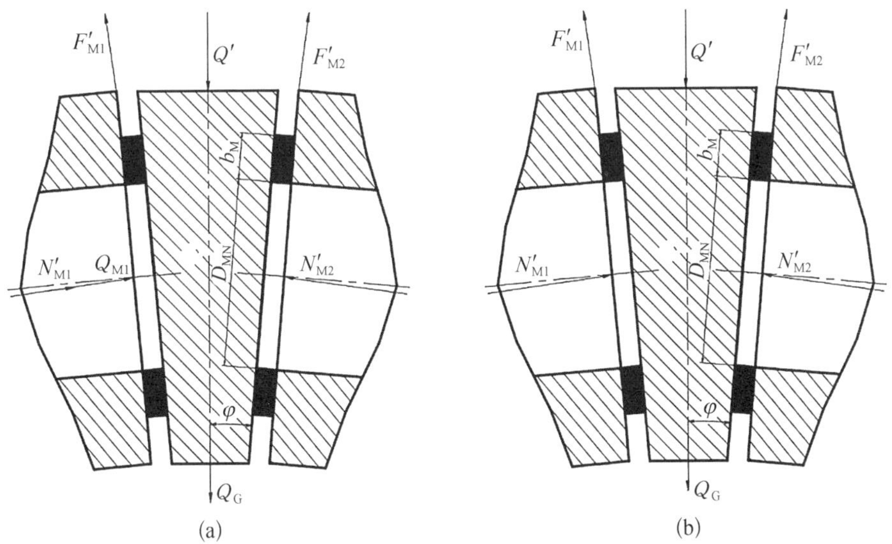

图 3-9　双面强制密封楔式闸阀关闭受力图

(a) 有介质；(b) 无介质

(2) 阀门开启密封力。双面强制密封阀门开启时受力分析如图 3-10 所示，计算式如下：

$$Q_{MZ}=Q_{MF}+Q_{MJ}\left[1+\frac{1}{\cos\varphi(1+\tan\rho'\tan\varphi)}\right] \tag{3-12}$$

2）阀杆作用在闸板上的力

(1) 双面强制密封阀门关闭时阀杆轴向力。双面强制密封阀门关闭时闸

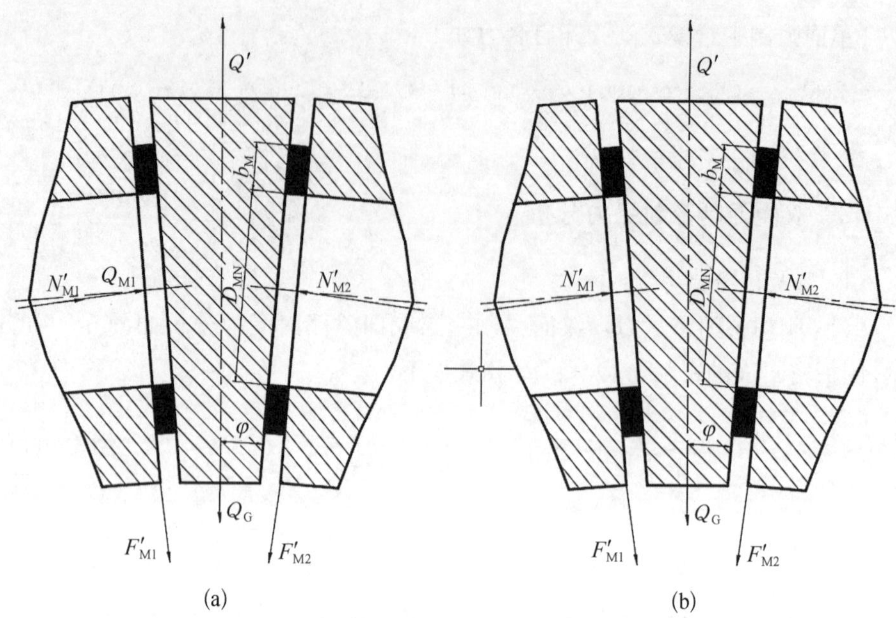

图 3-10　双面强制密封楔式闸阀开启受力图

(a) 有介质；(b) 无介质

板受力分析，见图 3-9。

对于无介质工况，作用在闸板进出口密封面上的力相等：

$$Q' = 2(Q_{MF} + Q_{MJ})(\tan\varphi + \tan\rho')\cos\varphi \tag{3-13}$$

有介质时阀杆轴向力：

$$Q' = 2(Q_{MF} + Q_{MJ})(\tan\varphi + \tan\rho')\cos\varphi - Q_{MJ}\cos\varphi[\tan(\rho' + \varphi) - \tan\varphi] \tag{3-14}$$

(2) 双面强制密封阀门开启时阀杆轴向力。双面强制密封阀门开启时，闸板受力分析(图 3-10)。

有介质时阀杆轴向力：

$$Q'' = 2Q_{MF}\cos\varphi(\tan\rho'' - \tan\varphi) + Q_{MJ}\cos\varphi[2\tan\rho'' - 3\tan\varphi + \tan(\rho'' - \varphi)] \tag{3-15}$$

无介质时阀杆轴向力：

$$Q'' = 2Q_{MF}\cos\varphi(\tan\rho'' - \tan\varphi)(Q_{MF} + Q_{MJ}) \tag{3-16}$$

3.4 平板闸阀密封计算

平板闸阀的密封计算是阀门设计和选型中的关键环节，直接关系到阀门的密封性能和使用寿命。本节介绍平板闸阀密封计算中的最核心部分——密封比压计算。

3.4.1 单向密封单闸板平行式闸阀密封比压

平板闸阀阀座借助弹簧组预压紧闸板。进口端阀座在闸板关闭时，靠阀座密封圈内径 D_{MN} 和进口端阀座活动套筒外径 D_{JH} 所形成的环形面积上的介质作用力压紧闸板，以达到闸阀的密封。密封的可靠性在很大程度上取决于密封面的平均直径 D_{MP} 与阀座活动套筒外径 D_{JH} 之比。如果 D_{JH} 和 D_{MN} 的比值不够大时，闸阀将不能保证可靠的密封。另一方面，如果 D_{JH} 和 D_{MP} 的比值过大，将使密封比压超过密封面材料的许用比压，使密封圈寿命降低，同时也加大阀门的开启力矩。

1）进口端阀座对闸板的压力

$$Q_{MZ}=\pi\left[D_{JH}\left(\frac{P}{4}D_{JH}+0.96\right)+0.4D_{MW}^2-D_{MN}^2\left(\frac{P}{4}+0.4\right)\right] \tag{3-17}$$

式中：D_{JH} 为阀座活动套筒外径，mm；D_{MN} 为阀座密封面内径，mm；P 为设计压力，MPa；D_{MW} 为阀座密封面外径，mm。

2）阀座密封面上的实际工作比压 q

$$q=\frac{D_{JH}(PD_{JH}+3.82)+\frac{8}{5}D_{MW}^2-D_{MN}^2\left(P+\frac{8}{5}\right)}{D_{MW}^2-D_{MN}^2} \tag{3-18}$$

3.4.2 双向密封单闸板平行式闸阀密封比压

双向密封单闸板平行式闸阀与单向密封一样，平行式闸阀的进口、出口端是相同的单向密封阀座，因此得到了双向密封单闸板平行式闸阀。其双向密封单闸板平行式闸阀的密封比压计算式，同单向密封单闸板平行式闸阀。

3.4.3 双阀座双向密封单闸板平行式闸阀密封比压

（1）进口端阀座密封比压的计算：其计算方法和计算式同单向密封单闸

板平行式闸阀的密封比压计算式。

(2) 体腔内介质压力对阀座产生的比压的计算：出口端密封的单闸板平行式闸阀的基本特点是当阀门关闭后，密封力是由中腔介质压力产生的。这种设计确保了闸阀形成了有效的密封，但同时也给阀杆密封填料增加了负担。

阀座对闸板的压力：

$$Q_{MZ} = D_{MW}^2(0.785P + 1.256) - D_{HW}(0.785PD_{HW} - 1.5) - 1.256D_{MN}^2 \tag{3-19}$$

阀座密封面的实际工作比压：

$$q = \frac{D_{MW}^2(P + 1.6) - D_{HW}(PD_{HW} - 1.91) - 1.6D_{MN}^2}{D_{MW}^2 - D_{MN}^2} \tag{3-20}$$

(3) 双阀座单闸板平行式闸阀，其密封比压的计算需要考虑两个阀座的不同密封特性：一个阀座为单向密封，另一个阀座为双向密封。单闸板平行式闸阀密封的比压计算与单向密封单闸板平行式闸阀密封的比压计算的方法相同。双阀座双向密封的阀座端的密封比压计算与双阀座双向密封单闸板平行式闸阀阀座密封比压的计算方法相同。

(4) 双截断—泄放阀(Double Block and Bleed, DBB)单闸板平行式闸阀密封的比压计算，与双向密封单闸板平行式闸阀密封比压的计算方法相同。

(5) 体腔内介质压力超过 1.33 倍额定压力时，阀座自动泄压的计算，根据 GB/T 19672—2005、GB/T 20173—2006 和美国石油学会标准 AP16 D—2008 及国际标准化组织标准 ISO 14313：2007 的要求，当输送烃类介质时，在阀门关闭后，有可能把介质截留在阀体中腔。当温度升高时，压力会上升；当压力升高到额定压力的 1.33 倍时，中腔应有自动泄压装置。阀座设计应满足：

$$1.33P(D_{JH}^2 - D_{MW}^2) > P(D_{JH}^2 - D_{MN}^2) + q_{MY\min}(D_{MW}^2 - D_{MN}^2) \tag{3-21}$$

对于聚四氟乙烯密封圈，当设计 CL600 单闸平行式闸阀时，$q_{MY\min} = 0.2P$。则有：

$$D_{JH} > \sqrt{\frac{1.53D_{MW}^2 - 1.2D_{MN}^2}{0.33}} \tag{3-22}$$

第 4 章
安全阀

安全阀是一种自动阀门，它不借助任何外力，而是利用介质本身的力来排出额定数量的流体，以防止压力超过额定的安全值。当压力恢复正常后，阀门会自动关闭，并阻止介质继续流出。因此，安全阀常用在锅炉、压力容器、受压设备或管路上，作为超压保护装置，用来防止受压设备中的压力超过设计允许值，从而保护设备及其使用人员的安全。

安全阀作为一种能够不依赖任何外部能源而自动动作的阀门，常常被视为受压设备的最后一道关键保护装置。安全阀性能的优劣关系到数亿元投资的电站设备安全、大型化工装置的长期正常运行，以及易燃易爆和有害有毒危险品储罐的安全等多个方面。世界各国都对安全阀的设计制造制定了许多相关标准和法规，同时安全阀性能不仅与安全阀选材、结构、制造有关，也与安全阀的选型、使用、维护密切关联。基于安全阀的特殊性，国家质量监督检验检疫总局将安全阀从特种设备压力管道元件(阀门)中独立出来，实施了单独的安全附件行政许可制度，并颁布了《安全阀安全技术监察规程》。该规程对安全阀的材料、设计、制造、检验、安装、使用、校验、维修和安全阀制造许可条件等方面都进行了明确的规定，从而逐渐规范了安全阀制造商的设计、选材和制造，同时加强使用单位对安全阀的管理，并提升校验单位的能力和校验要求。此外，规程还明确规定了从事安全阀的运行维护、拆卸检修、校验工作的人员，必须取得“特种设备作业人员证”，其目的就是保证安全阀的性能能够满足设备安全的需求。

安全阀是超压的保护装置，安全阀的原理、结构、选材、性能要求、选型等对其性能(如安全阀开启、泄漏、排放压力、回座压力、卡阻、频跳或颤振、阀门腐蚀严重等)起决定作用。因此，针对安全阀的术语、分类、基本要求、相关标准、原理、结构、选型、管理、校验和维修等方面有必要进行比较系统的介绍。

4.1 安全阀分类

安全阀因其用途不同，结构种类也较多，通常可按以下方法进行分类。

1）按作用原理分类

（1）直接作用式安全阀，分为直接载荷式安全阀和带补充载荷式安全阀，其中直接载荷式安全阀又分为重锤式、杠杆重锤式和弹簧式安全阀。

（2）非直接作用式安全阀，分为先导式安全阀和带动力辅助装置的安全阀，其中先导式安全阀又分为突开型先导式安全阀和调制型先导式安全阀。

2）按动作特性分类

（1）比例作用式安全阀：其开启高度随压力升高而逐渐变化的安全阀。

（2）两段作用式（突跳动作式）安全阀：起初，阀瓣随压力的升高而比例逐渐开启；然而在压力升高至一个不大的数值后，阀瓣会在压力几乎不再升高的情况下，急速开启到规定高度。

3）按开启高度分类

（1）微启式安全阀：开启相对高度在 1/40～1/20 流道直径范围内的安全阀。

（2）全启式安全阀：开启相对高度不小于 1/4 流道直径的安全阀。

（3）中启式安全阀：开启高度介于微启式和全启式之间的安全阀。

4）按有无背压平衡机构分类

平衡式安全阀、常规式安全阀。

5）按阀瓣加载方式分类

重锤式或杠杆重锤式安全阀、弹簧直接载荷式安全阀、气室式安全阀、永磁体式安全阀。

6）按出口侧是否封闭分类

（1）封闭式安全阀：安全阀的出口侧要求密封。当用于有毒、有害、易燃等介质时，为了防止介质向周围环境逸出，或为了回收排放的介质，以及当存在附加背压时，都应采用封闭式安全阀。

（2）敞开式安全阀：安全阀的阀盖敞开，使弹簧直接与大气相通，这种设计有利于降低弹簧的温度。敞开式安全阀主要应用在空气或对环境不造成污染的高温气体场合，如水蒸气等。

4.2　安全阀的基本要求

安全阀作为锅炉、压力容器、压力管道的超压保护装置，对它的要求如下：当系统达到最高允许压力时，安全阀能准确地开启，并随着系统压力的升高能稳定地排放，以及在额定的排放压力下能排放出额定数量的工作介质；当系统压力降至一定值时安全阀应及时关闭，并在关闭状态下，保持必需的密封性。其具体要求如下。

1）准确开启

安全阀准确开启是安全阀的最基本要求。当系统内压力达到最高允许压力时，即安全阀进口压力达到预先规定的整定压力时，安全阀应准确地开启泄压。安全阀整定压力（开启压力）的偏差，在相关标准和规范中有明确规定。安全阀进行整定压力调试时，其偏差应严格控制在规定的范围内。

2）适时全开

安全阀适时全开是为了防止系统压力超过规定值，达到超压保护的目的。随着安全阀进口压力的升高，安全阀的开启高度也是增加的，当安全阀进口压力继续升高到超过整定压力一个规定的数值时，安全阀应达到设计的开启高度，排放压力应小于或等于标准规定的极限值。从开启到全开是一个压力积聚的过程，任何场合所安装的安全阀都要求它安全有效地将超压介质排出，起到保护受压设备安全运行的作用。

3）稳定排放

安全阀稳定排放，指的是安全阀能够稳定地保持在排放状态，并在此过程中展现出良好的机械特性，如无频跳、颤振、卡阻等现象。当安全阀随着进口压力的升高而开启，并达到预定的开启高度后，安全阀应稳定地保持在排放状态，确保能够有效地排放出额定的排量。

安全阀应有合理的结构形式及良好的机械特性，包括无频跳、颤振、卡阻等现象，以保持稳定排放。安全阀的结构及其流道尺寸应满足计算所需的参数要求。如果流道截面积过小，安全阀开启后，不能及时将超压部分的介质排放，系统压力会超过排放压力的上限值。相反，如果流道截面积大于计算所需值，安全阀开启后，压力将急剧下降到回座压力以下，阀门将随着阀瓣对阀座的剧烈撞击而关闭。但是由于系统压力升高的因素并未消除，阀瓣再次开启形成频跳，会造成阀座与阀瓣密封面的损坏。当安全阀用于不可压缩的液体时,还会引起系统中的水锤现象。同时,安全阀的颤振或频跳也大大地降低了安全阀的排放能力,可能造成系统压力超过标准规定值而导致受压设备发生危险。

安全阀在规定的压力下可靠地达到预定的开启高度,并达到规定的排放能力,这一要求至关重要。对于具有相同参数的介质和相同流通直径的安全阀,由于其结构形式的不同,其排放能力会有很大差别。

4) 及时关闭

当安全阀排放一定时间后,介质压力下降至一定值,阀瓣与阀座密封面接触,重新达到关闭状态。安全阀能及时有效地回座关闭是性能良好的一个重要标志。安全阀及时关闭功能对于防止系统压力过度降低,减少介质的不必要损失至关重要。回座压力过低,意味着能量和介质的过度损失,并给设备与系统恢复正常运行带来困难。然而,回座压力也不宜过高,当回座压力高到接近整定压力时,容易导致安全阀重新开启,造成安全阀频跳或颤振现象,不利于关闭后重新建立有效的密封。

安全阀的回座性能是以整定压力来相对衡量的,一般以启闭压差来确定,用于不同介质的安全阀,其启闭压差是有所区别的。

5) 可靠密封

当锅炉、压力容器和压力管道处于正常运行压力时,关闭状态的安全阀应具有良好、可靠的密封性能。安全阀产生泄漏,损耗了工作介质(有时是很贵重或很危险的介质),增加了能量消耗,并使周围环境和大气受到工作介质的污染,过多的泄漏甚至会影响设备或系统的正常工作,甚至迫使装置停止运行,持续的泄漏还会使安全阀密封面遭受侵蚀,从而导致安全阀完全失效。

安全阀开启动作以后,重新建立密封往往比维持原有密封状态更加困难。原因在于,安全阀在关闭过程中,工作介质压力会作用在阀瓣的较大的面积上,而在开启以前,这一压力只作用在受密封面限制的较小的面积上。因此,安全阀在动作之后,其密封性能可能会降低,甚至失去密封性。保持安全阀的密封性,相较于一般截止用的阀门而言,要困难得多。这主要由于密封作用力较小,因此在结构上不仅要考虑安全阀的密封比压,也要考虑安全阀的泄漏。

对安全阀密封性的要求依其使用场合不同而有所区别,而使用场合的不同也决定着安全阀密封结构要求的不同。一般来说,对于金属-金属密封面的安全阀,要达到无泄漏是很难实现的,对于金属-非金属的软密封结构的安全阀,其密封性能会好得多。

在上述安全阀的性能基本要求中，准确开启及适时、稳定排放是首要的要求，因为安全阀防超压的功能正是通过其排放过程来实现的。回座和密封要求虽然也很重要，但相比之下还是次要的。

4.3　对核电站安全阀的特殊要求

核电站用安全阀除应满足对安全阀的基本要求外，通常还应满足下列特殊要求。

1）安全分级要求

核电厂的首要关注点在于安全性要求，即在所有运行工况和事故工况下，严格限制对公众和厂区人员的辐射照射。为实现这一目标，系统部件根据其所执行的安全功能及其对安全的重要性，对系统部件进行安全分级（通常分为安全1级、2级、3级和非安全级）。根据这些安全等级，并结合部件所承受的压力级别来制订设计、制造、检验等活动所应遵循的各项规则，从而形成不同的规范等级（如ASME及RCCM中所定义的规范等级）。

2）抗辐照要求

抗辐照要求是指设备在相应区域内，于正常运行寿期内所能承受的累积辐照剂量与可能遭遇的事故剂量之和。

3）LOCA及MSLB要求

反应堆厂房内与安全有关的设备应满足LOCA（主管道失水事故）及MSLB（主蒸汽管道破损事故）工况要求。其电器须按IEEE－382进行LOCA试验及MSLB试验（即在规定的温度、压力、湿度和化学喷淋条件下进行试验）。

4）抗震要求

安全级的系统部件必须满足抗震要求，即在地震条件下保持其压力边界完整性及运行功能的有效性。抗震要求根据地震烈度分为抗震1类和抗震2类。抗震1类：在发生SSE（安全停堆地震）时，此类部件能保持其功能及/或压力边界的完整性。抗震2类：在发生OBE（运行基准地震）时，此类部件同样能保持其功能及/或压力边界的完整性。安全级阀门均属于抗震1类。抗震1类又细分为抗震1I类和抗震1A类。抗震1I类阀门：在SSE作用下，仅要求保证其压力边界完整性；抗震1A类阀门：除保证其压力边界完整性外，还要求地震时及/或地震后有满意的可运行性。

为确保部件满足抗震要求，应进行抗震计算，限制部件自振频率，进行抗震鉴定试验等。

5）对材料的特殊要求

承压材料应根据规范等级进行相应的无损检验。对有焊接要求的奥氏体不锈钢材料应控制铁素体质量分数（通常为5%～12%），限制硼的残留量。非金属材料应有耐辐照要求，且不对所接触金属材料产生腐蚀（控制氯、氟、硫含量），也不对所接触的介质产生有害影响。

在限用材料方面，有以下几项重要考虑：为避免对介质造成污染，对容易分解出污染元素及其化合物的材料做了限制；为防止奥氏体不锈钢零件受污染而避免将其与碳钢零件接触；对于与工作介质直接接触的表面，明确禁止使用任何润滑剂和防咬剂等。

6）清洁度要求

为防止污染流体（即限制因流体系统中存在杂质微粒而引起的各种危害），对与流体接触的系统部件规定了不同的清洁度类别，例如分为A、B、C三类清洁度。A类清洁度适用于规范级不锈钢阀门中的不锈钢零件。B类清洁度适用于非规范级不锈钢阀门中的不锈钢零件，规范级不锈钢阀门中的碳钢、合金钢零件，规范级碳钢、合金钢阀门中的零件。C类清洁度适用于非规范级不锈钢阀门中的碳钢、合金钢零件，非规范级碳钢、合金钢阀门中的零件。对于不同的清洁度类别规定了相应的检查方法（如目视检查、白布检查、表面钝性检查、对清洗水的检查）和验收准则。

4.4 安全阀的工作原理

由于安全阀可以不依赖任何外部能源而自主动作的特性，它常常作为受压设备的最后一道关键保护装置。从这个意义上说，它的作用是不能用其他保护装置来代替的。当受压设备中介质的压力由于某种原因而异常升高，一旦触及预先的设定的阈值时，安全阀将自动开启，并迅速排放介质，从而有效防止压力继续升高。当介质压力由于安全阀的排放而降低，达到另一预定值时，阀门又会自动关闭，及时阻止介质继续排出。当介质压力处于正常工作压力时，阀门保持关闭和密封状态。

以下分别以弹簧直接载荷式安全阀和先导式安全阀为例，进一步说明安全阀的动作原理。

图 4－1 所示为常规弹簧载荷式气体安全阀的动作原理图，其动作基于力的平衡。在正常操作条件下，进口压力低于整定压力，阀瓣在弹簧力作用下压在阀座上处于关闭位置，阀门处于关闭（密封）状态［图 4－1(a)］。

此时作用在阀瓣上的弹簧力 F 为

$$F = pA + F_S \tag{4-1}$$

式中：p 为介质压力，MPa；A 为阀瓣上受压面积，mm^2；F_S 为使阀瓣和阀座压紧的向下密封附加力，N。

在正常工作时，安全阀处于关闭状态，安全阀阀瓣在系统压力的作用下向上的作用力小于阀瓣受到向下的弹簧力，其差值就是密封附加力，即随着系统压力的增加，阀瓣在阀座密封面上的压紧力 F_S，保证了所需的密封性。

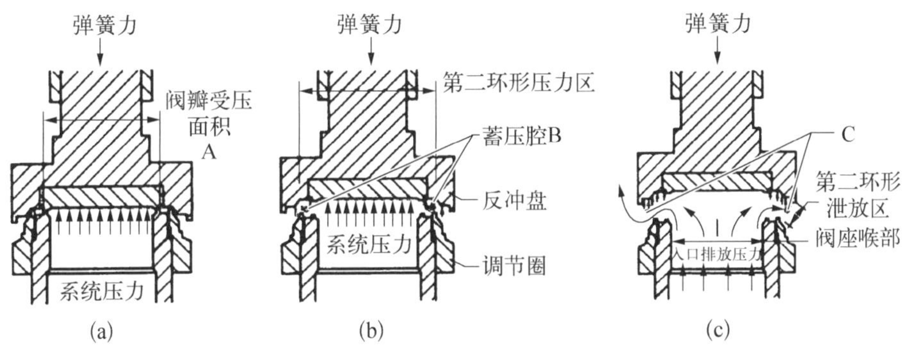

图 4－1　气体安全阀的工作原理

(a) 关闭状态；(b) 开始开启；(c) 全开并排放

1）气体安全阀

当系统进口压力等于安全阀的整定压力时，弹簧力等于进口介质作用在关闭阀瓣上的力，阀瓣与阀座之间的作用力等于零。当进口压力略高于整定压力时，介质流过阀座表面进入蓄压腔 B，由于反冲盘与调节圈间节流作用的结果，蓄压腔 B 内的压力增加［图 4－1(b)］，因为这时进口压力作用在更大的面积上，产生一个通常被称为膨胀力的附加力来克服弹簧力。通过调整调节圈，便可以调节环形流道缝隙的大小，从而控制蓄压腔 B 内的压力，这时蓄压腔内被控制的压力克服弹簧力，导致阀瓣离开阀座，阀门突跳开启。

阀门开启后，［图 4－1(c)］中的 C 处便会产生附加增压，这是由突然流量的增加以及由反冲盘裙边的内沿与调节圈外径所围成的另一个环形流道上的节流所造成的，C 处的附加力（含反冲力）会导致阀瓣在突跳时达到足够的开启高度。流量始终被阀座与阀瓣间的开度所限制，流量取决于阀座与阀瓣表面间的面积(帘面积)。阀瓣与阀座的高度接近 1/4 喉径时即为开启高度，此时流量取决于喉部流道面积。

当进口压力降到低于整定压力，弹簧力足以克服 A、B、C 三处力之和时，阀门关闭。

图 4-2 表示的是阀瓣从整定压力(图中 *A* 点)经历超压阶段到达最高泄放压力(图中 *B* 点)，经历启闭压差阶段回到回座压力(图中 *C* 点)的全部行程。

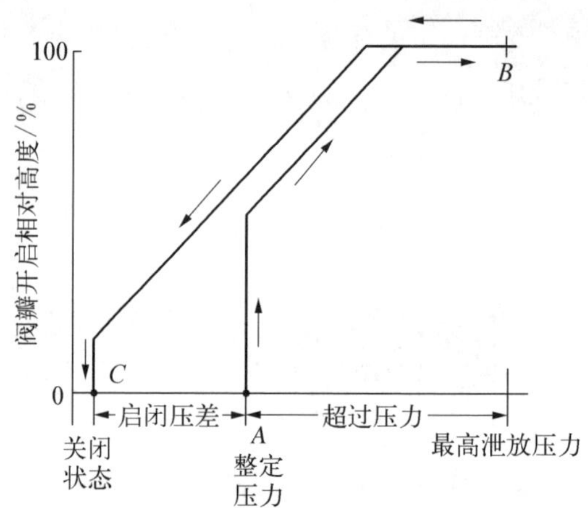

图 4-2　安全阀阀瓣开启高度与被保护系统压力间的典型关系

2) 液体安全阀

液体介质用安全阀不会像气体介质用安全阀那样突跳(图 4-3)，因为液体流动不产生像气体介质流动的膨胀力。液体介质用安全阀必须依靠反作用力来达到开启高度。

当阀门关闭时，作用在阀瓣上的力与应用于气体介质中的作用力是相同的，直到达到力的平衡，即保持阀座关闭的合力接近零。

在最初开启时，溢出的液体形成一层非常薄的流体，如图 4-3(a)所示，在阀座表面间迅速扩展，液体冲击阀瓣反冲盘的反作用面并被折流向下，产生向上推动阀瓣和反冲盘的反作用力。在最初的 2%～4%的超过压力范围内，反作用力很小。随着流量的逐渐增加，液体流过阀座的速度在增加，快速泄放的液体从反作用表面[图 4-3(b)]被折流向下所产生的作用力的合力足以使阀门达到全开。通常情况下，在 2%～6%的超过压力下，阀瓣会突然间升高到

50%～100%的全开高，随着超过压力增加，阀瓣达到全开。ASME 鉴定的液体用安全阀的排放量，要求安全阀在 10%或更小的超过压力下，达到全部的额定泄放量。

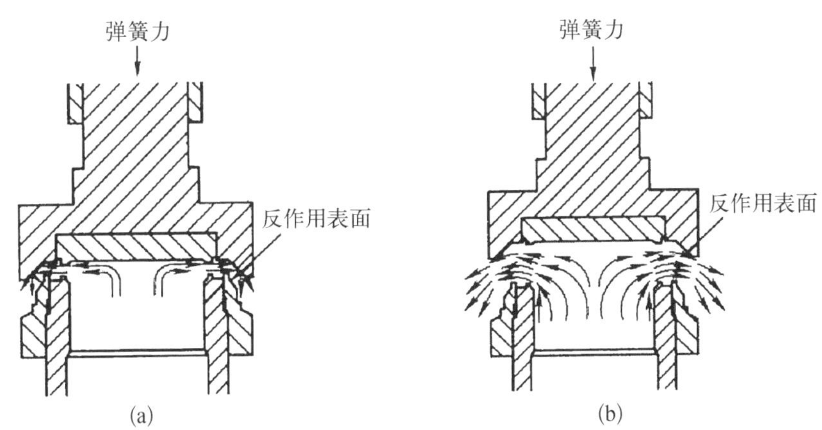

图 4－3　液体安全阀的工作原理示意图

(a) 液体阀门初开；(b) 液体阀门全开并排放

随着超过压力的减小，液体介质动量和反作用都减小，弹簧力推动阀瓣返回与阀座接触，阀门关闭。

3) 先导式安全阀

图 4－4 所示是先导式安全阀的工作原理图。先导式安全阀由主阀和导阀组成，导阀随系统介质压力的变化而动作，主阀则由导阀的驱动或控制而动作。

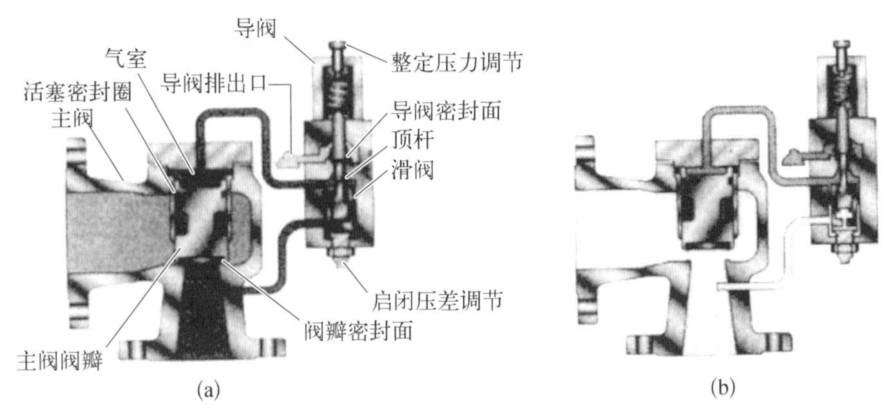

图 4－4　先导式安全阀工作原理

(a) 关闭状态；(b) 开启状态

当被保护系统处于正常运行状况时，导阀阀瓣处于关闭状态，系统压力从主阀进口通过导管和导阀传入主阀阀瓣(活塞)上方气室。由于主阀活塞面积大于阀瓣密封面面积，系统压力对阀瓣产生一个向下的合力，使主阀处于关闭、密封状态。当系统压力升高达到整定压力时，导阀开启，同时滑阀向上移动封闭导阀的进气通道。主阀阀瓣上方气室的介质经打开的导阀排出，使主阀阀瓣上方压力(腔压)降低，主阀阀瓣在进口压力的推动下打开而使系统泄压。

当系统压力降低到一定值时，导阀回座并带动顶杆顶开滑阀，系统压力再次通过导阀传入主阀阀瓣上方气室，并推动主阀阀瓣关闭。

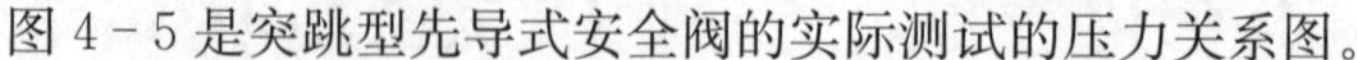
图 4-5 是突跳型先导式安全阀的实际测试的压力关系图。

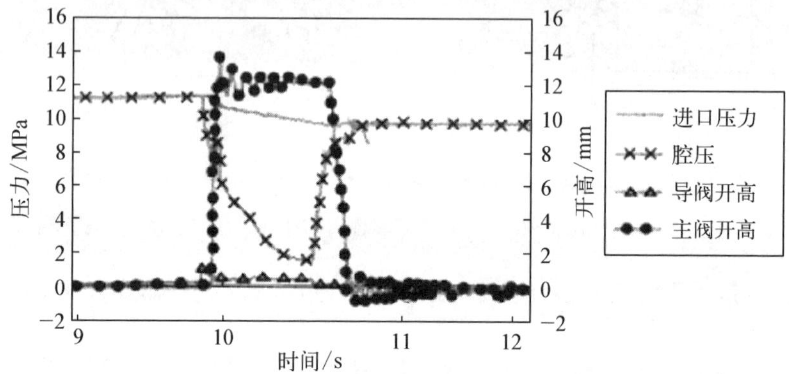

图 4-5　突跳型先导式安全阀的实际测试的压力关系

4.5　安全阀的标准及法规简介

许多国家对安全阀的设计、制造、使用和管理制定了相关标准和法规(表 4-1)。

表 4-1　常用安全阀法规、安全规程和技术标准

编号	法规、规程和技术标准名称
1	《特种设备安全监察条例》
2	TSG ZF001—2006《安全阀安全技术监察规程》
3	TSG ZF002—2005《安全阀维修人员考核大纲》

（续表）

编号	法规、规程和技术标准名称
4	TSG R0004—2009《固定式压力容器安全技术监察规程》
5	TSG R0005—2011《移动式压力容器安全技术监察规程》
6	TSG R7001—2013《压力容器定期检验规则》
7	TSG G0001—2012《锅炉安全技术监察规程》
8	GB/T 12241—2021《安全阀一般要求》
9	GB/T 12242—2021《压力释放装置性能试验规范》
10	GB/T 12243—2021《弹簧直接载荷式安全阀》
11	GB/T 24920—2010《石化工业用钢制压力释放阀》
12	GB/T 24921.1—2010《石化工业用压力释放阀的尺寸确定、选型和安装　第1部分：尺寸的确定和选型》
13	GB/T 24921.2—2010《石化工业用压力释放阀的尺寸确定、选型和安装　第2部分：安装》
14	GB/T 150.1—2011《压力容器　第1部分　通用要求》
15	JB/T 9624—1999《电站安全阀　技术条件》
16	《炼油厂泄压装置的定径、选择和安装-定径和选择》(API Std 520 Part1) 《炼油厂泄压装置的定径、选择和安装》(API RP 520 Part2) 《钢制法兰泄压阀》(API Std 526) 《泄压阀阀座的密封性》(API Std 527) 《泄压装置的检查》(API RP 576) 《锅炉与压力容器规范　第Ⅰ卷　动力锅炉建造规则　安全阀和安全泄放阀》(ASME) 《锅炉与压力容器规范　第Ⅷ卷　第一册　压力容器建造规则　泄压装置》(ASME) 《压力泄压装置——性能试验规范》(ASME PTC 25)

4.6　安全阀的性能指标

安全阀是一种自动阀门，它的设计是一个系统性问题，既要考虑安全阀本身的有关因素，又要考虑被保护系统的各种情况对最终产品的影响。因此，在设计时需要对引起超压的各种因素进行综合分析、判断，才能确保安全阀的设计合理、安全和可靠。安全阀各标准性能指标比较，见表 4-2、表 4-3 和表 4-4，表 4-5 为核电安全阀动作性能指标；密封性能指标比较，见表 4-6、表 4-7 和表 4-8。

表 4-2　蒸汽用安全阀动作性能比较

序号	整定压力(p_S)偏差 Δp_S						
	性能指标	ISO 4126-1：2004	ASME Ⅰ—2007	ASME Ⅷ—2007	GB/T 12241—2005	GB/T 12243—2005	GB/T 24290—2010
1	$p_S \leqslant 0.5$	±0.015 MPa	±0.015 MPa	±0.015 MPa	±0.015 MPa	±0.015 MPa	0.015 MPa
	$0.5 < p_S \leqslant 2(2.3)$	$\pm 3\% p_S$	$\pm 3\% p_S$	$\pm 3\% p_S$	$\pm 3\% p_S$	$\pm 3\% p_S$	$\pm 3\% p_S$
	$2(2.3) < p_S \leqslant 7$	$\pm 3\% p_S$	±0.07 MPa	$\pm 3\% p_S$	$\pm 3\% p_S$	±0.07 MPa	$\pm 3\% p_S$
	$p_S > 7$	$\pm 3\% p_S$	$\pm 1\% p_S$	$\pm 3\% p_S$	$\pm 3\% p_S$	$\pm 1\% p_S$	$\pm 3\% p_S$
2	排放压力 p_d	不超过 $1.1p_S$ 与 p_S+0.01 MPa 的较大者	$\leqslant 1.03p_S$	$\leqslant 1.1p_S$	遵循标准或规范	$\leqslant 1.03p_S$	$\leqslant 1.03p_S$
3	启闭压差 Δp_{bL}	最小为 2% p_S，最大为 15% p_S 与 0.03 MPa 的较大者	$\leqslant 4\% p_S$	$\leqslant (5\% \sim 7\%) p_S$	可调阀门 $2.5\% \leqslant \Delta p_{bL} \leqslant 7\%$ 或 $\Delta p_{bL} \leqslant 15\% p_S$ $p_S \leqslant 0.3$ MPa $\Delta p_{bL} \leqslant$ 0.03 MPa 不可调阀门 $\Delta p_{bL} \leqslant 15\% p_S$	$p_S \leqslant 0.4$ MPa $\Delta p_{bL} \leqslant$ 0.03 MPa 或 0.04 MPa $p_S > 0.4$ MPa $\Delta p_{bL} \leqslant 7\%$ (4%) 或 $10\% p_S$	可调阀门 Δp_{bL} 最小为 (5% ~ 7%) p_S，最大为 15% p_S 与 0.03 MPa 的较大者；不可调阀门 $\Delta p_{bL} \leqslant 15\% p_S$ 与 0.03 MPa 的较大者

表 4－3　气体用安全阀动作性能比较

序号	整定压力(p_S)偏差 Δp_S					
	性能指标	ISO 4126－1：2004	ASME Ⅷ—2007	GB/T 12241—2005	GB/T 12243—2005	GB/T 24290—2010
1	$p_S \leqslant 0.5$	±0.015 MPa	±0.015 MPa	±0.015 MPa	±0.015 MPa	±0.015 MPa
	$p_S > 0.5$	±3%p_S	±3%p_S	±3%p_S	±3%p_S	±3%p_S
2	排放压力 p_d	不超过 1.1p_S 与 p_S＋0.01 MPa 的较大者	≤1.1p_S	遵循标准或规范	≤1.1p_S	≤1.1p_S
3	启闭压差 Δp_{bL}	最小为 2%p_S，最大为 15%p_S 与 0.03 MPa 的较大者	≤(5%～7%)p_S	可调阀门 2.5%≤Δp_{bL}≤7%或≤15%p_S p_S≤0.3 MPa Δp_{bL}≤0.03 MPa 不可调阀门 Δp_{bL}≤15%p_S	p_S≤0.2 MPa Δp_{bL}≤0.03 MPa（金属密封） Δp_{bL}≤0.05 MPa（非金属密封） p_S＞0.2 MPa Δp_{bL}≤15%p_S(金属密封） Δp_{bL}≤25%p_S（非金属密封）	可调阀门 Δp_{bL} 最小为(5%～7%)p_S，最大为 15%p_S 与 0.03 MPa 的较大者；不可调阀门 Δp_{bL}≤15%p_S 与 0.03 MPa 的较大者

表 4－4　液体用安全阀动作性能比较

序号	整定压力(p_S)偏差 Δp_S					
	性能指标	ISO 4126－1：2004	ASME Ⅷ—2007	GB/T 12241—2005	GB/T 12243—2005	GB/T 24290—2010
1	$p_S \leqslant 0.5$	±0.015 MPa	±0.015 MPa	±0.015 MPa	±0.015 MPa	±0.015 MPa
	$p_S > 0.5$	±3%p_S	±3%p_S	±3%p_S	±3%p_S	±3%p_S
2	排放压力 p_d	不超过 1.1p_S 与 p_S＋0.01 MPa 的较大者	≤1.1p_S	遵循标准或规范	≤1.2p_S	≤1.2p_S

(续表)

序号	整定压力(p_S)偏差 Δp_S					
	性能指标	ISO 4126-1:2004	ASME Ⅷ—2007	GB/T 12241—2005	GB/T 12243—2005	GB/T 24290—2010
3	启闭压差 Δp_{bL}	最小为 2.5% p_S,最大为 20% p_S 与 0.06 MPa 的较大者	$\leqslant(5\%\sim7\%)p_S$	$p_S\leqslant0.3$ $\Delta p_{bL}\leqslant0.06$ $p_S>0.3$ $\Delta p_{bL}\leqslant20\%p_S$	$p_S\leqslant0.3$ $\Delta p_{bL}\leqslant0.06$ $p_S>0.3$ $\Delta p_{bL}\leqslant20\%p_S$	$p_S\leqslant0.3$ $\Delta p_{bL}\leqslant0.06$ $p_S>0.3$ $\Delta p_{bL}\leqslant20\%p_S$

表 4-5　核电安全阀动作性能指标

项　目	ASME 锅炉及压力容器规范　第Ⅲ卷	
	安 全 阀	安全泄放阀及泄放阀
排放压力 p_d	$\leqslant1.03p_S$ 或$\leqslant(p_S+2\ \text{psi})$	$\leqslant1.10p_S$ 或$\leqslant(p_S+3\ \text{psi})$
启闭压差 Δp_{bL}	对核一级阀门为$\leqslant5\%p_S$; 对其他阀门由设计任务书规定	由设计任务书规定
整定压力的允许偏差 δp	$p_S\leqslant70$ psi 时,±2 psi p_S 为 70～300 psi 时,±3%p_S p_S 为 300～1 000 psi 时,±10 psi $p_S>1\ 000$ psi 时,±1%p_S	$p_S\leqslant70$ psi 时,±2 psi $p_S>70$ psi 时,±3%p_S

注:1 psi=6 894.76 Pa。

表 4-6　气体用安全阀密封性能指标

项　目	GB/T 12243—2021		API Std 527		GB/T 24920—2010	
密封试验压力 p_t	$p_S\leqslant0.3$ MPa 时:$p_t=p_S-0.03$ $p_S>0.3$ MPa 时:$p_t=90\%p_S$		$p_S\leqslant0.345$ MPa 时:$p_t=p_S-0.034\ 5$ $p_S>0.345$ MPa 时:$p_t=90\%p_S$		$p_S\leqslant0.345$ MPa 时:$p_t=p_S-0.034\ 5$ $p_S>0.345$ MPa 时:$p_t=90\%p_S$	
最大允许泄漏率/(1 min 气泡数)	流道直径 $d_0\leqslant$ 16 mm	$p_S\leqslant6.9$ MPa 时:40	流道代号 $\leqslant F$	$p_S\leqslant6.9$ MPa 时:40	流道代号 $\leqslant F$	$p_S\leqslant6.9$ MPa 时:40
		p_S 为 6.9～10.3 MPa 时:60		p_S 为 6.9～10.3 MPa 时:60		p_S 为 6.9～10.3 MPa 时:60

（续表）

项 目	GB/T 12243—2021		API Std 527		GB/T 24920—2010	
最大允许泄漏率/（1 min气泡数）	流道直径 d_0≤16 mm	p_S 为 10.3～13.8 MPa时：80	流道代号≤F	p_S 为 10.3～13.0 MPa时：80	流道代号≤F	p_S 为 10.3～13.8 MPa时：80
		p_S＞13.8 MPa时：100		p_S＞13.0 MPa时：100		p_S＞13.8 MPa时：100
	流道直径 d_0≤16 mm	p_S≤6.9 MPa时：20	流道代号＞F	p_S≤6.9 MPa时：20	流道代号＞F	p_S≤6.9 MPa时：20
		p_S 为 6.9～10.3 MPa时：30		p_S 为 6.9～10.3 MPa时：30		p_S 为 6.9～10.3 MPa时：30
		p_S 为 10.3～13.8 MPa时：40		p_S 为 10.3～13.0 MPa时：40		p_S 为 10.3～13.8 MPa时：40
		p_S 为 13.8～17.2 MPa时：50		p_S 为 13.0～17.2 MPa时：50		p_S 为 13.8～17.2 MPa时：50
		p_S 为 17.2～20.7 MPa时：60		p_S 为 17.2～20.7 MPa时：60		p_S 为 17.2～20.7 MPa时：60
		p_S 为 20.7～27.6 MPa时：80		p_S 为 20.7～27.6 MPa时：80		p_S 为 20.7～27.6 MPa时：80
		p_S＞27.6 MPa时：100		p_S＞38.5 MPa时：100		p_S＞27.6 MPa时：100
	非金属弹性材料密封面的安全阀，不允许有泄漏					

表 4-7 蒸汽用安全阀密封性能指标

项 目	GB/T 12243—2021	API Std 527	GB/T 24920—2010
密封试验压力 p_t	p_S≤0.3 MPa 时：p_t＝p_S－0.03	p_S≤0.345 MPa 时：p_t＝p_S－0.034 5	p_S≤0.345 MPa 时：p_t＝p_S－0.034 5
	p_S＞0.3 MPa 时：p_t＝90%p_S 或最低回座压力（取较小者）	p_S＞0.345 MPa 时：p_t＝90%p_S	p_S＞0.345 MPa 时：p_t＝90%p_S
最大允许泄漏率	使用目视或听音的方法检查安全阀的出口端时，应确保未发现任何泄漏现象	在黑色背景下，使用目视或听音的方法检查安全阀的出口端，持续 1 min，没有听觉或视觉感知的泄漏	在黑色背景下，使用目视或听音的方法检查安全阀的出口端，应无可由听觉或视觉感知的泄漏

表 4-8　液体用安全阀密封性能指标

项　目	GB/T 12243—2021		API Std 527		GB/T 24920—2010	
密封试验压力 p_t	$p_S \leqslant 0.3$ MPa 时：$p_t = p_S - 0.03$		$p_S \leqslant 0.345$ MPa 时：$p_t = p_S - 0.0345$		$p_S \leqslant 0.345$ MPa 时：$p_t = p_S - 0.0345$	
	$p_S > 0.3$ MPa 时：$p_t = 90\% p_S$		$p_S > 0.345$ MPa 时：$p_t = 90\% p_S$		$p_S > 0.345$ MPa 时：$p_t = 90\% p_S$	
最大允许泄漏率/(cm^3/h)	DN≤25	DN>25	DN≤25	DN>25	DN≤25	DN>25
	10	10(DN/25)	10	10(DN/25)	10	10(DN/25)
	非金属弹性材料密封面的安全阀，进行 1 min 的连续检查，在此期间不允许有泄漏现象出现					

4.7　安全阀的典型结构和特点

安全阀的结构类型比较多，广泛应用于各个领域，满足了不同工况条件对安全阀的各种要求，以下针对锅炉、压力容器、压力管道等经常选用的安全阀典型结构和特点进行简单介绍。

4.7.1　微启式安全阀

图 4-6 所示为微启式安全阀的不带下调节圈和带下调节圈的两种结构，开启高度为流道直径的 1/40～1/20，开启高度是随着系统内的压力升高而逐渐变化的，没有辅助阀瓣增加开启高度的专门机构。对于不带下调节圈的安全阀不能对排放压力和启闭压差进行调节，而对于带下调节圈的安全阀可对排放压力和启闭压差进行调节。微启式安全阀主要用于液体场合，有时也用于需要排放量比较小的气体场合。

4.7.2　全启式安全阀

全启式安全阀具有辅助增加阀瓣开启高度的专门机构，图 4-7 所示是利用了反冲盘式阀瓣扩大了阀瓣的面积上的静作用力和流速的反作用力，使安全阀达到较大的开启高度，通过调节下调节圈的合适位置从而获得满意的排放压力和回座压力。图 4-8 所示在安全阀的导套和阀座上各设置了一个调节圈（亦称上、下调节圈），通过上、下调节圈位置的不同组合对气流作用在阀瓣上的力进行调节。

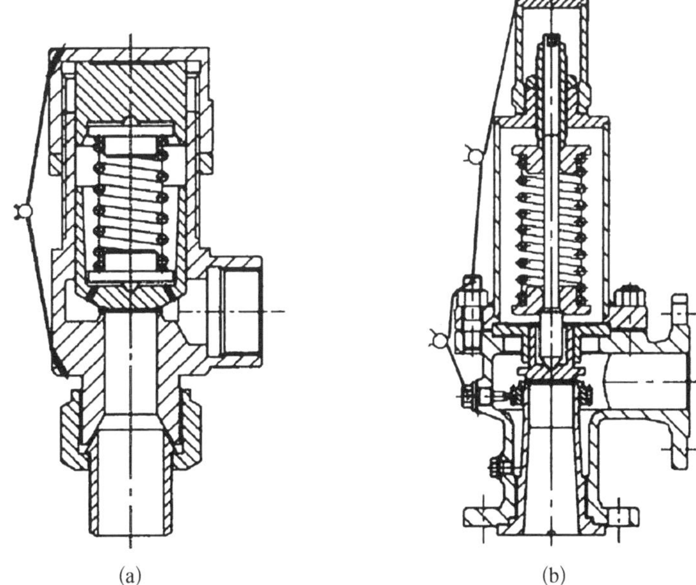

(a)　　　　(b)

图 4-6　微启式安全阀

(a) 不带下调节圈;(b) 带下调节圈

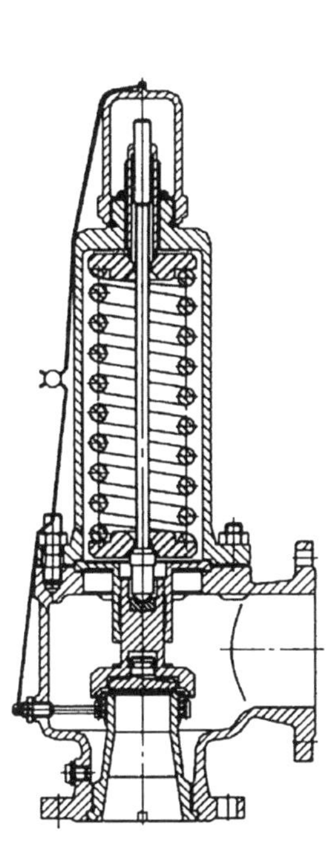

图 4-7　反冲盘式阀瓣

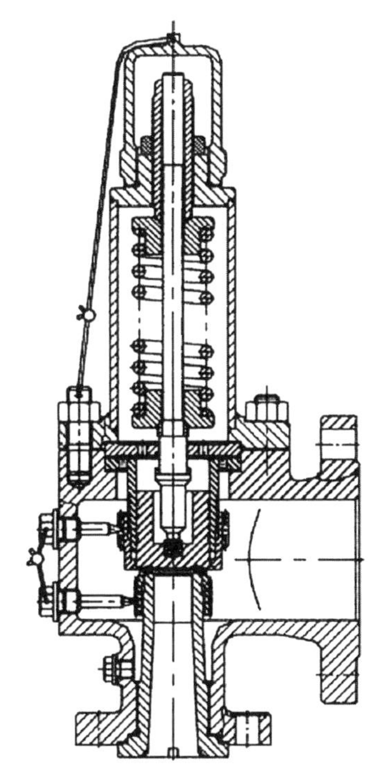

图 4-8　在导套和阀座上设置调节圈

4.7.3 背压调节作用的全启式安全阀

对于全启式安全阀，如图 4-9 所示，除上、下调节圈外，在其阀杆上还设置了一个背压调节机构，并在阀瓣上方腔室设置了节流阀。利用背压调节机构和节流阀对阀瓣上方腔室中的背压力进行调节，从而达到对排放压力和启闭压差的调节。该结构的安全阀主要用于锅炉（特别是电站锅炉）的安全保护，其按照 ASME《锅炉与压力容器规范》第Ⅰ卷的要求进行设计、制造、试验和验收，该类安全阀的主要性能指标如下：

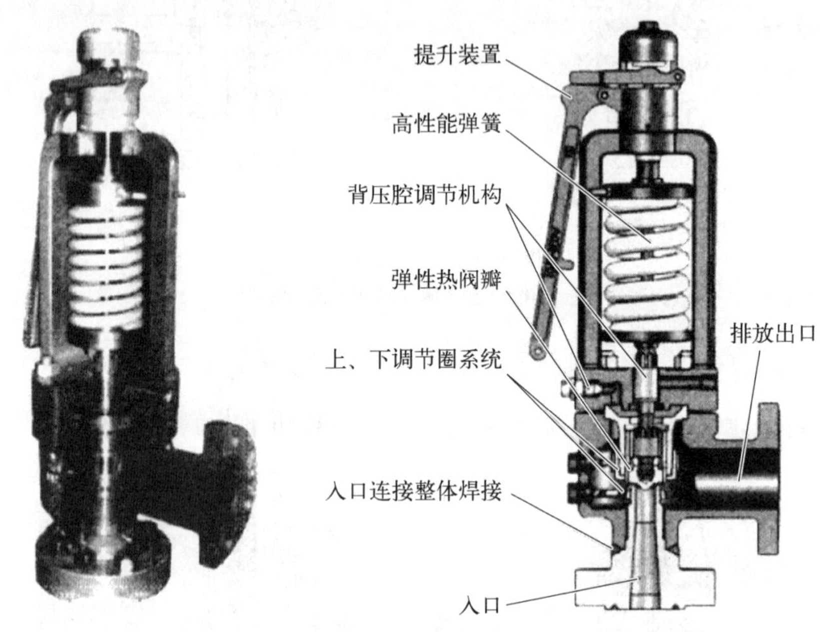

图 4-9 具有背压调节作用的高性能蒸汽安全阀

(1) 当整定压力≥7 MPa 时，整定压力允许偏差为±1%（一般安全阀的整定压力允许偏差为±3%）。

(2) 安全阀的设计和制造应确保其在运行中不会发生颤振，而且全开时的压力不得比其整定压力大 3%。排放后，所有安全阀均应在压力不小于各自整定压力的 96%时自动关闭，即超压应不大于 3%，启闭压力值偏差应不大于 4%（但不小于 2%）。而一般蒸汽安全阀的启闭压力值偏差则为 7%～10%。

(3) 高温高压下的密封性能好。电站锅炉安全阀利用工作介质——蒸汽适时地加载在阀瓣上以帮助阀瓣及时关闭，为保证高温高压下的密封性能，阀瓣采用弹性设计，允许系统压力提供辅助密封力，保证安全阀在高温高压下的密封性能。阀杆端部采用球形接触方式，使阀杆上端的弹簧载荷力对中性能好，保证安全阀动作灵活可靠。采用了背压调节系统结构设计，利用安全阀进口蒸汽提供回座背压并可调节，保证安全阀性能符合 ASME 设计规范。

4.7.4　背压平衡式安全阀

背压平衡式安全阀是把背压对安全阀的动作特性（排放压力、回座压力、开启高度、排量等）影响降低到最小的限度，这类安全阀主要有两种类型：活塞式和波纹管式。其特点是能够平衡安全阀波动的附加背压，保护弹簧和其他内件免受介质的腐蚀，阀盖上应有一个通向大气的排气孔。

4.7.5　带动力辅助装置的安全阀

带电磁气动辅助装置的安全阀主要由安全阀本体、气动执行机构、气路控制器 3 个部分组成（图 4－10、图 4－11）。气动执行机构由电磁阀、减压器、储气罐、汽缸等组成，汽缸是提供辅助力的执行机构，气路控制器由压力传感器、PLC（可编程控制器）、继电器、UPS 电源等组成。

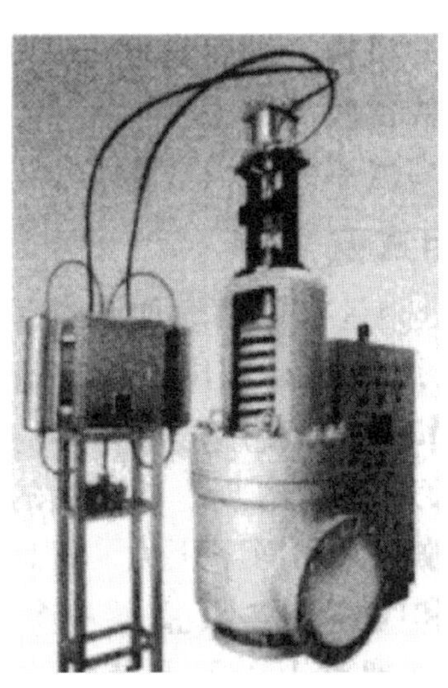

图 4－10　带电磁气动辅助装置的蒸汽安全阀

带动力辅助装置安全阀在其入口压力低于整定压力时始终有一个增强密封性的附加力，帮助安全阀密封。在入口压力达到整定压力时，可以借助动力装置辅助安全阀准确开启，并在回座过程中利用辅助装置提供关闭力帮助安全阀迅速回座，可以使关键场合的安全阀实现整定压力偏差小、超过压力低、回座压力高、密封性能良好的高性能参数。

带电磁气动辅助装置的特点是开启前阀座密封而无泄漏，允许工作压力高，准确开启允许超压低，启闭压差小，缩短回座时间，减少排放避免污染，减少安全阀排放时产生噪声的持续时间，适用于要承受功率波动而使安全阀频繁启跳的系统、安全阀出口端存在无法确定或变化的高附加背压的系统。同时，其具有远程操作强制排放及回座的功能，工作寿命长。

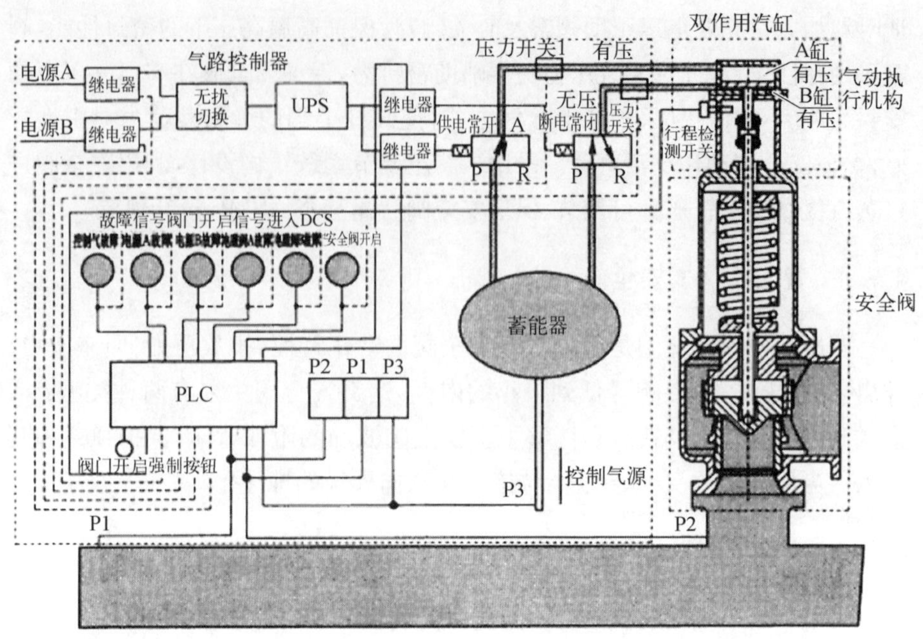

图 4-11　带电磁气动辅助装置的蒸汽安全阀原理

4.7.6　保温夹套安全阀

保温夹套安全阀(图 4-12)是在原有背压平衡式安全阀的基础上增加了保温夹套,起到对安全阀阀座中的介质进行保温的作用,防止介质结晶或凝固,常用于聚酯、乙烯及尿素化肥等装置中介质需要保温之处。其特点是对进、出口法兰及阀体均进行保温,因而保温效果好,特殊需要时可增加蒸汽冲洗功能。采用了平衡波纹管式结构,变动背压不影响安全阀的整定压力,且波纹管对弹簧等阀盖内的零件起到防护介质侵蚀的作用。

4.7.7　先导式安全阀

先导式安全阀(图 4-13、图 4-14)通常由一个活动的不平衡阀瓣(活塞)的主阀和一个外部的导阀组成。阀瓣顶部面积比底部面积大,在达到整定压力前,顶部和底部表面均承受相同的进口操作压力,由于阀瓣顶部面积大于底部面积,净作用力保持阀瓣紧压在主阀阀座上;随着操作压力的增加,阀座的净作用力增加,使阀门关闭得更紧密。先导式安全阀可以应用在操作压力较高的场合中。在整定压力下,导阀将阀瓣顶部的压力泄出,此时净作用力向上

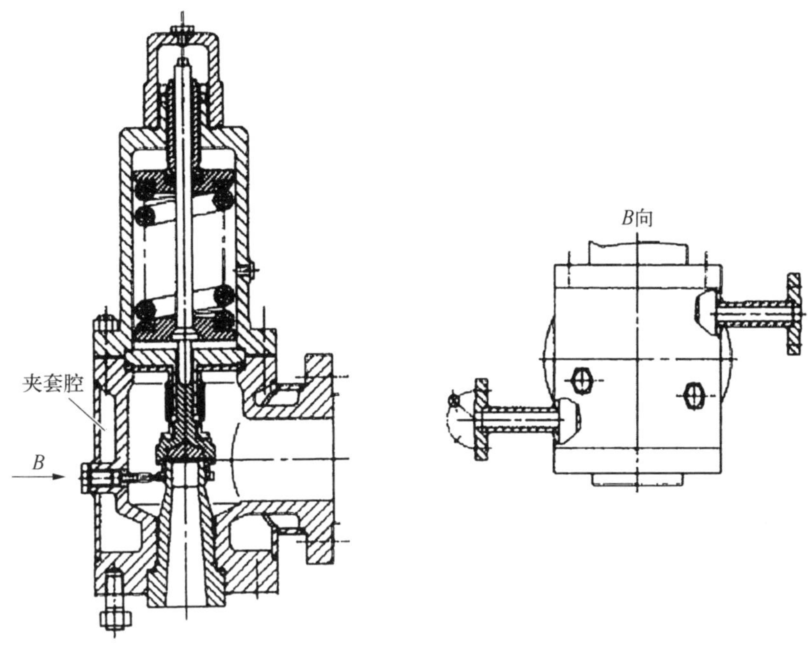

图 4－12　保温夹套安全阀

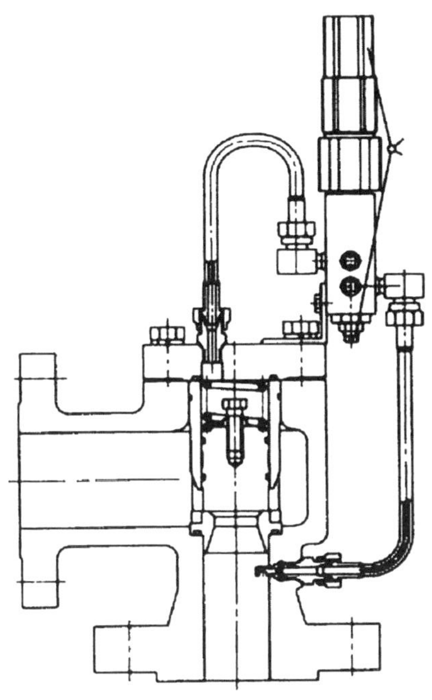

图 4－13　先导式安全阀(突开型)

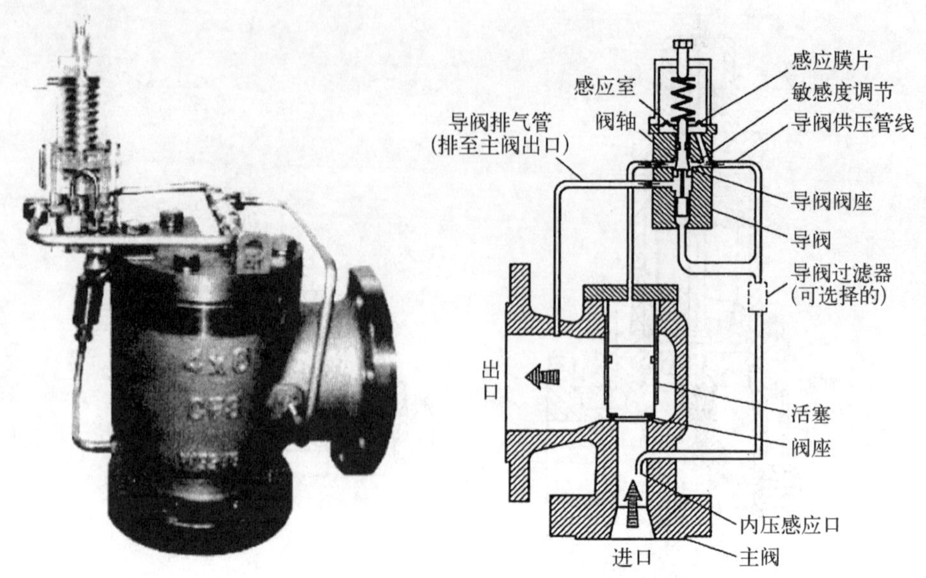

图 4－14　先导式安全阀(调制型)

使阀瓣开启,流体通过主阀。经过超压阶段后,导阀关闭阀瓣顶部气室的泄出口,重新建立关闭压力,净作用力使阀瓣回座。根据导阀的结构设计情况及用户的要求,导阀泄出口可直接排放至大气或排放到主阀出口。只有整定压力不受背压影响的平衡式导阀,将它的排放管安装到压力变化的地方(如主阀出口处)。

控制主阀的导阀可以是突开式安全阀,也可以是调制作用的阀。突开作用的导阀(图 4－15)可使主阀在无超压的整定压力情况下达到全开启。而调

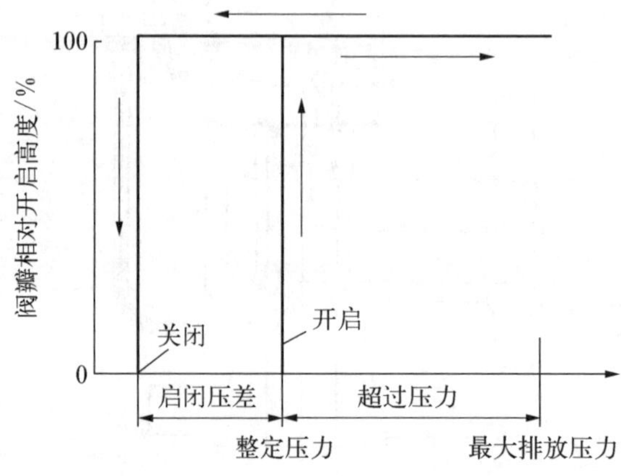

图 4－15　突开型先导式安全阀特性

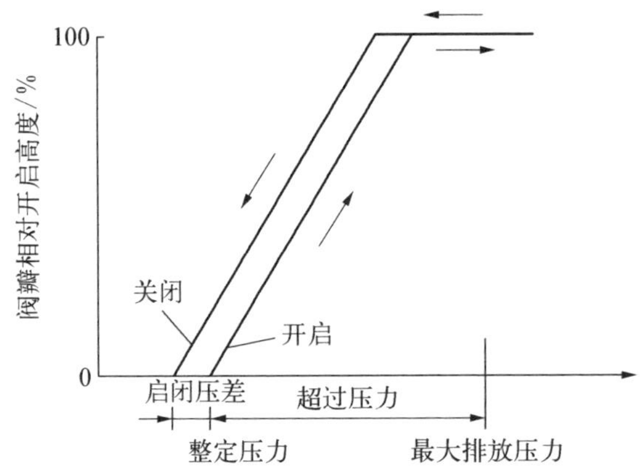

图 4-16　调制型先导式安全阀特性

制作用的导阀(图 4-16)是通过控制主阀气室的压力来控制主阀的开度来满足所需的泄放量。

调制型先导式安全阀既可应用于气体,也可应用于液体或两相流。相比突开动作的先导阀,调制型先导安全阀的流体泄放量仅仅是引起系统超压的流量。排放背压力的计算可以基于所需的泄放量来替代安全阀的额定泄放量,从而能够减少系统中相配的其他压力控制设备,减少有害的大气泄放物,以及降低伴随泄放到大气的噪声量。导阀既可以是流动型,也可以是非流动型,当主阀开启时,流动型导阀允许流体连续流过导阀,而非流动型导阀则能减少流体损失和污染环境。

突开型先导式安全阀允许工作压力接近安全阀的整定压力。其软密封阀座设计确保安全阀起跳前后的良好密封性。该阀的动作性能和开启高度均不受背压的影响,因此,即使面对较小的超压也能使主阀迅速达到全启状态。此外,导阀采用非流动型结构设计,有效减少了有害介质的排放,从而避免了环境污染。另外,该阀的启闭压差可调,支持在线检测安全阀的整定压力。

调制型先导式安全阀随系统超压值的增加(减少)而开启(关闭),从而减少产品的损失和噪声,减少了安全阀动作时对被保护装置的冲击载荷,允许工作压力接近安全阀的整定压力,动作性能和开启高度不受背压的影响,导阀非流动型结构设计减少了有害介质的排放,避免了环境污染;导阀出口可直接与排放管路相连而不受背压影响,可在线检测安全阀的整定压力。

类似于软座弹簧载荷式阀门,大多数主阀及其导阀采用了非金属元件,因此操作温度和流体相容性会限制其使用。此外,与所有泄压装置一样,要考虑流体特性如聚合或结垢的敏感程度、黏度、固体的存在以及腐蚀等问题。常用的附件如下。

1）现场试验接头

先导式安全阀用现场试验接头容易在正常的系统工作期间校验整定压力。通常现场试验的压力来自一个单独的能源，例如一个氮气瓶，气体通过一个仪表阀缓慢地供应。导阀和主阀气室被增压，以模拟增加的系统压力，现场试验压力驱动导阀并驱动主阀。

2）回流保护器

回流保护器(图 4－17)防止了介质的倒流。当附加背压力大于系统压力时，主阀阀瓣就有打开的趋势，从而造成出口管道的介质经过主阀阀瓣进入系统的可能。加装了回流保护器，主阀阀瓣上方气室始终作用着附加背压力和系统压力的较大者，使主阀阀瓣在导阀动作之前始终作用着一个向下的净作用力，防止主阀阀瓣开启造成倒流。

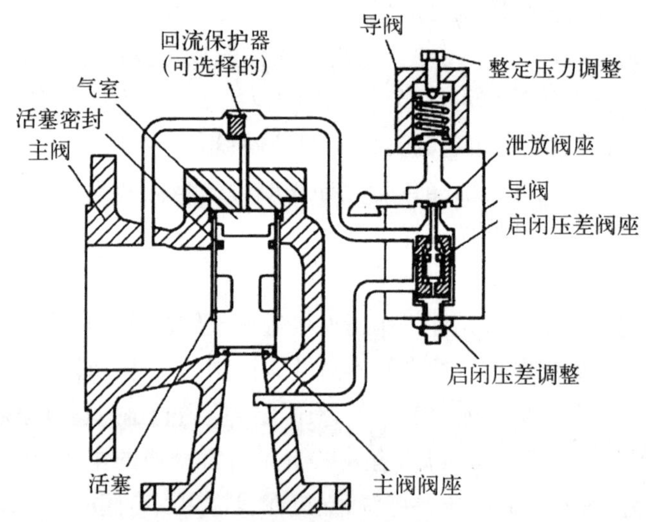

图 4－17　带有回流保护器的先导式安全阀

3）过滤器

安装在导阀进口的过滤器能够过滤系统中的固体颗粒等，消除固体颗粒对导阀动作的影响。

4）远程压力感受连接

远程压力感受连接使得导阀能够准确地感受被保护系统的实际压力，防止安全阀由于进口管道阻力降太大而造成颤振或频跳(图 4-18)。

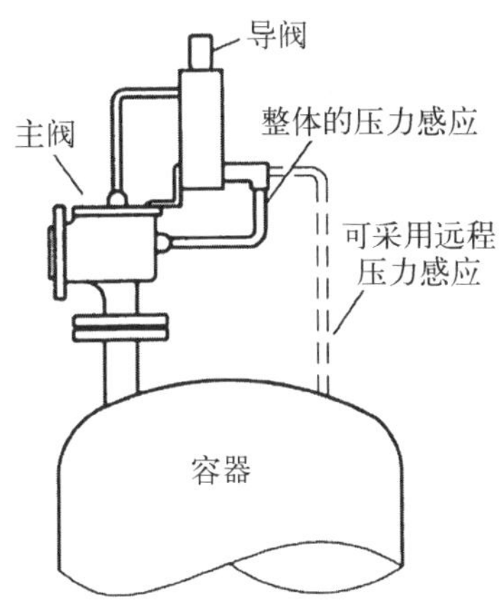

图 4-18　典型先导式安全阀的安装

5) 提升扳手

导阀提升扳手能够强制导阀在低于整定压力下排放,从而控制主阀的排放。

4.8　安全阀设置和选用原则

安全阀的选用与被保护系统密切相关,安全阀应能在允许的超过压力范围内排放出额定数量的流体,防止系统内的压力超过设计规定的压力,当压力恢复正常后,阀门能够自行关闭并阻止介质继续流出。

由于被保护系统的不同及安全阀结构类型的多样性,选用安全阀时不仅要确定其整定压力和排放面积,还要考虑所选安全阀对系统工况的适应性。

安全阀能否正常工作及其性能的好坏,不仅与它的设计、制造有关,而且与选用的安全阀是否合理有直接关系。如果不是按照被保护设备或系统的工作条件来正确地选用安全阀,安全阀的性能就得不到正确发挥,甚至不能起到安全保护的作用。

选用安全阀涉及两个方面的问题。一方面是被保护设备或系统的工作条件,例如工作压力、允许超压限度、防止超压必需的排放量(即安全泄放量)、工作介质的性质、工作温度等;另一方面则是安全阀本身的性能参数、动作特性、排放能力、结构形式等。

4.8.1 安全阀的适用场合

1）设置安全阀的一般原则

安全阀适用于清洁、无颗粒、低黏度的流体。当有颗粒的场合必须设置安全阀时，应该考虑在安全阀前加设过滤装置，过滤装置必须保证不会影响安全阀的性能。

须安装安全泄放装置而又不适合单独安装安全阀的场合，可以采用爆破片或安全阀与爆破片组合设置的方式。

2）设置安全阀的系统和管路

容器的介质来源于没有设置安全阀的压力系统；设计压力小于外部压力源的压力，且出口可能被关断或堵塞的设备和管道系统，以及出口可能被关断的容积泵和压缩机的出口管道；由于不凝气的累积产生超压的设备和管道系统；加热炉出口管道中切断阀或调节阀的上游管道；由于工艺事故、自控事故、电力事故和公用工程事故引起的超压部位；两端阀门关闭而产生液体热膨胀或汽化的管道系统；凝气透平机的蒸汽出口管道；蒸汽发生器等产汽设备的出口管道；低沸点液体（液化气等）容器的出口管道；管程可能破裂的热交换器低压侧的出口管道；减压阀组的低压侧管道；放热反应可能失控的反应器出口处切断阀上游的管道系统；因冷却水或回流中断，或再沸器输入热量过多而引起超压的蒸馏塔顶的气相管道；某些场合下，由于泵出口止回阀的泄漏，在泵的入口管道上设置安全阀；经常超压或温度波动很大的场合；设计者认为可能产生超压的其他部位。

3）不适合设置安全阀的管路和系统

系统压力有可能迅速上升，如化学爆炸等场合；泄放介质含有颗粒、易沉淀、易结晶、易聚合和介质黏度较大的场合；泄放介质有强腐蚀性，而使用安全阀时价格过高的场合；工作压力很低或很高的场合，且安全阀难以满足要求时；需要较大的排放面积的场合；系统温度较低并影响安全阀动作性能的场合。

4）安全阀和爆破片联合使用的系统和管路

工艺介质十分贵重或有剧毒，在过程中不允许有任何泄漏时，就将安全阀与爆破片串联使用或只使用爆破片；保护安全阀不受工艺介质腐蚀、堵塞或其他不利因素影响；减少爆破片破裂后的泄放损失；安全阀的在线检测；为增加在异常工况（如火灾等）下的泄放面积，可考虑与爆破片并联使用。

4.8.2 安全阀的流道直径确定

根据工艺参数或工艺条件，按照相应规范或者标准提供的公式，计算安全阀所需的排放面积，然后从安全阀产品的实际流道面积中，选择大于这个数值的邻近流道尺寸及规格。

4.8.2.1 按照GB/T 12241—2021中提供的计算公式计算安全阀所需流道面积

1）蒸气的安全阀流道直径

（1）干饱和蒸汽的理论排量计算（干饱和蒸汽是指最小干度为98%或最大过热度为10 ℃的蒸汽）。当压力为0.1～11 MPa时：

$$q_{m,\mathrm{ts}}=5.25Ap_{\mathrm{d}} \tag{4-2}$$

当压力大于11 MPa且小于或等于22 MPa时：

$$q_{m,\mathrm{ts}}=5.25Ap_{\mathrm{d}}\left(\frac{27.644p_{\mathrm{d}}-1\,000}{33.24p_{\mathrm{d}}-1\,061}\right) \tag{4-3}$$

式中：$q_{m,\mathrm{ts}}$ 为理论排量，kg/h；A 为流道面积，mm^2；p_{d} 为实际排放压力（绝对压力），MPa。

（2）过热蒸汽的理论排量 $q_{m,\mathrm{tsh}}$ 计算（过热蒸汽是指过热度大于10 ℃的蒸汽）。当压力为0.1～11 MPa时：

$$q_{m,\mathrm{tsh}}=5.25Ap_{\mathrm{d}}K_{\mathrm{sh}} \tag{4-4}$$

当压力大于11 MPa且小于或等于22 MPa时：

$$q_{m,\mathrm{tsh}}=5.25Ap_{\mathrm{d}}\left(\frac{27.644p_{\mathrm{d}}-1\,000}{33.242p_{\mathrm{d}}-1\,061}\right)K_{\mathrm{sh}} \tag{4-5}$$

式中：K_{sh} 为过热修正系数（其圆整数见GB/T 12241—2021标准中的相关表）。

（3）一种理论排量计算方法。干饱和蒸汽和过热蒸汽的理论排量 $q_{m,\mathrm{t}}$ 也可按下式计算（无压力限制）：

$$q_{m,\mathrm{t}}=0.911\,8AC\sqrt{\frac{p_{\mathrm{d}}}{V}} \tag{4-6}$$

式中：$q_{m,t}$ 为理论排量，kg/h；V 为实际排放压力和排放温度下的比体积，m^3/kg；C 为绝热指数 k 的函数，其圆整数见表 4-9。

$$C = 3.984\sqrt{k\left(\frac{2}{k+1}\right)^{(k+1)/(k-1)}} \tag{4-7}$$

此处，k 为排放时阀进口状况下的绝热指数。如果不能获得在该状况下的 k 值，则应取在 0.101 3 MPa 和 15 ℃时的值。

表 4-9　与 k 值对应的 C 值

k	C	k	C	k	C	k	C	k	C	k	C
0.40	1.65	0.84	2.24	1.02	2.41	1.22	2.58	1.42	2.72	1.62	2.84
0.45	1.73	0.86	2.26	1.04	2.43	1.24	2.59	1.44	2.73	1.64	2.85
0.50	1.81	0.88	2.28	1.06	2.45	1.26	2.61	1.46	2.74	1.66	2.86
0.55	1.89	0.90	2.30	1.08	2.46	1.28	2.62	1.48	2.76	1.68	2.87
0.60	1.96	0.92	2.32	1.10	2.48	1.30	2.63	1.50	2.77	1.70	2.89
0.65	2.02	0.94	2.34	1.12	2.50	1.32	2.65	1.52	2.78	1.80	2.94
0.70	2.08	0.96	2.36	1.14	2.51	1.34	2.66	1.54	2.79	1.90	2.99
0.75	2.14	0.98	2.38	1.16	2.53	1.36	2.68	1.56	2.80	2.00	3.04
0.80	2.20	0.99	2.39	1.18	2.55	1.38	2.69	1.58	2.82	2.10	3.09
0.82	2.22	1.01	2.40	1.20	2.56	1.40	2.70	1.60	2.83	2.20	3.13

2) 空气或其他气体的安全阀流道直径

(1) 临界流动和亚临界气体。在达到临界流动之前，气体或蒸汽通过一个孔口(如安全阀的流道)的流量是随着下游压力的减小而增加的，一旦达到临界流动，下游压力的进一步减小将不会使流量继续增加。

达到临界状态时：

$$\frac{p_b}{p_d} \leqslant \left(\frac{2}{k+1}\right)^{k/(k-1)} \tag{4-8}$$

达到亚临界状态时：

$$\frac{p_b}{p_d} \leqslant \left(\frac{2}{k+1}\right)^{k/(k-1)} \tag{4-9}$$

式中：p_d 为实际排放压力(绝对压力)，MPa；p_b 为背压力(绝对压力)，MPa；k 为在排放时进口状况下的绝热指数(对于理想气体，k 等于比热容比)。

这里假定兰金(Rankine)定律有效。

(2) 临界状态下的理论排量计算。

$$q_{m,\mathrm{tg}} = 10Ap_dC\sqrt{\frac{M}{ZT}} = 0.911\,8AC\sqrt{\frac{p_d}{V}} \tag{4-10}$$

式中：$q_{m,\mathrm{tg}}$ 为理论排量，kg/h；A 为流道面积，mm^2；p_d 为实际排放压力(绝对压力)，MPa；C 为绝热指数 k 的函数；M 为气体的分子质量，kg/kmol；T 为实际排放温度，K；Z 为压缩系数，在许多情况下 Z 为1，可以不计(见 GB/T 12241—2021 标准中的图 B.1)；V 为实际排放压力和排放温度下的比体积，m^3/kg。

(3) 亚临界状态下的理论排量计算。

$$q_{m,\mathrm{tg}} = 10Ap_dCK_b\sqrt{\frac{M}{ZT}} = 0.911\,8ACK_b\sqrt{\frac{p_d}{V}} \tag{4-11}$$

式中：K_b 为亚临界流动下的理论排量修正系数(其取值可参考表 4-10 的数值)。

$$K_b = \sqrt{\frac{\frac{2k}{k-1}\left[\left(\frac{p_b}{p_d}\right)^{2/k} - \left(\frac{p_b}{p_d}\right)^{(k+1)/k}\right]}{k\left(\frac{2}{k+1}\right)^{(k+1)/(k-1)}}} \tag{4-12}$$

3) 液体流道直径

液体的理论排量按下式计算：

$$q_{m,\mathrm{tL}} = 5.09A\sqrt{\rho\Delta p} \tag{4-13}$$

式中：$q_{m,\mathrm{tL}}$ 为理论排量，kg/h；A 为流道面积，mm^2；ρ 为密度，kg/m^3；Δp 为压差，其值为 $p_d - p_b$，MPa；p_d 为实际排放压力(绝对压力)，MPa；p_b 为背压力(绝对压力)，MPa。

液体排量的黏度修正系数见 GB/T 12241—2005 附录 D。黏度修正系数用来确定用于黏性液体的安全阀的理论排量。

表 4-10　亚临界流动下的理论排量修正系数 K_b

p_b/p_d	亚临界流动下的排量修正系数 K_b																		
	$k=$ 0.40	$k=$ 0.50	$k=$ 0.60	$k=$ 0.70	$k=$ 0.80	$k=$ 0.90	$k=$ 1.01	$k=$ 1.10	$k=$ 1.20	$k=$ 1.30	$k=$ 1.40	$k=$ 1.50	$k=$ 1.60	$k=$ 1.70	$k=$ 1.80	$k=$ 1.90	$k=$ 2.0	$k=$ 2.10	$k=$ 2.20
0.45																	1.000	0.999	0.999
0.50												1.000	1.000	0.999	0.999	0.996	0.994	0.992	0.989
0.55									0.999	1.000	0.999	0.997	0.994	0.991	0.987	0.983	0.979	0.975	0.971
0.60							1.000	0.999	0.997	0.993	0.989	0.983	0.978	0.972	0.967	0.961	0.955	0.950	0.945
0.65						0.999	0.995	0.989	0.982	0.974	0.967	0.959	0.951	0.944	0.936	0.929	0.922	0.915	0.909
0.70			0.999	0.999	0.993	0.985	0.975	0.964	0.953	0.943	0.932	0.922	0.913	0.903	0.895	0.886	0.879	0.871	0.864
0.75		1.000	0.995	0.983	0.968	0.953	0.938	0.923	0.909	0.896	0.884	0.872	0.861	0.851	0.841	0.832	0.824	0.815	0.808
0.80	0.999	0.985	0.965	0.942	0.921	0.900	0.881	0.864	0.847	0.833	0.819	0.806	0.794	0.783	0.773	0.764	0.755	0.747	0.739
0.82	0.999	0.970	0.944	0.918	0.894	0.872	0.852	0.833	0.817	0.801	0.787	0.774	0.763	0.752	0.741	0.732	0.723	0.715	0.707
0.84	0.979	0.948	0.917	0.888	0.862	0.839	0.818	0.799	0.782	0.766	0.752	0.739	0.727	0.716	0.706	0.697	0.688	0.680	0.672
0.86	0.957	0.919	0.884	0.852	0.800	0.779	0.759	0.742	0.727	0.712	0.700	0.688	0.677	0.667	0.667	0.658	0.649	0.641	0.634
0.88	0.924	0.881	0.842	0.809	0.780	0.755	0.733	0.714	0.697	0.682	0.668	0.655	0.644	0.633	0.624	0.615	0.606	0.599	0.592

（续表）

p_b/p_d	亚临界流动下的排量修正系数 K_b																		
	$k=$ 0.40	$k=$ 0.50	$k=$ 0.60	$k=$ 0.70	$k=$ 0.80	$k=$ 0.90	$k=$ 1.01	$k=$ 1.10	$k=$ 1.20	$k=$ 1.30	$k=$ 1.40	$k=$ 1.50	$k=$ 1.60	$k=$ 1.70	$k=$ 1.80	$k=$ 1.90	$k=$ 2.0	$k=$ 2.10	$k=$ 2.20
0.90	0.880	0.831	0.791	0.757	0.728	0.703	0.681	0.662	0.645	0.631	0.617	0.605	0.594	0.584	0.575	0.566	0.558	0.551	0.544
0.92	0.820	0.769	0.727	0.693	0.664	0.640	0.619	0.601	0.585	0.571	0.559	0.547	0.537	0.527	0.519	0.511	0.504	0.497	0.490
0.94	0.739	0.687	0.647	0.614	0.587	0.565	0.545	0.528	0.514	0.501	0.489	0.479	0.470	0.461	0.453	0.446	0.440	0.434	0.428
0.96	0.628	0.579	0.542	0.513	0.489	0.469	0.452	0.438	0.425	0.414	0.404	0.395	0.387	0.380	0.373	0.367	0.362	0.357	0.352
0.98	0.462	0.422	0.393	0.371	0.353	0.337	0.325	0.314	0.306	0.296	0.289	0.282	0.277	0.271	0.266	0.262	0.258	0.254	0.251
1.00	0.000	0.000	0.000	0.000	0.000	0.000	0.000	0.000	0.000	0.000	0.000	0.000	0.000	0.000	0.000	0.000	0.000	0.000	0.000

4.8.2.2 按照 API Std 520 Part 1 和 GB/T 24920 第一部分中提供的计算公式计算安全阀所需流道面积

1) 气体和蒸汽流道直径

(1) 首先要确定其流动状态,计算安全阀背压与额定排放压力绝压数值的比 p_b/p_{dr},计算临界流动压力 p_{cf}:

$$\frac{p_{cf}}{p_{dr}}=\left(\frac{2}{k+1}\right)^{k/(k-1)} \tag{4-14}$$

$$p_{dr}=p_s(1+\Delta p_0)+p_{atm} \tag{4-15}$$

式中: p_{dr} 为额定排放压力,该压力等于整定压力、允许超过压力和大气压之和(绝对压力),MPa; p_s 为整定压力(表压),MPa; p_{atm} 为大气压力,取 0.103 MPa; p_{cf} 为出口临界流动压力(绝对压力),MPa; k 为气体的比热容比。

若 $p_b/p_{dr}>p_{cf}/p_{dr}$,则可确定流动为亚临界流动;若 $p_b/p_{dr}\leqslant p_{cf}/p_{dr}$,则可确定流动为临界流动。

(2) 气体和蒸汽流道直径

$$A=\frac{13.16q_m}{CK_d p_{dr}K_bK_c}\sqrt{\frac{TZ}{M}} \tag{4-16}$$

式中: A 为所需的有效排放面积, mm^2; q_m 为所需泄放量,kg/h; C 为根据气体或蒸气在入口排放条件下的比热容比($k=c_p/c_V$)确定的系数, $C=520\sqrt{k\left(\frac{2}{k+1}\right)^{(k+1)/(k-1)}}$; K_d 为有效排量系数,用于初步计算时可用 0.975; p_{dr} 为额定排放压力,该压力等于整定压力加上允许超过压力,再加上大气压, $p_{dr}=p_s(1+\Delta p_0)+p_{atm}$, MPa; K_b 为排量的背压修正系数,对于常规式和先导式泄压阀,当临界流动时 K_b 等于 1.0,亚临界流动时, $K_b=\sqrt{\frac{2[(r)^{2/k}-r^{(k+1)/k}]}{(k-1)\times\left(\frac{2}{k+1}\right)^{(k+1)/(k-1)}}}$,其中 r 为背压对上游排放压力的比值, $r=p_b/p_{dr}$ (对于平衡波纹管式泄压阀超压 21%时,且 $p_b/p_s\leqslant 50\%$ 时, K_b 等于 1.0,超压 10%和 16%时, K_b 由图 4-19 确定); K_c 为当安全阀上游装有一爆破片时的联合修正系数(当不安装爆破片时取 1.0,当一爆破片与一安全阀联合安装取 0.9); T 为入口气体或蒸汽的排放温度,K; Z 为压缩因子; M 为气体和蒸汽在入口排放状态下的摩尔质量,kg/kmol。

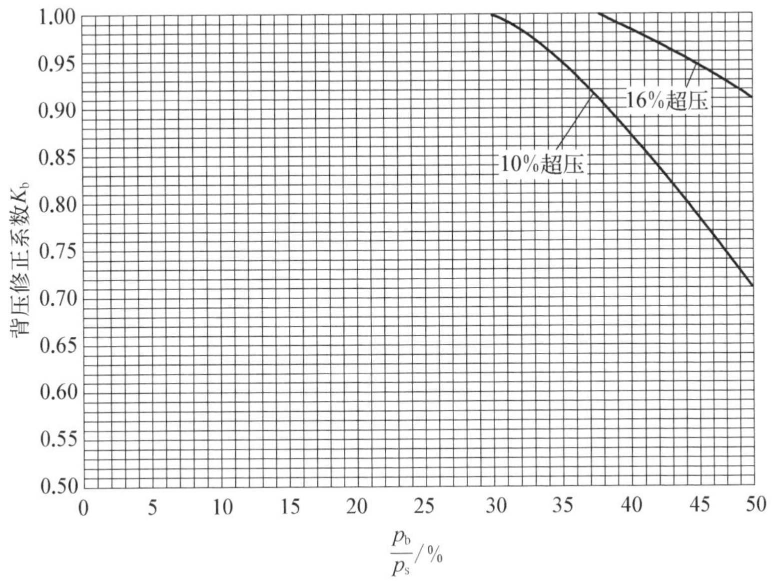

图 4-19　平衡波纹管式泄压阀(蒸汽和气体)的背压修正系数 K_b

2）蒸汽安全阀流道直径

$$A = \frac{q_m}{5.25 p_{dr} K_d K_b K_c K_N K_{SH}} \tag{4-17}$$

式中：A 为所需的有效排放面积，mm^2；q_m 为所需泄放量，kg/h；p_{dr} 为额定排放压力，该压力等于整定压力加上允许超过压力，再加上大气压，$p_{dr} = p_s(1+\Delta p_0)+p_{atm}$，MPa；$K_d$ 为有效排量系数，用于初步计算时可用 0.975；K_b 为排量的背压修正系数，对于常规式和先导式泄压阀，当为临界流动时，K_b 等于 1.0，当为亚临界流动时，$K_b = \sqrt{\dfrac{2[(r)^{2/k} - r^{(k+1)/k}]}{(k-1)\times\left(\dfrac{2}{k+1}\right)^{(k+1)/(k-1)}}}$，其中 r 为背压对上游排放压力的比值，$r = p_b/p_{dr}$（对于平衡波纹管式泄压阀，超压 21%时，且 $p_b/p_s \leqslant 50\%$时，K_b 等于 1.0，超压 10%和 16%时，K_b 由图 4-19 确定）；K_c 为当安全阀上游装有一爆破片时的联合修正系数（当不安装爆破片时取 1.0，当一个爆破片与一个泄压阀联合安装时取 0.9）；K_N 为 NaPier 公式的修正系数，当 $p_{dr} \leqslant 10.339$ MPa 时，取 1，当 $p_{dr} > 10.339$ MPa 且 $p_{dr} \leqslant 22.057$ MPa 时，取 $\dfrac{27.64 p_{dr} - 1\,000}{33.24 p_{dr} - 1\,061}$；$K_{SH}$ 为过热蒸汽修正系数，见表 4-11。

表 4-11 过热修正系数 K_{SH}

整定压力（表压）/psi①	温度/℉②									
	300	400	500	600	700	800	900	1 000	1 100	1 200
15	1.00	0.98	0.93	0.88	0.84	0.80	0.77	0.74	0.72	0.70
20	1.00	0.98	0.93	0.88	0.84	0.80	0.77	0.74	0.72	0.70
40	1.00	0.99	0.93	0.88	0.84	0.81	0.77	0.74	0.72	0.70
60	1.00	0.99	0.93	0.88	0.84	0.81	0.77	0.75	0.72	0.70
80	1.00	0.99	0.93	0.88	0.84	0.81	0.77	0.75	0.72	0.70
100	1.00	0.99	0.94	0.89	0.84	0.81	0.77	0.75	0.72	0.70
120	1.00	0.99	0.94	0.89	0.84	0.81	0.78	0.75	0.72	0.70
140	1.00	0.99	0.94	0.89	0.85	0.81	0.78	0.75	0.72	0.70
160	1.00	0.99	0.94	0.89	0.85	0.81	0.78	0.75	0.72	0.70
180	1.00	0.99	0.94	0.89	0.85	0.81	0.78	0.75	0.72	0.70
200	1.00	0.99	0.95	0.89	0.85	0.81	0.78	0.75	0.72	0.70
220	1.00	0.99	0.95	0.89	0.85	0.81	0.78	0.75	0.72	0.70
240	—	1.00	0.95	0.90	0.85	0.81	0.78	0.75	0.72	0.70
260	—	1.00	0.95	0.90	0.85	0.81	0.78	0.75	0.72	0.70
280	—	1.00	0.96	0.90	0.85	0.81	0.78	0.75	0.72	0.70
300	—	1.00	0.96	0.90	0.85	0.81	0.78	0.75	0.72	0.70
350	—	1.00	0.96	0.90	0.86	0.82	0.78	0.75	0.72	0.70
400	—	1.00	0.96	0.91	0.86	0.82	0.78	0.75	0.72	0.70
500	—	1.00	0.96	0.92	0.86	0.82	0.78	0.75	0.73	0.70
600	—	1.00	0.97	0.92	0.87	0.82	0.79	0.75	0.73	0.70

① psi（磅力每平方英寸）与法定计量单位帕斯卡（Pa）的换算关系为：1 psi ≈ 6 894.76 Pa。
② ℉为华氏度（T_F），其与摄氏度（T_C）的换算关系为：$T_C=(T_F-32)\div 1.8$。

（续表）

整定压力（表压）/psi	温度/℉									
	300	400	500	600	700	800	900	1 000	1 100	1 200
800	—	—	1.00	0.95	0.88	0.83	0.79	0.76	0.73	0.70
1 000	—	—	1.00	0.96	0.89	0.84	0.78	0.76	0.73	0.71
1 250	—	—	1.00	0.97	0.91	0.85	0.80	0.77	0.74	0.71
1 500	—	—	—	1.00	0.93	0.86	0.81	0.77	0.74	0.71
1 750	—	—	—	1.00	0.94	0.86	0.81	0.77	0.73	0.70
2 000	—	—	—	1.00	0.95	0.86	0.80	0.76	0.72	0.69
2 500	—	—	—	1.00	0.95	0.85	0.78	0.73	0.69	0.66
3 000	—	—	—	—	1.00	0.82	0.74	0.69	0.65	0.62

3）液体安全阀流道直径

$$A=\frac{0.196\,3q_m}{K_\mathrm{d}K_\mathrm{b}K_\mathrm{c}K_\mathrm{V}K_\mathrm{p}\sqrt{\rho(1.25p_\mathrm{s}-p_\mathrm{b})}} \tag{4-18}$$

$$K_\mathrm{V}=\left(0.993\,5+\frac{2.878}{Re^{0.5}}+\frac{342.75}{Re^{1.5}}\right)^{-1.0} \tag{4-19}$$

$$p_\mathrm{dr}=p_\mathrm{s}(1+\Delta p_0)+p_\mathrm{atm} \tag{4-20}$$

式中：A 为所需的有效排放面积，$\mathrm{mm^2}$；q_m 为所需泄放量，kg/h；p_dr 为额定排放压力，该压力等于整定压力加上允许超过压力，再加上大气压，MPa；K_d 为有效排量系数，初步计算时，可用 0.65；K_b 为排量的背压修正系数（对于常规式和先导式泄压阀，K_b 等于 1.0，对于平衡波纹管式泄压阀，K_b 由图 4-20 确定）；K_c 为当安全阀上游装有一个爆破片时的联合修正系数（当不安装爆破片时，取 1.0，当一个爆破片与一个泄压阀联合安装时，取 0.9）；K_V 为黏度修正系数；K_p 为超压修正系数；ρ 为在流动温度下液体的密度，$\mathrm{kg/m^3}$；p_s 为整定压力，MPa；p_b 为背压，MPa；Re 为雷诺数。

安全阀用于黏性液体，在确定流通直径时先按非黏性介质来确定流通直径（即 $K_\mathrm{V}=1.0$），初步得到所需的排放面积 A。从系列流道面积中，选择大于 A 的邻近的流道面积，利用下面的公式来确定雷诺数：

$$Re = \frac{313.33 q_m}{\mu \sqrt{A}} \tag{4-21}$$

式中：Re 为雷诺数；q_m 为在流动温度下的质量流量，kg/h；μ 为在流动温度下的绝对黏度，cP(1 cP$=10^{-3}$ Pa·s)；A 为有效排放面积，mm^2。

确定雷诺数以后，计算得到系数 K_V，将 K_V 数值代入修正初算的所需排放面积。如果修正后的面积超过了所选择的标准喉部面积，则应用下一个更大的标准喉部尺寸重复上面的计算。

4）气、液两相流泄放阀流道直径

如果泄压装置的介质是处于气液平衡的液体或多相流体，则当流体流过装置时将发生闪蒸，并产生气体。闪蒸和两相流工况会导致背压的增加，如果增加值过高或无法准确预测，则必须选用平衡式或先导式安全阀。如果在喷嘴（阀座）处没有达到平衡，则装置的实际流量将增大数倍。应研究在液体闪蒸时可能发生的任何自冷作用所造成的影响，材料应适用于出口温度。此外，安装必须排除因水合物或可能的固体生成而发生流动阻塞的可能性。

以往对于气、液两相流泄放的流道直径的确定，采取气、液分别计算流道面积然后叠加的方法，这种计算方法较为保守，计算所得安全阀的排放量偏大。API Std 520 Part 1 第 7 版的附录 D 中给出了一种推荐的两相流工况泄压装置的定径方法——ω 方法。API Std 520 Part 1 第 8 版的附录 C 中，给出了 3 种推荐的两相流工况泄压装置的流道直径确定方法，即 C. 2. 1 用等熵喷管流动的直接整合（direct integration）方法，确定流道直径，C. 2. 2 用 ω 方法对通过泄压阀的两相闪蒸或非闪蒸流进行流道直径的定径和 C. 2. 3 用 ω 方法对进口为亚冷液体的泄压阀流道直径确定方法。

4.8.3 安全阀规格的确定

依据安全阀的工艺参数，通过安全阀的流道直径计算，计算出安全阀所需的流道面积，并根据安全阀的制造厂的产品样本或相关标准的规定选择安全阀流道直径 d_0，表 4-12、表 4-13 列出了 API Std 526 标准规定的安全阀流道面积标准系列。选取其流道面积（或流道直径）稍大且接近计算值的某一流道面积，然后根据安全阀的使用工况选取材质，并结合安全阀的整定压力、设计温度、选用的材质和流道面积来确定安全阀的规格和法兰压力等级。表 4-14 是 API Std 526 中 L 流道规格表。

表 4-12 我国安全阀公称通径 DN 和流道直径 d_0 的标准系列

DN	d_0/mm	
	全启式	微启式
15		12
20		16
25		20
32	20	25
40	25	32
50	32	40
65	40	50
80	50	65
100	65	80
150	100	
200	125	

表 4-13 API 526 安全阀流道面积 A 和流道直径 d_0 的标准系列

流道代号	API 526		JOS		HT	
	$A/in^2$①	d_0 /mm	A/in^2	d_0 /mm	A/in^2	d_0 /mm
D	0.110	9.5	0.124	10.1	0.134	10.5
E	0.196	12.7	0.218	13.4	0.238	14.0
F	0.307	15.9	0.343	16.8	0.352	17.0
G	0.503	20.3	0.563	21.5	0.589	22.0
H	0.785	25.4	0.887	27.0	0.887	27.0
J	1.287	32.5	1.449	34.5	1.449	33.0

① 1平方英寸(in^2)≈6.452平方厘米(cm^2)。

(续表)

流道代号	API 526		JOS		HT	
	A/in^2	d_0 /mm	A/in^2	d_0 /mm	A/in^2	d_0 /mm
K	1.838	38.9	2.076	41.3	2.097	41.5
L	2.853	48.4	3.216	51.4	3.229	51.5
M	3.60	54.4	4.053	57.7	4.095	58.0
N	4.34	59.7	4.89	63.4	4.986	64.0
P	6.38	72.4	7.20	76.9	7.218	77.0
Q	11.05	95.3	12.46	101.2	12.66	102.0
R	16.0	114.6	18.0	121.8	18.12	122.0
T	26.0	146.1	29.3	155.2	29.62	156.0

表 4-14 弹簧载荷式泄压阀 L 流道(有效流道面积为 2.853 in^2)

材料	阀门规格			最高压力/(lbf①/in^2)									
				常规式和平衡波纹管式阀门									
	进口×流道×出口			弹簧材料						最高出口压力/(lbf/in^2)		面心距尺寸/in②	
				低温合金钢	碳钢或铬合金钢	碳钢或铬合金钢	碳钢或铬合金钢	高温合金钢	高温合金钢	常规式阀门	平衡波纹管式阀门		
阀体阀盖		进口	出口	−450～−76 ℉	−75～−21 ℉	−20～−100 ℉	101～450 ℉	451～800 ℉	801～1 000 ℉	100 ℉	100 ℉	进口	出口
碳钢(温度范围 −20～800 ℉)	3L4 3L4 4L6 4L6 4L6 4L6	150 300 300 600 900 1 500	150 150 150 150 150 150			285 285 740 1 000 1 500	185 285 615 1 000 1 500	80 285 410 825 1 235 1 500		285 285 285 285 285 285	100 100 170 170 170 170	$6\frac{1}{8}$ $6\frac{1}{8}$ $7\frac{1}{16}$ $7\frac{1}{16}$ $7\frac{3}{4}$ $7\frac{3}{4}$	$6\frac{1}{2}$ $6\frac{1}{2}$ $7\frac{7}{8}$ 8 $8\frac{3}{4}$ $8\frac{3}{4}$

① 1 磅力(lbf)≈4.45 牛(N)。
② 1 英寸(in)≈2.54 厘米(cm)。

（续表）

材料	阀门规格			最高压力/(lbf/in²)									
				常规式和平衡波纹管式阀门									
				弹簧材料						最高出口压力/(lbf/in²)		面心距尺寸/in	
	进口×流道×出口			低温合金钢	碳钢或铬合金钢	碳钢或铬合金钢	碳钢或铬合金钢	高温合金钢	高温合金钢	常规式阀门	平衡波纹管式阀门		
阀体阀盖		进口	出口	−450～−76 ℉	−75～−21 ℉	−20～−100 ℉	101～450 ℉	451～800 ℉	801～1 000 ℉	100 ℉	100 ℉	进口	出口
铬钼钢（温度范围801～1 000 ℉）	4L6	300	150					510	215	285	170	7 1/16	7 1/8
	4L6	600	150					1 000	430	285	170	7 1/16	8
	4L6	900	150					1 500	650	285	170	7 3/4	8 3/4
	4L6	1 500	150					1 500	1 080	285	170	7 3/4	8 3/4
奥氏体不锈钢（温度范围 −450～1 000 ℉）	3L4	150	150	275	275	275	180	80	20	275	100	6 1/8	6 1/2
	3L4	300	150	275	275	275	275	275	275	275	100	6 1/8	6 1/2
	4L6	300	150	535	720	720	495	420	350	275	170	7 1/16	7 1/8
	4L6	600	150	535	1 000	1 000	975	845	700	275	170	7 1/16	8
	4L6	900	150	700	1 500	1 500	1 485	1 265	1 050	275	170	7 3/4	8 3/4
镍/铜合金（温度范围 −20～600 ℉）	3L4	150	150			140	140	140		140	100	6 1/8	6 1/2
	3L4	300	150			140	140	140		140	100	6 1/8	6 1/2
	4L6	300	150			360	360	360		140	120	7 1/16	7 1/8
	4L6	600	150			720	720	720		140	120	7 1/16	8
20#合金（温度范围 −20～300 ℉）	3L4	150	150			230	180			230	100	6 1/8	6 1/2
	3L4	300	150			230	180			230	100	6 1/8	6 1/2
	4L6	300	150			600	465			230	170	7 1/16	7 1/8
	4L6	600	150			1 200	930			230	170	7 1/16	8
	4L6	900	150			1 800	1 395			230	170	7 3/4	8 3/4
	4L6	1 500	150			3 000	2 330			230	170	7 3/4	8 3/4

各个制造厂安全阀的实际流道直径或流道面积可能与标准系列相同，也可能稍大于标准系列，如表 4－14 中列出了某公司 JOS 和 HT 系列安全阀的流道尺寸。

第 5 章
调节阀

调节阀又称为控制阀，是控制系统中通过动力操作改变流体流量的主要装置。国际电工委员会对调节阀进行了定义："工业过程控制系统中由动力操作的装置形成的终端元件，它包括一个阀部件，内部有一个改变过程流体流率的组件，阀体部件又与一个或多个执行机构相连接，执行机构用来响应控制元件送来的信号。"可以看出，一台调节阀由一个执行器和一个调节机构共同组成(图 5-1)。

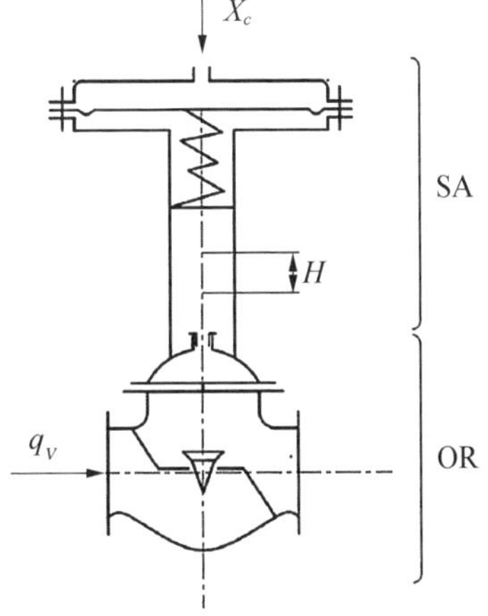

SA—执行机构；OR—调节机构(调节阀)；X_C—控制信号；H—阀杆行程；q_V—通过阀门的体积流量。

图 5-1　调节阀结构图

5.1　调节阀控制原理

执行机构作为调节阀的执行装置，将控制信号转换为相应的执行力来改变节流元件的位置。调节机构作为与介质直接接触的调节部件，通过执行器改变节流元件的位置来改变节流面积，从而达到调节的目的。

1) 流量系数 K_v 的来历

调节阀如同孔板，是一个局部阻力元件。调节阀由于节流面积可以由阀芯的移动来改变，因此是一个可变的节流元件；而孔板孔径不能改变。此处，把调节阀模拟成孔板节流形式(图 5-2)。

对不可压缩流体，其伯努利方程为

$$\frac{p_1}{r}+\frac{v_1^2}{2g}=\frac{p_2}{r}+\frac{v_2^2}{2g} \tag{5-1}$$

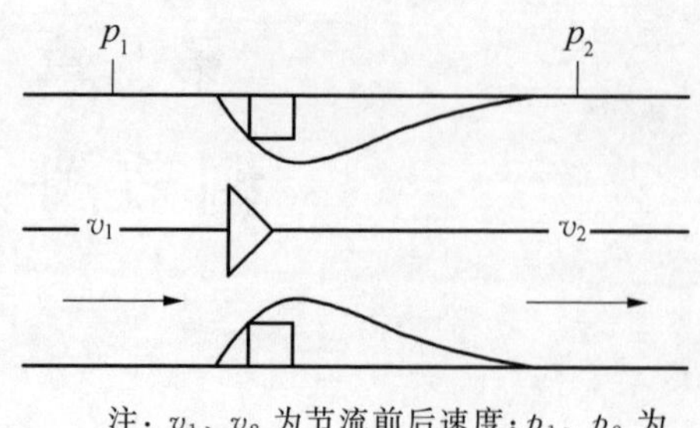

注：v_1、v_2 为节流前后速度；p_1、p_2 为节流前后压力。

图 5-2　调节阀节流模拟

解出：

$$v_2^2 - v_1^2 = 2g\ \frac{p_1 - p_2}{r}$$

令：

$$v_2^2 - v_1^2 = \xi v^2$$

再根据连续方程 $Q = Av$，可得

$$Q = Av = A\ \frac{1}{\sqrt{\xi}}\sqrt{v_2^2 - v_1^2}$$

$$Q = \frac{A}{\sqrt{\xi}}\sqrt{2g\ \frac{p_1 - p_2}{r}} \tag{5-2}$$

式中：v_1、v_2 为节流前后速度，m/s；v 为平均流速，m/s；p_1、p_2 为节流前后压力（$p_1 = p_2 = 100$ kPa）；A 为节流面积，cm^2；Q 为流量，cm^3/s；ξ 为阻力系数；r 为重度，kgf/cm^3；g 为重力加速度（$g = 981\ cm/s^2$）。

如果将 Q、p_1、p_2 和 r 采用工程单位，即 Q 单位取 m^3/h，p_1、p_2 单位取 100 kPa，r 单位取 gf/cm^3，则

$$Q = \frac{A}{\sqrt{\xi}}\sqrt{2 \times 981 \times \frac{1\,000\Delta p}{r}} \times \frac{3\,600}{10^6} = 5.04\ \frac{A}{\sqrt{\xi}}\sqrt{\frac{\Delta p}{r}} \tag{5-3}$$

再令流量 Q 的系数 $5.04\ \frac{A}{\sqrt{\xi}}$ 为 K_v，即 $K_v = 5.04\ \frac{A}{\sqrt{\xi}}$，则有：

$$Q = K_v\sqrt{\frac{\Delta p}{r}}\ \text{或}\ K_v = Q\sqrt{\frac{r}{\Delta p}} \tag{5-4}$$

故可以推论出 K_v 值有两个表达式，即：

$$K_v = 5.04\ \frac{A}{\sqrt{\xi}}\ \text{或}\ K_v = Q\sqrt{\frac{r}{\Delta p}}$$

用 K_v 公式可求阀的阻力系数 $\xi = (5.04A/K_v)^2$，$K_v \propto 1/\sqrt{\xi}$。可见，阀阻力越大，K_v 值越小。$K_v \propto A\left(A = \frac{\pi}{4}D_N^2\right)$，所以流通直径越大，$K_v$ 越大。

2）流量系数定义

令流量 Q 的系数 $5.04A/\sqrt{\xi}$ 为 K_v，故 K_v 称流量系数。另外，$K_v \propto Q$，即 K_v 的大小反映调节阀流量 Q 的大小。国内习惯称流量系数 K_v 为流通能力，现新国标已改称为流量系数。

（1）K_v 定义。对不可压缩流体，K_v 是 Q 和 Δp 的函数。不同 Δp 和 ρ 时，K_v 值不同。为反映不同调节阀结构，不同流通直径流量系数的大小，调节阀需要统一试验条件，在相同试验条件下，K_v 的大小就反映了该调节阀的流量系数的大小。于是调节阀流量系数 K_v 定义为，当调节阀全开，阀两端静压损失 Δp_{k_v} 为 10^5 Pa(1 bar)，5～40 ℃内的水，流经调节阀的体积流量表达式为

$$K_v = Q\sqrt{\frac{\Delta p_{k_v}}{\Delta p} \times \frac{\rho}{\rho_w}}$$

式中：Q 为被测体积流量，m^3/h；Δp_{k_v} 为静压损失；10^5 Pa；Δp 为阀两端测出的静压差，Pa；ρ 为流体密度，kg/m^3；ρ_w 为水的密度，kg/m^3。

（2）K_v 与 C_v 值的换算。在国外，流量系数常以 C_v 表示，其定义的条件与国内也不同。C_v 的定义是当调节阀全开，压力下降 1 psi，温度为 40～100 ℉的水在 1 min 内流过阀的加仑数(gal/min)①。

由于 K_v 与 C_v 定义不同，试验所测得的数值不同，它们之间的换算关系为

$$C_v = 1.167K_v \tag{5-5}$$

（3）推论从定义中可以明确在应用中需要注意两个问题。

① 流量系数 K_v 不完全表示为阀的流量，只有当介质为常温水，压差为 100 kPa 时，K_v 才为流量 Q。同样的 K_v 值下，p 和 Δp 不同，通过阀的流量不同。

② K_v 是流量系数，故无量纲。

5.1.1　流量系数计算方式的演变及常用流量系数计算方法与公式

5.1.1.1　原流量系数 K_v 计算公式

（1）不可压缩流体的流量系数公式是以不可压缩流体推导的，此公式即为不可压缩流体的流量系数公式。

（2）可压缩流体的流量系数公式，对于可压缩流体，由于考虑的角度不

① 1 加仑/分钟(gal/min)＝3.785 411 784 升/分钟(L/min)。

同，存在不同的计算公式。主要采用的是压缩系数法和平均重度法两种。

压缩系数法是在不可压缩流体流量系数基础上乘以一个压缩系数而来，即

$$Q=\varepsilon K_v\sqrt{\frac{\Delta p}{r}}\ \text{或}\ K_v=\frac{1}{\varepsilon}Q\sqrt{\frac{r}{\Delta p}}$$

将 r 换算成标准状态(0 ℃、760 mmHg[①])的气体重度为

$$r=r_N\times 273p_1/(273+t)\times\frac{760}{730}$$

于是，得出

$$K_v=\frac{Q_N\sqrt{r_N(273+t)}}{514\varepsilon\sqrt{\Delta p p_1}} \tag{5-6}$$

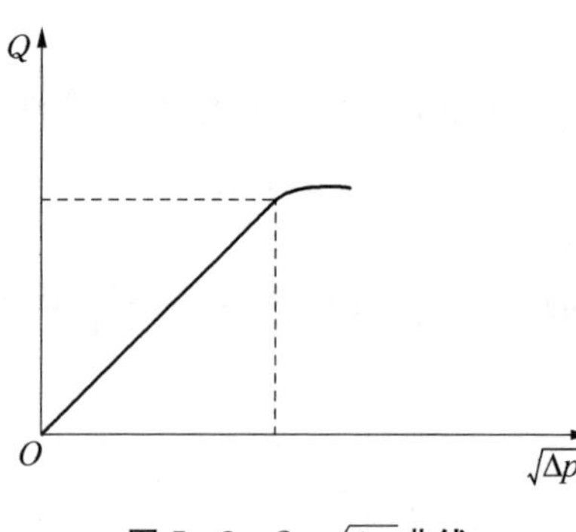

图 5-3 Q-$\sqrt{\Delta p}$ 曲线

式中：ε 为压缩系数，压缩系数由试验确定，$\varepsilon=1-0.46\Delta p/p_1$；$t$ 为介质温度，℃；r_N 为 r 在标准状态下的参数。

在饱和状态时，$\Delta p/p_1=0.5$，此时流量不再随 Δp 的增加而增加，即产生了阻塞流(阻塞流定义为流体通过调节阀时，所达到的最大极限流量状态)，在图 5-3 中，$\varepsilon=1-0.46\times0.5=0.76$。

用于蒸汽计算时，计算公式略有不同(表 5-1)。

表 5-1 原调节阀流量系数 K_v 值的计算公式

流体	压差条件	计 算 公 式
液体		$K_v=\frac{Q\sqrt{r}}{\sqrt{\Delta p}}$ 或 $K_v=G/\sqrt{\Delta pr}$ (G 为质量流量，t/h)

① 1 毫米汞柱(mmHg)≈0.133 千帕(kPa)。

（续表）

流体	压差条件	计 算 公 式	
		压缩系数法	平均重度法
气体	$p_2>0.5p_1$	$K_v=\dfrac{Q_N\sqrt{r_N(273+t)}}{514\varepsilon\sqrt{\Delta p p_1}}$	一般气体 $K_v=\dfrac{Q_N}{380}\sqrt{\dfrac{r_N(273+t)}{\Delta p(p_1+p_2)}}$
	$p_2\leqslant 0.5p_1$	$K_v=\dfrac{Q_N\sqrt{r_N(273+t)}}{280p_1}$	一般气体 $K_v=\dfrac{Q_N}{380}\times\sqrt{\dfrac{r_N(273+t)}{p_1}}$
蒸汽	$p_2>0.5p_1$	$K_v=\dfrac{G_s}{31.6\varepsilon\sqrt{\Delta p r_1}}$	$K_v=\dfrac{G_s}{0.827K'}\sqrt{\dfrac{1}{\Delta p(p_1+p_2)}}$ （G_s 为质量流量）
	$p_2\leqslant 0.5p_1$	$K_v=\dfrac{G_s}{16.1\sqrt{\Delta p r_1}}$	$K_v=\dfrac{G_sK'}{10.2}$ $K'=1+0.013t_{sh}$ （t_{sh} 为过热温度，℃）

(3) 平均重度的计算方法，其公式推导较复杂，在推导中，将调节阀的流动特性简化为一个具有等效长度为 L 和断面为 A 的管道模型，并假定介质为理想流体，当介质稳定地流过管道时，采用可压缩流体流量方程式。

$$\frac{\mathrm{d}p}{r}+\mathrm{d}\left(\frac{v^2}{2g}\right)+\mathrm{d}L_f=0 \tag{5-7}$$

式中：L_f 为摩擦功，J；g 为重力加速度 $g=9.8(\mathrm{m/s^2})$。

在此基础上，再引入理想气体多变热力过程的变化规律方程、状态方程和连续方程 3 个辅助方程：

$$p_1\upsilon_1 m=常数，\ p_1\upsilon_1=RT_1，\ vA/\upsilon=常数$$

式中：υ 为比体积；m 为多变指数；R 为气体常数；T 为热力学温度，K；v 为流速，m/s。

流量方程为

$$Q=K_v\sqrt{\frac{m}{m+1}\times\frac{r_v[1-(p_2-p_1)^{(m+1)/m}]p_1^2}{RT_1}}$$

为简化公式，把实际流动简化为等温度变化，故取 $m=1$。同时，代入物理常数，即可整理得

$$K_v=\frac{Q_N}{380}\sqrt{\frac{r_N(273+t)}{\Delta p(p_1+p_2)}} \tag{5-8}$$

当 $\Delta p/p_1 \geqslant 0.5$ 时，流量饱和，故以 $\Delta p=0.5p_1$，得

$$K_v=\frac{Q_N}{330}\times\sqrt{\frac{r_N(273+t)}{p_1}} \tag{5-9}$$

同样地，蒸汽的计算公式也可推导出来。把各种介质的 K_v 值计算公式汇总在表 5-1 原调节阀流量系数 K_v 值的计算公式中。

5.1.1.2　K_v 值计算新公式

目前，国外调节阀计算技术发展很快，就 K_v 值计算公式而言，早在 20 世纪 70 年代初，ISA(国际标准协会标准)就规定了新的计算公式，国际电工委员会(IEC)也正在制定常用介质的计算公式。下面介绍一种在平均重度法公式基础上加以修正的新公式。

1) 原公式推导中存在的问题

原公式存在的问题在于 K_v 值计算公式的推导，可以看出如下问题：

(1) 把调节阀模拟为简单形式推导，未考虑与不同阀结构实际流动之间的修正问题；

(2) 在饱和状态下，阻塞流动(即流量不再随压差而增加)的压差条件为 $\Delta p/p=0.5$，同样未考虑不同阀结构对该临界点的影响问题；

(3) 未考虑低雷诺数和安装条件的影响。

2) 压力恢复系数 F_L

由 p_1 的推导公式可知，调节阀节流处压力由 p_1 直接下降到 p_2(图 5-4 中虚线所示)。但实际上，压力变化曲线如图 5-4 中实线所示，存在压力恢复的情况。不同结构的阀，压力恢复的情况不同；阻力越小的阀，恢复现象越明显，越偏离原推导公式的压力曲线，原公式计算的结果与实际误差越大。因此，引入一个表示阀压力恢复程度的系数 F_L 来对原公式进行修正。F_L 称为压力恢复系数，其表达式为

$$F_L=\sqrt{\Delta p_c/\Delta p_{vc}}=\sqrt{\Delta p_c/(p_1-p_v)} \tag{5-10}$$

式中：Δp_{vc}、Δp_c 分别为产生闪蒸时的缩流处压差和阀前后压差。

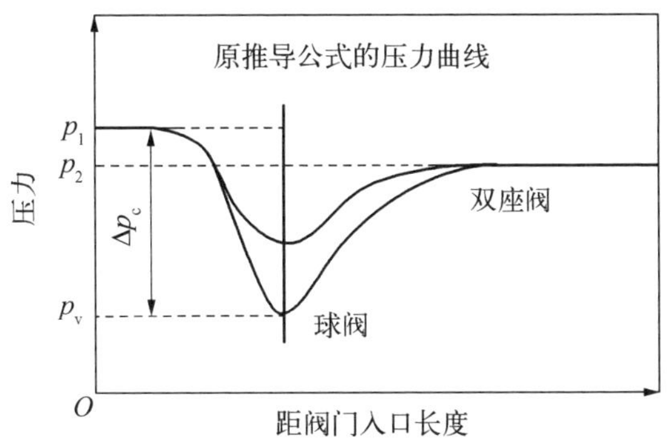

图5-4　阀内的压力恢复

图5-4中阀内的压力恢复关键是 F_L 的试验问题。用透明阀体试验，将会发现当节流处产生闪蒸，即在节流处产生气泡群时，Q 就基本上不随 Δp 的增加而增加。这个试验说明，产生闪蒸的临界压差就是产生阻塞流的临界压差，故 F_L 又称临界流量系数(critical flow factor)，因此 F_L 既可表示不同阀结构造成的压力恢复，以修正不同阀结构造成的流量系数计算误差，又可用于对正常流动阻塞流动的差别，即 F_L 定义公式(5-10)中的压差 Δp_{vc} 就是该试验阀产生阻塞流动的临界压差。这样，当 $\Delta p < \Delta p_c$ 时为正常流动，当 $\Delta p \geqslant \Delta p_c$ 时，为阻塞流动。从式(5-11)中即可解出液体介质的 Δp_c 为

$$\Delta p_c = F_L^2(p_1 - p_v) \tag{5-11}$$

由试验确定的各类阀的 F_L 值见表5-2。

表5-2　各类阀的 F_L 值

调节阀形式		流　向	F_L 值
单座调节阀	柱塞形阀芯	流开	0.90
		流闭	0.80
	V形阀芯	任意流向	0.90
	套筒形阀芯	流开	0.90
		流闭	0.80
双座调节阀	柱塞形阀芯	任意流向	0.85
	V形阀芯	任意流向	0.90

（续表）

调节阀形式		流　向	F_L 值
角形调节阀	柱塞形阀芯	流开	0.80
		流闭	0.90
	套筒形阀芯	流开	0.85
		流闭	0.80
	文丘里形	流闭	0.50
球阀	O 形	任意流向	0.55
	V 形	任意流向	0.57
蝶阀	60°全开	任意流向	0.68
	90°全开	任意流向	0.55
偏心旋转阀		流开	0.85

3）梅索尼兰公司的公式——F_L 修正法

(1) 对流体计算公式的修正：当 $\Delta p < \Delta p_c$ 时，为正常流动，仍采用原公式(5-4)；当 $\Delta p \geqslant \Delta p_c$ 时，因 Δp 增加而 Q 基本不增加，故以 Δp_c 值而不是 Δp 值代入公式(5-4)计算即可。当 $\Delta p_v \geqslant 0.5p_1$ 时，意味着有较大的闪蒸，此时 Δp_c 还应修正，由试验获得

$$\Delta p_c = F_L^2\left[p_1 - \left(0.96 - 0.28\sqrt{\frac{p_1}{p_c}}\right)p_v\right] \tag{5-12}$$

式中：p_c 为液体热力学临界点压力(表 5-3)，MPa。

表 5-3　临界压力 p_c

介质名称	p_c /MPa	介质名称	p_c /MPa
醋酸	5.900	甲烷	4.720
丙酮	4.840	甲醇	8.100

（续表）

介质名称	p_c /MPa	介质名称	p_c /MPa
乙炔	6.370	氧	5.120
空气	3.820	氧化氯	7.380
氨	11.450	辛烷	2.540
氮	3.450	氯	7.300
氟	2.570	乙烷	5.020
氦	0.233	乙醇	6.500
氢	1.310	氯化氢	8.400
氩	4.940	丙烷	4.320
苯	4.900	二氧化硫	8.000
二氧化碳	7.500	水	22.400
一氧化碳	3.600	戊烷	3.400

(2) 对气体计算公式的修正：原产生阻塞流的临界差压条件是 $\Delta p_c = 0.5p_1$，即固定在 $\Delta p/p_1 = 0.5$ 处，这与实际情况出入较大。实际上 Δp_c 仍与 F_L 有关，由试验得临界压差条件为

$$\Delta p_c = 0.5F_L^2 p_1 \tag{5-13}$$

利用 F_L 概念推得的新公式有多种，但以在原平均重度法公式基础上修正的新公式最简单、方便，即平均重度修正法，它只需将原阻塞流动下的计算公式除以 F_L 即可。若要更精确些，则再除以一个系数 $y - 0.14y^3$，其中

$$y = \frac{1.63}{F_L}\sqrt{\Delta p/p_1} \tag{5-14}$$

蒸汽计算公式的修正同上。为了便于比较、应用，将采用 F_L 修正的新公式和原公式汇总于表 5-4 中。归纳起来，有两个不同点：一是流动状态差别式不同，二是在阻塞流动的情况下计算公式不同。引入了 3 个新的参数：F_L、p_c 和 $y - 0.14y^3$。

表 5-4　国内公式和采用 F_L 修正的新公式比较

介　质	流动状态	原计算公式		新公式	
		流动状态判别	计算式	流动状态判断	计算式
液体	一般流动	无	$K_V = Q\sqrt{\frac{r}{\Delta p}}$	$\Delta p < \Delta p_c = F_L^2(p_1 - p_v)$	同原计算公式
	阻塞流动			$\Delta p \geqslant \Delta p_c$ 当 $p_v < 0.5p_1$ 时， $\Delta p_c = F_L^2(p_1 - p_v)$ 当 $p_v \geqslant 0.5p_1$ 时， $\Delta p_c = F_L^2\left[p_1 - \left(0.96 - 0.28\sqrt{\frac{p_1}{p_c}}\right)p_v\right]$	$K_V = Q\sqrt{\frac{r}{\Delta p_c}}$
气体	一般流动	$\frac{\Delta p}{p_1} < 0.5$	$K_v = \frac{Q_N}{380}\sqrt{\frac{r_N(273+t)}{\Delta p(p_1+p_2)}}$	$\frac{\Delta p}{p_1} < 0.5F_L^2$	同原计算公式
	阻塞流动	$\frac{\Delta p}{p_1} \geqslant 0.5$	$K_v = \frac{Q_N}{330}\times\sqrt{\frac{r_N(273+t)}{p_1}}$	$\frac{\Delta p}{p_1} \geqslant 0.5F_L^2$	原计算公式乘以 $\frac{1}{F_L}$ 或 $\frac{1}{F_L(y-0.148y^3)}$

（续表）

介质		流动状态	原计算公式		新公式	
			流动状态判别	计算式	流动状态判断	计算式
蒸汽	饱和蒸汽	一般流动	同气体	$K_v=\frac{G_S}{16}\times\frac{1}{\sqrt{\Delta p(p_1+p_2)}}$	同气体	同原计算公式
		阻塞流动	同气体	$K_v=G_S/13.8p_1$	同气体	原计算公式乘以 $\frac{1}{F_L}$ 或 $\frac{1}{F_L(y-0.148y^3)}$
	过热蒸汽	一般流动	同气体	$K_V=\frac{G_S}{16}\times\frac{1+0.0013t_{sh}}{\sqrt{\Delta p(p_1+p_2)}}$	同气体	同原计算公式
		阻塞流动	同气体	$K_V=\frac{G_S}{13.8}\times\frac{1+0.0013t_{sh}}{p_1}$	同气体	原计算公式乘以 $\frac{1}{F_L}$ 或 $\frac{1}{F_L(y-0.148y^3)}$
表中代号及单位		Q：液体流量，m^3/h Q_N：气体流量，m^3/h G_S：蒸汽流量，kgf/h r：液体密度，g/cm^3 r_N：标准状态气体密度，kg/cm^3 p_1：阀前压力，100 kPa p_2：阀后压力，100 kPa Δp：压差，100 kPa			p_v：饱和蒸气压，100 kPa p_c：临界点压力，见表 4-4 F_L：压力恢复系数，见表 4-2 t：温度，℃ t_{sh}：过热温度，℃ Δp_c：临界压差，100 kPa $y=\frac{1.63}{F_L}\sqrt{\Delta p/p_1}$	

(3) 公式计算步骤。

第一步：根据已知条件，查参数 F_L、p_c。

第二步：决定流动状态。

对于液体：判别 p_v 是大于还是小于 $0.5p_1$，采用相应的 Δp_c 公式，$\Delta p < \Delta p_c$ 为一般流动，$\Delta p \geqslant \Delta p_c$ 为阻塞流动。

对于气体：$\frac{\Delta p}{p_1} < 0.5F_L^2$ 为一般流动，$\frac{\Delta p}{p_1} \geqslant 0.5F_L^2$ 为阻塞流动。

第三步：根据流动状态采用相应 K_v 值计算公式。

5.1.1.3 国际电工委员会推荐的新公式

1) 国际电工委员会(IEC)推荐公式

如表 5-5 所示，对于液体，与表 5-4 国内公式和采用 F_L 修正的新公式比较中公式一样，只是气体计算公式有所不同。在考虑压力恢复系数 F_L 的新概念基础上，不是用表 5-4 中 F_L 对原平均重度法加以修正的形式，而是采用又一种新的修正方法——线胀系数修正重度法。线胀系数修正重度法根据流量单位的不同，有体积流量和质量流量之分，前者用于一般气体，后者用于蒸汽。对于一般气体，根据已知介质的标准重度 r_N、气体分子量 M 或对空气的密度 G，有 3 种相对应的计算公式。对蒸汽，根据已知的入口实际重度或相对分子质量，有两个相对应的计算公式供选用。该方法比表 5-4 推荐的平均重度修正法要复杂些。从表中可看出，线胀系数修正重度法共引入了 8 个新的参数，其中物理参数 4 个(K、p_c、T_c 和 M)，查图参数 1 个(Z)，计算参数 3 个(X_T、F_K 和 Y)。由于考虑的因素较多，因此，计算精度更高。

2) 计算实例

举例比较平均重度法、平均重度修正法、线胀系数修正重度法在同样条件下的计算差别。

已知二氧化碳 $Q_N = 76\,000\ \mathrm{m^3/h}$(标准状况)，$r_N = 1.977\ \mathrm{kg/m^3}$，$p_1 = 40 \times 100\ \mathrm{kPa}$(绝压)[①]，$p_2 = 22 \times 100\ \mathrm{kPa}$，$t_1 = 50\ ℃$，选用双座阀，求 K_v 值为多少？

(1) 按原平均密度法计算：

$$\frac{\Delta p}{p_1} = \frac{18}{40} = 0.45 < 0.5$$

为一般流动，K_v 值计算公式为

① 业内常用“100 kPa”作为整体，代表一个大气压，方便比较。

表 5-5　国际电工委员会推荐的新公式汇总

介　质	流动状态	计算公式	
		流动状态	K_v 值计算公式
液体	一般流动	同表 4-4 推荐公式	同表 4-4 推荐公式
	阻塞流动		
气体	一般流动	$\dfrac{\Delta p}{p_1} < F_K X_T$	$K_V = \dfrac{Q_N}{514 p_1 Y}\sqrt{\dfrac{T_1 r_N Z}{\Delta p/p_1}}$ 或 $K_V = \dfrac{Q_N}{457 p_1 Y}\sqrt{\dfrac{T_1 GZ}{\Delta p/p_1}}$ 或 $K_V = \dfrac{Q_N}{2\,460 p_1 Y}\sqrt{\dfrac{T_1 MZ}{\Delta p/p_1}}$
	阻塞流动	$\dfrac{\Delta p}{p_1} \geqslant F_K X_T$	$K_V = \dfrac{Q_N}{290 p_1}\sqrt{\dfrac{T_1 r_N Z}{KX_T}}$ 或 $K_V = \dfrac{Q_N}{258 p_1}\sqrt{\dfrac{T_1 GZ}{KX_{T_1}}}$ 或 $K_V = \dfrac{Q_N}{1\,390 p_1}\sqrt{\dfrac{TMZ}{KX_T}}$
蒸汽	一般流动	$\dfrac{\Delta p}{p_1} < F_K X_T$	$K_V = \dfrac{G_S}{31.6Y}\sqrt{\dfrac{1}{\Delta p r_1}}$ 或 $K_V = \dfrac{G_S}{101 p_1 Y}\sqrt{\dfrac{T_1 Z}{M\Delta p/p_1}}$
	阻塞流动	$\dfrac{\Delta p}{p_1} \geqslant F_K X_T$	$K_V = \dfrac{G_S}{17.8Y}\sqrt{\dfrac{1}{KX_T p_1 r_1}}$ 或 $K_V = \dfrac{G_S}{62 p_1}\sqrt{\dfrac{T_1 Z}{KX_T M}}$
表中代号及单位	原有代号	Q_N：气体标准状态下的流量，m^3/h　G_S：蒸气质量流量，kg/h r_N：气体标准状态下的密度，kg/m^3　T_1：入口热力学温度，K p_1：阀前绝压，100 kPa　Δp：压差，100 kPa r_1：入口蒸汽密度，kg/m^3（若为过热蒸汽时，带入过热条件下的实际密度） G：对空气的密度	

（续表）

介　质	流动状态	计算公式	
		流动状态	K_v 值计算公式
表中代号及单位	新引入代号	F_K：比热容比系数，$F_K = K/1.4$　K：气体的绝热指数 X_T：临界压差比系数，$X_T = 0.84F_L$　M：气体的分子量 Y：线胀系数，$Y = 1 - \frac{\Delta p/p_1}{3F_K X_T}$（$Y = 0.667 \sim 1.000$） Z：压缩系数（由比压力 p_4/p_c 和比温度 T_1/T_C 查表，p_c 为临界压力，T_C 为临界温度）	

$$K_v = \frac{Q_N}{380}\sqrt{\frac{r_N(273+t)}{\Delta p(p_1+p_2)}} = \frac{76\ 000}{380} \times \sqrt{\frac{1.977(273+50)}{18(40+22)}} = 151.3$$

(2) 按平均重度修正法计算：

查表得 $F_L = 0.85$，故

$$0.5F_L^2 = 0.5 \times 0.85^2 = 0.36$$

$$\frac{\Delta p}{p_1} = 0.45 > 0.5F_L^2$$

为阻塞运动，K_v 值计算公式为

$$K_v = \frac{Q_N}{330} \times \sqrt{\frac{r_N(273+t)}{p_1 F_L}} = \frac{76\ 000}{330} \times \sqrt{\frac{1.977(273+50)}{40 \times 0.85}} = 171.2$$

(3) 按线胀系数修正重度法计算：

查有关物理参数得 $K = 1.3$，$p_c = 75.42 \times 100$ kPa，$T_C = 304.2$ ℃。根据 p_c、T_C 查图得 $Z = 0.827$，流动状态差别。

$$QX_T = 0.84F_L^2 = 0.84 \times 0.85^2 = 0.61$$

$$F_K = K/1.4 = 1.3/1.4$$

$$X_T F_K = 0.61 \times 1.3/1.4 = 0.57$$

为一般流动，采用公式为

$$K_V = \frac{Q_N}{514 p_1 Y}\sqrt{\frac{T_1 r_N Z}{\Delta p/p_1}}$$

计算 K_V 值：

$$Y = 1 - \frac{\Delta p/p_1}{3F_K X_T} = 1 - \frac{0.45}{3 \times 0.57} = 0.74$$

$$K_V = \frac{Q_N}{514 p_1 Y}\sqrt{\frac{T_1 r_N Z}{\Delta p/p_1}} = \frac{76\ 000}{514 \times 40 \times 0.74} \times \sqrt{\frac{323 \times 1.977 \times 0.827}{0.45}}$$
$$= 171.1$$

(4) 结论：

由计算实例可见，采用平均重度修正法与线胀系数修正重度计算结论基本一致，其 K_v 值为 171.1～171.2，而原平均重度法计算出的 K_v 值为 151.3，相差(171.2 − 151.3)/151.3 × 100% = 13%。

平均重度修正法与线胀系数修正法实际计算结果有差别，而后者精度更高，但计算复杂，推广应用还比较困难。前者精度低些，同时也考虑了 F_L 的影响。前者由于计算简便，需要的物理参数不多，使用起来更加方便，从满足工程应用和简化上看，更适用。

5.1.2 调节阀 S 值的选定

压差的确定是调节阀计算中的关键。在阀的工作特性讨论中知道：S 越大，越接近理想特性，调节性能越好；S 越小，畸变越严重，因而可调比减小，调节性能变差。但从装置的经济性考虑时，S 小，调节阀压降变小，系统压降相应变小，这样可选较小行程的泵，即从经济性和节约能耗上考虑，S 越小越好。综合来说，一般取 $S=0.1\sim0.3$（不是原来的 $0.3\sim0.6$），对高压系统应取小值，可取 $S=0.05$。最近，为减小调节阀上的能耗，还提出了采用低 S（$S=0.05\sim0.10$）的设计方法，即选用低 S 节能调节阀。

压差计算公式由 S 定义，$S=\Delta p/(\Delta p+\Delta p_t)$ 得

$$\Delta p=\frac{S\Delta p_t}{1-S}$$

再考虑设备压力的波动影响，加(5%～10%)p 作为余量，故

$$\Delta p=\frac{S\Delta p}{1-S}+(0.05\sim0.10)p \tag{5-15}$$

式中：Δp 为调节阀全开时的阀上压降，MPa；Δp_t 为调节阀全开时，除调节阀外的系统压力损失总和（即管道、弯头、节流装置、手动阀门、热交换器等损失之和），MPa。

对一个实际投运了的系统，如引进装置，对方提供了已知的最大、最小流量及相应压差，阀门的标准 K_v，即可由以下公式求 S：

$$S=\frac{Q_{\max}^2-Q_{\min}^2}{Q_{\min}^2\left(\dfrac{K_V^2}{K_{V\min}^2}-1\right)-Q_{\max}^2\left(\dfrac{K_V^2}{K_{V\max}^2}-1\right)} \tag{5-16}$$

5.1.3 放大倍数的选定

可以推导证明，放大系数 m 计算式，就是调节阀固有流量特性表达式 $f(l/L)$ 的倒数（l/L 为相对行程，即开度）。常用流量特性的 m 计算值见表 5-6。

表 5-6　放大倍数 m 值的计算值

可调比	流量特性	相对行程								
		10%	20%	30%	40%	50%	60%	70%	80%	90%
30	直线	7.69	4.41	3.09	2.38	1.94	1.63	1.41	1.24	1.11
	等百分比	21.4	15.2	10.8	7.70	5.48	3.90	2.77	1.97	1.41
	平方根	4.61	2.62	1.90	1.53	1.32	1.18	1.10	1.04	1.01
	抛物线	14.3	8.35	5.46	3.85	2.86	2.21	1.76	1.43	1.18
50	直线	8.47	4.36	3.18	2.43	1.96	1.64	1.42	1.24	1.11
	等百分比	33.8	22.9	15.5	10.4	7.07	4.78	3.23	2.19	1.48
	平方根	4.85	2.68	1.92	1.54	1.32	1.18	1.10	1.04	1.01
	抛物线	19.4	10.2	6.28	1.25	3.07	2.32	1.81	1.46	1.20

针对过去资料中在开度验算公式和工作开度允许值方面存在的问题，我们特别推导出新的验算公式以及相应的工作开度允许值，其内容见表 5-7。其中，开度验算公式应采用以理想流量特性推导出的公式，该公式虽然形式简洁，但其 K_{Vi} 紧密关联于实际工作条件下的流量系数计算。

5.1.4　计算实例

［实例 1］　对于工作介质液氨，$t=33$ ℃，$r=0.59\ \text{g/cm}^3$，$p_v=15\times100$ kPa，$Q_{max}=15\ \text{m}^3/\text{h}$，对应 Q_{max} 之 p_1、p_2、Δp_{min} 为 530×100 kPa、130×100 kPa、400×100 kPa，$Q_{min}=5\ \text{m}^3/\text{h}$，$\Delta p_{max}=500\times100$ kPa，$S=0.2$。选用高压阀、直线特性、带定位器工作，求流通直径 DN。

解：流量已确定为 $Q_{max}=15\ \text{m}^3/\text{h}$，$Q_{min}=5\ \text{m}^3/\text{h}$。压差确定为：$\Delta p_{min}=400\times100$ kPa，$\Delta p_{max}=500\times100$ kPa。

1) K_v 计算

第一步：查表得 $F_L=0.8$

第二步：决定流动状态

$\because 0.5p_1\gg p_v$

表 5-7　正确的开度验算公式及验算要求

内　容		原公式及验算要求	原公式及验算要求存在的问题	正确公式及验算要求
验算公式	考虑实际工作情况(即考虑对 S 的影响)的开度验算公式	直线特性： $K=\left[1.03\sqrt{\dfrac{S}{S-1+\dfrac{K_V^2\Delta p}{Q_i^2 r}}}-0.03\right]\times 100\%$ 对数特性： $K=\left[\dfrac{1}{1.48}\lg\sqrt{\dfrac{S}{S-1+\dfrac{K_V^2\Delta p}{Q_i^2 r}}}+1.0\right]\times 100\%$	由于原公式是基于液体的流量特性来推导的，不能用于气体。用于气体时，公式的根号内出现负值，无法计算	直线特性： $K=\dfrac{30K_{Vi}/K_V-1}{29}\approx K_{Vi}/K_V$ 对数特性： $K=1+\dfrac{1}{1.48}\lg\dfrac{K_{Vi}}{K_V}$
	以理想流量特性(即不考虑 S 的影响)来验算的近似公式	$K=\dfrac{K_{Vi}}{K_V}$	K_{Vi}/K_V 实际是相对流量，只有在直线特性时可近似看成相对开度，用于对数特性时，将造成验算上的错误	

（续表）

内容		原公式及验算要求	原公式及验算要求存在的问题	正确公式及验算要求
开度验算	最大工作开度验算	希望大工作开度应在90%左右，即 $K_{max} \approx 90\%$	不管流量特性及是否带定位器，笼统地将最大开度规定为90%左右是不合理的。以90%计算，若系统处于最大流量状态，而调节阀又出现最大的负流量误差时，直线特性将有4% K_V（不带定位器）、1% K_V（带定位器）的流量不能通过调节；选用对数特性时，使调节阀还有5% K_v（不带定位器）、16% K_v（带定位器）的容量没有充分利用，这可能导致调节阀选型过大	因为调节阀的 K_v 是理想值，应考虑其误差。因此，本方法考虑调节阀出现最大负行程偏差时和 -10% K_V 的流量误差时，具有的实际流量作为全开时的流量，令此流量为最大工作流量，得出条件如下。 直线特性： 不带定位器 $K_{max} < 86\%$ 带定位器 $K_{max} < 89\%$ 对数特性： 不带定位器 $K_{max} < 92\%$ 带定位器 $K_{max} < 96\%$
	最小工作开度验算	最小工作开度不应小于10%，即 $K_{min} > 10\%$	没考虑高压阀小开度冲蚀及小开度易振荡问题	一般情况 $K_{min} > 10\%$ 高压关阀、阀稳定性差时 $10\% < K_{min} \leqslant 30\%$
式中代号		Q_i：某一开度的流量，m^3/h　K_V：调节阀的流量系数 K：对应 Q_i 的工作开度　Δp：调节阀全开的压差，100 kPa r：介质密度，kg/cm^3　S：压差分配比 K_{Vi}：对应 Q_i 的计算流量系数		

$\therefore \Delta p_c = F_L^2(p_1 - p_v) = 0.82 \times (530 - 15) = 329.6 \times 100(\text{kPa})$

又 $\Delta p_{min} > \Delta p_c$ 均为阻塞流

第三步：采用阻塞流动状态的 K_v 计算公式

$$K_V = Q\sqrt{\frac{r}{\Delta p_c}}$$

$$K_{V\max} = Q_{\max}\sqrt{\frac{r}{\Delta p_c}} = 15\sqrt{\frac{0.59}{320}} = 0.644$$

$$K_{V\min} = Q_{\min}\sqrt{\frac{r}{\Delta p_c}} = 5\sqrt{\frac{0.59}{320}} = 0.21$$

根据 $K_{V\max} = 0.64$，查高压阀流量系数，得 DN 为 10，阀座流通直径 $d_g = 7$，其 $K_v = 1.0$。

2）开度验算

因 $K_v = 1$，只有直线特性，应采用直线特性验算公式，故有：

$$K_{\max} = \frac{K_{V\max}}{K_V} = \frac{0.64}{1.0} = 64\%$$

$$K_{\min} = \frac{K_{V\min}}{K_V} = \frac{0.21}{1.0} = 21\%$$

$K_{\max} < 89\%$，$K_{\min} > 10\%$，故 $K_v = 1.0$ 验算合格

3）可调比验算

$$R_{实际} = 10\sqrt{S} = 10\sqrt{0.2} = 4.47$$

$$\frac{Q_{\max}}{Q_{\min}} = \frac{15}{5} = 3$$

$$R_{实际} \geqslant \frac{Q_{\max}}{Q_{\min}}$$

故验算合格。

4）压差校核

$\Delta p < [\Delta p]$（因 $d_s > d_g$），校核通过。

结论为：DN 为 10，$d_g = 7$ mm，$K_v = 1.0$，验算合格。

5.1.5 可调比验算

调节阀的理想可调比 $R = 30$，但在实际运行中，受工作特性的影响，S 越小，最大流量相应越小。同时，工作开度不是从 0 至全开，而是在 10%～90%

的开度范围内工作，使实际可调比进一步下降，一般能达 $R=10$ 左右，因此验算时，以 $R=10$ 来进行。

验算公式 $R_{实际}=R\sqrt{S}$，代入 $R=10$，得可调比验算公式为 $R_{实际}=10\sqrt{S}$。 $S\geqslant 0.3$ 时，$R_{实际}\geqslant 3.5$，能满足一般生产要求，此时，可以不验算。

若调节阀不能满足工艺上最大流量、最小流量的调节要求时，可采用两个调节阀进行分程控制，也可选用一台可调比 R 较大的特殊调节阀来满足使用要求。

5.1.6 执行机构的刚度验算与调节阀的稳定性校核

1) 执行机构刚度

执行机构抵抗负荷变化对行程影响的能力称为执行机构的刚度，也等于弹簧刚度。气动执行机构的刚度表达式为

$$B=K=\frac{\Delta f_t}{\Delta L}=\frac{p_r A_e}{L} \tag{5-17}$$

式中：B、K 分别为执行机构、弹簧的刚度；Δf_t 为不平衡力，N；ΔL 为推杆位移的变化量，mm；p_r 为气源压力；A_e 为气源作用面积；L 为最大行程。

从式(5-17)中，可得出如下推论：

(1) 刚度越大，在相同 Δf_t 变化下，推杆位移变化量 ΔL 越小，阀越稳定，反之亦然。

(2) $B\propto p_r$，弹簧范围越大，刚度越大，阀越稳定，故阀易产生振荡时，应选 p_r 大的弹簧。

2) 调节阀的稳定性

调节阀的稳定性与关闭时的不平衡力 F_t 对阀的作用方向有关。当 F_t 的作用方向是将阀芯顶开时(即“$-F_t$”)，调节阀就稳定。反之，F_t 的作用方向是将阀芯压闭(即“$+F_t$”)时，阀的稳定性就差，即容易产生振荡。调节阀在现场通常产生振荡就是此原因。解决振荡的办法就是改变阀的流向，把“$+F_t$”变成“$-F_t$”，调节阀的振荡即可消除。

对“$-F_t$”，当干扰使阀增加一个“ΔF_t”时，阀被顶开，阀芯被顶开压差就下降，“ΔF_t”就自动消失。由此看出，因为它能自动排除干扰，所以阀稳定。

对“$+F_t$”，当干扰使阀增加一个“ΔF_t”时，阀芯被压闭，使阀的压差增加，“ΔF_t”再进一步增大，又进一步压闭阀芯，压差再增加，“ΔF_t”再增加，这

样就破坏了原平衡状态，阀芯在干扰作用下不能自动消除它，反而使得作用被放大，迫使阀芯做浮上浮下运动，这就是调节阀的振荡。

3）调节阀稳定性的校核

在对“$+F_t$”工作时，阀的稳定性差。在什么条件下才认为是稳定的呢？它与阀的刚度有关，最终的结果（推导略）：稳定的条件是“$+F_t$”$<1/3p_rA_e$；不稳定的条件是“$+F_t$”$\geqslant 1/3p_rA_e$。

4）调节阀不稳定（振荡）的克服

从上述看出，“$+F_t$”稳定性差，“$-F_t$”稳定性好，通常阀产生振荡都是在“$+F_t$”下工作造成的。遇到此现象，首先分析受力和流向，若为“$+F_t$”工作，只需将阀改变流向安装即可，从根本上消除上述问题；若不能改变流向，则必须增大弹簧范围，如 $p_r=20\sim100$ kPa 改为 $p_r=40\sim200$ kPa 等。

5.1.7 阀门流量的特性选择

5.1.7.1 调节阀理想流量特性

1）调节阀的流量特性定义

调节阀的流量特性是指介质流过阀门的相对流量与相对开度的关系。数学表达式为

$$\frac{Q}{Q_{\max}}=f\left(\frac{l}{L}\right) \tag{5-18}$$

式中：Q 为某一开度下的流量，$\mathrm{m^3/h}$；$\frac{Q}{Q_{\max}}$ 为相对流量；L 为全开位移，mm；$\frac{l}{L}$ 为相对开度。

一般来说，改变调节阀阀芯、阀座间的节流面积便可以调节流量。由于多种因素的影响，改变节流面积，流量改变，导致系统中阻力改变，进而使调节阀前后压差改变。为了便于分析先假定阀门前后压差不变，然后再引申到真实情况进行讨论。前者称为理想流量特性，后者称为工作流量特性。理想特性又称固有流量特性。

2）直线特性

是指调节阀的相对流量与相对开度呈直线关系，即单位行程变化引起的流量变化是常数，用数学式表达为

$$\frac{\mathrm{d}\,\dfrac{Q}{Q_{\max}}}{\mathrm{d}\,\dfrac{l}{L}}=K \tag{5-19}$$

式中：K 为常数，即调节阀的放大系数。

将式(5－19)积分得

$$\frac{Q}{Q_{\max}}=K\,\frac{l}{L}+C$$

式中：C 为积分常数。

代入边界条件：$l=0$ 时，$Q=Q_{\min}$，$l=L$ 时，$Q=Q_{\max}$。从积分式中解出常数项为

$$C-\frac{Q_{\min}}{Q_{\max}}=\frac{1}{R}$$

$$K=1-C=1-\frac{1}{R}$$

$$\frac{Q}{Q_{\max}}=\frac{1}{R}\left[1+(R-1)\,\frac{l}{L}\right] \tag{5-20}$$

式(5－20)表明，$Q/Q_{\max}$ 与 l/L 之间呈线性关系，在直角坐标上得到一条直线。因 $R=30$，当 $l/L=0$ 时，$Q/Q_{\max}=\dfrac{1}{R}=0.033$；当 $l/L=1$(即全开)时，$Q/Q_{\max}=1$。连接上述两点得直线特性曲线(见图 5－5 中曲线 1)。

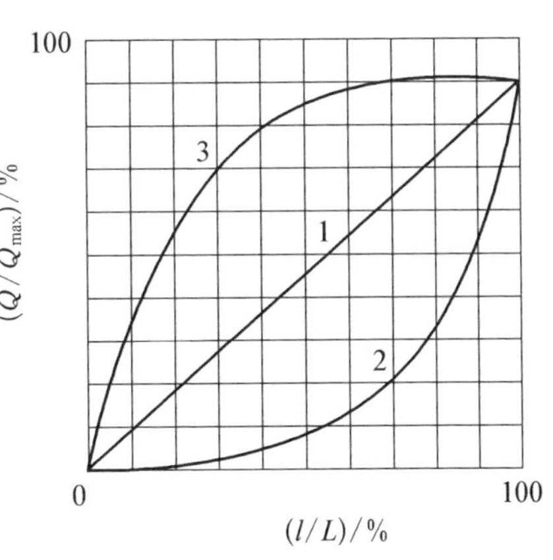

1—直线；2—等百分比；3—快开。

图 5－5　理想流量特性

从图 5－5 中看出，直线特性调节阀的曲线斜率是常数，即放大系数是常数。从式(5－20)中看出，当开度 l/L 变化 10％时，所引起的相对流量的增量总是 9.67％，但相对流量的变化量却不同。以开度 10％、50％、80％ 3 个工况点为例，其相对的流量见表 5－8。

在 10％开度时，流量相对变化值为：

$$\frac{22.7-13}{13}\times 100\%=\frac{9.7}{13}\times 100\%=75\%$$

在 50%开度时，流量相对变化值为

$$\frac{61.3-51.7}{51.7}\times 100\%=\frac{9.7}{51.7}\times 100\%=19\%$$

在 80%开度时，流量相对变化值为

$$\frac{90.3-80.6}{80.6}\times 100\%=\frac{9.7}{80.6}\times 100\%=12\%$$

可见，直线特性的阀门在小开度工作时，流量相对变化太大，调节作用太强，易产生超调引起振荡；而在大开度时，流量相对变化小，调节太弱，不够及时。为解决上述问题，希望在任意开度下的流量相对变化不变，从而产生对数特性。

表 5-8　流量特性对应的相对流量 $\frac{l}{L}$ ($R=30$)

流量特性	相对行程 Q/Q_{maxX}										
	0%	10%	20%	30%	40%	50%	60%	70%	80%	90%	100%
直线流量特性	3.3	13.0	22.7	32.3	42.0	51.7	61.3	71.0	80.6	90.3	100
等百分比流量特性	3.3	4.67	6.58	9.26	13.0	18.3	25.6	36.2	50.8	71.2	100
快开流量特性	3.3	21.7	38.1	52.6	65.2	75.8	84.5	91.3	96.13	99.03	100
抛物线流量特性	3.3	7.3	12	18	26	35	45	57	70	84	100

3) 对数(又称等百分比)特性

对数特性是指单位行程变化所引起的相对流量变化与该点的相对流量成正比，即调节阀的放大系数是变化的，它随相对流量的增加而增大。用数学式表达为

$$\frac{\mathrm{d}\frac{Q}{Q_{\max}}}{\mathrm{d}\frac{l}{L}}=K\frac{Q}{Q_{\max}} \tag{5-21}$$

将边界条件代入式(5 - 21)，定常数项，得

$$\frac{Q}{Q_{max}}=R^{\left(\frac{l}{L}-1\right)} \tag{5-22}$$

从式(5 - 22)看出，相对开度与相对流量呈对数关系，故称对数特性。在直角坐标中，得出一条对数曲线(图 5 - 5 中曲线 2)。为了和直线特性比较，同样以开度 10%、50%和 80% 3 个工况点为例，当开度变化 10%时，从表 5 - 8 中得出：

$$\frac{6.58-4.67}{4.67}=\frac{25.6-18.3}{18.3}=\frac{71.2-50.8}{50.8}=40\%$$

可见，单位位移变化引起的流量变化与此点的原有流量成正比，而流量相对变化的百分比总是相等的，故又称等百分比特性。

由于对数特性的放大系数 K 随开度的增加而增加，因此有利于系统调节。在小开度时，流量的变化也小，调节阀放大系数小，调节平稳缓和；在大开度时，流量的变化也大，调节阀放大系数大，调节灵敏有效。从图 5 - 5 可知，对数特性始终在直线特性的下方，因此，在同一行程时流量比特性小。

5.1.7.2　调节阀的工作流量特性

在实际运行中，调节阀前后压差总是变化的，这时的流量特性称为工作流量特性。

1) 串联管道的工作流量特性

调节阀开度的变化会引起流量的变化。在管路系统中，阻力损失与流速的平方成正比，流量变化后系统阻力(如弯头、手动阀门、管理损失等)相应改变，因此，调节阀上压降也相应变化。其公式为

$$\Delta p_i=\frac{\Delta p}{\left(\frac{1}{S}-1\right)f^2\left(\frac{l}{L}+1\right)} \tag{5-23}$$

进一步推导，得出工作流量特性公式为

$$\frac{Q}{Q_{max}}=f'\left(\frac{l}{L}S\right)=\frac{f\left(\frac{l}{L}\right)}{\sqrt{\frac{l}{S}\times f^2\left(\frac{l}{L}\right)+1}} \tag{5-24}$$

从式(5 - 24)可以看出，工作流量特性与压降分配比 S 有关。阀上压降越

小，调节阀全开流量相应越小，曲线越向下移，使理想的直线特性畸变为快开特性，理想的对数特性畸变为直线特性(图 5-6)。可见，S 太小，对调节不利，一般不小于 0.3。阀补偿这种畸变后，S 可达 0.05～0.10。

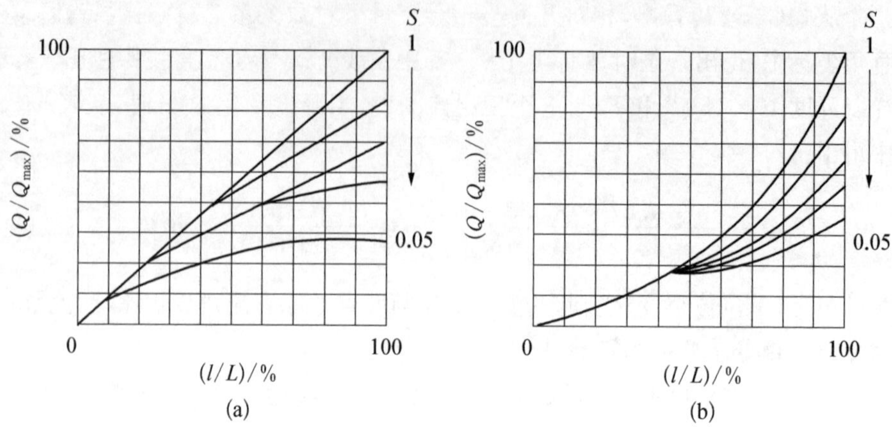

图 5-6 串联管道时调节阀的工作特性(以 Q_{min} 为参数对比值)

(a) 线性；(b) 对数

2) 并联管道的工作流量特性

在可调比分析中知道，调节阀的 Q_{min} 为旁通阀流量 $Q_{旁}$。因此，旁通阀流量越大，Q_{min} 越大，Q_{min} 上移，使整个曲线上移(图 5-7)，其中 X 是调节阀全开的最大流量/总管最大流量。一般 $X \geqslant 0.8$，即旁通阀流量不应超过总流量的 20%。

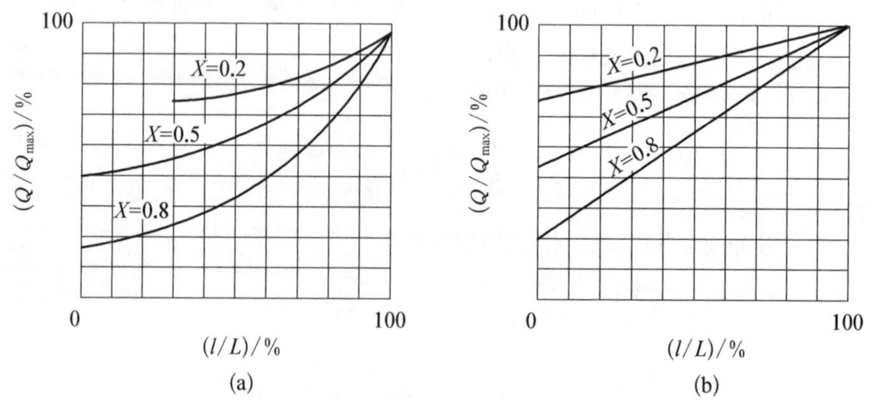

图 5-7 并联管道时调节阀的工作特性(以 Q_{min} 为参数对比值)

(a) 线性；(b) 对数

5.1.7.3　对传统流量特性理论的突破

传统的流量特性设计理论都是按调节阀压降不变的理想状况来设计定型的,即 $S=1$ 的理想流量特性。实际工作中,$S<1$,工作特性偏离理想特性产生畸变。为了保证流量特性有较好的调节品质,要求实际工作情况向理想情况靠拢,提出 S 应为 0.3~0.6。$S<0.3$ 时,实际工作特性畸变很大。因此,应该研究实际工作中具有代表性的、典型的 S,使阀固有特性尽可能与工作特性相吻合。

5.1.7.4　节能调节阀流量特性

节能调节阀的实质就是保证在低 S 运行条件下,调节阀有较理想的流量特性。能否在低 S 下运行,传统的讨论都是僵持在阀的固有流量特性上。S 太小,一是可调范围减小,二是流量特性畸变。因此,为保证调节阀的调节品质,S 应取大一些,一般为 0.3~0.6。

在试验中,通过修正阀芯曲面或套筒窗口的形状和尺寸,成功且便捷地解决了低 S 流量特性畸变的问题。实际可调比可达 30,实际流量特性满足了国标对流量特性误差考核的要求,完全达到了同普通阀相媲美的水平。这一突破彻底打破了以往仅在理想固有特性上讨论,并机械地把 S 定在 0.3 以上的传统思维模式。传统方法往往通过提高阀上压降来换取调节品质的提升,但这无疑是以牺牲能耗为代价的。现在,通过对阀的小幅度修正来解决问题,不仅简单易行,而且还节约了大量能耗。

5.1.7.5　流量特性的选择

(1) 鉴于工作流量特性的选择方法多种多样,此处不逐一阐述。这里,推荐根据流量特性的使用特点得出的一种直观选择流量特性的参考,见表 5-9,推荐根据系统的主要干扰来选择的参考,见表 5-10。

表 5-9　直观选择流量特性参考表

项　目	直线流量特性	对数流量特性
流量特性的选择	具有恒定压降的系统	阀前后压差变化大的系统
	压降随负荷增加而逐渐下降的系统	压降随负荷增加而急剧下降的系统
		调节阀压降在小流量时和大流量时要求一致

（续表）

项　目	直线流量特性	对数流量特性
流量特性的选择	压降随负荷增加而逐渐下降的系统	介质为液体的压力系统
流量特性的选择	介质为气体的压力系统，其阀后管线长于 30 m	介质为气体的压力系统，其阀后管线短于 3 m
		流量范围窄小的系统
		阀需要加大流通直径的场合
	工艺参数给定准确，且外界干扰小的系统	工艺参数不准确，且外界干扰大的系统
		调节阀压降占系统总压降较小的场合：$S<0.6$
	阀流通直径较大，从经济上考虑时	从系统安全角度考虑时

表 5-10　工作流量特性选择

系统及被调参数	干　扰	流量特性	说　明
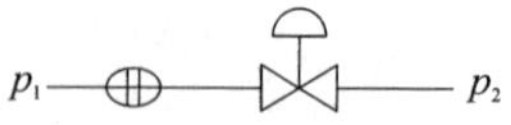 p_1　p_2 流量控制系统	给定值	线性	变送器带开方器
	p_1、p_2	等百分比	
	给定值	快开	变送器不带开方器
	p_1、p_2	等百分比	
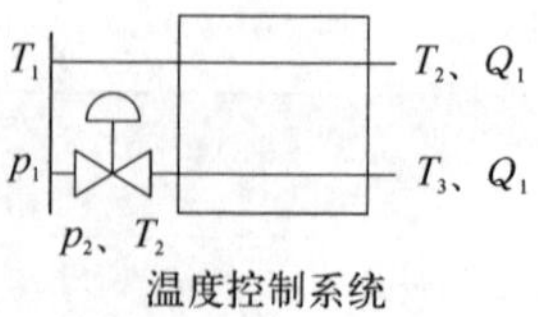 T_1　T_2、Q_1　p_1　T_3、Q_1　p_2、T_2 温度控制系统	给定值 T_1	线性	
	p_1、p_2、T_3、T_4、Q_1	等百分比	
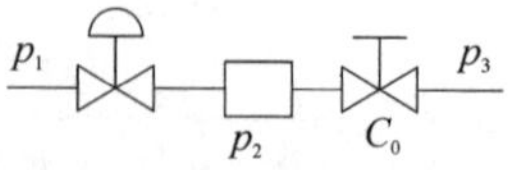 p_1　p_3　p_2　C_0 压力控制系统	给定值 p_1、p_3、C_0	线性	液体
	给定值 p_1、C_0	等百分比	气体
	p_3	线性	

（续表）

系统及被调参数	干　扰	流量特性	说　明
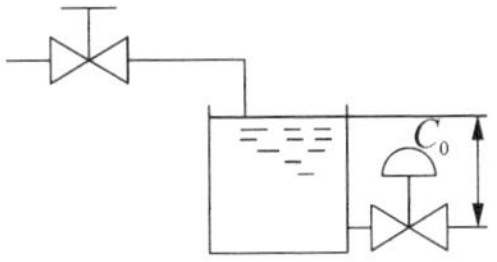 液位控制系统	给定值	线性	
	C_0	线性	
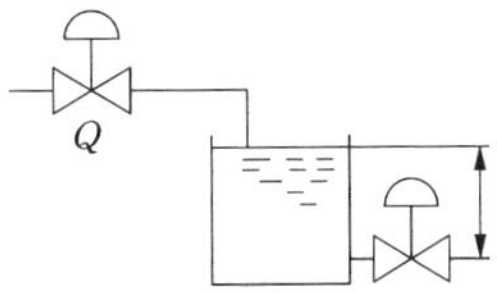 液位控制系统	给定值	等百分比	
	Q	线性	

(2) 固有流量特性的确定。① 根据 S 确定阀固有特性。根据表5-11选定工作特性，再根据 S 确定阀固有特性（即理想特性）。② 根据不平衡力作用方向确定阀固有特性。不平衡力变化为“$-F_t$”（作用方向将阀芯压开）时，按通常方法即按上述方法确定；不平衡力变化为“$+F_t$”（作用方向将阀芯压闭）时，选用对数特性。

表5-11　调节阀固有流量特性选择

调节阀与系统压降之比	要求的工作特性	选用的固有特性
≥0.6	平方根	平方根
	直线	直线
	等百分比	等百分比
<0.6	平方根	等百分比
	直线	等百分比
	等百分比	等百分比

5.1.8 作用方式的选择

1）调节阀作用方式的选择

气动调节阀按作用方式不同，分为气开阀与气闭阀两种。气开阀随着信号压力的增加而打开，无信号时，阀处于关闭状态。气闭阀即随着信号压力的增加，阀逐渐关闭，无信号时，阀处于全开状态。

气开、气闭阀的选择主要从生产安全角度考虑。当系统因故障等原因使信号压力中断时(即阀处于无信号压力的情况下时)，考虑阀应处于全开还是关闭状态才能避免损坏设备和保护工作人员。若阀处全开位置危害性小，则应选气闭阀；反之，应选气开阀。

2）气动薄膜执行机构作用方式的决定

选定了调节阀作用方式之后，即可决定气动薄膜执行机构的作用方式，即决定正作用或反作用执行机构的问题。

传统的执行机构与阀体部件的配用情况见表 5－12。依据所选的气开阀或气闭阀，从该表中即可决定执行机构的作用方式及型号。

表 5－12　阀作用方式与执行机构作用方式

<table>
<tr><th colspan="2">项　目</th><th colspan="3">内　容</th></tr>
<tr><td rowspan="3">执行机构</td><td>作用方式</td><td colspan="2">正作用</td><td>反作用</td></tr>
<tr><td>型号</td><td colspan="2">ZMA</td><td>ZMB</td></tr>
<tr><td>动作情况</td><td colspan="2">信号压力增加，推杆运动向下</td><td>型号压力增加，推杆运动向上</td></tr>
<tr><td colspan="2">阀芯导向形式</td><td>双导向</td><td colspan="2">单导向</td></tr>
<tr><td colspan="2">执行机构作用方式</td><td colspan="2">正作用</td><td>反作用</td></tr>
<tr><td>阀的作用方式</td><td>气开式</td><td> </td><td></td><td> 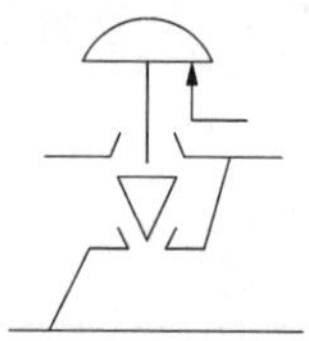</td></tr>
</table>

（续表）

项目		内容		
阀的作用方式	气闭式	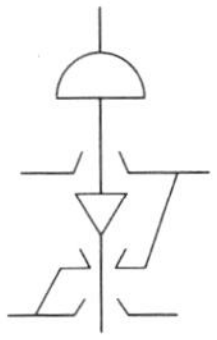	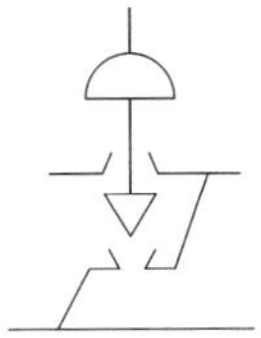	
结论		双导向阀：气开/气闭均配正作用执行机构；单导向阀：气开配反作用、气闭配正作用执行机构。（现在双导向阀气开式也见反作用配置）		

值得强调的是，对气开阀采用倒装阀芯去配正作用执行机构是不可取的。不去考虑阀的本身（阀芯仍然正装），而从改配反作用执行机构解决，这样既简单、又方便（理由是改动阀比改反作用执行机构复杂得多）。

5.1.9 调节阀流向选择

由于介质流动方向的改变，一是使得阀前后压力 p_1、p_2 对换，不平衡力作用方向或大小改变，二是介质对阀芯的绕流方向改变，使流动轨迹发生变化，对液体的阻力不同。

5.1.9.1 流向对工作性能的影响

1) F_t 作用方向改变对工作性能的影响

对阀杆直径 d_s、阀座流通直径 d_g 改变的调节阀，不同流向，可引起 F_t 作用方向的改变，它将带来如下影响。

(1) 对稳定性的影响：前面已经分析了，“$-F_t$”时，阀稳定，“$+F_t$”时，稳定性差。

(2) 对阀芯密封性能的影响：“$-F_t$”时，阀芯密封力 $F_O=F-F_t$，“$+F_t$”时，不平衡力本身是将阀芯压闭的，从而增加了密封比压。可见前者密封力小，密封性能差；后者密封力大，密封性能好。

(3) 对许用压力、许用压差的影响：由于流向的改变，使阀杆端压力为 p_1 或 p_2，前者不平衡力比后者小，使许用压力、许用压差改变，p_1 在阀杆端比 p_2 在阀杆端$[\Delta p]$大（$d_s<d_g$ 时）。在同样阀芯装配上，流闭型的许用压力、许用压差较流开型大（$d_s\leqslant d_g$，因其输出力大）。

2）流体阻力改变对工作性能的影响

首先，从流体力学分析流体对不同绕流物的阻力情况。在表5-13中，飞机机翼是在风洞里试验，风速为210 mile[①]/h。当圆头向上时，阻力为1个单位；将机翼倒转180°，使尖尾朝前，则阻力为前者的2倍。把前一情况模拟为流闭型，后一情况模拟为流开型，即可得到流闭型比流开型阻力小的结论。其主要原因在于大头向前时产生的涡流区远小于大头向后产生的涡流区，因此大头向前的阻力小于大头向后的阻力。在调节阀中，因流闭型阻力比流开型小，故流闭型的流量系数比流开型大，一般可提高10%～15%，同时，也提高了阀的可调范围。由于一般调节阀的流量系数、流量特性是在流开型状态下由试验确定的，即流开型具有标准的流量系数和理想流量特性，因此，选用流闭型可得到比标准流量系数大10%～15%的流量系数。另外，这一差别主要发生在大开度上，它可以补偿S影响，即流闭型大开度流量增加，适当地减小了特性曲线的畸变。

表5-13 调节阀流阻力模拟

机翼阻力试验			模拟阀芯节流	
试验条件	流动示意图	阻力单位	流向	阻力
风速：210 mile/h 从圆头向尖尾绕流		1	流闭型	小
风速同上，从尖尾向圆头绕流		2	流开型	大

3）流动方向改变对调节阀使用寿命的影响

由于介质流动方向改变，介质对阀芯、阀座产生的冲刷和汽蚀作用也发生了变化。对于流开型调节阀，[图5-8(a)]介质从阀芯尖端往大的一端流动，

① 1英里(mile)=1.609千米(km)。

冲刷和汽蚀直接作用在密封面上，同时，介质一旦经过节流口后，流速突然减慢，相当于突然扩大，使压力急剧回升，因此，汽蚀作用较强，使密封面很快被破坏。故流开型使用寿命短。对于流闭型调节阀，[图 5-8(b)]与上述情况相反，汽蚀和冲刷主要作用在密封面的下方，同时，介质需要流经阀座后才突然扩大使压力急剧回升，因此，在流经阀座通道过程中，相当于逐步扩大，压力恢复慢，减少了汽蚀的破坏；流出阀座后，压力急剧回升，汽蚀加剧，但是它基本上不作用在阀芯阀座密封面上。故流闭型使用寿命长。实践证明，在严重冲刷和汽蚀条件下，流闭型调节阀的使用寿命通常比流开型要长得多。

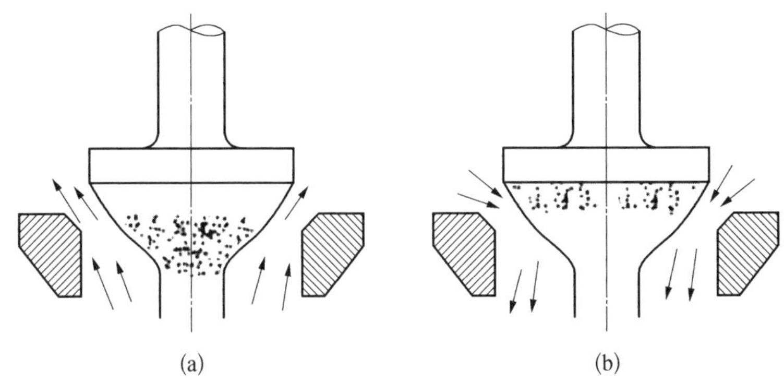

图 5-8 流动方向改变对调节阀使用寿命的影响图

(a) 流开型；(b) 流闭型

4) 不同流向对调节阀工作性能的影响

(1) 流向对调节阀产生闪蒸临界压差 Δp_C 的影响。由于流闭型调节阀阻力小，流开型调节阀阻力大，因此，在节流时前者阻力小，压力恢复大，即压力损失小，后者阻力大，压力损失也大。如果让压力下降的最低点恰好等于该介质的饱和蒸气压 p_V 值，此时在阀上的压降就恰好等于产生闪蒸的临界压差 Δp_C(图 5-9)。从图中可以明显地看出：流闭型 Δp_{C1} 小，流开型 Δp_{C2} 大，即流闭型比流开型易产生闪蒸。由计算 $\Delta p_C = F_L^2(p_1 - p_V)$ 可见，其中 F_L 反映了压力在节流口的恢复程度。查表得知：单座阀流闭型 $F_L = 0.8$，流开型 $F_L = 0.9$；角形阀流闭型 $F_L =$

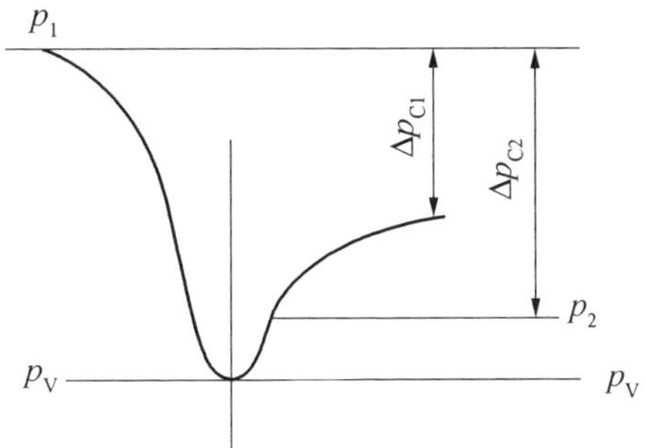

图 5-9 流向对 Δp_C 的影响

0.50～0.80，流开型 $F_L=0.85～0.90$。因此，流闭型 F_L 小，故 Δp_C 小。

(2) 流向对调节阀“自洁”作用性能的影响。

对于角形调节阀，流闭型介质往下流动(侧进底出)，有冲刷和“清洗”的作用，故“自洁”作用好；对于流开型，介质往上流动(底进侧出)，介质中的易沉淀物易堆积在上容腔死区内，造成堵塞现象，故“自洁”作用差。这就是调节阀用于易堵塞场合时应选流闭型的原因。

(3) 流向对阀杆密封性能的影响。

当 p_2 处于阀杆端时，阀杆密封性好，p_1 在阀杆端时，阀杆密封性较前者差，特别是在高压差时更加突出。

5.1.9.2 流向对调节阀工作性能的影响及选择

一般调节阀对流向的要求可分为 3 种情况：

(1) 对流向没有要求，即为任意流向，如球阀、普通蝶阀。

(2) 规定了某一方向，一般不得改变，如三通阀、文丘里角阀、双密封带平衡孔的套筒阀。

(3) 根据具体的工作条件，流向的选择成了一个重要问题。这类阀主要为单座阀、单密封的调节阀，如单座阀、角形阀、高压阀，以及无平衡孔的单密封套筒阀等。为了便于应用，把流向对工作性能的影响分析归纳在一个表中，并以此作为选择调节阀流向的依据。从表 5－14 中可以看出，两种流向各有利弊，在具体选择时，应根据阀工作的主要矛盾来决定。

① 高压阀：$d_g \leqslant 20$ mm 时，通常压力大，压差高，汽蚀冲刷严重，应选流闭型；$d_g > 20$ mm 时，因存在稳定性问题，应根据情况决定。

② 角形阀：对高黏度、悬浮液、含固体颗粒介质，要求“自洁”性能好，应选流闭型；仅为角形连接时，可选流开型。

③ 单座阀，通常选流开型。

④ 小流量调节阀，通常选流开型，当冲刷严重时，可选流闭型。

⑤ 单密封套筒阀，通常选流开型，有“自洁”要求时，可选流闭型。

⑥ 对两位型调节阀(单座阀、角形阀、套筒阀等，快开流量特性)，应选流闭型；当出现水击、喘振时应改用流开型。其中，当选用流闭型且 $d_s < d_g$ 时，阀存在稳定性较差问题。

⑦ 最小工作开度大于 20%～30%，选用刚度大的弹簧[推荐选用(0.6～1.8)×100 kPa 范围的弹簧]和对数流量特性。

表 5-14　调节阀流向对工作性能的主要选择因素

<table>
<tr><th rowspan="2">流向对性能的影响</th><th rowspan="2">流开型</th><th rowspan="2" colspan="2">流闭型</th><th colspan="2">流向选用建议</th></tr>
<tr><th>流开型</th><th>流闭型</th></tr>
<tr><td rowspan="3">对稳定性影响</td><td rowspan="3">稳定</td><td colspan="2">$d_s \geqslant d_g$ 稳定</td><td></td><td>√</td></tr>
<tr><td rowspan="2">$d_s < d_g$</td><td>$F_t < 1/3P_rA_e$，稳定</td><td>√</td><td>√</td></tr>
<tr><td>$F_t \geqslant 1/3P_rA_e$，不稳定</td><td>√</td><td></td></tr>
<tr><td>对寿命影响</td><td>寿命短</td><td colspan="2">寿命长</td><td></td><td>√</td></tr>
<tr><td>对“自洁”性能影响</td><td>“自洁”性能差</td><td colspan="2">“自洁”性能好</td><td></td><td>√</td></tr>
<tr><td>对密封性能影响</td><td>密封性能差（通常 F_t 将阀芯顶开）</td><td colspan="2">密封性能好（通常 F_t 将阀芯压紧）</td><td></td><td>√</td></tr>
<tr><td>对流量系数影响</td><td>一般具有标准流量系数</td><td colspan="2">一般比标准流量系数大 10%～15%左右</td><td colspan="2">若阀偏小，可改为流闭型，使流量系数增大</td></tr>
<tr><td>对输出力影响</td><td>输出力小（输出力计算需另扣除 p_r）</td><td colspan="2">输出力大（输出力不计算不扣除 p_r）</td><td></td><td>√</td></tr>
<tr><td>F_L</td><td>大（阻力大，恢复小）</td><td colspan="2">小（阻力小，恢复大）</td><td>√
减小闪蒸</td><td></td></tr>
<tr><td>动作速度</td><td>平缓</td><td colspan="2">接近关闭时有跳跃启动、跳跃关闭现象</td><td>√</td><td></td></tr>
</table>

注：表中“√”表示在特定条件下更推荐选择的流向。

5.1.9.3　需要纠正的概念

需要纠正国内在调节阀流向概念上存在的错误。过去流向的划分除按流动方向来定义外，还从不平衡力的作用方向来定义。认为“$-F_t$”的作用是将阀芯顶开，故称流开型；“$+F_t$”的作用是将阀芯压闭，故称流闭型。事实上，在同一种流向的情况下，F_t 可能是“+”，也可能是“−”。因此，正确的划分只能从流动方向来定义。从后一种错误的定义出发，进一步得出的流开型恒为“$-F_t$”，故稳定性好，流闭型恒为“$+F_t$”，故稳定性差的结论也是不全面的。

这一错误概念带来不少问题，如在高压阀应用上，认为流闭型恒为“$+F_t$”，故笼统地定为流开型，结果，大量高压差下使用的小流通直径高压阀使用寿命极短。笔者根据对不平衡力和流向的分析中提出的问题，将 $d_g \leqslant 20$ mm 的小流通直径高压阀改为流闭型，稳定性不变，却使高压阀使用寿命得以明显提高，有的提高了十几倍。

5.1.10 调节阀填料选择

目前，柔性石墨填料应用越来越广泛，特别是在高温情况下，选用这种填料，密封可靠，并可省去散热片，经济性也好。如高温蝶阀、高温高压调节阀均采用这种结构。调节阀填料有柔性石墨填料和四氟填料两种供选用。四氟、石墨填料的性能比较及选择见表 5 - 15。

表 5 - 15 四氟、石墨填料的性能比较与选择建议

<table>
<tr><th colspan="2">性能特点</th><th>V 形四氟填料</th><th>O 形石墨填料</th></tr>
<tr><td colspan="2">密封可靠性</td><td>寿命短，可靠性差</td><td>寿命长、耐磨、可靠性高、摩擦力大</td></tr>
<tr><td colspan="2">填料温度范围</td><td>－40～180 ℃</td><td>－200～600 ℃</td></tr>
<tr><td rowspan="3">选择情况</td><td>常温（－40～250 ℃）</td><td>可优先选用</td><td>在需要带定位器使用时可以考虑，尤其是蒸气介质</td></tr>
<tr><td>中温（－60～450 ℃）</td><td>必须加散热片，以使填料在 250 ℃以下工作。因增加散热片，使产品价格比常温增加 10%～20%</td><td>可以不带散热片使用，故经济性好，外形尺寸小，并且密封性能好，但必须带定位器，目前选用越来越多，当工作温度较高时，可优先选用</td></tr>
<tr><td>高温（450～600 ℃）</td><td>不能用（目前，四氟填料只设计到 450 ℃以下）</td><td>可用到 600 ℃</td></tr>
<tr><td colspan="2">禁用介质</td><td>熔融状碱金属、高温三氟化氯及氟元素</td><td>高温、高浓度强氧化剂</td></tr>
<tr><td colspan="2">结论</td><td colspan="2">由于石墨填料的耐磨、耐蚀、耐温特性显著，且使用寿命是四氟填料寿命的 2～3 倍，因此在旋转类调节阀、超高温调节阀、带定位器使用的调节阀的场合，建议尽可能选用石墨填料。</td></tr>
</table>

5.1.11　阀门附件选择

调节阀附件的正确选择应该是对阀的功能、安全、可靠性的有益保证和补充，但如果选型不当，就会带来许多副作用，因此，在选择时应予以高度重视。

1）定位器与转换器的选择

(1) 定位器的工作原理。定位器是提高调节阀性能的关键工具之一。定位器利用闭环原理，将输出量(阀位)反馈回来与输入量进行比较，即直接将阀位信号与阀位进行比较。在不带定位器时，阀位信号为气动压力，它作用在膜片上产生推力与弹簧张力和阀的轴向作用力平衡。因此，在此力一定的情况下，若摩擦力、不平衡力等发生变化，必然引起弹簧张力的变化，而使行程发生变化，即不带定位器时，阀位信号压力不是直接与阀位比较，而是力的平衡，故精度低，不平衡力变化大，阀位变化也大。因此，选用定位器能大幅度提高阀的精度，同时，因气源压力大，还能提高阀许用压差，而且具有加快阀动作，改变作用方式、流量特性等多种功能。

(2) 定位器的主要作用。① 它可以将全部气源压力推送到调节阀的执行机构的膜室内，使气源压力得到充分利用，以此提高了执行机构的输出力，相应阀能切断更大的压差。② 由于是靠位置来反馈，当摩擦力较大时，便产生较大的回差，定位器便可改变输出压力使阀定位在相应的位置上，这是“定位器”的由来。因此，它又具有提高阀的位置精度的作用。③ 定位器将整个气源送到膜室，当膜室压力使阀运行至相应的位置时，气源被切换，阀便稳定在某位置上，即阀的供气速度快，阀的动作速度加快。④ 电气转换器的作用，能用电信号来控制气动阀(电气转换器就只有这一项功能)。

(3) 定位器与转换器的比较与选择。从上述作用中不难看出，定位器具有提高输出力、位置精度、动作速度和电气转换四大作用；而电气转换器只有电气转换功能。通过两者比较，宜首选定位器。定位器的选用场合详见表5－16。

在某些特殊场合，如防爆要求特别高时，可选“气动阀门定位器＋电气转换器”，而不应选电气阀门定位器。此时，气动阀门定位器在现场不存在防爆，而转换器就可远离现场和防爆区。

表 5-16　定位器的选用场合

<table>
<tr><th>序号</th><th>应选择的场合</th><th colspan="2">选 择 原 因</th></tr>
<tr><td>1</td><td>阀的工作压差较大时或采用刚度大的弹簧范围时</td><td colspan="2">增加阀的许用压差和阀的刚度，以增加稳定性</td></tr>
<tr><td>2</td><td>为防止阀杆处外泄需要将填料压紧时</td><td rowspan="3">因填料处添加了阀杆的摩擦力</td><td rowspan="6">因定位器直接与阀位比较而不是与力直接比较，故为克服各种力对阀工作性能的影响而选定位器</td></tr>
<tr><td>3</td><td>高温阀、低温阀、波纹管密封阀</td></tr>
<tr><td>4</td><td>使用柔性石墨填料的场合</td></tr>
<tr><td>5</td><td>悬浮液、高黏度、胶状、含固体颗粒、纤维、易结焦介质的场合</td><td>因增加了阀杆运动的摩擦力</td></tr>
<tr><td>6</td><td>用于阀大流通直径场合，一般阀 DN≥100，蝶阀 DN≥250</td><td>因阀芯阀板的质量影响阀动作</td></tr>
<tr><td>7</td><td>高压调节阀</td><td>压差大，使阀芯的不平衡力较大</td></tr>
<tr><td>8</td><td>气动信号管线长度≥150 m</td><td colspan="2">加快阀的动作</td></tr>
<tr><td>9</td><td>用于分程控制</td><td colspan="2"></td></tr>
<tr><td>10</td><td>调节阀由电动调节器控制的场合</td><td colspan="2">电气转换</td></tr>
</table>

2）电磁阀的选择

对两位控制的阀应选用电磁阀来切换气信号，使主阀关或开。如果电磁阀失控，动作不灵，就会出现大的失误，所以电磁阀的选择主要考虑其可靠性，特别是故障情况下使用的安全开(关)的阀，更要加倍重视其可靠性。选择电磁阀时，除要选择型号外，还必须明确信号、防爆、失电时主阀的开关位置(绝大部分选用电磁阀均没有提及此问题，应引起重视)。

3）行程开关的选择

过去选用机械式的行程开关较多，现在多数选用非接触式开关，它具有简单、可靠、安装方便的特点。

4）手轮机构的选择

手轮机构有侧装和顶装两种，由于手动操作方便，因此被大量选用。气动薄膜执行机构所配手轮机构的适用场合及选择见表 5-17。ZPS 型侧装手轮机构结构复杂、笨重，现在绝大部分场合选用结构简单、轻巧的顶装手轮执行机构。

表 5-17 手轮机构选用场合及执行机构匹配

选用场合	描 述	推荐手轮机构型号	匹配执行机构型号
①	当阀在发生故障时，为使阀成为手动调节的场合	ZPS-Ⅰ，ZPS-Ⅱ，ZPS-Ⅲ	根据具体执行机构型号选择，如 ZHA(B)-11，ZHA(B)-22，ZHA(B)-23，ZHA(B)-34，ZHA(B)-45 等
②	需用开度限位时(手轮机构可起到开度限位器的作用)	ZPS-Ⅰ(适用于需要精确限位的情况) ZPS-Ⅱ 或 ZPS-Ⅲ(根据具体需求选择)	同上，根据执行机构型号选择
③	对大流通直径和使用贵金属制作管道时，为省去旁路节约投资时(由手轮机构代替旁路，但在特别重要的调节中，仍需要采用旁路切断阀)	ZPS-Ⅲ(因其结构相对坚固，适合大流通直径和贵重管道)	同上，但需注意执行机构的承载能力和稳定性

注：ZPS-Ⅰ、ZPS-Ⅱ、ZPS-Ⅲ分别代表不同规格和性能的手轮机构，其中 ZPS-Ⅰ可能较为基础，适合一般应用；ZPS-Ⅱ可能在某些方面有所增强；ZPS-Ⅲ则可能更加坚固或具备更多功能。

执行机构型号如 ZHA(B)-11、ZHA(B)-22 等，需根据具体的气动薄膜执行机构型号来选择匹配的手轮机构。

在特别重要的调节场合，即使使用了手轮机构作为旁路的替代，也建议保留旁路切断阀以确保系统的安全性和可靠性。

表格中的"匹配执行机构型号"一栏仅作为示例，实际选择时应根据具体的气动薄膜执行机构型号和性能要求来确定。

5) 空气过滤减压阀的选择

对接有气源压力的气动仪表和电气阀门定位器、转换器，可选用空气过滤减压阀。它既可过滤空气，又可调节气源压力的大小，以得到所需要的气源压力。

5.2 物化数据

本节从计算公式、几类物化数据、阀门参数几个方面展开介绍。

5.2.1 计算公式

(1) F_L 修正系数计算公式列于表 5-18。

表 5-18 F_L 修正系数计算公式

介质		流动状态	流动状态判断	计算式
液体		一般流动	$\Delta p < \Delta p_C = F_L^2(p_1 - p_V)$	$K_V = Q\sqrt{r/\Delta p}$
		阻塞流动	$\Delta p \geqslant \Delta p_C$ 当 $p_V < 0.5p_1$ 时 $\Delta p_C = F_L^2(p_1 - p_V)$ 当 $p_V \geqslant 0.5p_1$ 时 $\Delta p_C = F_L^2[p-(0.96-0.28\sqrt{p_C/p_V})]$	$K_V = Q\sqrt{r/\Delta p_C}$
气体		一般流动	$\Delta p/\Delta p_1 < 0.5F_L^2$	$K_V = Q_N/380\sqrt{r_N(273+t)/\Delta p(p_1+p_2)}$
		阻塞流动	$\Delta p/\Delta p_1 \geqslant 0.5F_L^2$	$K_V = Q_N\sqrt{r_N(273+t)}/330p_1p_L(y-0.148y^3)$
蒸汽	饱和蒸汽	一般流动	$\Delta p/\Delta p_1 < 0.5F_L^2$	$K_V = G_S/16\sqrt{\Delta p(p_1+p_2)}$
		阻塞流动	$\Delta p/\Delta p_1 \geqslant 0.5F_L^2$	$K_V = G_S/13.8p_1p_L(y-0.148y^3)$ $y = 1.63/F_L\sqrt{\Delta p/p_1}$
	过热蒸汽	一般流动	$\Delta p/\Delta p_1 < 0.5F_L^2$	$K_V = G_S(1+0.0013t_{sh})/16\sqrt{\Delta p(p_1+p_2)}$
		阻塞流动	$\Delta p/\Delta p_1 \geqslant 0.5F_L^2$	$K_V = G_S(1+0.0013t_{sh})/13.8p_1p_L(y-0.148y^3)$

注：Q 为液体流量，m^3/h；p_V 为饱和蒸汽压，100 kPa，可查 GB/T 2624—2006 或理化数据手册；r_N 为标准状态下气体密度，kg/m^3；Q_N 为标准状态下气体流量，m^3/h；p_C 为临界点压力，kPa；p_1 为阀前压力，100 kPa；G_S 为蒸汽流量，kgf/h；F_L 为压力恢复系数；p_2 为阀后压力，100 kPa；r 为液体密度，g/cm^3；t 为温度，℃；Δp 为压差，100 kPa；t_{sh} 为过热温度，℃；Δp_C 为临界压差，100 kPa。蒸汽、气体压力为绝对压力。

（2）膨胀系数法计算公式列于表 5 - 19。

表 5 - 19　膨胀系数法计算公式

介质	流动状态	计算公式	
		流动状态	K_V 计算公式
液体	一般流动	$\Delta p \approx F_L^2(p_1 - F_F p_V)$	$K_V = Q\sqrt{r/\Delta p}$
	阻塞流动	$\Delta p \geqslant F_L^2(p_1 - F_F p_V)$	$K_V = Q\sqrt{r/\Delta p_C}$
气体	一般流动	$\Delta p/p_1 < F_X X_T$	$K_V = \frac{Q_N}{514 p_1 Y}\sqrt{\frac{T_1 \gamma_N Z}{\Delta p/p_1}}$ 或 $K_V = \frac{Q_N}{457 p Y}\sqrt{\frac{T_1 G Z}{\Delta p/p_1}}$ 或 $K_V = \frac{Q_N}{2\,460 p_1 Y}\sqrt{\frac{T_1 M Z}{\Delta p/p_1}}$
	阻塞流动	$X = \frac{\Delta p}{p_1} \geqslant F_K X_T$	$K_V = \frac{Q_N}{290 p_1}\sqrt{\frac{T_1 \gamma_N Z}{K X_T}}$ 或 $K_V = \frac{Q_N}{258 p_1}\sqrt{\frac{T_1 G Z}{K X_T}}$ 或 $K_V = \frac{Q_N}{1\,390 p_1}\sqrt{\frac{T_1 M Z}{K X_T}}$
蒸汽	一般流动	$X = \frac{\Delta p}{p_1} < F_K X_T$	$K_V = \frac{G_S}{31.6 X}\sqrt{\frac{1}{\Delta p r_1}}$ （r_1 指阀门入口密度）或 $K_V = \frac{G_S}{101 p_1 Y}\sqrt{\frac{T_1 Z}{M \Delta p/p_1}}$
	阻塞流动	$X = \frac{\Delta p}{p_1} \geqslant F_K X_T$	$K_V = \frac{G_S}{17.8}\sqrt{\frac{1}{K X_T p_1 r_1}}$ 或 $K_V = \frac{G_S}{62 p_1}\sqrt{\frac{T_1 Z}{K X_T M}}$

（续表）

<table>
<tr><th rowspan="2">介质</th><th rowspan="2">流动状态</th><th colspan="2">计算公式</th></tr>
<tr><th>流动状态</th><th>K_V 计算公式</th></tr>
<tr><td rowspan="2">表中代号及单位</td><td rowspan="2">符号解释</td><td colspan="2">Q_N ——气体标准状态下的流量，m^3/h
γ_N ——气体标准状态下的重度，kgf/m^3
p_1——阀前绝压，100 kPa
Δp ——压差，100 kPa
G ——对空气的相对密度
G_s ——蒸汽重量流量，kgf/h
T_1——入口绝对温度，K
γ_1——入口蒸汽重度，kgf/m^3（若为过热蒸汽时，代入过热条件下的实际重度）</td></tr>
<tr><td colspan="2">F_K ——比热容比系数，$F_K = K/1.4$
Z ——压缩系数（由比压力 p_1/p_C 和比温度 T_1/T_C 查得，p_C 为临界压力，T_C 为临界温度）
K ——气体的绝热指数（对空气 $K = 1.4$），可查表
X_T ——临界压差比系数，$X_T = 0.84F_L$
M ——气体的相对分子质量
p_C ——临界压力，可查表
Y ——膨胀系数，$Y = 1 - \frac{\Delta p/p_1}{3F_K X_T} = 0.667 \sim 1.000$</td></tr>
</table>

注：p_C、Z、K 可进一步查阅《GB/T 2624—2006 使用指南》（GB/Z 33875—2017/ISO/TR 9464：2008）或理化数据手册。

5.2.2 几类物化数据

物化数据有如下几类：

(1) 气体性质（表 5-20）；

(2) 气体的比热容比 c_p/c_V（表 5-21）；

(3) 不同温度下干燥空气在不同条件下的密度（表 5-22）；

(4) 气体压缩系数（图 5-10）。

5.2.3 阀门参数

(1) 压力恢复系数 F_L 和临界压差比 x_T 见表 5-23。

(2) 阀门计算数据具有代表性的阀门系数见表 5-24。

表 5-20 气体性质

名 称	分子式	相对分子质量	气体常数 R	密度 ρ_0/(kg/mm³)		相对密度(在0℃,760 mmHg下)	沸点 T_b(在760 mmHg下)/K	比热容比 X(在20℃及760 mmHg下)	临界点参数		
				在0℃,760 mmHg下	在20℃,760 mmHg下				温度 T_c/K	压力 p_c/(kgf/cm²)①	密度 ρ_c/(kg/m³)
空气(干)		28.960 00	29.28	1.292 80	1.205 00	1.000 00	78.800	1.400 0*	132.420~132.520	38.40	328.00~320.00
氮	N_2	28.013 40	30.27	1.250 60	1.165 00	0.967 30	77.350	1.400 0	126.100	34.60	312.00
氧	O_2	31.998 80	26.50	1.428 90	1.331 00	1.105 30	90.170	1.397 0*	154.780	51.70	4 265.00
氩	Ar	39.948 00	21.23	1.784 00		1.380 00	87.291	1.680 0	150.700	49.60	535.00
氖	Ne	20.183 00	42.02	0.900 00		0.606 20	27.090	1.680 0	44.400	27.80	483.00
氦	He	4.003 00	211.84	0.178 47		1.138 00	4.215	1.660 0	5.199	2.34	69.00
氪	Kr	83.400 00	10.12	3.643 10		2.818 00	119.790	1.670 0	209.400	56.10	909.00
氙	Xe	131.300 00	6.46	5.890 00		4.530 00	165.020	1.666 0	289.750	59.90	1 105.00
氢	H_2	2.016 00	420.63	0.089 88	0.084 00	0.069 52	20.380	1.412 0*	32.976	13.20	31.45
甲烷	CH_4	16.043 00	52.86	0.716 70	0.668 00	0.554 40	111.700	1.315 0*	190.700	47.30	162.00
乙烷	C_2H_6	30.070 00	28.20	1.356 70	1.263 00	1.049 40	184.520	1.180 0*	305.450	49.80	203.00

（续表）

名　称	分子式	相对分子质量	气体常数 R	密度 ρ_0/(kg/mm³)		相对密度（在 0 ℃,760 mmHg 下）	沸点 T_b（在 760 mmHg 下）/K	比热容比 X（在 20 ℃及 760 mmHg 下）	临界点参数		
				在 0 ℃,760 mmHg 下	在 20 ℃,760 mmHg 下				温度 T_c/K	压力 p_c/(kgf/cm²)	密度 ρ_c/(kg/m³)
丙烷	C_3H_8	44.097 00	19.23	2.005 00	1.867 00	1.550 90	231.050	1.130 0*	369.950	43.40	220.00
正丁烷	C_4H_{10}	58.124 00	14.59	2.703 00		2.091 00	272.650	1.100 0*	425.150	38.71	228.00
异丁烷	C_4H_{10}	58.124 00	14.59	2.675 00		2.069 20	261.450	1.110 0*	408.150	37.20	222.00
正戊烷	C_5H_{12}	72.151 00	11.75	3.215 00		2.486 90	309.250	1.070 0*	469.750	34.37	244.00
乙烯	C_3H_4	28.054 00	30.23	1.260 40	1.174 00	0.975 00	169.450	1.220 0*	283.050	51.60	227.00
丙烯	C_3H_6	42.081 00	20.15	1.914 00	1.784 00	1.480 00	225.450	1.150 0*	365.050	47.10	233.00
丁烯-1	C_4H_8	56.108 00	15.11	2.500 00		1.933 80*	266.850	1.110 0*	419.150	40.99	233.00
顺丁烯-2	C_4H_8	56.108 00	15.11	2.500 00		1.933 80*	276.850	1.121 4*	433.150	42.89	238.00
反丁烯-2	C_4H_8	56.108 00	15.11	2.500 00		1.933 80*	274.050	1.107 3*	428.150	41.83	238.00
异丁烯	C_4H_8	56.108 00	15.11	2.500 00		1.933 80	266.250	1.105 8*	417.850	40.77	234.00
乙炔	C_2H_2	26.038 00	32.57	1.171 70	1.091 00	0.906 30	189.139（升华）	1.240 0	309.150	63.70	231.00

（续表）

名　称	分子式	相对分子质量	气体常数 R	密度 ρ_0/(kg/mm^3)		相对密度（在 0 ℃，760 mmHg 下）	沸点 T_b（在 760 mmHg 下）/K	比热容比 X（在 20 ℃及 760 mmHg 下）	临界点参数		
				在 0 ℃，760 mmHg 下	在 20 ℃，760 mmHg 下				温度 T_c/K	压力 p_c/(kgf/cm^2)	密度 ρ_c/(kg/m^3)
苯	C_6H_6	78.114 00	10.86	3.300 00		2.553 00	353.250	1.101 0	562.150	50.19	304.00
一氧化碳	CO	28.010 60	30.27	1.258 40	1.165 00	0.967 20	81.650	1.395 0	132.920	35.60	301.00
二氧化碳	CO_2	44.009 95	19.27	1.977 00	1.842 00	1.529 10	194.750（升华）	1.295 0	304.190	75.28	468.00
一氧化氮	NO	30.006 10	28.26	1.340 10		1.036 60	121.450	1.400 0	179.150	66.10	52.00
二氧化氮	NO_2	46.005 50	18.43	2.055 00		1.590 00	294.350	1.310 0	431.350	103.30	570.00
一氧化二氮	N_2O	44.012 80	19.27	1.978 10		1.530 00	184.660	1.274 0	309.710	74.10	457.00
硫化氢	H_2S	34.079 94	24.88	1.539 00	1.434 00	1.190 40	212.850	1.320 0	373.550	91.80	373.00
氢氰酸	HCN	27.025 80	31.38	1.224 60		0.947 00（3℃）	298.850	1.310 0（65℃）	456.650	54.80	200.00
氧硫化碳	COS	60.074 60	14.12	2.712 00		2.105 00	222.950		378.150	63.00	
臭氧	O_3	47.998 20	17.67	2.144 00		1.658 00	161.250		261.050	69.20	537.00
二氧化硫	SO_2	64.062 80	13.24	2.727 00	2.726 00	2.264 00	263.150	1.250 0	430.650	80.40	524.00

(续表)

名　称	分子式	相对分子质量	气体常数 R	密度 ρ_0/(kg/mm³)		相对密度(在 0 ℃,760 mmHg 下)	沸点 T_b (在 760 mmHg 下)/K	比热容比 X (在 20 ℃及 760 mmHg 下)	临界点参数		
				在 0 ℃,760 mmHg 下	在 20 ℃,760 mmHg 下				温度 T_c/K	压力 p_c/(kgf/cm²)	密度 ρ_c/(kg/m³)
氟	F_2	37.996 80	22.32	1.695 00		1.310 00	85.030	1.358 0	172.150	56.80	493.00
氯	Cl_2	70.906 00	11.96	3.214 00	3.000 00	2.486 00	238.550	1.350 0	417.150	78.60	573.00
氯甲烷	CH_3Cl	50.488 00	16.80	2.304 40		1.782 00	249.390	1.280 0/1.190 0	416.150	68.10	353.00
氯乙烷	C_2H_5Cl	64.515 00	13.14	2.870 00		2.220 00	285.450	0.300 0～0.500 0(16℃)	455.950	53.70	330.00
氨	NH_3	17.030 60	49.79	0.771 00	0.719 00	0.596 40	239.750	1.320 0	405.650	115.00	235.00
氟利昂-11	CCl_3F	137.368 60	6.17	6.200 00		4.800 00	296.950	1.135 0	471.150	44.60	554.00
氟利昂-12	CCl_2F_2	120.914 00	7.01	5.390 00		4.170 00	243.350	1.138 0	385.150	40.00	558.00
氟利昂-13	$CClF_3$	104.459 40	8.12	4.654 00		3.600 00	191.750	1.150 0(10℃)	302.050	39.40	578.00
氟利昂-113	CCl_2FCClF_2	187.376 50	4.53	8.274 00		6.400 00	320.750		487.250	34.80	576.00

① 1 kgf/m² =98.1 kPa。

注:“ * ”号表示等压的热容量值摘自《Perry's 化学工程师手册》(第 8 版);等容的热容量值根据近似关系式 $C_p - R = C\mu$ 计算得到。

表 5-21 气体的比热容比 c_p/c_V（压力为 0.101 35 MPa）

名称	分子式	温度/℃										
		0	100	200	300	400	500	600	700	800	900	1 000
氩	Ar	1.670	1.670	1.670	1.670	1.670	1.670	1.670				
氦	He	1.670	1.670	1.670	1.670	1.670	1.670	1.670				
氖	Ne	1.670	1.670	1.670	1.670	1.670	1.670	1.670				
氪	Kr	1.670	1.670	1.670	1.670	1.670	1.670	1.670				
氙	Xe	1.670	1.670	1.670	1.670	1.670	1.670	1.670				
汞(蒸气)	Hg					1.670	1.670	1.670				
甲烷	CH_4	1.314	1.268	1.225	1.193	1.171	1.155	1.141				
乙烷	C_2H_6	1.202	1.154	1.124	1.105	1.095	1.085	1.077				
丙烷	C_3H_8	1.138	1.102	1.083	1.070	1.062	1.057	1.053				
丁烷	C_4H_{10}	1.097	1.075	1.061	1.052	1.046	1.043	1.040				
戊烷	C_3H_{12}	1.077	1.060	1.049	1.042	1.037	1.035	1.031				
己烷	C_6H_{14}	1.063	1.050	1.040	1.035	1.031	1.029	1.027				
庚烷	C_7H_{16}	1.053	1.042	1.035	1.030	1.027	1.025	1.023				
辛烷	C_8H_{18}	1.046	1.037	1.030	1.026	1.023	1.022	1.020				

（续表）

名　称	分子式	温度/℃										
		0	100	200	300	400	500	600	700	800	900	1 000
卤甲烷	CH_3Cl	1.270	1.220	1.730	1.160	1.150	1.130	1.120				
三氯甲烷	CH_3Cl_3	1.150	1.130	1.120	1.110	1.100	1.100					
乙酸乙酯	$C_4H_8O_2$	1.088	1.069	1.056	1.049	1.048	1.038	1.035				
氮	N_2	1.402	1.400	1.394	1.385	1.375	1.364	1.355	1.345	1.337	1.331	1.323
氢	H_2	1.410	1.398	1.396	1.395	1.394	1.390	1.387	1.381	1.375	1.369	1.361
空气		1.400	1.397	1.390	1.378	1.366	1.357	1.345	1.337	1.330	1.325	1.320
氧	O_2	1.397	1.385	1.370	1.358	1.340	1.334	1.321	1.314	1.307	1.304	1.300
一氧化碳	CO	1.400	1.397	1.389	1.379	1.367	1.354	1.344	1.335	1.339	1.321	1.317
水（蒸汽）	H_2O		1.280	1.800	1.290	1.280	1.270	1.260	1.250	1.250	1.240	1.230
二氧化硫	SO_2	1.272	1.243	1.223	1.207	1.198	1.191	1.187	1.184	1.179	1.177	1.175
二氧化碳	CO_2	1.301	1.260	1.235	1.217	1.205	1.195	1.188	1.180	1.144	1.174	1.171
氨	NH_3	1.310	1.280	1.260	1.240	1.220	1.200	1.190	1.160	1.170	1.160	1.150
丙酮	C_3H_6O	1.130	1.103	1.086	1.076	1.067	1.062	1.059				
甲基溴	CH_3Br	1.270	1.200	1.170	1.150	1.140	1.130	1.130				

表 5-22 不同温度下干燥空气在不同条件下的密度

单位：kg/m^3

温度/℃	表压										
	760 mmHg	1 bar	2 bar	3 bar	4 bar	5 bar	6 bar	7 bar	8 bar	9 bar	10 bar
0	1.292 8	1.251 5	2.503 0	3.754 5	5.006 0	6.257 5	7.509 0	8.760 5	10.012 0	11.263 5	12.515 0
5	1.269 6	1.229 0	2.458 0	3.687 0	4.916 0	6.145 0	7.374 0	8.603 0	9.832 0	11.061 0	12.290 0
10	1.247 1	1.207 2	2.414 4	3.621 6	4.528 8	6.036 0	7.243 2	8.450 4	9.657 6	10.864 8	12.072 0
15	1.225 5	1.186 3	2.372 6	3.558 9	4.745 2	5.931 5	7.117 8	8.804 1	9.490 4	10.676 7	11.863 0
20	1.204 6	1.166 1	2.332 2	3.498 3	4.664 4	5.830 5	6.996 6	8.162 7	9.328 8	10.491 9	11.661 0
25	1.184 4	1.146 5	2.293 0	3.439 5	4.586 0	5.732 5	6.879 9	8.025 5	9.172 0	10.318 5	11.466 0
30	1.164 9	1.127 6	2.255 2	3.332 5	4.510 4	5.638 0	6.765 6	7.893 2	9.020 8	10.148 4	11.276 0
35	1.146 6	1.109 9	2.219 8	3.329 7	4.439 6	5.549 5	6.659 4	7.769 3	8.879 2	9.989 1	11.099 0
40	1.127 7	1.091 7	2.183 4	3.275 1	4.366 8	5.458 5	6.550 2	7.641 9	8.723 6	9.825 3	10.917 0
45	1.109 9	1.074 4	2.148 8	3.223 2	5.297 6	5.372 0	6.446 4	7.520 8	8.595 2	9.669 6	10.714 0
50	1.092 6	1.057 7	2.115 4	3.173 1	4.230 8	5.288 5	6.346 2	7.403 9	8.461 6	9.519 3	10.577 0
55	1.076 1	1.041 8	2.088 0	3.125 4	4.167 2	5.209 0	6.250 8	7.292 6	8.334 4	9.376 2	10.418 0
60	1.060 0	1.026 1	2.052 2	3.078 3	4.104 4	5.130 5	6.156 6	7.182 7	8.208 8	9.234 9	10.261 0

（续表）

温度/℃	表压										
	760 mmHg	1 bar	2 bar	3 bar	4 bar	5 bar	6 bar	7 bar	8 bar	9 bar	10 bar
65	1.044 3	1.010 9	2.021 8	3.032 7	4.043 6	5.054 5	6.065 4	7.076 8	8.087 2	9.098 1	10.109 0
70	1.029 1	0.996 2	1.992 4	2.988 6	4.988 6	4.981 0	5.977 2	6.973 4	7.969 6	8.965 8	9.962 0
75	1.014 3	0.981 9	1.968 3	2.945 7	3.927 6	4.909 5	5.891 4	6.373 3	7.855 2	8.837 1	9.819 0
80	1.000 0	0.968 0	1.936 0	2.904 0	3.872 0	4.840 0	5.808 0	6.776 0	7.744 0	8.712 0	9.680 0
85	0.986 0	0.954 5	1.909 0	2.863 6	3.818 0	4.772 5	5.727 0	6.631 5	7.636 0	8.590 5	9.545 0
90	0.972 4	0.941 8	1.882 6	2.823 9	3.765 2	4.706 5	5.647 8	6.589 1	5.530 4	8.471 7	9.413 0

温度/℃	表压										
	11 bar	12 bar	13 bar	14 bar	15 bar	16 bar	17 bar	18 bar	19 bar	20 bar	
0	13.766 5	15.018 0	16.269 5	17.521 0	18.772 5	20.024 0	21.275 5	22.527 0	23.778 5	25.030 0	
5	13.519 0	14.748 0	15.977 0	17.206 0	18.435 0	19.664 0	20.893 0	22.122 0	23.351 0	24.580 0	
10	13.279 2	14.486 4	15.693 6	16.900 8	18.108 0	19.315 2	20.522 4	21.729 6	22.936 8	24.144 0	
15	13.049 3	11.235 6	15.421 9	16.608 2	17.794 5	18.930 8	20.167 1	21.353 4	22.539 7	23.726 0	
20	12.327 1	13.993 2	15.159 3	16.325 4	17.491 5	18.657 6	19.283 7	20.980 8	22.155 9	23.322 0	

（续表）

温度/℃	表压										
	11 bar	12 bar	13 bar	14 bar	15 bar	16 bar	17 bar	18 bar	19 bar	20 bar	
25	16.611 5	13.758 0	14.904 5	16.051 0	17.197 5	18.344 0	19.490 5	20.337 0	21.783 5	22.930 0	
30	12.403 6	13.531 2	14.659 8	15.786 4	16.914 0	18.041 6	18.169 2	20.296 8	21.424 4	22.552 0	
35	12.208 9	13.318 8	14.428 7	15.538 6	16.648 5	17.775 8	18.868 3	19.978 2	21.088 1	22.198 0	
40	12.008 7	13.100 4	14.192 1	15.283 8	16.375 5	17.467 2	18.558 9	19.650 6	20.742 3	21.834 0	
45	11.813 4	12.892 8	13.967 2	15.041 6	16.116 0	17.190 4	18.264 8	19.339 2	20.413 6	21.488 0	
50	11.684 7	12.692 4	13.750 1	14.307 8	15.865 5	16.923 2	17.980 9	19.038 6	20.096 3	21.154 0	
55	11.459 8	12.501 6	13.563 4	14.585 2	15.627 0	16.668 8	17.710 6	18.752 4	19.794 2	20.830 0	
60	11.287 1	12.313 2	13.339 3	14.365 4	15.391 5	16.117 6	17.443 7	18.469 8	19.495 9	20.522 0	
65	11.119 9	12.130 8	13.141 7	14.152 6	15.163 0	16.174 4	17.185 3	18.196 2	19.207 1	20.218 0	
70	10.958 2	11.954 4	12.950 6	13.946 8	14.943 5	15.939 2	16.935 4	17.931 6	18.927 8	19.924 0	
75	10.800 9	11.782 8	12.764 7	13.736 6	14.728 5	15.710 4	16.692 3	17.674 2	18.656 1	19.638 0	
80	10.648 0	11.616 0	12.584 0	13.552 0	14.520 0	15.488 0	16.458 0	17.424 0	18.392 0	19.360 0	
85	10.499 5	11.454 0	12.408 5	13.363 0	14.317 5	15.272 0	16.226 5	17.181 0	18.135 5	19.090 0	
90	10.354 3	11.295 6	12.280 9	13.178 2	14.119 5	15.060 8	16.002 1	16.943 4	17.884 7	18.826 0	

注：1 bar=0.1 MPa。

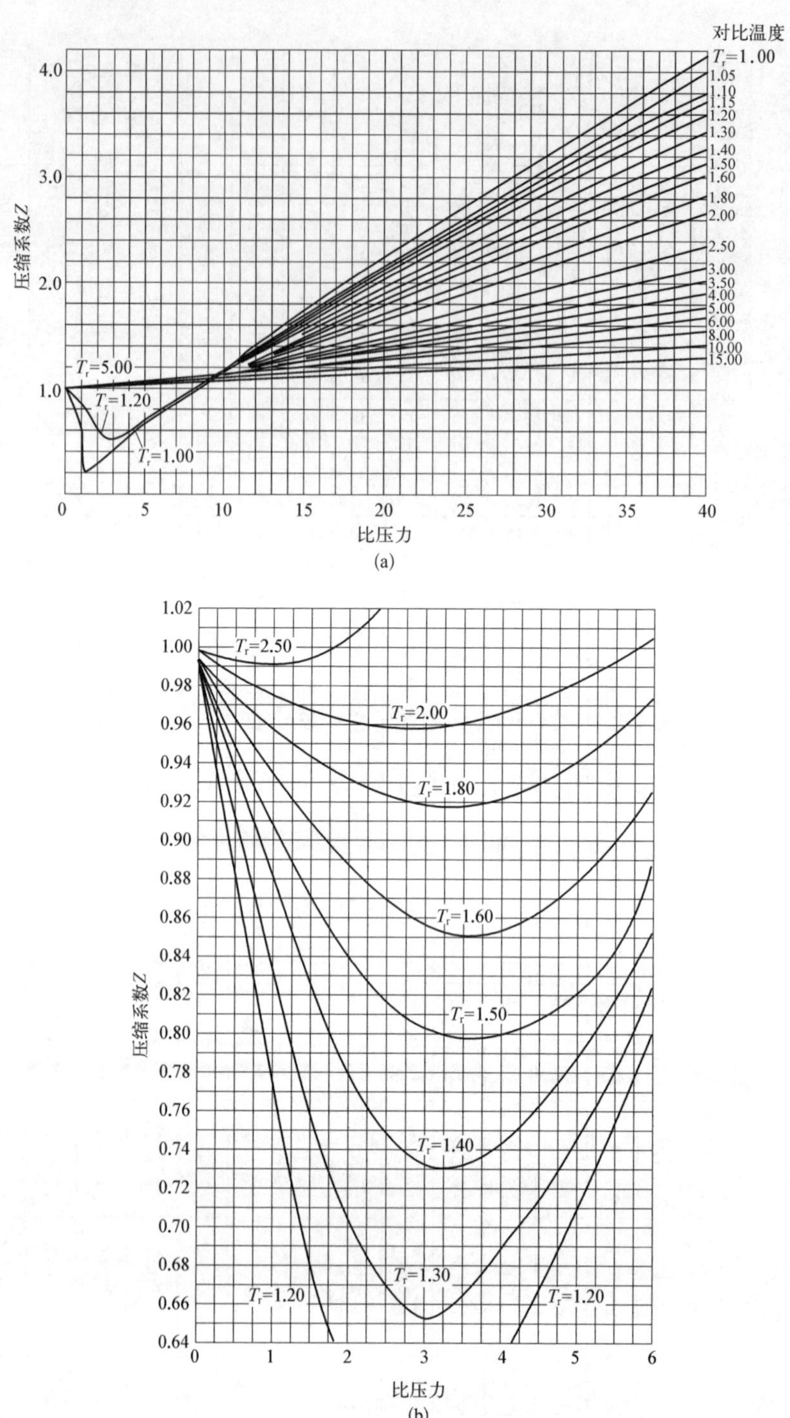

图 5-10 气体压缩系数

(a) 比压力 p_r 为 0～40;(b) 比压力 p_r 为 0～6

表 5 - 23　压力恢复系数 F_L 和临界压差比 x_T

调节阀形式		流向型	F_L	x_T
单座调节阀	柱塞形阀芯	流开	0.90	0.72
		流闭	0.80	0.55
	V 形阀芯	任意流向	0.90	0.75
	套筒形阀芯	流开	0.90	0.75
		流闭	0.80	0.70
双座调节阀	柱塞形阀芯	任意流向	0.85	0.70
	V 形阀芯	任意流向	0.90	0.75
角形调节阀	柱塞形阀芯	流开	0.80	0.72
		流闭	0.90	0.65
	套筒形阀芯	流开	0.85	0.65
		流闭	0.80	0.60
	文丘里型	流闭	0.50	—
球阀	O 形	任意流向	0.55	0.15
	V 形	任意流向	0.57	0.25
蝶阀	60°全开	任意流向	0.68	0.38
	90°全开	任意流向	0.55	0.20
偏心旋转阀		流开	0.85	0.61

表 5-24　用于调节阀口函数计算的有代表性的阀门系数

阀体和阀内件形式	流　向	和管线尺寸相同的阀体($D=d$)						管线尺寸的一半($D=2d$)			
		C_d	F_1	X_T	F_d①	F_s②	K_c	N_1c_V/D^2	F_{Lp}	x_{tp}	F_s
单座球形阀侧面导向	开关中的任何一个	11	0.90	0.75	1.5	1.05		2.8	0.85	0.75	1.04
V 形套环	开关中的任何一个	9	0.90	0.75	1.5	1.38		2.3	0.86	0.75	1.36
柱塞式阀芯	开	11	0.90	0.72	1.0	1.05	0.65	2.8	0.85	0.73	1.04
柱塞式阀芯	关	11	0.80	0.55	1.0	1.09	0.58	2.8	0.76	0.57	1.08
V 形口阀芯	开关中的任何一个	9.5	0.90	0.75	1.0	1.05	0.80	2.4	0.86	0.75	1.04
套筒	开	14	0.90	0.75	1.0	1.06	0.65	3.5	0.82	0.75	1.04
套筒	关	16	0.80	0.70	1.0	1.11		4.0	0.72	0.71	1.08
双座球形阀侧面导向		14	0.90	0.75	0.71	0.84		3.5	0.82	0.75	0.83
V 形套环		13	0.90	0.75	0.71	0.84		3.3	0.83	0.75	0.83
柱塞式阀芯		13	0.85	0.70	0.71	0.85	0.70	3.3	0.79	0.71	0.84
V 形口阀芯		12.5	0.90	0.75	0.71	0.84	0.80	3.1	0.83	0.75	0.84
角形阀											
全通道口柱塞式	关	20	0.80	0.65	1.0	1.12	0.53	5.0	0.69	0.68	1.08
全通道口柱塞式	开	17	0.90	0.72	1.0	1.08	0.64	4.3	0.78	0.73	1.04
限流柱塞式	关	≥6	0.70	0.55	1.0	1.13		1.5	0.69	0.56	1.13
限流柱塞式	开	≥5.5	0.95	0.80	1.0	1.02		1.3	0.93	0.80	1.02
2：1 锥形孔	关	12	0.45	0.15	1.0	1.31		3.0	0.44	0.17	1.31
套筒	开	12③	0.85	0.65	1.0	1.08		3.0	0.80	0.66	1.06
套筒	关	12③	0.80	0.60	1.0	1.10		3.0	0.75	0.62	1.08
文丘里式	关	22	0.50	0.20	1.0	1.29	0.17	5.5	0.46	0.26	1.26

（续表）

阀体和阀内件形式	流　向	和管线尺寸相同的阀体($D=d$)						管线尺寸的一半($D=2d$)			
		C_d	F_1	X_T	F_d	F_s	K_c	N_1c_V/D^2	F_{Lp}	x_{tp}	F_s
球阀											
标准孔[4]		3.0	0.55	0.15	1.0	1.28	0.25	7.5	0.47	0.24	1.22
赋予流量特性的		2.5	0.57	0.25	1.0	1.25	0.22	6.3	0.50	0.33	1.21
蝶阀											
开度 60°		17	0.68	0.38	0.71	0.92	0.3	4.3	0.63	0.43	0.91
开度 90°		>30	0.55	0.20	0.71	1.01		>7.5	0.45	0.33	0.97

注：① F_d 的数值是基于极限的试验数据，未经单独的试验室证实。② F_s 是从 F_d 计算得出的。③ 可变的。④ 孔径≈0.8 d。

(3) 工作流量特性选择见表 5 - 10、表 5 - 11，以及表 5 - 25。

表 5 - 25　线性与对数流量特性对比

线 性 特 性	对 数 特 性
具有恒定压降的系统	阀前后盖压力变化大的系统
压降随负荷的增加而逐渐下降的系统	① 压降随负荷增加而急剧下降的系统 ② 调节阀压降在小流量时要求大，大流量时要求小 ③ 介质为液体的压力系统
介质为气体的压力系统，其阀后管线长于 30 m	① 介质为气体的压力系统，其阀后管线短于 3 m ② 流量范围窄小的系统 ③ 阀需要加大流通直径的场合
工艺参数给得准	工艺参数不准
外界干扰小的系统	① 外界干扰大的系统 ② 调节阀压降占系统压降小的场合：$S<0.6$
阀流通直径较大，从经济性考虑时	从系统安全角度考虑时

(4) 不同压降比时的倍率列于表 5 - 26 至表 5 - 28。

(5) 雷诺数修正系数 F_R 如图 5 - 11 所示。

对于有两个平行流路的调节阀，如直通双座阀、蝶阀、偏心旋转阀等，雷诺数 $Re = 49\,490\dfrac{Q_L}{V\sqrt{K_V}}$。

对于只有一个平行流路的调节阀，如直通单座阀、套筒阀、球阀、角形阀、隔膜阀等，雷诺数 $Re = 70\,700\dfrac{Q_L}{V\sqrt{K_V}}$。

(6) F_R 过渡流的雷诺数因子见表 5 - 29。

(7) 阀门安装在短管大小头之间的 F_P 和 X_{TP} 计算值。F_P 和 X_{TP} 计算值见表 5 - 30，其中假定两个大小头的大小相同的面积是突变的。

(8) 阀入口和出口渐缩管的影响列于表 5 - 31。

表 5-26 线性流量特性控制阀在不同压降比时的倍率 $K(R=30)$

压降比	相对行程									
	10%	20%	30%	40%	50%	60%	70%	80%	90%	100%
0.05	8.841 5	8.201 9	5.344 7	4.966 8	4.769 3	4.653 8	4.580 8	4.531 8	4.497 3	4.472 1
0.10	8.256 6	5.355 1	4.308 7	3.830 0	3.570 2	3.414 4	3.314 2	3.246 0	3.197 7	3.162 3
0.15	8.052 2	5.013 0	3.902 8	3.366 8	3.068 0	2.885 3	2.765 9	2.683 9	2.626 3	2.582 0
0.20	7.948 1	4.843 9	3.683 1	3.109 5	2.783 2	2.580 4	2.446 2	2.353 0	2.285 9	2.236 1
0.25	7.884 9	4.739 6	3.544 8	2.944 3	2.597 3	2.378 7	2.232 4	2.130 0	2.055 6	2.000 0
0.30	7.842 5	4.668 7	3.449 4	2.828 8	2.465 7	2.234 2	2.078 8	1.967 3	1.886 5	1.825 7
0.40	7.789 2	4.578 6	3.326 5	2.677 5	2.290 4	2.039 2	1.866 5	1.742 6	1.650 9	1.581 1
0.50	7.757 0	4.523 7	3.250 4	2.582 4	2.176 0	1.912 7	1.727 3	1.592 7	1.491 8	1.414 2
0.60	7.735 5	4.486 7	3.198 7	2.517 1	2.100 7	1.823 5	1.628 0	1.484 4	1.375 6	1.291 0
0.70	7.720 1	4.460 1	3.161 3	2.469 3	2.043 2	1.757 0	1.553 2	1.401 9	1.286 1	1.195 2
0.80	7.708 5	4.440 0	3.133 0	2.432 9	1.999 0	1.705 4	1.494 6	1.336 7	1.214 7	1.118 0
0.90	7.699 5	4.424 3	3.110 7	2.404 2	1.964 0	1.664 2	1.447 4	1.283 7	1.561 0	1.054 1
1.00	7.692 3	4.411 8	3.092 8	2.381 0	1.935 4	1.630 4	1.408 5	1.239 7	1.107 0	1.000 0

表 5－27　等百分比流量特性控制阀在不同压降比时的倍率 $K(R=30)$

压降比	相对行程									
	10%	20%	30%	40%	50%	60%	70%	80%	90%	100%
0.05	21.791 0	15.609 0	11.659 0	8.844 8	7.000 0	5.847 6	5.166 8	4.785 2	4.579 8	4.472 1
0.10	21.560 0	15.488 0	11.222 0	8.260 2	6.245 0	4.918 8	4.086 1	3.591 4	3.312 8	3.162 3
0.15	21.483 0	15.380 0	11.073 0	8.055 9	5.972 2	4.567 4	3.655 5	3.092 7	2.764 2	2.582 0
0.20	21.444 0	15.326 0	10.997 0	7.951 8	5.831 0	4.381 0	3.420 0	2.810 3	2.444 2	2.236 1
0.25	21.421 0	15.293 0	10.952 0	7.888 6	5.744 6	4.265 5	3.270 5	2.626 4	2.230 3	2.000 0
0.30	21.405 0	15.272 0	10.921 0	7.846 3	5.686 2	4.186 7	3.166 9	2.496 3	2.075 5	1.825 7
0.40	21.385 0	15.244 0	10.833 0	7.793 0	5.612 5	4.085 9	3.032 5	2.323 4	1.864 0	1.581 1
0.50	21.374 0	15.228 0	10.806 0	7.760 8	5.567 8	4.024 3	2.348 9	2.213 2	1.724 6	1.414 2
0.60	21.366 0	15.217 0	10.845 0	7.739 3	5.537 7	3.982 7	2.891 9	2.136 5	1.625 1	1.291 0
0.70	21.361 0	15.209 0	10.834 0	7.723 9	5.516 2	3.952 6	2.850 4	2.080 1	1.550 1	1.195 2
0.80	21.356 0	15.203 0	10.826 0	7.712 4	5.500 0	3.930 0	2.818 9	2.036 7	1.491 4	1.118 0
0.90	21.353 0	15.199 0	10.819 0	7.703 4	5.487 4	3.912 3	2.794 1	2.002 3	1.444 1	1.054 1
1.00	21.351 0	15.195 0	10.814 0	7.696 1	5.477 2	3.898 1	2.774 2	1.974 4	1.405 1	1.000 0

表 5-28 等百分比流量特性控制阀在不同压降比时的倍率 $K(R=50)$

压降比	相对行程									
	10%	20%	30%	40%	50%	60%	70%	80%	90%	100%
0.05	34.920 0	23.277 0	16.065 1	11.328 6	8.306 6	6.470 3	5.427 4	4.876 7	4.602 9	4.472 1
0.10	33.945 0	23.061 2	15.750 8	10.878 2	7.681 1	5.644 9	4.410 9	3.712 4	3.344 7	3.163 2
0.15	33.895 9	22.988 8	15.644 6	10.723 9	7.461 0	5.341 5	4.015 4	3.232 4	2.802 4	2.582 0
0.20	33.871 3	22.952 6	15.591 3	10.645 9	7.348 5	5.183 2	3.802 2	2.963 4	2.487 3	2.236 1
0.25	33.856 5	22.930 8	15.559 2	10.598 9	7.280 1	5.085 8	3.668 3	2.789 6	2.277 4	2.000 0
0.30	33.846 7	22.916 2	15.537 7	10.567 4	7.234 2	5.019 8	3.576 3	2.667 4	2.126 0	1.825 7
0.40	33.834 3	22.898 0	15.510 9	10.527 9	7.176 4	4.936 1	3.457 8	2.506 3	1.920 1	1.581 1
0.50	33.827 0	22.887 1	15.494 8	10.504 1	7.141 4	4.885 2	3.384 7	2.404 5	1.785 1	1.414 2
0.60	33.822 0	22.879 8	15.484 0	10.488 2	7.118 1	4.851 0	3.335 1	2.334 2	1.689 2	1.291 0
0.70	33.818 5	22.874 6	15.476 3	10.476 9	7.101 3	4.826 4	3.299 2	2.282 6	1.617 2	1.195 2
0.80	33.815 9	22.870 7	15.470 6	10.468 3	7.088 7	4.807 8	3.272 1	2.243 2	1.561 0	1.118 0
0.90	33.813 8	22.867 7	15.466 1	10.461 7	7.078 9	4.793 4	3.250 8	2.212 0	1.515 9	1.054 1
1.00	33.812 2	22.865 3	15.462 5	10.456 4	7.071 1	4.781 8	3.233 6	2.186 7	1.478 8	1.000 0

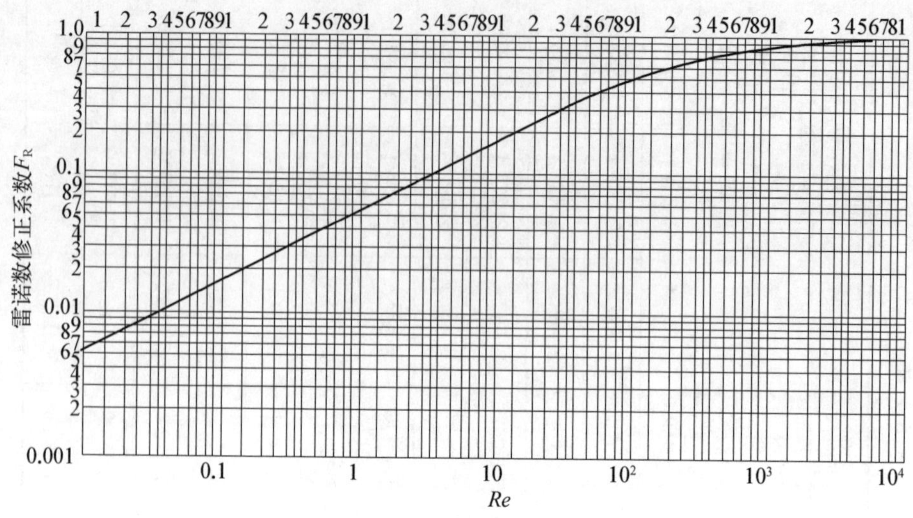

图 5-11 雷诺数修正系数

表 5-29 F_R 过渡流的雷诺数因子

F_R	C'_V ①	q' ②	$\Delta p'$ ③	F_R	C'_V	q'	$\Delta p'$
0.46	0.46	0.47	0.46	0.74	1.35	1.70	1.16
0.48	0.49	0.50	0.48	0.76	1.50	2.10	1.27
0.50	0.52	0.53	0.51	0.78	1.67	2.40	1.40
0.52	0.56	0.57	0.54	0.80	1.90	2.90	1.55
0.54	0.59	0.62	0.57	0.82	2.20	3.40	1.72
0.56	0.63	0.67	0.61	0.84	2.50	4.30	1.95
0.58	0.68	0.73	0.65	0.86	3.00	5.60	2.30
0.60	0.74	0.81	0.69	0.88	3.75	7.90	2.70
0.62	0.80	0.89	0.74	0.90	4.90	12.00	3.25
0.64	0.86	0.99	0.79	0.92	6.50	18.00	4.10
0.66	0.93	1.10	0.85	0.94	9.50	31.00	5.20
0.68	1.01	1.23	0.92	0.96	13.00	50.00	7.00

（续表）

F_R	C'_V	q'	$\Delta p'$	F_R	C'_V	q'	$\Delta p'$
0.70	1.10	1.38	0.99	0.98	20.00	100.00	10.00
0.72	1.22	1.55	1.07				

注：① C'_V 为假定的湍流流动的 C_V 除以假定的层流流动的 C_V。② q' 为假定的湍流流动的 q 除以假定的层流流动的 q。③ $\Delta p'$ 为假定的湍流流动的 $\sqrt{\Delta p}$ 除以假定的层流流动的 $\sqrt{\Delta p}$。

表5-30　阀门安装在短管大小头之间的 F_P 和 X_{TP} 计算值

C_d	d/D	X_{TP}					F_P
		X_T					
		0.40	0.50	0.60	0.70	0.80	
10	0.80	0.40	0.49	0.59	0.69	0.78	0.99
	0.75	0.40	0.50	0.59	0.69	0.78	0.98
	0.67	0.40	0.50	0.60	0.69	0.78	0.98
	0.60	0.41	0.51	0.60	0.70	0.79	0.97
	0.50	0.41	0.52	0.61	0.70	0.80	0.96
	0.40	0.42	0.52	0.62	0.71	0.80	0.95
	0.33	0.43	0.53	0.62	0.72	0.81	0.94
	0.25	0.44	0.53	0.63	0.73	0.83	0.93
15	0.80	0.40	0.49	0.58	0.67	0.75	0.98
	0.75	0.40	0.49	0.58	0.67	0.75	0.97
	0.67	0.41	0.50	0.59	0.68	0.76	0.95
	0.60	0.42	0.52	0.61	0.69	0.78	0.93
	0.50	0.44	0.53	0.63	0.71	0.79	0.91
	0.40	0.44	0.55	0.65	0.74	0.82	0.89

（续表）

C_d	d/D	X_{TP}					F_P
		X_T					
		0.40	0.50	0.60	0.70	0.80	
15	0.33	0.46	0.56	0.66	0.75	0.83	0.88
	0.25	0.48	0.58	0.67	0.76	0.85	0.87

C_d	d/D	X_{TP}				F_P
		X_T				
		0.40	0.50	0.60	0.70	
20	0.80	0.39	0.48	0.56	0.64	0.96
	0.75	0.40	0.49	0.57	0.65	0.94
	0.67	0.42	0.51	0.59	0.67	0.91
	0.60	0.43	0.53	0.61	0.69	0.89
	0.50	0.46	0.55	0.64	0.72	0.85
	0.40	0.49	0.58	0.67	0.75	0.82
	0.33	0.50	0.60	0.69	0.76	0.81
	0.25	0.52	0.62	0.71	0.79	0.79
		0.20	0.30	0.40	0.50	
25	0.80	0.21	0.30	0.39	0.47	0.94
	0.75	0.22	0.31	0.40	0.48	0.91
	0.67	0.24	0.33	0.43	0.51	0.87
	0.60	0.25	0.36	0.45	0.54	0.84
	0.50	0.28	0.39	0.49	0.58	0.79
	0.40	0.30	0.42	0.53	0.62	0.76

（续表）

C_d	d/D	X_{TP}				F_P
		X_T				
		0.40	0.50	0.60	0.70	
25	0.33	0.31	0.44	0.55	0.64	0.74
	0.25	0.33	0.46	0.57	0.67	0.72

C_d	d/D	X_{TP}			F_P
		X_T			
		0.15	0.20	0.25	
20	0.80	0.17	0.21	0.26	0.91
	0.75	0.18	0.23	0.27	0.88
	0.67	0.19	0.25	0.30	0.83
	0.60	0.21	0.27	0.32	0.79
	0.50	0.24	0.30	0.36	0.73
	0.40	0.26	0.33	0.40	0.70
	0.33	0.27	0.34	0.40	0.69
	0.25	0.27	0.37	0.44	0.65

注：$C_d = \frac{C_V}{d^2}$。

表 5-31　阀入口和出口渐缩管的影响

控制阀类型	流　向	$D/d = 1.5$		$D/d = 2.0$	
		R	$F_L r/R$	R	$F_L r/R$
单座阀系列	关	0.96	0.84	0.94	0.86
	开	0.96	0.89	0.94	0.91

（续表）

控制阀类型	流　向	$D/d=1.5$		$D/d=2.0$	
		R	$F_L r/R$	R	$F_L r/R$
偏心旋转阀	关	0.95	0.68	0.92	0.71
	开	0.95	0.84	0.92	0.86
10000 系列	柱塞形阀芯	0.96	0.89	0.94	0.91
	V形阀芯	0.96	0.93	0.94	0.95
双座阀	向前	0.97	0.89	0.94	0.91
阀体分离球体阀	关	0.96	0.80	0.94	0.81
	开	0.96	0.75	0.94	0.77
蝶阀系列	任意流向	0.81	0.74	0.72	0.83
控制球阀	开	0.87	0.63	0.80	0.68
套筒阀系列	$1\frac{1}{2}$～4 in 关	0.94	0.93	0.89	0.96
	6～16 in 关	0.98	0.81	0.94	0.82
角形阀系列	关	0.96	0.81	0.94	0.82
	开	0.96	0.88	0.94	0.90

注：表中所示数值用于全容量阀芯，如用于低容量阀芯，假定 $R=1.0$。$F_L r$ 为渐缩管临界流条件下的压力恢复系数，在相应的临界流公式用 $F_L r$ 代替 F_L；R 为装有渐缩管对亚临界流容修正系数。

第 6 章
止回阀

止回阀是启闭件(阀瓣)借助介质作用力,自动阻止介质逆流的阀门,也称为“逆止阀”或“单向阀”,主要用于介质单向流动的管道上,防止管路中介质的倒流来保护机械设备。止回阀属于自动阀类,其启闭动作是依靠介质本身的能量来驱动的。

但在某些特殊工况下,其单向流动的特点不得不发生改变。为达到上述目的,可为止回阀配备一种使关闭件锁定于打开状态的装置。这种介质模式对于防止倒流是必须的,它能使系统在停泵后保持压力,使往复泵和压缩机能够正常运行,防止转子泵和压缩机反向驱动设备,还可用于压力可能升至超过主系统压力的辅助系统提供补给的管路上。

6.1 止回阀的工作原理及工作特点

止回阀工作原理如下:止回阀允许流体以特定的方向流动并防止流体回流或向相反方向流动。理想的止回阀应该在管道中的压力下降和流体动能减缓时开始关闭。当流体流动方向逆转时,止回阀应完全关闭。

止回阀的工作特点是载荷变化大,启闭频率小,处于关闭或开启状态后使用周期很长,且不要求运动部件转动,一旦有切换要求,则必须动作灵活,这一要求较常见的机械运动更加苛刻。由于止回阀在大多数实际使用中,定性地被确定用于快速关闭,而在止回阀关闭的瞬间,介质是反向流动的,随着阀瓣的关闭,介质从最大倒流速度迅速降至零,而压力则迅速升高,即可能产生对管路系统有破坏作用的“水锤”现象。对于多台泵并联使用的高压管路系统,止回阀的水锤问题更加突出。水锤是压力管道中瞬变流动的一种压力波,它是由于压力管道中流体流速的变化而引起的压力升高或下降的水力冲击现象。其产生的物理原理是液体的不可压缩性、流体运动惯性与管材弹性综合作用的结果。为了防止管道中的水锤隐患，多年来，在止回阀设计中，采用了一些新结构，其目的是在保证止回阀使用性能的同时，将水锤的冲击力减至最小。

6.2 止回阀的操作

止回阀的操作方式要避免因阀门关闭而产生的过高冲击压力及阀门关闭件的快速振荡动作。为避免止回阀因快速关闭而形成的过高冲击压力，要防止形成极大的倒流速度，该倒流速度是阀门突然关闭时产生冲击压力的根本原因，故阀门的关闭速度应与顺流介质的速度衰减正确匹配。但是，顺流介质的速度衰减在液体系统中可能变化很大，如液体系统采用一组并列泵，其中一台泵突然失效，则在该失效泵出口处的止回阀必须同时关闭。但是，如果液体系统只有一台泵，而此泵突然失灵，输送管道较长，且其出口端的背压及泵送压力较低，则采用关闭速度较小的止回阀。

必须避免阀门关闭件的快速振荡运动，以防止阀门活动部件过度磨损而导致早期失效，通过计算使阀门关闭部件运动的流量来确定阀门通径，可以避免快速振荡运动的出现。如果介质为脉动流，则止回阀应尽可能置于远离脉动源的地方。关闭件的快速振荡也可能是由剧烈的介质扰动所引起，当存在这种情况时，止回阀应该安置在介质扰动最小的地方。

6.2.1 快关止回阀的评定

在大多数实际使用中，止回阀只能定性地被用于快速关闭，以下几条可以作为判断依据。

(1) 关闭件从全开到关闭位置的行程应尽可能短，小型止回阀比同类结构的大型止回阀关闭速度要快。

(2) 止回阀应在倒流之前，在最大可能的顺流介质速度下，从全开位置开始关闭，以得到最长的关闭时间。

(3) 关闭件的惯性应尽可能小，但关闭力应适当加大，以保证对顺流介质的降速做出最快反应。从低惯性这一点出发，关闭件应该采用轻质材料制造，如铝或钛。为了兼顾轻质的结构和较大的关闭力，可以采用辅助弹簧增加关闭力。

(4) 在关闭件周围，延迟关闭件自由关闭动作的限制因素应予以去除。

6.2.2　止回阀操作时的数学应用

将数学方法应用于止回阀的正常运行是近年来发展起来的。对于带有铰接阀瓣的止回阀，国外止回阀厂家如 POOL、Porwit 及 Carlton 提供了一种计算方法，这个计算方法涉及阀瓣运动方程的建立并应用系统中流体介质的减速特性。在建立阀瓣的运动方程之前，必须知道一些阀门的物理常量。通过计算来确定阀门在突然关闭时的倒流速度，也可计算因阀门突然关闭引起的倒流介质的冲击压力。阀门制造商可根据止回阀的应用场合，采用数学方法进行设计并预测冲击压力。

6.3　止回阀的分类

止回阀按结构可分为升降式止回阀、旋启式止回阀、双瓣蝶形止回阀和轴流式止回阀等。

6.3.1　升降式止回阀

升降式止回阀的阀瓣形如一个活塞，因此也称为“活塞式止回阀”。介质正向流动时阀瓣被上游流体推动脱开阀座，开启流道；介质反向流动时阀瓣在重力作用下返回阀座以截断回流。如图 6－1 所示，升降式止回阀为阀瓣沿阀瓣密封面轴线做升降运动的止回阀。

升降式止回阀是截止形结构的阀门，阀瓣上部设置有导向轴，与阀盖下部的导向套配合，保证阀瓣自由升降，并准确地回落在阀座上。在阀盖导向套筒上部加工了一个泄压孔以减小阀瓣开启时的阻力。导向套内设置弹簧以实现预载功能，当流体正向流动时，在流体压力作用下克服阀瓣重力和弹簧力，阀瓣脱开阀座，阀门开启。

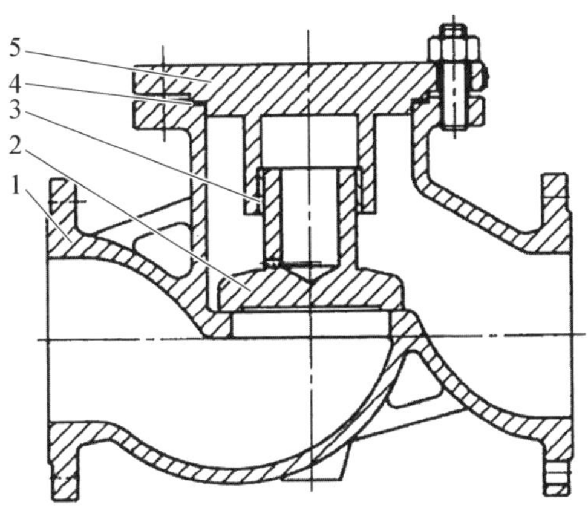

1—阀体；2—阀瓣；3—摩擦垫；4—垫片；5—阀盖。

图 6－1　升降式止回阀

流体反向流动时，阀瓣在自重、弹簧作用力（如果设有弹簧预载功能）、流体回流压力的共同作用下，回落到阀座上，阀门关闭。

升降式止回阀的主要优点是结构简单、动作可靠，但流动阻力较大，适用于公称尺寸小的场合。升降式止回阀因其阀瓣的行程约为阀瓣直径的 1/3，大大减少了阀瓣关闭所需时间，从而有效地降低了止回阀的水锤压力。升降式止回阀只能安装在水平管道上。

活塞升降式止回阀由标准的升降式止回阀改进而来，包括一个活塞形阀瓣和一个减震装置，工作时减震装置产生阻尼效果，消除了因阀门频繁动作而引起的破坏性问题。这一特点在诸如需要承受水冲击压力的管道系统，或是流体流动方向频繁变换的场合（如锅炉出口处）中显得尤为重要。

图 6－2 中所示的是气体系统专用止回阀，根据气流状况不同，该阀门既可用作恒定流量的止回阀，无论系统中是否存在微小的流量波动，阀门始终保持全开，也可用作脉动流的止回阀，阀门随着气流脉冲打开或关闭。借助弹簧的作用，在气体达到回流条件前的瞬间，阀片已对其两侧的气体压差变化做出响应，经极小的运动距离即与阀座贴合，防止气体回流。当流量脉动不足以引起颤振时，恒流止回阀可用于离心泵，罗茨压缩机、螺杆式压缩机或往复式压缩机。若流量脉动能够使阀门随之开关，则在往复式压缩机系统中使用抗脉动止回阀，这些阀门的设计原理与压缩机气阀是相同的，因此，它们能够承受密封面间的反复冲击。生产厂家会建议在特定工况下应该使用恒流止回阀或抗脉动止回阀。

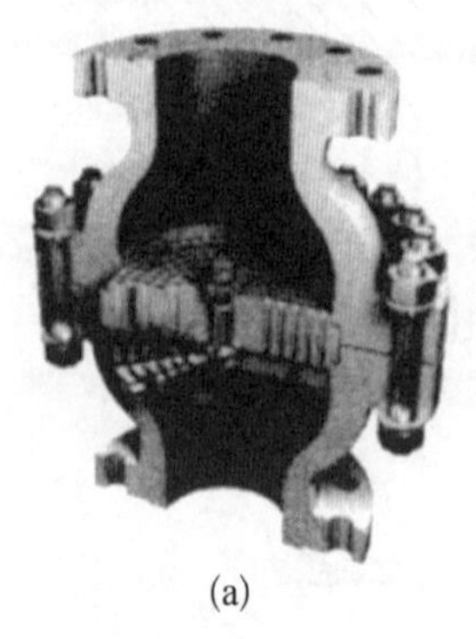

(a)

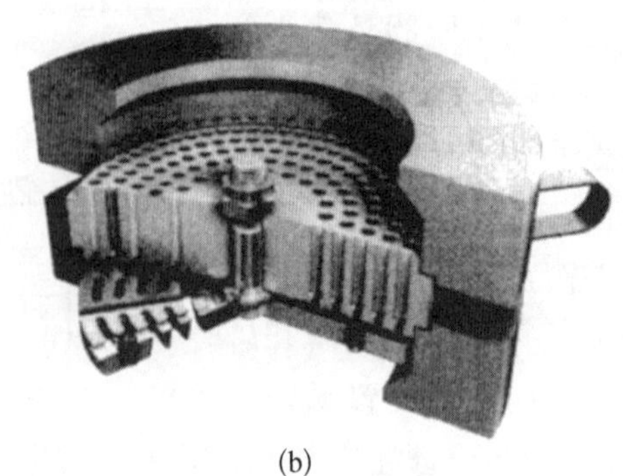

(b)

图 6－2　阀片式静音止回阀

(a) 法兰连接；(b) 对夹连接

止回阀的工作特性取决于其设计原理。主要基于以下几方面：带有多级环形阀座节流孔的阀门行程最小，盘式关闭件的惯性低，关闭件的导向无摩擦，以及选择与运行工况相匹配的弹簧。

在大多数的升降式止回阀中，阀瓣有导向结构以保证阀瓣与阀座同轴并保持密封。但是，杂质进入阀瓣的导向机构中，则阀瓣可能会被卡死或关闭缓慢。因此，此种类型的阀瓣只适用于低黏度介质，并且此介质中无固体颗粒。图6－3所示的止回阀的阀瓣为球状，与导向装置之间存在较大的间隙，因而在有脏物的场合很适用。当阀门关闭时，球形阀瓣滚动到阀座中自动对中并获得准确的密封。

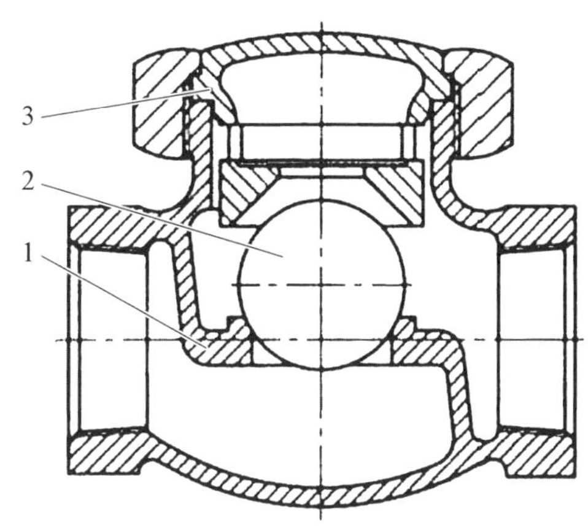

1—阀体；2—球体；3—阀盖。

图6－3　球形阀瓣升降式止回阀

如图6－4所示的止回阀是带有缓闭装置的角式升降式止回阀，其活塞缸设计成上、下段，两段具有不同的直径。该结构止回阀在第一阶段能快速关闭，在第二阶段，由于活塞缸直径减小，阀门最终能缓慢关闭。阀瓣头部设计成特定的形状，当阀门的快关阶段结束时，阀瓣与阀座间只留下了较小的流道面积，从而有效地限制了阀门的倒流速度。该止回阀是为重要的低冲击压力而特别设计的，通过两种方式来实现低冲击压力：一是给关闭件设置圆锥形伸出端，这样在阀门关闭时，介质能够被缓慢节流；二是在关闭件上安装减振器，在关闭最后一刻起作用。用于提供辅助关闭力的弹簧被取消，因为阀门在这种工况工作时，弹簧的断裂是一种危险。

升降式止回阀的安装方位必须合适，要保证关闭件的重力作用在阀门关闭的方向。由于弹簧加载的小升降止回阀的关闭力主要来自弹簧，因此这种阀门可不必过多考虑安装方位，基于上述原因，图6－3与图6－5所示的阀门只能安装在水平流动的方位上，图6－4所示阀门只能安装在垂直向上流动的方位上，图6－6所示阀门可安装在水平流动或者垂直向上流动的方位上，图6－7所示阀门可以安装在任意流动的方位上，包括垂直向下的流动。

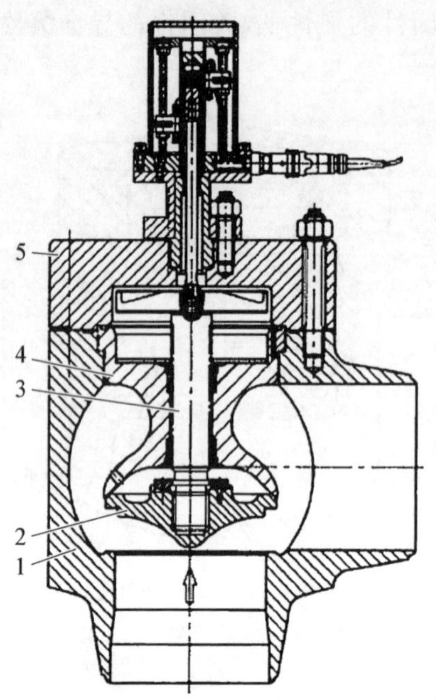

1—阀体；2—阀瓣；3—活塞杆；4—汽缸；5—阀盖。

图6-4 带有缓闭装置的角式升降式止回阀

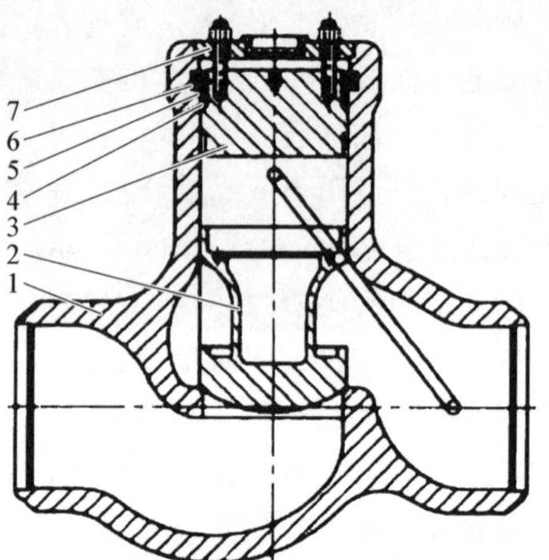

1—阀体；2—阀瓣；3—阀盖；4—自密封环；5—止推环；6—四开环；7—压板。

图6-5 标准的带有活塞式阀瓣的升降式止回阀

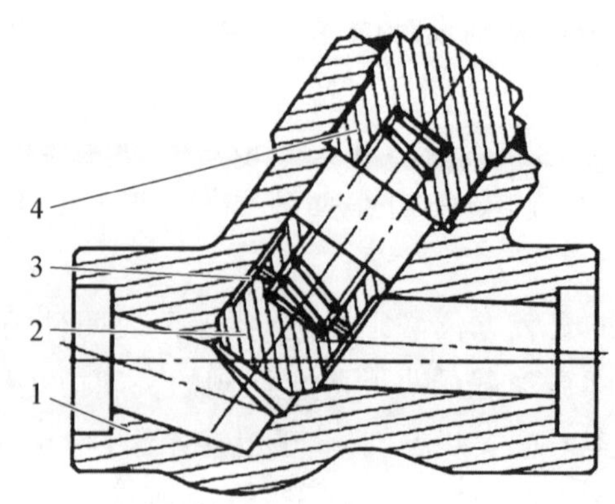

1—阀体；2—阀瓣；3—弹簧；4—阀盖。

图6-6 角式结构的带有活塞式阀瓣升降式止回阀

如图6－8所示，升降立式止回阀为阀瓣沿阀体通路轴线做升降运动的止回阀。升降立式止回阀也属于升降式止回阀。其动作原理与升降式止回阀完全相同，不同之处是其进口和出口在一条直线上，可直接安装在立式管道上，不影响其动作性能，竖立式管道选用该种止回阀十分适用。

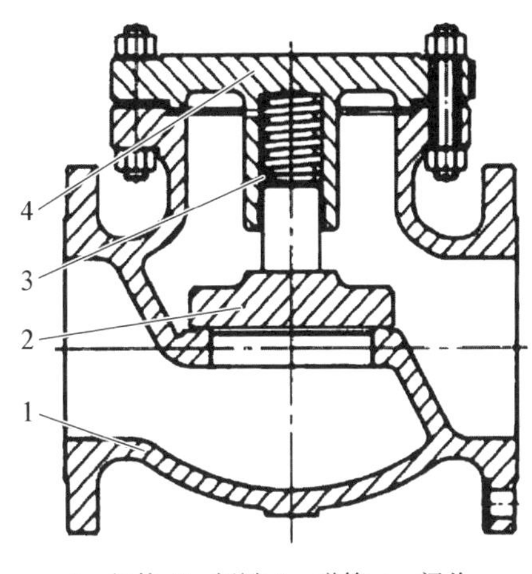

1—阀体；2—阀瓣；3—弹簧；4—阀盖。

图6－7　弹簧升降式止回阀

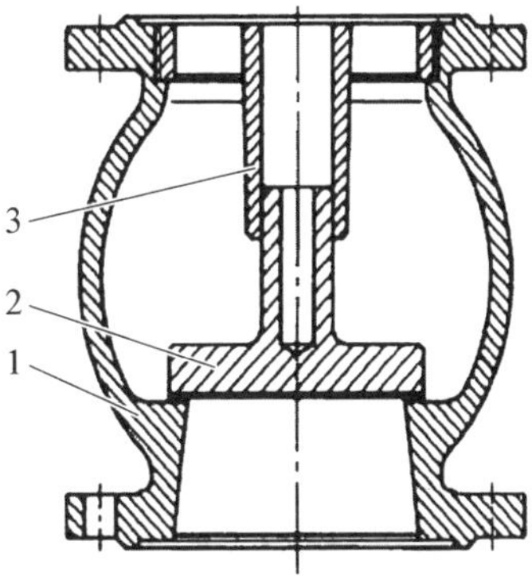

1—阀体；2—阀瓣；3—导向套。

图6－8　升降立式止回阀

弹簧升降式止回阀（见图6－7）的弹簧置于阀瓣部位，当进口流体压力产生的对阀瓣的推力大于弹簧载荷时，弹簧被压缩，阀瓣开启，流体压力越大，阀门开度越大。反之，当流体压力下降时，弹簧伸张，推动阀瓣关闭阀门。由于弹簧的作用，有利于降低阀门启闭时产生的水锤压力，而且流体流道畅通，阻力较小。此外，小直径弹簧止回阀的阀瓣常用圆球制成，结构更简单。

活塞式止回阀如图6－9所示，实质上是一种升降式止回阀。这种类型的止回阀带有一个由活塞和汽缸组成的缓冲器，在操作时具有缓冲作用。由于该止回阀与升降式止回阀设计相似，介质通过活塞式止回阀的流量特性与通过升降式止回阀在本质上是相同的。

当介质系统经常出现压力骤增和波动时，活塞式止回阀能有效地保护系统。活塞式止回阀推荐使用在流量波动的管道中，如往复式的压缩机和泵的出口管道，不适合使用在流体含沙或有杂质的管道上。由于活塞式止回阀独特的缓冲设计，可以使该阀连续不间断地应用于水泵和往复式压缩机，以及其他导致常规止回阀过度磨损的领域。另外，活塞式止回阀的上装式设计，使所

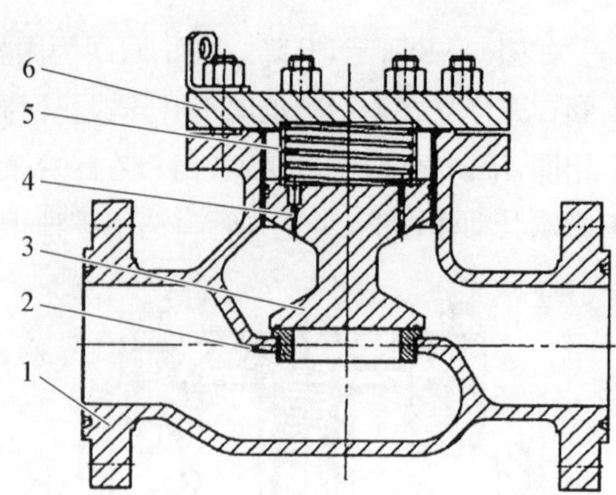

1—阀体；2—阀座；3—阀瓣；4—止回阀；5—弹簧；6—阀盖。

图 6-9　活塞式止回阀

有内部部件易于在线检修和更换，可以尽量缩短停工期。

活塞式止回阀能够便捷可靠地防止回流。

在无压差状态下，活塞式止回阀借助阀腔和弹簧作用返回关闭位置。阀门入口端的压力把阀瓣从关闭位置提升，允许介质通过。当介质发生变化时，活塞式止回阀的阀瓣在中腔中浮动。如果介质中断，阀瓣和阀座将会形成气密封，防止回流。当压力突然发生变化或介质情况反常时，活塞式止回阀的机械装置和活塞中的相邻小孔能减轻活塞振荡，消除猛烈冲击或颤动。活塞式止回阀装配有一块孔板来控制活塞的活动，用于液体的孔板要比用于气体的孔板大得多；为气体管道设计的活塞式止回阀，不能用于液体作业，除非更换活塞中的孔板。

活塞式止回阀的特点如下：

密封面为软密封或硬密封，可更换阀座；由于活塞和阀座的设计，作用在活塞上的回压越大，密封性能越好，通常适用于水平安装，当需要垂直安装时，应该咨询阀门制造商。

4
3
2
1

1—阀体；2—阀瓣；3—弹簧；4—导向座。

图 6-10　对夹消声止回阀

图 6-10 所示的对夹消声止回阀实质为一种立式升降止回阀，除具有结构长度短、结构合理、质量轻、密封性能好和流阻小等优点外，还可有效地消除噪声、防止水击发生，并且安装方向不受限制。

6.3.2　旋启式止回阀

旋启式止回阀的阀瓣旋转离开阀座而使流体向正向流动，当介质反向流动时阀瓣返回阀座形成密封，从而防止了流体反向倒流。关闭件是悬挂于阀门腔体内的一个与管道通径相当的阀瓣或圆盘，流体正向流动时在流体压力的作用下阀瓣打开，压力下降时阀瓣在自重和逆流流体的压力作用下关闭。旋启式止回阀由阀体、阀盖、阀瓣和摇杆组成。阀瓣呈圆盘状，绕阀座通道外的销轴做旋转运动。阀内通道成流线型，流动阻力比直通式升降止回阀要小，适合用于大口径的管道。但低压时，其密封性能不如升降式止回阀。为提高密封性能，可采用辅助弹簧或采用重锤结构辅助密封。

旋启式止回阀打开时阀瓣的质量对流体的阻力相对较大。此外，由于阀瓣悬浮在流体中可使流体产生湍流，表明通过旋启式止回阀的流体压降要大于通过其他形式止回阀的压降。当流动方向突然变化时，阀瓣会猛烈关闭在阀座上，引起阀座很大的磨损，并沿管道产生水锤。为克服这个问题，可以在阀瓣上安装阻尼装置，并采用金属阀座减少阀座磨损。

根据阀瓣的数目，旋启式止回阀可分成单瓣式、双瓣式和多瓣式3种。

(1) 单瓣式：只有一个阀座通道和一个阀瓣，适用于中等口径旋启式止回阀(图6-11)。

(2) 双瓣式：有两个阀瓣和两个阀座通道，适用于较大口径旋启式止回阀。

(3) 多瓣式：对于大口径止回阀，如果采用单瓣式结构，当介质反向流动时，必然会产生相当大的水力冲击，甚至造成阀瓣和阀座密封面的损坏，因而采用多瓣式(图6-12)结构。它的启闭件是由许多个小直径的阀瓣组成的，当介质停止流动或倒流时，这些小阀瓣不会同时关闭，大大减弱了水力冲击。由于小直径的

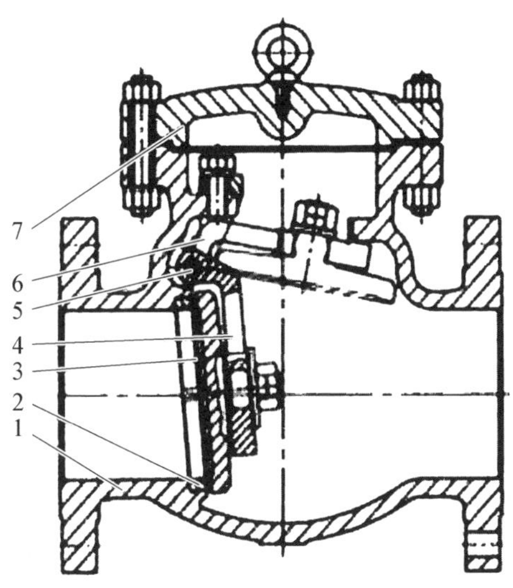

1—阀体；2—阀座；3—阀瓣；4—摇杆；5—销轴；6—摇臂；7—阀盖。

图6-11　旋启式单瓣止回阀

阀瓣质量轻，关闭动作也比较平稳，阀瓣对阀座的撞击力较小，不会造成密封面的损坏。多瓣式适用于公称直径 DN 600 以上的止回阀，较大口径的旋启式止回阀可带有旁通阀。

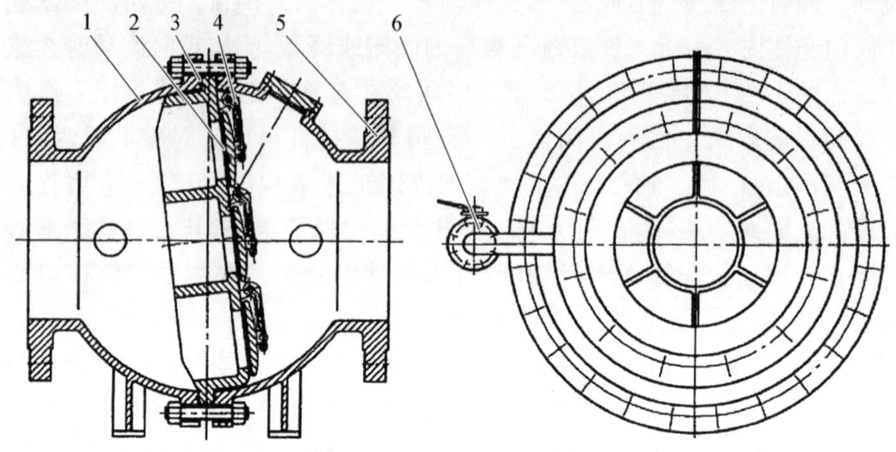

1—左阀体；2—阀瓣；3—隔板；4—摇臂；5—右阀体；6—旁通阀。

图 6－12　旋启式多瓣止回阀

旋启式止回阀摇杆的连接方式有在阀体上直接加工摇杆孔，在阀体内腔设置附件连接摇杆，在阀体内腔螺纹连接摇杆，以及组合连接和阀座上设置连接件等。

(1) 在阀体上直接加工摇杆孔，如图 6－13 所示，在阀体上设计摇杆轴孔，

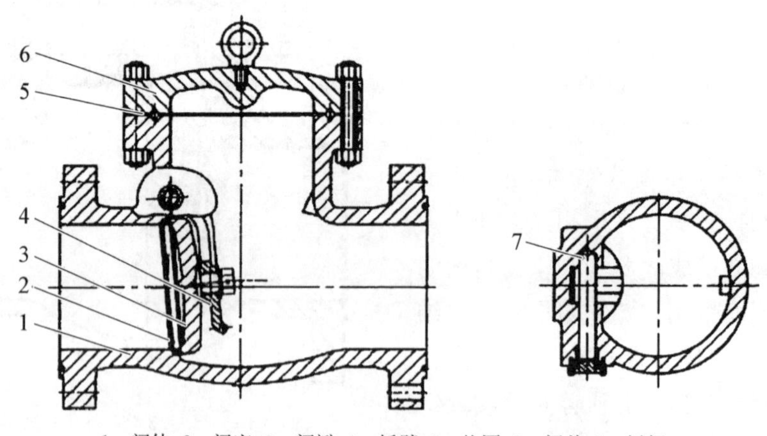

1—阀体；2—阀座；3—阀瓣；4—摇臂；5—垫圈；6—阀盖；7—摇杆。

图 6－13　旋启式止回阀(一)

摇杆从阀体外部装入，待摇臂及阀瓣等全部装好后，在摇杆的端部安装堵盖，使之密封。这种结构加工简单，但是由于在阀体上需要镗孔，存在一处外连接，也就是存在一处潜在的外泄漏点，对有外漏要求严格的工况并不是理想的选择，所有内件都通过顶部阀盖安装。

（2）在阀体内腔设置附件，如图6－14所示，在阀体内腔壁进口侧铸造出横梁，横梁上方挂支架并紧固，支架和摇臂通过摇杆轴连接，减少了外连接，避免了外漏。缺点是阀腔的高度要加高，零部件多，增加了制造成本。

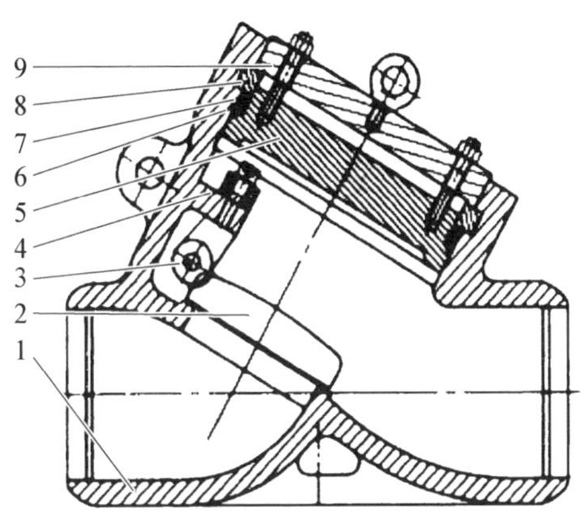

1—阀体；2—阀瓣；3—销轴；4—摇臂；5—阀盖；6—自密封环；7—止推环；8—四开环；9—压板。

图6－14　旋启式止回阀(二)

（3）阀体内腔螺纹连接，如图6－15所示，在阀体的进口端通道上侧铸造出两个凸台，在凸台上加工螺纹，用于紧固摇杆两端的平扁面。这种连接方式既减少了外连接避免外漏，也减少了零部件数量，节约了制造成本。

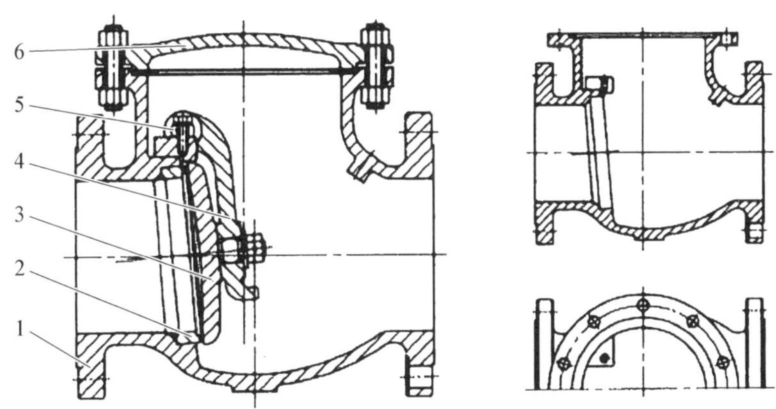

1—阀体；2—阀座；3—阀瓣；4—摇臂；5—摇杆轴；6—阀盖。

图6－15　旋启式止回阀(三)

（4）组合连接，如图6－16所示，阀体为分体式，由左、右阀体组成，左、右体中间夹持一个阀座，阀座上铸有凸台并加工成轴孔，阀瓣通过摇杆轴和阀座连接。这种结构既减少了外漏，也便于机加工。

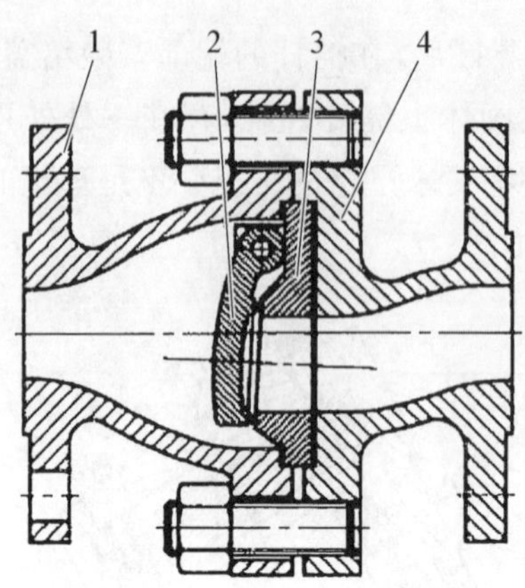

1—左阀体；2—阀瓣；3—阀座；4—右阀体。

图 6－16　分体式旋启式止回阀

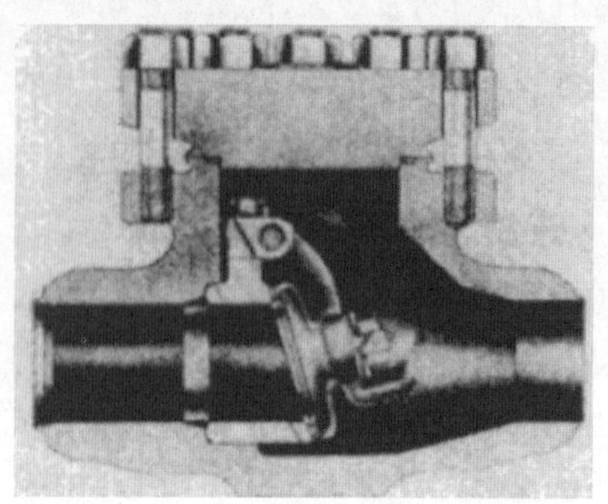
图 6－17　旋启式止回阀(四)

(5) 阀座上设置连接件，如图 6－17 所示，在阀座上方设计有支撑柱，套环穿过支撑柱固定位置后通过摇杆轴和摇杆连接，带动阀瓣实现阀门的启闭。

普通式的旋启式止回阀带有类似阀瓣的关闭件，关闭件绕阀座外部的销轴旋转，如图 6－18 所示。阀瓣从全开到关闭位置的行程大于大多数升降式止回阀的行程。另外，阀瓣围绕销轴的转动不易受到污垢和黏性介质的阻碍。图 6－19 所示的阀门中，其关闭件是左右阀体之间的橡胶垫片的一部分，并用钢骨架进行加固，通过弯曲关闭件和垫片之间的橡胶带来实现阀门的开启或关闭。

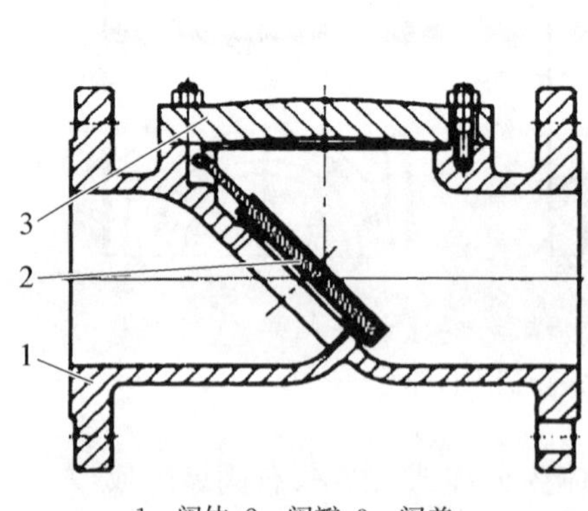

1—阀体；2—阀瓣；3—阀盖。

图 6－18　斜盘式橡胶阀瓣旋启式止回阀

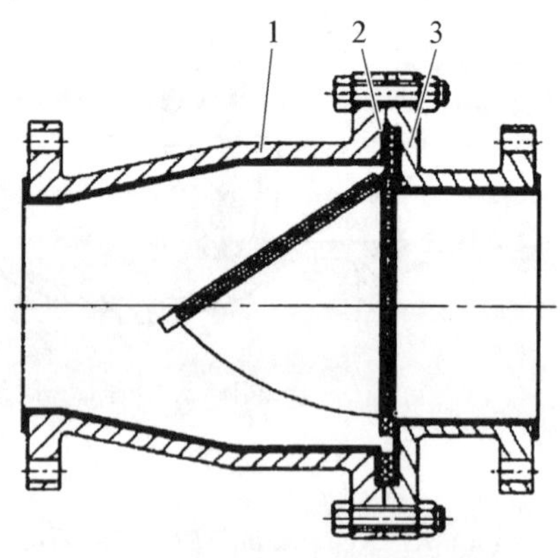

1—阀体；2—阀瓣；3—阀盖。

图 6－19　橡胶阀瓣旋启式止回阀

对于旋启式止回阀，为了使阀瓣快速关闭，通常采用倾斜式阀座结构，并适当限制阀瓣的开度以减小阀瓣的关闭行程(图 6-20)。

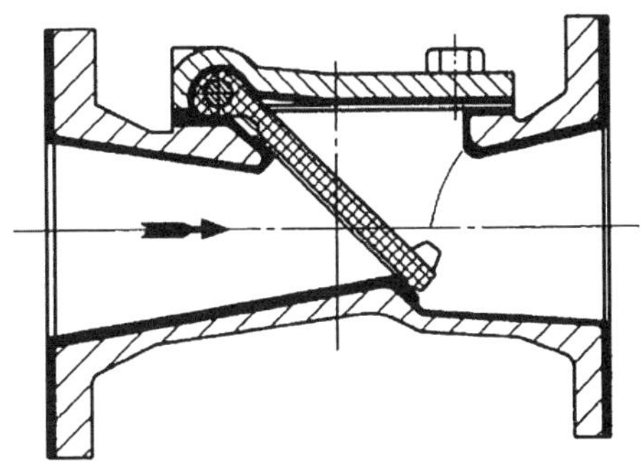
图 6-20　倾斜阀座旋启式止回阀

旋启式止回阀一般为水平安装，如果能够避免阀瓣达到死点位置，也可以垂直安装。在垂直安装情况下，阀瓣关闭力矩是由其重力产生的，由于阀瓣全开位置时关闭力矩很小，故阀门将延迟关闭。为了克服阀门对滞流介质反应迟缓的缺点，可以为阀瓣配置一个杠杆重物机构或弹簧来辅助加载。

旋启式止回阀由于其内部结构不同，又有通球式、斜盘式、微阻缓闭式、定压式、偏心型、摆动对夹式几种形式。

6.3.2.1　通球旋启式止回阀

图 6-21　通球旋启式止回阀

通球旋启式止回阀(图 6-21)除具有一般旋启式止回阀的功能外，还装有阻尼液缸机构，具有低阻力、缓闭减振、阀瓣启闭速度可调等功能，可以手动开启阀瓣并锁紧固定，以满足反输流程需要和实现管线通球扫线功能。

(1) 阀门结构原理通球旋启式止回阀的阀体为整体铸造结构，阀瓣与阀座采用软硬密封结构，还装有可以调节平衡力矩大小的平衡锤机构，以降低阀瓣开启时的阻力，此机构可方便地装拆。阻尼液缸的设置对阀瓣的启闭起了缓冲减振的作用，阻尼力矩的大小通过液缸两侧的调速阀来调节，阻尼液缸靠中间支架和连接套与阀体的摇杆轴组成一体，在使用中可方便地进行拆装和维修。当该阀装在需要有反输流程的管道上时，必须在该阀前后上下游端设置旁通，以便该阀可顺利开启，满足反输流程。

(2) 阻尼液缸的结构及工作原理一般采用叶片旋转式阻尼液缸结构，它具有阻尼调整灵敏、可调范围宽的特点，还可用外置调整锤手动启闭阀瓣。阻尼液缸机构具有液缸阻尼、缓冲减震功能，阀门的启闭速度可通过调节阻尼液缸上的调节阀控制。通过手动开启阀瓣锁紧固定，以满足管线通球扫线和反输流程需要。阀门设有硬软双密封结构，具有低压密封性能。

6.3.2.2　斜盘式止回阀

图 6－22 所示是斜盘式止回阀的一种。这种阀门有一种圆盘式的关闭件，阀瓣绕摇杆轴旋转，并与阀座面偏置。阀瓣向下旋转与阀座密合时关闭，开启时，阀瓣反向旋转脱离阀座。因为整个阀瓣的重心移动轨迹只在全开与关闭位置之间，行程很短，所以斜盘止回阀的关闭很快。斜盘式止回阀的阀瓣是安装在阀轴上的蝶状斜盘，阀座为特制的浮动、弹性金属硬密封阀座，从而保证阀座能与阀瓣自动调节对位。

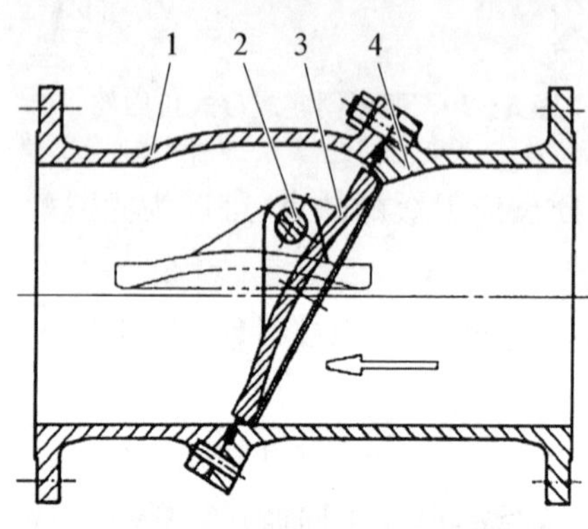

1—左阀体；2—销轴；3—阀瓣；4—右阀体。

图 6－22　斜盘式止回阀

斜盘式止回阀的阀座密封面是斜圆锥体的一部分，阀座与阀瓣间形成的密封线为近似椭圆形曲线，该曲线所在平面与阀门流道中心线的夹角为 60°；近似椭圆密封线的长轴中心与锥体轴线形成一个角度偏心，即阀座密封面所在圆锥体的轴线和阀体流道中心线之间形成第二个偏心夹角为 15°～20°；阀瓣旋转轴的轴线相对于圆锥体的轴线形成一偏心量，且相对于密封线所在平面也处于偏心位置，形成一偏心量。当介质的压力达到其工作压力时，阀瓣开启，当介质的压力降低后，蝶状斜盘阀瓣自动关闭。该阀瓣与金属阀座具有三偏心蝶阀的特征，这种结构使得阀瓣能够进行钟摆式运动，圆盘斜角形阀座和漏斗形阀瓣结合和分离期间都不会出现摩擦或滑动接触。在关闭时它能迅速地在无须借助外力的情况下，与阀座几乎无冲击、无碰撞而实现密封，同时它具有大流量小流阻的特性。

斜盘式止回阀的特点如下：

(1) 止回阀的撞击现象是由于在流体倒流之前，阀门的阀瓣没有到达关闭位置造成的。斜盘式止回阀能够迅速关闭，是因为阀瓣的运行距离被设计得很短，这使得阀瓣能够迅速到达阀座位置，从而最大限度地减小了撞击现象的发生。

(2) 斜盘式止回阀适用于防止水平或垂直管路上的流体倒流。在垂直管路或水平到垂直之间的任何倾斜角度的管路上，这种止回阀仅适用于介质流向朝上的管路。

(3) 斜盘式止回阀自动运作是在流体流速压力下开启，在重力作用下关闭。阀座密封负载和紧密性与反压力相关。如果流速压力不足以将阀门支撑在稳定全开启的位置，则阀瓣和其他活动部件将会持续振动。为了避免出现运动部件的过早磨损、噪声或振动运行，需根据流体状态选择止回阀的通径，将翻转式阀瓣止回阀支撑在稳定的开启状态所需的最小流体速度为

$$v = 80\sqrt{\bar{V}} \tag{6-1}$$

式中：v 为最小流体流速，ft①/s；$\bar{V}$ 为流体比体积，$ft^3$②/lb③。

由此确定的止回阀通径，可能会出现所确定的止回阀通径小于管道通径。因此在安装时，可能需要安装异径管。由此产生的压降不能大于部分开启状态的通径较大的阀门，这样将大大延长阀门的使用寿命，并相对降低成本。

斜盘式止回阀的缺点是造价高，较之旋启式止回阀修理和维护更加困难。因此，斜盘式止回阀通常限用于旋启式止回阀不能满足要求的场合。

6.3.2.3　微阻缓闭止回阀

微阻缓闭止回阀是止回阀的一种特殊结构，它通过缓闭的形式减小水锤压力。微阻缓闭止回阀有多种结构类型，下面介绍其中3种。

1) 二阶段缓闭止回阀

二阶段缓闭止回阀是一种带有双缸阻尼器的侧阻式缓闭止回阀。其结构如图6-23所示，阀体采用通用的旋启式结构，但阀瓣的摇杆轴粗长，并穿出阀体之外，通过连接机构与分置在两侧的油缸阻尼器相连，连接机构由摇臂、滑叉和横销等部件组成。

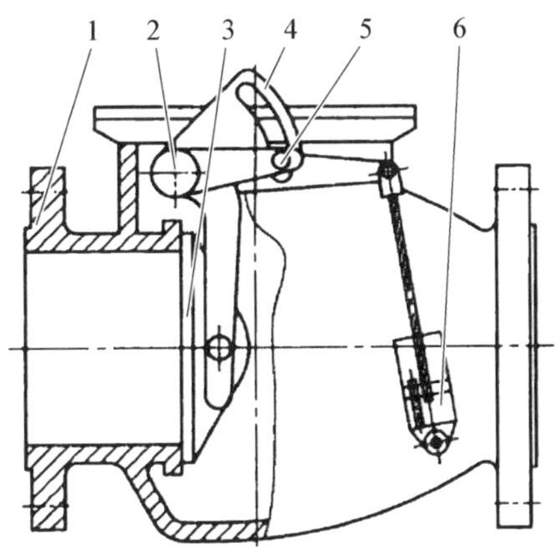

1—阀体；2—旋轴；3—阀瓣；4—滑叉；5—横销；6—油缸阻尼器。

图6-23　二阶段缓闭止回阀

当管道停泵后，阀瓣从全开位置分两个阶段关闭。首先阀瓣依靠自重下落，摇臂的横销在滑叉的导槽中从高处

① 1 ft(英尺)=0.304 8 m(米)。

② 1 ft^3(立方英尺)=0.028 317 m^3(立方米)。

③ 1 lb(磅)=0.453 592 kg(千克)。

降到最低点,油缸阻尼器不工作,此时为快关阶段,占整个关程的 2/3～3/4。在其后的部分关程中,油缸阻尼器开始阻尼,阀瓣以慢速关闭。油缸阻尼器活塞被设计成变截面的油针,使在阻尼过程中过油截面愈来愈小,阀瓣关闭速度随之也逐渐减小,直至完全关严,慢关的时间是可以调整的。

2) 内置油缸阻尼式缓闭止回阀

内置油缸阻尼式缓闭止回阀的结构如图 6 - 24 所示。阀体呈罐状,油缸阻尼器位于罐的中央位置,头部采用流线型设计,由辐向叶片提供稳固的支持。油缸阻尼缸内,活塞杆的一端连接着活塞,另一端直接与阀瓣相连。油缸的前后腔通过油管连通,并在油管上设置了截止阀以供操作。这些油管还延伸至阀体外部,以便于操作和维护。

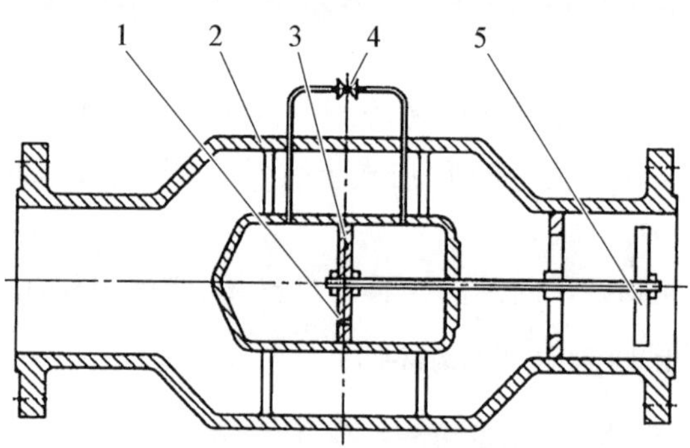

1—油孔;2—阀体;3—油缸阻尼器;4—截止阀;5—阀瓣。

图 6 - 24　内置油缸阻尼式缓闭止回阀

在正常抽水过程中,阀瓣在水流推动下开启,并带动油缸活塞移动,将缸内有杆腔的油经油管排至无杆腔。关闭速度由管中油流速度决定,可通过油路上的截止阀调节。由于油缸活塞的运动规律在阀瓣开启和关闭时基本相同,测定水泵启动时阀瓣的开启时间的方法为:在油缸的连接油路上装一只压力表,在水泵启动后,水流进入阀体,阀瓣开启带动活塞移动,于是油缸内受压腔压力上升,油管开始排油,此时油路压力表的读数从“0”升至某一值。一旦阀瓣开启,活塞将停止运动,油腔内的压力解除。此时,压力表的读数又回到“0”,记录下油路压力表读数开始上升直至回到“0”的这段时间,这段时间可近似地认为是阀瓣的关闭时间。

3) 水阻可控缓闭止回阀

水阻可控缓闭止回阀结构如图 6 - 25 所示,参数由优化关闭特性计算确定。水阻可控缓闭止回阀是普通止回阀的阀体，中间有较大的腔室，以保证阀瓣有充分的转动空间，流体能通畅地流过。轴承位于腔体上方接近进口端面处，用于支撑旋启式阀瓣，阀体两端有法兰与管路连接。

圆形阀瓣与摇杆相连，当摇杆绕轴转动时，会带动阀瓣旋启运动，从而实现阀门的开启和关闭功能。阀瓣的开启角为 0°～66°。阀体上方与水压缸直接相连，水压缸内有一差动活塞。这个差动活塞的上方固定有活塞杆，该活塞杆穿过水压缸盖伸出。活塞下方则通过连杆与摇杆相连，以实现动力传递。

控制管路连通水压缸的上、下腔室及阀体。管路中配有缓闭调节阀。缓闭调节阀结构如图 6－26 所示，实际上是一个单向节流阀，用以控制水压缸腔室的进排水流量，实现活塞运动的控制功能，即控制阀瓣的启闭速度。

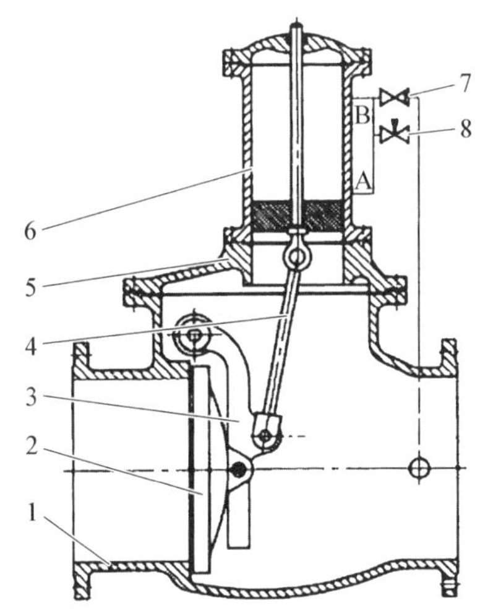

1—阀体；2—阀瓣；3—摇杆；4—连杆；5—阀盖；6—水压缸；7—止回阀；8—节流阀。

图 6－25　水阻可控缓闭止回阀阀体

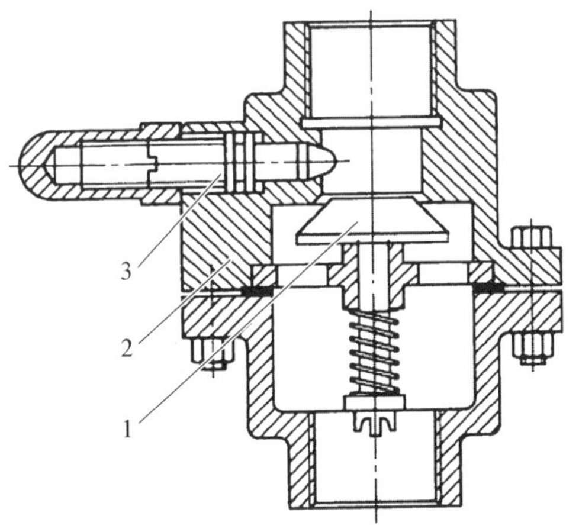

1—单向阀阀芯；2—阀体；3—针阀阀芯。

图 6－26　缓闭调节阀结构简图

阀门工作原理如下：

(1) 启泵时，在水冲力矩的作用下，阀瓣克服自重力矩及摩擦力矩开启，水压缸内的活塞向上运动，活塞上腔的水经缓闭调节阀中的单向阀快速排入阀体，当活塞升到 A 孔以上时，水流直接通过 B 孔排入水压缸下腔室，此时缓闭调节阀的单向阀处于导通状态，活塞可顺利向上运动，止回阀迅速打开。由于活塞是差动的结构，下腔水压作用面积大于上腔水压作用面积，活塞上、下端面水压作用的合力方向向上，在这个合力的作用下，阀瓣可达到全开位置，活塞被连杆向上拉住，并紧贴在阀体内壁的相应位置上。

(2) 运行时，阀瓣稳定在全开位置，全开时开启角设计为 66°。当水流有脉动时，阀瓣能保持位置稳定，不发生漂动和摇摆，工作阻力比普通止回阀小20%～30%，寿命长，节能显著。

(3) 断电停泵时，由于泵叶轮转动惯量大，断电后泵的转速逐渐降低，阀瓣所受的水冲力矩也相应地逐渐减少，阀瓣的自重力矩起作用使阀瓣绕轴旋转关闭。关闭的开始阶段，活塞位于水压缸的上部，阀瓣关闭带动活塞向下运动，活塞上腔体积增大，水流通过 A 孔经控制管道流入 B 孔，以补充上腔水压，活塞向下运动，这一阶段是快关阶段。关闭的第二阶段，从活塞运动到 A 孔时，由于 A 孔被阻塞，活塞上腔的补水只能由与阀体相通的控制管道提供，补水须经缓闭调节阀，而此时缓闭调节阀的单向阀关闭，水流只能通过缓闭调节阀的调节针阀补给，由于调节针阀流阻较大，补水流量较小，阀瓣只能缓慢关闭，这是慢关阶段，关阀稳定，水锤最小。按水锤理论，水击压力 $\Delta H = av_0/g$ (a 为水锤波传播速度，v_0 为流速，g 为重力加速度)，若阀门在 v_0 接近于零时关闭，水锤最小，则优化的基本思想是阀门在正流与反流交界时间内关闭，ΔH 最小。

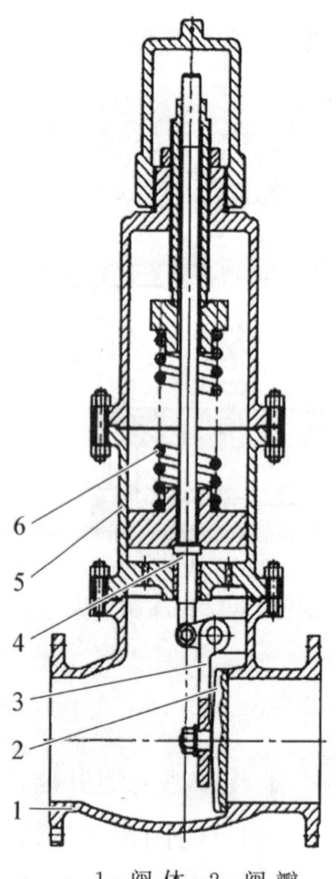

1—阀体；2—阀瓣；3—摇杆；4—连杆；5—阀盖；6—弹簧。

图 6-27　定压止回阀

6.3.2.4　定压止回阀

定压止回阀是一种利用弹簧调节的旋启式止回阀，它广泛用于各类机泵集中控制的管路上，以有效防止介质倒流。该阀结构设计简单，使用可靠，因此广泛普及于石油、化工、电力、水利、轻工业等多个部门。

定压止回阀(图 6-27)由旋启式止回阀与弹簧组成，依靠阀瓣自身的质量、弹簧的作用力及介质压差关闭阀门，防止介质倒流。当调节调压螺栓，使弹簧处于自由状态时，阀体内的介质通过阀瓣，阀瓣可绕销轴做旋启运动，介质通过液压缸下盖孔进入活塞下部，将阀杆顶起；当弹簧处于压缩状态时，通过活塞将阀杆向下方与摇杆接触，限制阀瓣的运动。

6.3.2.5　偏心型止回阀

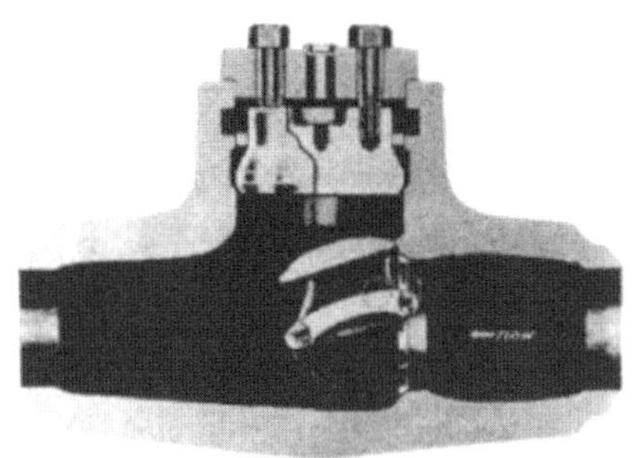
图6-28　偏心型止回阀

偏心型止回阀(图6-28)是针对旋启式止回阀的缺点而改进的一种结构，既可减少正流时的压力损失又能减轻逆流时产生的水锤冲击。偏心型止回阀结构紧凑，阀内通道截面积大，腔体内流动方向的变化小、动作稳定、流体阻力小，具有比旋启式止回阀更多的优越性，在美国和日本，这种阀门已广泛应用。

偏心型止回阀与传统止回阀相比较，有如下优越性能。

(1) 正流时，阻力小采用缓冲板型旋启式止回阀及平衡锤型旋启式止回阀，可在一定程度上减小正流时对流体的阻力，但这些结构在高压大容量的给水系统中具有水击现象严重的缺点。偏心型止回阀阀瓣的开度大，阀瓣制造成翼形，介质流动时阀瓣立即开启，正流时的阻力小。

(2) 逆流时，由水击现象产生的上升压力小，在普通止回阀上，为了抑制由于水击现象而产生的水击上升压力，一般会采用加大阀瓣的关闭力，减小阀瓣开度的办法或考虑将关闭速度减缓，允许逆流时有一定的泄漏的方法，但这会增加正流时的阻力，同时逆流量加大。如果要使阻力小，逆流时的水击现象又会加剧，很难同时解决这两个相互矛盾的问题。偏心型止回阀，逆流时阀瓣能紧急关闭，阀瓣的回转轴上装设弹簧，在流体中能进行快速关闭运动，与阀座迅速密封，在很大程度上降低了由于水击现象而产生的水击上升压力。

(3) 逆流时，无泄漏普通止回阀多为平面型密封副，而偏心型止回阀的阀座为圆锥形，轴承部分设有适当的间隙，关闭时阀瓣可与阀座自动调整对中，可获得稳定的气密性，逆流时基本无泄漏。

(4) 结构紧凑，安装空间小，偏心型止回阀的阀瓣在接近流体的中央部分进行动作，因此阀体的整体高度较低。与其他类型相比，阀体近似于圆筒形，结构紧凑，占用安装空间小。

(5) 无工作噪声及振动：偏心型止回阀从关闭到全开过程中，以及全开工作状态下，直流时均无噪声及振动产生，比旋启式止回阀稳定。同时，由于关闭时有弹簧的作用，能够有效抵抗逆流时水击现象产生的压力波的反射影响，因此不会发生振动现象。

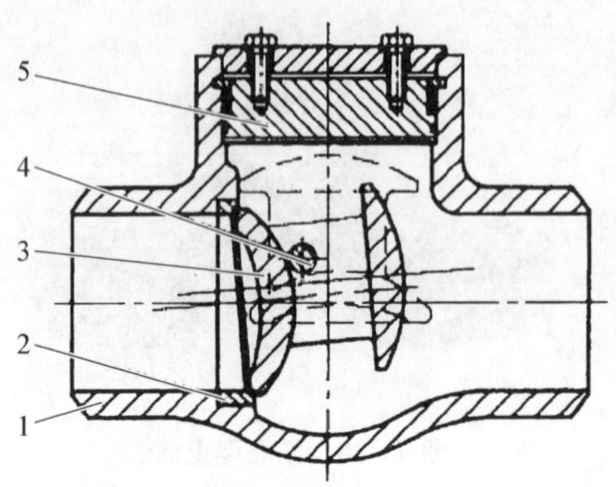

1—阀体；2—阀座；3—阀瓣；4—摇杆轴；5—阀盖。

图 6-29 偏心型止回阀的结构

偏心型止回阀的结构阀瓣是在进、出口轴线的中间部位以摆动形式安装，阀瓣与阀座的接触面为圆锥形。其结构如图 6-29 所示。

阀瓣的回转轴设在阀瓣的中间部位，阀瓣在流体中央位置动作，位置较低，所以阀体形状更为紧凑，而且制造相对简单，壁厚均匀，毛坯铸件不易出现制造上的缺陷。阀门腔体内流体的流动面积变化少，几乎不存在由于流动而引起的侵蚀问题。阀瓣以回转轴为中心启闭，由于阀瓣是翼形的，因此流体从阀瓣的下部及上部分为两部分流出。

偏心型止回阀采用单座气密式的圆锥形阀座，密封面一般堆焊硬质合金。正流压力消失时，阀瓣与阀座吻合，全闭时可实现“无可见泄漏”。

如图 6-30 所示，阀瓣可以分为 3 个部分，即关闭流体的(A 点)部分、回转轴承(B 点)部分及平衡重量的(C 点)部分。为了综合提高偏心型止回阀的性能，阀瓣的 A 点部分在强度许可的范围内采取薄的流线型及翼形，这样可使正流时开启容易，逆流时关闭迅速。回转轴承 B 点部分应设置在从中心线 OO' 向上约为阀瓣直径的 1/4 处最接近阀座面的位置。回转部分尽可能减少摩擦，并留有适当间隙，轴心部装设扭簧(图 6-31)，辅助阀瓣快速关闭。平衡重量的 C 点部分与对应的 A 点部分相平衡，阀门全开时能平衡阀瓣，减轻振

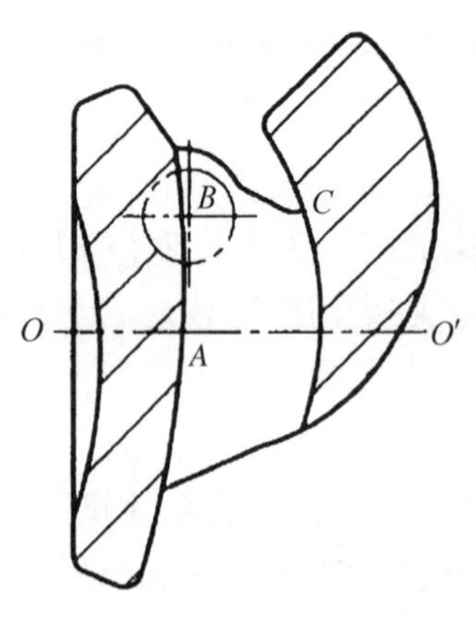

图 6-30 阀瓣

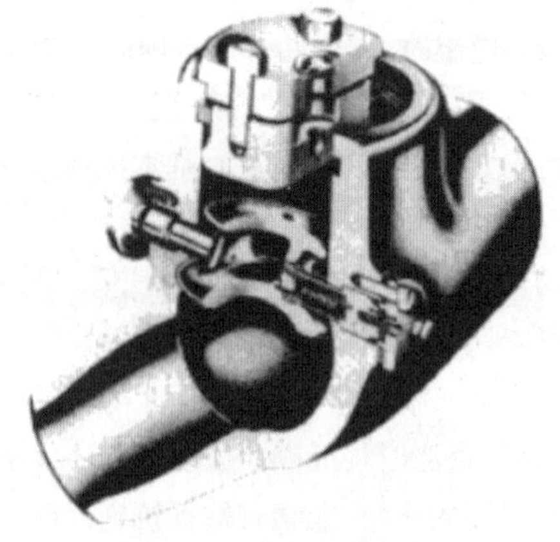

图 6-31 扭簧的安装

动，关闭时的重力作用可利于密封。

偏心型止回阀的机械原理如图 6－32 所示，自中心线上 O 点引直线 OA、OB 与中心线形成相等的角度，共同定义了阀座面的圆锥形结构，记作∠AOB。从阀座的最小内径 A 点作垂线 AD 垂直于直线 OA；同样，从阀座最大内径 B 点，作垂直于 OB 的垂线与 AD 相交于 C，W 表示阀座面的宽度。阀瓣的回转轴设在∠BCD 内，流体按规定方向流动时，在流体作用力下，阀瓣绕回转轴 E 旋转而开启。流动停止时借阀瓣自重的关闭力矩实现关闭。

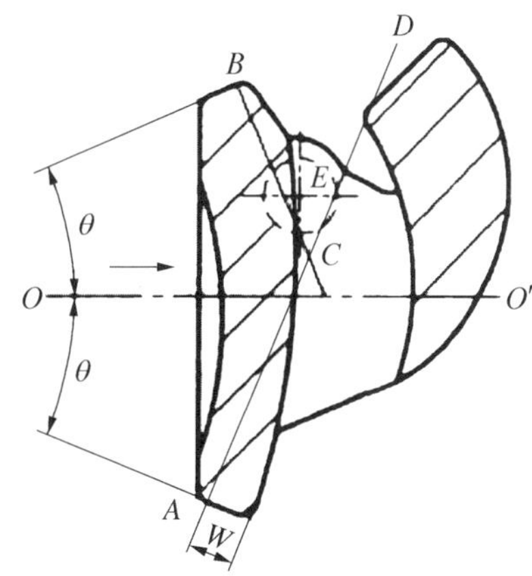

图 6－32　偏心型止回阀的机械原理

止回阀在流动时，压力损失小，低于工作流速时也能实现全开，逆流流速小时阀瓣能快速关闭。但通常都是在正流状态具有良好的效果，而逆流状态恶劣，对这两者之间关系影响较大的是图 6－32 所示 E 点的位置。假设把 E 点靠近中心线 OO'，试验证明，全开时的流速增大，超过工作时的流速，正流时的阻力加大。但是，当 E 点靠近中心线时，逆流时阀瓣快速关闭，有助于减少水击现象；反之，当 E 点远离中心线 OO'时，虽然正流时显示效果良好，但逆流时的关闭速度变慢，可能导致严重的水击现象。

6.3.2.6　摆动对夹止回阀

摆动式对夹止回阀(图 6－33)也是一种旋启式止回阀，但并不是全通径结构，阀门打开时，阀瓣被顶至管道的顶部，所以阀瓣的直径要比管道的直径小，通过阀门的压降会比一般的旋启式止回阀更大。

摆动式对夹止回阀主要用于较大口径的管道上，一般大于 DN 25。这是因为在小口径管道上，采用“浮动”的阀瓣设计可能会引起压降超过允许值，所以不太适合小口径规格的应用。而大口径的止回阀使用此结构，不会产生超出允许值的压降，而且使用材料相对较少，成本更为节约。其缺点是大口径摆动式对夹止回阀的阀瓣很重，所以关闭时会有很大的动能，这些能量转移到阀座上和流体中时，可能会对阀座造成破坏，并引起水锤现象。

摆动式对夹止回阀的应用场合比较广泛，因为其结构紧凑，成本相对低廉，所以使用得越来越多。

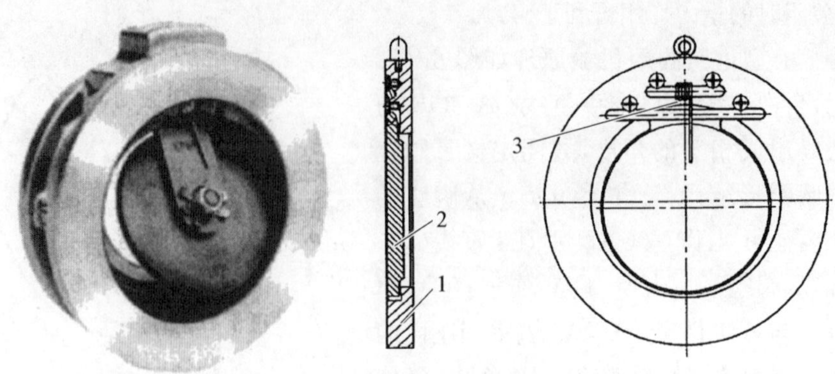

1—阀体；2—阀瓣；3—弹簧。

图 6-33　摆动式对夹止回阀

6.3.3　双瓣蝶形止回阀

在双瓣蝶形止回阀中，由中间销轴连接的两个半阀瓣组成关闭件。当介质反向流动时，在弹簧及阀瓣重量的作用下，两个半阀瓣与阀座接触迅速关闭。

双瓣蝶形止回阀(图 6-34)也是一种旋启动作的止回阀，是双阀瓣结构，在弹簧的作用下关闭。自下而上的流体将阀瓣推开使阀门开启。该阀结构简单，对夹安装在两个法兰之间，外形尺寸小，质量轻。

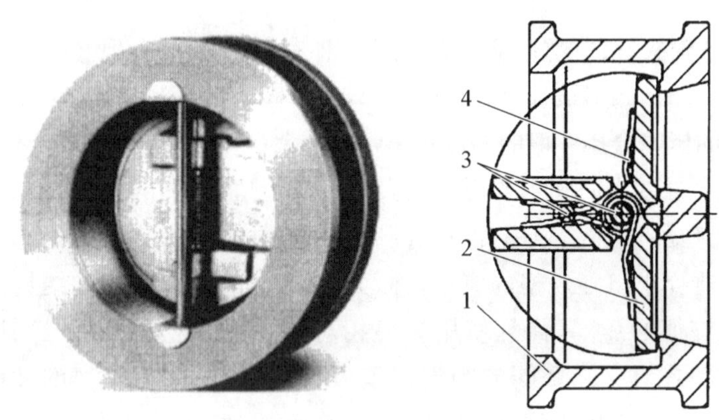

1—阀体；2—阀瓣；3—销轴；4—弹簧。

图 6-34　双瓣蝶形止回阀

双瓣蝶形止回阀具有两个弹簧荷重的 D 形阀瓣，置于横跨阀门通孔的筋轴上。这种结构缩短了阀瓣重心移动的距离，与相同尺寸的单阀瓣旋启式止回阀相比较，阀瓣质量减小了50%。由于采用了弹簧，阀门对于倒流的反应非常迅速。双瓣蝶形止回阀的双瓣轻型结构使阀座密封和运行更加有效。双瓣蝶形止回阀的长臂弹簧作用使得阀瓣能够在不摩擦阀座的情况下开启和关闭，弹簧独立作用关闭阀瓣(DN 150及以上)。双瓣蝶形止回阀的铰链支撑套管减小摩擦，并将通过独立阀瓣中止时的水锤现象降到最小限度(更大的通径)。

1) 启闭过程

双瓣蝶形止回阀的启闭过程如图6-35所示。

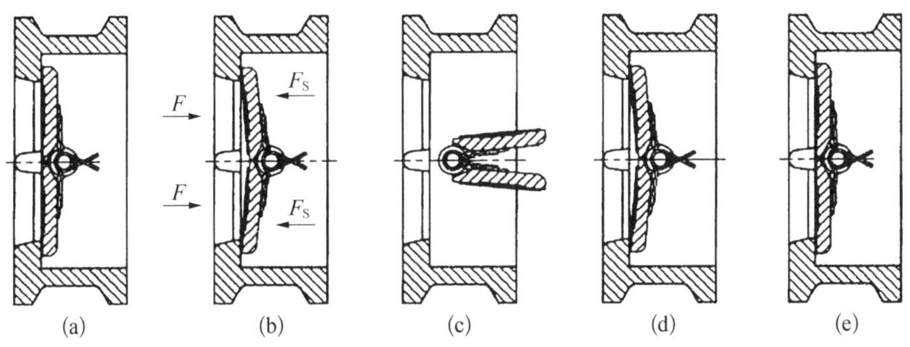

图6-35　双瓣蝶形止回阀的启闭过程

(a) 阀瓣处于关闭位置(俯视图)；(b) 当流体开始进入时，根部首先开启；(c) 阀瓣全开(85°)；(d) 当流体减少时，阀瓣前缘首先关闭；(e) 阀瓣全阀座密封，实现气密性关闭

双阀瓣结构采用两个弹簧负载阀瓣(半阀瓣)，悬挂在中心垂直的铰链销轴上。当流体开始流动时，阀瓣在作用于密封表面中心的合力(F)作用下开启。起着反作用的弹簧支架力(F_s)的作用点位于阀瓣面中心外的位置，使得阀瓣根部首先开启，避免了常规阀门在阀瓣开启时所出现的密封表面摩擦现象，消除了部件的磨损。当流速减缓，扭转弹簧反向作用使阀瓣关闭向阀体阀座靠近，减少了关闭的行程距离和时间。当流体倒流时，阀瓣逐渐靠近阀体阀座，阀门的动态反应随之加速，减小了水锤现象的影响，从而实现无撞击性能。在关闭时，弹簧力作用点的作用使得阀瓣顶端首先关闭，防止阀瓣根部出现咬摩现象，使得阀门能够保持更长时间的密封整体性。

2) 独立的弹簧结构

弹簧结构(通径DN 150及以上)使得在每个阀瓣上能够施加更大的转矩，并且阀瓣随着液流的变化而独立关闭。试验证明，这种作用使得阀门寿命延长了25%，水锤现象减少了50%。

双阀瓣的每个部分都有自身的弹簧，这些弹簧提供独立的关闭作用力，所经受的角度偏移比较小，只有140°(图6-36)。

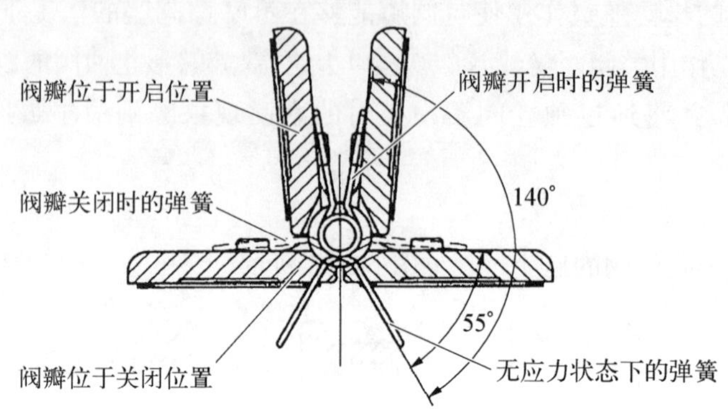

图6-36　独立的弹簧结构

3）独立的阀瓣悬挂结构

独立的铰链结构减小60%的摩擦力，极大地改善了阀门的反应作用。支撑套管从外侧铰链插入，使得上部铰链在阀门运行期间能够由下部套管独立支撑，两个阀瓣能够迅速反应，并同时关闭。

4）与管道的连接方式

双瓣蝶形止回阀与管道可以采用对夹连接、凸耳式对夹连接、法兰连接和卡箍连接。连接方式见图6-37。

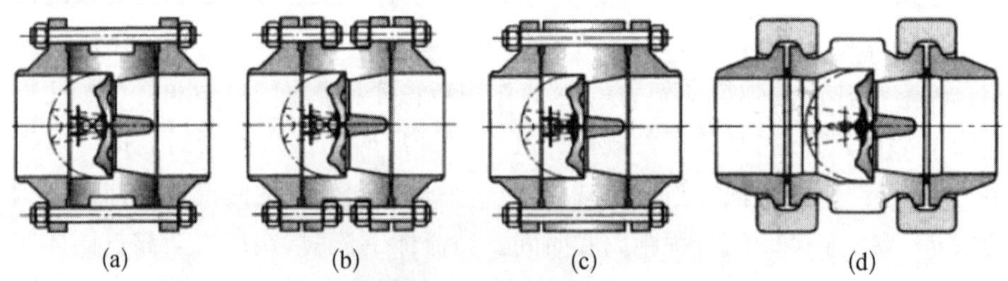

图6-37　双瓣蝶形止回阀与管道的连接方式

(a) 对夹连接；(b) 法兰连接；(c) 凸耳式对夹连接；(d) 卡箍连接

6.3.4　截止止回阀

截止止回阀是一种既能切断流体又能起止回作用的阀门，阀杆和阀瓣的连接设计成可以脱开的结构。图 6－38 所示的截止止回阀，起止回作用时是一种升降式止回阀，其工作原理和升降式止回阀一样。关闭阀门时，阀杆向下移动可推动阀瓣，使阀门起截止阀的关闭作用。当开启阀门时，阀杆与阀瓣脱开，阀瓣可以沿阀杆上下移动，此时即等同于升降式止回阀，当流体倒流时，阀瓣可在自重和逆流压力作用下自行关闭，防止介质倒流。

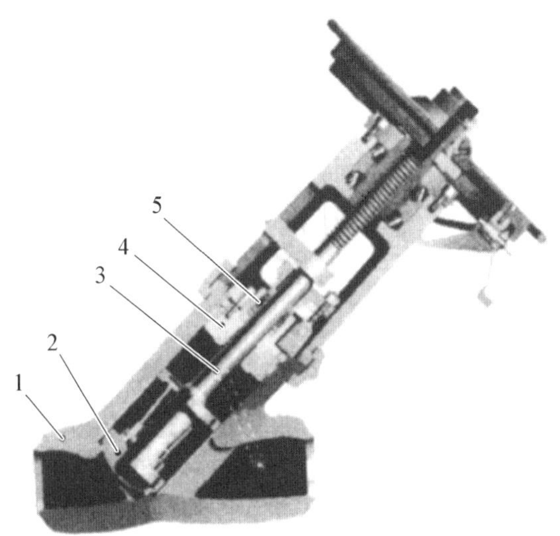

1—阀体；2—阀瓣；3—阀杆；4—阀盖；5—填料。

图 6－38　升降式的截止止回阀

而图 6－39 所示的截止止回阀，其工作原理和旋启式止回阀一样。截止止回阀将截止阀与止回阀的功能合并在一个阀上，因此不需要在止回阀后加一个切断阀，特别适用于安装位置受限制的场合。

截止止回阀的结构特点是：圆柱形阀瓣是活动部件，能够在最小流速下产生最大提升力的基本结构。没有侧翼导轨，因此不会产生“旋转”合力从而造成磨损。长节流套位于阀瓣上，当流体接近阀座密封位置时可以阻止减速流体，从而防止阀瓣颤动，减轻阀座密封面的拉丝现象。可拆衬套在整个行程中引导阀瓣运动，不会受到膨胀应力的影响而产生变形。活塞环的减震器性能避免阀瓣迅速运动，如果脉冲现象特别强烈，则可能需要安装两个活塞环。易于研磨的攻螺纹轮毂位于阀瓣顶部，允许插入管嘴或带孔螺栓，促进阀瓣迅速拆卸下来进行研磨。超大端口面积位于阀腔内，使得通过阀门的压降最小，确保阀瓣的无限制移动。

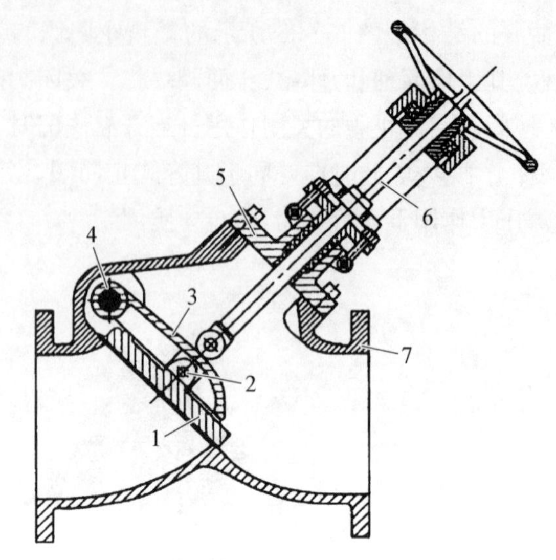

1—阀瓣；2—销轴；3—摇杆；4—摇杆轴；5—阀盖；6—阀杆；7—阀体。

图 6－39　旋启式的截止止回阀

6.3.5　底阀

底阀安装在泵进口端，是保证泵进口端充满液体的一种止回阀。底阀(图 6－40)属于升降式止回阀，安装在离心泵吸入管的底端，故称之为“底阀”。泵启动前，阀瓣因自重而关闭，可将水流注满底阀上部的吸入管。泵启动后，吸入管内的吸力将底阀阀瓣提升，使水流不断进入泵。停泵后吸力消失，底阀又自行关闭。

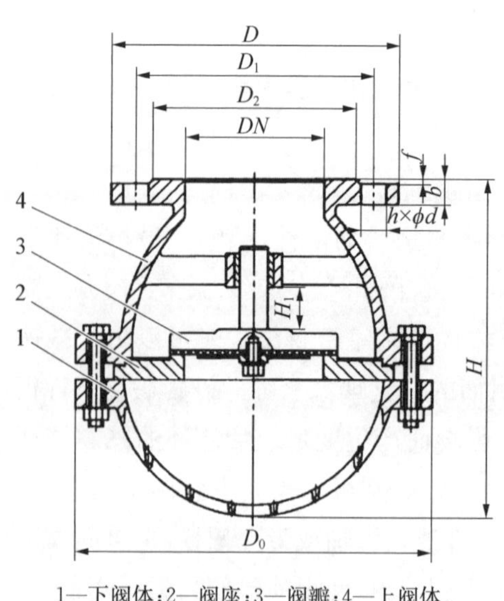

1—下阀体；2—阀座；3—阀瓣；4—上阀体。

图 6－40　底　阀

大多数水泵要求在启动之前注水，以排放泵壳内及吸入端管道内的空气。此时，需要安装一台止回阀，以防止注入的液体流失。泵壳和吸入管道可以采用手动倾倒液体以充满泵，或者采用向泵壳里施加真空的方法诱导液体进入管道和泵壳。在这两种情况下，底阀可以防止充入的液体直接流出或排空泵壳的空气。然而，底阀的吸力系统是一个缓阻，这可能导致泵的吸入压力损失，因此，在进行管道的设计和阀门的选择时，这种缓阻必须被充分考虑进去，以确保水泵的正常运行和效率。

6.3.6　轴流式止回阀

轴流式止回阀的阀体内腔表面、导流罩、阀瓣等过流表面应有流线形态，且前圆后尖，流体在其表面主要表现为层流，没有或很少有湍流。能够满足于不同的应用工况中具有最大可靠性与最小维护运行成本，可应用在很多严格场合。

轴流式止回阀在结构上采用了轴流梭式结构，其阀瓣安装有缓冲减震弹簧，当介质顺流时阀瓣打开，介质通过阀体轴流式通道流通；介质推开阀瓣时弹簧起到了缓冲效果，避免了止回阀开启时阀瓣与阀体之间的撞击振动。当介质逆向流动时阀瓣快速关闭，阀瓣与阀座紧密贴合阻止介质逆向流动。组合式硬密封带软密封的阀座结构能有效地降低阀瓣与阀座贴合时的冲击噪声，是流体集输管网防止介质逆流，消除噪声、振动的理想产品。它适用于油、气、水浆液及含 H_2S+CO_2 酸性腐蚀性介质等管道系统，控制介质逆流使用。

1）轴流式止回阀类型

轴流式止回阀根据其阀瓣结构形式不同可以分套筒形、圆盘形、环盘形等多种形式，其基本结构形式如图 6－41 至图 6－43 所示。

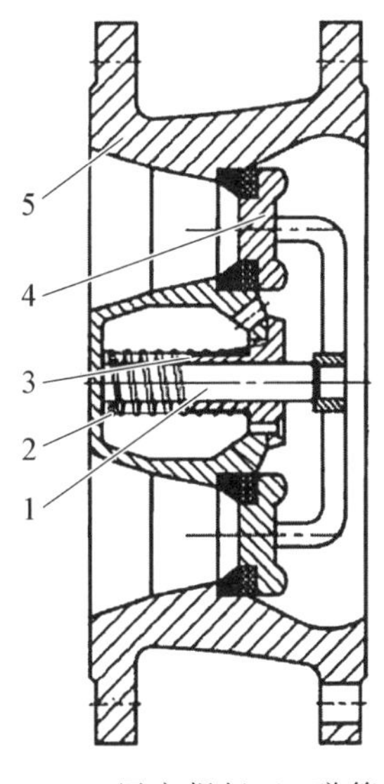

1—固定螺杆；2—弹簧；3—导向套；4—阀座；5—阀体。

图 6－41　套筒形轴流式止回阀

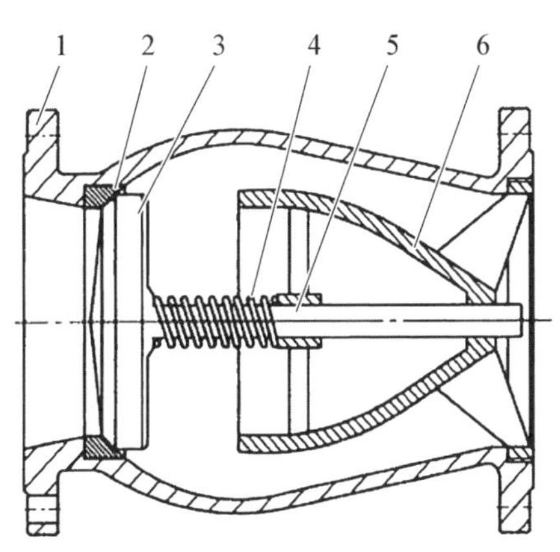

1—阀体；2—阀座；3—阀瓣；4—弹簧；5—固定螺杆；6—导流罩。

图 6－42　圆盘形轴流式止回阀

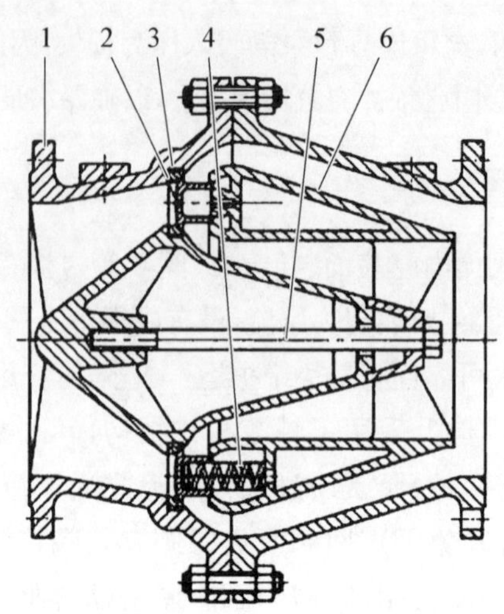

1—阀体；2—导向套；3—阀座；4—弹簧；5—固定螺杆；6—阀瓣。

图 6-43　环盘形轴流式止回阀

2）结构特点

轴流式止回阀设计有减震弹簧，避免了普通止回阀开启时阀瓣与阀体之间的直接撞击产生振动和噪声。阀座采用硬密封带软密封的组合式密封结构，具有消声、减震效果，便于用户现场检修。结构紧凑、造型美观、外形尺寸小。采用独特的轴流梭式结构，流阻小、流量系数大。

3）轴流式止回阀工作原理

通过阀门进口端与出口端的压差来决定阀瓣的开启和关闭。当进口端压力大于出口端压力与弹簧力的总和时阀瓣开启。只要有压差存在，阀瓣就一直处于开启状态，但开启度由压差的大小决定。当出口端压力与弹簧弹力的总和大于进口端压力时阀瓣关闭。由于阀瓣的开启与关闭处于一个动态的力平衡系统中，因此阀门运行平稳，无噪声，并且水锤现象大大减少。如果流体压力无法将阀门支撑在一个较大的开启度，并保持在稳定的开启位置，则阀瓣和相关的运动部件可能会处于一种持续振动的状态。为了避免出现运动部件的过早磨损、噪声或振动，就要根据流体状态选择止回阀的通径。

轴流式止回阀的阀瓣质量轻，可减小在导向面上的摩擦力，回座迅速。小质量低惯性的阀瓣在经历一个短的行程后，能以极小的冲击力接触阀座面，这样不仅能减轻阀座密封面遭到损坏，还能防止造成阀座泄漏。该止回阀的关闭过程迅速且无撞击，得益于其质量小、惯性低的阀瓣设计。这种设计不仅确保了阀座密封面的良好状态，而且可以避免损坏，能最大程度地降低压力波动的形成，保证系统安全。

6.3.7　隔膜止回阀

隔膜式止回阀是近年来发展较快的一类止回阀，尽管隔膜式止回阀的使用温度和工作压力受到隔膜材料的限制，但其防止水锤的性能好，制造简单，造价低，噪声小，特别适用于压力、温度较低的场合。

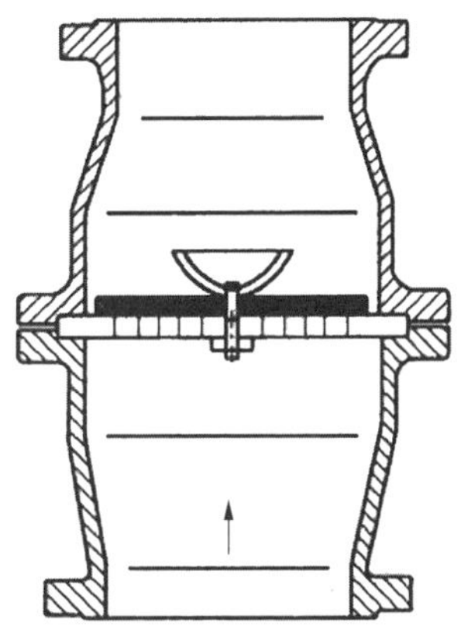

图6－44　圆盘式止回阀

1）平板隔膜止回阀

图6－44所示的平板隔膜止回阀用环形弹性隔膜作为阀瓣，用带孔口的钢板作为阀座。其优点是阀内没有运动的机械零件，工作时无噪声，适用于各种流量与流速的系统，与普通的旋启式止回阀相比水锤压力小。正流流体使弹性隔膜弯曲而脱离孔板，阀门为开启状态，如果流体方向改变，弹性隔膜展开，封闭孔口。该阀一般适用于清洁流体。

2）鸭嘴式止回阀

图6－45所示的橡胶排污止回阀在西班牙称为“鸭嘴形柔性止回阀”，而在美国称为“鸭嘴形橡胶止回阀”。阀门因为形状像鸭嘴所以常称鸭嘴阀，橡胶排污止回阀有法兰连接和卡箍连接两种。鸭嘴阀是城市排水排洪系统和截

(a)

(b)

图6－45　鸭嘴式止回阀

(a) 鸭嘴式止回阀开启状态；(b) 鸭嘴式止回阀关闭状态

污管网广泛采用的排污止回阀。鸭嘴阀为一体式橡胶结构，内置锦纶帘布胶层，阀门启闭特性好，通过内部管线压力和外界背压来控制阀门启闭，能够防污水腐蚀，阀门关闭时渗漏量为零，密封性能好。

3）锥形隔膜止回阀

锥形隔膜止回阀有一个锥形穿孔篮子形部件，此部件支撑内部的隔膜，通过锥形体的流体介质将隔膜从其阀座上掀起，进而使阀门开启。当顺流停止时，隔膜就重新恢复其原来的状态，且关闭极为迅速。

锥形隔膜止回阀如图 6－46 所示，由圆锥形隔膜和圆锥形带有均匀密布小孔的框架组成。隔膜采用橡胶制作成型，螺钉埋入隔膜内，用螺母把隔膜固定在不锈钢的框架上。阀门框架的“周边”对夹于管法兰的连接处，安装在管道内部，管道兼作锥形隔膜止回阀的壳体。当流体从右侧流入时，紧密附着在框架表面的隔膜在流体压力的作用而向下弯曲（图中下半部分所示），流体从框架上密布的小孔中通过。反之，当流体方向逆转，即从左侧流入时，由于流体的压力作用，隔膜被张开并压附在框架上，从而实现完全的密封效果。

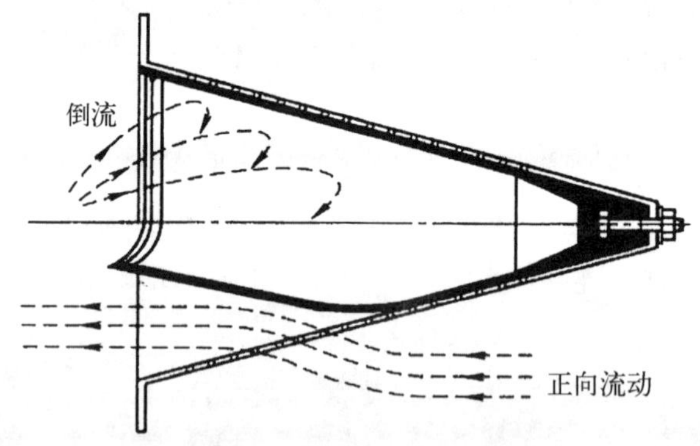

图 6－46　锥形隔膜止回阀

锥形隔膜止回阀的优点如下：

(1) 质量轻、组装方便。锥形隔膜止回阀本身没有壳体，而是利用配管中的其他元件的空间来安装，因此，它具有体积小、质量轻的优势，例如，NPS8 的阀门的质量也不超过 3 kg。此外，由于其不需要专用的组合型接头，安装过程与普通阀类相似。

(2) 可任意安装。升降式或旋启式止回阀，都必须遵循其结构限定的方向安装。对于锥形隔膜止回阀，因为唯一可动部件——隔膜的质量几乎不受重力的影响，所以不管如何安装，均能保证其作为止回阀的性能。尤其在空间受限制时的一些配管系统，使用锥形隔膜止回阀更能显示出其独特的优点。

(3) 动作噪声小。因可动部件只是胶制隔膜，阀门启闭时产生的噪声较小，并且无金属间的碰撞，其音质较温和。

(4) 泄漏极少。如果将止回方向的流体压力称为逆压，隔膜设计成即使在没有逆压作用的状态，亦可靠隔膜本身的弹性而压附在框架上。在逆压作用较高时，只要密封面压力高，就可以发挥足够耐逆压的密封性。

(5) 锥形隔膜止回阀的隔膜即使不靠流体的压力作用，仅靠本身的弹性也可压附在框架里面而起密封作用，不易产生振动，对抑制水锤现象效果明显。

(6) 能用于气体。由于锥形隔膜止回阀不存在金属间的滑动或冲击部件，特别是具有泄漏少的优点，是一种很好的气用止回阀。

锥形隔膜止回阀有如下特性和应用。

(1) 材料选择。锥形隔膜止回阀的框架采用全不锈钢制造。隔膜常用材料见表 6-1 所示，但实际应用中要根据流体种类选择适宜的材料。

表 6-1　隔膜材料种类

零件	材　料	主要用途	温度范围/℃	最高使用压力/(kgf/cm²)
圆锥框架	不锈钢(SUS316)	—	—	—
隔膜	天然橡胶	水	−20～70	20(最高温度 10 ℃时)
	氟化橡胶	酸、无机溶剂蒸气	0～200	45(最高温度 8.5 ℃时)
	丁腈橡胶	水、油、空气、煤气	−15～100	28(最高温度 7.7 ℃时)
	乙烯丙烯橡胶	水、油、空气、煤气	−50～150	20(最高温度 4.2 ℃时)
	硅橡胶	碱液、稀酸	−60～200	30(最高温度 4.5 ℃时)
	乙烯丙烯和异丁烯橡胶的混合物	水	−20～100	20(最高温度 7.0 ℃时)

框架材料取决于对流体是否具有耐蚀性，不能仅仅从流体种类上确定，还

要根据其浓度和温度的变化进一步验证。特别是在酸、碱等的场合，需要考虑浓度、温度和压力等条件，必须慎重地判断材料的适用性。当流体不是单一物质而是混合物或含有不纯物质时，还要分析是否有产生化学反应的可能性。

（2）使用寿命。锥形隔膜止回阀使用寿命取决于隔膜材料，这是由于各种橡胶材质对其变形的抵抗相差很大。天然橡胶在空气中暴露时，不能忽视老化现象。因为只能保证 1～2 年的寿命，所以不推荐应用在气体（几乎是空气）中。氟化橡胶隔膜比其他材料的弹性差，在对密封性要求严格的工况中也不推荐在气体介质中使用。

（3）确定公称尺寸的方法。确定锥形隔膜止回阀公称尺寸的一般原则是选择口径等于组装锥形隔膜止回阀配管系统上的管子和其他阀的公称尺寸。例如，配管为 1 in 时选 DN 25 型，配管为 4 in 时选 DN 100 型。锥形隔膜止回阀前后压差要控制在 0.03 MPa 以下或者流速要控制在 4 m/s 以下。锥形隔膜止回阀一般公称直径为 DN（13～200）。

（4）安装方法。锥形隔膜止回阀利用配管中的法兰等接头即可组装。但是在组装和替换原有的止回阀时，为了不改变安装方法，如图 6－47 所示，采用组合形式的螺纹接头和带短管的法兰接头。使用组合螺纹接头时，应当注意夹入法兰间用的“周边”不宜过大，因为太大的周边，不仅没有必要，而且还需要加大螺纹接头的外形尺寸。因此，在设计时“周边”的直径应尽量保持最小化。

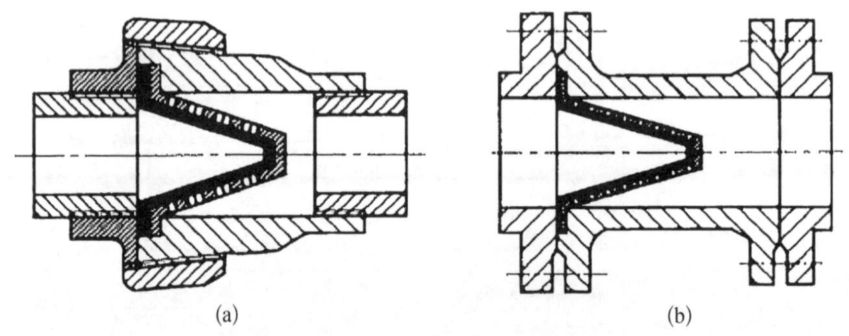

图 6－47　锥形隔膜止回阀的安装方法

（a）组合螺纹接头；（b）组合法兰接头

（5）应用中应注意的其他事项。任何流体设备，均不希望液体中含有杂质，锥形隔膜止回阀也不例外，它没有金属间的接触部分，不能发生因杂质而卡住或发热黏着现象。但框架上有许多小孔，难以通过纤维状杂质，所以必须尽量清除。纤维状杂质挂在框架的孔上，即使不产生障碍，也会影响密封性和增大流体阻力。反之，粒径在 1 mm 以下的固体杂质，只要不黏着就能通过，但是气体中含有固体杂质时，不论粒径大小，均会损伤隔膜的密封面，所以应尽量与过滤装置并用。

4）褶皱的环状橡胶隔膜止回阀

图 6－48 所示的止回阀采用了褶皱的环状橡胶隔膜作为关闭件。当阀门关闭时，褶皱上的唇形膜片关闭了流道的中心孔，顺流时褶皱膜张开，唇形膜片从阀座上缩回。由于在阀门开启时，隔膜受弹性张力，并且阀门从全开到关闭时唇形膜片的行程很短，因此隔膜式止回阀的关闭速度极快。该阀门非常适用于流量变化较大的工况环境，但压差不能超过 10 bar(1 451 bf/in^2)，最高工作温度约 74 ℃(158 ℉)。

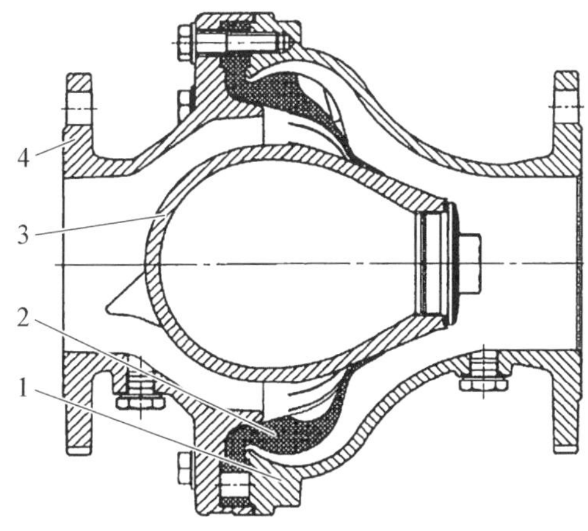

1—右阀体；2—褶皱的环状橡胶隔膜；3—阀瓣；4—左阀体。

图 6－48　褶皱的环状橡胶隔膜止回阀

弹性套管隔膜止回阀。图 6－49 中所示为弹性套管隔膜止回阀，含有挠性套管，且在其中的一端被压平。当介质正向流动时，套管的扁平端张开；当介质倒流时，套管的扁平端闭合。套管由大量不同的弹性体制成，且外部用类

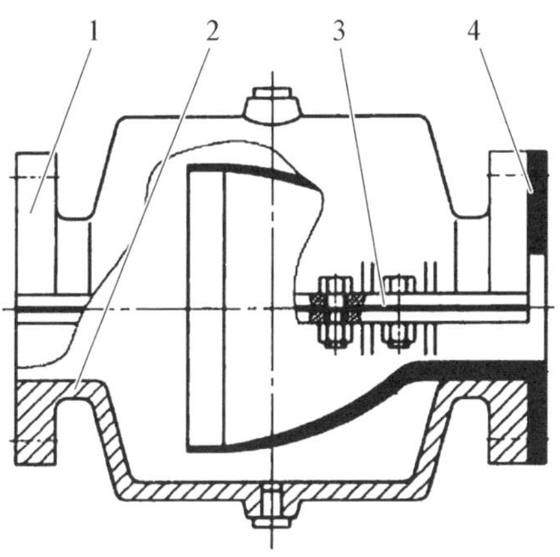

1—上阀体；2—下阀体；3—垫片；4—橡胶套管。

图 6－49　弹性套管隔膜止回阀

似轮胎结构的尼龙纤维加固。套管内部较软，能够固定固体。因此，阀门适合在携带固体或泥浆的介质中使用。

弹性套管隔膜止回阀用于磨损性的浆液、污水、泥浆和其他"难以对付"的介质。该阀门的核心设计在于其采用由纤维加强的合成橡胶止回套管，旨在保持流阻最小化。在正向压力作用下使阀门自动开启，反向压力使阀门关闭。内置的橡胶止回套管，减少了因持续处理磨损性泥浆而对阀门本身造成的磨损和侵蚀。该橡胶止回套管可以在介质含有大量颗粒的场合下实现正常密封，同时避免了阀门静音问题和震颤现象。阀门内置支架以提高管中隔膜止回阀的额定背压。这些支架采用碳钢或不锈钢焊接件制成，在壳体内支撑橡胶止回套筒的拱起部分。

图 6-50 所示的是带衬里的堰式隔膜式止回阀，其结构设计与堰式隔膜阀类似。

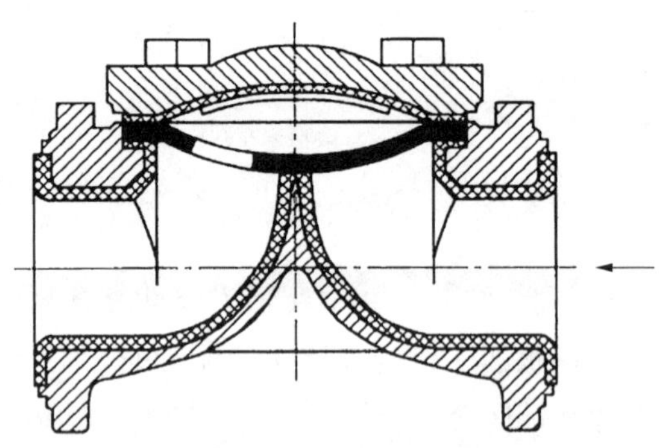

图 6-50　带衬里的堰式隔膜式止回阀

6.3.8　无磨损球形阀瓣止回阀

无磨损球形阀瓣止回阀有单球和多球之分，DN (200～400)为单球(图 6-51、图 6-52)，DN (450～1 000)为多球(图 6-53)。球形阀瓣内部是钢，外部包裹一层橡胶，左右阀体、隔板、导柱均为钢制。

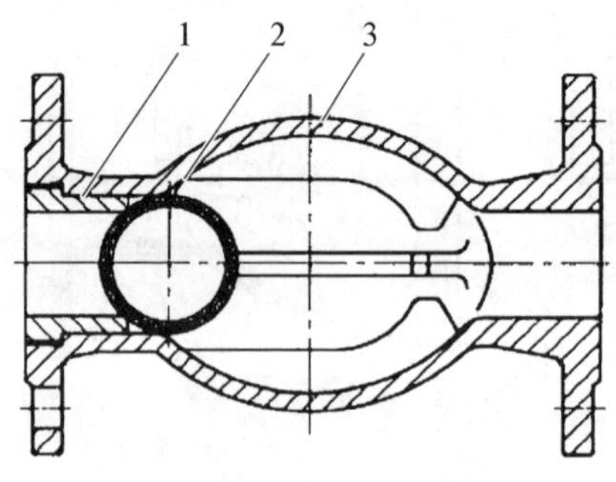

1—阀座；2—球体；3—阀体。

图 6-51　单球无磨损球形阀瓣止回阀(1)

阀门靠腔体内的球形阀瓣实现开启和关闭。当泵启动时，介质正向流动产生的介质压力推动球体运动，沿导柱离开阀座密封面，止回阀便开启，介质流通；当停泵时，介质反向流动的压力推动球体沿导柱回落阀座密封面，阀门关闭，靠逆流工作介质的压力，使球形阀瓣和阀座密封面间产生一定的密封比压，保证止回阀密封，达到阻止介质逆流的目的。由于球形止回阀的球形阀瓣和阀座密封面接触的面积较窄，接近于线密封，因此保证球形阀瓣的圆度即易于达到密封。因为密封面窄，在相同的介质工作压力下，线密封比面密封的密封比压大，因此密封可靠。但由于球形阀瓣包覆橡胶非金属材料，因而工作温度受到限制，其工作温度按照所包覆的非金属高分子材料而定。

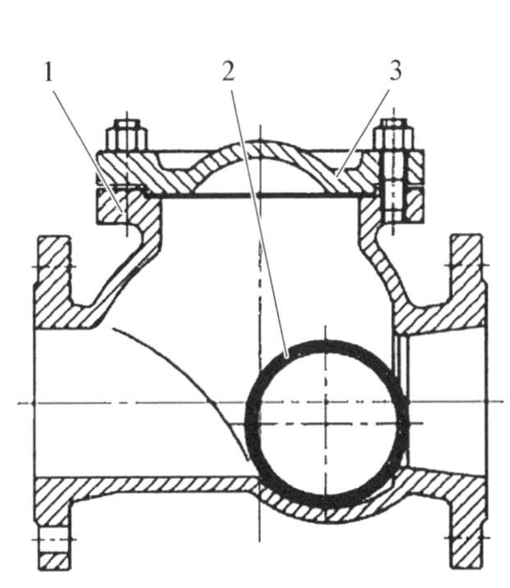

1—阀体；2—球体；3—阀盖。

图6-52　单球无磨损球形阀瓣止回阀(2)

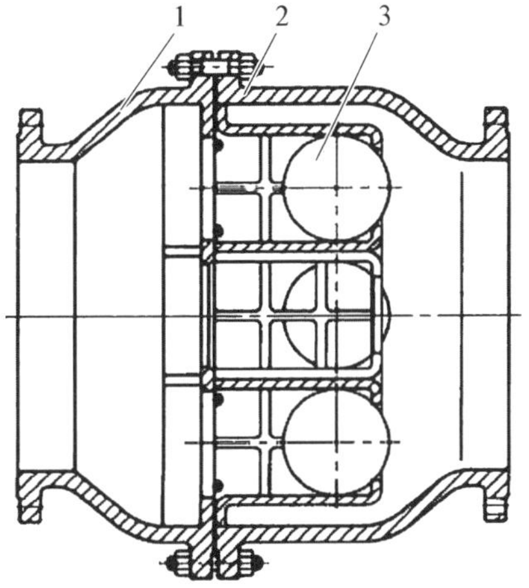

1—左阀体；2—右阀体；3—球体。

图6-53　多球无磨损球形阀瓣止回阀

对于多球的阀门，球体的密封有先后之分，可起到缓闭和降低水击的作用，水击升值仅为旋启式止回阀的45%，因此适用于水击值要求严格的场合。

6.4　止回阀分析计算

下面以旋启式、升降式、轴流式止回阀为例作分析计算。

6.4.1　旋启式止回阀分析计算

1）旋启式止回阀的结构

旋启式止回阀结构如图6-54所示，主要由阀体、阀座、阀瓣、摇杆等零部件组成。

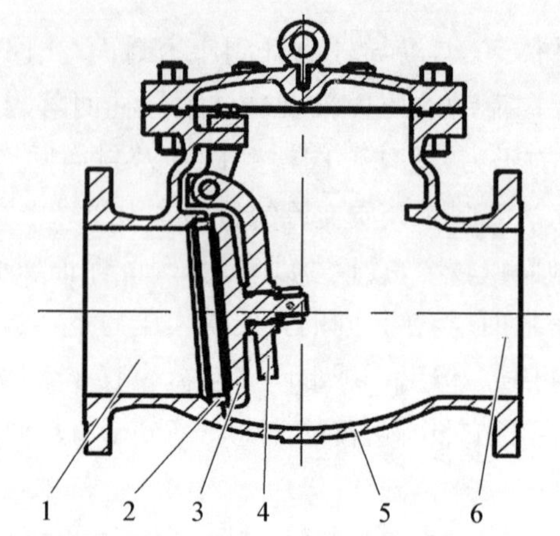

1—出口；2—阀座；3—阀瓣；4—摇杆；5—阀体；6—出口。

图 6-54　旋启式止回阀结构简图

2) 旋启式止回阀受力分析

旋启式止回阀工作时，阀瓣主要受流体液动力、自身重力和摩擦力的共同作用。根据牛顿第二定律，分析阀瓣在关闭时的运动特性，阀瓣受力如图 6-55所示。采用 UDF(动网格)技术，对阀瓣的运动过程进行微元化，迭代计算微元的运动过程，每个微元运动均遵循以下计算公式：

$$N - P_y \cdot \sin\beta + P_x \cdot \cos\beta - G \cdot \sin\beta = mr\omega^2 \qquad (6-2)$$

式中：N 为阀瓣绕转轴运动正压力，N；P_y 为流体作用于板上的纵向分力，N；P_x 为流体作用于板上的横向分力，N；β 为图示夹角；G 为阀瓣重力，N；r 为阀瓣重心到转动中心距离，m；ω 为阀瓣运动角速度，rad/s[①]。

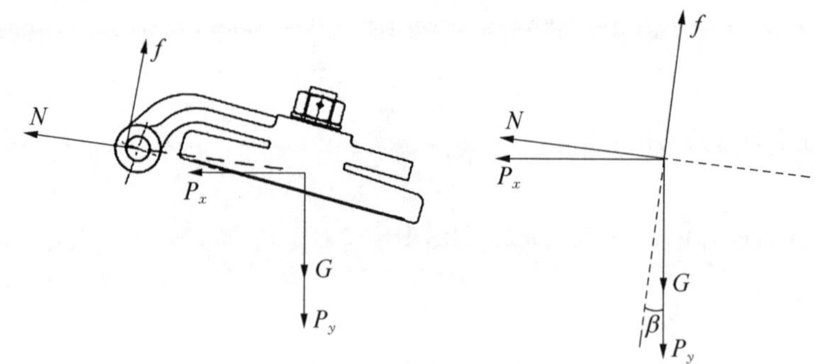

图 6-55　阀瓣受力图

① 1 rad/s(弧度每秒) ≈ 57.3°/s。

$$f = N \cdot \mu \tag{6-3}$$

式中：f 为阀瓣与转轴之间的摩擦力，N；μ 为摩擦因数。

阀瓣的力矩平衡方程：

$$f \cdot r_1 + G \cdot x - (P_y \cdot x + P_x \cdot y) = J \cdot \frac{\mathrm{d}\omega}{\mathrm{d}t} \tag{6-4}$$

式中：r_1 为摩擦力到转动中心的距离；x 为 P_y 到转动中心的垂直距离，m；y 为 P_x 到转动中心的垂直距离，m；J 为阀瓣转动惯量，kg·m^2；$\frac{\mathrm{d}\omega}{\mathrm{d}t}$ 为阀瓣转动角加速度，rad/s^2。

阀瓣关闭运动方程：

$$\theta = \mathrm{d}t \cdot \left(\frac{\mathrm{d}\omega}{\mathrm{d}t} + \omega\right) \tag{6-5}$$

式中：θ 为阀瓣单位时间内的转动角度；$\mathrm{d}t$ 为单位时间。

6.4.2　升降式止回阀分析计算

1）密封面结构

升降式止回阀一般采用平面密封，阀座密封面的内径通常与阀座通道直径相同。对于堆焊密封面，考虑到焊接工艺和不致对阀座通道造成损伤，而取密封面内径比通道直径大 4～5 mm。阀座密封面的宽度与介质压力、密封面材料和阀座通道直径有关，可以通过密封的必需比压和密封面材料的许用比压计算来求得。对于平面密封可先根据对现有产品的统计而得的经验数值（表 6-2）确定密封面宽度，再进行比压验算。

表 6-2　密封面宽度

公称直径 DN	≤15	20～25	32～50	65～125	150～200
密封面宽度 b_M/mm	1	2	3	4	5

2）密封面作用力计算

升降式止回阀的密封力来自中介质力，即由介质力在密封面上产生的必要的密封比压力。

$$F_{MZ}=F_{MJ} \tag{6-6}$$

式中：F_{MJ} 为完全关闭时介质作用在阀瓣上的力。

$$F_{MJ}=\frac{\pi}{4}(D_{MN}+b_M)^2 \tag{6-7}$$

式中：D_{MN} 为阀座密封面内径，对于非对焊密封面，D_{MN} 取 DN（因为阀座通道直径通常与该阀的公称直径相同）；b_{M} 为阀座密封面宽度。

6.4.3 轴流式止回阀分析计算

轴流式止回阀阀瓣受力简图如图 6－56 所示。轴流式止回阀在水平方向上，阀瓣受到向右的介质力 F_1、向左的介质力 F_2 及始终向左的弹簧力 F_s，运动过程中导向套与导向杆摩擦接触，由于摩擦力对止回阀的受力分析影响较小，故忽略不计。

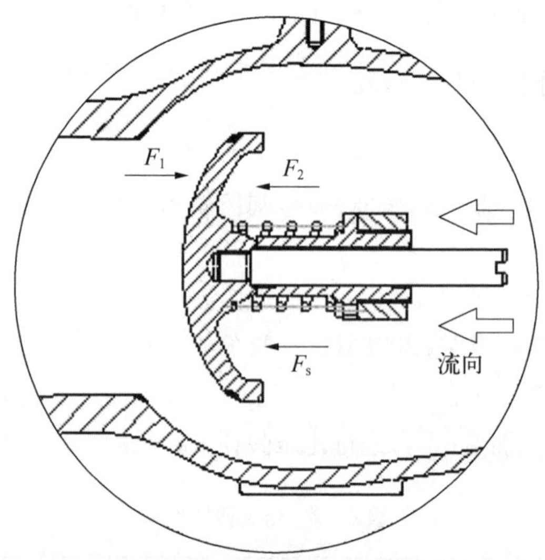

图 6－56 轴流式止回阀阀瓣受力简图

轴流式止回阀是借助介质压差力和弹簧力的共同作用来实现启闭的。当阀门处于正常工作状态时，阀瓣左侧的介质力 F_1 始终大于阀瓣右侧的介质力 F_2 和弹簧力 F_s，当阀前的离心泵突然停止工作时，阀瓣左侧的介质力 F_1 减小，阀后管道中的介质倒流（自右向左流动），阀瓣右侧的介质力 F_2 急速增大，阀瓣会迅速关闭来维护管路系统的安全。

停泵工况时止回阀阀瓣所受合力 $\sum F$ 的表达式为

$$\sum F = F_2 + F_s - F_1 \tag{6-8}$$

$$F_s = -k \cdot (x_0 + x) \tag{6-9}$$

式中：x_0 为止回阀完全开启时，弹簧达到最大压缩数值；x 为阀瓣向左运动的距离，一般为负值（止回阀完全开启时，$x = 0$）；k 为弹簧刚度。

在牛顿第二定律的基础上得到质点运动微分方程表达式为：

$$m \frac{\mathrm{d}^2 x}{\mathrm{d}t^2} = \sum F \tag{6-10}$$

式中：m 为阀瓣的质量。

动量定理的微分表达式为

$$\sum F = \frac{\mathrm{d}(mv)}{\mathrm{d}t} \tag{6-11}$$

阀瓣运动速度与加速度的微分表达式为

$$\frac{\mathrm{d}v}{\mathrm{d}t} = \frac{v_{i+1} - v_i}{\Delta t},\ \frac{\mathrm{d}x}{\mathrm{d}t} = \frac{x_{i+1} - x_i}{\Delta t} \tag{6-12}$$

式中：v_i 为 i 时刻阀瓣的运动速度，v_{i+1} 为 $i+1$ 时刻阀瓣的运动速度；x_i 为 i 时刻阀瓣向左运动的距离，x_{i+1} 为 $i+1$ 时刻阀瓣向左运动的距离。

由质点微分方程和动量定理得：

$$v_{i+1} = v_i + \frac{\sum F \cdot \Delta t}{m},\ x_{i+1} = x_i + \int_i^{i+1} \frac{\sum F}{m} \mathrm{d}t \tag{6-13}$$

6.5　止回阀的选择

大多数止回阀是根据所需要的关闭速度及关闭特性的对比来选择的。这种选择方法在大多数场合下的效果很好。但是，尺寸也是阀门选择时的一个关键因素。如果使用场合很重要，则应咨询声誉较好的阀门制造商。

6.5.1　不可压缩性流体用止回阀

用于不可压缩性流体的止回阀，主要依据其突然关闭切断倒流时不会产生不可接受的高冲击压力的性能来进行选择。将此类阀门选为低压力降阀来使用，通常仅做两步考虑。

第一步是对所需要的关闭速度进行定性评估。茹科夫斯基提出的阀门突然关闭时管路中的静压力升值可以用于对所需的关闭速度做出评估。茹科夫斯基提的阀门突然关闭时管路中的静压力升值为

$$\Delta p = \alpha v \rho / \beta \tag{6-14}$$

式中：Δp 为压力升值；v 为流体静止前的流速；α 为压力波传递速度。

β 为管道和流体弹性相关的系数，反映管道和流体的弹性特性。

$$\alpha = \left[\frac{K}{\frac{\rho}{B}\left(1 + \frac{KDc}{Ee}\right)} \right]^{1/2}$$

式中：ρ 为液体密度；K 为液体体积模量；E 为管壁材料的弹性模量；D 为管路内径；e 为管壁厚度；c 为管路限流系数（对非限流管路 $c = 1.0$）；B 为公制单位系数，用于调整单位系统或简化计算的常数，对于公制单位 $B = 1.0$，对于英制单位 $B = 32.174\ \mathrm{ft/s^2}$（英尺，$1\ \mathrm{ft} \approx 0.304\,8\ \mathrm{m}$）。

在使用 D/e 为 35 的钢管和水介质时，压力波传播速度约为 1 200 m/s（4 000 ft/s），当瞬时速度变化为 1 m/s 时，静压力增加 13.5 bar。

如果阀门不是快速关闭，而是在压力波往返一次所需的时间 $2L/\alpha$ 之内（L 为管路长度，α 为压力波传播速度）内关闭，则前一返回的压力波不能抵消即将产生的压力波，压力上升类似于阀门突然关闭时的状况，阀门的这种关闭方式称为速闭。如果阀门关闭时间大于 $2L/\alpha$，返回的压力波抵消了一部分下一轮压力波，则压力的最大升值将减小，阀门的这种关闭方式称为缓闭。

如果水锤是由停泵引起的，则在计算水锤时，必须考虑泵的特性，同时还必须考虑切断电源后泵速的变化率。

第二步是选择可能满足所需要的关闭速度的止回阀类型。

6.5.2 可压缩性流体用止回阀

用于可压缩流体的止回阀的选择原则与用于不可压缩流体的止回阀的选择原则基本相似。然而，用于气体介质的大升程止回阀的颤振是个值得注意的问题，可能需要通过增加一个减振器来解决。

在气流快速波动的场合，图 6-2（见 6.3.1 节）所示的压缩机式止回阀是一个好的选择。

第 7 章
核级阀门的可靠性

随着我国核电技术的发展,阀门可靠性水平稳步提升,基本满足系统运行需求,在关键设备研制生产方面已经积累了一定的经验。但由于科研经费需求大、工程进度紧、可靠性试验投入不足等原因,阀门产品的整体性能,尤其是可靠性方面较国外先进水平仍有较大差距,关键阀门运行可靠性水平不高已成为制约核动力装置安全可靠运行的瓶颈。为提高我国核动力装置整体可靠性水平,亟须开展关键阀门设备可靠性研究,形成适用于核动力装置的阀门可靠性评估方法、积累阀门可靠性数据、获得复杂条件下典型阀门的失效机制,持续提高阀门设备的可靠性水平,为系统的安全、可靠运行奠定基础。

我国核级阀门研发始于 20 世纪 60 年代末,经 50 余年的发展与应用,特别是近年来国家及各级机关对可靠性的高度重视,阀门设备在安全、功能性能满足要求的前提下,可靠性水平稳步提升。但随着核动力装置使用时间的持续累积,部分阀门设备存在可靠性不高的问题逐渐显现。阀门及其相关部件典型故障较多,在机械设备中故障占比最高,同时核级阀门故障导致压力边界破坏、放射性介质泄漏等问题所产生的危害也更严重。阀门可靠性不仅直接影响核动力装置的安全可靠运行,也带来了技术保障资源和维护修理费用显著增加等问题。国内民用阀门多为进口设备,阀门的可靠性相对较高。同时,由于核动力装置机动性高、工况多变、空间紧凑、环境条件相对恶劣等原因,导致阀门故障较多、可靠性不高。

国外核动力装置阀门的核心技术高度封锁,阀门核心技术也属于商业机密,难以获取。国外在设备可靠性研究领域投入大量的人力和物力,取得了显著的成果。美国对产品寿命估计及可靠度计算起源于航空领域,在电子产品工业中得到广泛应用和快速发展,通过大量试验获取产品或零部件可靠性信息,应用统计方法确定其可靠度。对机械产品来说,因其具有品种规格多、零部件的标准化程度相对不高、使用条件复杂多变、故障模式取决于产品应用的具体场合等原因,目前对机械产品可靠度评估的研究大多针对具体产品或零部件(如汽车传动部件、机床主轴等),而具有普适性的可靠性理论方法研究相对较少。苏联早在 20 世纪 50 年代起,就已开始对可靠性技术及工程应用进行研究,尤其对机电产品的可靠性,开展得较早,积累了一定的工程经验,建立一整套可靠性理论与设计、可靠性试验、可靠性管理等方面的标准、著作和报告。通过产品可靠性研究与失效机理研究紧密结合,从失效机理研究、设计改进来提高产品可靠性,其间对机械加工精度、焊接部位疲劳强度可靠性、工艺过程稳定性控制等均有较多的研究。

国内部分核电厂已经建立了设备可靠性数据库,如大亚湾核电厂设备可靠性数据库(GN - PRDS/PERD)、秦山一期设备可靠性数据库(QERDS)等。在核动力装置领域,设备的运行、维护信息有所积累,但没有形成数据库,且尚未将其服务于工业部门的产品设计。国内可靠性研究大多数应用在航空航天、武器装备、汽车制造、核电站和一些电子产品领域,机械设备可靠性研究方面相比国外起步较晚,差距较大。目前的现状为:定性研究多,定量研究较少;基础理论研究多,可操作方法研究少。对于核级阀门,主要是基于设备故障开展针对性的改进,缺乏系统可操作的可靠性设计方法流程、基础试验数据等指导设备可靠性设计。

7.1 核级阀门可靠性研究的难点

核级阀门不同于普通机械产品,其具有系统结构复杂、研制周期长、制造成本高、工况复杂及可靠性信息难以获取等特性,且由于工作环境和任务要求的特殊性而呈现出小批量定制的特点。这些特性和特点决定了其可靠性评估的难点和特点,表现在以下方面。

(1) 核级阀门可靠性试验困难,可用样本少且数据积累不足,使其可靠性评估工作面临小样本问题。核级阀门可靠性试验受到经费、试验条件、时间等多种因素的限制,导致试验较为困难。再加上核级阀门服役条件、工况载荷及测试技术水平的限制,能够直接进行检测的样本量较少,所获得的可靠性信息也较为贫乏,使得核级阀门的可靠性评估呈现出小样本的特点。然而,出于核级阀门高可靠性的要求,对其可靠性分析的置信度要求也日益增加。现有的可靠性评估方法多基于充足数据的情况,例如常见的基于极大似然估计方法的可靠性评估方法，但这样的方法在应对小样本问题时会降低评估结果的置信度。因此，如何科学有效地在小样本条件下对核级阀门进行高置信度的可靠性评估，已成为亟待解决的问题。

(2) 核级阀门可靠性存在显著的个体差异性(individual heterogeneity)。同型号同批次的阀门尽管在设计与制造上存在共性，但由于加工、装配等环节存在不确定性因素的影响，以及由于用户的不同，往往服役在不同的工况载荷和工作环境下，使得同型号同批次的阀门可靠性存在显著的个体差异性。这表现在同型号同批次的产品具有各自的退化速率，且在其各自的时间域内退化增量有各自的随机性。若仍采用经典的基于“同总体”假设下的可靠性建模与评估方法，会造成评估结果的不精确，且难以对单个阀门的可靠性进行有效评估。

(3) 核级阀门可靠性数据存在多源异种的特性，难以综合处理。由于核级阀门可靠性评估面临严峻的小样本问题，为了获得高置信度的可靠性评估结果，必须充分利用所能获取的各种来源各种类型的可靠性数据。核级阀门可靠性数据主要包括服役现场的可靠性测试，试验条件下可靠性测试、售后服务的相关数据、相似产品的可靠性数据、设计人员与工程人员的经验等。同时，这些数据往往存在格式各异的特性，如可能同时存在成败型数据、故障时间数据和退化数据等。这些数据的有效协同分析成为核级阀门在小样本问题下可靠性评估的关键问题。

(4) 核级阀门服役期间面临的复杂工况环境难以量化。阀门在加工任务中，面临如温度、湿度、压力等复杂工况环境，而工况环境会对阀门的可靠性造成一定的影响。传统加速模型仅能表征较为单一的环境条件，无法准确表征服役过程中所有的工况环境情况。这导致加速模型若不经修正，会对阀门全寿命可靠性评估造成不利影响。为了获取高置信度的核级阀门可靠性评估结果，需对加速模型进行修正以表征复杂的工况环境。

7.2 基于多源故障时间数据核级阀门可靠性评估

在理想情况下，核级阀门服役阶段工作现场所获取的故障时间数据是在其使用条件下构建产品故障时间统计模型最为直观且可靠的数据，但获取这些数据通常较为困难而且耗时颇多。特别是在引入新型号阀门时，工作现场故障时间数据的稀缺往往困扰着可靠性工作人员。同时，从用户那里所获取的故障时间数据也往往由于用户管理水平参差不齐而出现数据质量良莠不齐的问题。

出于时间与成本考虑,设备厂在对核级阀门进行可靠性试验时通常采用加速寿命试验的方式。加速寿命试验是在合理时间内获取产品故障时间数据的一种试验技术。加速寿命试验通常使用比正常应力更高的应力水平进行试验,以节省试验成本与时间。需要注意的是,加速寿命试验期间观测到的失效机理需要与正常工作状态中观测到的相同,因为加速寿命试验目的是加速产品失效过程,而不是激发产品在正常使用中永远不会出现的缺陷。

本节旨在找到一种有效融合通过设备厂加速寿命试验所获取故障时间数据和从用户现场观测所获取故障时间数据的方法,以提高核级阀门可靠性评估结果的精确度。为了融合这两种来源的数据,贝叶斯理论被引入到可靠性评估工作中。同时,为了表征加速寿命试验无法完全模拟的复杂工况环境,校准系数被引入以修正加速寿命试验提供的可靠性信息。

贝叶斯理论可以充分利用所需分析产品的历史信息,以作为参数估计的先验信息,结合包含了观测数据所提供用于参数估计信息的似然函数,进而获取参数的后验分布。这种方法的优势在于观测数据所包含信息对于先验信息的更新,可以在较少样本量的限制下同样获取到较为精确的结果。同时,贝叶斯理论的这个特性也使其表现出融合多源数据的能力。将一个来源的数据进行分析作为另一个来源数据分析的先验信息,同时在贝叶斯理论框架中,该来源数据所包含信息对上一个来源数据所包含信息进行更新,以此便可达到融合多源故障时间数据的目的。

针对故障时间数据的特性,简要介绍用于描述该类数据的各类概率分布统计模型;同时,对加速模型进行简单介绍,并将校准系数引入加速模型的加速系数中以对其进行修正,实现对复杂工况应力的表征;然后,在贝叶斯理论框架下,融合来自设备厂加速寿命试验的故障时间数据及从用户工作现场所获取的故障时间数据,并对该融合模型未知参数进行估计,以此为核级阀门可靠性建模与评估工作提供技术支撑。

7.2.1 故障时间数据模型

故障时间数据可以理解为表示特定事件时间随机变量有关的数据,这类事件在可靠性领域里通常认为是系统或部件失效或故障。本节将介绍几种常见的用于故障时间数据的统计模型,包括指数分布、威布尔分布、对数正态分布、Gamma 分布与逆高斯分布等常见的故障时间统计模型。

1）指数分布

指数分布是一种较为简单且较早被应用的故障时间数据模型，是在统计工作中最为常见的一种分布形式。

指数分布故障时间 t 的概率密度函数与累积分布函数分别为

$$f(t \mid \lambda)=\frac{1}{\lambda}\exp\left(-\frac{t}{\lambda}\right) \tag{7-1}$$

$$F(t \mid \lambda)=1-\exp\left(-\frac{t}{\lambda}\right) \tag{7-2}$$

式中：λ 为指数分布的均值、方差及尺度参数，且有 $\lambda>0$。

指数分布的故障率函数与可靠度函数分别可以描述为

$$h(t \mid \lambda)=\frac{1}{\lambda} \tag{7-3}$$

$$R(t \mid \lambda)=1-F(t \mid \lambda)=\exp\left(-\frac{t}{\lambda}\right) \tag{7-4}$$

指数分布可以认为是最简单的故障时间模型，其假设在正常条件下，产品在下一瞬时故障的概率与时间 t 无关。这种特性在一些文献里被称为指数分布的无记忆性，而且这一特性已被证明为指数分布所独有。由于机械产品失效通常与时间有关，因此指数分布的无记忆性限制了其在机械产品可靠性分析中的应用。但由于部分电子产品失效特征不同于机械产品，因此该特性促进了指数分布广泛应用于电子产品可靠性分析工作。

2）威布尔分布

半个多世纪以来，威布尔分布引起了研究者们对其理论和方法及其统计学应用等各方面的关注。威布尔分布能适应不同领域的数据，例如从生活数据到天气数据，再到经济和商业管理方面的数据，乃至在可靠性领域里的故障时间数据等多个领域。威布尔分布的物理意义在于，在某些条件下，威布尔能够精确地描述一系列独立同分布的随机变量中极小值的渐进分布。换言之，当系统或部件故障是由其最弱环节导致时，威布尔分布便成为描述其故障时间的理想工具。

使用威布尔分布来描述故障时间 t 时，概率密度函数与累积分布函数分别为

$$f(t \mid \alpha, \beta)=\frac{\beta}{\alpha}\left(\frac{t}{\alpha}\right)^{\beta-1}\exp\left[-\left(\frac{t}{\alpha}\right)^{\beta}\right] \tag{7-5}$$

$$F(t \mid \alpha, \beta)=1-\exp\left[-\left(\frac{t}{\alpha}\right)^{\beta}\right] \tag{7-6}$$

式中：α 为威布尔分布尺度参数，β 为其形状参数，且有 $t>0$，$\alpha>0$，$\beta>0$。

威布尔分布的故障率与可靠度函数分别为

$$h(t \mid \alpha, \beta)=\frac{\beta}{\alpha}\left(\frac{t}{\alpha}\right)^{\beta-1} \tag{7-7}$$

$$R(t \mid \alpha, \beta)=\exp\left[-\left(\frac{t}{\alpha}\right)^{\beta}\right] \tag{7-8}$$

值得注意的是，当形状参数 $\beta<1$ 时，故障率是递减的，这一般出现在用于描绘早期故障时的故障时间分布。当形状参数 $\beta>1$ 时，故障率递增，这一般表现在系统或部件的损耗阶段。当形状参数 $\beta=1$ 时，威布尔分布转变为故障率与时间无关的指数分布。

3）对数正态分布

对数正态分布也是一种常见的故障时间统计模型，由于其为一个不对称分布，适用于分析具有偏度的故障时间数据。服从对数正态分布的故障时间 t 的概率密度函数与累积分布函数分别为

$$f(t \mid \mu, \sigma)=\frac{1}{t\sqrt{2\pi\sigma^2}}\exp\left[-\frac{1}{2\sigma^2}(\ln t-\mu)^2\right] \tag{7-9}$$

$$F(t \mid \mu, \sigma)=\Phi\left(\frac{\ln t-\mu}{\sigma}\right) \tag{7-10}$$

$$h(t \mid \mu, \sigma)=\frac{f(t \mid \mu, \sigma)}{R(t \mid \mu, \sigma)} \tag{7-11}$$

$$R(t \mid \mu, \sigma)=\int_t^{\infty} f(x)\mathrm{d}x=1-\Phi\left(\frac{\ln t-\mu}{\sigma}\right) \tag{7-12}$$

式中：$\Phi(\cdot)$ 为标准正态分布的累积分布函数。值得注意的是，对数正态分布的故障率表现为先增后减，且在 $t \to \infty$ 时趋近于 0。

4）Gamma 分布

当使用 Gamma 分布表征故障时间数据时，服从 Gamma 分布故障时间 t

的概率密度函数为

$$f(t \mid \alpha, \beta)=\frac{\beta^{\alpha}}{\Gamma(\alpha)} t^{\alpha-1} \exp(-\beta t) \tag{7-13}$$

$$F(t \mid \alpha, \beta)=1-\Gamma(\alpha, \beta t) \tag{7-14}$$

$$h(t \mid \alpha, \beta)=\frac{\beta^{\alpha}}{\Gamma(\alpha, \beta t)} t^{\alpha-1} \exp(-\beta t) \tag{7-15}$$

$$R(t \mid \alpha, \beta)=\int_{t}^{\infty} f(x) \mathrm{d} x=\Gamma(\alpha, \beta t) \tag{7-16}$$

式中：α 为 Gamma 分布尺度参数；β 为 Gamma 分布形状参数；$\Gamma(\cdot)$ 为 Gamma 函数；$\Gamma(a, b)$ 为不完全 Gamma 函数。

可以看到，在 $\alpha=1$ 时，Gamma 分布便转变为指数分布，这时故障率为恒定的。但由于 Gamma 分布的故障率与可靠度函数的解析解使用传统方法较难以获取，使得其在可靠性领域的应用不如威布尔分布广泛。

5）逆高斯分布

当产品的失效率表现出前高后低的特征时，可以考虑使用逆高斯分布进行建模与分析。服从逆高斯分布的故障时间 t 的概率密度函数为

$$f(t \mid \mu, \lambda)=\sqrt{\frac{\lambda}{2 \pi t^{3}}} \exp \left(-\frac{\lambda(t-\mu)^{2}}{2 t \mu^{2}}\right) \tag{7-17}$$

式中：$\mu>0$，$\lambda>0$，且当 $\lambda \rightarrow \infty$ 时，逆高斯分布趋于正态分布。

逆高斯分布的故障率与可靠度函数分别为

$$h(t \mid \mu, \lambda)=\frac{f(t \mid \mu, \lambda)}{R(t \mid \mu, \lambda)} \tag{7-18}$$

$$R(t \mid \mu, \lambda)=\Phi\left[\sqrt{\frac{\lambda}{t}}\left(1-\frac{t}{\mu}\right)\right]-\exp \left(\frac{2 \lambda}{\mu}\right) \Phi\left[\sqrt{\frac{\lambda}{t}}\left(1-\frac{t}{\mu}\right)\right] \tag{7-19}$$

7.2.2　加速模型

加速寿命试验目的是在阀门失效机理不变的前提下，缩短阀门发生故障所需时间。其原理是阀门在高应力下，相关性能退化速率加快，而当性能到达预设失效阈值后，阀门将表现出不同形式的故障。在加速寿命试验中，为了保

持和正常应力下阀门失效机理不变，对其所施加应力范围有一定限制，以防止激发阀门在正常应力条件下难以出现的故障。

在加速寿命试验的高应力下，阀门故障时间被有效缩短。加速模型被用于描述缩短的故障时间与正常应力条件下故障时间之间的联系。最基础的加速模型为 $K=\mathrm{d}f(\Phi)/\mathrm{d}t$，其中：$f(\Phi)$ 为与退化量有关系的物质状态函数，K 为退化速率，Φ 为所选取退化量特征值。经过有关人员长期探索与研究，发现或引入了一些模型，使得加速模型家族变得丰富且全面。Elsayed 将现有加速模型分为统计模型、物理模型及物理实验模型三大类别，如图 7-1 所示。

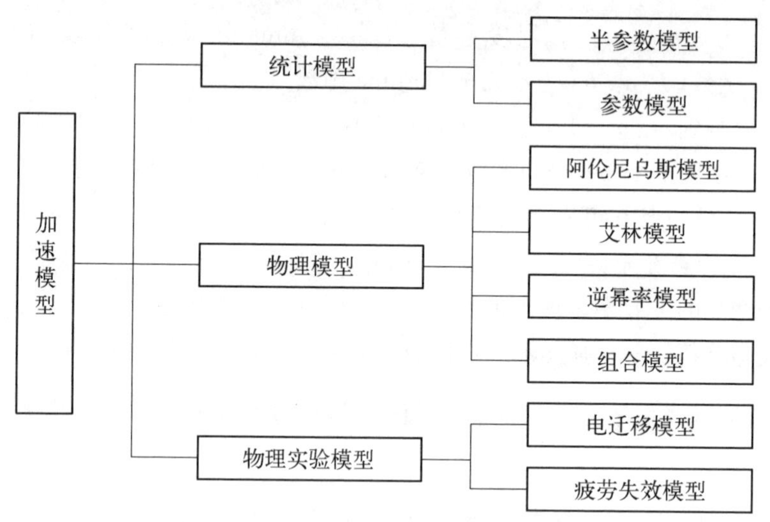

图 7-1　加速模型分类

统计模型是基于工程经验及对大量产品故障时间数据进行统计分析所推导而得出的，一般用于描述失效机理难以解释或分析产品的故障时间数据。物理模型一般用于描述所施加应力与产品故障时间或故障率之间的关系。

由于核级阀门加速寿命试验一般选取温度为加速应力，所以本节选择描述产品故障时间与温度之间关系的阿伦尼乌斯模型作为加速模型以进行核级阀门故障时间数据的相关分析，下文将对阿伦尼乌斯模型进行介绍。

1）阿伦尼乌斯模型

在讨论温度对退化速率的影响时，阿伦尼乌斯模型是最为常用的选择。阿伦尼乌斯模型由阿伦尼乌斯(Arrhenius)于 1889 年所提出，用于描述温度与产品寿命之间的关系，其表达式为

$$\xi = A_o \exp\left(\frac{E_a}{kT^*}\right) \tag{7-20}$$

式中：ξ 为产品中位寿命；T^* 为热力学温度；E_a 是产品失效机理激活能；A_0 为常数；k 为玻尔兹曼常数，其值为 8.617×10^{-5} eV/℃。由于式(7-20)的计算依靠指数运算，具有非线性特征，这限制了其使用性。因此，可将该式转化为线性方程。对方程两边取对数，可得

$$\ln\xi = a + \frac{b}{T^*} \tag{7-21}$$

式中：$a=\ln A_0$，$b=E_a/k$。经转变后，可将 a 与 b 定义为模型未知参数，当获取到 a 与 b 的值后就可以得到温度与特征寿命之间关系。

加速因子(acceleration factor)，在一些文献中也被称为加速系数，用于表征加速应力下故障时间与正常应力下故障时间之间的关系。其定义为加速应力下故障时间 L_1 与正常应力下故障时间 L_0 之比：

$$A_F = \frac{L_0}{L_1} = \exp\left[b\left(\frac{1}{T_0} - \frac{1}{T_1}\right)\right] = \exp\left[\frac{E_a}{k}\left(\frac{1}{T_0} - \frac{1}{T_1}\right)\right] \tag{7-22}$$

在进行基于故障时间数据的可靠性分析时，可以根据加速因子，将加速应力下故障时间数据转换为正常应力下故障时间数据，以进行核级阀门可靠性建模与分析。

2) 校准系数

核级阀门在用户服役阶段的工作环境与其在加载应力被严格控制的加速寿命试验实验室环境不同，前者具有复杂应力波动及复杂应力条件。现场复杂工作环境通常由于技术或空间限制难以进行监控。为了应对这个问题，校准系数(calibration factor) κ 被引入模型中，以对加速因子进行校准。在引入校准系数后，加速应力下故障时间 L_1 与正常应力下故障时间 L_0 之间的关系为

$$\frac{L_0}{L_1} = A_F\kappa = \kappa\exp\left[\frac{E_a}{k}\left(\frac{1}{T_0} - \frac{1}{T_1}\right)\right] \tag{7-23}$$

校准系数被视作一个随机变量的主要原因是其作用为表征现场工作环境中无法避免且具有不确定性的各种应力，因此它本质上是随机的。校准系数可以用均值为 μ_k 且方差为 σ_k^2 的概率分布进行刻画。

概率分布均值描述了从加速寿命试验测试条件到现场使用条件下产品故障时间特征的平均变化。如果没有足够先验信息,可以将均值设定为1,以表示加速寿命试验测试条件到现场使用条件产品故障时间特征有显著变化。概率分布方差表征了现场使用条件下,环境应力的不确定性和故障的复杂性对于产品故障时间的影响。

7.2.3　融合多源故障时间数据核级阀门可靠性评估

由于加速寿命试验与现场观测是获取核级阀门故障时间数据的两个不同来源,为了有效融合多源故障时间数据以获取精确可靠性评估结果,需在贝叶斯理论框架下对多源故障时间数据进行有效融合。同时,在融合了多源故障时间数据并构建似然函数后,需要依托贝叶斯理论对未知参数进行估计,然后根据参数估计结果,通过相应函数,对核级阀门进行可靠性评估。

7.2.3.1　贝叶斯理论

贝叶斯理论不同于经典统计理论,在贝叶斯理论框架下,所有未知参数都被认为是随机变量。基于此,使用贝叶斯理论进行参数估计的第一步是确立参数联合先验分布[11]。先验分布表征在将观测数据进行数据分析前,研究者所能获取到的所有相关有用信息 I_a。 而使用贝叶斯理论进行数据分析的目的,是获取集成先验信息及观测数据 y 信息参数集 θ 的后验分布 $p(\theta \mid y)$。 根据贝叶斯理论,后验分布在数学上可以表示为

$$p(\theta \mid y)=\frac{L(y \mid \theta)\pi(\theta \mid I_a)}{f(y)} \propto L(y \mid \theta)\pi(\theta \mid I_a) \tag{7-24}$$

观测数据 y 所包含信息在数学表达中以似然函数形式出现:

$$L(y \mid \theta)=\prod_{i=1}^{n} f(y_i \mid \theta) \tag{7-25}$$

图 7-2 展示了基于贝叶斯理论数据分析流程。

根据图 7-2,可以构建出基于贝叶斯理论可靠性评估的步骤如下:

(1) 选择适当统计模型,确立需要获取的未知参数 θ;

(2) 获取可靠性评估相关先验信息 I_a,并将其转化为先验分布 $\pi(\theta \mid I_a)$;

(3) 根据观测数据 y 与所选择的统计模型,构建似然函数 $L(y \mid \theta)$;

(4) 根据式(7-24),构建相应的贝叶斯公式,以获取未知参数 θ 后验分布 $p(\theta \mid y)$;

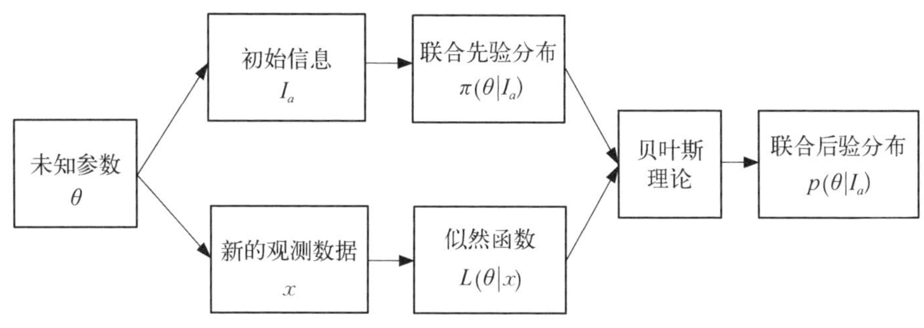

图 7-2　基于贝叶斯理论数据分析流程

(5) 根据所选用统计模型及获取的后验分布 $p(\theta \mid y)$，对产品进行可靠性评估。

先验分布的确立在贝叶斯理论框架中有着至关重要的作用。一般来说，在确立先验分布时，需要着重判断其均值与方差。先验均值为未知参数提供一个先验点估计，同时方差表示该估计值的不确定性。当研究者对这个估计值较为确信时，可以选用较小方差，而只有较少先验信息或研究者对先验信息不确信时，则需使用较大方差进行表示。如果可以获取到足够先验信息，可使用先验分布对这些先验信息进行表征，这种先验分布称为有信息先验分布。但很多情况下，没有可用先验信息可以获取，这时需要指定一个不会影响后验分布的先验分布。这类先验分布被称为无信息先验分布或者模糊先验分布，通常使用均匀分布表征该类先验分布。

尽管近些年来贝叶斯理论在科学研究与工业应用中已十分流行，但直到 20 世纪 80 年代后期，贝叶斯理论仍仅被认为是经典统计理论的一种替代品。经典统计理论和贝叶斯理论之间的主要区别在于后者将参数视为以先验分布为特征的随机变量。贝叶斯理论核心是将先验分布与传统的似然法相结合，以获得基于统计推断的参数后验分布。虽然贝叶斯理论的主要工具是概率论方法，但多年来贝叶斯理论仍因为多种原因被主流学界持有怀疑态度。经典统计学家们反对贝叶斯理论的主要理由是他们认为，基于贝叶斯理论的分析会由先验分布而受到主观因素影响，导致参数估计结果与真实值有较大偏差。然而，正如已被历史所证明的那样，贝叶斯理论无法成为数据分析所公认定量方法，其主要原因是在参数后验分布获取中所涉及的计算难度。贝叶斯理论需要在给定数据情况下对模型参数后验分布进行高维积分，这造成当时贝叶斯理论在实际应用上较为困难。这种困境，直到 20 世纪 90 年代初期，才由统计学家[12]将马尔可夫链蒙特卡罗(MCMC)方法引入统计学分析中得以解决。

7.2.3.2 MCMC方法

MCMC方法起源于统计物理研究,它实质上是使用马尔可夫链的蒙特卡罗方法。蒙特卡罗方法从所需分布中抽取样本,然后形成样本均值以近似期望。MCMC方法为长时间运行一个或多个构造巧妙的马尔可夫链以抽取样本。构造这些马尔可夫链的方法有很多,最为常用的是MetroPolis-Hastings算法与Gibbs抽样算法。MCMC方法的实施与个人计算机计算能力快速发展相结合,使得贝叶斯理论逐渐流行起来。通过MCMC方法,可以建立与估计用于描述和解决传统方法难以解决的复杂模型。同时,MCMC方法的发展也促进了贝叶斯理论中随机效应与层次模型的研究与应用。

1) MetroPolis-Hastings算法

MetroPolis-Hastings算法是一种较为简单且有效的数值模拟算法,被用于从待求后验分布中获取随机样本。

假设希望从中生成样本大小为 T 的后验分布 $f(\theta \mid y)$, MetroPolis-Hastings算法可以通过以下迭代步骤进行描述,其中 θ^t 是算法在第 t 次迭代时的生成值。

首先,设置初始候选点 θ^0。当参数向量元素为连续,可将 $q(\theta^* \mid \theta)$ 称为建议密度函数,建议密度函数被用于从 θ 中生成 θ^*。

然后,对于 $t=1$, …, T 重复以下步骤:

(1) 设定 $\theta=\theta^{t-1}$;

(2) 从建议密度 $q(\theta^* \mid \theta)$ 中生成新候选参数值 θ^*;

(3) 计算接收概率 α。接收概率是指候选点被接受为下一个仿真点的概率,其可以用下式表达:

$$\alpha=\min\left[1,\ \frac{f(\theta^* \mid y)q(\theta \mid \theta^*)}{f(\theta \mid y)q(\theta^* \mid \theta)}\right] \tag{7-26}$$

(4) 通过计算获得接收概率后,生成一个服从均匀分布(0, 1)的随机数,并将其与 α 进行比较。如果该随机数小于 α,则接受候选点,更新下一个仿真数据($\theta^t=\theta^*$)。如果仿真数大于 α,则拒绝候选点,仿真数据保持原有的值($\theta^t=\theta$)。

该算法一个重要特性是,不需要评估 $f(\theta \mid y)$ 中所包含归一化常数 $f(y)$,因为其已经在接收概率中被消掉。因此,接收概率可以简化为

$$\alpha = \min\left[1, \frac{f(y \mid \theta^*) f(\theta^*) q(\theta \mid \theta^*)}{f(y \mid \theta) f(\theta) q(\theta^* \mid \theta)}\right] \tag{7-27}$$

但 MetroPolis-Hastings 算法应用效果受到一个条件制约：所选择建议密度函数需接近真实参数后验分布的概率密度函数。而在实际应用中，这个条件比较难以满足，因为所选择建议密度函数可能出现“过宽”或者“过窄”的情况。如果所选择的建议密度函数“过宽”，则会导致算法在多次迭代后仍停留在同一状态，只能产生较少可用样本，影响最终计算结果。如果所选的建议密度函数“过窄”，则会导致 MetroPolis-Hastings 算法更多“游走”在所选建议密度函数所覆盖区域而忽略后验分布概率密度函数所覆盖的其他区域。同时，“过窄”建议密度函数还会使算法所产出的结果具有较强相关性，导致算法难以收敛。

2) Gibbs 抽样算法

Gibbs 抽样算法可以认为是 MetroPolis-Hastings 算法的一种特例，其建议密度函数为 $f(\theta_j \mid \theta^*, y)$，其中 $\theta^* = (\theta_1, \cdots, \theta_{j-1}, \theta_{j+1}, \cdots, \theta_d)^{\mathrm{T}}$。该建议密度函数会导致接收概率 $\alpha = 1$，因此所有迭代都需接收候选点。Gibbs 抽样算法的一个优点是，在迭代的每一步，随机值都由一维分布所生成。通常来说，这些条件分布都有一个已知形式，所以随机数可以很方便地依靠统计中标准函数由计算机软件生成。相比于 MetroPolis-Hastings 算法，它受到所选建议密度函数的制约较小，能更快寻找到所需后验分布，且所产出结果相关性较小。

该算法可以通过以下步骤进行描述：

首先，设置初始值 θ^0；

然后，对于 $t = 1, \cdots, T$ 重复以下步骤：

(1) 设定 $\theta = \theta^{t-1}$；

(2) 根据 $\theta_j \sim f(\theta_j \mid \theta^*, y)$ 对 θ_j 进行更新，其中有 $j = 1, \cdots, d$；

(3) 定义 $\theta^t = \theta$ 并在算法的 $t+1$ 次迭代后将其保存为生成值集。

因此，给定链 θ^t 一个特定状态，可以通过式(7－28)生成新参数值。

$$\begin{gathered}
\theta_1^t \sim f(\theta_1 \mid \theta_2^{t-1}, \theta_3^{t-1}, \cdots, \theta_p^{t-1}, y), \\
\theta_2^t \sim f(\theta_2 \mid \theta_1^t, \theta_3^{t-1}, \cdots, \theta_p^{t-1}, y), \\
\theta_3^t \sim f(\theta_3 \mid \theta_1^t, \theta_2^t, \theta_4^{t-1}, \cdots, \theta_p^{t-1}, y), \\
\vdots \\
\theta_j^t \sim f(\theta_j \mid \theta_1^t, \theta_2^t, \cdots, \theta_{j-1}^t, \theta_{j+1}^t, \cdots, \theta_p^{t-1}, y), \\
\vdots \\
\theta_p^t \sim f(\theta_j \mid \theta_1^t, \theta_2^t, \cdots, \theta_{p-1}^t, y)
\end{gathered} \tag{7-28}$$

通过 $f(\theta_j \mid \theta^*, y)=f(\theta_j \mid \theta_1^t, \theta_2^t, \cdots, \theta_{j-1}^t, \theta_{j+1}^t, \cdots, \theta_p^{t-1}, y)$ 生成新值是较为简单的，因为其为一个单变量分布，可以写作 $f(\theta_j \mid \theta^*, y) \propto f(\theta \mid y)$。除了 θ_j 所有变量都在其给定值处保持不变。关于 Gibbs 抽样算法更为详细的描述可详见 Casella 和 George[13] 及 Smith 和 Roberts[14] 的相关文献。

7.2.3.3 基于故障时间数据核级阀门可靠性评估数学表达

威布尔分布适合用于描述典型机械设备故障时间数据，因此本节以威布尔分布为例，使用贝叶斯方法对核级阀门来自设备厂加速寿命试验所获取的故障时间数据与用户现场服役阶段所获取故障时间数据进行融合，以对核级阀门可靠性进行评估。

假设设备厂加速寿命试验所获取核级阀门故障时间数据为 t^O 且有 $t^O=(t_1^O, t_1^O, \cdots, t_n^O)$，用户现场服役阶段所获取故障时间数据为 t^U 且 $t^U=(t_1^U, t_1^U, \cdots, t_n^U)$，并且不同源故障时间数据都服从威布尔分布。对于源自设备厂加速寿命试验所获取故障时间数据 t^O，其加速模型为阿伦尼乌斯模型，根据式 7-29 可将其转换为正常应力条件下故障时间数据 t^L：

$$t_i^L=A_F \cdot \kappa t_i^O \tag{7-29}$$

由此，可知其似然函数为

$$L(t_i^O \mid \alpha, \beta)=\prod_{i=1}^{n} \frac{\beta}{\alpha}\left(\frac{A_F \cdot \kappa t_i^O}{\alpha}\right)^{\beta-1} \exp\left[-\left(\frac{A_F \cdot \kappa t_i^O}{\alpha}\right)^{\beta}\right] \tag{7-30}$$

对于源自用户的故障时间数据 t^U，因为加速寿命试验不影响故障时间数据所服从的概率分布，所以需假设 t^U 同样服从威布尔分布，其似然函数为

$$L(t_j^U \mid \alpha, \beta)=\prod_{j=1}^{m} f(t_j^U \mid \alpha, \beta)=\prod_{j=1}^{n} \frac{\beta}{\alpha}\left(\frac{t_j^U}{\alpha}\right)^{\beta-1} \exp\left[-\left(\frac{t_j^U}{\alpha}\right)^{\beta}\right] \tag{7-31}$$

假设未知参数 α、β 联合先验分布为 $\pi(\theta)=\pi(\alpha, \beta)$，根据贝叶斯理论，可将基于设备厂加速寿命试验所获取故障时间数据分析模型未知参数 α、β 的联合后验分布表达如下：

$$\begin{aligned} p_z(\alpha, \beta \mid t_i^0) &\propto \pi(\theta) L(t_i^0 \mid \alpha, \beta) \\ &=\pi(\alpha, \beta) \prod_{i=1}^{n} \frac{\beta}{\alpha}\left(\frac{A_F \cdot \kappa t_i^O}{\alpha}\right)^{\beta-1} \exp\left[-\left(\frac{A_F \cdot \kappa t_i^O}{\alpha}\right)^{\beta}\right] \end{aligned} \tag{7-32}$$

为了有效融合核级阀门多源故障时间数据，根据贝叶斯理论中层次模型方法，根据源自设备厂加速寿命试验所获取故障时间数据进行分析并获取未知参数的联合后验分布后，需要将该联合后验分布转换为用户故障时间数据分析模型未知参数的联合先验分布，以此达到将多源信息有效融合的目的。因此，可将融合设备厂和用户核级阀门故障时间数据模型的未知参数联合后验分布表达如下：

$$
\begin{aligned}
& p_y(\alpha, \beta \mid t_j^U, t_i^0) \propto p_z(\alpha, \beta \mid t_i^0) L(t_j^U \mid \alpha, \beta) \\
&= p_z(\alpha, \beta \mid t_i^0) \prod_{j=1}^{n} \frac{\beta}{\alpha}\left(\frac{t_j^U}{\alpha}\right)^{\beta-1} \exp\left[-\left(\frac{t_j^U}{\alpha}\right)^{\beta}\right] \\
&= \pi(\alpha, \beta) \prod_{i=1}^{n} \frac{\beta}{\alpha}\left(\frac{A_F \cdot \kappa t_i^O}{\alpha}\right)^{\beta-1} \exp\left[-\left(\frac{A_F \cdot \kappa t_i^O}{\alpha}\right)^{\beta}\right] \prod_{i=1}^{n} \frac{\beta}{\alpha}\left(\frac{t_j^U}{\alpha}\right)^{\beta-1} \exp\left[-\left(\frac{t_j^U}{\alpha}\right)^{\beta}\right]
\end{aligned}
\tag{7-33}
$$

7.2.3.4　收敛性判断

收敛性指的是算法是否已达到其目标分布。如果算法收敛，则生成的后验样本来自正确目标分布。因此，对算法收敛性进行判断是获取所需后验样本的重要前提。

判断 MCMC 收敛性的方法有很多种，最简单一种方法是监测 MC 误差，较小 MC 误差表明已精确迭代计算了适当次数。根据自相关函数进行判断也是一种行之有效的方法，因为较小自相关函数值与较大的自相关函数值分别表示快速或慢速收敛，当自相关函数值趋近于 0 时，则可判断算法已收敛。

还有一种方法是观测参数在仿真抽样中对应迭代次数仿真值轨迹图，如果未观测到数据出现显著不规律变化，则可认为收敛。在实践中，还有一种非常有效的策略是运行具有不同起点马尔可夫链，当观测到不同链在轨迹图中混合或交叉时，则可以判断算法已收敛。

7.3　基于退化数据的核级阀门可靠性评估

阀门作为核动力装置的关键组成之一，其技术水平经过这些年的发展也得到较大提高，这使得阀门具有了长寿命高可靠性的特性。阀门这个特性使得其难以在可接受的时间内获取足够多的故障时间数据以进行高置信度可靠性评估，这对传统的基于故障时间数据的可靠性评估方法提出了挑战。阀门故障通常可归咎于表征部件工作能力的性能特征随使用时间增长或工作环境、工况应力等协变量的影响而产生的退化，因此基于性能数据的退化分析方法被引入阀门的可靠性评估工作中。在实际应用中，由于系统工作环境的不确定性，测量中的随机误差及群体中各部件的个体差异性，随机动态是退化过程中最常见的特征。随机过程模型具有捕获退化过程中随机动态的巨大潜力，因此随机过程模型常被用于随时间演变的退化过程。Wiener 过程模型与 Gamma 过程模型是应用最为广泛的两种随机过程模型，而逆高斯过程则是比较新颖表征退化过程的随机过程模型。

同型号同批次的阀门尽管在设计上存在共性，但由于加工、装配等不确定性因素的影响，以及在不同环境下的工况载荷存在差异性，同型号同批次的阀门的可靠性表现出显著的个体差异性。这表现在同型号同批次不同阀门有各自的退化速率，且退化轨迹也各不相同。为了获取更加精确的可靠性评估结果，应在传统的基于性能数据的退化分析方法中将阀门的个体差异性进行表征。目前，常用的方法是将随机效应模型(random effect)引入随机过程模型中，使随机过程中的一个参数服从某一概率分布，以在退化分析中针对个体差异性进行建模。许多专家学者对此进行了研究，Lawless 和 Crowder[15] 构建了一个包含随机效应模型的 Gamma 过程模型，他们认为产品的个体差异性影响 Gamma 过程模型的尺度参数，而非形状参数。Wang[16] 将随机效应模型引入传统的 Wiener 过程中，以桥梁性能退化为例说明所提出的模型，并使用 EM 算法来获取最大似然估计中未知参数的估计值。Wang 和 Xu[17] 首次将逆高斯过程引入退化分析中，同时为了描述产品的个体差异性，将随机效应模型集成于逆高斯过程模型，让其中一个参数在总体中为随机的，并使用提出的模型分析了砷化镓激光器退化数据集。基于他们的研究，这 3 种考虑个体差异性的随机过程模型在退化分析中的应用已逐渐展开，但少有研究者在阀门退化分析时对个体差异性进行讨论。同时，研究者在进行退化分析时，一般是直接指定某个模型来表征产品的退化过程，很少考虑使用模型选择方法选取最为适合的模型。这种方式可能会导致退化模型的误判，影响最后产品可靠性评估结果的精确度。

本节在现有研究的基础上，针对阀门的特性和实际需求，分别使用 3 种考虑个体差异性的随机过程模型表征其性能退化过程，并使用 DIC(deviance information criterion)准则进行模型比较选择，以判断出最为合适的模型。然后，在贝叶斯理论的基础上通过 MCMC 方法进行模型的参数估计，以此为考虑个体差异性的阀门的可靠性评估工作提供技术支撑。

7.3.1 基于随机过程的退化过程模型

1) Wiener 过程模型

在物理学中，Wiener 过程是指模型细小颗粒在流体和空气中的微小波动。在可靠性背景下，产品的退化表现在性能指标随着时间的推移而逐渐增加或减少，其在小的时间间隔内小幅增加或减少，表现出类似流体和空气中细小颗粒随机波动的特质。因此，Wiener 过程被广泛应用于各类产品的可靠性分析中。

假定 $\{Y(t),\ t>0\}$ 是选定性能指标的退化过程，当其服从 Wiener 过程时，可以表述为

$$Y(t)=\mu\tau(t)+\sigma \mathrm{B}[\tau(t)] \tag{7-34}$$

式中：μ 为反映退化速率的漂移参数；σ 为扩散参数；$B(g)$ 是表示退化过程随机动态的标准布朗运动过程。单调递增函数 $\tau(t)$ 可在一个时间尺度内表示退化路径的非线性，当 $\tau(t)=0$ 时，这个模型为线性 Wiener 过程模型。

使用 Wiener 过程表征退化过程 $\{Y(t),\ t>0\}$，具有以下性质：

(1) $Y(0)=0$。

(2) $Y(t)$ 拥有独立增量 $\Delta Y(t)=Y(t+\Delta t)-Y(t)$。

(3) 独立增量 $\Delta Y(t)$ 服从正态分布 $\Delta Y(t)\sim \mathrm{N}(\mu\Delta\tau(t),\ \sigma^2\Delta\tau(t))$，其中，$\Delta\tau(t)=\tau(t+\Delta t)-\tau(t)$。

当 $Y(0)=0$ 时，退化增量 $\Delta Y(t)$ 的概率密度函数可以表示为

$$f(\Delta Y(t)\mid\mu,\ \sigma)=\frac{1}{\sigma\sqrt{2\pi\Delta\tau(t)}}\exp\left\{-\frac{[\Delta Y(t)-\mu\Delta\tau(t)]^2}{2\sigma^2\Delta\tau(t)}\right\} \tag{7-35}$$

其期望、方差及变异系数分别为

$$E[\Delta Y(t)]=\mu t \tag{7-36}$$

$$V_{\mathrm{ar}}[\Delta Y(t)]=\sigma^2 t \tag{7-37}$$

$$\mathrm{Cov}[\Delta Y(t)]=\frac{\sqrt{V_{\mathrm{ar}}[\Delta Y(t)]}}{E[\Delta Y(t)]}=\frac{\sigma}{\mu\sqrt{t}} \tag{7-38}$$

式中,形如 $V_{ar}(x)$ 与 $\mathrm{Cov}(x)$ 分别是方差函数与协方差函数的表达式。

图 7-3 展示了不同参数下正态分布概率密度函数的变化曲线。正态分布的良好性质使其应用十分广泛。由于退化增量 $\Delta Y(t) \sim N[\mu\Delta\tau(t), \sigma^2\Delta\tau(t)]$,所以 $\Delta Y(t)$ 可以为非正,这意味着 Wiener 过程可以描述非单调的退化过程。同时,应该注意,当 μ 足够大且 σ 足够小时,Wiener 过程可近似视为单调的随机过程。

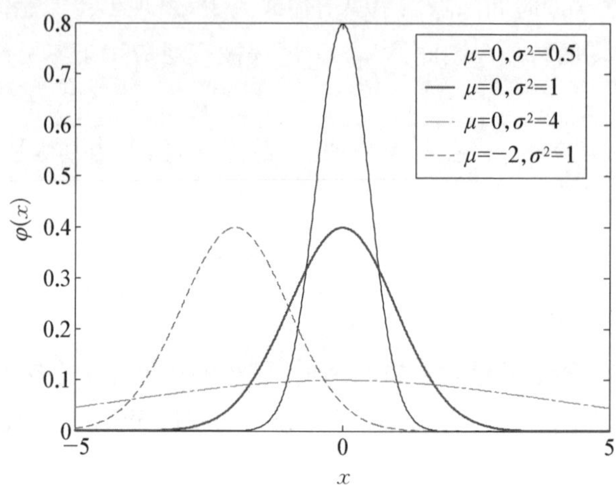

图 7-3　正态分布概率密度函数

指定 C 为退化过程的失效阈值后,基于退化过程 $Y(t)$ 的首达时间 T(T 也可以表述为产品的故障时间)可表示为:

$$T = \inf\{t : Y(t) \geqslant C\} \tag{7-39}$$

根据 Wiener 过程的基本性质以及首达时间 T 的定义,其服从逆高斯分布:$\tau(t) \sim \mathrm{IG}(C/\mu,\ C^2/\sigma^2)$。当 $\tau(T) = T$,退化过程为线性 Wiener 过程,这时首达时间为 $T \sim \mathrm{IG}(C/\mu,\ C^2/\sigma^2)$,其对应的概率密度函数与累积函数为:

$$f(t \mid \mu, \sigma) = \frac{C}{\sqrt{2\pi t}\,\sigma t}\exp\left[-\frac{(\mu t - C)^2}{2\sigma^2 t}\right] \tag{7-40}$$

$$F(t \mid \mu, \sigma) = \Phi\left(\frac{\mu t - C}{\sigma\sqrt{t}}\right) + \exp\left(\frac{2\mu C}{\sigma^2}\right)\Phi\left(\frac{-C - \mu t}{\sigma\sqrt{t}}\right) \tag{7-41}$$

首达时间 T 的期望和方差分别是:

$$E(T)=\frac{C}{\mu} \tag{7-42}$$

$$\mathrm{Var}(T)=\frac{C\sigma^2}{\mu^3} \tag{7-43}$$

由式可知可靠度函数为

$$\begin{aligned} R(t \mid \mu, \sigma) &= 1-F_{\mathrm{IG}}(t \mid \mu, \sigma) \\ &= \Phi\left(\frac{C-\mu t}{\sigma\sqrt{t}}\right)+\exp\left(\frac{2\mu C}{\sigma^2}\right)\Phi\left(-\frac{C+\mu t}{\sigma\sqrt{t}}\right) \end{aligned} \tag{7-44}$$

2) Gamma 过程模型

Wiener 过程的一个显著特征是其描述的退化路径不一定是单调的，作为一种常用的替代方法，Gamma 过程常被用于强调单调性的退化分析。Gamma 过程是复合泊松过程的近似过程，其跳跃大小符合一定的分布。这种解释支持 Gamma 过程作为一种描述产品性能演变过程的随机过程，因为许多研究者认为退化通常是由一系列外部冲击引起的，每次冲击都会产生随机且微小的损伤。

Gamma 过程是一个由服从 Gamma 分布的独立非负增量组成的随机过程，一般被用于退化过程严格单调的产品的退化分析。当随机过程 $\{Y(t), t>0\}$ 被记为 Gamma 过程时，它有以下性质：

(1) $Y(0)=0$；

(2) $Y(t)$ 为独立增量过程；

(3) 退化增量 $\Delta Y(t)=Y(t+\Delta t)-Y(t)$ 服从 Gamma 分布，即 $\Delta Y(t)\sim \mathrm{Gamma}(\Delta\eta(t), \lambda)$，且 $\Delta\eta(t)=\eta(t+\Delta t)-\eta(t)$。$\eta(g)$ 为形状参数，$\eta(g)$ 在样本空间 $[0, \infty)$ 上为右连续非减过程，而且 $\eta(0)=0$。λ 为尺度参数，而且 $\lambda>0$。

当 $Y(0)=0$ 时，退化增量 $\Delta Y(t)$ 的概率密度函数可以表示为

$$f[\Delta Y(t) \mid \eta(t), \lambda]=\frac{\lambda^{\eta(t)}\Delta Y(t)^{\eta(t)-1}\mathrm{e}^{-\lambda\Delta Y(t)}}{\Gamma(\eta(t))}I_{(0, \infty)}[\Delta Y(t)] \tag{7-45}$$

$\Gamma(\eta)=\int_0^{\infty}x^{\eta-1}\mathrm{e}^{-x}\mathrm{d}x$ 为 Gamma 函数，且 $I_{(0, \infty)}[\Delta Y(t)]$ 为示性函数：

$$I_{(0, \infty)}[\Delta Y(t)]=\begin{cases}1 & \Delta Y(t)\in(0, \infty)\\ 0 & \Delta Y(t)\notin(0, \infty)\end{cases} \tag{7-46}$$

根据 Gamma 分布的定义，可知期望、方差及变异系数分别为

$$E[\Delta Y(t)]=\frac{\eta(t)}{\lambda} \tag{7-47}$$

$$\mathrm{Var}[\Delta Y(t)]=\frac{\eta(t)}{\lambda^2} \tag{7-48}$$

$$\mathrm{Cov}[\Delta Y(t)]=\frac{\sqrt{\mathrm{Var}[\Delta Y(t)]}}{E[\Delta Y(t)]}=\frac{1}{\sqrt{\eta(t)}} \tag{7-49}$$

图 7-4 展示了 Gamma 分布在不同参数值下的概率密度曲线，从图中可以看出 Gamma 分布十分灵活，可用于描绘不同的数据。

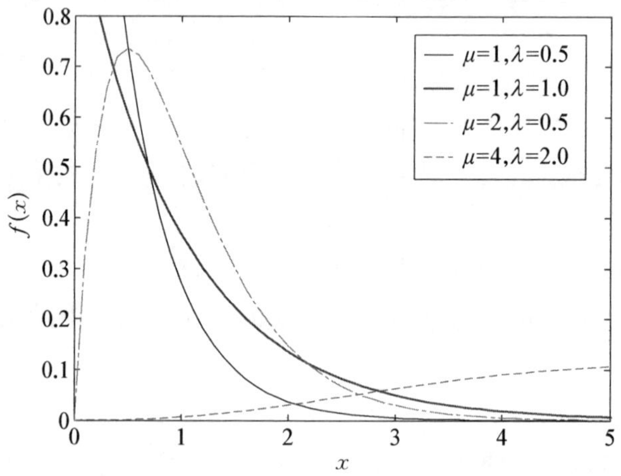

图 7-4　Gamma 分布概率密度函数

当使用 Gamma 过程来表征产品的退化过程时，产品在其性能指标首次到达失效阈值 C 时，被视作失效。该时刻的时间 t 为产品首达时间 T。因此，其可靠度函数为

$$\begin{aligned} R(t \mid \eta(t), \lambda) &= P(T>t)=P\{X(t)<C \mid \eta(t), \lambda\} \\ &= \int_0^C f(x \mid \eta(t), \lambda)\mathrm{d}x=\int_0^C \frac{\lambda^{\eta(t)} x^{\eta(t)-1} \mathrm{e}^{-\lambda x}}{\Gamma[\eta(t)]}\mathrm{d}x \end{aligned} \tag{7-50}$$

产品的首达时间 T 的累积分布函数可以表达为：

$$F(t \mid C)=\frac{\Gamma[\eta(t), C/\lambda]}{\Gamma[\eta(t)]} \tag{7-51}$$

$\Gamma(a, b)=\int_{b}^{\infty} x^{a-1} \mathrm{e}^{-x} \mathrm{d}x$ 为不完全 Gamma 函数，由此可知其概率密度函数为

$$
\begin{aligned}
f(t \mid C) &= \frac{\mathrm{d}}{\mathrm{d}t} \frac{\Gamma(\eta(t), C/\lambda)}{\Gamma(\eta(t))} \\
&= \frac{\eta}{\Gamma(\eta(t))} \int_{0}^{C/\lambda} \left[\ln(x) - \frac{\Gamma'(\eta(t))}{\Gamma(\eta(t))}\right] x^{\eta(t)-1} \mathrm{e}^{-x} \mathrm{d}x
\end{aligned} \tag{7-52}
$$

由式(7-19)可知该概率密度函数十分复杂，在实际应用中是相当难以处理的。一种常见的应对方式是使用B-S分布(Birnbaum-Saunders distribution)来近似拟合 T 的分布，其累积分布函数与概率密度函数分别为

$$
F_{\mathrm{BS}} = \Phi\left[\sqrt{\lambda C}\left(\sqrt{\frac{\eta(t)}{\lambda C}} - \sqrt{\frac{\lambda C}{\eta(t)}}\right)\right] \tag{7-53}
$$

$$
\begin{aligned}
& f_{\mathrm{BS}}(t \mid \eta, \lambda) \\
&= \frac{\eta \sqrt{\lambda C}}{2\sqrt{2\pi} \lambda C}\left[\left(\frac{\eta(t)}{\lambda C}\right)^{-\frac{1}{2}} + \left(\frac{\eta(t)}{\lambda C}\right)^{-\frac{3}{2}}\right] \exp\left[-2\lambda C\left(\frac{\eta(t)}{\lambda C} - 2 + \frac{\lambda C}{\eta(t)}\right)\right]
\end{aligned} \tag{7-54}
$$

3) 逆高斯过程模型

逆高斯过程与 Gamma 过程类似，也可以被视为复合泊松过程的近似过程。逆高斯过程被用于描述退化路径严格单调的退化过程。当随机过程 $\{Y(t), t > 0\}$ 为逆高斯过程时，其有如下性质：

(1) $Y(t)$ 有独立增量 $\Delta Y(t) = Y(t+\Delta t) - Y(t)$，换言之，$Y(t_2) - Y(t_1)$ 和 $Y(s_2) - Y(s_1)$ 为相互独立，且有 $\forall t_2 > t_1 > s_2 > s_1$。

(2) 退化增量 $\Delta Y(t)$ 服从逆高斯分布：$\Delta Y(t) \sim \mathrm{IG}(\Delta \Lambda(t), \eta \Delta \Lambda(t)^2)$。$\Lambda(t)$ 为单调递增函数，且 $\Delta \Lambda(t) = \Lambda(t+\Delta t) - \Lambda(t)$。该函数为性能演变过程的近似函数，针对不同形式的退化过程，可选择不同形式的均值函数来进行描述。

退化增量 $\Delta Y(t)$ 的概率密度函数可以表示为

$$
g(\Delta y(t) \mid \Lambda(t), \eta) = \sqrt{\frac{\eta \Delta \Lambda(t)^2}{2\pi \Delta y(t)^3}} \exp\left\{-\frac{\eta[\Delta y(t) - \Delta \Lambda(t)]^2}{2\Delta y(t)}\right\} \tag{7-55}
$$

根据逆高斯分布的定义,可知期望、方差及变异系数分别为

$$E[\Delta Y(t)]=\Lambda(t) \tag{7-56}$$

$$\mathrm{Var}[\Delta Y(t)]=\frac{\Lambda(t)}{\eta} \tag{7-57}$$

$$\mathrm{Cov}[\Delta Y(t)]=\frac{\sqrt{\mathrm{Var}[\Delta Y(t)]}}{E[\Delta Y(t)]}=\frac{1}{\sqrt{\eta\Lambda(t)}} \tag{7-58}$$

图 7-5 展示了逆高斯分布在不同参数值下的概率密度函数曲线,从图中可以注意到,当 η 越大时,该分布越趋近于正态分布。

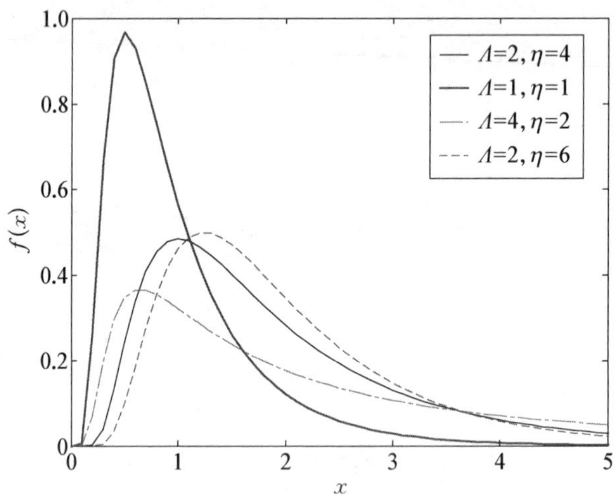

图 7-5 逆高斯分布概率密度函数

当使用逆高斯过程来描述退化产品的性能演变过程,其累积退化量达到预设的失效阈值 C 时,故障发生。定义故障时间 $T=\inf\{t: Y(t)\geqslant C\}$,因为逆高斯过程的退化路径为单调非减,所以可知其故障时间分布:

$$\begin{aligned}&F(t\mid \Lambda(t),\ \eta)\\&=P(T<t)=P(Y(t)>C)\\&=\Phi\left[\sqrt{\frac{\eta}{C}}(\Lambda(t)-C)\right]-\exp[2\eta\Lambda(t)]\Phi\left\{-\sqrt{\frac{\eta}{C}}[\Lambda(t)+C]\right\}\end{aligned} \tag{7-59}$$

式中:$\Phi(\cdot)$ 是标准正态分布的累积分布函数。根据式(7-59)可以推导出 T 的概率密度函数为:

$$
\begin{aligned}
f(t \mid \Lambda(t), \eta) = & \sqrt{\frac{\eta}{C}}\Phi\left\{\sqrt{\frac{\eta}{C}}[\Lambda(t)-C]\right\}\Lambda'(t) - \\
& 2\eta\Lambda'(t)\exp[2\eta\Lambda(t)]\Phi\left\{-\sqrt{\frac{\eta}{C}}[\Lambda(t)+C]\right\} + \\
& \sqrt{\frac{\eta}{C}}\exp[2\eta\Lambda(t)]\left\{-\sqrt{\frac{\eta}{C}}[\Lambda(t)+C]\right\}
\end{aligned}
\tag{7-60}
$$

结合逆高斯过程的性质可得产品的可靠度函数为

$$
\begin{aligned}
& R(t \mid \Lambda(t), \eta) \\
= & P[Y(t)-Y(0) < C] \\
= & \Phi\left\{\sqrt{\frac{\eta}{C}}[C-\Lambda(t)]\right\} - \exp[2\eta\Lambda(t)]\Phi\left\{-\sqrt{\frac{\eta}{C}}[\Lambda(t)+C]\right\}
\end{aligned}
\tag{7-61}
$$

7.3.2 考虑个体差异性的退化过程模型

在大多数退化应用中，不同个体都拥有自己独特的退化演变过程，呈现出个体差异性，这样的个体差异性主要源自加工、装配等不确定性因素的影响，以及不同工作环境和工况载荷差异。一个通用的方法是将个体特有的随机效应集成到退化过程中以表征个体差异性。使用随机变量来表征在随机过程中与个体差异性有关的参数，使得该参数服从特定的概率分布。

1) 考虑个体差异性的 Wiener 过程模型

Wang[16]提出的模型是将随机效应引入 Wiener 过程的漂移参数与扩散参数中，使其服从特定的分布。假定 $\{Y(t), t>0\}$ 为 Wiener 过程模型 $Y(t)=\mu\tau(t)+\sigma B[\tau(t)]$，为了表征个体差异性，可将随机效应模型按照如下关系引入：

$$
\omega = \sigma^{-2} \sim \text{Gamma}(r^{-1}, \delta), \ \mu \mid \omega \sim \text{N}(1, \theta/\omega) \tag{7-62}
$$

式中：ω 的均值为 δ/r，方差为 δ/r^2。因此，σ^2 在 $\delta>1$ 时的有限期望为 $r/(\delta-1)$，在 $\delta>2$ 时的有限方差为 $r^2/[(\delta-1)^2(\delta-2)]$。

由此，$Y(t)$ 的边缘密度函数可以表示为

$$
\begin{aligned}
f(y) = & \int_{-\infty}^{\infty}\int_{0}^{\infty} f(y; \mu, \omega) g_1(\mu; \theta, \omega) g_2(\omega; r, \delta) \mathrm{d}\omega \mathrm{d}\mu \\
= & \frac{\Gamma\left(\delta+\frac{1}{2}\right)}{\sqrt{2\pi r}\Gamma(\delta)[\tau^2\theta+\tau]^{\frac{1}{2}}}\left[1+\frac{(y-\tau)^2}{2r(\tau^2\theta+\tau)}\right]^{-\delta-\frac{1}{2}}
\end{aligned}
\tag{7-63}
$$

式中：$\sqrt{\delta/r(\tau^2\theta+\tau)}[Y(t)-\tau(t)]$ 服从自由度为 2δ 的 t 分布（t-distribution）。因此，$Y(t)$ 在 $\delta>1$ 时的有限期望为 $\tau(t)$，有限方差为 $[\tau(t)^2\theta+\tau(t)]r/(\delta-1)$。

一个极端的情况是当随机效应的方差为0时，它变成了一般的 Wiener 过程模型 $Y(t)=\tau(t)+\sigma B[\tau(t)]$。这种情况可以通过使 $\theta\to 0$、$r\to\infty$ 及 $\delta/r=c$ 来实现。

根据 Wiener 过程的基本性质，将随机效应引入模型后，失效阈值为 C 时首达时间 T 服从逆高斯分布 $T\sim \mathrm{IG}(C/\mu,\ C^2\omega)$。如果退化路径是单调的，则故障时间分布具有明确的形式且由下式给出：

$$
\begin{aligned}
F(t)&=P(T\leqslant t)=P(Y(t)>C)\\
&=F_{2\delta}\left[\sqrt{\frac{\delta}{r}}\ \frac{\tau(t)-C}{\sqrt{\theta\tau(t)^2+\tau(t)}}\right]
\end{aligned}
\tag{7-64}
$$

式中：$F_{2\delta}$ 是自由度为 2δ 的 t 分布函数。由式(7-64)可知考虑个体差异性的 Wiener 过程可靠度函数为

$$
\begin{aligned}
R(t)&=P(t\leqslant T)=P[Y(t)<C]\\
&=1-P(T\leqslant t)=1-P[Y(t)>C]\\
&=1-F_{2\delta}\left[\sqrt{\frac{\delta}{r}}\ \frac{\tau(t)-C}{\sqrt{\theta\tau(t)^2+\tau(t)}}\right]
\end{aligned}
\tag{7-65}
$$

2）考虑个体差异性的 Gamma 过程模型

记随机过程 $\{Y(t),\ t>0\}$ 为 Gamma 过程，其增量 $\Delta Y(t)$ 服从 Gamma 分布，$\Delta Y(t)\sim \mathrm{Gamma}[\Delta\eta(t),\ \lambda]$。由于个体差异性影响 Gamma 过程的尺度参数而非形状参数，可重新定义 Gamma 过程的形状参数 $\Delta\eta(t)=\eta\Delta t$，且尺度参数 $\lambda=v^{-1}$，使得该模型的退化增量服从新的 Gamma 分布 $\Delta Y(t)\sim \mathrm{Gamma}(\eta\Delta t,\ v^{-1})$。随机效应模型通过尺度参数 v^{-1} 集成进该模型，使其服从形状参数为 γ^{-1} 且尺度参数为 δ 的 Gamma 分布：$v\sim \mathrm{Gamma}(\gamma^{-1},\ \delta)$。$Y(t)$ 的边缘密度函数可表示为

$$
\begin{aligned}
f(Y)&=\int_0^{\infty} f(Y\mid \eta\Delta t,\ v^{-1})f(\nu_i^{-1}\mid \gamma^{-1},\ \delta)\mathrm{d}\nu\\
&=\frac{B(\eta\Delta t,\ \delta)^{-1}\gamma^{\delta}Y^{\eta\Delta t-1}}{(Y+\gamma)^{\eta\Delta t+\delta}}
\end{aligned}
\tag{7-66}
$$

式中：$B(\eta\Delta t, \delta) = \Gamma(\eta\Delta t)\Gamma(\delta)/\Gamma(\eta\Delta t + \delta)$ 为贝塔函数(Beta function)；$\delta Y(t)/(\gamma\eta\Delta t)$ 服从累积分布函数为 $F_{2\eta t, 2\delta}$ 的 F 分布(F-distribution)；$Y(t)/(\gamma + Y(t))$ 服从贝塔分布 $B(\eta\Delta t, \delta)$，概率密度函数为 $B(\eta\Delta t, \delta)^{-1} x^{\eta\Delta t}(1-x)^{\delta-1}$。由此可进一步推导出故障时间分布：

$$
\begin{aligned}
F(t) &= P(T \leqslant t) = P[Y(t) \geqslant Y(T)] \\
&= \frac{B\left(\dfrac{Y(T)}{Y(T)+\gamma}; \eta t, \delta\right)}{B(\eta t, \delta)} = 1 - F_{2\eta t, 2\delta}\left[\frac{\delta Y(T)}{\gamma\eta t}\right]
\end{aligned} \tag{7-67}
$$

当使用该考虑个体差异性的 Gamma 过程描述随机过程时，假定退化过程的失效阈值为 C，基于这一假设，可推导出产品的可靠度函数如下：

$$
\begin{aligned}
R(t) &= P(t < T) = P[Y(t) < C] \\
&= 1 - P(T \leqslant t) = 1 - P(Y(t) \geqslant C) \\
&= 1 - \frac{B\left(\dfrac{C}{C+\gamma}; \eta t, \delta\right)}{B(\eta t, \delta)} = F_{2\eta t, 2\delta}\left(\frac{\delta C}{\gamma\eta t}\right)
\end{aligned} \tag{7-68}
$$

3) 考虑个体差异性的逆高斯过程模型

记随机过程 $\{Y(t), t > 0\}$ 为逆高斯过程，其增量 $\Delta Y(t)$ 服从逆高斯分布，具体形式为：$\Delta Y(t) \sim \mathrm{IG}(\Delta\Lambda(t), \eta\Delta\Lambda(t)^2)$，其中 $\Delta\Lambda(t) = \Lambda\Delta(t)$。为了在逆高斯过程中描述产品的个体差异性，同样需要将随机效应模型引入逆高斯过程模型。重新定义参数 η，使其服从一个形状参数为 γ^{-1}、尺度参数为 δ 的 Gamma 分布：$\eta \sim \mathrm{Gamma}(\gamma^{-1}, \delta)$，该分布的均值为 δ/γ，方差为 δ/γ^2。因此，$Y(t)$ 的边缘密度函数为

$$
\begin{aligned}
f(Y) &= \int_0^{\infty} f(Y \mid \eta) g(\eta) \mathrm{d}\eta \\
&= \frac{\Gamma\left(\delta + \dfrac{1}{2}\right)\gamma^{\delta}}{\Gamma(\delta)\sqrt{2\pi}} \Lambda\Delta t Y^{-\frac{3}{2}} \left[\gamma + \frac{(Y - \Lambda\Delta t)^2}{2Y}\right]^{-\delta-\frac{1}{2}}
\end{aligned} \tag{7-69}
$$

当使用这个随机过程模型来描述一个退化产品的性能演变过程时，该产品的可靠度函数可以表示为

$$
R(t \mid \Lambda, \gamma, \delta) = \int_{\eta>0} R(t \mid \Lambda, \eta) g(\eta \mid \gamma, \delta) \mathrm{d}\eta \tag{7-70}
$$

7.3.3 基于贝叶斯理论的退化模型参数估计方法

在介绍了描述性能退化过程的模型基础后，当获取了阀门性能退化数据，要对其进行可靠性评估，需重点解决模型的参数估计及可靠性指标的求解这两个问题。本节着重研究基于贝叶斯理论退化模型参数估计及产品的可靠性评估。首先研究基于贝叶斯理论的退化模型参数估计及可靠性评估基本框架，然后构建退化数据分析的数学表达，以实现阀门可靠性评估。

1）基于贝叶斯理论的退化模型参数估计基本框架

本节针对阀门退化数据分析的特点，结合上文所介绍的描述退化过程的模型，构建如图 7－6 所示的基于贝叶斯理论的退化模型参数估计与可靠性评估基本框架。该框架以贝叶斯理论为核心，涵盖了退化模型的建立、似然函数的构建、后验分布的获取、收敛性的判断及模型的选择。

基于该框架的分析主线可以描述如下。首先，采用各类随机过程模型以表征退化过程，并根据不同的随机过程模型构建似然函数。其次，量化获取先验分布并采用贝叶斯方法与 MCMC 方法将先验分布与似然函数结合表达为后验分布，并通过判断轨迹图或自相关函数图的方法确定该算法的收敛性。最后，通过对后验分布的数值积分方法分析，完成阀门的退化过程分析及可靠性评估。

对于退化模型的建立，随机过程模型是描述产品退化过程的良好工具，同时为了考虑产品个体差异性，随机效应模型被集成进入随机过程模型。其关键在于选择适当的随机过程模型以准确描述不同的产品，如果使用不恰当的随机过程模型可能造成分析结果的误差，导致无法获取精确的可靠性评估结果。

对于似然函数的构建，首先根据模型参数的不同性质将其分为三类：基本未集成随机效应模型的固定参数 θ^F，集成了随机效应模型的随机参数 θ^R，以及随机参数 θ^R 对应概率分布中的超参数 θ^H。随后通过似然函数将性能退化数据中包含信息表述为模型参数的函数形式。

对于后验分布的获取，关键在于对先验信息的量化与获取，通常量化的是主观信息及历史经验信息，以此获得有信息先验分布。或者在先验信息匮乏的情况下采用无信息先验分布，以减小误差。同时，基于贝叶斯方法及 MCMC 方法集成先验分布与似然函数，以便获取参数的后验分布。

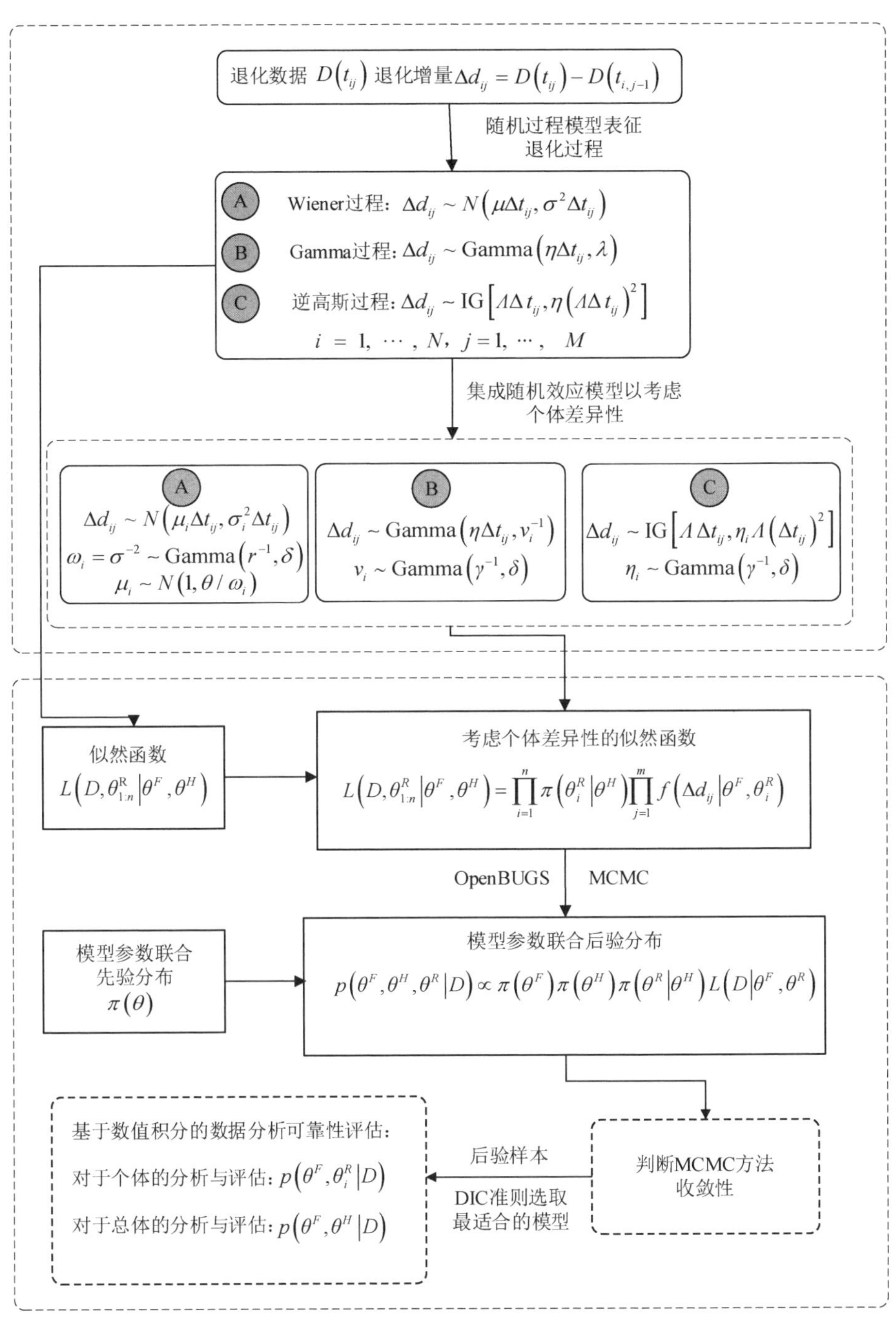

图 7-6　基于贝叶斯理论的退化模型参数估计与可靠性评估基本框架

收敛性判断是 MCMC 方法应用过程中的一个重要环节。基于不收敛的 MCMC 结果做出的分析是不准确的，甚至可能产生错误的结果。通常使用轨迹图或者自相关函数图进行收敛性的判断。轨迹图展示参数对应迭代次数所获得的仿真值，如果从轨迹图没有观察到数据的抽样迭代过程中出现显著不规律情况，则可认为计算收敛。自相关函数是用来衡量仿真数据集之间相关性的，若使用自相关函数图进行收敛性判断，当自相关函数的值随着迭代次数的增加趋近于 0，则可以认为该算法是收敛的。

在判断了收敛性以后，需根据所分析的退化数据选择最为合适的随机过程模型。常用模型选择方法有 AIC(Akaike Information Criterion)准则、BIC(Bayesian Information Criterion)准则及 DIC 准则。本文使用 DIC 准则对模型进行选择，DIC 准则可以有效地衡量模型拟合优良性，较小的 DIC 值意味着该模型更加精确。

2) 退化数据分析的数学表达

假设有 N 个样本的退化观测值被测定，样本的序号为 i $(i=1, \cdots, N)$，所有样本的退化过程在 M 离散时间内被观测，序号为 j $(j=1, \cdots, M)$。$D(t_{ij})$ 是第 i 个样本在时刻 t_{ij} 时的第 j 次观测。定义 $\Delta d_{ij}=D(t_{ij})-D(t_{i,j-1})$ 为第 i 个样本的退化增量，为了计算方便，通常设定 $D(t_{i0})=0$。根据图 7-6 所示的退化模型参数估计的基本框架，可得到基于表征阀门退化数据的各退化模型可靠性评估的具体表达。

(1) 基于 Wiener 过程模型阀门的可靠性评估。

当使用 Wiener 过程来表征退化过程时，其退化增量 Δd_{ij} 服从正态分布：$\Delta d_{ij} \sim N(\mu\Delta t_{ij}, \sigma^2\Delta t_{ij})$ 且 $\Delta t_{ij}=t_{ij}-t_{i,j-1}$。退化过程的似然函数可表示为

$$
\begin{aligned}
L(D \mid \mu, \sigma) &= \prod_{i=1}^{N}\prod_{j=2}^{M} f(\Delta d_{ij} \mid \mu, \sigma) \\
&= \prod_{i=1}^{N}\prod_{j=2}^{M} \frac{1}{\sigma\sqrt{2\pi\Delta t_{ij}}}\exp\left[-\frac{(\Delta d_{ij}-\mu\Delta t_{ij})^2}{2\sigma^2\Delta t_{ij}}\right]
\end{aligned} \tag{7-71}
$$

式中：$f(g)$ 为式(3-2)所示正态分布的概率密度函数。假定模型联合先验分布为 $\pi(\theta)=\pi(\mu, \sigma)$，根据贝叶斯理论，模型待估计参数的联合后验分布可表示为

$$
\begin{aligned}
p(\mu, \sigma \mid D) &\propto \pi(\theta)L(D \mid \mu, \sigma) \\
&= \pi(\mu, \sigma)\prod_{i=1}^{N}\prod_{j=2}^{M} \frac{1}{\sigma\sqrt{2\pi\Delta t_{ij}}}\exp\left[-\frac{(\Delta d_{ij}-\mu\Delta t_{ij})^2}{2\sigma^2\Delta t_{ij}}\right]
\end{aligned} \tag{7-72}
$$

根据式(7－11)与(7－39)，可知基于 Wiener 过程阀门的可靠度函数：

$$R(n \mid D)=\int_{\mu,\,\delta>0} p(\mu,\,\sigma \mid D) R(t \mid \mu,\,\sigma) \mathrm{d}\mu \mathrm{d}\sigma \tag{7-73}$$

同时，根据式(7－39)可得阀门个体在未来观测时间点 $t_{i,\,m_i+1}$ 性能退化预测为

$$f[D(t_{i,\,m_i+1}) \mid D]=\int_{\mu,\,\delta>0} p(\mu,\,\sigma \mid D) f(\Delta d_{ij} \mid \mu,\,\sigma) \mathrm{d}\mu \mathrm{d}\sigma \tag{7-74}$$

(2) 基于 Gamma 过程模型阀门的可靠性评估。

当使用 Gamma 过程来表征退化过程时，根据 Gamma 过程的定义，其退化增量 Δd_{ij} 服从 Gamma 分布：$\Delta d_{ij} \sim \mathrm{Gamma}(\eta \Delta t_{ij},\,\lambda)$。因此，退化过程的似然函数为：

$$\begin{aligned} L(D \mid \eta,\,\lambda) &= \prod_{i=1}^{N} \prod_{j=2}^{M} f(\Delta d_{ij} \mid \eta,\,\lambda) \\ &= \prod_{i=1}^{N} \prod_{j=2}^{M} \frac{\lambda^{\eta \Delta t_{ij}}}{\Gamma(\eta \Delta t_{ij})} \Delta d_{ij}^{\eta \Delta t_{ij}-1} \exp(-\lambda \Delta d_{ij}) \end{aligned} \tag{7-75}$$

式中：$f(g)$ 为式(7－12)所示 Gamma 分布的概率密度函数。假设模型的联合先验分布为 $\pi(\theta)=\pi(\eta,\,\lambda)$，在贝叶斯框架下可得模型参数的联合后验分布为：

$$\begin{aligned} & p(\eta,\,\lambda \mid D) \propto \pi(\theta) L(D \mid \eta,\,\lambda) \\ &= \pi(\eta,\,\lambda) \prod_{i=1}^{N} \prod_{j=2}^{M} \frac{\lambda^{\eta \Delta t_{ij}}}{\Gamma(\eta \Delta t_{ij})} \Delta d_{ij}^{\eta \Delta t_{ij}-1} \exp(-\lambda \Delta d_{ij}) \end{aligned} \tag{7-76}$$

根据式(7－17)与式(7－43)，可知其可靠度函数表达式为：

$$R(n \mid D)=\int_{\eta,\,\lambda>0} p(\eta,\,\lambda \mid D) R(t \mid \eta,\,\lambda) \mathrm{d}\eta \mathrm{d}\lambda \tag{7-77}$$

基于 Gamma 过程的阀门个体在未来观测时间点 $t_{i,\,m_i+1}$ 的性能退化预测为：

$$f[D(t_{i,\,m_i+1}) \mid D]=\int_{\eta,\,\lambda>0} p(\eta,\,\lambda \mid D) g(\Delta d_{ij} \mid \eta,\,\lambda) \mathrm{d}\eta \mathrm{d}\lambda \tag{7-78}$$

(3) 基于逆高斯过程模型阀门的可靠性评估。

当使用逆高斯过程来表征退化过程时，有退化增量 Δd_{ij} 服从逆高斯分布：

Δd_{ij}：$\mathrm{IG}[\Lambda\Delta t_{ij},\ \eta(\Lambda\Delta t_{ij})^2]$。则 D 的似然函数可表示为

$$\begin{aligned}L(D \mid \Lambda,\ \eta) &= \prod_{i=1}^{N}\prod_{j=2}^{M} f(\Delta d_{ij} \mid \Lambda,\ \eta) \\ &= \prod_{i=1}^{N}\prod_{j=2}^{M}\sqrt{\frac{\eta(\Lambda\Delta t_{ij})^2}{2\pi(\Delta d_{ij})^3}}\exp\left[-\frac{\eta(\Delta d_{ij}-\Lambda\Delta t_{ij})^2}{2\Delta d_{ij}}\right]\end{aligned} \tag{7-79}$$

式中：$f(g)$ 为式(7－59)所示的逆高斯分布的概率密度函数。假设 $\pi(\theta)=\pi(\Lambda,\ \eta)$ 为模型的联合先验分布，根据式(7－80)与所提出的贝叶斯框架，可知模型参数的联合后验分布为

$$\begin{aligned}&p(\Lambda,\ \eta \mid D) \propto \pi(\theta)L(D \mid \Lambda,\ \eta) \\ &=\pi(\Lambda,\ \eta)\prod_{i=1}^{N}\prod_{j=2}^{M}\sqrt{\frac{\eta(\Lambda\Delta t_{ij})^2}{2\pi(\Delta d_{ij})^3}}\exp\left[-\frac{\eta(\Delta d_{ij}-\Lambda\Delta t_{ij})^2}{2\Delta d_{ij}}\right]\end{aligned} \tag{7-80}$$

根据式(7－63)与式(7－80)，可知逆高斯过程下，产品的可靠度函数为

$$R(n \mid D)=\int_{\Lambda,\ \eta>0} p(\Lambda,\ \eta \mid D)R(t \mid \Lambda,\ \eta)\mathrm{d}\Lambda\mathrm{d}\eta \tag{7-81}$$

基于逆高斯过程的阀门个体在未来观测时间点 $t_{i,\ m_i+1}$ 的性能退化预测为

$$f[D(t_{i,\ m_i+1}) \mid D]=\int_{\Lambda,\ \eta>0} p(\Lambda,\ \eta \mid D)g(\Delta d_{ij} \mid \Lambda,\ \eta)\mathrm{d}\Lambda\mathrm{d}\eta \tag{7-82}$$

(4) 基于考虑个体差异性的 Wiener 过程模型阀门的可靠性评估。

将随机效应考虑进 Wiener 过程以表征产品个体差异性时，退化增量 Δd_{ij} 服从正态分布 $\Delta d_{ij} \sim N(\mu_i\Delta t_{ij},\ \sigma_i^2\Delta t_{ij})$，其中 $\omega_i=\sigma^{-2} \sim \mathrm{Gamma}(r^{-1},\ \delta)$，$\mu_i \sim N(1,\ \theta/\omega_i)$。因此，其似然函数为

$$\begin{aligned}&L(D,\ \mu,\ \omega \mid r,\ \delta,\ \theta) \\ &=\prod_{i=1}^{N} g_1(\mu_i \mid \theta,\ \omega_i)g_2(\omega_i \mid r,\ \delta)\prod_{j=2}^{M} f(\Delta d_{ij} \mid \mu_i,\ \omega_i) \\ &=\prod_{i=1}^{N}\prod_{j=2}^{M}\frac{\Gamma\left(\delta+\frac{1}{2}\right)}{\sqrt{2\pi r}\,\Gamma(\delta)[(\Delta t_{ij})^2\theta+\Delta t_{ij}]^{\frac{1}{2}}}\left\{1+\frac{(\Delta d_{ij}-\Delta t_{ij})^2}{2r[(\Delta t_{ij})^2\theta+\Delta t_{ij}]}\right\}^{-\delta-\frac{1}{2}}\end{aligned} \tag{7-83}$$

式中：$g(\cdot)$ 为式(7-49)所示 Gamma 分布的概率密度函数；$f(\cdot)$ 为式(7-67)所示函数。$\mu=(\mu_1, \cdots, \mu_n)$ 及 $\omega=(\omega_1, \cdots, \omega_n)$ 包含所有个体的随机参数。根据式(7-50)有

$$
\begin{aligned}
&p(r, \delta, \theta, \mu, \omega) \propto \pi(r, \delta, \theta)L(D, \mu, \omega \mid r, \delta, \theta) \\
&=\pi(r, \delta, \theta)\prod_{i=1}^{N}\prod_{j=2}^{M}\frac{\Gamma\left(\delta+\frac{1}{2}\right)}{\sqrt{2\pi r}\Gamma(\delta)\left[(\Delta t_{ij})^2\theta+\Delta t_{ij}\right]^{\frac{1}{2}}}\left\{1+\frac{(\Delta d_{ij}-\Delta t_{ij})^2}{2r\left[(\Delta t_{ij})^2\theta+\Delta t_{ij}\right]}\right\}^{-\delta-\frac{1}{2}}
\end{aligned}
\tag{7-84}
$$

式中：$\pi(r, \delta, \theta)$ 为模型未知参数的联合先验分布；$p(r, \delta, \theta, \mu, \omega)$ 为模型未知参数的联合后验分布。根据式(7-69)与式(7-75)，可知使用考虑个体差异的 Wiener 过程表征产品的退化过程时，产品的可靠度为

$$
R(n \mid D)=\int_{r, \delta, \theta>0} p(r, \delta, \theta \mid D)R(t \mid r, \delta, \theta)\mathrm{d}r\mathrm{d}\delta\mathrm{d}\theta \tag{7-85}
$$

针对阀门个体在未来观测时间点 t_{i, m_i+1} 的性能退化预测为

$$
\begin{aligned}
&f[D(t_{i, m_i+1}) \mid D] \\
&=\int_{r, \delta, \theta>0} p(r, \delta, \theta \mid D)g_1(\mu_i \mid \theta, \omega_i)g_2(\omega_i \mid r, \delta)f(\Delta d_{ij} \mid \mu_i, \omega_i)\mathrm{d}r\mathrm{d}\delta\mathrm{d}\theta
\end{aligned}
\tag{7-86}
$$

(5) 基于考虑个体差异性的 Gamma 过程模型阀门的可靠性评估。

当使用 Gamma 过程描述阀门退化过程时，为了考虑个体差异性，其退化增量 Δd_{ij} 服从 Gamma 分布 $\Delta d_{ij} \sim \mathrm{Gamma}(\eta\Delta t_{ij}, v_i^{-1})$，其中 $\Delta t_{ij}=t_{ij}-t_{i, j-1}$。Gamma 过程的尺度参数 v_i 服从另一个 Gamma 过程 $v_i \sim \mathrm{Gamma}(\gamma^{-1}, \delta)$。因此，可知其似然函数为

$$
\begin{aligned}
&L(D, v \mid \eta, \delta, \gamma) \\
&=\prod_{i=1}^{N} g(v_i \mid \delta, \gamma^{-1})\prod_{j=2}^{M} g(\Delta d_{ij} \mid \eta\Delta t_{ij}, v_i^{-1}) \\
&=\prod_{i=1}^{N}\frac{v_i^{\delta-1}\gamma^{\delta}}{\Gamma(\delta)}\exp(-\gamma v_i)\prod_{j=2}^{M}\frac{(\Delta d_{ij})^{\eta\Delta t_{ij}-1}v_i^{\eta\Delta t_{ij}}}{\Gamma(\eta\Delta t_{ij})}\exp(-v_i\Delta d_{ij})
\end{aligned}
\tag{7-87}
$$

式中：$v=(v_1, \cdots, v_n)$ 包含每个个体的尺度参数。假设阀门退化过程的先验信息量化为联合先验分布 $\pi(\theta)=\pi(\eta, \delta, \gamma)$，根据贝叶斯理论，可知参数的联合后验分布为

$$
\begin{aligned}
& p(\eta, \delta, \gamma, \nu \mid D) \propto \pi(\theta) L(D, \nu \mid \theta) \\
& = \pi(\eta, \delta, \gamma) \prod_{i=1}^{N} \frac{v_i^{\delta-1} \gamma^{\delta}}{\Gamma(\delta)} \exp(-\gamma v_i) \prod_{j=2}^{M} \frac{(\Delta d_{ij})^{\eta \Delta t_{ij}-1} v_i^{\eta \Delta t_{ij}}}{\Gamma(\eta \Delta t_{ij})} \exp(-v_i \Delta d_{ij})
\end{aligned}
\tag{7-88}
$$

根据式(7-35)与式(7-55),可知基于联合后验分布的产品可靠度函数的表达式为

$$
R(n \mid D) = \int_{\eta, \gamma, \delta > 0} p(\eta, \delta, \gamma \mid D) R(t \mid \eta, \delta, \gamma) \mathrm{d}\eta \mathrm{d}\delta \mathrm{d}\gamma \tag{7-89}
$$

在未来观测时间点 t_{i, m_i+1} 阀门样本的性能退化预测为

$$
\begin{aligned}
& f[D(t_{i, m_i+1}) \mid D] \\
& = \int_{\eta, \gamma, \delta > 0} p(\eta, \delta, \gamma \mid D) g(v_i \mid \delta, \gamma^{-1}) g(\Delta d_{ij} \mid \eta \Delta t_{ij}, v_i^{-1}) \mathrm{d}\eta \mathrm{d}\delta \mathrm{d}\gamma
\end{aligned}
\tag{7-90}
$$

(6) 基于考虑个体差异性的逆高斯过程模型阀门的可靠性评估。

当使用逆高斯过程描述阀门退化过程的同时考虑其个体差异性,退化增量 Δd_{ij} 服从逆高斯分布 $\Delta d_{ij} \sim \mathrm{IG}[\Lambda \Delta t_{ij}, \eta_i \Lambda (\Delta t_{ij})^2]$,其中 $\Delta t_{ij} = t_{ij} - t_{i, j-1}$ 且 $\eta_i \sim \mathrm{Gamma}(\gamma^{-1}, \delta)$。 其似然函数为

$$
\begin{aligned}
& L(D, \eta \mid \Lambda, \gamma, \delta) \\
& = \prod_{i=1}^{N} g(\eta_i \mid \gamma^{-1}, \delta) \prod_{j=2}^{M} f(\Delta d_{ij} \mid \Lambda \Delta t_{ij}, \eta_i) \\
& = \prod_{i=1}^{N} \prod_{j=2}^{M} \frac{\Gamma\left(\delta + \frac{1}{2}\right) \gamma^{\delta}}{\Gamma(\delta) \sqrt{2\pi}} \Lambda \Delta t (\Delta d_{ij})^{-\frac{3}{2}} \left[\gamma + \frac{(\Delta d_{ij} - \Lambda \Delta t)^2}{2 \Delta d_{ij}}\right]^{-\delta - \frac{1}{2}}
\end{aligned}
\tag{7-91}
$$

式中:$\eta = (\eta_1, \cdots, \eta_n)$ 包含每个个体的随机参数;$g(g)$ 为式(3-12)所示 Gamma 分布的概率密度函数;$f(g)$ 为式(7-22)所示的逆高斯分布的概率密度函数。将所获取的先验信息量化为参数的联合先验分布 $\pi(\theta) = \pi(\Lambda, \gamma, \delta)$,根据贝叶斯理论,其联合后验分布为

$$
\begin{aligned}
& p(\Lambda, \delta, \gamma, \eta \mid D) \propto \pi(\theta) L(D, \eta \mid \theta) \\
& = \pi(\Lambda, \gamma, \delta) \prod_{i=1}^{N} \prod_{j=2}^{M} \frac{\Gamma\left(\delta + \frac{1}{2}\right) \gamma^{\delta}}{\Gamma(\delta) \sqrt{2\pi}} \Lambda \Delta t (\Delta d_{ij})^{-\frac{3}{2}} \left[\gamma + \frac{(\Delta d_{ij} - \Lambda \Delta t)^2}{2 \Delta d_{ij}}\right]^{-\delta - \frac{1}{2}}
\end{aligned}
\tag{7-92}
$$

根据式(7－37)与式(7－59)，可以得到使用考虑个体差异性的逆高斯过程描述产品退化过程时，其可靠度函数可以表示为

$$R(n \mid D)=\int_{\Lambda,\gamma,\delta>0} p(\Lambda,\delta,\gamma \mid D) R(t \mid \Lambda,\delta,\gamma) \mathrm{d}\Lambda \mathrm{d}\delta \mathrm{d}\gamma \tag{7-93}$$

相应地，基于考虑个体差异性的逆高斯过程的阀门样本在未来观测时间点 t_{i,m_i+1} 的性能退化预测为

$$\begin{aligned} & f[D(t_{i,m_i+1}] \mid D) \\ = & \int_{\Lambda,\gamma,\delta>0} p(\Lambda,\delta,\gamma \mid D) g(\eta_i \mid \gamma^{-1},\delta) f(\Delta d_{ij} \mid \Lambda \Delta t_{ij},\eta_i) \mathrm{d}\Lambda \mathrm{d}\delta \mathrm{d}\gamma \end{aligned} \tag{7-94}$$

上述的后验分布计算公式十分繁杂，因此本节采用 MCMC 方法对其进行求解。MCMC 方法的目的是通过模拟的方法，建立适当的马尔可夫链来实现未知变量的采样，同时马尔可夫链的平稳分布收敛于变量的后验分布。其中，一种常用的措施是 Gibbs 抽样方法，其包括从给定数据与所有其他参数的条件后验分布进行模拟。它能有效地处理高维问题并已广泛应用于可靠性工程。

3）模型选择准则

常用的模型选择方法有 AIC 准则、BIC 准则及 DIC 准则。AIC 准则由 Akaike 于 1973 年提出，它处理了模型的拟合优度与模型简单性之间的权衡问题。BIC 准则是由 Schwarz 根据贝叶斯理论于 1978 年所提出的一种模型选择准则，较小的 BIC 值意味着模型更为合适。通常来说，对于简单模型的选择，DIC 准则的使用效果近似于 AIC 准则，对于更为复杂的模型，DIC 准则可以认为是 AIC 基于贝叶斯理论的模拟。

(1) BIC 准则。

BIC 准则对于模型 m 具有如式(7－62)所示的基本形式：

$$\mathrm{BIC}(m)=D(\bar{\theta}_m, m)+d_m \lg(n) \tag{7-95}$$

$$D(\theta_m, m)=-2\lg L(y \mid \theta_m, m) \tag{7-96}$$

式中：n 为观测数；$\bar{\theta}_m$ 为模型 m 中所包含的参数 θ_m 的最大似然估计值，$D(\bar{\theta}_m, m)$ 为模型 m 的偏差测量(deviance measure)；$L(y \mid \theta_m, m)$ 为模型 m 的似然函数。

由式(7－62)可知，当使用不同模型的拟合优度相差较小时，模型拥有的

参数维度越多则模型被拒绝的可能性越大。由于 BIC 准则近似于对数贝叶斯因子，因此可将近似后验模型的概率密度表示为

$$f(m \mid y) \approx \frac{\exp\left[-\frac{1}{2}\mathrm{BIC}(m)\right]}{\sum_{m' \in M} \exp\left[-\frac{1}{2}\mathrm{BIC}(m')\right]} \tag{7-97}$$

值得注意的是，当需选择的模型 BIC 值的差值大于 10 时，可认为拥有较小 BIC 值的模型相较于另外的模型明显更适用于该组数据集。

(2) AIC 准则。

一般来说，AIC 准则与 BIC 准则有不同的动机。BIC 准则近似于对数贝叶斯因子，而 AIC 准则近似于 Kullback-Leibler 距离。Kullback-Leibler 距离一般用于度量真实模型与估计模型之间的距离，因此 AIC 准则可选择出预测能力更加接近真实性能的模型。

AIC 准则可以表示为

$$\mathrm{AIC}(m) = D(\bar{\theta}_m, m) + 2d_m \tag{7-98}$$

AIC 准则相较于 BIC 准则更适用于模型参数较少的模型之间对比选择。基于 AIC 准则的模型权重可以表示如下：

$$f(m \mid y) \approx \frac{\exp\left[-\frac{1}{2}\mathrm{AIC}(m)\right]}{\sum_{m' \in M} \exp\left[-\frac{1}{2}\mathrm{AIC}(m')\right]} \tag{7-99}$$

AIC 准则常被经典统计学者用于模型的对比选择，但当定义 $\bar{\theta}_m$ 为模型 m 中所包含的参数 θ_m 的后验均值时，AIC 准则便被容纳至贝叶斯理论的框架下。与 BIC 准则类似，AIC 值更小的模型适用性更强。

(3) DIC 准则。

AIC 准则与 BIC 准则均需要准确的参数数据，然而对于多单元数据的层次模型，待估计参数数量难以明确。DIC 准则解决了参数空间难以明确界定时的模型选择问题。DIC 准则是一个能有效地衡量复杂模型拟合优良性的标准，它可由式(7-7)给出：

$$\mathrm{DIC}(m) = \overline{D(\theta_m, m)} + D(\bar{\theta}_m, m) = D(\bar{\theta}_m, m) + 2p_m \tag{7-100}$$

式中：$D(\theta_m, m) = -2\lg L(y \mid \theta_m, m)$；$\overline{D(\theta_m, m)}$ 为其后验均值；p_m 为模

型 m 中有效参数的个数；$\bar{\theta}_m$ 为模型 m 中所包含参数的后验均值。DIC 准则由于可以通过 MCMC 方法直接计算，且可以应用于层次模型、隐变量模型等待估计参数数量难以明确的复杂模型，因此现在使用广泛。

基于多源故障时间数据的贝叶斯信息融合基本框架如图 7－7 所示。

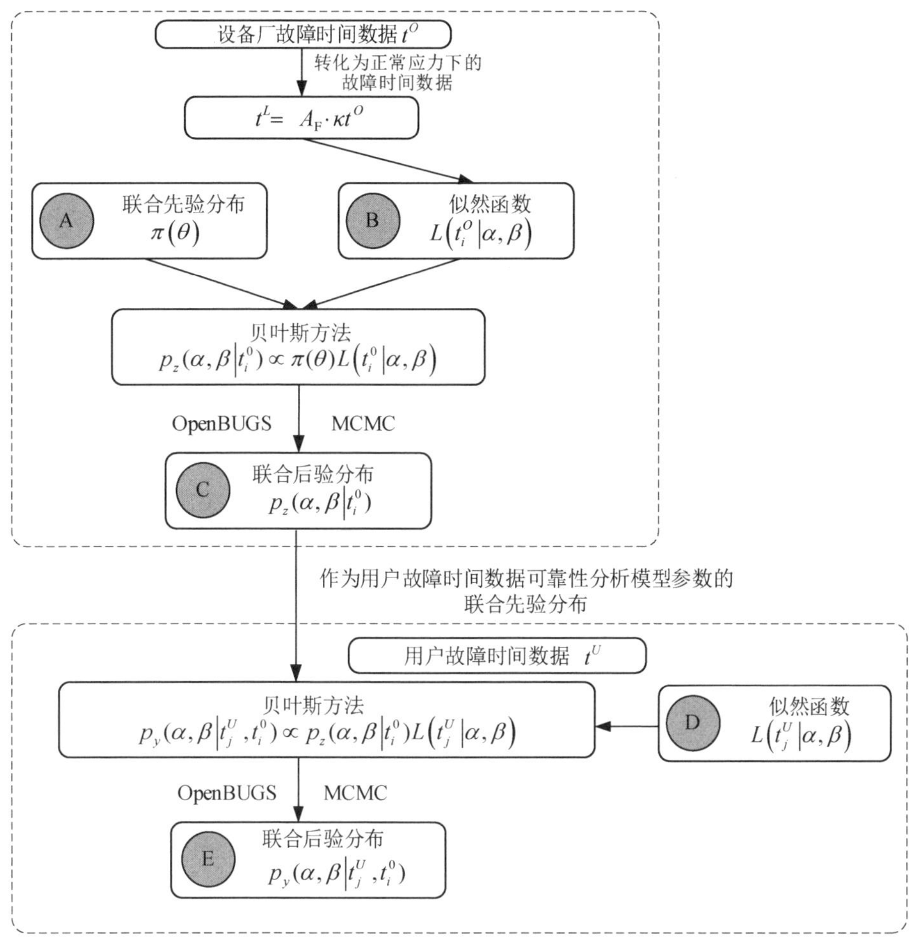

图 7－7　基于多源故障时间数据贝叶斯信息融合基本框架

7.4　基于多源异种数据的核级阀门可靠性评估

数据是产品可靠性评估的基础，成败型数据、故障时间数据和性能退化数据是最为常见的 3 种可用于可靠性评估的数据。成败型数据来源于伯努利试验，即进行一次观测,仅有两种可能的观测结果:产品正常工作或故障。因此,成败型数据只能描述成功或失败情况。故障时间数据显示产品在时间尺度上的可靠性信息,它记录了产品在故障前保持正常工作的时间。性能退化数据描述了产品故障过程,其中产品故障概率可以通过达到其失效阈值相关参数来推断。

阀门由于其多型号、定制化、小批量、高精度、高可靠度和高成本的特性,使得在阀门可靠性建模与评估过程中不可避免地出现试验不足、样本量少、数据积累不充分等典型的小样本问题。因此,为了在小样本条件下获取高置信度的可靠性评估结果,需尽可能利用所能获取的可靠性信息。可用于阀门可靠性评估的数据可能来源于用户服役现场可靠性测试,实验室可靠性测试和设备厂售后服务的相关数据等。这体现为阀门可靠性评估研究中可靠性信息的多源性。同时,多源可靠性信息往往存在数据格式各异的特性,如可能同时存在成败型数据、故障时间数据和退化数据等,这表现为可靠性信息的异种性。值得注意的是,虽然这三种类型数据具有差异性,但从阀门寿命周期发展的角度来看,这些数据存在内在耦合关系,故其表征的阀门可靠性评估结果是共通的。当前阀门可靠性建模与评估研究中,基于单一来源或单一类型可靠性数据的研究多,鲜见综合多源异种可靠性数据联合建模,而后者对于解决阀门在小样本条件下的高置信度可靠性评估极具意义。

由于阀门结构及运行环境复杂,影响其可靠性因素众多,包括数据收集方法与精度受限等,使多源、异种的可靠性信息兼具不确定性。贝叶斯理论对多源异种可靠性数据的融合能力,对不确定性量化的灵活性,成为融合多源异种信息的阀门可靠性评估的首要之选。在贝叶斯理论的框架中,层次贝叶斯模型被用于处理数据的多源特性,Zeros-ones 转化方法被用于处理数据的异种特性,MCMC 方法被用于模型未知参数的估计。在获取了融合多源异种数据模型参数估计结果之后,则可通过相应的函数对阀门的可靠性进行评估。

本节在传统基于单一来源或单一类型数据的可靠性建模与评估方法基础上,对阀门融合多源异种数据可靠性建模与评估方法展开研究。一方面为阀门可靠性建模与评估方法提供拓展,另一方面为小样本条件下阀门可靠性建模与评估方法的应用提供技术支撑。

本节首先介绍贝叶斯理论框架中用于处理异种数据的 Zeros-ones 转化方法,然后分别探讨成败型数据与故障时间数据融合模型,成败型数据与退化数据融合模型,故障时间数据与退化数据融合模型,以及成败型数据、故障时间数据与退化数据融合模型。

7.4.1　Zeros-ones 转化方法

通过 Zeros-ones 转化方法，可以使用伯努利分布或泊松分布间接指定任意模型似然函数。假设一个模型的对数似然函数为 $L_i = \lg f(y_i \mid \theta)$，该模型似然函数可以写为

$$L(y \mid \theta) = \prod_{i=1}^{n} \mathrm{e}^{l_i} = \prod_{i=1}^{n} \frac{\mathrm{e}^{-(-l_i)}(-l_i)^0}{0!} = \prod_{i=1}^{n} f_P(0;\ -l_i) \tag{7-101}$$

模型似然函数可以视为伪随机变量密度的乘积 $\Xi(i=1, \cdots, n)$，其均值服从泊松分布且所有观测值都设置为 0。为了确保任一 Ξ_i 均值为正，需将常数项 C 加入均值中，这意味着每个似然项将乘以 e^{-C}。使用这种方法，新的似然函数可以表达为

$$L(y \mid \theta) = \prod_{i=1}^{n} \frac{\mathrm{e}^{-(-l_i+C)}(-l_i+C)^0}{0!} = \prod_{i=1}^{n} f_P(0;\ -l_i+C) \tag{7-102}$$

式中：对于 $i=1, 2, \cdots, n$，有 $-l_i+C>0$。

伯努利分布同样可被用于 Zeros-ones 转化方法，似然函数可写为

$$L(y \mid \theta) = \prod_{i=1}^{n} \mathrm{e}^{l_i} = \prod_{i=1}^{n} (\mathrm{e}^{l_i})^1(1-\mathrm{e}^{l_i})^0 = \prod_{i=1}^{n} f_B(1;\ \mathrm{e}^{l_i},\ 1) \tag{7-103}$$

式中：$f_B(1;\ \mathrm{e}^{l_i},\ 1)$ 为伯努利分布成功率 e^{l_i}。因此，可以将模型的似然函数视为新的伪随机变量密度的乘积 Ξ_i，其服从成功率为 e^{l_i} 的伯努利分布，且所有观测值设定为 1。为了确保成功率小于 1，需将每个似然函数项乘以 e^{-C}，其中 C 为正数。此时似然函数可以表达为

$$L(y \mid \theta) = \prod_{i=1}^{n} (\mathrm{e}^{l_i-C})^1(1-\mathrm{e}^{l_i-C})^0 = \prod_{i=1}^{n} f_B(1;\ \mathrm{e}^{l_i-C},\ 1) \tag{7-104}$$

7.4.2　成败型数据与故障时间数据融合模型

为了解决成败型数据与故障时间数据的融合问题，本节基于贝叶斯理论提出一种新的融合方法。假设故障时间数据 t_v 服从指数分布，且有 $t=(t_1, t_2, \cdots, t_n)$，定义平均任务时间为 t_0，则可得其成功率为

$$p_e = e^{-\lambda t_0} \tag{7-105}$$

相较于成败型数据，故障时间数据可以提供更加丰富的与时间相关的可靠性信息。在给定任务时间及指数故障时间假设条件下，成败型数据服从伯努利分布：$f_B(X_j \mid p_e = e^{-\lambda t_0})$。

如前文所述，可以通过 Zeros-ones 转化方法将故障时间数据转化为成败型数据，其中伯努利分布被用于间接指定模型的似然函数。因此，对于指数分布，可以设定：

$$w_{Ev} = \lg(\lambda e^{-\lambda t_v}) \tag{7-106}$$

根据指数分布定义，可知故障时间数据似然函数为

$$\begin{aligned} L(t_v \mid \lambda) &= \prod_{v=1}^{n_1} e^{\lg(\lambda e^{-\lambda t_v})} = \prod_{v=1}^{n_1} (e^{\lg(\lambda e^{-\lambda t_v})})^1 (1 - e^{\lg(\lambda e^{-\lambda t_v})})^0 \\ &= \prod_{v=1}^{n_1} (e^{w_{Ev}})^1 (1 - e^{w_{Ev}})^0 = \prod_{v=1}^{n_1} f_B(1 \mid e^{w_{Ev}}) \end{aligned} \tag{7-107}$$

成败型数据 X_j 似然函数为

$$\begin{aligned} L(X_j \mid p_e) &= \prod_{j=1}^{n_2} e^{-\lambda t_0} = \prod_{j=1}^{n_2} (e^{-\lambda t_0})^1 (1 - e^{-\lambda t_0})^0 \\ &= \prod_{j=1}^{n_2} (p_e)^1 (1 - p_e)^0 = \prod_{j=1}^{n_2} f_B(X_j \mid p_e) \end{aligned} \tag{7-108}$$

为了融合成败型数据与故障时间数据，需将指示变量 c_s 引入模型。需要注意的是，当数据源为成败型数据时 $c_s = 0$，当数据源为故障时间数据时 $c_s = 1$。可定义：

$$p_{Bs} = c_s \cdot e^{w_{Ev}} + (1 - c_s) p_e = c_s \cdot e^{\lg(\lambda e^{-\lambda t_v})} + (1 - c_s) e^{-\lambda t_0} \tag{7-109}$$

由此，可将融合成败型数据与故障时间数据似然函数表达如下：

$$\begin{aligned} &L(t, X \mid \lambda) \\ &= \prod_{s=1}^{n_1+n_2} (p_{Bs})^{u_s} \cdot (1 - p_{Bs})^{1-u_s} = \prod_{s=1}^{n_1+n_2} f_B(u_s \mid p_{Bs}) \\ &= \prod_{s=1}^{n_1+n_2} [c_s \cdot e^{\lg(\lambda e^{-\lambda t_v})} + (1-c_s) e^{-\lambda t_0}]^{u_s} \cdot \{1 - [c_s \cdot e^{\lg(\lambda e^{-\lambda t_v})} + (1-c_s) e^{-\lambda t_0}]\}^{1-u_s} \end{aligned} \tag{7-110}$$

当数据源为成败型数据时 $u_s = X_s$，其为 0 或 1。当数据源为故障时间数据时，根据 Zeros-ones 转化方法，有 $u_s = 1$。当使用贝叶斯理论对未知参数进行参数估计时，首先假设参数 λ 的先验分布为正态分布，有 $\lambda \sim N(a_\lambda, b_\lambda)$，其中，$a_\lambda$ 与 b_λ 为超参数。由此可知，未知参数 λ 的后验分布可以表示为

$$
\begin{aligned}
& p(\lambda \mid t, X) \propto \pi(\lambda) L(t, X \mid \lambda) \\
&= \pi(\lambda) \prod_{s=1}^{n_1+n_2} \left[c_s \cdot \mathrm{e}^{\lg(\lambda \mathrm{e}^{-\lambda t_v})} + (1-c_s) \mathrm{e}^{-\lambda t_0} \right]^{u_s} \cdot \\
& \left\{ 1 - \left[c_s \cdot \mathrm{e}^{\lg(\lambda \mathrm{e}^{-\lambda t_v})} + (1-c_s) \mathrm{e}^{-\lambda t_0} \right] \right\}^{1-u_s}
\end{aligned}
\tag{7-111}
$$

7.4.3 成败型数据与退化数据融合模型

对于退化数据 $D(t_{ij})$，其为第 i 个样本在时刻 t_{ij} 时的第 j 次观测，有 $i = 1, \cdots, N$ 与 $j = 1, \cdots, M$。当使用随机过程对其进行描述时，退化增量 $\Delta d_{ij} = D(t_{ij}) - D(t_{i,j-1})$ 服从相应的概率分布。

1) 基于 Wiener 过程退化数据与成败型数据融合模型

当使用 Wiener 过程描述退化数据时，其增量服从正态分布 $\Delta d_{ij} \sim N(\mu \Delta t_{ij}, \sigma^2 \Delta t_{ij})$ 且 $\Delta t_{ij} = t_{ij} - t_{i,j-1}$。根据 Wiener 过程定义，可知其概率密度函数为

$$
f_D(\Delta d_{ij} \mid \mu, \sigma) = \frac{1}{\sigma \sqrt{2\pi \Delta t_{ij}}} \exp\left[-\frac{(\Delta d_{ij} - \mu \Delta t_{ij})^2}{2\sigma^2 \Delta t_{ij}} \right] \tag{7-112}
$$

定义退化过程失效阈值为 C，退化初始值为 $D(t_{i0})$，平均任务时间为 t_{ia}，可知成功率函数为

$$
\begin{aligned}
p_D(t_{ia} \mid \mu, \sigma) = & \Phi\left[\frac{C - D(t_{i0}) - \mu t_{ia}}{\sigma \sqrt{t_{ia}}} \right] + \\
& \exp\left\{ \frac{2\mu [C - D(t_{i0})]}{\sigma^2} \right\} \Phi\left[-\frac{C - D(t_{i0}) + \mu t_{ia}}{\sigma \sqrt{t_{ia}}} \right]
\end{aligned}
\tag{7-113}
$$

尽管成败型数据是直接表达故障样本个数而退化数据描述故障过程，但它们都与式(7-13)相关。与 7.2.2 节的处理方法类似，退化数据需通过 Zeros-ones 转化方法在似然函数中被转换为成败型数据。因此，使用 Wiener 过程描述的退化数据的对数似然函数为

$$w_{Dv}=\lg[f_D(\Delta d_{ij}\mid\mu,\sigma)] \tag{7-114}$$

为了融合这两种类型的数据，需引入指示变量 c_s（成败型数据时 $c_s=0$，退化数据时 $c_s=1$），可定义：

$$\begin{aligned}p_{Bw}&=c_s\cdot e^{w_{Dv}}+(1-c_s)p_D\\&=c_s\cdot e^{\lg\left\{\frac{1}{\sigma\sqrt{2\pi\Delta t_{ij}}}\exp\left[-\frac{(\Delta d_{ij}-\mu\Delta t_{ij})^2}{2\sigma^2\Delta t_{ij}}\right]\right\}}+\\&\quad(1-c_s)\left\{\Phi\left[\frac{C-D(t_{i0})-\mu t_{ia}}{\sigma\sqrt{t_{ia}}}\right]+\right.\\&\quad\left.\exp\left[\frac{2\mu(C-D(t_{i0}))}{\sigma^2}\right]\Phi\left[-\frac{C-D(t_{i0})+\mu t_{ia}}{\sigma\sqrt{t_{ia}}}\right]\right\}\end{aligned} \tag{7-115}$$

则可将融合两种类型数据的似然函数表达为

$$L(\Delta d_{ij},X\mid\mu,\sigma)=\prod_{i=1}^{n_1+n_2-1}(p_{Bw})^{u_s}\cdot(1-p_{Bw})^{1-u_s}=\prod_{i=1}^{n_1+n_2-1}f_B(u_s\mid p_{Bw}) \tag{7-116}$$

如果数据类型为成败型数据，则 $u_s=X_x$，其值为 0 或 1；如果为退化数据，则根据 Zeros-ones 转化方法，$u_s=1$。模型未知参数的联合后验分布可表达为

$$\begin{aligned}&p(\mu,\sigma\mid\Delta d_{ij},X)\propto\pi(\mu,\sigma)L(\Delta d_{ij},X\mid\mu,\sigma)\\&=\prod_{i=1}^{n_1+n_2-1}(p_{Bw})^{u_s}\cdot(1-p_{Bw})^{1-u_s}\pi(\mu,\sigma)=\prod_{i=1}^{n_1+n_2-1}f_B(u_s\mid p_{Bw})\pi(\mu,\sigma)\end{aligned} \tag{7-117}$$

根据式(7-117)，可得产品个体在未来观测时间点 t_{i,m_i+1} 的性能退化预测与可靠性评估分别为

$$f[D(t_{i,m_i+1})\mid D]=\int_{\mu,\delta>0}p(\mu,\sigma\mid\Delta d_{ij},X)f_D(\Delta d_{ij}\mid\mu,\sigma)\mathrm{d}\mu\mathrm{d}\sigma \tag{7-118}$$

$$R(t_{i,m_i+1}\mid D)=\int_{\mu,\delta>0}p(\mu,\sigma\mid\Delta d_{ij},X)R(t_{i,m_i+1}\mid\mu,\sigma)\mathrm{d}\mu\mathrm{d}\sigma \tag{7-119}$$

2）基于 Gamma 过程退化数据与成败型数据融合模型

当使用 Gamma 过程描述退化数据时，其增量服从 Gamma 分布 $\Delta d_{ij} \sim \text{Gamma}(\eta\Delta t_{ij}, \lambda)$。根据 Gamma 过程定义，可将退化增量概率密度函数表达如下：

$$f_D(\Delta d_{ij} \mid \lambda, \eta) = \frac{\lambda^{\eta\Delta t_{ij}}}{\Gamma(\eta\Delta t_{ij})}\Delta d_{ij}^{\eta\Delta t_{ij}-1}\exp(-\lambda\Delta d_{ij}) \tag{7-120}$$

当失效阈值为 C，退化初始值为 $D(t_{i0})$，平均任务时间为 t_{ia} 时，可将成功率函数表达为

$$p_D(t_{ia} \mid \lambda, \eta) = 1 - \frac{\Gamma\{\eta t_{ia}, [C - D(t_{i0})]/\lambda\}}{\Gamma(\eta t_{ia})} \tag{7-121}$$

式中：$\Gamma(a, b) = \int_b^{\infty} x^{a-1}\mathrm{e}^{-x}\mathrm{d}x$ 为不完全 Gamma 函数。使用 Zeros-ones 转化方法在似然函数中将退化数据转换为成败型数据，因此应用 Gamma 过程描述退化数据的对数似然函数为

$$w_{Dv} = \lg[f_D(\Delta d_{ij} \mid \eta, \lambda)] \tag{7-122}$$

在引入指示变量 c_s 后，可定义：

$$\begin{aligned} p_{Bg} &= c_s \cdot \mathrm{e}^{w_{Dv}} + (1 - c_s)p_D \\ &= c_s \cdot \mathrm{e}^{\lg\left[\frac{\lambda^{\eta\Delta t_{ij}}}{\Gamma(\eta\Delta t_{ij})}\Delta d_{ij}^{\eta\Delta t_{ij}-1}\exp(-\lambda\Delta d_{ij})\right]} + \\ &\quad (1 - c_s)\left\{1 - \frac{\Gamma[\eta t_{ia}, (C - D(t_{i0}))/\lambda]}{\Gamma(\eta t_{ia})}\right\} \end{aligned} \tag{7-123}$$

则可将融合两种类型数据的似然函数表达为

$$L(\Delta d_{ij}, X \mid \lambda, \eta) = \prod_{i=1}^{n_1+n_2-1}(p_{Bg})^{u_s} \cdot (1 - p_{Bg})^{1-u_s} = \prod_{i=1}^{n_1+n_2-1} f_{Bg}(u_s \mid p_{Bg}) \tag{7-124}$$

如果数据类型为成败型数据，则 $u_s = X_x$，其值为 0 或 1；如果为退化数据，则根据 Zeros-ones 转化方法，$u_s = 1$。模型未知参数的联合后验分布可表达为

$$p(\lambda,\eta\mid\Delta d_{ij},X)\propto\pi(\lambda,\eta)L(\Delta d_{ij},X\mid\lambda,\eta)$$
$$=\prod_{i=1}^{n_1+n_2-1}(p_{Bg})^{u_s}(1-p_{Bg})^{1-u_s}\pi(\lambda,\eta)=\prod_{i=1}^{n_1+n_2-1}f_{Bg}(u_s\mid p_{Bg})\pi(\lambda,\eta) \tag{7-125}$$

同时,将产品在未来观测时间点 t_{i,m_i+1} 的退化值与可靠度分别表示为

$$f[D(t_{i,m_i+1})\mid D]=\int_{\eta,\lambda>0}p(\lambda,\eta\mid\Delta d_{ij},X)f_D(\Delta d_{ij}\mid\lambda,\eta)\mathrm{d}\lambda\mathrm{d}\eta \tag{7-126}$$

$$R(t_{i,m_i+1}\mid D)=\int_{\eta,\lambda>0}p(\lambda,\eta\mid\Delta d_{ij},X)R(t_{i,m_i+1}\mid\lambda,\eta)\mathrm{d}\lambda\mathrm{d}\eta \tag{7-127}$$

3) 基于逆高斯过程的退化数据与成败型数据融合模型

当使用逆高斯过程描述退化数据时,其增量服从逆高斯分布 $\Delta d_{ij}\sim\mathrm{IG}[\Lambda\Delta t_{ij},\eta(\Lambda\Delta t_{ij})^2]$。根据逆高斯过程定义,可将退化增量的概率密度函数表达如下:

$$f_D(\Delta d_{ij}\mid\Lambda,\eta)=\sqrt{\frac{\eta(\Lambda\Delta t_{ij})^2}{2\pi(\Delta d_{ij})^3}}\exp\left[-\frac{\eta(\Delta d_{ij}-\Lambda\Delta t_{ij})^2}{2\Delta d_{ij}}\right] \tag{7-128}$$

其相对应成功率函数为

$$\begin{aligned}p_D(t_{ia}\mid\Lambda,\eta)=&\Phi\left\{\sqrt{\frac{\eta}{[C-D(t_{i0})]}}[C-D(t_{i0})-\Lambda\Delta t_{ij}]\right\}-\\&\exp(2\eta\Lambda\Delta t_{ij})\Phi\left\{-\sqrt{\frac{\eta}{C}}[\Lambda\Delta t_{ij}+C-D(t_{i0})]\right\}\end{aligned} \tag{7-129}$$

在使用 Zeros-ones 转化方法将退化数据转换为成败型数据后,可将相对应对数似然函数表示为

$$w_{Dv}=\lg[f_D(\Delta d_{ij}\mid\Lambda,\eta)] \tag{7-130}$$

将指示变量 c_s 引入,可定义:

$$p_{Bg} = c_s \cdot e^{w_{Dv}} + (1 - c_s) p_D \tag{7-131}$$

据此，可将融合退化数据与成败型数据的似然函数表示如下：

$$L(\Delta d_{ij}, X \mid \Lambda, \eta) = \prod_{i=1}^{n_1+n_2-1} (p_{Bg})^{u_s} \cdot (1 - p_{Bg})^{1-u_s} = \prod_{i=1}^{n_1+n_2-1} f_{Bg}(u_s \mid p_{Bg}) \tag{7-132}$$

根据贝叶斯理论分析框架，可以获得模型未知参数的联合后验分布：

$$\begin{aligned} & p(\Lambda, \eta \mid \Delta d_{ij}, X) \propto \pi(\Lambda, \eta) L(\Delta d_{ij}, X \mid \Lambda, \eta) \\ = & \prod_{i=1}^{n_1+n_2-1} (p_{Bg})^{u_s} \cdot (1 - p_{Bg})^{1-u_s} \pi(\Lambda, \eta) = \prod_{i=1}^{n_1+n_2-1} f_{Bg}(u_s \mid p_{Bg}) \pi(\Lambda, \eta) \end{aligned} \tag{7-133}$$

基于该融合模型，可知产品个体在未来观测时间点 t_{i, m_i+1} 的性能退化预测与可靠性评估分别为

$$f[D(t_{i, m_i+1}) \mid D] = \int_{\Lambda, \eta > 0} p(\Lambda, \eta \mid \Delta d_{ij}, X) f_D(\Delta d_{ij} \mid \Lambda, \eta) \mathrm{d}\Lambda \mathrm{d}\eta \tag{7-134}$$

$$R(t_{i, m_i+1} \mid D) = \int_{\Lambda, \eta > 0} p(\Lambda, \eta \mid \Delta d_{ij}, X) R(t_{i, m_i+1} \mid \Lambda, \eta) \mathrm{d}\Lambda \mathrm{d}\eta \tag{7-135}$$

7.4.4　故障时间数据与退化数据的融合模型

1) 基于 Wiener 过程的退化数据与故障时间数据融合模型

在对退化数据与故障时间数据进行融合时，需定义故障时间数据服从随机过程模型相对应的概率分布。当使用 Wiener 过程描述退化数据时，故障时间数据 $t_m = (t_1, t_1, \cdots, t_n)$ 服从逆高斯分布，其概率密度函数为

$$f(t \mid \mu, \sigma) = \frac{C}{\sqrt{2\pi t}\,\sigma t} \exp\left[-\frac{(\mu t - C)^2}{2\sigma^2 t}\right] \tag{7-136}$$

根据式(7-12)，退化增量服从正态分布 $\Delta d_{ij} \sim N(\mu \Delta t_{ij}, \sigma^2 \Delta t_{ij})$，其概率密度函数为 $f_D(\Delta d_{ij} \mid \mu, \sigma)$。则可将结合退化数据与故障时间数据的似然函数表达为

$$
\begin{aligned}
& L(\Delta d_{ij}, t \mid \mu, \sigma) \\
&= \prod_{m=1}^{n} f(t \mid \mu, \sigma) \prod_{i=1}^{N} \prod_{j=2}^{M} f_D(\Delta d_{ij} \mid \mu, \sigma) \\
&= \prod_{m=1}^{n} \frac{C}{\sqrt{2\pi t}\sigma t_m} \exp\left[-\frac{(\mu t - C)^2}{2\sigma^2 t_m}\right] \prod_{i=1}^{N} \prod_{j=2}^{M} \frac{1}{\sigma\sqrt{2\pi\Delta t_{ij}}} \exp\left[-\frac{(\Delta d_{ij} - \mu\Delta t_{ij})^2}{2\sigma^2 \Delta t_{ij}}\right]
\end{aligned} \tag{7-137}
$$

在使用 MCMC 方法进行计算时，同样需使用 Zeros-ones 转化方法对数据进行转化，令：

$$
l_o = \lg[f(t \mid \mu, \sigma)],\ l_u = \lg[f_D(\Delta d_{ij} \mid \mu, \sigma)] \tag{7-138}
$$

将指示变量 c_s 引入计算，需注意的是：当数据类型为故障时间数据时，$c_s = 0$；当数据类型为退化数据，时 $c_s = 1$。 此时，有：

$$
l_i = c_i \cdot l_u + (1 - c_i) \cdot l_o \tag{7-139}
$$

可将转化后多源异种数据的似然函数表达如下：

$$
L(\Delta d_{ij}, t \mid \mu, \sigma) = \prod_{i=1}^{n_1+n_2} e^{l_i} = \prod_{i=1}^{n_1+n_2} \frac{e^{-(-l_i)}(-l_i)^0}{0!} = \prod_{i=1}^{n_1+n_2} f_P(0; -l_i) \tag{7-140}
$$

根据上文及贝叶斯理论，假设模型未知参数的联合先验分布为 $\pi(\theta) = \pi(\mu, \sigma)$，模型未知参数的联合后验分布可描述为

$$
p(\mu, \sigma \mid \Delta d_{ij}, t) \propto \pi(\theta) L(\Delta d_{ij}, t \mid \mu, \sigma) \tag{7-141}
$$

可得产品个体在未来观测时间点 t_{i, m_i+1} 的性能退化预测与可靠性评估分别为

$$
f[D(t_{i, m_i+1}) \mid D] = \int_{\mu, \delta > 0} p(\mu, \sigma \mid \Delta d_{ij}, t) f_D(\Delta d_{ij} \mid \mu, \sigma) \mathrm{d}\mu \mathrm{d}\sigma \tag{7-142}
$$

$$
R(t_{i, m_i+1} \mid D) = \int_{\mu, \delta > 0} p(\mu, \sigma \mid \Delta d_{ij}, t) R(t_{i, m_i+1} \mid \mu, \sigma) \mathrm{d}\mu \mathrm{d}\sigma \tag{7-143}
$$

2) 基于 Gamma 过程的退化数据与故障时间数据融合模型

当使用 Gamma 过程描述退化数据时，故障时间数据 $t_m = (t_1, t_1, \cdots, t_n)$

概率密度函数为

$$f(t \mid \eta, \lambda)=\frac{\eta}{\Gamma(\eta t)}\int_{0}^{C/\lambda}\left[\ln(x)-\frac{\Gamma'(\eta t)}{\Gamma(\eta t)}\right]x^{\eta t-1}\mathrm{e}^{-x}\mathrm{d}x \quad (7-144)$$

由于概率密度函数相当复杂，在实际应用中难以处理，一般使用 B－S 分布对其进行拟合。此时，故障时间数据 t_m 服从 B－S 分布，其概率密度函数为

$$f(t \mid \eta, \lambda)=\frac{\eta\sqrt{\lambda C}}{2\sqrt{2\pi}\lambda C}\left[\left(\frac{\eta t}{\lambda C}\right)^{-\frac{1}{2}}+\left(\frac{\eta t}{\lambda C}\right)^{-\frac{3}{2}}\right]\exp\left[-2\lambda C\left(\frac{\eta t}{\lambda C}-2+\frac{\lambda C}{\eta t}\right)\right] \quad (7-145)$$

根据式(7－20)，退化增量服从 Gamma 分布 $\Delta d_{ij}\sim \mathrm{Gamma}(\eta\Delta t_{ij}, \lambda)$，其概率密度函数为 $f_D(\Delta d_{ij} \mid \eta, \lambda)$。使用 Zeros-ones 转化方法对数据进行转化，有：

$$l_o=\lg[f(t \mid \eta, \lambda)],\ l_u=\lg[f_D(\Delta d_{ij} \mid \eta, \lambda)] \quad (7-146)$$

将指示变量 c_s 引入，则可定义：

$$\begin{aligned} l_i &= c_i\cdot l_u+(1-c_i)\cdot l_o \\ &= c_i\cdot\lg\left(\sqrt{\frac{\eta(\Lambda\Delta t_{ij})^2}{2\pi(\Delta d_{ij})^3}}\,\mathrm{e}^{-\frac{\eta(\Delta d_{ij}-\Lambda\Delta t_{ij})^2}{2\Delta d_{ij}}}\right)+ \\ &\quad (1-c_i)\cdot\lg\left(\frac{\eta\sqrt{\lambda C}}{2\sqrt{2\pi}\lambda C}\left[\left(\frac{\eta t}{\lambda C}\right)^{-\frac{1}{2}}+\left(\frac{\eta t}{\lambda C}\right)^{-\frac{3}{2}}\right]\mathrm{e}^{-2\lambda C\left(\frac{\eta t}{\lambda C}-2+\frac{\lambda C}{\eta t}\right)}\right) \end{aligned} \quad (7-147)$$

进而可将融合多源异种数据的似然函数写为

$$L(\Delta d_{ij}, t \mid \eta, \lambda)=\prod_{i=1}^{n_1+n_2}\mathrm{e}^{l_i}=\prod_{i=1}^{n_1+n_2}\frac{\mathrm{e}^{-(-l_i)}(-l_i)^0}{0!}=\prod_{i=1}^{n_1+n_2}f_P(0; -l_i) \quad (7-148)$$

假设模型未知参数的联合先验分布为 $\pi(\theta)=\pi(\eta, \lambda)$，根据贝叶斯理论，则可将模型未知参数的联合后验分布描述为

$$p(\eta, \lambda \mid \Delta d_{ij}, t)\propto\pi(\theta)L(\Delta d_{ij}, t \mid \eta, \lambda) \quad (7-149)$$

同时,可根据式(7-19)将产品个体在未来观测时间点 t_{i,m_i+1} 的退化值与可靠度分别表示为

$$f[D(t_{i,m_i+1}) \mid D] = \int\limits_{\eta,\lambda>0} p(\lambda, \eta \mid \Delta d_{ij}, t) f_D(\Delta d_{ij} \mid \lambda, \eta) \mathrm{d}\eta \mathrm{d}\lambda \tag{7-150}$$

$$R(t_{i,m_i+1} \mid D) = \int\limits_{\eta,\lambda>0} p(\lambda, \eta \mid \Delta d_{ij}, t) R(t_{i,m_i+1} \mid \lambda, \eta) \mathrm{d}\lambda \mathrm{d}\eta \tag{7-151}$$

3) 基于逆高斯过程的退化数据与故障时间数据融合模型

当使用逆高斯过程描述退化数据时,故障时间数据 $t_m = (t_1, t_1, \cdots, t_n)$ 概率密度函数为

$$\begin{aligned} f(t \mid \Lambda, \eta) =& \sqrt{\frac{\eta}{C}} \Phi\left[\sqrt{\frac{\eta}{C}} (\Lambda t - C)\right] (\Lambda t)' - \\ & 2\eta \exp(2\eta \Lambda t) \Phi\left[-\sqrt{\frac{\eta}{C}} (\Lambda t + C)\right] (\Lambda t)' + \\ & \sqrt{\frac{\eta}{C}} \exp(2\eta \Lambda t) \left[-\sqrt{\frac{\eta}{C}} (\Lambda t + C)\right] \end{aligned} \tag{7-152}$$

根据式(7-28),退化增量服从逆高斯分布 $\Delta d_{ij} \sim \mathrm{IG}(\Lambda \Delta t_{ij}, \eta(\Lambda \Delta t_{ij})^2)$,其概率密度函数为 $f_D(\Delta d_{ij} \mid \Lambda, \eta)$。使用 Zeros-ones 转化方法对数据进行转化,有:

$$l_o = \lg[f(t \mid \Lambda, \eta)],\ l_u = \lg[f_D(\Delta d_{ij} \mid \Lambda, \eta)] \tag{7-153}$$

将指示变量 c_s 引入,则可定义:

$$\begin{aligned} l_i &= c_i \cdot l_u + (1 - c_i) \cdot l_o \\ &= (1 - c_i) \cdot \lg[f(t \mid \Lambda, \eta)] + c_i \cdot \lg[f_D(\Delta d_{ij} \mid \Lambda, \eta)] \end{aligned} \tag{7-154}$$

可将融合多源异种数据的似然函数写为

$$L(\Delta d_{ij}, t \mid \Lambda, \eta) = \prod_{i=1}^{n_1+n_2} \mathrm{e}^{l_i} = \prod_{i=1}^{n_1+n_2} \frac{\mathrm{e}^{-(-l_i)} (-l_i)^0}{0!} = \prod_{i=1}^{n_1+n_2} f_P(0; -l_i) \tag{7-155}$$

假设 $\pi(\theta) = \pi(\Lambda, \eta)$ 为模型未知参数的联合先验分布,模型未知参数的

联合后验分布可以描写为

$$p(\Lambda, \eta \mid \Delta d_{ij}, t) \propto \pi(\theta) L(\Delta d_{ij}, t \mid \Lambda, \eta) \tag{7-156}$$

产品个体在未来观测时间点 t_{i, m_i+1} 的性能退化预测与可靠性评估分别为

$$f[D(t_{i, m_i+1}) \mid D] = \int_{\Lambda, \eta > 0} p(\Lambda, \eta \mid \Delta d_{ij}, t) f_D(\Delta d_{ij} \mid \Lambda, \eta) \mathrm{d}\Lambda \mathrm{d}\eta \tag{7-157}$$

$$R(t_{i, m_i+1} \mid D) = \int_{\Lambda, \eta > 0} p(\Lambda, \eta \mid \Delta d_{ij}, t) R(t_{i, m_i+1} \mid \Lambda, \eta) \mathrm{d}\Lambda \mathrm{d}\eta \tag{7-158}$$

7.4.5　成败型数据、故障时间数据与退化数据的融合模型

在对成败型数据、故障时间数据与退化数据进行融合时，需要为每个数据类型定义合适的随机过程模型及其对应的概率分布。图 7－8 以融合服从 Gamma 过程退化数据、故障时间数据和成败型数据的建模与分析过程为例，介绍了融合多源异种信息的阀门可靠性评估流程。

在此基础上，将退化数据进行集合，则可获取融合成败型数据、故障时间数据与退化数据的似然函数：

$$\begin{aligned} & L(X_k, t_v, \Delta d_{ij} \mid \eta, \lambda) \\ = & \prod_{k}^{n_1} \left(1 - \Phi\left[\sqrt{\lambda C}\left(\sqrt{\frac{\eta t}{\lambda C}} - \sqrt{\frac{\lambda C}{\eta t}}\right)\right]\right) \times \\ & \prod_{v}^{n_2} \frac{\eta \sqrt{\lambda C}}{2\sqrt{2\pi}\lambda C}\left[\left(\frac{\eta t_v}{\lambda C}\right)^{-\frac{1}{2}} + \left(\frac{\eta t_v}{\lambda C}\right)^{-\frac{3}{2}}\right] \mathrm{e}^{-2\lambda C\left(\frac{\eta t_v}{\lambda C} - 2 + \frac{\lambda C}{\eta t_v}\right)} \times \\ & \prod_{i}^{n_3} \prod_{j}^{m} \frac{\lambda^{\eta \Delta t_{ij}}}{\Gamma(\eta \Delta t_{ij})} \Delta d_{ij}^{\eta \Delta t_{ij} - 1} \exp(-\lambda \Delta d_{ij}) \end{aligned} \tag{7-159}$$

需注意的是，在进行 MCMC 计算时同样需要借助 Zeros-ones 转化方法对数据进行转化。在构建了多源异种数据的似然函数后，根据贝叶斯理论的框架，可将模型未知参数的联合后验分布描述为

$$p(\eta, \lambda \mid X_k, t_v, \Delta d_{ij}) \propto \pi(\theta) L(X_k, t_v, \Delta d_{ij} \mid \eta, \lambda) \tag{7-160}$$

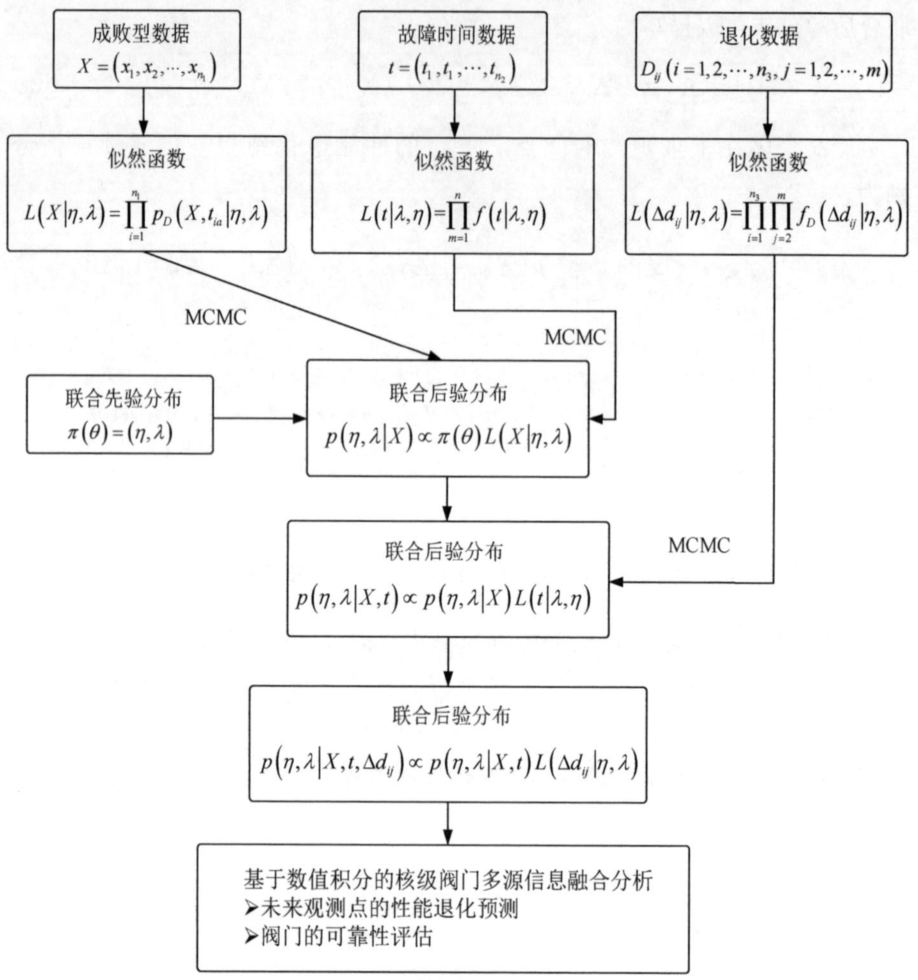

图 7-8　融合多源异种信息阀门可靠性评估流程

式中：$\pi(\theta)=\pi(\eta,\lambda)$ 为融合多源异种数据模型未知参数的联合先验分布。可知产品个体在未来观测时间点 t_{i,m_i+1} 的性能退化预测与可靠性评估分别为

$$f[D(t_{i,m_i+1})\mid D]=\int_{\eta,\lambda>0}p(\eta,\lambda\mid X_k,t_v,\Delta d_{ij})f_D(\Delta d_{ij}\mid\lambda,\eta)\mathrm{d}\eta\mathrm{d}\lambda \tag{7-161}$$

$$R(t_{i,m_i+1}\mid D)=\int_{\eta,\lambda>0}p(\eta,\lambda\mid X_k,t_v,\Delta d_{ij})R(t_{i,m_i+1}\mid\lambda,\eta)\mathrm{d}\lambda\mathrm{d}\eta \tag{7-162}$$

使用同样流程，可以将融合服从 Wiener 过程的退化数据、故障时间数据与成败型数据模型未知参数联合后验分布描述为

$$
\begin{aligned}
& p(\mu, \sigma \mid X_k, t_v, \Delta d_{ij}) \propto \pi(\theta) L(X_k, t_v, \Delta d_{ij} \mid \mu, \sigma) \\
= & \pi(\mu, \sigma) \prod_{k}^{n_1} \left\{ X_k \Phi\left[\frac{C - D(t_{i0}) - \mu t_{ia}}{\sigma \sqrt{t_{ia}}} \right] + \right. \\
& \left. \mathrm{e}^{\frac{2\mu(C - D(t_{i0}))}{\sigma^2}} \Phi\left[- \frac{C - D(t_{i0}) + \mu t_{ia}}{\sigma \sqrt{t_{ia}}} \right] \right\} \cdot \\
& \prod_{v}^{n_2} \frac{C}{\sqrt{2\pi t}\sigma t} \exp\left[- \frac{(\mu t - C)^2}{2\sigma^2 t} \right] \prod_{i}^{n_3} \prod_{j}^{m} \frac{1}{\sigma \sqrt{2\pi \Delta t_{ij}}} \exp\left[- \frac{(\Delta d_{ij} - \mu \Delta t_{ij})^2}{2\sigma^2 \Delta t_{ij}} \right]
\end{aligned}
\tag{7-163}
$$

同理，可将融合服从逆高斯过程的退化数据、故障时间数据与成败型数据模型的未知参数联合后验分布描述为

$$
\begin{aligned}
& p(\mu, \sigma \mid X_k, t_v, \Delta d_{ij}) \propto \pi(\theta) L(X_k, t_v, \Delta d_{ij} \mid \mu, \sigma) \\
= & \pi(\mu, \sigma) \prod_{k}^{n_1} \left(X_k \Phi\left[\sqrt{\frac{\eta}{C}} (C - \Lambda(t)) \right] - \right. \\
& \left. \exp[2\eta \Lambda(t)] \Phi\left[- \sqrt{\frac{\eta}{C}} (\Lambda(t) + C) \right] \right) \cdot \\
& \prod_{v}^{n_2} \left(\sqrt{\frac{\eta}{C}} \Phi\left[\sqrt{\frac{\eta}{C}} (\Lambda t - C) \right] \Lambda(t)' - \right. \\
& 2\eta \exp[2\eta \Lambda(t)] \Phi\left[- \sqrt{\frac{\eta}{C}} (\Lambda(t) + C) \right] \Lambda(t)' + \\
& \left. \sqrt{\frac{\eta}{C}} \exp[2\eta \Lambda(t)] \left[- \sqrt{\frac{\eta}{C}} (\Lambda(t) + C) \right] \right) \cdot \\
& \prod_{i}^{n_3} \prod_{j}^{m} \sqrt{\frac{\eta (\Lambda \Delta t_{ij})^2}{2\pi (\Delta d_{ij})^3}} \exp\left(- \frac{\eta (\Delta d_{ij} - \Lambda \Delta t_{ij})^2}{2\Delta d_{ij}} \right)
\end{aligned}
\tag{7-164}
$$

核级阀门可靠性建模与评估是其系统可靠性评估工作的重要组成环节，也是核动力装置性能考核的重要指标，同时是系统设计改进、方案优化、检修计划制定的重要参考依据。针对核级阀门的特性，研究其可靠性建模与评估技术具有实际需求与学术价值。针对核级阀门可靠性建模与评估中一些亟待解决的难题进行了研究，主要研究内容与成果概述如下。

1）基于多源故障时间数据的核级阀门可靠性评估

针对核级阀门故障时间数据多源的特性，研究了基于多源故障时间数据下核级阀门可靠性建模与评估方法。介绍了描述故障时间数据的统计学模型和常见加速模型，在此基础上，将校准系数引入加速模型，以实现复杂工况环境的表征。构建了多源故障时间数据下基于贝叶斯理论的核级阀门可靠性建模与评估方法，其中包含了基于 MCMC 方法与 Gibbs 抽样算法的模型参数估计方法。该方法解决了核级阀门故障时间数据分析中数据多源情形下的可靠性建模与评估的问题。

2）基于退化数据的核级阀门可靠性评估

系统地研究了基于 Wiener 过程、Gamma 过程及逆高斯过程的阀门退化数据建模方法，在此基础上将随机效应模型分别引入这三个随机过程模型，构建了三个改进的随机过程模型，解决了阀门性能演变过程个体差异性这一建模难题。在此基础上，研究基于贝叶斯理论的退化模型参数估计及可靠性评估基本框架，该框架研究了基于贝叶斯理论性能退化分析模型的建立、个体差异性的表征、模型参数估计、后验分布的获取、模型选择和阀门可靠性评估。

3）基于多源退化数据的核级阀门可靠性评估

提出基于贝叶斯理论的多源退化信息融合方法，用于处理在小样本问题下退化分析面临的个体差异性问题及复杂的工况环境问题。使用集成随机效应的 Gamma 过程模型描述存在个体差异性的退化演变过程，并将校准系数结合退化模型的形状参数与尺度参数，以表征阀门实际工作时面临的复杂工况环境。在此基础上，应用贝叶斯理论构建了融合多源性能退化数据的可靠性评估框架，实现多源退化数据融合分析及评估结果实时更新。该方法解决了阀门融合设备厂、用户以及新用户实时退化数据的可靠性协同评估问题。

4）基于多源异种信息的核级阀门可靠性评估

提出了阀门基于多源异种数据的可靠性建模与评估框架，其中包括了成败型数据与故障时间数据、成败型数据与退化数据及故障时间数据与退化数据的融合建模方法。应用 MCMC 方法与 Zeros-ones 转化方法实现了两种类型数据的融合建模。在此基础上，应用贝叶斯层次理论构建了融合成败型数据、故障时间数据与退化数据的基本框架，以实现融合多源异种信息的目标。该方法拓展了现有多源数据融合建模评估体系，解决了阀门可靠性建模与评估中数据的多源性和异种性所带来的难题。

第 8 章

核级阀门的鉴定

核电厂中使用的阀门按其对安全的重要性分为核级和非核级两大类。核电厂中一般将履行反应性控制、余热排出、放射性包容及防止或缓解事故等功能的阀门定义为核级阀门。核级阀门不仅要满足在正常工况下能够执行预期功能,保证核电厂正常运行,还要满足在事故工况(包括设计基准事故和严重事故)下能够可靠动作或维持压力边界完整性,以遏制和缓解核电厂事故发展。

核级阀门鉴定的目的是为了证明核级阀门组件(包括阀体、驱动器或其组合装置)在其寿期内的各种预期的运行和事故工况下,都能可靠地动作或维持压力边界完整,履行其规定的安全功能。

8.1 核级阀门鉴定要求

为确保核级阀门鉴定程序的合法合规性,以下是对鉴定过程中常用标准、阀门分类、鉴定项目、鉴定顺序及鉴定方法的具体要求。

8.1.1 核级阀门鉴定标准

我国常规核电站大都采用美国 ASME 规范或法国 RCC-M 规范,ASME 是各类核电站设备普遍适用的最低必需技术标准,而 RCC-M 是大型压水堆核电站专用的标准文件,但是 RCC-M 标准与法标中无核级阀门鉴定方面的详细要求,无法完全适用,因此对于阀门的鉴定试验,国内目前大多采用美国标准。

早期核级阀门的鉴定主要依据美国国家标准学会 ANSI B16.41《核电厂动力操作能动阀门功能鉴定要求》(1983 版)进行,1994 年美国机械工程师学会(ASME)编制了 ASME QME-1,把核电厂用能动设备鉴定统一归入该标准。目前，国内核级阀门工程上采用的鉴定标准主要是 ASME QME－1(2002 版)和 ASME QME－1(2007 版)，或这两个版本结合使用。此外，结合我国工业发展水平及国内外的阀门鉴定的实际情况，我国现行的核级阀门鉴定标准不仅参照了国际公认的规范，如美国 ASME QME－1 标准，还制定了更为严格的本土标准，例如国家能源局发布的《核电厂能动机械设备鉴定　第 6 部分：阀门组件鉴定》(NB/T 20036.6—2011)即为我国核级阀门鉴定的重要依据。

考虑到核电厂堆型差异，以及阀门运行工况和功能要求等差异，在进行核级阀门的鉴定时，除应满足核级阀门规范和 ASME QME－1 要求外，还应满足监管法规、导则，以及设备规范书、鉴定大纲等项目文件的要求，这样才能全面满足核级阀门要求，确保核安全。

8.1.2　核级阀门及驱动装置分类

1) 核级阀门分类

核级阀门根据其安全功能是否包括阀门完成预期动作，可分为能动阀门及非能动阀门。

能动阀门是指在完成系统安全功能的过程中，必须完成机械动作，以执行规定的安全功能的阀门，能动阀门可进一步细分为动力驱动阀、自驱动止回阀、安全卸压阀及手动阀。非能动阀门则指在完成系统安全功能的过程中，仅必须保持压力边界的完整性，而不需要执行机械动作的阀门。

根据 ASME QME－1 的规定，对能动阀门组件进一步分为以下两类。

(1) 鉴定 A 类阀门组件：当管线上发生管道破裂时，能满足该管线上阻断流体流动的阀门组件。

(2) 鉴定 B 类阀门组件：除鉴定 A 类阀门组件以外的阀门组件。

注：根据 ASME QME－1 的规定，B 类阀门不需进行端部加载试验。手动操作阀门和安全阀均属于 B 类。

2) 驱动装置分类

阀门驱动装置等电气部件一般分为以下三类。

(1) K1 类：安装在安全壳内，在地震载荷下和在正常、事故(指设计基准事故)和/或在事故后环境条件下仍能执行其规定的功能。

(2) K2 类：安装在安全壳内，在地震载荷下和在正常环境条件下仍能执行其规定的功能。

(3) K3 类：安装在安全壳外，在正常环境条件下和地震载荷下，以及对某些设备所规定的事故环境条件下能够执行其规定的功能。

8.1.3　鉴定项目要求

阀门及阀门电气附件均应通过鉴定程序确认能够在设计运行寿期内满足规定的环境条件下执行其安全功能的要求。

1）阀门鉴定项目要求

（1）能动阀门鉴定项目要求。

能动阀门的鉴定项目应满足表 8－1 要求。

表 8－1　能动阀门的鉴定项目

鉴定项目	动力驱动阀		自驱动止回阀		安全卸压阀	手动阀*
	鉴定A类	鉴定B类	鉴定A类	鉴定B类		
检验	√	√	√	√	√	√
基频的测定	√	√	不要求	不要求	√	不要求
振动老化	√	√	不要求	不要求	√	不要求
环境和老化模拟	√	√	√	√	√	√
冷热循环可操作性	√	√	不适用	不适用	不适用	√
冷热交变（热冲击）	√	√	√	√	不适用	√
端部加载	√	不适用	√	不适用	√	不要求
抗震性能	√	√	不要求	不要求	√	√
流体阻断功能	√	不适用	√	不适用	不适用	不适用
耐设计基准事故（LOCA）环境性能	√（K1类动力驱动阀）	√（K1类动力驱动阀）	不适用	不适用	不适用	不适用
排放量	不适用	不适用	不适用	不适用	√	不适用

注：* 在满足以下两个条件时，手动阀可以不进行抗地震鉴定试验。符号“√”表示需要开展该试验项目：① 通过分析法进行了抗地震鉴定。② 延伸机构（支架、齿轮箱和手轮等）的质量小于阀门本身（阀体、阀盖和启闭件等）的质量。

(2) 非能动阀门鉴定项目要求。

ASME QME－1 仅规定了能动阀门的鉴定要求，没有涉及非能动阀门的鉴定。根据 ASME BPVC Ⅲ或 RCC－M 的规范设计，阀门满足 A、B、C、D 使用工况和载荷限制的有关规定，即可认为能确保维持压力边界的完整性。因此，只要在设计上满足核电规范如 ASME Ⅲ或 RCC－M 的要求，即可认为非能动阀门在所有工况下都能确保压力边界的完整，不必再开展其他鉴定项目。

2) 电气部件鉴定项目要求

阀门驱动装置、位置指示器、驱动装置用电磁阀等安全级电气部件的鉴定项目应满足表 8－2 要求[18-19]。

表 8－2　电气部件的鉴定项目

序号	鉴　定　项　目		适用的鉴定等级
1	基准功能		K1、K2 和 K3
2	电磁兼容性(针对电动装置)		K1、K2 和 K3
3	极限运行条件试验		K1、K2 和 K3
4	循环老化(动作寿命)		K1、K2 和 K3
5	热老化		K1、K2 和 K3
6	湿热老化		K1、K2
7	加压循环		K1、K2
8	辐照老化	正常运行工况辐照老化	K1、K2
		设计基准事故辐照老化	K1
		严重事故辐照老化	K1①
9	振动老化		K1、K2 和 K3
10	抗震性能		K1、K2 和 K3
11	设计基准事故(LOCA)下耐环境能力		K1

注：① 表示仅针对安装在安全壳内，且在严重事故下需执行安全功能的电气部件。

3）扩展鉴定

为其他工程提供的、与本工程核级阀门结构相似的样机或产品，在满足规定的环境条件和功能要求的前提下，可用于本工程相似结构阀门的扩展鉴定。

从样机到其他相似阀门的鉴定应按 ASME QME－1 QV 篇的规定进行。采用扩展鉴定的阀门、项目及方法，应提交业主和核安全监管部门认可。

8.2　核级阀门鉴定方法

核级阀门鉴定方法包括试验法、分析法、经验法或上述三种方法的组合。

试验法：选取典型阀门样机，通过模拟阀门设备寿期内各工况（包括正常使用条件、极限使用条件、随时间变化面临的使用条件及事故工况）下可能出现的最不利参数（压力、机械载荷、流量动态、温度和振动等），验证阀门能否实现预期的安全功能。试验法是核级阀门鉴定时优先选取的鉴定方法。

分析法：综合采用定性或定量推理、计算的方法，证明设备执行其安全功能的能力，分析法常用于由于尺寸原因无法采用试验法进行鉴定时。

经验法：若能用逻辑推理证明要鉴定的设备与已经通过鉴定的设备类似，可根据已经通过鉴定的设备的表现记录来推断适用于核电站中的新设备执行其安全功能的能力。

综合法：主要是混合使用试验法与分析法，例如对于某些关键和重要部件采用试验法，另一些非关键部件用分析法；或用试验得到设备部件的固有自振频率，阻尼和振型，再以此为输入进行分析计算等。

对于环境鉴定，优先采用试验方法。对于抗震鉴定，其鉴定方法的原则是：对于能动（即通过机械运动实现其安全功能）的安全级机械设备和 IE 级电气设备，应采用试验方法。目前，标准中并未对核级阀门各项鉴定项目的鉴定方法进行强制规定，在满足标准且获得相关方同意的前提下，可以采用试验法以外的方法进行鉴定，实际工程中核级阀门鉴定方法的确定应同时考虑试验条件、试验经济性、试验周期等因素。

以抗震性能鉴定为例，可以采用分析法、试验法和经验法。

（1）分析法适用于计算模型合理精确，计算程序经过鉴定，并被安全当局认可，计算结果合理可信时，才可使用。分析时应开展承压能力分析及动静部件配合间隙分析，确保压力边界完整及关键能动部件不发生卡滞。

（2）试验法涉及将能动的机械设备和 IE 级电气部件按照实际安装状态进

行模拟，并随后放置于专业的地震试验台上开展地震模拟试验。在试验过程中和试验结束后，需进行压力边界完整性和动作可靠性检验。

(3) 经验法是采用过去历史地震留下的设备资料(特别是强震资料)或地震试验，了解与被鉴定物项相类似设备(同类型结构，同样支承形式)在地震中的表现，若被鉴定设备安装点的地震运动(或激振水平)与参照设备是相当或能够被包络，则可以使用。

8.3 核级阀门鉴定试验

试验法是核级阀门鉴定时优先选取的鉴定方法。因此，本节对核级阀门鉴定试验的试验程序、试验顺序、试验内容和方法、依据标准等进行说明。

8.3.1 鉴定试验程序

核级阀门鉴定试验的程序如下：

(1) 确定须进行鉴定的阀门清单。

(2) 确定试验件。对于每一类核级阀门，需综合考虑生产厂家的差异、阀门尺寸范围及运行参数等关键因素，从中选择可包络或有代表性的一种或多种阀门作为进行鉴定试验的典型设备；如果由于试验设备的限制，原型设备尺寸太大，在满足相似准则的前提下可采用缩小模型进行试验，但应得到相关方的认可。

(3) 确定鉴定程序。依据 ASME QME－1 等标准制定鉴定的方法和程序，以及鉴定的验收标准(如试验大纲)，并按照规定的程序对设备进行试验鉴定。

(4) 完成鉴定报告和审查。结合试验结果，编制鉴定报告并接受相关方的鉴定审查，以判定设备是否能够在寿期内经受最苛刻的环境条件后一直保持其安全功能，最终给出设备鉴定结论。

8.3.2 阀门安装

阀门试验件应安装在模拟阀门装置实际情况的试验夹具上，进行规定的试验。如试验安装条件不同于阀门实际安装情况，应在试验大纲中分析说明该安装情况比实际安装情况更苛刻。

阀门试验件的试验测量仪器(含接线等)不得对试验结果产生影响。

8.3.3　鉴定试验准备

1）基本性能试验

在进行鉴定试验前，应进行阀门基本性能试验，主要包括承压试验、密封性试验和动作性能试验，各类阀门试验项目至少应包括表 8－3 中所示试验项目。基本性能试验前应编制试验大纲及试验规程，试验人员应如实记录并整理试验结果。各项基本技术指标满足规范书等要求后方可开展鉴定试验。

表 8－3　基本性能试验项目

试验名称	动力驱动阀	自驱动止回阀	安全卸压阀	手动阀
驱动装置试验	√	不适用	√（若有）	不适用
壳体耐压试验	√	√	√	√
阀瓣耐压试验	√	√	√	√
阀座密封试验	√	√（有隔离要求）	√	√
上密封试验	√（若有）	不适用	√（若有）	√（若有）
阀杆填料密封	√（若有）	不适用	√（若有）	√（若有）
低压气密封试验	按要求	按要求	按要求	按要求
动作性能试验	√	√	√	√

注：“√”表示需要开展该试验项目。

2）动作寿命试验

ASME QME－1 中能动动力驱动阀门的试验项目中没有包含技术规范书要求的 2 000 次循环（或更多循环次数）的动作寿命试验。因此，在开展鉴定试验前，需使阀门在实际承载条件下进行足够的连续运行试验，以模拟寿期内机械磨损老化，如阀门开关引起阀瓣和阀座的磨损。

多年核电阀门鉴定试验的实践证明，模拟实际工况的动作寿命试验对所有的阀门类型（闸阀、截止阀、止回阀、球阀、蝶阀、隔膜阀等）都是严格的考验。在较早期的试验中，大部分阀门在动作寿命试验中都会出现不同程度的问题，这种现象随着我国工业水平的提升逐渐改善。在结构设计中只要充分考虑循环动作的特定要求、高温高压下结构件的应力和变形影响、密封面耐磨性能强化等措施,大多数阀门能通过动作寿命试验的考核,但为了确保设备的安全性,目前国内一般都要求核电阀门在进行鉴定前,按实际工作状态(温度、压力)进行动作寿命试验。

目前,核电厂对核级阀门动作寿命试验要求次数为:对两位式开关阀(闸阀、截止阀、球阀、蝶阀),循环次数(开关各一次为一个循环)全行程不少于2 000 次;对于调节阀(包括节流阀),全行程不少于 2 000 次,20%行程不少于100 000 次,在无特殊要求前提下,一般认为阀门上述动作次数与 20 年使用寿命相当。随着核电站设计寿命和可靠性要求的不断提升,阀门动作寿命试验次数也呈逐渐上升趋势。

在试验过程中,应定期检查驱动装置的机械部件运转状态、启闭时间以及内外泄漏率等是否满足规范书要求。试验后应进行拆检,确认设备未出现不可接受的损伤。在不更换易损件的前提下,可继续开展后续鉴定试验。

8.3.4 鉴定试验顺序

对于鉴定试验项目,试验顺序允许适当调整,某些试验可以编组进行或改变其顺序,如基频试验可与地震试验合并进行。目前国内核级阀门的鉴定试验顺序一般按如下方式确定:

(1) 基准试验(鉴定试验前的功能试验);

(2) 老化试验(振动老化、热老化、辐照老化、湿热老化等);

(3) 地震试验(含基频测定、端部加载、地震试验,注意端部加载试验应在地震试验之前完成);

(4) 流体阻断试验;

(5) 耐 LOCA 环境性能试验;

(6) 附加试验(如流阻系数测定试验等)*。

注:* 表示对于流阻系数有要求的阀门,一般会增加流量系数 C_v 值或流量特性测试附加试验,其试验顺序可以任意调整,且在确保相同结构、获得相同的测试数据的前提下,不一定必须要使用同一台样机进行试验。但其他的所有试验项目都必须是在同一台样机上完成。

特别地,安全卸压阀的鉴定试验一般按如下顺序分组进行。

第 1 组:

(1) 试验前检验;

(2) 性能和泄漏(基准)。

第2组：

(1) 基频的测定；

(2) 振动老化；

(3) 环境与老化模拟；

(4) 抗震性能；

(5) 热影响测试；

(6) 排放量试验。

注：安全阀第2组的单个试验可按任意顺序执行，或与本组内其他试验任意合并。

第3组：

(1) 性能和泄漏(最终)；

(2) 试验后检验。

8.3.5　能动动力驱动阀门的鉴定试验

8.3.5.1　检验

1) 检验目的

检验分为试验前检验、中间检验和试验后检验，三种检验的目的分别如下：

试验前检验的目的是确保阀门组件的适宜性并建立基准数据，后者将为以后的检验提供对比依据。

中间检验的目的是帮助完成各项单项鉴定试验后阀门组件的评估，提供的各种试验后与阀门组件有关的功能的数据。如能保证最终检查结果满足鉴定要求，部分中间检验可不进行。如果在试验过程中出现某个零件需要维护或调整的情况，试验是否继续及前期试验的有效性应按试验大纲规定进行评估，除在试验大纲中已有规定外，不允许有任何变化、调整和维护。

试验后的检验目的是获得与鉴定试验前检验相比较的数据，以便确定鉴定试验对阀门组件功能的影响。

2) 检查内容

检查内容包括动力驱动阀、自驱动止回阀、安全卸压阀。

(1) 动力驱动阀：动力驱动阀的检查内容主要包括表面目视检查，主阀座泄漏率、阀杆填料密封泄漏率、全行程时间、特殊情况(如同类阀门的扩展鉴定)下还要求进行关键运行间隙测量。

阀门的试验压力和最大阀座密封试验压差都应在鉴定规程中进行规定。另外,对于有单向密封和双向密封之分的阀门,应规定加压方向。

在测量主阀座泄漏时,应采用最小驱动力驱动,并建立最大或最不利的阀座密封试验压差。泄漏率试验保压持续时间应足以确定泄漏率,且不少于5 min。

主阀杆/轴密封泄漏应在额定冷态工作压力下进行试验,部分开启阀门并加压。对不带引漏连接的阀门,应观察并测量主阀杆/轴密封泄漏情况。对带引漏连接的阀门,应观察并测量引漏连接处的泄漏情况。对于使用隔膜或者波纹管来实现阀杆/轴封为零泄漏的阀门,试验应能证实隔膜或者波纹管压力便捷的完整性。初始的阀杆/轴密封泄漏试验应在阀门组件完成10次动作循环试验后进行。泄漏率试验保压持续时间应足以确定泄漏率,且不少于5 min。

全行程时间测量一般在冷态下进行,应获得额定驱动力和最小驱动力下的完整动作循环时间。完全打开阀门,并以规定试验压力加压,阀门关闭并开始计时。关闭件的一侧卸压,在规定的流动方向上或双向阀门最不利的方向上建立试验运行压差,开启阀门并计时,阀门组件打开后不必保持压差。

(2) 自驱动止回阀:自驱动止回阀的检查内容主要包括表面目视检查,检测主阀座泄漏率和外密封泄漏率。

阀门的试验压力和最大阀座密封试验压差都应在鉴定规程中进行规定。

在测量主阀座泄漏时,应在趋于关闭阀瓣的方向加压,建立最大或最不利阀座密封试验压差,在另一侧收集并测量泄漏量。泄漏率试验保压持续时间应足以确定泄漏率,且不少于5 min。

对于带有密封轴的止回阀,应在额定冷态工作压力下,部分开启阀门并加压。对不带引漏连接的阀门,应观察并测量轴密封泄漏情况。对带引漏连接的阀门,应观察并测量引漏连接处的泄漏情况。初始轴密封泄漏试验应在阀门组件完成10次动作循环试验后进行。泄漏率试验保压持续时间应足以确定泄漏率,且不少于5 min。

(3) 安全卸压阀:主要包括性能基准功能数值(如安全阀整定压力和回座压力)、内外密封泄漏量以及其他鉴定程序规定的参数值。

8.3.5.2　环境与老化模拟

环境与老化模拟的主要对象为非金属材料、阀门驱动装置和电气附件，如热老化、辐照老化、湿热老化等。而阀门作为机械设备，非金属材料的使用有填料、垫片和软密封阀座等。目前，国内外针对填料、垫片、电动执行机构、气动执行机构及电气附件都有单独的经过鉴定的生产厂家。因此，一般要求核级阀门的填料、垫片、阀门驱动装置和电气附件等选择这些通过鉴定的生产厂家，而不要求随同阀门样机一起进行环境与老化模拟的鉴定试验。

阀门样机所配填料、垫片、阀门驱动装置和电气附件，应提供其样机的所有鉴定试验报告和鉴定证书。目前，有争议的是球阀及隔膜阀等阀门中的软密封阀座和隔膜等材料的鉴定，针对这些商用化材料，生产厂家一般无法提供环境与老化模拟的鉴定试验报告，而要求这些零件装配于阀门整体，然后由阀门制造厂家进行环境与老化模拟的鉴定试验，显然这也是不太现实的。目前，各方都认可的解决方案是，针对辐照老化，一般由阀门制造厂家从供方获取非金属材料的试片送有资质机构进行耐辐照试验，当然在与设计院、业主沟通的情况下，可直接选择有相应耐辐照数量级的非金属材料，如三元乙丙橡胶(EPDM)的耐辐照剂量一般在 1.0×10^5 Gy 左右，聚醚醚酮塑料(PEEK)的耐辐照剂量一般在 1.0×10^7 Gy 左右。

对于不可更换的设备部件，鉴定的寿命要求就是核电站的寿命，即 30 年或 40 年。对于可更换的设备部件(如驱动装置、位置指示器等)，以及一些消耗性部件和材料(如橡胶或塑料密封填料等)，鉴定寿命由更换周期再加上一定的裕量确定。

1) 热老化试验

热老化试验是模拟材料在一定温度下随时间的性能变化，一般采用加速老化方法，按 Arrhenius 公式计算。

$$\frac{t_1}{t_2}=\exp\left[\left(\frac{\Phi}{K}\right)\left(\frac{1}{T_1}-\frac{1}{T_2}\right)\right] \tag{8-1}$$

式中：t_1 为设备或部件的要求寿命，h；t_2 为加速热老化试验时间，h；T_1 为设备的正常工作温度，K；T_2 为设备的加速老化温度，K；K 为玻尔兹曼常数，8.617×10^3 eV/K；Φ 为活化能，eV，一般取 0.8 eV。

将非金属部件或驱动装置按照规定的时间和温度置于热老化试验箱中，试验后取出，再按相关标准或技术规格书结合试验样品进行外观检查和电气、力学性能检测。

2) 湿热老化试验

湿热老化试验的主要目的是验证试验设备在湿热条件下的稳定性和可靠性,即确保设备在这种恶劣的温湿度条件下仍可正常工作。试验过程是在25～55 ℃,湿度＞80%的条件下,按照规定的温湿度变化曲线,进行2次累积48 h的热循环。

试验前按有关标准和技术规格书,对试验样品进行外观检查和电气、力学性能检测。湿热试验,试验在无包装、不通电的条件下进行。主要步骤如下:

(1) 试验前将试验样品放入试验箱,保持试验箱在(25±3) ℃。

(2) 以10 ℃/h升温速率,在(3±0.5) h内加热试验箱升温到(55±2) ℃。除最后15 min相对湿度可不低于90%外,升温阶段的相对湿度不低于95%。

(3) 恒温恒湿运行。温度在(55±2) ℃和相对湿度在90%～96%,持续运行9±0.5 h。

(4) 降温运行。在3～6 h内降到(25±3) ℃,在开始1.5 h内,将温度降至35 ℃左右,降温过程湿度相对不得＜85%。

(5) 低温高湿恒定运行。降温过程完成后,在(25±3) ℃温度,95%～100%相对湿度的条件下运行,直至从升温阶段起始满24 h为止。

(6) 如此共进行2个周期(48 h)运行,试验结束。

在湿热试验后,试验样品从试验箱内取出放到标准的大气环境条件下进行恢复,恢复时间至少为1 h。再按相关标准或技术规格书,结合试验样品进行外观检查和电气、力学性能检测。

3) 辐照老化试验

由于中子和γ辐照引起的材料老化,一般可采用70 ℃下,在空气中进行辐照试验,应根据部件使用工况(如正常运行、设计基准、严重事故)寿期内的累积剂量,以及业主要求确定累积辐照剂量,辐照剂量率按相关标准要求执行,对于具有更换周期的部件在正常运行工况下的累积辐照剂量可以进行折算。事故下的辐照剂量至少取＋10%的裕量。

辐照试验后按相关标准或技术规格书,结合试验样品进行外观检查和电气、力学性能检测。

8.3.5.3 冷热循环试验

冷热循环功能试验只对动力驱动阀门适用。

冷循环功能试验应在介质不超过40 ℃的环境下进行。试验阀门应用最大驱动力和最小驱动力各进行至少 3 次完整动作循环试验，并按照鉴定试验大纲相关要求测量全行程时间。

热循环试验在满足以下任一条件时开展。

(1) 阀门运行介质温度超出 100 ℃。

(2) 试验阀门中包含塑料或橡胶材料的重要功能元件，且这些元件要在超过 40 ℃的介质温度下使用。

热循环试验应在适当的试验温度下进行，以确保阀门组件所有部件温度不低于使用温度。试验阀门应用最大驱动力和最小驱动力各进行至少 3 次完整动作循环试验，并按照鉴定试验大纲相关要求测量全行程时间。

8.3.5.4　冷热交变试验(热冲击试验)

冷热交变试验是为了验证阀门在升温、升压及降温、降压过程中，阀杆、轴密封和上密封装置等部位的压力便捷完整性。

阀门工作介质温度大于等于 100 ℃时，应进行此项鉴定试验。试验前开启阀门，确保阀门及其上下游介质初始温度不大于 40 ℃。利用加热设施，以不超过 50 ℃/h 的速率，缓慢加热阀门上下游的介质，使介质由初始温度缓慢上升到鉴定温度，同时缓慢地将压力上升到试验压力。当阀体温度稳定后，利用冷却设施，以不超过 50 ℃/h 的速率，缓慢降温、降压至阀门上下游介质温度小于等于 40 ℃、阀门上下游压力为常压状态。试验过程中观察并记录阀杆、轴密封和上密封装置等部位的泄漏率。热冲击试验也需重复 10 次。

8.3.5.5　端部加载试验

端部加载试验的目的是验证阀门受到所有管道端载荷力，以及压力和自重在内的正常工作载荷作用时阀门组件的可操作性。端部加载试验可与地震试验联合进行，也可单独进行。试验时将阀门组件按规定安装，其端部能传递试验端部载荷，试验时在整个阀体长度上施加规定力矩，并且阀体处应至少承受由阀门和管路中额定试验压力在端部产生的正常轴向拉力，试验施加力矩平面和方式应对试验阀门组件的可操作性产生最不利的影响，对大多数闸阀和截止阀来说，通常考虑为阀杆和管道中心线所在平面，并趋向于关闭阀盖孔。在规定试验力矩下，按照相关规定进行动作循环试验，测量阀门全行程时间。

满足下列条件时不需要做端部载荷试验的条件。

(1) 阀门的实际应用中不会强加端部反作用载荷；

(2) 阀门在管线中利用螺栓连接，并且阀体有普通的柱状截面，其截面与管路平行的阀体长度等于或小于阀门内径。

8.3.5.6　振动老化

该试验是模拟寿期内正常运行时外载荷引起的振动，是属于地震以外的振动。阀门的振动老化分别在阀门的3个正交轴向施加幅值为0.75g(g为重力加速度)的正弦扫描激振信号，扫描频率从5 Hz到100 Hz再到5 Hz，扫描速度为2倍频程/min，每个方向施加振动时间为90 min。阀门在载荷下每15 min进行1次开关操作。

8.3.5.7　地震试验

抗震性能试验前应进行动态特性探查试验，以查明被试设备的自振频率和阻尼。抗震性能试验应有5次OBE＋1次SSE。试验中设备的输入试验反应谱应包络设备所在位置的楼板反应谱(对于阀门，应包络其包络谱)。

ASME QME－1规定，当阀门的基频超过33 Hz时，允许以静力加载的方法模拟地震载荷进行地震试验。这种静态加载方法，按3个方向的合成加速度的载荷施加于阀门重心位置(施加于其他位置如支架法兰时，要根据等效载荷原则换算为应施加的载荷)，这种考核方法增加了对阀门强度的考核。但这种静态加载方法考核地震对阀门的影响，专家存有疑问。因此，目前国内一般建议在具备条件的前提下，尽可能以动态加载进行地震试验。根据振动台设备的发展趋势，目前已很少采用大型的液压振动台进行阀门的地震试验，而一般采用电动振动台(目前国内设备的最大推力为200 kN)。因此，鉴于质量的限制，一般仅DN 200以下的阀门采用动态方法进行地震试验，而更大尺寸的阀门只能采用静力加载进行地震试验。目前的动态地震试验一般都是在X、Y、Z 3个方向分别进行，没有进行合成的动态试验，因此，对于分别在X、Y、Z 3个方向进行地震试验的情况，应适当提高试验时的地震加速度。

8.3.5.8　流体阻断试验

对于动力驱动阀和自驱动止回阀，流体阻断试验的目的是为了验证在最大流量条件下，阀门组件克服流体动态力而关闭的能力。对于所鉴定的工况参数，应满足系统功能要求。

对于安全卸压阀，流体阻断能力在所有循环和操作性能期间已得到证实，因此不需要其他单独试验来证明这种能力。

试验时，阀门组件应安装于连接有贮水容器的管路中，贮水容器应能模拟期望的流量要求，测量并记录阀瓣行程、上下游压力。试验前关闭阀门，并且阀门工作流体上游应上升并保持在阀门鉴定压力，阀门下游处于环境压力。

克服全入口压力开启阀门，开始试验。建立流量条件后，关闭阀门，在试验过程中，阀门全行程压差应保持在阀门待鉴定最大压差。试验驱动力应包括正常和最不利驱动力。试验一般重复2次。

ANSI B16141中规定流体阻断性能试验过程中，只要求10%行程内能保持额定压差。而ASMEQME-1则要求在100%行程内都保持额定压差，这对于尺寸稍大于DN 50的阀门都是很难做到的，对大尺寸如DN 200的阀门试验基本不可能完成。因此，一般在试验大纲中直接规定流体阻断试验在10%行程开始执行，在目前试验装置的限制下，有利于评估阀门的流体阻断性能。

8.3.5.9　耐LOCA环境试验

耐设计基准事故(DBA)试验，也称为耐LOCA(失水事故)试验，是模拟设计基准事故期间及其后续可能遭遇的热工和化学环境(或称严重事故环境试验)的试验。设计基准事故环境试验模拟曲线应根据事故分析中安全壳内的温度、压力随时间变化曲线的包络线制定，并留有一定裕量，一般压力取+10%的裕量，温度取+8 ℃的裕量。此外，还应模拟喷淋系统在事故情况下喷淋介质(一般为NaOH溶液)的影响。阀门在失水事故环境下和事故后按照试验程序规定进行整机动作性能试验，验证阀门的开启及关闭的能力、传动机构的灵活性及位置指示信号输出的准确性等。不具备整机性能试验条件时，有时也仅进行电气部件的耐LOCA环境试验，但应得到业主或核安全监管部门认可。

8.3.5.10　流量系数或流量特性测试

因为在通常情况下，流量系数或流量特性测试不是与安全相关的功能，故ASME QME-1没有将其列入鉴定试验项目，但从对一个阀门整体性能的评估，目前都要求对样机进行流量系数或流量特性测试。对于调节阀或某些对流通能力有特殊要求的阀门，包括样机或产品都应进行流量系数或流量特性测试。试验程序按照相关通用程序执行。

8.3.5.11　覆盖原则

ANSI B16.141的扩展原则如下。

(1) 样机压力等级的扩展原则：样机的压力等级可基于实际压力等级的90%～200%进行扩展。

(2) 样机流通直径的扩展原则：样机的流通直径扩展范围为实际流通直径的50%～200%。ASME QME-1的扩展原则：按QVC-7420中关于尺寸区间的指导，需从每一个定义的区间的中间位置各选一台阀门进行试验，或者从较低定义区间的邻近中间位置选择一台阀门、从较高定义区间的邻近上端位置选择一台阀门进行试验，即 DN 100 及以下：选择一个样机。DN (125～500)：选择一个样机。DN 500 以上：选择一个样机。压力的特别要求：ASME QME-1 取消了 ANSI B16.141 关于压力的扩展原则，但强调在进行样机选择和试验时，必须考虑以最不利的条件。设计相似性要求：扩展原则必须符合 QVC-7220 中关于设计相似性的标准，以确保试验结果的有效性和可靠性。

8.4 核级阀门鉴定技术文件

1) 鉴定试验报告

鉴定试验报告应至少包含以下内容：

(1) 鉴定阀门样机的说明；

(2) 鉴定的具体内容；

(3) 鉴定试验项目，试验条件及验收准则；

(4) 引用的标准、导则、规范或鉴定试验计划(大纲)的编号和名称；

(5) 试验人员资质；

(6) 进行鉴定试验的组织机构的名称；

(7) 试验装置、设备的说明；

(8) 测试仪器的名称、型号、有效期、量程和编号等；

(9) 鉴定试验程序；

(10) 重要试验结果数据及准确度分析；

(11) 试验结果记录或记录表格；

(12) 试验期间所发生的鉴定阀门样机或试验设备的重要故障分析；

(13) 不符合项的说明及处理；

(14) 试验结果分析、结论和改进意见。

2) 扩展鉴定报告

扩展鉴定报告应至少包含以下内容：

(1) 适用性分析；

(2) 原型样机的说明；

(3) 原型样机已完成的鉴定项目；

（4）原型样机与本项目样机在环境条件、使用要求、结构、材料、性能等方面的差异对比分析；

（5）扩展鉴定项目及方法论证；

（6）详细的扩展鉴定分析和评价；

（7）扩展鉴定结论；

（8）参考文件。

第 9 章
阀门用驱动装置

阀门驱动装置是与阀门相连接，并为控制阀门启闭提供动力的机构，是阀门设备中不可或缺的重要环节。在核电系统中，可通过改变部分阀门开度，精确控制回路中投入的物料与能量，从而维持系统所需的参量数值。这一过程进一步实现了对系统回路中的温度、压力、流量等关键热工参量的有效调节[20]。

根据使用需求，核级阀门的结构、外形、安装环节和执行力矩等均各不相同，部分阀门设备需要长期处于高温高压、强腐蚀、强辐照等恶劣环境条件中，无法直接采用就地手动驱动，因此多种能源驱动的远距离控制驱动装置便被运用在核级阀门中，可通过控制器的指令远程或自动地操纵阀门完成调节动作。

9.1 阀门驱动装置的类型

根据使用方式和动力源的不同，核电厂的实际应用中阀门驱动装置可分为以下主要类型[21]。

1）就地手动驱动

（1）就地手轮驱动；

（2）就地隔墙手轮驱动。

2）远距离控制驱动

（1）电驱动；

（2）电磁式；

（3）电动机式；

（4）气驱动；

（5）隔膜式（膜片式）；

(6) 气缸式(活塞式);
(7) 叶片式(摆动式);
(8) 组合动力源驱动。

9.2 阀门驱动装置技术特点

本节主要针对就地手动驱动和远距离控制驱动两种方式作介绍。

9.2.1 就地手动驱动

1) 用途及结构

手轮驱动的操纵方式既可以增加阀门运行的可靠性,也可将手轮作为限位器,限制阀门的行程。在核电厂中,就地手轮驱动的配置十分普遍,但在操作员无法进入的区域通常配置万向联轴节和齿轮传动等机构进行就地隔墙手轮驱动。

核电厂中手轮安装方式主要分为两种,分别为顶装式手轮(图 9-1)和侧装式手轮(图 9-2)。如图 9-1 所示,顶装式存在单方向行程的限制,通常安装在执行机构上,采用螺旋传动方式,通过螺杆带动螺母或螺套,螺套与执行

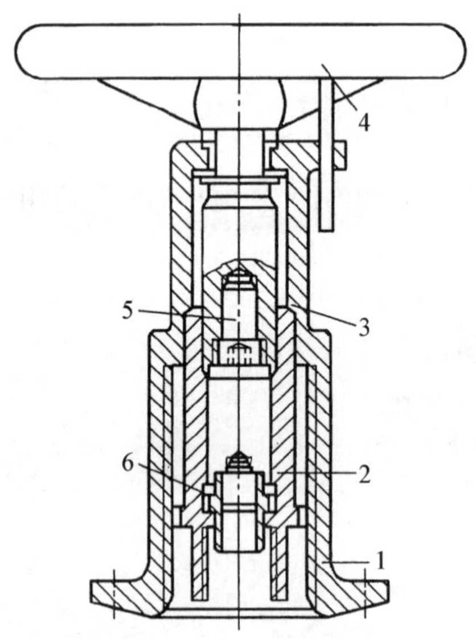

1—轮架;2—螺套;3—螺杆;4—手轮;5—限位螺栓;6—联轴件。

图 9-1 顶装式手轮

机构通过联轴件连接。如图 9-2 所示，侧装式的杠杆直接与阀杆相连，手轮侧向安装在阀门和执行机构之间，用螺杆带动螺套，再带动杠杆 5 进行动作，整体高度降低，但所需结构稍微复杂。

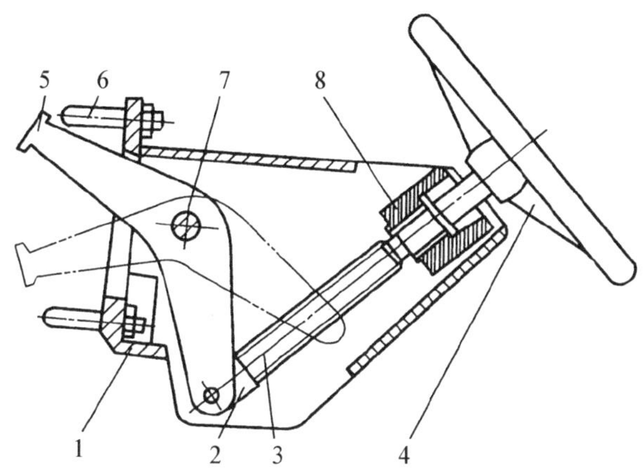

1—轮架；2—螺套；3—螺杆；4—手轮；5—杠杆；6—限位螺栓；7—轴；8—滚珠轴承。

图 9-2　侧装式手轮

为应对阀门部件失效或信号故障等意外情况，部分远距离控制驱动阀门也配备了手动驱动装置，必要时可切换为手动操纵控制。图 9-3 为一种自

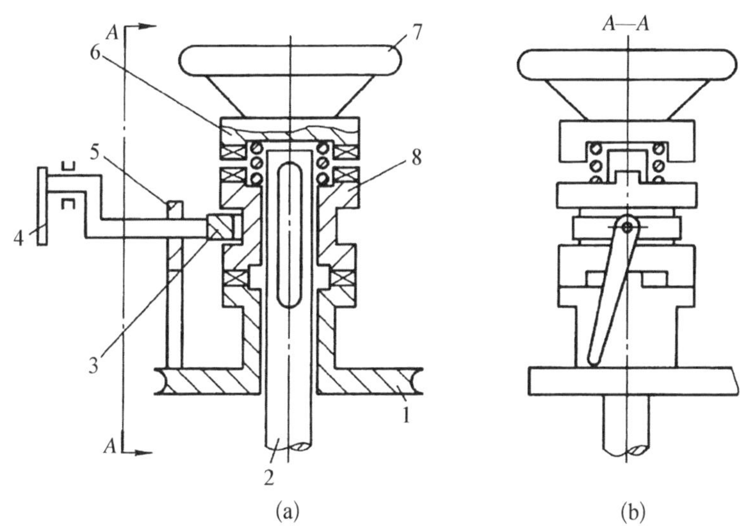

1—涡轮；2—输出轴；3—拨叉；4—切换手柄；5—直立杆；6—弹簧；7—手轮；8—离合器。

图 9-3　自动-手动切换机构

动-手动切换机构，图中离合器 8 处于自动位置。当需要手动操作手轮时，先把切换手柄 4 转到手轮位置，通过拨叉 3 拨动离合器往上和手轮 7 啮合，此时只要转动手轮，就可使输出轴转动，即进行手轮操作。自动操作时只要接通电源，电动机带动涡轮转动，直立杆 5 自动偏移，弹簧的作用力把离合器下推，恢复至自动操作位置。同时，手轮驱动装置通常都配备有安全机构，如利用销轴对手轮限位防止手轮受到碰撞或误操作而转动。

2）使用注意事项

核电厂中手轮机构通常作为安全辅助装置，当自动操作正常运行且执行机构无故障时，手轮机构较少使用。因此，需要做好维护防锈措施，定期检查手轮机构的状态和完整性。

自动操作时，手轮机构的安全位置必须得到严格确认，确保位置(指示件)准确无误地对准标尺的中央位置，以此限制手轮的转动，以防止阀门开度受手轮意外转动的影响。

需要明确手轮转动方向与阀门开关的关系，尤其是作为阀位限制使用时防止误操作。

9.2.2　远距离控制驱动

远距离控制驱动装置根据动力源基本可分为电驱动、气驱动、液驱动、组合动力源 4 种类型，其中电驱动、气驱动、液驱动装置的特点如表 9－1 所示。

表 9－1　远距离控制驱动装置特点对比

类　型	优　　点	缺　　点
电驱动装置	(1) 适用性较强，不受环境温度变化影响 (2) 输出转矩范围广 (3) 控制方便，能自由采取直流、交流、短波、脉冲等信号，适于放大、记忆、逻辑判断等工作 (4) 可实现小型化 (5) 具有机械自锁性 (6) 安装方便 (7) 维护检修方便	(1) 机构复杂 (2) 机械效率低 (3) 输出转速不能太高或太低 (4) 易受电源电压、频率变化的影响

(续表)

类　型	优　　点	缺　　点
气驱动装置	(1) 结构简单 (2) 气源容易获得 (3) 可获得较高的开关速度 (4) 可安装调速器,使开关速度按需要调整 (5) 气体压缩性大,关闭时有弹性	(1) 与液驱动装置比结构较大,不适于大流通直径高压力的阀门 (2) 气体有压缩性,速度不均匀
液驱动装置	(1) 结构简单、紧凑、体积小 (2) 输入载荷大 (3) 能无极变速 (4) 能远距离自动控制	(1) 油温变化引起黏度的变化 (2) 液压元件和管道易渗漏 (3) 配管、维修不方便 (4) 不适于对信号进行运算

随着大功率机组核电厂的不断投入运行及智能化设备的发展趋势,远距离控制驱动的阀门相较过去明显增多。过去应用最广泛的是电动阀门,由于逐渐对阀门动作速度也提出要求,气动阀门的需求出现明显的增加。核电厂采用的气动和电动阀门类型,主要有闸阀、蝶阀、球阀、针形阀和截止阀等,它们根据系统需求被安装在蒸汽、水、空气及其他流体介质的管路上,实现远距离操作和自动控制。因此,核级阀门远距离控制驱动装置主要考虑电驱动装置和气驱动装置,电驱动装置和气驱动装置的常见外形图分别如图 9－4(a)和图 9－4(b)所示。

电驱动装置通常由下列部件组成:

(1) 电动机;

(2) 减速机构;

(3) 转矩控制机构;

(4) 行程控制机构;

(5) 位置指示机构(若有需求);

(6) 自动-手动切换机构;

(7) 手动操作机构。

电驱动装置若直接装在阀门上,称为直装式,也可不直接装在阀门上,采用外带式,外带式应装设在易于维护的地方[22]。而阀门动作可通过远距离操纵部件实现(由铰链联轴器、连杆及不同形式的变速器组成的传动链,如图 9－5 所示)。

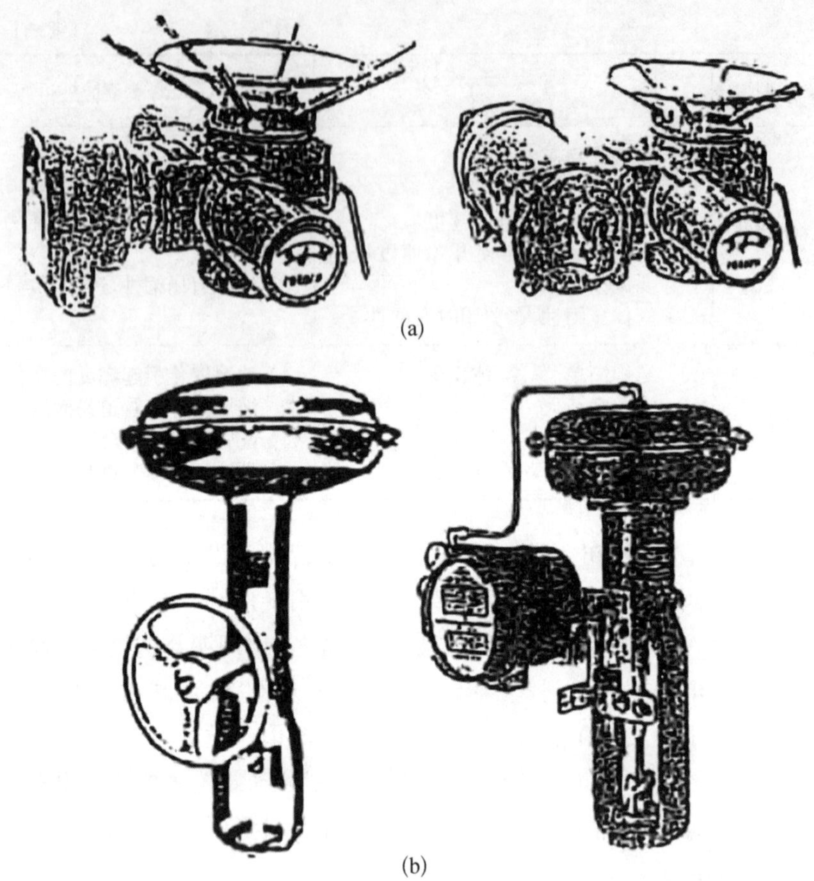

(a)

(b)

图 9-4　驱动装置常见外形图

(a) 电驱动装置;(b) 气驱动装置

核级电驱动装置通常有下列要求[23]：

(1) 电驱动装置应设置限制转矩的双向联轴器,在终端位置及可动部分卡滞时,在任何中间位置的微型开关都能立即切断电动机电源。

(2) 联轴器应能分别在开启方向和关闭方向进行调整。

(3) 联轴器的微型开关有闭锁功能,防止电动机重复自起动。电驱动装置应有 6 个微行程开关,2 个用于开启和关闭,2 个用于闭锁和发出信号,还有 2 个备用。

(4) 终端盒行程开关及用于限制联轴器转矩的微型开关应接在供电电路的范围内,并注意设置触电熔断容量。

(5) 应保证电驱动装置的自动-手动切换机构正常工作,能从手动操纵位

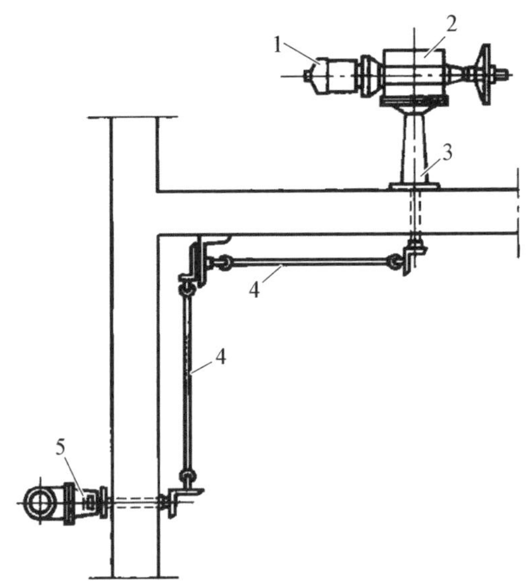

1—电动机；2—电驱动装置；3—电驱动装置支座；
4—远距离操纵杆；5—阀门。

图 9-5　远距离控制电驱动装置

置自动转换到电动操作位置。

(6) 电驱动装置在低电压或频率不稳定情况下仍保有一定工作能力，其间仍应保证完成动作。在最恶劣的工作环境下，电气回路和驱动装置外壳的绝缘电阻，以及它们之间的电阻都不应低于 100 MΩ。

(7) 阀门电驱动装置设计时应考虑环境温度、湿度、电离辐射剂量等条件的影响，应保证在预定环境条件下可靠工作。尤其对于安全壳内工作的电驱动装置，还应满足事故时的环境条件要求。

气驱动装置通常由下列部件组成：

(1) 薄膜室或气缸；

(2) 膜片或活塞；

(3) 活塞杆；

(4) 手动操作机构(若有需求)；

(5) 行程指示机构(若有需求)；

(6) 附件，包括但不限于电磁阀、减压过滤器、油雾器、行程开关等。

气驱动装置通常采用一定压力和温度下的压缩空气作为动力源，当丧失气源或电源时，不管何种阀门和气驱动装置类型，其阀门的阀杆均保留在事故发生前所在的位置。常开和常闭型阀门驱动装置所需的空气量较少，仅在过渡工况下短时间投入压缩空气驱使装置进行动作。因此，为了保证安全设计，通常采用常开和常闭型阀门，失气时可保持开或关的状态，并配备终端位置信号指示器确认阀门状态。

核级阀门气驱动装置通常的作用是压紧弹簧，使弹簧在需要时进行动作[24]。弹簧机构的动作时间估算公式为

$$t = 0.05\sqrt{G/c} \tag{9-1}$$

式中：G 为将摩擦阻力计算在内的移动体重量，N；c 为弹簧刚度，N/mm。

液驱动装置从原理上与气驱动装置结构类似，但由于存在泄漏隐患，且不易于保养维修，在实际应用中不如电动和气驱动装置广泛，核电厂中较少选用。

9.3 阀门驱动装置选型

阀门驱动装置选型依据包括以下内容：

(1) 驱动装置的动力源；

(2) 驱动装置的控制信号，包括气动模拟、电模拟、电数字等；

(3) 阀门的类型、规格与结构；

(4) 阀门的操作力矩、推力；

(5) 阀杆直径、螺距、旋转方向；

(6) 输出转速；

(7) 最高环境温度与流体温度；

(8) 使用方式与次数；

(9) 连接方式；

(10) 动力源参数，包括电驱动装置的电压、相数(即线圈组数)、频率等，气驱动装置的气源压力；

(11) 特殊考虑，包括防辐照、防腐、防爆、防水、防火等。

9.3.1 电驱动装置选型

1) 操作力矩

阀门电驱动装置的选型首先需要确定操作力矩，准确地掌握阀门所需力

矩是选型的关键。电驱动装置的输出力矩应大于阀门操作过程中所需的最大力矩，一般前者应等于后者的(1.2～1.5)倍。然而，纯理论计算的阀门力矩无法完全考虑复杂的现实情况，通常误差较大。试验实测的操作力矩，又受到试验系统条件和设备的限制，也受到阀门本身结构形式多样性的限制，很难取得典型具有代表性的数据作为选型指导。目前的常规做法是通过计算或实测的方法取得近似结果，再结合适当的裕度[设计手册中通常选用(1.1～1.3)倍]确定操作力矩进行电驱动装置选型，具体各类阀门操作力矩的选型计算可参考《阀门设计手册》第五章。

2) 操作推力

阀门电驱动装置的主机结构，可不配置推力盘直接输出力矩，也可配置推力盘，通过推力盘中的阀杆螺母将输出力矩转换为输出推力。输出力矩换算成输出推力时引入了阀杆系数的概念，即阀杆系数为输出力矩与输出推力之比。当确定阀杆螺母的梯形螺纹以后，阀杆系数可按下式进行选型计算。

关阀：

$$\lambda = \frac{d_\rho}{2} \cdot \frac{(f + \cos\beta\tan\alpha)}{(\cos\beta - f\tan\alpha)} \tag{9-2}$$

开阀：

$$\lambda' = \frac{d_\rho}{2} \cdot \frac{(f' - \cos\beta\tan\alpha)}{(\cos\beta - f'\tan\alpha)} \tag{9-3}$$

式中：λ 为关阀时的阀杆系数，m；λ' 为开阀时的阀杆系数，m；d_ρ 为梯形螺纹平均直径，m；f 为阀杆螺纹摩擦系数；f' 为开阀时阀杆螺纹摩擦系数，$f' = f + 0.1$；β、α 为梯形螺纹升角，(°)；2β 为梯形螺纹的牙形角，(°)。

3) 输出轴转动圈的数量

电驱动装置输出轴转动圈的数量与阀门流通直径、阀杆螺距、螺纹头的数是有关，按下式计算：

$$M = \frac{H}{ZS} \tag{9-4}$$

式中：M 为电驱动装置应满足的总转动圈的数量；H 为阀门的开启高度，即启闭件的全行程，mm；Z 为阀杆螺纹头的数量；S 为阀杆螺纹的螺距，mm。

4）阀杆直径

对于多回转类的明杆阀门，若电驱动装置允许通过的最大阀杆直径不能通过所配阀门的阀杆，则无法完成阀门组装。因此，电驱动装置空心输出轴的内径必须大于明杆阀门的阀杆外径。对于部分回转阀门及多回转阀门中的暗杆阀门，虽不用考虑阀杆直径的通过问题，但在选型时亦应充分考虑阀杆直径与键及键槽的尺寸，使之装配后能正常工作。

5）输出转速

输出转速影响阀门的操纵速度，操纵速度在一定范围内增加对工业生产过程是有利的，但操作速度过快容易产生水击现象，因此选型中应根据不同的使用条件选择合适的输出转速和操纵速度。

9.3.2 气驱动装置选型

1）装置结构

阀门气驱动装置按其结构特点分为 3 种：隔膜式、气缸式、叶片式。前两种主要产生输出力，后一种是产生输出力矩。隔膜式气驱动装置按薄膜头大小，其输出力为 400～3 200 N。气缸式气驱动装置按活塞大小，其输出力为 3 200～43 000 N。叶片式气驱动装置按行程大小，其输出力矩为 250～2 500 N。选型时应根据需求选择气驱动装置结构类型，各类气驱动装置结构特点见表 9－2。

表 9－2　气驱动装置结构特点

型　式	特　点
隔膜式	行程短，结构紧凑，灵活，无手动机构
气缸式	行程长，必要时须加缓冲机构，处理不够采用双气缸结构，有手动和手动切机构
叶片式	结构简单，成本低，往复运动直接变成旋转运动
气动马达式	可以直接代替电驱动装置的电动机而成为气驱动装置，因而可具有电驱动装置的力矩控制等功能，但结构复杂

2）缓冲行程

气驱动装置缓冲行程长度与其主要零件的缸体直径有关，选型时应根据需求，综合考虑外形尺寸及缓冲行程长度，两者关系见表 9－3。

表 9-3　气驱动装置的缸体内径与缓冲行程的关系

缸体内径/mm	缓冲行程长度/mm
<55	15～20
80～125	20～30
>125	30～40

3）操作推力或力矩

（1）隔膜式气驱动装置。

活塞杆上的推力按下式计算：

$$F_T = \frac{\pi}{2}(D^2 + Dd + d^2)p_s \times 10^6 - F_f \tag{9-5}$$

式中：F_T 为活塞杆上的推力，N；D 为气缸直径，m；d 为薄膜直径，m；p_s 为气源压力，MPa；F_f 为压缩弹簧的反作用力，N。

活塞杆的有效直径按下式计算：

$$D_2 = \sqrt{\frac{1}{3}(D^2 - Dd + d^2)} \tag{9-6}$$

（2）气缸式气驱动装置。

普通单向作用气缸，压缩空气仅从气缸的一端进入气缸，以推动活塞前进；活塞返回时借助于弹簧力。单向作用缸的输出推力按下式计算：

$$F_D = \frac{1}{4}\pi D^2 p_s \eta - F_f \tag{9-7}$$

式中：F_D 为活塞杆输出推力，N；D 为活塞直径，m；η 为考虑摩擦阻力影响引入的系数，按 0.8 取值；p_s 为气源压力，MPa；F_f 为压缩弹簧的反作用力，N。

弹簧反作用力可按下式计算：

$$F_f = (S + L)\frac{Gd_l^4}{8(D_l - d_l)^3 n} \tag{9-8}$$

式中：L 为弹簧预压缩量，mm；S 为活塞行程，mm；G 为弹簧材料抗剪模量，MPa；d_l 为弹簧钢丝直径，mm；D_l 为弹簧外圈直径，mm；n 为弹簧工作圈的数量。

(3) 叶片式气驱动装置。

输出转矩按下式计算：

$$M = 0.09 p_s b (D^2 - d^2) \tag{9-9}$$

式中：M 为叶片产生的转矩，N·mm；D 为气缸内径，m；d 为输出轴直径，m；p_s 为气源压力，MPa；b 为叶片轴向长度，mm。

9.4 阀门驱动装置分级与鉴定

用于驱动核电厂或核设施中核级阀门的驱动装置，属于核级电气设备，在满足产品性能技术要求的基础上，还应满足核级鉴定要求，并完成鉴定试验。

9.4.1 阀门驱动装置的标准规范

目前，核级电气设备相关标准主要分为2个体系，分别为美国IEEE标准体系和法国RCC-E标准体系。其中，IEEE标准体系中的IEEE 382(《核电厂安全级驱动装置鉴定》)是针对核级阀门电动及气动驱动装置的标准，而RCC-E标准体系中尚无单独针对阀门驱动装置的鉴定标准。

我国参照上述体系制定了核级阀门驱动装置相关的鉴定标准规范，具体涉及的标准规范如表9-4所示。

表9-4 核级阀门驱动装置相关的鉴定标准规范

序号	编制标准规范	参考标准规范
1	《核电厂安全级阀门驱动装置的鉴定》(EJ/T 531—2001)(现已被NB/T 20093代替)	《核电厂安全级驱动装置鉴定》(IEEE 382—1996)
2	《核电厂安全级阀门驱动装置的鉴定》(NB/T 20093—2012)	《核电厂安全级驱动装置鉴定》(IEEE 382—2006)
3	《核电厂安全级阀门电驱动装置鉴定规程》(NB/T 20079—2012)	《压水堆核岛电气设备设计和建造规则》(RCC-E—2005) 《核电厂安全级驱动装置鉴定》(IEEE 382—2006)

（续表）

序号	编制标准规范	参考标准规范
4	《核电厂安全级阀门驱动装置用电磁阀鉴定规程》(NB/T 20206—2013)	《核电厂安全级驱动装置鉴定》(IEEE 382—2006)
5	《压水堆核电厂阀门　第 11 部分：电驱动装置》(NB/T 20010.11—2010)	《压水堆核岛电气设备设计和建造规则》(RCC-E—2005) 《核电厂安全级驱动装置鉴定》(IEEE 382—2006)
6	《压水堆核电厂阀门　第 12 部分：气驱动装置》(NB/T 20010.12—2010)	《压水堆核岛电气设备设计和建造规则》(RCC-E—2005) 《核电厂安全级驱动装置鉴定》(IEEE 382—2006)

9.4.2　阀门驱动装置的分级(NB/T 20010.11—2010 和 NB/T 20010.12—2010)

按 RCC-E 标准体系的鉴定程序划分，驱动装置均可分为以下 3 类。

(1) K1 类驱动装置：安装在核反应堆安全壳以内，在地震载荷下和在正常、事故和/或在事故后环境条件下仍能执行其规定的功能。

(2) K2 类驱动装置：安装在核反应堆安全壳以内，在正常环境条件下和在地震载荷下仍能执行其规定的功能。

(3) K3 类驱动装置：安装在核反应堆安全壳以外，在正常环境条件下和地震载荷下，以及对某些设备所规定的事故环境条件下能够执行其规定的功能。

9.4.3　阀门驱动装置的鉴定(NB/T 20093)

鉴定的主要目的是在合理的质量保证情况下，证明已给出寿命或鉴定条件的驱动装置在设计基准事件之前、期间和之后能够提供安全功能。驱动装置及其接口部件应满足，甚至超过设备规格书要求[25]。

1) 鉴定方法(NB/T 20093)

(1) 初始鉴定型式试验。

型式试验就是对具有代表性的样机及其接口部件进行一系列试验，模拟正常运行时重要老化机制的作用。成功的型式试验就是证明设备在设计基准事件之前、期间和之后能够提供安全功能。

(2) 运行经验。

从已知运行条件下成功运行的类似设计设备获得的性能数据，可用于鉴定在严酷度相同或较轻条件下工作的设备。性能数据的适用性取决于以下内容的充分程度：以往运行条件、设备性能和待鉴定设备与具有运行经验的设备的相似性。当要求进行设计基准事件鉴定时，在基于运行经验的设备鉴定程序中应包括在设计基准事件期间要求的可操作性的证明。

(3) 分析。

通过分析进行鉴定时，需要一个针对待鉴定设备的合乎逻辑的评估体系或适用的数学模型。分析的根据通常包括自然物理定律、试验数据结果、运行经验和状态指标。对材料性能、设备额定值和环境耐受度的数据分析和试验，可用来证明鉴定结果，但仅靠分析并不能证明鉴定结果。

(4) 组合法。

驱动装置可通过型式试验、运行经验及分析的任意组合进行鉴定。例如，当不能进行整机型式试验时，可通过部件试验结合分析来实现。

2) 鉴定过程

大多数驱动装置根据通用类设计(系列产品)的要求进行设计和制造，这些驱动装置由相同材料制成并采用相同的设计和制造方法，只是尺寸不同。通用类设计中的任一驱动装置都有很广泛的使用范围，但对每一通用类中可能有的每次设计变更都进行单独的鉴定又是不切实际的。因此，驱动装置的鉴定过程可划分如下：

(1) 通用类驱动装置的鉴定(包括通用类驱动装置的鉴别、通用类驱动装置的样机选择、所选样机的型式试验等)；

(2) 专用驱动装置的鉴定。

3) 通用类驱动装置的鉴别

首先，应规定和鉴别通用类驱动装置的范围，才能从中选择进行型式试验的样机，鉴别应至少考虑设计、材料、制造工艺、极限应力、变形、挠度、工作原理和设计裕度等方面。

通用类驱动装置的设计应有下列共同特征：

(1) 同一类型驱动装置(机电、气动、液动或任意组合等)；

(2) 功能相同、结构相似，主要差别是总体尺寸、质量和参数额定值；

(3) 材料相似；

(4) 安装形式和驱动输出的方式相似；

(5) 功能附件的固定方法相似；

(6) 内部控制装置相似。

4) 通用类驱动装置的样机选择

由于驱动装置的类型、尺寸和配置各不相同，要规定数量不变的驱动装置进行试验是不切实际的，要求对所有的驱动装置都进行试验也是不切实际的。因此，只要某一通用类中一定数量的装置已经过型式试验并与该类其他装置进行了分析比较，则认为该类所有驱动装置都是合格的。经受型式试验的装置数量应根据对该类设备的物理参数和性能参数的差异评估来确定。

试验样机的选择方法是根据现有的外推概念，以平均值减半和加倍来确定外推限值，据此得到一种通用类驱动装置需要进行型式试验的有代表性且合理的样机数量。具体的样机选择步骤如下：

(1) 确认这些驱动装置是同一种通用类驱动装置；

(2) 选择重要的技术设计参数(考虑到完整性，应至少选 4 个)；

(3) 把该类中每一个驱动装置的重要参数值列表；

(4) 计算一个参数在整个使用范围(最小值到最大值)内的平均值；

(5) 加倍和减半该参数的平均值，这就在该参数外推限值内形成一个比率组的边界；

(6) 通过选择该参数不同的实际值范围，并重复执行步骤 4 和步骤 5 得到一系列的比率组。比率组的数量按需要确定，是所有被试验驱动装置的该项参数值至少包括在一个比率组内；

(7) 对表内的其余参数(至少还有 3 个)重复步骤 4 到步骤 6；

(8) 把每一个参数的比率组和组内的驱动装置样机列成表，每一个比率组内的任意驱动装置样机都适合进行型式试验；

(9) 把符合要求的驱动装置样机列成表，选择试验样机以便能代表每一个参数的每一个比率组。

5) 通用类驱动装置的型式试验

产品是否达到鉴定技术要求，是通过型式试验来验证的。由于受现行两个标准体系的影响，不同时期不同项目的鉴定技术要求有所不同，但总体上，要求的型式试验项目一般都包括：

(1) 试验前检查；

(2) 基准试验(基本性能);

(3) 电磁兼容性(EMC)试验(现有核电项目一般都提出电磁兼容性要求);

(4) 热老化试验;

(5) 湿热试验;

(6) 辐照老化试验;

(7) 机械磨损老化试验;

(8) 加压循环试验;

(9) 振动老化试验;

(10) 抗震试验;

(11) 设计基准事件辐照试验;

(12) 设计基准事件环境试验(一般指 LOCA);

(13) 试验后检查。

核级阀门驱动装置在鉴定后,其产品可能需要满足不同工程项目的具体要求。型式试验应按一定顺序进行,在进行设计基准事件试验之前,试验顺序应使样机在结构、材料和加工工艺相同的设备中具有代表性。若其他顺序被证明比现有顺序同样严格或更为严格,则可被接受。NB/T 20010.11—2010 和 NB/T 20010.12—2010 中各分级电、气驱动装置样机的性能鉴定试验流程可作为参考,如图 9-6 所示。电磁兼容性试验在鉴定试验中无顺序要求,所以在原已完成鉴定的产品上可补充该试验。如果驱动装置实现了预定型式试验计划所要求的功能,则认为该驱动装置通过了型式试验。

6) 专用驱动装置的鉴定

完成专用驱动装置鉴定的必要步骤如下:

(1) 验证驱动装置属于已鉴定合格的通用类驱动装置;

(2) 评价专用驱动装置的技术规格书,验证通用类驱动装置鉴定试验的环境条件是否包括了专用的运行条件加上裕度,对未采用型式试验进行地震鉴定的通用类驱动装置,应对关键部分进行地震应力分析;

(3) 如果专用驱动装置不是规定的通用类驱动装置,则应在专用运行条件下进行型式试验鉴定;

(4) 如果专用驱动装置是规定的通用类驱动装置,推荐进行性能验证试验,但不作为鉴定内容。

图 9-6　电、气驱动装置样机性能鉴定试验流程图

参考文献

[1] 杨源泉. 阀门设计手册[M]. 北京：机械工业出版社，2000.

[2] 古列维奇. 核动力装置用的阀门[M]. 肖隆水，译. 北京：原子能出版社，1988.

[3] 国家能源局. 压水堆核电厂阀门　第 1 部分：设计制造通则：NB/T 20010.1—2010[S]. 北京：国家能源局，2010.

[4] 李华升，陶书生，张庆华. 核电厂核级阀门介绍和运行经验[M]. 北京：中国原子能出版社，2016.

[5] 路培文. 核动力装置阀门[M]. 北京：机械工业出版社，2010.

[6] AFCEN. RCC-E：压水堆核电厂核岛电气设备设计和建造规则[S]. 梁伟，译. 北京：核工业标准化研究所，2005.

[7] 国家核安全局. 核电厂质量保证安全规定：HAF 003[S]. 北京：国家核安全局，1991.

[8] 国家环境保护总局. 民用核安全设备设计制造安装和无损检验监督管理规定：HAF 601[S]. 北京：国家环境保护总局，2007.

[9] 国家环境保护总局. 民用核安全设备无损检验人员资格管理规定：HAF 602[S]. 北京：国家环境保护总局，2007.

[10] 生态环境部. 民用核安全设备焊工焊接操作工资格管理规定：HAF 603[S]. 北京：生态环境部，2019.

[11] Gelfand A E, Smith A F M. Sampling-based approaches to calculating marginal densities[J]. Journal of the American Statistical Association, 1990, 85(410): 398-409.

[12] Hamada M S, Wilson A G, Reese C S. 贝叶斯可靠性[M]. 曾志国，译. 北京：国防工业出版社，2014.

[13] Casella G, George E I. Explaining the Gibbs sampler[J]. The American Statistician, 1992,46(3): 167-174.

[14] Smith A F M, Roberts G O. Bayesian computation via the Gibbs sampler and related Markovchain Monte Carlo methods[J]. Journal of the Royal Statistical Society: Series B(Methodological), 1993, 55(1): 3-23.

[15] Lawless J, Crowder M. Covariates and random effects in a gamma process model withapplication to degradation and failure[J]. Lifetime Data Analysis, 2004, 10(3): 213-227.

[16] Wang X. Wiener processes with random effects for degradation data[J]. Journal of Multivariate Analysis, 2010, 101(2): 340 - 351.

[17] Wang X, Xu D. An inverse Gaussian process model for degradation data[J]. Technometrics,2010, 52(2): 188 - 197.

[18] 国家能源局. 核电厂安全级阀门电驱动装置鉴定规程: NB/T 20079—2012[S]. 北京: 国家能源局,2012.

[19] 国家能源局. 核电厂安全级阀门驱动装置用电磁阀鉴定规程: NB/T 20206—2013[S]. 北京: 国家能源局,2013.

[20] 付敬奇. 执行器及其应用[M]. 北京: 机械工业出版社,2009.

[21] 蒋亚培,李军业. 核级阀门电驱动装置鉴定要求及试验的分析[J]. 阀门,2021(1): 41 - 44.

[22] 舍加勒. 电动执行机构[M]. 詹纪鸿,译. 上海: 上海科学技术出版社,1963.

[23] 国家能源局. 压水堆核电厂阀门　第 11 部分: 电驱动装置: NB/T 20010. 11—2010[S]. 北京: 国家能源局,2010.

[24] 国家能源局. 压水堆核电厂阀门　第 12 部分: 气驱动装置: NB/T 20010. 12—2010[S]. 北京: 国家能源局,2010.

[25] 国家能源局. 核电厂安全级阀门驱动装置的鉴定: NB/T 20093—2012[S]. 北京: 国家能源局,2012.

索　　引

X

Y

Z

"十四五"国家重点图书出版规划项目
核能与核技术出版工程

先进核反应堆技术丛书（第二期）
主编 于俊崇

核动力泵阀系统设计

（上册：核级泵）

Pump and Valve Design for Nuclear Power System

李 毅 王 岩 邓 啸 苏 舒 编著

内容提要

本书为“先进核反应堆技术丛书”之一，分为上、下两册，上册为《核级泵》，下册为《核级阀门》。本书基于当前国内外核行业工程和科研实践，吸收了华龙一号等工程项目中国外核主泵和核级设备的设计计算方法，制造、试验及相关经验，对核级泵和阀门知识进行了系统阐述。主要内容包括核电站用核级泵阀的基本理论、关键技术、分类分级、工作原理、结构形式、选材、试验及故障诊断等。书中理论和实践紧密结合，具有较强的指导性与实用性。本书可作为相关科研工作者以及从事核级泵阀设计、制造、运行维护等方面的工作人员的重要参考。

图书在版编目(CIP)数据

核动力泵阀系统设计. 上册，核级泵 / 李毅等编著.
上海 ：上海交通大学出版社，2025. 6. --（先进核反应
堆技术丛书）. -- ISBN 978-7-313-32498-6

Ⅰ. TL99

中国国家版本馆 CIP 数据核字第 2025GU6154 号

核动力泵阀系统设计(上册：核级泵)

HE DONGLI BENG FA XITONG SHEJI (SHANGCE：HE JI BENG)

编　著：李　毅　王　岩　邓　啸　苏　舒

出版发行：上海交通大学出版社　　地　址：上海市番禺路 951 号

邮政编码：200030　　电　话：021－64071208

印　制：苏州市越洋印刷有限公司　　经　销：全国新华书店

开　本：710 mm×1000 mm　1/16　　总 印 张：51.25

总 字 数：860 千字

版　次：2025 年 6 月第 1 版　　印　次：2025 年 6 月第 1 次印刷

书　号：ISBN 978－7－313－32498－6

总 定 价：398.00 元

先进核反应堆技术丛书

编　委　会

总　　序

人类利用核能的历史可以追溯到 20 世纪 40 年代,而核反应堆这一实现核能利用的主要装置,即于 1942 年诞生。意大利著名物理学家恩里科 · 费米领导的研究小组在美国芝加哥大学体育场取得了重大突破,他们使用石墨和金属铀构建起了世界上第一座用于试验可控链式反应的“堆砌体”,即“芝加哥一号堆”。1942 年 12 月 2 日,该装置成功地实现了人类历史上首个可控的铀核裂变链式反应,这一里程碑式的成就为核反应堆的发展奠定了坚实基础。后来,人们将能够实现核裂变链式反应的装置统称为核反应堆。

核反应堆的应用范围甚广,主要可分为两大类: 一类是核能的利用,另一类是裂变中子的应用。核能的利用进一步分为军用和民用两种。在军事领域,核能主要用于制造原子武器和提供推进动力;而在民用领域,核能主要用于发电,同时在居民供暖、海水淡化、石油开采、钢铁冶炼等方面也展现出广阔的应用前景。此外,通过核裂变产生的中子参与核反应,还可以生产钚- 239、聚变材料氚以及多种放射性同位素,这些同位素在工业、农业、医疗、卫生、国防等许多领域有着广泛的应用。另外,核反应堆产生的中子在多个领域也得到广泛应用,如中子照相、活化分析、材料改性、性能测试和中子治癌等。

人类发现核裂变反应能够释放巨大能量的现象以后,首先研究将其应用于军事领域。1945 年,美国成功研制出原子弹;1952 年,又成功研制出核动力潜艇。鉴于原子弹和核动力潜艇所展现出的巨大威力,世界各国竞相开展相关研发工作,导致核军备竞赛一直持续至今。

另外,由于核裂变能具备极高的能量密度且几乎零碳排放,这一显著优势使其成为人类解决能源问题以及应对环境污染的重要手段,因此核能的和平利用也同步展开。1954 年,苏联建成了世界上第一座向工业电网送电的核电站。随后,各国纷纷建立自己的核电站,装机容量不断提升,从最初的 5 000 千瓦发展到如今最大的 175 万千瓦。截至 2023 年底,全球在运行的核电机组总数达到了 437 台,总装机容量约为 3.93 亿千瓦。

核能在我国的研究与应用已有 60 多年的历史,取得了举世瞩目的成就。

1958 年,我国建成了第一座重水型实验反应堆,功率为 1 万千瓦,这标志着我国核能利用时代的开启。随后,在 1964 年、1967 年与 1971 年,我国分别成功研制出了原子弹、氢弹和核动力潜艇。1991 年,我国第一座自主研制的核电站——功率为 30 万千瓦的秦山核电站首次并网发电。进入 21 世纪,我国在研发先进核能系统方面不断取得突破性成果。例如,我国成功研发出具有完整自主知识产权的压水堆核电机组,包括 ACP1000、ACPR1000 和 ACP1400。其中,由 ACP1000 和 ACPR1000 技术融合而成的"华龙一号"全球首堆,已于 2020 年 11 月 27 日成功实现首次并网,其先进性、经济性、成熟性和可靠性均已达到世界第三代核电技术的先进水平。这一成就标志着我国已跻身掌握先进核能技术的国家行列。

截至 2024 年 6 月,我国投入运行的核电机组已达 58 台,总装机容量达到 6 080 万千瓦。同时,还有 26 台机组在建,装机容量达 30 300 兆瓦,这使得我国在核电装机容量上位居世界第一。

2002 年,第四代核能系统国际论坛(Generation Ⅳ International Forum, GIF)确立了 6 种待开发的经济性和安全性更高、更环保、更安保的第四代先进核反应堆系统,它们分别是气冷快堆、铅合金液态金属冷却快堆、液态钠冷却快堆、熔盐反应堆、超高温气冷堆和超临界水冷堆。目前,我国在第四代核能系统关键技术方面也取得了引领世界的进展。2021 年 12 月,全球首座具有第四代核反应堆某些特征的球床模块式高温气冷堆核电站——华能石岛湾核电高温气冷堆示范工程成功送电。

此外,在聚变能这一被誉为人类终极能源的领域,我国也取得了显著成果。2021 年 12 月,中国"人造太阳"——全超导托卡马克核聚变实验装置(Experimental and Advanced Superconducting Tokamak, EAST)实现了 1 056 秒的长脉冲高参数等离子体运行,再次刷新了世界纪录。

经过 60 多年的发展,我国已经建立起涵盖科研、设计、实(试)验、制造等领域的完整核工业体系,涉及核工业的各个专业领域。科研设施完备且门类齐全,为满足试验研究需要,我国先后建成了各类反应堆,包括重水研究堆、小型压水堆、微型中子源堆、快中子反应堆、低温供热实验堆、高温气冷实验堆、高通量工程试验堆、铀-氢化锆脉冲堆，以及先进游泳池式轻水研究堆等。近年来，为了适应国民经济发展的需求，我国在多种新型核反应堆技术的科研攻关方面也取得了显著的成果，这些技术包括小型反应堆技术、先进快中子堆技术、新型嬗变反应堆技术、热管反应堆技术、钍基熔盐反应堆技术、铅铋反应堆技术、数字反应堆技术以及聚变堆技术等。

在我国，核能技术不仅得到全面发展，而且为国民经济的发展做出了重要贡献，并将继续发挥更加重要的作用。以核电为例，根据中国核能行业协会提供的数据，2023 年 1—12 月，全国运行核电机组累计发电量达 4 333.71 亿千瓦・时，这相当于减少燃烧标准煤 12 339.56 万吨，同时减少排放二氧化碳 32 329.64 万吨、二氧化硫 104.89 万吨、氮氧化物 91.31 万吨。在未来实现"碳达峰、碳中和"国家重大战略目标和推动国民经济高质量发展的进程中，核能发电作为以清洁能源为基础的新型电力系统的稳定电源和节能减排的重要保障，将发挥不可替代的作用。可以说，研发先进核反应堆是我国实现能源自给、保障能源安全以及贯彻"碳达峰、碳中和"国家重大战略部署的重要保障。

随着核动力与核技术应用的日益广泛，我国已在核领域积累了丰富的科研成果与宝贵的实践经验。为了更好地指导实践、推动技术进步并促进可持续发展，系统总结并出版这些成果显得尤为必要。为此，上海交通大学出版社与国内核动力领域的多位专家经过多次深入沟通和研讨，共同拟定了简明扼要的目录大纲，并成功组织包括中国原子能科学研究院、中国核动力研究设计院、中国科学院上海应用物理研究所、中国科学院近代物理研究所、中国科学院等离子体物理研究所、清华大学、中国工程物理研究院以及核工业西南物理研究院等在内的国内相关单位的知名核动力和核技术应用专家共同编写了这套"先进核反应堆技术丛书"。丛书内容包括铅合金液态金属冷却快堆、液态钠冷却快堆、重水反应堆、熔盐反应堆、新型嬗变反应堆、多用途研究堆、低温供热堆、海上浮动核能动力装置和数字反应堆、高通量工程试验堆、同位素生产试验堆、核动力设备相关技术、核动力安全相关技术、"华龙一号"优化改进技术，以及核聚变反应堆的设计原理与实践等。

本丛书涵盖的重大研究成果充分展现了我国在核反应堆研制领域的先进水平。整体来看，本丛书内容全面而深入，为读者提供了先进核反应堆技术的系统知识和最新研究成果。本丛书不仅可作为核能工作者进行科研与设计的宝贵参考文献，也可作为高校核专业教学的辅助材料，对于促进核能和核技术应用的进一步发展以及人才培养具有重要支撑作用。我深信，本丛书的出版，将有力推动我国从核能大国向核能强国的迈进，为我国核科技事业的蓬勃发展做出积极贡献。

于俊崇

2024 年 6 月

前　言

为确保核反应堆的安全性，需要根据各个系统和设备所执行的安全功能及其在实现安全功能过程中的重要性进行物项分级，主要包括安全分级、抗震类别、规范等级和质量保证分级。泵阀类设备是保证核反应堆安全和稳定运行的重要设备，承担保护反应堆和防止放射性物质泄漏的功能。核级泵阀按照标准规范的要求，根据不同的分级开展设计、制造等相关工作，以确保其可靠性和安全性。

核级泵主要有反应堆冷却剂泵、余热排出泵、上充泵、低压安注泵、安全壳喷淋泵、电动辅助给水泵、汽动辅助给水泵、水压试验泵、设备冷却水泵、重要厂用水泵、硼酸再循环泵、化学添加剂泵、乏燃料池冷却泵、硼酸输送泵、前储槽循环供料泵、除气塔疏水泵、冷冻水循环泵等。

核级阀门一般有闸阀、截止阀、止回阀、蝶阀、安全阀、主蒸汽隔离阀、球阀、隔膜阀、减压阀和控制阀等。

本书在编写过程中，尽可能地对核级泵阀设备进行全面梳理，将理论和实践紧密结合起来，并基于多年从事核电厂及核动力装置用泵阀的科研和工程设计经验，着重针对核级泵阀设备的基本理论、关键技术、分类分级、工作原理、结构形式、试验及故障诊断等方面进行了阐述，希望本书可为从事核级泵阀选型、设计、制造、运行维护等方面的工作提供重要参考。

本书的编撰是在于俊崇院士、李毅副所长的指导下完成的。本书由李毅、王岩制订提纲，由中国核动力研究设计院设计所泵阀专业团队编著，兰州理工大学黎义斌、张希恒、杨从新对编写工作给予了大量的理论指导和技术支持。其中：上册《核级泵》主要由李毅、王岩、邓啸、徐仁义、匡成骁、杨松、谭鑫、赵雪岑、蒋鸿、苏先顺、蒋小毛等编著；下册《核级阀门》主要由李毅、王岩、苏舒、陈宇皓、谭术洋、关莉、周宁、杨佳明、李耀武等编著。全书由李毅统稿，于俊崇院士主审。

在本书的编著过程中，兰州理工大学核级泵阀研究团队给予大力支持和帮助，在此特别致谢！

本书的编著得到了上海电气凯士比核电泵阀有限公司、哈尔滨电气动力装备有限公司、沈阳盛世五寰科技有限公司、东方法马通核泵有限责任公司、沈阳鼓风机集团股份有限公司等单位的大力支持，在本书编著过程中，各单位提供了相关插图及资料，在此一并感谢！

因编著者水平所限，加之时间仓促，书中可能存在不妥或疏漏之处，恳请读者批评指正。

目　录

第 1 章
泵基本理论

泵作为一种重要的流体输送设备，其应用遍及各个行业。泵的应用领域包括但不限于化工、石油、水处理、医药、核电等行业。泵主要用来输送水、油、酸碱液、乳化液、悬乳液和液态金属等液体，也可输送液气混合物及含悬浮固体物的液体。

1.1 叶片泵的定义、工作原理和分类

叶片泵是将原动机(电动机及其他动力设备)的机械能转换成抽送液体能量的机器。它利用叶轮叶片和液体的相互作用来实现能量的转换。原动机通过泵轴带动叶轮旋转，对液体做功使其能量增加，从而使液体被输送到要求的高度或要求有压力的地方。

为了准确描述叶片泵的工作原理，以离心泵为例，如图 1-1 所示是离心泵装置示意图。在离心泵启动前，泵壳内灌满被输送的液体；启动后，由原动机通过泵轴带动叶轮高速转动，叶片间的液体则随之转动。在离心力的作用下，液体从叶轮中心被抛向外缘同时获得能量，并高速离开叶轮外缘进入蜗形泵壳内。在蜗形泵壳中，液体由于流道的逐渐扩大而减速，又将部分动能转变为静压能，最后以较高的压力流入排出管道，送至所需要的场所。当液体由叶轮中心流向外缘时，在叶轮中心形

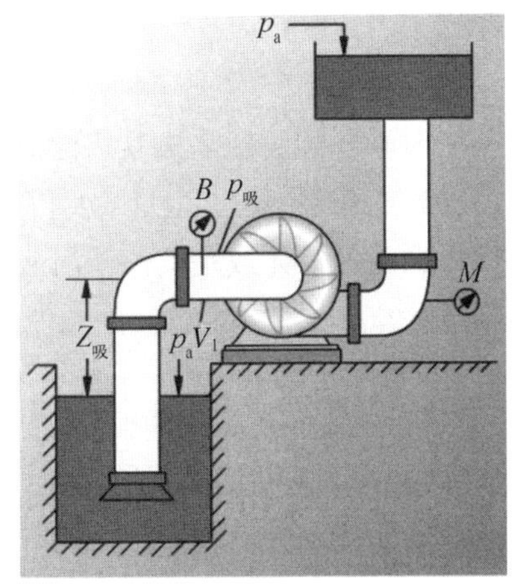

图 1-1　叶片泵的工作原理

成了一定的真空，因为储槽液面上方的压力（通常为大气压）大于泵入口处的压力，所以液体便被连续压入叶轮中。由此可见，只要叶轮不断地转动，液体便会不断地被吸入和排出。

需要注意的是，泵在开动前，必须先灌满水，否则叶轮只是带动泵内的空气旋转，因空气的比重很小，由此产生的离心力也非常小，不能把泵内及管路内的空气全部排出，即不能在泵内产生真空，因而水也就不能被吸上来，泵则无法正常工作。

叶片泵的结构形式多种多样，但基本上可以分为三大类，分别是：离心式叶片泵，即离心泵（液体从轴向进入叶轮后从径向排出）；轴流式叶片泵，即轴流泵（液体从轴向进入叶轮后从轴向排出）；混流式叶片泵，即混流泵（液体从轴向进入叶轮后与轴成一定角度排出）。另外，离心泵又可根据工作叶轮的数量分为单级离心泵（只有一个叶轮工作）和多级离心泵（多个叶轮串联工作）；同时，根据叶轮进水的方式，单级离心泵又分为单级单吸离心泵和单级双吸离心泵；多级离心泵根据泵壳体的结构不同又分为节段式多级离心泵和蜗壳式多级离心泵。叶片泵的分类如图 1-2 所示。

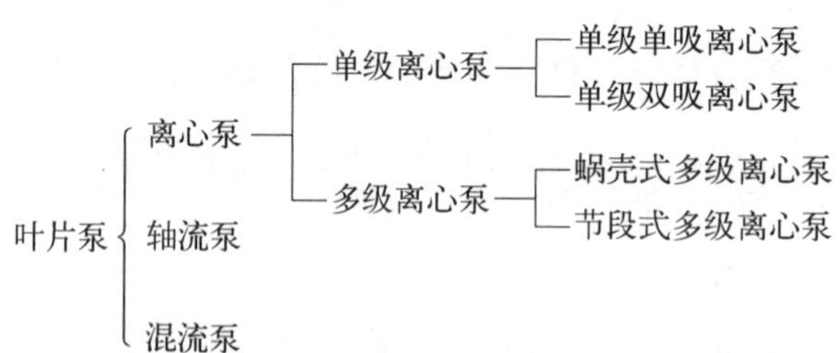

图 1-2　叶片泵的分类

离心泵的应用是极其广泛的，在现代生活和工业生产中随处可见，比如电力、冶金、煤炭、建材、化工、水利等行业，输送的液体可以是水，也可以是含有固体颗粒的浆体或是其他任何液体。

1.2　泵基本理论

泵的基本理论包括泵的基本参数、泵的损失及效率、泵的基本方程式、泵的特性曲线等。

1.2.1　泵的基本参数

一台泵的基本参数包括流量、扬程、转速、功率和效率。

1）流量

单位时间内通过泵的液体的体积或质量，有两种计量方式。一种是体积流量 q_V，单位通常为 m^3/s、L/s、m^3/h 等；另一种是质量流量 q_m，单位通常为 kg/s、kg/min、kg/h 等。

根据质量守恒定律，叶片泵在稳定条件下工作时，如果忽略泵内部的泄漏，则通过泵的质量流量是相同的。对不可压缩液体（在通常情况下，由于液体受压后体积变化量非常小，认为液体是不可压缩的），体积流量（q_V）也将保持不变；对于可压缩液体，体积随压力和温度的变化而变化，因此各过流断面的体积流量是不同的。

2）扬程

液体在通过叶片泵时，单位质量（或体积）的液体与叶轮所交换的能量，是叶片式流体机械最重要的参数之一，也是衡量叶轮做功能力的参数。这个参数可用泵进出口断面单位质量（或体积）液体所具有的能量差值来衡量。

在泵中，通常情况下流体可认为是不可压缩的。显然，以液柱高度表示单位质量的液体所具有的能量是方便且直观的。这个以液柱高度表示的泵进出口断面单位质量液体能量的差值在叶片泵中则称为扬程，一般用 H 表示，单位是 m。

扬程由压力能、速度能和位置势能三部分组成，如图 1－3 所示。

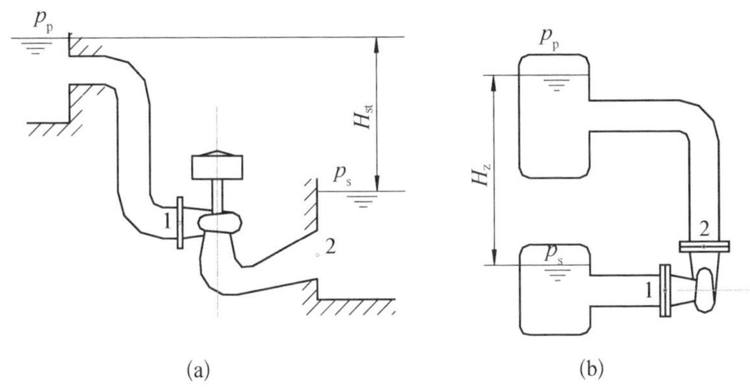

图 1－3　扬程图示

(a) 开式回路；(b) 闭式回路

扬程表达式如下：

$$H=\pm\left[\frac{p_2-p_1}{\rho g}+\frac{C_2^2-C_1^2}{2g}+(Z_2-Z_1)\right] \tag{1-1}$$

式中：H 为扬程；$\frac{p_2-p_1}{\rho g}$ 为压力能；$\frac{C_2^2-C_1^2}{2g}$ 为速度能；Z_2-Z_1 为位置能。

对于叶片泵，扬程是泵本身具有的特性参数，与抽送液体的种类无关，但与泵工作时的海拔高度有关，即与重力加速度有关，在不同的重力条件下，扬程 H 也不同。

3）转速

转速 n 指叶轮（或转轮）旋转的速度，单位通常为 r/min 或者 r/s。

4）功率

功率指泵的输入功率，对原动机而言（泵的驱动方式通常是电动机），则指输出功率，常用 P 表示，单位通常为 kW。

5）效率

能量在转换过程中不可避免地会产生损失，损失的大小通常用效率来衡量，常用 η 表示。不可压缩液体与可压缩液体对效率的定义是不同的，这里只讨论不可压缩液体的情况。对原动机而言，输入功率为电机功率 P_T，输出功率为轴功率 P；对工作机而言，输入功率为轴功率，输出功率为流体功率 P_f。因此，原动机效率 η_T 和工作机效率 η_P 表达为

$$\eta_T=\frac{P}{P_T},\ \eta_P=\frac{P_f}{P} \tag{1-2}$$

1.2.2 泵的损失及效率

泵在把机械能转化为液体能量的过程中，伴有各种损失，这些损失用相应的效率表示。为了提高泵的效率，必须了解叶片泵能量传递的过程，弄清其来龙去脉，为减少损失、提高泵效率指明方向。

1.2.2.1 叶片泵的能量传递过程

叶片泵的机械能是从原动机→传动装置→泵进行传递的，最终使液体获得能量，如图 1-4 所示。

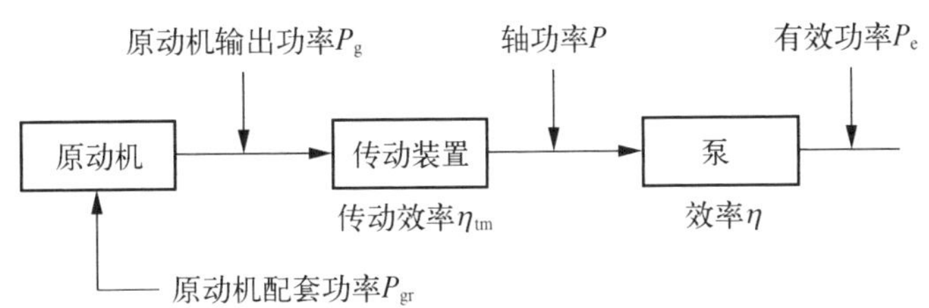

图 1-4　叶片泵能量传递

叶片泵在能量传递时会产生一定的损失，按照损失产生的机理，叶片泵的损失有 3 种形式，分别为机械损失、容积损失和水力损失。

1）机械损失

机械损失包括轴与轴封、轴承，以及叶轮圆盘摩擦所产生的功率损失，分别用 ΔP_{m_1} 和 ΔP_{m_2} 表示。ΔP_{m_1} 与轴承、轴封的结构形式，填料种类，轴颈的加工工艺和流体的密度相关，占轴功率 P_{sh} 的 3%～5%。ΔP_{m_2} 为叶轮在旋转过程中，单位时间内克服流体与盖板之间的摩擦阻力而消耗的能量，称圆盘摩擦损失功率。

机械效率（η_m）等于轴功率克服机械损失后剩余的功率（即水力功率 P_h）与轴功率 P_{sh} 之比。

2）容积损失

容积损失的主要产生部位在泵叶轮入口与外壳间隙处、多级泵级间间隙处、平衡轴向力装置与外壳间隙处及轴封间隙处，如图 1-5 所示。

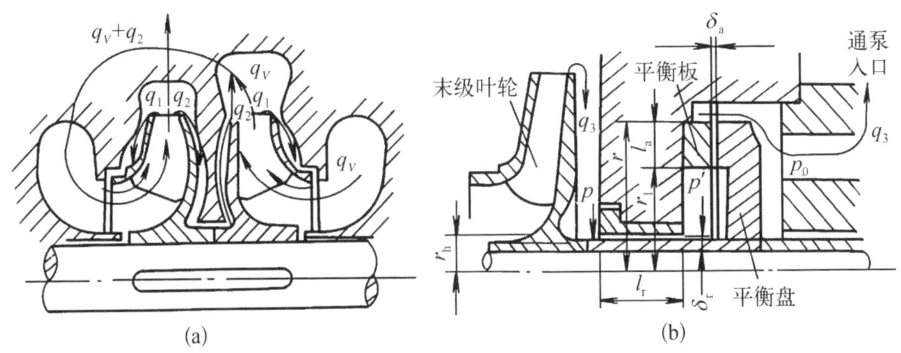

图 1-5　容积损失的泄漏通道

（a）流经一级叶轮的级间泄漏；（b）多级泵末级泄漏

容积损失的大小用容积效率 η_V 来衡量，容积效率是考虑容积损失后的功率 P'' 与未考虑容积损失的功率 P_h 之比，其中 $P''=P_h-\Delta P_V$，即

$$\eta_V = \frac{P''}{P_h} = \frac{P_h - \Delta P_V}{P_h} \tag{1-3}$$

3) 水力损失

水力损失是泵在工作时，由于存在液体和壁面的摩擦、流道几何形状改变等因素，使液流速度变化产生旋涡和二次流所引起的损失，以及泵偏离最优工况时产生的冲击损失等。水力损失分为 2 个部分：① 摩擦损失和局部损失。当流动处于阻力平方区时，这部分损失与流量的平方成正比。② 冲击损失。当偏离最优工况时，在叶片前缘处，流速变化使液流角不等于叶片的安放角，从而产生冲击损失。

需要注意的是：水力损失与过流部件的几何形状、壁面粗糙度、流体的黏性及流速、运行工况等因素密切相关。

水力效率 η_h 等于考虑水力损失后的功率(即有效功率 P_e)与未考虑水力损失的功率之比，可用下式估算：

$$\eta_h = 1 + 0.0835 \lg \sqrt[3]{\frac{q_V}{n}} \tag{1-4}$$

式中：q_V 为体积流量，单位为 m^3/s；n 为转速，单位为 r/min。

1.2.2.2　泵的总效率

泵的总效率等于有效功率和轴功率之比，也等于机械效率、容积效率和水力效率的乘积(见图 1-6)，即

$$\eta = \frac{P_e}{P_{sh}} = \frac{P_h}{P_{sh}} \frac{P''}{P_h} \frac{P_e}{P''} = \eta_m \eta_V \eta_h \tag{1-5}$$

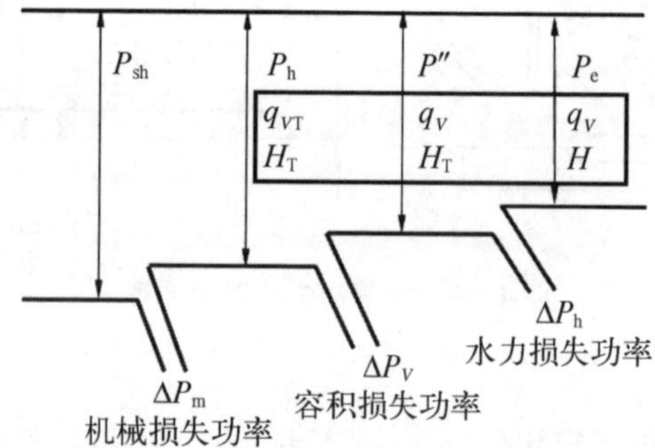

图 1-6　叶片泵轴功率和输出功率的关系

1.2.3　泵的基本方程式

泵把机械能转换成液体的能量是在叶轮内进行的。叶轮带着液体旋转时给液体施加力矩，使液体的运动状态发生变化，从而形成了能量的转换。

泵的基本方程式就是定量地表示液体流经叶轮前后运动状态的变化与叶轮传给单位质量液体的能量（即理论扬程）之间的关系式，也就是泵理论扬程的计算公式。

1）基本方程建立的条件

叶片泵的基本方程可通过动量矩定理、流体运动微分方程、速度环量这 3 种方法推导。叶片泵基本方程的实质是建立了叶片对液体所做的功与液体状态变化之间的关系，基本方程描述和量化了叶片与液体之间的能量交换的多少。推导基本方程需满足 4 个假设条件：① 假设叶片无限多、无限薄，即叶轮内液体质点的相对速度与叶片骨线相切；② 液体为无黏性理想流体，即不考虑液体的黏性，忽略水力损失；③ ω 为常数，即转速不变，并且叶轮内流体运动为定常流动；④ ρ 为常数，即假设流体不可压缩，并且流动呈轴对称。

2）基本方程的表达式

基本方程反映了单位质量液体从叶轮入口到叶轮出口的能量增量。无限多叶片理论扬程 $H_{T\infty}$ 的表达式为

$$H_{T\infty}=\frac{1}{g}(u_2 v_{2\infty}-u_1 v_{1\infty}) \tag{1-6}$$

实际上，叶轮叶片数是有限的，此时理论扬程 H_T 的表达式为

$$H_T=\frac{1}{g}(u_2 v_2-u_1 v_1) \tag{1-7}$$

式(1-7)为叶片泵的基本方程，又称为欧拉方程。

可以看到，基本方程中下标 2 表示高压侧，下标 1 表示低压侧。通过分析叶片泵基本方程，提高有限叶片理论扬程的主要措施如下：① v_1 反映了泵的吸入条件，设计时尽量使进口绝对液流角趋于 90°，使 $v_1 \approx 0$，进而保证进口满足轴向流入条件；② 增大叶轮外径或提高叶轮转速，即通过增大叶轮出口直径 D_2 和叶轮转速 n，可显著提高理论扬程 H_T。

3）基本方程的分析

基本方程还有第二种形式。

引入动扬程和势扬程 2 个参数，将叶片泵的基本方程定义为动扬程和势扬程之和，即

$$H_T = \frac{v_2^2 - v_1^2}{2g} + \frac{u_2^2 - u_1^2}{2g} + \frac{w_1^2 - w_2^2}{2g} \tag{1-8}$$

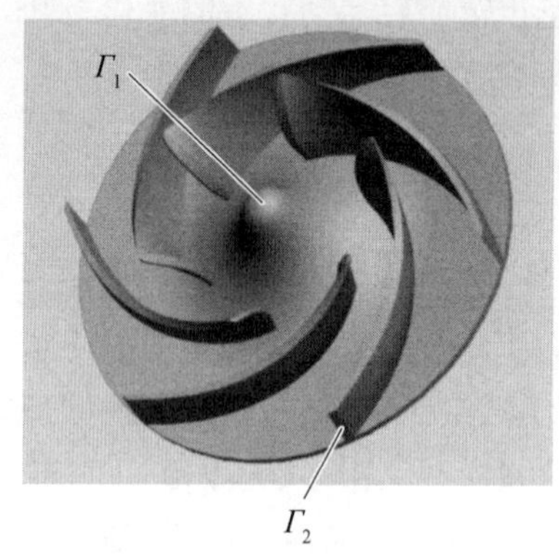

图 1－7　速度环量定义

式(1－8)中：第一项为动扬程 H_V，表示流体流经叶轮时动能的增量；第二项和第三项为势扬程 H_P，共同表示了流体流经叶轮时压能的增量。

下面来看用速度环量表示的基本方程形式。

定义叶轮叶片进、出口的速度环量 $\Gamma_1 = 2\pi R_1 v_1$、$\Gamma_2 = 2\pi R_2 v_2$，如图 1－7 所示。因此，叶片泵的基本方程表达式写为

$$H_T = \frac{\omega}{g}\,\frac{\Gamma_2 - \Gamma_1}{2\pi} \tag{1-9}$$

1.2.4　泵的特性曲线

特性曲线是表示主要性能参数之间定量关系的曲线，在转速不变时，将扬程-流量特性曲线、功率-流量特性曲线、效率-流量特性曲线绘制在同一张图上，称为泵的特性曲线。

特性曲线的主要作用有 2 个：① 直观反映泵在全工况条件下的整体水力性能，对泵机组的安全运行和经济性意义显著；② 可作为设计及改进泵产品的依据以及泵相似设计的基础。

1) 扬程-流量特性曲线

首先，可以建立无穷多叶片的理论扬程 $H_{T\infty}$ 和理论流量 q_{VT} 之间的函数关系，发现 $H_{T\infty}$ 为 q_{VT} 的一次函数，由此可以绘制 $H_{T\infty}-q_{VT}$ 特性曲线。这是一条直线。

在 $H_{T\infty}-q_{VT}$ 特性曲线中，根据 $H_{T\infty}$ 和 H_T 的换算关系，$H_{T\infty}$ 乘以滑移系数(μ)，得到 H_T-q_{VT} 特性曲线，然后减去冲击损失 h_c 与摩擦损失 h_f，得到 $H-q_{VT}$ 特性曲线，最后在理论流量中减去容积损失 q，得到 $H-q_V$ 特性曲线，如图 1－8 所示。

2) 功率-流量特性曲线

以离心泵为例，其功率-流量特性曲线可由下式计算得到，

$$\begin{cases} P_{sh} = P_h + \Delta P_m (\text{且 } \Delta P_m \text{ 与流量无关}) \\ P_h = \rho g q_{VT} H_T / 1\,000 = \rho g q_{VT} K (A - B q_{VT}) / 1\,000 = A' q_{VT} - B' q_{VT}^2 \end{cases} \tag{1-10}$$

特性曲线如图 1 - 9 所示。

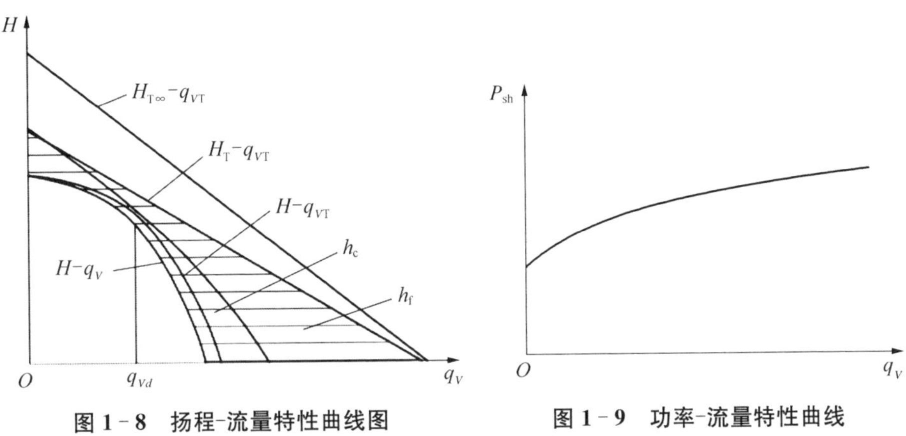

图 1 - 8　扬程-流量特性曲线图

图 1 - 9　功率-流量特性曲线

3) 效率-流量特性曲线

泵的效率-流量特性曲线可由下式计算得到：

$$\eta = \frac{P_e}{P_{sh}} = \frac{\rho g H q_V}{1\,000 P_{sh}} = \frac{p q_V}{1\,000 P_{sh}} \tag{1-11}$$

式中：P_e 为泵的有效功率，单位为 kW；ρ 为泵输送液体的密度，单位为 kg/m^3；H 为泵的扬程，单位为 m；q_V 为泵的体积流量，单位为 m^3/s；g 为重力加速度，单位为 m/s^2。特性曲线如图 1 - 10 所示。

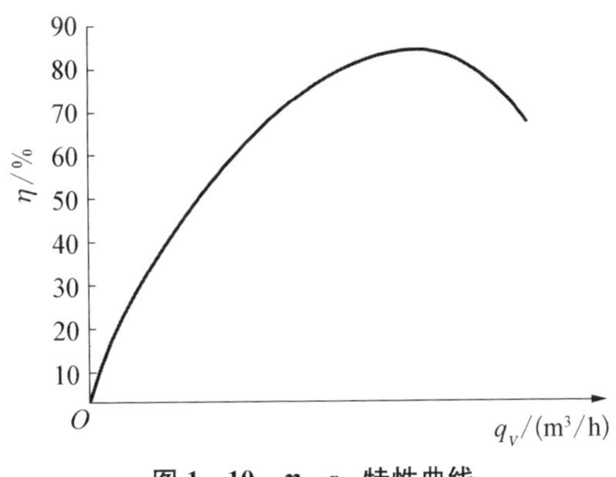

图 1 - 10　η - q_V 特性曲线

1.3　叶片泵的相似理论

为了在实际工程中能够顺利应用叶片泵，需要对叶片泵产品进行实验，但

在某些大型水利枢纽、航空、航天等复杂系统中，直接的实物实验有很大的局限性，有些根本无法进行。此时，就需要将流动实物原型缩小或放大，更改流体介质进行模型实验，测定流动参数，然后根据相似理论整理实验数据，找出模型的流动规律，并推广应用到与实验相似的各种实际的原型流动上去。

1.3.1 相似理论的基本公式

首先，提出 3 个问题：① 缩比模型试验的意义是什么？② 如何将实型(原型)缩小成模型？③ 模型试验结果与实型性能之间的换算方法是什么？

要回答上述 3 个问题，必然要用到叶片泵的相似理论，包括相似条件、相似工况和相似换算关系等。

相似理论在泵的设计和试验中应用广泛，通常所说的基于模型换算进行相似设计，以及模型试验都是建立在相似理论的基础上的。

按照相似理论，可以把模型试验结果换算到实型泵上，也可以将实型泵的参数换算为模型泵的参数，然后进行模型设计和试验。用缩比模型进行试验要比真机试验经济得多，而且当真机尺寸过大、转速过高或输送诸如高温液体等特殊液体时，往往难以进行真机试验，只能用模型试验替代，这就是相似换算的意义。

1）相似条件

叶片泵的相似原理是以泵的相似条件为基础建立的。其中，几何相似是前提条件，即通流部分对应成比例；运动相似是相似结果，即速度三角形对应成比例；动力相似是根本原因，即各自对应的同名力对应成比例。

2）相似工况点

关于相似工况点的概念，如图 1－11 所示。实型泵特性曲线上工况点 A

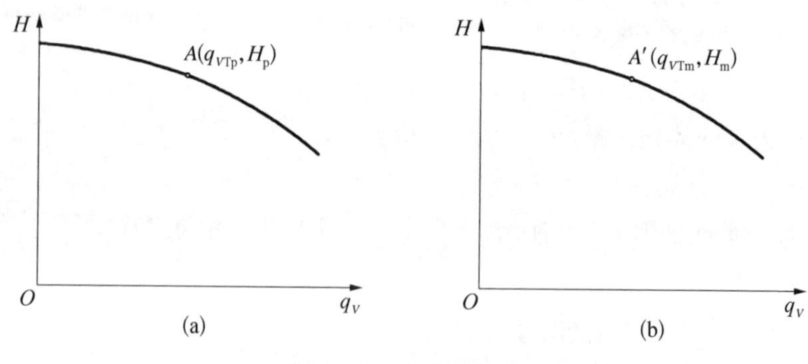

图 1－11　相似工况点

(a) 实型泵特性曲线；(b) 模型泵特性曲线

与模型泵特性曲线上工况点 A' 对应的液体运动相似，则 A 与 A' 2 个工况点称为相似工况点。

3）换算关系

假定实型泵和模型泵的 η 相等，对于同一种液体，可以建立实型泵和模型泵之间的流量、扬程和功率的换算关系。其中，实型泵参数的下标为"p"，模型泵参数的下标为"m"。即

$$\begin{cases} \dfrac{q_{V_\mathrm{p}}}{q_{V_\mathrm{m}}} = \left(\dfrac{D_{2\mathrm{p}}}{D_{2\mathrm{m}}}\right)^3 \left(\dfrac{n_\mathrm{p}}{n_\mathrm{m}}\right) \\ \dfrac{H_\mathrm{p}}{H_\mathrm{m}} = \left(\dfrac{D_{2\mathrm{p}}}{D_{2\mathrm{m}}}\right)^2 \left(\dfrac{n_\mathrm{p}}{n_\mathrm{m}}\right)^2 \\ \dfrac{P_\mathrm{p}}{P_\mathrm{m}} = \left(\dfrac{D_{2\mathrm{p}}}{D_{2\mathrm{m}}}\right)^5 \left(\dfrac{n_\mathrm{p}}{n_\mathrm{m}}\right)^3 \end{cases} \tag{1-12}$$

式中：q_V 为体积流量；H 为扬程；D_2 为叶轮外径；n 为转速；P 为功率。

4）相似定律的几点说明

实际情况中实型泵效率 η_p 和模型泵效率 η_m 是不相等的，两者有差别，原因如下：① 换算不能保证雷诺数（Re）相等，即相对粗糙度不相似；② 不能保证 2 台机器的容积泄漏相似，一般几何尺寸小的泵相对间隙大；③ 机械效率不相等，尤其是在转速很低时不相等，当转速很高时可认为近似相等。

目前，还不能从理论上完全解决此问题。但由于这几个损失中，水力损失占比最大。故工程实践中用水力效率修正，并用水力效率修正值来修正模型与实型的总效率。

泵的转速也会对其效率产生影响。效率若不等，那么泵的转速也不相等。根据泵的特性曲线可知泵的效率随着转速的增加而增加，但转速超过一定的范围（最佳转速范围）后效率会下降，这种情况是要避免的。

5）相似换算关系及应用

相似工况点的参数应满足：

$$\begin{cases} q_{VA'} = q_{VA} \dfrac{n}{n_0} \\ H_{A'} = H_A \left(\dfrac{n}{n_0}\right)^2 \end{cases} \tag{1-13}$$

图 1 - 12 为不同转速时相似工况点的换算关系，采用的方法是图解法。相似换算后，虽然不同转速下扬程-流量曲线变了，但相似工况点的效率相等。因此，可由转速为 n_0 时的效率曲线绘制出转速为 n 时的效率曲线。

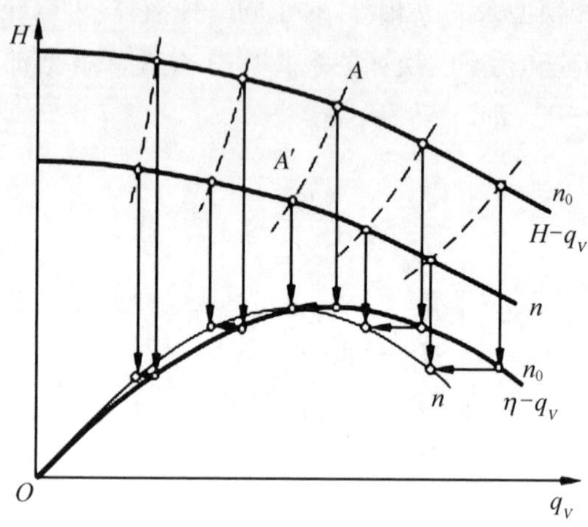

图 1 - 12　转速不同时的效率换算

根据上述理论，相似工况点应满足：

$$\begin{cases} H = k_1 q_V^2 \\ k_1 = H_1 / q_{V1}^2 \end{cases} \tag{1-14}$$

式中：H_1 为相似工况下的扬程；q_{V1} 为相似工况下的流量。

当转速 n 变化时，相似工况的一系列点必在顶点过坐标原点的二次抛物线上，故称其为相似抛物线，它表征了一簇抛物线，又称等效曲线，如图 1 - 13 所示。

实践证明：考虑转速效应时，实际等效曲线偏离相似抛物线而呈椭圆形。

1.3.2　比转速

当设计一台泵时，如果能用模型泵，按照相似原理放大和缩小，会非常方便。在这个过程中，流量、扬程和转速是关键参数，并且它们之间存在相互关系。为了更直观地反映这些参数的综合影响，引入比转速这一无量纲参数，它综合了模型泵的流量、扬程和转速的信息，从而便于进行泵的理论研究、设计和选型。

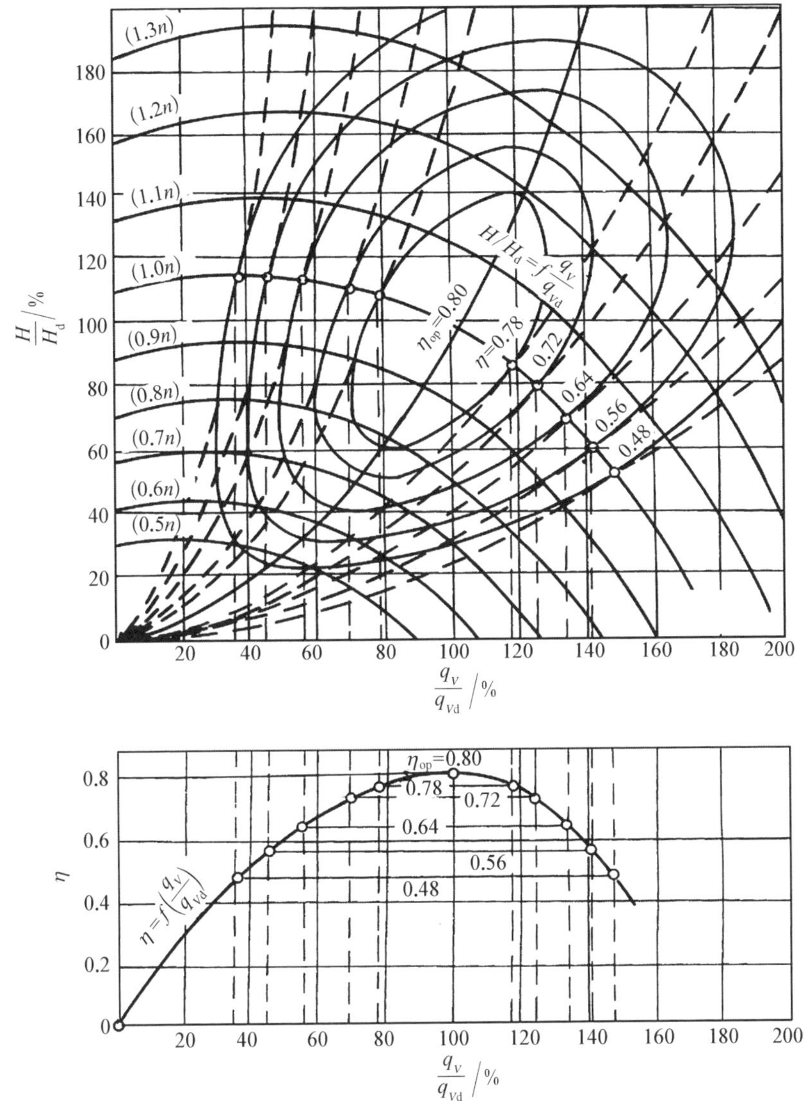

图 1-13　相似抛物线

1）比转速的定义

如果用模型泵流量相似定律的平方，除以模型泵扬程相似定律的 3 次方，然后消去叶轮外径 D_2，经过整理和简化，则得到比转速 n_s 的表达式：

$$n_s = \frac{3.65n\sqrt{q_V}}{H^{\frac{3}{4}}} \tag{1-15}$$

根据比转速公式，可利用相似工况下实型泵和模型泵之间的性能参数，建立流量、扬程和转速之间的定量关系。

对于比转速的公式，需要特别注意：① 比转速是叶片泵的相似准则数；② 比转速表达式中，体积流量、扬程和转速的单位分别为 m^3/s、m 和 r/min。

2）关于比转速的几点说明

（1）比转速是工况的函数，比转速取最优工况的性能参数，其取值具有唯一性。

（2）比转速是基于相似定律的泵的相似特征数求得的，与转速无关。

（3）2 台几何相似的泵比转速必然相等；反之，则不然。

（4）比转速以单级单吸叶轮为标准，计算比转速时应注意：① 单级双吸泵，以 $q_V/2 \to q_V$；② 多级单吸泵，以 $H/i \to H$，i 为级数；③ 多级双吸泵，应换算成单级单吸叶轮的 q_V、H。

3）比转速的应用

比转速存在以下 4 个方面的应用：① 比转速可反映泵的结构特点；② 比转速可大致反映性能曲线的变化趋势；③ 比转速可大致决定泵的类型；④ 基于比转速可进行泵的相似设计。

针对上述 4 个方面的应用问题，比转速与泵的结构特征、特性曲线、类型和相似换算之间存在着一定的关系。

表 1-1 列出了比转速与泵类型及特性关系，将叶片泵按照比转速的取值由小到大，分别划分为离心泵、混流泵和轴流泵，并且离心泵又按比转速细分为低比转速泵、中比转速泵和高比转速泵，其比转速的取值范围分别为 30～80、80～150、150～300。

表 1-1　比转速与泵类型及特性关系

比转速	泵的类型	扬程-流量曲线特点	功率-流量曲线特点	效率-流量曲线特点
30～300	离心泵	关死点扬程为设计工况的（1.1～1.3）倍，扬程随流量的减小而增大，变化比较缓慢	关死点功率较小，轴功率随流量增大而增大	比较平坦
300～500	混流泵	关死点扬程为设计工况的（1.5～1.8）倍，扬程随流量减小而增大，变化较剧烈	流量变化时轴功率变化较小	比轴流泵平坦

（续表）

比转速	泵的类型	扬程-流量曲线特点	功率-流量曲线特点	效率-流量曲线特点
>500	轴流泵	关死点扬程为设计工况的 2 倍左右，扬程随流量减小而增大，在拐点后急速增大	关死点功率最大，设计工况附近变化比较小，以后轴功率随流量的增大而减小	先急速增大后又急速减小

不同比转速的叶片泵与叶轮形状、尺寸比、叶片形状、特性曲线形状和特征的定量或定性关系，如表 1-2 所示。

表 1-2　比转速与叶轮形状和特性曲线形状的定量或定性关系

泵的类型		比转速 n_s	叶轮形状	尺寸比 D_2/D_0	叶片形状	特性曲线形状
离心泵	低比转速	$30<n_s<80$	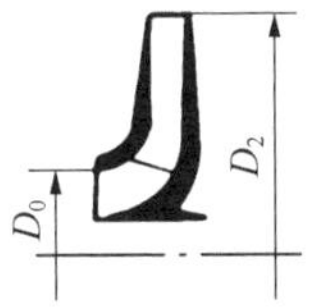 D_0 D_2	约 3	柱形叶片	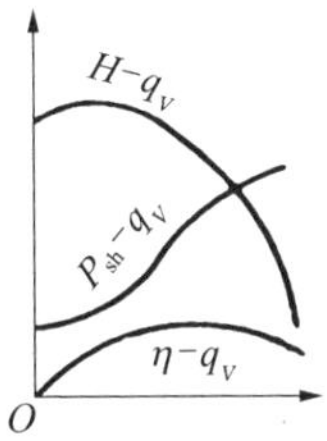 $H-q_V$ $P_{sh}-q_V$ $\eta-q_V$ O
	中比转速	$80<n_s<150$	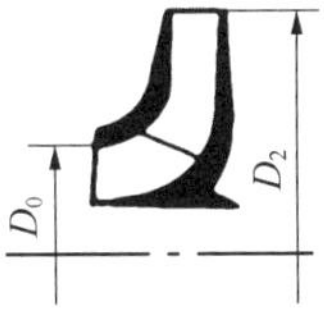 D_0 D_2	约 2.3	入口处扭曲 出口处扭曲	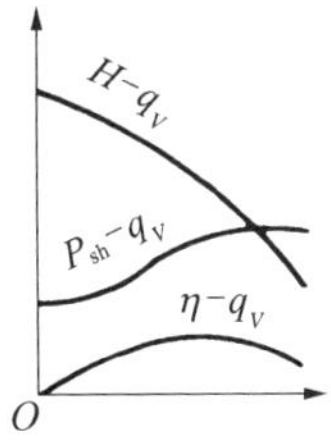 $H-q_V$ $P_{sh}-q_V$ $\eta-q_V$ O
	高比转速	$150<n_s<300$	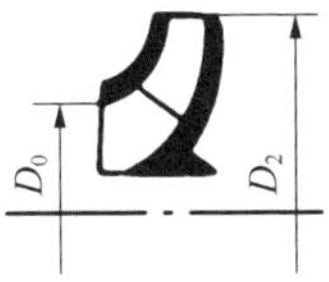 D_0 D_2	1.8～1.4	扭曲叶片	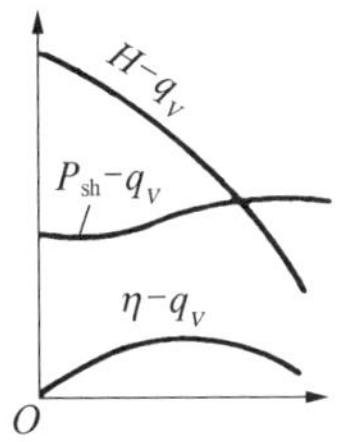 $H-q_V$ $P_{sh}-q_V$ $\eta-q_V$ O

(续表)

泵的类型	比转速 n_s	叶轮形状	尺寸比 D_2/D_0	叶片形状	特性曲线形状
混流泵	$300 < n_s < 500$	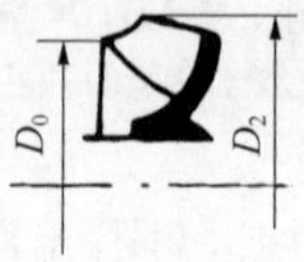 D_0 D_2	1.2~1.1	扭曲叶片	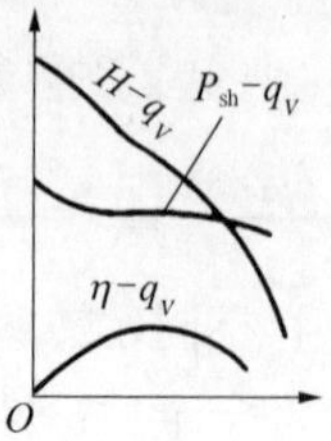 H-q_V P_{sh}-q_V η-q_V O
轴流泵	$500 < n_s < 2\,000$	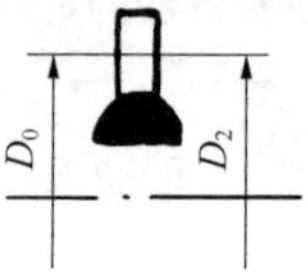 D_0 D_2	约1	翼形叶片	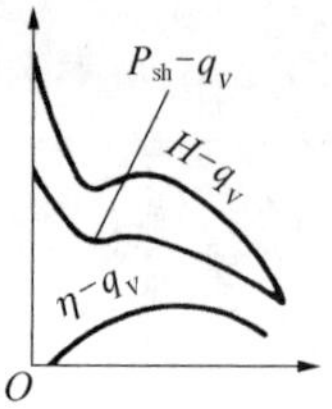 P_{sh}-q_V H-q_V η-q_V O

综上,得到如下结论:① 随着比转速的增大,叶片流道逐渐由窄变宽,叶轮流道逐渐变短,特别地,低比转速泵的尺寸比为3,随着比转速的增大,尺寸比逐渐变小,混流泵和轴流泵的尺寸比接近1;② 随着比转速的逐渐增大,叶片从柱形叶片过渡到扭曲叶片,直到轴流泵时为翼型叶片;③ 随着比转速的逐渐增大,特性曲线形状发生变化,主要特征为轴流泵的扬程-流量特性曲线产生驼峰区,离心泵的功率-流量特性曲线为上升曲线,而混流泵和轴流泵的功率-流量特性曲线为下降曲线。

离心泵在关死点的功率最小,所以离心泵应关阀启动;而混流泵和轴流泵在关死点功率最大,所以混流泵和轴流泵应开阀启动。

1.3.3 切割定律

离心泵在设计工况及其附近运行时,通常具有较高的效率。但在实际应用中,常因选型不当、不同规格或品种配套性较差、装置改变等因素,导致泵的容量过大或过小。当容量过大时,调节损失较大,浪费能量;而当容量过小时,则不能满足需要。为了调整泵的工况,可以采取切割叶轮叶片、改变转速或者在泵出口管路布置阀门等措施。

1) 工况调节方法

常用的工况调节方法有以下4种:① 变阀调节,即通过调节叶片泵出口阀门开度来改变泵的管路特性曲线，实现运行工况点的调节；② 变速调节，即变频调节，通过改变转速调节泵的特性曲线，从而调节泵的运行工况点；③ 变径调节，即通过切割叶片泵叶轮外径，改变泵的特性曲线，从而调节泵的运行工况点；④ 变角调节，即通过在一定范围内改变轴流泵叶片安放角，实现轴流泵运行工况点的调节。

由于变阀调节较为简单，变角调节主要应用于轴流泵，因此以下重点介绍变速调节和变径调节 2 种方法。

2）变速调节

首先，变速调节通过改变转速调节泵的特性曲线，理论绘制特性曲线以比例定律为基础。相似工况点的参数应满足：流量与转速的一次方成正比，扬程与转速的平方成正比。即

$$\begin{cases} q_{VB} = q_{VA}\dfrac{n}{n_0} \\ H_B = H_A\left(\dfrac{n}{n_0}\right)^2 \end{cases} \tag{1-16}$$

由于相似工况点的效率相等，则可利用转速为 n_0 时的效率曲线绘制出转速为 n 时的效率曲线（见图 1-12）。

3）变径调节

变径调节即采用切割叶片的方式，由下式

$$H_{T\infty} = \frac{u_2^2}{g} - \frac{u_2}{g}\frac{q'_V}{F_2}\cot\beta_2 \tag{1-17}$$

得出当流量 q'_V 不变，而叶轮外径 r_2 减小、转速 n 不变时，叶轮出口速度 u_2（$u_2 \approx 2\pi n r_2/60$）下降，所以泵特性曲线呈现下降趋势。式中，$F_2$ 为叶轮出口有效过流面积；β_2 为叶片出口安放角。基于此，车削前叶轮外径换算公式为

$$\begin{cases} \dfrac{q'_V}{q_V} = \dfrac{D'_2}{D_2} \\ \dfrac{H'}{H} = \left(\dfrac{D'_2}{D_2}\right)^2 \end{cases} \Rightarrow \begin{cases} \dfrac{q'_V}{D'_2} = \dfrac{q_V}{D_2} = K_{q_V} = C_1 \\ \dfrac{H'}{D'^2_2} = \dfrac{H}{D_2^2} = K_H = C_2 \end{cases} \Rightarrow \frac{q_V^2}{H} = \frac{K_{q_V}^2}{K_H} = C \tag{1-18}$$

式中，C 为常数。

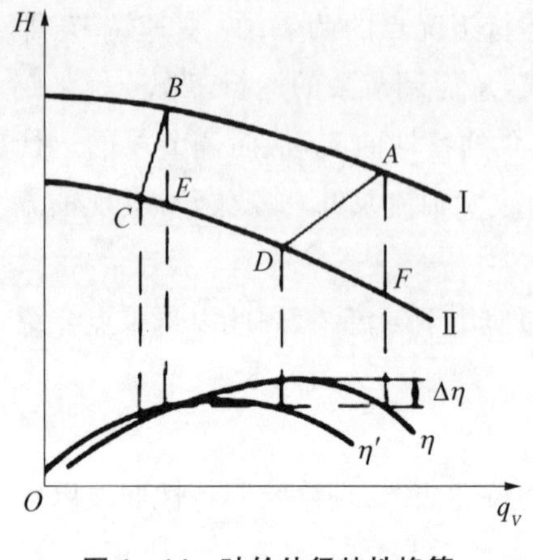

图 1-14　叶轮外径特性换算

由此得出车削抛物线方程，即 $H=Kq_V^2$。当车削量不大时，效率近似相等，并且车削抛物线对应的工况不是相似工况。

切割前后性能参数对应关系的本质：不是切割前后运行工况点之间的关系，而是切割前后对应工况点之间的关系，即切割前工况点为 A，切割后的工况点不是运行工况点 F，而是对应工况点 D，如图 1-14 所示。

对中高比转速的离心泵而言，其切割前后的对应工况点均在同一条过坐标原点的切割抛物线上。

4) 切割方式

切割叶片时对切割方式有以下几点要求：① 切割量的限制。叶轮外径的切割应以不会导致效率大幅下降为原则，切割量不能太大，而对于离心泵，其允许的最大切割量 D_{max} 与 n_s 的关系如表 1-3 所示；② 叶片切割后，应对叶轮进行动静平衡试验；③ 对于混流泵，应把前后盖板切割成不同直径，如图 1-15所示(图中 D_{2m} 指叶轮中心出口直径)；④ 对于分段式多级离心泵，切割时应保留其前后盖板，只切割叶片以避免由导叶内径和叶轮外径之间的间隙过大而导致泵的效率下降。

表 1-3　不同比转速离心泵和混流泵的最大切割比例 $(D_2-D_2')/D_2$

泵的比转速 n_s	允许的最大切割比例/%	效率下降值
60	20	每切割 10%，效率下降 1%
120	15	
200	11	每切割 4%，效率下降 1%
300	9	
350	7	
350 以上	0	

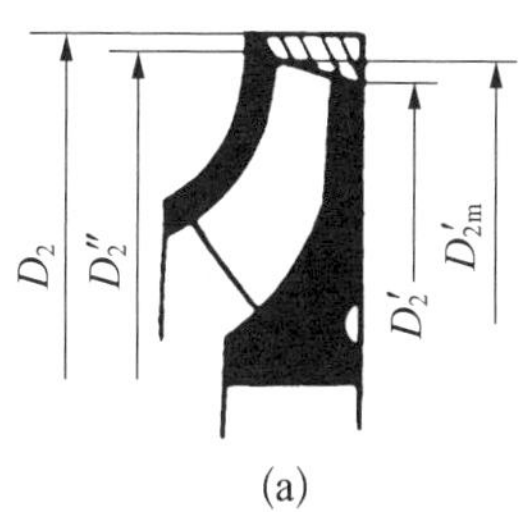

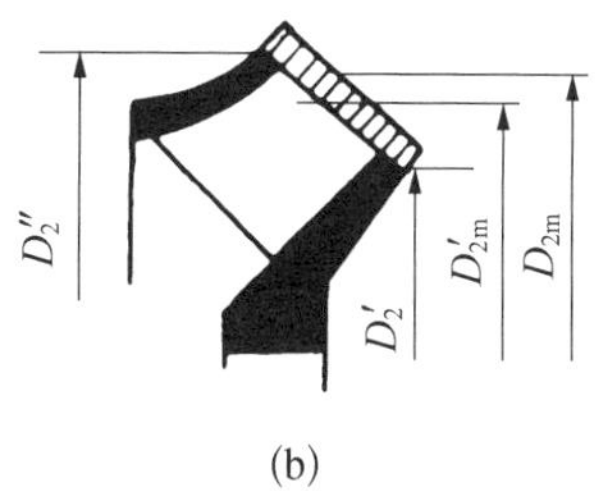

图 1－15　混流泵叶轮车削方式

(a) 斜车削；(b) 平行车削

5）离心泵的系列型谱

将同类结构或某种用途的泵称为一个系列。将同一系列、不同规格（指同一系列中尺寸和性能不同的泵）的泵的主要性能参数绘在同一坐标图中，便构成了该系列泵的型谱。系列型谱一方面供用户选择需要的泵，另一方面用于指出发展新产品的方向。图 1－16 所示为（D、DG、DY1 型）锅炉给水泵系列型谱。型谱中的数字为该系列中某种泵的规格。

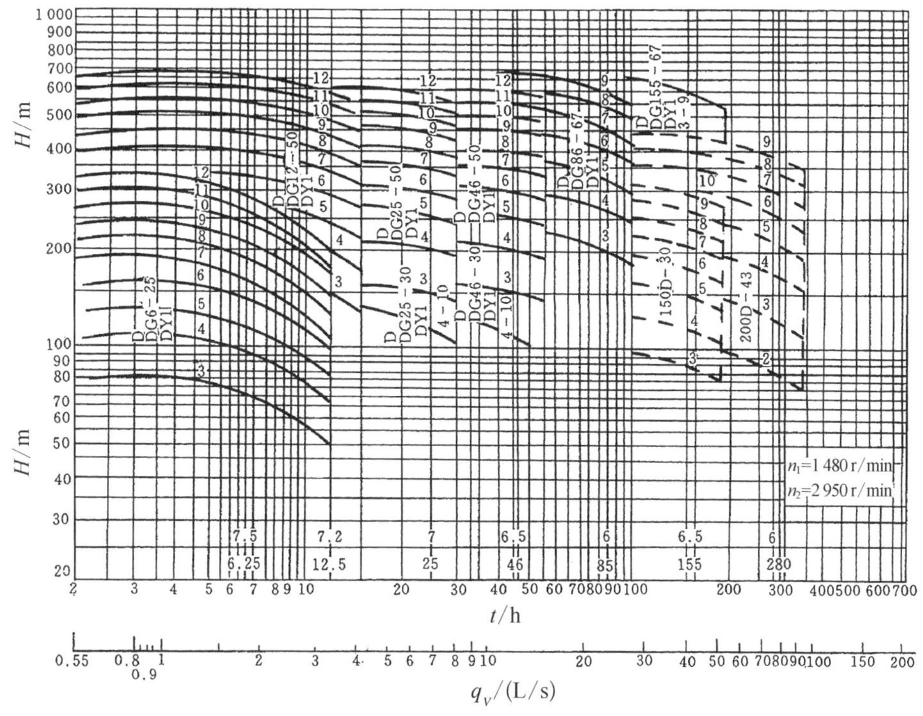

图 1－16　离心泵的型谱

1.4 泵汽蚀

1893 年，人们首次发现汽蚀现象，当时英国一台驱逐舰螺旋桨的破坏被确认为是汽蚀的结果，这是首次发现汽蚀现象。之后，人们对螺旋桨、水轮机和水泵等水力机械的汽蚀问题进行了大量研究。随着机器向高速发展，汽蚀成为水力机械中至关重要的问题。

1.4.1 汽蚀概述

泵在运转中，若其过流部分的局部区域(通常是在叶轮叶片进口稍后的某处)因为某种原因，抽送液体的绝对压力下降到当时温度的汽化压力时，液体便在该处开始汽化、产生蒸汽、形成气泡。这些气泡随液体向前流动，至某高压处时，气泡周围的高压液体使气泡急剧缩小以致破裂(凝结)。在气泡凝结的同时，液体质点将以高速填充空穴，发生互相撞击而形成水击。这种现象发生在固体壁面上将使过流部件受到腐蚀破坏。上述产生气泡和气泡破裂使过流部件遭到破坏的过程就是泵中的汽蚀过程(见图 1－17 与图 1－18)。

图 1－17 汽蚀对泵叶轮的破坏

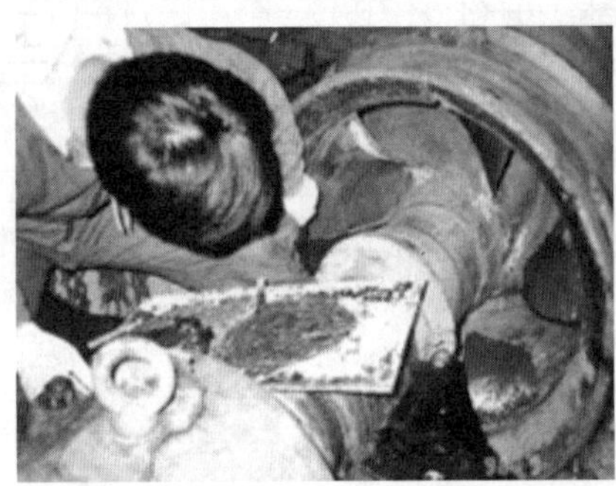
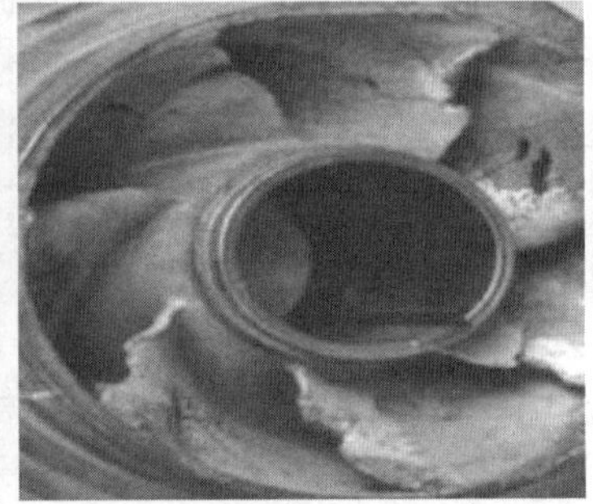

图 1－18 循环水泵汽蚀导致的叶轮叶片进口损坏

1.4.2　汽蚀基本方程式

若一台泵在运转中发生了汽蚀，但在完全相同的条件下，换上另一台泵就可能不发生汽蚀，则说明泵是否发生汽蚀和泵本身的抗汽蚀性能有关。另外，若同一台泵在某一条件下使用发生汽蚀，在改变使用条件后就不发生汽蚀，则说明是否发生汽蚀还与使用条件有关。可见，泵发生汽蚀的条件是由泵本身和吸入装置两方面决定的。为此，研究汽蚀发生的条件，应从泵本身和吸入装置两方面来考虑。泵本身和吸入装置是既有区别又有联系的两部分，所谓联系就是必需汽蚀余量和装置汽蚀余量的关系，也称为汽蚀基本方程式。

1）必需汽蚀余量

必需汽蚀余量与泵内流动关系有关，是由泵本身决定的。它表征泵进口部分的压力降，也就是为了保证泵不发生汽蚀，要求在泵进口处单位重量液体具有超过汽化压力水头的富余能量。即要求装置提供最小的装置汽蚀余量，国外称为“必需的”净正吸入压头(net positive suction head，NPSH)。必需汽蚀余量可用下式计算：

$$H_{\mathrm{NPS,\ r}}=E_{\mathrm{s}}-\frac{p_{\mathrm{k}}}{\rho g}=\lambda_1\frac{v_0^2}{\rho g}+\lambda_2\frac{w_0^2}{2g} \tag{1-19}$$

$H_{\mathrm{NPS,\ r}}$ 越小，表明该泵防汽蚀的性能越好。

表示这两个量的符号中的 H_{NPS} 表示“净正吸入压头”，而另一下标 r 和 a 分别表示“必需”和“装置”，以资区别。

2）装置汽蚀余量

装置汽蚀余量又称为有效汽蚀余量。装置汽蚀余量是由吸入装置提供的，在泵进口处单位重量液体具有的超过汽化压力水头的富余能量，国外称之为“有效的”净正吸入压头，有效的净正吸入压头简写为 $\mathrm{NPSH_a}$。故泵装置汽蚀余量可用下式计算：

$$H_{\mathrm{NPS,\ a}}=E_{\mathrm{s}}-\frac{p_{\mathrm{v}}}{\rho g}=\frac{p_{\mathrm{s}}}{\rho g}+\frac{v_{\mathrm{s}}^2}{2g}-\frac{p_{\mathrm{v}}}{\rho g} \tag{1-20}$$

式中：E_{s} 为装置进口滞止压力(绝对压力)能；p_{s} 为装置进口压力；v_{s} 为装置进口流速；p_{v} 为汽化压力。$H_{\mathrm{NPS,\ a}}$ 越大，表明该泵防汽蚀的性能越好。

3）必需汽蚀余量与装置汽蚀余量的关系

当 $H_{\mathrm{NPS,\ r}}=H_{\mathrm{NPS,\ a}}$ 时，泵发生汽蚀；

当 $H_{NPS,r} > H_{NPS,a}$ 时，泵严重汽蚀；

当 $H_{NPS,r} < H_{NPS,a}$ 时，泵未发生汽蚀。

1.4.3 汽蚀余量

汽蚀余量对于泵的设计、试验和使用都是十分重要的汽蚀参数。设计泵时须根据对抗汽蚀性能的要求进行设计。如果用户给定了具体使用条件，则设计泵的汽蚀余量 $H_{NPS,r}$ 必须小于按使用条件确定的装置汽蚀余量 $H_{NPS,a}$。欲提高泵的抗汽蚀性能，应尽量减小 $H_{NPS,r}$。泵试验时，通过汽蚀试验验证 $H_{NPS,r}$，这是确定 $H_{NPS,r}$ 的唯一可靠的方法。它一方面可以验证泵是否达到设计的 $H_{NPS,r}$；另一方面，引入一个安全余量，即许用汽蚀余量[NPSH]（符号为[H_{NPS}]），作为用户确定几何安装高度的依据。可见，正确地理解和使用汽蚀余量是十分重要的。

1）汽蚀余量的分类

$H_{NPS,r}$：必需汽蚀余量，是由泵本身所决定的，其数值越小越不容易发生汽蚀。

$H_{NPS,a}$：装置汽蚀余量，是由吸入装置提供的，其数值越大越不容易发生汽蚀。

$H_{NPS,t}$：试验汽蚀余量，是进行汽蚀试验时算出的值，试验汽蚀余量有任意多个，但对应泵性能下降一定值的试验汽蚀余量一定只有一个，称为临界汽蚀余量（符号为 $H_{NPS,c}$）。

[NPSH]：许用汽蚀余量，这是确定泵使用条件（安装高度等）用的汽蚀余量，它应大于临界汽蚀余量，以保证泵运行时不发生汽蚀。通常取 $[H_{NPS}] = (1.1 \sim 1.5) H_{NPS,c}$ 或 $[H_{NPS}] = H_{NPS,c} + k$，$k$ 是安全值。

2）汽蚀余量间的关系

$H_{NPS,c} \leqslant H_{NPS,r} \leqslant [H_{NPS}] \leqslant H_{NPS,a}$。

1.4.4 改善汽蚀途径

泵在运行中是否发生汽蚀，是由泵本身的抗汽蚀性能和泵装置的吸入特性共同决定的。为了提高泵的抗汽蚀性能，可从优化泵的设计以降低必需汽蚀余量、提高有效汽蚀余量、采取抗汽蚀措施以及使用抗汽蚀材料等方面着手。

1）降低必需汽蚀余量

由前所述，泵发生汽蚀的界限是 $H_{NPS,a} = H_{NPS,r}$，欲使泵不发生汽蚀，可以通过优化泵的设计来减小必需汽蚀余量从而提高泵的抗汽蚀性能。具体方法如下：① 多级泵首级采用双吸叶轮，在 q_V、n 和 C（汽蚀比转速）相同的情况下，其必需汽蚀余量变为单吸叶轮必需汽蚀余量的 63%。其结构形式如图 1－19 所示；② 加装诱导轮，其加压和强制预旋导致 w_0 减小，从而使 $H_{NPS,r}$ 下降；其轴向流道宽而长，气泡增长后，只能沿其外缘运动，因压力增加导致其溃灭，限制气泡增长，但不会导致阻塞整个流道。在安装诱导轮之后，汽蚀比转速可由 800～1 000 增加至 3 000。其结构形式如图 1－20 所示。

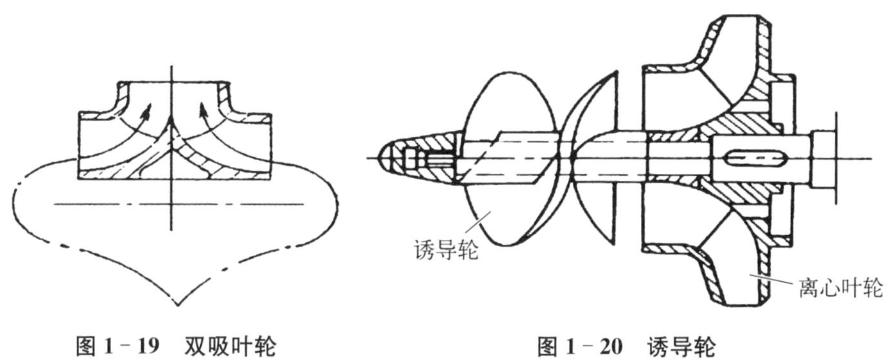

图 1－19　双吸叶轮　　**图 1－20　诱导轮**

2）提高有效汽蚀余量

在无法改变叶轮和增加诱导轮的情况下，可以采取措施提高泵的装置汽蚀余量来防止汽蚀。具体可采取以下措施：① 减少吸入管路的阻力损失；② 合理地选择泵的几何安装高度 H_g；③ 设置前置泵。

3）运行中防止汽蚀的措施

泵在运行时，为了防止汽蚀产生的危害，可采取以下措施：① 规定首级叶轮的汽蚀寿命；② 泵应在规定转速下运行，不得超速；③ 不允许用泵吸入系统上的阀门调节流量；④ 泵在运行时若发生汽蚀，可以设法减小流量。

4）首级叶轮采用抗汽蚀性能好的材料

目前，常用的抗汽蚀性能较好的金属材料包括含铬、镍、钛的不锈钢，以及纯钛、铜合金、铝合金等。

第 2 章

叶片泵水力设计方法

叶片泵的水力设计包括叶轮水力设计、吸水室水力设计和压水室水力设计。

2.1 离心泵和混流泵水力设计

叶轮是叶片泵的核心部分，泵的流量、扬程、效率、抗汽蚀性能和特性曲线的形状都与叶轮的水力设计有重要关系。

2.1.1 概述

离心泵和混流泵的水力设计需要首先确定泵的结构形式和原动机的类型。为此，需要提供以下设计数据和要求：① 流量；② 扬程；③ 转速（由设计者确定）；④ 泵必需汽蚀余量或装置汽蚀余量；⑤ 效率（要求保证的效率）；⑥ 介质的属性（温度、重度、含杂质情况、腐蚀性等）；⑦ 对特性曲线的要求（平坦/陡降，以及是否允许有驼峰或在全扬程范围内运行等）。

叶片泵的工作原理和分类参见1.1节的介绍。

图 2-1 是简单的离心泵装置示意图。

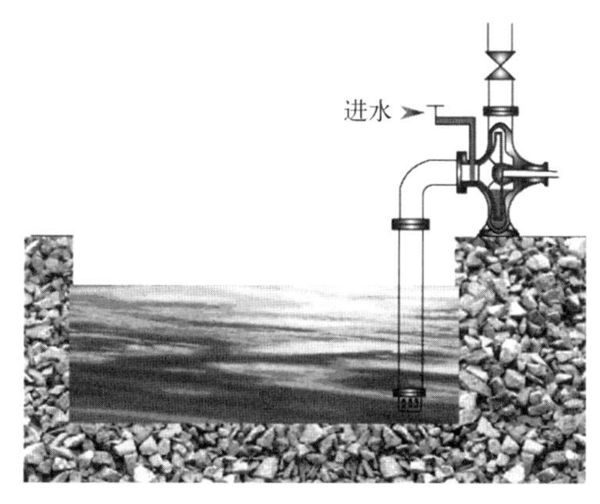

图 2-1　离心泵工作装置示意图

虽然离心泵、混流泵和轴流泵的结构有所不同，但是主要的过流部件都有吸水室、叶轮和压水室。对于不同种类的泵，其吸水室、叶轮和压水室的形状有所不同。

1）吸水室

吸水室位于叶轮进口前，其作用是把液体按一定要求引入叶轮。吸水室的主要类型有直锥形、环形和螺旋形。直锥形吸水室（见图 2-2）主要用于单级单吸离心泵，环形吸水室（见图 2-3）多用于多级泵中，螺旋形吸水室（见图 2-4）主要用于单级双吸离心泵中。

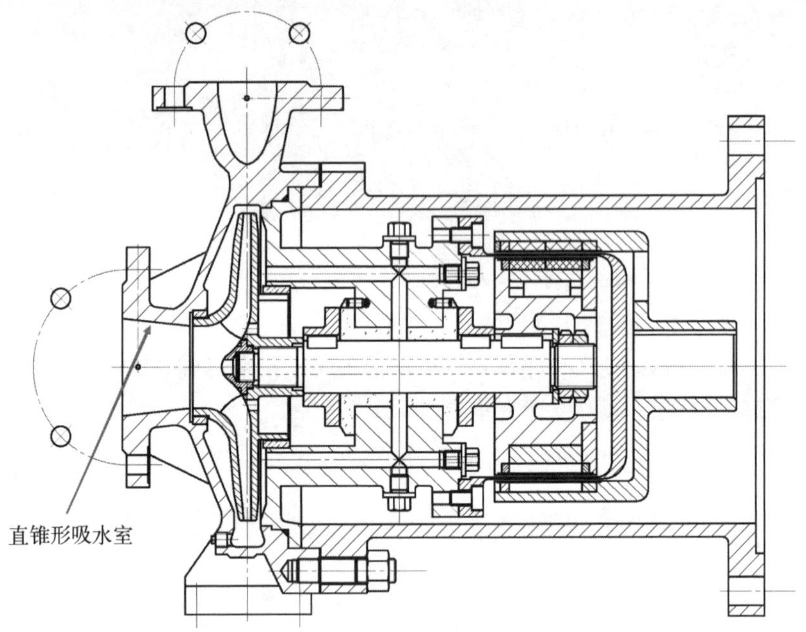

图 2-2　直锥形吸水室示意图

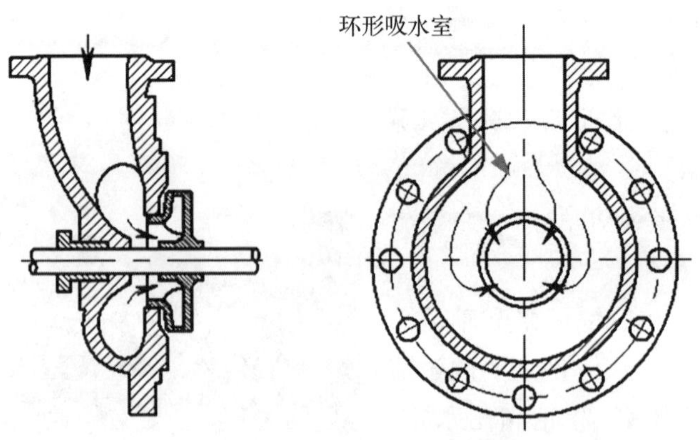

图 2-3　环形吸水室示意图

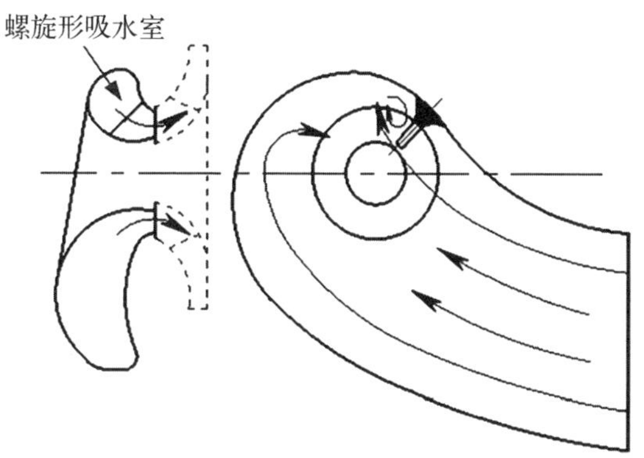

图 2-4　螺旋形吸水室示意图

2）叶轮

叶轮是泵的核心，也是过流部件的核心，泵通过叶轮对液体做功，使其能量增加。叶轮按液体流出的方向分为 3 类，即离心式叶轮、混流式叶轮和轴流式叶轮。

离心式叶轮（又称径流式叶轮），液体沿与轴线垂直的方向流出叶轮（见图 2-5）。混流式叶轮，液体沿与轴线倾斜的方向流出叶轮（见图 2-6）。高比转速的混流式叶轮有时称为斜流式叶轮。轴流式叶轮液体沿平行轴线的方向流出叶轮（见图 2-7）。

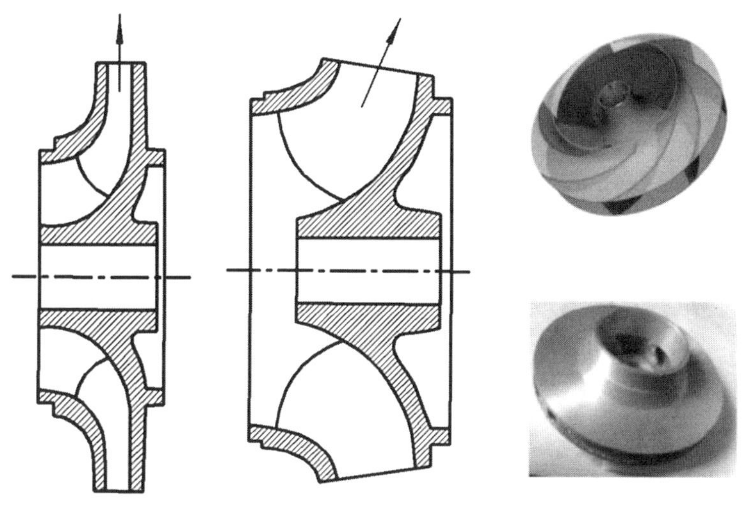

图 2-5　离心式叶轮

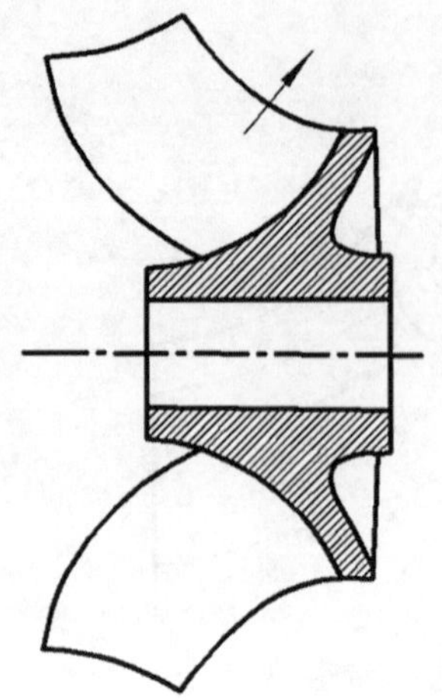
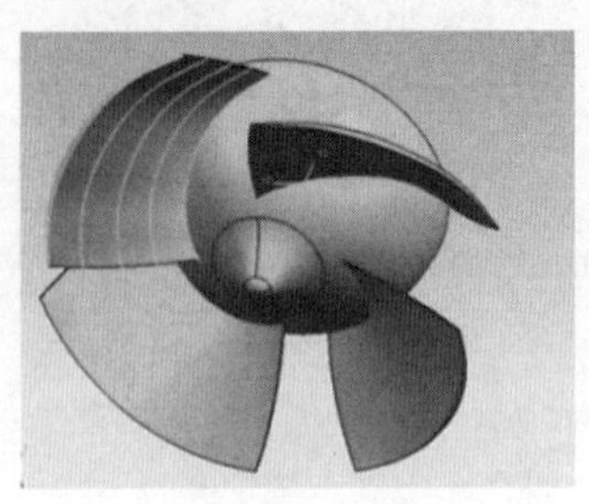

图 2-6　混流式叶轮

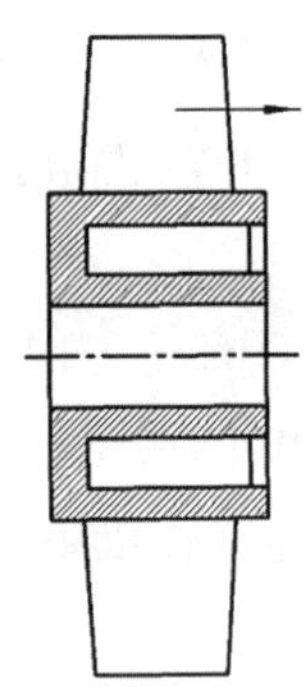

图 2-7　轴流式叶轮

另外,叶轮按吸入方式分为单吸叶轮和双吸叶轮(见图 2-8)。单吸叶轮从一面吸入液体,双吸叶轮从两面吸入液体。

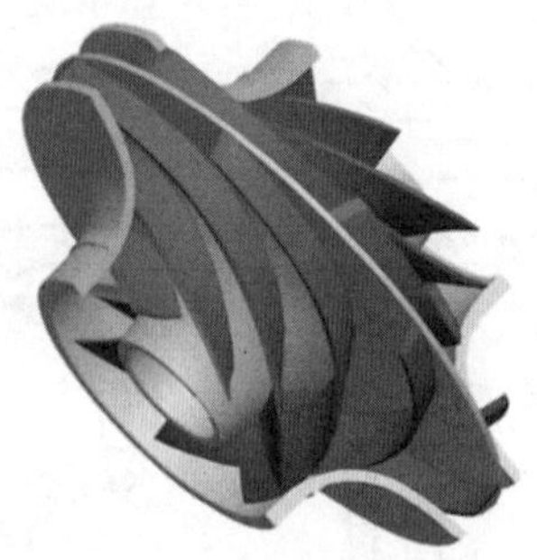

图 2-8　单吸和双吸叶轮

3）压水室

压水室位于叶轮出口之后，其作用是收集从叶轮中高速流出的液体，使其速度降低，把速度能转换为压力能，并且把液体按一定要求送入下一级叶轮进口或送入排出管路。压水室主要有螺旋形压水室（又称蜗室）（见图 2-9）以及环形压水室（多用于多级泵中）和导叶式压水室（多用于多级泵和轴流泵中）（见图 2-10）。

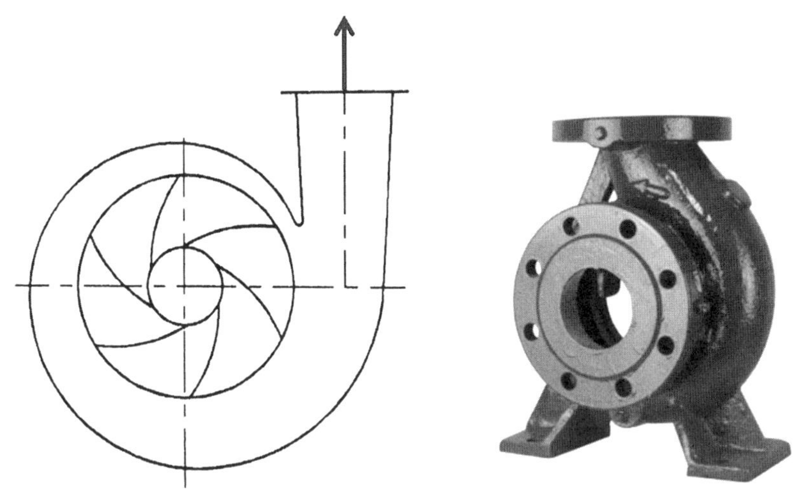

图 2-9　螺旋形压水室

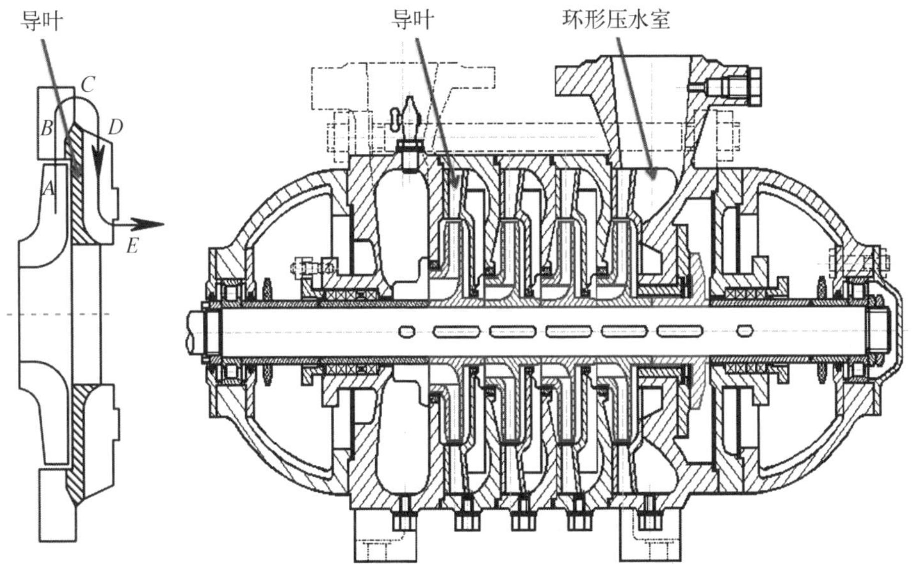

图 2-10　导叶式及环形压水室

之所以将吸水室、叶轮和压水室称为叶片泵的主要过流部件，是因为这些部件的形状决定了泵内液体能量的转换方式和程度，而能量转换的结果就决定了叶片泵的性能。

2.1.2 主要设计参数和结构确定

叶轮是泵的核心部件，泵的性能、效率、抗汽蚀性能和特性曲线的形状等均与叶轮的水力设计有重要关系。在这里主要介绍离心泵叶轮水力设计方法，因为混流泵叶轮的设计方法与离心泵基本相同，故不再单独介绍。

在进行泵的设计之前，设计者必须要知道泵的基本参数：比如流量、扬程、转速、泵的必需汽蚀余量、效率、介质的性质(包括介质的温度、重度、含杂质情况、腐蚀性等)，以及特性曲线的要求(平坦/陡降，是否允许有驼峰等)。以上所有参数均由用户提供，其中转速也可由设计者确定。

当确定了这些参数，就可以按照以下步骤设计泵。

首先，必须大致确定泵的结构形式和原动机的类型。进而结合计算，经分析比较后确定最终的结构形式。其次，泵的吸入口直径由合理的进口流速确定。泵吸入口的流速一般为 3 m/s 左右。从制造方面考虑，大型泵的流速取大些，以减小泵的体积，提高过流能力。如果为了提高泵的抗汽蚀性能，应减小入口流速，初学者可以查阅相关泵的设计手册来确定合适的泵入口流速。

泵的吸入口直径计算公式为

$$D_s = \sqrt{\frac{4q_V}{v_s \pi}} \tag{2-1}$$

式中：D_s 为泵的吸入口直径，m；v_s 为泵的入口平均流速，m/s；q_V 为泵的总体积流量，m^3/s。

然后，确定泵的排出口直径。对于小流量、低扬程的泵，取与吸入口直径相同即可。对于大流量、高扬程的泵，为减小泵的体积和排出管直径，可使排出口直径小于吸入口直径。排出口直径计算公式为

$$D_t = (1 \sim 0.7) D_s \tag{2-2}$$

式中：D_t 是泵的排出口直径，m。

最后，选择与计算所得的泵吸入口和排出口直径最接近的管路标准直径即可(见表 2-1)。

表 2－1　管路标准直径

公称管子尺寸(NPS)/in	公称直径(DN)/mm	公称管子尺寸(NPS)/in	公称直径(DN)/mm
0.25	6	8.0	200
0.50	15	10.0	250
0.75	20	12.0	300
1.00	25	14.0	350
1.20	32	16.0	400
1.50	40	18.0	450
2.00	50	20.0	500
2.50	65	24.0	600
3.00	80	36.0	900
4.00	100	42.0	1 000
6.00	150	48.0	1 200

注：1 in＝25.4 mm。

当用户没有明确给出泵的转速时，设计者需要根据泵的应用场景、性能要求和系统条件来确定合适的转速。在确定泵转速时，需要考虑多个因素，以确保泵的高效、可靠运行。

(1) 泵的体积和重量：泵的转速越高，则泵的体积越小、重量越轻，所以应选择尽可能高的转速。

(2) 转速、比转速和效率：转速与比转速有关，而比转速与效率有关，所以转速应和比转速结合起来确定，正常情况下泵的比转速越高越容易获得较高的效率。

(3) 原动机的种类和传动装置：确定转速应考虑原动机的种类(驱动泵的原动机通常是电动机、内燃机、汽轮机等)和传动装置(是否要进行变速传动等)。通常优先选择电动机直接联接传动，这样就可以按照异步电动机的同步转速来确定泵的转速。电动机带负荷后的转速会小于同步转速，通常按 2%左右的转差率确定电动机的额定转速[1]，当然也可以按照电机提供商提供的电机参数来确定转速。

(4) 汽蚀条件：泵的转速要受到汽蚀条件的限制，从汽蚀比转速公式[式(2-3)]可知，转速(n)和泵的必需汽蚀余量($H_{\mathrm{NPS,\ r}}$)和汽蚀比转速(C)有确定的关系，如不满足关系泵将产生汽蚀。对于一定的 C 值，假设提高转速，则 $H_{\mathrm{NPS,\ r}}$ 增加，当该值大于装置提供的装置汽蚀余量($H_{\mathrm{NPS,\ a}}$)时，泵将发生汽蚀。按汽蚀条件确定泵转速的方法中，选择 C 值的具体做法是：按给定的装置汽蚀余量($H_{\mathrm{NPS,\ a}}$)或泵的几何安装高度(H_{SZ})，计算汽蚀条件允许的转速，并且所采用的转速应小于汽蚀条件允许的转速[如式(2-4)中考虑了汽蚀的安全余量]。装置汽蚀余量($H_{\mathrm{NPS,\ a}}$)按式(2-5)确定，当泵倒灌时用正号。

至此，就确定了要设计的泵的主要参数和结构方案。

$$C=\frac{5.62n\sqrt{q_V}}{H_{\mathrm{NPS,\ r}}^{3/4}} \tag{2-3}$$

$$n<\frac{CH_{\mathrm{NPS,\ r}}^{3/4}}{5.62\sqrt{q_V}}$$

$$H_{\mathrm{NPS,\ r}}=H_{\mathrm{NPS,\ a}}-K \tag{2-4}$$

$$H_{\mathrm{NPS,\ a}}=\frac{p_0}{\rho g}\mp H_{\mathrm{sz}}-\sum h_{\mathrm{s}}-\frac{p_{\mathrm{v}}}{\rho g} \tag{2-5}$$

式中：K 为安全余量(通常取为 0.5～1 m)；p_0 为吸入液面压力；h_{s} 为吸入水力损失；p_{v} 为泵进口压力；ρ 为流体密度。

2.1.3 轴面投影图及其绘制方法

当叶轮各部分的尺寸确定之后，即可绘制叶轮轴面投影图。设计时最好参考性能较好的且具有相同或相近比转速的叶轮轴面投影形状来绘制。同时，考虑设计泵的具体情况加以改进。轴面投影图的形状十分关键，应经过反复修改，力求光滑通畅。同时，应考虑以下两点：① 前后盖板出口保持一段平行或对称变化。② 流道弯曲不应过急，在轴向结构允许的条件下以采用较大的曲率半径为宜。

画好轴面投影图之后，应检查流道的过水断面面积变化情况，而在此之前，必须要先画出轴面液流过水断面（见图 2－11）。

图 2－11 中的曲线 AEB 与各轴面流线相垂直，是过水断面形成的线，其绘制方法如下：

在轴面投影图内，做两流线的内切圆，切点为 A、B。将 A、B 与圆心 O 连成三角形 AOB。把三角形的高 OD 分为三等分，分点为 E（靠近 O 点）和 C（靠近 D 点）。过 E 点且与轴面流线相垂直的曲线 AEB 是过水断面的形成线，其长度 b 可用软尺量得。过水断面形成线的重心近似认为与三角形 AOB 的重心（C 点）重合，重心至叶轮中心线的半径为 R_c。过水断面形成线的长度 b 也可以近似按下式计算：

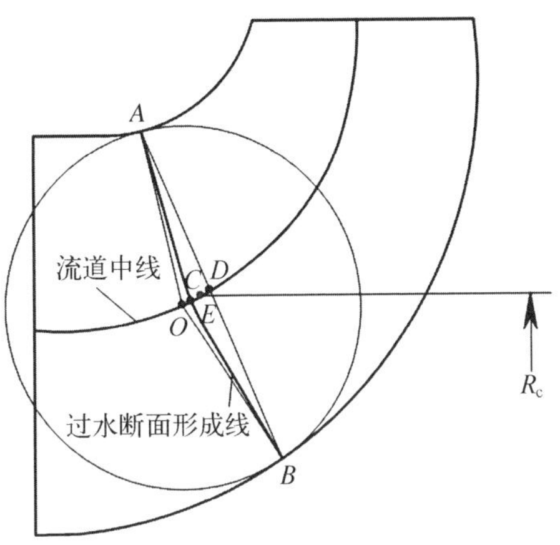

图 2－11　轴面液流过水断面

$$b = \frac{2}{3}(s + \rho) \tag{2-6}$$

式中：s 为内切圆弦 AB 长度；ρ 为内切圆半径。

因为轴面液流过水断面必须与轴面流线垂直，同时考虑液体是从叶轮四周流出的，所以轴面液流的过水断面是以过水断面的形成线为母线，绕轴线旋转一周所形成的空间曲面。其面积（F）按下式计算：

$$F = 2\pi R_c b \tag{2-7}$$

式中：b 为过水断面形成线长度；R_c 为过水断面形成线重心半径。

特别要说明的是，所得面积是形成线上各点轴面液流的过水断面的面积，而不是重心或圆心处的面积。形成线在有的情况下是直线，这时 b 是直线长度，R_c 是至叶轮中心线的半径。沿流道求出一系列过水断面面积之后，便可绘制出过水断面面积沿流道中线（即内切圆圆心连线）的变化曲线（见图 2－12）。

该曲线应当是平直或光滑的线。考虑抗汽蚀性能，一般进口部分是凸起的曲线。若曲线形状不良，应修改轴面投影形状直到满足要求为止。轴面投影图的形状对叶轮水力性能的影响很大，需要非常认真地对待。图 2－13 是不同比转速叶轮轴面投影图的形状。

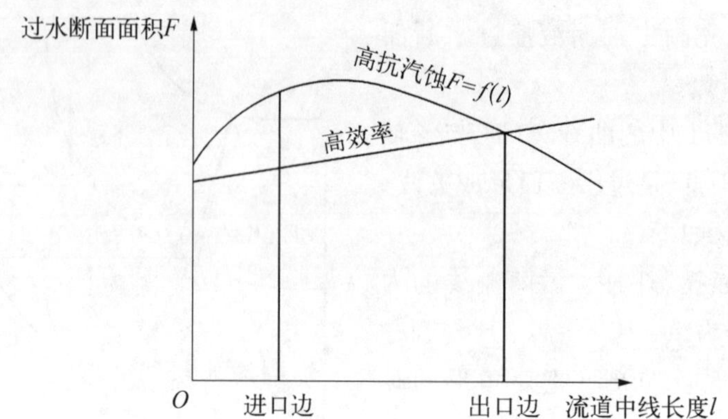

图 2-12　轴面液流过水断面沿流道中线的面积变化

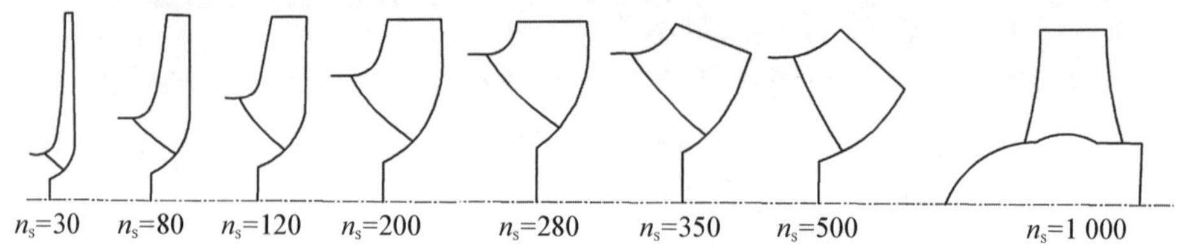

图 2-13　不同比转速叶轮轴面投影图的形状

1）一元理论轴面流线绘制方法

前面已经提到轴面流线是流面和轴面的交线，也就是叶片和流面交线的轴面投影，一条轴面流线绕轴线旋转一周形成的回转面是一个流面。因而用几个流面就可以把流道分成几个小流道了。一般按各小流道通过相等的流量来分，即轴面流线要等分。当流量一定时，其流道的宽窄（即面积）和其中的速度分布有关。按一元理论，速度沿同一个过水断面均匀分布，这样只要把总的过水断面分成几个相等的小过水断面即可。在具体分流线时，应先分进出口。出口边一般平行于轴线（如果出口边是倾斜的，可延长一部分流线，使出口边与轴线平行），只要等分出口边线段即可。对于进口边流线，适当延长之后使之与轴线平行。按每个圆环面积相等确定分点（见图 2-14）。

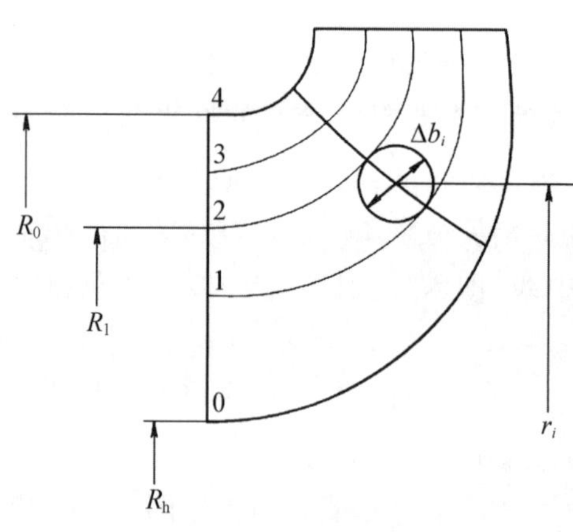

图 2-14　轴面流线

如果分成 n 个小流道，则进口分点半径 (R_c) 按式(2－8)计算：

$$R_c = \sqrt{\frac{i(R_0^2 - R_h^2)}{n} + R_h^2} \tag{2-8}$$

式中：n 为流道总数；i 为从轴线侧算起所要求的流线序号(不包括后盖板流线)；R_h 为叶轮轮毂半径。

例如在图 2－14 中，中间的流线序号为 $i = 2$，流道总数 $n = 4$。有了始、末分点，凭经验画出各条轴面流线。画流线时应力求光滑准确，以减少修改的工作量。而后沿整个流道取若干组过水断面，检查同一过水断面上两流线间的小过水断面面积是否都相等。如果不相等，应修改直到相等或者相差不多时为止。小过水断面的计算方法和前述的轴面液流过水断面计算方法相同，小过水断面按小内切圆过公切点依次做出。小过水断面的面积 (ΔF_i) 按式(2－9)计算：

$$\Delta F_i = 2\pi r_i \Delta b_i \tag{2-9}$$

沿同一过水断面应满足式(2－10)：

$$r_i b_i = C_{\text{onst}} \tag{2-10}$$

式中：C_{onst} 为常数。

如果分的流道较多时，可列表计算。另外，比较常用的流线修正方法是：将同一过水断面上各小流道的过水断面相加，除以流道数得平均值，而后将平均值除以各小流道的半径得到各小流道较准确的宽度，以此修正流线。

2) 保角变换法绘型原理

所谓叶片绘型就是画叶片。为此，应在几个流面上画出流线，即叶片骨线，然后按一定规律把这些流线串起来，就形成了无厚度的叶片。画叶片有 2 种方法，即作图法和解析法。因为解析法也要结合作图，所以主要介绍作图法绘型的原理和步骤。流面是个空间曲面，直接在流面上画流线不容易表示流线形状和角度的变化规律，因此，要设法把流面展开成平面，在展开的平面上画流线，然后按预先标好的记号返回到相应的流面上。

下面首先介绍保角变换法绘型原理，关于保角变换法绘型的基本步骤会在下一节介绍。图 2－15 所示为方格网保角变换法。图 2－15 中的(a)为一流面，其上有一条流线。使用一组与轴线夹角为 θ 的轴面 Ⅰ、Ⅱ、… 以及一组垂直轴线的平面 1、2、… 来截取流面，使之在流面上构成曲面四边形格网，并且令曲面四边形格网的轴面流线长度与圆周方向的长度相等，即 Δu 等于 Δs。当所分的这些曲面四边形网格足够小时，则可以把流面上的曲面四边形近似看作平面小四边形，并且这些四边形从进口到出口逐渐增大。

所谓保角变换，就是保证空间流面上流线与圆周方向形成的角度不变的变换。在平面上的展开流线只要求其与圆周方向的夹角和空间流线的夹角对应相等即可。展开流线的长度和形状则与实际流线可能不相同。因为旨在相似而不追求相等，可设想先把流面展成圆柱面[见图 2-15(b)]，然后把圆柱面沿母线切开再展成平面[见图 2-15(c)]。由图 2-15(a)可见，空间流线穿过流面曲面四边形，将曲面四边形两边分别截成两段，相应的流线在平面方格网上把正方形两边分别截成成比例的两段，由相似关系可知对应的角度相等，即保持角度不变。设计叶片与上述过程正好相反，是把在平面展开图上绘制的流线，利用特征线保持角度不变变换到流面，即平面和轴面投影图。

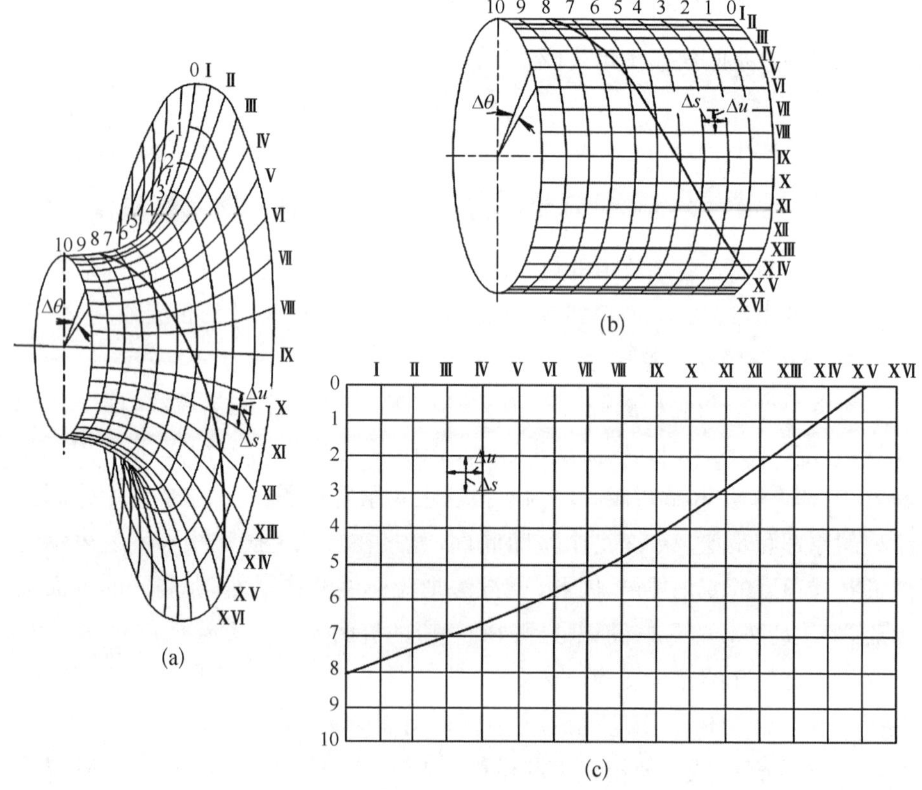

图 2-15 方格网保角变换法

这就是离心泵叶片设计过程中常用的保角变换法的基本原理和方法。

3）轴面流线分点和流线展开图的绘制方法

当采用方格网保角变换法设计和绘制叶轮叶片时，首先要设计和绘制叶轮轴面图，然后对流线进行分点，下面介绍轴面流线分点的方法。

沿轴面流线分点的实质，就是在流面上画特征线，组成曲面四边形网格。因为流面可以用轴面图和平面图表示，所以分点在轴面图上沿一条流线（相当于一个流面）进行。由于流面是轴对称的，一个流面上的全部轴面流线均相同，因此只要分相应的一条轴面流线就等于在整个流面上绘出了方格网。

流线分点的方法很多，现介绍以下2种。

由方格网保角变换法绘型原理可知，流面的每个曲面四边形应近似为正方形，即由方格网保角变换法绘型原理图可知式(2-11)中 $\Delta\theta$ 是任取的，两轴面间的夹角 $\Delta\theta$ 一般取 3°～5°，取的度数越小，分的点越多。

$$\Delta u = \frac{\Delta\theta}{360} 2\pi r \tag{2-11}$$

式中：r 为流面上扇形中心（轴面流线两分点中间）的半径。

(1) 逐点计算法。即从叶轮出口开始，沿轴面流线任取 Δs，量出 Δs 段中点的半径(r)，按式(2-11)计算 Δu。如果算得的等于预取的，则分点是正确的。若不等，重新选取，再计算 Δu 直到两者相等。继之，从分得的点起分第2、3、…点。这种方法的缺点是容易产生累积误差。

(2) 作图分点法。这种方法在手工绘图时经常用到。首先在轴面投影图旁边画两条夹角等于 $\Delta\theta$ 的射线（见图2-16），这两条射线表示夹角为 $\Delta\theta$ 的两个轴面。与逐点计算分点法相同，一般 $\Delta\theta$ 取 3°～5°。从出口开始，先试取 Δs，若在轴面流线上分点，Δs 中点半径对应的两射线间的弧长 Δu 与试取的 Δs 相等，则分点是正确的；如果不等，就逐次逼近直到 Δs 等于 Δu 为止。第1点确定后，用同样的方法分第2、3、…点，当流线平行于轴线时，Δu 不变，用对应 Δs（曲线长度）截取流线即可。这里必须注意：各流线只能用相同的 $\Delta\theta$ 分点。

当全部流线分点完成后，就可以在展开的流面（即平面方格网）上绘制流线。因为保角变换法绘型基于局部相似而不追求局部相等，所以几个流面可以用一个平面方格网代替（见图2-17）。方格网的大小可任意选取，横线表示轴面流线的相应分点，竖线表示夹角为对应分点所用 $\Delta\theta$ 的轴面。画出方格网

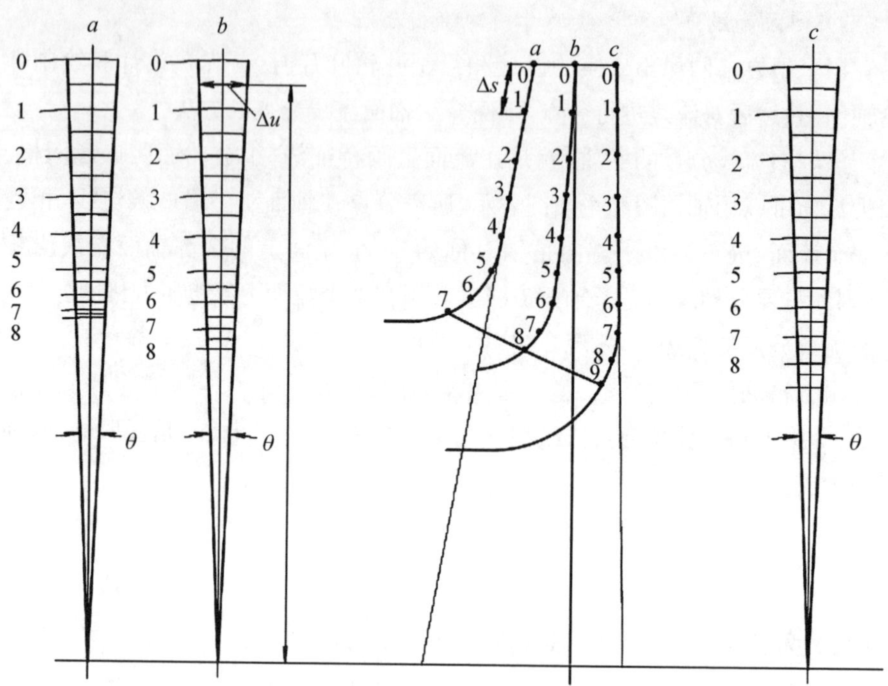

图 2-16　轴面流线分点

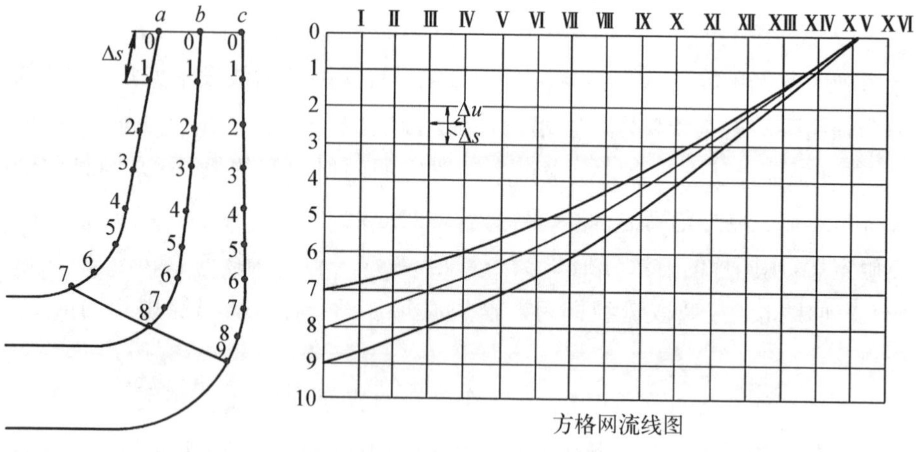

图 2-17　方格网展开流线

并把特征线按顺序编号，而后在其上绘制流线，通常先画中间流线，流线在方格网上的位置应与相应轴面流线分点序号对应。进出口角度应与预先确定的值相符，可灵活掌握包角大小。型线的形状极为重要，不理想时应坚决修改。必要时，可改变叶片进口边的位置、包角的大小等。

当进口边在方格网中位于同一竖线上，如图 2-17 中进口边的三点，位于同一条 0 竖线上时，表示进口边位于同一叶轮轴面上，一般离心泵进出口边都位于同一轴面上。混流泵或离心泵叶片绘型的型线不理想时，进出口边均可不置于同一轴面上。究竟如何布置主要由方格网上流线的形状和下一节的轴面截线的形状好坏决定。

4) 叶片轴面截线的绘制及叶片加厚

将方格网中的流线绘制好后，就该绘制叶轮叶片轴面截线并进行叶片的加厚。首先是如何绘制轴面截线，在方格网中画出的三条流线就是叶片表面的三条型线（见图 2-17 右图）。用轴面（相当于方格网的竖线）去截这三条流线，相当于用轴面去截叶片。把方格网中每隔一定角度的竖线和三条流线的交点，对应编号 1、2、3、…的位置，用插入法分别点到轴面投影图相应的三条流线上，并把所得点连成光滑的曲线就得到了叶片的轴面截线，轴面截线应光滑并按一定规律变化。轴面截线和流线的夹角 λ 最好接近 90°，一般不要小于 60°。λ 太小，即盖板和叶片的真实夹角过小会带来铸造困难、排挤严重和过水断面形状不良等缺点。

用方格网保角变换法绘型时，一般在轴面投影图上按轴面截线进行加厚。加厚时可以认为前面所得的轴面截线为骨线，可向两边加厚，也可从工作面向背面加厚。沿轴面流线方向的轴面厚度（S_m）按式（2-12）计算：

$$S_m = \frac{S}{\cos\beta} = \delta\sqrt{1+\tan^2\beta+\cot^2\lambda} \tag{2-12}$$

为了作图方便，通常给定真实厚度（δ）或流面厚度（S）沿轴面的变化规律。相应的角度 λ 从轴面截线图中量得，角度 β 从方格网流线中量得。叶片进出口厚度一般按工艺要求给定，最大厚度距进口边的距离在全长的 40%左右。厚度可按流线型变化，或选择翼型厚度的变化规律。把算得的厚度按流线和轴面截线的对应关系，在叶轮轴面图中画点后光滑连接（见图 2-17 左图）。

在离心泵叶片的设计中，根据泵的工作原理确定其工作面（对于后弯叶片，通常凸面是工作面）。用轴面截取叶片工作面的截线（即图 2-17 右图中以数字7起始的实线)，并将背面的截线(即图2-17右图中以数字9起始的实线)置于下方(以垂直于轴线的平面为参考)。接着，根据设计要求，对选定的轴面截线进行均匀的或变厚的加厚处理，以确保叶片的强度和性能满足预期。

5) 叶片剪裁图的绘制及叶片绘型质量的检查方法

(1) 叶片剪裁图的绘制方法。用一组等距或不等距的轴垂面0、1、2、…去截取轴面截线(即叶片)，则每个截面和叶片都有两条交线，即分别与工作面和背面的交线。把各截面与工作面和背面的交线分别画在平面图中(见图2-18)，这些交线称为叶片剪裁或木模截线图(见图2-19)。图中所示的背面和工作面的形状，应反映从叶轮入口方向俯视时，叶片随着叶轮逆时针旋转的排列情况，即确保工作面和背面的形状投影按逆时针方向排列。

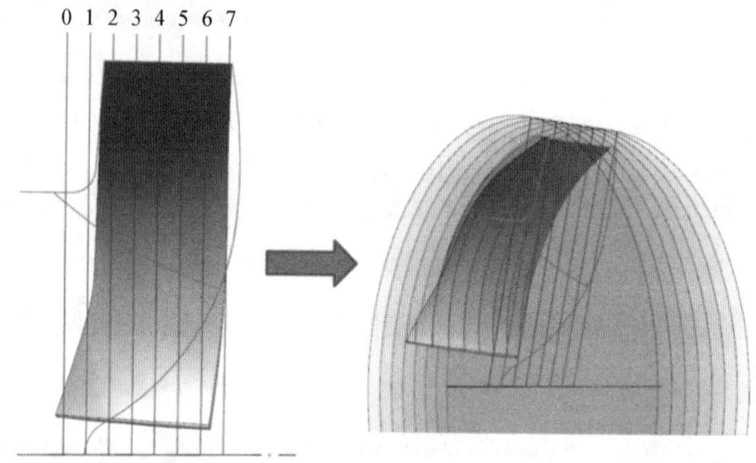

用轴垂面截取轴面截线

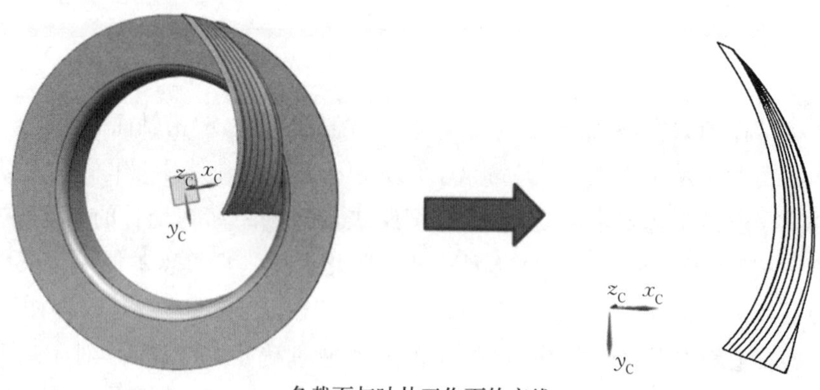

各截面与叶片工作面的交线

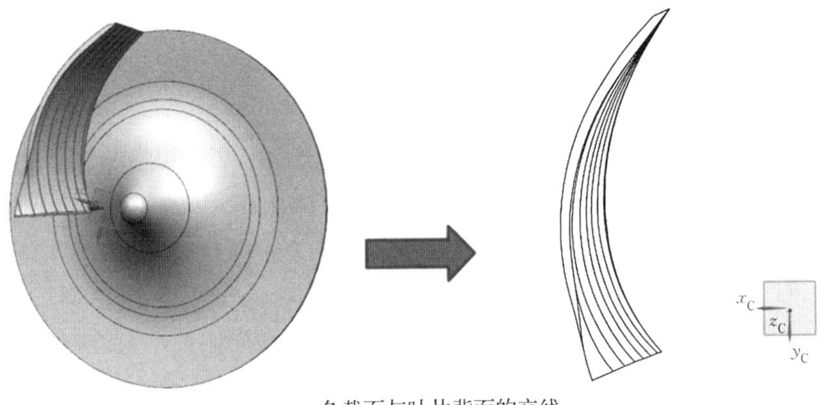

各截面与叶片背面的交线

图 2-18　叶片剪裁图绘制过程

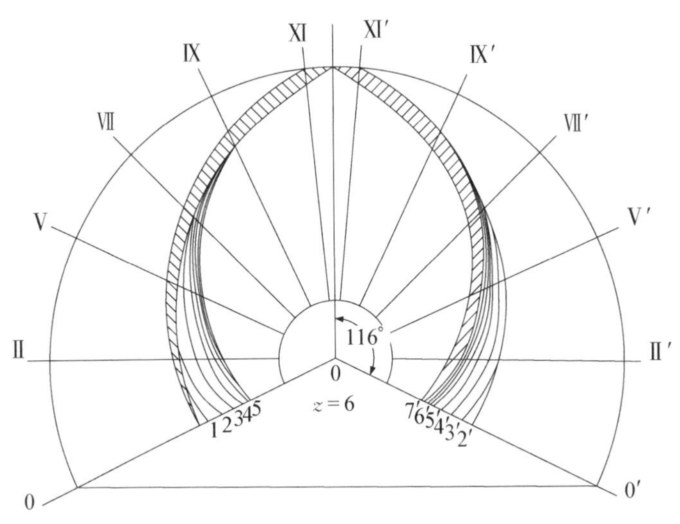

图 2-19　木模截线图

(2) 叶片绘型质量的检查方法。叶片绘型的质量通常采用两种方法进行检查,一种是叶片流道扩散度检查,另一种是速度变化规律检查。叶片间流道扩散情况检查的目的是看叶片间流道面积变化是否均匀。有效部分进出口的面积比应为 1.0～1.3,当该比值大于 1.3 时则表明流道扩散严重,叶轮效率下降,在这种情况下最好修改原设计。流道间面积可按式(2-13)计算:

$$A_i = a_i b_i \tag{2-13}$$

式中：a_i 为平面图上叶片间的宽度；b_i 为轴面图叶片宽度。

流道间面积比为

$$\frac{A_{\mathrm{I}}}{A_{\mathrm{II}}}=1.0\sim1.3 \tag{2-14}$$

当叶片的形状确定后，应检查两个叶片之间流道的形状是否符合理想情况。对于圆柱形的叶片，其流道检查方法可按图 2-20 所示方法进行；对于扭曲的叶片，按叶片裁剪图和轴面投影图来检查其流道断面的面积变化。必须强调的是，要保证计算出的面积沿流道长度均匀变化（见图 2-21）。

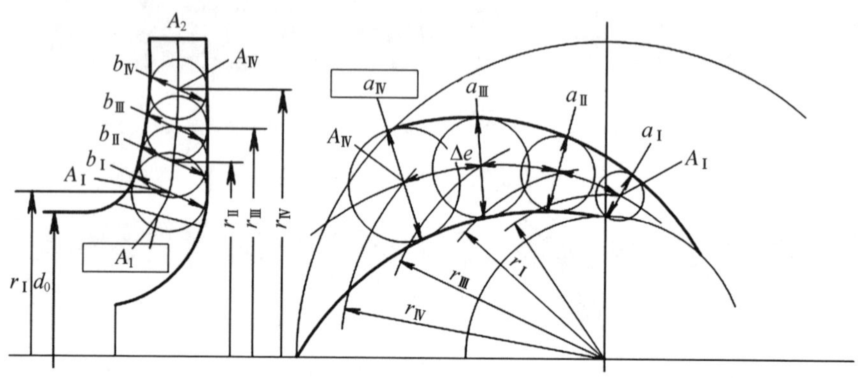

图 2-20 流道检查

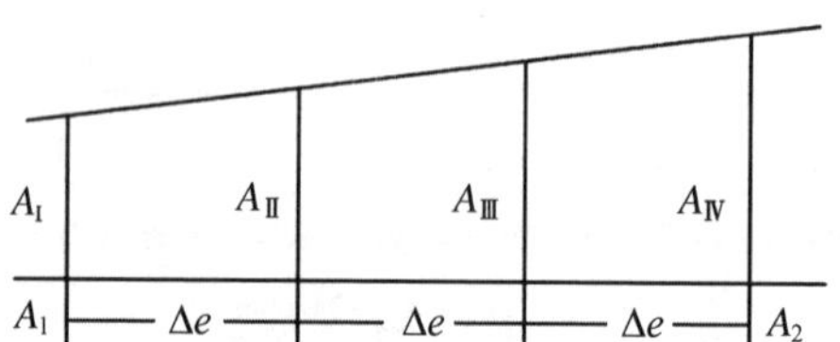

图 2-21 流道断面的面积变化规律

因为采用作图法进行叶片绘型时，有很大范围的任意性，所以有必要检查相对速度（w）和速度矩（$v_u\boldsymbol{r}$）沿流线的变化情况，将相对速度（w）和速度矩（$v_u\boldsymbol{r}$）的计算结果画成图 2-22 所示的曲线，以便检查。当变化情况不良时应修改原设计。如果检查叶片间流道面积变化情况良好，也可不检查速度变化。

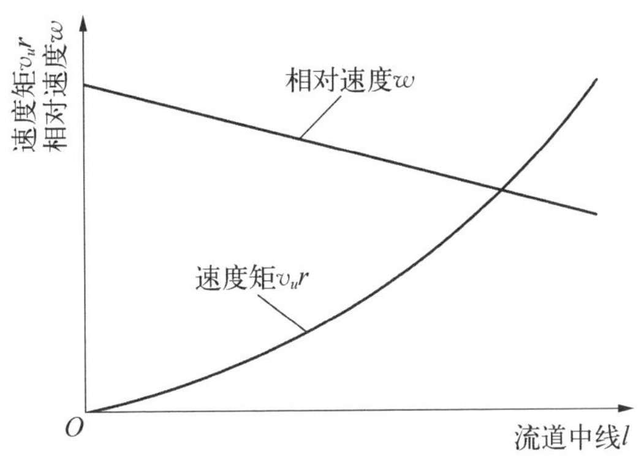

图 2－22　相对速度和速度矩沿流线的变化情况

2.2　轴流泵水力设计

轴流泵属于低扬程泵，在农田灌溉、市政给排水、调水工程、电厂循环水工程等方面有着广泛的应用。近年来，在核电和喷水推进方面也得到了应用。

2.2.1　概述

轴流泵是一种常用的叶片泵，它的叶片单元为一系列翼型，围绕轮毂构成圆柱叶栅。由于流过叶轮的液体微团的迹线理论上位于与转轴同心的圆柱面上，经过导叶消旋之后认为出流沿着轴向，因此这种泵称为轴流泵，又称为卡普兰泵。与离心泵一样轴流泵过流部件同样由吸入室、叶轮和压水室组成，不同的是，轴流泵叶轮和压水室的结构形式与离心泵存在明显不同，这是因为两者工作原理不同。离心泵主要靠离心力做功，而轴流泵主要靠升力做功。对于给定的流量，相比于其他泵型，轴流泵可以采用更小的尺寸，又囿于其进出口直径相同，无法依靠离心力做功，所以其扬程相对较低。因此，轴流泵是一种大流量、低扬程的泵，比转速一般处于 500～2000，结构如图 2－23 所示。

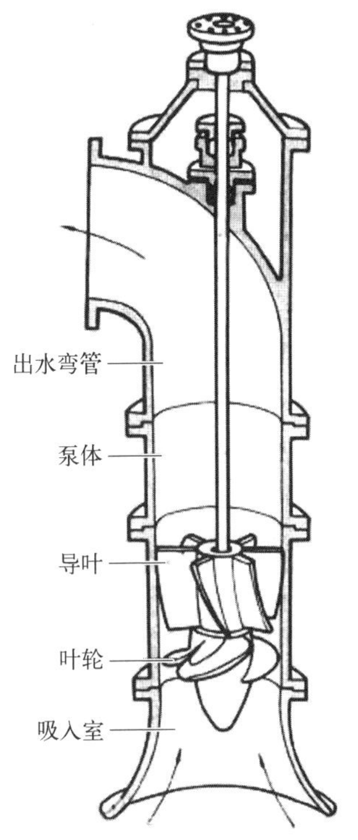

图 2－23　轴流泵结构示意图

轴流泵运行具有以下特点：① 适用于大流量、低扬程；② $H - q_V$ 特性曲线很陡，关死扬程是额定值的(1.5～2)倍；③ 轴流泵流量愈小，轴功率愈大。因此，应开阀启动；④ 高效操作区范围很小，在额定点两侧效率急剧下降；⑤ 叶轮一般浸没在液体中，启动时不需灌泵。

轴流泵作为一种大流量、低扬程的泵，广泛应用于调水工程、生命科学、航空航天、核能发电等国民经济领域，如图 2-24 所示。

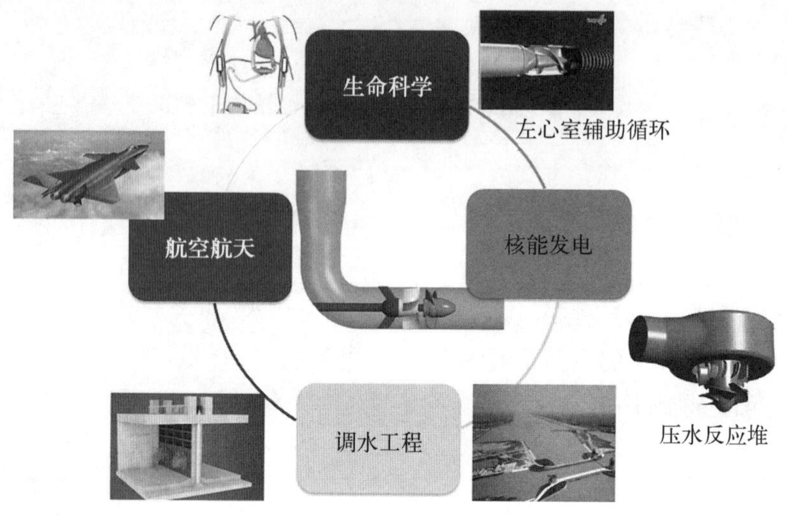

图 2-24　轴流泵的应用

中国幅员辽阔，水资源分布极不均衡，整体呈现南涝北旱的状况。为了解决黄河和淮河流域缺水问题，1952 年毛泽东主席首次提出南水北调的宏伟构想，经过近半个世纪的研究论证，确定西、中、东三线方案，分别从长江流域上、中、下游长距离、跨流域调水至黄河和淮河流域，以解决北方城市用水、农田灌溉问题及缓解改善北方地下水环境，并在调峰防洪抗旱中发挥了重要作用。长距离、跨流域调水需要建设大量泵站，仅已经完工的东线一期工程就完成建设 34 座大型泵站、安装 160 台大型水泵、装机容量达 36.62 万千瓦，成为世界上最大的泵站群，以年均运行时间为 5 000 h 计，仅泵站提水一项年耗电量达 18.3 亿千瓦·时。轴流泵以其大流量、低扬程特性成为在建东线工程的主要选择泵型，在所选泵型中占比 90%以上。可以预见，在建的东线、中线工程以及未建的西线工程中，轴流泵仍将是各泵站的主要泵型。

轴流泵在生命科学领域同样发挥重要作用。众所周知，心脏是促进机体血液循环的动力器官，而心肌细胞再生能力极差，一旦损坏会诱发心脏病，严重威胁人类健康。轴流式人工心脏泵可以作为病变心脏的替代者行使为血液循环提供动力的功能，从而极大地提高心脏病患者的生存寿命和生活质量。目前，美国已有成功将人工心脏临床应用的报道，中国心脏泵的临床应用仍有很长的路要走，人工心脏泵如图 2-25 所示。

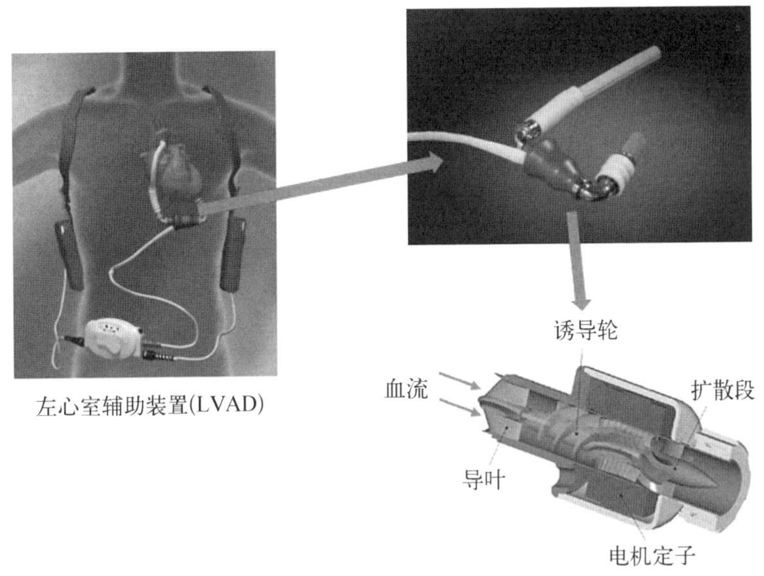

图 2-25　人工心脏泵

另外，轴流泵也以其流量大、结构紧凑、空间尺寸小等优点作为燃油输送泵应用到航空航天领域。图 2-26 所示为美国国家航空航天局公布的一款轴流式燃油输送泵。与传统的轴流泵不同，该泵比转速较小(小于 300)，为了解决低比转速引起的叶片扭曲问题，该泵采取了大轮毂比、多叶片数非常规设计方法，轮毂比为 0.8，叶片数为 19。试验表明，该泵取得了不亚于混流泵的水力性能，效率高达 84%。

中国第三代核电压水堆“华龙一号”采用轴流泵作为冷却剂主泵(见图 2-27)。所不同的是，压水堆内部基准压强高达 15.5 MPa，这一高压环境使得主泵设计中可以显著减少或避免汽蚀(通常称为空化)问题的产生。因此，设计时可采用较高的轴面速度以提高效率，并且在导叶后加装了环形压出室以优化流体流动路径和性能。集小型化、集成化、模块化优势于一体的第四代核反应堆——铅冷快堆，也选用轴流泵作为其核心冷却剂主泵。然而，铅铋冷

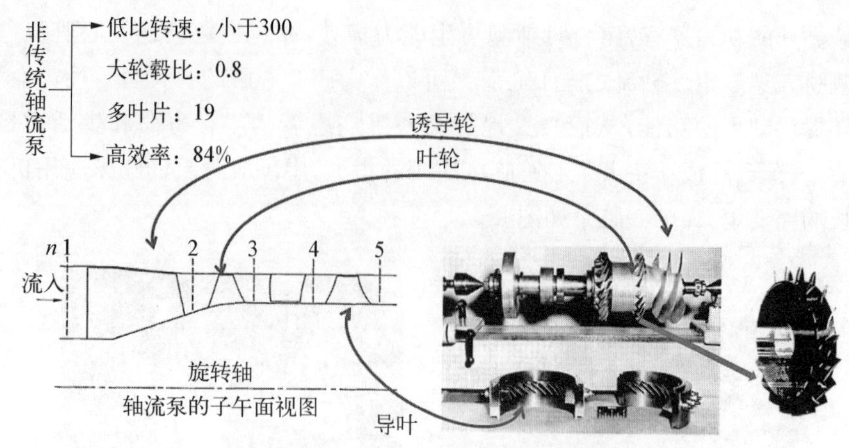

轴流式燃油泵(美国国家航空航天局数据)

图 2-26　轴流式燃油泵

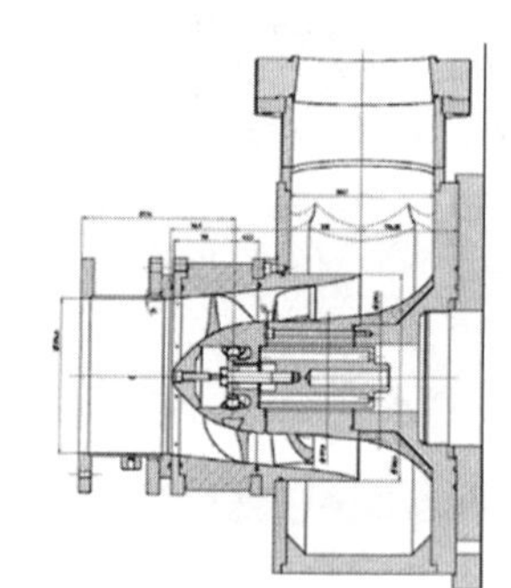

体积流量：23 790 m³/h

扬程：97 m

效率：83%(297 ℃、15.5 MPa)

多导叶数：14(非常规)

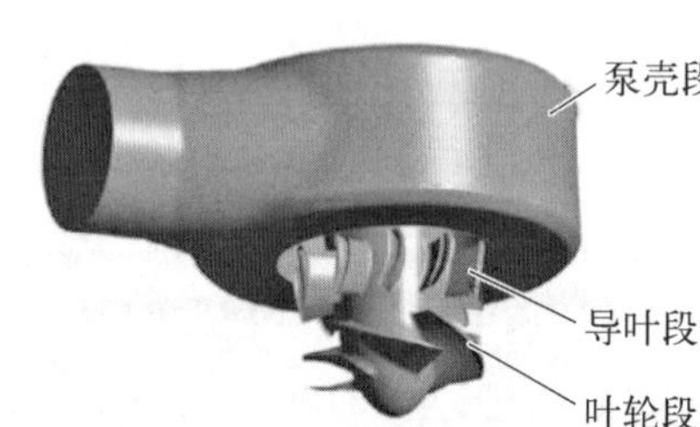

图 2-27　冷却剂主泵

却剂的非空化(即不易发生汽蚀)、高密度、高磨蚀性均对轴流泵的设计理论提出了全新的挑战和更高的要求。传统上基于清水介质并考虑空化特性的半理论、半经验的轴流泵设计方法，已难以满足以核主泵为代表的对精准、高效、低阻及抗磨蚀性有极高要求的工业轴流泵设计标准。轴流泵机组根据泵轴与地面的角度关系分为立式机组、卧式机组和斜式机组。

2.2.2　主要结构参数确定

根据泵的设计、制造和试验时的研究结果，得出一系列的公式和图表。利用这些资料可以初步估算轴流泵叶轮的主要尺寸和其他结构参数。

设计一台泵，首先要明确设计体积流量(q_V)、扬程(H)，并确定转速(n)；然后，按以下方法初步估算轴流泵叶轮主要结构参数。

1) 叶轮外径(D)

叶轮外径就是叶轮外缘的直径，叶轮外径一般根据轴面速度来确定。如果轴面速度选择不合适，设计出来的泵扬程、效率都会偏离设计点。不少学者基于大量优秀的水力模型试验数据的研究结果表明，对于抗汽蚀性能和水力效率俱佳的轴流泵，在无冲角的状态下，进口轮缘最佳安放角为15°～20°，进而得出了以下著名的鲁德涅夫公式：

$$C_m = (0.06 \sim 0.08)\sqrt[3]{q_V n^2} \tag{2-15}$$

式中：C_m 为轴面速度，m/s；q_V 为体积流量 m^3/s；n 为转速，r/min。

实践证明，该公式具有较好的应用效果。首先确定轮毂比，然后选择叶轮直径代入鲁德涅夫公式看是否处于规定的区间。

按式(2-16)计算叶轮出口处的圆周速度：

$$u_2 = k_{u_2}\sqrt{2gH} \tag{2-16}$$

式中：k_{u_2} 为经验系数，由公式 $k_{u_2} = \dfrac{n_s}{584} + 0.8$ 计算，从而得到叶轮的外径(D)：

$$D = \frac{60u_2}{n\pi} \tag{2-17}$$

2) 轮毂比(R_d)

一般轮毂比 $R_d = \dfrac{d_h}{D}$，$R_d = 0.3 \sim 0.6$，与比转速密切相关，d_h 为叶轮轮毂直径。当比转速(n_s)较高时，为了得到较大的过流截面积比值，R_d 应取较小值。对于低比转速叶轮，轮毂的直径可以取得较大，以限制轮毂处的叶片角。在轮毂直径较小时，叶片角可能超过45°，这样就有产生脱流现象的可能性。轮毂用来固定叶片，在结构和强度上保证安装叶片和调节叶片的要求。从水力性能上讲，减少轮毂比(R_d)，可以减少水力摩擦损失，增加过流面积，进而改善吸入性能。但是，过分地减少轮毂比，会增加叶片的扭曲，当偏离设计工况时，会造成液体流动的紊乱，在叶轮出口形成二次回流，使泵的效率下降，高效范围变窄。

经过总结归纳大量优秀的水力模型试验数据，得出合适的轮毂比(R_d)是比转速的函数，由图 2-28 查取。图 2-28 中曲线拟合公式为

$$R_d = -5.0162 \times 10^{-11} \times n_s^3 + 3.04657 \times 10^{-7} \times n_s^2 - 6.32312 \times 10^{-4} \times n_s + 0.4808 \quad (2-18)$$

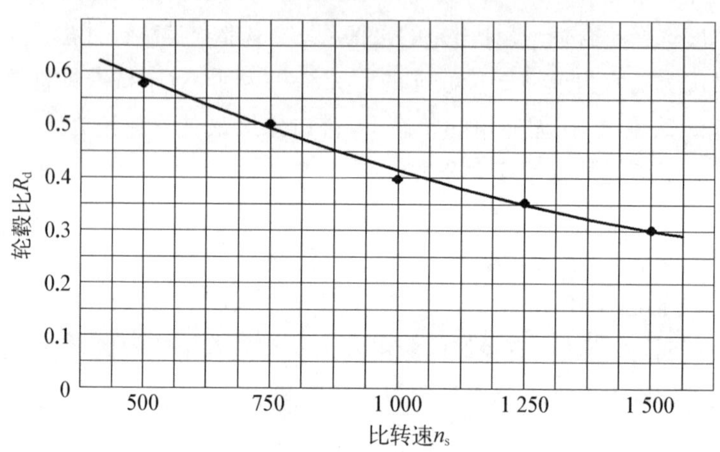

图 2-28 轮毂比与比转速的关系

3）叶栅稠密度

叶栅稠密度，即相邻叶片在垂直于流体流动方向上的投影宽度之和与两叶片间距离（即节距）的比值，对栅中翼型升力系数及轴流泵的整体性能具有重要影响。合适的叶栅稠密度能够显著影响轴流泵的效率和抗汽蚀性能。减少叶栅稠密度虽然能减少摩擦面积，从而提高效率，但同时也会使叶片两侧压差增大，加剧汽蚀现象，降低泵的可靠性。相反，过高的叶栅稠密度则可能会增加流体流动阻力，对效率产生不利影响。因此，在进行轴流泵设计时，首先需要明确泵的比转速，并参考已有优秀水力模型的研究成果，建立比转速与轮缘、轮毂处叶栅稠密度的关系曲线。随后，根据具体设计需求（如流量、扬程等），确定轮缘和轮毂处的叶栅稠密度，并确保从轮缘至轮毂的叶栅稠密度能够连续且合理地变化，以达到最佳的水力性能和效率。

2.2.3 叶轮及导叶设计方法

液体在轴流泵叶轮内的流动是一种复杂的空间运动，叶轮的水力设计对于整个轴流泵能否达到要求非常重要。

轴流泵导叶的作用是消除液体的环量，转换液体动能为压力能，设计计算方法与斜流泵导叶类似。

2.2.3.1 轴流泵叶轮的水力设计

设计轴流泵时，假设泵内的流动不存在径向流动，也就是圆柱截面间液流互不相关。根据不同无限平面直列叶栅流动的解析方法，有不同的轴流泵设计方法，目前有关轴流泵叶轮的设计方法主要有升力法、圆弧法和奇点分布法。

1) 升力法

升力法是利用单翼型的绕流特性并依据实验数据进行适当修正的叶片设计方法，在很大程度上要依赖于实验数据的积累，是一个半经验、半理论的设计方法。在积累了丰富的实验数据的条件下，这是一种既方便又能准确满足设计要求的方法，其利用单个翼型的空气动力特性，并考虑到组成叶栅后翼型之间的相互影响来设计叶片。大量的风洞水洞试验提供了各种翼型的丰富资料。升力法如图 2-29 所示。

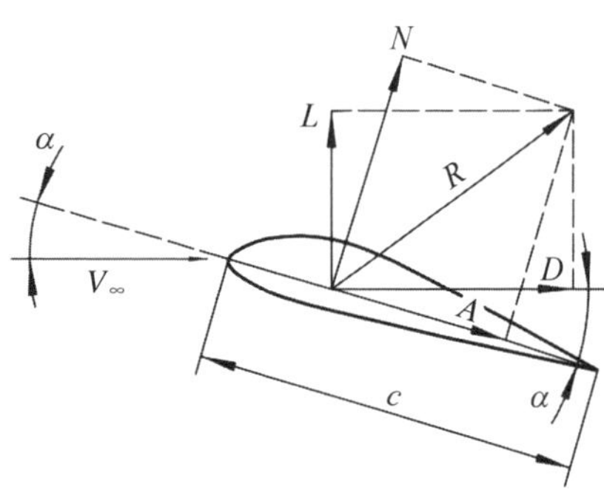

图 2-29　升力法

2) 圆弧法

圆弧法是利用无限薄的圆弧翼型叶栅代替叶轮叶片栅，并借助于绕流圆弧翼型叶栅的积分方程式的解来计算轴流式叶轮的叶片系统。这种方法计算程序简单，而且设计出来的泵具有良好的性能，所以也是目前广泛应用的一种方法，但是圆弧法只能用来计算圆弧叶栅的能量增加而不能计算翼型上的速度和压力。圆弧法如图 2-30 所示。

3) 奇点分步法

奇点分步法是以解理想流体绕流叶栅的积分方程为基础，采用连续分布在叶栅内翼型骨线上的奇点（涡、源、汇）系列来代替翼型和水流的作用，对所研究速度场进行流体动力学计算，从而得到被代替的翼型。这种方法在设计

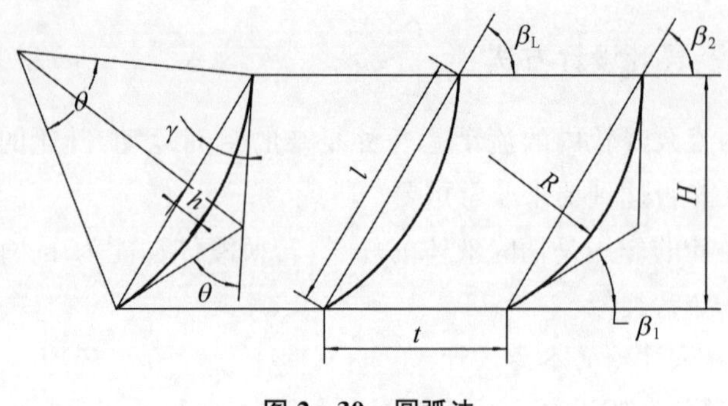

图 2－30　圆弧法

过程中可以有效地控制翼型表面各点速度和压力分布，从而可以预先考虑叶轮的抗汽蚀性能。但是，该方法的最大缺点是计算公式繁杂，计算量大，因此较少采用。当然，随着电子计算技术的发展，该方法会趋于广泛应用。奇点分步法如图 2－31 所示。

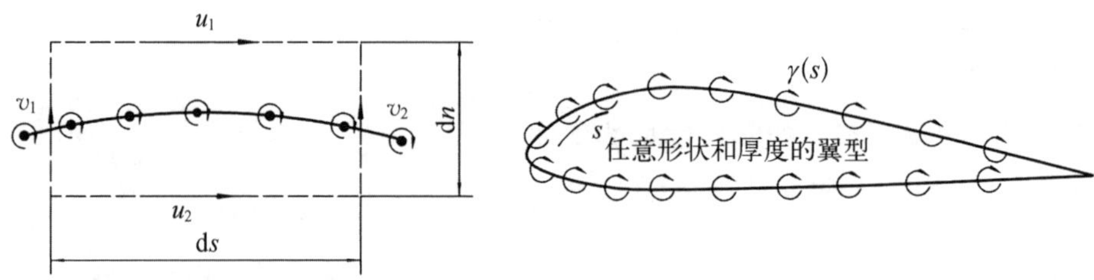

图 2－31　奇点分步法

以圆弧法为例，轴流泵叶轮设计的主要步骤如下。

(1) 经过大量的试验总结知，比转速与叶轮轮毂比、叶栅稠密度、叶片数的选取都有着密切的关系。因此，首先需要根据泵的性能参数来确定泵的比转速：

$$n_s = \frac{3.65n\sqrt{q_V}}{H^{0.75}} \tag{2-19}$$

(2) 根据确定的比转速可以进一步确定轮毂比。然后，根据所选的轮毂比和鲁德涅夫公式，选择合适的叶轮外径[见式(2－15)]。

(3) 根据经试验总结得来的轮缘及轮毂的叶栅稠密度与比转速的关系(见图 2－32)分别得出轮缘与轮毂的叶栅稠密度。随后，确保从轮缘到轮毂叶栅稠密度呈线性变化，其中轮毂叶栅稠密度为轮缘叶栅稠密度的(1.3～1.4)倍。

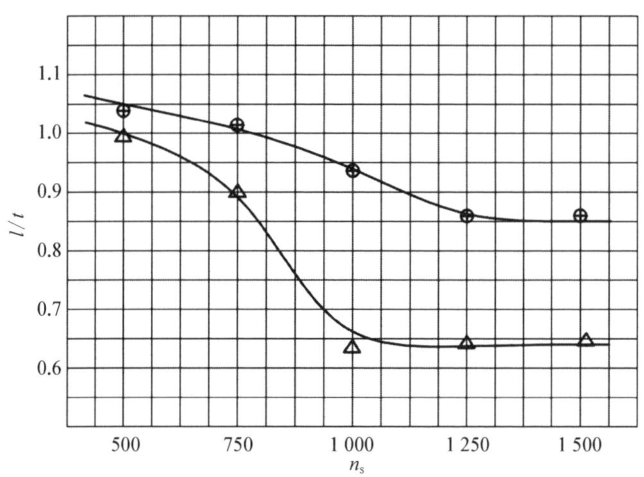

图 2－32　叶栅稠密度(l/t)与比转速的关系

(4) 根据比转速选取合适的叶片数，可参照试验数据总结的结果进行选择(见表 2－2)。

表 2－2　叶片数(Z)和比转速(n_s)的关系

n_s	Z
⩽500	6
500～800	4～5
＞800	3～4

(5) 根据泵参数和欧拉方程确定不同圆柱面叶片进出口速度三角形(见图 2－33)，进而确定叶片进出口安放角。

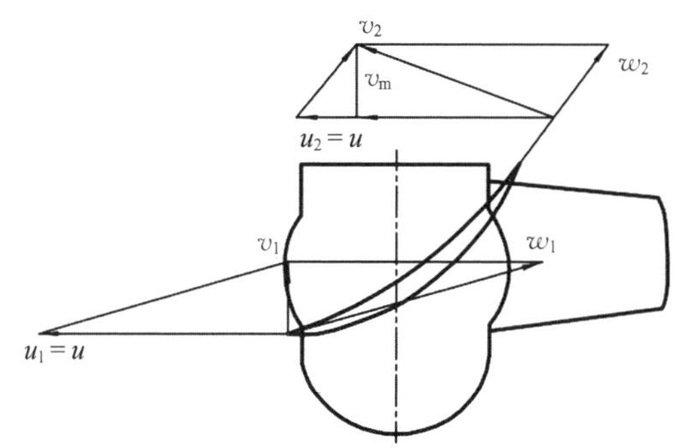

图 2－33　叶片进出口速度三角形

(6) 采用圆弧作为翼型的型线设计(见图 2-34),并根据确定好的叶片进出口安放角,精确计算出叶片工作面不同截面的圆弧半径:

$$R=\frac{l}{2\sin\frac{\theta}{2}}=\frac{l}{2\sin\frac{\beta_2-\beta_1}{2}}=\frac{H}{\cos\beta_1-\cos\beta_2} \tag{2-20}$$

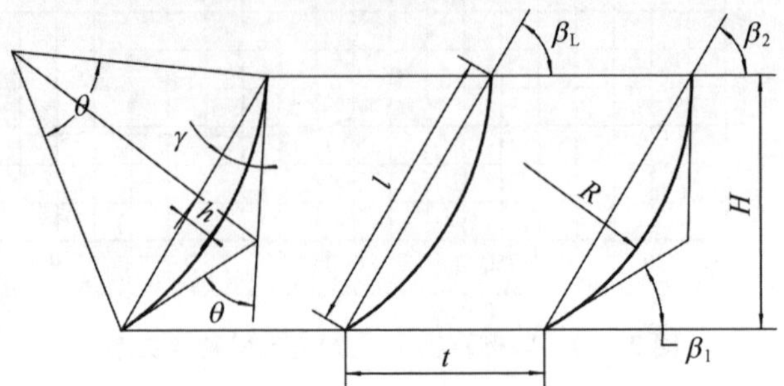

图 2-34 型线的形状

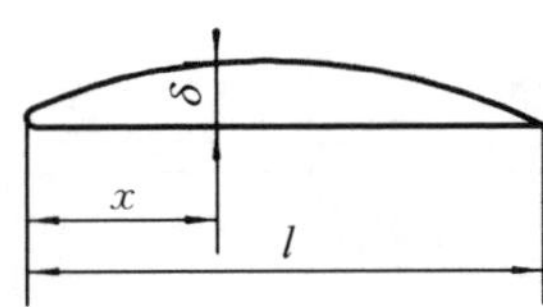

图 2-35 翼型的厚度变化

(7) 进行翼型加厚处理。遵循从工作面向背面加厚的原则,并依据翼型厚度变化规律(见图 2-35),对翼型进行加厚。鉴于 791 翼型在轴流泵设计实践过程中展现出的优异性能,可以借鉴其厚度变化规律(见表 2-3)作为加厚操作的依据。

表 2-3 翼型厚度变化规律

x/l	δ/δ_{max}
0	0
0.05	0.29
0.07	0.40
0.1	0.48
0.2	0.77
0.3	0.92
0.4	0.97
0.5	1.0

（续表）

x/l	δ/δ_{max}
0.6	0.88
0.7	0.75
0.8	0.54
0.9	0.35
0.9	0.2
0.1	0

(8) 绘制水力图。叶面水平截面和轴向截面检查如图 2-36 所示。

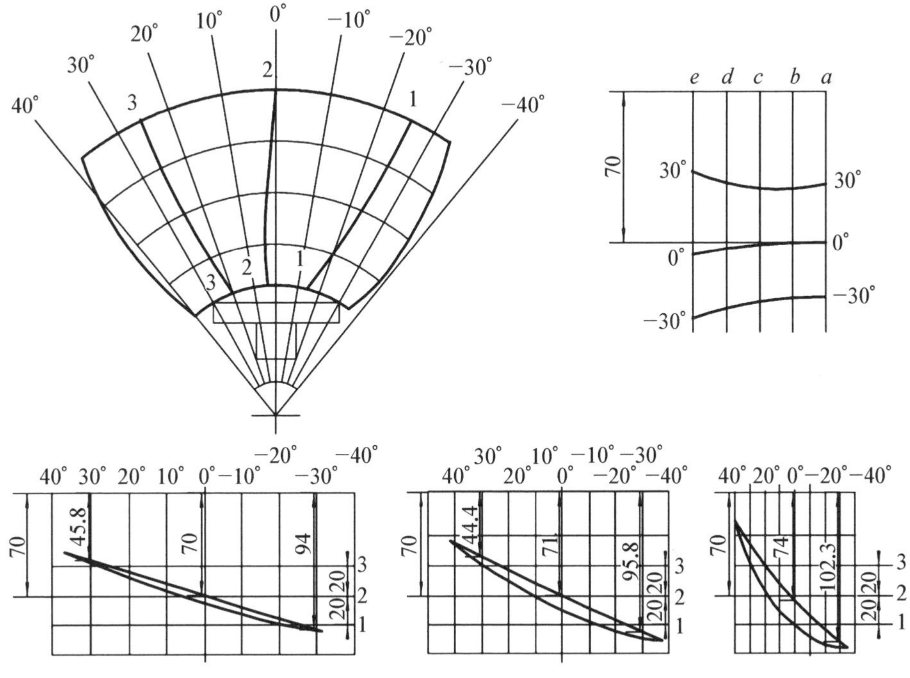

图 2-36　叶片水平截面和轴向截面检查

2.2.3.2　轴流泵导叶的水力设计

轴流泵导叶的主要作用如下：消除液体的环量，将液体的动能转换为压力能。大多数的导叶呈锥形，以降低液体的速度，从而减小压力管道中的水力损失。为了减少泵的轴向长度，常将导叶和扩散管合为一体，称为导叶体。确定导叶的主要结构参数时，与叶轮室和出水管的结构统一考虑。一般导叶体的扩散角(θ)为 6°～10°，导叶的进口边一般与叶轮叶片出口边平行，其间的距离(s)为(0.05～0.1)D。一般叶片数(Z)为 5～10，低比转速的泵取较多的叶片数，为了减小压力脉动，导叶叶片数不要与叶轮叶片数互成倍数。实践表明，增多叶片数、缩短导叶长度能够取得更好的效果。

同样地，轴流泵导叶的设计方法采用圆弧法，其设计步骤如下。

第一步：选择导叶的结构参数并绘制轴面投影图。

首先，基于泵的流量、扬程、转速及流体特性等设计要求，明确选定导叶的主要结构参数，如叶片数、叶片形状和厚度等，并据此绘制导叶的轴面投影图。随后，依据流体动力学原理和泵的设计规范，确定导叶的轴向高度(H)、轮毂扩散角(θ)等关键参数。

第二步：分流线。

将导叶内部空间沿径向细致地划分为轮毂、轮缘及流道中间三个流面，以便于后续对流体流动的精确分析。

第三步：计算各流面导叶的进口安放角(α_3)。

该角度等于进口液流角(α_3'，通过流体动力学计算得出)加上一个根据设计需求选定的冲角($\Delta\alpha$，其值通常为 0°～5°，但具体值需根据泵的性能优化结果确定)，即

$$\alpha_3 = \alpha_3' + \Delta\alpha \tag{2-21}$$

第四步：确定叶片的出口安放角(α_4)。

考虑到有限叶片数对流体流动的影响，为确保液流能够顺利且高效地从法向方向流出，通常选择出口安放角大于 90°，在实际设计中，常取 α_4 为 90°作为初始设计点，并根据后续性能评估结果进行调整。

第五步：确定叶栅的稠密度(l/t)。

这一参数与相邻叶片间流道的扩散角密切相关，它影响着流体在流道内的流动状态和泵的性能。根据流体动力学原理和泵的设计规范，可以计算出两叶片间进口宽度(为 $t\sin\alpha_3$，其中 α_3 为流道中间流面的进口安放角)和出口宽度(t)，以及流道长度(l)。由此，可以进一步计算出流道的扩散角度为

$$\tan\frac{\varepsilon}{2} = \frac{t - t\sin\alpha_3}{2l},\quad \frac{l}{t} = \frac{1-\sin\alpha_3}{2\tan\dfrac{\varepsilon}{2}} \tag{2-22}$$

2.3　压水室和吸水室水力设计

吸水室位于叶轮之前，压水室位于叶轮之后，它们与叶轮一起构成离心泵的过流部件。

2.3.1　螺旋形压水室水力设计

如图 2－37 所示，螺旋形压水室的截面有梯形、矩形和圆形等。梯形截面由于结构简单、水力性能好而被广泛使用。下面分螺旋段与扩散管段介绍压水室的设计。

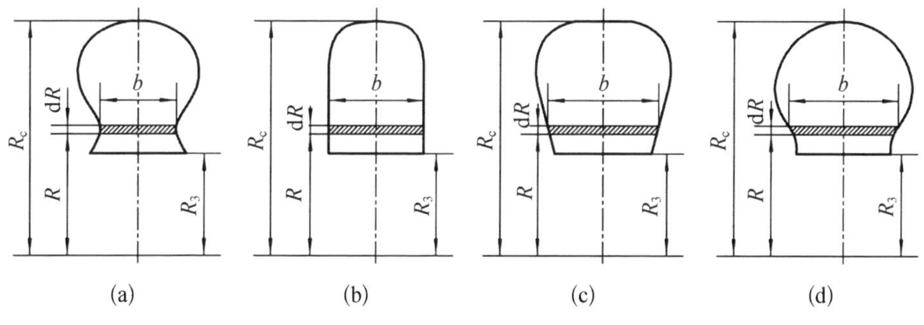

图 2－37　压水室截面形状

(a) 任意形状；(b) 矩形；(c) 梯形；(d) 圆形

2.3.1.1　螺旋段的计算及设计

1) 基圆直径(D_3)

基圆直径实际上是压水室的进口圆，其大小决定隔舌与叶轮外径之间的距离。若间隙大，水力损失大；若间隙小，大流量时会产生空化，引起振动和噪声。通常

$$D_3 = (1.03 \sim 1.05)D_2 \tag{2-23}$$

式中：D_2 为叶轮外径。

2) 进口宽度(b_3)

一般压水室进口宽度(b_3)大于叶轮出口外部宽度(B_2)(B_2 为叶轮出口流道宽度 b_2 与前后盖板厚度之和)，并有一定间隙，通常

$$b_3 = B_2 + (5 \sim 10)\text{mm} \tag{2-24}$$

或

$$b_3 = B_2 + 0.05D_2 \tag{2-25}$$

3）隔舌安放角(φ_0)

一般将隔舌头部(即螺旋线与基圆的交点)的截面称为0截面，螺旋线末端截面称为Ⅷ截面。Ⅷ截面就是螺旋线部分后面的扩散管的进口。0截面与Ⅷ截面之间的夹角为隔舌安放角(φ_0)，其随比转速(n_s)的增大而增大。原因是大流量泵扩散管尺寸大，为了使流道过渡圆滑，需较大φ_0以利于加工。

4）隔舌螺旋角(α_0)

隔舌螺旋角为隔舌处内壁与圆周方向的夹角，为了使液流不撞击隔舌，一般取

$$\alpha_0 = \alpha_2 = \arctan\frac{v_{m2}}{v_{u2}} \tag{2-26}$$

式中：α_2为水流在叶轮出口的绝对水流角。

5）压水室面积计算

在螺旋形压水室的设计过程中，在其基本平面上均匀选择8个截面，每个截面彼此间隔45°，设计时，首先确定第Ⅷ截面的面积。

下面由速度系数法计算此面积。即通过图2-38，查出速度系数(K_3)，并利用该系数计算流速(v_3)：

$$v_3 = K_3\sqrt{2gH} \tag{2-27}$$

式中：H为单级泵的扬程。

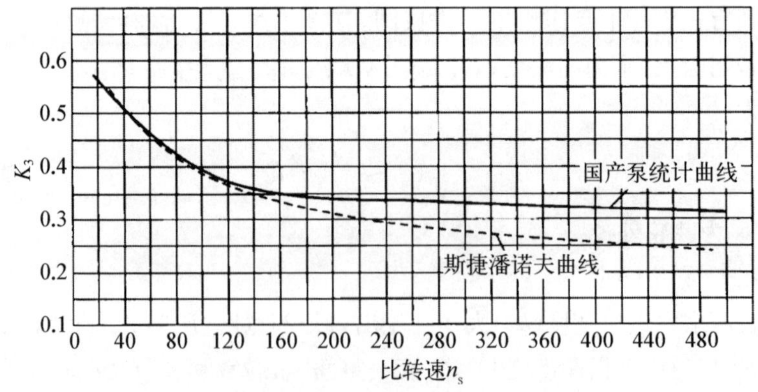

图2-38　螺旋形压水室的速度系数

此时,假设压水室内的流速均匀分布(此假设有助于简化计算过程,并提供一个初步的、理论上的面积估值),即

$$v = v_3 = C_{onst} \tag{2-28}$$

则Ⅷ截面面积为

$$A_{Ⅷ} = q_{VⅧ} / v_3 \tag{2-29}$$

根据轴对称流动假设

$$q_{VⅧ} = \frac{360° - \varphi}{360°} q_{V,\,d} \tag{2-30}$$

式中:$q_{V,\,d}$ 为设计流量。

6) 截面、圆弧半径、安放角的计算

根据速度矩保持性定理,速度矩 $v_u R$ 为常数,各截面的流量 $q_{V,\,i}$ 可用式(2-31)计算:

$$q_{V,\,i} = \int_{R_s}^{R_c} v_u b(R) \mathrm{d}R \tag{2-31}$$

令 $K = v_u R =$ 常数,则

$$v_{V,\,i} = \frac{\varphi_i}{360°} q_V \tag{2-32}$$

则

$$\varphi_i = \frac{360° K}{q_V} \int_{R_3}^{R_C} v_u b(R) \mathrm{d}R \tag{2-33}$$

对于Ⅷ截面,令

$$C_3 = \frac{360° v_{u3} R_3}{q_V} = \frac{360 g H_{th}}{q_V \omega} \tag{2-34}$$

则

$$\frac{\varphi_{Ⅷ}}{C_3} = \int_{R_3}^{R_{Ⅷ}} \frac{b(R)}{R} \mathrm{d}R \tag{2-35}$$

式(2-35)一般可用数值积分法计算,在实际计算时,C_3 可以由 n_s 决定:

$$\begin{cases} n_s < 130, & C_3 = 0.615 n_s^{0.1} \\ n_s > 130, & C_3 = 1.0 \end{cases} \tag{2-36}$$

其他各截面面积

$$A_i = \frac{\varphi_i}{360° - \varphi_0} A_{\text{Ⅷ}} \tag{2-37}$$

对于梯形截面可以用如图 2-39 所示的计算方法(见图 2-39)。

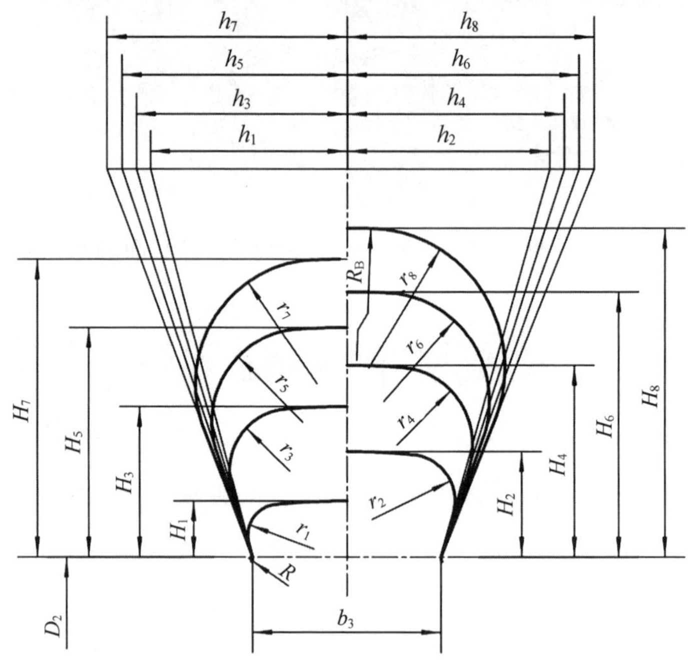

图 2-39　梯形截面压水室

由图 2-39 可知,安放角(φ)对应截面面积(A_φ)为

$$A_\varphi = 2(A_1 + A_2 + A_3)$$

$$A_1 = \frac{1}{2} b_3 H_\varphi$$

$$A_2 = \frac{1}{2} r_\varphi (H_\varphi - r_\varphi) \cos \gamma_\varphi$$

$$A_3 = \frac{90° + r_\varphi}{360°} \pi r_\varphi^2 \tag{2-38}$$

可以得出

$$H_{\varphi}=\frac{-b_3+\sqrt{b_3^2-4BA_{\varphi}}}{2B} \tag{2-39}$$

式中：

$$B=\frac{90^{\circ}+\gamma_{\varphi}}{360^{\circ}}2\pi C^2+C(1+C)\cos\gamma_{\varphi} \tag{2-40}$$

$$C=\frac{\sin\gamma_{\varphi}}{1+\sin\gamma_{\varphi}} \tag{2-41}$$

由式(2-40)可知，只要给定 A_{φ} 就可以求得 H_{φ}，而

$$R_{\varphi}=H_{\varphi}+r_3 \tag{2-42}$$

$$\sin\gamma_{\varphi}=\frac{r_3}{H_{\varphi}+r_3} \tag{2-43}$$

至此完成 A_{φ}、R_{φ}、φ_i 的计算，可以给出平面图(见图2-40)及截面图(见图2-39)。

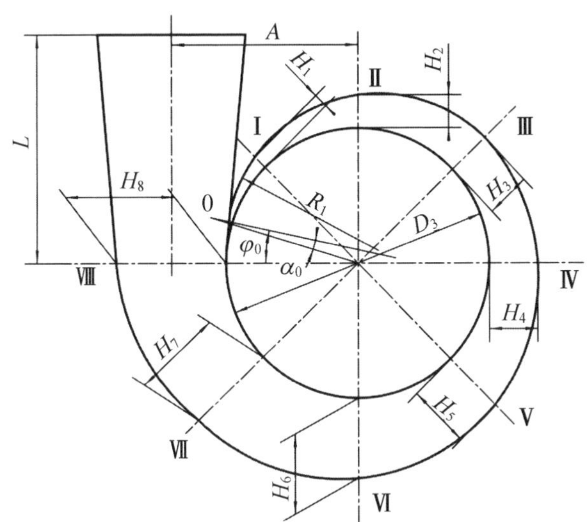

图2-40　螺旋压水室的平面图

2.3.1.2　扩散管段的计算及设计

扩散管位于螺旋形压水室的后面，其作用是降低流速，使部分动能转化为静压能，以减少水力损失。扩散管的进口为Ⅷ截面，出口是泵的压出口，扩散

管的主要参数如下：① 压出直径(D_{ya})，决定管中的经济流速和标准直径。② 扩散管的长度(L)，应尽量小，但应具有合适的扩散角 θ，θ 一般取 8°～12°。令Ⅷ截面的当量直径为

$$D_{Ⅷ}=\sqrt{\frac{4A_{Ⅷ}}{\pi}} \tag{2-44}$$

选定了扩散角 (θ) 和压出口直径 (D_{ya})，就可以计算出长度(L)：

$$\tan\frac{\theta}{2}=\frac{D_{ya}-D_{Ⅷ}}{2L} \tag{2-45}$$

2.3.2 环形压水室水力设计

环形压水室(见图 2-10)的计算方法如下。

1) 确定进口宽度 (b_3)

由式(2-24)得

$$b_3=B_2+(5\sim10)\ \mathrm{mm} \tag{2-46}$$

2) 确定环形压水室外轮廓半径(R)

选用前述方法计算Ⅷ截面面积 ($A_{Ⅷ}$)，一般用速度系数法。

对于矩形截面，由于

$$A_{Ⅷ}=\left(R-\frac{D_3}{2}\right)b_3 \tag{2-47}$$

则

$$R=\frac{A_{Ⅷ}}{b_3}+\frac{D_3}{2} \tag{2-48}$$

对于半圆形截面，由于

$$A_{Ⅷ}=\left(R-\frac{b_3}{2}-\frac{D_3}{2}\right)B_3+\left(\frac{b_3}{2}\right)^2\frac{\pi}{2} \tag{2-49}$$

则

$$R=\frac{A_{Ⅷ}}{b_3}+\frac{D_2}{2}+\frac{b_3}{2}\left(1-\frac{\pi}{4}\right) \tag{2-50}$$

为了使固体颗粒能在隔舌处通过，应使

$$R-\frac{D_2}{2}\geqslant 3d_{\max} \tag{2-51}$$

式中：$d_{\max}$ 为流体中最大固体颗粒的当量直径。

3）确定隔舌位置

通常压出口中心线垂直于Ⅷ截面，位于距轴心线的 $R/2$ 处，则隔舌位置的 A 点应使 AD 截面上 A、D 两点至压出口中心线的距离相等。扩散管的设计与螺旋压水室扩散管的设计相同。

2.3.3　吸水室水力设计

吸水室指泵进口法兰到叶轮进口的流体通道或腔室，其主要功能是把液体按要求的条件引入叶轮。由于吸水室中的流速相对较低，其水力损失相较于压水室通常要小。吸水室中的流动状态直接影响叶轮内的流动情况，对泵的整体效率也有一定的影响，尤其对泵的抗汽蚀性能影响较大。对于低扬程泵，虽然吸水室损失的绝对值可能不大，但由于其占整个扬程的比例较大，因而对泵的效率的影响，比高扬程泵相对更为显著。

1）环形吸水室水力设计

环形吸水室的水力设计主要步骤如下。

(1) 确定进口流速。环形吸入式的进口，即泵的进口，其流速应根据泵的设计要求和流体性质，参考经济流速范围（如 2～4 m/s）进行计算；同时，采用标准直径以确保与泵的其他部件兼容。

(2) 设计过流截面Ⅰ—Ⅰ的面积。过流截面Ⅰ—Ⅰ的面积设计需综合考虑泵入口的流量需求、流速分布及压力损失等因素，在一般情况下，其面积会比泵入口面积小 20%～30%，但具体差异需根据流体动力学模拟或实验数据确定。

(3) 计算 0—0 截面面积。基于流体流动的连续性原理，假设有一定比例（如 1/2）的流量通过 0—0 截面，并根据该流量和预定的流速（与Ⅰ—Ⅰ截面流速相近或稍小）来计算 0—0 截面的面积。

(4) 确定其他截面大小。在大多数情况下，为了简化设计和保持流体流动的稳定性，其他截面的大小会与 0—0 截面保持一致。同时，为了减少环形吸水室的水力损失，应合理设计其轴向尺寸，以优化流速分布和减少涡流等不利现象。其具体结构形状往往需要根据泵的总体结构确定。

(5) 安装隔舌。在环形吸水室的下部安装隔舌,以引导流体流动方向,使水流在叶轮进口处达到更均匀的分布,从而提高泵的性能和稳定性。隔舌的设计应基于流体动力学模拟或实验数据,以确保其最佳效果。

2) 半螺旋形吸水室的设计

在设计半螺旋形吸水室时,需要遵循一系列的计算步骤来确保设计的合理性和效率。以下是对这些步骤的详细解释和计算方法的概述。

(1) 确定吸水室入口流速和入口截面。入口流速的确定:入口流速通常根据经济流速来计算,经济流速的具体值一般需要通过实验或经验公式来确定。在缺乏具体数据时,可以参考类似工程或设计规范中的推荐值。

入口截面(A_0)的确定:为了确保流体能够顺畅地进入叶轮,并减少因流速变化过大而产生的能量损失,吸水室的入口截面应比叶轮进口截面大15%~20%。

(2) 确定Ⅷ截面面积及尺寸。根据速度系数法及螺旋吸水管的流量计算,可以得出

$$\int_A \frac{b}{r}\mathrm{d}r = C\sqrt[3]{\frac{q_V}{n}} \tag{2-52}$$

式(2-53)中右端C值与水泵的空化性能及吸水室的大小有关。从空化的观点看,增大C值,吸水室的截面面积大一些,可减少水力损失。减小C值,会使结构更紧凑。对于第一级叶轮的吸水室

$$C = 2.5 \sim 3.0 \tag{2-53}$$

对于多级泵中间叶轮的吸水室,以及对于没有空化性能要求的其他第一级叶轮吸水室

$$C = 1.5 \sim 2.0 \tag{2-54}$$

选出C值后,式(2-52)右端就可以计算出来,左端可以通过Ⅷ截面的尺寸,参考压水室的计算方法把积分计算出来。计算后应使式(2-52)两端相等,如果不相等,应改变Ⅷ截面的具体尺寸,使其相等。

Ⅰ至Ⅷ截面,通常按v_u为常数的假设进行设计。因此,各截面面积与鼻端到该截面的夹角(φ_i)成正比。

$$A_i = A_{\mathrm{VIII}} \frac{\varphi_i}{\varphi_{\mathrm{VIII}}} \tag{2-55}$$

2.4　轴向力和径向力的计算及平衡

泵在运转过程中，由于各方面的原因会产生轴向力和径向力。轴向力会拉动转子沿轴向移动，如果不采取措施消除或平衡此轴向力，会导致泵无法正常运行。具有螺旋形压水室的泵在运转中会产生作用于叶轮上的径向力，使轴受交变应力，产生定向的挠度。

2.4.1　轴向力计算

泵转子上作用的轴向力，由下列各分力组成。

1）由盖板力引起的轴向力（T_1）

以离心泵叶轮为例，叶轮前后盖板不对称，前盖板在叶轮进口部分没有盖板，当叶轮高速旋转时，叶轮前后盖板像轮盘一样带动前后泵腔内的液体旋转。盖板腔内的液体压力按照抛物线规律分布。作用在后盖板上的压力，除口环以上部分与前盖板对称抵消外，口环下部减去吸入压力（p_1）所余的压力，即为产生的轴向力，其方向指向叶轮进口，大小用 T_1 表示。如图 2－41 所示。

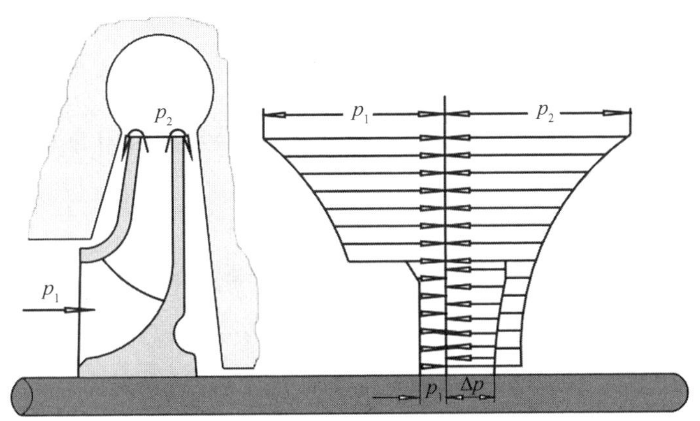

图 2－41　由盖板力引起轴向力的过程示意

由盖板力引起的轴向力（T_1）的大小可以用以下公式来计算：

$$T_1 = \gamma g \pi (R_{\mathrm{c}}^2 - R_{\mathrm{h}}^2) \left[H_{\mathrm{p}} - \frac{\omega^2}{8g} \left(R_2^2 - \frac{R_{\mathrm{c}}^2 + R_{\mathrm{h}}^2}{3} \right) \right] \tag{2-56}$$

式中：γ 为流体重度；H_p 为叶轮出口势扬程；R_c 为叶轮进口半径；R_h 为叶轮轮毂半径；R_2 为叶轮出口半径；ω 为叶轮旋转角速度。

2）由动反力引起的轴向力（T_2）

泵内的液体通常沿轴向进入叶轮，沿径向或斜向流出。液流通过叶轮，其方向之所以发生改变，是因为液体受到叶轮作用力的结果。根据力的作用原理，液体也会在叶轮上作用一个大小相等方向相反的作用力，该力即为动反力引起的轴向力（T_2），其方向指向叶轮后侧。如图 2－42 所示。

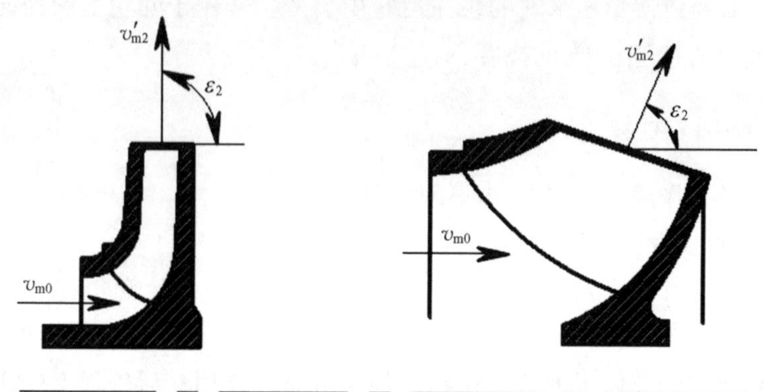

图 2－42　由动反力引起轴向力的过程

由动反力引起的轴向力（T_2）的大小可以用以下公式来计算：

$$T_2 = \frac{\gamma}{g} q_t (v_{m0} - v'_{m2} \cos \varepsilon_2) \tag{2-57}$$

式中：q_t 为泵理论流量；ε_2 为叶轮出口轴面速度与轴线方向的夹角；v_{m0}、v'_{m2} 为叶轮进口稍前、出口稍后的轴面速度。

3）由轴台、轴端等结构因素引起的轴向力（T_3）

悬臂式叶轮轴头吸入压力和作用在轴另一端上的大气压力不同，将会引起轴向力（T_3）（见图 2－43）。当泵进口压力较高时，作用在轴头上的轴向力较大，其值可用下式计算：

$$T_3 = \frac{d_h^2}{4} \pi (p_1 - p_a) \tag{2-58}$$

4）转子重量引起的轴向力（T_4）

立式泵转子（包括其中液体）的重力，也将产生相应的轴向力（T_4）。如图 2－44 所示。

图 2-43　由轴台、轴端等结构因素引起轴向力的过程

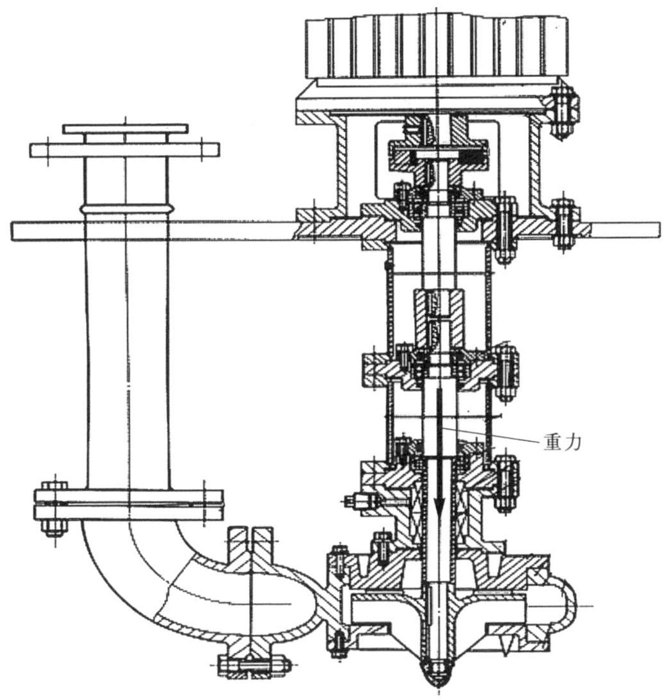

图 2-44　由转子重力引起轴向力的过程

5）其他因素产生的轴向力（T_5）

其他因素产生的轴向力（T_5）如图 2-45 所示。

前述轴向力的计算公式，是基于泵腔内液体无径向流动的假设推导得出的。当泵腔内有径向流时，液流会改变压力分布状态，进而影响轴向力的数值。图 2-45 中的 P_f 为前密封环至叶轮外径的轴向压力，P_b 为后密封环至

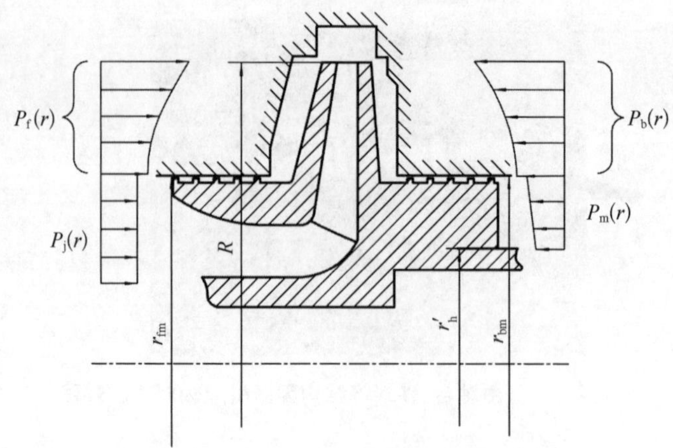

图 2-45 其他因素产生轴向力的过程

叶轮外径的轴向压力，P_j 为叶轮轮毂至前密封环的轴向压力，P_m 为轴套至后密封环的轴向压力，均沿径向流动而变化。

在考虑泵腔内流动对轴向力的影响时，可遵循如下规律：

(1) 液体流向半径减小方向的径向流动会倾向于减小作用在相应盖板上的轴向力分量。

(2) 液体流向半径增大方向的径向流动会倾向于增加作用在相应盖板上的轴向力分量。

按此规律，对不同结构的泵进行分析：

(1) 对于无平衡孔的单级泵叶轮，前盖板存在流向半径减小方向的径向流，而后盖板通常无显著径向流，这将导致指向吸入口的轴向力有所增加。

(2) 在有平衡孔的单级泵叶轮中，若前后盖板均存在流向半径减小方向的径向流，其对轴向力的影响可能会在一定程度上相互抵消，但具体效果还需考虑流量分配等因素。

(3) 在多级泵叶轮中，前盖板通常存在流向半径减小方向的径向流，而后盖板可能存在流向半径增大方向的径向流，这两者的综合作用通常会增强指向吸入口的轴向力。

(4) 双吸泵在理想条件下可认为无显著的轴向作用力，但当叶轮两侧密封环间隙、长度或磨损度存在差异时，会引入指向泄漏较大一侧的附加轴向力。

总而言之，前泵腔总是存在着流向半径减小方向的径向流，而后泵腔的情况因泵的结构和是否存在平衡孔等因素而异。无平衡孔的单级泵后泵腔通常无显著径向流，而有平衡孔时可能存在流向半径减小方向的径向流。多级泵因级间泄漏则可能存在流向半径增大方向的径向流。

2.4.2　轴向力的平衡措施

如果不设法消除或平衡作用在叶轮上的轴向力，那么轴向力将拉动转子产生轴向蹿动，与固定零件接触产生摩擦，造成泵体、轴承等零部件的损坏，严重时会导致泵无法运行工作。

通常，在泵的结构设计中，可以采用下述方法来平衡泵的轴向力。

1）推力轴承

对于轴向力不大的小型泵，可以采用推力轴承承受轴向力，通常这是一种简单而经济的方法。即使采用其他平衡装置来平衡轴向力，考虑到总有一定的残余轴向力，有时也应装设推力轴承[2]，如图 2－46 所示。

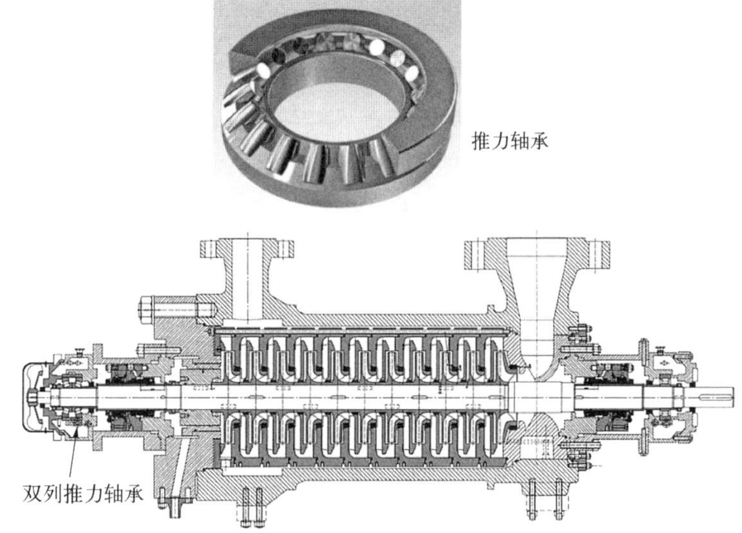

图 2－46　推力轴承

2）平衡孔或平衡管

在叶轮后盖板上附设密封环，该密封环直径一般与前密封环相等，为了平衡更多的轴向力，该密封环直径也可以大于前密封环直径，同时需要在后盖下部开孔，或设专用连通管与吸入侧连通，如图 2－47 所示。

其作用原理如下：液体流经密封环间隙的阻力损失，使后密封下部的液体的压力下降，从而减小作用在后盖板上的轴向力。减小轴向力的程度取决于密封环直径、密封环间隙、平衡孔的数量和孔径的大小。通常取平衡孔的总

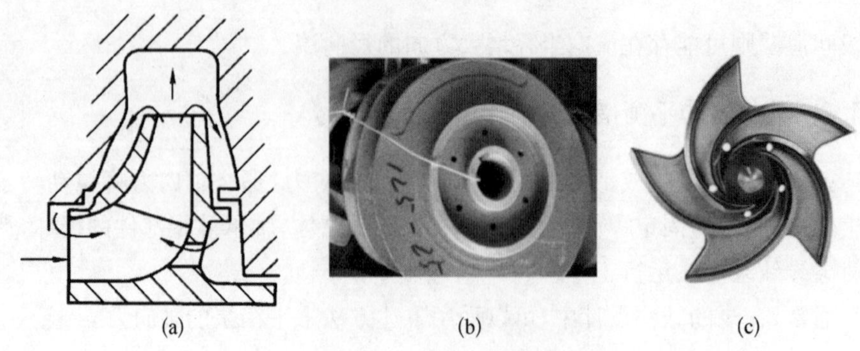

图 2-47 平衡孔或平衡管

(a) 二维示意图;(b) 实物图;(c) 去除前盖板后的轴向视图

面积等于(5～8)倍密封环间隙的面积。值得说明的是,密封环和平衡孔是相辅相成的:只设密封环无平衡孔不能平衡轴向力;只设平衡孔不设密封环,其结果是泄漏量很大,平衡轴向力的作用甚微。

采用密封环和平衡孔的平衡方式可以减小轴封的压力,其缺点是容积损失增加。另外,经平衡孔泄漏的流体与进入叶轮的主液流相冲击,破坏了正常的流动状态,会使泵的抗汽蚀性能下降。为此,也有设计在泵体上开孔,通过管线与吸入管连通,但这种泵体结构较为复杂。

3) 双吸叶轮

双吸叶轮如图 2-48 所示,其由于结构对称,故能够平衡轴向力,但由于制造误差,或两侧密封环磨损不同,也会存在一定的残余轴向力。

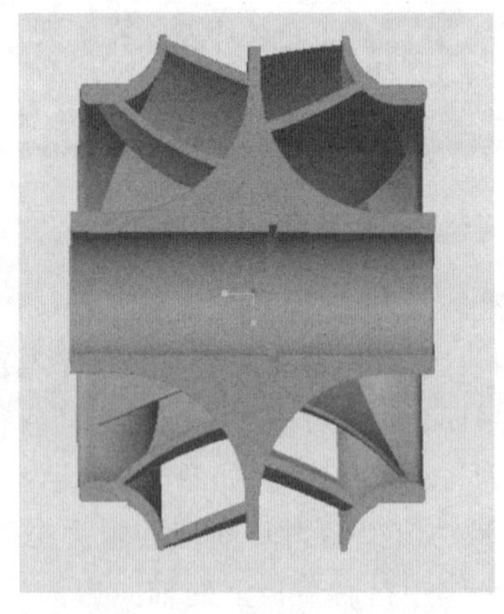

图 2-48 双吸叶轮剖视图

4）背叶片

可在叶轮背侧添加背叶片，在加入背叶片后，后泵腔的液体在背叶片的作用下旋转，使得原本液体的动能增加、压力能降低，从而减少轴向力的作用。如图 2－49 所示。

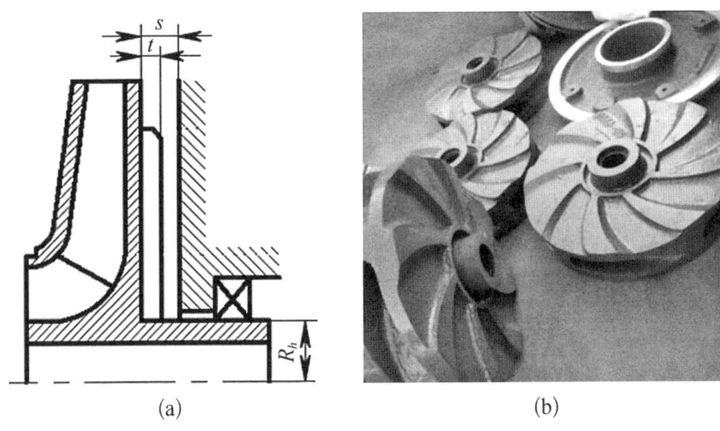

(a)　　(b)

图 2－49　背叶片二维图(a)及实物图(b)

5）多级泵叶轮对称布置

对多级泵而言，将叶轮背靠背或面对面地安装在一根泵轴上，可以使轴向力互相抵消。但对称布置叶轮，只有在结构完全相同、级间泄漏量为零的条件下，才能完全平衡。叶轮各级的轮毂、轴台不同时，还是会产生一定的轴向力。因为级间泄漏量为零很难做到，因而对称布置叶轮的泵还是存在一定轴向力。如图 2－50 所示。

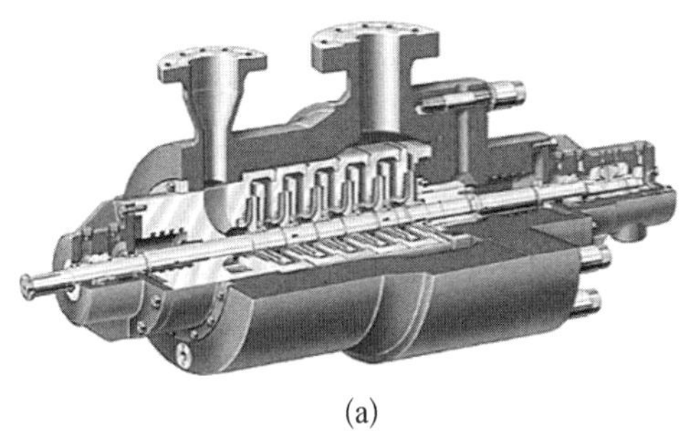

(a)

(b)

图 2－50　多级泵叶轮剖视图

(a) 三维剖视图；(b) 实物剖视图

6）平衡盘与平衡鼓

平衡鼓是个圆柱体，装在末级叶轮之后，随转子一起旋转，平衡鼓外圆表面与泵体间形成径向间隙。平衡鼓前端是末级叶轮的后泵腔，后面是与吸入口相连通的平衡室。作用在平衡鼓上的压差，形成指向叶轮后端的平衡力，该力可以用来平衡作用在转子上的轴向力。如图 2-51 所示。

平衡盘（见图 2-52）多用于节段式多级泵，装在末级叶轮之后，随转子一起

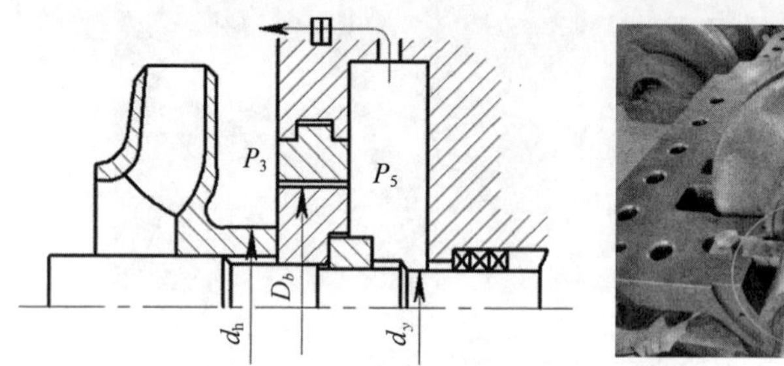

图 2-51　平衡鼓

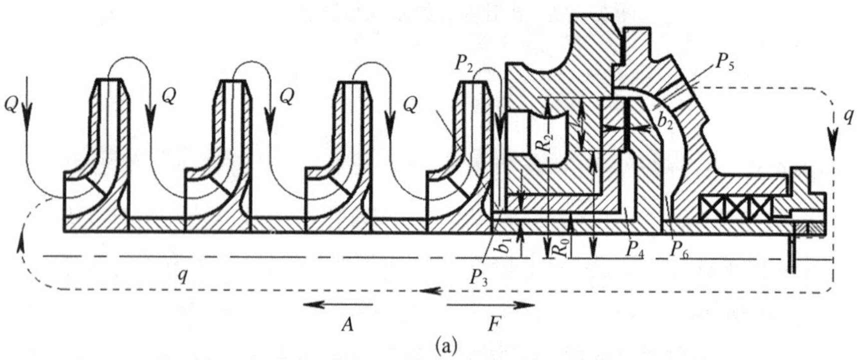

(a)

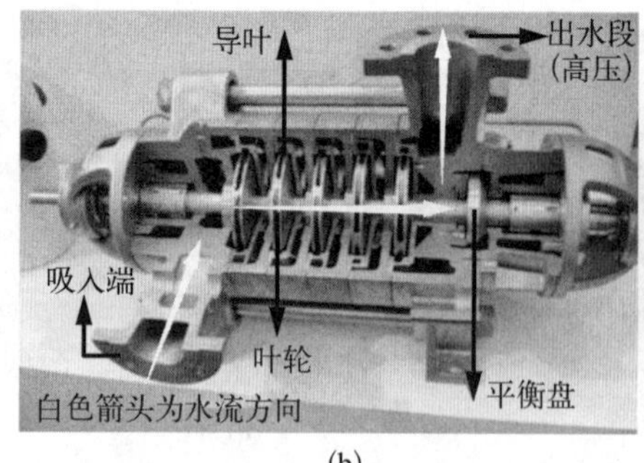

(b)

(c)

图 2-52　平衡盘

（a）二维示意图；（b）三维示意图；（c）实物示意图

旋转。平衡盘装置中有两个间隙，一个是由轴套外圆形成的径向间隙 b_1，另一个是平衡盘内端面形成的轴向间隙 b_2，平衡盘后面的平衡室与泵吸入口连通。

平衡盘是靠泄漏产生的压差工作的，没有泄漏，就没有平衡力。应设法在最小泄漏量下产生较大的平衡力，一般多级泵平衡盘泄漏量为额定流量的 2%～8%。平衡盘像一个浮动的液体润滑轴承，平衡盘与平衡鼓不同，它能自动平衡轴向力，这正是平衡盘中两个间隙相辅相成的结果。

由于平衡盘在工作中具有左右移动的特点，一般不配备推力轴承。但是，目前为提高泵的可靠性，有些带平衡盘的泵也配备了推力轴承。这样虽然能平衡轴向力，但在一定程度上限制了平衡盘自动平衡的特点，部分轴向力由推力轴承承受。泵在运转中，过大的轴向移动是不允许的，否则会使平衡盘研磨，转子产生振动，使转子失去稳定性。

2.4.3　径向力及其平衡

离心泵中产生的径向力会使泵轴产生一定的挠度，从而导致机械磨损、效率降低、设备振动等一系列危害。因此，采取合理的措施减小径向力非常重要。

1) 径向力产生的原因

具有螺旋形压水室的泵在运转过程中由于流体动力学的特性，会产生作用于叶轮上的径向力。这些径向力主要影响泵体结构(如泵壳和叶轮)的应力分布，可能导致局部应力集中。虽然径向力不直接作用于轴承上产生定向挠度，但在长期运行下，由于泵体变形、流体脉动等因素可能间接影响轴承的工作状态。因此，在计算泵的结构强度时，应充分考虑径向力对泵体各部件(特别是叶轮和泵壳)的影响。

泵的径向力大致可以分为 3 个部分。

(1) 轴、叶轮和其他装在轴上的部件的重力。在卧式泵(见图 2-53)中，轴、叶轮以及轴上安装的其他部件(如轴承、密封件等)会产生一个向下的重力。这个重力在近似计算时，可以简化为一个作用在轴心线上的力。然而，这个力本身并不直接构成径向力，因为它主要沿

图 2-53　卧式泵

轴向作用。但需要注意的是，当这些部件的质心不在轴线上时（如由于制造误差、磨损或安装不当），它们的重力会产生一个径向分量，这个分量是“近似计算时需要考虑的径向力”。不过，在大多数情况下，这种由于质心偏移产生的径向力相对较小，且可以通过精确的设计方法和安装策略来使其最小化。

(2) 作用在叶轮上的径向力。对于螺旋形压水室，在设计流量工况下，液体在叶轮周围的压水室中的速度和压力是均匀分布的，并且是轴对称的。正因为压力是轴对称的，所以作用于叶轮上的合力为零，理论上讲应该无径向力作用。但是，当压水室和叶轮相互协调的条件——“设计流量”存在偏离时，两股液流的交汇出现了问题，从而破坏了压力沿叶轮轴对称分布的条件，便产生了径向力。

当流量小于设计流量时，压水室中液流的速度从隔舌开始越来越小，相当于在扩散管道中流动，压力逐渐增加。另外，当流量小于设计流量时，液流由叶轮出口流入压水室的绝对速度反而增加，并且方向发生变化。那么在此工况下当叶轮中的液流和压水室中的液流相遇时，因速度大小和方向不同产生了相对的撞击。两股液流碰撞后，产生了明显的撞击损失。由于撞击的影响，从叶轮内流出的液流的速度下降到压水室中的速度，把它的一部分动能转换成压力能，传递给了压水室中的液流，进而使压水室内的液流压力进一步上升。因此，从隔舌开始到扩散管进口的流动中，压水室的液流在向前运动过程中连续受到叶轮流出液流的撞击，不断地增加压力，导致压水室内的压力从隔舌开始不断上升，形成了一个方向大约与隔舌成 90°的合力（P），如图 2-54 所示。

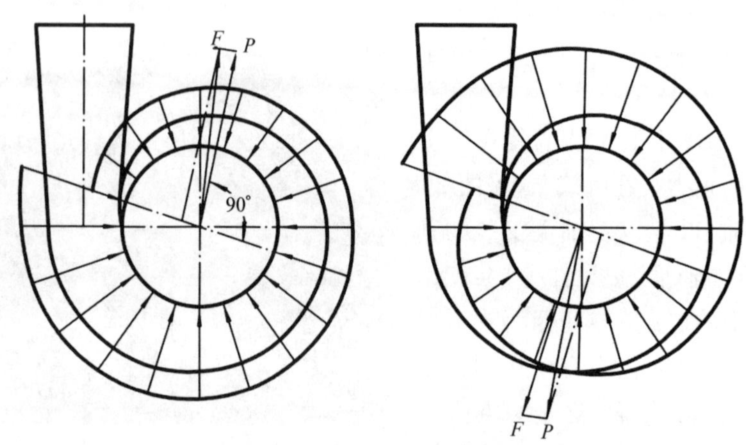

图 2-54　叶轮上的径向力

采用与上述相同的分析可以得出，在流量大于设计流量时，压水室中液流的速度不断增加，像在收缩管内流动一样，压力从隔舌开始不断减小，形成了一个方向与小流量状态下相反的合力（P）。

（3）叶轮的动反力。产生径向力的另一个原因是，从叶轮流出液体的动反力对叶轮的作用。叶轮周围压水室中的压力，对液体流出叶轮起阻碍作用。在非设计工况下，由于压水室的压力并非轴对称分布，液体流出叶轮的速度同样也是轴向不对称的，压力大的地方流速小，压力小的地方流速大，方向与叶轮出口绝对速度方向相反，与圆周近似相切，径向力分布如图2－55所示。由于径向力沿圆周方向的抵消，动反力引起的径向力 R 的方向大致为由压力引起的径向力 P 反旋转方向旋过90°。在小流量时该方向大约指向隔舌，在大流量时指向与隔舌相反的方向，如图2－55所示。

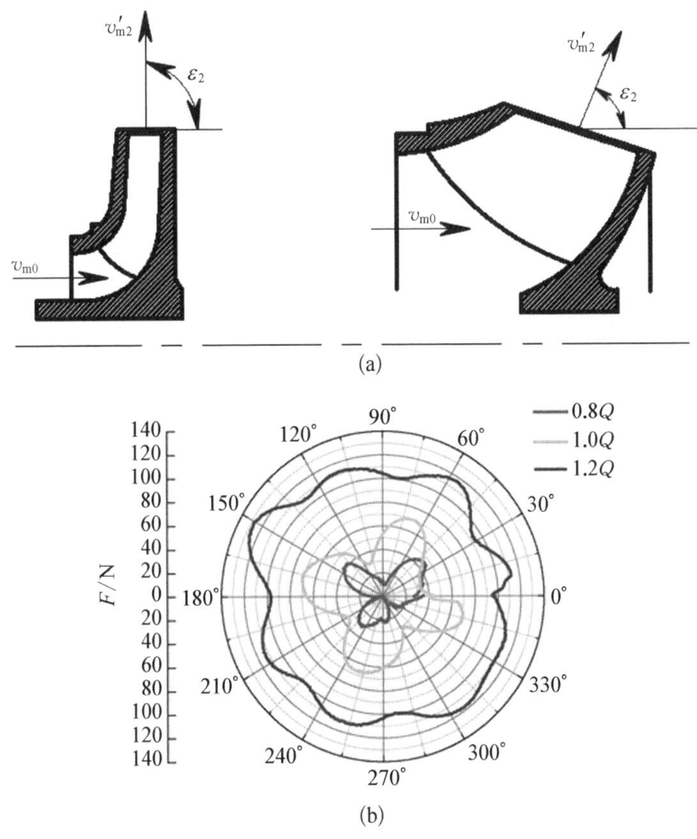

图2－55　叶轮上的动反力

(a) 叶轮动反力产生图；(b) 叶轮径向力分析

2）径向力的平衡方法

泵径向力的平衡大致分为以下几种方法。

(1) 双蜗壳结构。这种结构通常在压出室的扩散管段加入一段隔板，以此来平衡叶轮上的径向力。由于结构对称，这种结构能把径向力减小到很小的程度。但双蜗壳铸造相对复杂，并且会对水力效率产生一定影响，一般多用于单级泵。如图 2-56所示。

图 2-56 双蜗壳结构

(2) 导叶加蜗室结构。对于大型单级泵而言，有时可以采用导叶加蜗室的结构来平衡作用在叶轮上的径向力。如图 2-57 所示。

(3) 交错蜗室结构。在多级泵设计时，可以采用将相邻两级螺旋形压水室错开 180°的形式布置，以此来减小径向力。对于这种结构，作用在两级叶轮上的径向力的方向相差 180°，互相抵消。但是，因为这两个径向力不在垂直于轴线的同一平面内，故组成一个力偶(F_{r_1} 与 F_{r_2})，其力臂等于两个叶轮间的距离。此力偶需由另外两级叶轮组成的力偶(R_A 与 R_B)来平衡，或由轴承支反力来平衡。如图 2-58 所示。

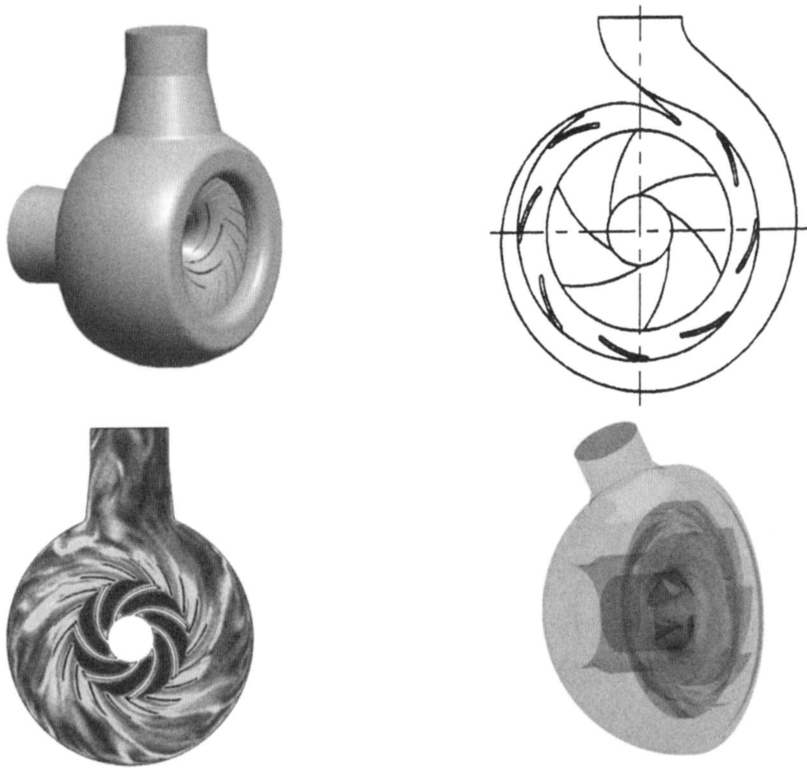

图 2-57　导叶加蜗室结构

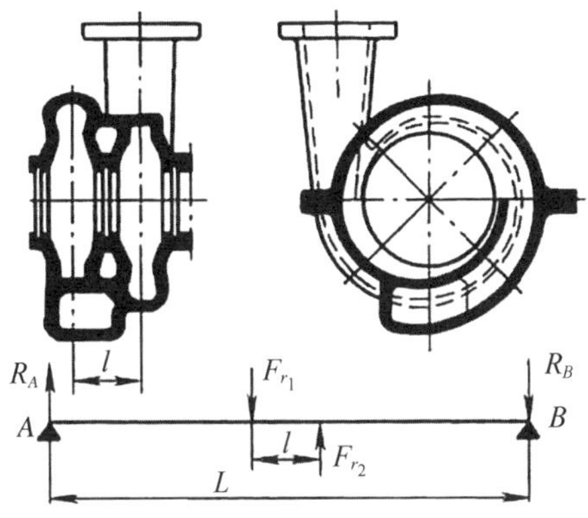

图 2-58　交错蜗室结构

第 3 章 核级泵的分级和技术要求

核级泵是保证系统安全、可靠的重要设备，并且具有保护反应堆、防止放射性物质泄漏的功能。本章通过概述核级泵的规范标准，对其进行安全分级，并根据不同的安全等级开展设计、制造等相关工作，以保证其可靠性和安全性。

核级泵阀是核电厂输送和控制介质的重要设备，其可靠性与核电厂安全性息息相关。因此，核级泵的设计除了要遵守核安全导则、核安全法规等基本法律法规外，还需按照核安全法规、核电厂物项分级标准要求进行分级，并根据核岛机械设备设计和建造标准中不同分级对应的要求开展设计、制造、检验等工作。同时，为实现设备各项功能，还需在核岛机械设备设计和建造标准要求下，参照整机及零部件相关标准开展设计、制造及检验工作，以确保泵阀设备的功能实现。根据各个系统和设备所执行的安全功能及其在实现安全功能过程中的重要性进行物项分级，主要包括安全分级、抗震类别、规范等级、质量保证等级。

3.1 核级泵的规范标准

核级泵执行的规范标准主要包括核安全导则，核安全法规，核岛机械设备设计和建造标准，泵设备及其零部件设计、制造及检验标准，电机设计及试验标准等。

核安全导则（HAD）系列标准主要对核电厂设计总的安全原则、设备设计及制造中的质量保证、设备安全功能和部件分级、在役检查等内容进行规定和要求，是对核电厂安全设计的要求。

核安全法规（HAF）主要对核电厂安全监督管理，质量保证安全规定，设计、制造及检验安全规定，安全设备监督管理，检验人员从业资格等内容进行规定和要求，是对核电厂安全监督、管理的要求。

核岛机械设备设计和建造标准是对核电发展历程中核岛设备设计的经验总结和实践反馈，对指导和控制核电设备、制造和检验等工作内容具有重要意义。核岛机械设备设计和建造标准规定了核岛设备各部件需采用的材料要求、设计规则、制造规则及检验规则等。同时，标准的国际化趋势也促进了各国核电技术的交流与合作，推动了全球核电行业的共同发展。目前，中国核电行业根据引进核电厂的技术，主要执行 ASME、RCC－M、ГОСТ(ASME 为美国机械工程师协会标准，RCC－M 是法国电力公司的核岛机械设备设计、建造规则，ГОСТ 是俄罗斯的国家标准体系)三种规范标准体系，随着核电厂设计技术的国产化，后续核电厂及其设备设计将执行国家标准体系。随着我国核电技术的不断发展和国产化进程的加快，建立和完善符合我国国情的核电设备设计和建造标准体系显得尤为重要。未来，随着国家标准的不断完善和推广，我国核电行业将更多地采用国家标准体系来指导和控制核电设备的设计、制造和检验工作。

泵设备设计相关的标准主要用于指导设计、验证功能、评判质量，是指导泵设备实现系统性能要求的规范手册，也是评判泵设备设计、制造质量的准则，对实现泵设备的各项功能，确保泵设备的高效、可靠运行具有重要意义。

3.2　核级泵的分级

为了保证核电厂的安全性，需要根据各个系统和设备所执行的安全功能及其在实现安全功能过程中的重要性进行物项分级。这主要包括安全分级、抗震类别、规范等级和质量保证等级[3]。

3.2.1　安全分级

为了便于采取合理且有区别的安全设计措施，应对核级泵进行安全等级划分。确定安全等级的依据是该泵在以下三项基本安全功能中的作用：① 控制反应性；② 排出堆芯热量；③ 包容放射性物质，以及控制运行排放和限制事故排放。

总体上，核电厂物项应划分为安全级和非安全级两大等级。凡承担或支持以上三项作用的物项，其损坏会导致事故的物项，以及其他具有防止或缓解事故功能的物项，应列为安全级；其余物项列为非安全级。在安全级中，承压机械部件又划分为安全一级、安全二级和安全三级。在非安全级中应识别出有特殊要求的，即 NC(S)级物项。定为 NC(S)级的物项也属于安全重要物项，但其失效不会使厂区人员和公众所受辐射超过规定限值。核电厂不同类别物项安全等级的划分及其代号如表 3－1 所示。

表 3－1　不同类别物项的安全等级及其代号

<table>
<tr><th>物项类别</th><th colspan="5">安全等级及其代号</th></tr>
<tr><td rowspan="2">所有物项</td><td colspan="3">安全重要物项</td><td colspan="2">非安全重要物项</td></tr>
<tr><td colspan="3">安全级 SC</td><td colspan="2">非安全级 NC</td></tr>
<tr><td>承压机械部件</td><td>安全一级
SC－1</td><td>安全二级
SC－2</td><td>安全三级
SC－3</td><td>NC(S)</td><td>一般 NC</td></tr>
<tr><td>非承压机械部件</td><td colspan="3">安全级 SC</td><td>NC(S)</td><td>一般 NC</td></tr>
<tr><td>燃料组件及其相关组件</td><td colspan="3">安全级 SC</td><td colspan="2">不适用</td></tr>
<tr><td>电气部件</td><td colspan="3">安全级 SC</td><td>NC(S)</td><td>一般 NC</td></tr>
<tr><td>构筑物</td><td colspan="3">安全级 SC</td><td>NC(S)</td><td>一般 NC</td></tr>
</table>

注：① NC(S)为非安全级中有特殊要求的物项，为安全重要物项。相当于 HAD102/03 中的安全 4 级。② 电气部件的 SC 级又称为 1E 级，NC 级又称为非 1E 级。

如果单一物项承担两种或两种以上的安全功能，则应依据其最重要的安全功能确定安全等级。对于复杂设备，其承担不同安全功能的各个部分可能需要赋予不同的安全等级。当笼统地说一个复杂设备是某个安全等级时，通常是指该设备中承担最重要安全功能部分的安全等级。例如，反应堆冷却剂泵虽然包含着安全一级、安全二级、安全三级等多个等级的部分，但通常说它是安全一级泵。当两个不同安全等级的物项之间存在电气接口或机械接口时，该接口的设计、制造和测试标准应不低于两个物项中安全等级较高者的要求。对于设备所需的支承件，通常其安全等级应不低于被支承设备的安全等级。

安全分级主要包括安全功能分类和设计措施分级。安全功能分类主要基于未执行其安全功能的后果、发生安全功能事件的频率、对核电厂安全状态和可控性的重要性进行划分，又称为功能等级，即执行安全 1 类功能的设备为功能 1 级物项(F－SC1)，执行安全 2 类功能的设备为功能 2 级物项(F－SC2)，执行安全 3 类功能的设备为功能 3 级物项(F－SC3)，其余为非安全级物项(NC)。如果一个物项执行多个功能，其分级取决于功能类别最高的功能。设计措施是为正常运行而设计的措施，是保证各个系统和设备在设计、制造、建造、安装、调试、运行、试验、检维修中具有足够高的质量以满足安全预期的措施。因此，设计措施分级主要根据物项失效的后果及工程实践经验进行分级，分为屏障 1 级(B－SC1)、屏障 2 级(B－SC2)和屏障 3 级(B－SC3)，其余为非屏障级物项(NC)。

安全一级部件示例如下：① 反应堆压力容器；② 反应堆冷却剂管道；③ 与反应堆冷却剂系统的管道或设备相连接的管线；④ 反应堆冷却剂泵及其密封系统和与反应准冷却系统压力边界相连的部分；⑤ 控制棒驱动机构耐压壳；⑥ 稳压器及波动管；⑦ 反应堆冷却剂系统安全阀、卸压阀及其与稳压器相连的管道；⑧ 蒸汽发生器一次侧；⑨ 非能动安全系统压水堆核电厂的应急堆芯补水箱。

安全二级部件示例如下：① 反应堆冷却剂系统的仪表管线和取样管线；② 安全壳隔离阀；③ 能动安全系统压水堆核电厂的余热排出系统、应急堆芯冷却系统、安全壳喷淋系统以及应急给水系统的泵、阀门、管道等；④ 非能动安全系统压水堆核电厂中，非能动堆芯冷却系统上用于监测和控制的堆芯补水箱上下部取样阀和放气网。

安全三级部件示例如下：① 对于某些设计，重要厂用水系统和核岛设备冷却水的管道、泵和热交换器；② 应急给水系统中位于安全壳外的部分，包括管道和泵；③ 余热排出热交换器二次侧；④ 为控制反应性提供硼酸的部件；⑤ 乏燃料贮存池冷却系统的泵和管道；⑥ 放射性废物处理系统中，其故障会导致放射性物质释放超过规定限值的部件；⑦ 非能动安全系统压水堆核电厂的安注箱和安全壳内换料水箱。

非安全级[NC(S)]部件示例如下：① 放射性废物处理系统中不属于安全级，但设计用于安全地包容、储存和转移放射性物质的部件；② 与安全级部件相邻的蒸汽管线和水管线部件；③ 为保证反应堆正常运行，从反应堆冷却剂系统或乏燃料贮存池冷却系统清除放射性物质的部件；④ 已辐照的中子吸收材料(如硼化合物)的再利用所需的贮存输运和工艺处理部件。

3.2.2　抗震类别

为了便于采取具有针对性的抗震措施，应进行抗震分类。确定抗震类别的依据是物项在地震期间和(或)地震后是否需要其执行安全功能和执行安全功能失效的后果。核电厂的物项划分为抗震Ⅰ类、抗震Ⅱ类和非核抗震类这三类。

抗震分类主要与地震工况下是否需要保持安全功能有关；若系统要求物项拥有在极限安全地震震动(SL－2)的载荷条件下保持安全功能的能力，则该物项应定为抗震Ⅰ类。当安全等级划分为 B－SC1、B－SC2、B－SC3、F－SC1 和 F－SC2 的物项及其支承结构应按照抗震Ⅰ类设计，通常 F－SC3 物项不需要按抗震Ⅰ类设计，但以下情况应按抗震Ⅰ类设计：① 用于缓解设计扩展工况的系统；② F－SC1 或 F－SC2 的机械、电气或仪控设备所在厂房中的分区隔离、火灾探测和消防系统。

抗震Ⅰ类部件包括但不仅限于以下部件：① 反应堆冷却剂压力边界；② 反应堆堆芯部件(燃料组件及其相关组件等)和堆内构件；③ 应急堆芯冷却系统、事故后安全壳排热系统、事故后安全壳大气净化系统(包括但不限于消防系统所需的物项)；④ 停堆、排出余热、冷却乏燃料贮存池所需的物项；⑤ 用于应急堆芯冷却、事故后安全壳排热、事故后安全壳大气净化、从反应堆排出余热、乏燃料贮存池冷却等功能的冷却水系统、冷水系统和辅助给水系统及其构成部分(包括取水构筑物)；⑥ 保证反应堆冷却剂系统中安全重要部件(如泵、热交换器等)运行所需要的冷却水和密封水系统及其构成部分；⑦ 为应急设备供应燃料的系统及其构成部分；⑧ 产生保护动作触发信号的电气和机械装置，以及处理器传输到执行机构(如阀门驱动器)的线路和接口；⑨ 安全重要监测和执行系统所需的物项。

根据事故工况下对不同类别设备的不同要求，抗震 1 类又分为 1A 类、1F 类和 1Ⅰ类。

抗震Ⅱ类物项包括那些容纳放射性物质并防止其外泄，但在特定地震(如 SL－2)作用下即使发生破坏，也不会导致厂外剂量超过正常运行限值(从而不会对公众健康和安全造成过量风险)的物项，以及那些在发生 SL－2 的情况下若失效可能影响抗震Ⅰ类物项执行安全功能的物项。例如：蒸残液贮罐、浓缩液贮存及与其相连的管道；放射性废气贮存箱、衰变箱等。抗震Ⅱ类物项的设计应满足在 SL－2 地震震动参数下的抗震要求，其设计标准不得低于常规设施抗震规范的相应要求。

抗震Ⅰ、Ⅱ类以外的物项为非核抗震类(NO)。非核抗震类物项的设计应遵循所在地区或行业规定的、适用于常规设施的抗震设计规范。

对于包容 F-SC3 设备的构筑物,其抗震类别与其包容的设备保持一致。

3.2.3 规范等级

规范分级主要依据采用的设计规范(如 RCC-M、ASME BPVC、GB/T 16702 等)对机械设备的等级进行划分,主要包括规范 1 级、规范 2 级和规范 3 级。在一般情况下,承压机械部件的规范等级应与已赋予的安全等级相一致,即安全一级、二级、三级部件应分别对应确定为规范 1 级、2 级、3 级。然而,在特定的核电厂设计中,设计者可以在安全等级的基础上适当调整某些部件的规范等级(如属于安全二级的蒸汽发生器二次侧提升为规范 1 级),在此情况下,相关部件的设计、制造、检验等全过程必须严格遵守调整后规范等级规定的全部要求。核电厂设计者应在设备技术规格书中明确列出全部部件的规范等级。判定方法如图 3-1 所示。

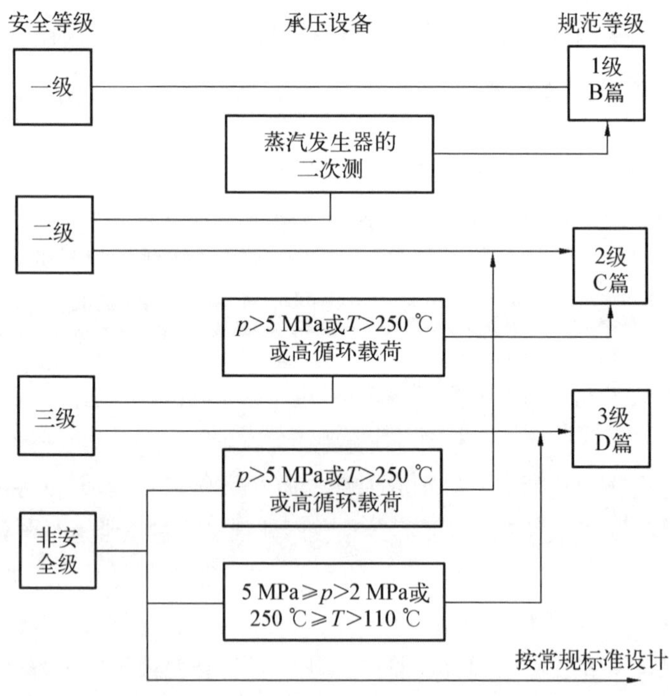

图 3-1 规范等级与安全等级对照关系

图3-1中，p 和 T 分别为设计压力和设计温度，阀门规范等级的确定规则为：公称压力＞6.4 MPa，或系列号＞400时，定为规范2级；若公称压力为6.4 MPa、5.0 MPa，或系列号为400、300时，则定为规范3级。具体判断依据请参见GB/T 16702.1～8—2025系列标准中的相关条款。

3.2.4　质量保证分级

为了在物项设计、采购、制造、施工、运行、维护等活动中实施合理的质量保证措施，应进行质量保证分级。分级时应考虑物项的安全等级、抗震类别、对核电厂运行的重要性，以及建造经验、工艺成熟性、有无运动部件、供货历史、标准化程度等多种因素。

质量保证分级主要依据物项的功能等级、屏障等级、抗震类别及规范等级确定，用于明确不同级别设备的质保要求和质保措施，对设备监造过程进行质量控制；质量保证等级分为质量保证1级(QA1)、质量保证2级(QA2)、质量保证3级(QA3)和非核质量保证级(QAN)。

QA1、QA2和QA3的共同要求如下：执行HAF003的规定，制定并实施质量保证大纲和大纲程序，满足合同等采购文件的要求。标准使用者针对不同的质量保证等级履行这些要求时，在具体操作上应当有所区别。QAN的要求是：满足合同等采购文件的规定；通常应执行GB/T 19001—2016的质量管理要求。

质量保证1级(QA1)适用于：① 全部安全一级、大部分安全二级和部分安全三级承压机械部件(安全二级和安全三级中主要是泵、自动控制阀等)；② 安全级非承压机械部件中的堆内构件、控制棒驱动机构等；③ 为安全停堆、排出余热、安全壳紧急排热、安全壳隔离及事故后监测等提供信号、触发和驱动动力的安全级电气部件；④ 安全壳及安全壳贯穿件和安全壳隔离阀；⑤ 燃料组件及其相关组件。

质量保证2级(QA2)适用于：① QA1的①中以外的安全二级和安全三级承压机械部件；② 安全级非承压机械部件的一部分，如通风设备等；③ QA1的③中以外的安全级电气部件，以及部分NC(S)级电气部件；④ 安全级厂房，但安全壳除外。

质量保证3级(QA3)适用于：① 未列入QA1或QA2的所有安全级部件；② 未列入QA2的所有NC(S)级的部件。

QA1、QA2、QA3以外的物项归入非核质量保证级(QAN)。

核级泵根据其执行的功能不同，其物项等级不同；同时，由于核级泵机组各零部件之间执行的功能不同，其物项等级也不尽相同，整机分级由功能类别最高的功能确定。核级泵(部分)物项分级如表 3-2 所示。

表 3-2 核级泵物项分级

名 称	功能等级	屏障等级	抗震类别	规范等级	质保等级
反应堆冷却剂泵	F-SC1	B-SC1	1Ⅰ	规范 1 级	QA1
硼酸输送泵	F-SC3	B-SC3	1A	规范 3 级	QA2
上充泵	F-SC3	B-SC2	1A	规范 2 级	QA1
硼注泵	F-SC2	NC	1A	规范 2 级	QA1
低压安注泵	F-SC1	B-SC2	1A	规范 2 级	QA1
中压安注泵	F-SC1	B-SC2	1A	规范 2 级	QA1
水压试验泵	F-SC3	B-SC3	1A	规范 2 级	QA2
疏水排气泵	NC	NC	NO	NA	QNC
过滤泵	NC	NC	NO	NA	QA3
堆腔注水冷却泵	F-SC3	B-SC3	1A	规范 3 级	QA2
喷淋泵	F-SC1	B-SC2	1A	规范 2 级	QA1
燃油输送泵	F-SC1	NC	1A	规范 3 级	QA2
燃油供给泵	F-SC1	NC	1A	规范 3 级	QA2
油循环泵	F-SC1	NC	1A	规范 3 级	QA2
空气循环泵	F-SC3	NC	1A	NA	QA2
电动消防泵	F-SC3	NC	1A	规范 3 级	QA3
稳压泵	F-SC3	NC	1A	规范 3 级	QA3
循环水泵	F-SC3	NC	1A	NA	QA3
补水泵	NC	NC	NO	NA	QA3
设备冷却水泵	F-SC1	NC	1A	规范 3 级	QA1

(续表)

名　称	功能等级	屏障等级	抗震类别	规范等级	质保等级
冷冻水循环泵(水冷)	F-SC2	NC	1A	规范 3 级	QA2
冷冻水循环泵(风冷)	F-SC3	NC	1A	NA	QA3

注:"NA"表示不适用。

3.3　核级泵的技术要求

为保证核级泵的设计、制造过程满足其功能需求,根据物项分级、工况及载荷要求,结合工程经验反馈,提出核级泵设计、制造等技术要求。核电厂一级泵为反应堆冷却剂泵,其类型主要包括轴封泵、屏蔽泵和湿绕组泵。本节所述反应堆冷却剂泵类型为华龙一号用主泵(轴封泵)。

3.3.1　设计要求

3.3.1.1　一级泵设计要求

1) 总体性要求

主泵设计应按照核岛机械设备设计和建造标准中安全一级泵的设计要求进行。主泵机组的设计寿命应满足各核电厂主泵技术规格书的要求,所有易损件在一个换料周期内不需要维修或更换;主泵机组应在规定环境条件和运行条件下满足连续满负荷运行一个换料周期而不需要维护;主泵机组设计应能保证所有在役检查项目的有效执行;主泵机组转动惯量设计应确保主泵机组在停电惰转过程中提供足够的冷却剂流量;主泵机组应能保证在事故工况下及全厂失电(SBO)72 h 内保持压力边界完整。主泵机组应能保证在失去冷却水一段时间内正常运行而不损坏。

2) 泵设计要求

应根据核一级泵技术规格书提出的流量、扬程、运行温度、运行压力等要求进行水力设计。确保在正常运行工况下,其流量、扬程满足要求,必要时可进行流场分析,并应经过模型试验验证。在要求的工作量范围内核一级泵的性能曲线应连续、无驼峰,反映扬程、轴功率、效率等参数与流量的关系。核一级泵的最佳工作区应在最佳效率点流量的70%～120%。

应根据核一级泵技术规格书的设计工况和载荷要求，开展应力分析，编制应力分析报告。分析报告应证明在核一级泵技术规格书规定的所有载荷工况下，满足技术规格书中对附加设计的要求。核一级泵承压部件的设计应满足核岛机械设备设计和建造标准中关于核一级泵应力分析验收准则的要求。

核一级泵泵轴的设计应能承受各种工况下的载荷而不产生断裂、过度变形及疲劳损坏；核一级泵泵轴设计应考虑泵的各种径向力（静态和动态）对轴弯曲的影响。泵轴应尽可能设计成刚性的，刚性转子的设计应使转子第一临界转速不低于泵机组最高工作转速的125%。对于单级双级泵，临界转速的计算可不考虑密封口环的流体支承作用；对于多级泵，则应考虑密封口环的流体支承作用。泵机组在低速运行、启动、停机过程中不应由于瞬时转速与临界转速接近或相等而引起损坏。

主泵轴密封设计可采用流体静压型密封和流体动压型密封，但应满足全厂断电情况下的密封性要求。

3）电机设计要求

主泵电机应为立式鼠笼型异步电动机，其启动方式为全电压直接启动。电机旋转方向及同步转速应满足泵的要求及安全规范。电机的启动转矩应确保在符合主泵技术规格书要求的最低电压、泵最大反转流量及出口最大反压力的极端条件下，仍使泵达到额定转速。为满足主泵机组惰转的要求，应设置飞轮，飞轮设计需遵循安全规范，并通过计算确保其破裂转速远高于运行转速，同时考虑应力变形因素，以确保飞轮在各运行工况下正常可靠运行，且在各事故工况下保证结构完整。电机防倒转装置的制动扭矩应不小于电机的启动扭矩，且需经过严格的测试和验证以确保其可靠性。电机应能在90%～110%额定电压范围内正常启动，并在规定时间内达到额定转速，同时需配备完善的过压/欠压保护机制，以确保满负荷连续稳定运行。

3.3.1.2 二级泵设计要求

1）总体性要求

核二级泵的设计应按照核岛机械设备设计和建造标准中安全二级泵的设计要求进行。核二级泵的设计寿命和累计使用时间与启动次数应满足各核电厂核二级泵技术规格书的要求。

在设计核二级泵时，应采取一切必要的预防措施，以防止各种危险的、影响其设备运行的振动产生，无论这些振动是由设备本身所引起的，还是由按照运行手册和试验大纲的工艺规程运行所引起的。安装后的泵，在所有运行工况下，其噪声水平应保持稳定的、非脉动的，且不应有可听见的纯音。噪声强度应按ISO 9614标准中的相关规定进行测量，使用以分贝dB(A)表达的声功率级来评估。

泵应设计为当从泵看电动机时，电动机为顺时针转动，即从左到右。应在设备上标注箭头指明转动方向。为了方便试验、清洁或大修，泵部件及其零件，特别是螺栓的设计应确保其易于拆卸和重装。对于必须拆下才能够更换流体部件或机械密封的大部件，应装设起吊环，以便于有关的吊运操作。在所有可能运行的工况下，包括启动和停堆瞬态下，应能给泵的机械部件提供润滑。在泵可能被排出管线上所装的逆止阀的泄漏损伤的情况下，可以使用防倒转装置。同时，需要根据规则书中示出的布置，在所有外形图上清楚地指明拆卸空间。在互换性方面，泵中各零件(包括附件)应与同一制造厂制造的、经过正常厂内组装工序(包括调整)的同样零件互换。相同模式的泵应与另一台可完全互换。

2) 泵设计要求

应根据核二级泵技术规格书提出的流量、扬程、运行温度、运行压力等要求开展水力设计。确保在正常运行工况下，其流量、扬程满足要求，必要时可进行流场分析，并应经过模型试验验证。在要求的工作流量范围内核二级泵的性能曲线应连续、无驼峰，反映扬程、轴功率、效率等参数与流量的关系。核二级泵的最佳工作区应在最佳效率点流量的70%～120%。

应根据核二级泵技术规格书的设计工况和载荷要求，开展应力分析，编制应力分析报告。分析报告应证明在核二级泵技术规格书规定的所有载荷工况下，满足技术规格书中对附加设计的要求。核二级泵承压部件的设计应满足核岛机械设备设计和建造标准中关于核二级泵应力分析验收准则的要求。

核二级泵泵轴的设计应能承受各种工况下的载荷而不产生断裂、过度变形及疲劳损坏，轴的尺寸应按照在各种运行工况下传递所需扭矩，而不产生过量应力或振动来确定；核二级泵泵轴设计应考虑泵的各种径向力(静态和动态)对轴弯曲的影响。泵轴应尽可能设计成刚性的，刚性转子的设计应使转子第一临界转速不低于泵机组最高工作转速的125%。对于二级泵，临界转速的计算可不考虑耐磨环的流体支承作用；对于多级泵，应考虑耐磨环的流体支承作用。应避免尖角，沟槽、键槽和轴肩的内角和外角的倒角应有适当的圆角以防止明显的应力集中。轴径应是渐变阶梯形，以便于安装带O形环的部件而避免损伤该连接。

叶轮应是整体制造的，它们应锁紧并用键连接，防止在使用中松动。该设计应使磨蚀效应最小。叶轮直径应比泵尺寸允许的最大尺寸小些，以便需要时可以进行泵特性方面的改进。应避免尖角，键槽和轴肩内、外角应有足够的圆弧，以防止应力明显集中。

3）电机设计要求

电动机应是三相感应型电机，设计成直接在线启动，保护等级为IP55，电机外壳对外界机械碰撞的防护等级应为IK07，外壳保证的防护等级应符合RCC－E E3200标准中的相关要求，也就意味着即使电压仅为额定电压的80%，在接收到启动信号5 s内，泵机组也能够提供最大流量。当电压为额定电压的70%、频率为50 Hz时，在任何转速下，电机扭矩应大于泵所需要的扭矩。在额定电压和频率下，最大扭矩应至少为额定扭矩的2.0倍。电动机应配备双向推力轴承，承受驱动轴的热膨胀和地震荷载所产生的轴向力，且应配置加热线圈，并与恒温器和指示灯相连。电动泵装置需要保证在冷却水中断30 min内保持运行。供货商应指明所需的冷却水流量、单位时间内由冷却系统带走的热量以及冷却器的压降。在电动机和其底板之间需要安装有效密封，以便将电机房与泵房隔离。

核安全二级的电机应按照相关标准进行设计、制造、检验和试验。电机功率应具有一定余量以确保泵机组在运行范围内无电机超功率运行现象。电机应能在80%电压的情况下正常启动并在规定时间内达到额定转速且连续稳定运行。

3.3.1.3　三级泵设计要求

1）总体性要求

核三级泵应按照核岛机械设备设计和建造标准中安全三级泵的设计要求进行。核三级泵的设计寿命和累计使用时间与启动次数应满足各核电厂核三级泵技术规格书的要求。

在设计核三级泵时，应采取一切必要的预防措施，以防止各种危险的、影响其设备运行的振动产生，无论这些振动是由设备本身所引起的，还是由按照运行手册和试验大纲的工艺规程运行所引起的。安装后的泵，在所有运行工况，其噪声水平应保持稳定、非脉动，且不应有可听见的纯音。噪声强度应按ISO 9614标准中的相关规定进行测量，使用以分贝dB(A)表达的声功率级来评估。

泵应设计为当从泵看电动机时，电动机为顺时针转动，即从左到右。应在设备上标注箭头指明转动方向。为了方便试验、清洁或大修，泵部件和其零件，特别是螺栓，应设计成保证易于拆卸和重装。对于必须拆下才能够更换流体部件或机械密封的大部件，应装设起吊环，以便于有关的吊运操作。在所有可能运行工况下，包括启动和停堆瞬态下，应能给泵的机械部件提供润滑。在泵可能被排出管线上所装的逆止阀的泄漏损伤的情况下，可以使用防倒转装置。同时，需要根据规则书中示出的布置，在所有外形图上清楚地指明拆卸空间。在互换性方面，泵中各零件(包括附件)应与同一制造厂制造的、经过正常厂内组装工序(包括调整)的同样零件互换。相同模式的泵应与另一台可完全互换。

2) 泵设计要求

应根据核三级泵技术规格书提出的流量、扬程、运行温度、运行压力等要求开展水力设计。确保在正常运行工况下，其流量、扬程满足要求，必要时可进行流场分析，并应经过模型试验验证。在要求的工作流量范围内核三级泵的性能曲线应连续、无驼峰，反映扬程、轴功率、效率等参数与流量的关系。核三级泵的最佳工作区应在最佳效率点流量的70%～120%。

应根据核三级泵技术规格书的设计工况和载荷要求，开展应力分析，编制应力分析报告，分析报告应证明在核三级泵技术规格书规定的所有载荷工况下，满足技术书规格书中对附加设计的要求。核三级泵承压部件的设计应满足核岛机械设备设计和建造标准中关于三级泵应力分析验收准则的要求。

核三级泵泵轴的设计应能承受各种工况下的载荷而不产生断裂、过度变形及疲劳损坏，轴的尺寸应按照在各种运行工况下传递所需扭矩，而不产生过量应力或振动来确定；核三级泵泵轴设计应考虑泵的各种径向力(静态和动态)对轴弯曲的影响。泵轴应尽可能设计成刚性的，刚性转子的设计应使转子第一临界转速不低于泵机组最高工作转速的125%。对于单级或双级泵，临界转速的计算可不考虑密封口环的流体支承作用；对于多级泵，则应考虑密封口环的流体支承作用。应避免尖角，沟槽、键槽和轴肩的内角和外角的倒角应有适当的圆角以防止明显的应力集中。轴径应是渐变阶梯形，以便于安装带O形环的部件而避免损伤该连接。

叶轮直径应比泵尺寸允许的最大尺寸小些，以便需要时可以进行泵特性方面的改进。应避免尖角，键槽和轴肩内外角应有足够的圆弧，以防止应力明显集中。

3）电机设计要求

电动机应是三相感应型电机，设计成直接在线启动，保护等级为 IP55，电机外壳对外界机械碰撞的防护等级应为 IK07，外壳保证的防护等级应符合 RCC－E E3200 标准中的相关要求，也就意味着即使电压仅为额定电压的 80%，在接收到启动信号 5 s 内，泵机组也能够提供最大流量。当电压为额定电压的 70%、频率为 50 Hz 时，在任何转速下，电机扭矩应大于泵所需要的扭矩。在额定电压和频率下，最大扭矩应至少为额定扭矩的 2.0 倍。电动机应配备双向推力轴承，承受驱动轴的热膨胀和地震荷载所产生的轴向力，且应配置加热线圈，并与恒温器和指示灯相连。电动泵装置需要保证在冷却水中断 30 min 内保持运行。供货商应指明所需的冷却水流量、单位时间内由冷却系统带走的热量以及冷却器的压降。在电动机和其底板之间需要安装有效密封，以便将电机房与泵房隔离。

核安全三级的电机应按照相关标准进行设计、制造、检验和试验。电机功率应具有一定余量以确保泵机组在运行范围内无电机超功率运行现象。电机应能在 80%电压的情况下正常启动并在规定时间内达到额定转速且连续稳定运行。

3.3.2 制造要求

核级泵制造应按照核岛机械设备设计和建造标准中泵设备相应安全等级制造要求进行，各零部件的制造及检验应满足相应安全等级要求。核级泵的制造质量应符合国家标准的要求及泵设备技术要求的规定，从事制造质量检验的人员应具有国家认可的相应类别的资格证书。应确保核级泵机组相同零部件及同类机组的相同零部件具有可互换性。

核级泵的焊接、成形、表面处理、机械连接等制造工艺需满足相关制造和检验标准的要求。核级泵焊接件接缝应为光洁金属面，焊前不得有锈迹、油污等，焊缝不应有孔穴、夹渣等缺陷，焊缝边缘和顶端应焊透。铸件和焊接件均应进行消应力处理。核级泵零部件在原材料、制造精度和水压试验检验合格后方可进行装配；装配前应清洗干净，零部件表面不得有碰伤、锈蚀、变形等现象。

核级泵承压件、承压紧固件等重要零件的材料的化学成分和力学性能均需进行检验，检验结果应满足核级泵技术规格书和相关材料标准的规定。应对核级泵焊接材料的熔敷金属的化学成分和力学性能进行检验和复检，焊丝还应对其光焊丝的化学成分进行检验和复检。零部件均需进行外观和尺寸检查,检查结果应满足设计图样的要求。

3.3.3 其他要求

1) 材料要求

除了在特定采购技术规范中有规定外,核级泵材料应按照相应的国家或者行业材料标准选择。对于与反应堆冷却剂直接接触的承压部件及与反应堆冷却剂接触的表面积大于 1 m^2 的非承压部件,其材料的钴含量应小于 0.2%,对表面积小于 1 m^2 的非承压部件不要求检验钴含量。此外,与不锈钢接触的非金属材料,应控制其卤族元素、铁、硫等杂质的含量。核级泵钢种的选择应满足核岛机械设备设计和建造标准的要求。

2) 试验要求

核级泵在设计过程中和完成整机制造、装配后需依据相关标准全面开展试验,以验证核级泵的各项性能。核级泵的试验项目主要包括转子动平衡试验、水压试验、水力模型试验(水力模型成熟可不开展)、电机试验、主泵机组台架试验等。试验项目和试验内容应根据核级泵设计规格书及相关标准确定。

3) 清洗、包装和运输要求

核级泵的清洗应按照核岛机械设备设计和建造标准中针对泵设备所规定的清洁等级要求进行。所有管嘴在清洁后,应使用符合相关标准要求的材料制成的罩盖或封口装置进行妥善封闭,以防止在运输和储存期间灰尘、潮气或其他杂质侵入。

核级泵的设备或零部件在清洁后应立即进行包装。若包装过程被迫中断,应采取措施保护设备或零部件,以避免其受到污染。包装箱应足够坚固,能够经受运输和储存过程中可能产生的外部载荷。应确保设备在到达现场后、拆箱前保持包装的完整性。

核级泵在运输过程中应遵守防止污染的有关规定,在装卸后,其包装层、防护物等应完好无损。若采用海上运输方式,应进行防水和防盐雾包装。对于可能放置在甲板上的设备,无论其尺寸大小或是否已放置于密封集装箱中,均应采取额外的固定和预防措施,以防止因海浪、风等因素造成的损坏或污染。

第4章
反应堆冷却剂泵

反应堆冷却剂泵(reactor coolant pump, RCP),即核主泵,作为主循环泵,位于一回路的反应堆与蒸汽发生器之间,是反应堆冷却剂系统(reactor coolant system, RCS)的压力边界和关键设备之一,同时也是一回路主系统中唯一高速旋转的设备。其主要功能包括:在系统充水初期,负责有效排除管道及系统中的气体(除气),确保冷却剂流动得顺畅无阻;在反应堆启动之前,通过循环流动使系统逐渐升温至适宜的工作温度;在正常运行阶段,核主泵抽送高温、高压且含有强辐射的反应堆冷却剂,对其进行升压以补偿系统压降,为反应堆堆芯提供稳定且充足的冷却剂流量,确保堆芯产生的巨大热能能够连续不断地传递给蒸汽发生器,进而驱动涡轮机发电,维持一回路系统的稳定与安全运行;尤为重要的是,在事故工况下,核主泵能够利用其机组的惯性进行惰转,即在没有外部动力源的情况下,依靠自身的旋转惯性继续带动冷却剂流动,有效带出堆芯余热,防止反应堆堆芯因过热而烧毁,从而保障核电站的整体安全。

4.1 核主泵技术发展历程

核主泵与普通泵的最大区别在于强调压力边界的完整性和在特殊工况下的可运行性,这对核主泵的可靠性和安全性提出了更高的要求。由于核主泵的特殊工作条件,核主泵为核安全Ⅰ级设备,泵的承压部分应该与核安全Ⅰ级容器和管道采用同样的质量保证标准。

对于压水反应堆(pressurized water reactor, PWR)、重水反应堆(heavy water reactor, HWR)和沸水反应堆(boiling water reactor, BWR)核电站,从核主泵的密封形式来看,核主泵可以分为轴封泵和无轴封泵(屏蔽泵、湿绕组泵)。

4.1.1 屏蔽式核主泵

在早期的核动力装置中，传统的轴封技术在防止反应堆冷却剂泄漏方面存在挑战，因此，起源于军用反应堆的屏蔽电动机泵技术因其独特的无轴封设计，被认为能有效减少泄漏风险，并逐渐应用于商用试验堆上。这种泵的叶轮与电动机转子连成一体，并封装在同一个密封壳内，用水润滑轴承支撑，所以不必担心放射性物质的外漏。这种泵有零泄漏的优点，工作安全可靠。自20世纪50年代起，屏蔽泵作为核主泵开始在核动力舰船和核电厂中广泛应用。1954年美国建成的世界上第一艘核动力潜艇"鹦鹉螺号"(Nautilus)即采用屏蔽泵作为核主泵，该泵由西屋电气公司(Westing House，WH)下属电气机械分部(Electro-Mechanical Division，EMD)制造，如图4-1所示。图4-2

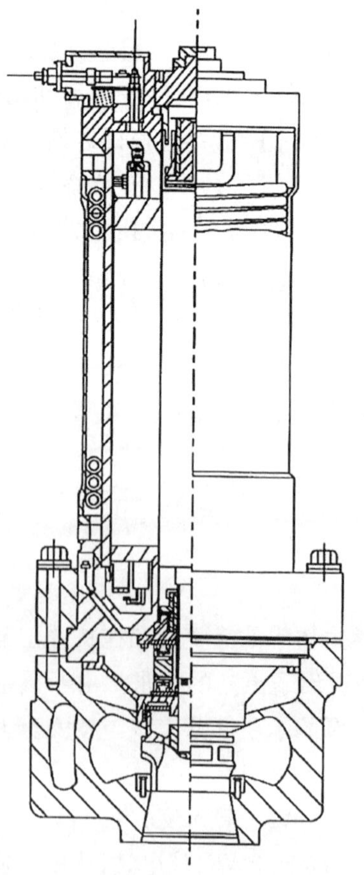

图4-1 "鹦鹉螺号"屏蔽泵示意图

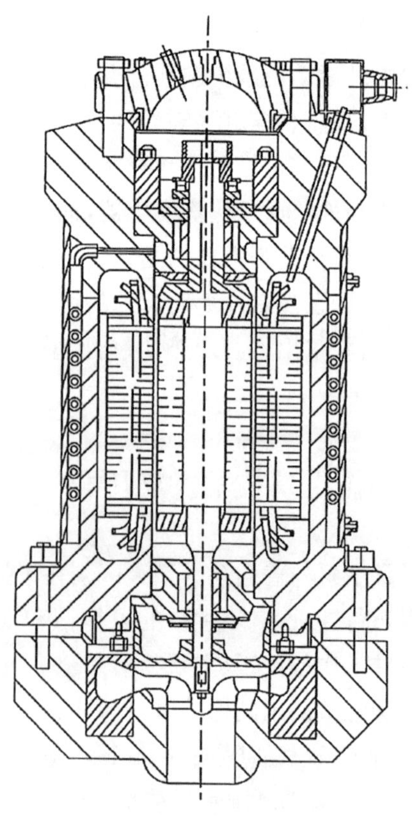

图4-2 "列宁号"屏蔽泵示意图

为 1957 年苏联建成的"列宁号"核动力破冰船采用的核主泵(也是屏蔽泵)示意图。法国法马通核能公司(Framatome)下属的热蒙公司(Jeumont)引进西屋公司的主泵技术,于 1964 年为法国第一座商用核电厂 250 MW 机组提供了 4 台屏蔽电动机核主泵。图 4－3 为 1972 年建成的日本"陆奥号"(Mutsu)核商船使用的核主泵(同样是屏蔽泵)示意图。屏蔽泵通常是立式离心泵。

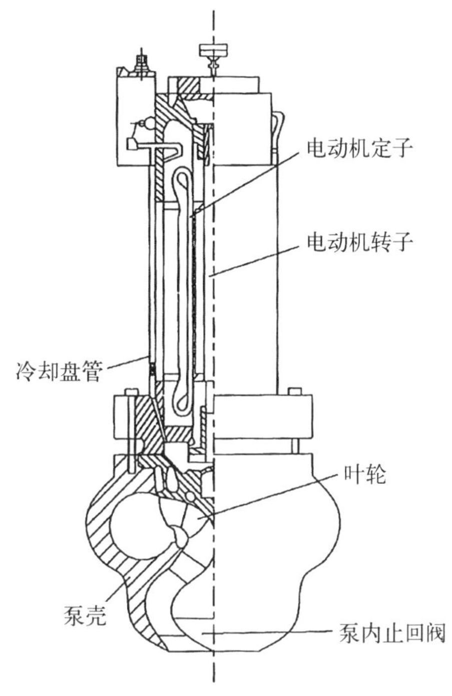

图 4－3　"陆奥号"屏蔽泵示意图

图 4－4 所示为西屋公司的卧式屏蔽电动机核主泵的典型结构,泵在左端,电动机在右端。它主要由水力部件、承压壳机、电动机、热交换器和轴承等组成。泵的叶轮和电动机转子构成一个整体转子,电动机的转子与定子间用屏蔽套隔开。左端相当于一般工业用的悬臂式单级泵,由装在一个能承受系统全部压力的密封壳体内的屏蔽电动机驱动。电动机的定子绕组按常规结构制造,由一层薄的屏蔽套使冷却水与电动机线圈隔离。因此,定子绕组是干的,没有放射性介质外漏的可能,故又称为全封闭泵。为了使电动机免受高温,叶轮右方设有隔热屏,起热屏障作用,防止冷却剂的热量向电动机方向传导。电动机的定子、转子及叶轮全部封闭在高压壳体内。密封壳体外部盘绕蛇形管换热器(序号 14),蛇形管外部通设备二次冷却水。蛇形管内部为一次冷却水,一次冷却水与反应堆冷却剂是连通的,所以蛇形管内压力就是一回路压力。一次冷却水从泵的右侧进入小叶轮(序号 7),从小叶轮流出后沿定子与转子的间隙向左流动,吸收转子与定子的发热,并润滑径向轴承和推力轴承,最后进入蛇形管,被二次侧冷却水冷却了的一次循环水从泵的右端进入冷却泵径向轴承后返回小叶轮吸入口,形成封闭的循环。这种设计使蛇形管成为一回路压力边界的一部分。屏蔽套一般用因科镍合金制造,由于转子浸没在液体中,回转阻力高且屏蔽套有涡流损失,因此屏蔽泵效率较低。

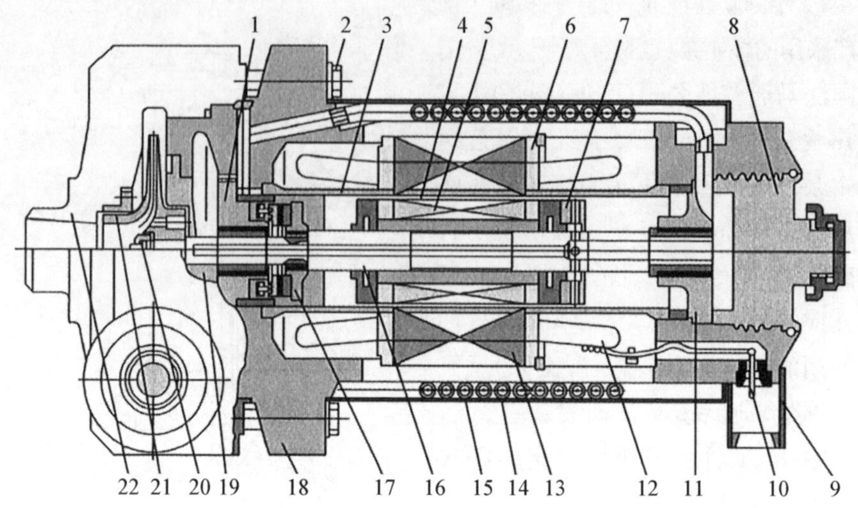

1—轴承；2—螺栓；3—屏蔽套；4—转子外套；5—转子；6—压紧板；7—小叶轮；8—盖；9—接线盒；10—接线柱；11—径向滑动轴承；12—线圈；13—硅钢片；14—蛇形冷却管；15—外壳；16—轴；17—推力轴承；18—电动机壳；19—迷宫密封件；20—螺母；21—叶轮；22—泵壳体。

图 4-4　屏蔽电动机泵结构示意图

通常屏蔽泵的轴承、推力盘均由奥氏体不锈钢制造，表面堆焊耐磨的硬质合金。轴承一般由浸渍树脂石墨制成，选用的树脂必须耐辐照。20 世纪 70 年代以前转子、定子间的屏蔽套材料多用 18-8 不锈钢，之后多用哈斯特洛依镍钼基合金材料制造，其厚度不到 1 mm，国外已达到 0.127 mm。屏蔽套耗功较多，厚度越薄，电动机效率越高。屏蔽套上下两端与电动机的定子焊接，起屏蔽和密封作用。

屏蔽电动机泵长期在核动力舰船上使用，其密封性能好，运行安全可靠。但由于它的电动机结构特殊，与普通电动机相比，造价昂贵，容量小，不宜安装飞轮，因而转动惯量小，与轴封泵相比效率低 10%～20%；当泵容量变大时，这一效率差所对应的功率损失相当可观，这些原因促使了轴封泵的发展。随着装置效率的增大，屏蔽泵的缺点也逐渐突显。由于轴封泵研究已有明显进展，第二代核电厂普遍选用轴封泵。对大型核动力装置，轴封泵是一个较好的选择，因其初始投资低，易制造，具有较高的转动惯量，效率高，并且容易维修。但在核动力舰船、钠冷快堆及一些试验研究堆等应用场合，由于所需泵的功率小，屏蔽泵仍发挥着重要作用。

表 4-1 列举了几种核电厂和核动力舰船使用的屏蔽泵的基本参数。

表 4-1　几种屏蔽泵的基本参数

核电厂名称	堆电功率/MW	核主泵台数	体积流量/(m^3/h)	扬程/m	吸入压强/MPa	吸入水温/℃	转速/(r/min)	电动机功率/kW
印第安角 1 号(美国)	275	8	3 000	108	9.80	249	1 800	1 270
扬基・罗(美国)	185	4	5 400	72	13.43	260	1 800	1 360
新沃罗涅 H-1(苏联)	196	6	5 250	50	6.80	250	1 460/360	1 530
新沃罗涅 H-3(苏联)	410	6	6 500	58	12.25	270	1 450	1970

4.1.1.1　屏蔽电动机核主泵结构

AP1000 核主泵采用的屏蔽电动机泵，由美国西屋公司下属 EMD 设计和制造。RCS 采用屏蔽电动机泵的理由如下。

(1) 屏蔽电动机泵技术成熟。不同尺寸的屏蔽电动机泵在军工、石油、化工，以及早期核电厂和其他工业部门使用，取得了良好的使用业绩。在免维修和在役检查的条件下，屏蔽电动机泵最长的服役时间已达 40 余年，至今无一失效和故障记录。

(2) 传统压力反应堆(pressurized water reactor, PWR)核电厂核主泵采用轴封泵的轴封问题已成为现有核电厂反应堆冷却剂泄漏的潜在原因之一。由于轴密封需要大量的外部系统支持，一旦出现全厂停电，所有支持系统可能丧失作用，轴密封部位即成为冷却剂泄漏的潜在根源，而屏蔽电动机泵彻底消除了这一潜在的泄漏根源。AP1000 核主泵在核电厂中的位置如图 4-5 所示。表 4-2 对比了屏蔽电动机泵和传统轴封泵对设计及维护的要求。

屏蔽电动机泵是单级、高惯量、采用屏蔽电动机的无轴封离心泵，用于输送大容量高温高压反应堆冷却剂。蒸汽发生器下封头有 2 个出口接管，每个接管直接连 1 台屏蔽电动机泵，每个蒸汽发生器上的 2 台泵按同一方向运转。屏蔽电动机泵主要设计参数如表 4-3 所示[4]，屏蔽电动机泵结构如图 4-6 所示。

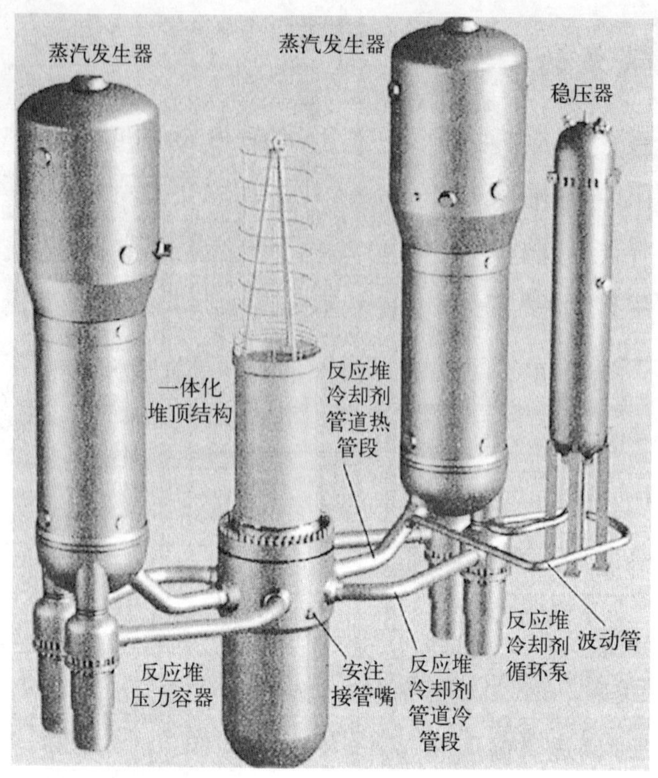

图 4-5　AP1000 核主泵在核电厂中的位置

表 4-2　屏蔽电动机泵和轴封泵对设计及维护的要求对比

设计指标/维护要求	轴　封　泵	屏蔽电动机泵
设计寿命/年	40	60
密封检查间隔/年	4.5	无(无密封)
密封 O 形环更换间隔/年	6	无(无密封)
泵轴承检查间隔/年	10～12	无明确要求
飞轮超声检查间隔	按美国机械工程师协会(ASME)规范第Ⅺ卷要求的间隔	无检查要求
每年对电动机的检查： ——电气试验 ——外观检查	每次换料停堆时	无检查要求

（续表）

设计指标/维护要求	轴　封　泵	屏蔽电动机泵
每 5 年对电动机的检查： ——检查转子和定子绕组 ——检查飞轮 ——检查下部径向轴承 ——电气试验	每 5 年一次	无检查要求
每 10 年对电动机的检查： ——完全解体 ——检查和清洁 ——检查所有轴承 ——更换磨损部件 ——电气试验	每 10 年一次	无检查要求
电动机重绕	40 年服役期内一次	无此要求

表 4－3　AP1000 屏蔽电动机泵主要设计参数

设 计 指 标	参　　数
机组设计压强（表压）/MPa	17.13
机组设计温度/℃	343.3
机组共高/mm	6 705
设备冷却水体积流量/(m^3/h)	136.3
连续设备冷却水最高进口温度/℃	35
电动机和泵壳总质量（干重）/kg	90 718
泵设计流量/(m^3/h)	17 886
泵设计扬程/m	111
泵出口内直径/mm	558
泵进口内直径/mm	660
同步转速/(r/min)	1 800
电动机类型	鼠笼式感应电动机

(续表)

设 计 指 标	参 数
电动机额定功率(热态设计点)/kW	5 500
电压/V	6 900
相数	3
频率/Hz	60
绝缘等级	N级
电流/A ——启动 ——名义输入,冷态反应堆冷却剂	 可变的 可变的
电动机/泵转子要求的最小转动惯量	计算值不得小于 695.3 kg·m^2 实际的转动惯量约为 931 kg·m^2 (能够为缓解假想事故提供足够的惰转流量)

注:设备冷却水供应水源升温至 110 ℉(43 ℃)可能会在 6 h 后发生。

屏蔽电动机泵将电动机和所有转动部件放置在一个压力容器内。该压力容器由泵壳、定子盖、定子主法兰、定子外壳、定子下部法兰和定子端盖组成,是反应堆冷却剂压力边界的核安全一级部件,按 RCS 压力设计。屏蔽电动机泵中定子和转子被封在抗腐蚀的屏蔽套中,防止转子铜条和定子绕组与反应堆冷却剂接触。由于叶轮和转子的轴包括在压力边界中,不需要轴密封来限制泵中的反应堆冷却剂泄漏进入安全壳中。泵壳和定子盖间的连接设有一个可焊的卡努比(Canopy)型密封组件,为泵定子盖提供最终的泄漏保护。若检修需要接触泵和电动机的内件,则要切割开卡努比密封焊。当泵重新组装之后,卡努比密封要重新焊好。

屏蔽电动机泵由水力部件和电动机部件两部分组成。水力部件主要是由泵壳、叶轮和导叶等部件组成的混流泵。泵和电动机之间由热屏隔离堆芯冷却剂的高温。电动机功率为 5 500 kW,同步转速为 1 800 r/min。启动和运行时通过变频器来控制电动机转速。

屏蔽电动机是一种专门设计的立式、水冷、单绕组、四极、三相、鼠笼式的带有屏蔽转子和定子的感应电动机。该电动机由三相 6 900 V/60 Hz 的电源驱动。变频器用于泵的启动,并在泵连续运行时将电源频率从 50 Hz 改变至 60 Hz。

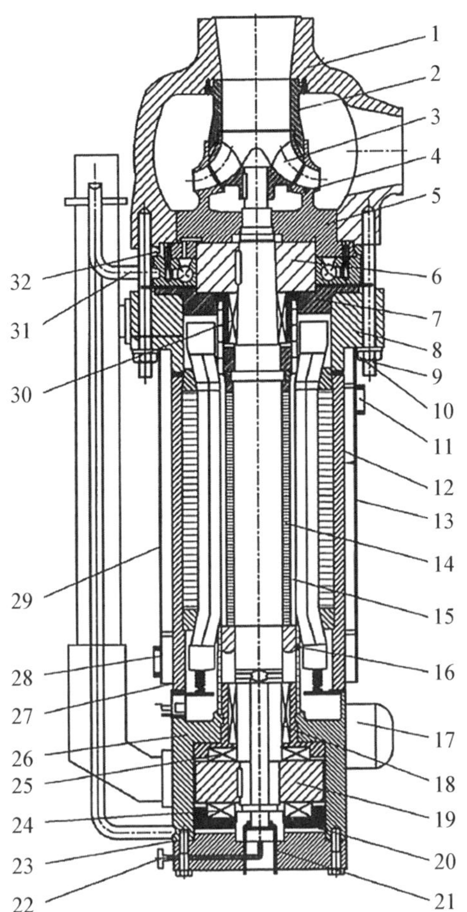

1—泵壳；2—吸入段；3—叶轮；4—导叶；5—热屏障；6—上惰转飞轮；7—上盖板；8—定子法兰；9—主法兰螺栓；10—主法兰螺母；11—冷却水入口套管；12—定子冷却水套；13—定子组件；14—转子组件；15—转子屏蔽套；16—定子屏蔽套筒；17—接线盒；18—径向轴承；19—下惰转飞轮；20—轴承压盖；21—转速探头；22—排气和充气管；23—C 式密封；24,25—推力轴承；26—定子下部壳体；27—定子电阻温度计组件；28—冷却水出口套管；29—定子壳体；30—径向轴承；31—轴承水电阻温度计；32—主密封结构。

图 4-6　屏蔽电动机泵结构示意图

AP1000 屏蔽电动机的设计是在已有运行经验的同类电动机的基础上改进的。可参考的屏蔽电动机均没有飞轮，而 AP1000 屏蔽电动机有上下 2 个飞轮，这是其最显著的特征，由飞轮带来的能量损耗约为 1 000 kW。由于屏蔽电动机的损耗较高，冷却措施及温升控制是关键。电动机冷却满足设计要求，是实现长期可靠运行的关键。电动机绕组的绝缘级别选用 N 级(200 ℃)。

需要时，电动机可从泵壳上拆下来进行维修检验和更换。定子屏蔽套保护定子(绕组和绝缘体)不接触在电动机内部和轴承腔内循环的反应堆冷却剂。转子上的屏蔽套将转子铜条与系统隔离,以减小铜析出的可能性。

电动机由电动机腔内循环流动的反应堆冷却剂和电动机壳外侧冷却套内循环的设备冷却水进行冷却。冷却电动机的一次冷却剂从转子下端进入,轴向通过电动机内腔带出转子和定子的热量。辅助叶轮为冷却剂循环提供动力,一次冷却剂的热量传递给外置热交换器内的设备冷却水。

每台泵电动机由一台变频器驱动。在泵启动和反应堆冷却剂低温运行(反应堆停堆断路器打开)时,用变频器来驱动泵减速运行。对于 50 Hz 电网,当反应堆冷却剂升温时,变频器给泵电动机提供 60 Hz 电源,而不论反应堆停堆断路器是否闭合。

与反应堆冷却剂和冷却水相接触的材料(除了轴承材料)采用奥氏体不锈钢、镍-铬-铁合金或耐腐蚀性能相当的其他材料。

屏蔽电动机泵的屏蔽电动机与泵共用一根主轴,在主轴上有 2 个径向轴承和 1 个双向推力轴承,都在电动机的一侧。

屏蔽电动机泵设置了可以连续监测泵结构振动的振动监测系统。为遵循多重性的原则,确保系统可靠性,在泵的关键位置设置了 5 个振动传感器监测泵的振动情况,并提供信息输出。信号输出系统包括振动报警器、高振动级别报警器以及数据分析器。

遵循多重性的原则,在电动机循环冷却水系统的不同位置设置了 4 个电阻温度计进行温度监测。这些电阻温度计不仅提供了轴承和电动机异常运行的早期指示,还作为长时间丧失设备冷却水事件发生时自动停堆的信号。

此外,设置了一个速度传感器以实时监测转子的转速;同时,设置电压和电流传感器以监测电动机载荷和电源输入情况。

4.1.1.2 屏蔽泵的主要部件

屏蔽泵由水力部件和电机部件两部分组成,其中水力部件与常规泵结构类似,现以电机部分为例对其主要部件进行介绍。

1) 电机部件

定子绕组及冷却由于屏蔽电动机的能耗高、发热量大,定子屏蔽套使定子成为一个封闭区域,造成定子铁芯和绕组只能靠温度梯度产生的热传导散热。绕组端部由于散热困难,是温度场中的热点。由此可见,电动机冷却措施及温升控制是保证屏蔽电动机泵正常运行的关键。作为解决措施,一方面,AP1000 屏蔽电动机绕组采用较高的绝缘等级(N 级,200 ℃);另一方面,通过有效的冷却来降低电动机各部分的温度。

除了由迷宫式(在转子与热屏之间)阻隔泵壳腔内的高温冷却剂和电动机腔内的低温冷却剂进行热交换外,电动机冷却功能由 2 个冷却回路来实现:① 用外置热交换器冷却回路,外置热交换器的管侧为屏蔽电动机腔内的反应堆冷却剂,壳侧为设备冷却水,以此来冷却屏蔽电动机腔内的反应堆冷却剂;② 通过流经电动机定子冷却外套的设备冷却水来冷却电动机定子绕组发出的热量。

通过冷却回路的有效工作使电动机腔内的冷却剂温度保持在 80 ℃以下,定子绕组中的最高温度不高于 180 ℃,以此保证绕组绝缘的性能和寿命。

此外,变频器主体设备安置在汽轮机厂房,变频器的可用率为 0.999 9。因此,变频器的可靠性是可以接受的。

定子的制造工艺(见图 4 - 7)与一般电动机定子的制造类似,定子铁芯主要由定子上端盖指板、下端盖指板、定子叠片、支承棒组装而成,在定子叠片叠装后由上下两块端盖指板夹住,然后将支承棒焊接在指板两端,这样就制成了定子铁芯,之后还要进行定子线圈绕组的绕线、屏蔽套支承棒的安装等工序,最后才是定子屏蔽套的安装和两端装焊。

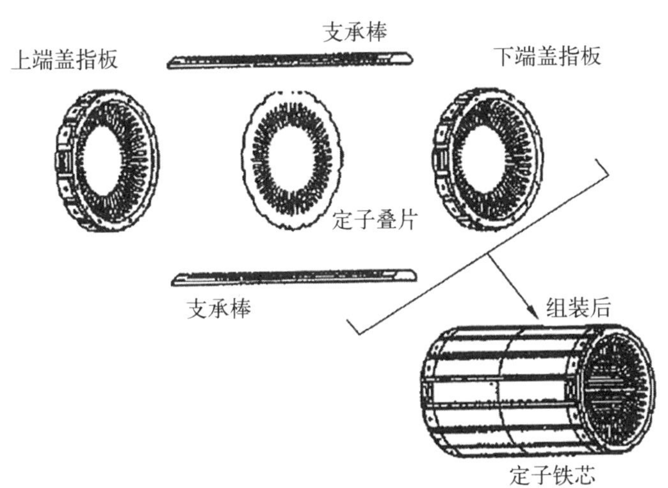

图 4 - 7　核主泵屏蔽电动机定子制造工艺流程示意图

2) 屏蔽套

为将电动机的定子绕组和转子与一回路冷却剂介质完全隔绝开来,设置 2 个屏蔽套,即定子屏蔽套和转子屏蔽套。屏蔽套材料为 Hastelloy C276 合金,是一种超低碳型镍、钼、铬系列的镍基、非磁性、耐蚀、耐高温、抗氧化材料，加工成厚度约为 0.46 mm、幅宽约为 2 m 的精轧板材。电动机组装后定子屏蔽套和转子屏蔽套之间的间隙为 4.83 mm。定子屏蔽套的直径为 559 mm，其公差控制在±0.076 mm；屏蔽套只承担密封功能，其背部支承承担机械力，屏蔽套的背部支承由中段铁芯（包括槽楔）及两端支承筒组成。

屏蔽电动机泵的屏蔽套加工、安装和检验是屏蔽电动机制造过程中最关键的环节，也是 RCP 实现国产化的难点之一。屏蔽套的制造过程是先将 Hastelloy C276 合金的板材按屏蔽套周长剪切下料，然后滚压成开口圆筒，再将滚成的圆筒开口缝压在自动焊机上焊接，焊后再在滚压机上滚压整形，最后用 π 尺进行两端直径检查。转子屏蔽套是过盈配合热套在转子铁芯上的。转子屏蔽套立着在立式加热炉内加热，达到热套状态后，转子铁芯要在 10 s 内快速插入加热炉内的转子屏蔽套内，然后整体吊出。定子屏蔽套与定子铁芯内径为间隙配合，故可直接套入。

定子屏蔽套、转子屏蔽套焊接后均须经过水压试验及氦检漏试验检验。定子屏蔽套的水压试验利用定子本身外加两端堵板形成定子屏蔽套水压试验腔。试验过程如下：① 按规定的试验压力（为设计压力的 1.25 倍）进行水压试验。② 水压试验完成后将定子腔内水压降到试验水压的 75%保压；然后，对线圈腔进行气压试验，气体为氮气，压力为定子腔水压的 75%，用气泡法检查定子出线密封。③ 除去定子腔的水压及线圈腔的气压，送到烘干炉缓慢加热到 212 ℃进行烘干处理；然后线圈腔抽真空，定子腔充 13.8 MPa 的氦气进行氦检漏。

线圈腔抽真空约需 2 周时间，原因是定子绝缘材料在电动机运行过程中会挥发出气体，引起定子线圈腔压力增加，可能造成屏蔽套出问题，所以目前采用氦检漏前抽真空的方法处理，充氦气时定子应处于热温状态。

AP1000 屏蔽泵的屏蔽套相关数据如表 4-4 所示。

表 4-4　AP1000 屏蔽泵的屏蔽套相关数据及对比

参　数	AP1000	EMD 经验（1 500 台）
材　料	Hastelloy C276	Hastelloy C276，Hastelloy C，Hastelloy N，SST，Inconel 600 和 625
厚度/mm	0.381～0.483	0.381～0.889

（续表）

直径/mm	559	20～1 016。据现场考察，EMD有焊接成形的定子屏蔽套，其最大尺寸约为 $\phi 500 \times 3\,000$
工作压强（表压）/（kgf/cm^2）	158.2	28.1～316.4

注：$1\ kgf/cm^2 = 98.066\,5\ kPa$。

3）水润滑轴承

反应堆冷却剂泵（RCP）的轴承属于商品级产品，一般都是外购件。屏蔽电动机泵装有3个轴承，分别是2个径向轴承和1个双向推力轴承，都在电动机一侧。

2个径向轴承，1个在转子轴底部，另1个在上部飞轮组件和电动机之间。轴承采用水力水膜润滑设计。转子转动时，在轴径和衬垫间形成一层薄水膜提供润滑。

双向推力轴承组件位于转子轴底部。在任何工况下自调节的水力水膜润滑轴承提供了转动组件的相对向上轴向定位。双向推力轴承的动盘（镜板）为下飞轮的上下两个端面，而静盘的摩擦副为推力瓦。

在转速达到一定值时，轴和轴承（摩擦副）之间就会形成稳定的水膜，由于水膜的存在，轴和轴承（摩擦副）不会受到磨损。

从承载条件来看，关键在于推力轴承。AP1000屏蔽电动机泵轴系质量约为12 700 kg，静态时轴系重力作用于双向推力轴承的下表面，运行条件下水力作用于轴上的力是向上的，此时，轴系自重成为平衡载荷，通过改变叶轮平衡孔的尺寸可以调节转子的轴向力。推力轴承的比压控制在50 psi（344.7 kPa）或以下，设计最小水膜厚度约为0.012 7 mm。只要保证水膜厚度及冷却水温度，就可保证轴承正常运行。推力轴承的动盘（镜板）及轴套为不锈钢材料，表面等离子喷焊硬质合金，推力瓦及径向轴承（导轴承）的轴瓦均为碳-石墨材料，即轴承采用石墨-硬质合金摩擦副。

在泵启停过程中和正常运行时，通过冷却系统使轴承冷却剂温度保持在80 ℃以下（检测保护温度为110 ℃），可以保证或延长轴承的寿命，水润滑轴承设计寿命为60年。

4）飞轮

屏蔽电动机泵的飞轮分为上飞轮和下飞轮两部分，每个飞轮组件为重金属钨合金块和403型不锈钢轮毂组成的双金属设计，在有限体积的条件下实现高转动惯量，以保证屏蔽电动机泵惰转特性。上飞轮组件位于电动机和泵叶轮之间，下飞轮与推力轴承的推力盘采用一体化组合结构，高惯量飞轮在水中高速旋转，并且上下表面作为推力轴承的双向推力盘。飞轮组件的周围是定子盖、泵壳、热屏或定子下部法兰的厚壁。

图4-8　飞轮结构示意图

飞轮在制造时将12块钨合金组装在一个实心的403型不锈钢轮毂的外径上，并用厚壁不锈钢套环(18Ni-250不锈钢)通过与钨合金块的过盈配合来保证在所有运行条件下及热瞬态期间固定钨合金块，即采用预应力结构。因此，钨合金块处于受压状态，避免了其承受拉伸载荷。飞轮结构如图4-8所示。钨合金块通过焊接的镍-铁-铬合金Inconel600外壳(屏蔽套)与主冷却剂隔离，达到防止应力腐蚀的目的。最后，将飞轮固定在屏蔽电动机泵的主轴上。

飞轮在水中高速旋转摩擦产生热量的导出、12块扇形钨合金块和厚壁不锈钢套环热套结构的热膨胀变形匹配及高速旋转离心力、作为推力盘的表面等离子堆焊硬化处理、失冷事故(loss of coolant accident, LOCA)和地震等事故工况下的完整性(防止产生飞射物)等，都需要通过制造工艺模拟、超速试验模拟、动态分析及疲劳寿命评估等来验证。

此外，飞轮的设计还应确保屏蔽电动机泵转子进行125%额定转速的超速试验时不会发生机械损坏，在LOCA和地震等事故工况下，泵转子、轴承及飞轮必须保持结构的完整性。

屏蔽电动机泵的制造必须遵循质量保证大纲的要求，压力边界部件满足ASME规范规定的要求。表4-5中列出了AP1000屏蔽泵质量保证大纲中关于制造阶段的无损检验要求。

表4-5　AP1000屏蔽泵制造阶段的无损检验要求

被检物项	RT	UT	PT	MT
铸件				
飞轮		是	是	

（续表）

被检物项	RT	UT	PT	MT
泵壳（或压力边界）	是		是	
锻件		是		是
板			是	
焊接件				
圆周形	是	是	是	
仪表接头			是	
电机接线端子	是		是	

注：RT为射线照相检验；UT为超声波检验；PT为液体渗透检验；MT为磁粉检验。

4.1.1.3　屏蔽泵的运行

反应堆冷却剂由主叶轮输送，冷却剂从叶轮入口吸入，经过导叶后由泵壳的径向出口接管排出。转子轴下部的辅助叶轮驱动主冷却剂流过电动机内腔和外置热交换器进行循环。冷却剂由外置的热交换器壳侧循环的设备冷却水冷却到约150 ℉(65.56 ℃)，然后通过电动机内腔将转子和定子产生的热量带走，并润滑和冷却电动机的水润滑轴承。一旦电动机壳内充满冷却剂，泵运行时，叶轮和热屏之间轴周围的迷宫式密封使反应堆冷却剂沿主轴直接进入电动机的流量达到最小。

变频器可以使RCP低速启动，从而降低泵电动机在冷态运行时所需要的功率。变频器为泵的启动和RCS的升温过程提供了运行的灵活性。在电厂启动过程中，泵以低速启动；在RCS升温过程中，泵在电动机电流允许的限值内提高转速。随着冷却剂温度的上升，泵的允许转速同时增加。变频器用于泵运行的所有模式。

4.1.1.4　屏蔽泵的设计评价

1）泵的性能

屏蔽电动机泵的规格尺寸可以输送等于或大于要求的冷却剂流量。核电厂启动前的试验确认了屏蔽泵总的输送能力。因此，核电厂首次运行前要确认有足够的强迫循环反应堆冷却剂流量，提供必需的空化余量，并具有足够的裕度来确保运行，同时使空化可能性降低到最小。

2）超速工况

电气系统发生故障导致的供电电流频率提高，或者管道破裂导致的流过泵的冷却剂流量增加，都会使RCP发生超速。

在电网解列瞬态或因反应堆紧急停堆系统或汽轮机保护系统动作导致汽轮机脱扣时，汽轮机超速控制系统会动作，以限制RCP超速。汽轮机控制系统也会动作，以快速关闭汽轮机调速器和截止阀。

可导致发电机立即跳闸（同时导致汽轮机脱扣）的电气故障会造成与电气耦合的RCP处于超速工况，但不会超过电网解列（汽轮机脱扣）瞬态所造成的超速工况。

因反应堆冷却剂管道破裂事故造成冷却剂流量突然增加而产生的泵超速，可以通过泵、飞轮和电动机的惯量，以及通过与电动机连接的电网来缓解。因为应用了“先漏后破”准则，满足破前漏（leak before break，LBB）准则的管道破裂不会引起流量突然增加，所以无须评估泵超速的动态效应。

3）压力边界的完整性

必须对正常运行、预期瞬态和假想事故工况进行压力边界结构完整性的验证。压力边界部件（泵壳、定子盖、定子主法兰、定子外壳、定子下部法兰、定子端盖和外部管道，以及外置热交换器的管侧）应满足ASME规范第Ⅲ卷的要求。这些部件的设计、分析和试验满足ASME规范第Ⅲ卷NB－3400的要求。电阻温度计、压差接头和速度传感器贯穿件的相应通道也满足ASME规范第Ⅲ卷的要求。

在屏蔽电动机的定子屏蔽套失效时，电动机接线端子就会成为压力边界的一部分。在ASME规范中没有介绍如何确保此类的端子结构完整性的设计分析方法和接受准则。电动机接线端子的设计、分析和试验采用的准则是基于EMD公司多年使用的经验建立和确认的。在性能试验前，要对单个端子进行水压试验来测试其强度。

如果定子屏蔽套在运行时泄漏，反应堆冷却剂可能引起定子绕组短路。这种情况下，其结果会与泵失电一样。不管是转子屏蔽套失效还是定子屏蔽套失效，都不会有反应堆冷却剂泄漏到安全壳。

4）惰转能力

屏蔽电动机泵设有惰转飞轮，以实现核电厂特殊的安全功能要求。由于泵叶轮、电动机转子和飞轮组成的整个屏蔽电动机泵转子组件具有足够的转动惯量，在反应堆紧急停堆和失电后，能确保反应堆冷却剂继续流动一段时间，即继续维持一定的反应堆冷却剂流量，这对于保护反应堆至关重要。RCP按安全停堆地震（safe-shut down-earthquake，SSE）要求设计。在丧失厂内、厂外供电和SSE同时发生时，泵的惰转能力仍能保持缓解事故所需的反应堆冷却剂流量。

设备冷却水丧失对惰转能力没有影响。因为屏蔽电动机泵能够在无冷却水的情况下运行，直到轴承水温过高引起与安全相关的停泵，这就避免了设备冷却水丧失对惰转功能的影响。

5）轴承完整性

RCP轴承的设计要求保证长期的、可忽略磨损的运行寿命。振动报警和高振动报警整定值的确定部分基于振动对轴承寿命影响的评估。

轴承有足够的刚度来控制轴的偏移，保护泵的叶轮和轴迷宫密封不受磨损，并进一步避免电动机转子和定子间的接触。在各种工况下轴承（轴）的设计载荷已通过分析和试验确定，即使在发生地震等严重工况下，轴承的载荷仍能维持在水润滑径向轴承的承载能力之内。

结构振动探测器用于监测轴承的振动状况并把信号送到主控室。主控室有相应的指示器和报警器，为操纵员的动作提供必要的指示。

通过温度监测系统来监测轴承冷却状况。该系统连续运行，并且遵循多重性的要求，每台泵至少设置有4个温度传感器。一旦出现异常，系统在控制室中发出"轴承温度高"的指示和报警，指示操纵员停泵，如果这些指示信号被忽略，当轴承温度达到高温整定值时，泵就会自动停止运转。

6）转动部件完整性

对泵和电动机的转动部件进行动力特性分析（包括固有频率、稳定性、正常运行负荷的受迫响应），并对一些与转动质量有关的假想故障工况包括卡轴事件和转动部件（含飞轮）丧失结构完整性进行分析。

（1）自振频率和临界转速。屏蔽电动机泵的转动部件考虑了在恰当阻尼条件下，其自振频率对应的转速大于正常运行转速的120%。

对于屏蔽电动机泵的转子轴承系统，在恰当阻尼条件下，其自振频率的确定考虑了包括轴承液膜、屏蔽套的环形流体、电动机磁化现象和泵结构的影响。屏蔽电动机泵考虑了在恰当阻尼条件下，对其在自振频率下的振动具有足够的能量耗损以保持稳定，大的阻尼比使得泵能平滑运行。

对泵的转子和定子在外部激振(受迫函数)作用下的响应进行分析,分析模型中需考虑蒸汽发生器与管道对泵的支承和连接。响应评估采用的准则包括临界载荷、应力变形、磨损和位移限制,以确定实际系统的临界转速。

(2) 卡轴(卡转子)。泵的设计要使泵的任何转动部件都不会瞬间停转。转动惯量和电动机电源在一定时间内会克服叶轮、轴承、飞轮组件、电动机转子或转子屏蔽套与周围部件之间的干涉所产生的阻力,使泵继续转动。任何一个部件状态变化引起对转动的干涉,都会通过监测速度、振动、温度或电流的仪器指示出来。

为了分析转动组件减速太快带来的机械和结构影响,假设转动组件失效,并与周围的部件发生干涉而引起变形,使泵和电动机在很短的时间内停止转动。这个假定在机械和结构上的影响远大于使转子减速太快的其他机械假定,包括叶轮摩擦、转子或定子屏蔽套失效。对泵与蒸汽发生器和反应堆冷却剂管道冷管段的连接对泵的振动、水力效应的影响,以及转动组件快速减速而产生的扭矩进行分析,在上述假设条件下,泵壳、电动机壳、蒸汽发生器下封头和管道的盈余均小于 ASME 规范第Ⅲ卷 D 级使用限值。

泵轴(转子)假定卡死情况下的热工和水力效应的瞬态分析是基于叶轮非机械瞬间停止这一极端保守的假设。

(3) 飞轮结构的完整性。屏蔽电动机泵满足了美国联邦法规 IOCFR50 的总体设计准则 GDC4 的要求。该准则规定:由于飞射物的影响,需要考虑防护的安全重要设备。

飞轮组件被定子盖、定子主法兰、泵壳、热屏或下部定子法兰的厚壁所包围。在飞轮组件发生假想的最坏失效情况下,周围的结构部件有很大余量,能包容碎片的能量而不引起压力边界破裂。电动机腔室包容飞轮碎片能力的分析采用 Hagg 和 Sankey 的能量吸收方程。

按照 GDC4 的要求,对飞射物的相关要求可以不涉及飞轮的完整性,但是飞轮的设计和制造需要遵循美国核管会管理导则 RG1. 14。RG1. 14 导则适用于钢制飞轮。由于屏蔽电动机泵飞轮双金属设计的响应方式与均质钢制飞轮不同,因此 RG1. 14 中的很多要求不适用。但根据 RG1. 14 的原则要求,双金属飞轮的每个结构部件都将在最终装配前,按照 ASME 规范第Ⅲ卷 NB-2500 规定的制造程序进行检验。不锈钢内轮毂材料将按照美国试验材料学会标准 ASTM A370 做 3 次 Charpy V 形缺口冲击试验;按照 ASTM A788 补充要求 S18 做磁粉试验,按 S20 做超声波检验,其验收等级为 BR 级和 S 级。当飞轮最终装配完成后，卡环的外表面和内轮毂的内表面需根据ASTM E-165的要求做液体渗透检验。飞轮组件制造过程中严格的加工控制程序有效保证了组件的质量。

飞轮的设计转速为电动机同步转速的125%。设计转速包括了所有预期的超速工况。在正常转速时，飞轮组件计算的最大一次应力小于最小屈服强度的1/3；在设计转速时，飞轮组件计算的最大一次应力小于最小屈服强度的2/3。

假想管道破裂事故引起的超速工况的转速小于飞轮的临界失效转速。为评估飞轮设计，对飞轮的延性失效、脆性失效和过量变形等失效模式进行了分析，该分析用来确定飞轮临界失效转速大于设计转速。

飞轮组件被密封在一个焊制的镍-铬-铁合金包壳中，以防止其与反应堆冷却剂或任何其他流体接触。包壳将飞轮腐蚀和反应堆冷却剂污染的可能性降到最低。包壳材料技术条件是ASTM B-168和ASTM B-564。虽然飞轮包壳的焊缝不是受内压的压力边界焊缝，但是这些焊缝的设计、制造和检验，包括焊缝的着色渗透检验(PT)和超声检验(UT)，仍需要符合ASME规范和技术条件的要求。

在产生飞轮飞射物的分析中不考虑包壳对碎片的包容作用。运行时包壳的泄漏可能会导致飞轮组件失去平衡。失去平衡的飞轮表现出的振动量增大，可以由振动仪表监测到。

飞轮包壳的质量很小，在转动的飞轮组件的储能中只占了很小一部分能量。

在正常和设计转速下，飞轮包壳部件焊缝的应力符合ASME规范第Ⅲ卷NG分卷的要求。

(4) 其他转动部件。要对转动部件(除飞轮外)，包括叶轮、辅助叶轮、转子和转子屏蔽套产生飞射物的可能性进行评估。在发生断裂事故时，从这些部件上掉落的碎片被周围的耐压壳包容。叶轮被泵壳包容，转子和转子屏蔽套被定子、定子屏蔽套和电动机壳包容，辅助叶轮被电动机壳包容。在各种情况下，假想碎片的能量均小于穿透压力边界所需要的能量。

4.1.2　湿定子式核主泵

为了克服采用屏蔽套带来的缺点，有人提出采用湿定子泵(又称湿绕组泵)。

图 4-9 所示为沸水堆(BWR)上使用的湿定子全密封泵,湿定子泵不用屏蔽套,定子绕组是湿的,采用特制的绝缘导线制成,工作时浸入高压水中,水在电动机绕组间循环以加强冷却。

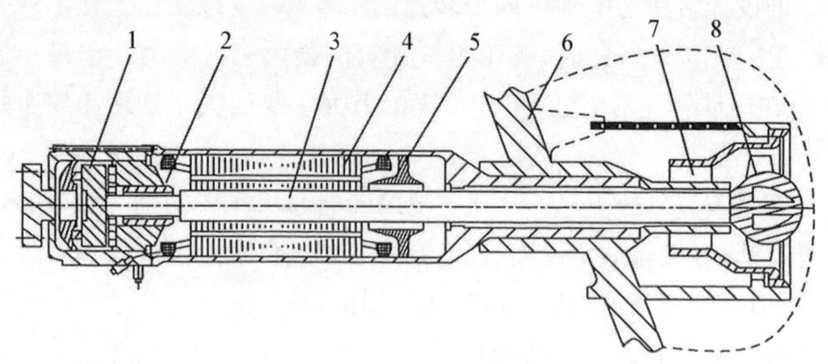

1—止推轴承;2—下部径向轴承;3—轴;4—定子;5—上部径向轴承;6—堆壳;7—导叶;8—叶轮。

图 4-9 湿定子全密封泵示意图

湿定子电机泵很早就作为反应堆主泵在核电站和核动力堆上应用了。内置式结构的湿定子电机主泵最早应用于 BWR 核电站,1970 年代起 KWU 和 ABB 的 BWR 就选用了德国凯士比(KSB)公司的 PSR 型湿定子电机泵,已有数十年的运行经验。欧洲的试验与核电厂实践表明,用少量的纯净注入水(约比轴封泵注入水低一个数量级)注入无轴封泵的热颈部件(电机与泵之间的窄环形通道),可以避免泵与电动机之间水的交换,并有少量水流入反应堆。实践的结果消除了湿定子电机泵放射性污染难以清除的疑虑。1980 年代日本东芝公司(TOSHIBA)从 KSB 公司引进了 PSR 型泵的技术。美国通用电气公司联队(GE—TOSHIBA—HITACHI)在改进型沸水堆 ABWR 1350 的设计中,选用了 PSR 为反应堆内置泵。1997 年运行以来,至少有 20 台泵已安全运行了 10 年以上。日本在建的和计划建造的 ABWR 1350 至少有 7 座。

BWR 的内置循环泵直接安装在反应堆容器的下部,又称堆内泵(reactor internal pump, RIP),堆芯顶部以下并无大口径冷却剂管道。即使发生 LOCA 事故,反应堆芯始终被水淹没,燃料元件温度会超过 1 000 ℃,出现锆水反应。上述情况说明,在 AP1000 的核蒸汽供给系统(nuclear steam supply system, NSSS)中,不论主泵是屏蔽电机泵还是湿定子电机泵,在 LOCA 和全厂断电的事故中,主泵仍旧必须满足断电后惰转速率变化的要求,比如停泵

10 s 后，泵转速不得低于 50％额定转速。

按照 KSB 与美国西屋公司的协议，美国西屋公司将 KSB 公司的湿定子主泵作为第三代压水反应堆(PWR) AP1000 大功率屏蔽电机主泵的备选方案。为此，KSB 公司开展了大功率的 RUV 型湿定子主泵研制工作。

KSB 公司的 RUV 湿定子主泵的设计基于其 RER/RSR 型轴密封式主泵和早期的 PSR/LUV 湿定子电机主泵的设计，是两者的结合，其结构如图 4－10 所示[5]。RUV 湿定子主泵的主要部件包括水力部件、热屏、飞轮、水润滑、轴承、电机、换热器及相关管路机辅助系统等，其中水力部件、三轴承轴系设计、Hirth 齿端面联轴器、飞轮等部件采用了与 RER/RSR 轴封式主泵相同的设计，又采用了 PSR/LUV 湿定子电机泵的电机及电磁部件设计、转子动力设计、部件转动方向及中间水润滑轴承设计，RUV 湿定子主泵的详细参数如表 4－6 所示，立体剖面如图 4－11 所示。

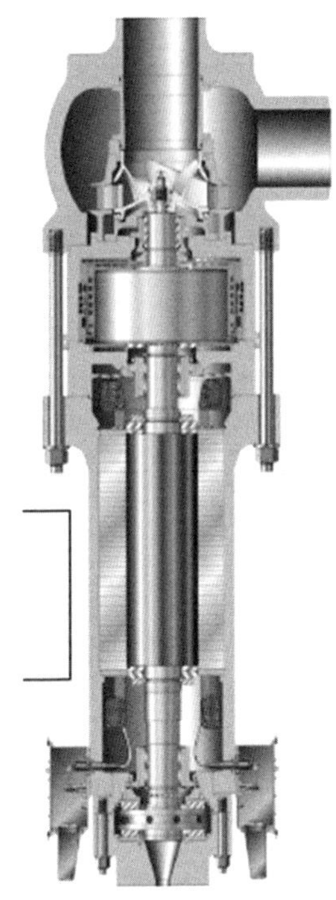

图 4－10　KSB 公司的 RUV 湿定子主泵结构图

表 4－6　RUV 湿定子主泵的详细参数

设　计　指　标	参　　数
核主泵数量/台	4
系统温度/℃	280
系统压强/MPa	15.5
泵设计体积流量/(m^3/h)	17 886
泵设计扬程/m	111
电动机额定功率/kW	6 600
电压/V	6 900
机组共高/mm	6 730

（续表）

设 计 指 标	参 数
总质量(干重)/kg	63 250
可拆卸组件的长度/mm	5 776
可拆卸组件的质量/kg	45 770

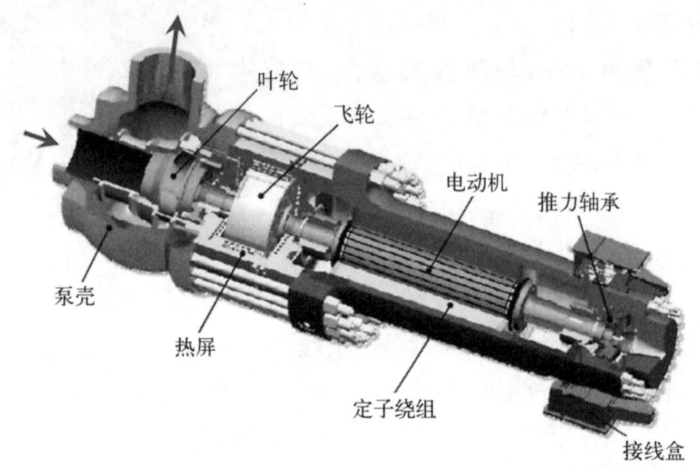

图 4-11 KSB 公司的 RUV 湿定子主泵立体剖面图

值得一提的是，KSB 公司的 RUV 湿定子主泵的飞轮轴与泵轴采用了其三轴承轴封式主泵中采用的 Hirth 齿端面联轴器，这使得 RUV 主泵轴系的对中较易实现，并且根据 KSB 公司提供的资料来看，这样的轴系结构经过转速为 1 780 r/min 的动平衡试验后，其不平衡等级可达到 G0.26，大大降低了主泵轴系及机组的振动，使主泵的运行更加稳定。飞轮是 KSB 公司 RUV 主泵的一个关键部件，RUV 主泵飞轮结构简单，为圆柱形状的马氏体不锈钢锻件。而整个轴系连接采用的马氏体不锈钢的 Hirth 齿端面联接技术有着诸多优点：① 机组具有很高精度等级的不平衡量，这使机组振动值非常低；② 拆装方便，与泵轴的对中较易实现；③ 降低了联轴节处的摩擦腐蚀的风险；④ 经过惰转试验证明，具有很好的惰转性能。

4.1.3 轴封式核主泵

随着对核电厂安全性和经济性要求的不断提高，特别是为适应大容量机组的要求，轴封泵结构形式的核主泵技术得到迅速发展且已经成熟，并具下列优点：① 采用常规的鼠笼式感应电动机，成本降低，效率提高，比屏蔽电动机泵效率高10%～20%；② 电动机部分可以装一个很重的飞轮，提高了泵的惰转性能，从而提高了断电事故时反应堆的安全性；③ 轴密封技术同样可以严格控制泄漏量；④ 维修方便，轴密封结构更换仅需10 h左右。

轴封式核主泵研发并定型于300 MW级的商用核反应堆。1955—1965年是核主泵由屏蔽泵向轴封泵发展的重要阶段，核电机组容量为200～300 MW，大多属于试验性的商用堆。1965—1970年为商用堆发展的过渡阶段，机组容量为400～650 MW，轴封式核主泵在此期间得到了充分的发展。轴封式核主泵技术的成熟期为1970—1980年，NSSS有3个环路的标准设计，单环路功率为300～350 MW，机组功率为900～1 000 MW。核主泵功率由4 000 kW提高到6 500 kW。1980年后，开发了4环路NSSS的标准设计，机组功率达到1 300～1 500 MW。

典型核主泵的技术参数如表4-7所示。

1）三轴承轴系的核主泵

在为西平港(Shipping Port)商用试验堆提供了屏蔽式核主泵后，美国西屋公司开发了用于单环路功率150～170 MW的63型轴封式核主泵。1963年，63型轴封式核主泵首先安装在康涅狄格州的扬基300 MW核电机组上。1965年，63型核主泵又用于南加州圣奥诺弗来核电厂的450 MW机组，并做了改进和完善。轴密封和密封系统中的问题大部分是在这个电站中解决的。单泵最长运行42 000 h，随后完成了初步设计定型，采用三轴承支承的轴系结构，如图4-12(a)所示。63型核主泵的运行参数如下：$q_V = 14\ 018\ \mathrm{m^3/h}$，$H = 73\ \mathrm{m}$，$n = 1\ 180\ \mathrm{r/min}(60\ \mathrm{Hz})$，$P_{\mathrm{m}} = 2\ 980\ \mathrm{kW}$。

20世纪60年代后期，法国热蒙公司(Jeumont)从引进西屋公司的93D型核主泵技术，到1979年底已生产的核主泵超过了100台，成为法国唯一的轴封式核主泵制造企业。

日本也是较早发展核电的国家之一。1968年，日本关西电力公司购买了西屋公司63型核主泵用于美滨一号340 MW核电机组，1970年又采购了2台93A型核主泵用于美滨二号500 MW核电机组。三菱重工(MHI)则从西屋公司引进了93型、93A型和100型核主泵技术，并由下属的大型旋转机械设计制造工厂——高砂制作所(TAKASAGO Machinery Works，TMW)进行国产化研究。1979年，三菱重工将日本国产化93A型核主泵用于九州电力的玄海1号560 MW核电机组，又于1987年将国产化的100D型核主泵用于北海道电力泊1号580 MW核电机组。

表 4-7　典型核主泵的技术参数

生产企业	核电厂装机容量/MW	形式	单堆台数	设计压力/MPa	设计温度/℃	体积流量/(m^3/h)	扬程/m	转速/(r/min)	电动机功率/kW	泵壳材料	泵及电机质量/t
美国 西屋	900	立式轴封离心泵 93A	3	17.2	343	21 801.6～22 391.3	85.04	1 189	冷态 7 000 热态 5 200	SA 302B	93.1
法国 法马通	900	立式轴封离心泵 93D	3	17.2	343	20 988	92	1 500	冷态 7 300 热态 5 500	ASTM 35/CF8	89
德国 电站联盟	900	单级离心泵	3	17.6	350	17 660	97.2	1 490	冷态 9 200 热态 6 500	—	—
德国 电站联盟	1 000	单级离心泵	3	17.6	350	19 051.2	104	1 190	冷态 9 870 热态 5 200	CS18NiMoCr37	—
奥地利 安德里兹	—	立式轴封泵	3	17.23	—	23 790	97.2	1 485	冷态 7 591 热态 5 650	奥氏体不锈钢	—
中国哈电- 奥地利 安德里兹	—	立式轴封泵	3	17.23	343	23 790	95.5	1 485	冷态 7 591 热态 5 650	SA 508 Grade 3 Class 1	111

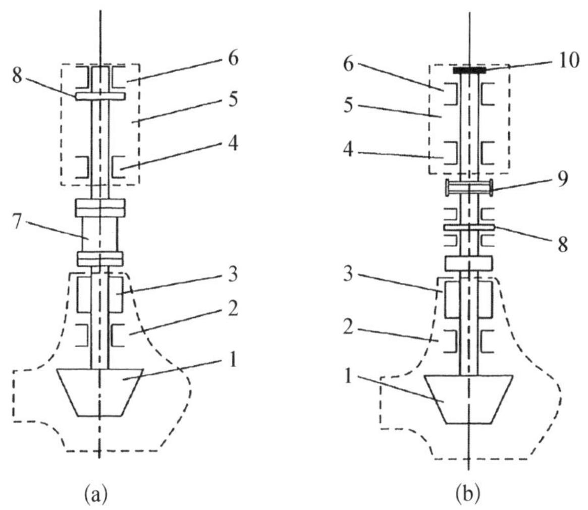

1—叶轮；2—水润滑径向轴承；3—轴密封；4，6—油润滑径向轴承；5—电动机；7—刚性联轴器；8—双向推力轴承；9—挠性联轴器；10—单向推力轴承。

图 4-12　核主泵两种典型结构示意图

(a) 三轴承轴系；(b) 四轴承轴系

20 世纪 70 年代，比利时比国沙城电器公司(ACEC)引进西屋公司的核主泵技术后，为 400 MW 级核电机组提供核主泵，后发展到为本国 1 000 MW 级核电机组提供 93D 型和 100D 型核主泵。

自 1965 年以后的 10 多年是 PWR 轴封式核主泵发展的鼎盛时期，这一时期西屋公司下属 EMD 分部一直基于这种三轴承结构进行核主泵的研发和完善。源于西屋公司三轴承结构的美式风格核主泵技术被用于全球一半以上的 PWR 核电厂。西屋公司下属 EMD 分部的核主泵系列型号如表 4-8 所示。另外，在同一时期，美国的 Byron-Jackson(BJ)、Bingham-Willamette(BW)等著名的泵制造公司，也按西屋公司三轴承结构的设计框架，研发生产核主泵。

表 4-8　西屋公司的轴封式核主泵

泵 型 号	泵名义流量		首台泵运行年份
	美制流量/(gal/min)	公制流量/(m^3/h)	
63	63 000	14 318	1967
70	70 000	15 909	1968

(续表)

泵 型 号	泵名义流量		首台泵运行年份
	美制流量/(gal/min)	公制流量/(m^3/h)	
93	90 000	20 455	1969
93A	100 000	22 727	1970
93D	95 000	21 590	1974
93A1	100 000	22 727	1982
100	100 000	24 090	1979

注：① 泵型号后的字母表示电源频率，A 代表 60 Hz，D 代表 50 Hz，字母后的数字 1 表示第一次改进设计；② 数字后无字母的泵型号，均为 60 Hz 电源。

西屋公司主导的三轴承轴系核主泵结构特点如下：① 电动机轴与泵轴用刚性联轴器直联，双向推力轴承布置在电动机顶部，与电动机 2 个油润滑径向轴承中的上部径向轴承组合成一体式结构。在泵部分的第 3 个径向轴承是水润滑轴承。② 轴密封系统由 3 道密封组成：第 1 道是可控泄漏密封，第 2 道是特殊设计的端面机械密封，第 3 道是端面机械密封，有 2 ft(610 mm)液柱的背压，防止干摩和汽化，形成了西屋公司特色的轴密封系统的基本形式。③ 泵机组的结构刚性、转子动力学及电动机与泵之间的轴系对中问题，是结构设计、计算、制造和安装中的关键点。

奥地利的安德里兹生产的主泵与美国西屋的三轴承轴系核主泵结构设计有较大差异。方家山核电工程(M310 机型)采用安德里兹的三轴承支撑结构是基于四轴承支撑结构为基础进行设计的，并对其进行了优化。三轴承结构延续了四轴承结构的轴密封系统及高性能的水力模型，将泵轴和电机轴改为刚性连接，原来泵上部的双向推力轴承加径向导轴承组合既作为泵的上部轴承也是电机的下部轴承，主推力布置在电机下部机架内，在电机的机架内内置了一体式自循环润滑油系统。

由中国哈尔滨电气动力装备有限公司和奥地利安德里兹共同研制的华龙一号核主泵沿用了与方家山相同的泵组结构，是非常典型的三轴承轴系主泵。主泵机组的结构采用三段轴的连接结构，也就是电机轴和泵轴通过中间联轴节直接刚性连接，取消泵与电机之间的传动轴及相应的连接结构，从而简化主泵机组的整个轴系结构。

2）四轴承轴系的核主泵

在核电发展初期，欧洲在常规火电站成套设备设计制造方面实力雄厚的大型企业，如德国西门子（Siemens）、ABB 和 KWU 等公司很快介入核电市场，其核主泵从著名的泵制造商如德国 KSB、瑞士 Sulzer 等公司采购。核主泵与不同公司的电动机产品匹配时有不同的技术接口，泵与电动机采用挠性联轴器联接，高参数的双向作用推力轴承部件布置在泵的上部，这是泵能与不同支承刚度和不同转子动力学性能电动机匹配的最好选择。这样便形成了四轴承轴系的欧式风格核主泵，如图 4－12（b）所示。在泵上增加一道与双向推力轴承一体化的油润滑径向轴承，加上挠性联轴器，使得泵和电动机轴的对中便利，也使得机组的抗震设计和振动分析较容易处理。

德国 KSB 公司和瑞士 Sulzer 公司自主研发的核主泵技术风格类似，都起步于轴封式核主泵。1966 年，KSB 为德国第一座商用试验堆——KWU 的奥布里海姆（Obrigheim）350 MW 的 PWR 核电机组提供了其首次研发的 RER700 型核主泵，技术参数 q_V 为 14 450 m^3/h、H 为 72 m、n 为 1 485 r/min、P_m 为 4 200 kW。

瑞士 Sulzer 公司起步稍迟一些，1968 年 Sulzer 公司为荷兰的波舍尔（Borssele）核电厂 450 MW 的 PWR 机组生产了其首次研发的 NPTVr72－84 型核主泵。为了发展欧洲自己的、有球形安全壳的 EPR 设计，1971 年 Sulzer 和 KSB 公司双方投资，在德国 KSB 公司总部法兰肯塔尔建立了生产核级泵的合资企业 Sulzer－KSB 核电公司（SKK）。1974 年 Sulzer 出让了 SKK 的股权，SKK 并入 KSB 公司。此后 KSB 公司为 Siemens－KWU 和西屋公司的 PWR 核电厂生产了 100 多台核主泵。

欧洲泵制造商为西屋公司生产三轴承轴系的核主泵时，尽管配套电动机的供应商都是 Siemens、ABB 和 GE 等知名厂商，但在电动机与泵对中方面，存在比西屋下属的 EMD 更多的问题需要解决。为此，KSB 公司为核主泵研发了带有特殊球顶结构的端面齿（Hirth 型）半刚性半挠性联轴器，很快地解决了这一问题。这也是 GE 与 KSB 在美国建立合资企业的原因之一。

4.1.4　华龙一号轴封式主泵

华龙一号主泵是反应堆冷却剂系统压力边界的一部分，它是反应堆冷却剂系统中唯一的高速旋转机械设备，用于驱动反应堆冷却剂在反应堆冷却剂系统内循环流动，连续不断地把堆芯中产生的热量带出，以维持在运行参数范围之内偏离泡核沸腾烧毁比(departure from nucleate boiling ratio, DNBR)大于最小允许值，泵的必需净正吸入压头始终小于系统设计和运行中能够达到的有效净正吸入压头。

泵转子由飞轮、泵转子和电动机转子组成，为泵提供足够的转动惯量，以便在泵惰转期间供给足够的流量。在假定泵供电丧失以后，此惰转强迫循环流量和随后的自然循环流量给堆芯提供充分的冷却。

RCP电动机进行超速试验时，转速达到(并包括)125%同步转速时，不会发生机械损坏。RCP转子和飞轮从设计上避免了产生飞射物，可以确保泵在任何预计事故工况下不会产生飞射物。

RCP应能承受下列事故而不发生损坏：密封注入水丧失；高压冷却器设冷水丧失；上述两者同时丧失，但时间不超过1 min。

轴封应设计成能承受反应堆冷却剂系统启动前的水压试验以及定期水压试验。轴封设计的工作寿命不得少于26 000 h，水润滑轴承设计工作寿命不得少于52 000 h，电机轴承设计工作寿命应为100 400 h。电机上应装有机械式防反转装置，此装置的设计和制造应能防止泵的反向转动，特别是当1台或2台RCP停运时。主泵还需满足RCP设备规格书中的其他要求。

华龙一号示范工程项目的设计规范为RCC-M(2007版)，主泵设备技术规格书也是按照RCC-M规范体系来编制的，但安德里茨-哈电主泵所采用的设计规范为ASME(2007版)，而且一些部件材料的牌号标准为欧标，因此就存在规范标准体系不一致的问题。针对该问题，主泵在按照ASME(2007版)规范体系进行设计和制造的基础上，须与RCC-M(2000版+2002补遗)进行等效性论证。比如：泵的设计要求和应力计算准则等应要满足RCC-M的规范要求；在制造方面，泵主要部件的材料可以选用ASME和欧标牌号材料，但在制造要求上要不低于化学成分相似或者同类的RCC-M规范材料；应力分析要按照RCC-M规范进行附加评价。华龙一号示范工程主泵主要按下述规范、标准进行设计：ASME(2007版)锅炉及压力容器规范、RCC-M(2007版)PWR核电站核岛机械设备设计和建造规则、RCC-E (1993版)PWR核电站核岛电气设备设计和建造规则、RG 1.14-1975 REACTOR COOLANT PUMP FLYWHEEL INTEGRITY和NUREG-0800 5.4.1.1 R3-2010 PUMP FLYWHEEL INTEGRITY (PWR)。

华龙一号首堆工程采用空气冷却的三相感应式电动机驱动的立式、单级、轴密封式轴流泵机组。该机组由电动机、轴密封组件和水力部件等组成。反应堆冷却剂由装在泵轴底部的叶轮抽送。冷却剂从泵壳底部吸入，向上经过叶轮和导叶的加压后从泵壳侧面的出口接管排出。

反应堆冷却剂沿泵轴的泄漏由串联布置的三级轴密封系统控制。化学和容积控制系统（chemical and volume control system，CVS）供应的密封注入水通过高压冷却器和旋液分离器后进入轴密封，以防止反应堆冷却剂沿泵轴向上泄漏，并冷却轴密封和泵轴承。在 CVS 供应的轴封注入水失效但设冷水正常的情况下，通过应急轴封水循环注入管线，取自叶轮出口后的高温高压反应堆冷却剂在被高压冷却器冷却后，作为应急轴封水被注入轴密封，以阻止热的反应堆冷却剂沿泵轴向上泄漏，使轴封和泵轴承的温度保持在允许的范围内。

泵机组轴包括电机轴段、可移动轴段和泵轴段。因为有可移动轴段，所以能在不拆除电机的情况下拆卸轴密封。

核主泵具体主要参数如表 4－9 所示，主泵主要部件材料参数如表 4－10 所示，结构如图 4－13 所示，轴密封系统如图 4－14 所示。

表 4－9　华龙一号核主泵主要参数

指　　标	参　　数
设计压力/MPa	17.23
设计温度/℃	343
体积流量/(m^3/h)	23 790
扬程/m	95.5
转速/(r/min)	1 485
电动机额定功率/kW	7 500
电压/V	6 600
频率/Hz	50
泵组转动惯量/(kg・m^2)	约 3 800
密封水注入/(m^3/h)	1.92

（续表）

指　　标	参　　数
高压泄漏流量/(m^3/h)	0.8
冷却水体积流量/(m^3/h)	约 117
冷却水进口温度/℃	15～35
泵总高/mm	9 500
泵总质量/kg	123

表 4-10　主泵主要部件材料

部　　件	材　　料
泵壳、泵盖	ASME SA-508M Grade3 class-1＋E308L/E309L
下泵轴、叶轮、导叶	EN10250 1.4313
飞轮	JB/T1267—2002 25Cr2Ni4MoV
密封室、高压冷却器	ASME SA-705M Type630 Condition H1150
电机轴	RCC-M M2132 25NCD8-05

轴封式主泵主要部件包括水力部件、泵轴承、电动机、轴封系统等。

（1）水力部件：水力机械部分包括泵的入口和出口接管、泵壳、法兰、叶轮、导叶、隔热体、泵轴及泵轴承，其基本功能是将泵轴的机械能传递给流体并变为流体的静压能。泵壳、导叶、叶轮和泵轴为不锈钢材料。反应堆冷却剂由装在泵轴底部的叶轮抽送。冷却剂从泵壳底部吸入，向上经过叶轮和导叶的加压后从泵壳侧面的出口接管排出。

泵的水力部件主要由泵壳、叶轮、导叶等零部件组成。

泵壳焊接在管路上。主泵出口处拐弯区的形状由水力条件和加工要求确定。泵壳的顶部由泵盖来封闭。泵盖与泵壳通过液压紧固螺钉连接，并用螺旋式垫圈密封。泵壳外部定在垂直支撑上。

叶轮为轴流式。叶片型线由一整锻件经精确机械加工而成，因此具有很高的水力效率。叶轮与泵轴的连接是弹性连接，力矩由径向圆柱销来传递。

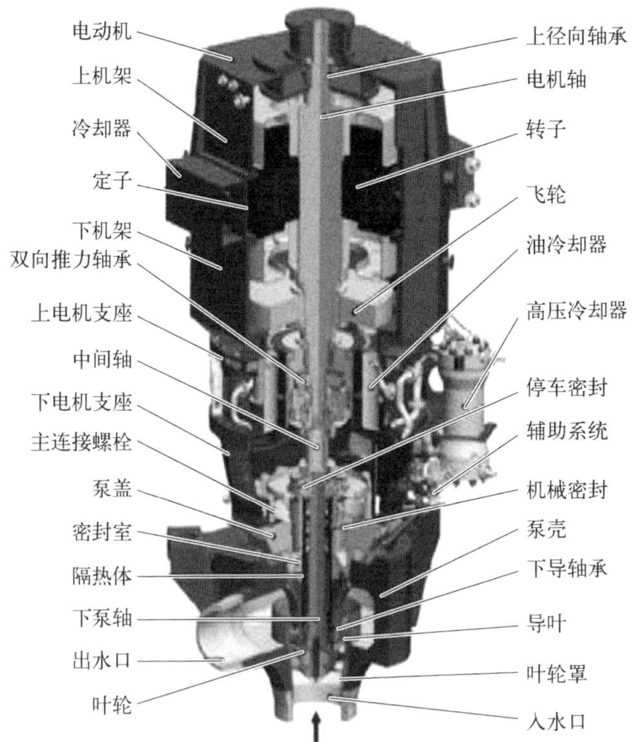

图 4－13　核主泵结构

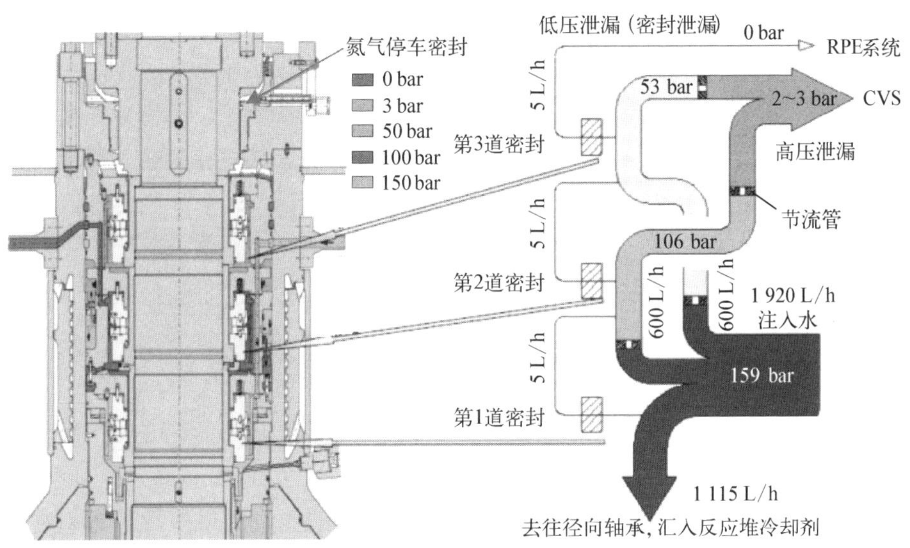

图 4－14　轴密封系统

RPE 系统：核岛排气和疏水系统；CVS：化学和容积控制系统。1 bar＝0.1 MPa。

导叶组件和主密封支撑管通过整体锻造加工而成。导叶体的吸入端配有自动伸缩活塞环密封。

(2) 泵轴承：RCP 机组轴承包括电机上部径向轴承、泵上部径向轴承+双向推力轴承和泵下部径向轴承。电机上部径向轴承和泵上部径向轴承为动压、油润滑式轴承，泵上部径向轴承也是电机下部径向轴承。推力轴承设计为斜瓦式双向推力轴承，用于承受由系统压力、转动部件的重力及叶轮的水推力而产生的轴向推力。底部径向轴承为动压和水润滑式滑动轴承。

润滑油循环系统主要由 2 个泄漏油泵、油管、导油装置、电机上部油槽、推力轴承油槽、底部油槽、辅叶轮油泵、滑油机械密封及 4 个内置油冷却器等部件组成。油循环系统的主要部件均放置在电机支座和机架内。在泵上部径向轴承和油密封之间有 1 个辅助叶轮，该叶轮安装在主泵转子上。当主泵转子旋转，辅叶轮就推动润滑油循环。即使在主泵停机过程中，输送的润滑油量和压力仍能保证充分的润滑。通过并联的油冷却器，润滑油被冷却，然后直接流向导油装置，再由导油装置通过开设的油孔将润滑油送至泵上部径向轴承和推力轴承的上下推力盘，随后通过油孔又流至冷却元件处。

顶油泵布置在电机支座上，在主泵启动阶段投入运行，用于最低限度降低主泵启动阻力矩，以保护推力瓦。在停机过程中顶油泵也投入运行，但这不是必需的，因为在选择轴承载荷时就考虑了允许在系统压力下无顶油泵时主泵仍可停运。

(3) 电动机：华龙一号核主泵驱动用电动机是立式、鼠笼和单速三相感应式。电动机由空气冷却，而空气由 2 台热交换器采用设备冷却水系统的水冷却。

电动机中装有防反转装置，该装置在 1 台主泵瞬间停运而其他泵正常运转时能防止停运的泵反向旋转。

飞轮安装在电动机的内部，位于电机定子和电机下部径向轴承之间。飞轮用于增加主泵转子的转动惯量，使主泵机组在丧失电源时有足够的惰转流量，保证驱动主泵向堆芯提供冷却剂。

通过采用法兰连接的供排油专用工具，在轴承箱油位测量装置附近对主泵进行供排油操作。

主泵供排油期间，应最大限度地保持反应堆厂房清洁，同时降低操作员所受的辐射剂量。

(4) 轴封系统：轴密封系统由串联布置的三级流体动压密封和停机密封组成。这三级密封完全相同，在正常运行工况下，每级密封各自承受系统压力的三分之一，设计上每级密封都能承受全部的系统压力，三级密封间可以互换。三级密封之后设置有停机密封，该停机密封仅在 RCP 停机后或主密封失效时起密封作用。RCP 正常运行时，停机密封处于非激活或备用状态，不与主密封系统发生直接作用。

主泵轴封注入水由 RCV 系统提供，轴封注入水经高压冷却器后进入主泵轴封，在密封室内，注入水流分成下面几个支流：注入水的一部分在对第一级密封冷却后，顺着泵轴润滑和冷却下部径向轴承，这部分注入水经过下部轴承之后在叶轮后面(即叶轮和导叶之间)汇入反应堆主冷却剂；注入水的第二部分通过一条节流管路后压力降低，然后进入第二级的密封腔冷却第二级密封，然后再次通过一条节流管路后压力降低，在离开 RCP 后，成为高压泄漏的一部分；注入水的第三部分通过一条节流管路后压力降低，然后冷却第三级密封，之后再次通过一条节流管路后压力降低，在离开 RCP 后也成为高压泄漏的一部分。除了这三条主要支流外，每级密封自身的泄漏是非常小的。第一级密封的泄漏水与冷却第二级密封的注入水汇合。同样地，第二级密封的泄漏水与冷却第三级密封的注入水汇合。第三级密封的泄漏水单独离开密封室，称为低压泄漏。高压泄漏的轴封水返回至 RCV 系统；低压泄漏引入核岛疏水排气系统。高低压泄漏管线上分别设置远传控制的电动隔离阀。

另外，设置一路应急自循环轴封注入管线，自主泵叶轮出口的反应堆冷却剂，由于主泵叶轮出口的冷却剂压力高于主泵轴封入口，可以形成自循环回路。应急轴封注入运行时，高温高压的反应堆冷却剂经过高压冷却器冷却，温度降至主泵轴封所接受的温度后，进入主泵轴封组件。应急轴封注入水可供主泵轴封冷却 24 h，在此期间核电厂的专设安全系统可以将反应堆带入安全停堆状态。因此，该设计可以提高核电厂运行的安全性。

停车密封是由来自电厂氮气供应系统的氮气来驱动。通过控制氮气供应管线上的电动阀和电磁阀的状态来关闭或打开停车密封。关闭停车密封需要氮气压强达到 0.6 MPa。至关重要的是停车密封必须在 RCP 的转速完全降为零后才能关闭操作，以避免停车密封和泵轴因高速旋转而受损。

4.2 主泵和系统适应性设计改进

华龙一号核电系统是在二代加机型及大量成熟经验的基础上研发的一种全新系统。其所采用的核主泵必须与系统相适应，以达到第三代压水堆核电系统的既定目标。这就需要在主泵设计以及与之相关的系统设计方面，进行必要的适应性改进和优化。

4.2.1 主泵和系统相互适应性设计改进

华龙一号核电机型是在充分借鉴二代加机型及其他机型压水堆核电批量化设计、建造和运行经验的成熟技术的基础上，创新研发了大量先进技术，按照满足最新核安全要求和借鉴国际技术成果，形成的第三代压水堆自主核电机型。华龙一号主泵技术方案与二代加 M310 机组基本相同，主要是 ANDRITZ-哈电 RCP440-TB50 型、SEC-KSB RSR750 型轴封泵，中国秦山核电厂扩建项目(方家山核电工程)/福清 1、2 号机组和海南昌江 1、2 号机组是分别首次采用这两种类型主泵，相对于 100 型主泵在设计规范体系、总体结构、重量、轴密封系统、水力部件、辅助系统、材料等方面均有较大差别，而厂房土建结构、一回路系统、设备和主泵相关的辅助系统又不能做大的改变，因而存在主泵与系统的适用性问题。这需要在主泵力学模型、安全分析、辅助系统、仪控系统、土建布置等方面进行适用性改进，也需要在系统设计方面进行相应的适应性改进。

4.2.1.1 主泵为适应系统的改进

ANDRITZ-哈电 RCP440-TB50 型、SEC-KSB RSR750 型轴封泵与源自美国西屋 EMD 的三轴承轴密封泵在轴系结构设计、轴密封系统、水力部件设计等方面均有较大差异，是典型的四轴承结构设计理念，其对泵、轴承组件和电机进行了清晰界定的模块化设计，并考虑到主泵与不同的电机产品相匹配时技术接口也不同，泵轴和电机轴采用了弹性联接，将双向推力轴承布置在泵的上部，并设置了一道与主推力轴承一体化的油润滑导轴承。这种四轴承轴系设计，使部件的拆装更加容易，泵轴和电机轴的对中相对便利。

为了匹配二代加 M310 和华龙一号机组，以及尽量减少对一回路系统设计的影响，主泵进行了设计改进，总体上来看主要有以下几方面。

1）总体结构的调整

主泵机组的结构调整为三轴承结构，以满足原设计对布置空间的总体要求，尽量与M310堆型采用的100/100D主泵机组的总体高度、重量和重心位置靠近，使其力学模型尽量接近，以便于被系统应力计算所接受。这种三轴承结构主泵延续了原四轴承主泵的轴密封系统及高性能的水力模型，将泵轴和电机轴改为刚性联接，将原来泵上部的双向推力轴承和电机下部的径向导轴承进行组合。组合轴承既作为泵的上部轴承也是电机的下部轴承，组合后的主推力轴承布置在电机下部机架内，在电机的机架内内置了一体式自循环润滑油系统。

2）主泵泵壳刚度的选择

主泵泵壳采用ASME SA 508－3钢锻件，内表面堆焊不锈钢结构，进出口管嘴焊接安全端。为了尽量减少对一回路系统的设计影响，要求RCP440－TB50主泵泵壳尽量与成熟的二代加M310主泵泵壳的刚度一致。

3）主泵密封组件节流装置的设计改进

为了维持一回路的水装量，RCV系统的四股流量（上充流量、下泄流量、密封注入水流量、密封泄漏流量）之间需要平衡。因此，主泵轴密封内的流量分配（密封注入水流量和密封返回泵腔流量的大小）会影响上充流量的大小以及上充系统管线和再生换热器等设备的设计，而上充系统设备的设计已按照M310机组100型主泵接口参数固化。

二代加M310型主泵和RCP440－TB50型主泵的轴密封流量和上充下泄流量在正常运行工况下的流量分配方案如表4－11所示。

表4－11　主泵密封流量、密封泄漏流量和相应上充、下泄流量

参　数	100D	ANDRITZ（原设计）
泵密封总注入量/(m^3/h)	1.8×3	1.8×3
净注入量（到泵腔）/(m^3/h)	1.12×3	0.68×3
密封回水量/(m^3/h)	0.68×3	1.12×3
下泄流量/(m^3/h)	13.6	13.6
上充流量/(m^3/h)	10.24	11.56

从表 4 - 11 可以看出，采用 RCP440 - TB50 型主泵轴封流量分配（原设计）相对于参考 100D 主泵，上充流量增加了 12%左右，上充流出口温度能否满足一回路不同工况下的要求，需要核算再生热交换器 RCV001EX 的实际换热能力。

通过能量方程和能量守恒计算，在功率运行时上充流温度约为 265 ℃，比参考电站的 274.7 ℃低 9 ℃左右，为了避免上充接管与一回路之间的热疲劳与热冲击，上充流温度要求不低于 266 ℃。由于电站功率运行时，若按照表 4 - 11 RCP440 - TB50 型主泵轴密封流量参数（原设计），上充流长期处于温度较低的状态，对一回路造成的热冲击影响也是长期存在的。为了消除这种影响，主泵的轴密封系统进行了适应性设计改进，主要是对轴密封的节流装置进行了设计调整，改进后的主泵轴密封流量和上充、下泄流量分配如表 4 - 12 所示。

表 4 - 12　主泵轴密封设计调整后的密封流量、密封泄漏流量和相应上充、下泄流量

参　　数	M310	ANDRITZ
泵密封总注入量/(m^3/h)	1.8 × 3	1.92 × 3
净注入量（到泵腔）/(m^3/h)	1.12 × 3	1.12 × 3
密封回水量/(m^3/h)	0.68 × 3	0.8 × 3
下泄流量/(m^3/h)	13.6	13.6
上充流量（额定值）/(m^3/h)	10.3	10.3

通过能量方程和热平衡方程进行计算分析，结果表明：改进后的轴密量参数和上充、下泄流量能满足系统的设计要求和安全要求，避免了上充接管与一回路之间的热疲劳与热冲击。

4) 改进主泵自带冷却器

RCP440 - TB50 型主泵的设冷水需求点有高压冷却器、一体化轴承油冷器和电机空冷器，所需的设冷水参数如表 4 - 13 所示。

原主泵设冷水需求点有热屏、上部轴承油冷器、下部轴承油冷器和电机空冷器，所需的设冷水参数如表 4 - 14 所示。

表 4-13　RCP440-TB50 型主泵设冷水参数

设备(每台)	正常流量/(m^3/h)
高压冷却器	32
油冷器	52
电机冷却器	50
合计	134

表 4-14　100/100D 型主泵设冷水参数

设备(每台)	正常流量/(m^3/h)
热屏	9
上轴承冷却器	60
下轴承冷却器	3.8
电机冷却器	44
合计	116.8

从表 4-13 和表 4-14 可以看出，RCP440-TB50 型主泵所需设冷水的流量比参考电站 100 型增加了 17.2 m^3/h，这就需要设冷泵的正常流量增加 51.6 m^3/h(3 台主泵增加的流量)。而设备冷却水泵的额定流量不能满足主泵设备冷水量增加的要求，如要满足该泵的设备冷水的要求，需要增加设备冷却水系统总流量，设备冷却水泵需要改型，设冷水系统的设计和管道的布置需要做相应的设计调整。为此，为适应设备冷却水系统，主泵对其主泵高压冷却器、油冷却器、电机空气冷却器的设计进行了改进，在设冷水泵和设冷水系统不做调整的情况下，主泵的冷却器通过提高换热能力、增大换热面积来达到其能力，从而满足设备冷却水系统的要求。改进后的主泵最终设冷水流量如表 4-15 所示。

表 4-15 改进后的 RCP440-TB50 型主泵设冷水参数

设备(每台)	正常流量/(m^3/h)
高压冷却器	27
油冷器	40
电机冷却器	50
合计	117

改进后,主泵最终设冷水流量已完全满足设备冷却水系统要求。

4.2.1.2 反应堆冷却剂辅助系统为适应 RCP440-TB50 型主泵的设计改进

1) 化学和容积控制系统的适应性设计改进

主泵通过调整主泵密封流量分配来满足 RCV 系统上充、下泄热量平衡的要求,但调整后的主泵轴密封注入水流量由原设计的 1.8 m^3/h 增加到 1.92 m^3/h。为此,上充系统通过调节上充调节阀的开度来满足增加的密封注入的要求。通过主泵轴封设计的改进和上充系统的改进使主泵与 RCV 系统相互匹配和适应。

2) 核岛排气和疏水系统的适应性设计改进

主泵密封系统不设置 2 号密封引漏系统,因此原 100 泵的 2 号密封引漏系统取消。相应的 2 号密封疏水箱 009BA,2 号密封的宽量程流量计 131MD、窄量程流量计 123MD 及水位计 065LN 以及管路系统和相应阀门都取消,简化了主泵密封系统设计。

主泵的低泄漏系统(LP)直接引到核岛排气和疏水(RPE)系统。主泵的高泄漏系统(HP)连接到 RCV 系统。

增加旋液分离器的疏排系统,连接到 RPE 系统。

3) 设备冷却水系统的适应性设计改进

主泵的设冷水需求点相对于 100 型主泵有所不同,尽管主泵冷却器设计改进后总的设冷水流量与 100D 型的相同,但各个需求点的设冷水流量与 100 型的有较大差别。因此,设冷水系统需按照主泵各个需求点的设冷水流量需求进行适应性接管分配设计改进。

4) 主泵停车密封的设计要求及 RAZ 系统的氮气供给系统的适应性设计改进

主泵机组停车密封需要的氮气来驱动,这对 M310 机组是新增要求,需要论证如何对主泵停车密封进行氮气供应，最终决定采用RAZ系统的氮气管线供应氮气的技术方案，而不采用氮气罐集中供氮气的方案。RAZ系统现有的一条低压氮气管线，在经过适当的设计改进后，能够充分满足主泵密封所需的氮气供应要求。

5) 反应堆硼和水补给系统(REA)设计改进

由于RCP440-TB50型主泵密封组件采用3级完全一样的流体动压密封，其第三级密封不需要密封注入。因此，取消原有100型主泵3号密封的立管，以及相应的管路系统、仪表测量，简化了相应的主泵辅助系统设计。

6) 安全注入系统的适应性(H3工况)

规程H3.1(全厂断电事故运行规则，余热排出系统未接入)、H3.2(全厂断电事故运行规则，余热排出系统接入)中描述，水压试验泵也用于主泵轴封功能。经分析确认，在全厂断电事故下，无论停机密封是否动作，水压试验泵仍可在2 min后进行密封注入，且不影响主泵方案的设计，对主泵本身也无影响。

7) 主泵的联锁控制和保护设计改进

为了保证主泵正常稳定运行，对主泵机组的主要参数进行监测，归结起来主要有以下几类：轴承温度和电机定子绕组的温度监测，泵机组的振动和轴位移监测，润滑油的压力、液位、流量和温度监测，轴密封系统的流量、压力和温度监测，泵转速监测等。

无论是RCP440-TB50型主泵还是100型主泵，主要都是对以上几类参数进行监测。

由于RCP440-TB50型主泵机组的结构、轴密封系统、润滑油系统及辅助系统等与100型的不同，其所要监测的参数范围、参数种类、报警阈值、起泵条件、主泵起停联锁要求等也不同。不同的主泵类型，对起泵条件和控制联锁要求差别较大。因此，主泵起泵联锁条件和自动停泵的工艺保护要求比100型的主泵变化大，这些联锁保护要求都来自主泵机组本身。为此，相对于100型主泵系统设计、仪控设计及运行方面进行了大量的适应性设计改进。这些设计包括主泵起泵条件、自动保护停联锁、报警设置等，具体参见系统定值手册、系统逻辑图和模拟图。

4.2.2　主泵力学模型的差异及影响

尽管RCP440-TB50型主泵为适应M310机组，在总体结构、重力和中心上进行了设计改进以尽量靠近 100/100D 型主泵，但改进后的主泵总高、总质量、重心位置方面和固有频率等参数与 100/100D 主泵的差别还是较大，主泵力学模型与 100/100D 主泵也有差异。这些差异对一回路设备接管载荷、支承载荷、土建载荷、辅助接管载荷、刚度、设备位移等多方面均有影响。这就需要在力学上进行大量计算和分析工作。

由于秦山核电厂扩建项目（方家山核电工程）的总体设计参考 M310 堆型，该堆型的系统布置和主要设备固化，主管道设计裕量很小，在这种情况下要更换其中任何一台主设备而其他设备管道均保持不变，都将给系统设计带来很大的困难。秦山核电厂扩建项目（方家山核电工程）的主泵由参考堆型的 AREVA 的 100D 主泵更换为 ANDRITZ 主泵，是对反应堆冷却剂系统力学分析提出的一个巨大挑战。要完成这一艰巨的任务，首先需要对两个主泵简化梁模型的力学参数进行对比分析论证；在此基础上，建立反应堆冷却剂系统力学分析模型，开展自重、热膨胀、地震及 LOCA 等分析计算，得到的分析计算结果为土建设计、主设备设计、辅助系统设计的评价输入。然后，经过大量的对比论证和分析计算，最终证明更换主泵以后秦山核电厂扩建项目（方家山核电工程）的设备和管道应力满足规范和相关法规的要求。其中最大的风险在于个别设备部件或者管道的计算评价不能满足规范和相关法规的要求，而已有的设计已经不能更改，只能依靠力学设计改进计算评价方法、细化计算评价流程、提高计算评价精准度等以使结果满足规范和相关法规的要求。

1）系统力学分析依据

基于中国首个自主化设计的百万千瓦级核电工程（岭澳核电站二期工程）和中国以往自主化核电工程（秦山核电一期工程、秦山核电二期工程）等项目积累的大量工程经验，秦山核电厂扩建项目的反应堆冷却剂系统力学分析按照以下流程开展：首先，基于各主设备（反应堆压力容器、蒸汽发生器、主泵和稳压器）的设计图分别建立相应的主设备力学分析模型；随后，结合反应堆冷却剂系统工艺布置图及其他相关参数（土建刚度、厂房模型等）建立反应堆冷却剂系统力学分析模型。此模型用于进行主设备及整个系统静力与动力分析，计算自重、热膨胀、地震及 LOCA 等载荷，为主设备设计提供接口数据，并为主设备安装调试/土建设计等提供所需参数。此外，该分析还为后续设备和管道的详细应力分析提供了准确的载荷输入，并根据 RCC－M 规范进行严格的评定。上述分析结果如有不满足要求的情况，将立即反馈至上游专业并配合修改设计输入，直至所有的计算或评价结果满足规范或相关要求。简而言之，力学分析的总体过程是首先将反应堆及反应堆冷却剂系统作为一个整体进行系统力学分析，然后利用各部件或子系统之间的边界条件进行设备或部件及子系统的力学分析评价。具体的分析流程如图 4－15 所示。

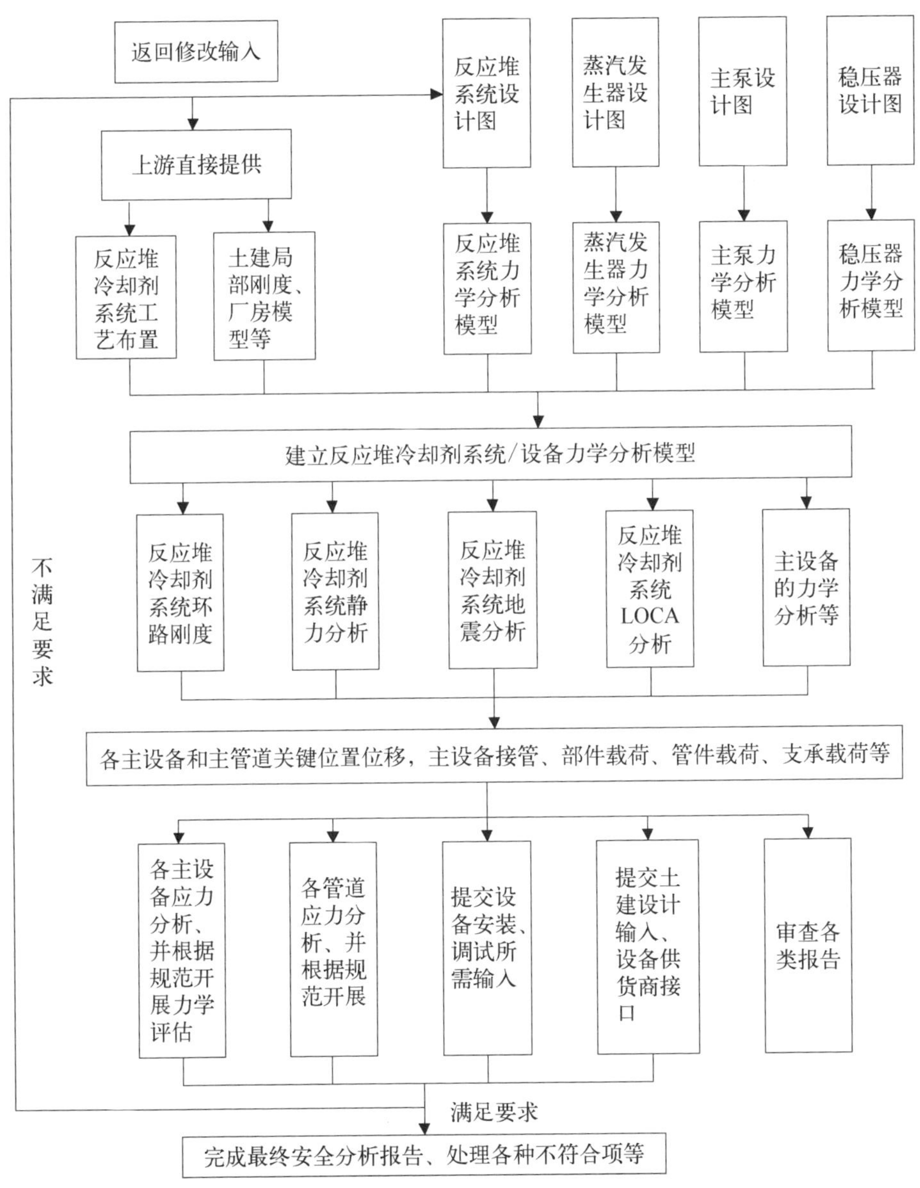

图 4－15　反应堆冷却剂系统力学分析流程图

在进行力学分析及评价过程中主要遵循的标准和法规包括：① NUREG0800，核电厂安全分析报告的标准审查大纲；② NRC RG1.92，地震响应分析中模态响应和空间分量的组合；③ NRC RG1.61，核电厂抗震设计的设计阻尼；④ RCC-M，压水堆核岛机械设备设计和建造规则等。

在进行力学分析及评价过程中主要使用的软件包括：① FACS，地震谱转换为时程分析软件；② ANSYS，大型通用有限元结构分析软件；③ SYSPIPE，核辅助管道力学分析及评价软件；④ SYSTUS，大型通用有限元结构分析软件；⑤ MOTUS，核辅助管甩击动力分析软件；⑥ ROCOCO，管件热分析和疲劳分析软件；⑦ JUPITER，核级管道系统弹性静动力分析软件；⑧ TEDEL，核级管道系统弹塑性静动力分析软件；⑨ ABAQUS，大型通用有限元结构分析软件。

2）主泵力学模型

秦山核电厂扩建项目参考中国首个自主化设计的百万千瓦级核电工程岭澳核电站一期工程开展工作，但是主泵由法国 AREVA 的 100D 主泵（模型见图 4-16）更换为 ANDRITZ 主泵（模型见图 4-17），图 4-16 和图 4-17 的左边为主泵力学简化梁模型，图 4-16 和图 4-17 的右边为三

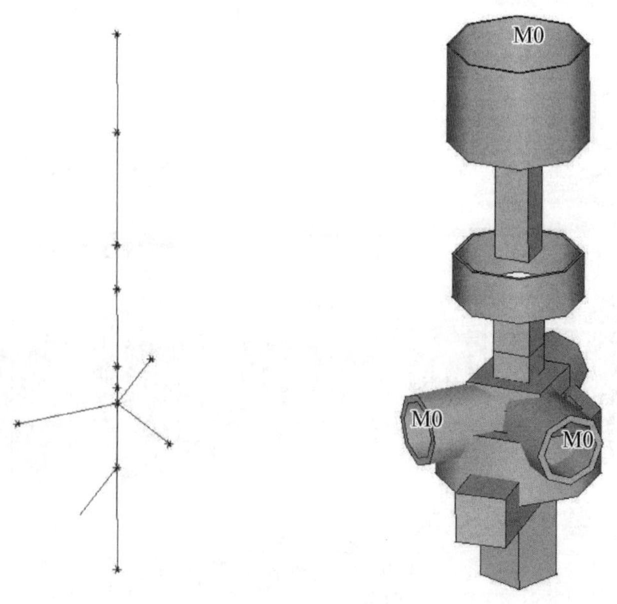

图 4-16　AREVA 的 100D 主泵模型

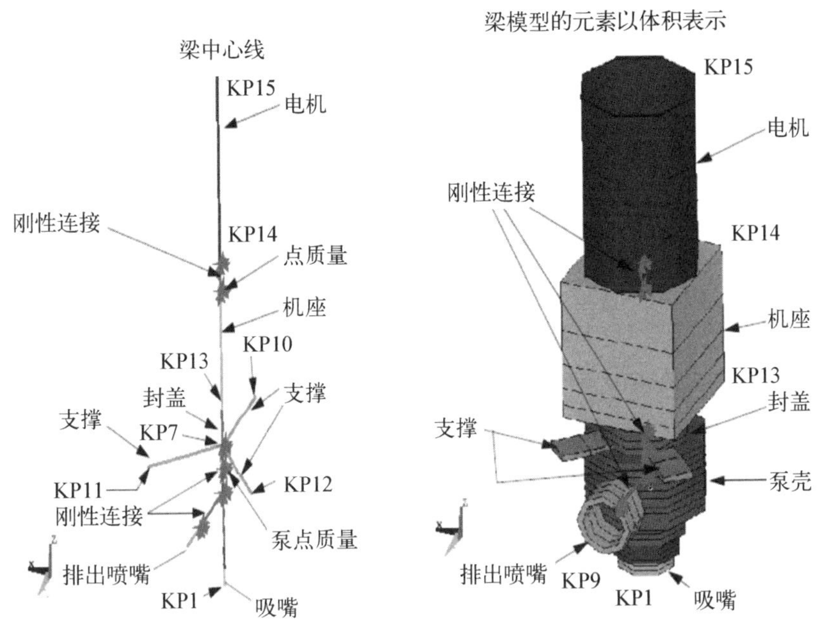

图 4-17　ANDRITZ 主泵模型

维显示的主泵力学简化梁模型。由于参考电站主管道设计裕量很小，且系统的布置和主管道的结构不可更改，更换主泵时希望主泵的力学特性尽可能与参考电站的一致，至少对其他设备载荷的影响小于设计裕量。为此，ANDRITZ 主泵力学简化梁模型在作为力学分析计算的正式输入前，经过中国核动力研究设计院四次的试算和审查，对主泵力学简化梁模型的总重、重心位置、材料的杨氏模量和热膨胀系数、结构的固有频率及泵壳的结构设计等方面均提出了修改建议，这些修改建议都被 ANDRITZ 方面接受，最终得到了如图 4-17 左边所示的第 5 版模型作为正式的力学输入。

为了评价主泵模型改变对反应堆冷却剂系统力学分析的影响，首先对比了 ANDRITZ 主泵模型和参考电站(岭澳一期)主泵模型的力学特性。

两个模型的质量和重心位置对比如表 4-16 所示，频率对比如表 4-17 所示，前 6 阶振型对比如图 4-18 至图 4-23。频率和振型计算时两个模型采用相同的边界条件：忽略支承位置处的弹簧单元模拟竖向支承腿和横向阻尼器，均未考虑与主管道的连接刚度、固定进出口接管和泵壳与阻尼器连接位置节点。

表 4-16　主泵模型总质量和重心位置对比

参　　数	参考电站	ANDRITZ
主泵总质量/kg	106 260	116 431
重心位置*/mm	2 480	2 792

注：* 以主泵进出口接管的交点为原点，竖直向上的位置。

表 4-17　主泵模型的频率对比

参　　数	参考电站	ANDRITZ
第一阶频率/Hz	16.767	17.207
第二阶频率/Hz	21.768	17.555
第三阶频率/Hz	58.172	91.317
第四阶频率/Hz	62.269	151.456
第五阶频率/Hz	88.617	175.257
第六阶频率/Hz	94.056	182.388
第七阶频率/Hz	185.162	256.075
第八阶频率/Hz	189.344	274.596

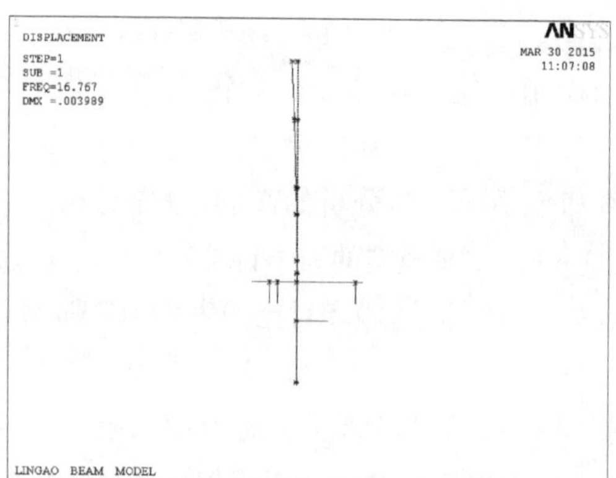

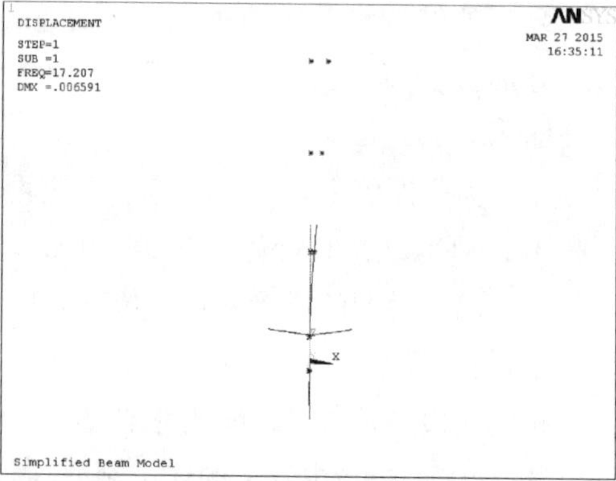

图 4-18　参考电站主泵和 ANDRITZ 主泵模型振型对比(第一阶)

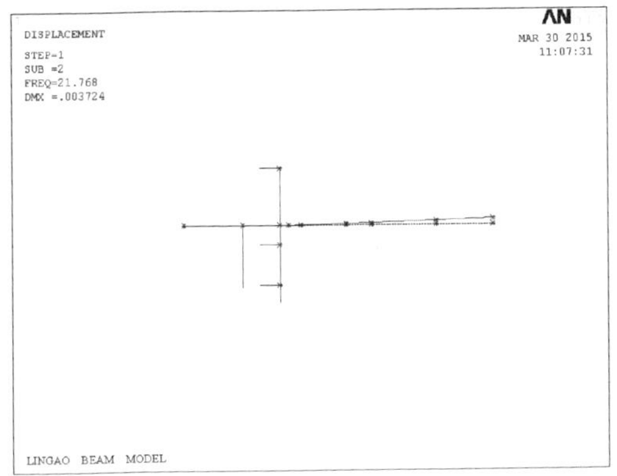

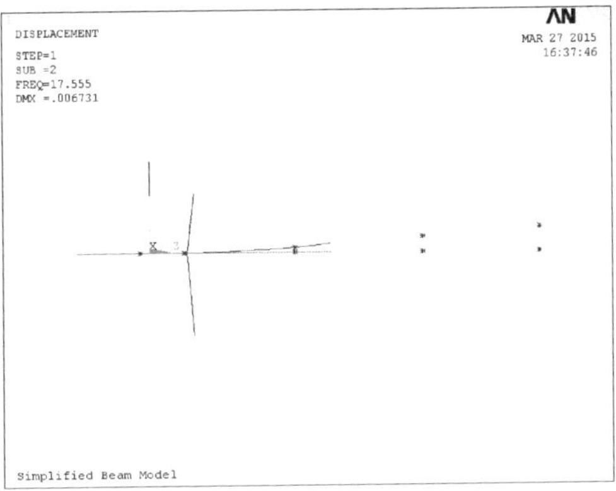

图 4-19　参考电站主泵和 ANDRITZ 主泵模型振型对比(第二阶)

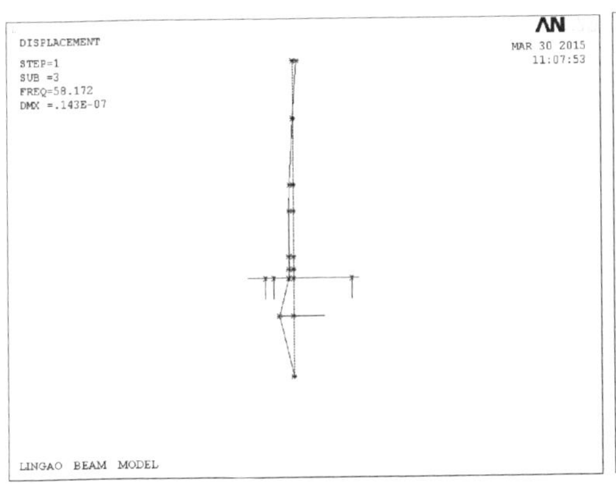

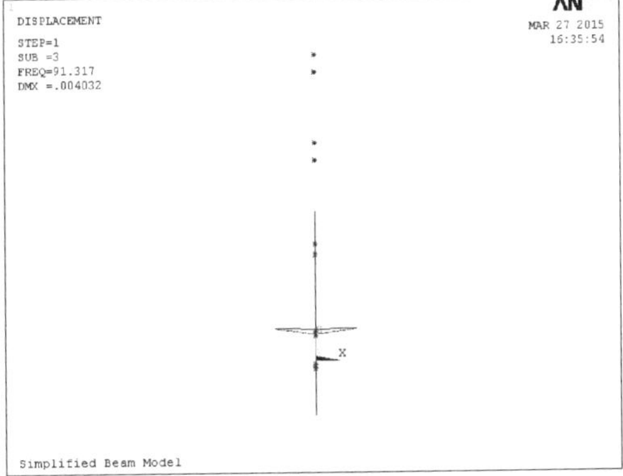

图 4-20　参考电站主泵和 ANDRITZ 主泵模型振型对比(第三阶)

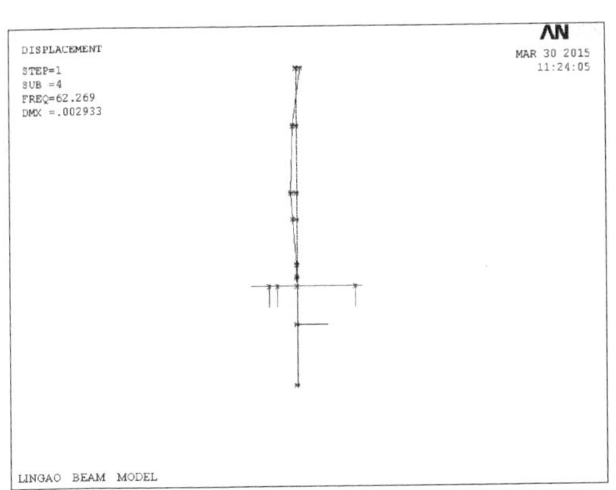

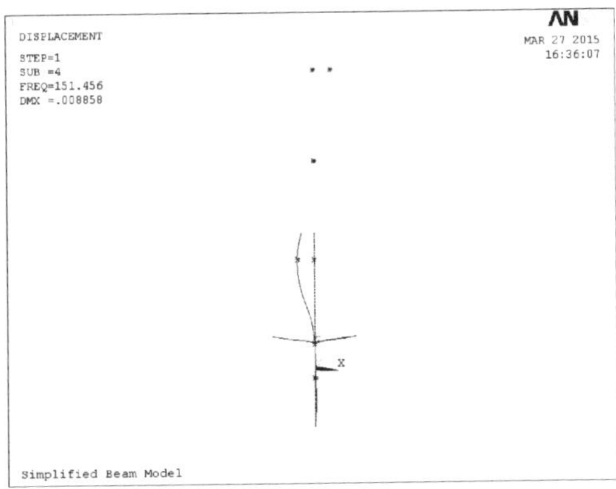

图 4-21　参考电站主泵和 ANDRITZ 主泵模型振型对比(第四阶)

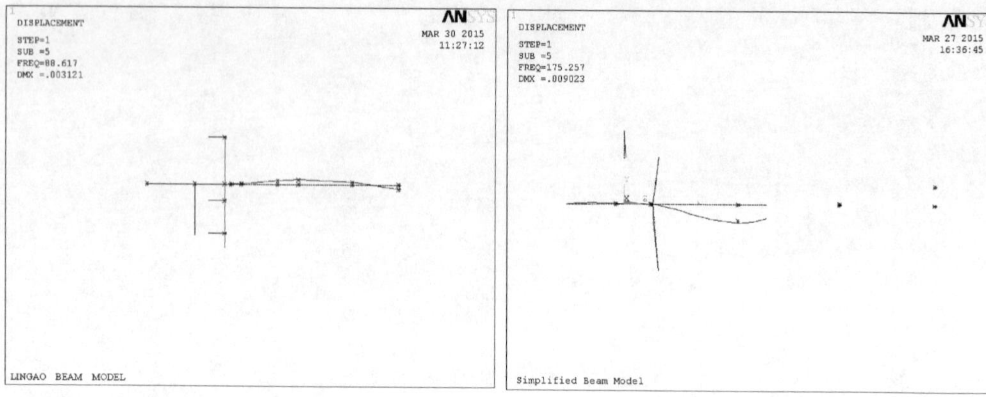

图 4-22　参考电站主泵和 ANDRITZ 主泵模型振型对比(第五阶)

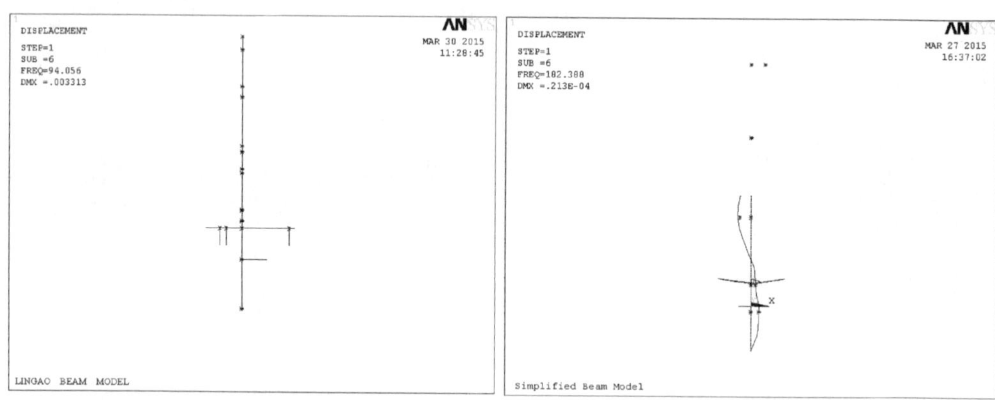

图 4-23　参考电站主泵和 ANDRITZ 主泵模型振型对比(第六阶)

3）对系统力学分析的影响

秦山核电厂扩建项目在建立该反应堆冷却剂系统分析模型时，充分借鉴了美国西屋公司和法国阿海法公司的做法，同时考虑美国核管理委员会标准审查计划(US NRC SRP)的要求，将主设备和主管道与辅助管道系统之间解耦，辅助管道系统的质量和刚性在计算模型中均不考虑；将蒸汽发生器与二回路系统之间解耦，二回路系统的质量和刚性在计算模型中均不考虑；将主设备与其内部构件之间解耦，内部构件作为集中质量在模型中加以考虑，其刚性则不予考虑。在建立系统内部件模型时，做到保证计算模型能正确反应结构的动力特性，而又要使模型尽量简化以便于计算。

通过 4.2.2 节的对比可知，相对于参考电站主泵，秦山核电厂扩建项目采用的 ANDRITZ 主泵的主要力学参数(总质量、重心位置及固有频率)均发生了改变(见表 4－16),计算分析采用的简化梁模型也存在差异(见图 4－16 和图 4－17)。因此,在进行反应堆冷却剂系统力学(自重、热膨胀、地震及 LOCA)分析时,主管道和主设备关键位置位移、主设备接管载荷、主管道弯头载荷、辅助管道接管载荷、作用在支承结构上的载荷和作用在土建结构上的载荷都有变化。

在进行地震和 LOCA 载荷分配时,采用非线性瞬态动力分析方法。分析模型详细考虑了支承(蒸汽发生器上下部支承、稳压器上部支承、主管道甩击限制器等)间隙、材料塑性及非线性(拉压双线性)连接刚度等非线性因素。特别对于反应堆系统的动力分析,由于反应堆系统部件众多,结构复杂,且存在着结构间间隙、结构间非线性连接刚度、摩擦、阻尼和流固耦合等多种非线性因素。从工程设计的观点来看,应寻求系统动力分析的精确性和经济性的平衡点。通常,为了简化分析,反应堆系统被概念化为包含水平和垂直两个相互关联但侧重点不同的非线性平面模型。水平模型主要关注系统在通过容器中轴线的平面内的复杂动力学特性,包括但不限于该平面内的平移、旋转运动及其对外部扰动的响应。而垂直模型则侧重于描述系统在垂直方向上的主要动态行为,这可能包括流体的质量流动、热传递过程以及结构在垂直方向上的振动或变形等。其中难点:一方面在于采用合适的方法正确处理反应堆压力容器与吊篮法兰之间、反应堆压力容器出口接管和吊篮出口接管之间、反应堆压力容器径向支承键和下支承板之间、反应堆压力容器与上支承板法兰之间,以及吊篮和上堆芯板之间的非线性连接关系;另一方面在于采用合适的理论及方法模拟反应堆压力容器筒体内壁与吊篮筒体外壁之间,以及上支承板环裙筒外壁与吊篮筒体内壁之间的流固耦合效应。

在进行地震分析时,需明确一回路系统模型与反应堆厂房模型之间的连接方式,包括但不限于结构接口的动态特性模拟,并确保合理考虑两者之间的相互作用。同时,应详细构建反应堆厂房与土壤之间的相互作用模型,包括但不限于基础隔震系统的设置、土壤的非线性力学特性以及地震波在土壤中的传播特性。在输入自由场位置的地面地震加速度时程时,应确保该时程来源于可靠的地震记录或经过验证的人工合成方法,并根据实际场地条件进行相应的调整,以准确反映地震波在传播过程中的衰减和相位变化。由于分析过程消除了与反应谱相关联的包络过程,给出了一回路更真实的地震运动过程。同时,输入结构中的是一个 15 s 的宽带强震运动过程,与强运动持续时间较短的实际地震相比，它输入系统中的能量更大，持续时间更长。因此，载荷分配计算也是保守的。

针对一回路系统中基于设计基准事故定义的每一个潜在破口，都进行了详细的载荷分配计算。计算输入精确地模拟了作用在管道弯头、阀门等关键位置处，由于流动方向急剧变化及流动截面积显著调整而产生的一组随时间精确变化的水力载荷。这些载荷的变化在模拟中覆盖了 250 ms 的关键时间窗口，以准确反映事故初期瞬态过程中的动态效应。

对于地震还进行了对比分析论证，给出了主泵更换前后反应堆冷却剂系统地震分析结果及对地震载荷的影响，给出了主设备接管载荷、主管道管件载荷和支承载荷的敏感性分析结果，同时给出了与参考电站对比的敏感性分析结果。其中，地震工况下作用在土建上的载荷相比参考电站有所增加，需要验证土建承载能力，有必要提高部分构件的混凝土编号，并修改局部配筋的措施，使得构件承载力满足要求。同时，敏感性分析结果还给出了主设备接管载荷和主管道管件载荷相比于参考电站的增幅，综合秦山核电厂扩建项目反应堆冷却剂系统自重、热膨胀、LOCA 载荷计算结果，需要对反应堆压力容器、稳压器、蒸汽发生器各部件及其支承、主管道和辅助管道及其支承重新进行全面的力学分析及评价，以确保受影响的设备或部件满足 RCC - M 规范要求。

4）对辅助管道力学分析的影响

在秦山核电厂扩建项目中，由于主泵采用 ANDRITZ 主泵，与参考电站采用 100D 主泵相比，辅助系统配置发生了很大的变化。首先，辅助管道与主泵的接口方式发生了改变。原来辅助管道与主泵壳体接管嘴相连，现在辅助管道直接与 ANDRITZ 主泵内部管线相连。在力学分析上，该物理结构的外在变化显著体现在力学分析模型中连接界面处理方式的转变。原先单一的接口载荷提供模式已不足以满足需求，因为该模式主要聚焦于验证接管嘴是否符合设计规范，却未能直接提供主泵制造商进行内部管线精细分析时所需的全面边界条件。为了促进主泵制造商能够更有效地进行内部管线的深入分析，必须提供接口位置的详细刚度矩阵。然而，值得注意的是，尽管 SYSPIPE 作为一款专业的管道分析软件，在管道系统分析方面表现出色，但其直接生成接口刚度矩阵的功能或操作流程可能不够直观或便捷。因此，针对性地开发了一款辅助程序，用于计算并提取主泵相关管线在 SYSPIPE 中的刚度矩阵，从而有效扩展了 SYSPIPE 软件在特定分析场景下的应用。此外，在 RCP 系统范围内，管道与主泵的接口数量增多，由原来的2个增加到7个。由于主泵相关管线数量的增多，所有主泵相关管线需要重新进行设计和分析计算。力学分析在这个管道布局设计的过程中起了决定性的指导作用。通过力学分析来调整管道的布局，找到了管道刚度的平衡点。由于厂房空间有限，对主泵相关管线管道刚度平衡点的选取几乎进行了上百次的迭代试算，最后使管道应力满足了热膨胀应力和地震应力的双重要求。

5）对设备力学分析的影响

由于主泵的更换，反应堆一回路主设备应力分析工作所需的输入载荷，包括自重、热膨胀、地震及LOCA等载荷全部发生了改变，并且部分设备的结构尺寸发生了改变，这些都对设备应力分析技术提出了新的要求。下面以主管道安注接管嘴的循环弹塑性分析为例进行说明。

对于安注接管应力分析，由于弹性分析的保守性，主管道安注接管嘴（冷段和热段）在一次加二次应力作用的应力幅值均超出了规范的许用值，即结构的渐进性变形不能满足相应的要求。为了寻求合理、准确的计算方法，对影响计算结果的各种因素进行了分析，并开展了循环弹塑性分析，以论证其累计变形能满足规范限值。在弹塑性分析的情况下，相应的一次加二次应力范围限制在此高级分析方法时可以得到豁免，但需遵循以下准则：考虑材料的实际弹塑性行为，如果结构在足够次数的循环载荷作用下达到塑性安定状态（即结构变形在经历一定循环后趋于稳定，与渐进性变形相对），则设计是可接受的，并且在塑性安定性发生之前部件的变形不得超过规定的限值。循环弹塑性分析结果显示，主管道安注接管嘴在第10次载荷循环后所引起的位移增量已趋于零，在合理假设和条件下，随着载荷循环次数的增加，接管嘴的位移相应必然会出现安定性，结构不会出现塑性失稳。

秦山核电厂扩建项目主设备应力分析还包括反应堆压力容器、控制棒驱动机构、稳压器、蒸汽发生器、热电偶柱密封组件、反应堆堆内构件和主设备支承、主管道等。

由于秦山核电厂扩建项目主泵换型，其力学分析评价几乎是一个全新的过程。相比于参考电站，分析的内容不仅更为广泛，还涵盖了反应堆压力容器断裂分析评价；同时，考虑的问题更深入，专注于解决新的安全问题，并积极协助设备制造厂和现场团队解决各种各样的不符合项问题。要完成全部的反应堆冷却剂系统力学分析不仅需要投入大量的人力和物力，更需要倾注大量的精力进行方法研究。总之，力学分析总的过程是复杂的、曲折的、难以推测和仿效的。

4.2.3 主泵的差异对事故分析的影响

因为 RCP440－TB50 主泵与 100/100D 主泵在轴承结构、轴密封、水力部件上的设计（RCP440－TB50 主泵叶轮为轴流式，100/100D 主泵为混流式）均不相同，所以两者的全工况特性曲线、转矩和摩擦转矩及惰转性能等有一定的差异，这些差异可能会影响到一些与主泵状态有关的事故分析结果。因此，需要按照 RCP440－TB50 主泵特性参数去开展这些事故计算和分析评价。

4.2.3.1 主要参数比较

叶轮泵的主要参数有压头、体积流量、转速和水力矩等，一般这些参数之间存在一定的内在联系。通常反映主要参数之间关系的曲线称为泵的特性曲线。泵的全特性曲线指泵所有可能出现的运行工况下的各种主要参数组合，通常情况下，泵的全特性曲线只能借助试验获得。工程应用中把全特性曲线转换为四象限相似曲线，采用无量纲参数，包括扬程比、转速比、体积流量比和转矩比。这些参数为实际值和额定值的比值。

影响事故分析结果的主泵参数主要包括额定转速、额定流量、额定扬程、额定转矩、转动惯量、四象限特性曲线、电机转矩和摩擦转矩等。表 4－18 和图 4－24～图 4－26 给出了 RCP440－TB50 主泵与 100D 主泵这些参数的对比。

RCP440－TB50 主泵与 100D 主泵的额定流量和额定扬程等参数相同，表 4－18 给出了部分主泵关键参数的比较。

表 4－18 额定参数及转动惯量比较

参　数	100D 主泵	ANDRITZ 主泵 （括号中为本文分析中采用值）
额定转速/(r/min)	1 485	1 485
同步转速/(r/min)	1 500	1 500
额定流量/(m^3/h)	23 787	23 790.1(23 787)

(续表)

参　　数	100D主泵	ANDRITZ主泵（括号中为本文分析中采用值）
额定扬程/m	97.2	97.2
额定转矩/(N·m)	37 312.6	36 344.4
转动惯量/(kg·m^2)	3 804.9	3 896.4(3 804.9)

从主泵摩擦转矩与主泵转速关系比较可知，高转速情况（包括额定工况）下，RCP440－TB50主泵摩擦转矩较小，因此RCP440－TB50主泵的额定转矩比100D主泵的小；另外，低转速和零转速工况下，RCP440－TB50主泵的摩擦转矩较大。RCP440－TB50(ANDRITZ)主泵与100D(LAII)主泵的电机转矩与主泵转速关系曲线差别不大，如图4－24所示。

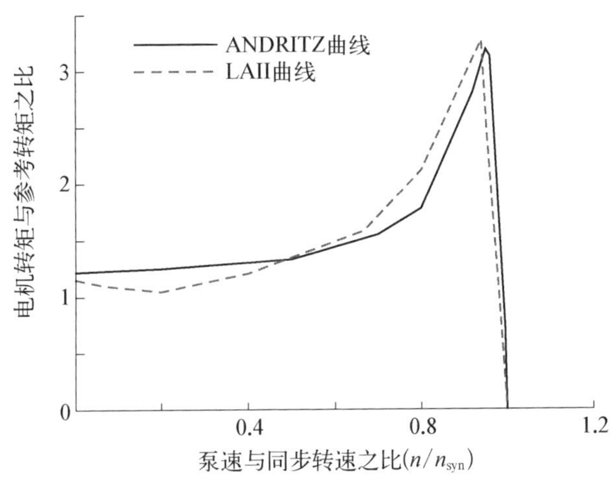

图4－24　电机转矩与主泵转速关系曲线比较

图4－25和图4－26给出了RCP440－TB50主泵与100D主泵的四象限扬程相似曲线比较，图中：HAN曲线为主泵转速比大于流量比的正转正流区，一般出现在启泵过程；HVN曲线为主泵流量比大于转速比的正转正流区，一般出现在主泵惰转工况。从图中可以看出：在主泵惰转初期，主泵的扬程稍大，因此流量稍大，而在惰转后期，由于主泵的负扬程更大，惰转时需要克服更大的阻力；HVD为主泵流量比大于转速比的正转反流区，一般出现在卡轴、完全失流工况，由于主泵在该耗能区的扬程更大，因此反向流动时需要克服更

大的阻力。RCP440 - TB50 主泵和 100D 主泵的四象限水力矩相似曲线和四象限扬程相似曲线的区别类似，如图 4 - 26 所示。

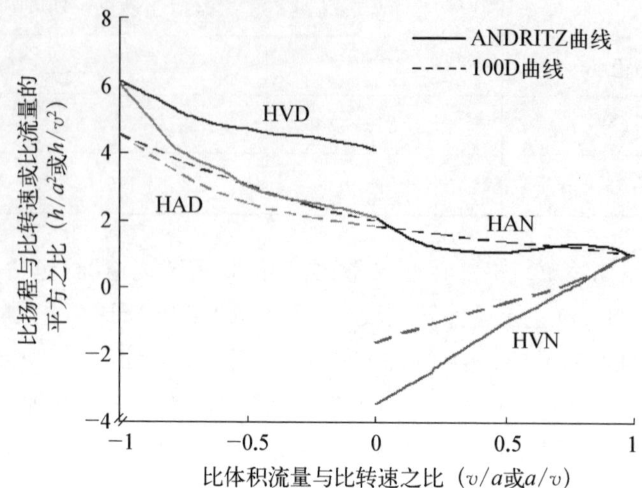

HAD—正转逆流制动工况（转速比大于流量比）归一化扬程曲线；HVD—正转逆流制动工况（流量比大于转速比）归一化扬程曲线；HAN—正转正流水泵工况归一化扬程曲线；HVN—正转正流制动工况归一化扬程曲线。

图 4 - 25　四象限主泵扬程相似曲线比较

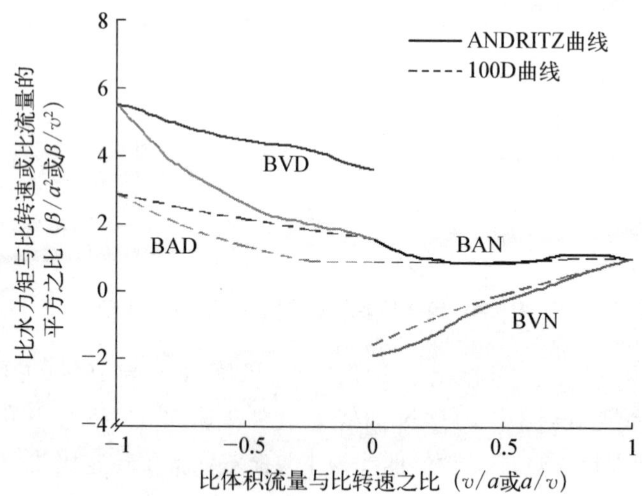

BAD—正转逆流制动工况（转速比大于流量比）归一化水力矩曲线；BVD—正转逆流制动工况（流量比大于转速比）归一化水力矩曲线；BAN—正转正流水泵工况归一化水力矩曲线；BVN—正转正流制动工况归一化水力矩曲线。

图 4 - 26　四象限主泵水力矩相似曲线比较

4.2.3.2　分析评价方法和工况

鉴于岭澳二期核电厂在反应堆的某些关键运行参数与方家山核电工程相似，且本书旨在评估将岭澳二期原本使用的 100D 型号主泵参数替换为型号为 ANDRITZ 主泵参数后，这一变更对事故分析产生的影响。基于此目的，依据岭澳二期最终安全分析报告(FSAR)中的事故分析数据，进行了相应的计算分析，重点对比了替换前后主泵参数变化对关键安全验收准则的影响，以此全面评估该变更是否会导致对核电站安全运行构成不可接受的影响。

虽然方家山核电工程相对于岭澳二期核工程在主泵的型号或设计上有所调整，但两者的主泵在额定设计参数上仍保持了高度的一致性。重要的是，经过详细分析，这些主泵的调整并未对事故工况下的初始流量的选取产生实质的影响。因此，本节的重点分析将聚焦于那些在主泵运行状态或运行条件发生了显著变化，并可能对核电厂安全造成潜在影响的事故场景。

通过对事故分析进行梳理，确定了以下几类可能受到主泵参数变化影响的事故，主要包括：电厂辅助设备非应急交流电源丧失事故；冷却剂强迫流量部分或全部丧失事故；反应堆冷却剂泵轴卡住导致流量减少或丧失事故；主给水系统管道破裂事故(考虑停堆后丧失厂外电的情况)；大 LOCA(大型冷却剂丧失事故)等极端工况，这些事故中主泵的性能和可靠性对于事故缓解和后果控制至关重要。

4.2.3.3　分析评价

本节介绍对 ANDRITZ 主泵和 100D 主泵在典型工况下的敏感性分析结果，并以电厂辅助设备非应急交流电源丧失事故和反应堆冷却剂泵轴卡住事故为例，较详细地介绍主要的计算结果及对比。

1) 电厂辅助设备非应急交流电源丧失事故

电厂辅助设备非应急交流电源丧失(丧失厂外电)将导致 RCP 失电惰转，反应堆冷却剂流量下降，一回路冷却剂排出堆芯释热的能力降低。该事故分为两个不同阶段：短期，其特征为 DNBR 裕量减小；长期，在此期间必须保证排出堆芯余热。

图 4－27 至图 4－29 所示为丧失厂外电事故主要参数随时间变化的曲线。

计算结果表明：从短期研究(DNBR 准则)来看，ANDRITZ 主泵数据对 DNBR 稍微有利；从长期研究来看，两种主泵的计算结果差异不大。

图 4－27 所示为丧失厂外电事故后短期工况的堆芯冷却剂流量，并可看出，ANDRITZ 主泵早期的惰转流量稍大。

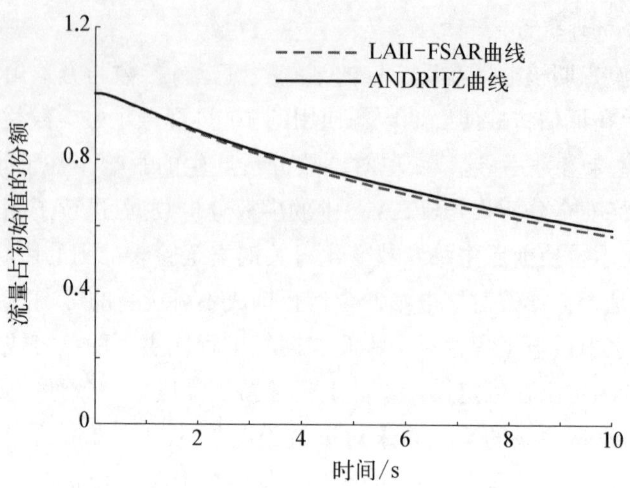

图 4-27　堆芯冷却剂流量(丧失厂外电短期)

图 4-28 和图 4-29 分别为丧失厂外电事故短期工况的 DNBR 曲线和长期工况的主要参数曲线,短期工况研究表明(见图 4-28),ANDRITZ 主泵的惰转流量比 100D 主泵的稍大。因此,DNBR 结果稍微有利。长期工况研究表明(见图 4-29),两种主泵参数下的计算分析结果差异不大,采用 ANDRITZ 主泵可以保证堆芯的长期冷却,稳压器没有排水,可以防止 RCP 超压或反应堆堆芯失水,满足限制准则。

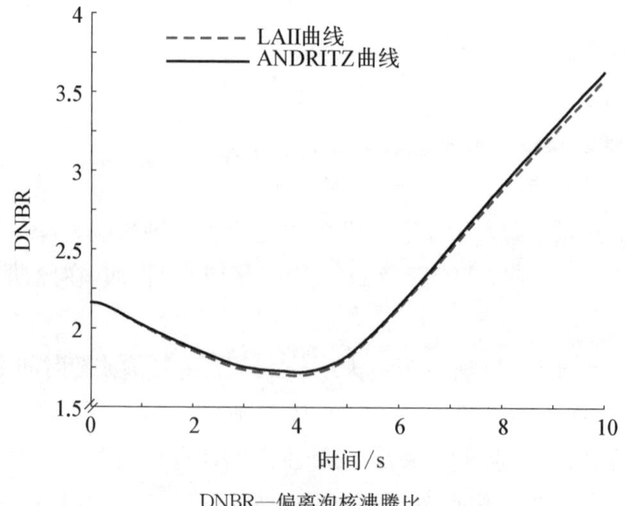

DNBR—偏离泡核沸腾比。

图 4-28　最小 DNBR(丧失厂外电短期)

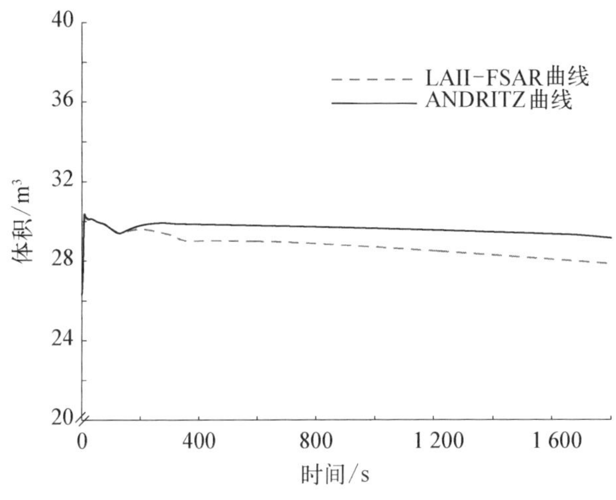

图 4-29　稳压器水体积(丧失厂外电长期)

2) 反应堆冷却剂泵轴卡住事故

假设一台 RCP 的转子意外卡住，受影响环路的反应堆冷却剂流量将快速下降，导致触发反应堆冷却剂流量低信号而紧急停堆。如果初始反应堆处于功率运行状态，堆芯冷却剂流量的减小将导致冷却剂温度快速上升。冷却剂温度的上升则可能导致部分燃料棒表面发生偏离泡核沸腾(depature from nuclear boiling, DNB)；如果不及时停堆，还会引起燃料损坏，即发生反应堆冷却剂泵轴卡住事故。

卡轴事故采用如下保守的限制准则：① 发生 DNB 的燃料棒份额低于限制值；② 热点处包壳的平均温度应低于包壳可能发生脆化的温度。

另外，还需评估锆水反应总量。

图 4-30 至图 4-33 所示为卡轴事故主要参数随时间变化的曲线。

卡轴事故的主要计算结果：采用 ANDRITZ 主泵参数后，计算得到的事故后发生 DNB 的燃料棒份额为 4%，热点处包壳温度的最大值小于采用 100D 主泵的值。

从瞬态结果可以看出，事故发生后很短时间内，因为 ANDRITZ 主泵的阻力较大(见 HVD 曲线)，所以冷却剂流量比 100D 主泵的小(见图 4-30)；事故发生 2 s 以后卡轴环路反向流达到稳定，同样由于 ANDRITZ 主泵阻力较大的原因，其反向流比 100D 主泵的小(见图 4-31)。虽然完好环路的流量稍微比岭澳二期的小，但是由于卡轴环路反向流较低，结果是 ANDRITZ 主泵计算得到的堆芯流量比 100D 主泵的大(见图 4-32 和图 4-33)。

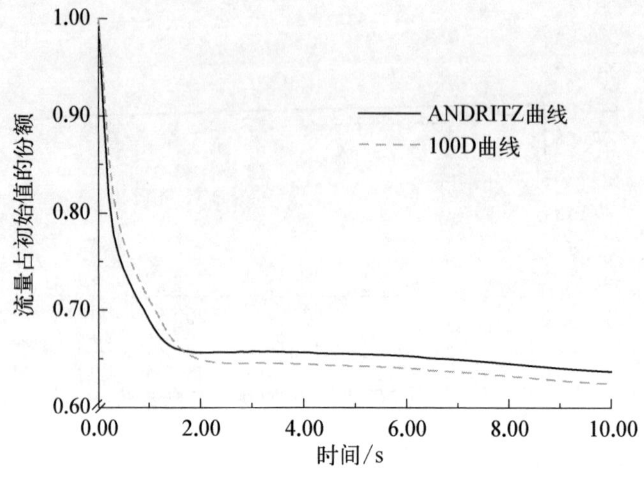

图 4-30　堆芯冷却剂流量(卡轴事故)

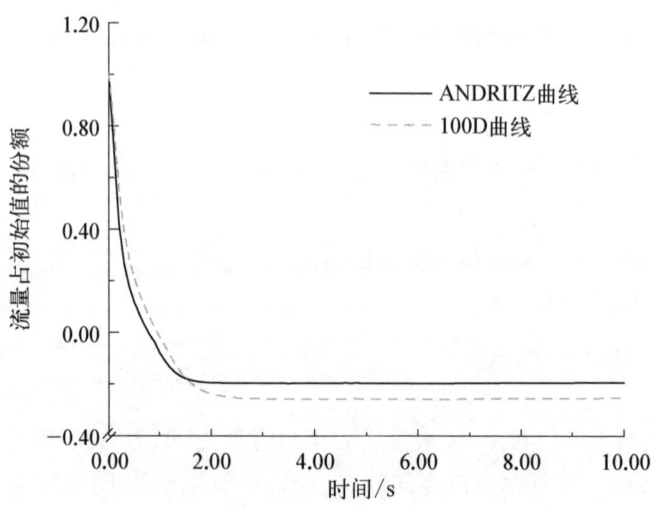

图 4-31　卡轴环路冷却剂流量(卡轴事故)

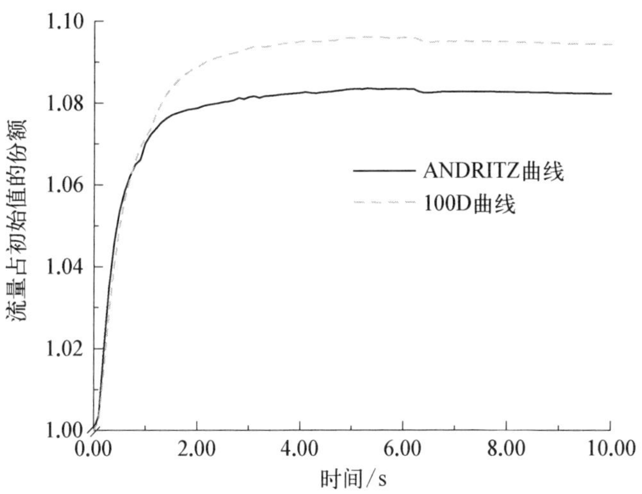

图 4 - 32　完好环路冷却剂流量(卡轴事故)

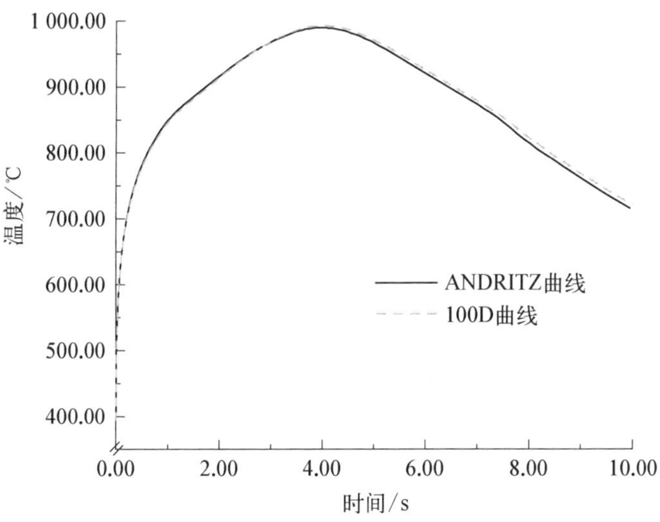

图 4 - 33　热点处包壳温度(卡轴事故)

由以上分析可知，与 100D 主泵相比，采用 ANDRITZ 主泵后，DNB 发生时刻和燃料包壳温度峰值达到时刻的堆芯冷却剂流量较高。因此，采用 ANDRITZ 主泵对卡轴事故来说略微有利。

3) 冷却剂强迫流量部分丧失事故

冷却剂强迫流量部分丧失事故属于 RCC－P 第Ⅱ类工况。在模拟该事故时，无论是采用 100D 主泵还是 ANDRITZ 主泵，其计算得到的最小 DNBR 值都满足了规定的安全限制值。主泵的变化对该事故的影响很小，且在该事故场景下，采用 ANDRITZ 主泵仍然能够满足所有相关的安全限制准则。

4) 冷却剂强迫流量全部丧失事故

冷却剂强迫流量全部丧失事故属于 RCC－P 第Ⅲ类工况，其限值准则为 DNBR 大于 1.21。

在模拟该事故时，无论采用 100D 主泵还是 ANDRITZ 主泵，其计算得到的最小 DNBR 都超过了规定的安全限制值。主泵的变化对该事故的影响很小，且在该事故场景下，采用 ANDRITZ 主泵仍然能够满足所有相关的安全限制准则。

5) 主给水系统管道破裂事故(考虑停堆后丧失厂外电)

主给水系统管道破裂属于 RCC－P 第Ⅳ类工况，其限值准则为保证堆芯和 RCP 的完整性。

对于主给水系统管道破裂事故，在紧急停堆后若丧失厂外电的情况，因为一回路压力峰值出现在主泵失电惰转之前，所以采用 ANDRITZ 主泵后，对事故初期的一回路压力峰值基本没有影响。在主泵失电惰转之后的事故进程中，主要关注完好环路热段温度是否会达到饱和温度、堆芯是否有裸露的风险，以及长期自然循环冷却能力等。计算分析表明，采用 ANDRITZ 主泵后，对该事故在主泵失电惰转之后的事故进程没有明显的不利影响，仍然能满足安全限制准则。

6) 大 LOCA 事故

大 LOCA 事故属于 RCC－P 第Ⅳ类工况，其主要的限值准则如下：① 包壳峰值温度不超过限值(1 204 ℃)以防止包壳脆化；② 包壳最大氧化率不超过氧化前包壳总厚度的 17%；③ 包壳总产氢量不超过假想值的 1%。

采用 ANDRITZ 主泵后，LOCA 事故后期的堆芯再淹没速率有所降低，事故过程中的峰值包壳温度、最极限包壳氧化率及堆芯产氢量都有明显增加，但仍满足安全限制准则的要求，主泵的改变没有给该事故带来不可接受的影响。

相对于参考电站核电厂的主泵，虽然主泵有关特性曲线存在差异，但从事故分析的角度，论证了主泵的换型以及有关特性曲线的差异不会导致事故分析结果出现不可接受的影响，为有关设计工作和项目的顺利推进奠定了技术基础。

4.2.4 制造和试验

1）主泵制造技术问题

尽管主泵是按照ASME规范设计和制造的，但方家山核电厂总体是按照RCC-M规范设计建造，在主泵规格书和合同中规定要满足RCC-M的要求。主泵主要部件均为锻件，为履行国产化要求，泵壳等锻件均在国内制造，这对于国内制造厂是首次，根据RCC-M M140，主泵泵壳、泵轴、电机轴、中间传动轴和飞轮应进行锻件工艺评定。为此，选取RCC-M中化学成分较为接近的材料来作为参照，并按照这些锻件的材料采购技术规范，结合RCC-M和ASME两个规范的要求，对这些锻件进行了锻件工艺评定。在评定过程中，力学性能试样的选取、无损检验要求等都需要反复斟酌，尤其是主泵泵壳的形状不规则，又由于工程进度等其他方面的情况而不能破坏产品，因此要做到既能使取样方案（见图4-34）能够具有充分的代表性又要兼顾供程需要，同时要兼顾不同规范体系的要求，但这造成了评定问题的复杂性，最终经过反复研究和借鉴其他部件的评定经验，既做到了严格遵守规范要求又使评定方案可行。

在主泵制造、安装过程中出现了许多不符合项，比如泵壳法兰面缺陷、电机支座焊接缺陷、电机轴伸研伤、泵轴镀铬层渗透测试（penetrant testing，PT）缺陷、电机端环磕伤和主螺栓无损检验超标等，从设计角度对这些问题及时给出了处理建议，并积极协助主泵采购方与主泵供货商协商及时处理了这些问题。

这些问题的处理或者需要进行分析计算，或者需要查询大量资料，或者可以根据前期的经验反馈进行快速处理等，每个问题都有其特征，也都有其难点。尤其是主泵首次在中国应用，许多问题没有可借鉴的案例，由于工程进度的要求，只能通过查询大量的资料和借鉴其他设备经验，甚至借鉴其他行业案例来及时解决这些问题。

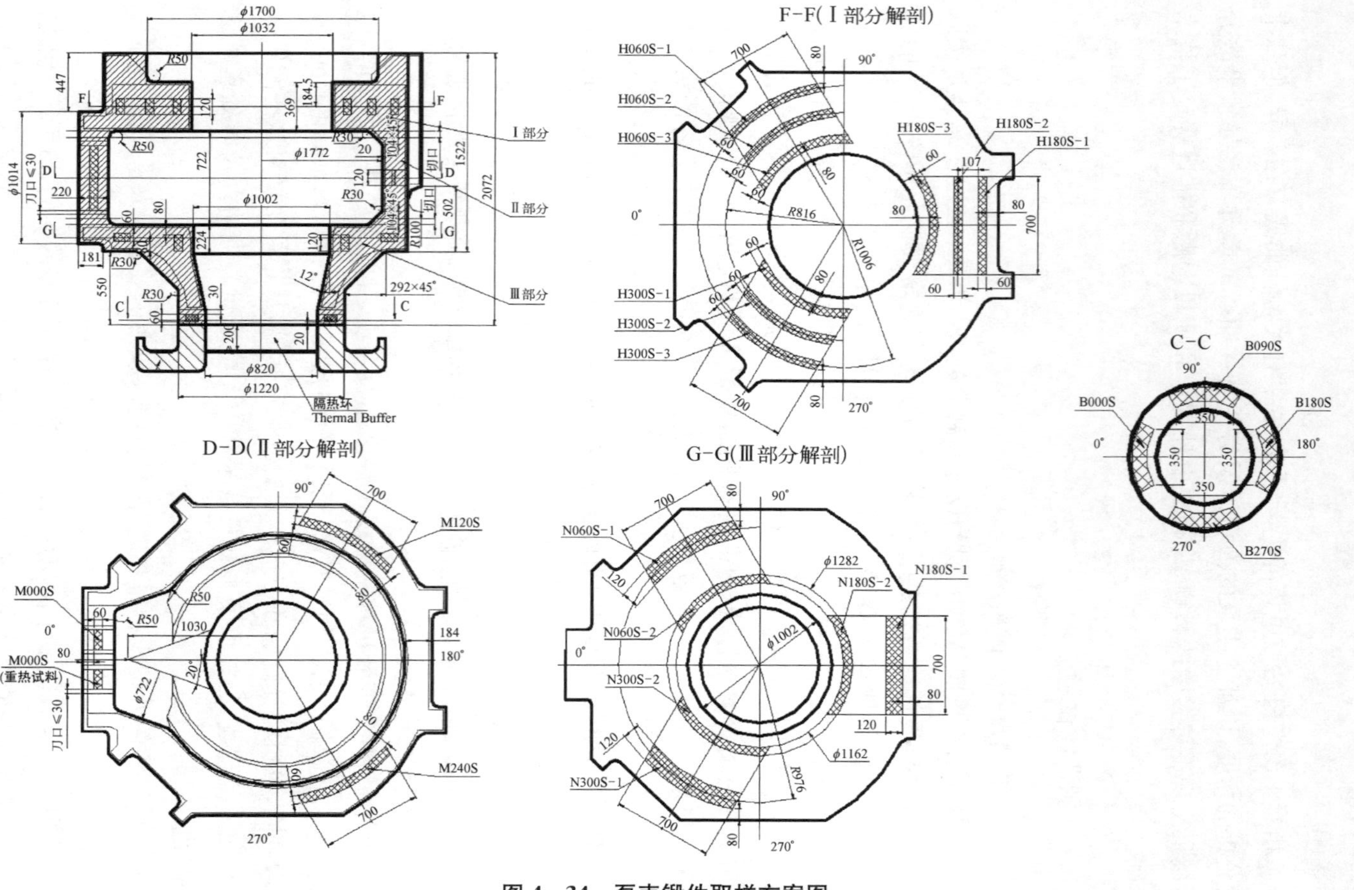

图 4-34　泵壳锻件取样方案图

2）主泵出厂前试验

主泵在出厂前必须进行试验验证，试验的目的主要包括：① 验证主泵机组的性能（包括主泵水力性能、主泵机械密封性能、轴承性能等）；② 验证主泵是否满足规格书中的具体要求；③ 验证主泵机组报警定值等；④ 验证安装、拆卸、对中工艺及专用工具的使用性能。

方家山核电厂是按照RCC－M规范设计建造的。目前，针对主泵机组出厂前全流量试验的核安全法规、导则和RCC－M规范的具体条款中，并未明确强制性要求。然而，需要考虑相关法规、导则和RCC－M规范中对设备质量与安全性的广泛要求。基于上述试验目的和以往工程经验，与主泵供货商共同制定了主泵出厂试验的方案。

每台主泵机组（即整个泵组，包括泵内部水力部件、可控泄漏密封和电机组件）应在正常运行温度和压力下进行热态试验。允许使用和电厂设计泵壳近似（全比例）的泵壳进行主泵试验。每台主泵机组在全流量试验台上开展全流量、额定转速、正常压力和正常温度工况下的全流量试验，每台主泵机组在额定流量和转速下应进行至少50 h的厂内耐久试验，以调整设备安全系统并检查泵组的机械运行状态，如轴承、后座密封、振动和轴位移、热屏（或高压冷却器）和密封注入水系统以及事故工况下的性能参数。

首台主泵机组在全流量试验台上，正常压力和温度下应进行至少200 h的全流量耐久试验，试验包括正常运行和紧急事故工况下的运行。试验项目包括但不限于表4－19中的项目。

表4－19 试验项目

试 验 项 目	首台主泵机组	系列主泵机组
6次起动/停机	需要	需要
热态运行时间/h	200①	50①
水压试验	需要	需要
冷态性能试验	需要	需要
热态性能试验	需要	需要
失注入水	需要	不需要②

（续表）

试 验 项 目	首台主泵机组	系列主泵机组
不带顶油泵的惰转试验	需要	不需要②
失冷却水	需要	不需要②
失电（注入水和冷却水丧失，主泵停机惰转）	需要	需要②
主泵运行时同时失注入水和冷却水	需要	不需要②
振动/轴位移测量	需要	需要
高压冷却器二次侧压差	需要	需要
后座密封泄漏测量	需要	需要
高压泄漏关闭，主泵正常运行至少 10 分钟加惰转试验	需要	不需要②

注：① 200 h 或 50 h 热态运行是额定工况下运行时间；② 基于首台泵试验情况最终确定。

4.3 主泵内部流动分析与水力优化设计方法

核主泵内部介质的流动状态平稳与否直接影响着泵组运行的稳定性和安全性。在核主泵的水力设计中，应着重分析核主泵的定常流动特性、非定常流动特性和主泵压力脉动特性。通过不断的分析和优化来完善水力设计，并以此来保证泵组运行的平稳。

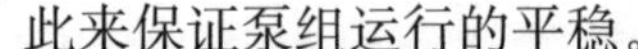

图 4-35 核主泵叶轮导叶内流线图

4.3.1 定常流动特性

核主泵与常规混流泵的一个重要区别在于其流道的设计。核主泵通常采用特殊形状的流道设计（如球形），以优化流体流动并满足核安全要求，而常规混流泵则常用蜗形腔体，这对核主泵的流场有一定影响。在核主泵中，流体进入叶轮前，其流线已受到引导并具有一定的旋转分量，随后通过叶片间的复杂流道提升压力。这些高压流体随后经导叶进一步调整流动方向，并最终以与按叶轮旋转方向相协调的方式流出(见图 4 - 35)。

核主泵截面处压力分布如图 4 - 36 所示。在进口段，压力较低，通过叶轮的作用后，压力明显提高。经过导叶的扩压作用后，压力进一步提升。球形压水室内，与出口方向相反的泵壳区域中，沿着导叶的出流方向，静压不断增加，在泵壳壁面压力达到最大。相比于泵腔内最大压力，核主泵出口段的压力，有所下降。由于环形压水室隔舌的存在导致环形流道内压力沿周向呈非对称分布，压水室内的最高压力区域出现在环形流道外侧，在类似隔舌左侧处存在明显低压区，压力梯度相对较大，如图 4 - 37 所示。随着流量的增加，压水室环形流道及隔舌附近的压力梯度而增大。

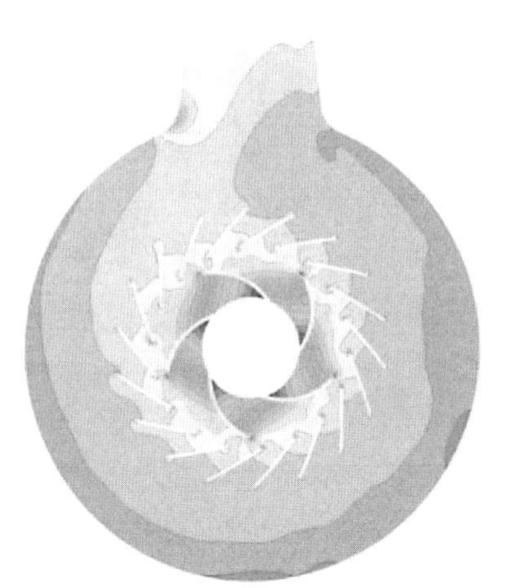

图 4 - 36　核主泵截面压力分布图

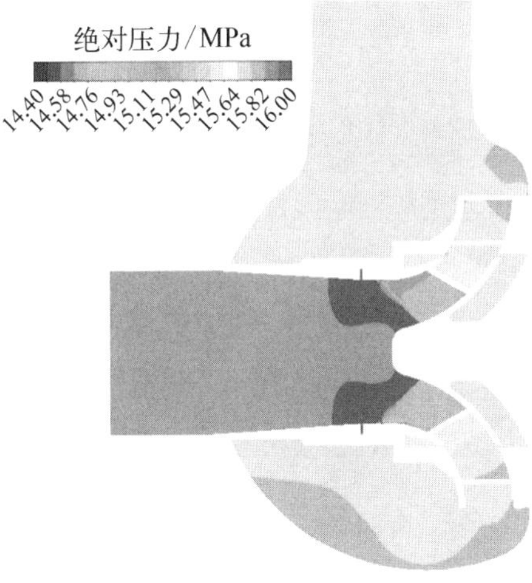

绝对压力/MPa

14.40 14.58 14.76 14.93 15.11 15.29 15.47 15.64 15.82 16.00

图 4 - 37　核主泵轴面压力分布图

对比叶轮叶片工作面和背面压力分布(见图 4 - 38)，两者压力在叶片上分布比较一致，均在叶片的进口边有较低的压力，再沿叶片展向压力逐渐变大，但背面的整体压力较之工作面低些。因此，叶片上压力最低的部位位于叶片背面的进口处区域，即泵内压力最低压区域位于叶片吸力面进口处区域。

在核主泵进口段，冷却剂以稳定的速度沿轴方向流向叶轮进口，在叶轮的带动下速度逐步提高，最终达到最大速度。最大速度出现在叶轮出口及压力前盖板处。从叶片进口边开始，沿叶片的展向速度越来越大，最大速度为 58 m/s。核主泵内的速度分布如图 4 - 39 所示。

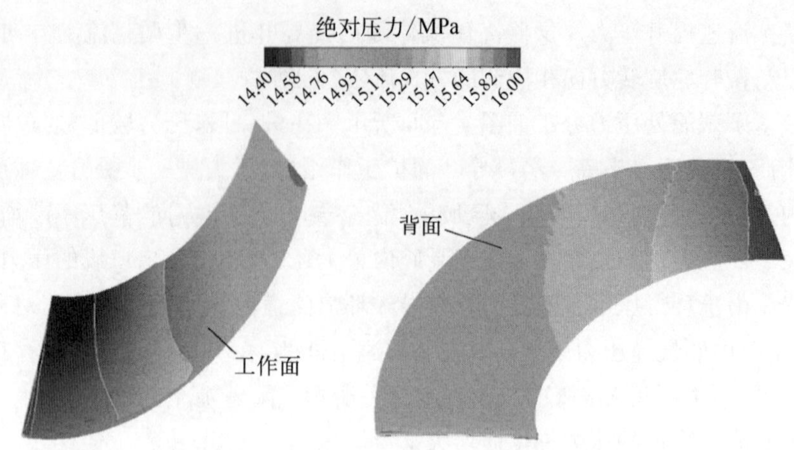

图 4-38 核主泵叶轮叶片压力分布图

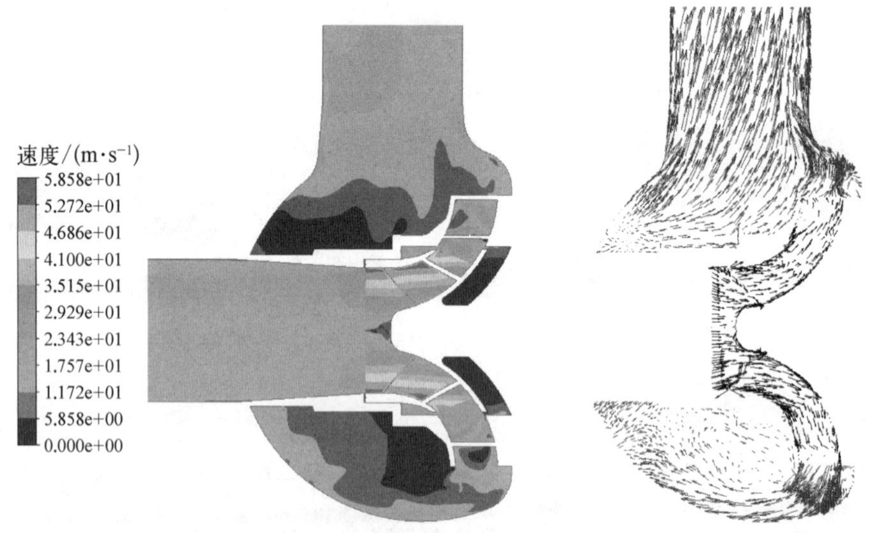

图 4-39 核主泵轴面速度分布图　　图 4-40 核主泵轴面速度矢量分布图

与导叶和压水室相比，叶轮流道内流动状态相对较好。导叶流道内速度矢量分布紊乱，在靠近后盖板侧的出口处出现与主流方向相反的回流。压水室的底侧存在两个明显旋涡，在压水室与出口交接处的流动失稳，有旋涡现象出现，如图 4-40 所示。

4.3.2 非定常流动特性

核主泵叶轮与导叶之间的动静干涉会诱发周期性的瞬态效应，当旋转叶片尾缘逐渐靠近并掠过下游导叶叶片前缘区域时，叶片尾缘和导叶前缘之间将形成封闭的楔形区域，如图4-41所示的 t_0 时刻。根据叶片出口速度三角形和叶片出口流道内液流绝对速度，叶片尾缘和导叶前缘形成的楔形区域，堵塞了叶轮出口的部分流道，使楔形区域内部产生局部的静压升高现象。同时，在导叶相邻流道的内部区域，叶片尾缘对导叶流道的动静干涉效应较弱，叶片尾缘对导叶流道的堵塞效应不明显。因此，导叶流道内部产生局部静压降低，如图4-41所示的 $(t_0+0.5T)$ 时刻。由于叶轮尾缘和导叶前缘的周期性动静干涉效应，导叶内静压分布存在周期性的不稳定波动。导叶内静压分布规律与叶轮尾缘和导叶前缘的相对位置有关，叶轮尾缘对导叶入口流动的阻塞效应，是诱发导叶内静压产生不稳定脉动的主要原因。

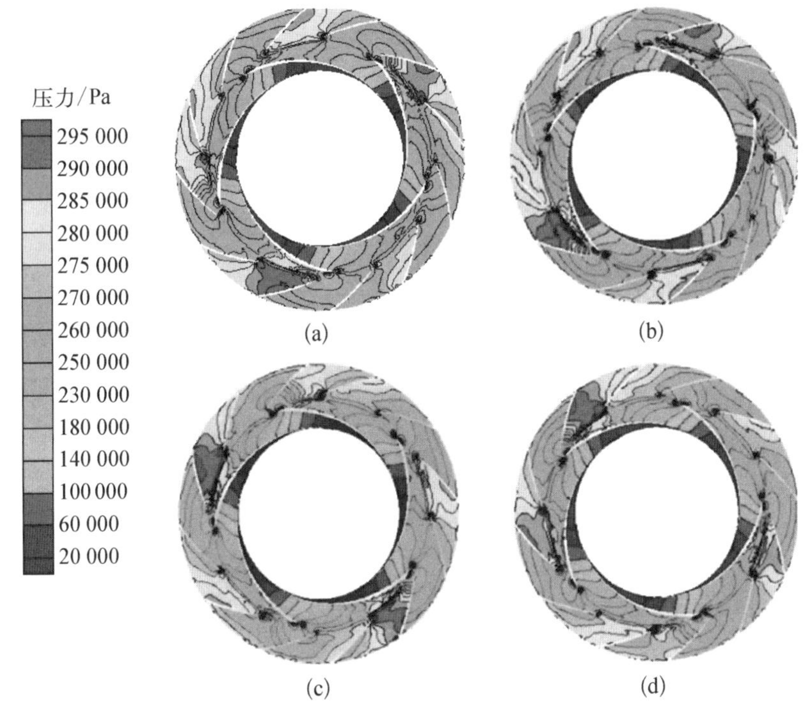

图4-41　额定工况下轮缘侧流道内静压分布

(a) t_0 时刻；(b) $(t_0+0.25T)$时刻；(c) $(t_0+0.5T)$时刻；(d) $(t_0+0.75T)$时刻

按照涡动力学理论，湍流场作为有旋流场，可认为是由不同尺度的旋涡叠加而成。因此，湍流运动过程就是不同尺度的旋涡迁移、发展、撕裂、破碎或合并的复杂运动过程。由于涡量是涡动力学的一个最基本的物理量，脉动涡量的拉伸是维持湍流的主要机制，因此考察涡量场的结构特性和演化机理最能够反映湍流场的脉动信息和能量传输规律。

图 4－42 为核主泵的动静叶栅涡量分布示意图。泵内湍流已经达到一种充分发展的状态，因此分布着不同尺度的旋涡。其中，湍流旋涡的分布因工况和位置差异而变化显著。叶轮叶片和导叶叶片附近都有较高强度的附着涡流区域，其中导叶叶片出口的附着涡流强度较高；叶轮叶片出口后，形成了细长形尾迹涡区，这说明叶片与流体的相对运动是引发高能涡量的产生主要原因。导叶区域是涡量较高且集中的区域，其各个流道中也分布着规律相似的涡列，这显然是由叶轮叶片出口的尾迹涡向下游运动并发展形成的。相比之下，蜗壳内的涡量相对较小，这主要是涡流在继续向下游运动过程中，其能量逐渐耗散和分散的结果。

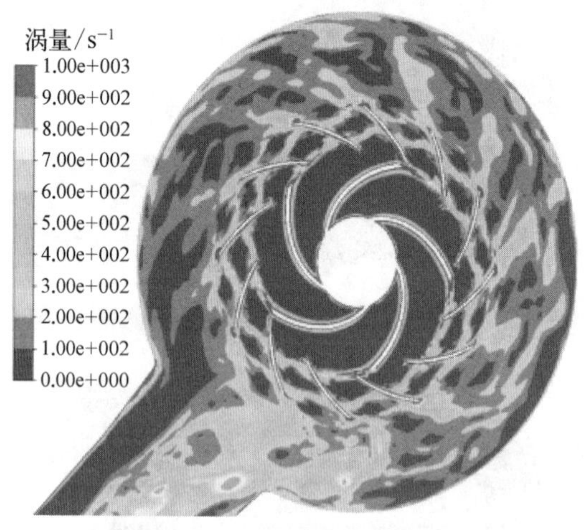

图 4－42　动静叶栅涡量分布示意图

选取叶轮出口与导叶进口处的局部区域，考察叶轮一个叶片周期 T 内涡量随时间的变化特性。对比各个时刻的涡量场分布特性(见图 4－43)，可以通过追踪涡群 A 和涡群 B 的运动过程来阐述涡量的演化过程。首先，分析涡群 A 的演化过程。在 t_0 时刻，涡群 A 产生于叶轮叶片出口，表现为细长形的尾迹涡带结构，这主要源于流体在脱离叶片出口时不同速度之间的剪切作用。随着叶轮旋转，流体在流道内被输送，尾迹涡不断增大并向下游移动。当遇到导叶叶片的阻塞时，尾迹涡群被撕裂而破碎，分裂为两组涡量较小的小涡群，分别沿导叶叶片压力面和吸力面向下游迁移和输运；同时，涡群在导叶流道内

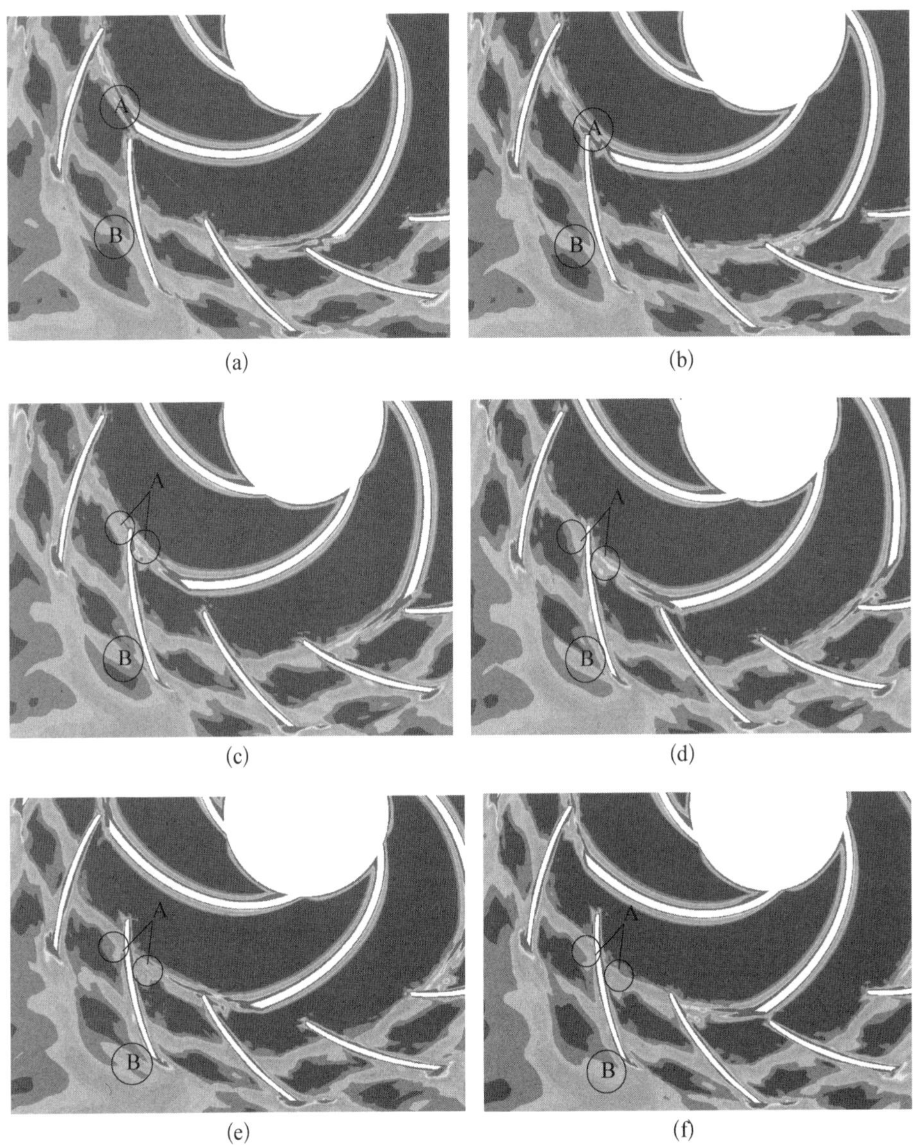

图 4-43　动静叶栅涡群的演化过程

(a) t_0 时刻;(b) $(t_0+T/6)$时刻;(c) $(t_0+2T/6)$时刻;(d) $(t_0+3T/6)$时刻;(e) $(t_0+4T/6)$时刻;(f) $(t_0+5T/6)$时刻

部被拉伸和延展,从一个叶片压力面到另一个相邻叶片的吸力面形成一条长涡带,其涡量也被重新分配并逐渐衰减。紧接着,涡群 A 流经的导叶流道即将迎来下一个叶片的尾迹涡。这就是在一个叶片周期 T 内涡群 A 的运动轨迹。当然,涡群 A 随时间将继续发展演化。通过这一过程的描述并结合涡量分布的对称性不难推断，在流场中某一固定空间位置上，涡量随着时间的推移不断变化，呈现出周期性脉动特性，并向下游传播。涡列脉动变化主要受叶轮叶片的旋转运动控制，因此其频率与叶频紧密相关。涡群 A 运动的后段部分轨迹与涡群 B 的演化规律类似。因此，再追踪涡群 B 的运动过程以替代描述涡群 A 迁移的后段部分轨迹。可以看到，涡群 B 在 t_0 时刻已经延展充分，并即将被撕裂，随着时间的推移，涡群 B 被拉断，继续衰减，并逐渐与导叶叶片出口的附着涡流区和蜗壳喉部的稳定涡区汇合，最终耗散并融合为一个涡群。

脉动涡量随着时间的运动可以大体上描述为初生、发展、迁移、撕裂、传播、衰减、合并和耗散这几个演化阶段。涡群运动时受到拉伸作用而尺度增大，能量减小，不同尺度的涡群连续不断地进行着动量交换。另外，涡群的传播尺度远大于涡群尺度本身。从运动时间上看，涡群从叶轮叶片出口产生、汇合到耗散至少要经历 3 个叶片旋转周期。

4.3.3 主泵压力脉动特性

压力脉动指离心泵在工作时，泵内压力会发生周期性的变化。这种变化会对泵的运行产生负面影响。首先，压力脉动会引起水管的振动和噪声，甚至可能导致管道破裂。其次，压力脉动还会对泵的轴承和密封件产生损伤，缩短泵的寿命。

叶轮内压力脉动幅度从叶片前缘到后缘逐渐增加，同时工作面脉动幅度大于背面，叶轮内监测点压力脉动时域图如图 4-44 所示。叶轮和导叶之

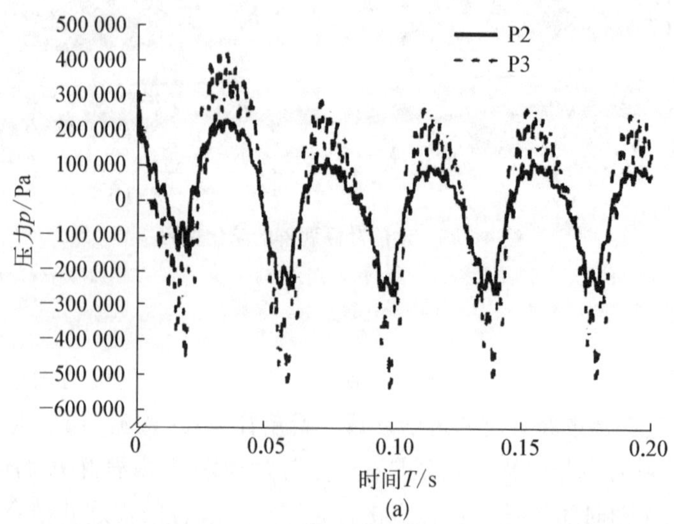

(a)

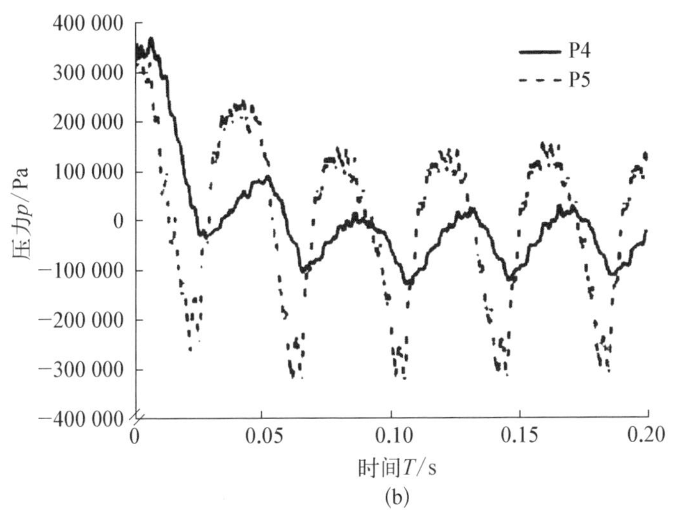

(b)

P2—工作面前缘监测点；P3—工作面后缘监测点；P4—背面前缘监测点；P5—背面后缘监测点。

图 4-44　叶轮监测点时域图

(a) 叶轮工作面；(b) 叶轮背面

间的动静干涉是泵内压力脉动产生的主要源头。叶轮叶片后缘更接近此相互作用区域，因此脉动幅度相对较大。同时，叶轮的旋转不仅导致工作面和背面脉动幅度产生差异，还决定了叶轮内压力脉动峰值主频为叶轮叶频，并且其他脉动峰值均出现在转频的整数倍处，呈现周期性降低的趋势。叶轮叶片对流体的影响频率为叶频的整数倍及其对应的谐波。叶轮流道内各处产生脉动幅值的频率相同，但在相同频率处产生的幅值各有不同，这种差异是由叶轮和导叶之间动静干涉及叶轮本身旋转特性共同作用的结果。

在额定流量下，叶轮进口处压力脉动主频等于叶轮的转频，次主频等于叶频的整数倍，并且其主频的幅值相对于叶轮内脉动主频的幅值小很多。因此，叶轮进口压力脉动幅值很小，并且主要受叶轮的转频影响，叶轮进口处监测点压力脉动频域如图 4-45 所示。叶轮出口处压力脉动频域如图 4-46 所示，此处受叶轮与导叶动静干涉作用影响明显，其中脉动峰值出现在叶频处，动静干涉产生的压力脉动主要受叶频影响。

导叶内工作面和背面监测点压力脉动时域如图 4-47 所示。导叶内压力脉动幅度由叶片前缘到后缘逐渐减小，与叶轮内压力脉动变化规律相反。叶轮和导叶之间的动静干涉处压力脉动幅度最大，而随着流体向下游流动逐

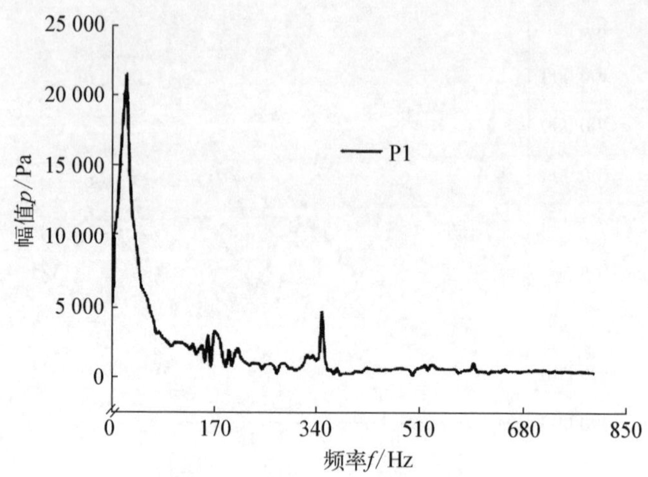

图 4-45　叶轮进口监测点频域图

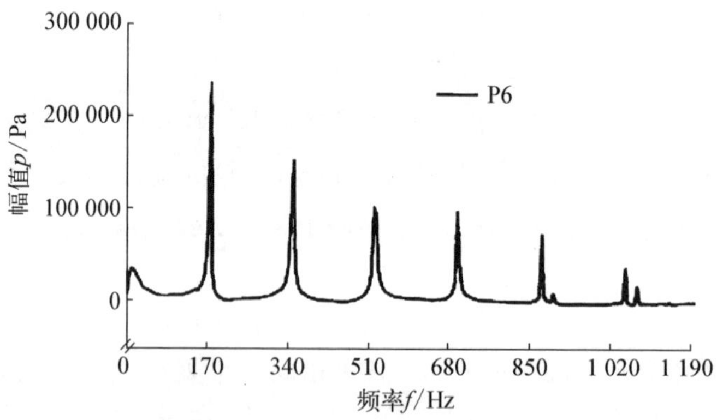

图 4-46　叶轮出口监测点频域图

渐远离动静干涉处，受叶轮转动带来的影响相对较小，使得压力脉动幅度减小。导叶内主频和次主频均是叶轮叶频的整数倍，导叶内部的压力脉动同样受到叶轮叶频的影响，导叶内监测点压力脉动频域如图 4-48 所示。导叶叶片工作面前缘处脉动幅值最大，随着流体从叶片前缘流向后缘，压力脉动幅值呈现出显著的衰减趋势。叶轮叶频通过流体介质从叶轮处向下游传递，随着传递距离的增加，压力脉动幅值逐渐变小。在此过程中，导叶通过调整流体流向和降低局部流速，有效地起到部分抑制泵内压力脉动的作用。

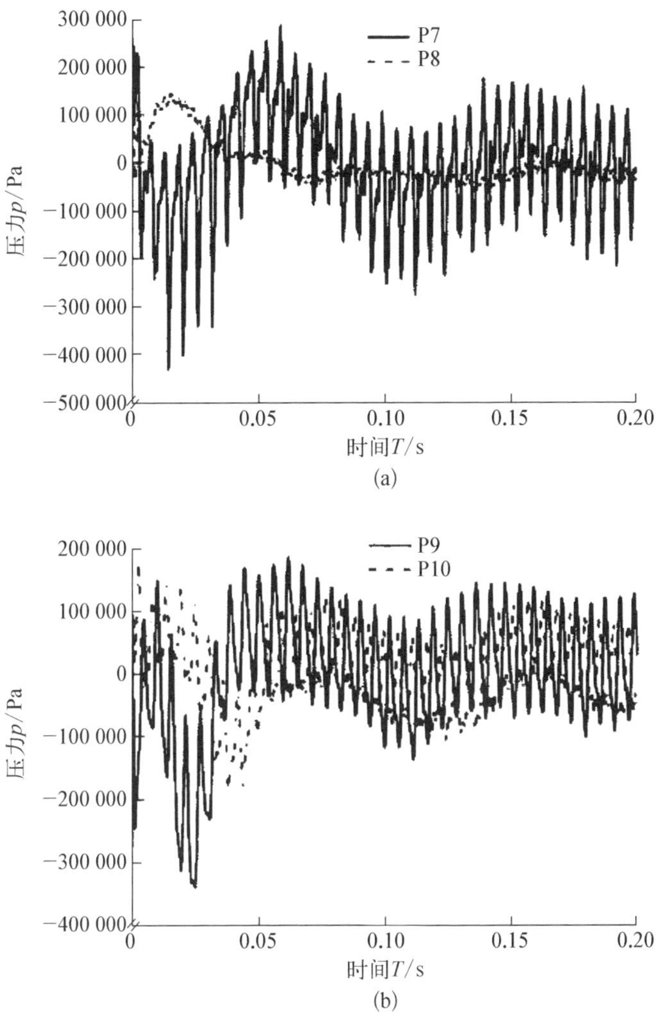

P7—叶片工作面前缘监测点；P8—叶片工作面后缘监测点；P9—叶片背面前缘监测点；P10—叶片背面后缘监测点。

图 4－47　导叶内监测点时域图

(a) 导叶工作面；(b) 导叶背面

压水室出口处压力脉动表现出不规则的特性，其主频与其他位置处压力脉动主频存在显著差异，且幅值也有差别。这主要是因为压水室采用类球形的结构，在出口产生了显著的回流现象，使得出口处压力脉动混乱，且导致了以低频脉动为主的复杂压力波动。压水室内压力脉动仍受到叶轮转频的影响，只是幅值有所减小，而在出口处由于回流及其他复杂流动因素的共同作用使得低频脉动呈现出更为复杂和无序的状态。压水室内压力脉动频域如图 4－49 所示。

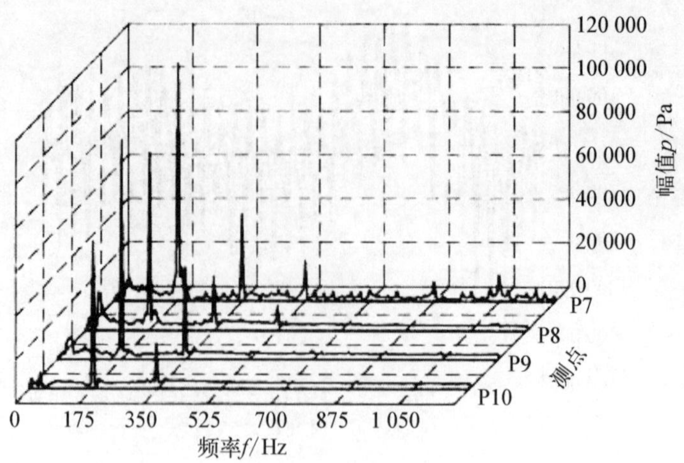

图 4-48　导叶内监测点频域图

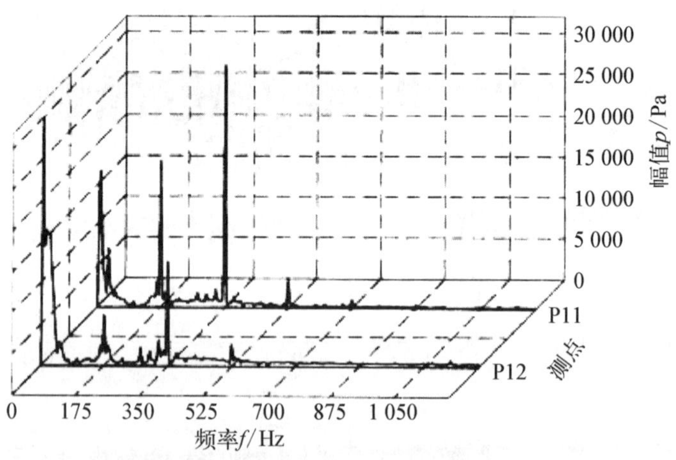

图 4-49　压水室内监测点频域图

在不同流量工况时，产生压力脉动幅值的频率主要包括叶频的整数倍及其谐波，这些频率通常占主导地位。脉动幅值的变化趋势通常表现为，在接近额定工况时脉动幅值相对较小，在偏离额定工况时无论大流量工况或小流量工况，脉动幅值都大于额定流量，尤其在小流量工况时，脉动幅值最大。因此，偏离额定流量越多，压力脉动越严重，并且在小流量工况下更严重。由于叶轮及导叶是根据某一额定参数进行设计的，在额定工况下流体从叶轮流入导叶时受到的冲击最小，因此压力脉动幅值较小。然而，当运行工况小于或大于额定工况时，都可能导致导叶头部形成明显冲角，在尾部产生脱流旋涡，这些都会增加泵内的压力脉动。尽管如此，在额定流量工况下，泵内产生的压力脉动通常相对较小。

4.4 主泵卡转子事故工况水力载荷

卡转子(卡轴)事故为失流事故中的一种，属于超设计基准事故的极端事故工况。卡轴事故发生后，核主泵转子(叶轮、泵轴及其附件等)会受到极大阻力矩，在极短时间内被迫停转。引起轴封型核主泵卡轴事故的主要原因：① 当发生安全停堆地震或丧失冷却水事故时，由于振动和热应力的急剧变化，可能导致核主泵内部动、静配合面发生过量径向位移或变形，从而造成转子与定子部件间发生碰擦、咬合等非正常接触；② 核主泵存在轴承设计不合理、材料选择不当等设计缺陷，或在制造过程中未严格把控公差、热处理等质量问题，轴承、齿轮等部件在运行中提前磨损或失效，进而影响核主泵长期的稳定运转；③ 反应堆冷却剂系统内可能存在脱落的零件，通过冷却剂的循环运输被带入核主泵内部，尤其是动、静配合面的间隙内，从而造成转子部件的卡滞而无法正常转动。

上述情况均会阻碍核主泵转子部件的旋转，使得核主泵在极短时间内丧失对冷却剂的输运能力，该过程类似于快速关阀，会使系统内循环流动的冷却剂流量骤降，反应堆堆芯产生的热量不能及时排出，进而导致反应堆的失控和熔毁，引发更严重的事故。此外，卡轴事故还会导致系统管路内局部压力和密度的骤变，从而引发水锤现象，其产生的水力载荷和机械载荷会对核主泵部件、系统管路及蒸汽发生器传热管的结构造成剧烈冲击，进而造成破口泄漏的风险，严重威胁到核电站的运行安全。

核反应堆一回路包含三个环路，如图 4-50 中分别标记为环路Ⅰ、环路Ⅱ和环路Ⅲ，其中黑色箭头表示系统正常运行时流体的流动方向。因为反应堆三环路系统均发生主泵卡转子事故工况的概率极低，所以假定当反应堆某单环路发生主泵卡转子事故工况，此时其他两个环路处于正常运行工况。以事故环路Ⅰ为参考，逆时针方向为先后顺序，依次对应正常运行环路Ⅱ和环路Ⅲ。华龙一号压力容器为三进三出结构，各环路由入口流入的流体经环形下降段、下腔室、堆芯段和上腔室后充分交混，并在该过程中流量得到再分配，由压力容器出口流出，经各环路的热管段、蒸汽发生器、过渡管段、核主泵、冷管段再次流入压力容器，构成了闭式水动力系统。

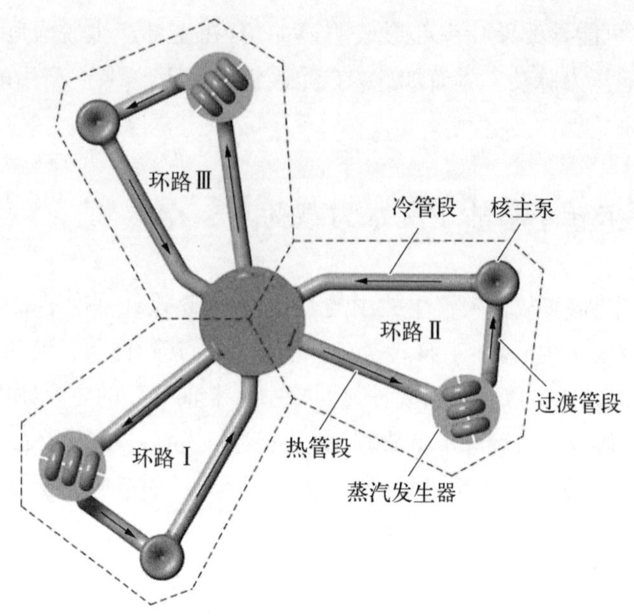

图 4-50　三环路反应堆冷却剂系统示意图

4.4.1　卡转子工况核主泵瞬态外特性

核主泵通过驱动冷却剂在反应堆冷却剂系统内循环流动，对维持系统的稳定运行起了至关重要的作用。当系统某一环路内核主泵发生卡轴事故时，其转子部件会在极短时间内被迫停转，导致该环路冷却剂流量迅速下降，直接使得反应堆堆芯的冷却能力急剧减弱，进而使得反应堆堆芯产生的热量无法及时排出。此外，由于冷却剂流动的突然中断，可能引发强烈的水锤效应，导致事故核主泵内部流动变得异常复杂，且核主泵及其系统在此期间将历经多种非设计工况的变化。

1）核主泵出口瞬态流量变化

当反应堆冷却剂系统正常运行时，环路Ⅰ、Ⅱ和环路Ⅲ内的核主泵出口处流量虽有波动，但均稳定在额定工况点附近。卡轴事故发生后，核主泵Ⅰ出口处流量一开始迅速下降，随后逐渐放缓，流量随时间变化曲线大致呈现指数函数趋势；而核主泵Ⅱ和Ⅲ出口处流量变化基本一致，均保持缓慢上升趋势。当核主泵Ⅰ叶轮转速刚降为 0 r/min 时，受流体介质的惯性影响，其出口处流量并没有立即降为 0 m^3/h，环路Ⅰ管路内部分残存流体仍会继续流动，核主泵Ⅰ、Ⅱ和核主泵Ⅲ出口处瞬时流量与额定流量的比值（$q_V/q_{V,d}$）分别为

+81.72%、+101.23%和+101.80%。

核主泵Ⅰ出口处的 $q_V/q_{V,d}$ 在 0.123、0.244 和 0.506 s时分别下降到 75%、50%和 25%。在 1.072 s时，核主泵Ⅰ出口处的流量完全停止（0 m^3/h），并随后发生倒流。这是因为核主泵Ⅰ在丧失主动输送流体的能力后，核主泵Ⅱ、Ⅲ仍驱动着各自环路内的流体由冷管段进入环形下降段并发生交混。其中，大部分流量会沿着下腔室、堆芯段、上腔室后再次由压力容器出口重新流入Ⅱ和Ⅲ环路的热管段，而小部分流体由于惯性会排入与环形下降段紧邻的冷管段Ⅰ内。流体在压力容器内的交混会直接影响核主泵Ⅰ进出口的流动情况。当环路Ⅰ内的正向残余液流的动量不足以抵抗来自环路Ⅱ和环路Ⅲ的逆向液流时，便引发了环路Ⅰ内的倒流。约过 3 s后，各环路流量均趋于稳定，反应堆冷却剂系统再次达到新的动态平衡，核主泵Ⅰ、Ⅱ和核主泵Ⅲ出口处的 $q_V/q_{V,d}$ 分别为 −22.70%（表示倒流）、+105.27%和+105.86%。

此处定义 T_{Nor}、T_{N0}、$0.5T_{Qi}$、$0.25T_{Qi}$、$0T_{Qi}$、T_{St} 六个工况点：T_{Nor} 是核主泵Ⅰ在 0 s 正常运行时的工况点，T_{N0} 是核主泵Ⅰ在 0.1 s 转速刚降为 0 r/min 时的工况点，T_{St} 是核主泵Ⅰ在 3 s 再次达到稳定运行时的工况点；引入卡轴流量时间 T_{Qi} 的概念，即卡轴过渡过程中事故环路的流量分数减小到某一值所处的时间，例如 $0.5T_{Qi}$ 为事故环路流量下降至额定流量 50%时的工况点。

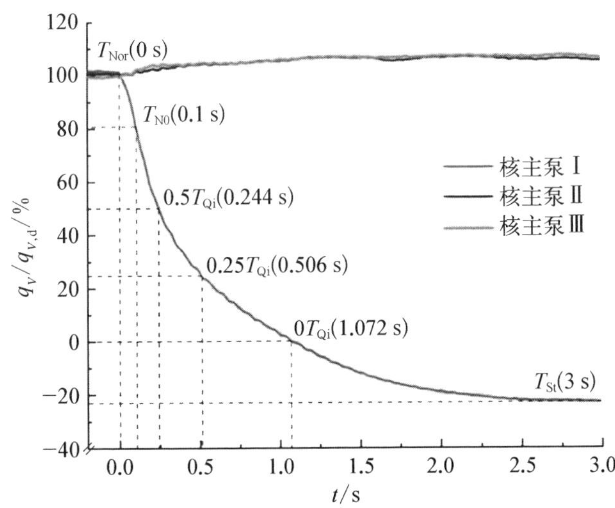

图 4-51　各环路流量瞬时变化规律

2) 叶轮转子瞬态扭矩变化

核主泵正常运行时,叶轮转子对流体输出功率时会对其施加一个主动力矩,而流体则会对叶轮转子施加一个等值的反向扭矩。卡轴事故发生后,随着核主泵Ⅰ转速和出口流量的下降,流体由于惯性将产生一个反向扭矩来阻碍这种变化,扭矩迅速下降至接近于零(或零值附近)。此后,流体对转子施加的扭矩变为主动,当叶轮转速刚降为 0 r/min 时,扭矩的反向峰值达到扭矩额定值的－142.09%,扭矩的这种不稳定突变会直接影响到转子结构的稳定。随着核主泵Ⅰ叶轮转子停止转动,转子彻底丧失了对流体的做功能力,零转速下的扭矩表示为流体对叶轮的水力矩,此后扭矩曲线呈现对数函数的缓慢上升趋势,并逐渐趋近于零,并且在之后的一段时间内波动于零值附近。而在整个事故过程中,核主泵Ⅱ和Ⅲ的扭矩始终保持缓慢的下降趋势。在 3 s 时,核主泵Ⅰ的叶轮转子对流体的扭矩再次变为主动,核主泵Ⅰ、Ⅱ和核主泵Ⅲ的扭矩在一段时间后均趋于稳定,分别达到额定扭矩值的＋14.38%、＋94.53%和＋95.45%。

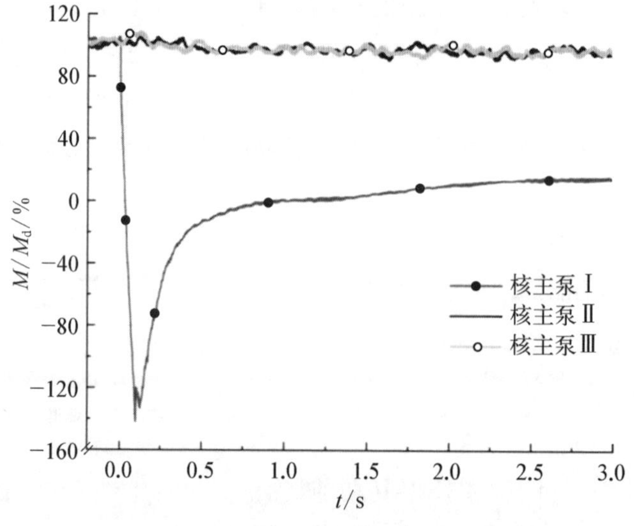

图 4-52　各环路核主泵转矩瞬时变化规律

3) 核主泵瞬态扬程变化

通过各环路内瞬态流量变化可知,在核主泵卡轴过程中,系统内流体介质的惯性效应十分明显。通过基本扬程和惯性扬程来共同表达核主泵卡轴过程中各时刻的瞬态扬程,以考虑单位质量液体因克服惯性而引起的能量变化。

与瞬态扭矩变化曲线相似，卡轴事故发生后，核主泵Ⅰ的扬程迅速下降至反向峰值，为额定扬程值的－105.46%。这一反向峰值的出现相对扭矩的急剧变化存在时间上的延后。此后，核主泵Ⅰ的扬程又开始以类似对数函数的趋势逐步恢复，并且在之后的一小段时间内波动于 0 m 附近。而在整个事故过程中，核主泵Ⅱ和核主泵Ⅲ的扬程始终保持缓慢的下降趋势。在 3 s 时，核主泵Ⅰ、Ⅱ和核主泵Ⅲ的扬程均趋于稳定，分别达到额定扬程值的＋15.16%、＋89.08%和＋86.75%。

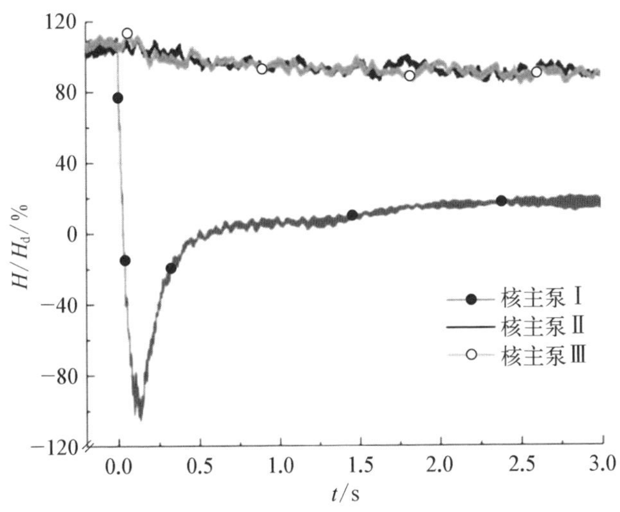

图 4－53 各环路核主泵扬程瞬时变化规律

4.4.2 卡转子工况核主泵压力波动特性

卡轴事故发生后，核主泵内部流动的剧烈变化所造成的水锤波，是诱发泵内压力波动噪声和泵体较大振动的主要原因，同时异常的压力波动又会进一步扩大事故的严重性。

为了更为全面且具体地得到核主泵内部各流域的瞬态压力波动等瞬时信号，在系统内各个环路主泵内布置了监测点，以检测瞬时压力波动情况。监测点的布置情况如图 4－54 所示：沿着流体的流动方向，在叶轮流道的中间流线切面上布置监测点 P1、P2 和 P3；在导叶流道中间流线切面上布置监测点 P4、P5 和 P6；在压水室中间截面上沿顺时针周向每隔 90°布置监测点 P7、P8、P9 和 P10。对于各个环路主泵，所布置的监测点位置均保持相同，以便于比较和分析。为了区分不同主泵中的监测点，通过在监测点编号后加下标来区分。如监测点 P1 在核主泵Ⅰ、Ⅱ和核主泵Ⅲ的流域内分别对应 $P1_{Ⅰ}$、$P1_{Ⅱ}$ 和 $P1_{Ⅲ}$。

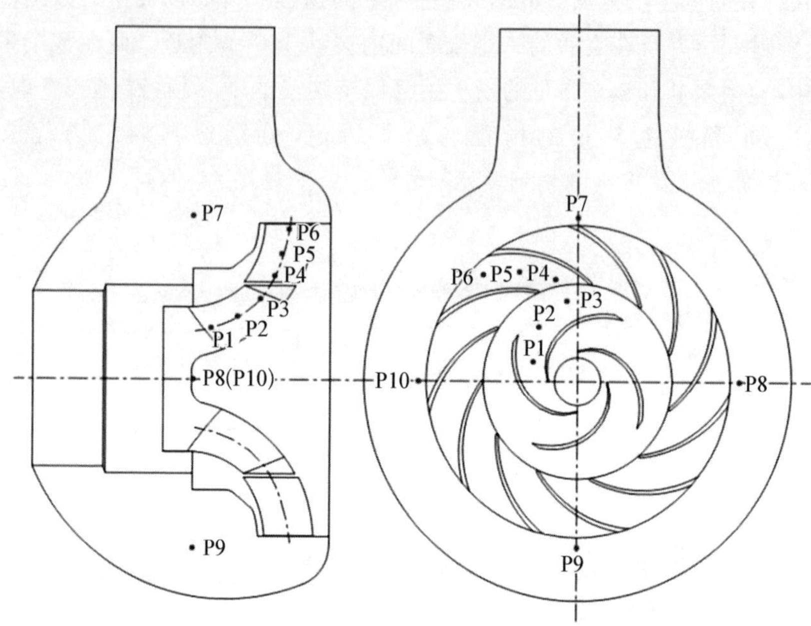

图 4-54　核主泵计算域监测点示意图

1）叶轮内压力波动特性

卡轴事故发生后，从 T_{Nor} 至 T_{N0} 工况，随着叶轮转速的持续降低，入口相对流动角的改变导致流体流动不再满足无冲击入流的条件。在这种情况下，叶轮工作面入口处将形成一片较大的旋涡，这些旋涡部分堵塞了流道入口区域，导致此处局部压力升高、密度增大。叶轮的入口处的“堵塞”会导致叶轮流道出口处压力相应降低，密度减小。在叶轮叶片前缘至中段附近的区域内，由于流体动力学效应，叶轮背面压力已经大于工作面压力。沿流体流动方向，叶轮背面与工作面的压力差逐渐缩小，直至叶片尾缘附近。叶片尾缘两侧的压力分布受尾流效应和可能的涡流影响，趋于相对平衡，但仍保持一定的差异。

从 T_{N0} 至 $0T_{Qi}$ 工况，核主泵Ⅰ丧失了输送液流的能力，流体仅依靠自身惯性继续流动。随着环路Ⅰ内流量的持续下降，叶轮流道入口处的堵塞情况逐渐得到改善，残余流体能够相对顺畅地流经叶轮。在这期间，叶轮入口处压力逐渐降低，中部和出口处压力逐渐升高，叶轮流道内各处的压力梯度逐渐缩小,叶片两侧压力差也逐渐缩小。流体正流期间,以 T_{N0} 工况时叶轮流道内压力分布差异最为明显;其中,低压区主要集中分布在叶轮工作面前缘至中段处,高压区集中分布在叶轮背面前缘至中段处。在 $0T_{Qi}$ 工况下,叶轮流道内各处压力基本趋于一致。

随着泵内流体发生倒流,在 T_{St} 工况下,叶轮流道出口处压力又再次升高,而其余各处压力又再次降低,低压区集中分布在叶轮流道中部与叶片背面后缘附近。叶轮叶栅压力分布如图 4-55 所示。

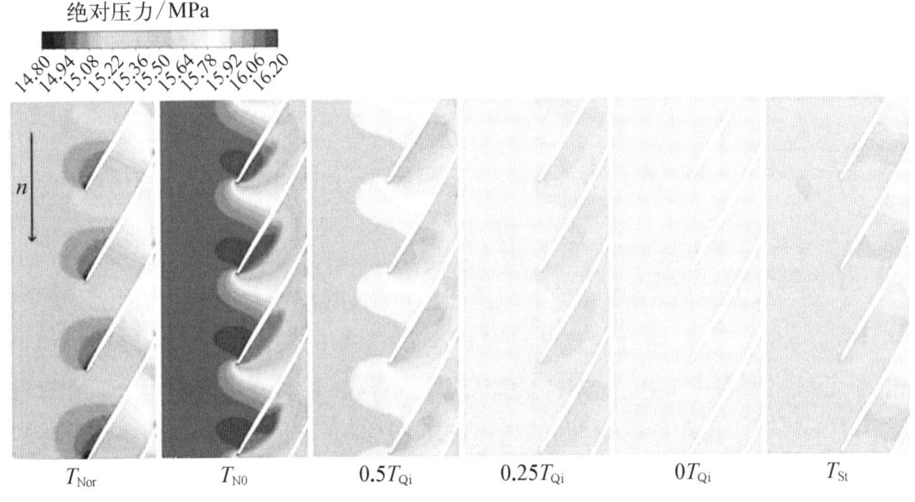

图 4-55 叶轮叶栅压力云图

未发生卡轴事故时,核主泵正常运行,叶轮将转轴的机械能转化为流体的压力能、速度能和势能。沿液流流动方向,$P1_{I}$、$P2_{I}$ 和 $P3_{I}$ 的压力逐渐升高,并且压力波动幅度也越来越剧烈。卡轴事故发生初期:$P1_{I}$ 的压力急剧上升,在达到峰值后缓慢下降;$P2_{I}$ 和 $P3_{I}$ 的压力则急剧下降,分别在达到谷值后缓慢上升;各监测点的极值均滞后于 T_{N0} 工况点。随着环路内流量持续下降直至零附近,各监测点压力逐渐趋于一致。当泵内流体倒流后,$P1_{I}$ 和 $P2_{I}$ 的压力开始缓慢下降,而 $P3_{I}$ 的压力则基本保持不变。随着系统再次达到动态平衡,各监测点压力逐渐趋于稳定,且压力均高于系统发生事故前的参考压力,其中,$P1_{I}$ 的压力将低于正常运行时的压力,$P2_{I}$ 和 $P3_{I}$ 的压力将高于正常运行时的压力。叶轮内各监测点压力随时间的振荡情况如图 4-56 所示。

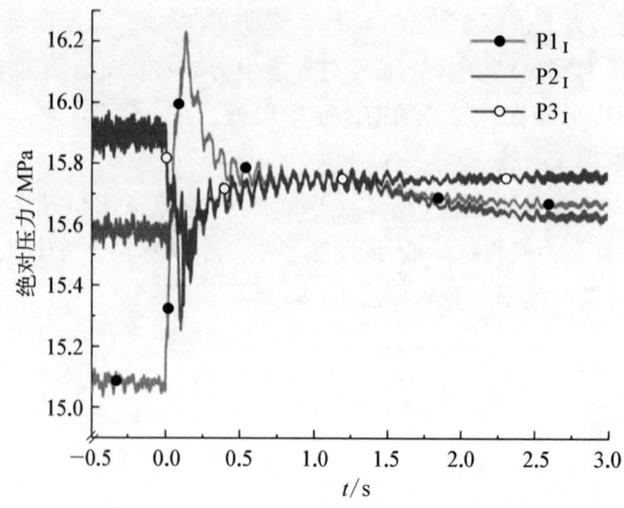

图 4-56 叶轮内监测点的压力振荡规律

2) 导叶内压力波动特性

卡轴事故发生后，随着叶轮卡滞停止转动后，叶轮尾缘附件的低压区消失。从 T_{N0} 至 $0T_{Qi}$ 工况，由叶轮流入的流体会对导叶工作面前缘至中段处形成冲击，低压区主要集中分布在导叶流道中部靠近背面一侧；高压区集中分布在导叶工作面前缘至中段附近，并且与叶轮尾缘不相邻的导叶流道内压力更高。在导叶叶片前缘至中段处，工作面压力均大于背面压力；在导叶叶片中段至尾缘处，背面压力均大于工作面压力。随着环路 I 内流量持续下降，导叶流道各处的压力梯度逐渐缩小，并且叶片两侧压力差也逐渐缩小。在 $0T_{Qi}$ 工况下，导叶流道内各处压力基本趋于一致。在 T_{St} 工况下，导叶流道各处压力均有所提升。由压水室流入的流体会对导叶背面造成冲击，在导叶背面后缘附近形成了新的高压区，背面压力仍然大于工作面压力。导叶叶栅压力分布如图 4-57 所示。

未发生卡轴事故时，核主泵正常运行，导叶将流体的速度能转换为压力能，导叶内的压力波动幅度平缓。在卡轴事故初期，导叶内压力先急剧下降，后在达到谷值后缓慢上升。随着系统流量持续下降直至零附近，导叶内各监测点压力逐渐趋于一致。当流体发生倒流后，$P4_{I}$ 和 $P5_{I}$ 的压力基本不变，而 $P6_{I}$ 的压力则缓慢上升，且各监测点压力波动幅度有了明显的变化。随着系统再次达到动态平衡，各监测点压力也逐渐趋于稳定，且压力均高于系统发生事故前的参考压力，而低于正常运行时的压力。导叶内各监测点压力随时间的振荡情况如图 4-58 所示。

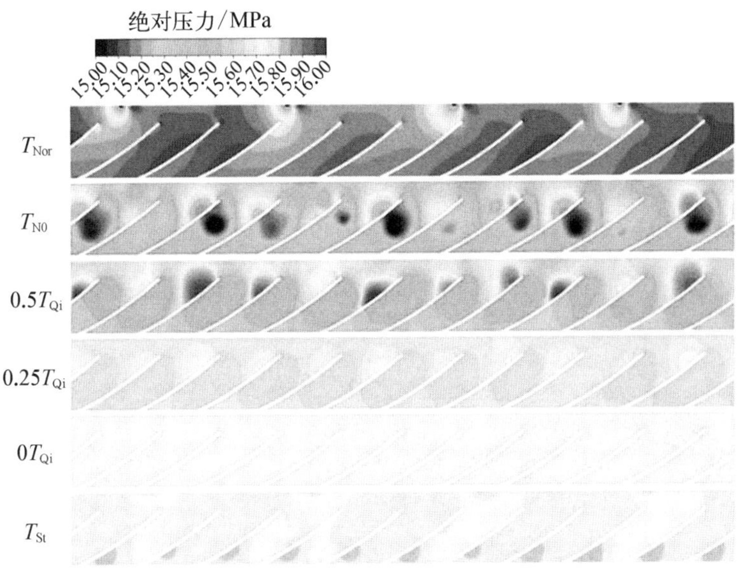

图 4-57　导叶叶栅压力云图

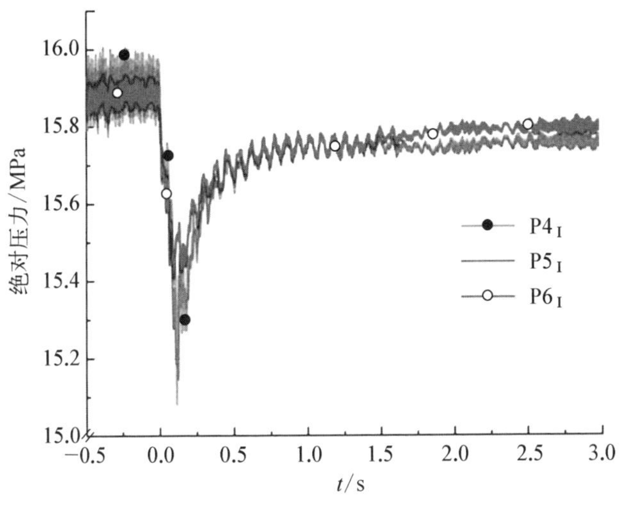

图 4-58　导叶内监测点压力振荡规律

3) 压水室内压力波动特性

核主泵正常运行时，在压水室右侧类隔舌处会存在一个低压区，压力由蜗壳外壁面向内呈现明显的递减趋势。卡轴事故发生后，压水室流道内的压力分布会发生明显变化。从 T_{Nor} 至 T_{N0} 工况，压水室流道内压力整体下降。从

T_{N0} 至 $0.25T_{Qi}$ 工况，压水室流道内压力整体升高。在 $0T_{Qi}$ 工况，即使核主泵出口的流量已降至 0 m^3/h，在压水室流道内仍有少量残余流体沿逆时针方向流动，压水室右侧类隔舌处低压区消失，压力沿蜗壳外壁面向内沿周向呈现均匀的递减趋势。在 T_{St} 工况，压水室流道各处压力再次升高，并且由冷管段流入的流体会紧贴左侧类隔舌附近的壁面，此处形成了新的低压区。压水室内压力分布如图 4-59 所示。

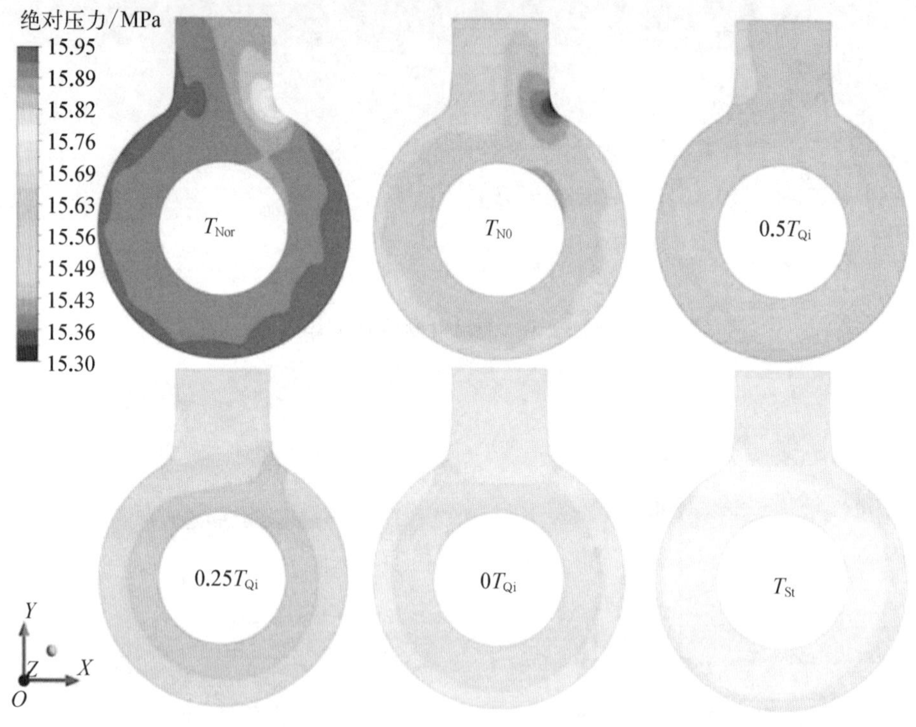

图 4-59 压水室中间截面压力云图

卡轴事故初期，$P7_{\mathrm{I}}$、$P8_{\mathrm{I}}$、$P9_{\mathrm{I}}$ 和 $P10_{\mathrm{I}}$ 的压力先急剧下降，随后分别在达到谷值后缓慢上升，各监测点的谷值基本相等，并且均提前于 T_{N0} 工况点。随着系统流量持续下降直至零附近，各监测点压力于 15.72～15.79 MPa 的区间内波动了一段时间。当流体发生倒流后，各监测点的压力均缓慢上升，并且压力波动幅度有了明显的变化。随着系统再次达到动态平衡，各监测点压力也逐渐趋于稳定，稳定后的压力均高于系统发生事故前的参考压力，并且均低于正常运行时的压力。压水室内流道监测点的压力分布如图 4-60 所示。

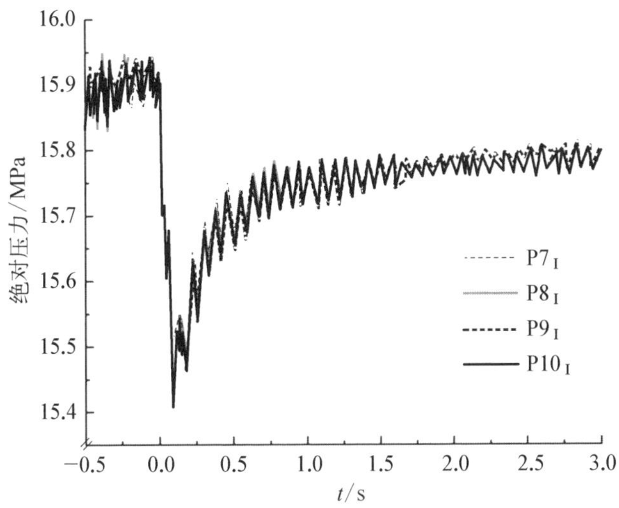

图 4 - 60　压水室流道监测点的压力变化

4.4.3　卡转子工况系统管路瞬变机制

在卡轴事故过程中，流体流动方向会在反应堆冷却剂系统主管路弯管处发生变化，故各弯管段的压力波振荡与水力载荷响应的瞬态变化相较于直管段更为剧烈。为更突出地反映事故工况过程中主管路各处的压力振荡规律和水力载荷特性(见图 4 - 61)，沿核主泵入口至出口方向，对系统各环路的弯管段进行了压力监测与壁面水力载荷监测。

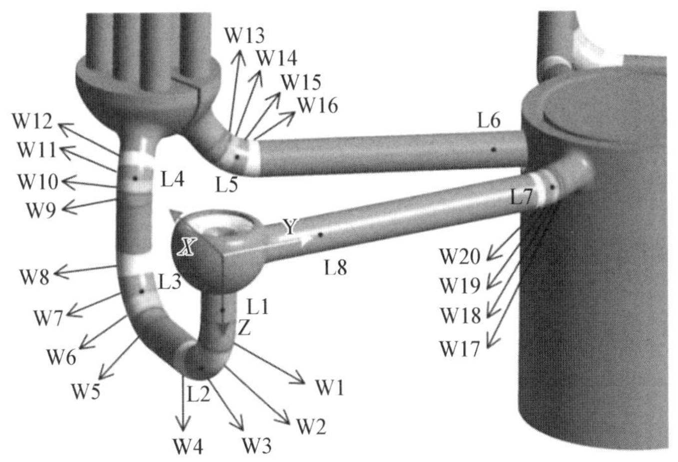

图 4 - 61　系统主管路监测点及壁面示意图

在核主泵入口管段中心布置监测点 L1。在过渡管段的第一个弯头中心处布置监测点 L2,并沿管道方向将整个弯管划分成 4 个均等的子壁面,分别为 W1、W2、W3 和 W4。在过渡管段的第二个弯头中心处布置监测点 L3,并沿管道方向将整个弯管划分成 4 个均等的子壁面,分别为 W5、W6、W7 和 W8。在蒸汽发生器出口弯头中心处布置监测点 L4,并沿管道方向将整个弯管划分成 4 个均等的子壁面,分别为 W9、W10、W11 和 W12。在蒸汽发生器入口弯头中心处布置监测点 L5,并沿管道方向将整个弯管划分成 4 个均等的子壁面,分别为 W13、W14、W15 和 W16。在反应堆压力容器出口弯头中心处布置监测点 L6。在反应堆压力容器入口弯头中心处布置监测点 L7,并沿管道方向将整个弯管划分成 4 个均等的子壁面,分别为 W17、W18、W19 和 W20。在核主泵出口管段中心处布置监测点 L8。对于系统各个环路,所设置的监测点与壁面位置均相同,需加以下标来区分。如监测点 L1 在环路Ⅰ、Ⅱ、Ⅲ的主管路中分别对应 $L1_{Ⅰ}$、$L1_{Ⅱ}$ 和 $L1_{Ⅲ}$,子壁面 W1 在环路Ⅰ、Ⅱ、Ⅲ的主管路中分别对应 $W1_{Ⅰ}$、$W1_{Ⅱ}$ 和 $W1_{Ⅲ}$。

1) 三环路监测点瞬态压力变化

在系统正常运行时,各环路内对应位置的压力变化趋势一致,处于同一数值区间内振荡。在同一环路中,受到堆内构件与管路阻力损失影响,监测点 L8 至 L1,沿着流体流动方向的压力依次降低。尤其是在经过压力容器和蒸汽发生器时,压力会发生明显的降低,但核主泵对流经的流体做功,又补偿了系统管路内压降。系统内各环路主管路监测点的压力随时间的振荡曲线如图 4-62所示。

卡轴发生事故后,核主泵Ⅰ转子部件的快速卡滞导致核主泵Ⅰ入口一侧的流体流动堵塞,此处流体的压力密度增大。这种局部流体压力的骤变,通过水锤效应,即流体速度突然变化引起的动量变化,在管道内以压力波(类似声波)的形式迅速传播,导致管道其余位置的流体压力也发生相应变化。水锤效应不仅会引起管道内压力的剧烈波动,还可能对管道系统造成振动、冲击甚至破裂等严重后果。

对于事故环路Ⅰ,从核主泵入口至蒸汽发生器出口位置($L1_{Ⅰ}$、$L2_{Ⅰ}$、$L3_{Ⅰ}$ 和 $L4_{Ⅰ}$)的压力先急剧上升,随后分别在达到峰值后缓慢下降。随着压力波的能量在蒸汽发生器传热管流道内被进一步耗散,从蒸汽发生器入口至压力容器出口位置的压力振荡较为稳定,$L5_{Ⅰ}$ 的压力上升至峰值后缓慢下降,而 $L6_{Ⅰ}$ 的压力则始终保持缓慢的增长趋势。从压力容器入口至核主泵出口位置,

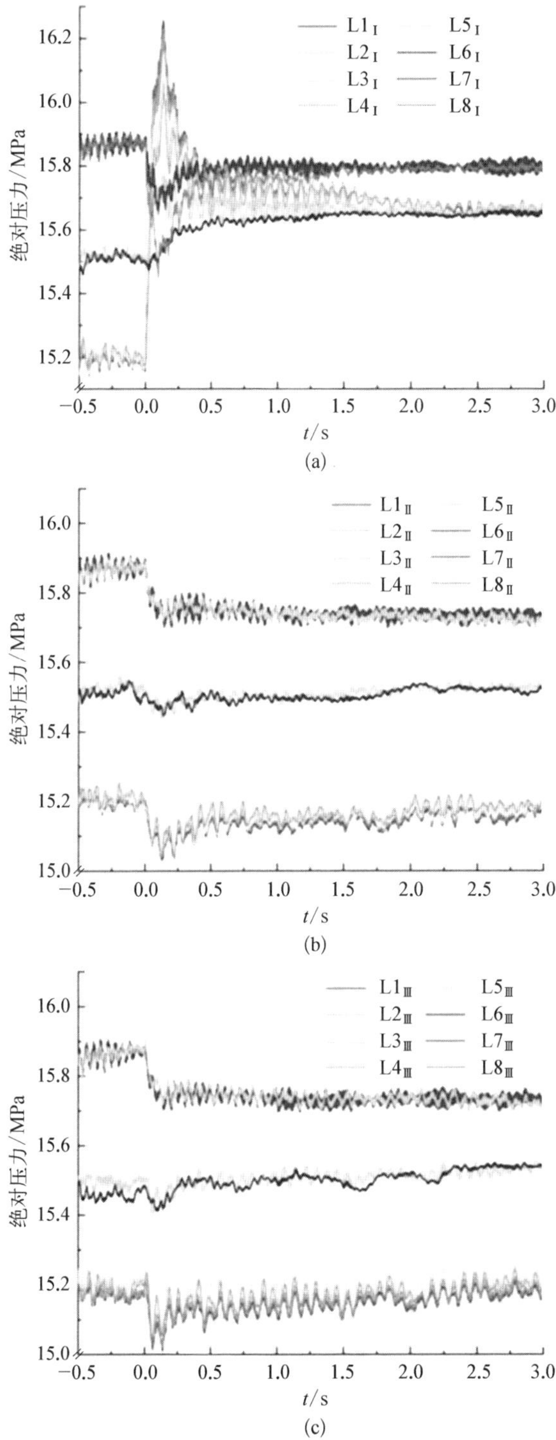

图 4－62　系统主管路监测点的压力振荡规律

(a) 环路Ⅰ;(b) 环路Ⅱ;(c) 环路Ⅲ

$L7_{I}$ 和 $L8_{I}$ 的压力先急剧下降，随后分别在达到谷值后缓慢上升。随着环路Ⅰ内流量的逐渐减小直至反向稳定流动，监测点 $L1_{I}$ 至 $L6_{I}$ 的压力振荡曲线逐渐趋于一致，最终稳定后的压力均高于系统发生事故前的参考压力和系统正常运行时的压力；监测点 $L7_{I}$ 与 $L8_{I}$ 的压力振荡曲线逐渐趋于一致，最终稳定后的压力均高于系统发生事故前的参考压力，且均低于正常运行时的压力。在环路Ⅰ主管路的所有监测点中，最大压力峰值位于核主泵入口段的 $L1_{I}$ 监测点，最小压力谷值位于核主泵出口段的 $L8_{I}$ 监测点。

各环路的流体通过压力容器进行交混再分配，当环路Ⅰ发生卡轴事故时，压力容器承担着各环路间缓冲保护的作用。因此，卡轴事故对环路Ⅱ和Ⅲ造成的影响程度远小于环路Ⅰ。在整个卡轴事故过程中，环路Ⅱ和Ⅲ相应各监测点的压力振荡曲线趋势一致，各监测点的压力在事故初期均会有微弱下降。随着循环系统各环路的流量趋于稳定，从核主泵入口至压力容器出口的监测点压力缓慢升高，恢复接近至正常运行时的水平附近；从压力容器入口至核主泵出口的监测点压力缓慢降低，明显低于正常运行时的水平。此外，当系统再次达到动态平衡后，环路Ⅱ和Ⅲ内监测点 L8 至 L1 的压降减小，这意味着环路Ⅱ和Ⅲ的管路阻力减小，即流体在管路内循环一圈后所消耗的能量减小，这也直接导致了环路Ⅱ和Ⅲ内流量的增加。

2）三环路壁面瞬态载荷力变化

核主泵卡转子事故发生后，压力波通过流体在反应堆冷却剂系统中传导，会在流体面积和方向发生变化的位置产生水力载荷。基于水动力学理论，将系统管路内瞬态水力参数转化为管路内各壁面所承受的载荷力，即管路内流体流动时所施加的力。

在卡轴事故过程中，环路Ⅱ和环路Ⅲ内各处的压力和流量变化基本一致，各相应弯管处所受到的载荷力也基本一致。因此，仅取环路Ⅰ和环路Ⅱ在相应弯管处所受到的载荷力进行对比分析。

卡轴事故发生后，环路Ⅰ过渡段第一个弯头处的壁面所受载荷力均先急剧上升，达到峰值后缓慢下降，并最终稳定在一个明显高于系统发生事故前正常运行状态的载荷水平。相比之下，环路Ⅱ的四处子壁面所受到的载荷力均先急剧下降，降至谷值后缓慢回升，并最终稳定在接近但略低于系统发生事故前正常运行状态的载荷水平。环路Ⅰ和环路Ⅱ内过渡段第二个弯头处的壁面载荷力变化规律与第一个弯头处相同。过渡段第一个弯头处的壁面载荷力变化规律如图 4－63 所示。

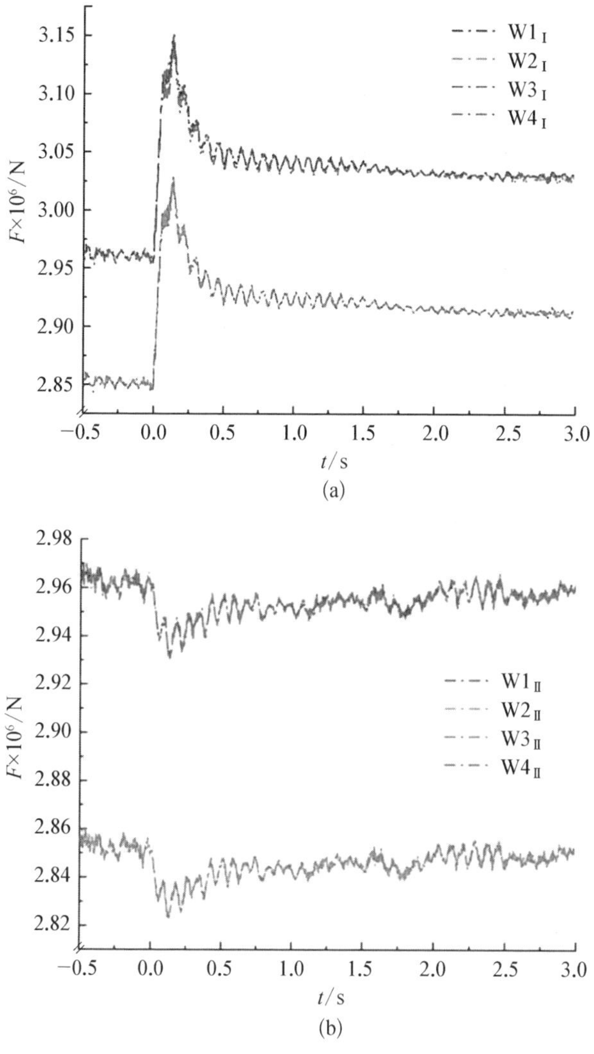

图 4 - 63　过渡段第一个弯头处壁面载荷力变化

(a) 环路Ⅰ;(b) 环路Ⅱ

卡轴事故发生后,环路Ⅰ蒸汽发生器出口弯头处和入口弯头处的壁面所受载荷力均先急剧上升,达到峰值后缓慢下降,并最终稳定。其中,蒸汽发生器出口弯头处各壁面所受载荷稳定在一个显著高于系统发生事故前正常运行状态的水平,蒸汽发生器入口弯头处各壁面所受载荷稳定在接近系统发生事故前的水平。对于环路Ⅱ,子壁面所受到的载荷力均先急剧下降,降至谷值后缓慢上升,最终稳定在系统发生事故前正常运行状态的载荷水平。蒸汽发生器出口弯头处及入口弯头处壁面载荷力变化规律如图 4 - 64 和图 4 - 65 所示。

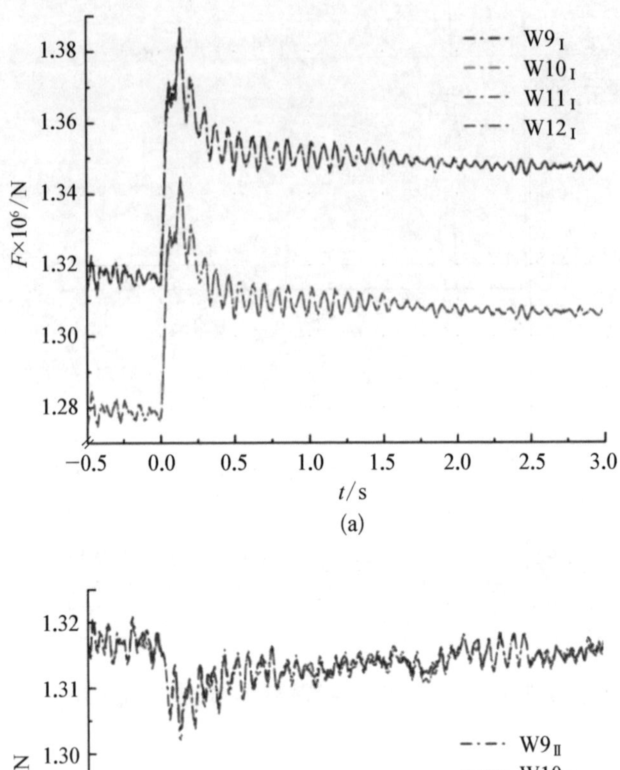

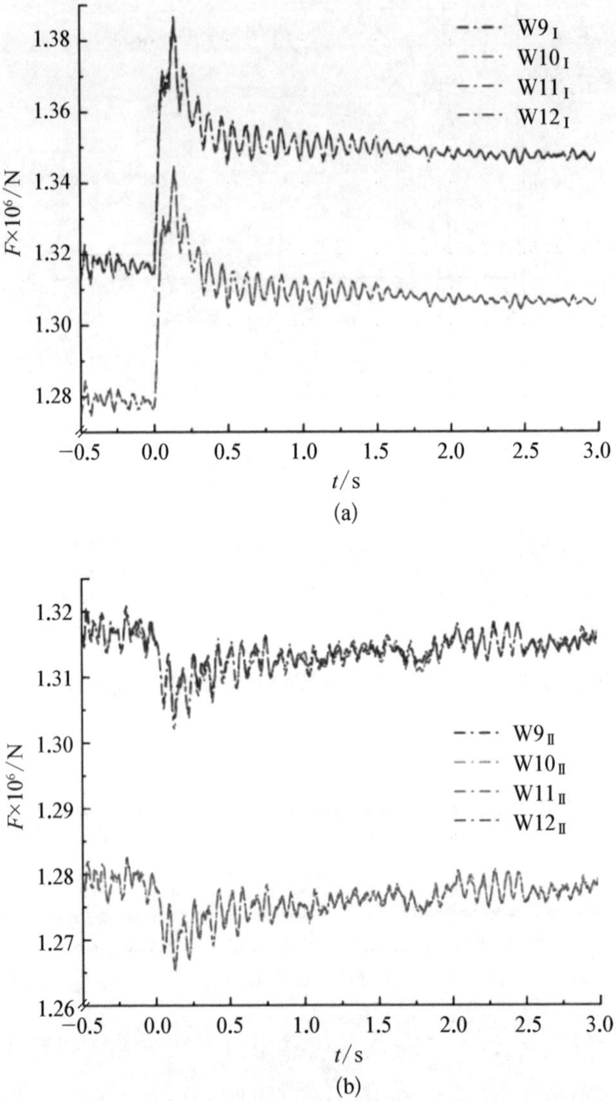

(a)

(b)

图 4-64　蒸汽发生器出口弯头处壁面载荷力变化

(a) 环路Ⅰ;(b) 环路Ⅱ

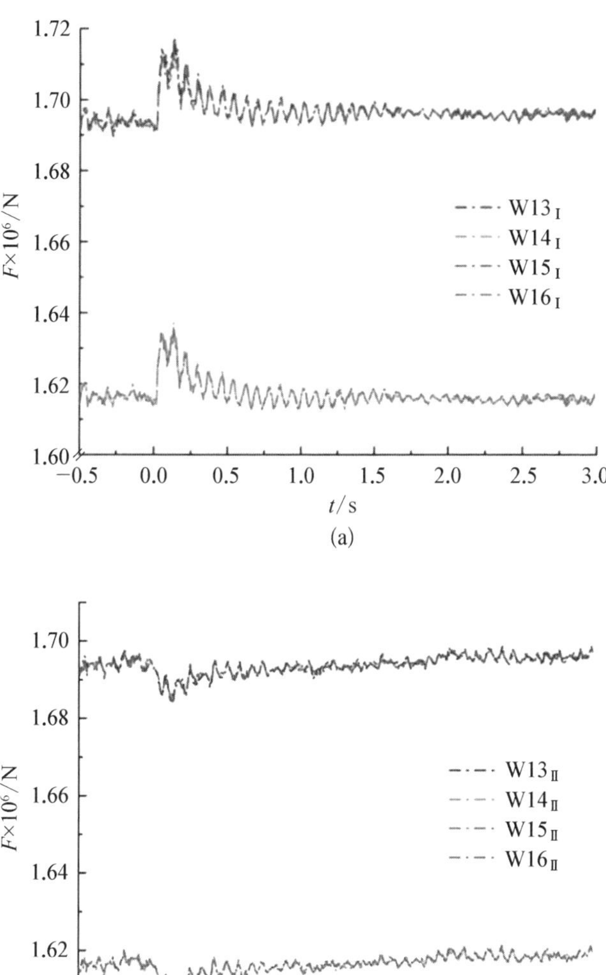

图 4－65　蒸汽发生器入口弯头处壁面载荷力变化

(a) 环路Ⅰ;(b) 环路Ⅱ

卡轴事故发生后，环路Ⅰ压力容器入口弯头处的壁面所受载荷力均先急剧下降至谷值，随后缓慢回升，最终稳定在低于系统发生事故前的水平。环路Ⅱ四处子壁面所受载荷力均先急剧下降至谷值，随后缓慢回升，最终稳定在低于系统发生事故前的水平。

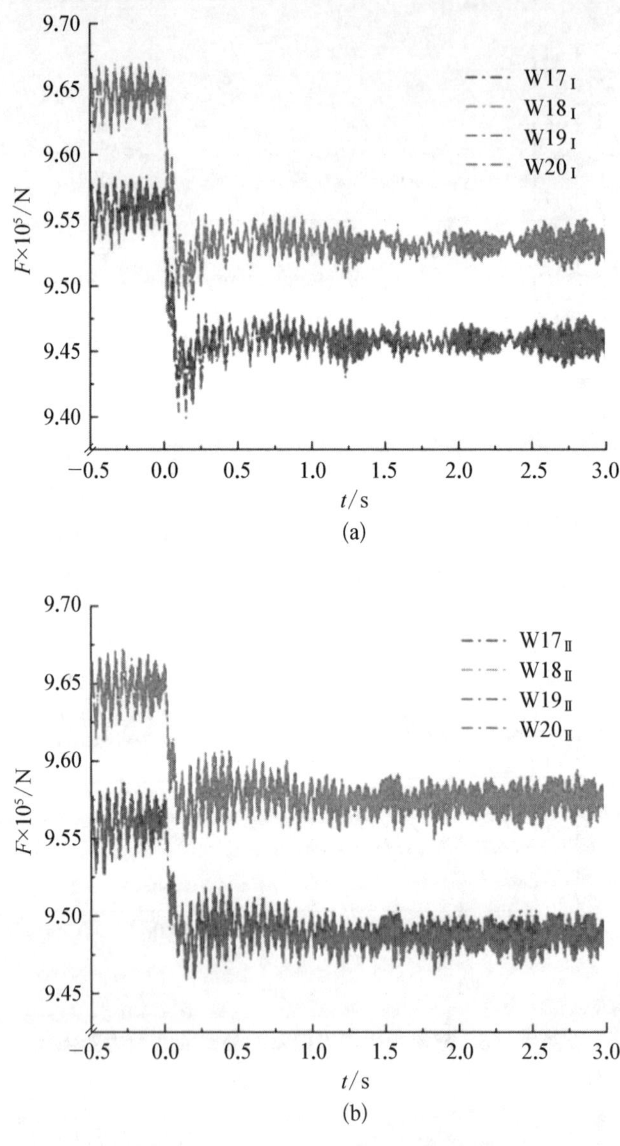

图 4－66　压力容器入口弯头处壁面载荷力变化

(a) 环路Ⅰ；(b) 环路Ⅱ

总之，对比分析环路Ⅰ和环路Ⅱ主管路内各弯头处子壁面所受载荷力，发现卡轴事故对环路Ⅰ造成的影响远大于对环路Ⅱ的。在所有弯头处子壁面中，最大载荷力峰值位于环路Ⅰ内过渡段第一个弯头处的 $W1_{Ⅰ}$ 子壁面，最小载荷力谷值位于环路Ⅰ内压力容器入口弯头处的 $W20_{Ⅰ}$ 子壁面。同时，各弯头处壁面所受载荷力与该弯头中心处的监测点压力振荡趋势一致，卡轴事故过程中系统主管路壁面所受载荷力的突变主要是由水锤压力波的传递引起的。

4.5　主泵厂内试验

主泵厂内试验主要是为了验证泵组性能是否满足系统的要求，其主要包括轴封试验、轴承试验、电机空载试验及全流量试验等。

4.5.1　轴封试验

主泵轴封系统是设置在轴封式主泵水力部件与电机之间，以阻止高温、高压、强放射性的反应堆冷却剂向外界环境释放的关键部件，也是保持一回路压力边界完整性的重要组成部分。

轴封系统安装在泵轴的上部，密封室（含密封室盖）以内。从泵端到电机端，轴封系统由下至上依次由一级、二级、三级机械密封（根据轴封系统形式的不同，也可能只设置两级机械密封）组成，三级密封外为停车密封（见图 4－67）。

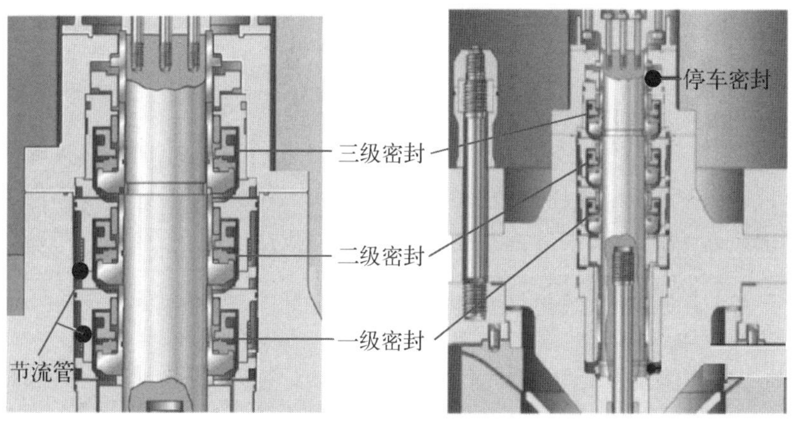

图 4－67　轴封系统图

轴封系统必须进行鉴定试验，以确定其能够满足主泵对轴封系统的相关技术要求。鉴定试验在试验台架或其他具有验证能力的设施（要求尽可能模拟真实轴封运行环境）上进行，其包括单级密封试验、三级轴密封组合试验，以及轴密封系统随主泵机组运行试验等，试验应遵循合同、技术规格书等技术要求的规定。

1）试验前检查

(1) 仪器仪表检查。试验前应对试验测量的仪器仪表进行检查和标定，所有测量仪器仪表和装置应有有效期内的合格证，或由专业检测机构检定为有效。测试采用的仪器仪表或传感器应稳定、可靠，且测量精度满足试验要求。

(2) 试验系统静态检查。静压达到轴封系统启动压力时实施静态检查，分别对辅助系统、连锁系统和检测器指示功能进行检查。

(3) 轴封静态检查。试验前，应对主泵轴密封组件进行检查，确保其结构完整，安装正确。

2）单级密封试验

单级密封试验前应记录关键部件如动环、静环、O形圈的状态等。

(1) 静压泄漏试验。在静止状态下进行静压泄漏试验，关闭高压泄漏，低压泄漏和停车密封处于打开状态。试验过程中轴封泄漏率应不大于要求值。

(2) 性能与耐久试验。分别模拟正常运行工况、单级密封失效的运行工况和两级密封失效的运行工况，轴密封在试验转速下稳定运行，其泄漏率应不大于要求值。

(3) 注入水断失试验。模拟注入水断失工况，轴密封在试验转速下稳定运行，试验过程中测量并记录轴密封泄漏温度。在注入水恢复正常并达到稳态后继续运行 30 min，轴密封在试验过程中应能正常运行。

(4) 解体检查。在上述单级密封试验完成后，应进行解体检查，所有部件自然冷却后测量和记录动环和静环的磨损量及O形圈形态等。其零部件表面应无损伤，动环和静环磨损量及O形圈形态相关测量值均在设计允许范围内，轴密封可不经维护正常使用。

3）三级轴密封组合试验

安装之前应测量和记录各O形圈的原始状态，包括规格、材料、内径、截面直径等，记录各级密封动环和静环的初始状态等。

(1) 水压试验。在静止状态下进行水压试验，试验过程中升压速率不宜过快。达到试验压力后，应进行一段时间保压。试验过程中轴密封任何位置应均无泄漏，轴密封组件应无异常变形，O形圈形态测量值在设计允许范围内，轴密封可不经维护正常使用。

(2) 正常运转试验。模拟主泵的正常运行过程，试验温度在正常注入水温度范围内，压力升高至轴密封系统最小启动压力后，启动轴密封系统运行至额定转速，再将注入水压力升高至运行压力，按技术要求稳定运行。

试验时全程监测并记录驱动电机的输出功率，以考察摩擦扭矩的变化情况，其各项参数应在正常变动范围。

(3) 其他试验。根据轴封系统的运行环境、运行工况及相关技术要求，还应进行高压泄漏关闭试验、启停试验、断水试验和变温、变压试验等，试验方法及验收标准应遵循合同、技术规格书等相关文件的规定。

(4) 解体检查。上述试验完成后对轴密封系统进行解体检查，所有部件自然冷却后测量和记录各级密封动环和静环的磨损量，O形圈形态等。其零部件表面应无损伤，动环和静环磨损量及O形圈形态相关测量值均在设计允许范围内，轴密封可不经维护正常使用。

4) 全厂断电工况试验

为了验证轴密封系统即使在全厂断电工况下，反应堆冷却剂系统也能始终保持其压力边界的完整性，并确保反应堆冷却剂的泄漏量不超过规定的全场断电下泄漏量的限值，同时为了测试O形圈等部件在高温及剧烈温度变化条件下的耐久性，以及停车密封系统的有效性，需要进行全厂断电工况试验。

全厂断电工况试验一般分四个阶段：准备阶段、全厂断电工况试验阶段、水压试验阶段、试验后的解体检查。

轴封系统进行解体检查时，除O形圈之外，所有轴密封系统部件均应无损伤。

5) 轴密封系统随主泵试验

除了单独在台架上进行试验之外，还可将轴密封系统安装在真实主泵机组上，随主泵进行各项试验（如全流量试验、惰转试验等），验收准则和主泵产品要求一致。

4.5.2　轴承试验

核主泵轴承系统主要包括推力轴承、径向轴承、轴承室、轴承室盖、一体化油润滑系统和冷却系统、顶油系统、油密封及相关仪表监测装置等。

1）推力轴承试验

推力轴承试验应在能够模拟载荷大小、方向变化、冷却水流量、温度变化、推力轴承转速变化的试验装置上进行。应采用真实的推力轴承组件及油冷却器进行试验，确保冷却水对润滑油温的调节能力与真实机组情况一致或更保守。

试验过程中应测量并记录推力轴承瓦块温度、润滑油温度、冷却水温度、流量、驱动装置转速、负载力矩、电流、施加载荷等。

在正式开始推力轴承试验前，应进行顶油装置的运行试验及轴承跑合试验。

（1）推力轴承主泵热态启停模拟试验。在顶油装置投运、冷却水流量和压力正常的条件下，模拟主泵机组启动和停止过程中推力轴承的工况。根据主泵机组的实际启动过程进行模拟启动时间控制，至润滑油温度和推力轴承瓦块温度稳定并至少运行 30 min 后开始惰转。惰转时应模拟真实的主泵机组惰转转速变化曲线。试验过程中，应采用主泵运行工况下启停过程中的推力轴承最大载荷，并应真实模拟转速变化过程中的载荷变化或采用保守值以确保试验的安全性和可靠性。

应结合推力轴承设计启停次数的验证需求确定试验启停次数，试验过程中应测量并记录试验前后推力瓦和推力盘的磨损量及状态。

（2）推力轴承主泵连续运行及冷却水温度、流量变化模拟试验。在模拟主泵机组连续运行的最大轴向载荷下进行推力轴承连续运行及冷却水温度、流量变化试验。

（3）推力轴承丧失冷却水模拟试验。在模拟主泵机组运行的最大轴向载荷及最高冷却水温度、最低冷却水流量（润滑油温度和推力轴承瓦块温度达到最高）条件下，并稳定运行至少 30 min 后进行推力轴承模拟丧失冷却水试验。若断水试验期间出现报警，则应终止后续试验，对推力轴承及相关冷却系统进行设计复核。

（4）推力轴承无顶油惰转模拟试验。在模拟主泵机组运行的最大轴向载荷及最高冷却水温度、最低冷却水流量（润滑油温度和推力轴承瓦块温度达到最高）条件下，并稳定运行至少 30 min 后进行推力轴承模拟无顶油惰转试验。根据试验过程中的推力瓦温度、负载力矩、电流变化等综合确定推力轴承是否正常惰转，若不能正常惰转（温度超过瓦块的许用物理极限，或通过扭矩判断推力轴承过早发生直接接触摩擦），则应终止后续试验，并对推力轴承进行设计复核。

(5) 推力轴承丧失冷却水叠加无顶油惰转模拟试验。在模拟主泵机组运行的最大轴向载荷及最高冷却水温度、最低冷却水流量(润滑油温度、推力轴承瓦块温度达到最高)条件下,并稳定运行至少 30 min 后进行推力轴承模拟丧失冷却水叠加无顶油惰转试验。

若无法正常完成试验(温度超过瓦块的许用物理极限,或通过负载力矩判断推力轴承过早发生直接接触摩擦),则应终止后续试验,对推力轴承进行拆检并设计复核。

(6) 推力轴承耐久试验。对推力轴承进行耐久运行考验,耐久试验的累积总运行时间原则上不低于 1 个换料周期,其间应持续监控并记录推力轴承的各项运行参数,确保所有参数均在正常范围内。试验结束后应确保无导致推力轴承无法再次运行的损伤出现。

2) 径向轴承试验

径向轴承试验应在能够模拟载荷大小、冷却水流量、温度变化、径向轴承转速变化的试验装置上进行。应采用真实的径向轴承组件进行试验,确保径向轴承与真实机组情况一致或更保守。

试验过程中应测量并记录推力轴承瓦块温度、润滑油温度、冷却水温度、流量、驱动装置转速、负载力矩、电流、施加载荷等。

试验结束后应对径向轴承进行拆检,以确保无导致径向轴承无法再次运行的损伤出现。

3) 轴承系统随主泵试验

除了单独在台架上进行试验之外,还可将轴承系统安装在真实主泵机组上,随主泵进行各项试验,验收准则与主泵产品要求一致。

4.5.3　电机空载试验

电机空载试验是指工作空间内不给予载荷时进行的运行试验。电机空载损耗是电机效率的重要性能参数,一方面表示电机在运行过程中的效率,另一方面表明电机的设计制造性能是否满足要求。电机空载损耗和空载电流测量、负载损耗和短路阻抗测量都是电机的例行试验。

电机空载试验是给定子加额定频率的额定电压空载运行的试验,其目的主要有三个:① 检查电机运转的灵活情况,初步判断噪声和振动是否符合要求;② 通过试验,求得电机额定电压时的铁芯损耗和在额定转速时的机械损耗;③ 通过试验得出空载电流和空载电压之间的关系曲线,即为电机的磁化曲线,它可以反映出电机电磁设计和相关原材料质量及加工工艺的实际情况,例如:铁芯材料的性能和几何尺寸,定子绕组匝数及形式,定转子气息的大小等参数选择得是否合理,批量生产中的电机是否有异常变化等。

电机试验前,应测量三相绕组对地及相互间的绝缘电阻,如果有条件,还应该进行匝间和对地绝缘耐冲击电压试验,并且均应该符合要求。

空载试验一般在热试验和负载试验之后进行,在读取并记录试验数据之前,电机的输入功率应稳定,即相隔 30 min 输入功率的相继两个读数之差不应大于前一个读数的 3%。

电机启动后,保持额定电压和额定功率进行空载运行,直到机械损耗达到稳定。试验时,施于定子绕组上的电压应从 1.25 倍额定电压开始,然后逐步降低可能达到的最低电压值,即电流最小或者开始不稳定或者上升时停滞,其间测得 7~9 点读数,越多越好。特别是在 0.6 额定电压以上测取 4~5 点,在它以下测取 3~4 点,每个点应该测取三相线电压、三相线电流和三相输入功率,并同时测取绕组温度或端电阻。

按相关文件要求进行规定时长的空载试验,并测取空载特性曲线。

4.5.4 全流量试验

轴封型核主泵最终的质量及性能检验将依靠出厂前的全流量试验进行检验验证。全流量试验回路完全模拟了核电站的实际布置,同时,各试验工况完全等同于主泵运行中各类实际工况,每台泵进行不少于 200 h(新研发的主泵要求不少于 500 h)的全模拟试验以确定主泵各项性能指标是否达到设计要求、控制回路能否有效动作、各项连锁保护设计是否合理、能否准确及时动作。这些是考验轴封型核主泵试验的重要指标。

为了满足核电厂核安全一级核主泵工厂试验要求,SEC - KSB 于 2014 年建成了高温、高压、全流量核主泵试验台。该核主泵全流量试验台能够满足各类核主泵的测试要求,可实现核主泵组全流量工厂试验,满足中国先进核电机组一、二、三代“华龙一号”轴封型主泵和“国和一号”CAP1400 湿绕组电动机主泵及 CAP 系列、AP 系列核主泵的全流量试验和相关功能试验的要求。该试验台设计体积流量达 30 000 m^3/h,设计温度为 350 ℃,主调节阀前最高运行压力为 178 bar,供电功率为 10 000 kW,能够覆盖全球现有核电厂各类型核主泵试验要求,包括瞬态及连续性耐久测试,试验台管路、支架设计及先进的西门子 PCS7 控制系统，能够满足对复杂系统试验工况下流量、压力及温度的调节和控制。高精度传感器、高可靠性数据采集模块和 KSB 集团专有 Pump Test 分析软件的使用，保证了试验台的系统测量精度，满足 ISO 9906 标准 1 级精度要求。根据主要应用泵型及考虑后续可扩展性，试验台设计技术参数应如表 4－20 所示。

表 4－20　试验台设计技术参数

技术参数	数值
最小运行体积流量/(m^3/h)	2 000
最大运行体积流量/(m^3/h)	30 000
主调节阀前最高运行压力/bar	178
主泵进口运行压力/bar	158
试验台设计温度/℃	350
试验介质	去离子水
主回路材料	主管道 WB36
供电电源/kW	10 000

注：1 bar＝100 kPa。

SEC－KSB 高温、高压、全流量试验回路主要由主回路系统、主回路冷却系统、压力控制系统、去离子水制水系统、注入水系统、设备冷却系统和供电系统组成。核主泵全流量试验台的升温依靠主泵转动功耗升温，与核电厂基本相同，降温则通过最终热阱即室外空-水冷却器散热。表 4－21 列出了典型压水堆核主泵全流量试验项目。

表 4－21　核主泵全流量试验项目

序号	试验类别	试验项目
1	水力性能试验	流量-扬程/功率/效率曲线测试
2		空化试验

（续表）

序　号	试验类别	试　验　项　目
3	水力性能试验	压力脉动测试
4		温升试验
5		负载滑差试验
6		泵启停试验
7	连续测试试验	泵轴位移
8		泵轴承特性
9		泵轴封特性
10		电动机振动
11		电动机绕组温度
12		电动机冷却水流量
13		电动机位置监测
14		电动机转速测量
15		电动机功率测量
16		试验回路监测
17	瞬态运行试验	高压冷却器断水试验
18		油冷却器断水试验
19		注入水断水试验
20		高压冷却器断水及注入水失水试验
21		高压冷却器一次侧断水试验
22		失电试验
23		反转试验
24		泵反转正启试验

核主泵试验项目主要包括如下几种。

(1) 流量-扬程/功率/效率曲线测试：流量-扬程/功率/效率曲线测试用来验证主泵规定的性能数据。通常包括泵在工作温度 100 ℃以下的冷态试验和在额定温度(约 290 ℃)下的热态试验。

(2) 空化试验：此试验旨在测定泵空化性能曲线。

(3) 压力脉动测试：进行此试验的目的是确定由叶片通过频率引起的压力脉动的最大振幅值，以及从泵设计角度是否考虑压力脉动对泵运行振动的影响。

(4) 温升试验：额定载荷和额定冷却条件下，确定电动机绕组温度。

(5) 负载滑差试验：测定转子转速与同步转速之差(即滑差)。

(6) 惰转试验：断电后要求主泵可驱动主冷却剂继续通过反应堆堆芯并持续一段时间。

(7) 失电试验/泵备用：目的是验证泵失电后的安全运行。

(8) 降压挂起试验：电网提供运行点电动机电源。由于无法人为干预进行变化，电网频率和电压均不恒定。为了保证试验电动机能承受电网电源波动，电动机应能承受额定运行点以外的波动而无任何损伤。电网的波动由变频器(VFD)模拟，并且不应超过试验回路限值。

(9) 丧失设备冷却水试验：进行两次丧失设备冷却水试验(一次 30 min 试验，一次 24 h 试验)，此试验的目的是验证泵在丧失设备冷却水后是否可以安全运行。

(10) 反转运行试验：通过此试验证实主泵反转运行的可能性。

(11) 反转正向启动试验：进行此试验以验证变频器在泵反转状态重新启动的可能性。

(12) 振动测量试验：为得到试验泵的机械和水力运行特性，振动测量值应与水力试验同一时间记录。通过把振动测量设备安装在轴承支架上，在三个方向(水平、竖直和轴向)进行振动的测量。测量值为振动速度均方根 RMS 或峰-峰振动值，单位为 μm。

(13) 正转载荷推力试验：进行此试验是为了通过目视检查确定在正转情况下电动机推力轴承的功能。

(14) 反转载荷推力试验：进行此试验是为了通过目视检查确定在反转情况下电动机推力轴承的功能。

(15) 可运行性试验：进行此试验是为了试验泵在核电厂的典型(有代表

性)运行工况(实际的温度、压力、扬程和整个流量范围内)下的水力性能和所需的输入电功率。新研发的首台泵应累计运行 500 h 无故障。

(16) 循环试验：此试验是为了验证主泵在长周期应力作用下的安全运行。核主泵机组应进行 50 个循环无故障运行。

(17) 解体检查：性能试验后、进行清洁前，对主泵-电动机机组解体，并对所有零件进行目视检查。

第5章
核电厂用泵介绍

泵是核电厂中重要的能动部件，其主要作用是维持对应系统压力边界完整性，为系统中的介质提供动力、驱动介质在系统中循环等，部分泵类产品还需执行相应的安全功能。核电机组的核岛和常规岛需要使用大量的泵，其使用的安全等级各有不同。核岛一级泵即为一回路反应堆冷却剂泵。核岛二级泵主要有：余热排出泵、上充泵、低压安注泵、安全壳喷淋泵、电动辅助给水泵、汽动辅助给水泵和水压试验泵等，约占核级泵的40%。核安全三级泵主要有：设备冷却水泵、重要厂用水泵、硼酸再循环泵、化学添加剂泵、乏燃料池冷却泵、硼酸输送泵、前储槽循环供料泵、除气塔疏水泵、冷冻水循环泵等，约占核级泵的60%。核电厂中所用泵的种类和数量众多，反应堆冷却剂泵介绍和相关信息请见本书第4章，其他核电厂主要用泵请见本章后续章节。除反应堆冷却剂泵之外，一回路和其他辅助系统还有众多泵类产品的应用[6]，例如：上充泵、余热排出泵、硼酸泵等，具体分类如下。

核安全Ⅰ级：堆内泵，即主循环冷却剂泵（主泵）。

核安全Ⅱ级：余热排出泵、上充泵（离心式和容积式）、安全壳喷淋泵、安注泵、水压试验泵、汽动辅助给水泵、电动辅助给水泵。

核安全Ⅲ级：设备冷却水泵、硼酸泵、辅助给水泵、冷却水泵、安全厂用水泵、重要厂用水泵、消防泵、安冲泵等。

5.1 一回路辅助系统用泵

为了保证反应堆和反应堆冷却剂系统的安全运行，核电厂还设置了专设安全设施和一系列辅助系统。一回路辅助系统主要用来保证反应堆和一回路系统的正常运行。压水堆核电厂一回路辅助系统按其功能划分，有保证正常运行的系统和废物处理系统，部分系统同时作为专设安全设施系统的支持系统。专设安全设施为一些重大的事故提供必要的应急冷却措施，并防止放射性物质的扩散。一回路辅助系统主要包括化学和容积控制系统、余热排出系统、反应堆硼和水补给系统等，涉及的核级辅助泵主要包括上充泵、余热排出泵和硼酸输送泵等。

5.1.1　上充泵

上充泵(见图 5-1)是核电站中执行重要功能用泵，属安全等级二级和规范等级二级。其具有流量小、扬程高、转速高的特点，常采用立式或卧式多级双层壳体结构的离心泵。上充泵的主要功能有：① 反应堆正常运行时为一回路补充含有硼酸的上充水，稳定回路系统压力。② 向主泵提供机械密封冷却水，保证主泵机械密封正常工作，阻止主泵内有放射性的一回路水外泄。③ 当一回路出现如破口等失水事故时，上充泵在高压安注工况运行，将反应堆换料水箱中的高浓度硼酸水注入一回路，以控制反应性。当换料水箱低水位时，安注自动转入再循环阶段。

图 5-1　上充泵

上充泵为化学与容积控制系统的重要组成部分。在反应堆正常运行期间，上充泵提供上充功能和反应堆冷却剂泵密封水的注入。上充泵运行时，每台泵必须能供给最大上充流、正常密封水注入和最小流量管线的流量总和。上充泵为卧式多级离心泵，由电动机驱动。上充泵设计总扬程不低于反应堆冷却剂系统最大压力值，该值还需加上流过上充管道的阀门、管道和其他设备所产生的总压降，并从上述结果中减去容积控制箱所维持的压力。每个反应堆机组设置 2 台相同的上充泵，这 2 台上充泵并联布置，并分别由独立的两列母线供电。在常规运行模式下，一台泵投入运行而另一台泵待机，以备用。

上充泵基本参数要求如表 5-1 所示。

表 5-1　上充泵基本参数要求

参　　数	中国三代核电项目
设计压力(绝对压力，下同)/MPa	21.2
设计温度/℃	120
入口温度/℃	7～120
最大入口压力/MPa	2.2
最小体积流量(连续 1 h)/(m^3/h)	13.6
关死点扬程/m	1 830
额定流量/(m^3/h)	34
额定流量下总压头/MPa	17.67
最大体积流量/(m^3/h)	160
最大流量下扬程/m	≥500
最大流量下 $NPSH_r$/m	≤7.8
额定流量下轴吸收功率/kW	650

5.1.2　余热排出泵

余热排出泵属于安全级别Ⅱ级泵，是余热排出系统的重要组成部分。该系统属于一回路系统，位于安全壳内。当反应堆一旦处于危急状态，甚止停止运转时，其热量还会继续产生，因此需要有余热排出泵。余热排出泵的功能就是使反应堆的冷却水在反应堆停止运转后继续通过冷却器循环，直到反应堆不再放热，压力变得较低时为止。

余热排出泵的主要功能包括：① 反应堆停堆后，该泵循环输送带有堆内剩余热量的冷却剂经热交换器降温后，再注入堆内；② 当反应堆发生大破口失水事故时，作为应急措施，该泵从换料水箱吸水并注入堆内；③ 在换料水箱水位达到最低时，该泵切换到从安全壳地坑吸水并注入堆内，以维持冷却循环；④ 反应堆换料时，该泵将换料水箱内的介质输送到换料水池；⑤ 换料完毕后，又将换料水池介质驳运回换料水箱。在反应堆停运过程中，余热排出泵使反应堆冷却剂在余热排出系统热交换器和反应堆压力容器之间循环，以保证电厂进入冷停堆状态。在正常停堆和事故停堆后，余热排出泵有效带出堆芯的衰变热，从而维持核电厂处于安全状态。

根据项目经验，该泵的主要作用为：① 过渡到反应堆冷停堆状态；② 在反应堆冷却剂泵停运时，使一回路水循环；③ 防止一回路出现冷态压力偏离；④ 保持一回路水温低于 60 ℃；⑤ 在二回路蒸汽管道破裂事故后冷却一回路；⑥ 在一回路小破口事故情况下冷却一回路。

鉴于余热排出泵组的功能要求，它应能在下列情况下运行。正常工况下流量从最小到最大的变化，启动时的热冲击，停堆时的冷冲击，从余热排出系统(RRA)条件下的中间停堆状态转变到冷停堆状态时的热瞬态，以及在反应堆升温期间相反转变时的热瞬态。在事故情况下：包括蒸汽管道破裂事故工况、小破口失水事故工况、热瞬态(转变到冷停堆状态时)、地震等。为确保余热排出泵能在正常运行工况与事故工况下满足预定功能要求，需要对以下技术特性进行验证，验证的方法可用试验法、分析法或两者综合的方法，针对的对象可以是泵组整体，也可以是特定部件。当所有的技术性能都能满足相关验收准则要求时，余热排出泵组鉴定合格，具体检验技术要求有以下五点。

(1) 承压能力：使用计算分析法及试验法对余热排出泵的承压能力进行鉴定，分析计算包括承压件尺寸计算与应力分析。

(2) 转子与轴承性能：需要对轴进行应力计算(计算中要考虑应力集中)，并进行疲劳特性分析、滚动轴承的寿命计算、临界转速计算。

(3) 带颗粒水运行性能：带颗粒水运行试验期间，水泵无异常振动，密封泄漏不超过最大允许值，运行 7 h 后，对试验水泵性能进行测试。试验结束后，对泵进行解体检查，详细记录各部件的表面情况，并测量相关部件的磨损情况。测出叶轮密封间隙为正常间隙的 150％和 200％条件下水泵的性能参数，并绘制相应的性能曲线，以计算磨损当量值。并确保在该当量值下，余热排出泵能够运行 12 个月。

(4) 耐外部环境与工艺流体辐照性能：在国内 LOCA 试验装置满足试验条件的情况下，把整个样机泵放入 LOCA 炉中，进行两次静态热冲击试验。

试验结束后，需严格检验轴承，确保其不因不均匀膨胀而出现卡死现象(即轴承应能自由旋转，无异常阻力)；同时，轴承间隙应在规定范围内，不得超过允许的最大间隙。需要对余热排出泵内用的润滑剂进行 LOCA 试验或提供相关证明材料，以验证所选用的润滑剂能够承受 LOCA 下的环境条件。如果国内 LOCA 炉无法容纳整个样机，则可以采用模拟件进行设计试验。

(5) 承受由蒸汽管道破裂所产生的外部压力的性能：在国内 LOCA 试验装置满足试验条件的情况下，把整个样机泵放入 LOCA 炉中，进行两次静态热冲击试验。试验结束后，需严格检验密封件和润滑剂，以确保密封件的功能未因过分挤压而受到影响，同时润滑剂的功能未因冲刷而受到影响。如果国内 LOCA 炉无法容纳整个样机，则可以采用模拟件进行设计试验。

余热排出泵(见图 5-2)为卧式单级离心泵，由电动机驱动。余热排除系统设置 2 台余热排出泵，这 2 台泵并联布置，每台泵各提供系统所需循环流量的一半。

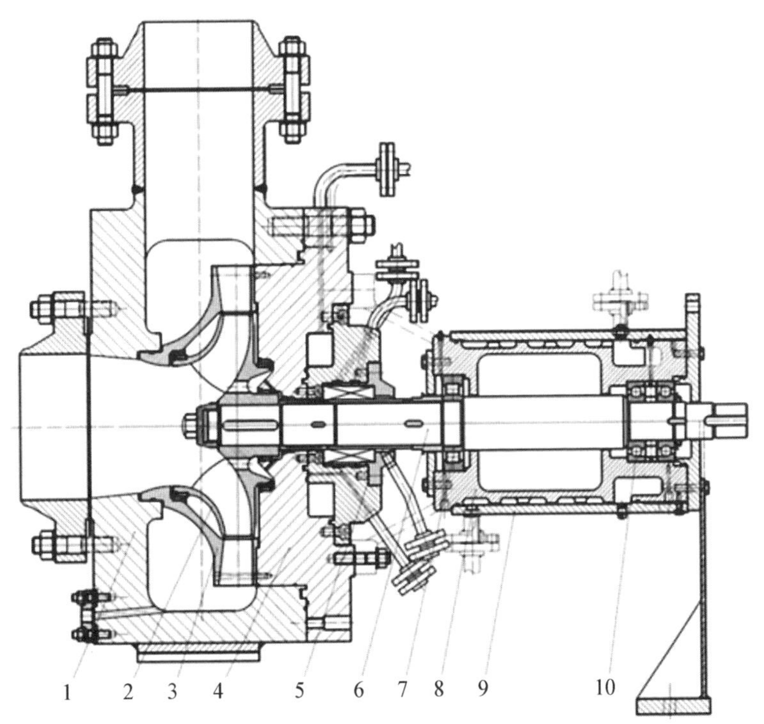

1—泵体；2—叶轮；3—导叶；4—泵盖；5—机械密封；6—轴；7—圆柱滚子轴承；8—轴承体；9—冷却水套；10—角接触球轴承。

图 5-2　余热排出泵结构示意图

余热排出泵基本参数要求如表 5－2 所示。

表 5－2　余热排出泵基本参数要求

参　数	数　值
设计压力/MPa	6.31
设计温度/℃	180
入口温度/℃	15～180
最小体积流量/(m^3/h)	120
最小流量下的扬程/m	95
额定体积流量(2 台泵运行)/(m^3/h)	910
额定流量下的扬程/m	77
额定流量下的 $NPSH_r$/m	≤5.1

5.1.3　硼酸输送泵(硼酸泵)

硼酸输送泵(见图 5－3)属于硼和水补给系统。在机组正常运行时，硼酸输送泵根据反应堆冷却剂系统硼化、稀释和补给等不同运行模式，按预先设定

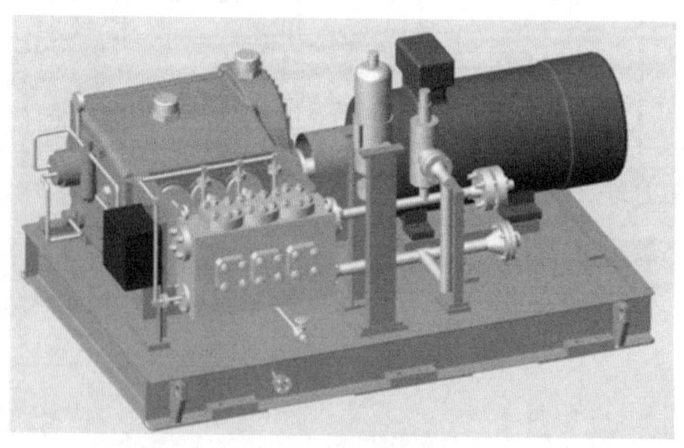

图 5－3　硼酸输送泵

的程序投入运行。在失去给水后从热停堆到冷停堆，通过硼酸输送泵提供足够量的硼酸(通过直接硼化管线)，以达到冷停堆所需的堆芯硼浓度。2台硼酸输送泵由2个系列的应急柴油发电机提供备用电源。

硼酸输送泵基本参数要求如表5-3所示。

表5-3　硼酸输送泵基本参数要求

参　数	数　值
流体类型	4%硼酸溶液
最小吸入压力/MPa	0.2
最大吸入压力/MPa	0.31
最小/最大温度/℃	22/40
额定体积流量/(m^3/h)	19.1
相应扬程/m	≥110
额定流量下的 $NPSH_r$/m	≤10

5.2　辅助冷却水系统用泵

核电厂运行期间，来自堆芯、乏燃料贮存水池的衰变热，以及各类运行设备产生的热量，都需要排至最终热阱。辅助冷却水系统用于执行上述功能。由于核电厂中部分冷却水用户的介质有放射性，为了避免放射性物质直接进入最终热阱而对环境造成不利影响，辅助冷却水系统采用设置中间循环回路的方式，通过设备冷却水系统与用户换热，再通过重要厂用水系统将设备冷却水系统获得的热量向最终热阱传递。

辅助冷却水系统主要包括设备冷却水系统、重要厂用水系统等。涉及的核级辅助泵主要包括设备冷却水泵、重要厂用水泵等。辅助给水电动泵结构如图5-4所示。

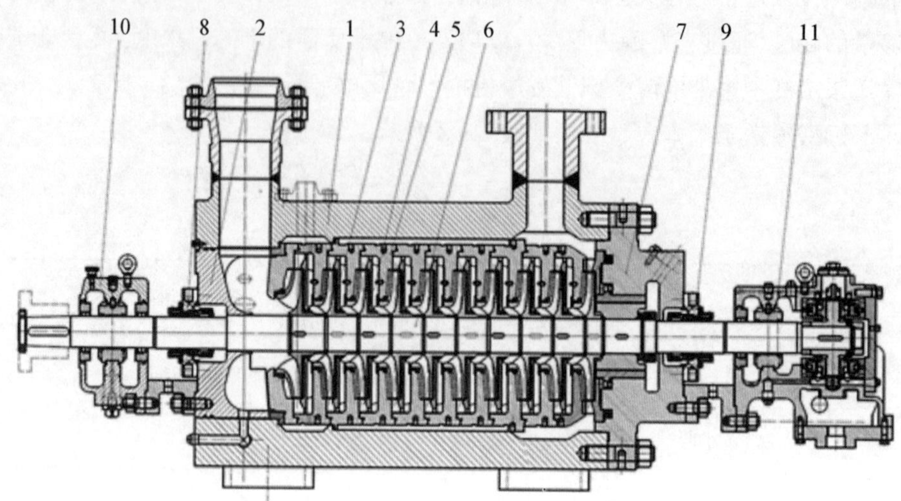

1—筒体；2—吸入段；3—叶轮；4—导叶；5—中段；6—轴；7—泵盖；8—驱动侧机械密封；9—非驱动侧机械密封；10—驱动侧轴承部件；11—非驱动侧轴承部件。

图 5-4　辅助给水电动泵结构示意图

5.2.1　设备冷却水泵

设备冷却水泵属于安全级别Ⅲ级泵，是冷却系统的关键设备，并为不同的换热器提供给水。设备冷却水泵的用途包括：① 为净化而连续输送的一次水；② 主泵和辅助泵的轴承和密封装置；③ 主泵的热屏；④ 大型电动机；⑤ 密封反应堆设备的安全壳；⑥ 核废料保存坑冷却液。

设备冷却水泵为卧室离心泵，一般设置 4 台，每 2 台泵由一个供电序列进行供电。每台设备冷却水泵均应能提供系统所需 100%的流量，泵所需的设备冷却水由自身提供。设备冷却水泵的扬程应能克服系统管道、阀门、热交换器等系统所有部件产生的阻力。

反应堆正常运行时，设备冷却水系统中的一个序列运行，另一个序列处于停运状态。当运行中的设备冷却水泵跳闸后，该泵所在供电序列的另一台泵将自动启动；当运行中的某序列所有设备冷却水泵均不可用时，另一个供电序列中的一台设备冷却水泵将自动启动；当出现“安全注入”或“安全壳喷淋”信号时，备用序列的一台设备冷却水泵将自动启动。

设备冷却水泵基本参数要求如表 5-4 所示。

表5-4　设备冷却水泵基本参数要求

参　　数	数　　值
流体类型	去离子水
吸入压力/MPa	～0.15
最小/最大温度/℃	5/45
额定体积流量/(m^3/h)	2 670
相应扬程/m	63
额定流量下的 $NPSH_r$/m	≤10

5.2.2　重要厂用水泵

重要厂用水系统主要是设备冷却水系统，其主要作用是将设备冷却水系统传递出的热量送到最终冷源中。重要厂用水系统一共设置2个环路(2个安全系列)，每个环路设置2台重要厂用水泵，环路内的2台重要厂用水泵并联运行，每台泵均能提供100%系统所需流量。

重要厂用水泵(见图5-5)为立式离心泵，电机位于机组上部，配备有应急电源。在失去轴封注入水条件下，重要厂用水泵要求能够继续运行50 h。在断水50 h内恢复轴封注入水，该泵可以继续运行而不应有损伤。

反应堆正常运行时，一个系列运行，另一个系列处于停运状态。运行系列的一台泵运行，另一台泵备用。重要厂用水泵基本参数要求如表5-5所示。

表5-5　设重要厂用水泵本参数要求

参　　数	数　　值
体积流量/(m^3/h)	3 800(单台运行)、5 000(2台并联运行)
扬程/m	38.0(单台运行)、50.0(2台并联运行)
功率/kW	560
电机同步转速/(r/min)	1 000

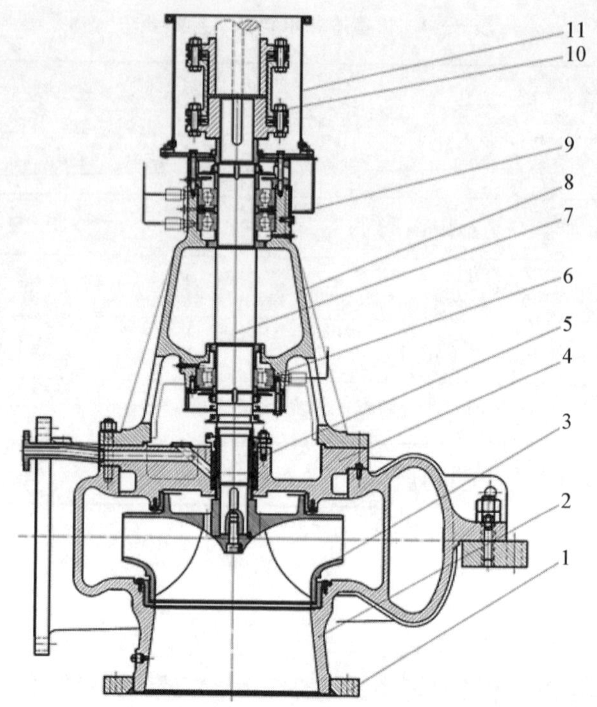

1—法兰;2—泵体;3—叶轮;4—泵盖部件;5—填料密封;6—滚动轴承;7—轴;8—轴承支架;9—滚动轴承;10—联轴器;11—联轴器罩。

图 5-5　重要厂用水泵结构示意图

5.3　专设安全系统用泵

专设安全系统是核电厂设计用来应对设计基准事故的一类系统,其主要目的是: 确保核反应堆在任何情况下均能实现安全停堆,并维持安全停堆状态;确保核反应堆停堆后能从堆芯排出余热;减少可能的放射性物质释放,确保环境、周围居民和核电站工作人员的安全。

当前中国三代核电项目专设安全系统主要包括安全注入系统、安全壳喷淋系统、蒸汽发生器辅助给水系统和大气排放系统等。涉及的泵主要包括: 安全注水泵、安全壳喷淋泵、辅助给水泵等。

5.3.1　安全注水泵

安全注入系统是电厂最关键的专设安全系统之一,它主要用于应对与堆芯有关的事故工况，包括堆芯反应性控制、应急补水和冷却。安全注入系统的可靠性水平在较大程度上影响机组的整体安全水平。安全注水泵属于安全级别Ⅱ级。其首要功能就是从堆芯中除去储存的热和核燃料裂变产生的衰变热。一旦激发安全注水系统启动信号，安全注水泵将向反应堆冷却系统注入硼酸溶液，这些溶液被存储在特殊的储罐内并通过硼酸注入循环泵不断地循环。同时，余热排除泵也将启动，其作用是从大型补给水储罐中抽水，然后将水输送到反应堆冷却回路中。该储罐中的水用尽之后，泵将从蓄水坑中抽水。

当前中国三代核电项目设置 2 个安全系列，每个系列各设置 1 台中压安注泵和 1 台低压安注泵。为尽量维持安全注水泵的正常运行，设置了多种冷却手段：中压安注泵和低压安注泵电机通常由设备冷却水系统冷却，对于设备冷却水系统不可用的工况，通过将冷却水源切换到电气厂房冷冻水系统风冷机组，以维持中、低压安注泵的正常运行。

(1) 中压安注泵。中压安注泵采用卧式多级离心泵，水平中开式结构。叶轮分两组反向安装，以平衡大部分的轴向力。叶轮在同一根轴上，检修时可整体从泵体中移出。

中压安注泵基本参数要求如表 5-6 所示。

表 5-6　中压安注泵基本参数要求

参　　数	数　　值
设计压力/MPa	12
最大入口压力/MPa	0.56
最高入口温度/℃	160
最小体积流量/(m^3/h)	45
最小流量时的扬程/m	963～1 015
中间体积流量要求 1(最小值)/(m^3/h)	155
中间流量要求 1 对应的压头(最小值)/m	630
中间体积流量要求 2(最小值)/(m^3/h)	242
中间流量要求 2 对应的扬程(最小值)/m	100

（续表）

参　　数	数　　值
最大体积流量/(m^3/h)	270
最大流量时的 $NPSH_r$/m	＜3

(2) 低压安注泵。低压安注泵采用立式离心泵，其泵体安装在一个竖井内，通过联轴器与位于上部的电机连接。立式泵由于其叶轮入口显著低于泵吸入口，因此具有较低的汽蚀余量。

低压安注泵基本参数要求如表 5－7 所示。

表 5－7　低压安注泵基本参数要求

参　　数	数　　值
设计压力/MPa	2.36
最大入口压力/MPa	0.56
最高入口温度/℃	160
最小流量/(m^3/h)	100
最小流量时的扬程/m	150～180
额定流量/(m^3/h)	850
额定流量时总扬程/m	92～102
最大流量/(m^3/h)	1 020
最大流量时的 $NPSH_r$/m	＜0.7

5.3.2　安全壳喷淋泵

安全壳喷淋泵属于安全级别Ⅱ级泵，由压力信号控制，用于冷凝在安全壳中的水蒸气以降低其中的温度和压力。安全壳喷淋泵从蓄水坑中抽水，不断地使水通过固定在安全壳顶部的喷水管来实现连续的循环，直到压力降低到可接受的水平为止。

在反应堆冷却剂系统发生失水事故或安全壳内主蒸汽管道发生破裂的事故工况下，来自主回路或二回路的质能释放使安全壳温度、压力迅速上升。安全壳喷淋系统根据保护系统发出的启动信号投入运行，以降低安全壳内的压力和温度，保持安全壳的完整性，减少安全壳的泄漏量。在发生失水事故时，安全壳喷淋系统喷淋水吸收放射性物质，降低安全壳内大气的放射性水平。

安全壳喷淋泵为安全壳喷淋系统提供驱动动力。作为专设安全系统中的设备，要求其寿命长（与反应堆系统同寿期）、可靠性高、启动迅速、能够多次频繁启停。

安全壳喷淋系统设置2个喷淋系列，每个系列设置1台安全壳喷淋泵（见图5-6）。安全壳喷淋泵机组由安全壳喷淋泵和电机组成。安全壳喷淋泵为

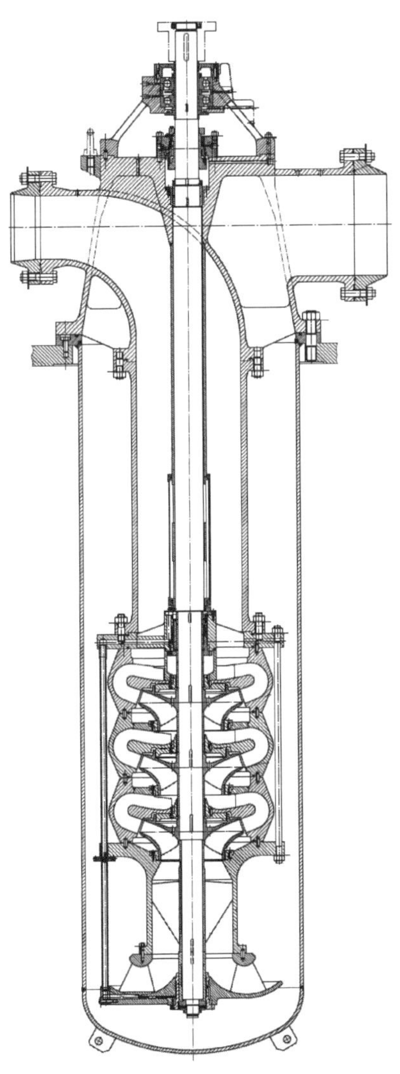

图5-6　安全壳喷淋泵结构示意图

立式泵，通过其筒体安装在地坑中。叶轮为离心式单吸叶轮，带有导叶，泵入口和出口在同一水平面上；电动机为立式电动机，通过设备冷却水冷却。

安全壳喷淋泵基本参数要求如表 5 - 8 所示。

表 5 - 8　安全壳喷淋泵基本参数要求

参　数	数　值
额定体积流量/(m^3/h)	1 029
额定流量下的扬程/m	116
必须汽蚀余量 $NPSH_r$/m	≤1.41
入口压力(泵停运时)/MPa	0.97
最高入口温度/℃	120
关死点扬程/m	＜200
电机同步转速/(r/min)	1 500
电机额定功率/kW	≤500

5.3.3　辅助给水泵

辅助给水系统作为正常给水系统的备用，在丧失主给水系统时，向蒸汽发生器二次侧提供给水。在任何正常给水系统发生事故时，快速启动并运行辅助给水系统，能够确保向蒸汽发生器供应适量的水以导出堆芯余热，直到反应堆冷却剂系统达到余热排出系统可投入的状态。

辅助给水泵为辅助给水系统提供驱动动力。辅助给水系统设置 2 个泵的子系统，每个子系统分别包括 1 台电动辅助给水泵和 1 台汽动辅助给水泵，每台泵提供系统所需流量的 50%。汽动泵由蒸汽发生器主蒸汽隔离阀上游的主蒸汽管道供汽，乏汽通过消音器排入大气；电动泵由柴油发电机作为备用电源。

在系统初次充水和冷停堆后的再充水时，电动辅助给水泵给蒸汽发生器二次侧充水。在启动给水系统失效时，也可通过电动或汽动辅助给水泵维持蒸汽发生器二次侧水位。

电动辅助给水泵为卧式多级离心泵，泵和电机由被输送的流体进行冷却

（自冷却）。

汽动辅助给水泵也为卧式多级离心泵，泵与汽轮机呈整体结构，由蒸汽发生器产生的汽源作为动力。泵叶轮和汽机叶轮共用一根转轴，并由水润滑轴承支撑。汽动泵汽轮机能在 0.76～8.6 MPa 的供汽压力下运行。在汽轮机入口处装设汽水分离器以保证瞬态或事故工况下的蒸汽质量。

电动辅助给水泵与汽动辅助给水泵基本参数要求如表 5－9 所示。

表 5－9　辅助给水泵基本参数要求

参　　数	数　　值
额定体积流量/(m^3/h)	≥110
额定流量下的扬程/m	1 080
$NPSH_r$/m	<12.37
最小吸入压力/MPa	0.08
最大吸入压力/MPa	0.3
最小/最大温度/℃	7/60

5.4　电动主给水泵

电动主给水泵是电动主给水泵系统中的关键设备，用于将除氧器的水抽出并升压，随后通过高压加热器系统向蒸汽发生器供应所需流量的给水。电动主给水泵转速可调，以确保在反应堆热负荷变化时，能够精确调节蒸汽发生器的给水量，从而维持反应堆冷却剂系统的热平衡和稳定运行。

电动给水泵由前置泵、压力级泵、电动机和液力耦合器组成。除氧器内除氧水经下降管、入口电动隔离阀、临时滤网进入前置泵，从前置泵出口经中压给水管道、流量孔板及永久滤网进入压力级泵，经压力级泵升压后经过止回阀、电动隔离阀后送至高压加热器。主给水泵和出口止回阀之间设有最小流量再循环管线，当泵的流量低于设定值时，再循环管线投入运行以维持主给水泵运行所需的最小流量，以保证泵的安全运行。

电动主给水泵系统设有 3 台电动给水泵，其中 2 台运行，1 台备用，当 1 台运行泵跳闸时，备用泵快速启动并投入运行。在稳定运行工况下，每台电动给水泵提供额定给水量的50%。

电动主给水泵基本参数要求如表5-10所示。

表5-10　电动主给水泵基本参数要求

项　目	参　数	数　值
前置泵	额定体积流量/(m^3/h)	3 260
	额定流量下的扬程/m	275
	必须汽蚀余量 $NPSH_r$/m	≤10.7
	入口温度/℃	168
压力级泵	额定体积流量/(m^3/h)	3 260
	额定流量下的扬程/m	565
	必须汽蚀余量 $NPSH_r$/m	≤162
	入口温度/℃	168

5.4.1　汽动主给水泵

核电站二回路的动力来源为2台汽动主给水泵和1台电动主给水泵，汽动主给水泵组模型如图5-7所示。在正常启机过程中，先启动电动给水泵。当核功率升至额定功率的8%时，第1台汽动主给水泵启动；当核功率升至额定功率的30%，启动第2台汽动主给水泵；当核功率在额定功率的65%以上时，必须要求2台给水泵工作，另一台给水泵处备用状态。核电站正常运行期间，2台汽动主给水泵运行，电动主给水泵备用。给水泵转速控制系统以一台商用汽轮机专用调速器为核心，其稳定性、可靠性和调速品质需要在该调速系统应用到现场前经过严格的测试。为验证调速器工作性能，需要为其提供一个模拟装置，以形成一个完整的闭环控制系统，实时验证调速器的闭环调速特性。目前，中国尚无针对核电站专用汽动主给水泵的模拟装置。在对调速系统进行测试时，仅靠模拟实际转速或给定转速的方法判断调速系统的作用方向。在现场施工和调试时，采用传统的PID整定方法。

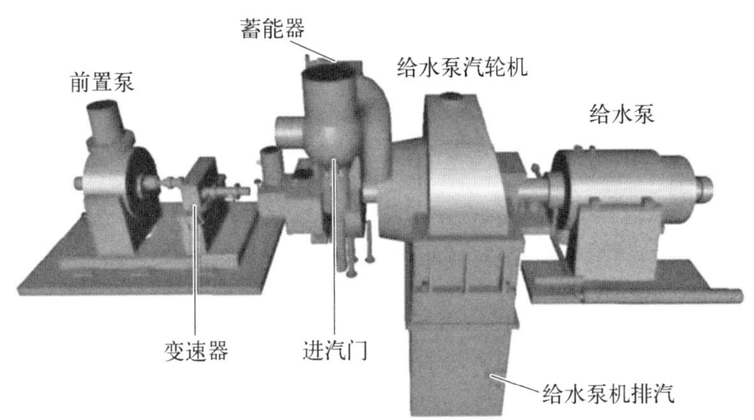

图5-7　汽动主给水泵组模型图

5.4.2　电动主给水泵

中国某核电站主给水系统采用3台完全相同的电动主给水泵，正常工况下2台泵运行，1台泵备用。作为二回路保证汽水循环的主要设备，主给水系统的主要功能如下：

(1) 自除氧器取水并升压，经高压加热器送往蒸汽发生器；

(2) 能响应蒸汽负荷瞬变要求，以保证在全负荷范围内向蒸汽发生器提供不同的给水流量。

电动主给水泵系统是一套专用机组，由前置泵、驱动电动机、液力偶合器和压力级泵等串联布置而成，电动主给水泵的作用是把除氧器储水箱内具有一定温度、除过氧的给水，提高压力后输送给锅炉，以满足锅炉用水的需要。在电动给水泵组的操作运行中，完成驱动电机到给水泵动力传递并实现给水泵调速的关键设备是液力偶合器，其工作原理如图5-8所示。

5.5　其他泵

核电厂常用泵还包括水压试验泵、堆腔注水泵等，简单介绍如下。

5.5.1　水压试验泵

水压试验泵是安全注入系统的关键设备，其主要功能如下：用于反应堆冷却剂系统进行水压试验；在全厂断电(SBO)工况下，水压试验泵由SBO电

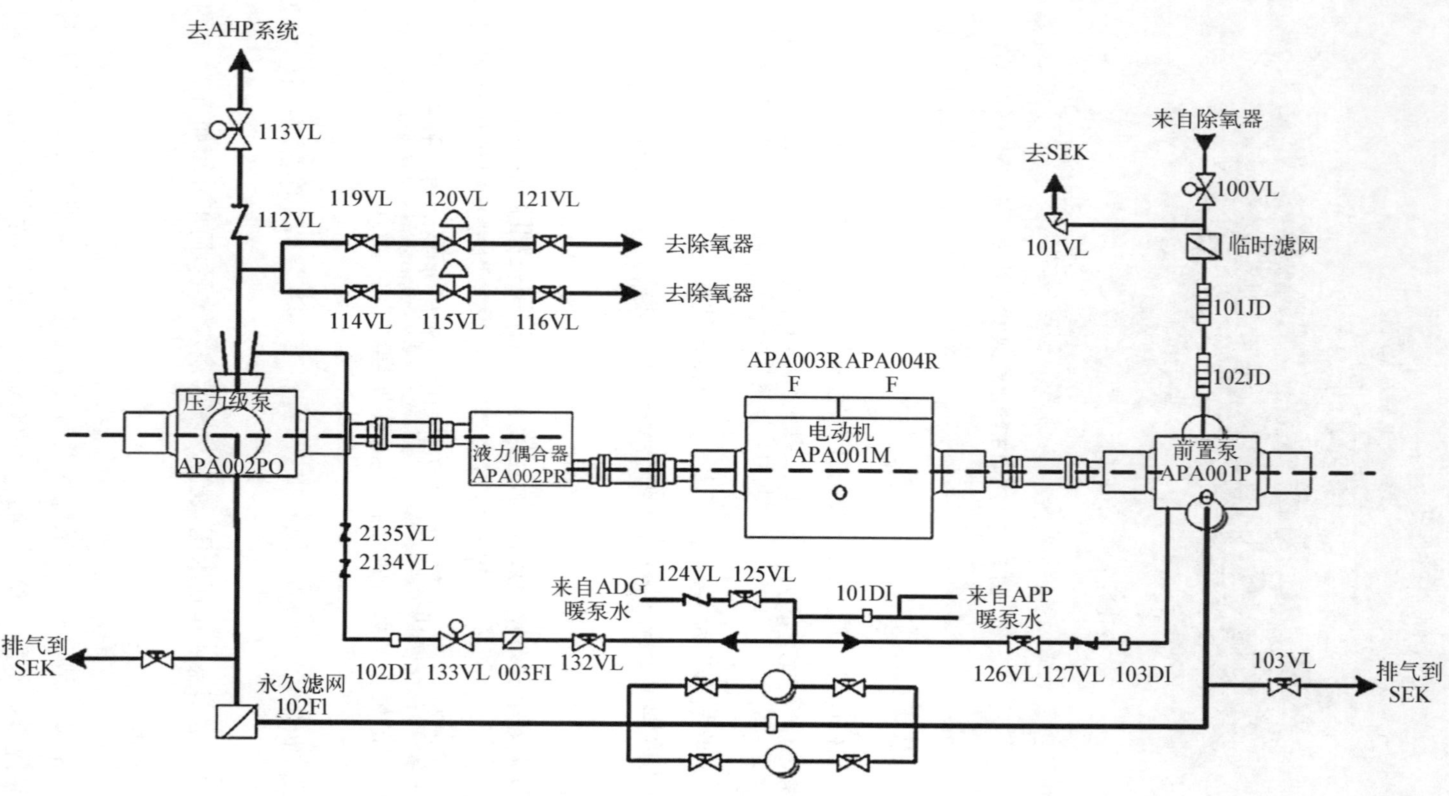

图 5-8 电动主给水泵系统流程

源供电，向反应堆冷却剂泵注入轴封水；在停堆期间半管运行且堆芯失去余热排出系统冷却时，向堆芯自动补水；安注箱的初始充水和定期补水由水压试验泵从内置换料水箱取水实现[7]。

水压试验泵为往复泵，其活塞由液压缸驱动，液压缸由液压系统供油。水压试验泵主要由液压系统（包括增压泵、主油泵、空气冷却器、滑阀、邮箱等）和泵的驱动装置（液压缸等）组成。水压试验泵基本参数要求如表 5－11 所示。

表 5－11　水压试验泵基本参数要求

参　数	数　值	
额定体积流量/(m^3/h)	≥101（最高背压工况）	110（额定运行工况）
额定流量下的扬程/m	1 125（最高背压工况）	1 080（额定运行工况）
$NPSH_r$/m	<12.37	
最小吸入压力/MPa	0.08	
最大吸入压力/MPa	0.3	
最小/最大温度/℃	7/60	

5.5.2　堆腔注水泵

堆腔注水泵是堆腔注水冷却系统的关键设备，为电动离心泵。堆腔注水冷却系统设置 2 台堆腔注水泵。若发生严重事故导致堆芯熔化，在厂外或厂内中压应急电源可用时，由操纵员手动投入运行。堆腔注水泵由消防水池和安全壳内置换料水箱取水；2 台堆腔注水泵出口管线在经过安全壳隔离阀，贯穿安全壳后再合并为母管后注入堆腔，降低反应堆压力容器外壁的温度，以维持压力容器的完整性。

堆腔注水泵基本参数要求如表 5－12 所示。

表 5－12　堆腔注水泵基本参数要求

参　数	数　值
额定体积流量/(m^3/h)	900
额定流量下的扬程/m	50
关死点扬程/m	65

5.5.3 乏燃料水池冷却泵

乏燃料水池冷却泵结构特点为卧式、单级单吸、悬臂式离心泵。泵体为径向剖分式、水平轴向吸入、垂直吐出;从吸入口看,泵逆时针方向旋转。

泵工作时产生的轴向力主要由平衡空来平衡,残余轴向力由驱动端一对背靠背安装的角接触球轴承承受;轴封采用快装式机械密封,冲洗方案PLAN01;静密封采用O形圈,缠绕垫或金属面密封;轴承采用稀油自润滑,无须外供油回路,轴承冷却方式采用空冷。乏燃料水池冷却泵基本参数要求如表5-13所示。

表5-13 乏燃料水池冷却泵基本参数要求

参　数	数　值
体积流量/(m^3/h)	421.5
扬程/m	47.5
转速/(r/min)	2 950

第 6 章
泵轴系

泵轴通常指连接电机和泵体的轴，它是泵的核心零部件之一，主要作用为转化动力、承受载荷和平衡力。

(1) 转化动力：泵轴是连接电机与泵体，并将电机旋转动力有效传递到泵体的关键部件，通过旋转向泵体内的叶轮、隔板、流道等部件施加一定的力，从而推动流体流动，形成所需的压力或流量。

(2) 承受载荷：泵轴在运转过程中需要承受水力、电磁及机械因素导致的径向力、轴向力和转矩力，因此需要具备足够的强度和刚性。

(3) 平衡力：泵轴可以通过合理的设计和安装，使得泵体内部的压力和流量得到均衡，从而减少泵体的振动和噪声。

6.1 轴系设计

泵轴将电机的转动力量通过轴承传递至泵体，从而形成所需的压力或流量。因此，泵轴的设计是否合理，直接关系到整台泵能否可靠、高效地运行。

6.1.1 轴的类型

轴的分类方法有很多种，下面是其中常用的两种分类方法。

1) 按轴的承载性质分类

(1) 传动轴：工作时主要传递转矩，或承受很小弯矩，如图 6-1 所示。

(2) 转轴：工作时既传递转矩又承受弯矩，如图 6-2 所示。

(3) 心轴：工作时仅承受弯矩而不传递转矩。心轴分为固定心轴和转动心轴。不随回转零件一起转动的轴称为固定心轴，随转动零件一起转动的称为转动心轴，如图 6-3 所示。固定心轴承受静应力，转动心轴承受变应力。

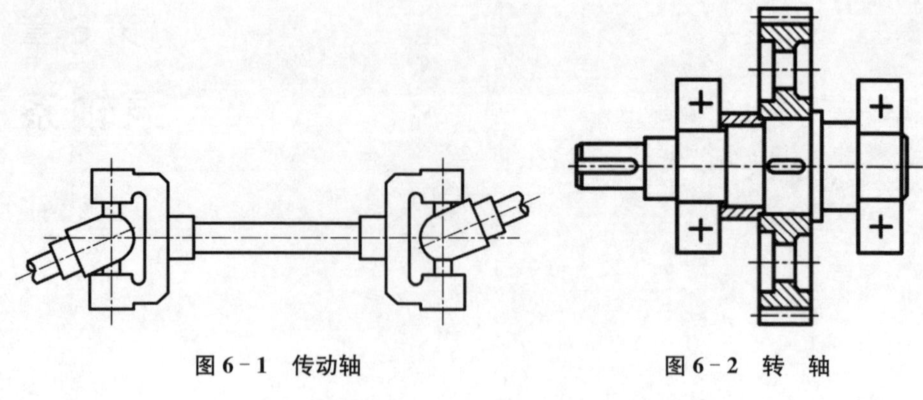

图 6-1 传动轴　　图 6-2 转 轴

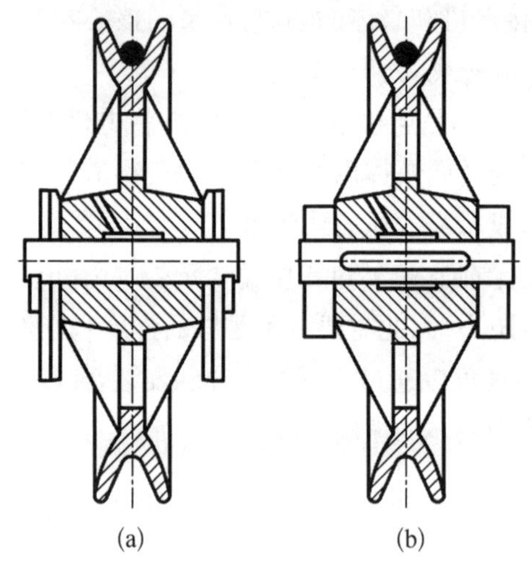

(a)　(b)

图 6-3 心 轴

(a) 固定心轴;(b) 转动心轴

2) 按轴线形状分类

(1) 曲轴：各轴段轴线不在同一直线上，如图 6-4 所示。

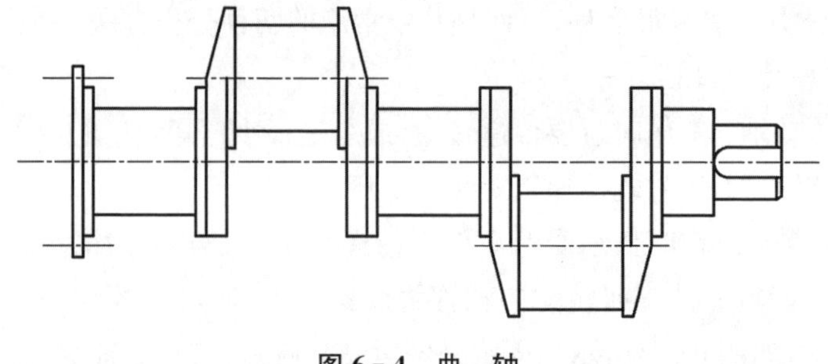

图 6-4 曲 轴

(2) 直轴：各轴段轴线为同一直线。直轴按外形不同又可分为：光轴和阶梯轴，如图6-5所示。

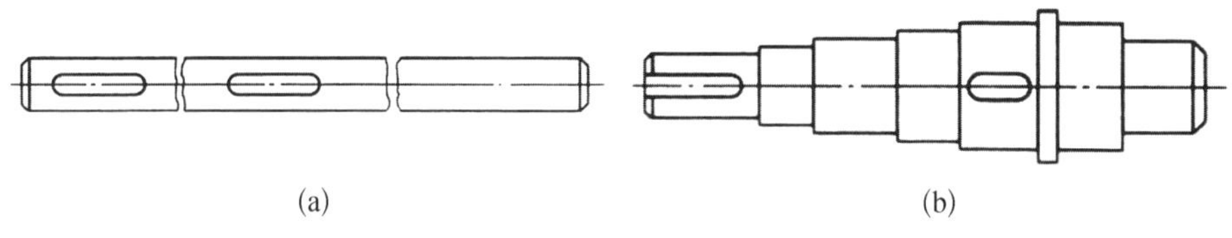

图6-5　直　轴

(a) 光轴；(b) 阶梯轴

(3) 钢丝软轴：由多组钢丝分层卷绕而成，具有良好的挠性，可将回转运动灵活传到不开敞的空间位置。

6.1.2　轴的结构设计

泵轴的设计需要根据泵的工作环境选择合适的材料，通过计算确定泵轴需承受的最大转矩和弯曲应力以确定轴的直径和长度，根据泵的结构确认泵轴的结构，最后使用有限元分析等工具对轴进行应力分析以确保轴的强度和刚度满足设计要求。

1) 轴的设计原则

为了保证轴在规定的寿命下正常工作，应遵循的设计原则如下：① 根据轴的寿命要求和工作条件选取适合的材料，并制订热处理工艺；② 轴系应受力合理，满足强度、刚度要求；③ 轴上的零部件应定位准确，固定可靠。

2) 轴的结构

轴主要由轴颈、轴头、轴身、轴肩组成。

(1) 轴颈：轴上被支撑部分，即安装轴承的部分。

(2) 轴头：安装轮毂的部分。

(3) 轴身：连接轴颈和轴头的部分。

(4) 轴肩(或轴环)：为了轴向固定零件所加工的阶梯，具有良好的轴向定位作用。

3) 轴的强度计算

常用的轴强度计算方法有3种[8]：① 按许用切应力计算；② 按许用弯曲应力计算；③ 按全系数法校核计算。

(1) 按许用切应力计算。在转矩 T 的作用下，轴的切应力见式(6-1)。

$$\tau_T=\frac{T}{W_T}\approx\frac{9.55\times10^6\ \dfrac{P}{n}}{0.2d^3}\leqslant[\tau_T] \tag{6-1}$$

式中：$[\tau_T]$ 为材料的许用扭转切应力，MPa；T 为轴所受转矩，N·mm；W_T 为轴的抗扭截面系数，mm^3；P 为轴传递的功率，kW；n 为转速，r/min；d 为计算截面处轴的直径，mm。

由式(6-1)可得轴的直径计算公式：

$$d\geqslant\sqrt[3]{\frac{5\times9.55\times10^6P}{[\tau_T]n}}=A_0\sqrt[3]{\frac{P}{n}} \tag{6-2}$$

式中，$A_0=\sqrt[3]{\dfrac{5\times9.55\times10^6}{\tau_T}}$。

轴上如有键槽，则计算出轴的直径要放大，1 个键槽放大 3%～5%，2 个键槽放大 7%～10%，然后圆整为标准值。

(2) 按许用弯曲应力计算。由弯矩产生的弯曲应力 σ_b 应不超过许用弯曲应力 $[\sigma_b]$。对于既承受弯矩又承受转矩的转轴，应按弯矩合成强度条件进行计算。通过轴的结构设计，确定轴的主要结构尺寸，轴上零件的位置，外载荷和支反力的作用位置、作用距离，以及力的大小、方向等，再进行弯矩合成当量计算，确定危险截面的弯矩和转矩，对轴进行强度校核，其计算步骤如下：

① 画出轴的受力简图；

② 求出水平面内的支反力，计算其弯矩 M_H，并绘制出水平面上的弯矩图；

③ 求出垂直面内的支反力，计算其弯矩 M_V，并绘制出垂直面上的弯矩图；

④ 绘制合成弯矩图 $M=\sqrt{M_H^2+M_V^2}$；

⑤ 绘制转矩图 T；

⑥ 绘制当量弯矩图 $M_{ca}=\sqrt{M^2+(\partial T)^2}$，$\partial$ 为将转矩折算为等效弯矩的折算系数；

⑦ 校核轴的强度，对危险截面或应力集中的截面，进行弯矩合成强度校

核计算，对于实心轴，总的弯曲应力 $\sigma_{ca}=\dfrac{M_{ca}}{W}=\dfrac{M_{ca}}{\frac{1}{32}\pi d^3}\leqslant[\sigma_{-1}]$，由此得到轴直径计算公式 $d\geqslant\sqrt[3]{\dfrac{M_{ca}}{0.1[\sigma_{-1}]_b}}$，当设计的轴径小于该值，则满足要求。$[\sigma_{-1}]$ 为许用弯曲应力。

(3) 按安全系数法校核计算。对于重要用途的轴，除进行弯矩、转矩合成强度计算，还应该考虑应力集中、表面质量、轴颈尺寸对疲劳强度的影响，评定轴的安全裕度。校核的步骤如下：

① 绘制出轴的弯矩图和转矩图，确定危险截面；

② 求出危险截面弯曲应力 σ_m 和切应力 τ_m；

③ 求出危险截面应力幅 σ_a 和 τ_a；

④ 求出弯矩作用下安全系数 S_σ 和转矩作用下的安全系数 S_τ，关系如下：

$$S_\sigma=\frac{\sigma_{-1b}}{\dfrac{K_\sigma}{\beta\varepsilon_\sigma}\sigma_a+\varphi_\sigma\sigma_m} \tag{6-3}$$

$$S_\tau=\frac{\tau_{-1}}{\dfrac{K_\tau}{\beta\varepsilon_\tau}\tau_a+\varphi_\tau\tau_m} \tag{6-4}$$

式中：K_σ、K_τ 为弯矩和转矩作用下的有效应力集中系数；σ_{-1b}、τ_{-1} 为对称循环弯曲、剪切疲劳极限；ε_σ、ε_τ 为影响弯曲应力和切应力的尺寸系数；β 为表面状态系数；φ_σ、φ_τ 为折算系数。

按疲劳强度条件求出综合的安全系数为

$$S_{ca}=\frac{S_\sigma S_\tau}{\sqrt{S_\sigma^2+S_\tau^2}} \tag{6-5}$$

式中：$[S]$ 为许用安全系数；S_σ 为受弯矩作用的安全系数；S_τ 为受转矩作用的安全系数。

4) 轴的刚度校核

轴的刚度计算是限制轴的弯曲变形和扭转变形必须在一定的允许范围

内，以免影响轴上零件的正常工作和传动精度。轴的刚度分为弯曲刚度和扭转刚度，前者以挠度或偏转角来衡量，后者以扭转角来衡量。

(1) 弯曲刚度。挠度条件为 $y \leqslant [y]$，采用能量法进行计算时，应先绘出轴的结构外形和弯矩图，然后采用下式计算某点的挠度 y 应满足如下刚度条件：

$$y=\sum\int_0^{l_i}\frac{M_iM'}{EI}\mathrm{d}l \tag{6-6}$$

式中：E 为材料的弹性模量，MPa；I 为剖面的轴惯性矩，mm^4；l_i 为第 i 段轴的长度，mm；M_i 和 M' 为单位载荷和外力对第 i 段轴产生的弯矩，N · mm；y 和 $[y]$ 为某点的计算挠度和许用挠度，mm。

(2) 扭转刚度。当轴受到转矩作用时，轴应满足刚度条件为

$$\varphi=584\frac{Tl}{Gd^4}\leqslant[\varphi] \tag{6-7}$$

式中：T 为转矩，N · mm；l 为轴受转矩作用的长度，mm；G 为材料的切变模量，MPa；d 为轴的直径，mm；φ 和 $[\varphi]$ 为计算扭转角和许用扭转角。

5) 核主泵轴系

主泵轴系包含以下构造：泵轴、联轴器与可拆轴电动机部转子。“三代核电厂 60 年寿期要求主泵安全运行且振动规定也较高”；“泵电动机”电机转子和泵轴中间选用刚性连接。泵轴零部件对精密度，动平衡都有严格管理。泵轴的检测/动平衡是落实 ISO 1940G1.6 的相关规定的，在整支泵轴动平衡以前，应进行离心叶轮、左右半联轴器和连接轴的单个动平衡。保证主泵直流振动成分达标。

6) 上充泵的轴系

重泵公司根据相关项目上充泵招标文件、上充泵技术规格书要求，按 RCC-M《压水堆核电站核岛机械设备设计和建设规则》、RCC-E《压水堆核电站核岛电气设备设计和建设规则》、国家相关部门制定的核安全法律法规导则和质保体系等进行上充泵的设计、采购、制造、检验、试验、清洗、包装、运输和服务等。上充泵的结构形式与重泵公司多年生产的 SDZ 型产品一致，技术成熟、运行经验丰富。按照在各种运行工况下传输所需扭矩，而不产生应力或

过量振动来确定轴的尺寸，并通过力学分析进行设计校核。

刚性轴设计，第一临界转速至少比最大运行速度大25%。此速度完全偏离所有可预见激振频率（即50 Hz）。重泵公司委托中国核动力研究设计院对通过鉴定的K2项目上充泵样机进行临界转速计算，泵第一阶横向振动频率为82 Hz，这一频率高于其最大设计运行转速的1.65倍。泵轴选材质符合RCC-M M3202，按M3202采购技术条件中Z5CND16-04进行制作。按最大功率扭矩计算最小轴径，并考虑到刚性轴要求，轴最小直径确定为70 mm，同时进行了抗震应力分析和有限元应力计算，结果满足上充泵技术规格书的要求。上充泵轴系如图6-6所示。

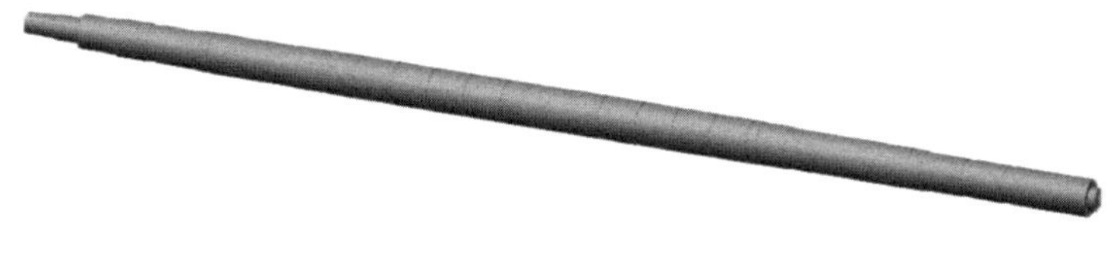

图6-6　上充泵轴系图

6.2　轴承选型及设计

轴承是泵的重要组成部分，它们的运转状态直接影响泵的工作效率和寿命。合理选择和正确维护轴承，对于水泵的正常运转非常重要。

6.2.1　滑动轴承

滑动轴承是指在滑动摩擦下工作的轴承。滑动表面被润滑油分开而不直接接触，大大减小了摩擦损失和表面磨损，油膜还具有一定的吸振能力，但摩擦阻力较大。

1）*滑动轴承的主要类型*

滑动轴承是在滑动摩擦下，支承轴颈或轴上回转件工作的轴承，可按如下分类方法进行分类。

（1）按工作面摩擦状态分为：① 液体摩擦轴承，即润滑介质将轴和轴承完全隔离开，摩擦阻力是液体的内摩擦力，其摩擦力小；② 非液体摩擦轴承，即滑动表面间处于边界润滑或混合润滑状态，润滑介质部分将轴承和轴隔离开，部分接触，其摩擦力大。

(2) 按承受载荷的方向分为：① 径向滑动轴承，即承受径向载荷，受力与轴的中心线垂直；② 推力滑动轴承，即承受轴向载荷，受力与轴的中心线平行。

(3) 按液体润滑承载机理分为：① 液体动压轴承，即利用相对运动副表面的相对运动和几何形状，借助流体黏性，把润滑剂带进摩擦面之间，依靠自然建立的流体压力膜，将运动副表面分开的润滑方法为流体动力润滑；② 液体静压轴承，即在滑动轴承与轴颈表面之间输入高压润滑剂以承受外载荷，使运动副表面分离的润滑方法称为流体静压润滑。

2) 滑动轴承的选择

滑动轴承轴颈与轴瓦间为面接触，承载能力大，工作平稳、无噪声，适用于高速、重载、承受冲击的场合。根据泵的工作条件确定滑动轴承的润滑介质和承载机理，核级泵常采用油或水作为滑动轴承润滑介质。对于布置紧凑的核级泵，常采用液体动压轴承。

3) 滑动轴承的结构设计

(1) 径向滑动轴承。径向滑动轴承能形成楔形间隙，产生压力液膜如图 6-7 所示。

轴承孔和轴颈的直径大小分别用 D 和 d 表示，R 为轴承孔半径，r 为轴颈半径，B 为轴承宽度，则径向滑动轴承的主要几何参数关系如下。

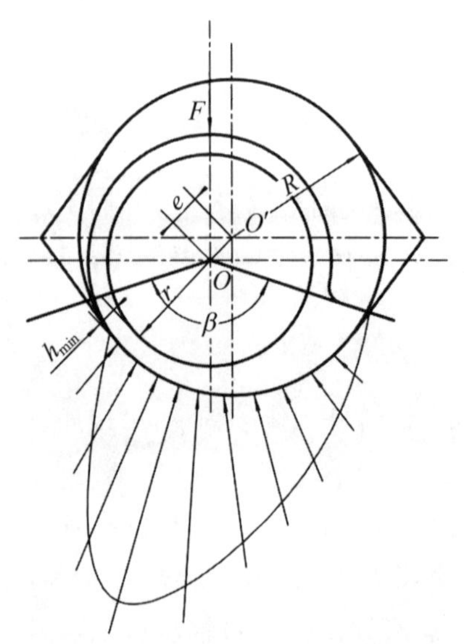

图 6-7　径向滑动轴承的几何关系

直径间隙 Δ：$\Delta = D - d$。

半径间隙 δ：$\delta = R - r = \dfrac{\Delta}{2}$。

相对间隙 φ：$\varphi = \dfrac{\Delta}{d} = \dfrac{\delta}{r}$。

偏心距 e：轴中心 O 与轴承中心 O_1 的距离。

偏心率 ε：$\varepsilon = \dfrac{e}{\delta}$。

最小液膜厚度 $h_{\min}$：$h_{\min} = r\varphi(1-\varepsilon) \geqslant [h]$。

轴承的液膜厚度，部分取决于轴承压力，也取决于轴颈与轴承孔之间的间隙大小，综合反映在偏心率 ε 上。偏心率越大，液膜越薄，但如果轴承间隙很大，则薄液膜只是很窄的一段弧长，可产生较高液膜压力的区域很小，因此轴承的承载能力也不会很大。为达到最好的轴承承载效果，应尽可能减小轴承间隙，选择适中的偏心率[9]。

(2) 推力滑动轴承。为了在滑动面间形成动压液膜，获得承载能力，在轴端和轴瓦间必须做出楔形间隙，如图 6－7 所示。在轴瓦上开出的径向槽形成的扇形瓦表面与轴端平面之间的角度为 α，如图 6－8 所示(φ_k 为扇形瓦块角度)。

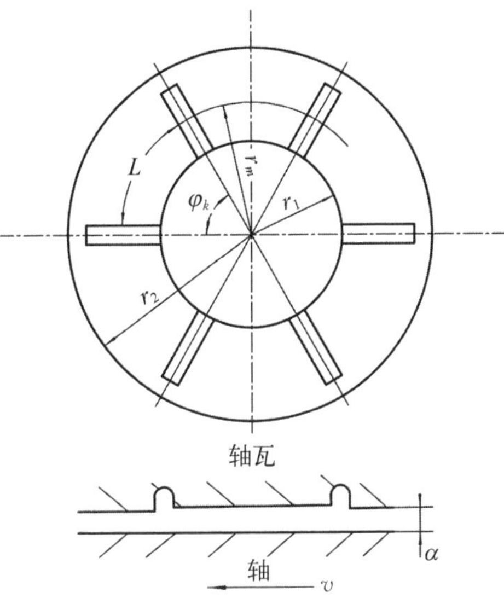

图 6－8　推力轴承

4) 滑动轴承的计算分析

(1) 滑动轴承承载能力计算。分为径向滑动与可倾瓦推动两种。

其一，径向滑动轴承承载能力计算。

描述润滑液膜压力规律的数学表达式称为雷诺方程。雷诺方程的导出建立在下列假设基础上，包括流体为牛顿流体，流体膜中的流动是层流，忽略压力对流体黏度的影响，略去惯性力及重力的影响，认为流体不可压缩，流体膜中的压力沿膜厚方向是不变的。基于此，得到一维雷诺动力润滑方程：

$$\frac{\partial p}{\partial x}=\frac{6\mu v}{h^{3}}(h-h_{0}) \tag{6-8}$$

式中：μ 为润滑液动力黏度；v 为平板移动速度；h 为液膜厚度，与 x 有关；h_0 为 $\frac{\partial p}{\partial x}=0$ 处的液膜厚度，与 x 有关。固定瓦推力轴承承载能力计算单个扇形瓦的承载能力可由下式计算：

$$F_{1}=\frac{\mu vBL^{2}}{h_{1}^{2}}\varphi_{F}\times 10^{3} \tag{6-9}$$

$$v=r_{D}\omega\times 10^{-3}$$

$$r_D = \frac{2r_2^3 - r_1^3}{3r_2^2 - r_1^2}$$

$$B = r_2 - r_1$$

$$L = r_m \varphi_k$$

$$r_m = \frac{1}{2}(r_1 + r_2)$$

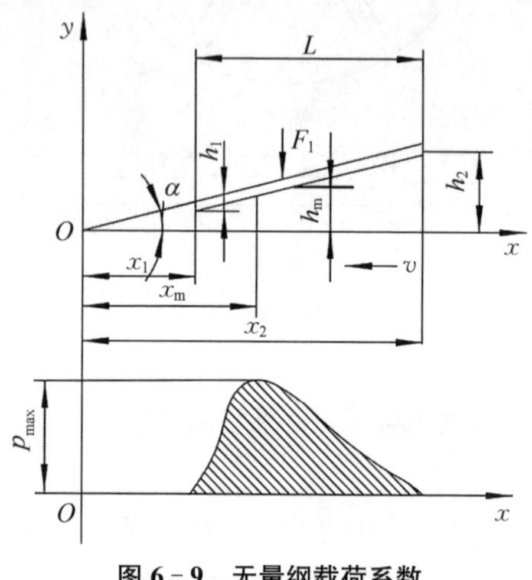

图 6-9　无量纲载荷系数

式中：μ 为润滑介质的动力黏度，Pa·s；v 为当量半径 r_D 处的圆周速度，m/s；r_D 为当量半径，mm；ω 为轴颈回转角速度，rad/s；B 为轴承宽度，mm；r_1 为轴瓦内径，mm；r_2 为轴瓦外径，mm；L 为平均半径 r_m 处扇形瓦长度，mm；r_m 为平均半径，mm；h_1 为最小液膜厚度，mm；h_2 为最大液膜厚度，mm；h_m 为平均液膜厚度，mm；φ_F 为考虑径向泄油后的无量纲载荷系数，可由图 6-9 查出；φ_k 为瓦块倾斜面部分对应角，rad。

其二，可倾瓦推力轴承承载能力计算。

可倾瓦推力轴承与固定瓦推力轴承不同，各瓦可随工况变化而自动调节倾斜角度，最小液膜厚度也随之改变。单个扇形瓦的承载能力可由下式计算：

$$F_1 = \frac{\mu \omega r_1^4}{h_1^2} \varphi_0 \varphi_F \times 10^{-6} \tag{6-10}$$

其中：

$$\varphi_0 = \frac{2\pi}{z} k$$

$$k = \frac{2L}{2\pi r_m}$$

$$r_m = \frac{1}{2}(r_1 + r_2)$$

式中：φ_0 为单个扇形瓦有效承载面积系数；μ 为润滑介质的动力黏度，Pa·s；

r_m 为平均半径，mm；φ_F 为无量纲载荷系数；k 为填充系数；z 为瓦块数。

(2) 轴承的热平衡计算。分为径向滑动、固定瓦推力与可倾瓦推力3种情形。

其一，径向滑动轴承热平衡计算。

轴承工作时，摩擦功耗将转变为热量，使润滑液温度升高，黏度下降。如果润滑介质的平均温度超过计算承载能力时所假定的数值，则轴承承载能力就要降低。因此，必须进行热平衡计算，计算润滑介质的温升 Δt，并将其限制在允许的范围内。

为了达到热平衡而必需的润滑介质温差 Δt 为

$$\Delta t = t_o - t_i = \frac{fpv}{q\rho C_p + \alpha_s \pi dB} \tag{6-11}$$

式中：t_o、t_i 分别为润滑介质出口温度、进口温度，单位为℃；f 为摩擦因数；p 为平均压力，单位为 Pa；v 为轴颈圆周速度，单位为 m/s；q 为润滑介质流量，单位为 m^3/h；ρ 为润滑介质密度，单位为 kg/m^3；C_p 为润滑比热容，单位为 J/kg・℃；α_s 为轴承的表面导热率，由轴承结构的散热条件决定，单位为 J/m^2・℃・s；d 为轴颈的直径，B 为轴承宽度。

其二，固定瓦推力轴承热平衡计算。

全部扇形瓦的摩擦功耗 P 及摩擦力矩 M_T 可按下式计算：

$$M_T = \sqrt{10F_1\varphi vBz}\, r_D \varphi_\tau \times 10^{-3} \tag{6-12}$$

式中：φ_τ 为无量纲常数，可由图 6-9 查得。

泄漏流量 q_V 为

$$q_V = \sqrt{\frac{\varphi vB \times 10^{-3}}{F_1}}\, zvBL\varphi_Q \times 10^{-6} \tag{6-13}$$

式中：φ_Q 为无量纲泄漏系数，在不计离心力的作用下，可由图 6-10 查得。

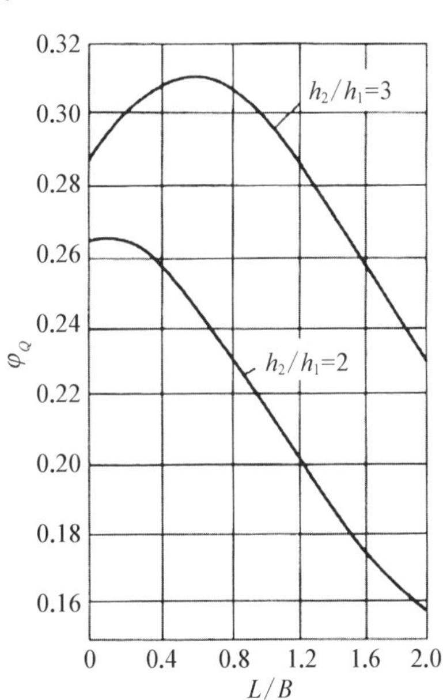

图 6-10　无量纲泄漏系数

温升 Δt 为

$$\Delta t = \frac{P}{cq_V} \tag{6-14}$$

式中：c 为比热容，J/(kg·K)；P 为摩擦功耗，W；q_V 为泄漏体积流量，m^3/s。

其三，可倾瓦推力轴承热平衡计算。

最小液膜厚度 h_1 为

$$h_1 = r_1^2 \sqrt{\frac{\mu\omega\varphi_0\varphi_T}{F_1 \times 10^6}} \tag{6-15}$$

单块轴瓦的摩擦力矩 M_T 为

$$M_T = \frac{\mu\omega r_1^4}{h_1}\varphi_0\varphi_T \times 10^{-9} \tag{6-16}$$

式中：φ_T 为无量纲系数。

每块轴瓦的泄漏量 Q_m 为

$$Q_m = h_1\omega r_1^2\varphi_{Q_m} \times 10^{-9} \tag{6-17}$$

式中：φ_{Q_m} 为无量纲平均泄漏量系数。

温升 Δt 为

$$\Delta t = \frac{M_T\omega}{cQ_m} \tag{6-18}$$

6.2.2 滚动轴承

滚动轴承是一种将运转的轴与轴座之间的滑动摩擦变为滚动摩擦，以减少摩擦损失并提高运行效率的精密机械元件。

1) 滚动轴承的主要类型

滚动轴承是重要的轴系零件，依靠主要元件间的滚动接触来支撑转动零件，能在较大的载荷范围内工作。滚动轴承的基本结构如图 6-11 所示，由外圈、内圈、滚动体和保持架四部分组成。内圈的作用是与轴相配合，并与轴一起旋转；外圈的作用是与轴承座相配合，起支撑作用；滚动体是借助于保持架均匀地将滚动体分布在内圈和外圈之间，

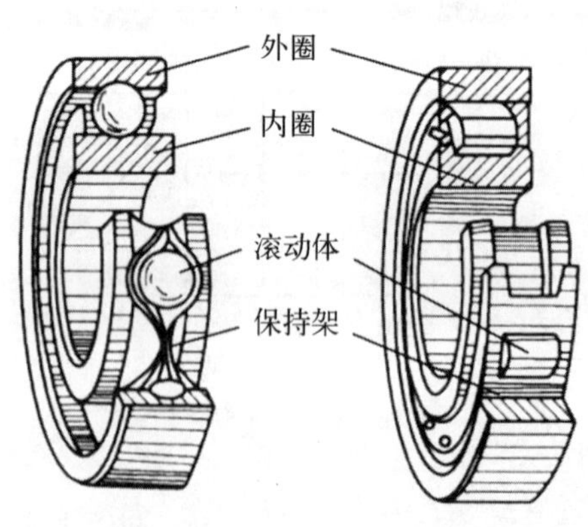

图 6-11　滚动轴承基本结构

其形状、大小和数量直接影响着滚动轴承的使用性能和寿命;保持架能使滚动体均匀分布,引导滚动体旋转起润滑作用。

滚动轴承的类型很多,分类方法也很多。

(1) 按照滚动体的形状分为球轴承和滚子轴承。滚子轴承按滚子形状又分为圆柱滚子轴承、滚针轴承、圆锥滚子轴承和调心滚子轴承。

(2) 按滚动体的列数分为单列、双列及多列滚动轴承。

(3) 按滚动轴承所承受负载的方向和大小分为径向接触轴承、向心角接触球轴承、推力角接触轴承和轴向推力轴承。

2) 滚动轴承的选择

在对滚动轴承进行选择时,主要考虑轴承所承受的载荷、转速与工作环境等因素。一般的原则包括如下几方面。

(1) 载荷的大小和方向。轴承所受载荷的大小和方向是选择滚动轴承类型的主要依据。载荷较大时,应选用线接触的滚子轴承;载荷较小时,应选择点接触的球轴承。轴承承受纯径向载荷时,选用径向轴承;轴承承受纯轴向载荷时,选用轴向接触轴承。当同时承受径向载荷和不大的轴向载荷时,可选用向心角接触球轴承或深沟球轴承;当同时承受径向载荷和较大的轴向载荷时,可选用圆锥滚子轴承。当同时承受轴向载荷比径向载荷大得多时,可采用向心轴承和推力轴承的组合,分别承受径向载荷和轴向载荷。

(2) 转速。当轴承的运转速度高时,宜选用球轴承;当轴承的运转速度低时,宜选用推力球轴承、滚子轴承。对于同一直径系列的轴承,高速时宜选用外径小的轴承。外径较大的轴承,一般用于低速重载的场合。当轴承转速超过规定的极限转速时,可选用公差等级高的轴承,或适当加大轴承的径向间隙,改善润滑,加强对润滑油的冷却等措施,以改善轴承的高速性能。

(3) 刚性及调心性能。对支撑刚度要求高时,可选用向心角接触球轴承成对使用。对于支点跨度大、轴的弯曲变形大或多支点轴,可选用调心轴承。

(4) 轴承的安装和拆卸。当轴承座没有剖分面而必须沿轴向安装和拆卸轴承部件时,应优先选用内外圈可分离的轴承。当轴承在长轴上安装时,为便于装拆,可以选用带圆锥孔的轴承。

3) 滚动轴承的优缺点

滚动轴承的优点:① 摩擦力小,功率消耗小,机械效率高,易启动;② 尺寸标准化,具有互换性,便于安装拆卸,维修方便;③ 结构紧凑,重量轻,轴向尺寸更为缩小；④ 精度高，负载大，磨损小，使用寿命长；⑤ 部分轴承具有自动调心的性能；⑥ 适用于大批量生产，质量稳定可靠，生产效率高；⑦ 传动摩擦力矩比流体动压轴承低得多，因此摩擦温升与功耗较低；⑧ 启动摩擦力矩仅略高于转动摩擦力矩；⑨ 轴承变形对载荷变化的敏感性小于流体动压轴承；⑩ 只需要少量的润滑剂便能正常运行，运行时能够长时间提供润滑剂；⑪ 轴向尺寸小于传统流体动压轴承；⑫ 可以同时承受径向和推力组合载荷；⑬ 在很大的载荷-速度范围内，独特的设计可以获得优良的性能；⑭ 轴承性能对载荷、速度和运行速度的波动相对不敏感。

滚动轴承的缺点：① 噪声大；② 轴承座的结构比较复杂；③ 成本较高；④ 即使轴承润滑良好，安装正确，防尘防潮严密，运转正常，它们最终也会因为滚动接触表面的疲劳而失效。

4）滚动轴承的结构设计

滚动轴承的结构设计包括：轴承的定位和紧固、轴承的配置设计、轴承位置的调节、轴承的润滑和密封。

（1）轴承的定位和紧固。轴承在轴上一般用轴肩或套筒定位，如图 6-12 所示。为保证定位可靠，定位端面与轴线应保持良好的垂直度。轴承内圈的轴向固定应根据轴向载荷的大小选用轴端挡圈、圆螺母、轴用弹性挡圈等结构，如图 6-13 所示。外圈则采用机座孔端面、孔用弹性挡圈、压板、端盖等形式固定，如图 6-14 所示。

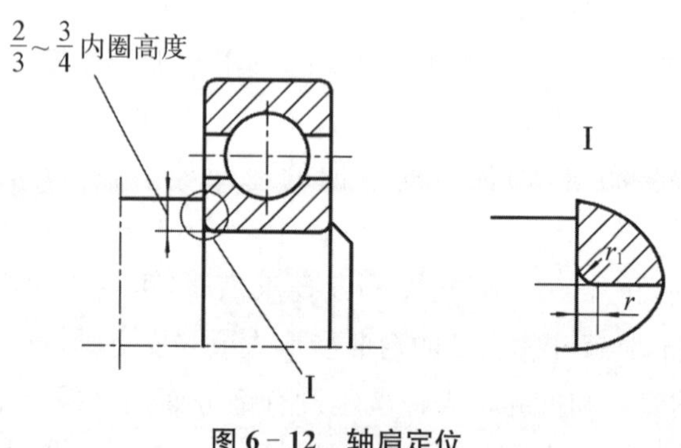

图 6-12　轴肩定位

（2）轴承的配置设计。为保证滚动轴承轴系能正常传递轴向力且不发生蹿动，在轴上零件定位固定的基础上，必须合理地设计轴系支点的轴向固定结构。典型的结构形式有 3 类：两端单向固定、一端双向固定一端游动和两端游动。

(a)

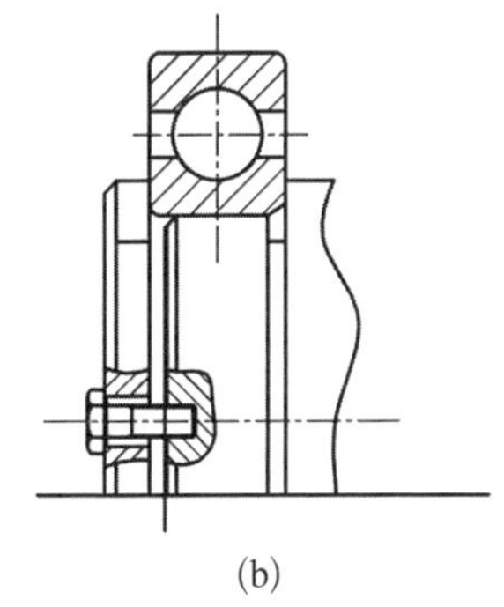
(b)

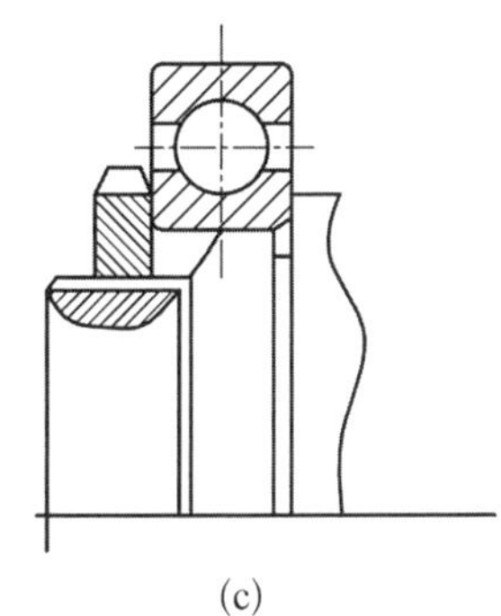
(c)

图 6-13　轴承内圈轴向紧固

(a) 轴用弹性挡圈孔；(b) 轴端挡圈；(c) 圆螺母

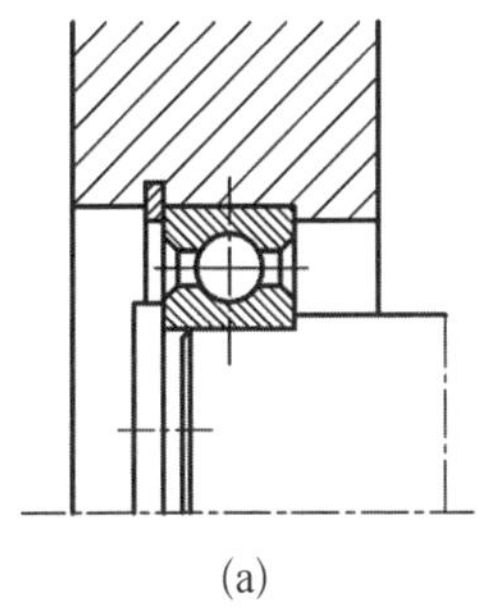
(a)

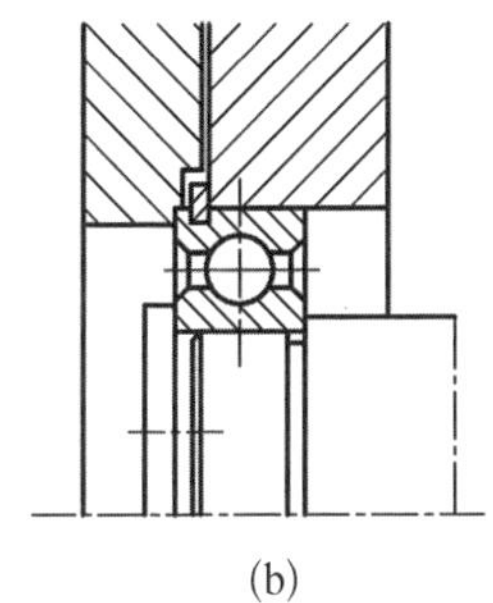
(b)

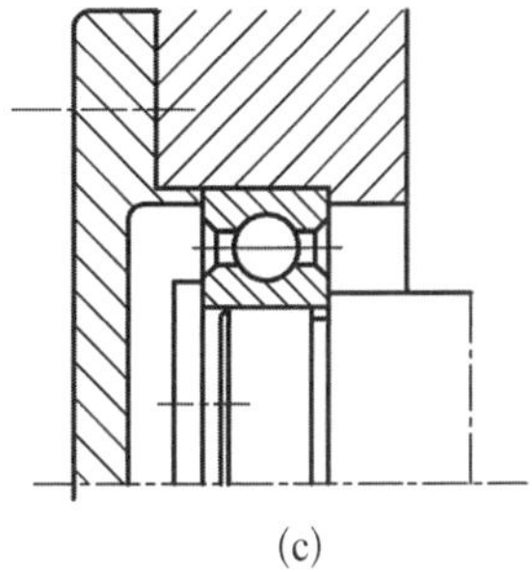
(c)

图 6-14　轴承外圈轴向紧固

(a) 孔用弹性挡圈与突肩；(b) 止动环；(c) 端盖

(3) 轴承的游隙和调节。滚动轴承内部间隙称为游隙，是指轴承一个套圈固定，另一个套圈沿径向或轴向从一个极限位置移动到另一个极限位置的移动量，分别称为径向游隙和轴向游隙。轴承的游隙可分为原始游隙、装配游隙和工作游隙。游隙太小，轴承工作时会发热卡死；游隙过大，则会降低精度。

为了保证泵正常工作，轴上某些零件可以通过调整位置达到要求。常用的调整轴承的轴向间隙的方法如图 6-15 所示。

(4) 轴承的润滑和密封。为使轴承正常运转，避免滚道与滚动体表面直接接触，减少轴承内部的摩擦和磨损，提高轴承性能，延长轴承的使用寿命，必须对轴承进行润滑。滚动轴承常用的润滑材料有润滑油、润滑脂和固体润滑剂。滚动轴承润滑剂的选择主要取决于速度、载荷、温度等工作条件。

为了充分发挥轴承的性能，要防止润滑剂中脂或油的泄漏，而且还要防止有害异物从外部浸入轴承内，尽可能采用完全密封。密封按照原理不同可分

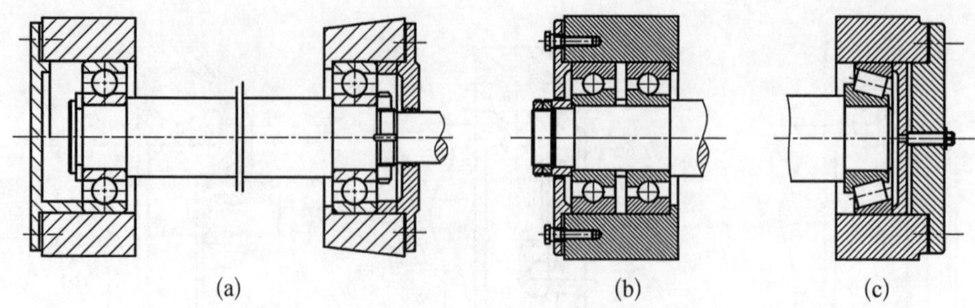

图 6-15　轴承轴向间隙调整方法

(a) 用圆螺母调整；(b) 用垫片调整；(c) 用调节螺钉调整

为接触式密封和非接触式密封两大类。接触式密封只能用在线速度较低的场合，为保证密封的寿命及减少轴的磨损，轴接触部分的硬度应在 40 HRC 以上，表面粗糙度值宜小于 0.8 μm。非接触式密封不受速度限制。

5) 滚动轴承的计算分析

核级泵滚动轴承一般为选型，以下对滚动轴承静强度计算、极限转速计算和寿命计算进行简要说明。

(1) 滚动轴承静强度计算。对于工作载荷下基本不旋转、缓慢旋转或转速极低的滚动轴承，若施加过大载荷，轴承滚道与滚动体间的弹性变形转化为塑性变形。载荷解除后，会在滚动体和轴承内外圈留下不同程度的压痕，旋转时将引起振动、噪声及摩擦力矩。为了防止滚动轴承的压痕过大而导致塑性变形失效，应进行静载荷计算。

轴承上作用的径向载荷 F_r 与轴向载荷 F_a 应折合成一个当量静载荷 P_0，用来判断它是否超过基本额定载荷 C_0，以决定承载极限，即

$$P_0 = X_0 F_{\mathrm{r}} + Y_0 F_{\mathrm{a}} \tag{6-19}$$

式中：X_0、Y_0 分别为当量静载荷的径向载荷系数和轴向载荷系数。

(2) 滚动轴承极限转速计算。滚动轴承的极限转速是在一定负荷、润滑条件下允许的最高转速，与轴承类型、尺寸、负荷大小和方向、润滑剂种类和润滑方式、游隙、保持架结构及冷却条件等诸多因素有关。

在实际工作条件下，轴承的极限转速，即工作时所允许的最高转速为

$$n_{\max} = f_1 f_2 n_{\lim} \tag{6-20}$$

式中：f_1 为载荷系数，为考虑重载时接触应力增大的影响；f_2 为载荷分布系数，为考虑随轴向载荷增大，受载滚动体数目增多，轴承摩擦力增大的影响；

$n_{\lim}$ 为样本中轴承的极限转速。

(3) 滚动轴承寿命计算。滚动轴承基本额定寿命与载荷的关系曲线方程为

$$L_{10\,\mathrm{h}}=\frac{10^6}{60n}\left(\frac{C}{P}\right)^{\varepsilon} \tag{6-21}$$

式中：$L_{10\,\mathrm{h}}$ 为轴承基本额定寿命，h；P 为当量动载荷，N；C 为基本额定动载荷，N；ε 为寿命指数，球轴承 $\varepsilon=3$，滚子轴承 $\varepsilon=10/3$；n 为转速，r/min。

6.3　转子动力学分析

转子动力学是研究所有与旋转机械转子及其部件和结构有关的动力学特性的学科，同时与流体力学中轴承与密封的润滑密切相关，有着极强的工程应用背景，它广泛应用于航空发动机、燃气轮机、汽轮机、压缩机、水轮机、涡轮泵、增压器、柴油机、泵、电机等各种旋转机械领域。转子动力学分析主要包括临界转速分析，转子横向、扭转、轴向振动分析，转子轴承系统稳定性分析，转子非线性瞬态振动分析，轴承动力学分析。

1) 临界转速分析

由于轴本身材质的不均匀、加工误差、外界干扰力的影响，轴旋转时质心会偏离轴线产生离心力而振动。当转速达到某个数值，使外界干扰力产生的振动频率与轴的自然振动频率相同或相近时，将会出现共振现象，其振幅和动载荷可能导致轴和机器的破坏。轴发生振动时的转速成为轴的临界转速，临界转速的表达式如下：

$$\omega_n=\sqrt{\frac{k}{m}} \tag{6-22}$$

如果转速继续提高，振动就会减弱，轴的转动趋于平稳。但当转速达到另一较高的数值时，共振可能再次出现。其中，最低的临界转速称为第一阶临界转速 n_{c1}。工作转速 n 低于一阶临界转速的轴称为刚性轴，超过一阶临界转速的轴称为挠性轴。轴的振动计算就是计算其临界转速，使轴的工作转速避开其各阶临界转速以防止共振的发生。

轴的临界转速取决于回转零件的质量和轴的刚度，质量越大，刚度越小，则轴的临界转速越低。因此，避免共振的有效措施是消除引起共振的根源。

高速轴应该使其工作转速避开相应的高阶临界转速。通常情况下：对于刚性轴，应使 $n < 0.85n_{c1}$；对于挠性轴，应使 $1.5n_{c1} < n < 0.85n_{c2}$。其中，$n_{c1}$、$n_{c2}$ 分别为一阶和二阶临界转速，满足上述条件并避开各高阶临界转速的轴，都具有振动稳定性。

2）转子横向、扭转和轴向振动分析

横向振动是指振动物体上的质点只做垂直轴线方向的振动。高速旋转机械中，转子横向振动占主导。扭转振动是指振动物体上的质点只做绕轴线转动的振动，一般对多轴系统需要进行扭转振动计算。轴向振动是指振动物体上的质点只做沿轴线方向的振动，泵上采用推力轴承来消除轴向蹿动。强迫振动是指系统受外界持续激扰作用而产生的振动，如转子不平衡产生的周期性激振力下的转子振动，其振动的频率与激振频率相关。

3）转子轴承系统稳定性分析

转子系统在非线性条件下的稳定性是非线性转子动力学研究中的一个重要问题。转子失稳可有多种因素引起，其中包括循环力。它若克服外阻尼并导致转子做增幅涡动，是其中一种普遍的失稳机制。滑动轴承的液膜力是引起转子系统失稳的主要循环力之一。经典的轴承模型包含了基于轴颈静态平衡位置的小扰动所产生的液膜力的线性部分。在转子动力分析中，线性化轴承动力系数在振幅小于30%轴承间隙时用来计算临界转速、不平衡响应和系统的稳定性是有效的方法[10]。

4）转子非线性瞬态振动分析

转子动力学主要研究旋转机械中转子及其支撑系统的动力学特性，研究过程经历了从以线性理论为主到逐渐重视非线性效应的过渡，现阶段的研究往往结合了线性与非线性的分析方法。非线性是指相对于量和量之间满足正比关系的线性而言的，非线性系统不遵循叠加原理，即分量之和不等于总量。非线性分析可采用的数值分析方法，包括时间三维谱图分析、时域分析、频谱分析、轴心轨迹分析、分岔图分析。

5）轴承动力学分析

轴承动力学是机械工程中的一个重要分支，它研究轴承在运动过程中的力学特性和运动规律。轴承是机械设备中的重要部件，它能够支撑和转动机械设备中的轴，使得机械设备能够正常运转。轴承动力学的研究对于机械设备的设计、制造和维护都具有重要的意义。轴承动力学的研究内容主要包括轴承的基本结构、轴承的运动规律、轴承的负荷分析、轴承的寿命预测等方面。

轴承的基本结构包括内圈、外圈、滚动体和保持架等部分。轴承的运动规律主要包括轴承的旋转、滚动和滑动等运动方式。轴承的负荷分析是指对轴承在运动过程中所承受的载荷进行分析和计算，以确定轴承的承载能力。轴承的寿命预测是指通过对轴承的使用条件、负荷、转速等因素进行分析和计算，预测轴承的使用寿命。轴承动力学的研究可以帮助机械工程师更好地设计、制造和维护机械设备，以满足人们对机械设备的使用要求。在机械设备的设计中，轴承动力学的研究可以帮助设计师选择合适的轴承类型和尺寸，以满足机械设备的使用要求。在机械设备的制造中，轴承动力学的研究可以帮助制造工人正确安装和调整轴承，以确保机械设备的正常运转。在机械设备的维护中，轴承动力学的研究可以帮助维修工人正确诊断和处理轴承故障，以延长机械设备的使用寿命。

6）核主泵转子分析

(1) 模态分析。模态是指机械结构的自然振动特性，具有一定的频率、阻尼比及振型，根据模态分析结果，可以得知结构的各阶模态振动特性，从而改进结构设计避免共振。在转子动力学研究领域中，模态分析是动力学分析的基础，也是其他动力学特性分析的前提，其结果直接影响后续转子动力学分析的准确性和可靠性。因此，对核主泵转子进行模态分析是十分必要的。模态分析实质是通过叠加计算手段将线性定常系统振动微分方程组中的物理坐标变换为模态坐标，方程组通过解耦转变为一组用模态坐标及模态参数来表达的独立方程，最终求解出系统的模态参数。模态分析为结构系统的振动特性分析、振动故障诊断及结构动力特性的优化设计提供依据。鉴于转子模态分析的正交性，选取部分振动变化明显的阶次为目标做临界转速极差分析。

(2) 临界转速分析。在设计高速旋转机械时，常常碰到在某组设计参数下，机组的某阶临界转速与工作转速比较靠近而影响机组稳定运行的情况，从而希望通过修改设计参数使临界转速能偏离工作转速足够的范围，以确保机组稳定安全运行。由于机组可供修改的参数太多，不同的几何参数对临界转速的影响不同。因此，了解临界转速对每个几何参数的敏感程度，从而有效地改变临界转速是非常重要的。实际工程中，针对转子的长度或直径可修改的余量并不多，通过缩短跨距或增大轴径的方法来提高临界转速效果不明显，更为常用的措施是增加轴承的刚度，对于液膜滑动轴承而言可适当改变长径比或液膜间隙。由前两章轴承动力特性分析结果可知，适当的长径比和半径间隙可以增加轴承的刚度，从而改变临界转速。

（3）谐响应分析。谐响应分析对于高速旋转机械系统是十分必要的。谐响应分析是一种计算结构稳态受迫振动时的线性分析，不考虑激励开始发生时的瞬态振动。求解谐波响应分析，通常有完全法和模态叠加法两种。完全法使用完全结构矩阵，允许非对称矩阵的存在，方法是最简单的。模态叠加法是在模态分析中叠加模态振型，其求解速度是最快的。

第 7 章
泵用轴封

泵在运行时，其内流体和外在大气间存在着压差，这种压差可能导致流体从泵的高压侧沿着轴和壳体间的间隙向低压侧（如外部环境）泄漏。为防止这种泄漏，需专门设置密封装置，即轴封。当泵内压力大于大气压时，轴封防止液体向外泄漏；当泵内压力小于大气压时，轴封防止空气向泵内泄漏。常用的轴封种类有：填料密封、机械密封、动力密封、浮动密封和螺旋密封等。

7.1 机械密封

简单的机械密封如图 7－1 所示，由动环（随轴一起旋转并能做轴向移动）、静环、压紧元件（弹簧）和密封元件（密封圈）等组成。动环靠密封腔中液体的压力和压紧元件的压力，使其端面贴合在静环的端面上，形成微小的轴向

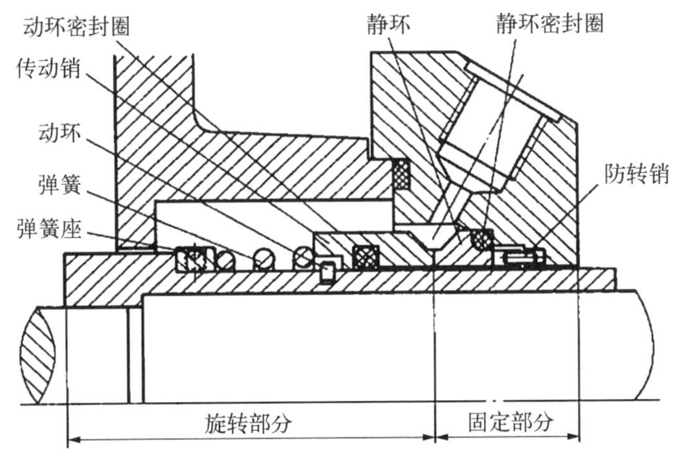

图 7－1 机械密封的基本元件和工作原理

间隙而达到密封的目的。两密封环端面、静环和压盖的密封、动环和轴的密封构成三道密封，封堵了密封腔中液体向外泄漏的全部可能的途径，实现可靠的密封。密封元件除起密封作用外还起着缓冲振动和冲击的作用。

7.1.1 机械密封的类型

机械密封的结构形式，主要根据摩擦副的数量、弹簧的数量、弹簧是否与介质接触、弹簧运动或静止、介质在密封端面上造成的比压大小、介质的泄漏方向等来加以区别。每种结构形式适用于一定的工作条件，在选择机械密封的结构形式时，应考虑介质种类、温度、压力、转速和轴径等，还要考虑制造和拆装方便。机械密封的主要结构形式如下。

1）平衡与非平衡型

按摩擦副接触端面的比压（单位面积上所受的力）与被密封介质压力的关系，机械密封可分为平衡型与非平衡型（见图 7－2）。

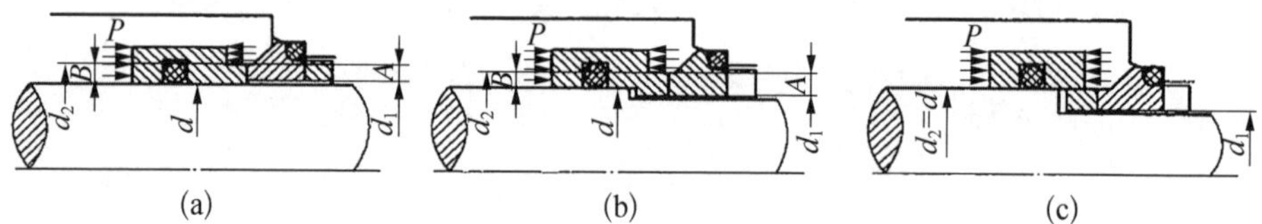

图 7－2　平衡型与非平衡型机械密封

(a) $B>A$ 非平衡型；(b) $B<A$ 平衡型；(c) $B=0$ 完全平衡型

(1) 非平衡型：$B\geqslant A$。

介质作用在动环上的有效面积 B（去掉作用压力相互抵消部分的面积），等于或大于动静环接触面积 A。即 $B\geqslant A$。

端面比压随密封介质压力增减成正比增减，当介质压力高时，端面上产生很大的比压，会加速摩擦面的磨损、发热，破坏端面的液体膜而形成干摩擦。一般非平衡介质压力不超过 0.7 MPa。

(2) 平衡型：$B<A$。

介质压力高时，需要从密封结构上设法消除一部分压力对摩擦面的作用，这种形式的密封称为平衡型机械密封。在这种密封中，介质作用在动环上的有效面积 B 小于动静环端面的接触面积 A。密封端面上的比压可以自行控制，介质压力增减对端面比压的影响较小。这就是机械密封用于密封高压介质时，两端面不会过分靠近而引起摩擦的原因。

(3) 完全平衡型：$B=0$(即 $d_2=d$)。

为完全平衡型机械密封。完全平衡型端面间液体的压力(力图推开密封面)只靠弹簧力来克服，易使密封端面打开，一般很少用。

2) 旋转型与静止型

机械密封按弹簧是否旋转分为旋转型与静止型(见图 7-3)。旋转密封在高速情况下，弹簧本身受离心力影响容易变形，如果弹簧在介质中，介质受弹簧强烈搅动，这对于强腐蚀介质更为不利。静止型则无这种缺点，但结构比旋转式复杂。

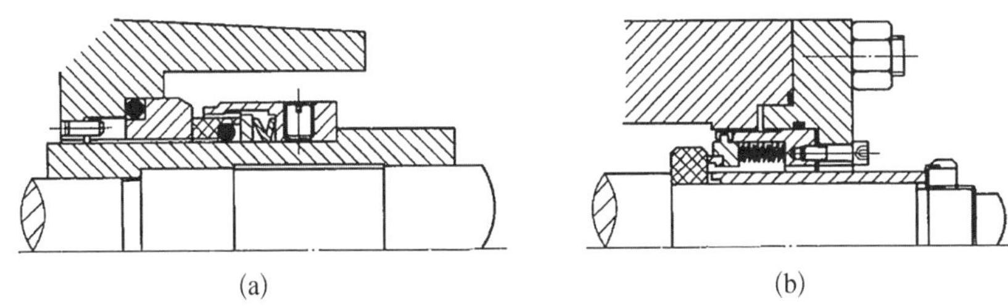

图 7-3 旋转型和静止型机械密封

(a) 旋转型；(b) 静止型

3) 单弹簧与多弹簧

机械密封按弹簧数量分为单弹簧与多弹簧。多弹簧是沿圆周装有多个小弹簧，优点是弹簧受力比单弹簧(1 个大弹簧)均匀，缓冲性好，便于调节(改变弹簧数目)，轴向尺寸也小，但不耐腐蚀，容易锈死卡住而失效。另外，多弹簧是以小的位移，使弹簧负荷有较大变化，故摩擦面磨损时对摩擦面上的比压有明显的影响。一般说来，小轴径宜用大弹簧，大轴径宜用小弹簧。

4) 单端面与双端面

机械密封按密封腔中摩擦副的对数分为单端面与双端面密封。单端面密封，在一个密封腔中只有 1 对端面摩擦副；双端面密封，在一个密封腔中用 2 对端面摩擦副来实现密封。双端面机械密封如图 7-4 所示。在双端面密封的密封腔中，应注入压力一般高于介质压力 0.05～0.2 MPa 的封液。对封液的要求是润滑性能好、汽化温度高，对工作介质无影响。封液的作用是：① 润滑密封端面；② 带走摩擦热量；③ 将端面因磨损产生的颗粒带走；④ 封堵工作介质泄漏；⑤ 改变密封泄漏方向；⑥ 双端面密封适用于强腐蚀、高温、贵重或有毒介质。

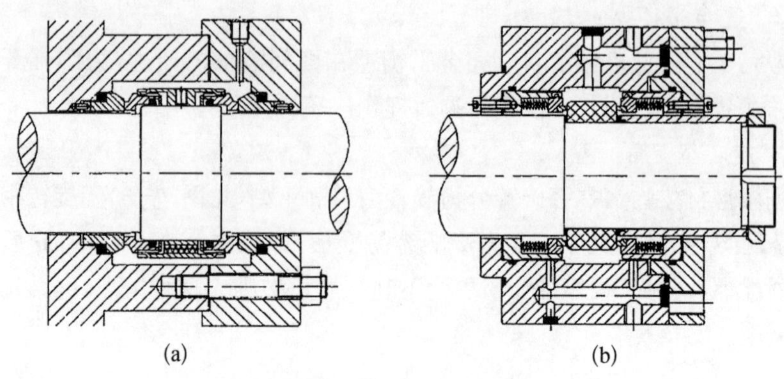

图 7-4 双端面机械密封

(a) 旋转型双端面;(b) 静止型双端面

5) 内流型与外流型

按被密封介质沿端面泄漏方向机械密封分为内流型与外流型。① 内流型：液体以逆离心力方向进入密封端面,如双端面密封中大气侧的密封,离心力阻止液体泄漏,适合于密封含杂质的介质。② 外流型：液体以离心力的方向进入密封端面,如双端面密封中介质侧的密封,当介质压力大于封液时就变为外流型密封。

6) 内装型与外装型

按弹簧是否在被密封介质内部机械密封分为内装型与外装型。图 7-5 所示是外装型机械密封,图 7-5(a)是外装旋转型,图 7-5(b)是外装静止型。

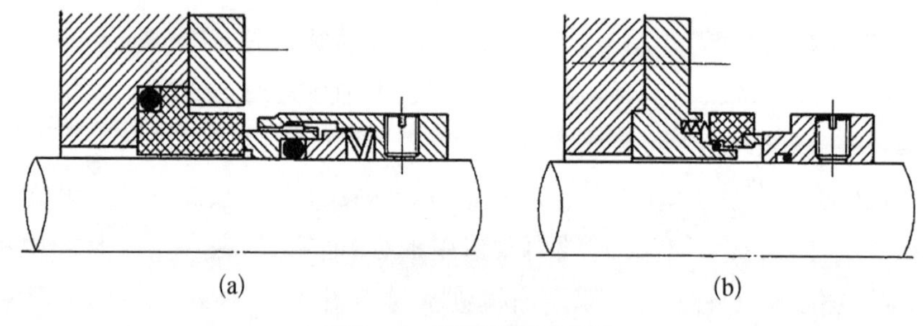

图 7-5 外装型机械密封

(a) 外装旋转型;(b) 外装静止型

对于强腐蚀性介质可采用外装型机械密封;另外,外装型机械密封容易观察和拆装,但端面液体反力只靠弹簧来平衡。当介质压力高(端面反力亦大)时,可能打开端面,出现强烈泄漏,故外装型一般用于低压(0.3 MPa 以下)。

7）单级与多级

多级机械密封(见图 7-6)，在一个密封装置中有 2 个或 2 个以上密封腔，密封腔中的压力逐渐下降，从而降低了每一级密封的压差。采用这种串联式多级密封，从原理上可密封任何高压的液体。

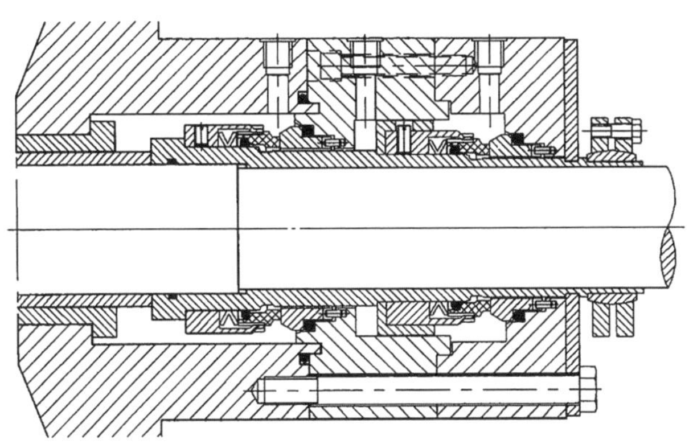

图 7-6　两级串联机械密封

8）滑动式与非滑动式

首先说明什么是补偿环和非补偿环。补偿环是具有轴向补偿能力的密封环，它可以是动环，也可以是静环(非旋转环)。

滑动式机械密封如图 7-7(a)所示。补偿环借助辅助密封圈(O 形圈、V 形圈、楔形环等)支承于轴(或轴套)上，靠接触滑移来实现补偿环补偿功能的机械密封。

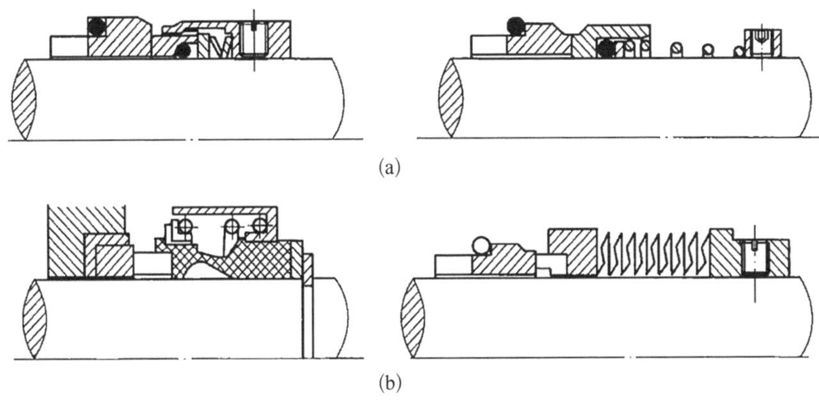

图 7-7　滑动式和非滑动式机械密封

(a) 滑动式；(b) 非滑动式

非滑动式机械密封如图 7-7(b)所示。补偿环支承在波纹管式的辅助密封上，靠波纹管的伸长来实现补偿的机械密封。波纹管机械密封为非滑动式机械密封。

9）高背压式与低背压式

高背压式机械密封：指补偿环离密封端面最远的端面处于高压侧的滑动式机械密封。如图 7-8(a)至图 7-8(c)所示。

低背压式机械密封：指补偿环离密封端面最远的端面处于低压侧的滑动式机械密封。如图 7-8(d)至图 7-8(f)所示。

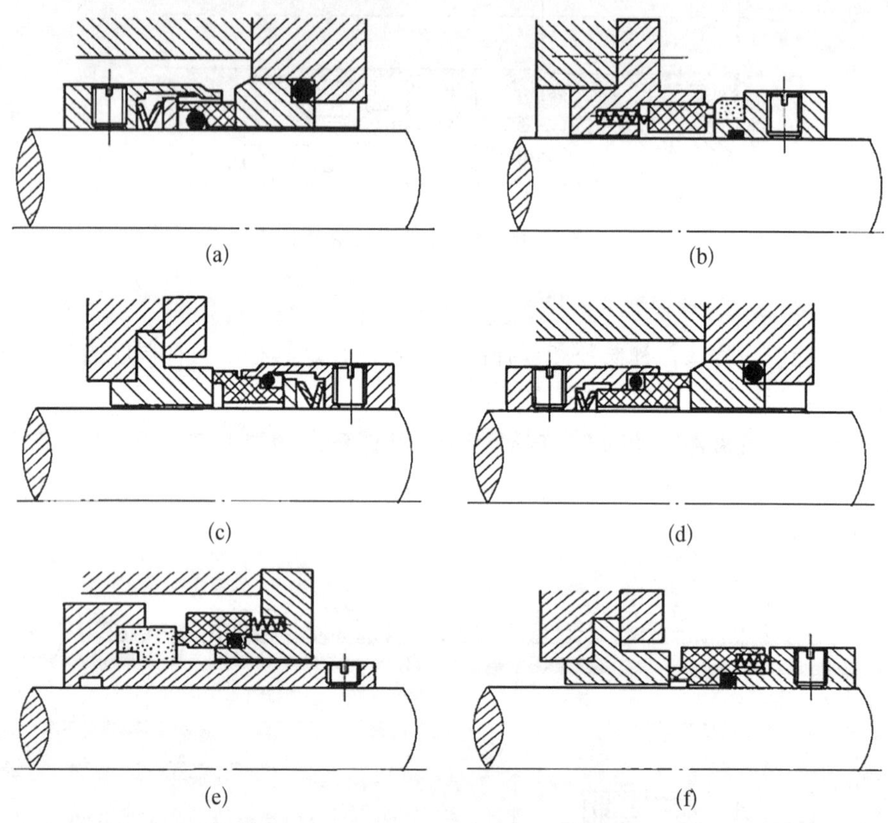

图 7-8　高背压式与低背压式机械密封

(a) 旋转、内装、高背压型；(b) 静止、外装、高背压型；(c) 旋转、外装、高背压型；(d) 旋转、内装、低背压型；(e) 静止、内装、高背压型；(f) 旋转、外装、低背压型

10）接触式与非接触式

接触式机械密封：指密封端面彼此互相接触，端面比压 p 大于 0 的机械

密封。

非接触式机械密封：指密封端面互相不接触，端面比压 p 等于 0 的机械密封。

非接触式机械密封处于液体摩擦状态，在密封端面之间有一层完整的流体膜。流体膜是由于向密封端面引入压力流体产生的流体静压效应，或者是由端面的特殊几何形状在相对旋转时产生的流体动压效应所产生的。它具有足够大的流体膜膜压，并能保持良好的刚性，使密封端面处于非接触状态的相对运动。

非接触式机械密封可按产生流体膜的效应分为以下类型。

(1) 流体静压式机械密封。指密封端面设计成特殊的几何形状，利用外部引入的压力流体或者是被密封流体本身通过密封端面间的压力降，产生流体静压效应的机械密封。流体静压式机械密封(见图 7－9)，按引入密封端面压力流体来源可分为：

① 外加压流体静压式机械密封，指从外部引入压力流体的静压机械密封。

② 内加压流体静压式机械密封，指利用被密封流体本身作为加压流体的流体静压式机械密封。

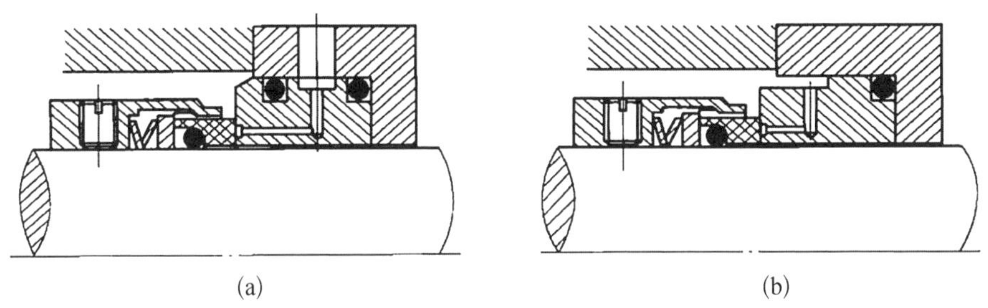

图 7－9　流体静压式机械密封

(a) 外加压流体静压式；(b) 内加压流体静压式

(2) 流体动压式机械密封。指密封端面设计成特殊的几何形状，利用相对旋转自行产生流体动压效应的机械密封。流体动压式机械密封及密封面的形状，如图 7－10 所示。

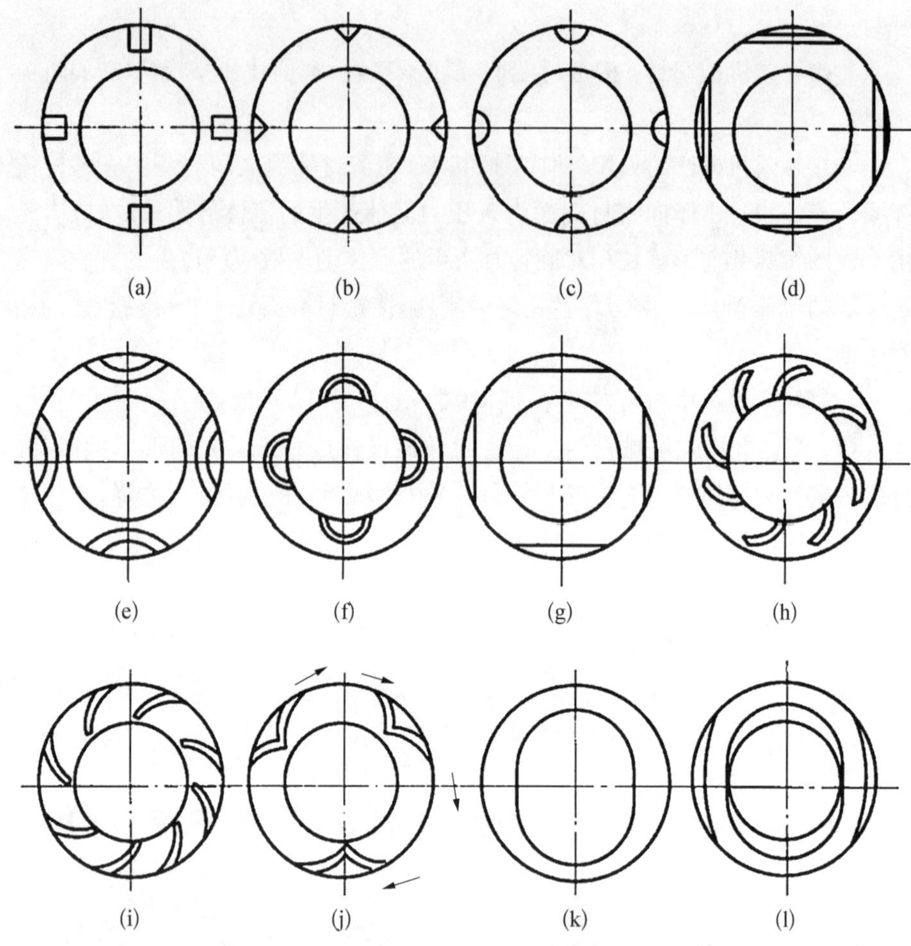

图 7-10　流体动压式机械密封

(a) 矩形槽；(b) 三角形槽；(c) 半圆形槽；(d) 直弦槽；(e) 外圆弧槽；(f) 内圆弧槽；(g) 倒棱槽；(h) 内螺旋槽；(i)外螺旋槽；(j) 叶形槽；(k) 内椭圆槽；(l) 外椭圆槽

7.1.2　机械密封的设计和计算

机械密封的设计和计算主要包括尺寸计算、密封面压力计算、密封面面积计算和密封间隙计算等。

7.1.2.1　密封端面间液体压力分布规律

在密封介质为液体的情况下，端面摩擦副的最佳工作状态是半液体摩擦，液体处于全部接触面积中，并认为摩擦副间隙内液体流动的阻力沿径向不变。这样间隙内的压力按线性变化，压力分布图为三角形(见图 7-11)。

实际上间隙内部液体质点由于绕轴旋转作用有惯性力。当该力方向与液体流动方向相反时(内流式)其压力分布呈内凹形式;当惯性力与液体流动方向一致时(外流式)其压力分布呈外凸形式。液体的黏度对压力分布也有影响,低黏度液体(如液态丙烷、丁烷、氨)压力分布是外凸的,高黏度液体(如重润滑油)压力分布是内凹的。泄漏量对压力分布也有影响,泄漏量极少时压力分布呈凹形,较大时呈凸形。

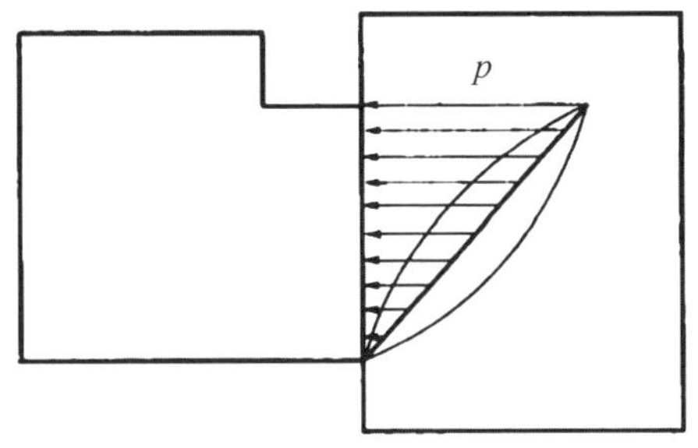

图7-11 密封间隙压力分布

7.1.2.2 载荷系数和平衡系数

1) 载荷系数 K

$$K=\frac{B}{A}=\frac{d_2^2-d^2}{d_2^2-d_1^2} \tag{7-1}$$

载荷系数 K 表示作用到环上的压力加到密封端面上的程度,若已知密封环尺寸,很容易算出 K。

2) 平衡系数 β

$$\beta=\frac{A-B}{A}=1-K \tag{7-2}$$

平衡系数 β 表示介质产生的比压,在接触端面上的减荷程度,通过改变 β 可使端面比压控制在合适范围内,以扩大密封使用的压力范围。

$K\geqslant 1(\beta\leqslant 0)$为非平衡型;$0<K<1(0<\beta<1)$为平衡型;$K=0(\beta=1)$为完全平衡型;$K<0(\beta>1)$为过平衡型,如图7-12所示。

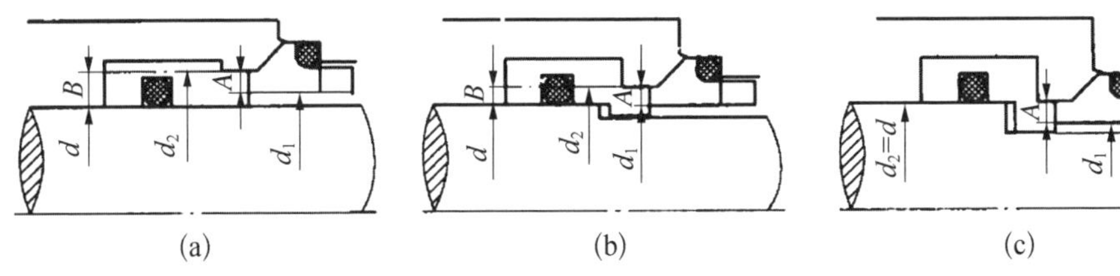

图7-12 机械密封的形式

(a) $K\geqslant 1(\beta\leqslant 0)$非平衡型;(b) $0<K<1(0<\beta<1)$平衡型;(c) $K=0(\beta=1)$完全平衡型

β值常用范围是0.15～0.45（K为0.85～0.55），黏度大的介质选小的β，介质压力越大，β应加大。

7.1.2.3　端面的反压和比压

1）反压系数

所谓反压就是密封端面间隙内的液体，力图推开端面的力，假设密封介质的压力为p_j，端面间隙内压力按直线分布，则任意半径R处的压力p，由相似三角形（见图7-13）得

$$\frac{p}{p_j}=\frac{R-R_1}{R_2-R_1},\ p=p_j\frac{R-R_1}{R_2-R_1} \tag{7-3}$$

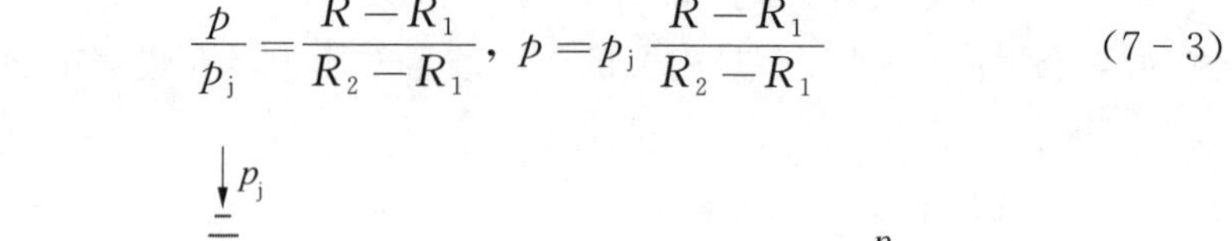

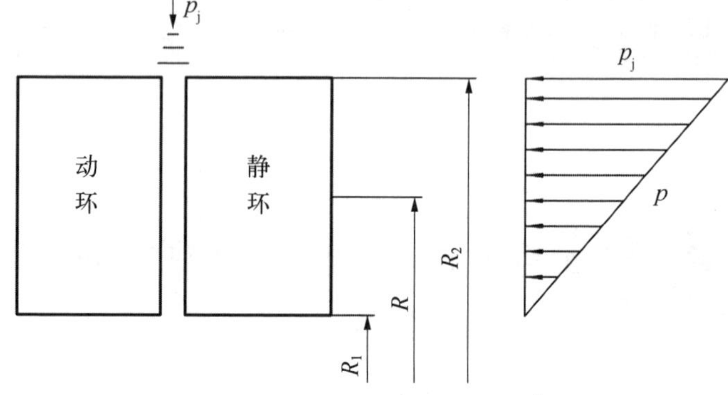

图7-13　密封端面的反压力

端面总的反推力

$$Q=\int_{R_1}^{R_2}2\pi Rp_j\mathrm{d}R\frac{R-R_1}{R_2-R_1}=\frac{\pi}{3}p_j(R_2-R_1)(2R_2+R_1) \tag{7-4}$$

密封间隙中液体的平均压力p_m和介质压力p_j之比称为反压系数，用λ表示，即

$$\lambda=\frac{p_m}{p_j} \tag{7-5}$$

密封端面的反推力Q应等于端面的平均压力和面积之乘积

$$Q=\frac{\pi}{3}p_j(R_2-R_1)(2R_2+R_1)=p_m(R_2^2-R_1^2)\pi$$

则

$$p_m = \frac{p_j}{3} \frac{R_2 - R_1(2R_2 + R_1)}{(R_2^2 - R_1^2)} = \frac{p_j(2R_2 + R_1)}{3(R_2 + R_1)}$$

$$\lambda = \frac{2R_2 + R_1}{3(R_2 + R_1)} \tag{7-6}$$

实际 λ 和密封端面的压力分布规律有关，也就是与密封表面质量、接触面宽度、介质黏度和泄漏等有关。由于影响 λ 的因素很多，当介质为清水时，推荐：内装式密封，$\lambda = 0.5$；外装式密封，$\lambda = 0.7$。

2）端面比压

(1) 内装单端面机封比压：端面比压是密封端面单位面积上的平均压紧力。动环受力情况如图 7-14 所示，动环上作用力有：弹簧力 P_t、介质作用力 P_j、动环移动的摩擦力 P_f（很小，可不考虑）、端面反推力 Q 和静环对动环的作用力 T，由力的平衡条件，则有

$$p = \frac{T}{A} = \frac{P_t + P_j - Q - P_f}{A} \tag{7-7}$$

式中：$P_t = p_t A = p_t \frac{\pi}{4}(d_2^2 - d_1^2)$，$p_t$ 为弹簧比压；$P_j = p_j B = p_j \frac{\pi}{4}(d_2^2 - d^2)$；$Q = p_m A = p_m \frac{\pi}{4}(d_2^2 - d_1^2) = \lambda p_j A$；$p_m$ 为密封端面的平均压力。

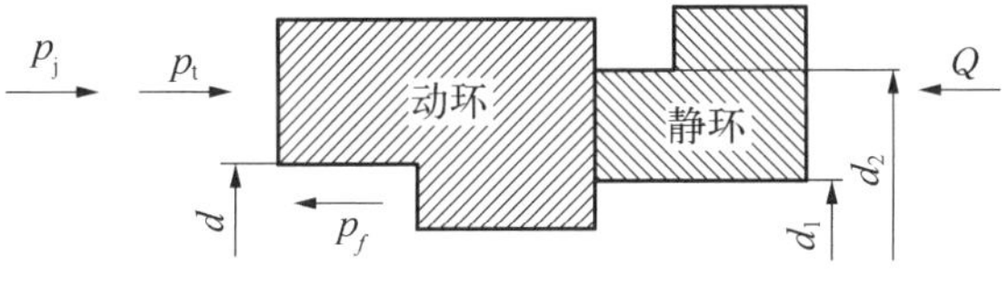

图 7-14　动环受力

由此

$$p = p_t + p_j(K_{内} - \lambda) \tag{7-8}$$

$$K_{内} = \frac{d_2^2 - d^2}{d_2^2 - d_1^2},\ \lambda = 0.5$$

(2) 外装单端面机封比压：外装式机封（见图 7-15）动环受力，与内装式类似，得出比压为

$$p = p_t + p_j(K_{外} - \lambda)$$

$$K_{外} = \frac{d^2 - d_1^2}{d_2^2 - d_1^2} = \frac{B}{A} \tag{7-9}$$

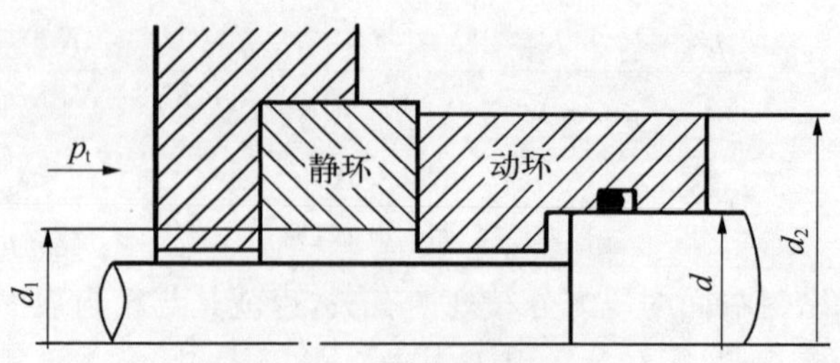

图 7-15 外装式机封比压

(3) 双端面机封比压：双端面机封大气端的结构和受力与前述内装单端面机封相同，现分析介质端动环受力，从而得到比压。动环受力(见图 7-16)有：

弹簧力 $P_t = p_t \dfrac{\pi}{4}(d_2^2 - d_1^2) = p_t A$；

封液总压力 $P_{mi} = p_{mi} \dfrac{\pi}{4}(d_2^2 - d^2) = p_{mi} B$；

介质作用力 $P_j = p_j \dfrac{\pi}{4}(d_1^2 - d^2) = p_j B$；

摩擦力 P_f 可忽略不计；

端面反推力 Q = 介质反推力 Q_j + 封液反推力 Q_{mi}，即

$$Q = \lambda(p_j + p_m)\frac{\pi}{4}(d_2^2 - d_1^2) = \lambda(p_j + p_{mi})A \tag{7-10}$$

由动环受力平衡条件 $p = \dfrac{T}{A} = \dfrac{P_t + p_{mi}B - p_j B' - \lambda(p_j + p_{mi})A}{A}$，设 $K = \dfrac{B}{A}$，$K' = \dfrac{A'}{A}$，则有

$$p = \frac{P_t + p_{mi}KA - p_j K'A - \lambda(P_j + P_{mi})A}{A}$$

即

$$p = p_t + p_{mi}(K - \lambda_{内}) - p_j(K' + \lambda_{外}) \tag{7-11}$$

$$K = \frac{d_2^2 - d^2}{d_2^2 - d_1^2},\ K' = \frac{d_1^2 - d^2}{d_2^2 - d_1^2}$$

因 K' 实际为负值，这样 K' 可用绝对值代入。由式(7-11)可得

$$p = p_t + p_{mi}(K - 0.5) + p_j(|K'| - 0.7)$$

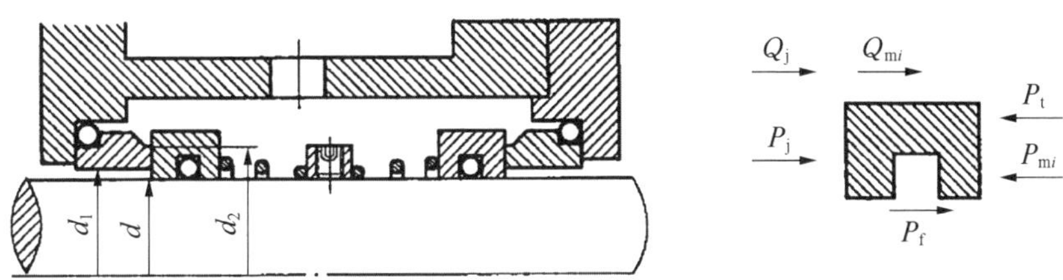

图 7－16　双端面机封动环受力情况

(4) 波纹管机封的比压：分析动环受力情况如图 7－17 所示。

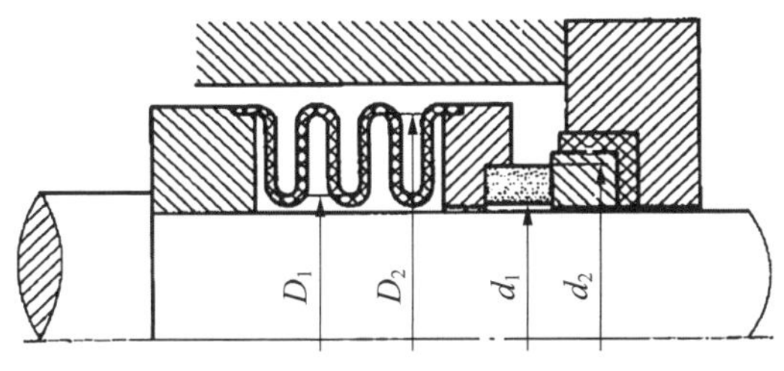

图 7－17　波纹管机械密封比压

p_t 为波纹管(或波纹管和弹簧)的作用力，由波纹管和弹簧结构决定。

介质通过波纹管对端面作用，P_j 按下式计算

$$P_j = \frac{1}{2} p_j \frac{\pi}{4}(D_2^2 - D_1^2)$$

式中：D_2、D_1 分别为波纹管的外径、内径；P_j 为介质作用在上部推开端面的力；Q 为端面反推力。

$$P_j' = p_j \frac{\pi}{4}(D_2^2 - d_2^2)$$

由前述

$$Q = \frac{1}{2} p_j \pi\left(\frac{d_2 - d_1}{2}\right)\left[d_2 - \frac{d_2 - d_1}{3}\right]$$

得端面比压为

$$p=\frac{P_t+P_j-P_j'-Q}{\frac{\pi}{4}(d_2^2-d_1^2)}=p_t+\frac{\frac{\pi}{8}p_j(D_2^2-D_1^2)-\frac{\pi}{4}p_j(D_2^2-d_2^2)-\frac{\pi}{2}p_j\left(\frac{2d_2+d_1}{3}\right)\left(\frac{d_2-d_1}{2}\right)}{\frac{\pi}{4}(d_2^2-d_1^2)}$$

进一步得出：

$$p=p_t+\frac{\frac{\pi}{12}p_j\left[-\frac{3}{2}(D_2^2-d_1^2)+3d_2^2-(2d_2+d_1)(d_2-d_1)\right]}{\frac{\pi}{4}(d_2^2-d_1^2)}$$

$$=p_t+\frac{\frac{\pi}{12}p_j\left[d_1^2+d_2d_1+d_2^2-\frac{3}{2}(D_2^2+D_1^2)\right]}{\frac{\pi}{4}(d_2^2-d_1^2)} \tag{7-12}$$

(5) 比压的选择：端面比压对密封工作情况有重要影响，比压过大将造成干摩擦而发热，摩擦加剧功率消耗增加，比压过小易造成泄漏。选择比压的原则如下：

① 端面比压不能小于端面反推力，否则密封面会打开；

② 端面比压不能小于密封间隙内液体的汽化压力，否则介质开始蒸发；

③ 使间隙液膜在最小泄漏下保持在摩擦面上起润滑作用。

比压 p 一般为 0.05～0.3 MPa，常用范围为 0.1～0.2 MPa[11]，对于介质压力高、润滑性良好、摩擦副材料优良的情况，可选较大的比压。反之，对于润滑性能差，易挥发介质(如液态烃)应选较小的比压。由弹性元件在端面上产生的比压，与结构形式、被密封介质种类和压力有关，为保证启动和停车时密封，补偿端面磨损等，弹簧应产生一定的比压，不同形式结构推荐的比压如表 7-1 所示。

表 7-1　不同结构形式弹簧的比压

密封形式	比压/MPa		
	一般介质	低黏度介质	高黏度介质
内装式	0.3～0.6	0.2～0.4	0.4～0.7
外装式	0.15～0.4		

(6) 端面摩擦副的 pv 值：在正常工作时，密封端面上的摩擦力由两部分组成，一是端面间的液体摩擦力，二是粗糙不平表面的固体摩擦力。前者和液体的滑动速度有关，后者和端面受力有关，所以比压和滑动速度的乘积是决定摩擦副端面材料适用范围的重要参数。从理论上讲还应考虑滑动表面的摩擦因数。

pv 值的许用值和摩擦副的材料、光洁度、介质性质及密封直径、宽度等因素有关。端面的发热及摩擦功率与 pv 值成正比，许用[pv]值是密封失效时的极限 pv 值除以安全系数，表 7-2 是不同摩擦副的许用[pv]值。

表 7-2　不同摩擦副的许用[pv]值

摩擦副	SiC-石墨	SiC-SiC	WC-石墨	WC-WC	WC-填充四氟	WC-青铜	Al_2O_3-石墨	Cr_2O_3 涂层-石墨
[pv]/(MPa·m/s)	18	14.5	7～15	4.4	5	2	3.0～7.5	15

(7) 机械密封的功率消耗：机械密封的功率消耗包括密封端面的摩擦功率 P_f 和旋转组件对液体的搅拌功率 P_s。一般情况后者比前者小得多，而且难以准确计算，通常可以忽略，但对于高速机械密封，则必须考虑搅拌功率及其造成的危害。

端面摩擦功率常用下式近似计算

$$P_f = f p_c v A \tag{7-13}$$

式中：P_f 为端面摩擦功率，W；f 为密封端面摩擦因数；p_c 为端面比压，MPa；v 为密封端面平均线速度，m/s；A 为密封端面面积，mm^2。

摩擦因数 f 与许多因素有关，表 7-3 列出了不同摩擦情况下 f 值的范围。对于普通机械密封，当无实验数据时，可取 $f=0.1$ 进行估算。

表 7-3　几种摩擦情况的摩擦系数

摩擦情况	全液摩擦	混合摩擦	边界摩擦	干摩擦
摩擦因数	0.001～0.050	0.005～0.100	0.050～0.150	0.100～0.600

7.1.2.4 密封端面尺寸的确定

1) 端面宽度

密封端面是由动环和静环两个零件组成的，动环和静环的材料一般选用一软一硬；为了使密封端面更有效地工作，相应地做成一窄一宽，软材料做成窄环，硬材料做成宽环，这样窄环被均匀地磨损而不嵌入到宽环中去。当动环和静环都选用硬材料时，密封端面都做成窄环，并取相同的端面宽度。端面直径应尽可能地小，以降低摩擦端面的线速度。断面宽度 b 在材料强度、刚度足够的条件下，b 值尽可能取小值。过大的 b 值只有坏处，因为它将使端面润滑、冷却效果降低，端面磨损、泄漏、功率消耗增加，而且加工量也增加。在机封标准中用的石墨环、硬质合金环、填充四氟环、青铜环的端面宽度 b 所取的值见表 7-4。

表 7-4 不同材料窄环的端面宽度和高度

<table>
<tr><th rowspan="2">轴径
d/mm</th><th colspan="7">b/mm</th></tr>
<tr><th colspan="4">非平衡型</th><th colspan="3">平衡型</th></tr>
<tr><th></th><th>石墨</th><th>硬质合金</th><th>填充聚
四氟乙烯</th><th>青铜</th><th>硬质合金</th><th>石墨</th><th>青铜</th></tr>
<tr><td>h</td><td>3.0</td><td>2.0</td><td>3.0</td><td>3.0</td><td>2.00</td><td>3.0</td><td>3.00</td></tr>
<tr><td>16</td><td rowspan="6">3.0</td><td rowspan="6">2.0</td><td rowspan="6">3.0</td><td rowspan="6">2.0</td><td rowspan="6">2.00</td><td rowspan="4">2.5</td><td rowspan="6">2.00</td></tr>
<tr><td>18</td></tr>
<tr><td>20</td></tr>
<tr><td>22</td></tr>
<tr><td>25</td><td rowspan="3">3.0</td></tr>
<tr><td>28</td></tr>
<tr><td>30</td><td rowspan="3">4.0</td><td rowspan="3">2.5</td><td rowspan="3">4.0</td><td rowspan="3">2.5</td><td rowspan="3">2.50</td><td rowspan="3">2.50</td></tr>
<tr><td>35</td><td rowspan="2">4.0</td></tr>
<tr><td>40</td></tr>
</table>

（续表）

<table>
<tr><th rowspan="2">轴径
d/mm</th><th colspan="7">b/mm</th></tr>
<tr><th colspan="4">非平衡型</th><th colspan="3">平衡型</th></tr>
<tr><th></th><th>石墨</th><th>硬质合金</th><th>填充聚四氟乙烯</th><th>青铜</th><th>硬质合金</th><th>石墨</th><th>青铜</th></tr>
<tr><th>h</th><th>3.0</th><th>2.0</th><th>3.0</th><th>3.0</th><th>2.00</th><th>3.0</th><th>3.00</th></tr>
<tr><td>45</td><td rowspan="4">5.0</td><td rowspan="5">2.5</td><td rowspan="4">5.0</td><td rowspan="5">2.5</td><td rowspan="6">2.75</td><td rowspan="5">4.0</td><td rowspan="6">2.75</td></tr>
<tr><td>50</td></tr>
<tr><td>55</td></tr>
<tr><td>60</td></tr>
<tr><td>65</td><td rowspan="2">5.5</td><td rowspan="4">5.5</td></tr>
<tr><td>70</td><td rowspan="7">3.0</td><td rowspan="7">3.0</td><td rowspan="3">5.0</td></tr>
<tr><td>75</td><td rowspan="8">6.0</td><td rowspan="8">3.00</td><td rowspan="8">3.00</td></tr>
<tr><td>80</td></tr>
<tr><td>85</td><td rowspan="6"></td><td rowspan="4">5.5</td></tr>
<tr><td>90</td></tr>
<tr><td>95</td></tr>
<tr><td>100</td></tr>
<tr><td>110</td><td rowspan="2">3.5</td><td rowspan="2">3.5</td><td rowspan="2">6.0</td></tr>
<tr><td>120</td></tr>
</table>

宽环比窄环的 b 值大 1～3 mm。窄环高度 h 主要由材料的强度、刚度及耐磨损能力确定，一般取 2～5 mm。标准中高度 h：石墨环、填充四氟环、青铜环都取 3 mm，硬质合金环取 2 mm。

2）间隙

如图 7－18 所示，静环内径 D_0 与轴径的间隙（D_0-d）一般取 1～3 mm。

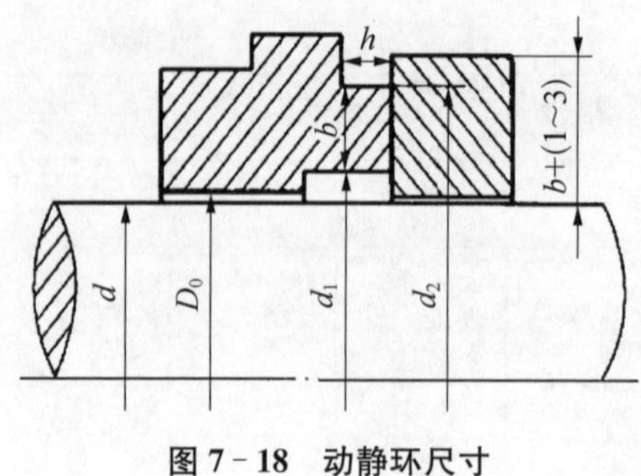

图 7-18　动静环尺寸

标准石墨环、青铜环、填充四氟塑料环轴径在 $\phi16\sim\phi100$ 时取 2 mm，轴径在 $\phi110\sim\phi120$ 时取 2 mm。硬质合金环轴径在 $\phi16\sim\phi100$ 时取 2 mm，轴径在 $\phi110\sim\phi120$ 时取 3 mm。

3) 端面内径和外径

端面直径确定了密封面宽度 b 和间隙后，就可以根据轴径 d 确定端面内径 d_1 和外径 d_2。内径 d_1 为轴径加间隙然后再加 0～1 mm 即可，这主要视加工难易程度而定，如硬质合金，加工困难就取 0，加工方便则取 1 mm。外径 d_2 由 d_1 加 $2b$ 计算可得。软环的端面内径和外径确定后，硬环的端面内径较软环内径小 1～3 mm，外径大 1～3 mm。

7.1.2.5　密封圈尺寸的确定

密封圈材料有橡胶和四氟塑料两种，为了使两者互相通用，其设计尺寸是一致的。即橡胶 O 形圈和四氟塑料 V 形圈在直径方向上名义尺寸相同，两种圈可以互换。为了保证其密封性能，圈的制造公差是不同的，根据轴径不同，密封圈有不同的断面尺寸，如图 7-19 所示。

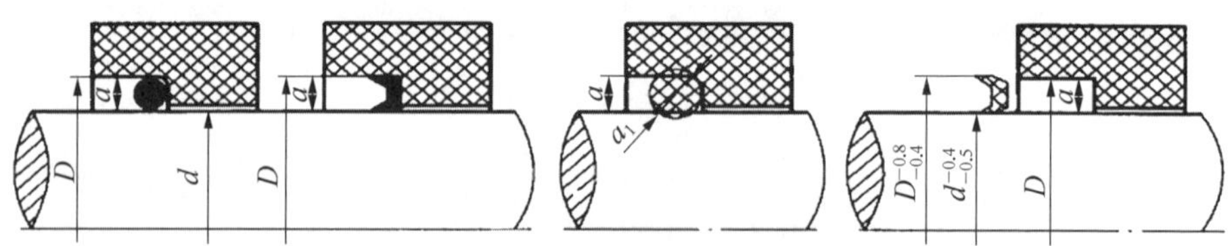

图 7-19　密封安装尺寸和压缩量

橡胶 O 形密封圈安装在动环或静环上，O 形圈必须有一定的压缩量，压缩率为 $(a_1-a)/a_1$，其压缩值见表 7-5 所示。根据经验，压缩率为 10% 时，可以密封的介质压力为 3.92 MPa，过大的变形量则安装困难，摩擦阻力增大，使用寿命降低。为了保证密封性能，容易控制制造公差，标准规定变形率在 6%～10%。橡胶 O 形圈的内径一般比轴径小 0.5～1.5 mm。

四氟塑料 V 形圈是依靠两侧的密封唇进行密封的，属于自封闭式的密封结构。介质压力升高时，其密封性能越好。为了保证在低压时也有良好的密封性能，V形圈的内径必须比轴径小，外径必须比安装尺寸大，与支撑环一起安装，以使V形圈的两边密封唇紧贴在两个环形的密封表面。标准中规定V形圈内径如图7-19所示，比轴径尺寸小0.4～0.5 mm，外径比安装处尺寸大0.4～0.8 mm。

表7-5 密封圈安装尺寸表

指　标	$d=16\sim28$ mm	$d=20\sim80$ mm	$d=85\sim120$ mm
安装尺寸 a/mm	4	5	6
O形圈压缩率/%	6～10	6～9	6.0～8.5

7.1.2.6 弹簧尺寸的确定

机封用弹簧的作用是使密封端面产生一个初压力，以及在端面磨损时使动环或静环产生轴向推移以进行补偿，而此时要求弹簧力减低很少，一般在使用期间不得减少10%～20%。这样使密封端面的比压变化不大，端面仍有良好的密封性能。为使机械密封结构紧凑，因此要求弹簧尽量短，在机封中用的弹簧与一般压力弹簧比较，其特点是节距大、圈数少。

1）弹簧的种类

机械标准中用的弹簧有大弹簧、并圈弹簧和小弹簧三种。大弹簧和并圈弹簧是同一种规格，只是死圈（也称并圈或支承圈）数不同，两种弹簧高度相差死圈数。大弹簧的有效圈数有3圈和2.5圈两种，总圈分别为7圈和6.5圈。死圈安装在弹簧座上的过盈量按直径不同选择，一般在1～2 mm。

小弹簧是以8～18个弹簧为一组，每一组安装在一种轴径上，弹簧钢丝直径有0.8 mm和1 mm两种，工作圈数为12，总圈数为18.5。各种轴径下弹簧有关尺寸见表7-6。

2）弹簧计算

通常根据选定的弹簧比压乘端面接触面积算出弹簧力 P_t，再根据弹簧材料和假定的弹簧尺寸 D、d、n 进行计算，校核扭转应力小于许用应力，弹簧允许极限负荷应大于1.25倍弹簧力，即

$$\tau \leqslant [\tau] P_3 \geqslant 1.25 P_t \tag{7-14}$$

表 7-6　各种轴径下的弹簧尺寸

参数	数值																						
轴径 d/mm	16	8	20	22	25	28	30	35	40	45	50	55	60	65	70	75	80	85	90	95	100	110	120
大弹簧丝径/mm	1.6	2.0		2.5		3.0		3.5	4.0	4.5	5.0			6.0			7.0					8.0	
并圈弹簧丝径/mm	1.6	2.0		2.5		3.0		3.5	4.0	4.5	5.0			6.0			7.0					8.0	
并圈弹簧过盈量/mm	1.0											1.5									2.0		
小弹簧 弹簧数								8				10		8		10		12		15		18	
小弹簧 丝径/mm								0.8															

7.1.3　机械密封的辅助系统

机械密封根据其结构形式不同，需要不同的辅助系统把扭矩传递到动环上。同时，由于机械密封在泵运转过程中会产生热，为了保证机械密封的功能不受影响，需要有能够给机械密封进行冷却冲洗的部件。

7.1.3.1　动环传递扭矩的结构形式

动环要随轴一起旋转，其传动方式有以下几种。

1）紧固螺钉传动

紧固螺钉传动适用于无台阶光轴，便于调节密封轴向位置。如图7－20所示。

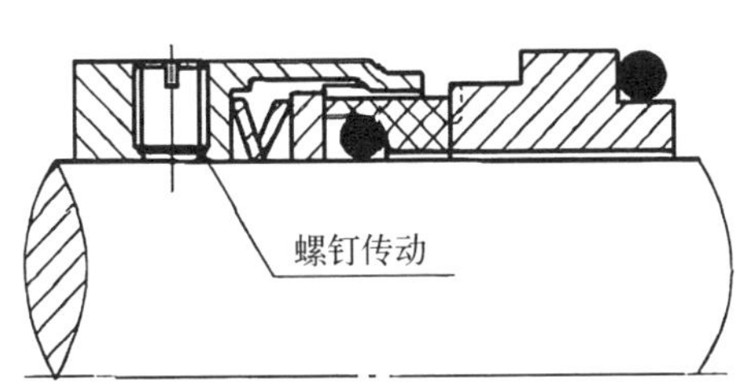

图7－20　紧固螺钉和柱销机构

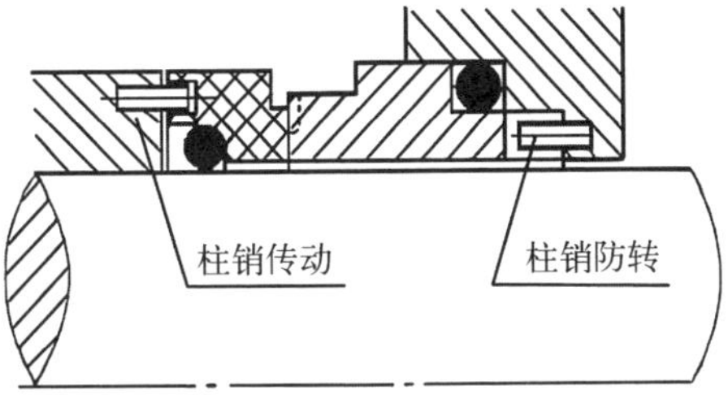

图7－21　柱销机构

2）柱销传动结构

在传动、防转中仅有切向力，是较好的一种结构（见图7－21）。柱销尺寸按表7－7选择。

表7－7　柱销直径的选取

参　数	数　值		
轴径/mm	＜35	＜120	＜150
柱销直径/mm	3	4～5	5～6

3）并圈弹簧座弹簧传动

利用轴或轴套的定位台阶将并圈弹簧固定在轴或轴套上，结构简单可靠（见图7－22），但定位尺寸要求严，其旋转方向与弹簧旋向有关，应

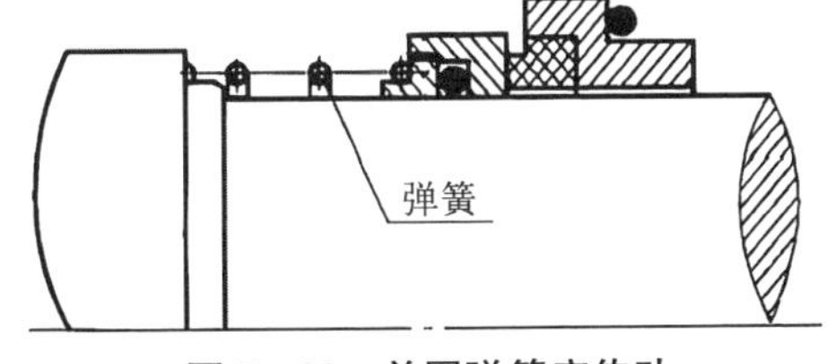

图7－22　并圈弹簧座传动

使弹簧越旋越紧，弹簧配合过盈量如表 7－8 所示。

表 7－8　并圈弹簧配合过盈量推荐值

参　数	数　值		
轴径/mm	＜35	＜55	＜80
过盈量/mm	0.50～1.50	0.75～2.00	1.00～2.50

4）平键传动

借助轴或轴套上台阶利用平键传动（见图 7－23），便于拆装，轴向定位尺寸可通过改变尺寸来调整。

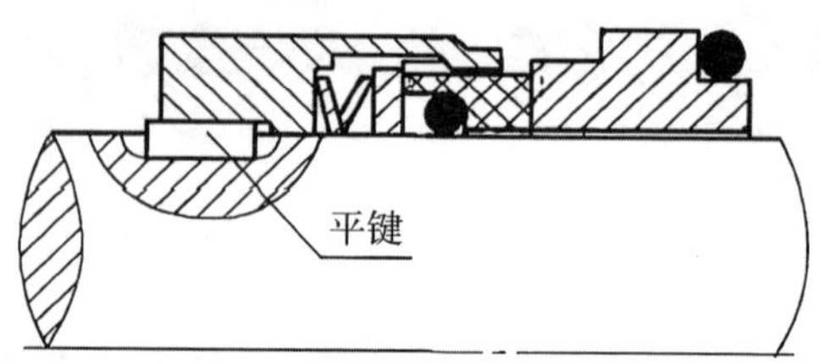

图 7－23　平键传动

5）带钩弹簧传动

带钩弹簧传动（见图 7－24）旋转方向与弹簧旋向有关，补偿环上传动槽的宽度比弹簧的直径大 0.5 mm，深度比弹簧直径大 1～2 mm。

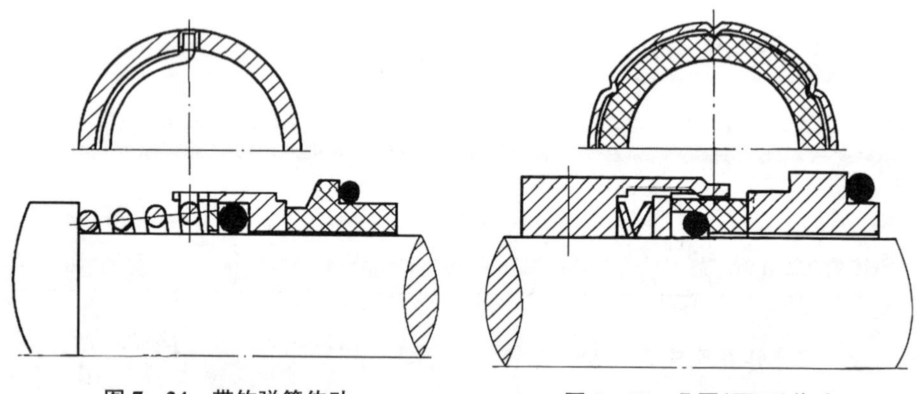

图 7－24　带钩弹簧传动　　**图 7－25　凸圆（耳环）传动**

6）凸圆（耳环）传动

凸圆（耳环）传动（见图 7－25）结构常与弹簧座组成整体结构，凸圆的数量见表 7－9 所示。

表 7-9 凸圆数量推荐值

参 数	数 值			
轴径/mm	＜35	＜55	＜70	＜120
凸圆数量	3	4	4～6	6～8

7.1.3.2 机械密封的冷却及冲洗

1) 机械密封产热原因及其影响

机械密封动环和静环端面互相摩擦，不断产生摩擦热，使密封面温度升高，对密封造成多种不良影响：① 摩擦副内液膜的蒸发、汽化造成干摩擦；② 摩擦副内的液膜变质；③ 摩擦端面的流体蒸发、汽压增高，产生泄漏；④ 加速腐蚀；⑤ 密封圈老化，甚至分解；⑥ 动、静环变形。

为了消除摩擦热的影响，保证密封正常工作，延长使用寿命，必须采取适应机械密封要求的冷却方法，使端面有液膜存在而起到润滑作用，这是保证机械密封正常工作的基本条件。

对于含悬浮颗粒、杂质的密封，应进行冲洗。对于温度降低而有结晶析出的密封，或由于介质汽化(如丙烷)使轴套表面冷却水结冰的密封，应采取保温措施，否则结晶物质会破坏密封面。

2) 冷却、冲洗的方法

(1) 冲洗型冷却。冲洗型冷却如图 7-26 (a)所示。这种方法是由泵的高压端引入输送介质，直接冲洗密封端面，随后注入泵腔内，称为内冲洗。如果输送介质中含颗粒、杂质，可在循环液的进口装过滤器或另外提供清洁的密封冷却液进行冲洗，称为外冲洗。

(2) 淬冷型冷却。淬冷型冷却如图 7-26(b)所示。这种方法是将冷却介质(如水)经静环背面直接送到摩擦端面内径处，其特点是冷却效果好，适用范围广。淬冷型冷却对冷却水的质量要求高，水的硬度要低(最好经软化处理)，否则由于水垢堆积在摩擦副处的轴套表面上，会阻止动环移动补偿摩擦副的磨损。实际运行表明：密封低温介质时，水垢较疏松；密封高温介质，水垢硬度很高。

(3) 冲洗淬冷型冷却。冲洗淬冷型冷却如图 7-26(c)所示。这种方法是同时使用前述两种冷却方法，冷却条件有很大改善，适用于输送易挥发、有味、易结晶及高温易燃的液体。

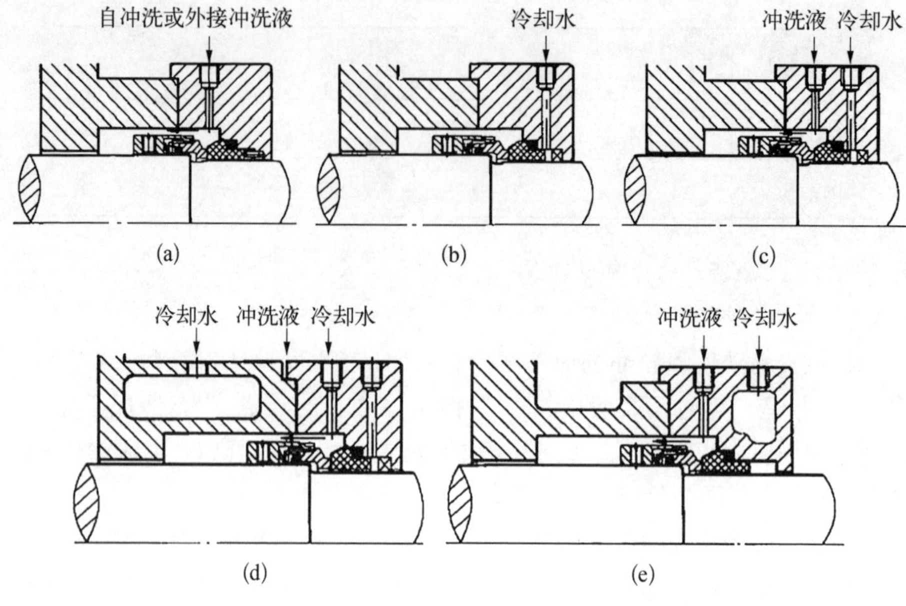

图 7－26　各种冷却冲洗的方法

(4) 冲洗淬冷型加密封腔冷却室。这种冷却方法是在第三种方法上加密封腔冷却室,冷却效果好,适用于高温介质密封,如图 7－26(d)所示。

(5) 静环外冷却。冷却水在静环外周进行冷却,虽然比淬冷型冷却效果差一些,但它避免了在轴套表面产生水垢,并能防止水向大气侧漏出,对水的质量要求不高。为了提高冷却效果,常配用冲洗冷却。

(6) 冲洗型与压盖冷却室相结合。这种方法冷却效果虽然比第 5 种方法差,但它完全消除了冷却水与介质的接触,如图 7－26(e)所示。各种冷却方法可参考表 7－10 选择。

表 7－10　冷却方法的选取

介质温度/℃	冷 却 方 法
＜50	自冲洗 自冲洗＋冷却室
50～100	淬冷型冷却 自冲洗＋冷却型冷却自冲洗＋淬冷型冷却

（续表）

介质温度/℃	冷 却 方 法
100～250	淬冷型冷却
250～420	外冲洗＋淬冷型冷却

采用冲洗型，冲洗液压力应大于密封腔压力 0.098～0.196 MPa，至少不能低于密封腔介质压力。冲洗量应根据密封介质压力选择，通常为 1～5 L/min，对大轴径取大值，表 7－11 给出各种密封直径下冲洗液量的选择。

表 7－11　密封直径和冲洗液量的选择

密封件轴径/mm	冲洗液量/(L/min)
≤45	3
＞45～60	4
＞60～85	6
＞85～95	8
＞95～135	11
＞135～185	15
＞185～235	19
＞235～275	26
＞275～300	34

7.1.3.3　封液系统

双端面机封需向密封腔注入封液，对大气侧端面进行冷却、润滑，对介质端面进行封堵。封液压力应高于介质压力，一般为 0.05～0.2 MPa，封液系统有以下几种类型。

1）利用虹吸的封液系统

利用密封腔虹吸端(储液罐)之间的位差 1～2 m 使封液循环。由于密封腔和储液罐液体的温度差，造成的热虹吸也会使液体循环。封液循环流量一般为1.5～3 L/min，罐的容积为循环流量体积的5倍。

2）封闭循环的封液系统

在密封腔内放置小叶轮，使封液循环，还可以利用手动泵给储液罐加压来增强循环作用。

7.1.3.4　机械密封防抽空措施

泵在启动、停机过程中，由于泵进口堵塞，抽送介质中含有气体等原因，有可能瞬时使密封腔出现负压状态，即出现抽空现象。这时静环有可能在大气压作用下与动环一起向密封腔内轴向移动（如果弹簧力不足），可能使静环防转槽脱开防转销，静环在动环带动下转动一个角移位，抽空停止后，防转销顶在静环尾部平面上，不能进入槽内，使静环在压盖内产生偏斜，还有可能损坏静环密封圈，使得密封失效。为此，必须设法限制动环的轴向位移，以防止防转销脱开。

7.1.4　机械密封的选材

机械密封材料大致分为四大类：摩擦副材料、辅助密封圈材料、加载弹簧材料和其他结构件材料。

7.1.4.1　摩擦副材料

对摩擦副材料的要求：耐磨性强、耐腐蚀性好、机械强度高、有良好的耐热性和热传导性、摩擦因数小且有一定的自润滑性、气密性好、易成型加工。常用的材料如下。

1）硬质合金

硬质合金具有硬度高、耐磨损、耐高温、线膨胀系数小、摩擦因数低和组对性好等许多优异的性能。常用硬质合金性能如表7-12所示。

表7-12　中国产硬质合金牌号、化学成分及性能

合金类别	牌号	主要化学成分质量分数/%			密度/(g/cm^3)	硬度HRA	抗弯强度/(N/mm^2)	线胀系数/(10^{-6}/℃)
		WC	Co	Ni-Cr				
WC-Co	YG6	94	6		14.6～15.0	89.5	1 421	5.0
WC-Co	YG8	92	8		14.6～14.9	89.0	1 470	5.1

（续表）

合金类别	牌号	主要化学成分质量分数/%			密度/(g/cm^3)	硬度 HRA	抗弯强度/(N/mm^2)	线胀系数/(10^{-6}/℃)
		WC	Co	Ni-Cr				
WC-Co	YG15	85	15		13.9～14.2	87.0	2 058	6.3
WC-Ni	YWN8	92		8	14.4～14.8	88.0	1 470	5.3
WC-Ni-Cr	W7	91		9	14.6～14.8	90.0	1 520	4.5

2）工程陶瓷

工程陶瓷具有极好的化学稳定性，硬度高、耐磨损，是耐腐蚀机械密封理想的摩擦副组对材料。其缺点是抗击韧性低，脆性大。机械密封用陶瓷有：氧化铝陶瓷、氧化铝基金属陶瓷、铬钢玉陶瓷、氮化硅陶瓷、碳化硼陶瓷、碳化硅陶瓷等。

3）碳石墨

碳石墨具有以下特性：良好的自润滑性和低的摩擦因数，组对性能好，容易加工。常用碳石墨有：烧结石墨、树脂结合石墨、热解石墨。其牌号和性能如表7-13所示。

表7-13　碳石墨牌号及性能

类别	牌 号	浸渍物	体积密度/(g/cm^3)	抗弯强度/MPa	抗压强度/MPa	硬度 HS	气孔率/%	线胀系数/(10^{-6}/℃)	使用温度/℃
纯碳类	M121 M238 M272		1.56 1.70 1.75	30 35 40	85 75 95	65 40 60	15.0 15.0 8.0	4.0 3.0 3.0	350 450 450
浸渍树脂类	M106H M120H M238H M254H M255H	环氧树脂	1.65 1.70 1.88 1.82 1.85	60 55 50 40 50	210 200 105 90 95	85 85 55 50 50	1.0 1.0 1.5 1.0 1.0	4.8 4.8 4.5 4.5 4.5	200 200 200 200 200

（续表）

类别	牌 号	浸渍物	体积密度/（g/cm³）	抗弯强度/MPa	抗压强度/MPa	硬度HS	气孔率/%	线胀系数/（10^{-6}/℃）	使用温度/℃
浸渍树脂类	M106 K M120 K M238 K	呋喃树脂	1.65 1.70 1.85	65 60 55	240 220 105	95 95 55	1.5 1.5 2.0	6.5 6.5 4.5	200 200 200
	M254 K M255 K M158 K	呋喃树脂	1.82 1.85 1.70	45 55 60	100 105 200	55 55 90	2.0 2.0 2.0	6.0 4.8 5.1	200 200 200
浸渍金属类	M158 K M158 K	巴氏合金	2.40 2.40	65 35	160 65	60 30	9.0 8.0	5.5 5.2	180 180
	M113L M262L	铝合金	2.00 2.10	115 85	275 180	65 40	2.5 2.0	8.0 7.5	350 400
	M106D M120D M254D	锑	2.20 2.20 2.20	65 60 35	190 170 80	75 70 35	2.0 2.0 2.0	7.2 7.2 6.5	350 350 450
	M106P M120P M262P M254P WK9Q	铜合金	2.40 2.60 2.60 2.60 2.60	70 75 50 45 75	240 250 110 120 200	70 75 40 35 65	2.0 2.0 2.0 2.0 2.0	6.0 6.2 6.0 6.0 6.0	350 350 400 400 350
	M106G M120G M126G	浸银	3.00 3.00 2.80	71 71 60	260 220 240	73 75 80	1.0 1.0 1.0	5.0 5.0 5.0	500 500 500
树脂黏结类	M353 M356 M357		1.75 1.72 1.75	50 50 55	150 160 150	45 50 45	1.0 1.0 1.0	9.0 9.0 9.0	200 200 180
硅化石墨	T1056		1.79	65	150	100洛氏	2.0	4.0	500
浸玻璃类	M120 M262	玻璃	1.90 1.90	57 48	200 138	95 48	2.0 2.0		400 500

4）填充聚四氟乙烯

聚四氟乙烯是惰性最强的有机聚合物，除熔融碱金属外，几乎对一切已知的化学品均无反应；具有很低的摩擦因数(0.04)；不黏滞，并有极好的抗老化性能。但它的热膨胀系数约为钢的10倍，而热导率仅为钢的1/120。用作摩擦副材料时，为克服这些缺点，通常在聚四氟乙烯中加入适量的各种填充剂，构成复合材料，以改善其性能。

7.1.4.2　辅助密封圈材料

辅助密封圈材料应具备以下性能：有良好的弹性，适中的硬度和小的压缩永久变形；耐高、低温的老化性能好；与介质相容不易产生溶胀、溶缩、分解和硬化；有较小的摩擦因数，耐磨损和有一定的抗撕裂强度。目前，辅助密封圈所使用的材料主要有：通用合成橡胶、聚四氟乙烯和其他材料。

1) 通用合成橡胶

此类橡胶包括：① 丁腈橡胶；② 氟橡胶；③ 乙丙橡胶；④ 硅橡胶(甲基乙烯基硅橡胶、苯基硅橡胶、氟硅橡胶、苯撑硅橡胶)；⑤ 氯醇橡胶。以上5种橡胶的特性及适应性如表7-14所示。

表7-14　几种常用橡胶的特性及适应性

名称	一般特性	用　途	安全使用温度/℃		不适应的介质
			补偿环用	非补偿环用	
丁腈橡胶	耐油性好，具有耐磨性，抗撕裂性、压缩水久变形小，耐寒性差	石油基油类、硅油、双酯基润滑油、黄油、动植物油、乙二醇、二硫化碳、四氟化碳、丁二烯、水等	－20～＋80	－30～＋100	硝基化合物、磷酸酯类工作油、酮类、乙醇、臭氧、苯、甲酚、乙苯、苯乙烯、醚等
氟橡胶	具有较高的抗张强度，耐热性能好，对日光、臭氧作用稳定，弹性及耐寒性差	热油、硅油、双酯基润滑油、卤代烃内磷酸酯、浓硫酸、稀硝酸、苯、汽油、四氯化碳、乙醇、丁醇等	0～＋150	－20～＋180	强碱、有机酸、酮类、浓醋酸、氨水、丙烯腈、醋酸乙酯醚
乙丙橡胶	耐气候性好，抗臭氧和各种极性化学药品与溶剂，冲击弹性好，但耐油性差	丙酮、甲基甲酮、苯酚、戊烷、异丙醇、甲基乙基酮、糠醛、磷酸酯液压油、硅油、汽车刹车油、动植物油、中等浓度酸、碱、蒸汽	－2～＋180	－40～＋150	矿物油、燃料油、二酯类润滑油、含氯烃类溶剂，在90%的氯烃类溶剂中发生碳化

（续表）

名称	一般特性	用　途	安全使用温度/℃		不适应的介质
			补偿环用	非补偿环用	
硅橡胶	具有最宽广的工作温度，优异的耐臭氧老化、光老化，无毒无味，对许多材料不粘着，透气率大，耐磨性差	高苯胺点油类、氯化苯类、浓硫酸、浓醋酸、氢氧化钠、氨水、浓氨水、乙醇、干热空气	40～+180	−60～+200	汽油、苯、甲苯、醚、丙酮、高温、水蒸气、发烟硝酸、浓硝酸、四氯化碳
氯醇橡胶	具有优异的耐油性、耐臭氧、耐气透等综合性能，耐辐射性能差	氟利昂、石油基油类	−2～+120	−30～+130	强酸、甲醇、乙醇、氨、四氯化乙烷、乙醚

2）其他材料

填充聚四氟乙烯、柔性石墨、石棉及橡胶复合材料等，主要用于高温场合。金属材料包括低碳钢、铜、铝、镍、不锈钢、蒙乃尔合金、因科镍合金等。金属材料通常作为空心O形圈和楔形圈的材料，用于补偿环的密封。

7.1.4.3　弹性元件材料

弹性元件是机械密封的加载元件，要求强度高、弹性极限高、耐疲劳、耐腐蚀、耐高温和耐低温。常用弹簧材料如表7-15所示，常用波形弹簧材料如表7-16所示。

表7-15　常用弹簧材料的性能

材料代号	弹性模量 E/MPa	切变模量 G/MPa	推荐使用温度/℃	特性及使用范围
碳素弹簧钢丝 琴钢丝	20 335～200 900	81 340～78 400	−40～120	强度高，性能好，适于一般工作的或简易密封用弹簧
50CrVA	196 000	78 400	−40～210	有高的疲劳性能，弹性淬透性，回火性好

（续表）

材料代号	弹性模量 E/MPa	切变模量 G/MPa	推荐使用温度/℃	特性及使用范围
1Cr18Ni9	193 060	71 540	−250～250	一般用于制造耐腐蚀、耐高温、耐低温的弹簧
1Cr18Ni9Ti	193 060	71 540	−250～250	
0Cr17Nil2Mo2		71 001	−250～250	
Cr18Ni12Mo2Ti		71 540	−250～250	
0Cr17Ni8Al		73 500	≤300	耐腐蚀、耐低温、耐高温（不失弹性），又可热处理
0Cr15Ni7Mo2Al	183 260	73 500	≤300	
Ni66Cu3Fe（MONE1）	179 193	65 464		适用于强腐蚀性的介质
Ni76Cr16Fe8（INCONEI）	213 640	75 783	≤371	耐高温和强腐蚀
QBe2	42 140	129 360	−40～120	耐腐蚀和弹性好

表7-16　波形弹簧用材料及性能

材　　料	最低抗拉强度/MPa	剪切强度/MPa	使用温度/℃	弹性模量/MPa
1Cr18Ni9(302)	1 447.90	820.47	204	1.93×10^5
0Cr18Ni12MoTi(316)	1 344.47	765.31	204	1.93×10^5
0Cr17Ni7Al(17-7PH)	1 654.74①	944.58①	342	2.03×10^5
因科镍尔X-750（INCONELX-750）	1 523.73①	861.84①	371	2.14×10^5
蒙乃尔K500(MonelK-500)	1 103.16①	627.42	288	1.79×10^5
铍青铜No.25(ALLOYNo.25)	1 275.53①	723.95①	204	2.14×10^5

注：① 热处理后的值。

7.1.4.4　其他结构材料

机械密封使用的其他结构材料，除满足机械强度外，还要求耐腐蚀。一般常用2Cr13、1Cr18Ni9Ti、0Cr18Ni12Mo2Ti、0Cr17Ni14Mo2、Monel等。有关耐腐蚀合金材料的性能如表 7 - 17 所示，机械密封材料的选择如表 7 - 18 所示。

表 7 - 17　耐腐蚀合金材料选用表

<table>
<tr><th>序号</th><th>牌　号</th><th>代　号</th><th>主 要 用 途</th></tr>
<tr><td>1</td><td rowspan="4">STSi15
Cr28
NiCr202
NiCr303</td><td rowspan="4">高硅铸铁
高铬铸铁
镍铸铁
镍铸铁</td><td>全浓度硝酸、硫酸及较强腐蚀液</td></tr>
<tr><td>2</td><td>浓硝酸、高温等</td></tr>
<tr><td>3</td><td>烧碱等</td></tr>
<tr><td>4</td><td>烧碱等</td></tr>
<tr><td>5</td><td>PbSb10 - 12</td><td>硬铅</td><td>全浓度硫酸等</td></tr>
<tr><td>6</td><td rowspan="4">1Cr13
0Cr13Ni7Si4
0Cr26Ni5Mo2
0Cr26Ni5Mo2Cu3</td><td rowspan="4">1Cr13
05

CD - 4MCu</td><td>大气、石油及食品</td></tr>
<tr><td>7</td><td>浓硝酸、硫酸等</td></tr>
<tr><td>8</td><td>稀硫酸、磷酸、抗磨等</td></tr>
<tr><td>9</td><td>稀硫酸、磷酸等</td></tr>
<tr><td>10</td><td>1Cr18Ni9</td><td>304</td><td>稀硝酸、有机酸等</td></tr>
<tr><td>11</td><td rowspan="8">00Cr18Ni10
1Crl8Nil2Mo2Ti
00Cr18Ni12Mo2
0Cr13Ni25Mo3Cu3Nb
1Cr24Ni20Mo2Cu3
0Cr20Ni25Mo5Cu2
0Cr20Ni30Mo2Cu3
0Cr28Ni30Mo4Cu2</td><td>304L</td><td>稀硝酸、有机酸等抗晶间磨蚀</td></tr>
<tr><td>12</td><td>316</td><td>稀硫酸、磷酸、有机酸等</td></tr>
<tr><td>13</td><td>316L</td><td>稀硫酸、磷酸、有机酸等，抗晶间磨蚀</td></tr>
<tr><td>14</td><td>941</td><td>稀硫酸等、MozTi 不抗蚀的场合</td></tr>
<tr><td>15</td><td>K 合金</td><td>稀硫酸等</td></tr>
<tr><td>16</td><td>904. 2RK65</td><td>稀硫酸等</td></tr>
<tr><td>17</td><td>20 号合金 CN - 7M</td><td>稀硫酸等</td></tr>
<tr><td>18</td><td>28 号</td><td>磷酸等</td></tr>
<tr><td>19</td><td rowspan="2">0Cr20Ni42Mo3Cu2
0Cr30Ni42Mo3Cu2</td><td rowspan="2">825
804</td><td>904 仍不抗蚀的场合</td></tr>
<tr><td>20</td><td>烧碱蒸发及 904 仍不抗蚀的场合</td></tr>
<tr><td>21</td><td rowspan="2">00N65Cu28
00Ni65Mo28</td><td rowspan="2">Monel
哈氏 B</td><td>氢氟酸、硅氟酸等</td></tr>
<tr><td>22</td><td>全浓度盐酸等</td></tr>
<tr><td>23</td><td>TAz, TA_3, TA_4</td><td>铸钛 ZT</td><td>纯碱、海水等</td></tr>
</table>

表 7-18 机械密封材料选择表

介质			动环	静环	密封圈	弹簧
名称	（质量分数）浓度/%	温度				
清水、河水、海水		常温	9Cr18 陶瓷、1Crl3 堆焊硬质合金、酚醛塑料	磷青铜、石墨浸酚醛树脂	丁腈橡胶、氯丁橡胶	4Cr13、1Cr18Ni9Ti 青铜
	含有泥沙		碳化钨	碳化钨		
		100℃以上过热水	9Cr18、45 号钢堆焊铬基 1 号、不锈钢	石墨浸树脂、石墨浸铅青铜、石墨浸锡青铜	硅橡胶、聚四氟乙烯	
汽油、机油、液态烃等油类	无腐蚀无毒	低温	1Cr13 堆焊硬质合金耐磨铸铁	石墨浸树脂、石墨浸巴氏合金	丁腈橡胶	4Cr13、50CrVA
		高温	碳化钨 1Crl3 堆焊硬质合金	石墨浸磷青铜、石墨浸树脂	硅橡胶、聚四氟乙烯	
	有腐蚀		高硅铸铁、碳化钨、陶瓷、1Cr18Nil2Mo2Ti、堆焊硬质合金	石墨浸呋喃树脂、聚四氟乙烯填充玻璃纤维	氟橡胶、聚四氟乙烯	1Cr18Ni9Ti、1Cr18Ni12Mo2Ti
	含有悬浮颗粒		碳化钨	碳化钨	丁腈橡胶	4Cr13、60Si2Mn

（续表）

<table>
<tr><th colspan="3">介 质</th><th rowspan="2">动 环</th><th rowspan="2">静 环</th><th rowspan="2">密封圈</th><th rowspan="2">弹 簧</th></tr>
<tr><th>名称</th><th>（质量分数）浓度/%</th><th>温度</th></tr>
<tr><td rowspan="6">硫酸</td><td rowspan="4">5
25
25～75
85</td><td>80 ℃以下</td><td rowspan="4">陶瓷、高硅铸铁</td><td rowspan="4">石墨浸酚醛树脂、石墨浸呋喃树脂</td><td rowspan="11">聚四氟乙烯</td><td rowspan="11">1Cr18Ni12Mo2Ti、
4Cr13 喷涂
聚三氟氯乙烯</td></tr>
<tr><td>沸点以下</td></tr>
<tr><td>135 ℃以下</td></tr>
<tr><td>常温</td></tr>
<tr><td>95 以上</td><td>30～80 ℃</td><td>高硅铸铁、陶瓷</td><td rowspan="2">聚四氟乙烯填充玻璃纤维</td></tr>
<tr><td>发烟硫酸</td><td>60 ℃以下</td><td>1Cr18Ni9Ti 堆焊硬质合金</td></tr>
<tr><td rowspan="5">硝酸</td><td>3</td><td>常温</td><td rowspan="2">1Cr18Ni9Ti 堆焊硬质合金、陶瓷</td><td rowspan="2">石墨浸酚醛树脂</td></tr>
<tr><td>10</td><td>85 ℃</td></tr>
<tr><td>50</td><td>44 ℃</td><td>高硅铸铁、陶瓷</td><td rowspan="3">聚四氟乙烯填充玻璃纤维</td></tr>
<tr><td>90 以上</td><td>30～100 ℃</td><td rowspan="2">纯氧化铝瓷（99%）</td></tr>
<tr><td>发烟硝酸</td><td></td></tr>
</table>

（续表）

介质			动环	静环	密封圈	弹簧
名称	（质量分数）浓度/%	温度				
盐酸	任意	沸点以下	陶瓷	石墨浸酚醛树脂、石墨浸呋喃树脂	氯丁橡胶、异丁橡胶	1Cr18Ni12Mo2Ti
醋酸			高硅铸铁、1Cr18Ni9Ti			
碱	70以下	常温	陶瓷、1Cr18Ni9Ti 碳化钨、青铜	石墨浸呋喃树脂、石墨浸环氧树脂	氟橡胶、聚四氟乙烯	3Cr13
	含有悬浮颗粒	常温	碳化钨	碳化钨		
尿素	99.6	140 ℃	石墨浸呋喃树脂	碳化钨		3Cr13、4Cr13
苯		沸点以下	ICr13 堆焊硬质合金	石墨浸呋喃树脂、石墨浸酚醛树脂	聚硫橡胶	
酮、醇、醛、醚	95			石墨浸呋喃树脂、石墨浸酚醛树脂 填充聚四氟乙烯	聚四氟乙烯	

7.2 浮环密封

浮动环密封简称浮环密封，是一种广泛应用于离心压缩机、氢冷汽轮发电机、离心泵的轴封方式。

7.2.1 浮环密封的原理

浮环密封是通过轴(或轴套)与浮动环之间狭窄间隙产生的流体动压阻力来实现密封的。图7-27为浮环密封结构示意图，它由多个浮动环组成，在浮动环与轴之间留有一定的间隙。浮动环在弹簧力作用下，确保端面与密封腔壁面贴紧。浮动环上设有防转销，以限防其轴向移动和旋转，但允许其在径向上滑移浮动。

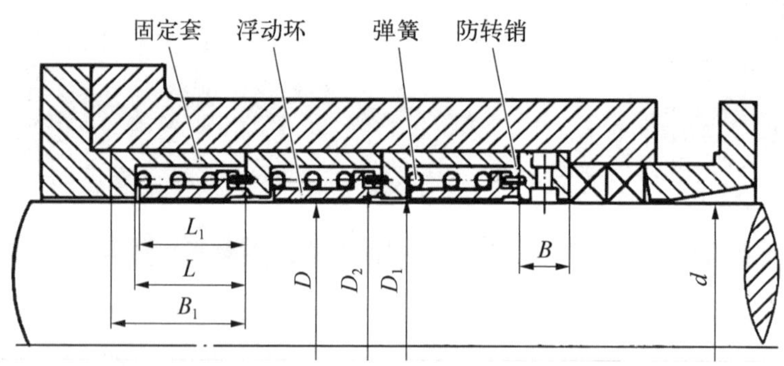

图7-27　浮环密封结构示意图

浮环密封原理是靠高压密封液体在浮动环和轴之间形成液膜，产生节流降压，阻止高压介质向低压泄漏。浮升性是浮动环的重要特点，当密封液体通过环与轴间的楔形间隙时，如同轴承那样产生流体动压效应而获得浮升力。轴不转动时，由于环自身的重力作用，环上面的内壁会贴在轴上，并形成一个偏心间隙。当轴转动时，轴表面将密封液体带入偏心的间隙内，在间隙内产生流体动压效应，使浮动环浮起来，环内壁与轴表面之间形成并保持一个动态的、非接触的浮动状态。

浮升性具有使浮动环自动对中的功能，能适应轴的微小偏摆等，避免轴与浮动环的摩擦。浮升性环可以使环与轴之间的间隙能够动态地保持一个相对均匀且较小的范围内，从而增强节流产生的阻力，有效改善了密封性能。

浮环密封具有以下特点：① 密封参数的范围广，线速度可达到 40～90 m/s、压力达到 32 MPa，p_v 值在 2 500～3 200 MPa · m/s；② 适合利用自身系统，将气相变为液相，用于干气密封；③ 寿命长。④ 泄漏量大，需要外部压力液体辅助密封。

7.2.2　结构要求、尺寸、技术要求及材料

1）浮动密封环的结构要求

（1）在向密封腔通入封液的密封中，尽可能减少密封液体通过高压侧浮动环的内泄漏量（减少漏向机内封液的泄漏量）。为此，在允许的条件下，高压侧浮动环的密封间隙及压差应尽量小些。高压侧浮动环还可以采用螺旋槽或锥形轴套等措施。

（2）有效地排除封液在高压、高速下产生的摩擦热及节流热，主要是散除高压侧浮动环的热量。为改善高压侧浮动环的工作条件，可以采取在浮动环开孔、冷却液先通过高压侧浮动环等措施。

（3）在刚度、强度允许的条件下，尽量取薄的环截面，即环的内、外径之比不宜太小。

（4）浮动环材料的膨胀系数要比轴的大，以免高温下产生抱轴的危险性。

2）浮动环的尺寸要求

（1）浮动环的各个间隙值。

高压侧：$d/D = 1 - (0.5 \sim 0.8) \times 10^{-3}$。

低压侧：$d/D = 1 - (2 \sim 3) \times 10^{-3}$。

$D_1/D = 1.02 \sim 1.03$，$D_2/D = 1.14 \sim 1.20$。

（2）浮动环的各长度。

$$L_1/L = 1 + (0.1 \sim 2.0) \times 10^{-3}$$

宽环取值：$L/D = 0.3$ 时，取 0.5。

窄环取值：$L/D = 0.3$ 时，取 0.5。

浮动环的节流长度不宜太长；否则，间隙内的封液温升剧烈，使工作条件恶劣。在高压条件下，可采用多级浮动环，逐级降压。

（3）浮动环的技术要求。

① 浮动环内孔。

尺寸精度为 1～2 级，表面粗糙度为 0.8～0.2 μm，圆柱度及圆度允差小

于 0.01 mm，表面硬度为 50～60 HRC 或 850～1 150 HV。

② 浮动环外圆。

尺寸精度为 1～2 级，圆柱度及圆度允差小于 0.01 mm。

③ 浮动环端面。

表面粗糙度为 0.08～0.16 μm，端面对内孔的垂直度允差小于 0.01 mm。

(4) 浮动环的材料要求。

浮动环和轴的材料应具有相近的线膨胀系数，良好的抗刮伤性能，很高的耐磨性、高温下的稳定性、耐腐蚀性和抗冲击性。下面介绍两种浮动环选择的材料。

① 油浮动环：常采用碳钢或黄铜，内孔壁面浇注巴氏合金(chSnSb11 - 6)，也可采用锡青铜，内孔壁面镀银，或者采用有自润滑特性的浸树脂石墨。

浮动环的轴或轴套用 38CrMoAl 表面氮化，碳钢镀硬铬，蒙乃尔合金轴套喷硼化铬，2Cr13 轴套辉光离子氮化。

② 水浮动环：采用青铜(SnPb5 - 25)，38CrMoAl 表面氮化，沉淀硬化不锈钢(pH 为 4～17)不锈钢堆焊钴铬钨。

浮动环的轴或轴套采用碳钢镀铬或不锈钢。

7.3 螺旋密封

螺旋密封属于非接触式水力节流密封，分为两大类：一是普通螺旋密封，它是在密封部位的轴或轴孔之一的表面上车削出单线或多线螺旋槽；另一类是螺旋迷宫密封(复合螺旋密封)，它是在密封部位的轴和孔的表面上分别车削出旋向相反的单线或多线螺旋槽。利用轴(轴套)旋转时产生的泵送作用来达到密封目的。

螺旋密封广泛应用于高温、高压的场合，尤其适用于压力变动、温度变化的苛刻工况，例如：钢厂除鳞泵，超临界、超超临界火电厂锅炉给水泵等。此类泵的转速较高(一般为 4 000～7 000 r/min)、轴径较大，轴封部位的圆周速度很大，并且密封压力通常较高，如采用一般的接触式密封(如填料密封、机械密封等)难以满足使用要求，故轴封部位多采用复合直通螺旋密封。同时，为减小内部泄漏，提高泵效率，泵的叶轮密封环、级间密封环、平衡鼓、平衡套(平衡盘装置的径向间隙)、轴承两端密封套等都可采用螺旋密封。近年来，成功用例日益增多，预计今后会得到更多的应用。

多级泵可以使用螺旋密封的部位见图 7 - 28(以五级泵为例)。

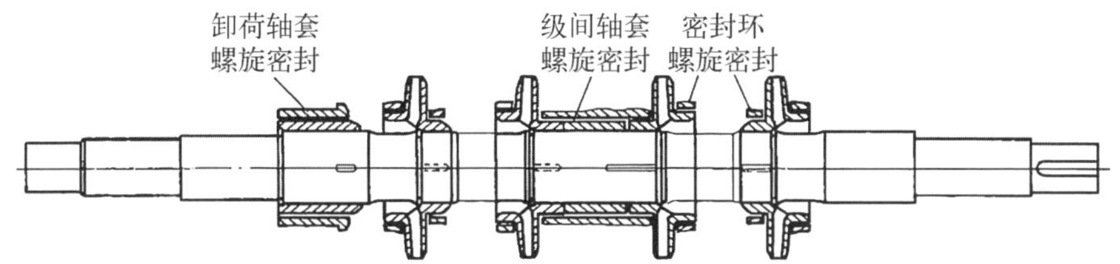

图7-28　多级泵可以使用螺旋密封的部位

1）螺旋密封的特点

螺旋密封具有以下特点：① 制造简单、成本低，密封效果好。② 螺旋密封是非接触式密封，并且允许有较大的密封间隙，不发生固相摩擦，工作寿命可达数年之久，维护保养容易。③ 适合用于高温、含颗粒等苛刻条件的密封。④ 泵停机时，密封能力消失，需要停车检查密封装置。

2）螺旋密封螺纹旋向的确定

螺旋密封的螺纹旋向决定着泵送方向。螺纹旋向的确定虽然较为简单，但容易出错。如果旋向不正确，螺旋密封非但起不到密封作用，还会加剧泄漏。

关于螺旋密封旋转零件上的外螺纹旋向的确定，可用左、右手法则判定：四指指向泵轴旋转方向，拇指指向低压侧，右手满足则螺纹取右旋，左手满足则螺纹取左旋。

固定零件上的内螺纹旋向应与相配合的固定零件上的内螺纹旋向相反。现以叶轮及与之相配合的密封环为例，详细说明如下。

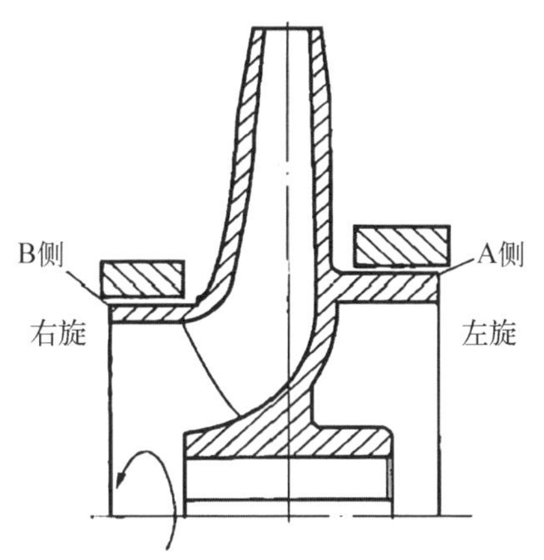

图7-29　螺纹旋向确定示意图

图7-29中，A、B侧是低压侧，四指指向泵轴旋转方向，拇指指向低压侧。若左手满足则外螺纹为左旋，右手满足则外螺纹为右旋。

螺旋密封不仅可以做成单段，也可以做成两段密封，如图7-30所示。在密封中间引入压封液：右段螺纹要阻止液体向右侧泄漏，泵侧为低压侧，符合左手法则，为左旋螺纹；左段螺纹阻止液体向大气侧泄漏，大气侧是低压，符合右手法则，为右旋螺纹。

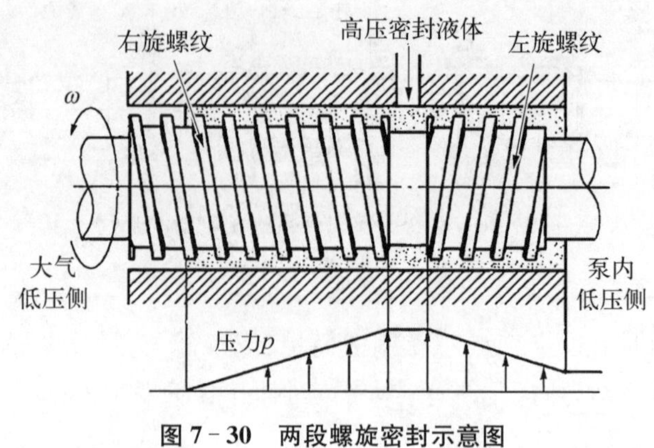

图 7-30　两段螺旋密封示意图

如判断现有螺纹的旋转方向，只需要将螺纹垂直放置，螺旋槽右侧高为右旋，左侧高为左旋。

7.4　填料密封

填料密封又称为压紧填料密封。填料密封是最古老的一种密封结构，在中国古代的提水机械中，就是用填塞棉纱的方法来堵住泄漏，世界上最早出现的蒸汽机也是采用这种密封形式。在现代，填料密封因其结构比较简单，价格不贵，来源广泛而获得许多工业部门的青睐。

7.4.1　填料密封的结构形式

填料密封是把软填料塞入填料函内，用压盖压紧，靠轴或轴套外表面与填料内表面的柱面来密封，表 7-19 是填料密封的结构形式和冲洗冷却方式。

表 7-19　填料密封结构形式和冲洗冷却方式

简　图	名　称	简　图	名　称
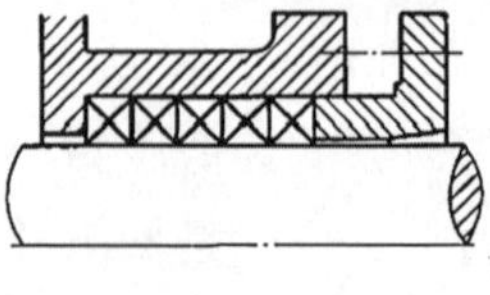	无填料环式	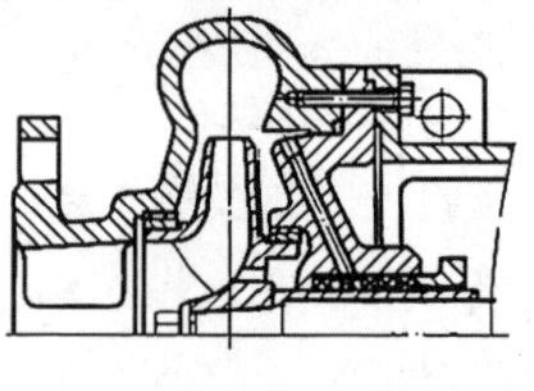	内冲洗

（续表）

简　图	名　称	简　图	名　称
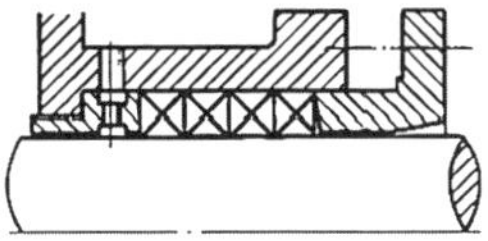	内填料环式	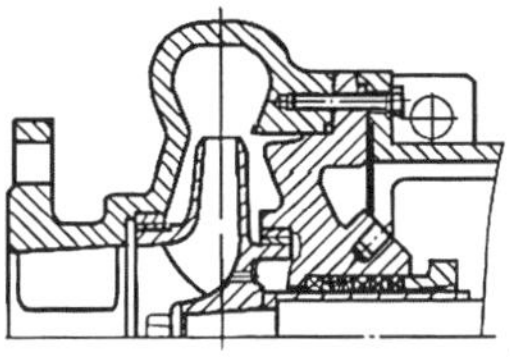	外冲洗
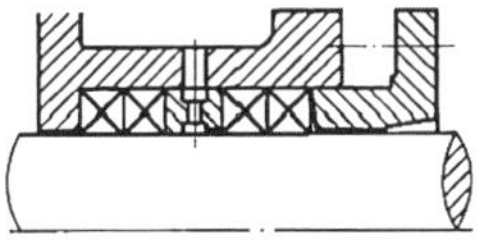	中间填料环式	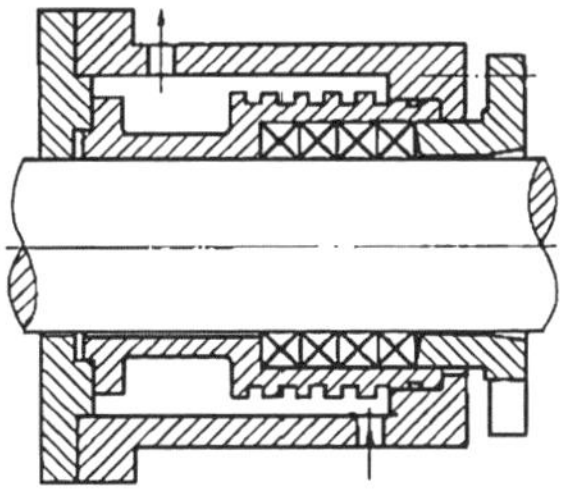	外冷却
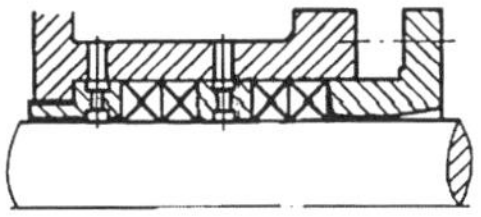	双填料环式		
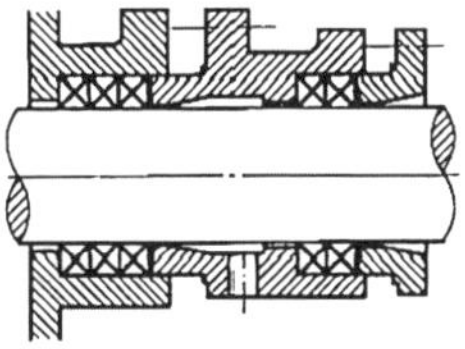	双压盖式	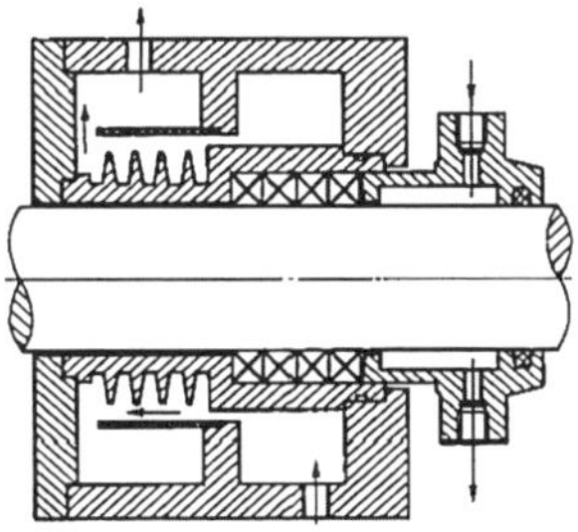	内外冷却

7.4.2　填料箱尺寸

填料箱各尺寸可按下列范围选择(见图 7－31)。

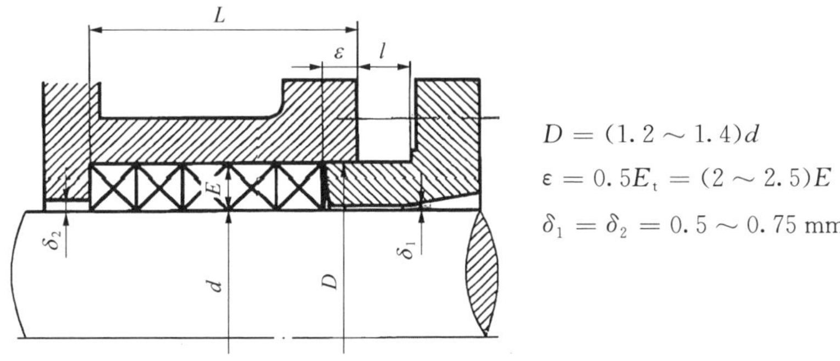

$$D=(1.2\sim1.4)d$$

$$\varepsilon=0.5E_t=(2\sim2.5)E$$

$$\delta_1=\delta_2=0.5\sim0.75\ \text{mm}$$

图 7－31　填料密封尺寸

填料宽度根据轴径由表 7 - 20 选取。

表 7 - 20　填料密封的填料宽度

轴径 d/mm	填料宽度 E/mm
＜20	5.0
20～35	6.4
35～50	9.5
50～75	12.7
75～110	15.9
110～150	19.0
150～200	22.2
＞200	25.4

填料根数按被密封介质压力由表 7 - 21 选择。

表 7 - 21　填料密封的填料根数

介质压力/MPa	填料根数
0.104	3～4
0.104～3.570	4～5
3.570～7.140	5～6
7.140～10.200	6～7
＞10.200	＞8

为了保证填料的寿命和密封性，填料处轴（或轴套）外圆跳动允差可按表 7 - 22 选择。

表7-22　填料密封外圆跳动允差

转速/(r/min)	允差/mm		
	1.02 MPa	2.04 MPa	10.20 MPa
1 500	0.100	0.065	0.045
3 000	0.075	0.050	0.035
6 000	0.045	0.035	0.025
10 000	0.025	0.025	0.020

ISO 3069—1974《轴向吸入离心泵装机械密封和软填料的空腔尺寸》如图7-32和表7-23所示。

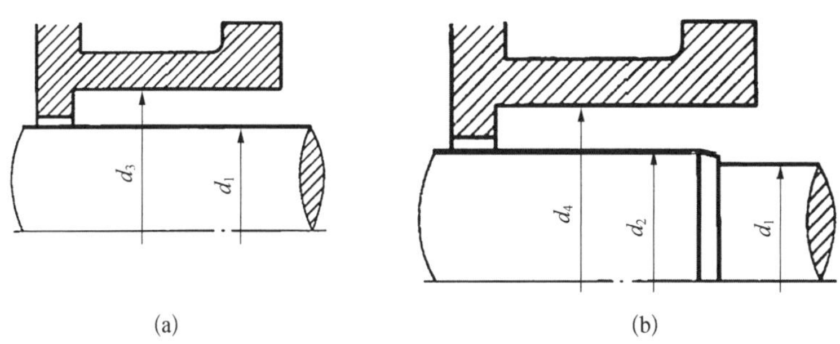

图7-32　轴向吸入离心泵装机械密封

(a) 非平衡型机械密封或填料密封；(b) 平衡型机械密封

表7-23　密封腔尺寸(mm)

d_1	d_2	d_3	d_4
18	22	34	38
20	24	36	40
22	26	38	42
24	28	40	44
25	30	41	46
28	33	44	49
30	35	45	51
32	38	48	58
33	38	49	58
35	40	51	60
38	43	58	63
40	45	60	65

(续表)

d_1	d_2	d_3	d_4
43	48	63	68
45	50	65	70
48	53	68	73
50	55	70	75
53	58	73	83
55	60	75	85
58	63	83	88
60	65	85	90
63	68	88	93
65	70	90	95
68	—	93	—
70	75	95	104

7.4.3 填料的种类和应用

填料是以各种纤维、金属等基础材料和以润滑剂、黏结剂等辅助材料组合而成的。填料应具备以下条件：① 有一定的塑性，在压紧力的作用下紧密与轴接触；② 有足够的化学稳定性，不污染介质，不被介质泡胀，填料中的浸渍剂不被介质溶解，填料本身不腐蚀密封面；③ 自润滑性能良好，耐磨、摩擦因数小；④ 轴有少量偏心时，填料应有足够的浮动弹性；⑤ 制造简单、拆装方便。

填料的种类很多，最常用的有以下四类：绞合填料；编结填料；塑性填料；金属填料。

1）绞合填料与编结填料

图 7－33 所示的是绞合填料与编结填料。绞合填料是把几股石棉线绞合在一起，用各种金属箔卷成束再绞合成填料，涂以石墨，可用于高温和高压。

编结填料用棉、麻及石棉纤维纺线编结而成，并在其中浸入润滑剂或聚四氟乙烯。由于编结方式不同，可分为：① 发辫式编结，由 8 股绞合线呈人字形编结而成，断面呈方形，浸渍润滑油和润滑脂并涂石墨。② 穿心编结，用 36 股线，每股都呈对角线穿过填料断面。③ 夹心套层编结，以橡皮或金属为芯，在其外面套一层编结纤维线，层数视需要而定。

编结填料的材料有多种，如麻填料、棉填料、油浸石棉填料、聚四氟乙烯石棉填料、聚四氟乙烯纤维填料等。

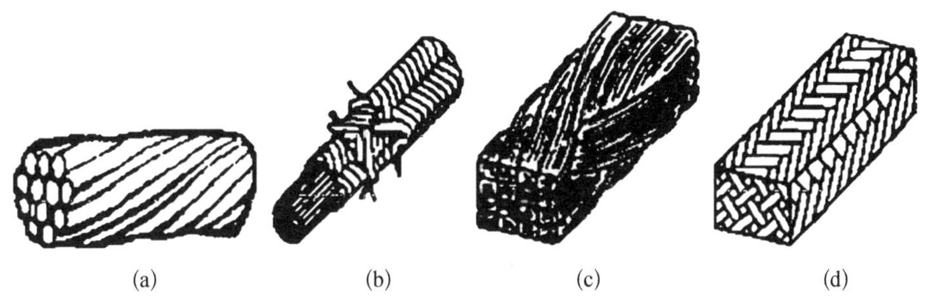

(a)　　(b)　　(c)　　(d)

图7-33　填料的种类

(a) 绞合填料；(b) 夹心编织填料；(c) 发辫式编织填料；(d) 穿心编织填料

2）塑性填料

塑性填料是经模具压制成型的填料，它不像编结填料成卷，而是根据轴径大小制成环状。它有棉状和积层两种形式(见图7-34)。

棉状填料是把纤维与石墨(或云母)、金属粉(或鳞片)、油脂和弹性黏结剂相混合而成的。

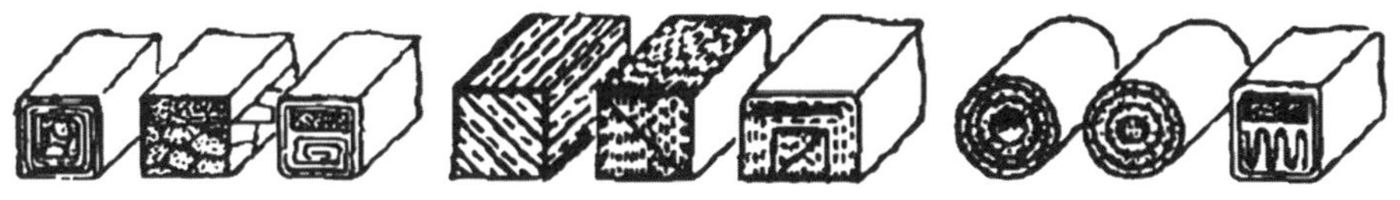

图7-34　积层填料的形式

3）金属填料

金属填料有半金属填料和全金属填料两种，半金属填料由金属和非金属组合而成，全金属填料则不含非金属(见图7-35)。

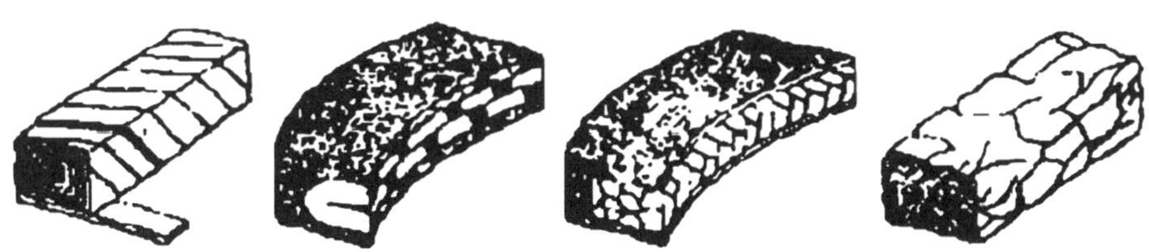

图7-35　金属填料的形式

4）碳纤维填料

碳纤维填料是一种新型填料，它以优异的自润滑性能，耐高、低温和化学性能引起人们极大的关注。另外，它有良好的弹性和柔软的性能。缺点仅在于有渗透泄漏，可通过浸渍聚四氟乙烯或其他黏结剂来改善。目前，它的成本较高。碳纤维填料和常用填料的比较及使用实例如表 7－24 所示。

表 7－24　碳纤维填料与常用填料的比较

材料	聚四氟乙烯浸渍碳纤维填料	常用填料
	碳化纤维＋聚四氟乙烯＋润滑油	石棉＋润滑脂＋石墨
性能	200 ℃ 1.47 MPa 25 m/s 圆周速度 pH 为 2～10(80 ℃以下为 1～12)	麻或木棉(80 ℃)，石棉(200 ℃) 0.49 MPa 10 m/s 圆周速度 只能用于水和油
干转	可能	不可能
发生烧轴的填料性能	即使发烧，也不抱轴，可以继续稳定运转	泄漏会增加，填料中的润滑脂流出来，以致不能使用
轴磨损	正常运转时磨损很小，发生“烧轴”故障时也不产生严重的磨损	正常运转也有磨损
调整	填料装入后基本上不变形，调节容易，性能稳定，调整压紧力的次数减少	即使正常运转，也因为运转摩擦发热而使填料中的润滑脂流出，需要经常调整
用途	除特殊的强酸、强碱之外，全部可以使用	仅能用于水、油和蒸汽

5）剪切填料

剪切填料是一种糊状填料，其原理是：填满密封室内空隙与轴接触的部分会粘住轴(轴套)的外表面，其线性纤维与轴(轴套)一起旋转，形成一转动的填料层。当粘在填料室内壁的填料静止不动时，转动层与不转动层之间有一摩擦层。摩擦层填料因有石墨和短纤维，之间形成轻微的摩擦，阻止介质向外泄漏，其密封结构如图 7－36 所示。当泵不转动时，密封室的填料由于自身的塑性及黏性将运转时形成的摩擦层的间隙堵住，形成停车密封。

剪切填料有良好的润滑性，消耗的轴功率比一般填料的小；填料介质在不需要拆卸任何零件的情况下，可以随时补充，一般每年只需补充 1/3 的新填料。其密封处轴(轴套)表面的线速度一般小于或等于 8 m/s。

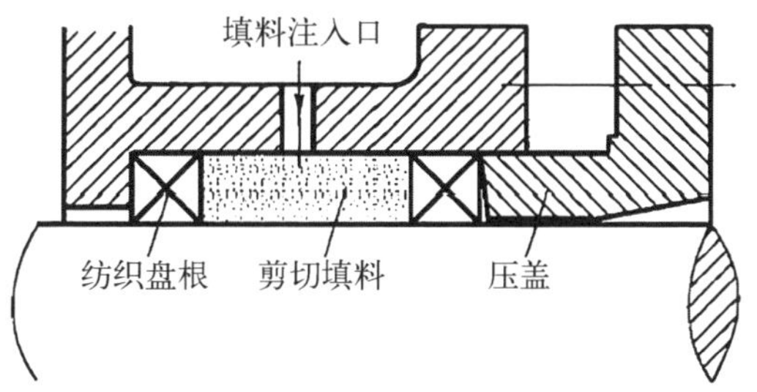

图 7－36　剪切填料的密封结构示意图

7.5　泵密封的选用分析

机械密封的选择如表 7－25 所示。

表 7－25　机械密封的选择

介质或使用条件		特　点	对密封的要求	密 封 选 择
强腐蚀性	盐酸、铬酸、硫酸、醋酸等	密封件经受化学腐蚀，尤其在密封面上的腐蚀速率通常为无摩擦作用的表面腐蚀速率的 10～50 倍	要求摩擦副材料既耐蚀又耐磨； 要求辅助密封圈材料弹性好、耐腐蚀及耐温； 要求弹簧使用可靠	(1) 选择与介质接触的材料。 (2) 采用外装式机械密封，加强冷却，防止温度升高。 (3) 采用内装式密封时，弹簧加保护层： ① 大弹簧外套塑料软管，两端封住； ② 弹簧表面喷涂防腐层，如聚三氟氯乙烯、聚四氟乙烯、氯化聚醚等。应采用大弹簧，因丝径大，涂层不易剥落。 (4) 采用外装式机械密封，隔离泄漏液，带波纹管的动环采用填充聚四氟乙烯，静环是氧化铝陶瓷，腐蚀性介质被波纹管隔离，弹簧可用普通材料
易汽化	乙醛、异丁烯、异丁烷、异丙烯、液化石油气、轻石脑油等	易使密封端面间液膜汽化，造成摩擦副干摩擦	要求摩擦系数低，导热性好的摩擦副材料； 密封腔，尤其是密封端面要有充分冷却，防止泄漏引起密封面结冰（靠大气侧）	(1) 推荐采用有压或无压双密封； (2) 摩擦副材料建议采用碳化钨-石墨或碳化硅-石墨； (3) 加强冷却、冲洗和相应急冷； (4) 通常需使密封端面间的液体温度比相应压力下的液体温度低约 14 ℃； (5) 推荐选用多弹簧机械密封

（续表）

介质或使用条件		特　点	对密封的要求	密封选择
含盐及易结晶	硫铵、磷铵、黄性钠(钾)、氢氧化钙、导生油、氯化钾(钠)等	由于温度变化而使溶质析出，沉淀在密封端面上，造成强烈磨损或阻塞；另外，介质还具有一定的腐蚀性	要求摩擦副耐磨，耐腐；加强保温，防止结晶；加强冲洗，防止结晶颗粒粘在密封端面上	(1) 含颗粒较少时，采用有压双密封，靠近介质一侧的摩擦副材料为硬对硬材料组合，如碳化钨-碳化钨； (2) 含颗粒较多时，采用有压双密封，且应注意： ① 靠近介质侧的密封应选择静止内流式，颗粒不易进入摩擦副内，动环和静环的密封圈得到了保护； ② 加强外冲洗； ③ 用冲洗液进行“封堵”，阻止颗粒进入密封端面，选择硬对硬摩擦副，如硬质合金对硬质合金、陶瓷对陶瓷。若硬质合金热装在座环上，其材料必须匹配，以防电解腐蚀； ④ 配置蒸汽急冷装置； (3) 有时也可选择单密封(大弹簧)带外冲洗结构
易凝固	石蜡、蜡油、渣油、尿素、熔融硫黄、煤焦油、醇醛树脂、苯酐、对苯二甲酸二甲酯(DMT)	介质凝固温度高而又不可能冷却；因介质温度降低，会使介质凝固，妨碍动环转动，密封面会引起磨损	注意保温或加热，使介质温度高于凝固温度； 摩擦副及密封辅助件需要耐一定温度	(1) 加强保温，采用蒸汽背冷(温度＞150 ℃)； (2) 采用硬对硬摩擦副材料； (3) 采用有压双密封； (4) 有时可考虑采用静止型金属波纹管密封
含固体颗粒	塔底残油、油浆、原油	固体颗粒进入摩擦副端面，会引起剧烈磨损；介质颗粒沉积在动环处，动环会失去浮动。颗粒沉积在弹簧上会影响弹簧弹性	要求摩擦副耐磨，结构上要能排除杂质或防止杂质沉淀	(1) 采用双端面密封，靠近介质侧摩擦副采用硬对硬材料组合，外供冲洗液冲洗； (2) 采用单端面密封，从泵出口引出液体经泵配备的旋流分离器将固体分离后进行冲洗； (3) 采用大弹簧结构
易聚合	糠醛、甲醛、苯乙烯、氯乙烯单体、丙烯醛、醋酸乙烯、甲醛水	因摩擦和搅拌使介质温度升高，而引起聚合	注意介质温度不超过聚合温度，保证充分冷却，摩擦副材料需要耐磨	(1) 采用有压波纹管双密封； (2) 采用窄的密封端面； (3) 加强冷却，防止聚合； (4) 摩擦副采用硬对硬材料

(续表)

介质或使用条件		特　点	对密封的要求	密 封 选 择
易溶解	异丙醇(对水)、磺化油(对水)、戊烷(对油)、明矾(对水)、硫酸铜、硫酸钾(对水)、甘油(对乙醇)	溶剂会使密封圈溶解,破坏石墨中的填充材料	密封材料需要耐水、耐油和乙醇等溶剂	(1) 密封圈材料可采用耐油橡胶(丁腈橡胶、聚硫橡胶)或聚四氟乙烯; (2) 摩擦副采用硬对硬材料; (3) 苯、氨、氨水不能用氟橡胶
高黏度	硫酸、润滑脂、齿轮油、渣油、汽缸油、硅油、苯乙烯等	介质黏度高,会影响动环的浮动性,弹簧易受阻塞; 密封材料易损坏	摩擦副材料要求耐磨,弹簧要能克服阻力; 要求保温或加热	(1) 采用静止型双端面密封; (2) 采用硬对硬摩擦副材料组合; (3) 考虑保温结构
高温	塔底热油、热载体、油浆、苯酐、对苯二甲二甲酯(DMT)、熔盐、熔融硫	随着温度增高,加快密封磨损和腐蚀,材料强度降低; 介质易汽化,密封环易变形,橡胶碳化,组合环配合松脱	要求材料耐高温; 为了防止摩擦副产生干摩擦,需对机械密封进行冷却冲洗,以保证密封面间隙中温度保持在汽化温度以下; 要求密封各零件膨胀系数相近	(1) 密封材料需进行稳定性热处理,消除残余应力,且膨胀系数相近; (2) 采用单端面密封,端面宽度尽量小,且需充分冷却和冲洗; (3) 温度超过 176 ℃时,采用金属波纹管式密封; (4) 采用有压双密封,外供循环液; (5) 为了防止辅助密封圈寿命短,在与介质接触侧的密封设置冷却夹套
低温	液氨、液氧、液氯、液态烃	低温时材料脆化,需要慎重选择材料; 密封圈易老化而失去弹性,影响密封性能; 介质温度低,大气中的水分会冻结在密封面上,加速摩擦副磨损; 密封面摩擦发热,会造成密封介质汽化,使摩擦副形成干摩擦,烧损密封表面;	要求密封材料耐低温,要考虑材料强度、疲劳强度和冲击韧性,要注意石墨环在低温下的滑动性; 辅助密封件要耐低温老化,要有一定的弹性; 要求密封面有良好的润滑,防止密封端面液膜汽化; 要求保冷或与大气隔离,防止结冰进行急冷	(1) 介质温度高于 −45 ℃时,除液氯等介质漏出有危险外,可用单端面密封,但需要注意大气中水分冻结,导致密封失效; (2) 介质温度高于 −100 ℃时,可用波纹管密封,单端面密封在外面向密封面吹干燥氮气,使密封面与大气隔绝,防止水分冻结; (3) 介质温度低于 −100 ℃时,采用静止式波纹管结构,防止波纹管疲劳破坏; (4) 选择适当摩擦副材料,如 QSn6.5 - 0.1 青铜填充聚四氟乙烯;

（续表）

介质或使用条件		特　　点	对密封的要求	密 封 选 择
		要考虑材料膨胀和收缩，选择膨胀系数相近的材料		(5) 液态烃(如戊烷、丁烷、乙烯等)如采用有压双密封，可用乙醇、乙二醇作封液，丙醇可用于−120 ℃，也可采用无压双密封； (6) 采用低端面比压、低 p_{ev} 值的密封，加强急冷与冲洗，防止液膜汽化
高压	合成氨水洗塔溶液、乙烯装置脱甲烷塔回流； 液、环氧乙烷解析塔釜液及二氧化碳吸收液加氢裂化原料、加氢精制原料	由于压力高，会引起端面比压和 p_{ev} 值增高，端面发热、导致液膜破坏，磨损加剧； 压力高，要注意材料强度，防止密封件变形和压碎，使密封失效	摩擦副要求有足够强度和刚度，结构上要考虑防变形； 摩擦副材料要有较低的摩擦因数，良好的材料组合，使之具有较高的 p_{ev} 值； 密封面要保证良好润滑	(1) 在保证允许的最小端面比压条件下，选择较大的平衡系数 β，但不大于 0.5； (2) 介质压力 p 大于 15 MPa 时，宜采用串联密封逐步降低每级密封压力； (3) 摩擦副材料宜用碳化钨-浸渍金属石墨或硬对硬材料，如硬质合金、碳化硅、陶瓷、喷涂陶瓷等； (4) 采用流体静压密封或液体动压密封，$[p_{ev}]$值可达 270 MPa・m/s； (5) 加强冷却和润滑； (6) 推荐 O 形圈，肖氏硬度最小为 80，用隔离支承圈以防止被挤出
真空	减压塔签液	主要是防止外界空气的漏入。若漏入空气，密封面将形成干摩擦，破坏系统的真空度	与正常密封的不同点在于密封对象的方向性差异； 避免密封面分开，尤其在泵不运转时足以密封住大气压力，保证负压工作	(1) 一般真空，可采用内装单端面密封； (2) 高真空采用有压双密封、注入封液有助于提高密封性能和改善润滑条件； (3) 为了减少辅助密封件泄漏，采用与动环焊在一起的波纹管密封； (4) 石墨在真空条件下耐磨性差，高真空时不宜采用
高速	尿素、丙烯、氯乙烯溶液的输送	由于离心力作用，严重影响机械密封中弹簧或波纹管的弹性，甚至失效； 由于转动惯量增大会造成周围介质激烈搅动，从而增加阻力、发热，同时不易达到动平衡	要求摩擦副材料允许的 p_{ev} 值高； 要考虑离心力和搅拌的影响，零件需经过动平衡校正，防止振动； 要求良好冷却和润滑	(1) 滑动速度 v 大于 25 m/s 时，采用静止式密封，动环与轴直接配合，利用轴套及叶轮夹紧，传递力矩； (2) 转动零件几何形状须对称，传动方式不推荐用销子、键等，以减少不平衡力的影响； (3) 要采用较小的密封端面摩擦因数，如碳化硅-浸铜石墨，应尽量减小端面宽度；

（续表）

介质或使用条件		特　　点	对密封的要求	密 封 选 择
				(4) 加强冷却与润滑； (5) 采用平衡型、流体动压型或流体静压型密封； (6) 选择较高的 p_{ev} 值的摩擦副材料组合
正反转向		开停频繁和正反转对弹簧旋向有影响，密封件易受冲击，密封件摩擦条件恶劣	要求零件耐磨性高，注意强度设计，加强防转机构和弹簧旋向	(1) 动环驱动间隙要小，静环用防转零件； (2) 采用金属波纹管密封或小弹簧密封

第 8 章

泵在系统中的运行工况及相关特性

泵在系统中的运行工况点是由泵特性和装置特性共同确定的，泵的运行工况点均在泵的特性曲线上，每个运行工况状态由转速、流量、扬程、效率和功率来表示。本章主要阐述泵的运行工况、扬程确定、全特性曲线、水锤和转动惯量计算等。

8.1 泵运转时的工况点、泵站和泵装置效率

泵特性曲线上的每一点都是一个工况，对应一组参数（H，q_V，P，η，H_{NPS}）。通常都希望泵在对应最高效率点的工况下工作，但是不一定能够满足。这是因为泵运转时在特性曲线上哪一点工作，是由泵特性曲线和装置特性曲线共同决定的。

8.1.1 泵运转时的工况点

把单位质量液体从吸水池液面送到排出水池液面需要的能量称为装置扬程，用 H_z 表示。装置扬程 H_z 由几何高度 h_a（位能）、压力差 $(p_t - p_c)/\rho g$（压能）和整个装置管路系统（泵本身除外）的水力损失 $\sum h$ 三部分组成。

$$H_z = h_a + \frac{p_t - p_c}{\rho g} + \sum h \tag{8-1}$$

式中：p_t 为排出液面的压力；p_c 为吸入液面的压力。

水力损失 $\sum h$ 为沿程损失和局部损失之和

$$\sum h = \sum \frac{\lambda L}{d} \frac{v^2}{2g} + \sum \xi \frac{v^2}{2g} = K q_V^2 \tag{8-2}$$

式中：λ 为摩擦因数；L 为管道长度；d 为管道直径；v 为管道内有效截面上的

平均流速；g 为重力加速度。

吸入液面到排出液面的几何高度 h_a 又称为实扬程或净扬程。

将式(8－2)代入式(8－1)，可绘制出 H_z 与流量的关系曲线(见图 8－1)，它通常表现为一条二次抛物线，称为装置特性曲线或管路阻力曲线。

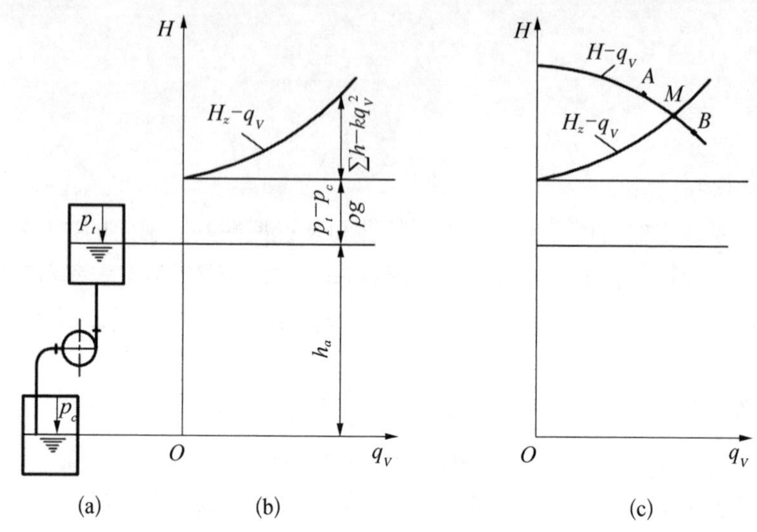

图 8－1　泵运转特性

(a) 泵装置；(b) 装置特性曲线；(c) 泵运转工况点

将泵特性曲线和装置特性曲线画在同一张图上，装置特性曲线和泵特性曲线的交点[见图 8－1(c)中的 M 点]就是泵的运转工况点。

在该点单位质量液体通过泵增加的能量(泵扬程 H)正好等于把单位质量液体从吸水池液面送到排出水池液面需要的能量(即装置扬程 H_z)，故 M 点是泵稳定的运行点。如果泵偏离 M 点在 A 点工作，这时多余的能量促使管内流速增加，泵的流量增加，工况点从 A 点移向 M 点；反之，如泵偏离 A 点在 B 点工作，这时管内流速减慢，泵流量减小，从 B 点移向 M 点，最后都要回到 M 点稳定下来。泵的稳定工况点一定是泵特性曲线和装置特性曲线的交点。

在产品样本上给出了泵的特性曲线，当装置确定之后，可以计算并绘制出装置特性曲线，从而确定出泵实际的运转工况点。

8.1.2　泵站和泵装置效率

泵装置扬程的图解如图 8－2 所示。

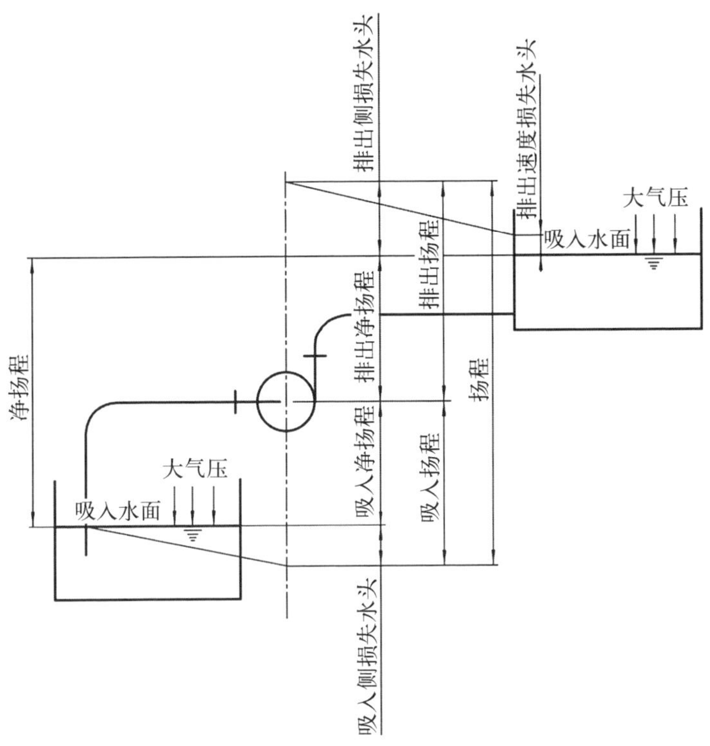

图 8-2　泵装置扬程的图解

泵站和泵装置效率计算公式如下。

电动机输出功率为

$$P_{\mathrm{T}} = P_{电}\eta_{电} \tag{8-3}$$

泵的轴功率为

$$P = P_{\mathrm{T}}\eta_{传} \tag{8-4}$$

泵输出有效功率为

$$P_{\mathrm{e}} = P\eta_{泵} \tag{8-5}$$

泵站有效功率为

$$P_{站} = P_{\mathrm{e}}\eta_{装} \tag{8-6}$$

$$\eta_{泵站} = \frac{P_{站}}{P_{电}} = \frac{P_{\mathrm{e}}\eta_{装}}{P_{电}} = \frac{P\eta_{泵}\ \eta_{装}}{P_{电}} = \frac{P_{\mathrm{T}}\eta_{传}\ \eta_{装}\ \eta_{泵}}{P_{电}} = \frac{P_{电}\ \eta_{电}\ \eta_{传}\ \eta_{装}\ \eta_{泵}}{P_{电}} \tag{8-7}$$

则泵站效率为

$$\eta_{泵站}=\eta_{电}\ \eta_{传}\ \eta_{装}\ \eta_{泵} \tag{8-8}$$

式中：$P_{电}$ 为电动机输入功率；$\eta_{电}$ 为电动机效率；$\eta_{传}$ 为传动系统效率；$\eta_{泵}$ 为泵的效率；$\eta_{装}$ 为泵装置的效率。

$$\eta_{装}=\frac{H_{净}}{H_{净}+h_{损}} \tag{8-9}$$

图 8-3 是泵站能量平衡图。

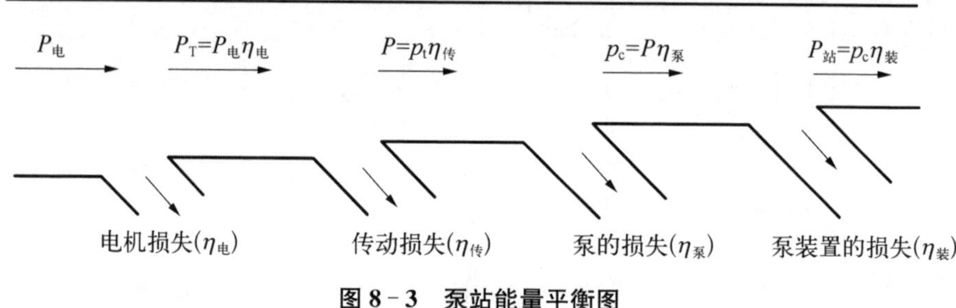

图 8-3　泵站能量平衡图

8.2　泵扬程计算

泵的装置扬程计算见式(8-1)，其中 h_a、p_t、p_c 都可以通过测量几何高度、进口压力、出口压力得出，而关于水力损失 $\sum h$ 包括沿程水力损失和局部水力损失这两部分。

8.2.1　沿程水力损失

沿程水力损失产生的主要原因是流体具有黏性，在流动过程中与流体层、流体微团及流体与固壁间会产生的黏性摩擦阻力，克服这种摩擦阻力需要损失能量。在固体边界平直的水道中，沿程水力损失与管段的长度成正比。

1) 达西(Darcy)公式

$$H_f=\lambda\frac{L}{D}\frac{v^2}{2g} \tag{8-10}$$

式中：λ 为摩擦因数，部分系数可从表 8-1 中查得(也可以从一般资料中查得);L 为管道长度,m;D 为管道内径,m;v 为管道内有效截面上的平均流速,m/s;g 为重力加速度,m/s^2。

式(8-10)中的系数,对于新铸铁管采用 $\lambda=0.02+\dfrac{0.0005}{D}$。西岛公司给出的摩擦因数 λ' 和混凝土管 $\lambda_c=0.0156\dfrac{1}{D^{0.25}}$,对上式同样适用。

表 8-1　各种管径下的摩擦因数表

管径/mm	摩擦因数			管径/mm	摩擦因数		
	达西 λ	西岛 λ'	混凝土 λ_c		达西 λ	西岛 λ'	混凝土 λ_c
40	0.0325	0.0376	0.0348	500	0.0210	0.0190	0.0186
50	0.0300	0.0348	0.0330	600	0.0208	0.0183	0.0178
80	0.0267	0.0307	0.0299	700	0.0207	0.0177	0.0171
100	0.0250	0.0281	0.0278	800	0.0206	0.0172	0.0165
125	0.0240	0.0266	0.0263	900	0.0206	0.0167	0.0160
150	0.0233	0.0253	0.0251	1 000	0.0205	0.0163	0.0156
175	0.0228	0.0243	0.0242	1 100	0.0205	0.0160	0.0153
200	0.0225	0.0236	0.0234	1 200	0.0204	0.0157	0.0149
250	0.0220	0.0223	0.0221	1 350	0.0204	0.0153	0.0145
300	0.0217	0.0214	0.0211	1 500	0.0203	0.0152	0.0141
350	0.0214	0.0206	0.0203	1 800	0.0203	0.0147	0.0135
400	0.0213	0.0200	0.0197	2000	0.0202	0.0145	0.0131
450	0.0211	0.0195	0.0191				

2) 克雷布鲁克(Colebrook)公式

如果测量点与法兰之间的管路是具有不变圆形横截面和长度 L 的无阻碍的直管,则上面达西公式中的 λ 值可用克雷布鲁克公式求得

$$\frac{1}{\sqrt{\lambda}}=-2\lg\left[\frac{2.51}{Re\sqrt{\lambda}}+\frac{k}{3.7D}\right] \tag{8-11}$$

式中：k 为管路当量均匀粗糙度，m；D 为管路直径，m；$\frac{k}{D}$ 为相对粗糙度(纯数值)；Re 为雷诺数，$Re=\frac{vd}{\nu}$。管子的粗糙度可以从表 8-2 中查得。

表 8-2 管子的表面当量均匀粗糙度

(新)商品管材料	k/mm
玻璃、拉制黄铜或铅	光滑
钢	0.05
涂沥青铸铁	0.12
镀锌铁	0.15
铸铁	0.25
混凝土	0.3～3.0
铆接钢	1.0～10

如没有特别推荐，可通过图 8-4 给出的莫迪(Moody)曲线图，查得 λ 的值。

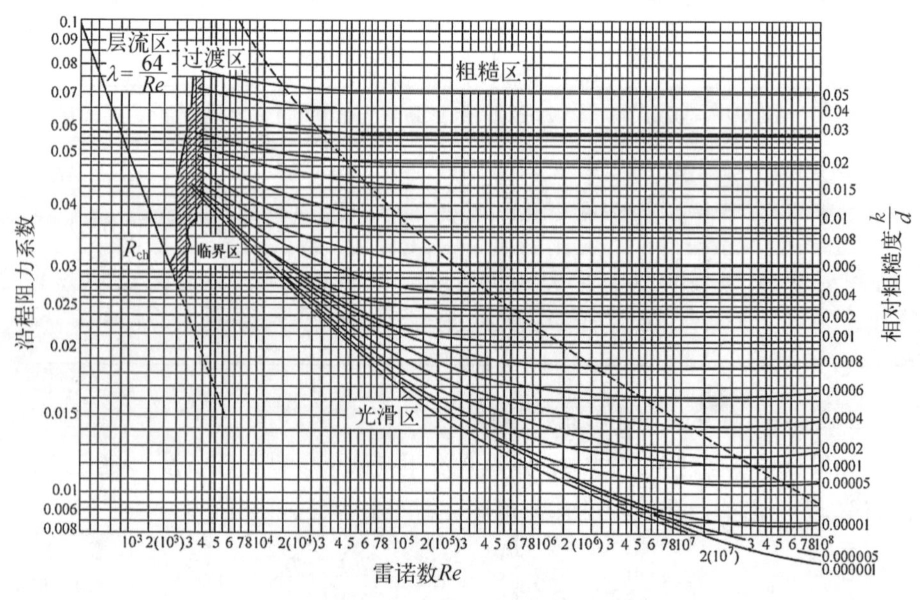

图 8-4 莫迪曲线图

8.2.2　局部阻力损失

$$H_j = \xi \frac{v^2}{2g} \tag{8-12}$$

式中：H_j 为局部阻力损失，m；v 为局部之后截面的流速，m/s；ξ 为局部阻力系数，从表8-3中查得。

表8-3　局部阻力系数表

名称	图示	名称	图示	名称	图示
管子进口 无扩大 $\xi=0.5$	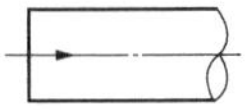	管子进口 有喇叭口 $\xi=0.1\sim0.2$	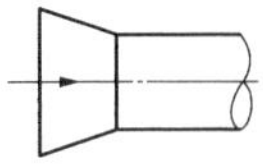	出口 $\xi=1.0$	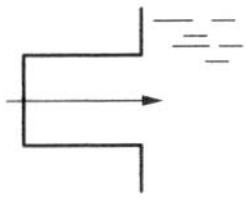
逐渐变细管 $\xi=0.1$	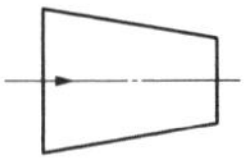	逐渐变粗管 $\xi=0.25$	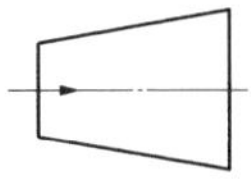	90°弯头 $\xi=0.2\sim0.3$	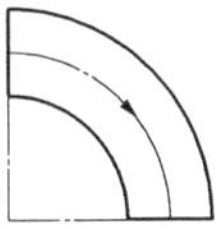
45°弯头 $\xi=0.10\sim0.15$	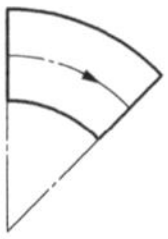	直流三通 $\xi=0.1$	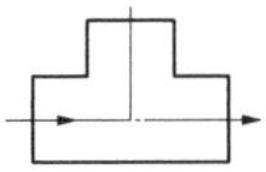	曲流三通 $\xi=2.0$	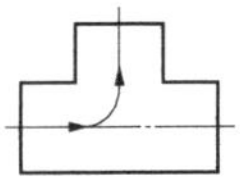
分流三通 $\xi=1.5$	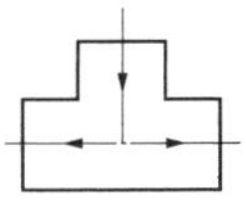	Y形管 $\xi=1.0$	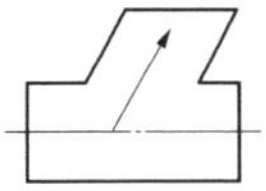	无滤网底阀 $\xi=0.5$	
有滤网底阀 $\xi=1.5\sim2.0$		逆止阀 $\xi=0.8\sim1.2$	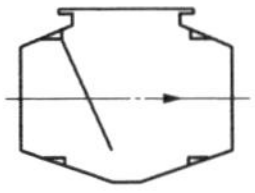	闸阀 $\xi=0.8\sim1.2$	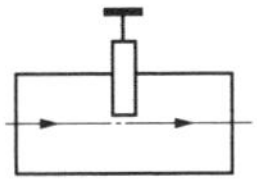
拍门 $\xi=0.5$	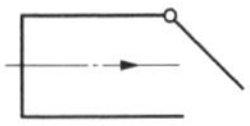				

断面突然扩大：

$$H_j = \xi_1 \frac{v_1^2}{2g} \tag{8-13}$$

断面突然收缩：

$$H_j = \xi_2 \frac{v_1^2}{2g} \tag{8-14}$$

式中：v_1 为对应小口径管路的速度；ξ_1、ξ_2 为管径变化的损失系数。

表 8-4 所示是对应直径比 d/D 下的 ξ_1、ξ_2 的值。

表 8-4　对应直径比 d/D 下的 ξ_1 和 ξ_2 的值

断面突然扩大		断面突然收缩	
d　v_1　v_2　D		D　v_2　v_1　d	
d/D	ξ_1	d/D	ξ_2
0.075	0.99	0.075	0.47
0.100	0.98	0.100	0.46
0.150	0.95	0.150	0.46
0.200	0.92	0.200	0.45
0.250	0.88	0.250	0.45
0.300	0.83	0.300	0.44
0.400	0.70	0.400	0.40
0.500	0.56	0.500	0.35
0.600	0.41	0.600	0.30
0.700	0.26	0.700	0.23
0.800	0.12	0.800	0.15
0.900	0.04	0.900	0.07

断面逐渐收缩：

$$H_j = \xi \frac{v_1^2}{2g} \tag{8-15}$$

式中：v_1 为对应小口径管路的速度；ξ 为包含收缩段的摩擦损失系数。

表 8-5 所示为断面逐渐收缩管路各角度下的 ξ 值。

表 8-5　断面逐渐收缩管路各角度下的 ξ 值

	ξ									
d/D	$\theta=2°$	$\theta=4°$	$\theta=6°$	$\theta=8°$	$\theta=10°$	$\theta=15°$	$\theta=20°$	$\theta=30°$	$\theta=45°$	$\theta=60°$
0.910	0.057	0.028	0.019	0.014	0.011	0.007 6	0.005 7	0.003 9	0.002 6	0.002 0
0.833	0.093	0.046	0.031	0.023	0.019	0.012 0	0.009 3	0.006 3	0.004 2	0.003 2
0.715	0.130	0.066	0.044	0.033	0.027	0.018 0	0.013 0	0.009 0	0.006 0	0.004 6
0.625	0.150	0.076	0.051	0.038	0.030	0.020 0	0.015 0	0.010 0	0.006 9	0.005 3
0.556	0.160	0.081	0.054	0.041	0.032	0.022 0	0.016 0	0.011 0	0.007 4	0.005 7
0.500	0.170	0.081	0.056	0.042	0.034	0.023 0	0.017 0	0.012 0	0.007 7	0.005 9
0.455	0.170	0.086	0.057	0.043	0.034	0.023 0	0.017 0	0.012 0	0.007 8	0.006 0
0.400	0.170	0.087	0.058	0.044	0.035	0.023 0	0.018 0	0.012 0	0.007 9	0.006 1
0.334	0.180	0.089	0.059	0.044	0.035	0.024 0	0.018 0	0.012 0	0.008 1	0.006 2
0.250	0.180	0.089	0.060	0.045	0.036	0.024 0	0.018 0	0.012 0	0.008 1	0.006 2
0.200	0.180	0.089	0.060	0.045	0.036	0.024 0	0.018 0	0.012 0	0.008 2	0.006 3

断面逐渐扩散：

$$H_j = \xi \frac{v_1^2}{2g} \tag{8-16}$$

式中：v_1 为对应小口径管路的速度；ξ 为包含扩散段的摩擦损失系数。

表 8-6 所示为断面逐渐扩散管路各角度下的 ξ 值。

表 8-6　断面逐渐扩散管路各角度下的 ξ 值

	ξ									
D/d	$\theta=2°$	$\theta=4°$	$\theta=6°$	$\theta=8°$	$\theta=10°$	$\theta=15°$	$\theta=20°$	$\theta=30°$	$\theta=45°$	$\theta=60°$
1.1	0.006	0.004	0.004	0.005	0.006	0.009	0.013	0.022	0.030	0.035
1.2	0.020	0.015	0.015	0.015	0.017	0.025	0.030	0.065	0.090	0.110
1.4	0.050	0.035	0.035	0.040	0.045	0.070	0.100	0.170	0.250	0.290
1.6	0.080	0.050	0.050	0.055	0.065	0.100	0.160	0.270	0.380	0.420
1.8	0.100	0.068	0.068	0.072	0.084	0.130	0.200	0.320	0.480	0.550
2.0	0.120	0.080	0.080	0.085	0.100	0.170	0.250	0.400	0.550	0.650
2.5	0.150	0.095	0.095	0.110	0.130	0.200	0.300	0.500	0.700	0.800
3.0	0.170	0.120	0.120	0.130	0.150	0.240	0.350	0.560	0.800	0.900

方向变化损失：

$$h=\xi_\theta \frac{v^2}{2g},\ \xi_\theta=\xi_{90}\left(\frac{\theta°}{90}\right)^{0.5} \tag{8-17}$$

式中：ξ_θ 随着 R/D 值的不同而变化。几种 R/D 下的 ξ_θ 值如表 8-7 所示。

表 8-7　几种 R/D 下的 ξ_θ 值

R/D	ξ_θ			
	$\theta=90°$	$\theta=60°$	$\theta=45°$	$\theta=30°$
0.50	2.000	1.630	1.420	1.160
0.75	0.600	0.490	0.425	0.350
1.00	0.300	0.245	0.210	0.175
1.50	0.170	0.140	0.120	0.100

(续表)

R/D	ξ_θ			
	$\theta=90^\circ$	$\theta=60^\circ$	$\theta=45^\circ$	$\theta=30^\circ$
2.00	0.145	0.118	0.103	0.085
2.50	0.138	0.113	0.098	0.080
5.00	0.130	0.106	0.092	0.075

8.2.3　泵装置扬程计算举例

[例题 1]　计算图 8-5 所示双吸泵的装置扬程，泵的设计体积流量为 0.78 m^3/s

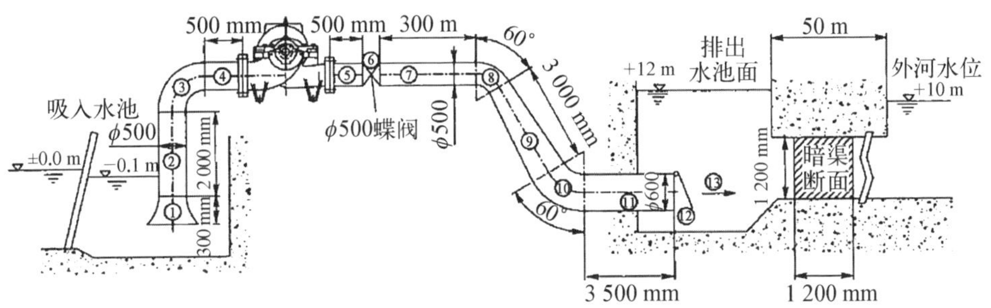

图 8-5　双吸泵的装置扬程的计算

净高程 $h_a=12+0.1=12.1(\text{m})$，为计算吸入、排出管路的水力损失，将其分成 11 个部分，现分别计算如下：

管径为 500 mm 时，流速 $v=3.97$ m/s，$\dfrac{v^2}{2g}=\dfrac{3.97^2}{2\times9.81}=0.803(\text{m})$。

管径为 600 mm 时，流速 $v=2.76$ m/s，$\dfrac{v^2}{2g}=\dfrac{2.76^2}{2\times9.81}=0.388(\text{m})$。

(1) 吸入喇叭管损失 $h_1=\xi\dfrac{v^2}{2g}=0.15\times0.803=0.120(\text{m})$（查表 8-4，$\xi=0.15$）。

(2) 吸入直管损失 $h_2=\lambda\dfrac{l}{d}\dfrac{v^2}{2g}=0.021\times\dfrac{2}{0.5}\times0.803=0.067(\text{m})$（查表 8-1，$\lambda=0.021$）。

(3) 进口段90°弯管损失 $h_3=\xi\dfrac{v^2}{2g}=0.3\times0.803=0.241(\mathrm{m})$ (查表8-7,$\xi=0.3$)。

(4) 进口法兰前直管损失 $h_4=\lambda\dfrac{l}{d}\dfrac{v^2}{2g}=0.021\times\dfrac{0.5}{0.5}\times0.803=0.017(\mathrm{m})$。

(5) 出口法兰后直管损失 $h_5=\lambda\dfrac{l}{d}\dfrac{v^2}{2g}=0.021\times\dfrac{0.5}{0.5}\times0.803=0.017(\mathrm{m})$。

(6) 蝶阀全开时损失 $h_6=\xi\dfrac{v^2}{2g}=0.38\times0.803=0.305(\mathrm{m})$ (查资料,$\xi=0.38$)。

(7) 蝶阀后直管损失 $h_7=\lambda\dfrac{l}{d}\dfrac{v^2}{2g}=0.021\times\dfrac{300}{0.5}\times0.803=10.118(\mathrm{m})$。

(8) 60°弯管损失 $h_8=\xi\dfrac{v^2}{2g}=0.245\times0.803=0.197(\mathrm{m})$ (查表8-7,$\xi=0.245$)。

(9) 扩散管损失 $h_9=\xi\dfrac{(v_1-v_2)^2}{2g}=0.25\times\dfrac{1.21^2}{2\times9.81}=0.019(\mathrm{m})$ (查表8-4,$\xi=0.25$)。

(10) 扩散管后60°弯管损失 $h_{10}=\xi\dfrac{v^2}{2g}=0.245\times0.388=0.095(\mathrm{m})$。

(11) 弯管后直管损失 $h_{11}=\lambda\dfrac{l}{d}\cdot\dfrac{v^2}{2g}=0.021\times\dfrac{3.5}{0.5}\times0.388=0.057(\mathrm{m})$。

(12) 出口拍门损失 $h_{12}=\xi\dfrac{v^2}{2g}=0.5\times0.388=0.194(\mathrm{m})$ (查表8-4,$\xi=0.5$)。

(13) 出口速度头损失 $h_{13}=\xi\dfrac{v^2}{2g}=1.0\times0.388=0.388(\mathrm{m})$ (查表8-4,$\xi=1.0$)。

(14) 总水力损失 $\sum h=0.120+0.067+0.241+0.017+0.017+0.305+10.118+0.197+0.019+0.095+0.057+0.194+0.388=$

11.84(m)。

(15) 装置扬程 $H_z = h_a + \sum h = 12.1 + 11.84 = 23.94(\mathrm{m})$。

8.3　泵的串联和并联运转

泵的串联主要解决扬程不够的问题，经串联后的水泵，其流量不变，扬程是两泵之和。泵的并联是指多台泵共用一根出口管，每台泵都有单独的止回阀，泵并联运行后相同扬程下的流量相加。

1) 相同特性泵的串联运转

图 8-6 中，$Q_1 - H_1$ 是单台泵的特性曲线，$Q_2 - H_2$ 是 2 台泵串联工作时的合成特性曲线，它是在同一流量下 2 台泵相应扬程(纵坐标)相加得到的。R 是装置特性曲线，单台泵运转时工况点为 A，两泵串联时工况点为 B，而此时 2 台泵各自的运行点在 C 点。由图可知，2 台泵串联运行扬程增加，其增加程度和装置特性曲线的形状有关，但小于单独运转时的 2 倍。串联运行后单泵的工况点与没串联时运行工况点相比，偏大流量运行。

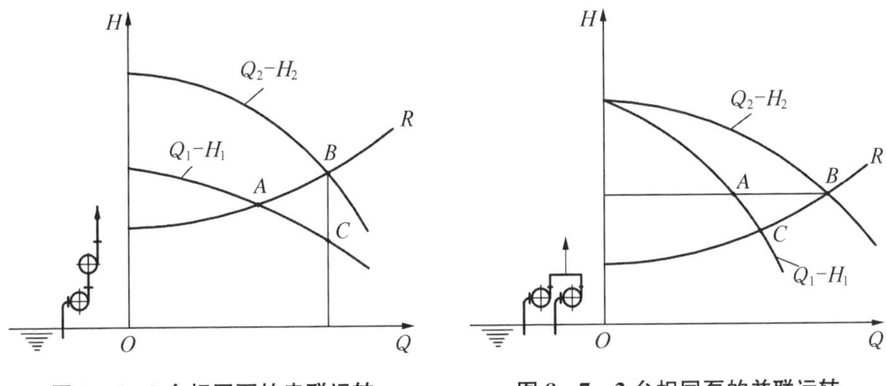

图 8-6　2 台相同泵的串联运转　　**图 8-7　2 台相同泵的并联运转**

2) 相同特性泵的并联运转

图 8-7 中，$Q_1 - H_1$ 是单台泵的特性曲线，$Q_2 - H_2$ 是 2 台泵并联工作时的合成特性曲线，它是在相同扬程下 2 台泵流量相加得到的。在同一装置特性曲线 R 上，1 台泵单独运转时的工况点为 C，合成工况点是 B，并联后 2 台泵实际运行工况点为 A。1 台泵运转时，流量为 Q_c；2 台泵并联运转时，合成流为 Q_b，Q_b 小于 2 倍的 Q_c；并联运行后泵的工况点偏小流量运行。

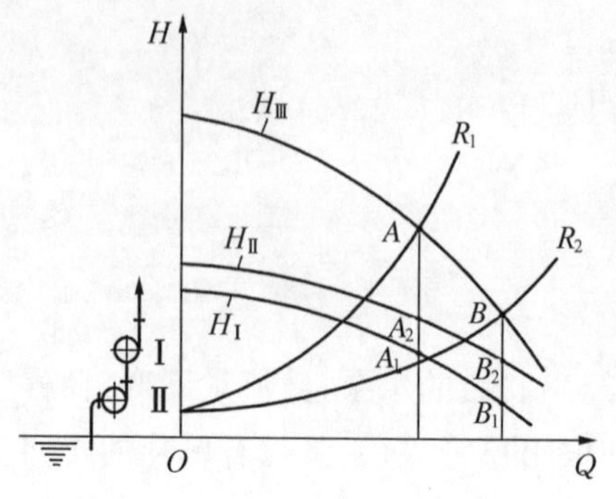

图 8-8　两台不同泵的串联运转

3）不同特性泵的串联运转

在图 8-8 中 $H_{Ⅰ}$、$H_{Ⅱ}$ 为 2 台泵单独运转时的特性曲线，$H_{Ⅲ}$ 是 2 台泵串联工作时的合成特性曲线，R_1 和 R_2 是 2 条装置特性曲线。当装置特性曲线为 R_1 时，合成工况点为 A，2 台泵的工况点分别为 A_1、A_2；当装置特性曲线为 R_2 时，合成工况点为 B。当阻力曲线在 R_2 以下时，其运转状态是不合理的。在 $Q>Q_B$ 时，2 台泵合成的扬程小于泵Ⅱ的扬程，若泵Ⅱ作为串联工作的第二级，则泵Ⅰ变为泵Ⅱ吸入侧阻力，造成泵Ⅱ吸入条件变坏，有可能发生汽蚀。若把泵Ⅰ作为串联工作的第二级，则泵Ⅰ变为泵Ⅱ排出侧的阻力，消耗一部分泵Ⅱ的扬程。

2 台泵串联工作，第二级的压力增高，应注意校核轴封和壳体强度的可靠性。泵串联工作，按相同的流量分配扬程。

4）2 台不同特性泵的并联运转

在图 8-9 中，$H_{Ⅰ}$、$H_{Ⅱ}$ 是 2 台泵单独运行时的特性曲线，$H_{Ⅲ}$ 为 2 台泵并联合成特性曲线。当装置特性曲线为 R_1 时，合成工况点为 B 点，实际 2 台泵的工况点为 B_1 和 B_2 点。其流量小于 2 台泵单独运行流量 Q_{B_1} 和 Q_{B_2} 之和。当装置特性曲线为 R_2 时，关死点扬程低的泵Ⅱ，在流量为零的工况下运转。这台泵消耗的功率使液体加热，有可能出现事故；如泵Ⅱ无逆止阀，水将通过泵Ⅱ倒流，使该泵反转。由以上 2 个例子可知，泵并联运转按扬程相等分配流量。

在图 8-10 中为 1 台往复泵和 1 台离心泵并联，由系统扬程曲线，可求得离心泵运行工况点的参数。

5）串联与并联运转的选择

在图 8-11 中，H_1-Q_1 为泵单独运转时的特性曲线，H_2-Q_2 为 2 台泵串联工作时的合成特性曲线，H_3-Q_3 为 2 台泵并联工作时的合成特性曲线。串联和并联合成特性曲线的交点 A 是确定 2 种运转方式的分界点。

当装置特性曲线为 A 点下方的 R_1 时，并联合成工况点 A_4 比串联合成工况点 A_3 的流量大；当装置特性曲线为 A 点上方的 R_2 时，串联合成工况点为 A_2，它比并联合成工况点 A_1 的流量大。因此，欲使 2 台泵流量增加，采用并联还是串联，要根据装置特性曲线的形状决定，当阻力曲线很陡时，串联流量比并联流量还大[12]。

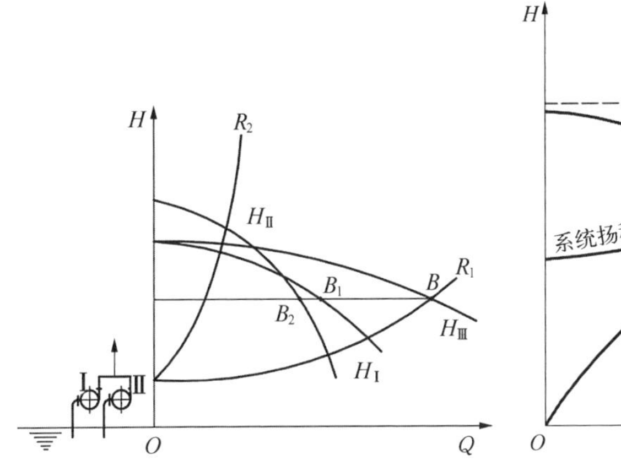

图 8 - 9　两台不同泵的并联运转

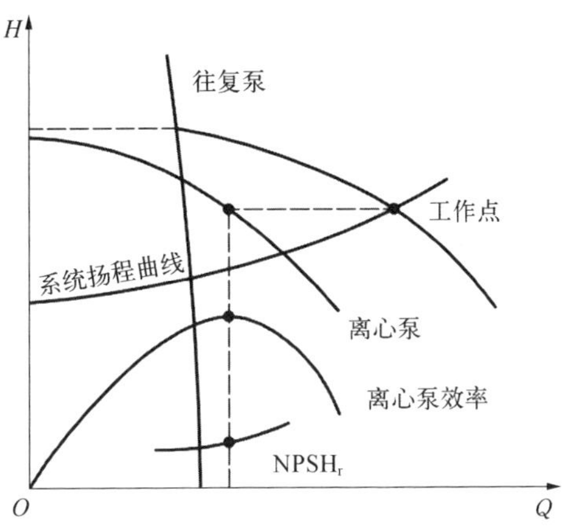

图 8 - 10　往复泵和离心泵并联运转

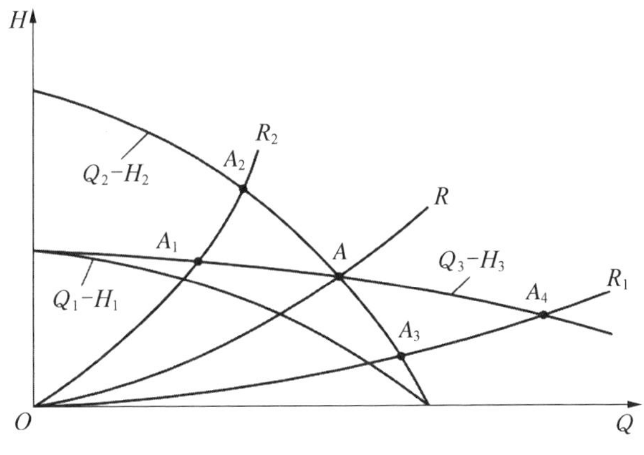

图 8 - 11　两台泵串联与并联运转的选择

8.4　泵运行工况的调节

改变泵运转工况点称为泵的调节。泵的工况点是泵特性曲线和装置特性曲线(管路阻力曲线)的交点。因此,改变工况点有 3 种途径：① 改变泵的特性曲线;② 改变装置的特性曲线;③ 同时改变泵的特性曲线和装置特性曲线。

8.4.1　改变泵特性曲线的方法

泵特性曲线的更改主要通过改变电机转速和泵内部结构来实现,其改变方法有以下几种。

1）转速调节

图 8－12(a)绘出了不同转速($n_1 > n_2 > n_3$)时泵的特性曲线、装置特性曲线 R 和相似抛物线 $H = KQ^2$。由图可知，如不改变装置特性曲线，改变转速后的工况点可能偏离最高效率工况点。只有使装置特性曲线和改变转速后的相似抛物线接近时，才能使改变转速后的工况保持高效率。转速调节适于功率大和扬程变化大的情况。

2）切割叶轮外径调节

切割叶轮外径只能使特性曲线向下移动，图 8－12(b)中绘出了不同外径($D''_2 < D'_2 < D_2$)时的工况点，其情况和改变转速类似。

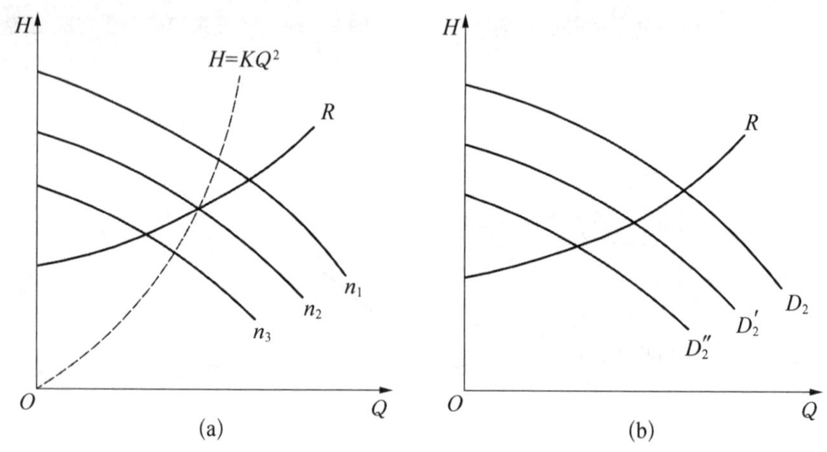

图 8－12　改变工况点的方法

(a) 改变泵转速；(b) 改变叶轮直径

3）改变叶片角度调节

改变叶片角度调节适合于轴流泵和混流泵(斜流泵)。图 8－13 是轴流泵和斜流泵的可调节叶片。

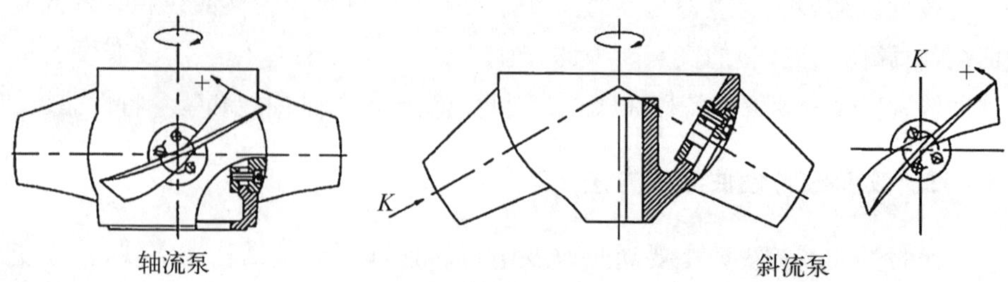

图 8－13　轴流泵和斜流泵的可调节叶片

通常改变角度不大时，各角度下的最高效率变化也不大。另外，随角度的变化，轴流泵扬程变化不大，但流量变化较大。随着角度的变化，斜流泵流量和扬程的变化都比较大。

现定量研究角度变化后泵流量和扬程的变化。叶片角度变化后，只有液流进口角和叶片角大致相等，即无冲击流入时才能获得高的效率，由叶片进口速度三角形，设叶片角度改变后的参数加“′”表示。

$$v'_{m1}=u_1\tan\beta'_1,\ v_{m1}=u_1\tan\beta_1 \tag{8-18}$$

则

$$\frac{Q'}{Q}=\frac{v'_{m1}}{v_{m1}}=\frac{\tan\beta'_1}{\tan\beta_1} \tag{8-19}$$

最高效率点工况的扬程随角度变化不大，萨尔费得(Ksaalfeld)给出以下估算公式

$$H'=H\left(0.8+0.2\frac{Q'}{Q}\right) \tag{8-20}$$

固定叶片的轴流泵在小流量区域运行时，$H-Q$ 曲线不稳定，轴功率大幅度增加。改为可调节叶片机构，可以实现恒功率运行，节约能源。

图 8-14 所示是斜流泵特性曲线及轴流泵特性曲线。

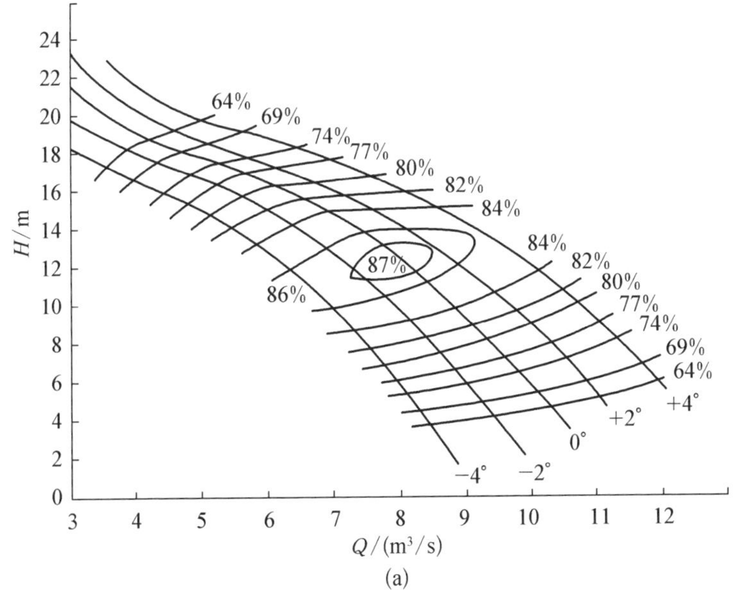

(a)

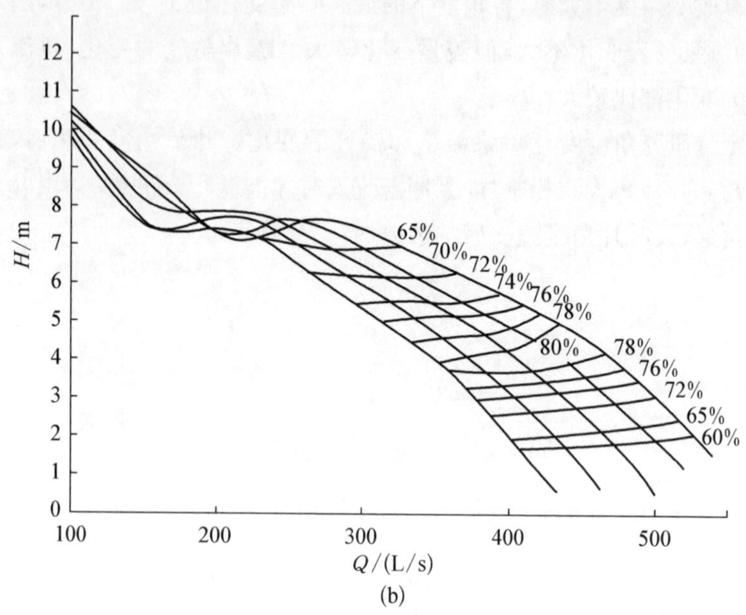

图 8-14　轴流泵和斜流泵特性曲线

(a) 轴流泵；(b) 斜流泵

按系列模型试验结果统计的泵角度改变对参数的影响：

轴流泵叶片角度每改变 1°，流量变化 2.75%，扬程变化约 0.2 m；

斜流泵叶片角度每改变 1°，流量变化 4.15%，扬程变化约 0.5 m。

4) 改变前置导叶叶片角度的调节

在叶轮前安装可以调节的前导叶，改变其叶片的角度，即可改变叶轮进口前液体绝对速度的圆周分量，从而改变泵的最佳工况，这种方法主要用于轴流泵和斜流泵。

如图 8-15 所示，导叶方向未改变时，进口相对速度 ω_1 的方向大致与叶轮叶片进口方向一致，泵的效率最高。当前导叶方向改变时，绝对速度的方向与导叶方向一致，为 v_1'。要保证有高效率，其相对速度 w_1' 的方向也应与叶片方向一致(与 w_1 的方向相同)。利用相似三角形的几何关系，可求得改变前导叶角度时的流量比公式为

$$\frac{Q'}{Q}=\frac{v'_{m0}}{v_{m0}}=\frac{v'_{m0}\cot\beta_0}{v'_{m0}\cot\beta_0+v'_{m0}\cot'\alpha_0}=\frac{\cot\beta_0}{\cot\beta_0+\cot'\alpha_0} \quad (8-21)$$

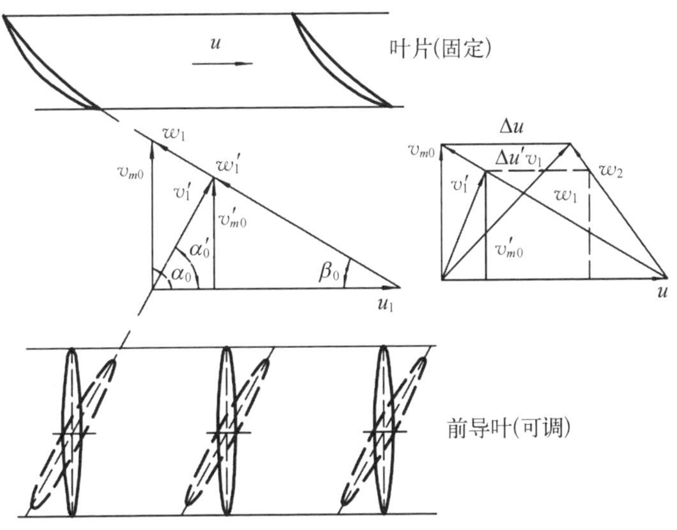

图 8 - 15　前导叶调节和速度三角形

下面求扬程比 $\dfrac{H'}{H}$ 的公式，以轴流泵为例，轴流泵叶片进出口的圆周速度 u 相等，轴面速度 v_m 也大致相等。故可把叶片进出口速度三角形画在一起，如图 8 - 15 所示，其中虚线表示改变前导叶角度后的速度三角形，由速度三角形得

$$\frac{\Delta v'_u}{\Delta v_u}=\frac{v'_m}{v_m} \tag{8-22}$$

根据能量守恒定律，总流速变化正比于扬程变化，根据质量守恒定律，轴面流速正比于流量变化，即

$$\Delta v_u \propto H,\ v_m \propto Q \tag{8-23}$$

将式(8 - 23)代入式(8 - 22)，即可得到扬程比的公式如下：

$$\frac{H'}{H}=\frac{Q'}{Q} \tag{8-24}$$

图 8 - 16 所示是比转速为 401 的泵改变前导叶角度的特性。比转速大的泵改变前导叶角度的特性变化大；比转速小的泵，因为 $v_{u_1}u_1$［定义见式(1 - 7)］占扬程中的比例小，故效果不明显。

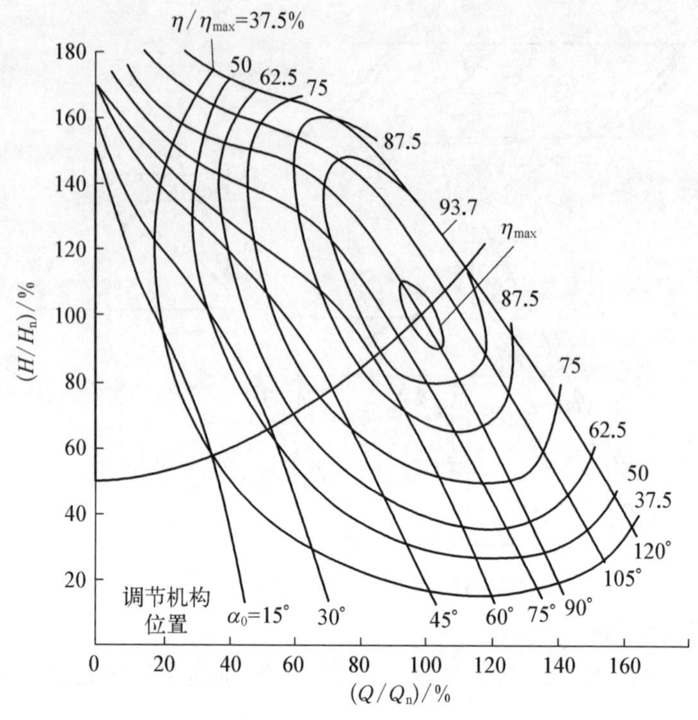

图 8-16 前导叶调节特性曲线

5）改变叶片前缘间隙的调节

通过改变半开式叶片前缘和壳体的间隙，可改变泵的特性。间隙增加时，泵的流量减小，而且由于叶片工作面和背面压差减小，泵扬程降低，轴功率和效率也相应降低。

8.4.2 改变装置特性曲线的方法

在泵的实际应用场景里面，很少有通过改变泵的内部结构来改变泵运行工况的条件，通常是通过改变泵的外部条件来改变泵的运行工况。改变泵装置特性曲线的方法有以下几种。

1）调节阀调节

在泵的出口管路上装调节阀，关小调节阀的开度，即会改变阻力 $\sum h = KQ^2$ 中的 K 值(阻力系数)，从而改变阻力曲线。图 8-17 中的 R_1 表示调节阀全开时的阻力曲线，不改变调节阀的开度，这条曲线的形状是不会变的。关小调节阀时，阻力曲线向左移动，如 R_2 曲线。图 8-17 中的 h_1、h_2 是管路阻力损失(在调节阀全开时,可以近似认为调节阀的损失为零)。当关小调节阀,阻力曲线为 R_2 时,调节阀本身造成的节流损失为 h_3。

故将调节阀节流损失考虑在内的装置效率,以 B 工况点为例,可以写成

$$\eta_{运}=\frac{\rho gQ(H_B-h_3-h_2)}{P}=\frac{\rho gQH_B}{P}\left(1-\frac{h_3+h_2}{H_B}\right)$$

$$=\eta_B\left(\frac{H_B-h_3+h_2}{H_B}\right) \tag{8-25}$$

式中:η_B 为泵在 B 点的效率;h_3 为调节阀节流的水力损失;h_2 为除掉调节阀外的装置水力损失。

只考虑调节阀损失的装置效率为

$$\eta_{运}=\frac{\rho gQ(H_B-h_3)}{P}=\eta_B\left(\frac{H_B-h_3}{H_B}\right) \tag{8-26}$$

当调节阀全开(只有管路阻力损失)时的装置效率为

$$\eta_z'=\eta_B\left(\frac{H_B-h_2}{H_B}\right) \tag{8-27}$$

调节阀调节造成的水力损失很大,泵的扬程曲线越陡,损失越严重。

2) 液位调节

由图 8-17 可见,排出液位升高时,流量减小,则液位下降。而液位降低后,流量增加,故能使液位保持在一定范围之内。

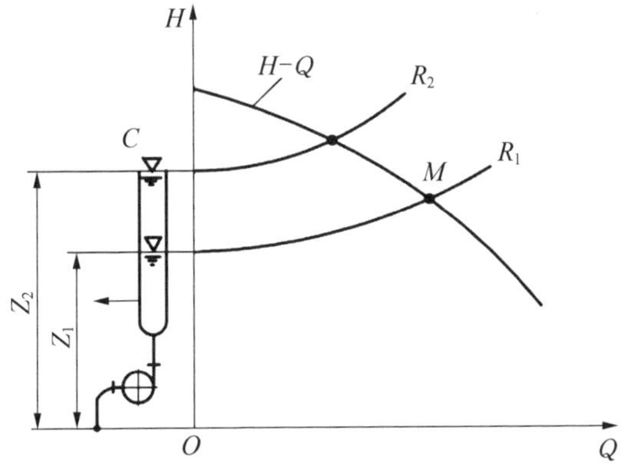

图 8-17　液位调节

3）旁路分流调节

如图 8－18 所示，在泵出口设有旁路与吸水池相连通。

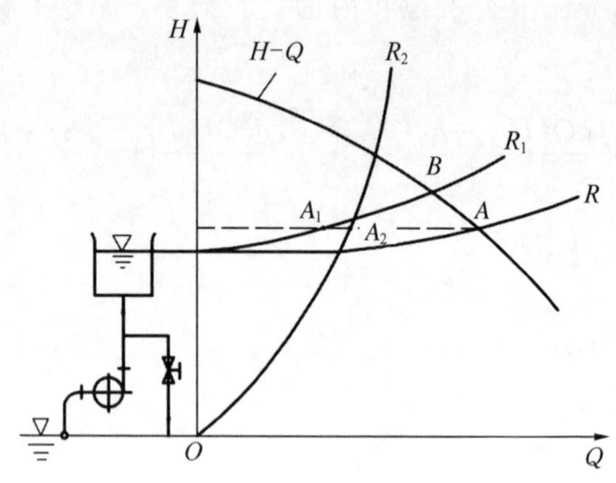

图 8－18　旁路分流调节

此管路上装一个节流阀。R_1 是主管路的阻力曲线，R_2 是旁路的阻力曲线，R 是主管路和旁路并联合成曲线。旁通阀关闭时，泵的工况点为 B；打开旁通阀时，泵的工况点为 A。按装置扬程相等分配流量的原则，过 A 点做一水平线交 R_1 线于 A_1 点，交 R_2 线于 A_2 点，则通过旁路的流量为 Q_{A_2}，通过主管路的流量为 Q_{A_1}。由图 8－18 可知，打开旁通阀后，泵的流量增大。这种方法适合于轴功率随流量的增加而减小的泵。

4）汽蚀调节

电厂中的冷凝泵通常用这种方法自动调节泵的流量。所谓汽蚀调节是利用泵发生汽蚀导致扬程下降来达到调节流量的目的。

如图 8－19 所示，泵从冷凝器下部吸水，冷凝器的压力为汽化压力 p_v。为使泵不发生汽蚀，泵必须倒灌安装，装置汽蚀余量 $H_{\mathrm{NPS,\,a}} = h_g - h_c$。当水位很高时，需要冷凝泵正常工作，很快把冷凝水抽走。而这时因为 h_g 大，$\mathrm{NPSH_a}$ 大，所以泵不会发生汽蚀，其正常工作点为 A_1。当冷凝井中的冷凝水被大量抽出，冷凝井中水位下降，而这时要求减小泵的流量。恰好就在此时，$\mathrm{NPSH_a}$ 减小，泵发生汽蚀，泵的工况点为 A_2。如果水位继续下降，则泵的工况点变为 A_3。由于水位变化，装置特性曲线也沿纵轴相应移动。

不同流量控制方法的流量-扬程特性曲线、优缺点及适用范围，如表 8－8 所示。

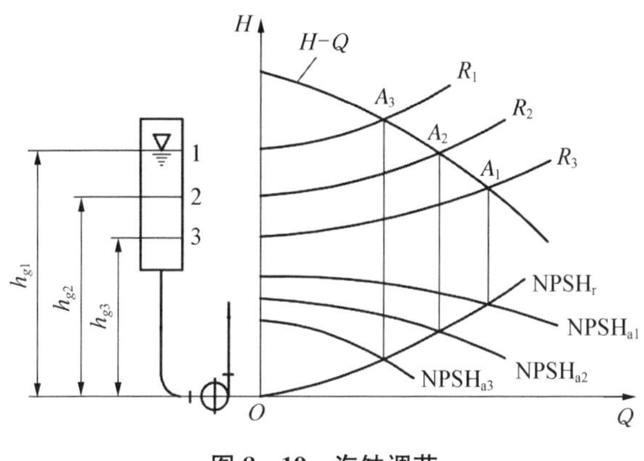

图 8-19　汽蚀调节

表 8-8　泵流量控制方法比较

控制方法	变化	特　　性	优　点	缺　点	适用范围
台数控制（相同流量）	分级	$Q' = Q_1 + Q_2$ n 是运转台数	控制方法简单、经济，提高系统流量的变化范围	若管路损失水头占总扬程的比例大，一台泵运行容易引起汽蚀	适用于各泵关死点扬程相近的泵和管路损失占总扬程比例较小的场合
台数控制（不同流量）	分级	$Q' = nQ$　n 是运转台数	与同流量并联运行相比，通过组合，流量阶梯分级更细	若管路损失水头占总扬程的比例大，一台泵运行容易引起汽蚀；控制程序较复杂	适用于流量分级比较细的场合
旁通阀控制	连续	$Q' = Q - K\sqrt{H}$ K 是旁通管路损失系数	即使供水量过小，水泵仍能在正常流量范围内运行	必须有旁通设备	用于流量急剧变化的场合

（续表）

控制方法	变化	特　性	优　点	缺　点	适用范围
变极电动机控制	分级	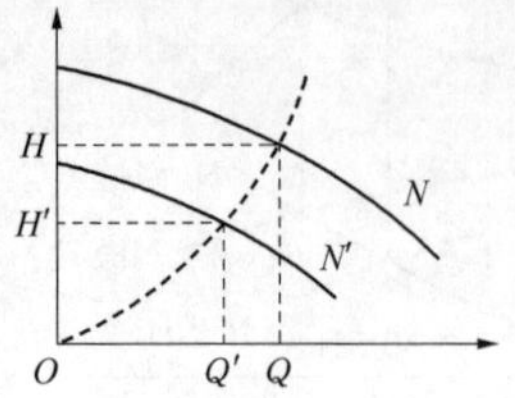 $Q' = Q\dfrac{N'}{N}$　$Q' = Q\left(\dfrac{N'}{N}\right)^2$ $P' = P\left(\dfrac{N'}{N}\right)^3$	电气设备简单，设备费用便宜	限于阶梯变化	若与运行台数控制和阀门开度控制组合使用，可成为转速控制的替代方案
更换叶轮	分级	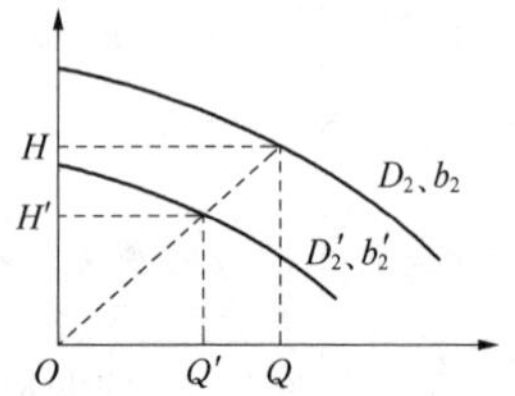	若预先准备两个外径、宽度不同的叶轮，有可能实现高效率运行	需要拆开泵更换叶轮，费时间	需要流量有周期性变化，如每年夏冬约有两次变化
阀门开度控制	连续	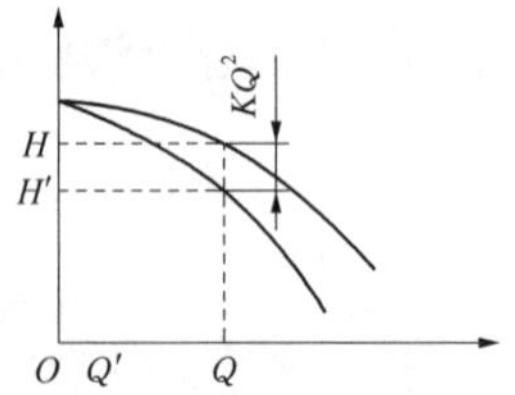 $H' = H - KQ^2$ K 是阀门损失系数	操作简单，设备费用低	运行效率低，不经济；阀门振动、噪声大，特别是一旦下游侧压力过低，阀门处就有发生汽蚀的危险	小型泵进行流量控制场合；管路损失占总扬程的比例小的场合
转速控制	连续	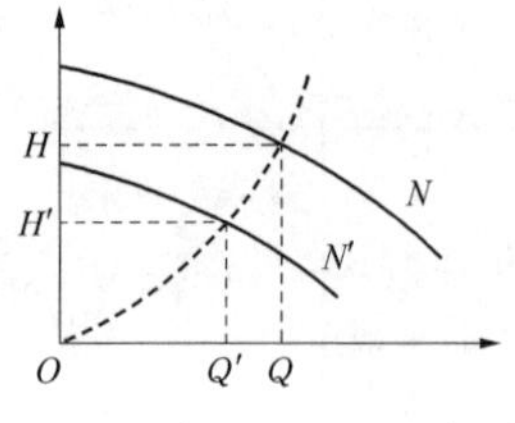 $Q' = Q\dfrac{N'}{N}$　$Q' = Q\left(\dfrac{N'}{N}\right)^2$ $P' = P\left(\dfrac{N'}{N}\right)^3$	动力费用有可能减少；小流量运行时对水泵较为有利	设备费用高，有必要留有相关设备的空间	适合于流量扬程变化范围比较大的场合；对于运行时间长、输出功率大的水泵有效果

（续表）

控制方法	变化	特　性	优　点	缺　点	适用范围
叶片角度控制	连续	叶片角度β' 叶片角度β H O Q' Q	应用范围广，运转效率高	需要设调节叶片角度操作机构；有的水泵形式不能采用	用于大型斜流泵、轴流泵，以及管路特性平坦的场合

8.4.3　调节机构

一些叶片泵可以通过改变叶片或前导叶的安放角度来改变泵的运行工况，但在使用过程中，改变一次角度就重新安装一次比较费时费力。想要不通过重新安装来改变叶片（或前导叶）的角度就需要调节机构。常见的调节机构的方法有 2 种。

1）叶片调节机构

如图 8－20 所示，接力器 8 由机械或液压控制上下移动，通过推拉杆带动操纵架 7、连杆 6 和叶片转臂 5，使叶片 1 转动，从而改变叶片角度。

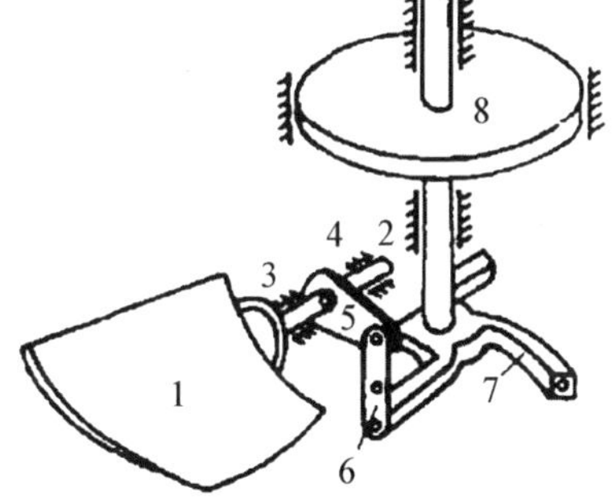

图 8－20　叶片调节原理图

叶片调节机构主要分液压式和机械式 2 种，其异同如表 8－9 所示。

表 8－9　液压式和机械式调节机构的比较

项　目	液　压　式	机　械　式
适应范围①	大型泵，口径在 2 800 mm 以上	大中型泵，口径为 800～2 800 mm
操作方法	油压	电动机（交流、低压电源）
辅机	压力油罐②、空压机、储油罐、仪表类、压力油泵	操作用电动机和调节器
占地面积	需要有设置辅机的面积	和固定叶片相同

(续表)

项　目	液　压　式	机　械　式
控制特性	能精确控制	能控制
停电时的适应性[③]	依靠压力油罐，即使停电也可以控制	直至电源恢复为止，停电时的叶片角度保持不变
维护保养	辅机多而复杂	辅机少而简单

注：① 调节叶片的操作力，根据叶片的大小和扬程的高低有所不同，故本表表示的只是大致范围；② 也有减少辅机，用油泵直接控制叶片角度的方法；③ 切换手动状态后，也可以手动操作。

2）前导叶调节机构

前导叶调节主要用于斜流泵和轴流泵，它是在主叶片前安装可以调节角度的前导叶。改变前导叶角度，即改变了叶轮进口液流的旋转分量 v_{u1}，从而改变了产生的扬程。正预旋(和叶轮旋转方向相同)，使最优工况的流量减小；反预旋使最优工况的流量增加。前导叶调节又称预旋调节。

8.5　泵的启动特性

通常，中小型泵机组的启动不存在什么问题。而大型泵机组的启动会引起很大的冲击电流，影响电网的正常运行。另外，大型机组惯性和阻力矩大，有时会造成启动困难。在很多大型泵站中，为了提高电网功率因数，使用同步电动机，如果启动阻力矩过大，则不能牵入同步。

一般离心泵的轴功率在关死点最小，随流量的增加而增加。轴流泵正好相反，混流泵介于两者之间。

根据统计资料，各种泵关死点轴功率 $P_{Q=0}$ 和泵额定轴功率的关系如下。

离心泵：$P_{Q=0}=(30\%\sim90\%)P$（关阀启动）。

混流泵：$P_{Q=0}=(100\%\sim130\%)P$（开或关阀启动）。

轴流泵：$P_{Q=0}=(140\%\sim200\%)P$（开阀启动）。

8.5.1　水泵机组转矩平衡方程

泵启动时的转矩如图 8-21 所示。

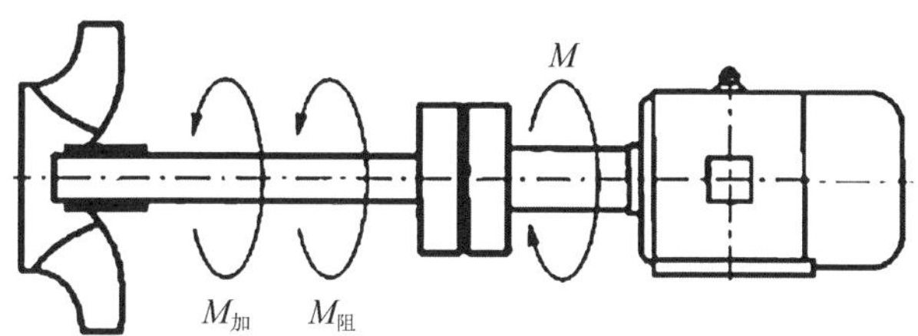

图 8-21　泵启动时的转矩

泵机组启动过程中，各种转矩之间应满足下列方程：

$$M = M_{阻} + M_{加速} = (M_{机阻} + M_{水阻}) + M_{加速} \tag{8-28}$$

式中：M 为电动机转矩；$M_{阻}$ 为机组总阻力矩；$M_{机阻}$ 为在启动过程中，由于各种机械摩阻（如轴承、填料等）形成的阻力矩；$M_{水阻}$ 为在启动过程中，由于各种水力摩阻形成的阻力矩；$M_{加速}$ 为在启动过程中，机组的加速转矩。

$M_{加速}$ 的表达式如下：

$$M_{加速} = J\frac{\mathrm{d}\omega}{\mathrm{d}t} = J\frac{2\pi}{60}\frac{\mathrm{d}n}{\mathrm{d}t} = \frac{GD^2}{4g}\frac{\pi\mathrm{d}n}{30\mathrm{d}t} = \frac{GD^2}{375}\frac{\mathrm{d}n}{\mathrm{d}t} \tag{8-29}$$

式中：J 为机组的惯性矩；GD^2 为机组的转动惯量；$\frac{\mathrm{d}n}{\mathrm{d}t}$ 为在启动过程中，转速对时间的变化率。

当转速达到额定转速时，$\frac{\mathrm{d}n}{\mathrm{d}t}=0$，$M_{加速}=0$，所以 $M=M_{阻}$，机组投入稳定运行状态。对于同步电动机，当转速达到同步转速的 95% 时，还必须使 $M > M_{阻}$，方能牵入同步。

8.5.2　阻力矩的确定方法

机械摩阻力矩又分为静阻力矩和动阻力矩。静阻力矩是在启动瞬间克服静机械摩擦的力矩，一旦启动后，此静阻力矩迅速降低而变为动阻力矩。

1) 静阻力矩

静阻力矩受填料松紧、轴承润滑等影响，难以精确计算，一般为 $0.03M_N \sim 0.05M_N$（M_N 为机组的额定转矩）。在一般情况下，可按下式计算。

(1) 对于立式轴流泵。

$$M_{静阻} = fGR \tag{8-30}$$

式中：G 为机组转动部分质量；R 为电动机转子半径；f 为轴承、填料等处的静摩擦因数，一般为 $f=0.1 \sim 0.2$。

(2) 对于卧式离心泵。

根据斯捷潘诺夫的资料

$$n=3\ 600\ \text{r/min},\ M_{静阻}=1.25\%M_{N};$$
$$n=1\ 800\ \text{r/min},\ M_{静阻}=5\%M_{N};$$
$$n=1\ 200\ \text{r/min},\ M_{静阻}=11.25\%M_{N}。$$

利用以上数据，得到计算 $M_{静阻}$ 的公式为

$$M_{静阻}=K_{静}M_{N},\ K_{静}=1.6\times10^{5}\frac{1}{n_{N}^{2}} \tag{8-31}$$

式中：n_N 为额定转速，r/min。

2) 动阻力矩

动阻力矩包括轴承、填料的摩擦，以及电动机的风损、热损和风扇损耗等。动阻力矩和转速关系不大，主要与机械效率有关。水泵轴承、填料的动阻力矩很小，通常为 $0.01M_N \sim 0.02M_N$。因此，一般情况下可只考虑电动机的动阻力矩。电动机的动阻力矩按下式计算：

$$M_{动阻}=\frac{M_{电(N)}}{\eta_{N}}-M_{电(N)} \tag{8-32}$$

式中：$M_{电(N)}$ 为电动机额定转矩；η_N 为电动机额定效率。

动阻力矩基本上与转速无关，机械阻力矩与转速的关系曲线如图 8-22 所示。

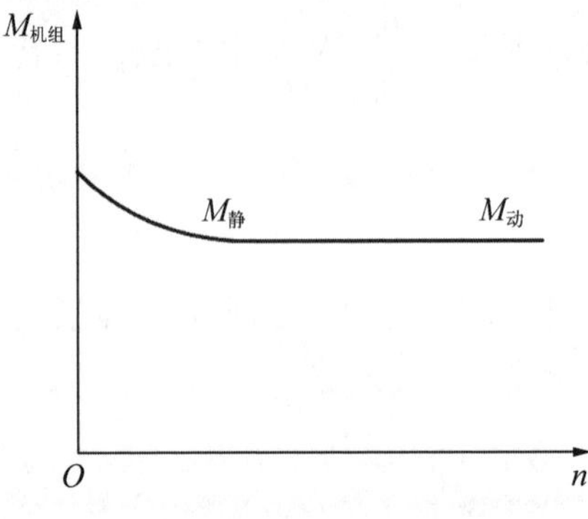

图 8-22　机械阻力矩与转速的关系

3) 水力阻力矩

水力阻力矩是在关阀启动时，由叶片对水的作用力矩、圆盘摩擦力矩以及水流撞击、涡流等形成的力矩组成的。在开阀启动时，还有水流和过流部分摩擦形成的力矩。

8.5.3　泵的启动过程

1) 闭阀启动

关闭阀门，从静止状态逐渐增速，转矩按与转速成平方的关系到达额定转

速。此时，转矩为对应泵关死点轴功率的转矩，之后转速不变。随着阀门的打开，流量增加，转矩也逐渐变化。启动过程转矩变化如图 8-23 所示，M_1 是克服静止摩擦力转矩，其值一般小于额定转矩的 30%。启动之后随转速增加，转矩增加到 M_2（关死点转矩），而后随流量增加到额定转矩 M_3。

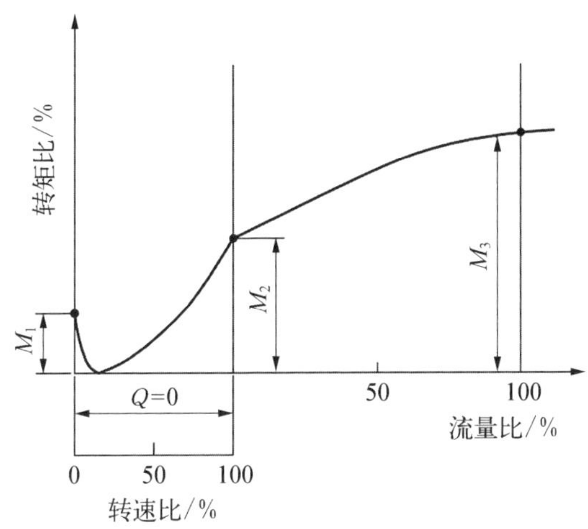

图 8-23　闭阀启动转矩的变化

2）开阀启动

如图 8-24 所示，关闭阀门的启动过程的转矩变化如图 $ABCD$，如果启动前阀门已经打开，启动过程转矩变化如图中 $ABCE$。在转速为 n_1 时，已经开始送水，当转速达到额定转速时，已达到额定流量，这时的转矩为额定转矩 M_3。

显然，开阀的启动转矩大于闭阀启动的转矩。

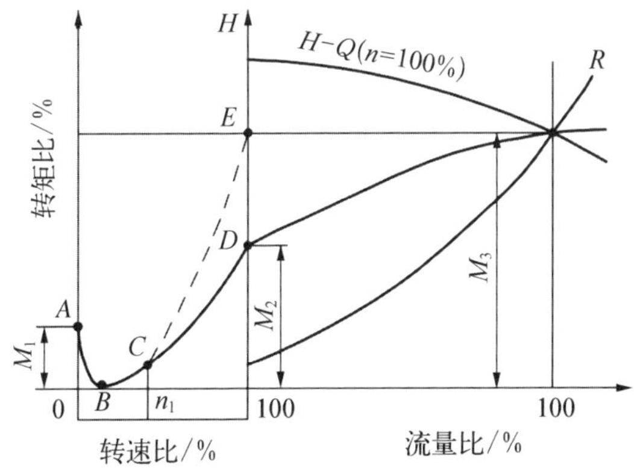

图 8-24　开阀启动转矩的变化

3）轴流泵的启动转矩

轴流泵应开阀启动，如图 8-25 所示，克服静止转矩，启动后转矩稍下降，而后转矩与转速平方成比例增加到 B' 点，这时水位达到净扬程，拍门开始动作，这时的转速为

$$n=n_0\sqrt{\frac{H_0}{H_s}} \tag{8-33}$$

式中：n_0 为额定转速；H_0 为净扬程；H_s 为关死点扬程。

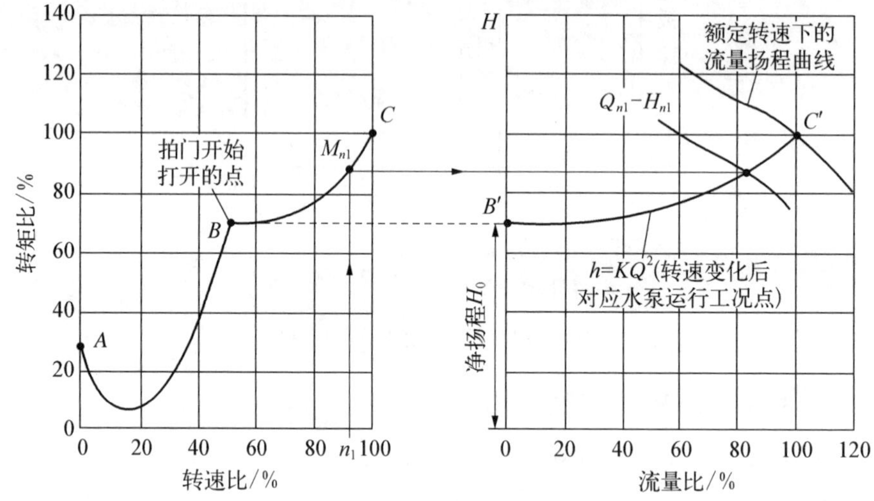

图 8-25　轴流泵的启动转矩

之后，速度上升(与管路特性有关)，推开拍门开始送水，随之达到额定转速，与此同时，转矩移向 C 点(等于额定转矩)。

4）正常启动的保证措施

为确保机组正常启动，可采取以下措施：① 尽量减小电动机的端电压降，以提高与电压平方成正比的电动机启动转矩，使 $M_{电起}>M_{静阻}$。② 为了减小水力阻力矩 $M_{水阻}$，离心泵要关阀启动，轴流泵要开阀启动。③ 为了减小 $M_{水阻}$，可使泵在空气中启动，当达到额定转速时，再向泵中充水。对于潜没式大型水泵，可关闭吸入阀启动，或通入压缩空气把水位压至叶轮以下后启动。采用这种方法应注意口环、轴承、填料等的干摩擦问题。为此可充入部分水，即所谓半充水启动。④ 对于大型轴流泵，启动时可顶起电动机转子，以改善推力轴承的润滑条件，降低 $M_{静阻}$。⑤ 对于可调叶片泵，可关小叶片角度，以减

小 $M_{水阻}$。⑥ 采用专用启动发电机、液力偶合器等。⑦ 变频启动。

8.6　泵全特性曲线

一般所说的泵的特性曲线，是指在正常运转条件下的特性曲线。也就是正转、正扬程（叶轮出口能量大于进口能量）、正流量（液体从吸入侧流向排出侧）、正转矩（原动机把机械能传给液体）。与上述情况相反者，分别称为反转、负扬程、负流量、负转矩。在特殊运转条件下，泵可以在这些参数中一个或几个具有负值的情况下运转。水泵的全特性就是指这些参数不同的组合特性。因为全特性曲线涉及直角坐标的 4 个象限，故又把全特性曲线称为 4 象限特性曲线。

8.6.1　试验装置

图 8－26 是全特性曲线的试验装置，图中泵Ⅰ是试验泵，泵Ⅱ、泵Ⅲ是辅助泵。泵Ⅱ是为做出流量为负值时用的，这时关闭阀门 1 和阀门 4，打开阀门 2 和阀门 3，同时启动泵Ⅰ和泵Ⅱ。要使水从泵Ⅱ流入泵Ⅰ，则泵Ⅱ的扬程应远远超过泵Ⅰ的扬程。辅助泵Ⅲ是为了做出很大流量很低扬程下特性曲线用的。因为当流量很大（泵Ⅰ的扬程很低）时，单靠泵Ⅰ克服不了系统的阻力，这时关闭阀门 2 和阀门 3，打开阀门 1 和阀门 4，启动泵Ⅲ作为增压泵。只要泵Ⅲ的扬程和流量都远大于泵Ⅰ的流量和扬程，就可以使流过泵Ⅰ的流量大大增加，并且能使泵Ⅰ的扬程为负值。

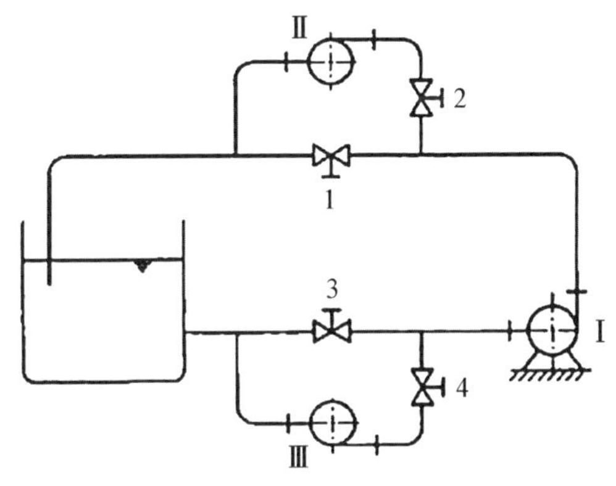

图 8－26　全特性曲线试验装置

8.6.2　全特性曲线分析

为了做出全特性曲线，做出试验泵Ⅰ转速为正、为零、为负值三种情况下的 $H-Q$ 曲线（实线）和 $M-Q$ 曲线（虚线）（见图 8－27）。

为了分析 3 种情况下的各种工况，先对工况做以下定义。

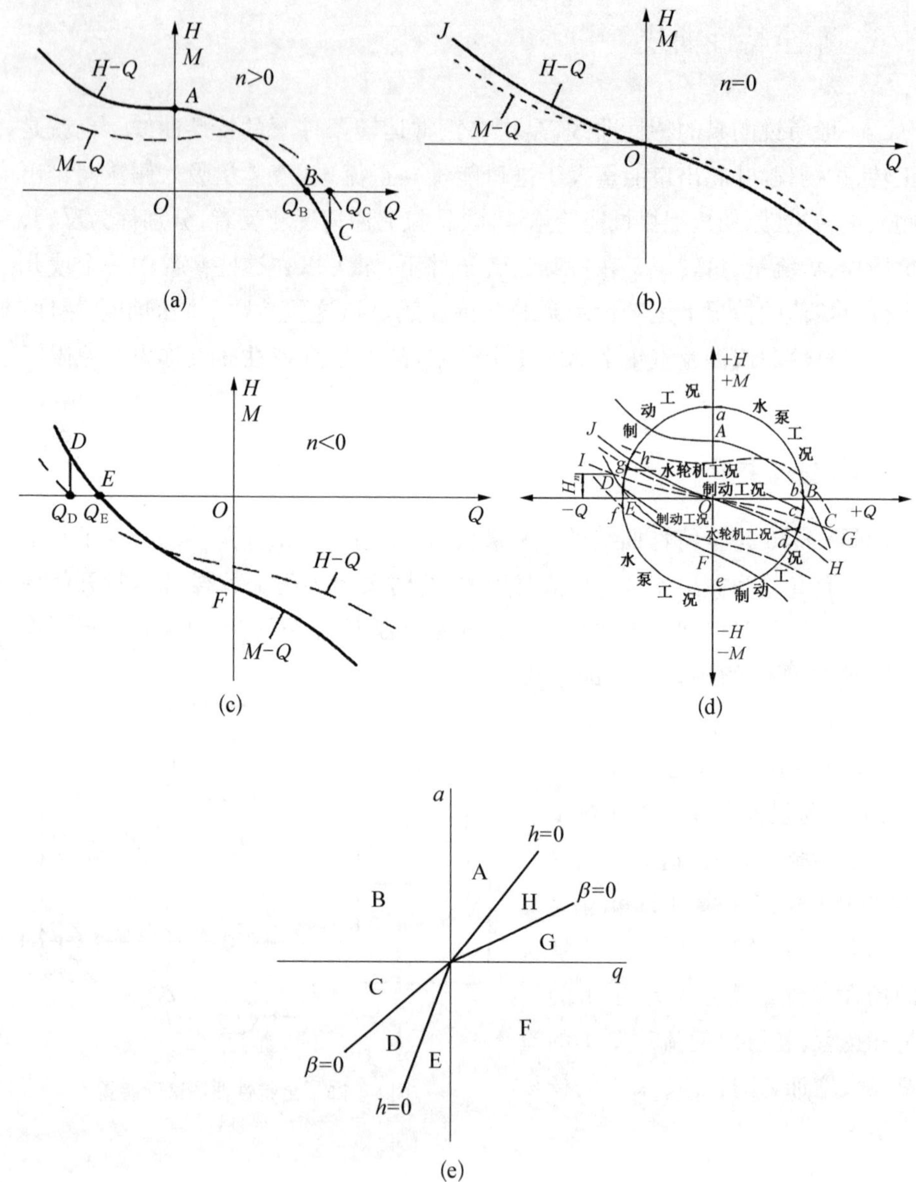

图 8－27　全特性曲线分析

(a) 转速为正值时的特性曲线；(b) 转速为零时的特性曲线；(c) 转速为负值时的特性曲线；(d) 泵的特性曲线；(e) 无量纲特性曲线

水泵工况：功率从原动机传给水泵，转速和力矩乘积为正值，液体流过水泵以后能量增加，即扬程和流量乘积为正值。

水轮机工况：功率从水泵传给原动机，即转速和力矩乘积为负值，液体流过水泵以后能量减小，即扬程和流量乘积为负值。

制动工况：功率从原动机传给水泵，液体流过水泵以后能量减小或不变。

下面找出工况的分界点，如图 8-27 所示，并根据转速变化时相似工况点在一条相似抛物线上，过这些分界点做通过原点的相似抛物线。过这些点中 A、B、E、F 四点(扬程、流量正、负的分界点)的相似抛物线就是坐标轴本身。作为分界点还有 C、D 点(转矩正负的分界点)，过这两点分别做抛物线 OC 和 OD。另外的分界线就是转速为零时的扬程曲线 OH 和 OJ。这些分界线和圆周的交点 a、b、c、f、g、h 把整个 4 象限划分成 8 个区域。现将这 8 个区域列于表 8-10，并分析如下。

表 8-10　4 象限 8 个区域的工况

代号	区段	所在象限符号						工　况
		水能变化			n	M	$P=\frac{\pi}{30}nM$	
		Q	H	$P_e=\rho gQH$				
A	$a-b$	+	+	+	+	+	+	正常水泵
H	$b-c$	+	—	—	+	+	+	正转正流制动
G	$c-d$	+	—	—	+	—	—	反转水轮机
F	$d-e$	+	—	—	—	—	+	反转正流制动
E	$e-f$	—	—	+	—	—	+	反转水泵
D	$f-g$	—	+	—	—	—	+	反转倒流制动
C	$g-h$	—	+	—	—	+	—	正转水轮机
B	$h-a$	—	+	—	+	+	+	正转倒流制动

水泵全特性曲线通常以任意工况下的参数与最高效率点的参数之比值来表示，即

$$h = H/H_N,\ q = Q/Q_N,\ \alpha = n/n_N,\ \beta = M/M_N$$

通常选择 α 为纵坐标轴，q 为横坐标轴。在 α-q 平面上绘制等 h 线和等 β 线。由图 8-27(e)可以看出，$\alpha - q$ 平面由无量纲流量 q 轴、无量纲转速 α 轴、零扬程曲线 ($h-0$) 和零转矩曲线 ($\beta=0$) 分成 8 个扇形区域：A、H、G、F、E、D、C、B。8 个区域和上表的区段工况相对应。

8.6.3 各区域的说明

下面分别对各区域加以说明。

1) 正常水泵工况区——A 区

该区表示了泵在各种不同转速下的流量、扬程和转矩特性(包括零转速)。因此，可以直接用于启动特性等的计算。

2) 正转倒流制动工况区——B 区

该工况可能出现在下述情况下：① 2 台串联运转着的水泵，由于某种原因，突然其中 1 台停止运行，这时继续运转的泵由于泵的最高扬程小于装置扬程，即出现水泵正转倒流制动工况；② 2 台扬程相差很大的水泵并联运转，低扬程泵可能出现正转倒流制动工况；③ 单台泵在运转中突然失去电源，泵转速和扬程下降，可能出现正转倒流制动工况；④ 水泵叶轮被制动的情况下，也可能出现这种工况，这时泵轴将承受最大扭矩。

3) 正转水轮机工况区——C 区

该工况可能出现在下述情况下：① 正在运转的水泵突然失去动力，水泵将从水泵工况经过正转倒流制动工况，最后进入正常水轮机工况，以飞逸转速反转；② 串联运转着的水泵，其中 1 台失去动力后，则其他泵的扬程小于装置扬程，水开始倒流，失掉动力的泵在倒流水作用下反转；③ 并联运转着的泵，其中 1 台失去动力后，则另外正常运转的泵输出的介质将通过失掉动力的泵，使其反转；④ 将水泵作为水轮机使用。

4) 反转倒流制动工况区——D 区

这种工况出现在泵正转抽水改为反转反向抽水的过渡过程中。

5) 反转水泵工况区——E 区

在可逆式泵站中，根据内外水位不同，使电动机带动泵反转抽水就属于这种工况。

6) 反转正流制动工况区——F 区

这种工况出现在泵从正转抽水转换为反转抽水的过程中。

7) 倒流水轮机工况区——G 区

这种工况出现在下述情况下：① 串联运转着的水泵，当后面的泵动力中断，而水依然正流，这时后面的泵在水流冲动下正向飞逸旋转；② 水泵水轮机的水轮机工况，即高水位的水流冲动泵反转发电。

8) 正转正流制动工况区——H 区

这种工况出现在下述情况中：① 从水库中抽水的坝后式泵站，当水库水位作用下的自流流量大于水泵的抽水量时，该泵进入本工况；② 加压式串联抽水系统，在关闭后 1 台泵出口阀门过程中，后 1 台水泵将出现本工况。

8.6.4　特性曲线应用举例

现举例说明全特性曲线的应用。

[例题 1]　1 台离心泵在额定工况下运行，突然停电，求该泵反转的转速和倒流的流量。

解：泵反转倒流在第 3 象限，水倒流时叶轮自由反转，不承受力矩($M=0$)，在图 8－27 上找到 100%扬程线(额定工况)，从第 1 象限经第 2 象限到第 3 象限和 $M=0$ 的线相交，从交点引水平线和纵轴相交，得反转转速为额定转速的 117%；从交点向上引线和横轴相交，得倒流的流量为额定流量的 68%。

[例题 2]　2 台泵串联运行，第 1 台停电成为第 2 台泵吸入侧的阻力，求第 1 台泵为离心泵、混流泵、轴流泵时，在转子自由转动和刹住 2 种情况下的转速和扬程。

解：1) 离心泵

在这种情况下，第 1 台泵为正流量(额定流量)、正转、负扬程。为离心泵时，在离心泵全特性曲线图的横轴上查到 100%流量点，从该点向上引线和 $M=0$ 的线相交，该点处的扬程(阻力)为额定扬程的 25%。从交点引水平线和纵轴相交，得转速为额定转速的 33%。

将转子刹住 ($n=0$)，这时横轴 100%流量点的扬程(阻力)为额定扬程值的 56%，转矩为额定值的 45%，可见转子自由转动比刹住时的阻力小。

2) 混流泵

为混流泵时，在图 8－28 中的横轴上查到 100%的流量点，由该点向上引线和 $M=0$ 的线相交，得交点处的扬程为额定点的 25%；由交点引水平线和纵轴相交，得转速为额定转速的55％。

将转子刹住（$n=0$），在横轴100％流量点处，扬程为额定扬程的150％，转矩为额定值的150％。

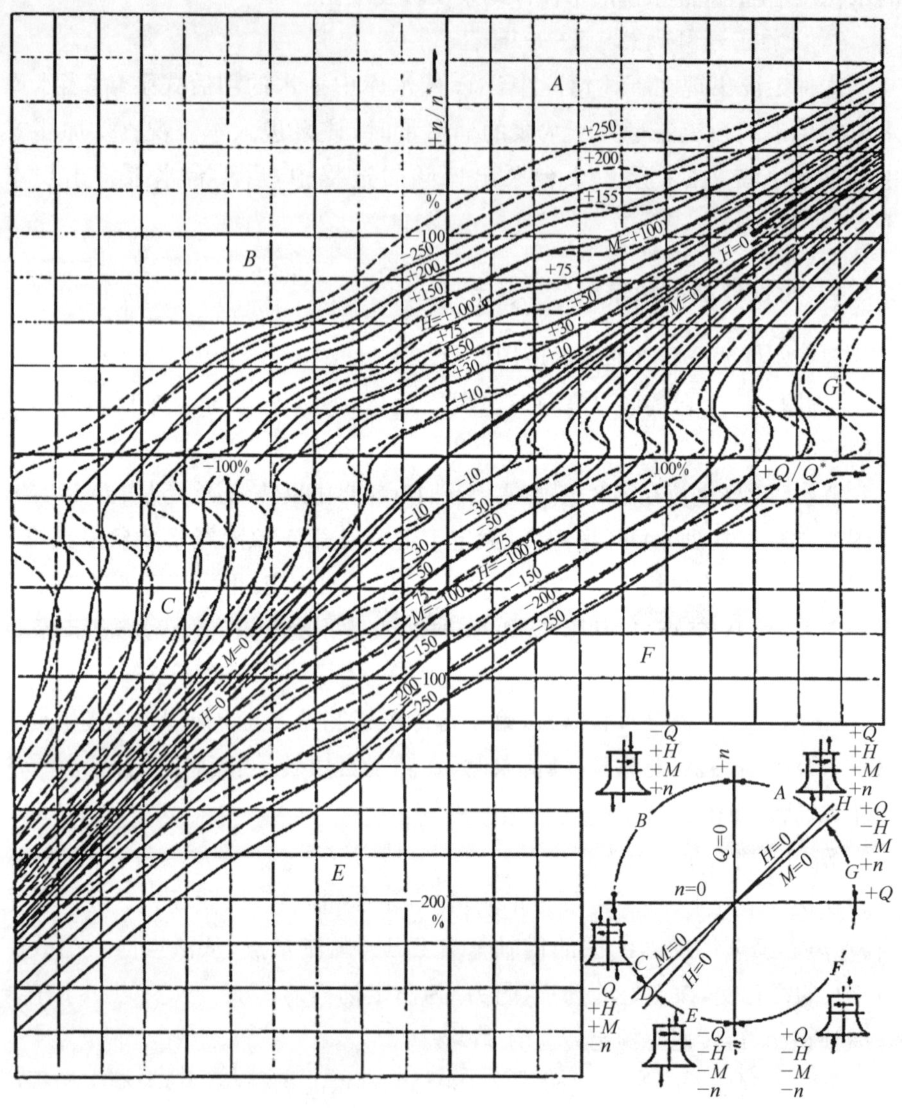

图8-28　混流泵的全特性曲线

3）轴流泵

为轴流泵时，在图8-29的横轴上查到100％流量点，由该点向上引线

和 $M=0$ 的线相交，得交点处的扬程为额定扬程的 12%，转速为额定转速的 68%。

将转子刹住($n=0$)，在横轴 100%流量点处，扬程为额定扬程的 96%，转矩为额定值的 60%。

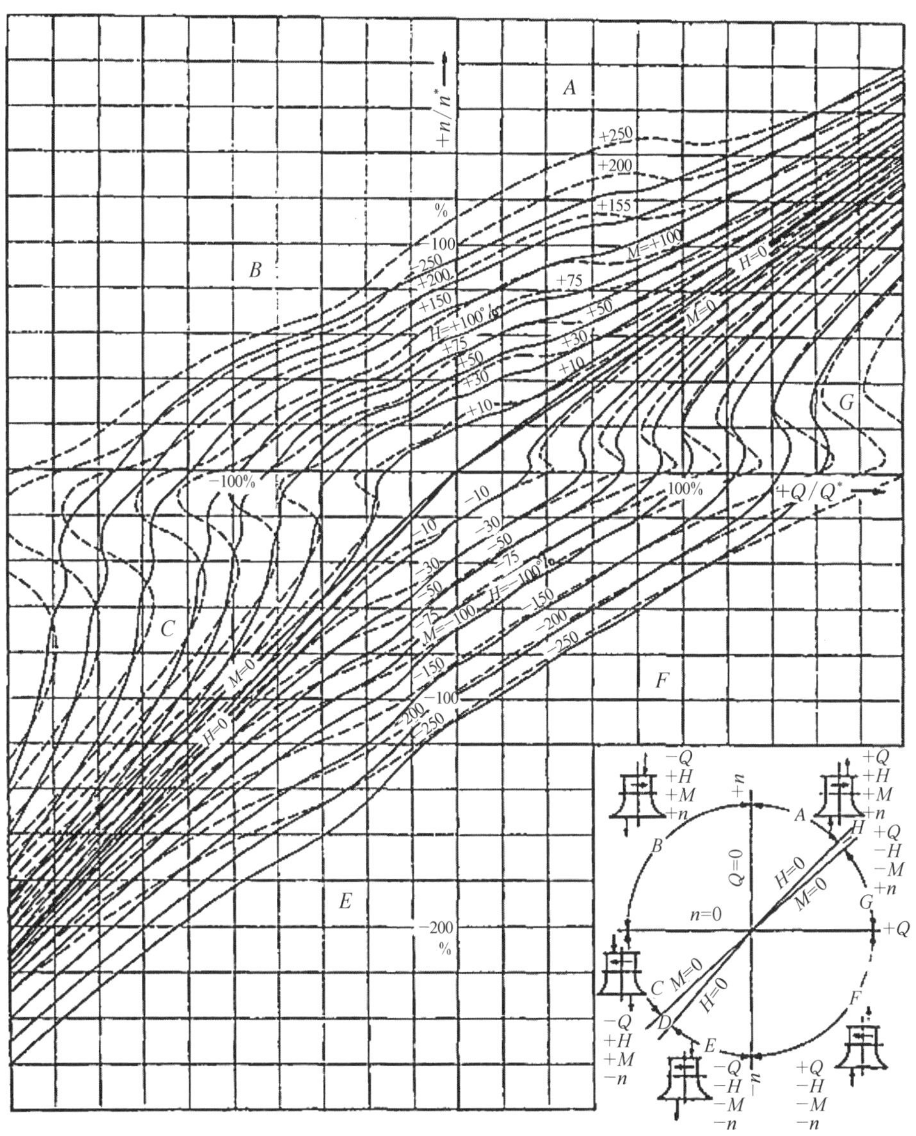

图 8-29　轴流泵的全特性曲线

8.7 泵的水锤计算

水泵在工作过程中，突然停电或者在阀门关闭太快时，由于压力水流的惯性，会产生水锤，水锤严重时，会破坏阀门和泵。

8.7.1 水锤的产生

在有压管道中，由于某种原因导致流体流速发生突然变化，由于液体的惯性作用，会在管道内产生一系列急剧的压力增高和降低的交替变化（即压力波），这种现象称为水锤。

1）压力波传播速度

出水管内传播的压力波的速度可由下式计算：

$$a=\sqrt{\frac{K}{\gamma\left(1+\frac{K}{E}\frac{D}{t}C\right)}} \tag{8-34}$$

式中：a 为压力波传播速度，m/s；γ 为液体的密度，kg/m^3；K 为液体体积弹性模量，水在常温下为 2.03×10^9 Pa；E 为管材的纵向弹性模量，Pa；D 为出水管的内径，m；t 为出水管管壁厚度，m；C 为出水管固定方式的系数，轴向自由的管 $C=1$。

若将常温水的 K 和 γ 代入式(8-34)，可得在水常温下的简化公式为

$$a=\frac{1\,425}{\sqrt{\left(1+\frac{K}{E}\frac{D}{t}\right)}} \tag{8-35}$$

几种管材的 E 值如下：

铸铁管，108×10^9 Pa；钢管，206×10^9 Pa；预应力混凝土管，39.2×10^9 Pa；离心力钢筋混凝土管，19.6×10^9 Pa；聚氯乙烯管，2.9×10^9 Pa；石棉管，25.5×10^9 Pa；强化塑胶管，$(11.3\sim22.6)\times10^9$ Pa。

2）水锤的发生过程

(1) 压缩阶段。阀门关闭，靠近阀门的液体流速突然变为0，压力 p 增加

到 $(p+\Delta p)$，压力增高以水锤波的形式从阀门向管道进口侧传播，设水锤波传播速度为 a，传到进口的时间 $t_1=\dfrac{L}{a}$，如图 8-30(a)所示。

(2) 恢复阶段。增压 Δp 的液体向箱内倒流，使压力恢复到 p，液体的压缩解除，这种减压恢复也以水锤波的形式，从管道进口传播到阀门处，时间 $t_2=\dfrac{2L}{a}$，如图 8-30(b)所示。

(3) 膨胀阶段。管道进口处的液体，压力增高虽然被解除，由于惯性仍然向水箱倒流，首先在靠近阀门处形成一个减压 Δp 水锤波，向管道进口方向传播，最后整个管道内液体的压力变为 $(p-\Delta p)$，液体压力降低，处于膨胀状态，时间 $t_3=\dfrac{3L}{a}$，如图 8-30(c)所示。

(4) 恢复阶段。靠近管道进口的液体，在两侧压差的作用下，向阀门侧流动。随后，随着系统内部压力波的传递和反射，管道内的压力逐渐趋于稳定，并恢复到正常压力 p，时间 $t_4=\dfrac{4L}{a}$，如图 8-30(d)所示。

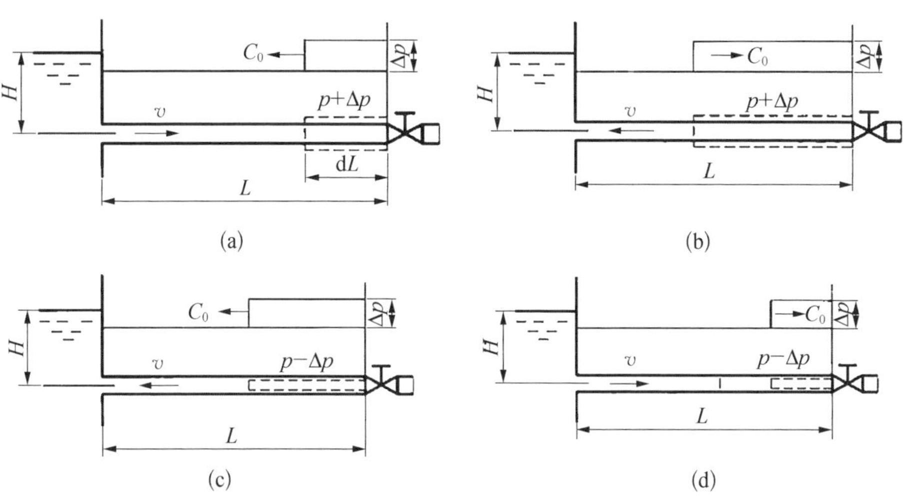

图 8-30　水锤的发生过程

(a) 压缩阶段；(b) 恢复阶段；(c) 膨胀阶段；(d) 恢复阶段

3) 直接水锤和间接水锤及其压力增高

(1) 直接水锤。阀门关闭时，水锤波从阀门处向水箱方向传播，再以常压恢复波的形式返回到阀门之前，阀门已经关闭，即关闭时间 $t_s < \frac{2L}{a}$。

直接水锤的压力增高为

$$\Delta p = \rho a v_0 \tag{8-36}$$

式中：v_0 为关闭阀门前，管道中流体的平均流速，m/s；a 为水锤波传播速度，m/s；ρ 为液体的密度，kg/m^3。

(2) 间接水锤。如果阀门尚未完全关闭，时间 $t_s > \frac{2L}{a}$。

间接水锤的压力增高为

$$\Delta p = \frac{\rho v_0 a t_r}{t_s} = \frac{\rho v_0 a 2L}{t_s a} = \frac{2\rho v_0 L}{t_s} \tag{8-37}$$

式中：t_r 为水锤波往返一次的时间，s；t_s 为关闭阀门所用的时间，s。

4) 儒可夫斯基计算压力增高公式

$$\Delta H = \frac{a}{g}\Delta v = \frac{a}{gA}\Delta Q \tag{8-38}$$

式中：ΔH 为压力上升值；Δv 为流速变化；ΔQ 为流量变化；A 为流道通流面积。

8.7.2 系统发生水锤的过渡过程

泵系统发生水锤现象(管道上逆止阀、闸阀、蝶阀等突然关闭等情况)。泵长距离输水时，驱动泵电动机电源急速切断，在切断的瞬间，因为存在转子旋转的动能和管路内流体的动能，维持继续输水。同时，由于这 2 种能量急速消耗，使得转速 n 急速下降，相应的流量 Q 急速减小。转速变化和阀的开度变化使得流量变化具有同样的效果。

这种伴随流量 Q，也就是速度 v 的变化，引起管路压力时时刻刻的变化，称为泵系统内产生的水锤或过渡过程。

图 8-31 所示为 3 台泵并联输水，电源突然关闭时，转速、流量和扬程随时间的变化情况。纵坐标 n、q、h 表示切断电源的瞬时值与切断前转速、流量和扬程之比，横坐标表示时间。

该过渡过程表示泵出口侧的阀门没有关闭(相当于没有阀)，而且忽略管

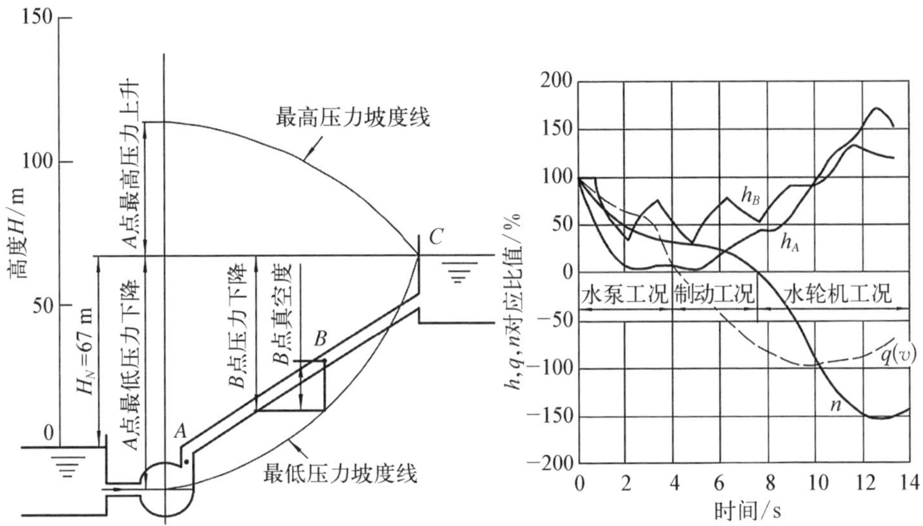

图 8 - 31　水锤发生的过渡过程

路的水头损失。在停电的瞬时（$\varepsilon_q=100\%$，$\varepsilon_h=100\%$，$\varepsilon_n=100\%$），由图可知：从 $\varepsilon_q=100\%$，$\varepsilon_h=100\%$，$\varepsilon_n=100\%$ 到 $\varepsilon_q=0$ 为泵工况；从 $\varepsilon_q=0$ 到 $\varepsilon_n=0$ 为制动工况；从 $\varepsilon_n=0$ 到反转 $\varepsilon_n<0$ 为水轮机工况。

1）水泵工况

正转（$\varepsilon_n>0$），正流（$\varepsilon_q>0$），为正常泵运转范围。泵的动力消失后，管内水柱靠消耗其能量，暂时维持向前移动，但从泵流出的水流变弱压力下降，当泵转速下降到一定限度时，泵产生的压力和排出口的压力一致，泵不能把水送入管路，渐渐地随着转速下降而停止（$\varepsilon_q=0$）。

2）制动工况

正转（$\varepsilon_n>0$）、倒流（$\varepsilon_q<0$），为制动工况。水流一旦停止，瞬间改变方向，水开始倒流，对正转的叶轮形成阻力，在泵运转范围时下降的压力开始上升；另一方面，由于倒流水的控制作用，转速继续下降，直到停止（$\varepsilon_n=0$）。

3）水轮机工况

反转（$\varepsilon_n<0$）、倒流（$\varepsilon_q<0$），为水轮机运转范围。倒流水流继续对叶轮作用，这时叶轮开始反转，当反转流量达到最大值之后，变为无载荷水轮机稳定运转，达到飞逸转速状态。

在以上过程中，泵运转范围产生最大压力降，各点连成的线为最低压力坡度线；同样地，水轮机运转范围各点连成的线为最高压力坡度线。

由图 8-31 可知：① 压力下降和压力上升都是在泵的 A 点达最大值，且压力变化由 A 点向 C 点（向排出水池面）逐渐减小；② 在 B 点管路中水柱产生上下分离（水柱分离），瞬间之后，向上移动的水柱倒流和下侧的水柱再次相遇，产生很大的冲击压力，从而破坏管路；③ 最高压力坡度线表示压力上升，高压会造成泵阀或管路破坏；④ 如果未采取防止泵及电机的反转措施，会因反转而造成事故。

8.7.3 水锤的计算方法

如泵排出阀开着，不希望反转和倒流量过大，动力消失之后，需要快速关闭阀门，但是急速关闭阀门会产生很大的压力上升，故应选择适当的关闭速度。为了解析泵动力消失后的过渡过程，必须对管路内的水锤波现象、泵和阀门的特性、泵及电机运转状态进行组合计算。为方便表述，计算使用的符号如下。

H_N ——泵的额定扬程，m； H——任意时刻管路内的压力水头，m；
Q_N ——泵的额定体积流量，m^3/h； Q——任意时刻泵的体积流量，m^3/h；
n_N ——泵的额定转速，r/min； n——任意时刻泵的转速，r/min；
v_N ——管路的平均流速，m/s； v——任意时刻泵的流速，m/s；
M_N ——泵的额定转矩，kg · m； M——任意时刻泵的转矩，kg · m；
η_N ——泵的额定效率，%； η——任意时刻泵的效率，%。

1）例题 1

用 3 台双吸离心泵并联运转（2 台工作 1 台备用），泵出口管径 $D_1 = 700$ mm，长度 $L_1 = 27$ m；母管直径 $D_g = 1\,000$ mm，长度 $L_2 = 374$ m；管路材质为钢管，壁厚 $t = 14$ mm，管子的 $\dfrac{K}{E} = 0.01$。

水泵叶轮直径 $D_2 = 540$ mm，体积流量 $= 0.593\ m^3/s$，总扬程 $= 39.4$ m，转速 $= 740$ r/min，水泵效率 $= 80\%$。

计算过程如下。

(1) 管内的流速：

因为管路直径不相同，所以必须求得管路中的平均流速。

$$v_1 = \frac{Q_N}{\frac{\pi}{4}D_1^2} = \frac{0.593}{\pi \times 0.7^2} = 1.54(\text{m/s})$$

$$v_g=\frac{2Q_N}{\frac{\pi}{4}D_g^2}=\frac{2\times 0.593}{\pi\times 1.0^2}=1.51(\text{m/s})$$

$$v_N=\frac{\sum L_i v_i}{\sum L_i}=\frac{L_1 v_1+L_2 v_g}{L_1+L_2}=\frac{27\times 1.54+374\times 1.51}{27+374}=1.512(\text{m/s})$$

(2) 压力波传播速度：

同样地，压力波传播速度也必须求得平均传播速度。

$$a_1=\frac{1\,425}{\sqrt{1+\frac{K}{E}\frac{D_1}{t}}}=\frac{1\,425}{\sqrt{1+0.01\times\frac{700}{14}}}=1\,163.51(\text{m/s})$$

$$a_g=\frac{1\,425}{\sqrt{1+\frac{K}{E}\frac{D_g}{t}}}=\frac{1\,425}{\sqrt{1+0.01\times\frac{1\,000}{14}}}=1\,088.36(\text{m/s})$$

$$a=\frac{\sum L_i}{\sum\frac{L_i}{a_i}}=\frac{L_1+L_2}{\frac{L_1}{a_1}+\frac{L_2}{a_g}}=\frac{27+374}{\frac{27}{1\,163.51}+\frac{374}{1\,088.36}}=1\,093.11(\text{m/s})$$

(3) 压力波往返一次的时间：

$$\tau=\frac{2L}{a}=\frac{2\times 401}{1\,093.11}=0.73(\text{s})$$

(4) 管道常数：

$$2\rho=\frac{a v_N}{g H_N}=\frac{1\,093.11\times 1.512}{9.81\times 39.4}=4.28$$

(5) 额定功率：

$$P_N=\frac{\rho g Q_N H_N}{\eta_N}=\frac{9.81\times 0.593\times 39.4}{0.8}=286.5(\text{kW})$$

(6) 机组转动部分的惯性效应系数：

查阅电机的 GD^2 为 180 kg・m^2，机组的 GD^2 取 $180\times 1.1=198(\text{kg}\cdot\text{m}^2)$。

$$K=\frac{182.5\times 10^3\times P_N}{GD^2\times n_N^2}=\frac{182.5\times 10^3\times 286.5}{198\times 740^2}=0.482(\text{s}^{-1})$$

式中：P_N 为水泵正常运行情况下的轴功率，kW；n_N 为水泵正常运行情况下的转速，r/min；GD^2 为水泵机组转动惯量，kg・m^2。

泵的 GD^2 一般与电动机的 GD^2 相比非常小，按电机的 GD^2 的 10%～20%计算。

(7) K_μ 值：

$$K_\mu = 0.482 \times 0.73 = 0.35$$

利用图 8－32 查得下列各重要数值。

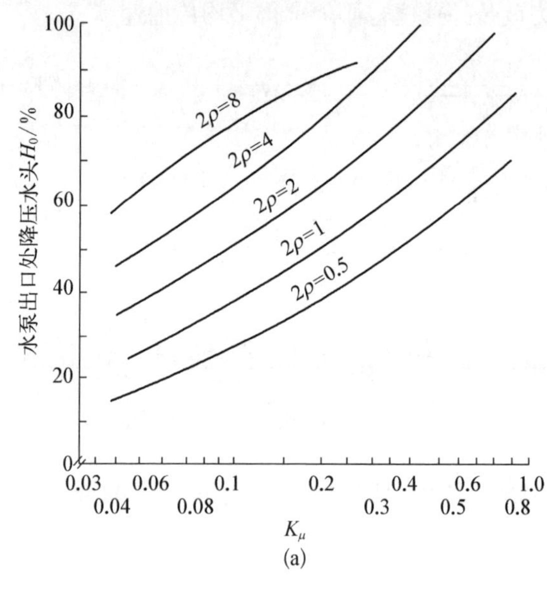

(a)

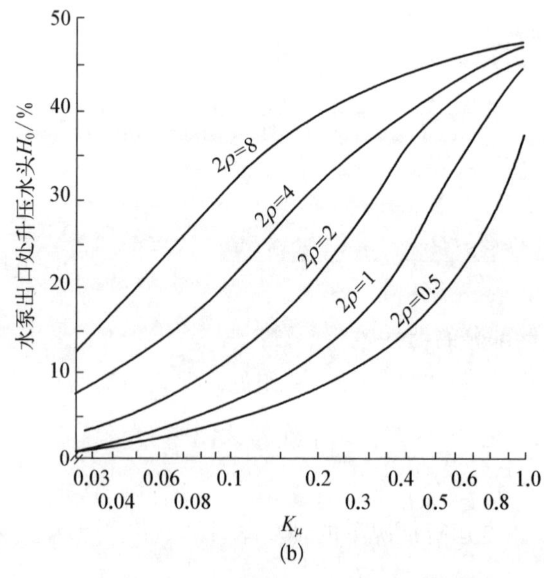

(b)

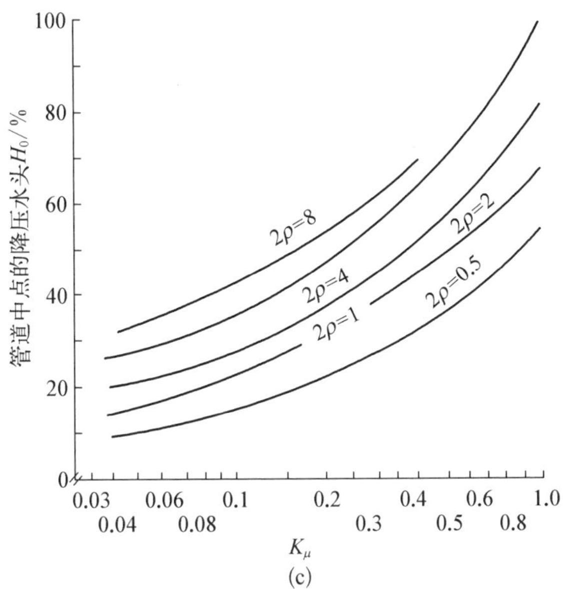
管道中点的降压水头H_0/%
100
80
60
40
20
0
0.03
0.04
0.06
0.08
0.1
0.2
0.3
0.4
0.5
0.6
0.8
1.0
K_μ
2ρ=8
2ρ=4
2ρ=2
2ρ=1
2ρ=0.5
(c)

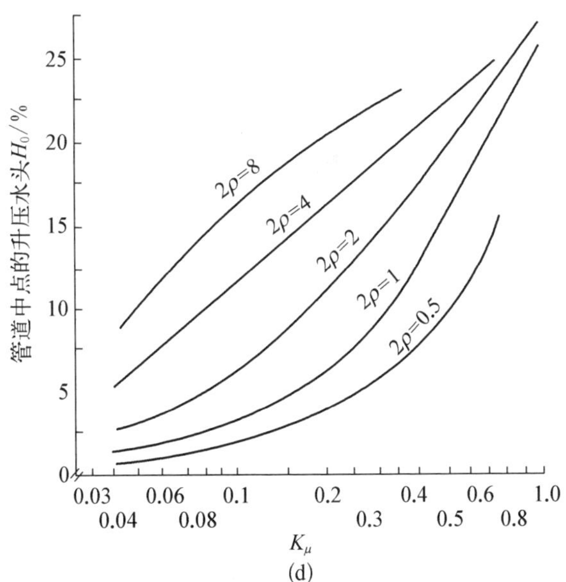
管道中点的升压水头H_0/%
25
20
15
10
5
0
0.03
0.04
0.06
0.08
0.1
0.2
0.3
0.4
0.5
0.6
0.8
1.0
K_μ
2ρ=8
2ρ=4
2ρ=2
2ρ=1
2ρ=0.5
(d)

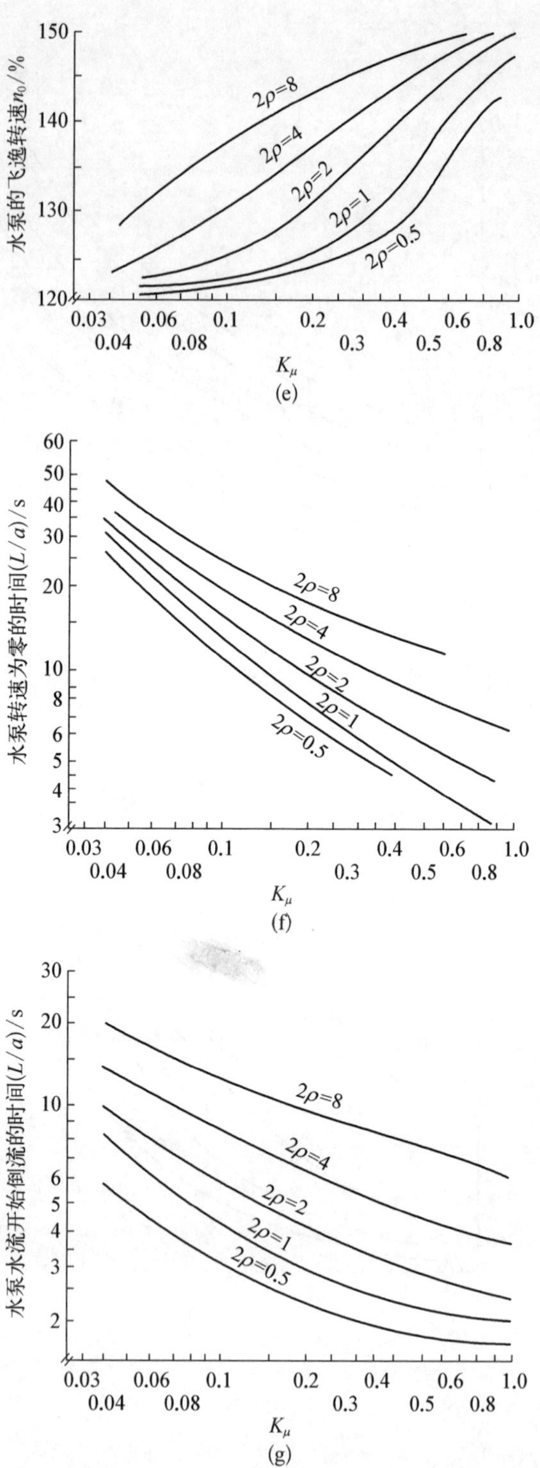
水泵的飞逸转速n_0/%
150
140
130
120
2ρ=8
2ρ=4
2ρ=2
2ρ=1
2ρ=0.5
0.03 0.06 0.1 0.2 0.4 0.6 1.0
0.04 0.08 0.3 0.5 0.8
K_μ
(e)
水泵转速为零的时间(L/a)/s
60
50
40
30
20
10
8
6
5
4
3
2ρ=8
2ρ=4
2ρ=2
2ρ=1
2ρ=0.5
0.03 0.06 0.1 0.2 0.4 0.6 1.0
0.04 0.08 0.3 0.5 0.8
K_μ
(f)
水泵水流开始倒流的时间(L/a)/s
30
20
10
6
5
4
3
2
2ρ=8
2ρ=4
2ρ=2
2ρ=1
2ρ=0.5
0.03 0.06 0.1 0.2 0.4 0.6 1.0
0.04 0.08 0.3 0.5 0.8
K_μ
(g)

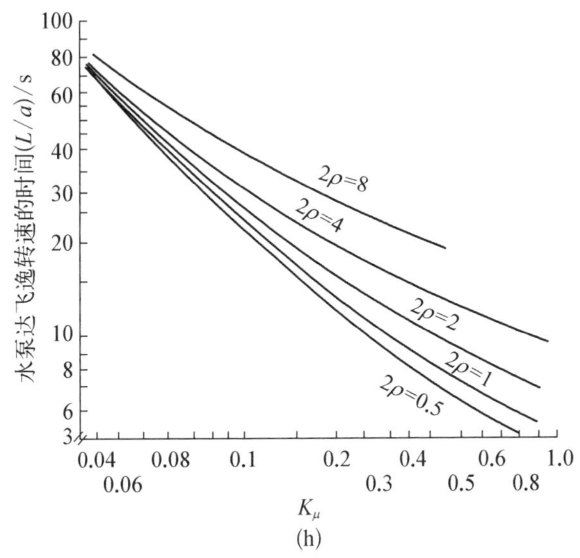

(h)

图 8-32　帕马金水锤简易算法图

(a) 水泵出口处降压水头；(b) 水泵出口处升压水头；(c) 管道中点的降压水头；(d) 管道中点的升压水头；(e) 水泵的飞逸转速；(f) 水泵转速为零的时间；(g) 水泵水流开始倒流的时间；(h) 水泵达飞逸转速的时间

① 查图 8-32(a)，水泵出口处压力下降值为 $93\%H_N$，查图 8-32(b)，压力上升值为 $37\%H_N$；

② 查图 8-32(c)，管路中点压力下降值为 $60\%H_N$，查图 8-32(d)，压力上升值为 $20\%H_N$；

③ 查图 8-32(f)，水泵转速为零的时间为 $10\times\dfrac{L}{a}=10\times\dfrac{401}{1\,093.11}=3.67(\text{s})$；

④ 查图 8-32(g)，从突然断电到泵壳发生倒流的时间为 $5\times\dfrac{L}{a}=5\times\dfrac{401}{1\,093.11}=1.83(\text{s})$；

⑤ 查图 8-32(e)，水泵最大反转转速为 $144\%n_N$。

2) 例题 2

装置中 2 台离心泵并联输水，管路直径 $D=1\,600$ mm，管路长度 $L=$

400 m;管路材质为钢管,壁厚 $t = 15$ mm,管子的 $\dfrac{K}{E} = 0.01$。

管路中离心泵的参数为流量：$Q_N = 1.2\ m^3/s$；总扬程：$H_N = 53$ m；转速：$n_N = 740$ r/min；轴功率：$P_N = 734$ kW。

计算过程如下。

(1) 管内的流速：

$$v_N = \frac{2Q_N}{\frac{\pi}{4}D^2} = \frac{2 \times 4 \times 1.2}{\pi \times 1.6^2} = 1.2(m/s)$$

(2) 压力波传播速度：

$$a = \frac{1\,425}{\sqrt{1 + \frac{K}{E}\frac{D}{t}}} = \frac{1\,425}{\sqrt{1 + 0.01 \times \frac{1\,600}{15}}} = 991.3(m/s)$$

(3) 压力波往返一次的时间：

$$\mu = \frac{2L}{a} = \frac{2 \times 400}{987.8} = 0.81(s)$$

(4) 管道常数：

$$2\rho = \frac{av_N}{gH_N} = \frac{991.3 \times 1.2}{9.81 \times 53} = 2.29$$

(5) 机组转动部分的惯性效应系数：

查图 8-42 得电机的 GD^2 为 600 kg·m²,则机组的 GD^2 为 $600 \times 1.1 = 660(kg \cdot m^2)$。

$$K = \frac{182.5 \times 10^3 \times P_N}{GD^2 \times n_N^2} = \frac{182.5 \times 10^3 \times 734}{660 \times 740^2} = 0.37$$

(6) K_μ 值：

$$K_\mu = 0.37 \times 0.81 = 0.3$$

(7) 由 K_μ 值,按帕马金简易算法图 8-32,则可查取所需要的值。

8.7.4 防止水锤发生的措施

水锤效应有极大的破坏性：压力过高，将引起管子的破裂；反之，压力过低，会导致管子的瘪塌，还会损坏阀门和固定件。

当切断电源而停机时，泵水系统的势能将克服电动机的惯性而使系统急剧地停止，这也同样会引起压力的冲击和水锤效应。

为了消除水锤效应的严重后果，需采取一系列措施，如在管路中设置一系列缓冲设备。

1）水锤防止装置图例说明

水泵装置中的水锤有压力上升和压力下降 2 类，根据出水管路的布置情况及发出压力变动的位置等，以图 8－33 中的管路布置为例，说明防止水锤发生的措施。

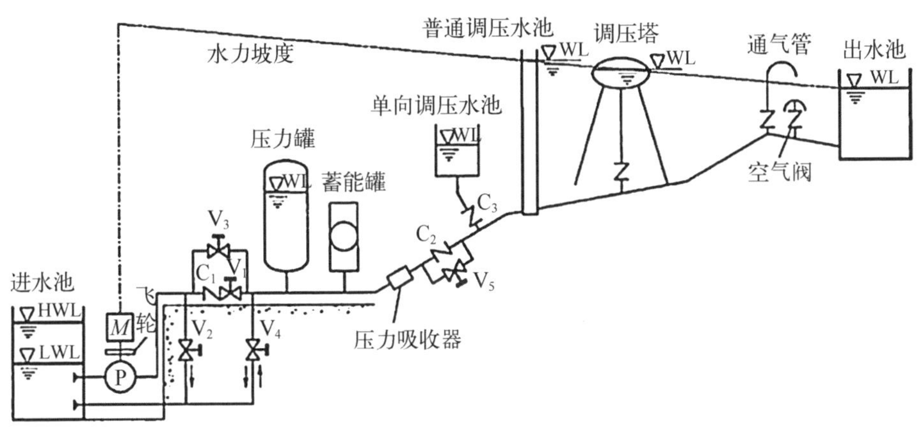

图 8－33　泵装置中防止水锤的各种措施图例

2）水锤防止装置的构成

(1) 飞轮：飞轮可以增加水泵转子体的转动惯量 GD^2，从而防止水泵突然停机后转速的急剧下降。这样由出水池反射引起的压力上升值也减小，并使压力变动幅度变小。采用飞轮是可靠性最高的防止水锤措施之一。飞轮有专用飞轮和兼做联轴器的飞轮。

(2) 压力波动消除器：阀 V_4 是在水泵出水侧压力异常上升时，为了将该压力上升释放到进水侧而设置的，或者在出水侧压力突然降低时，从进水侧补水。用于此用途的阀称作压力波动消除器。

(3) 串联逆止阀 C_2：这是设在出水管中间的逆止阀，与逆止阀 C_1 分担水锤压力。

(4) 压力罐：内部压力与水泵所产生的压力相等，所以设置压力罐能够使整个管路受益。压力罐可以采用多种类型，其中如图 8－34(a)压力罐既用于压力上升也用于压力下降。图 8－34(c)压力罐和图 8－34(b)压力罐相似，只是多了一根回水管，以迅速吸收管内的压力波动，具有优良的稳定性。压力罐一般用于流量比较小、扬程比较高和在出水管末端附近要防止压力下降场合等。但是，对设置位置无限制的场合，应尽可能设在发生压力下降的位置附近，以减小压力罐容量。

(5) 单向压力罐(池)：图 8－34(b)压力罐专用于压力下降的情况。根据罐内的空气压力，仅在发生压力下降时，即当出水管路的压力下降低于单向调压水罐的压力时，打开设在连接管中间的逆止阀进行补水。

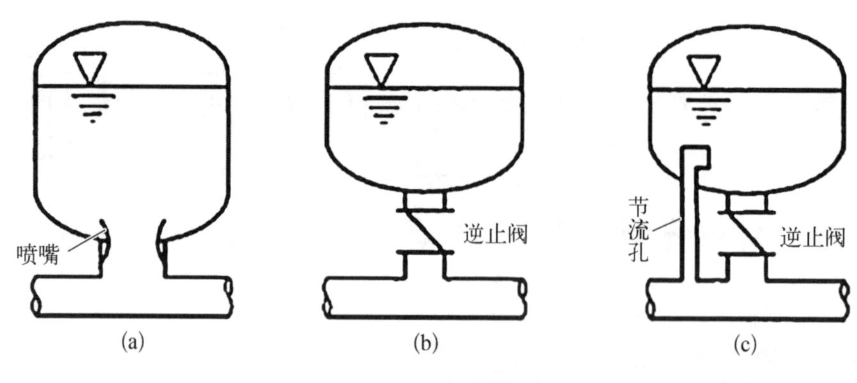

图 8－34　压力罐类型

(a) 带喷嘴的压力罐；(b) 带逆止阀的压力罐；(c) 带逆止阀和节流孔的压力罐

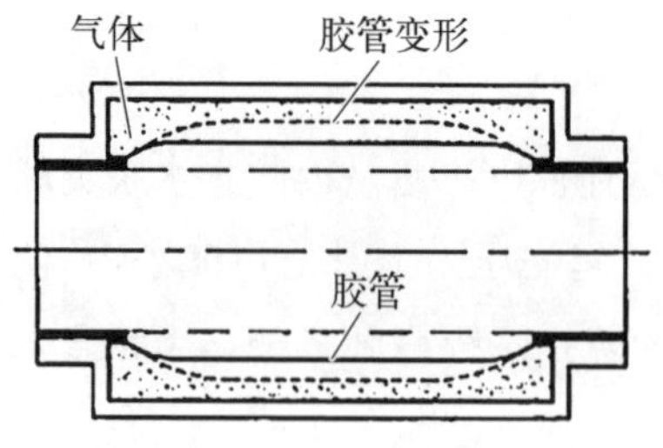

图 8－35　压力吸收装置示例

(6) 压力吸收装置：用于容量比较小的水泵设备。其中的一种类型如图 8－35 所示，内部采用双层管、呈弹性波纹管形。压力上升波纹管就会变形，容积增加具有吸收压力变化的功能。

(7) 蓄能罐：虽然多用于较小的水泵设备，但若设置多个也能适应中型水泵设备的需要。其一般在球形的中央用真空膜隔开，上部往往充满氯气。当出现水锤压力增大时，内部氯气被压缩，体积减小变成吸收压力上升的构造。在补给水量很小的场合不仅可用蓄能罐替代压力罐，而且这种蓄能罐除用于防止水锤外，还具有吸收出水管内压力脉动、噪声和振动等效果，其形式如图 8－36 所示。

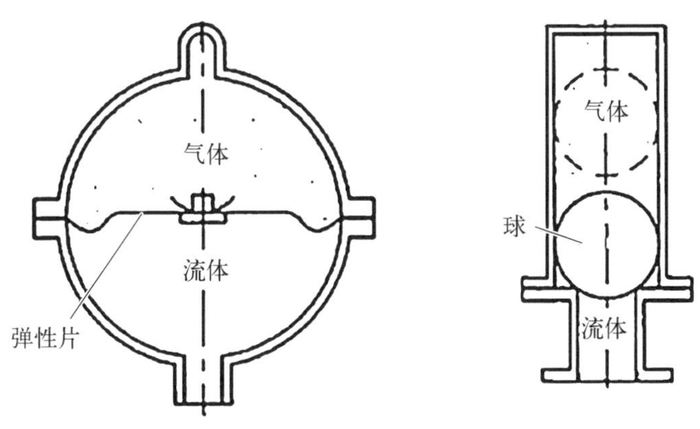

图 8－36　标准蓄能罐图例

（8）普通调压水箱（调压塔）：如图 8－37 所示，当调压水箱的横断面设计足够大时，压力波能在设计位置被反射。从而防止调压水箱之后出水管中发生水锤现象，有可能作为自流的流体处理。普通调压水箱用于管内压力下降后需要大量补水的场合。对容积小且只有压力要求的场合，可采用调压塔，但一般情况下建设费用往往很高。

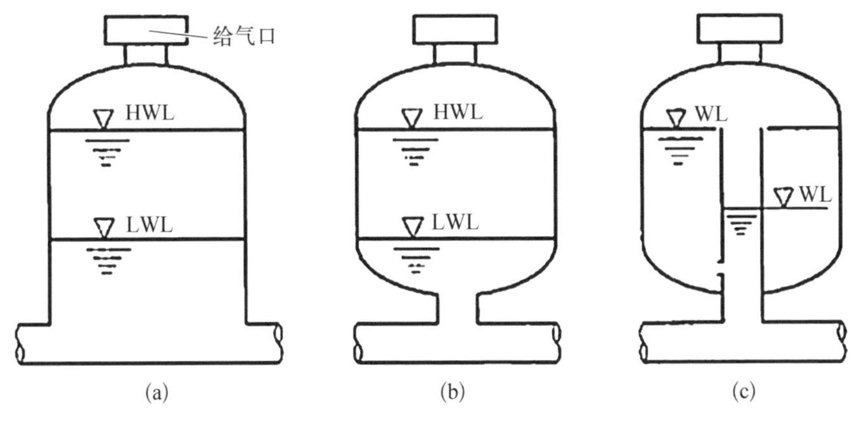

图 8－37　调压水箱的形式

（a）普通式；（b）节流式；（c）差压式

(9) 通气管或空气阀：在出水管路存在凸起点时，凸起点下游水流在突然停机后有时仍能继续向前流动，随后逐渐减速并可能因重力作用而产生回流。为防止因压力骤降导致的水锤现象和管道负压损坏，在该位置设置通气管或空气阀，以便在出水管路压力降低时补给空气。

空气一旦进入出水管内，就有必要进行排气。因此，作为防止水锤的措施，原则上采用补充空气的方法仅限于必需的场合。防止压力下降的基本对策最终仍以补水为主，这点极为重要。

空气管的直径选择要根据系统设计要求确定，以确保管内最大气流速度在 48 m/s 以下，端部附有消音器以防产生吸气噪声。此外，还需要在适当位置安装保护套和金属网等，以防异物进入空气管。另外，对于立式泵且为长出水管的情况，在突然停机时，由于水流惯性作用，可能会在水泵叶轮和逆止阀之间出现负压，这种负压状态可能导致管道变形、破裂或设备损坏。因此，突然停机时，必须采取可靠措施破坏真空。

8.8 泵的最小流量和最大流量

泵允许的最小运转流量是指在此流量下泵可以连续运转，而不会对泵造成损坏的流量。

1) 泵最小流量对泵性能的影响

(1) 泵在小流量下运行，泵的效率很低，消耗的能量使液体温度上升，若温升过大，可能对泵材料、密封件等造成不利影响。因此，过大的温升是不允许的。

(2) 泵在最小流量下运行，由于冲角加大等因素，泵的抗汽蚀性能变坏，泵汽蚀余量增加。

(3) 泵在小流量下运行，由于二次回流的存在，泵压力脉动、振动、噪声增加。

(4) 泵在小流量下运行，泵的轴向力、径向力增加，对结构强度不利。

(5) 高比转速泵(轴流泵和混流泵)，在小流量区域呈现不稳定区。

泵最小流量受到以下两方面的限制：① 最小连续稳定流量 $Q_{L\min}$，指在不超过标准规定的噪声和振动限度下，能够正常工作的最小流量，一般由泵厂通过试验确定。② 最小连续热控流量 $Q_{R\min}$，泵在小流量下运行，泵的效率下降，液体温度上升，NPSH 增大。由此可知，$Q_{R\min}$ 是允许温度上升指标下的连续流量。

2) 最小流量的近似确定方法

(1) 通过计算温升确定最小连续热控流量 $Q_{R\min}$。温度上升按下式计算：

$$\Delta t = \frac{A(1-\eta)H}{\eta \cdot c} \tag{8-39}$$

式中：η 为对应使用流量的泵效率(小数)；H 为对应使用流量的泵扬程，m；c 为比热容，kcal/(kg·K)，对于水的比热容 $c = 1$ kcal/(kg·K)(1 cal = 4.186 8 J)；A 为热功当量，$A=\frac{1}{427}$，kcal/(kg·K)；Δt 为用流量下的温升，℃。

泵温升 Δt 的允许值见表 8-11。

表 8-11　泵允许的温升

泵种类	Δt/℃
一般泵	10～20
锅炉给水泵	8～10
塑料泵	<10
液态烃泵	≤1

确定泵允许温升 Δt，应考虑温升增高，泵体内液体的汽化压力增高。如果不改变原泵的装置汽蚀余量，泵容易发生汽蚀。

公式的使用方法：在小流量区域给定 n 个流量，按式(8-39)计算温升 Δt，作出 $Q=f(\Delta t)$ 曲线，从曲线上查出给定温升 Δt 下最小流量，即是允许的最小流量。

[例题]　已知 1 台 DG280-43 锅炉给水泵，设计流量 $Q=280$ m^3/h，单级扬程 $H=43$ m，转速 $n=1\,450$ r/min，泵的级数为 10 级。该泵的试验曲线如图 8-38 所示。

根据上面的曲线，查得 110 m^3/h 流量下的扬程为 480 m，效率为 57%，得出

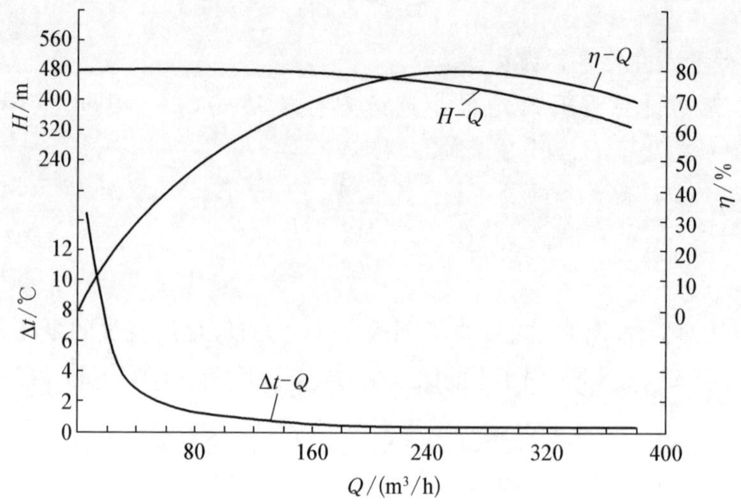

图 8-38 DG280-43 试验曲线

$$\Delta t=\frac{A(1-\eta)H}{\eta c}=\frac{(1-0.57)\times 480}{427\times 0.57}=0.85(℃)$$

类似地,可求出曲线上各流量点下对应的温升,列于表 8-12。

表 8-12 曲线上各流量点下对应的温升

$Q/(m^3/h)$	H/m	η	$\Delta t/℃$
10	480	0.08	12.93
20	481	0.15	6.38
40	483	0.29	2.77
60	485	0.39	1.78
80	483	0.47	1.28
110	480	0.57	0.85
200	460	0.75	0.36
280	430	0.80	0.25
320	400	0.77	0.27

根据表中数据可绘制出 $\Delta t-Q$ 的曲线，如图 8－38 中 $\Delta t-Q$ 线所示。由此曲线可查得允许温升下的最小流量。

（2）通过允许温升计算最小流量（$P\leqslant 100$ kW）：

$$Q_{\min}=\frac{P}{\rho c\Delta t} \tag{8-40}$$

式中：$Q_{\min}$ 为最小流量，m^3/h；P 为泵轴功率，kW；ρ 为流体密度，kg/m^3；c 为流体的比热容，kJ/(kg·K)，对于水的比热容 $c=4.18$ kJ/(kg·K)；Δt 为允许温升，按要求选取。

（3）通过曲线确定最小流量（$P>100$ kW）：对于功率超过 100 kW 的泵，最小流量可按图 8－39 查取。另外，大进口直径的叶轮，有时在最佳流量的 40%～60%附近产生回流，对此应注意避免。

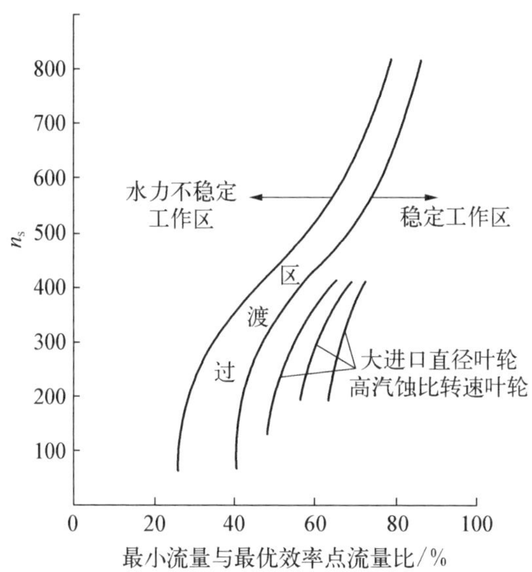

图 8－39　100 kW 以上泵最小运转流量和比转速的关系

（4）通过经验资料确定最小流量。一般离心泵的最小流量为

$$Q_{\min}=0.25Q_{设} \tag{8-41}$$

大型离心泵的最小流量为

$$Q_{\min}=0.35Q_{设} \tag{8-42}$$

混流泵的最小流量为

$$Q_{\min} = 0.6Q \tag{8-43}$$

轴流泵的最小流量为

$$Q_{\min} = 0.75Q \tag{8-44}$$

3) 泵允许的最大流量

泵在大流量区域运行存在的问题：① 比转 $n_s < 300$ 的泵，轴功率随流量的增加而增加；② 因偏离最优工况，泵效率下降，耗能增加；③ 泵进口流速增加，叶片冲角增加，泵的抗汽蚀性能变差，泵汽蚀余量增加。

对一般离心泵允许的最大流量为

$$Q_{\max} = (1.25 \sim 1.35)Q_N \tag{8-45}$$

对混流泵、轴流泵而言，可在更大的流量下运行，在零扬程下运行也是可能的。

8.9 泵的转动惯量及惰转时间

泵的转动惯量是指泵的转子部件在运转时具有的惯性。惰转时间是指泵机组在额定转速下从切断燃料开始到转子完全停止运转所经历的时间。

8.9.1 电机和泵的转动惯量

电机和泵的转动惯量表示为 GD^2（$\mathrm{kg \cdot m^2}$），其中：G 为回转体的质量，kg；D 为假定回转体质量集中点的直径（不是回转体外周的直径），m。

1) 飞轮的转动惯量

如图 8-40 所示。

$$GD^2 = 2G(R_1^2 + R_2^2) \tag{8-46}$$

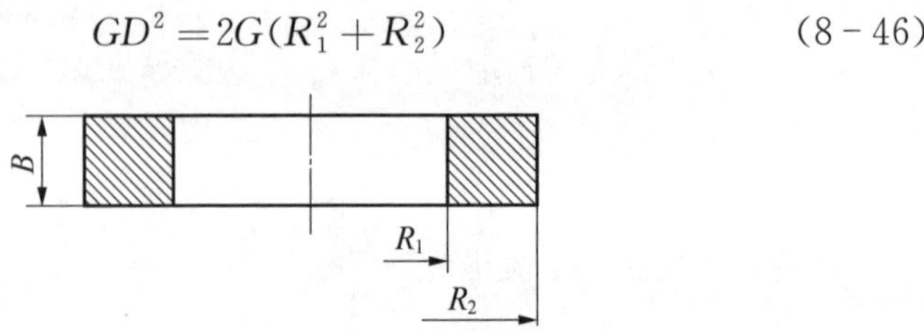

图 8-40 飞轮转动惯量示意图

2）电动机的转动惯量

鼠笼型和绕线型电动机的转动惯量 GD^2 如图 8-41 和图 8-42 所示。

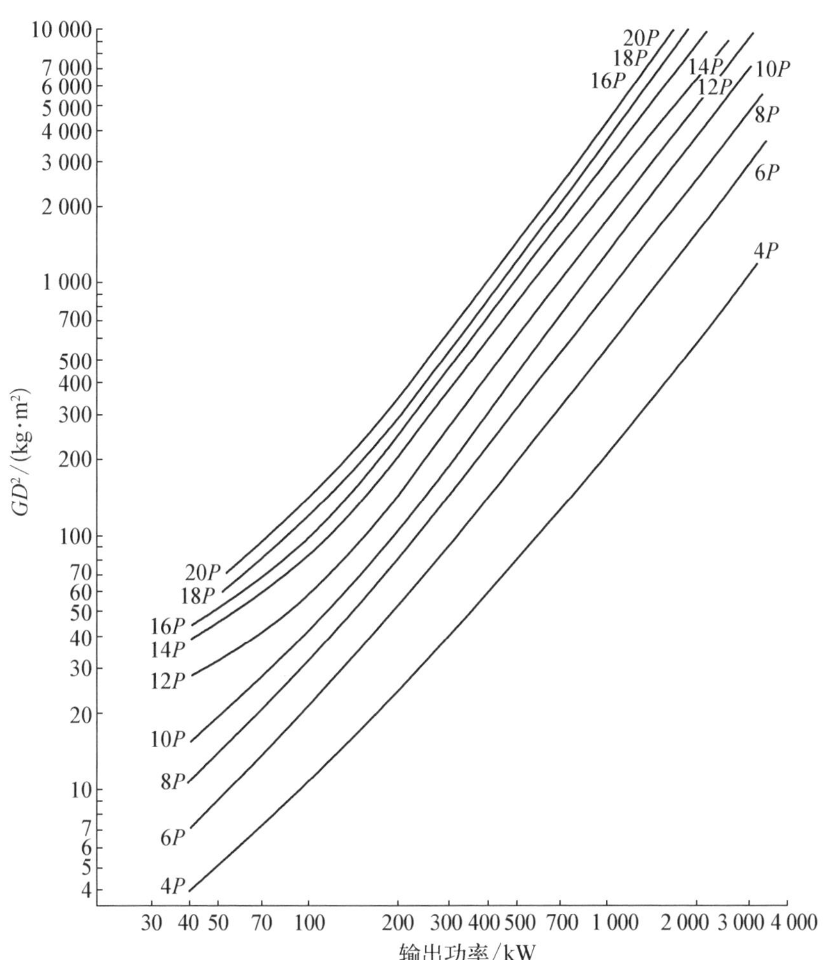

图 8-41 鼠笼型和绕线型电动机转动惯量参考曲线图(3 kV 级异步)

3）泵的转动惯量

泵的转动惯量较小，一般按电机转动惯量的 15%～20%计算。

估算泵转动惯量 GD^2 如图 8-43 所示。

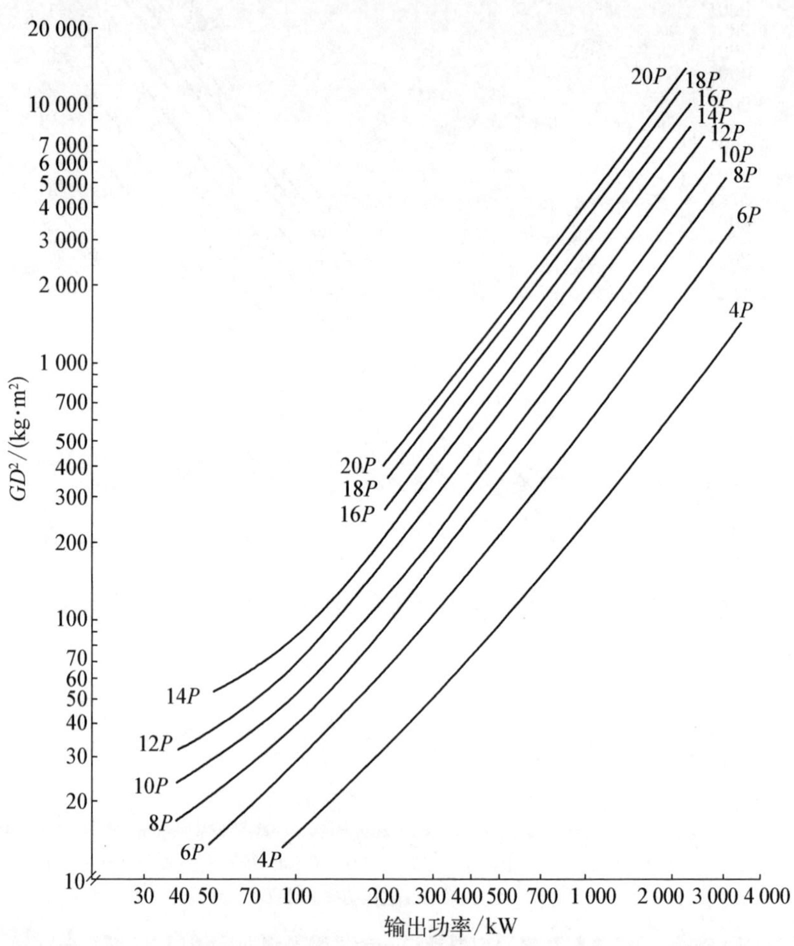

图 8-42　鼠笼型和绕线型电动机转动惯量参考曲线图(6 kV 级开异步)

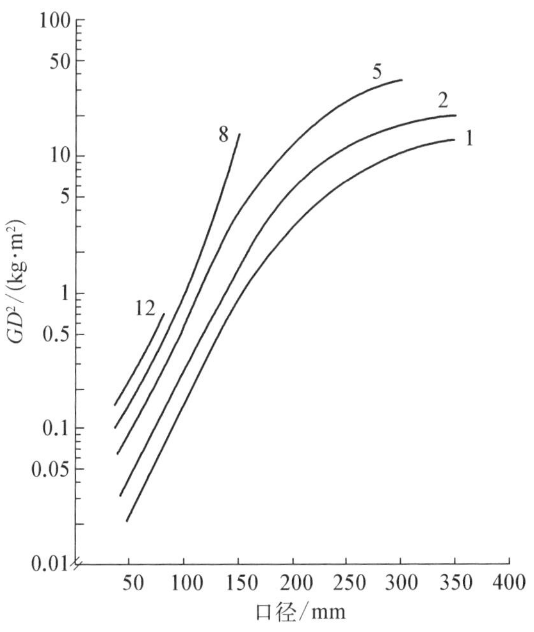

图 8-43　泵转动惯量估算图

8.9.2　惰转时间

惰转时间是指泵停车或事故时，到转速为零的时间。惰转时间长可以缓和水锤和压力脉动。核电站有的泵要求较长的惯转时间，以维持反应堆的冷却时间。

当驱动转矩降到零时，下列公式成立

$$-T_P = J_\varepsilon \tag{8-47}$$

式中：T_P 为惰转转矩，等于泵的启动转矩，N·m；J 为所有转动部件(包含泵抽送的液体)的质量惯性矩；ε 为驱动轴的角加速度，$\varepsilon = \frac{d\omega}{dt} = \frac{\pi}{30}\frac{dn}{dt}$，$s^{-2}$。

惰转时间计算如下：

$$t_H = \sum t_i = \frac{\pi J}{30}\left(\frac{\Delta n_1}{T_{P1}} + \frac{\Delta n_2}{T_{P2}} + \cdots + \frac{\Delta n_i}{T_{Pi}}\right) \tag{8-48}$$

式中，各符号的单位：J，kg·m^2；n，r/min；T_P，N·m。

泵的惯转转矩及其惯转时间，随泵停止时输出阀的开启或关闭状态而变化。

因 $\frac{\Delta n_1}{T_{P1}}$ 值在泵一旦停机后很快变得非常小，刚开始速度下降得尤其快。

8.10 电动机的选择

电动机的选择需要考虑转速、功率和外形尺寸要求等。

1) 电动机同步转速

电动机的机数与同步转速如表 8-13 所示。

表 8-13 电机极数与同步转速/(r/min)

极　数	转速/(r/min)	极　数	转速/(r/min)
2	3 000	30	200
4	1 500	32	187.5
6	1 000	40	150
8	750	44	136.4
10	600	48	125
12	500	52	115.4
14	428.6	56	107.2
16	375	60	100
18	333.3	64	93.8
20	300	68	88.2
22	272	80	75
24	250	84	71.4
26	231	88	68
28	214.3	96	62.5

同步转速为

$$n_0 = \frac{120f}{p} \tag{8-49}$$

实际转速为

$$n = n_0(1-s) \tag{8-50}$$

式中：f 为频率，s^{-1}；p 为极数；s 为滑差（3%～7%），随功率的增加而增加。

2) 电动机绝缘等级和允许最高温度

电动机绝缘等级和允许的最高温度如表 8-14 所示。

表 8-14 电动机绝缘等级和允许最高温度

绝缘等级	允许最高温度/℃
Y	90
A	105
E	120
B	130
F	155
H	180
C	>180

3) 电动机输出功率 P 和输入功率 P' 的计算公式

$$P = \frac{\sqrt{3}VI\eta\cos\varphi}{1\,000},\ P' = \frac{P}{\eta\cos\varphi} \tag{8-51}$$

式中：V 为电动机电压；I 为电动机电流；η 为电动机效率；$\cos\varphi$ 为功率因数，一般为 0.7～0.8。

电机主要参数如表 8-15 至表 8-18 所示。

表 8 - 15　低压(200 V)普通型电机主要参数表

额定输出功率/kW	极数	同步转速/(r/min)		全负荷特性		启动电流 I/A	参考值		
		50 Hz	60 Hz	效率 η/%	功率因数 cos φ/%		空载电流 I/A	全负荷电流 I/A	全负荷滑差/%
0.20	2	3 000	3 600	65.5	73.5	8	0.8	1.1	9.5
0.40				70.5	77.5	16	1.1	2.0	8.0
0.75				74.0	80.5	27	1.6	3.5	7.0
1.50				78.0	83.5	49	2.9	6.4	6.5
2.20				79.5	84.0	72	3.9	9.1	6.0
3.70				82.0	85.0	115	6.1	15.0	5.5
0.20	4	1 500	1 800	67.0	60.0	7	1.0	1.4	10.0
0.40				71.5	66.5	13	1.6	2.3	8.5
0.75				75.0	73.0	23	2.5	3.8	7.5
1.50				78.5	77.0	42	4.1	6.8	7.0
2.20				80.5	79.0	60	5.4	9.5	6.5
3.70				82.5	80.0	97	8.1	15.0	6.0
0.40	6	1 000	1 200	70.5	59.0	14	2.2	2.6	9.5
0.75				74.0	66.5	24	3.2	4.2	8.0
1.50				78.0	71.5	44	5.2	7.4	7.5
2.20				79.5	73.5	65	6.8	10.0	6.5
3.70				82.0	75.5	105	9.9	16.0	6.0
0.75	8	750	900	71.5	61.5	27	3.5	4.7	9.0
1.50				76.0	68.0	47	5.6	8.0	7.5
2.20				78.0	71.0	65	7.2	11.0	7.0
3.70				80.0	74.5	100	10.5	17.0	6.5

表 8 - 16　低压(200 V)鼠笼型电机主要参数表

额定输出功率/kW	极数	同步转速/(r/min)		全负荷特性		启动电流 I/A	参考值		
		50 Hz	60 Hz	效率 η/%	功率因数 cos φ/%		空载电流 I/A	全负荷电流 I/A	全负荷滑差/%
5.5	4	1 500	1 800	82.5	79.5	150	12	23	5.5
7.5				83.5	80.5	190	15	31	5.5
11.0				84.5	81.5	280	22	44	5.5

（续表）

额定输出功率/kW	极数	同步转速/(r/min)		全负荷特性		启动电流 I/A	参考值		
		50 Hz	60 Hz	效率 η/%	功率因数 cos φ/%		空载电流 I/A	全负荷电流 I/A	全负荷滑差/%
15.0 (19.0) 22.0 30.0 37.0	4	1 500	1 800	85.5 86.0 86.5 87.0 87.5	82.0 82.5 83.0 83.5 84.0	370 455 540 710 875	28 33 38 49 59	59 74 84 113 138	5.0 5.0 5.0 5.0 5.0
5.5 7.5 11.0 15.0 (19.0) 22.0 30.0 37.0	6	1 000	1 200	82.0 83.0 84.0 85.0 85.5 86.0 86.5 87.0	74.5 75.5 77.0 78.0 78.5 79.0 80.0 80.5	150 185 290 380 470 555 730 900	15 19 25 32 37 43 54 65	25 33 47 62 78 89 119 145	5.5 5.5 5.5 5.5 5.0 5.0 5.0 5.0
5.5 7.5 11.0 15.0 (19.0) 22.0 30.0 37.0	8	750	900	81.0 82.0 83.5 84.0 85.0 85.5 86.5 87.0	72.0 74.0 75.5 76.5 77.0 77.5 78.5 79.0	160 210 300 405 485 575 760 940	16 20 26 33 39 45 56 68	26 34 48 64 80 91 121 148	6.0 5.5 5.5 5.5 5.5 5.0 5.0 5.0

表8-17　高压(3 000 V)鼠笼型电机主要参数表

额定输出功率/kW	极数	同步转速/(r/min)		全负荷特性		启动电流 I/A	参考值		
		50 Hz	60 Hz	效率 η/%	功率因数 cos φ/%		空载电流 I/A	全负荷电流 I/A	全负荷滑差/%
(37) 40 50 (55)	4	1 500	1 800	85.0 85.5 86.5 87.0	77.5 78.0 79.0 79.5	65 71 87 95	5.3 5.7 6.8 7.2	10.3 11.3 13.8 15.0	5.0 5.0 4.5 4.5

（续表）

额定输出功率/kW	极数	同步转速/(r/min)		全负荷特性		启动电流 I/A	参考值		
		50 Hz	60 Hz	效率 η/%	功率因数 $\cos\varphi$/%		空载电流 I/A	全负荷电流 I/A	全负荷滑差/%
60	4	1 500	1 800	87.0	80.0	100	7.7	16.2	4.5
75				87.5	80.5	125	9.3	20.1	4.5
100				88.5	82.0	165	11.3	26.0	4.0
(110)				88.5	82.0	180	12.4	28.6	4.0
125				89.0	82.5	200	13.6	32.1	4.0
150				89.5	83.0	240	15.7	38.0	3.5
200				90.0	83.5	315	19.9	50.1	3.5
(37)	6	1 000	1 200	84.5	76.0	69	5.8	10.9	5.0
40				85.0	76.5	73	6.1	11.6	5.0
50				86.0	78.0	89	7.1	14.1	5.0
(55)				86.5	78.5	96	7.6	15.3	5.0
60				86.5	79.0	105	8.1	16.6	5.0
75				87.0	80.0	130	9.5	20.3	4.5
100				88.0	81.0	165	11.9	26.4	4.5
(110)				88.0	81.0	185	13.0	29.1	4.0
125				88.5	81.5	205	14.3	32.7	4.0
150				89.0	82.0	245	16.6	38.7	4.0
200				89.5	82.5	320	21.1	51.1	3.5
(37)	8	750	900	84.0	72.5	68	6.6	11.4	5.0
40				84.5	73.0	73	6.9	12.2	5.0
50				85.5	75.0	88	8.0	14.7	5.0
(55)				86.0	75.5	96	8.6	16.0	5.0
60				86.0	76.0	105	9.2	17.3	5.0
75				86.5	77.0	125	10.9	21.2	4.5
100				87.5	78.5	165	13.4	27.4	4.5
(110)				87.5	79.0	180	14.3	30.0	4.5
125				88.0	79.5	200	15.8	33.7	4.5
150				88.5	80.0	240	18.3	39.9	4.0
200				89.0	80.5	315	23.3	52.6	4.0
(37)	10	600	750	83.5	68.5	73	7.6	12.2	5.0
40				84.0	69.0	78	8.0	13.0	5.0
50				85.0	71.0	94	9.2	15.6	5.0
(55)				85.5	71.5	100	10.0	17.0	5.0
60				85.5	72.0	110	10.7	18.4	5.0

（续表）

额定输出功率/kW	极数	同步转速/(r/min)		全负荷特性		启动电流 I/A	参考值		
		50 Hz	60 Hz	效率 η/%	功率因数 cos φ/%		空载电流 I/A	全负荷电流 I/A	全负荷滑差/%
75	10	600	750	86.0	73.5	135	12.5	22.4	5.0
100				87.0	75.0	175	15.5	28.9	4.5
(110)				87.0	75.5	190	16.6	31.6	4.5
125				87.5	76.0	215	18.7	36.1	4.5
150				88.0	76.5	250	21.4	42.0	4.0
200				88.5	77.5	330	26.8	54.9	4.0
(37)	12	500	600	83.0	64.0	79	8.7	13.1	5.5
40				83.5	64.5	84	9.3	14.0	5.5
50				84.5	66.5	100	10.8	16.8	5.5
(55)				85.0	67.5	110	11.4	18.1	5.0
60				85.0	68.0	120	12.2	19.6	5.0
75				85.5	69.5	145	14.4	23.8	5.0
100				86.5	71.5	185	17.6	30.5	4.5
(110)				86.5	72.0	200	19.0	33.3	4.5
125				87.0	72.5	220	20.5	36.4	4.5
150				87.5	73.0	265	24.5	44.3	4.0
200				88.0	74.0	345	31.0	57.9	4.0

表 8-18　大容量电动机参数表

额定输出功率/kW	极数	效率 η/%	功率因数 cos φ/%	额定输出功率/kW	极数	效率 η/%	功率因数 cos φ/%
250	4	92.0	88.0	250	6	91.5	87.0
300		92.2	88.5	300		91.8	87.5
350		92.5	89.0	350		92.0	88.0
400		92.8	89.5	400		92.2	88.5
450		93.0	89.8	450		92.5	88.8
500		93.2	90.0	500		92.8	89.0
600		93.5	90.5	600		93.0	89.5

第 9 章
泵的试验

核级泵在厂内试验分为型式试验、产品试验、鉴定试验等，各试验的目的和内容不同，具体在各核级泵设备规格书中进行明确。泵的性能测试包括水力性能、轴封性能、轴承性能、机组性能和环境适应性等。本章主要阐述泵的常规性能试验要求和试验内容，核主泵的试验详见本书第 4 章。

9.1 试验要求

本节主要介绍泵的各类试验装置、试验条件、试验参数及其相关计算的规定要求。

1）泵试验的种类

泵试验的种类分为内特性试验、外特性试验、强度试验和其他项目试验。外特性试验又细分为型式试验和出厂试验。

（1）型式试验：包括运转试验、性能试验、汽蚀试验及噪声振动试验等。

（2）出厂试验：出厂试验是对泵工作范围内，包括大流量点、规定流量点及大流量点机械试验，检查泵的扬程和效率。

（3）内特性试验：速度场测定、叶片表面压力测定、流动显示和压力脉动测定等。

（4）强度试验：轴向力测定、径向力测定、水力矩测定、零件应力测定和可靠性试验等。

（5）其他项目试验：密封试验、材料试验和能量平衡试验等。

2）试验装置

（1）对试验管路的要求。标准试验装置对试验管路的要求[13]如下：

① 避免在测量截面附近(小于4倍管直径,直径为D)存在任何弯头、弯头组合件等,泵出口等径直管长度应不小于$4D$;

② 对于从具有自由液面的池中引水,或从设在闭合回路中、有静止液面的大容器中引水的标准试验装置,一般泵进口直管长度不小于$7D$;

③ 最好不要在吸入管路上使用节流阀,为了做汽蚀试验,必须要采用节流阀时,阀下游应装合适的整流装置或者使直管长度大于$12D$(原标准为节流阀全开,不少于$7D$,处于任意开度,不少于$12D$);

④ 电磁流量计上游的直管长度应大于$5D$,下游的直管长度应大于$3D$。涡轮流量计上游的直管长度应大于$20D$,下游的直管长度应大于$5D$;

⑤ 泵进口测压点一般分别设在进口法兰上游和出口法兰下游$2D$处;

⑥ 在每个测量截面取4个沿圆周方向对称分布的静压孔,通过旋塞与环形集流管连通,取静压孔直径为3～6 mm,深度应不小于2.5倍取静压孔直径。

(2) 对模拟试验装置的要求。若泵在模拟现场条件下进行试验,则不宜在紧接泵的前面设置整流栅,模拟回路液流特性应是可控制的,液流应尽可能没有装置引起的旋涡,并具有对称速度分布。必要时应当用皮托管测定进入模拟回路的速度分布,以证实液流特性符合要求。若不能,则可以设置整流栅一类的适当装置来获得要求的液流特性,但必须保证试验条件下不产生大的压力损失。

3) 试验条件

试验条件应满足以下3点:① 试验的时间应足够,以获得一致的结果,提高试验精度;② 对于采用多次读数以降低误差的场合,应在不等时间间隔下读数;③ 每次波动读数是相对于平均值的短时间变动,而变化是同一量相邻2次读数间的数值改变。

在允许的波动和变化范围内,当试验条件稳定时,只记录各测定量1组读数。当试验条件不稳定并对精度产生怀疑时,对于每个试验点至少取3组读数,并记录每一个独立的读数值,以及由每组读数算得的效率。

4) 试验转速

试验转速n与规定转速n_{sp}之差与n_{sp}的比值,即$(n-n_{sp})/n_{sp}$的规定如下:① 对流量和扬程,转速相差为规定值的$-50\%\sim+20\%$;② 对泵的效率,转速相差为规定值的$\pm20\%$;③ 对汽蚀余量,假定泵的流量在规定流量的$50\%\sim120\%$范围内,转速相差为规定值的$\pm20\%$。

5）取压孔和压力计的有关规定

取压孔的有关规定如下：

（1）泵进、出口测压截面一般分别设在进、出口法兰上游和下游 $2D$ 处。

（2）对于 1 级试验，每个测量截面应取 4 个沿圆周方向对称分布的取静压孔，通过旋塞与环形集流管连通；对于 2 级试验，每个测量截面可设 1 个或 2 个沿圆周方向对称分布的取静压孔，通过旋塞与环形集流管连通。

（3）取静压孔不宜设在或接近于横截面的最高点或最低点；其直径为 3～6 mm，深度应不小于 2.5 倍取静压孔直径。

压力计的有关规定如下：

（1）液柱压力计：避免在液柱差压小于 50 mm 的区间使用，对水银柱压力计，管径至少为 6 mm，对水或其他液体，管径至少为 10 mm。

（2）弹簧压力计：精度不低于 0.4 级，示值应在量程的 1/3 以上，读数精确到测定值的 1/100 以上。

6）泵试验设备

（1）泵试验装置。泵试验装置应能保证通过测量截面的液流具有下列特征：轴对称速度分布、等静压分布、无装置引起的旋涡。泵试验装置按循环管路系统分为开式和闭式两种。

开式试验装置：开式试验台的优点是结构简单，使用方便，散热条件和稳定性好。缺点是调节进口阀的开度进行汽蚀试验时，会造成泵进口流动不稳定，影响汽蚀性能的测定精度。常用的开式试验装置包括以下几种：一般开式试验装置；卧式泵开式试验装置；大型开式试验台；立式泵开式试验装置。

闭式试验装置：包括一般离心泵闭式试验装置和高温、高压闭式试验装置。

泵试验台应为闭式试验台，模型叶轮直径等于或大于 300 mm，系统管路直径通常为 350、400、500 mm。系统容积应大于模型泵 1.5 min 的流量，通常约为 50 m^3。

（2）试验台。① 试验台的精度：国外大部分试验台为水轮机或水力机械通用实验台，效率综合不确定度为±0.2%～±0.4%。国际中立水轮机试验台，效率的综合不确定度为±0.21%～±0.33%。② 试验台的布置：试验台有 2 层布置和 1 层布置两种形式。

2 层布置：第一层布置辅助泵、流量计等；第二层布置进出口水箱，立、卧模型泵段，扭矩仪等。

1层布置：所有的试验设备布置在同一层，模型试验段可以做模型泵段试验，也可以稍加改装做模型泵装置试验。

(3) 模型泵试验台设计要点。① 高精度试验台一般为立式试验台；② 流量用重量法原理标定；③ 只有一个试验台位，方便更换进出口管路，可以做泵段和泵装置试验；④ 水质应清洁，空气含量应稳定，通常是大直径立式筒体(空气溶解器)，使得试验中析出的气体溶于水中，一般认为水流在试验装置循环一周的时间不应小于 100 s；⑤ 一般模型试验台的雷诺数都小于实际的雷诺数，为了保证必要的模拟条件，要求模型试验的雷诺数大于或等于 5×10^6；⑥ 系统尽量少装阀门、弯头等有碍流动稳定性的零件，保证试验泵进出口的流态轴对称、均匀稳定；⑦ 采用静压轴承(支座)来支撑主轴及其外套，可提高力矩反应的灵敏度，提高测量精度。

9.2 泵的水力验收试验

本节主要介绍泵的水力验收试验中的参数(包括流量扬程、汽蚀余量、转矩、功率转速、振动、噪声和试验不确定度等)的测量与计算方式。

9.2.1 术语和参数的定义

(1) 叶片式泵(动力式泵)：带叶片的叶轮在壳体中旋转，由于叶片的作用把能量连续地传给液体的机器。

(2) 泵的类型：按输出功率和流量分为微型、超小型、小型、中型、大型。

(3) NPSH 基准面：取基准面的方法不完全相同，通常多级泵以第一级叶轮为基准，立式双吸泵以上部叶片为基准。

(4) 常温清水：常温清水的特性如下，温度为 40 ℃，运动黏度为 $1.75\times10^{-6}\ \mathrm{m^2/s}$，密度为 $1\,050\ \mathrm{kg/m^3}$，不溶解水的游离固体含量为 $2.5\ \mathrm{kg/m^3}$，溶解水的游离固体含量为 $50\ \mathrm{kg/m^3}$。

(5) 进口总水头：泵进口处单位质量液体的能量。

$$H_1 = z_s + \frac{p_s}{\rho g} + \frac{v_s^2}{2g} \tag{9-1}$$

(6) 出口总水头：泵出口处单位质量液体的能量。

$$H_2 = z_d + \frac{p_d}{\rho g} + \frac{v_d^2}{2g} \tag{9-2}$$

(7) 泵扬程：泵出口和进口单位质量液体能量的差值。

$$H = H_2 - H_1$$

(8) 汽蚀余量：泵进口处单位质量液体具有的能量超过汽化压力水头的富余能量。

$$H_{NPS} = z_s + \frac{p_s}{\rho g} + \frac{v_s^2}{2g} - \frac{p_v}{\rho g} = H_1 = \frac{p_v}{\rho g} \tag{9-3}$$

(9) 泵汽蚀余量(必需汽蚀余量) $H_{NPS,\,r}$：对于既定的泵，在给定流量和转速下规定的汽蚀余量。

(10) 装置汽蚀余量(有效汽蚀余量) $H_{NPS,\,a}$：由泵装置确定的汽蚀余量。

(11) 临界汽蚀余量 $H_{NPS,\,c}$：在进行汽蚀试验时，每改变一次装置参数，就能算出一个汽蚀余量。因此，有任意多个。但对应泵性能下降一定值的试验汽蚀余量只有一个，该汽蚀余量称为临界汽蚀余量，用 $H_{NPS,\,c}$ 表示。

(12) 型式数：型式数是无量纲比转速，与比转速意义相同。

(13) 比能：单位质量液体的能量。

$$Y = H\rho g/\rho = gH \tag{9-4}$$

(14) 质量流量：

$$q_m = q_V \cdot \rho \tag{9-5}$$

(15) 泵输出功率(液体功率)：

$$P_e = \rho g q_V H/1\,000 \tag{9-6}$$

(16) 泵效率：

$$\eta = P_e / P \tag{9-7}$$

机组效率(P 为轴功率、P_{gr} 为原动机输入功率):

$$\eta_{gr} = P_e / P_{gr} \tag{9-8}$$

(17) 规定点:是指对于指定的泵,在设计制造时所给定的转速、流量、扬程、轴功率、汽蚀余量,以及效率值所对应的工况点。

(18) 泵的工作范围:大于和小于规定流量(或扬程)值之间的一定范围。大流量点是指工作范围内大于规定流量的边界点,小流量点是指工作范围内小于规定流量的边界点。

9.2.2 流量的测量与计算

泵的流量是指单位时间内从泵出口输送出去的液体量。测量流量的方法很多,有体积法、重量法、皮托管法、盐水浓度法等。测量设备有节流流量计、水堰、涡轮流量计、电磁流量计、超声波流量计和激光流量计。

1) 节流式流量计

节流式流量计又称“流量测量节流装置”,它包括节流件、取压装置(见图9-1)、节流件上下游侧的测量管路,并配以连接法兰。常用的节流式流量计有3种形式(见图9-2):标准孔板、标准喷嘴和文丘里管。

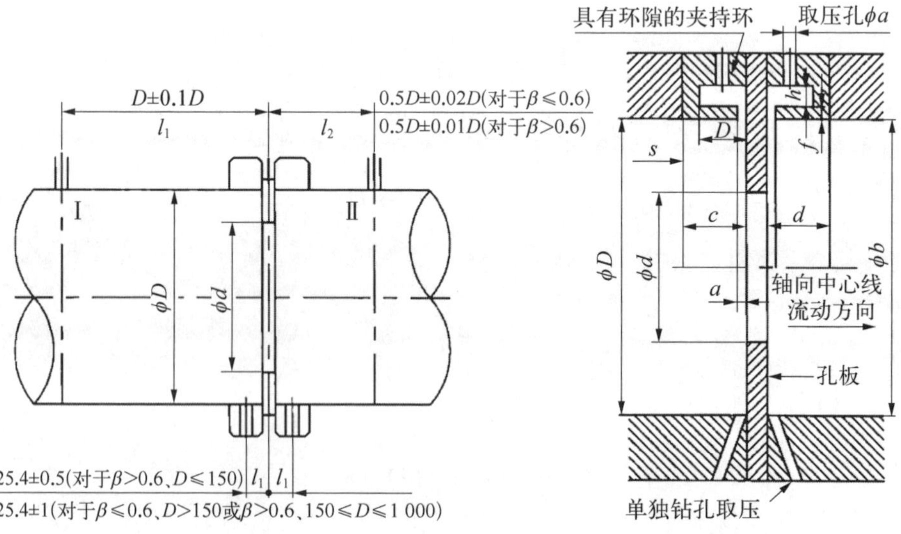

图 9-1 取压装置

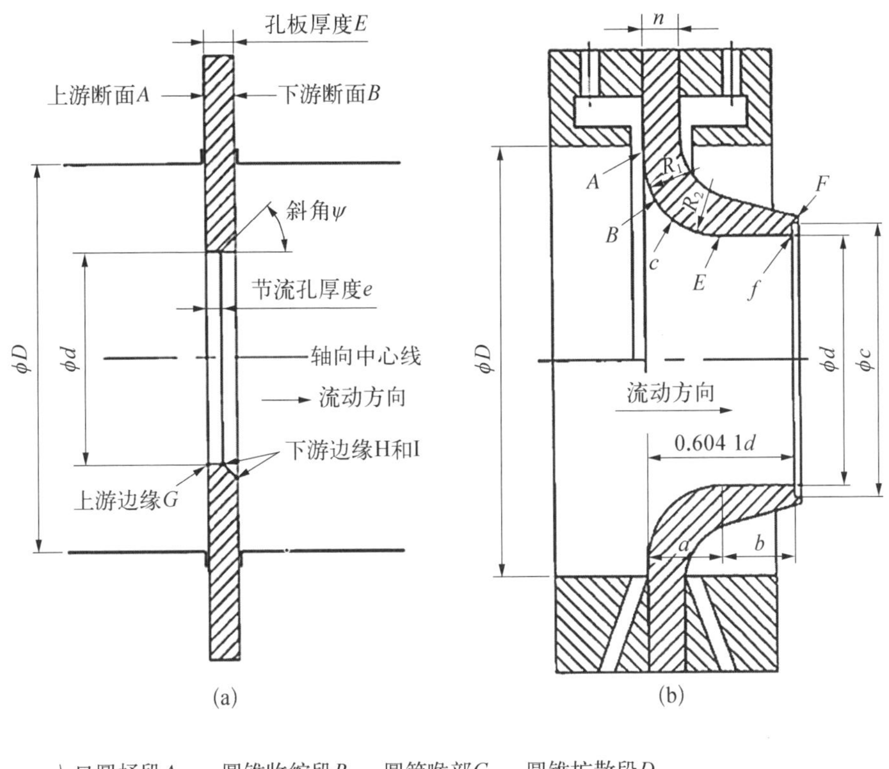

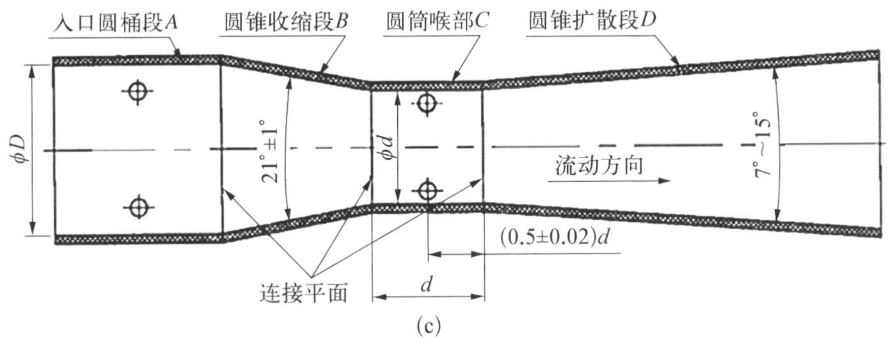

图 9-2　节流式流量计

(a) 标准孔板；(b) 标准喷嘴；(c) 文丘里管

节流式流量计的工作原理如下：流体通过节流装置，使流束形成局部收缩，致使流速增大，静压降低，造成装置前后的压差。流量越大，压差越大，测得压差，即可算出流量。

$$Q=\frac{\mu\sqrt{\psi}}{\sqrt{C_2-C_1\mu^2m^2+\xi}}F_0\sqrt{\frac{2}{P}}(p_1-p_2) \tag{9-9}$$

式中：C 为流速分布不均匀修正系数；ξ 为阻力系数；F_0 为节流装置开孔面积；F_1 为管道截面积；μ 为流束收缩系数；p_1、p_2 为测量截面压力。

2）水堰

水堰由堰板和堰槽构成，水流由进水管送入堰槽，经稳流栅消除波动后，从堰口流出。由测得的堰顶水头高度 h（最大水头 h'）可算出流经堰口的流量。直角三角堰见图 9－3。

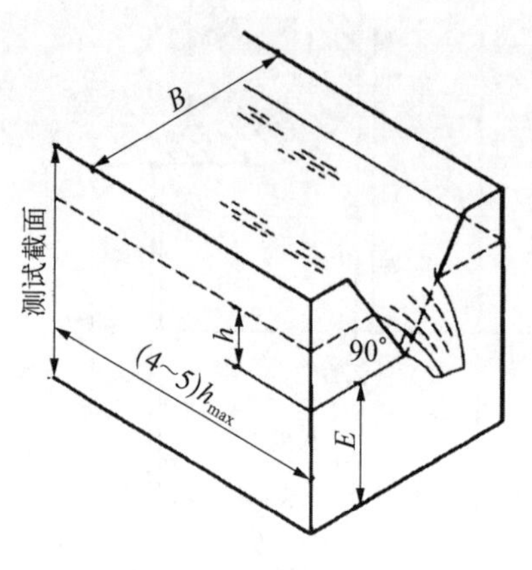

图 9－3　直角三角堰

流量的计算公式为

$$Q = \alpha \frac{8}{15} \sqrt{2g} H_e^{5/2} \qquad (9-10)$$

式中：Q 为体积流量；g 为自由落体加速度；α 为流量系数；H_e 为有效水头。

3）涡轮流量计

涡轮流量计的结构如图 9－4 所示，它主要由壳体组件、叶轮组件、前后导向架组件、压紧圈和带放大器的磁电感应转换器所组成。

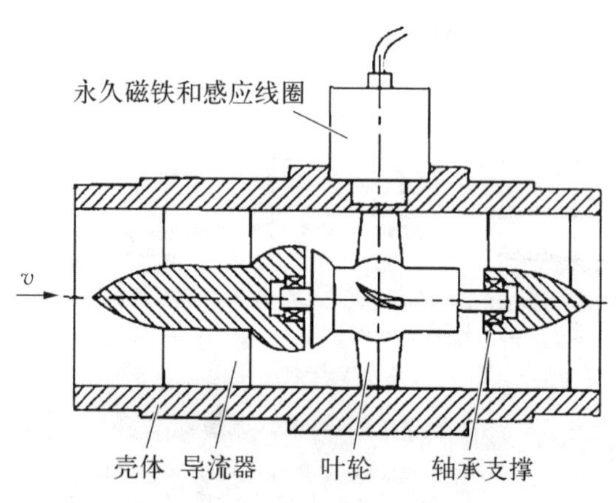

图 9－4　涡轮流量计工作原理图

当液体流过流量计时，流量计内的叶轮借助于液体的动能而产生旋转，叶轮即周期性地改变磁电感应系统中的磁阻，使通过线圈的磁通量发生变化而产生脉冲电信号，经放大器放大后，送到二次仪表进行显示或累计。

在测量范围内，叶轮的转速可看成与流量成正比，而信号脉冲数也与叶轮的转速成正比。因此，当测得某一时间内的脉冲总数 f 后，除以仪表常数 ξ 便可求得瞬时流量 Q，即 $Q=\frac{f}{\xi}$(L/s)。

4) 电磁流量计

(1) 电磁流量计工作原理。电磁流量计是利用测量导电的液体在外磁场的作用下所产生的与流量成比例的感应电动势的流量计。它的计算依据是法拉第电磁感应定律，工作原理如图 9-5 所示，在位于两磁极之间的管道中流过的导电性液体，它的运动方向是垂直于磁力线的方向。在磁场的作用下，液体中的离子以一定的方式移动，并把自己的电荷传给测量电极，在电极上产生与液体流速成比例的电动势 E。此电动势的数值可依据法拉第电磁感应定律计算得出。

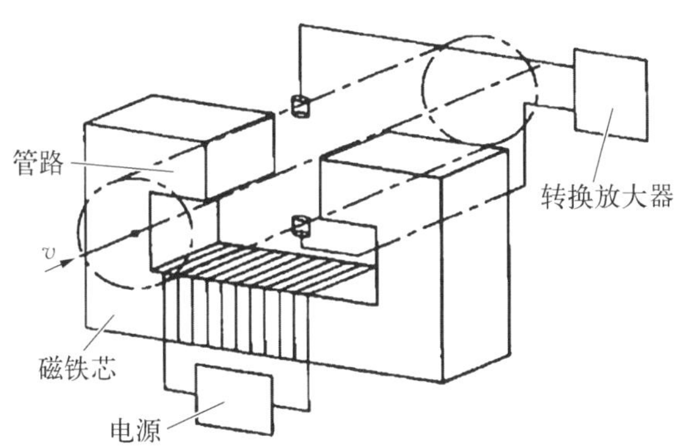

图 9-5　电磁流量计工作原理图

若在恒定磁场(直流励磁)的情况中，$Q=\frac{\pi}{4}\frac{D}{B}d$。式中：$B$ 为磁极间的磁感，Gs(1 Gs $=10^{-4}$ T)；v 为液体的流速，m/s；d 为管道内径，m。

如果磁场以频率 f 随时间 t 变化，则 $E=\frac{\pi B}{4d}\sin 2\pi ftQ$，这表明流量 Q 与电动势 E 呈线性关系。

电磁流量计包括变送器和转换器两部分。变送器主要有磁路系统、流量导管、电极、外壳及引线等。它把与体积流量成正比的电动势经分离、放大后得到稳定的电信号输送到转换器。转换器是将变送器输出的交流毫伏信号转换成 0、10 mA 直流电流，它具有较高的输入阻抗和抗干扰能力。

电磁流量计采用直流励磁方式时电极容易产生极化现象，造成变送器内阻增加，进而使信号降低，故一般只用来测量不致引起极化现象的非电解液体。工业上一般用交流励磁方式，它不易产生极化现象，但干扰较大。

(2) 电磁流量计的测量方法。

电磁流量计可以测定导电性液体的流量，它不受流体压力、温度、黏度、密度、电导率等影响。流速的测量范围宽，可测正反两个方向的流量。

① 称重法和容积法：可以测定一段时间内的平均流量，其方法是在一定时间 t 内由一个容器(量筒)收集排出液体，然后用称重法或容积法计量液体总量，用 t 除以总量得到该段时间内的平均流量。

② 盐水浓度法：管道附近建一小水池，放入盐，测量其浓度，使盐浓度尽量大。另用一台水泵将配好的盐溶液注入欲测量泵的进水管道。从出水管道中取出一定数量的水测出其盐浓度，根据进入和排出盐的质量相等可算出被测泵的流量。

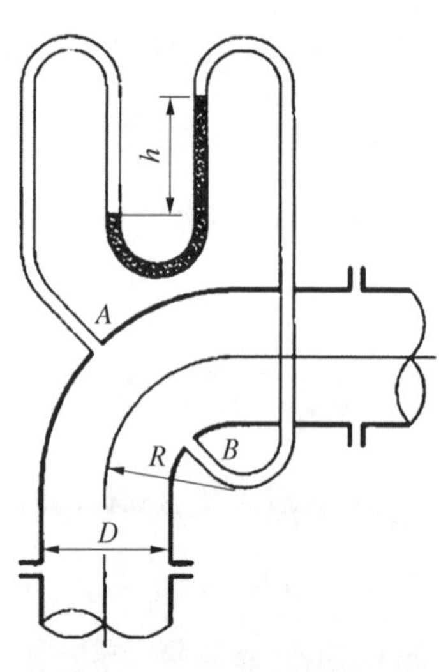

图 9-6　弯管测量示意图

③ 弯管法：如图 9-6 所示，流体过弯时，内侧流速大，压力小；外测流速小，压力大。因为流速和压差成比例，则测出压差，即可计算出流量。

④ 超声波流量计：超声波流量计是非接触测量，不扰动流体的流动状态，不产生压力损失且不受被测介质属性(如黏度、导电性等)的影响。其输出特性呈线性。

超声波流量计的工作原理：超声波在介质中的传播速度与该介质的流动速度有关。图 9-7 所示是超声波流量计的工作原理。F 和 J 是装在管壁上的超声波发射换能器、接收换能器；v 是介质的流速；c 是超声波在静止介质中的速度。

由图 9-7 可知：超声波在顺流中的传播速度为 $c+v$；超声波在逆流中的传播速度为 $c-v$。超声波在顺流和逆流中的速度差和介质的流动速度有关，测出传播速度差，就可以求得流速，算出流量。测量超声波传播速度差的方法有：时间差法、相位差法、频率差法。相应的流量计称为时间差法超声波流量计、相位差法超声波流量计和频率差法超声波流量计。

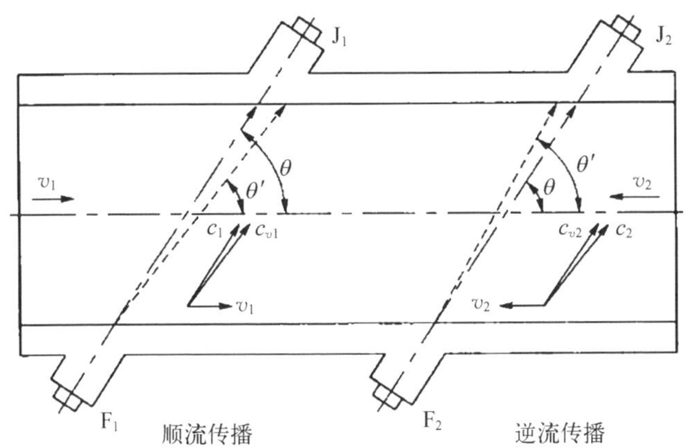

图 9-7　超声波流量计原理图

9.2.3　扬程的测量与计算

泵扬程的测量和计算，实际上就是压力的测量和计算。现场测量的压力一般测得的是表压力，即相对于现场大气压，大于大气压时为正值，小于大气压时为负值(真空)。压力通常用压力表(压力变送器)或液柱压力计测量。

1) 压力的测量

(1) 压力表测量。用压力表测量截面 A—A 处的压力，如图 9-8 所示。

$$\frac{p}{\rho g}=\frac{p_{\mathrm{M}}}{\rho g}+Z \tag{9-11}$$

式中：p_{M} 为表压力；Z 为表位高差。

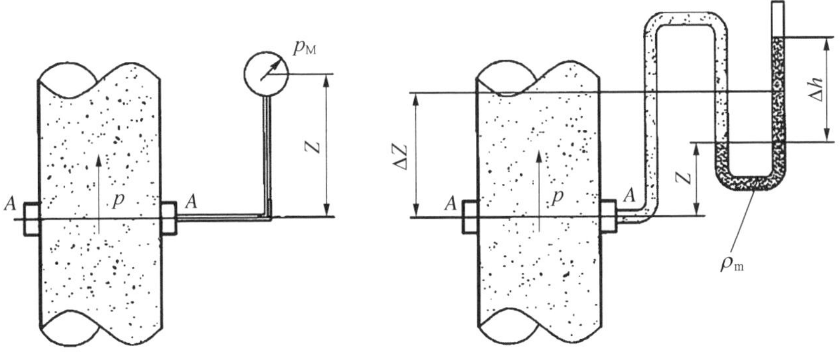

图 9-8　压力表测量流体压力　　**图 9-9　液柱压力计测量流体压力**

(2) 液柱压力计测量。用液柱压力计测量截面 A—A 处的压力，如图 9-9 所示。

$$\frac{p}{\rho g}=\frac{\rho_{m}\Delta h}{\rho g}+Z \tag{9-12}$$

式中：ρ_m 为液柱压力计内介质密度。

2）扬程的测量

泵扬程是单位质量的液体在泵出口与泵进口的能量差，泵的出口和进口通常为泵的出口和进口法兰。按扬程定义：

$$H=\left(Z_{d}+\frac{p_{d}}{\rho g}+\frac{v_{d}^{2}}{2g}\right)-\left(Z_{s}+\frac{p_{s}}{\rho g}+\frac{v_{s}^{2}}{2g}\right)=H_{2}-H_{1} \tag{9-13}$$

式中：H_2、H_1 分别为泵出口、泵进口总水头；Z_d、Z_s 分别为泵出口、泵进口法兰中心线水平面到同一任选基准面的高度。

（1）用压力表读数计算扬程。当不考虑管摩擦损失时，扬程计算公式变为

$$H=\left(\frac{p_{d}}{\rho g}-\frac{p_{s}}{\rho g}\right)+\left(\frac{v_{d}^{2}}{2g}-\frac{v_{s}^{2}}{2g}\right)+\Delta Z \tag{9-14}$$

式中：ΔZ 是出口和进口测压表零位的高差，如果进口测压管路内充气，ΔZ 应是出口测压表零位到泵进口水平面的高度。

（2）用液体差压计读数计算扬程。① 空气-水压差计，如图 9-10 所示。

$$H=\Delta H+\left(\frac{v_{d}^{2}}{2g}-\frac{v_{s}^{2}}{2g}\right)+(H_{j2}+H_{j1}) \tag{9-15}$$

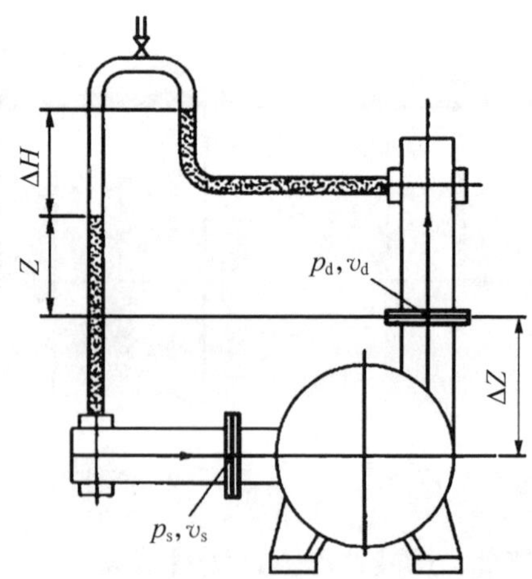

图 9-10　水压差计测量扬程

管摩擦损失 $(H_{j2}+H_{j1})$：泵出口测压截面到泵出口、泵进口测压截面到泵进口这两段管路的水力摩擦损失之和。② 水-水银压差计，如图 9-11 所示，1—1 是等压面

$$H = 12.6\Delta H + \left(\frac{v_d^2}{2g} - \frac{v_s^2}{2g}\right) + (H_{j2} + H_{j1}) \tag{9-16}$$

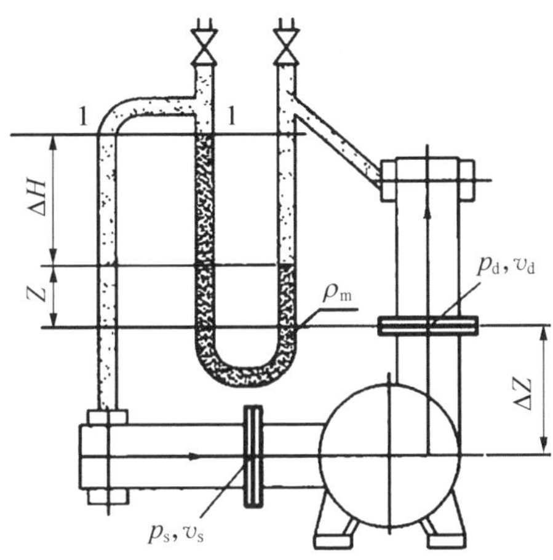

图 9-11 水银压差计测量扬程

(3) 潜没式泵扬程的测量计算。① 用压力表读数计算扬程：

$$H = \Delta Z + \frac{p_M}{\rho g} + \frac{v_d^2}{2g} \tag{9-17}$$

式中：ΔZ 是出口测压表 0 位到液面的高度，测压表 0 位在液面下方时 ΔZ 为负值。② 用水银柱压力计读数计算扬程：

$$H = \Delta Z + 13.1\Delta H + \frac{v_d^2}{2g} \tag{9-18}$$

式中：ΔZ 是水银差压计静止 0 位到液面高度，0 位在液面下方时 ΔZ 为负值。

9.2.4 汽蚀余量的测量与计算

1) NPSH 试验的类型

(1) 确定临界汽蚀余量。

(2) 在规定的流量和规定 $NPSH_a$ 下试验，能得到保证的扬程和效率。

$H_{NPS,a}$ 是装置汽蚀余量，应由用户根据泵的使用条件给出。将给定装置汽蚀余量作为泵汽蚀余量，算出试验现场泵的进口压力（$H_{NPS}=\frac{p_a}{\rho g}+\frac{p_s}{\rho g}+\frac{v_s^2}{2g}-\frac{p_v}{\rho g}\pm Z_D$），在此压力下进行试验，在规定流量下的扬程和效率应满足保证要求。

在规定的 $H_{NPS,a}$ 下试验，得到泵的流量、扬程和效率。为证实泵的性能没有受到汽蚀的影响，然后再在比规定 $NPSH_a$ 高的 NPSH 下进行试验，与前一次试验相比在相同的流量时得到相同的扬程和效率。

2）确定临界汽蚀余量的试验方法

（1）使泵发生汽蚀的方法。如图 9－12 所示。泵汽蚀余量是单位质量液体在泵进口的能量超过的汽化压力水头。

$$H_{NPS}=\frac{p_s}{\rho g}+\frac{v_s^2}{2g}-\frac{p_v}{\rho g} \tag{9-19}$$

式中：进口压力 p_s 为绝对压力。

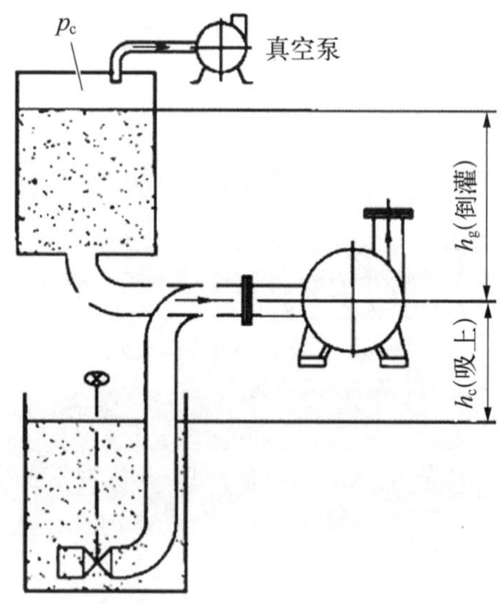

图 9－12　使泵发生汽蚀的方法

泵发生汽蚀的条件是泵必需汽蚀余量等于装置汽蚀余量。装置汽蚀余量可用泵装置参数表示为$\left(H_{\mathrm{NPS,\ a}}=\frac{p_{\mathrm{c}}}{\rho g}\pm h_{\mathrm{g}}-h_{\mathrm{c}}-\frac{p_{\mathrm{v}}}{\rho g}\right)$。

减小装置汽蚀余量,使泵发生汽蚀的方法有以下几种:

① 在闭式回路的吸入水箱中抽真空,从而降低吸入液面的压力 p_{c}(p_{c} 为绝对压力);

② 改变吸入液面高度;

③ 减小进口节流阀开度,增加 h_{c};

④ 调节液体温度,增加 p_{v}。

(2) 临界汽蚀余量(临界点)的确定。进行汽蚀试验时,逐渐降低 $H_{\mathrm{NPS,\ a}}$ 至恒定流量下泵的扬程(多级泵为第一级)下降值与泵扬程之比达到规定值(如 3%),此时的 NPSH 即为临界汽临余量 $H_{\mathrm{NPS,\ c}}$(新标准用 $H_{\mathrm{NPS,\ 3}}$ 表示)。

(3) NPSH 的测量计算:

$$H_{\mathrm{NPS}}=\frac{p_{\mathrm{a}}}{\rho g}+\frac{p_{\mathrm{s}}}{\rho g}+\frac{v_{\mathrm{s}}^{2}}{2g}-\frac{p_{\mathrm{v}}}{\rho g}\quad (p_{\mathrm{s}}\text{ 为表压力});$$

$$H_{\mathrm{NPS}}=\frac{p_{\mathrm{a}}}{\rho g}+\frac{p_{\mathrm{s}}}{\rho g}+\frac{v_{\mathrm{s}}^{2}}{2g}-\frac{p_{\mathrm{v}}}{\rho g}\pm Z_{D}\quad (\text{汽蚀余量换算到 NPSH 基准面上的值})。$$

(4) 进口 p_{s} 的测量如图 9-13 所示。

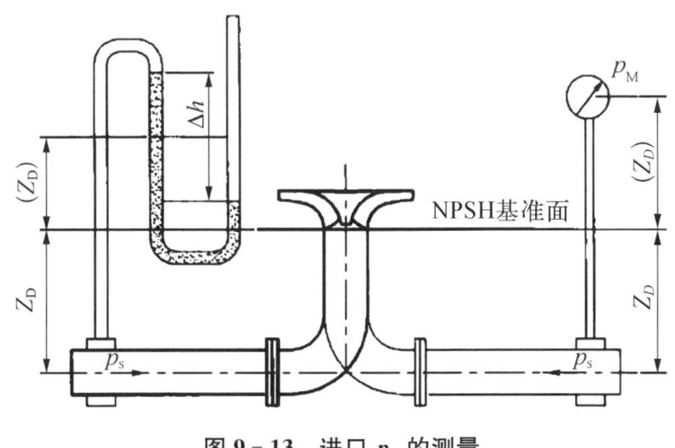

图 9-13　进口 p_{s} 的测量

用水银柱压力计测量：$\dfrac{p_s}{\rho g}=-13.1\Delta h+Z_D+(Z_D)$。

当测压管中充满气体时：$\dfrac{p_s}{\rho g}=-13.6\Delta h$。

(5) 潜没式泵 NPSH 的测量计算。将泵的进口管加长，并在加长管上开测压孔，通过降低水位等方法确定 $H_{NPS,c}$，计算公式与普通泵的相同。

(6) NPSH 的容差系数。试验算得的 $H_{NPS,c}$ 越小，表示泵的抗汽蚀性能越好。$H_{NPS,c}$ 应当小于或等于必需汽蚀余量 $NPSH_r$（泵汽蚀余量或规定汽蚀余量），考虑试验和制造误差，新标准给出如下的容差系数。

对于 2 级试验：

$$H_{NPS,c}\geqslant(H_{NPS,r}+6\%H_{NPS,r})$$

或 $$H_{NPS,c}\geqslant(H_{NPS,r}+0.3)\text{(取两者的较大值)}$$

对于 1 级试验(精密级试验)：

$$H_{NPS,c}\geqslant(H_{NPS,r}+3\%H_{NPS,r})$$

或 $$H_{NPS,c}\geqslant(H_{NPS,r}+0.15)\text{(取两者的较大值)}$$

9.2.5 转矩、功率和转速的测量与计算

1) 转矩和功率的测量

轴功率指原动机传到泵轴上的功率。常用的测功方法为天平式测功机(测功电机)、扭矩仪和电测法。

(1) 测功电机。测功电机可用普通电机改装，它是把电机的定子用轴承支撑起来，电机定子通电后由于电磁转换关系，给转子以旋转力矩，使转子旋转，而转子则给定子以大小相等、方向相反的反作用力矩。此力矩使定子以轴承为支点摆动，其大小可以用砝码来衡量。测量时使电机联轴器与泵联轴器脱开空转，调整两力臂平衡，则与泵联接后测得的力矩，即传到泵轴上的力矩，由此力矩可确定轴功率。

(2) 数字式转矩测量仪。数字式转矩测量仪又称转矩转速仪或扭矩仪，由转矩传感器和数字显示仪表组成。其原理是将扭力杆受扭后产生的弹性变形，转变为两个电信号的相位差，测得该相位差即可得出扭矩。计算公

式为

$$P = \frac{2\pi nM}{60} \tag{9-20}$$

式中：n 为泵转速，r/min；M 为转矩，N·m。

注意事项：

① 按测量功率选择扭矩仪的规格，最佳量程为扭矩仪额定转矩的 2/3 左右，测试转矩一般不要超过额定转矩的 120%；

② 扭矩仪用挠性联轴器与测试泵连接，同心度误差不大于 0.02 mm；

③ 仪表后面板上的接地线柱要可接地，不得接在电源的中线上代替接地。

(3) 电测法。泵的轴功率就是电动机轴上输出的机械功率。因此，只要测定电动机的输出功率即可。用损耗分析法计算电动机的输出功率，即电动机的输入功率扣除各项损耗功率之和求得输出功率。

2) 转速的测量和计算

常用的几种测量转速的方法有机械转速表测速法、数字显示转速仪测速法、日光灯测速法、感应线圈测速法。由于数字显示转速仪精度高、使用方便，因而被广泛采用。

感应线圈法用于转速难以直接测量的泵(潜水泵、屏蔽泵)。其方法是在电动机转轴附近放置一个匝数较多、带铁芯的线圈。线圈磁电式检流计连接，电机转子在旋转时的漏磁通在线圈中感应电势，使检流计指针发生摆动。用秒表或计时器测取指针摆动若干次的时间，求出 1 min 内指针摆动的次数 N。若电动机的极对数 P，则转差 $\Delta n = 2N/P$，电动机实际转速为

$$n = n_0 - \Delta n \tag{9-21}$$

式中：n_0 为电动机同步转速。

9.2.6　振动和噪声的测量

1) 振动的测量及评价

(1) 振动的测量。① 仪器——振动烈度测量仪。② 安装——固定在结

构基础上进行测量。③ 工况——规定流量、使用的小流量和大流量三个工况点。④ 转速——与规定转速偏差不超过5%。⑤ 测点——通常选轴承座(主要测点)、底座和出口法兰处(辅助测点)。⑥ 测量方向——每个测点都要在三个相互垂直的方向进行测量。

(2) 振动烈度级。规定振动速度的均方根值(有效值)为表征振动烈度的参数。振动速度的均方根值可用速度幅值 $\bar{v}$ 计算得到

$$v_{\text{ms}} = \sqrt{0.5(\bar{v}_1^2 + \bar{v}_2^2 + \cdots + \bar{v}_n^2)} \tag{9-22}$$

在三个方向(x、y、z)和三个工况(大流量、规定流量、小流量)测得的振动烈度有效值中,其中最大的一个定为泵的振动烈度。

(3) 按中心高和转速对泵的分类。泵的振动与中心高和转速密切相关,卧式泵的中心高规定为由泵的轴线到底座上平面的距离,立式泵为从泵出口法兰密封面到泵轴线间的投影距离。据此,将泵分为不同类别,分别进行评价。

(4) 振动的评价。根据泵的振动烈度和泵的类别,评价泵的振动级别:A(优质)、B(良好)、C(合格)、D(不合格)。如表9-1所示。

表9-1　泵的振动烈度和振动级别

<table>
<tr><th colspan="2">振动烈度范围</th><th colspan="4">振动级别</th></tr>
<tr><th>振动烈度级</th><th>振动烈度分界线/(mm/s)</th><th>第一类</th><th>第二类</th><th>第三类</th><th>第四类</th></tr>
<tr><td>0.28</td><td>0.28</td><td rowspan="3">A</td><td rowspan="4">A</td><td rowspan="5">A</td><td rowspan="6">A</td></tr>
<tr><td>0.45</td><td>0.45</td></tr>
<tr><td>0.71</td><td>0.71</td></tr>
<tr><td>1.12</td><td>1.12</td><td rowspan="2">B</td></tr>
<tr><td>1.80</td><td>1.80</td><td rowspan="2">B</td></tr>
<tr><td>2.80</td><td>2.80</td><td rowspan="2">C</td><td rowspan="2">B</td></tr>
<tr><td>4.50</td><td>4.50</td><td rowspan="2">C</td><td rowspan="2">B</td></tr>
<tr><td>7.10</td><td>7.10</td><td>D</td><td>C</td></tr>
</table>

（续表）

<table>
<tr><th colspan="2">振动烈度范围</th><th colspan="4">振动级别</th></tr>
<tr><th>振动烈度级</th><th>振动烈度分界线/(mm/s)</th><th>第一类</th><th>第二类</th><th>第三类</th><th>第四类</th></tr>
<tr><td>11.20</td><td>11.20</td><td rowspan="5">D</td><td rowspan="5">D</td><td>C</td><td rowspan="2">C</td></tr>
<tr><td>18.00</td><td>18.00</td><td rowspan="4">D</td></tr>
<tr><td>28.00</td><td>28.00</td><td rowspan="3">D</td></tr>
<tr><td>45.00</td><td>45.00</td></tr>
<tr><td>71.00</td><td>71.00</td></tr>
</table>

(5) 振动速度与位移幅值的换算。通常测得是泵的振动烈度(振动速度的均方根值)，但有时要求知道振动的位移幅值，则可用下式进行计算

$$s_f = 0.225\frac{v_f}{f}，f = \frac{n}{60} \tag{9-23}$$

式中：s_f 为位移幅值(单峰值)；v_f 为主频为 f 的振动速度的均方根。

2) 噪声的测量与评价

泵噪声测量方法一般采用声压级法测量。声压级测定方法通常分测定 A 声级和测定频带声级两种，其中 A 声级测定方法更为常用。

(1) 测量仪器。应使用 GB3785 规定的 2 型或 2 型以上的声级计，准确度应小于 0.5 dB。

(2) 测量位置。规定分水平方向距离和垂直方向距离。具体要求如下。

① 水平方向距离：测点离泵体表面的水平距离为 1 m。

② 垂直方向距离：泵轴线与声反射面(地面)之间的高度为中心高，当泵的中心高大于 1 m 时，测点高与中心高相同；当泵中心高小于 1 m 时，测点高规定为 1 m。

③ 测量得到的 A 声级读数值为 L_{PA}，应按背景噪声进行修正，修正值为 K_1，则得到各测点的 A 声级测定值 $L_{PAi}-K_{1i}$，而后按 N 个测点的测定值，计算平均值

$$\bar{L}_{PA}=10\lg\left[\frac{1}{N}\sum_{i=1}^{N}10^{0.1(L_{PAi}-K_{1i})}\right] \tag{9-24}$$

3）划分噪声级别的限值

用三个限值：(L_A，L_B，L_C)，把泵的噪声分为A(优秀)、B(良好)、C(合格)、D(不合格)四个级别。噪声限值按下式确定：

$$\begin{cases}L_A=30+9.7\lg(P_u n)\\L_B=36+9.7\lg(P_u n)\\L_C=42+9.7\lg(P_u n)\end{cases} \tag{9-25}$$

式中：L_A，L_B，L_C 为划分泵的噪声级别的限值，dB；P_u 为泵的输出功率，kW；n 为泵的规定转速，r/min。

4）噪声的评价

对噪声级别的判定如表9-2所示。

表9-2 噪声级别的判定

级　别	条　件
A	$L_{PA}\leqslant L_A$ 或 $\bar{L}_{PA}\leqslant L_A$
B	$L_A<L_{PA}$ 或 $\bar{L}_{PA}\leqslant L_B$
C	$L_B<L_{PA}$ 或 $\bar{L}_{PA}\leqslant L_C$
D	$L_{PA}>L_A$ 或 $\bar{L}_{PA}>L_C$

9.2.7 试验不确定度的计算

9.2.7.1 不确定度的基本概念

测量值与真值之差称为不确定度。当对某一参数进行多次测量时，尽管所有的条件都相同，但所得到的测量结果并不相同，这一事实证明了不确定度的存在。虽然有时对一参数进行多次测量时，所得的结果均为同一数值，但并不能说明不存在测量不确定度，这可能是因为测量仪器的精度太低，没有反映出应有的不确定度。不确定度是绝对存在的，每一测量结果必须提出测量不确定度的范围，否则测量结果就没有价值。

1）不确定度的种类

（1）绝对不确定度又称为真不确定度，它等于某给定值与它的真值之差。给定值包括测量值、标准值、标称值和近似值等。真值是指在规定的时间空间内被测定的真实大小。绝对不确定度的表示方法有不足之处，因为它不能确切地反映出测量的准确度，因而引入相对不确定度或不确定度率的概念。

（2）相对不确定度=（绝对不确定度/真值）× 100% ≈（绝对不确定度/给定值）× 100%。

$$r = \frac{\Delta X}{X_0} \times 100\% \approx \frac{\Delta X}{X} \times 100\% \tag{9-26}$$

2）不确定度的来源

根据产生的原因，可将不确定度的来源分为以下几类[15]。

（1）装置不确定度。① 标准器不确定度：提供标准值的器具，如标准电池、标准电阻等，本身的标准值也存在不确定度。② 仪表不确定度：也称工具不确定度或简称仪差，这是由测量所用的工具本身不完善而产生的不确定度，如流量计、压力表、电桥、温度计和秒表等的不确定度。③ 装备附件不确定度：如管路的安装、布置不合理产生的不确定度。

（2）方法不确定度。方法不确定度也称理论不确定度，这种不确定度是由测量方法本身的理论根据不完善或采用近似公式造成的。

3）人员不确定度

人员不确定度简称人差，这是由测量人员的感觉器官的局限性、认知水平的差异、对测量规范的理解与执行偏差、操作习惯等而产生的不确定度。

4）环境不确定度

这是由测量环境（如温度、湿度、电磁场等）的影响偏离规定值时而产生的不确定度。

9.2.7.2　不确定度的分析与计算

在任何测量中，对某一量的绝对值是无法测得的，总是包含着某些偏差。问题在于这些偏差值是否在工程实践允许范围之内。在试验中，由于种种原因会产生各种各样的不确定度。这些不确定度可以分为两类：随机不确定度和系统不确定度。

1）随机不确定度

随机不确定度也称为偶然不确定度，一个人测量一个物理量，即使外界条件不变,使用的仪器十分精密,不同时刻进行多次测量,每次测得的数值也可能是不同的。不同的人在相同的条件下测量同一物理量,测得的结果也可能不一样,这种不确定度称为偶然不确定度。该不确定度时大时小、时正时负,没有确定的变化规律,也无法事先预定。

通常用随机不确定度方程式中均方根偏差表示数值的分散性。

随机不确定度方程式(正态分布曲线的数学表达式)为

$$y = \frac{1}{\sigma\sqrt{2\pi}} e^{\frac{(x-\bar{x})^2}{2\sigma^2}} \tag{9-27}$$

式中: y 为不确定度的概率密度(某类事件发生的数目对整个事件发生的总数之比称为概率); σ 为曲线的拐点至分布中心的距离,称为均方根不确定度,它是方差 2 的正平方根值;e 为自然对数的底;x 为测量值的取值; $\bar{x}$ 为算术平均值, $\bar{x} = \sum_{i=1}^{N} \frac{x_i}{N}$, N 为测量次数。

方差定义为

$$\sigma = \sqrt{\frac{\delta_1^2 + \delta_2^2 + \cdots + \delta_N^2}{N}} = \sqrt{\frac{\sum_{i=1}^{N} \delta_i^2}{N}} \tag{9-28}$$

式中: δ_1, δ_2, $\cdots$, δ_N 为各测量值的随机不确定度。

均方根不确定度 σ 可表示不确定度的分布情况和分散程度,从而能表示精度的高低。σ 越大,y 值就越小,曲线越宽坦,不确定度分布值分布得越分散,精度越低;反之,当 σ 越小,y 值就越大,曲线越尖狭,不确定度分布值分布得越集中,精度越高。通常把不确定度理论中 3σ 随机不确定度称为随机极限不确定度,或随机不确定度。

讨论极限不确定度时,总要指出它的出现概率(置信概率),选择不同的置信概率,就得到对应的极限不确定度。现今大多用 0.99、0.95 两种置信概率来确定不确定度限。中国大多采用 0.95 置信概率。

(1) 确定读数平均值:

$$\bar{x} = \frac{O_1 + O_2 + \cdots + O_n}{n} \tag{9-29}$$

式中：$\bar{x}$ 为读数的平均值；O_1，O_2，…，O_n 为每次采样值。

(2) 计算标准偏差：

标准偏差值为测量值和算数平均值之差的均方根。

$$S_x = \sqrt{\frac{1}{n-1}\left[\sum_{i=1}^{n}(x_i - \bar{x})^2\right]} \tag{9-30}$$

式中：x_i 为各次测量值；$\bar{x}$ 为测量值的算数平均值；n 为测量次数。

(3) 相对不确定度：

$$E_{\mathrm{R}} = \pm \frac{t_{n-1}S_x}{\bar{x}\sqrt{n}} \times 100\% \tag{9-31}$$

式中：t_{n-1} 为置信系数，一般采用 0.95 置信概率的置信系数。

(4) 随机不确定度的合成：

$$E_{\eta.\mathrm{R}} = \pm\sqrt{E_{Q.\mathrm{R}}^2 + E_{H.\mathrm{R}}^2 + E_{n.\mathrm{R}}^2 + E_{M.\mathrm{R}}^2} \tag{9-32}$$

式中：$E_{\eta.\mathrm{R}}$ 为泵效率的随机不确定度，%；$E_{Q.\mathrm{R}}$ 为流量测量的随机不确定度，%；$E_{H.\mathrm{R}}$ 为扬程测量的随机不确定度，%；$E_{n.\mathrm{R}}$ 为转速测量的随机不确定度，%；$E_{M.\mathrm{R}}$ 为转矩测量的随机不确定度，%。

2) 系统不确定度

系统不确定度主要来源于仪表在设计、制造、校准及使用过程中的局限性，以及仪表标准的准确性和测量方法的完善程度。

系统不确定度的合成：导出量的系统不确定度可以通过它的各个线性分量的系统不确定度按平方规律传播进行计算。

$$E_{\eta.\mathrm{S}} = \pm\sqrt{E_{Q.\mathrm{S}}^2 + E_{H.\mathrm{S}}^2 + E_{n.\mathrm{S}}^2 + E_{M.\mathrm{S}}^2} \tag{9-33}$$

式中：$E_{\eta.\mathrm{S}}$ 为泵效率的随机不确定度，%；$E_{Q.\mathrm{S}}$ 为流量测量的随机不确定度，%；$E_{H.\mathrm{S}}$ 为扬程测量的随机不确定度，%；$E_{n.\mathrm{S}}$ 为转速测量的随机不确定度，%；$E_{M.\mathrm{S}}$ 为转矩测量的随机不确定度，%。

3) 综合不确定度的合成

综合不确定度是各个被测量的随机不确定度和系统不确定度的均方根。

$$\text{综合不确定度} = \pm\sqrt{\text{随机不确定度}^2 + \text{系统不确定度}^2} \tag{9-34}$$

9.3 轴封试验

泵内流体和泵外大气间存在着压差，流体沿着轴和壳体间的间隙向外泄漏，为此需设密封装置，称其为轴封。泵内压力大于大气压时，轴封防止液体向外泄漏；泵内压力小于大气压时，轴封防止空气向泵内泄漏。常用的轴封种类有填料密封、机械密封、动力密封、浮动密封和螺旋密封等，如图 9-14 所示。

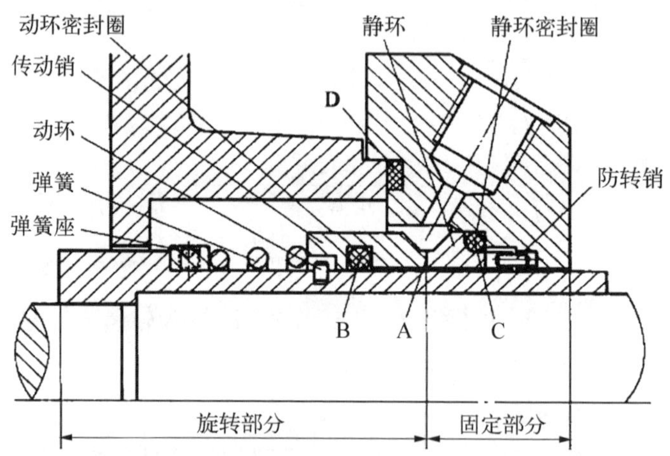

图 9-14　机械密封基本元件与工作原理图

进行密封试验时，确定所测量的密封结构形式，并形成一个封闭腔体，内、外侧可分别测量泄漏量。实验步骤如下：

(1) 根据标准或泵设计手册确定静态实验压力与动态试验压力；

(2) 确定最大连续工作转速；

(3) 确定需测量数据，如密封泄漏量、软环磨损量、入口压力、主轴转速、内外侧压盖温度；

(4) 实验前必须保证密封腔体及管路清洁，防止杂质进入密封部位。

实验检测过程中，通过限定转速大小，变化气液入口压力值，分别对静环温度、泄漏量进行测量，得到系列测量数据。将数据整合处理并绘制静环温度、泄漏量在不同转速下随入口压力变化的曲线图。

9.4　轴承试验

轴承是在机械传动过程中用于固定、旋转和减小载荷摩擦因数的部件。也可以说，当其他机件在轴上彼此产生相对运动时，用来降低运动力传递过程中的摩擦因数和保持转轴中心位置固定的机件。按其结构轴承可分为：滑动轴承、滚动轴承、调心球轴承、角接触球轴承、滚针轴承、推力滚子轴承、法兰轴承、双向推力角接触球轴承、关节轴承、带座轴承等。

1）轴承的功能及用途

轴承的主要功能是支撑机械旋转体，用于降低设备在传动过程中的机械载荷摩擦因数，并保证其回转精度。轴承应用较为广泛。汽车：变速器、电气装置部件、后轮；电气：电动机与家用电器；仪表：内燃机、建筑机械、装卸搬运机械；燃气轮机、离心分离机、差速器小齿轮轴、机床主轴等。

2）轴承试验的定义及种类

轴承试验是将一套或几套轴承的内圈安装在一根主轴上，对轴承施加轴向或径向载荷，驱动主轴旋转，根据预定的试验方案对轴承结构进行试验分析。轴承试验的目的是：对这次质量进行考核，鉴别轴承产品的质量等级，促进质量的提高，从而找到轴承结构、材料、制造工艺等某些环节存在的问题，进而加以控制。

目前，轴承试验方法包括：摩擦磨损试验、试验台架试验、试验室模拟实验、实验工况运行试验。轴承试验的种类大致有寿命试验、模拟试验、性能试验、轴承零部件试验、材料试验、设计验证试验、强化试验。试验结束后需要对试验数据进行处理分析，以检验轴承的可靠性。下面主要介绍寿命试验与模拟试验。

（1）寿命试验。即确定轴承疲劳寿命的试验。轴承寿命试验的方法有主机试验、全模拟试验台试验和试验机试验。

图 9-15　轴承寿命试验机示意图

试验机主要由实验头、实验头座、传动系统、加载系统、润滑系统、电器控制系统、计算机监控系统等部分组成。试验机如图 9-15 所示。传动系统传递电机的运动，使试验轴按一定转速旋转。加载系统提供试验所需的载荷。润滑系统使试验轴承在正常情况下充分润滑进行试验，电气控制系统提供电气和动力保护，控制电机和液压油缸等的动作。

(2) 模拟试验。在轴承试验机上按照轴承的实际安装工况、实际运行状态，即轴承的转速、轴向载荷、径向载荷及环境温度、润滑状态等实际工况给定进行运转，达到预定寿命或直至轴承失效。

常见的模拟试验有轮毂轴承模拟试验、汽车离合器分离轴承模拟试验、汽车水泵轴联轴承模拟试验。

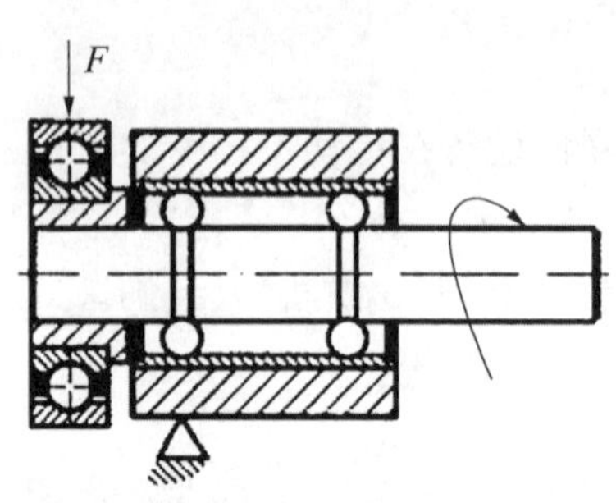

图 9-16 模拟试验结构示意图

台架模拟试验装置如图 9-16 所示(F 代表加载的外力)，轴连轴承外圈安装在试验机上的衬套上，作为承受载荷的径向支撑体，其一端的轴颈上安装一个轴套，用一个轴承通过该轴套来传递径向载荷，作用到轴联轴承上，另一端作为驱动端。对整套轴承来说，处于偏离状态，一端受到轴套传递的径向力，另一端受到驱动时产生的不平衡力，模拟轴承在主机上的工作状态。

9.5 泵的耐久试验

泵的耐久性试验既是研制手段也是符合性的验证手段。耐久性试验主要包含以下项目：高低温试验、温度循环、温度冲击试验、温湿度试验、振动试验、冲击碰撞试验、防尘防水试验、综合环境试验。

1) 试验目的

(1) 为测定泵在规定使用和维修条件下的使用寿命而进行的试验。

(2) 为预测或验证结构的薄弱环节和危险部位而进行的试验，它作为确定经济寿命的基础。

2) 耐久性试验的基本步骤

(1) 确定泵系统在整个寿命期内可能遇到的应力，包括环境应力和负载。确定环境应力时要考虑到制造、运输、存储、后勤支持、执行任务和维护过程中遇到的环境条件；确定负载时则要考虑设备通/断循环，各种工作模式和维修活动的次数。

(2) 确定泵的材料对寿命期内所遇到的各种应力的敏感度及其潜在故障

模式。对于耐久性试验来说，不必考虑那些不会引起材料老化的应力。

(3) 根据上述第 1 和第 2 条中收集到的信息确定耐久性试验的试验剖面。

(4) 使用加速应力缩短试验时间。如果不用加速应力，完成整个试验剖面可能要几年时间。因此，要用加速应力将试验时间压缩到可以接受的范围，此时要遵循以下 4 个基本准则：① 加速应力下的故障模式必须与外场应力下的相同，即加速应力条件要保持真实性；② 施加的加速应力应在材料的弹性极限之内；③ 在额定应力或更高应力的作用下，其故障概率密度函数曲线形状应当是一致的；④ 批生产设备的寿命特性应是可再现的，不可再现率要低于 5%。

9.6　环境鉴定试验

为考核泵的环境适应性是否满足要求，在规定的条件下，对规定的环境项目按一定顺序进行的一系列试验即为环境鉴定试验。核级泵环境鉴定条件一般包括设计基准事故鉴定条件和严重事故鉴定条件两部分。对于安全壳内仅用于应对设计基准事故的核级泵，适用于设计基准鉴定条件。对于安全壳内仅用于应对严重事故的核级泵，适用于严重事故鉴定条件。对于那些位于安全壳内，即用于应对设计基准事故，在严重事故时也必须使用的核级泵，应进行亚种事故环境鉴定。

1) 设计基准事故鉴定条件

(1) 温度和压力鉴定条件。根据核级泵应用环境及相关技术要求确定安全壳内设计基准事故鉴定试验曲线，例如图 9 - 17 所示。

图中所示的 LOCA 鉴定曲线包括 8 个阶段，分别为：

阶段 0，温度和压力为正常大气环境条件；

阶段 1 和阶段 2，样机在 LOCA 炉内就位，对 LOCA 炉进行升温，使炉内温度达到(50±10) ℃，压力保持在标准条件的容差范围内，保持 24 h；

阶段 3，进行第 1 次热冲击试验，在 30 s 内使炉内温度和压力分别达到 156 ℃和 0.56 MPa(绝对压力)，阶段 3 持续时间为 12 min；

阶段 4 和阶段 5，将 LOCA 炉与环境连通进行自然冷却，直到炉内温度达到(50±10) ℃，压力降到大气压，然后在此温度和压力下保持 24 h；

阶段 6，进行第 2 次热冲击试验，在 30 s 内使炉内温度和压力分别达到 156 ℃和 0.56 MPa，在 200 s 之后，启动化学喷淋，持续 96 h；

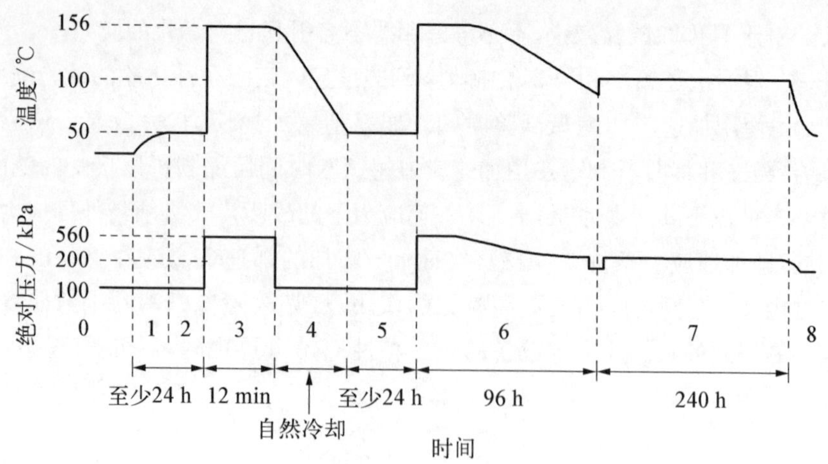

图 9-17　安全壳内设计基准事故鉴定试验曲线

阶段 7，模拟 LOCA 后的热工环境，温度(100±5) ℃，压力达到(0.2±0.05)MPa，相对湿度大于 80%，试验持续时间 10 d。

(2) 辐射鉴定条件。根据 GB/T 12727—2017《核电厂安全级电气设备鉴定》要求，设计基准事故下辐射鉴定条件考虑在辐射环境条件的基础上加 10% 的裕量。安全壳内设计基准事故后必须可用的设备和仪表，除了要耐受壳内设计基准事故后的辐射环境条件外，还须耐受其正常运行寿期内的累积辐射环境。正常运行工况下，按照安全壳内大气的平均辐射水平，除安全壳堆坑外，可按实际设计寿命折算累积剂量。

2) 严重事故鉴定条件

(1) 温度和压力鉴定条件。根据核级泵应用环境及相关技术要求确定严重事故下安全壳内设温度和压力鉴定曲线，例如图 9-18 和图 9-19 所示。

图中所示的鉴定曲线具体分为 5 个阶段，分别为：

阶段 1：试验前期阶段，样机就位后使试验装置内温度达到(50±10) ℃，压力保持在标准条件的容差范围内，保持至少 24 h。此阶段与标准 LOCA 鉴定前期阶段一致。

阶段 2：在 30 s 内使炉内温度和压力分别达到 150 ℃和 0.47 MPa(绝对压力)。

阶段 3：维持温度在 150 ℃，压力在 0.47 MPa，持续时间为 12 h。

阶段 4：启动化学喷淋，从 12 h 开始至 24 h 时压力降至 0.33 MPa(考虑后期 0.3 MPa 左右＋10%的裕量)。考虑包括严重事故环境条件下降速率。

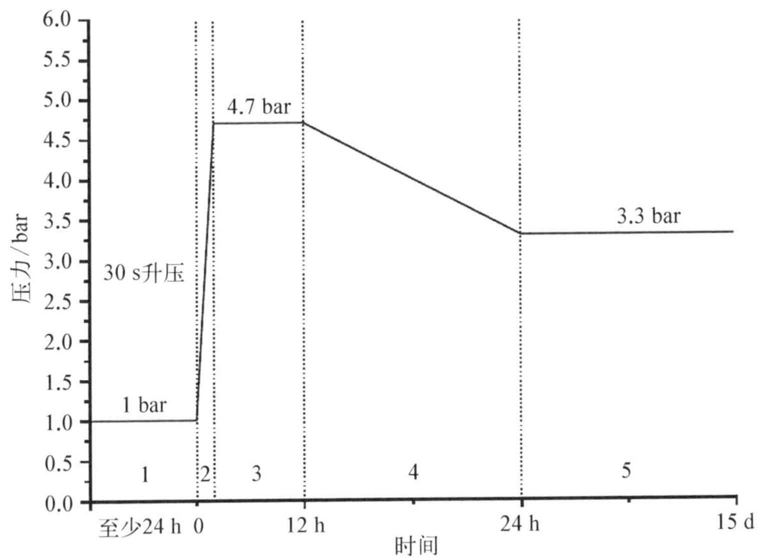

图 9－18　安全壳内压力鉴定曲线

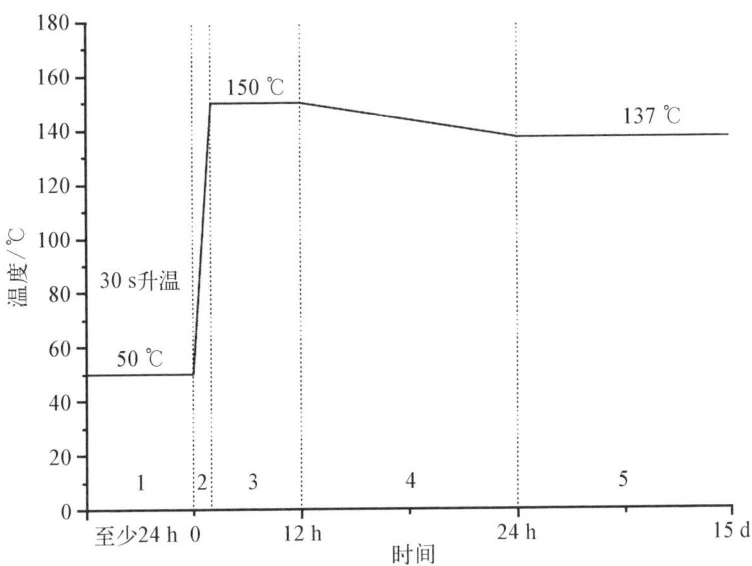

图 9－19　安全壳内温度鉴定曲线

阶段 5：维持压力在 0.33 MPa，温度在 137 ℃，持续时间至 15 d（化学喷淋继第 4 阶段后持续 84 h）。

（2）辐射鉴定条件。严重事故下辐射鉴定条件考虑在辐射环境条件的基础上加 10％的裕量，具体的辐射鉴定条件由其对应的鉴定时间确定。安全壳内严重事故后“必需可用”的设备和仪表，除了要耐受严重事故后相应的辐射环境条件外，还须耐受其正常运行寿期内的累积辐射环境。正常运行工况下，按照安全壳内大气的平均辐射水平，除安全壳堆坑外，可按实际设计寿命折算累积剂量。

3）鉴定顺序

上述给出的事故鉴定应在经过老化试验完成后进行，完整的设备鉴定顺序应按照设备技术规格书中规定的相关鉴定标准执行。

只要求进行设计基准事故鉴定的鉴定顺序至少包括：① 老化（热老化、湿热老化、正常辐照老化、运行老化、振动老化等）；② 抗震；③ LOCA 环境鉴定。

只要求进行严重事故鉴定的鉴定顺序至少包括：① 老化（热老化、湿热老化、正常辐照老化、运行老化、振动老化等）；② 抗震；③ 严重事故环境鉴定。

要求进行设计基准事故＋严重事故的鉴定顺序至少包括：① 老化（热老化、湿热老化、正常辐照老化、运行老化、振动老化等）；② 抗震；③ 严重事故环境鉴定。

第 10 章 核级泵的智能运维与健康管理

核级泵是核电厂重要的安全设备，其运行状态直接关系到核反应堆系统的性能与安全。但是，随着服役年限的增长和组件间的耦合影响，核级泵机械部件却面临着潜在的性能退化和安全问题，例如轴承损伤、机械磨损、轴裂纹及轴封泄漏等。而目前，中国对于核级泵等旋转设备的性能状态监测主要依赖于阈值报警，一旦发生故障，故障判断方式单一，运行人员故障排查的效率低，设备预警的实时性和准确性较差。以“在役检查”为主的预防性维修策略，虽有助于保障设备安全，但在某些情况下可能因缺乏针对性，而极易引起设备“维修不足”和“维修过剩”的问题，从而增加了设备的运维成本。此外，不必要的设备解体极易导致与维修活动相关的人因故障，从而降低设备运行的可靠性。

随着中国提出的“中国制造 2025”、德国提出的“工业 4.0”，以及美国提出的“工业互联网”等新概念和战略，中国正在逐步迈入以“信息化和智能化”为主要特征的“第三次工业革命”，而核动力设备智能运维与健康管理技术就是这一时代背景下的产物和新兴研究方向。该研究方向是典型的交叉学科，是核反应堆工程、自动控制、信息与通信、仪表与检测、机械制造、材料性能分析等多学科的交叉融合。从核电厂的生产流程上，核能智能运维技术涵盖了传感与测量、信号处理、状态监测、故障诊断、故障预测、风险分析、事故减缓、完整性保护及智能决策等多项内容的综合保障技术，可以根据所掌握的监测信息，对核动力设备的运行风险进行评估，再结合具体使用需求和外部的可用资源对系统和设备的维护工作给出指导性决策，从而在保证系统安全性的同时提高设备运行的经济性，并且减少设备维护过程所需的人力和物力，实现最优运维决策。

10.1 智能运维与健康管理技术

核动力设备的智能运维与健康管理技术作为一种全新的设备维修和管理理念，为解决核动力设备性能退化和安全问题提供了重要途径，通过实现基于信号感知的智能监测、诊断与预测等功能，能够为设备提供基于状态预测的“预测性维修”[16]。本节通过概述智能运维与健康管理技术的基本流程和研究现状，能够为核动力设备运维的智能化设计与应用提供技术支持。

10.1.1 基本流程

核动力设备在长期运行过程中，由于运行环境与自身材料特性改变的影响不可避免地会出现不同程度的退化。在其退化的早期阶段，由于损伤程度较轻，设备仍然具有实现其既定功能的能力，若此时过早对设备部件进行维护和更换，不仅会增加设备的整体运维成本，也会在一定程度上增加与维修活动相关的人因故障，降低设备运行的可靠性。

相比于常规设备，核动力设备具有结构复杂、运行环境各异和载荷形式不同等特点，这也就导致对不同设备或单一设备整体进行统一且合理的智能运维与健康管理技术研究尤为困难。因此，在进行核动力设备智能运维技术体系构建时应该充分考虑设备的关键程度、设备部件的重要性，以及设备失效机理和监测数据的丰富性等。在此基础上，为了能够实现核动力设备退化后的异常检测、退化模式识别、退化状态评估及剩余使用寿命预测，并帮助运维人员合理调整设备的运行情况以制定最优的维修方案。核动力设备智能运维与健康管理技术体系具体内容如下(见图 10-1)。

(1) 数据采集与储存单元：在核动力设备运行过程中进行各种数据的采集，包括设备台账信息、设备介入式和非介入式的传感测点数据及运行环境信息等。同时，将采集得到的各种数据进行分类、整理和储存，以供其他功能模块调用。

(2) 设备敏感性分析单元：针对核动力设备的分级与关键性程度，实现关键敏感设备、重要设备及非重要设备的划分。在此基础上，分析每种设备的故障机理丰富程度和传感监测形式，以此为考量分别制订不同的预测性维修策略。

(3) 机理分析与特征工程单元：对选取的敏感性设备或设备部件进行故障机理分析，明确设备的退化机理。同时，针对采集的核动力设备运行数据，进行监测数据的清洗、增强、滤波、特征筛选与挖掘等工作，实现核动力设备运

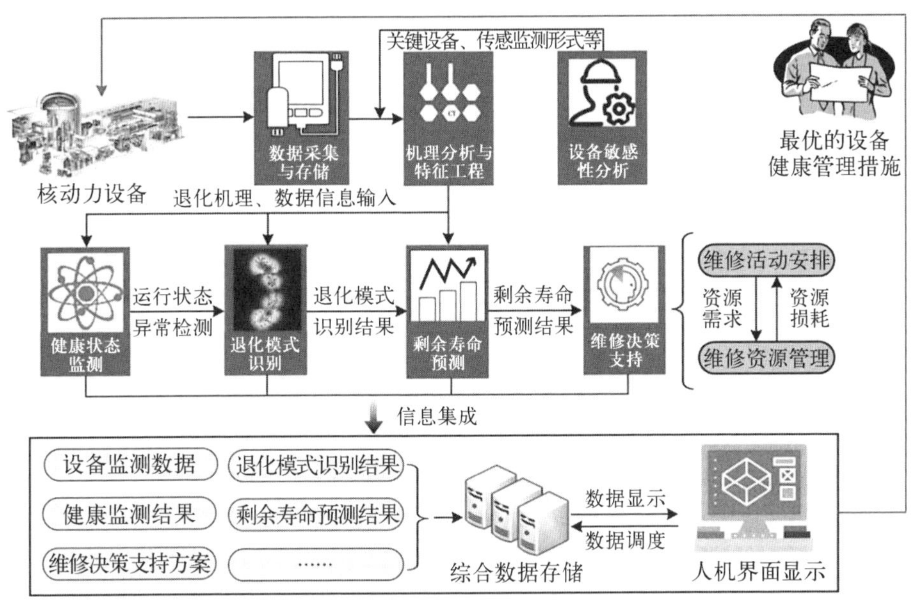

图 10-1　核动力设备智能运维与健康管理技术体系

行状态的有效表征，为后续各单元模块提供明确的故障机理和有效合理的特征数据。

(4) 健康状态监测单元：基于机理分析与特征工程单元分析、提取的特征信息，进行核动力设备的健康状态监测，判别设备运行的异常状况，若发现异常则触发报警。

(5) 退化模式识别单元：在设备的异常运行信息被识别后，根据监测的特征信息及典型退化模式下的退化征兆，判别设备退化的原因，并获取设备退化模式及退化位置等相关信息。

(6) 剩余寿命预测单元：基于设备当前的运行状态，利用专家知识和人工智能等方法进行设备退化程度的评估、性能退化趋势分析及剩余使用寿命预测，最终实现设备退化的临界预警。

(7) 维修决策支持单元：运维人员根据实际的维护需求及上述各功能单元的计算结果进行设备运维方案的优化与调整，实现设备维修资源(包括施工人员、备品备件等)的优化管理与合理调用。

(8) 综合数据存储与人机界面显示单元：进行特征工程单元、健康状态监测单元、退化模式识别单元、退化状态评估与 RUL 预测单元及维修决策支持单元运算结果的综合存储，并分配系统资源以供各模块调用，同时将各单元模块的计算结果以可视化的形式进行界面显示，方便运维人员进行查看。

10.1.2 智能运维技术研究现状

1）状态监测技术

目前，设备的状态监测主要是基于物理模型和基于数据驱动的方法。其中，基于物理模型的方法虽然可解释性强，但建模过程复杂，不具备反向推理能力，因此在工程实际应用中受到了严重限制。而随着数据的不断积累，基于数据驱动的方法得到了广泛应用。目前主要有基于机器学习方法和基于统计分析的方法两类。

基于机器学习的方法需要大量的样本数据，对数据的变化敏感，不具备可解释性，很难被操作人员信服，同时核动力系统故障数据比较有限，因此，基于统计分析的方法逐渐展露优势。

2）故障诊断技术

机械设备故障诊断技术发展至今经历了 3 个阶段：第 1 阶段，由于机械设备比较简单，故障诊断主要依靠专家或维修人员的感觉器官、个人知识水平和经验及简单仪表来进行故障的诊断与处理工作；第 2 阶段，传感器技术、动态测试技术及信号处理技术在故障诊断中得到了广泛的应用，但诊断决策还需要人工完成；进入 20 世纪 80 年代以来，由于机械设备日趋大型化、复杂化，故障诊断步入了发展的第 3 阶段——智能故障诊断阶段，即使用各种先进的人工智能方法、大数据处理技术进行数据分析与故障识别。

随着科学技术的发展和设备性能的提高，旋转机械的结构也越来越复杂，逐步向大型化、复杂化、高速化方向发展。在此基础上，并发故障发生的概率也随之增大。目前，各国学者对于水泵等旋转机械的并发故障诊断研究，主要集中于神经网络、专家系统、小波变换等方法。但神经网络分类精度在很大程度上依赖于网络的结构和训练样本的选取，而并发故障组合难以穷举，难以获得完备的故障数据集，因此导致神经网络模型适用面受到一定限制。

对于核级泵，其中存在大量的旋转机械部件如轴承、叶轮等，并且较为容易发生故障；同时，不同的故障类型其样本数量存在不平衡和差异，样本的不平衡将会影响故障诊断模型的训练，模型无法很好地学习小样本故障的特征信息，导致模型对小样本故障产生严重的误诊断。

3）故障预测技术

对于核动力设备故障预测的研究主要集中在基于模型驱动、数据驱动及两者融合三个方面。模型驱动即建立设备动力学、材料、载荷等物理模型，但是建模中的简化假设及复杂的设备退化机理带来了不确定性，从而限制了模型驱动方法的发展。

而在数据驱动方面，目前主要可以分为两类：统计分析和机器学习方法。统计分析可以处理不同载荷条件下的预测，如基于隐半马尔可夫模型等对轴承不同退化模式进行预测，但通常假设退化遵循参数模型。而机器学习可以避免此类假设，如将设备的典型特征输入支持向量机和随机森林等模型进行剩余使用寿命预测等，但是浅层模型的模式学习能力有限。为了解决这类问题，把深度学习逐渐应用到剩余寿命预测中，如卷积神经网络(CNN)、长短期记忆网络等。总体来说，数据驱动方法是“黑箱”模型，无法解释设备退化的内在机理，从而不容易使运维人员信服。

为了充分发挥模型和数据驱动的优势并规避其缺点，融合模型逐渐成为研究趋势，很多学者进行了相关研究。

总体而言，上述故障预测方法针对泵轴承、叶轮等旋转机械部件进行了诸多研究，取得了阶段性成果。但是，采用物理模型进行泵体故障预测，会出现退化机理复杂、难以建立解析模型的问题；而单独采用数据驱动方法时，又面临故障数据匮乏的问题。因此，从发展趋势上看，有必要深入研究基于物理与数据融合驱动的模型，现有方法虽然可以综合利用动态机理及历史数据以弥补单一模型的缺陷，但它们在融合机制、适用条件和泛化能力等方面存在明显不足，仍需进一步完善。

10.2　核级泵典型故障模式

核级泵在运行过程中，由于流体、载荷及环境等因素的长时间作用，不可避免地会出现设备部件性能的下降，严重的部件性能降低会导致主泵内部机械部件不能正常旋转，引起设备停机，进而给核动力系统的安全运行带来极大的挑战。因此，通过对核级泵的典型故障模式进行分析和研究，对提高泵设备的可靠性并合理安排后续智能运维方案具有重要意义。

10.2.1　核级泵轴承故障

1）滑动轴承故障

滑动轴承在正常运行时，轴颈与轴瓦之间会形成一层水膜或油膜，用于减小轴颈与轴瓦之间的摩擦。但是，当润滑条件变差时，水膜或油膜会被破坏，导致轴颈与轴瓦之间产生干摩擦。在这种情况下，滑动轴承的失效模式主要有磨损、疲劳剥落和烧蚀。

磨损是滑动轴承失效故障的主要模式之一。它指轴颈与轴瓦之间的摩擦和磨损。疲劳剥落是另一种常见的失效模式，它指轴颈与轴瓦表面出现裂纹，并在经过长时间持续载荷作用后，轴瓦会脱落。烧蚀是指轴颈与轴瓦表面的温度升高，合金材料熔化烧结，导致轴瓦咬在轴颈上使设备失效。轴瓦表面清洁度和加工精度等因素也会影响滑动轴承的可靠性。

在实际工程中，泵设备在额定转速运行时，轴承和转子间能建立良好的润滑油膜，但在低速运行时，特别是机组启、停过程或盘车时，由于受轴承荷载分布、油黏度低和混入杂质等因素影响，轴承易处于边界润滑状态或干摩擦状态，甚至发生轴瓦碾损(简称碾瓦)事故。实际上轴瓦的碾扎，绝大多数是在停机惰走至低转速时发生的。

轴承超温也是引发滑动轴承故障的一个重要因素，多数轴承超温发生在较高转速工况之下。这是因为当轴瓦载荷偏大时，随着转速的升高，发热量增大，瓦温势必升高。此外，润滑油油质不合格也会引发轴承超温：若润滑油中含有杂质，尤其是金属杂质，则瓦块易被刮伤，瓦块刮伤会造成轴瓦金属温度升高，这在新建成投产的机组中较为常见；若润滑油中含有杂质，可能引起油管路的堵塞，造成油品的流通不畅，无法形成油品的大流量循环，致使系统产生的热量不能被及时带走，进而引起热的积聚，这是轴承温度升高的原因之一。润滑油在轴承中的作用除了形成油楔外，还用于轴承冷却，即润滑油在循环过程中不断带走轴承摩擦所产生的热量，从而保持轴承温度稳定，因而润滑油温度的升高会在一定程度上减弱润滑油冷却作用，使得轴承金属温度升高。而润滑油温度的升高会显著降低润滑油黏度，降低轴承中润滑油油楔刚度和厚度，导致油膜承载力减小，最终可能会发生油楔破裂。一旦油楔发生破裂，将产生所谓的混合摩擦，轴承金属温度立刻上升，严重时会发生咬合现象。相反地，如果润滑油温度越低，则润滑油黏度越大，油膜的承载力也越大，但油的黏度过大，会使油分布不均匀，增加了摩擦损失。

2) 推力轴承故障

推力轴承主要承受系统压力、转子自重和叶轮水推力引起的轴向力。若推力轴承不能有效地平衡轴向力，将对泵设备的安全运行造成隐患，对泵整机可靠性产生重要影响。这就要求推力轴承具有耐磨损、摩擦功耗低、冲击韧性强、可靠性高等特点。

核级泵推力轴承的故障主要表现为瓦块磨损、瓦温高和瓦块温度偏差大，以及推力盘不正等。瓦温高和瓦块温度偏差大是推力瓦磨损的原因，前期如不及时处理，将很快导致瓦块的磨损。

（1）推力瓦块温度高及温差大。推力轴承间隙偏小会导致推力瓦温度高，推力瓦块卡涩或摆动不灵活会导致推力瓦某一块或几块瓦与推力头之间的摩擦力增大，发热量增大，从而引起各推力瓦块间的温度偏差。轴瓦温度升高的原因主要有润滑油劣化、冷却水系统故障、机组振动和摆度超标、测温电阻损坏、轴瓦间隙与主轴间隙过小、轴瓦间隙不匀等多种原因。

（2）推力瓦块磨损。推力轴承瓦块温度高发展到一定程度，会导致推力瓦磨损。推力瓦块磨损后，推力轴承承载能力发生变化，在相同工况下推力瓦块和推力盘之间的间隙会发生变化。

（3）推力盘不正。推力盘不正会导致推力瓦块承受的载荷在圆周方向上不均，一侧所承受的推力载荷大于另外一侧，导致一侧瓦块温度高于另外一侧。

10.2.2　核级泵转轴机械故障

核级泵机械类故障是最常见的故障类型，这些故障主要是因设备本身的质量问题或者运行条件不合理所致，主要包括动静部件摩擦、转子不对中和不平衡、转轴裂纹、基座松动和油膜涡动等。

1）动静部件摩擦

核级泵在旋转时，为了提高机器效率，一般将密封间隙和轴承间隙设计得较小，以减少气体和冷却剂泄漏。安装、检修和运行中稍有不慎就可能发生动静摩擦。旋转机械容易发生摩擦的部位包括叶轮与蜗壳、转轴与密封、轴颈与油挡间等。转轴碰摩是一个复杂的过程，可能导致全周摩擦从而引起自激振动，产生的冲击作用使泵振动成为复杂振动。

当转轴与静止件发生摩擦时，受到的附加作用力是时变非线性的，所产生的非线性振动在频谱图上表现出频谱成分丰富，不仅有工频，还有低次和高次谐波分量。当摩擦加剧时，这些谐波分量增长得很快。当转子在一阶临界转速以下时，碰摩发生在振动高点处并产生热弯曲，转轴被越磨越弯；转子处于一阶临界转速以上时，不平衡部分由于被磨掉而不再发生摩擦；当转子远离一阶临界转速而接近二阶临界转速时，摩擦后引起的二阶不平衡量将明显增大，从而引起进一步摩擦，甚至使转轴发生弯曲，这种情况很危险，将会导致泵发生严重破坏。

摩擦故障不仅在机组启停和过渡过程中发生，在定速运行情况下也会发生。摩擦引起的振动故障具有很强的不稳定性，振动可能长时间持续波动，也有可能突发。摩擦严重时，如果处理不及时，极有可能导致大轴弯曲事故。据不完全统计，在中国汽轮发电机发生的弯轴事故中，70%以上是由摩擦引起的。

2）转子不对中

不对中是旋转设备最常发生的故障之一。当转子系统出现不对中后，在其运行过程中将产生一系列不利于设备运行的动态效应，引起设备的振动、联轴器的偏转、轴承的磨损和油膜失稳、转轴的挠曲变形等，危害极大。转子不对中不仅改变了转子轴径与轴承的相互位置和轴承的工作状态，同时也改变了轴系的固有频率。轴系由于转子不对中，不仅增加了转子的受力复杂度，还加剧了轴承所受的附加力，从而加速了轴承的早期磨坏并诱发了转子振动故障。

轴系产生不对中的原因通常是制造误差、安装误差及热膨胀等因素。常见故障原因包括设计、制造、安装、运行等几个方面。设计方面，由于设计对中考虑不周以及计算的偏差，即热膨胀量计算不准，泵负荷化对缸体影响很大，导致其变形引起轴承位置变化，轴系出现不对中。制造方面，由于工艺或测量等，使得材质不均匀造成热膨胀不均匀及冷态对中数据不符合要求，在联轴器的制造和组装过程中可能出现误差。安装方面，连接螺栓由于拧紧后转轴产生变形，致使轴颈存在较大的晃度；而由于联轴器圆周方向连接螺栓紧力存在差别，会引起像联轴器端面瓢偏一样的情况。在运行方面，如果工况变化剧烈，如带负荷过程中，当负荷达到某一数值时，联轴器发生相互错位，轴系扭矩在瞬间发生较大变化，对传递扭矩的联轴器形成冲击，使联轴器相互错位，导致轴系对中状态发生变化。

不对中主要包括联轴器不对中和轴承不对中。联轴器不对中是指相邻联轴器两根轴线不在同一直线上，在联轴器部位存在拐点或阶跃点，联轴器不对中包括三种情况：一是联轴器的有关圆柱面和连接螺栓孔节圆中心与轴颈不同心，形成平行不对中；二是联轴器端面与轴心线不垂直，形成偏角不对中；三是前两种不对中的组合，即平行偏角不对中。

3）转子不平衡

转子重心与回转中心不重合时，旋转状态下就会像偏心轮一样产生不平衡力，在不平衡力的作用下，转子会产生振动。在高转速下，即使是数值很小的质量偏心，也会产生很大的离心力。

转子不平衡是旋转机械最常见的故障，约占故障总数的 75% 以上。图 10－2 为转子不平衡示意图。转子轴心周围质量分布不均，质心不在轴线上而产生附加惯性力或力偶的现象称为不平衡。这种不平衡分为初始不平衡和突发不平衡两种类型。实际的转子不平衡量沿着转子轴、叶轮轴向和径向的分布是任意的、随机的，当转子以工作转速旋转时，形成了一个分布的离心惯性力系，其引起的振动超过一定限值，机器就出现了不平衡故障。引起转子不平衡的因素很多，如：转子质量不平衡、初始弯曲、热态不平衡、部件脱落结垢、联轴器不平衡、原材料缺陷、制造安装误差等。不同原因引起的转子不平衡虽各有特点，但规律相近，因为所有的不平衡均可视为由转子的质量偏心引起的。转子不平衡故障在一阶临界转速前的转子振动幅度随转速的升高呈抛物线规律增大，在一阶临界转速时，由于转子发生共振而出现振动峰值，转子出现呈半个正弦波的一阶振型，一阶临界转速后的振幅有所下降，而当转速上升至接近二阶临界转速时，转子则会产生一呈正弦波的二阶振型，振幅将再度出现共振峰值。

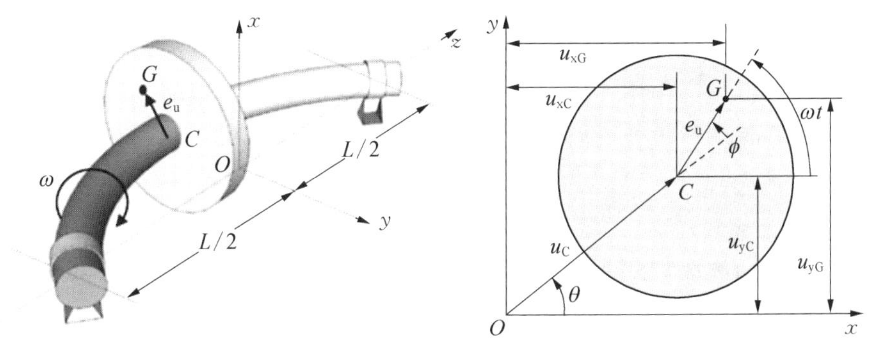

图 10－2　转子不平衡示意图

4）转轴裂纹

转轴裂纹通常是由转轴受到过大的拉伸应力而导致的。当转轴的强度达不到承受这些应力的水平时，高应力区域及缺陷或弱点处会出现转轴裂纹，并逐渐扩展。在长时间大幅交变弯曲和扭转应力作用下，转轴截面上可能出现横向疲劳裂纹，若裂纹进一步发展，则会发生断轴的灾难性事故。

5）基座松动

基座松动故障泛指轴承座松动、轴承装配过盈不足所引起的故障。旋转机械转子自重和动载荷都是靠转子两端的轴承来承受的，轴承的工作状况对于旋转机械安全运行非常重要。轴瓦松动是诱发机组振动的一个重要因素。轴承紧力不足和垫铁与洼窝接触不均匀是引发轴瓦松动的两个主要因素。

（1）轴瓦紧力消失。在运行状态下，轴承外壳的温度通常比轴瓦温度高。检修时，若没有预紧力，受热膨胀后，外壳不能压紧轴瓦，容易导致轴瓦振动。很多厂把检查和调整轴承紧力作为处理机组振动问题的“三板斧”之一。轴瓦紧力并不是越大越好，紧力过大会造成轴瓦变形。轴瓦紧力与轴承直径、环境温度等有关。对于球面轴承，为了保证轴瓦在运行中的自动调整，一般规定没有紧力，并且略有间隙。

（2）垫铁与洼窝接触不均匀。为了调整轴系中心，大功率旋转机械在轴承的下半部通常设有供调整中心用的垫块（垫铁）。如果垫块与洼窝之间接触不好，在转轴振动的作用下，两者之间会发生撞击，垫块和洼窝处容易产生疲劳损坏。长时间后，轴瓦与洼窝之间的间隙增大，两者之间的撞击将会进一步加剧。由于轴承下半部为承载区，轴瓦松动后对机组振动的影响比较大。除此之外，轴瓦松动后，轴瓦在洼窝内的支承刚度显著降低，轴瓦自振频率降低。当作用在转子上的激振力中含有高频分量时，一旦高频分量与轴瓦自振频率重合，轴瓦在洼窝内就会出现高次谐波共振，导致轴瓦振动和噪声加大。

6）油膜涡动

滑动轴承对于旋转机械的安全稳定运行非常重要。滑动轴承内的润滑油一方面可以将转轴与乌金分离开来，减少摩擦阻力，延长轴承的使用寿命。另一方面，润滑油还可以在轴承内部流动，帮助散热，防止轴承过热。然而，润滑油的流动也可能产生振动。如果润滑油膜振荡，就可能会引起轴承的振动，导致轴承的损坏。

一根不受任何载荷作用的转轴在轴承内旋转时，其轴颈中心应该位于轴承中心稳定旋转。如果此时外界一个小的扰动使轴颈中心偏离轴承中心，在轴承内就会形成收敛油楔，进而产生压力区。油膜压力合成后，会产生一个径向力和一个切向力。径向力像一个弹簧，迫使轴颈中心返回轴承中心。切向力垂直于外界干扰方向，迫使转子沿着垂直于径向偏移方向运动。一旦切向力超过系统本身的阻尼力，转轴就会产生涡动。涡动发生后，离心力增大，轴颈中心偏离轴承中心变大，所产生的切向力增大，进一步推动轴颈涡动，就会形成自激振动。由此可见，轴承内油膜产生的垂直于转子偏位方向的切向力是破坏轴承工作稳定性的根源。实际轴承工作时，轴颈不可能位于轴承中心，转轴也会受到不平衡等动载荷的作用。在外界干扰下，在轴颈平衡位置附近，油膜力的增量同样会在垂直于外界干扰的方向上产生一个切向力，因此也会导致失稳。

10.2.3　核级泵电气故障

核级泵一般均是由电动机驱动的，因此电机的电气故障也会引起泵体振动的加剧，甚至引起故障停机。在泵运行过程中，常见的电气故障主要包括线圈匝间短路、转子和静子之间空气间隙不均匀、笼条断裂等。

1) 线圈匝间短路

正常电机转子产生的电磁力在直径方向上是均衡的，不会引起转子振动。转子线圈匝间短路后，部分线圈失去作用，会产生不均匀的电磁力，其大小取决于失去作用的线圈匝数和电流的大小。不均匀电磁力随电流的变化而迅速变化。线圈匝间短路后，转子上还会出现局部过热点，导致截面上温度不均匀，从而产生热变形。因此，由线圈匝间短路引起的振动既会随电流的增大而迅速增大，同时也具有一定的滞后性，如图 10－3 所示。

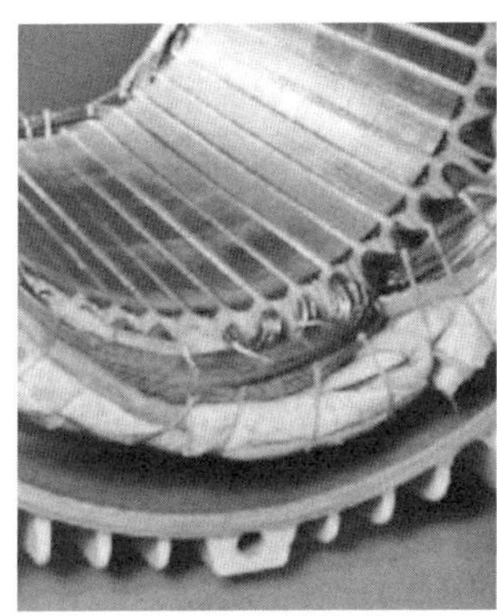  

图 10－3　线圈匝间短路故障

2）转子和静子之间空气间隙不均匀

发电机转子磁极与定子铁芯之间的间隙，是磁场的通路，也是能量转换的通路。气隙不匀，发电机运行不稳定、易振动；气隙过大将造成励磁电流增大；气隙过小时可能导致定、转子相碰摩。造成气隙不均的原因有两种：内部原因由发电机各部件设计、加工和装配的缺陷，部件老化、温升，机组轴系变化，离心力、不均匀磁拉力以及不平衡水拉力等引起；外部原因有机组爬行、结构变形、电站混凝土基础下沉和侧移等。

电机正常运行时，转子的转动轴线与定子的磁力中心线重合，作用在转子上的电磁力是均匀、对称分布的。如果转子与定子之间的气隙不均匀，磁极经过最小空气间隙时，单向磁吸引力最大；磁极经过最大空气间隙时，单向磁吸引力最小。这样就会因磁吸引力不平衡而产生振动。不对称电磁力随电流的增大而增大，激振力和电流变化之间无时滞。不对称电磁力的频率等于转子磁极对数乘以转子工作频率。对于两极发电机而言，频率与 2 倍转速频率相等。

当发电机转轴挠曲、转子不圆或定子中心与转子轴心不重合时，定子与转子之间的气隙将出现偏心现象等。这些都会造成空气间隙不均匀，从而产生不平衡磁拉力，随着转子的旋转引起空气间隙周期性变化，单边不平衡磁拉力沿着圆周做周期性移动，并引起机组振动。计算表明，即便是 5%的气隙不均匀也会导致很大的电磁不平衡力作用于机组导轴承上，使机组振动增大和导轴承温度升高。同时，气隙不均匀还将引起发电机电势中谐波分量的增加，造成磁极阻尼条的过热，严重时甚至酿成设备损坏事故。

3）笼条断裂

新投运或刚大修后的电机一般不会发生断笼，在经过一年或更长时间后才会发生，尤其是对于频繁启动、启动时间过长、重载启动的电动机，造成鼠笼条故障的概率相对较高。如果鼠笼条断裂较少，在电动机启动过程中，能看到放电性点状火花。如果鼠笼条断裂数比较多，电动机启动时间必将明显延长，并伴有明显的电磁噪声，电动机振动幅值明显加剧，甚至将导致轴承损坏，基础台板松动，严重时造成电动机扫膛，断裂的鼠笼条因为受到转子旋转产生离心力的作用下发生变形弯曲，随转子旋转中刮坏定子绕组表面绝缘，造成定子绕组相间短路或接地事故。鼠笼条的断裂部位多数在转子短路环的端部附近。

高压电动机在由静止状态突然带电旋转到达额定转速的时间内，转子转轴及铁芯将受到非常大的转动力矩，并且启动电流也由零迅速持续上升为最高值。在这段时间里，端环的短路电流也迅速上升到最大值，并且发热膨胀，势必也会产生变形及径向位移，启动时间持续愈长，启动电流愈大，那么弯曲变形程度就愈严重，会进一步造成钎焊点熔开，鼠笼条和端环之间的焊点开焊现象。鼠笼条在启动的过程中不仅会受到电磁的径向力及离心力的影响，还受到很难预测及计算的热应力的影响，使鼠笼条承受交变应力。经过反复弯曲及变形后疲劳损伤达到一定程度，其结果必然造成铁芯端部短路环开焊及鼠笼条断裂的事故。鼠笼条本身制造的机械强度不够也会造成鼠笼条弯曲变形及断裂。

10.2.4　核级泵流体脉动故障

流体脉动是泵类设备常见的故障模式，核级泵流体脉动故障的特征和其他泵相似，主要包括汽蚀和涡流等。发生流体脉动故障时，流体产生脉动力作用到叶轮上，激发起转轴的不稳定振动。

造成管路系统中压力及流量脉动的根源是泵内转子转动。泵在工作过程中，共轭位置的瞬间变化，导致输出液体的流量与压力不稳定，尤其对精密管路系统极其不利。流体脉动是评价转子和泵性能的一项重要指标，流量脉动越低，转子泵噪声越小，振动越小，被输送介质的输送越平稳。

在核电厂瞬态工况下，一回路的温度和压力瞬态可能导致叶轮产生汽蚀，因此而产生的剧烈振动会导致泵内部件出现严重磨损和裂纹。图 10－4 给出了一组叶轮汽蚀图片。汽蚀发生后，泵送的冷却剂流量和压头波动较大，严重影响泵的使用寿命和可靠运行。汽蚀使得泵在运行时的噪声和振动增加，并能破坏液流的连续性，增加流道的阻力，甚至阻塞流道。

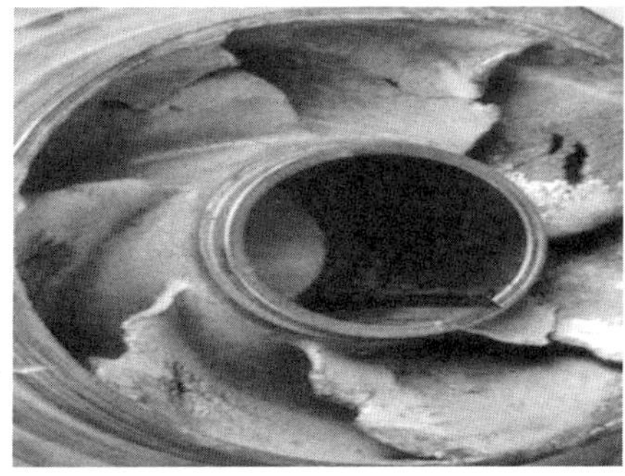

图 10－4　泵叶轮失效图

流体脉动故障可以进一步分为喘振、流体脉动和汽蚀等。喘振指泵出现的周期性倒流，严重的喘振会导致水泵叶片疲劳损坏。喘振的产生与流体机械和管道的特性有关，管道系统的容量越大，则喘振越强，频率越低。产品一般都附有压力-流量特性曲线，据此可确定喘振点、喘振边界线或喘振区。流体机械的喘振会破坏机器内部介质的流动规律性，产生机械噪声，引起工作部件的强烈振动，加速轴承和密封的损坏。一旦喘振引起管道、机器及其基础共振时，还会造成严重后果。为防止喘振，必须使流体机械在喘振区之外运转。喘振是泵性能与管道装置耦合后振荡特性的一种表现形式，它的振幅、频率等基本特性受管道系统容积的支配，其流量和压力功率的波动是由不稳定工况区造成的，但是试验研究表明，喘振现象的出现总是与流体的脱流密切相关，而冲角的增大也与流量的减小有关。

10.3 主泵智能监测与诊断系统应用示例

主泵是核电厂反应堆及一回路系统的重要安全设备，能够确保反应堆中核裂变及衰变产生的热量源源不断地输出到二回路系统，作为核电厂核级泵最为重要的设备，其运行状态直接关系到核反应堆系统的性能与安全。基于此，从主泵的功能重要性和智能运维需求出发，进行了主泵智能监测与诊断系统的研制，以期利用先进的数字化信息技术、人工智能方法实现主泵设备的智能运维，提高主泵运行的安全性和可靠性。

10.3.1 系统架构设计

主泵智能监测与诊断系统主要由软件及其相应硬件组成，其中，软件主要包括前后端软件和数据库软件等，硬件包括机柜、服务器、显示器、交换机及其电缆连接件等。在从主泵振动采集装置获取振动、轴位移等原始数字信号和非安全级分散控制系统(DCS)网关获取的温度、流量和压力等信号后，主泵智能监测与诊断系统可实现其功能。

1) 主泵智能监测与诊断系统的功能

(1) 实时在线监测功能：利用主泵设置的测点对各运行参数进行采集与显示，包括振动、位移、温度、压力、流量、转速、油位和电流等信号。

(2) 信号处理与故障模式识别功能：主要是根据故障诊断核心算法对采集的样本数据进行分析处理，包括滤波处理、特性信号提取、关联性分析和主成成分分析等，实现故障模式识别、分类和故障定位及综合性能指标展示。

(3) 正常阈值内的趋势预测功能：采用算法为多元时间序列法 ARIMA、Prophet 和人工神经网络门控循环单元(gate recurent unit，GRU)等。可为电厂由计划性维修向预防性维修转变提供重要的工程参考依据。

(4) 故障治理措施与防治决策支持：一方面能对已经确定的故障提出解决、治理措施及建议，另一方面能对趋势预测中可能出现的故障进行预警和给出预防建议。

因此，结合主泵的运行特性和智能监测与诊断系统的功能需求，设计了一个四层的系统逻辑架构，如图 10-5 所示，分别为信号采集和转换层、数据管理层、逻辑层和表示层。

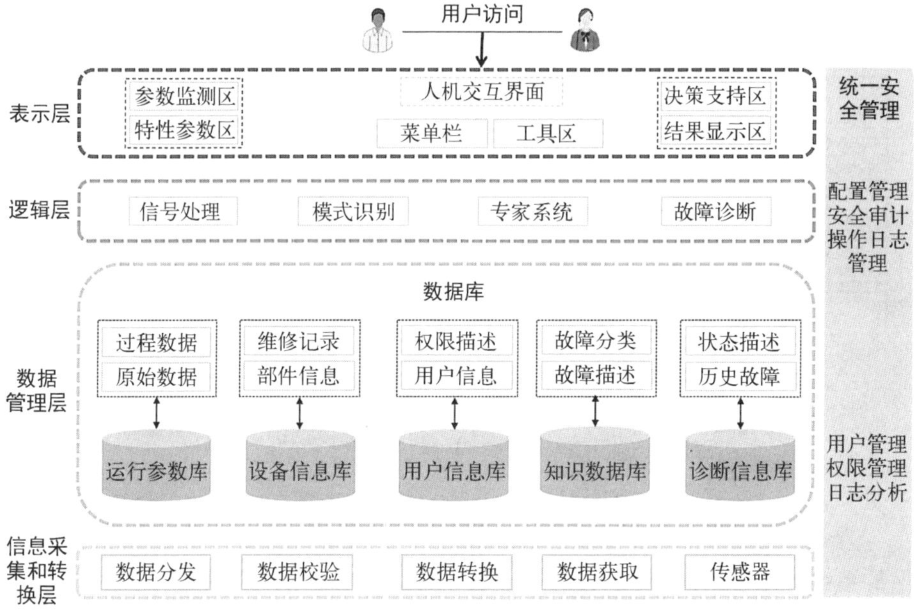

图 10-5　主泵智能监测与诊断系统的系统架构示意图

2) 主泵智能监测与诊断系统的逻辑架构

信号采集和转换层用于获取传感器采集到的数据信息，然后通过模数转换器(ADC)将模拟信号转换为数字信号。转换后的数字信号一方面经串行接口传输到数据管理层实现数据的存储和查询等操作，另一方面直接传输到主泵智能监测与诊断系统逻辑层实现故障诊断。数据管理层一方面与信号采集和转换层交互实现原始信号的存储，另一方面与逻辑层交互实现诊断结果和诊断日志的存储。此外，数据管理层允许用户通过表示层进行程序参数的修改及自定义内容的存取。逻辑层是整个系统软件部分的核心，是监测、诊断等算法程序在软件中的直接表达。表示层是操纵员与应用程序进行交互的界面，主要功能是数据展示、人机交互、诊断结果显示和报警等。主泵智能监测与诊断系统的模块组成如图 10-6 所示。

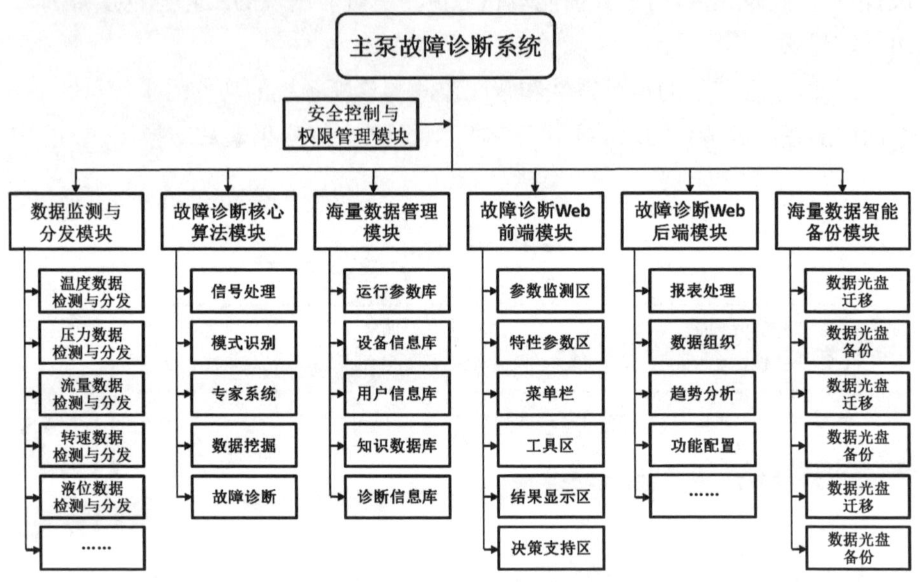

图 10-6　主泵智能监测与诊断系统模块组成示意图

10.3.2　数据库开发

为了在系统运行过程中实现数据的储存和调度，系统设计了包含 5 个子库的数据库系统，即运行参数库、知识数据库、用户信息库、设备信息库和诊断信息库，如图 10-7 所示。

其中：运行数据库存放了主泵运行各测点获取的数据及故障诊断程序提取的特征数据，具有实时的特性，反映了主泵的运行状态；知识数据库用于存放主泵故障诊断相关的特征信息，包括主泵的故障描述、故障查询规则和故障决策信息等；用户信息库用于存放数据库的用户信息、权限信息等；设备信息库用于存储主泵主要零部件的信息，包括传感器、叶轮、泵轴、轴承、隔热部件、轴封、联轴器、电机、辅助设备等重要部件的厂商、材料、安装、维修等信息；诊断信息库存储了主泵历史故障信息，数据表中展现了历史故障的故障类型、当

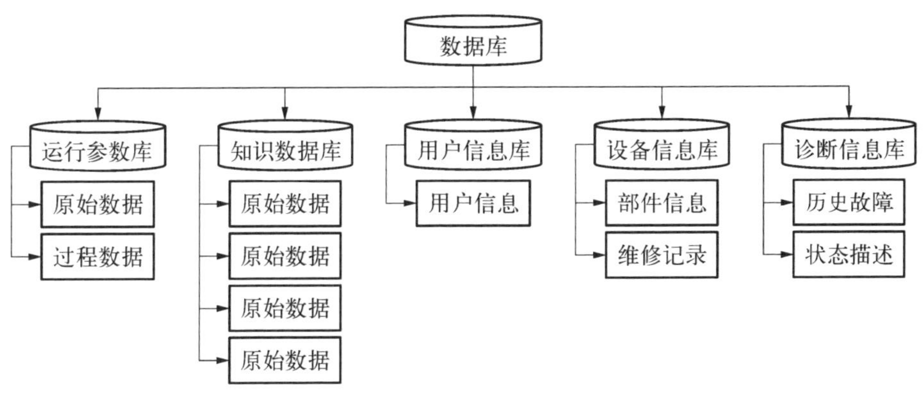

图 10-7　数据库组织结构

时的干预措施及诊断程序获取的历史故障特征信息。

10.3.3　数据流与拓扑设计

1）数据流程设计

如图 10-8 所示为主泵智能监测与诊断系统的数据流程。主泵传感器采集大量的主泵运行状态数据，包括了振动、轴位移高频数据和主泵温度、流量、压力等信号，经过网络传输协议 TCP/IP、OPC/UA 传输至主泵智能监测与

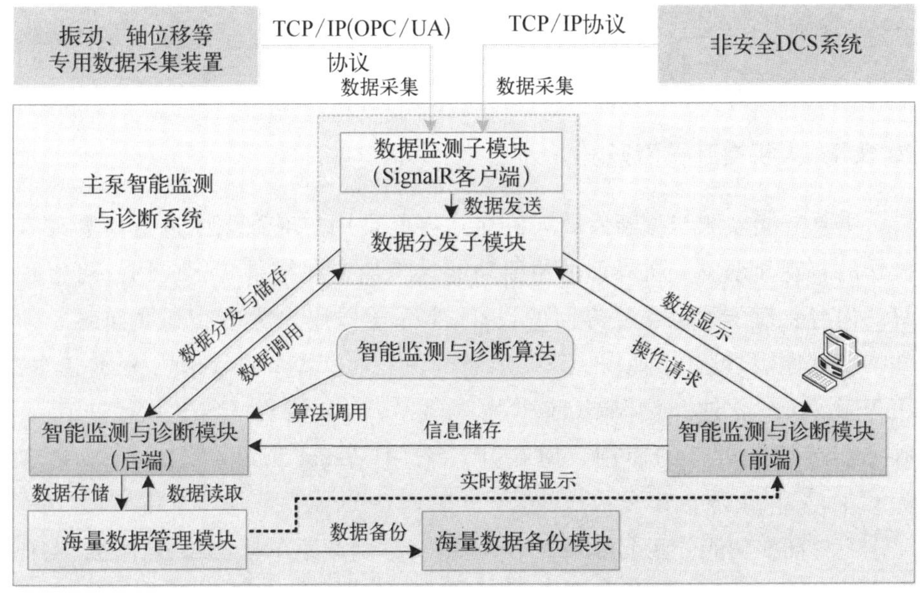

图 10-8　主泵智能监测与诊断系统数据流程图

诊断系统。该系统设计一个数据处理客户端用于接收来自 DCS 和振动信号采集装置的海量实时数据,数据处理客户端再将接收的海量实时数据自动发送至数据分发服务器。数据分发服务器完成数据分发的功能,一方面将海量数据自动发送至数据管理模块存储管理;另一方面根据故障诊断模块的需求,按需发送故障诊断模块需求的数据。故障诊断模块接收来自数据分发服务器的原始数据,经过信号处理、特征提取、模式识别、专家系统实现故障诊断。再将处理之后的数据一方面存入数据库管理系统,另一方面返回至数据分发服务器,后续由数据分发服务器传送至故障诊断系统 Web 端,展示给客户,用户界面需要展示的实时数据则需要从数据库管理系统中提取。

2) 系统拓扑设计

主泵智能监测与诊断系统厂级监测预警中心的数据库服务器与磁盘阵列机柜的连接方式采用 FC 连接方式。在连接过程中通过 FC 交换机扩展成 FC SAN 存储区域网络,其数据传输速率最高可达 10 Gb/s。因此,信息吞吐量高,性能最好。

以太网交换机是基于以太网传输数据的交换机,适合于局域网的建立。以太网交换机的结构是每个端口都与主机相连,工作方式为全双工方式,可以进行无冲突的传输数据,传输速度比较快。

考虑到更好的电磁特性及将来的可升级性,与以太网交换机的连线采用 UTP5 类线,并且严格按照 EIA/TIA 586 规范进行综合布线,保证局域网连线环境的安全可靠。

10.3.4 人机交互界面开发

主泵智能监测与诊断系统人机交互界面是用户对数据库进行增删改查操作的直观显示。人机界面的主要功能是将任务和结果转化成用户可以理解的内容。对于人机交互界面的设计,本系统以用户为中心和面向对象为基本设计原则,设计了如图 10-9 所示的主界面。界面设计采用 Web 技术,用 WebStorm 软件开发 Web 前端,核心是 HTML 语言、CSS、JavaScript 及服务器端脚本语言的使用。后端开发采用 Visual Studio 软件,开发语言为 C#。

主界面在功能分区上可分为 7 大区域,分别为菜单栏、参数监测区、主视图区、特性参数区、监测诊断结果区、决策支持区和异常参数列表区。

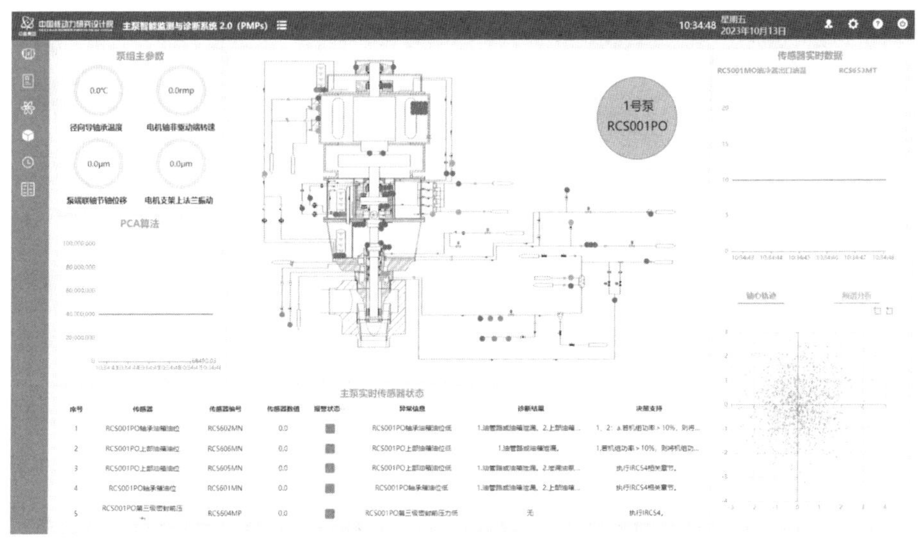

图 10-9　主泵智能监测与诊断系统主界面图

10.3.5　主泵智能监测与诊断系统测试分析

1）基于主成分分析的主泵异常状态监测

核电厂主泵在运行过程中，一般需要对温度、压力、流量及振动等多个传感监测数据进行采集和分析。在主泵运行状态监测过程中，多变量的监测数据集无疑会为研究和应用提供丰富的信息，但是也在一定程度上增加了数据分析的工作量。更重要的是在很多情形下，许多监测参数之间可能存在相关性，从而增加了分析问题的复杂性。如果对每个指标分别进行分析，分析往往是孤立的，不能完全利用数据中的信息。但是，盲目减少指标又会损失很多有用的信息，从而产生错误的结论。

因此，需要找到一种合理的方法，在减少需要分析的指标同时，尽量减少原指标包含信息的损失，以达到对所收集数据进行全面分析的目的，这个过程便是降维。在实际的生产和应用中，降维在一定的信息损失范围内，可以节省大量的时间和成本。主成分分析方法作为一种典型的数据降维算法为这一问题的解决提供了思路。图 10-10 为利用主元分析方法实现主泵状态监测的步骤。

从技术实现流程上，首先利用主泵正常运行的数据，根据设定的累计贡献率得到主成分模型、T^2 统计量和 Q 统计量的阈值。然后，将实时数据输入已

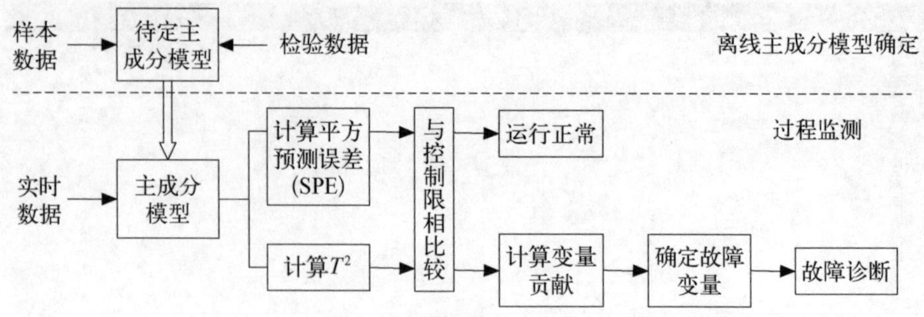

图 10－10　基于主成分分析的主泵状态监测流程图

经建立好的主成分模型中，分别计算测试数据的实时 T^2 统计量和 Q 统计量，并将这两大统计量与相应的阈值做比较。若均小于相应的阈值，则可判断主泵当前时刻运行正常；若有任一统计量大于其阈值，则可认为测试样本发生了异常，需要进一步对此样本进行故障识别。

为了能够模拟主泵的异常状态，由 numpy. random. randn 函数生成 2 个大小为(100, 4)且服从标准正态分布的矩阵，表示有 100 个数据样本，每个样本具有 4 个特征。其中，第 1 个矩阵作为正常数据用来训练监测模型，将第 2 个矩阵从第 51 个样本到第 100 个样本的第 2 个特征进行故障设置来测试监测模型。基于主成分分析的状态监测结果如图 10－11 和图 10－12 所示。

由图 10－11 和图 10－12 可以看出：前 50 个样本的 T^2 统计量均未超过其阈值，而 SPE 统计量有 1 个样本略大于其阈值；后 50 个样本的 2 个统计量均明显大于其阈值，表明这些测试样本均发生了异常，需要进一步对故障进行辨识。

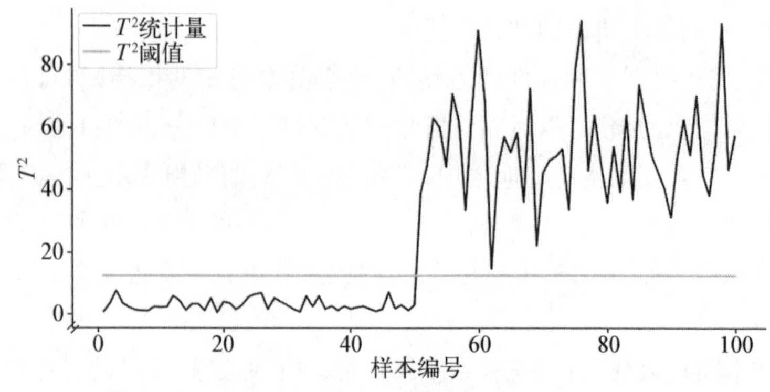

图 10－11　T^2 统计量变化曲线

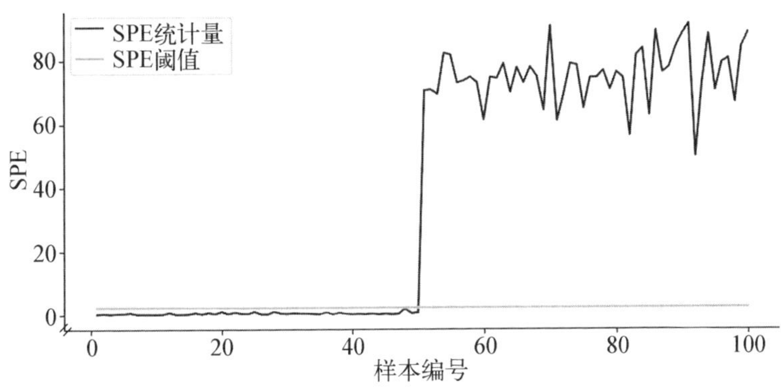

图 10-12　SPE 统计量变化曲线

在利用主泵实验数据进行模型测试时，将总数据样本按每 144 s 取算术平均数划分为 600 个新数据样本(600, 38)，每个样本具有 38 个特征。取前 70%的样本作为训练模型，后 30%的样本增加 20 dB 信噪比的噪声信号。选取累计方差贡献率 CPV 为 85%，检验水平 α 为 0.05。实验数据主成分状态监测结果如图 10-13 和图 10-14 所示。

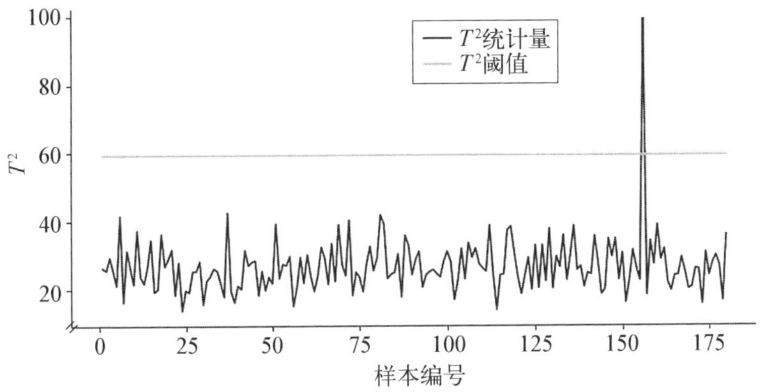

图 10-13　实验数据 T^2 统计量变化曲线

由图 10-13 和图 10-14 可以看出：测试样本中第 156 个样本的 T^2 统计量远远超过了其阈值，其余样本的 T^2 统计量均没有超过其限值；第 36、156 个样本的 SPE 统计量略大于其阈值，这可能是噪声及干扰变化导致的，其余样本的 SPE 统计量均没有超过其阈值。结果表明，这些超过阈值的测试样本发生了异常，需要进一步对故障进行辨识。

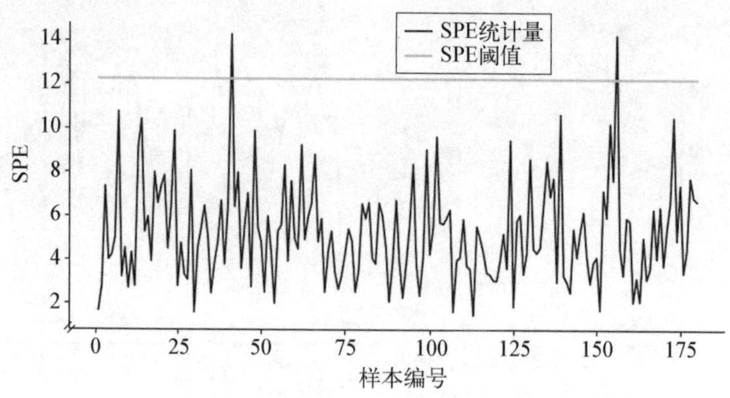

图 10-14　实验数据 SPE 统计量变化曲线

2）基于频谱分析的主泵故障诊断

主泵故障的多数特征是设备伴有异常的振动和噪声，其振动信号可以通过时域、频域及轴心轨迹等方面来反映故障特征。因此，在对主泵常见的转子不平衡、碰摩及松动等故障进行诊断时，可以通过分析振动信号的时域波形和轴心轨迹，或者通过离散傅里叶变换将相关振动信号的时域图转换成频谱图，并分析其特征频率，来实现主泵转子系统常见故障的诊断。

当主泵出现转子不平衡、转子碰摩及基座松动等故障时，其振动监测信号的频谱会有不同的表现。表 10-1 至表 10-3 所示为主泵在不同故障模式下振动特征的变化情况。

表 10-1　转子不平衡振动特征

序号	特征参量	故障特征		
		初始不平衡	渐变不平衡	突发不平衡
1	时域波形	正弦波	正弦波	正弦波
2	特征频率	1 倍频	1 倍频	1 倍频
3	常伴频率	较小的高次谐波	较小的高次谐波	较小的高次谐波
4	振动稳定性	稳定	逐渐增大	突发性增大后稳定
5	振动方向	径向	径向	径向
6	相位特征	稳定	渐变	突发后稳定

（续表）

序号	特征参量	故障特征		
		初始不平衡	渐变不平衡	突发不平衡
7	轴心轨迹	椭圆	椭圆	椭圆
8	进动方向	正进动	正进动	正进动

表 10-2　转子碰摩振动特征

序号	特征参量	故障特征		
		局部径向摩擦	全周径向摩擦	轴向碰撞摩擦
1	时域波形	轻微削波	严重削波	正弦波
2	特征频率	分数谐波 高次谐波	分数谐波 高次谐波	基频
3	常伴频率	基频	基频	基频
4	振动方向	径向	径向	径向、轴向
5	轴心轨迹	紊乱	扩散	椭圆

表 10-3　基座松动转子振动特征

序　号	特征参量	故　障　特　征
1	时域波形	基频、分数谐波及高次谐波等叠加波形
2	特征频率	基频、分数谐波
3	常伴频率	2 倍频、3 倍频
4	振动方向	松动方向振动大
5	轴心轨迹	不规则

图 10-15 所示为主泵转子不平衡故障的时域波形、轴心轨迹及频谱图。转子不平衡故障的时域波形为正弦波，它的特征频率为基频。轴心轨迹为圆形是因为所研究的主泵是竖直安装的，在水平方向上并未受到重力的影响，轴

心轨迹是在水平方向坐标系 xOy 上得到的，各向受力均衡，因而 x 方向的位移等于 y 方向的位移，故得到的轴心轨迹为圆形。

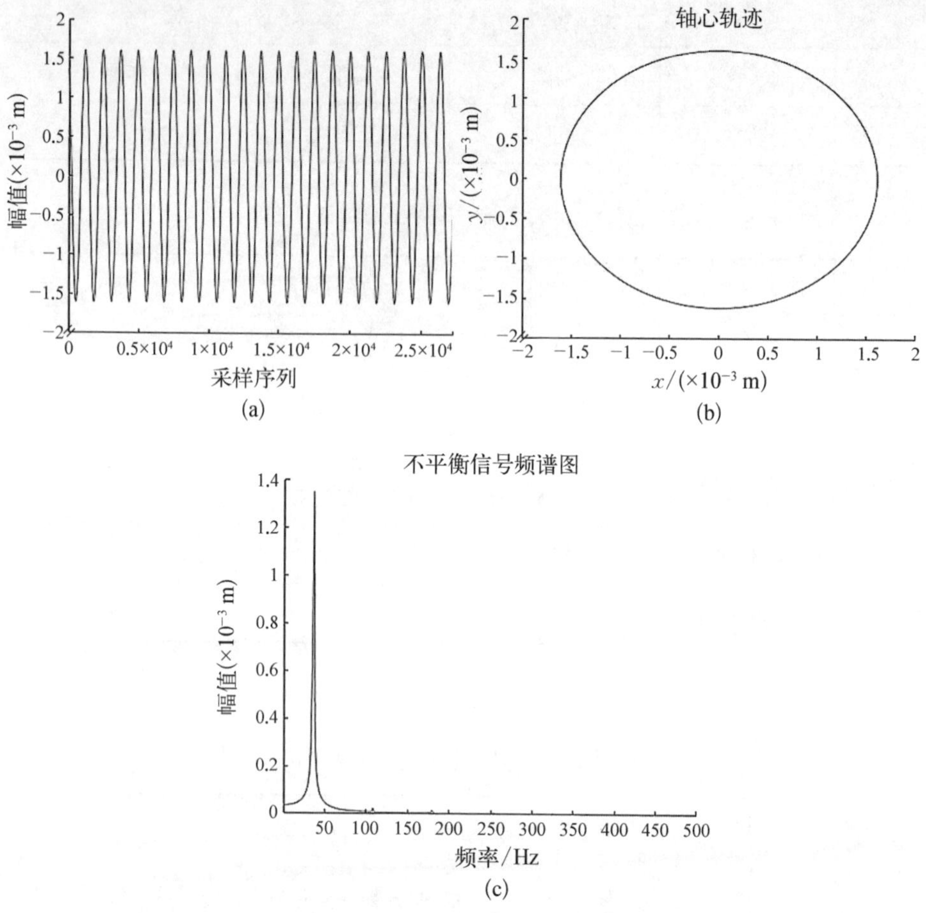

图 10-15　主泵转子不平衡时的故障现象图

(a) 时域波形；(b) 轴心轨迹；(c) 频谱图

图 10-16 所示为主泵转子碰摩故障的时域波形、轴心轨迹及频谱图。转子碰摩故障的时域波形为削波，轴心轨迹呈紊乱状，它的特征频率为分数谐波，并伴有基频。

图 10-17 所示为转子基座松动故障的时域波形、轴心轨迹及频谱图，包括松动端信号和转盘处信号。在松动端，其轴心轨迹呈不规则形状，特征频率为基频及分数谐波，并出现了 1/2 倍频和 3/2 倍频等特征频率，时域波形为基频、分数谐波等叠加波形；在转盘处，由于受到基座松动的影响，转盘信号的轴

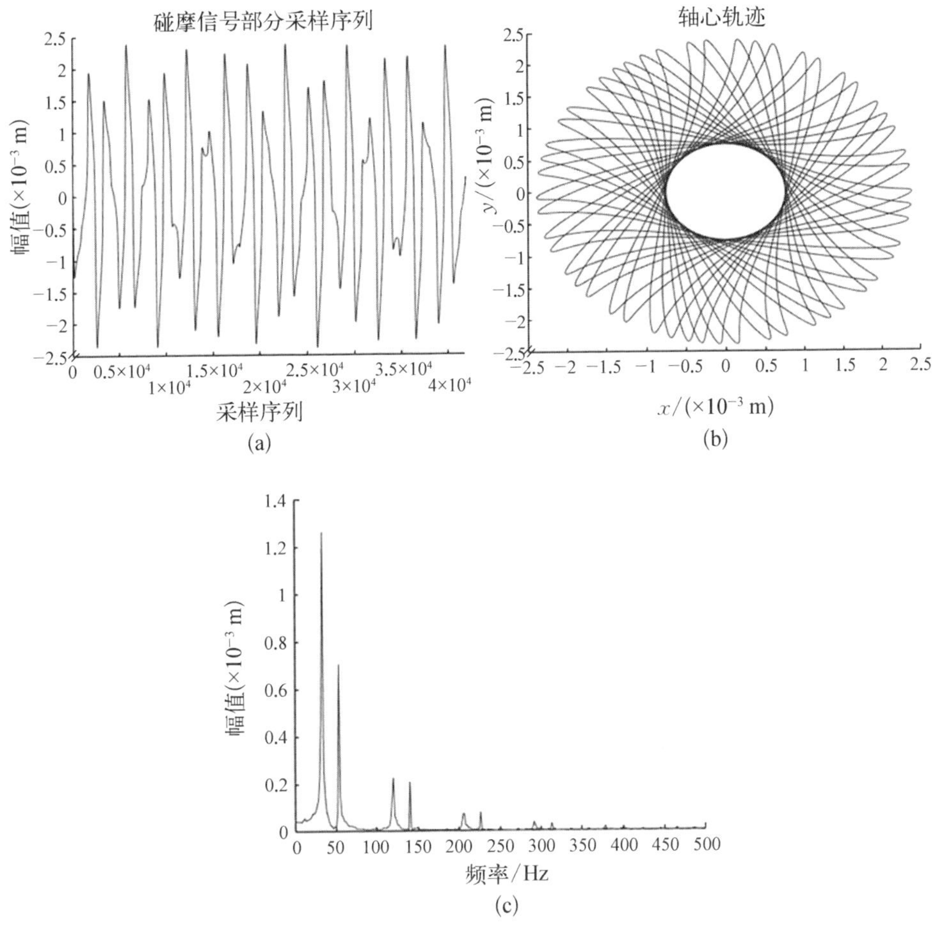

图 10-16　主泵转子碰摩的故障现象图

(a) 时域波形；(b) 轴心轨迹；(c) 频谱图

心轨迹也呈不规则形状，其特征频率为基频及分数谐波，并出现了 1/2 倍频和 3/2 倍频等特征频率，时域波形为基频、分数谐波等叠加波形。

3) 基于数据驱动的参数预测

设备故障诊断的实质是模式识别，不同故障的识别是建立在大量数据样本的基础上的。同时，当模型检测到系统故障后，系统参数的后续发展趋势对于运维人员指导后续设备运行方案的调整具有重要意义。因此，基于设备当前运行数据实现关键监测参数的未来预测具有重要的工程价值。数据预测是通过研究历史数据的发展趋势，并且利用数学方法来挖掘数据发展的客观规律，同时对事物的各种客观现象之间的作用做出科学分析，然后利用这些信息

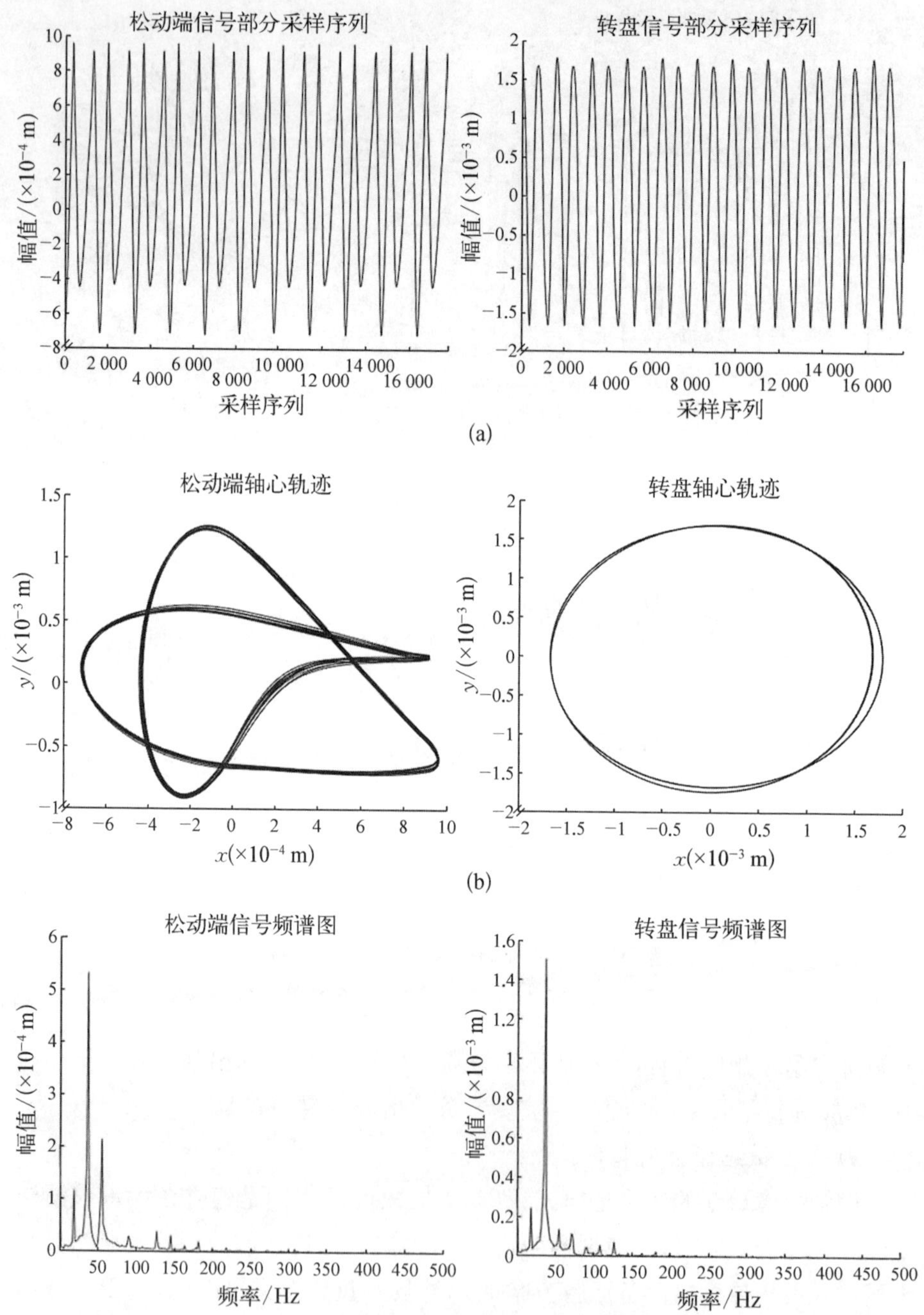

图 10-17　主泵转子基座松动的故障现象图

(a) 时域波形；(b) 轴心轨迹；(c) 频谱图

推测事物未来发展的可能途径和结果。

(1) 基于差分自回归移动平均模型的主泵参数预测。时间序列预测作为一种典型的定量预测方法，广泛应用于设备运行状态、流量、股票走势等的预测。时间序列预测是根据历史数据寻找到系统动态的结构和规律，1927 年就有人提出了最早的时间序列模型，随着列模型的不断发展，目前，博克思-詹金斯方法是对时间序列数据进行分析和预测比较完善和精确的算法，其提出的差分自回归移动平均(auto regressive integrated moving average, ARIMA)模型是将自回归(auto regressive, AR)模型和移动平均(moving average, MA)模型相结合得到的，是一种非平稳时间序列模型。其基本思路是利用差分方法对原始时间序列进行平稳化，通过平稳序列自相关与偏自相关函数的特性，判断模型的类型及模型阶数和未知参数，之后对模型的有效性进行检验，最终对未来的时间序列进行分析预测。

在进行 ARIMA 建模过程中，首先加载某测试数据文件，数据集中包含了某机组主泵 24 h 的调试数据，并且每一个监测量以 1 Hz 的采样频率进行采样。然后，对原始信号进行处理分析，并对原始信号进行二次采样，将每 10 min 的数据进行平均，构造成新的以 600 s 为时间间隔的新时间序列。最后，通过经验和相关指标，确定分析参数(p, i, q)，建立 ARIMA 模型。

针对此测试案例，选择的参数组合为(2, 0, 4)，进行处理得到训练好的模型如图 10－18 所示，该案例为利用在训练数据的样本区域内所做的预测。

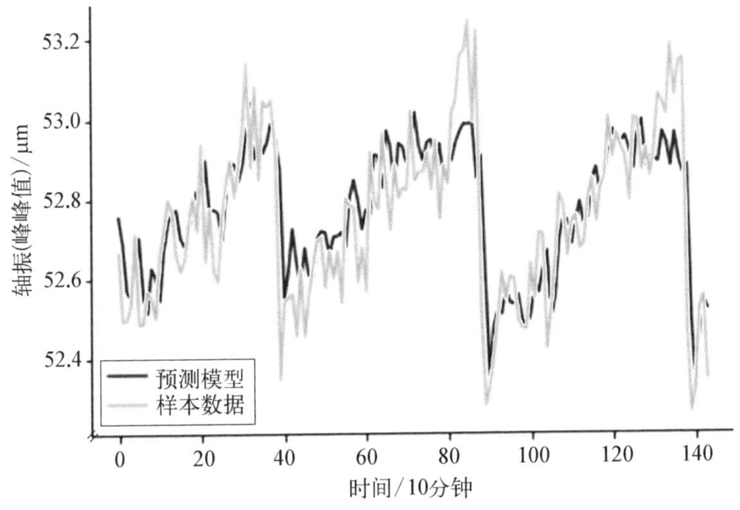

图 10－18　时间序列信号的原始信号和预测信号

在模型构建好后，对训练数据后面的多步进行预测。得到时间序列原始信号及向后多步预测图，如图 10－19 所示。

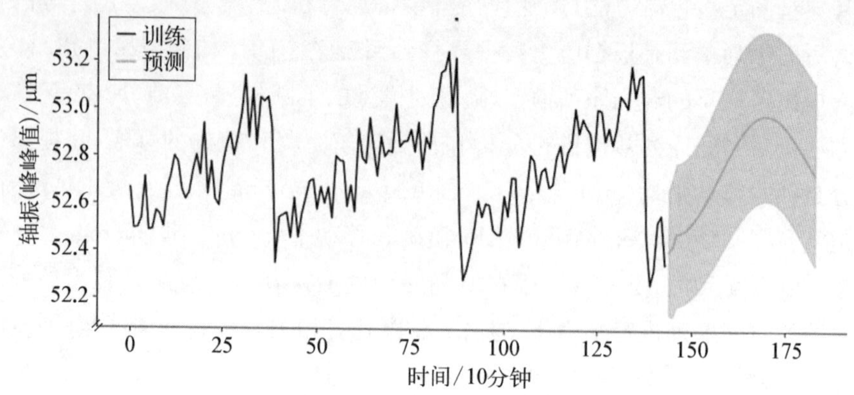

图 10－19　时间序列原始信号及向后多步预测

图 10－19 表示的是预测结果及置信区间，黑色为图 10－18 中的训练模型数据，深灰色曲线是模型接着训练样本进行的 40 步预测，深灰色区域是预测数据上下界置信区域。

(2) 基于 Prophet 模型的主泵参数预测。Prophet 是 Facebook 的 Core Data Science 团队发布的一款开源软件，用于基于附加模型预测时间序列数据的过程，其中非线性趋势与每年、每周和每天的季节性及假期效应相吻合。对具有强烈季节性影响和多个季节历史数据的时间序列非常适合。Prophet 对于丢失数据和趋势变化具有较强的鲁棒性，并且通常可以很好地处理异常值。

与其他数据预测工具相比，Prophet 方法具有以下特征。

① 准确而快速：Prophet 算法是基于时间序列分解和机器学习的拟合来进行预测的，其在拟合模型的时候使用了开源工具 pyStan，因此能够在较短时间内获得预测结果。

② 全自动：无须人工即可获得有关杂乱数据的合理预测。不仅可以处理时间序列存在一些异常值的情况，而且对丢失的数据及时间序列中的急剧变化也具有鲁棒性。

③ 可调整的预测：Prophet 在预测过程中为用户提供了许多调整和调整预测的可能性，可以使用人类可以解释的参数来添加领域知识，从而改善预测效果，并且在 R 语言或 Python 语言中可用。为了方便统计学家、机器学习从

业者等人群的使用，Prophet 同时提供了 R 语言和 Python 语言的接口，并且共享相同的底层 pyStan 代码以进行拟合。开源满足一般的商业分析或数据分析的需求。

Prophet 算法的实现工作包括：① 输入已知的时间序列的时间戳和相应的值；② 输入需要预测的时间序列的长度；③ 输出未来的时间序列走势；④ 输出结果可以提供必要的统计指标，包括拟合曲线、上界和下界等。

采用数据仿真分析，默认要预测的数值点数 period 为 50，即预测训练样本后的 50 个数据；设置数据频率 freqs 为'min'，即 df 中相邻两个时间戳的间隔为分。采用 Prophet 算法的主泵参数预测原始数据序列，经过算法实现得到原始数据与时间序列预测图，如图 10 - 20 所示。

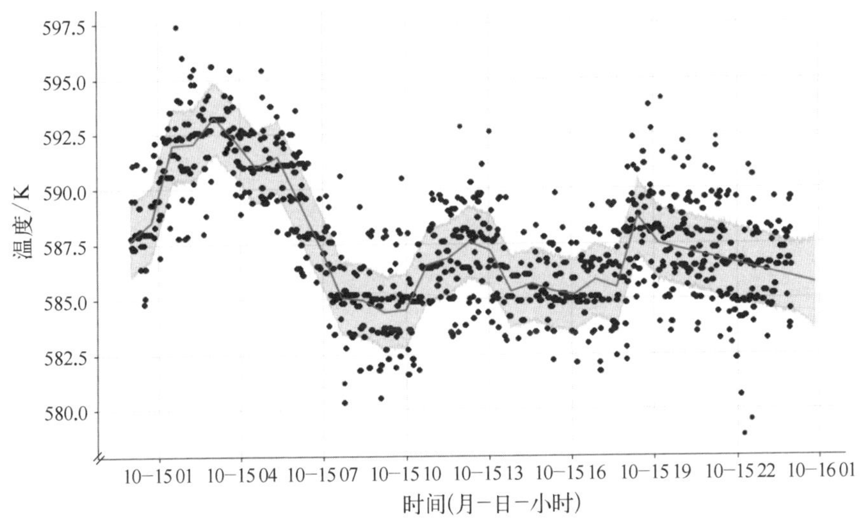

图 10 - 20　原始数据与时间序列预测图

10.4　展望

核级泵的智能运维与健康管理技术对于降低机组运营成本、提高核级泵利用率、增加泵自身运行的可靠性具有重要的工程实践意义，有助于实现"无人值守"或"少人值守"，是实现电厂从计划性维修转为预防性维修的必由之路。

但同时应该注意的是，目前对于实现核级泵的智能运维与健康管理依然面临较多挑战。一方面，由于核电厂运行堆运行时间较短，核级泵监测系统所收集到的故障样本数据非常少；另一方面，核级泵部件零件规模庞大、系统复杂，采用试验方式获取典型故障模式的故障数据往往需要昂贵的代价，而且即使能够获取泵系统的状态数据，这些数据往往具有很强的不确定性和不完整性。这些问题都增加了核级泵智能运维的难度。同时，泵的故障预测存在不确定性和预测不准确性问题。其中，在故障诊断和预测中找到能够描述不确定性边界和故障预测置信度水平的方法是关键。因此，研究故障预测准确性评估的方法十分重要，此类方法可构建和量化故障预测系统的置信度水平。此外，根据电厂核级泵运维的经验反馈，核级泵存在传感器布置调整的空间和泵联锁设置优化的空间。针对此情况，核级泵的智能运维与健康管理需要做更多工作去解决传感器布置优化问题和泵联锁过度保护问题。

参考文献

[1] 关醒凡. 现代泵理论与设计[M]. 北京：中国宇航出版社，2011.

[2] 牟介刚，李必祥. 离心泵设计实用技术[M]. 北京：机械工业出版社，2015.

[3] 国家市场监督管理总局. 压水堆核电厂物项分级：GB/T 17569—2021[S]. 北京：中国标准出版社，2021.

[4] 顾军. AP1000 设备技术及分析[M]. 北京：原子能出版社，2011.

[5] 江笑克. AP1000 屏蔽主泵与湿定子主泵结构特点分析[C]. 中国核能行业协会，2014.

[6] 臧希年. 核电厂系统及设备[M]. 北京：清华大学出版社，2010.

[7] 广东核电培训中心. 900 MW 压水堆核电站系统与设备[M]. 北京：原子能出版社，2005.

[8] 关醒凡. 现代泵理论与设计[M]. 北京：中国宇航出版社，2011.

[9] 温诗铸，黄平. 摩擦学原理[M]. 北京：清华大学出版社，2012.

[10] 袁惠群. 转子动力学基础[M]. 北京：冶金工业出版社，2013.

[11] 顾永泉. 机械密封实用技术[M]. 北京：机械工业出版社，2004.

[12] 关醒凡. 现代泵理论与设计[M]. 北京：中国宇航出版社，2011.

[13] 中国国家标准化管理委员会. 回转动力泵水力性能验收试验 1 级、2 级和 3 级：GB/T 3216—2016[S]. 北京：中国标准出版社，2016.

[14] 中国国家标准化管理委员会. 机动往复泵　试验方法：GB/T 7784—2018. [S]. 北京：中国标准出版社，2018.

[15] 郑梦海. 泵测试实用技术[M]. 北京：机械工业出版社，2011.

[16] 马泽龙，李建业. 核电厂预测性维修的应用[J]. 科技视界，2015(12)：255＋282.

索　引